著名病毒学家曾毅院士论文集Ⅲ
（2001 – 2009）

Selected Workers of Zeng Yi
Volume 3（2001 – 2009）

邵一鸣　周　玲　主编
Shao Yi-ming　Zhou Ling

中国科学技术出版社
·北　京·

图书在版编目（CIP）数据

著名病毒学家曾毅院士论文集.3，2001-2009/邵一鸣，周玲主编.
—北京：中国科学技术出版社，2010.9
ISBN 978-7-5046-5662-9

Ⅰ.①著… Ⅱ.①邵… ②周… Ⅲ.①病毒学-文集 Ⅳ.①Q939.4-53

中国版本图书馆 CIP 数据核字（2010）第 129744 号

本社图书贴有防伪标志，未贴为盗版

责任编辑：张　楠
责任校对：赵丽英
责任印制：安利平

前　　言

　　曾毅院士是国际著名的病毒学家和肿瘤学家。他在新中国建立之初毕业于上海第一医学院，早年在医学院校从事微生物学和病毒学研究和教学工作，后调到中国医学科学院及后来的中国预防医学科学院和中国疾控中心从事他所衷爱的医学病毒学研究至今。即便在文革期间，他也排除各种困难，不惜每天骑自行车 4 个小时，往返于家里、研究所和肿瘤医院，继续坚持研究工作。正是这种对探知科学真理的强烈好奇心和为发展我国预防医学事业的高度的责任感，激励着曾毅教授经历了近 60 年的风风雨雨，成为我国一代肿瘤病毒学和艾滋病防治医学的科学大师。

　　曾毅教授在病毒学、肿瘤学和艾滋病防治研究中的建树很多，这可以从他在本论文集汇编中的 509 篇中、英文论文中清晰可见。这些研究成果多次获得国家和部委科技进步奖励以及诸如陈嘉庚奖等多种科技奖项。这些深厚的科学造诣使曾毅教授在 1993 年当选为中科院院士，并被国际学者推选为法兰西国家医学科学院和俄罗斯医学科学院外籍院士。作为曾毅教授的学生，我们从他身上学到了中国老一辈科学家特有的优秀品质，在他的科学精神和科学方法的熏陶下，我们受益终身。在曾毅教授众多优秀科学品质中，令我们印象深刻的是，他对科学发展方向所具有的敏锐的洞察力，他将实验室与现场相结合的科学方法和勇于实践的精神以及他对国家疾病防治工作的高度责任感。

　　20 世纪 50 年代末，曾毅院士提出很多动物肿瘤是由病毒引起的，人的肿瘤也应该是由病毒引起的。从 1961 年就开始研究肿瘤病毒如人腺病毒、鸡白血病病毒、多瘤病毒等。从 1973 年起研究人肿瘤病毒，包括 EB 病毒、HPV 病毒等。他系统地研究了 EB 病毒在鼻咽癌发生和发展中的作用，创造性地将国际上的分子病毒学技术与现场流行病学调查相结合，建立起用 EB 病毒 EA/IgA 和 VCA/IgA 抗体进行筛选，并辅以临床和病理活检的鼻咽癌早期诊断技术体系，显著提高了鼻咽癌的早期诊断率，挽救了许多病人的生命。应用病毒血清学指标诊断肿瘤，是肿瘤病毒学和肿瘤诊断学领域中的一项创举，是将基础研究成果应用于指导临床的所谓 "from bench to bedside" 理想设计的一项成功的实践。在鼻咽癌的病毒病因学研究领域，曾毅教授也通过多学科合作的研究方式，开展大规模现场病因学调查研究，结合实验室研究成果，提出了以 EB 病毒为病因、环境致癌和促癌因素起协同作用、遗传易感性为基础的鼻咽癌多病因学说。这一学说在鼻咽癌的病因学领域中占据着重要的地位，促进了肿瘤病毒学研究的不断深入。

20 世纪 80 年代初，一个来势凶猛的新发传染病——艾滋病在美国被发现。作为肿瘤病毒学家，曾毅教授立即在国内建立相关研究的实验室和技术方法，紧密追踪该领域的国际研究进展。1983 年法国科学家 Montagnier 首次报告发现艾滋病病毒，1984 年曾毅教授在国内进行艾滋病病毒筛查，在我国最早开展了艾滋病血清流行病学研究。1985 年，曾毅教授首次在国内报告了 4 例 HIV 感染病例。之后，曾毅教授的实验室承担起我国早期艾滋病诊断、培训、技术支持和艾滋病诊断试剂的研发工作，有力地支持了我国早期的艾滋病诊断和血清学研究工作。曾毅教授还与他的夫人——中医研究院的李泽琳教授合作，开展了从中药筛选抗艾滋病病毒成分的研究，经过十多年的不懈努力，已将该项研究推进到临床实验阶段。这些方面的研究，在本论文集中也都有记载。

作为中科院院士和我国疾病防治机构与学术团体的负责人，曾毅教授在不同历史时期不断呼吁政府加强艾滋病的防治工作和对艾滋病科研的投入，他还不断到全国各地演讲，亲自参与包括举办艾滋病防治知识巡展以及具体的艾滋病防治宣传活动和防治基金的募集工作。我国艾滋病防治工作能有今天的迅速发展，离不开作为科学家和社会活动家的曾毅院士等一批著名科学家的努力推动。

曾毅教授在长达 56 年医学病毒学研究中的论著极为丰富，我们尽最大努力共收集和整理了曾先生自 1957 年至 2010 年初发表的 509 篇文章（其中，中文 397 篇，英文 112 篇）汇编于本集之中。由于文章时间跨度长达半个世纪以上，又出自几十种刊物或资料，原稿在编排体例和格式方面千差万别，为了保持原文风貌，只能采取尊重历史的作法，基本保持了原文的基本内容。但为了与时俱进，尽量考虑到现今的一些编辑规范，对全部文章的格式做了大体的统一。时间久远，一些论文已难寻找，只能割爱；原文一些图表质量低劣，无法复制，只能略去。随着时代变迁，作者所在单位的名称先后更换过几次，本书只能随文书写，不另行说明。本书按年代顺序，分为第一至第四卷，前三卷为中文，第四卷为英文，在本书编排后期陆续收到一些早年文章，只能放在书后作"补遗"处理。全书约 430 万字。我们深信，该书的出版，必将为我国医学病毒学事业的发展做出贡献。对中国疾病预防控制中心病毒病所、性病艾滋病预防控制中心以及参加本书编撰工作的全体同志们表示衷心谢意！

由于工作量大，时间紧迫，书中难免有些差误之处，请广大读者批评、指正！

邵一鸣　周　玲

二〇〇九年六月一日

目　　录

2004—2006 年

2007—2009 年

补 遗

255. 鼻咽癌病人和正常人群中 EB 病毒特异性 T 细胞对靶抗原的识别和应答

中国预防医学科学院病毒学研究所　周　玲　曾　毅

The University of Birmingham CRC Institute for Cancer Studies，U. K.

姚庆云　LEE Steve　RICKINSON A

〔摘　要〕　为探讨痘苗病毒表达的 Epslein – Barr 病毒（EBV）核抗原 1、4（EBNA1、4）和潜伏膜蛋白 1、2（LMP1、2），在不同人群的特异性 T 细胞引起的特异性 T 细胞杀伤（CTL）中的作用，采集 EBV 阴性正常人、未经治疗的鼻咽癌（NPC）病人和 EBV – IgA/VCA 阳性者各 10 人的周围血淋巴单核细胞（PBMC），用 EBV 转化 B 淋巴细胞，建立类淋巴母细胞（LCL）。用 LCL 刺激自体的 T 淋巴细胞作为效应细胞，以 LCL 感染重组痘苗病毒表达的 EBNA1、4 和 LMP1、2 为靶细胞，以 ^{51}Cr 释放法检测 EBV 特异性 CTL 所识别的靶抗原。结果表明，EBV – LMP1、2 可能既是 EBV 特异性 T 细胞的刺激抗原，又是其识别的靶抗原。将采集的 30 例试验者的各 5 株单克隆 T 细胞株分别检测 HLA – I 型（A、B、C），按照不同型别寻找相对应的 EBNA1、4 和 LMP1、2 的不同合成肽，应用酶免疫吸附斑点法（Elispot）检测 EBV 特异性 CD8$^+$ 的 CTL 应答。结果显示：10 例正常人中 9 人有特异的 LMP2 应答，4 人有特异的 EBNA4 应答；10 例未治疗的 NPC 病人中 3 人有特异的 LMP2，2 人有特异的 EBNA1，3 人有特异的 EBNA4 应答；在 10 例 EBV – IgA/VCA 阳性中，6 人有特异的 LMP2，5 人有特异的 EBNA4 应答。所有的试验者均未发现 LMP1 的特异性应答。

〔关键词〕　Epstein – Barr 病毒核抗原；EB 病毒潜伏膜蛋白；特异性 T 细胞杀伤；酶免疫吸附斑点法

Epstein – Barr 病毒（EBV）是第一个被发现的具有致癌性的人类病毒。EBV 在全球人群感染率高，感染后能产生一系列的抗体。但仅少数个体发生恶性肿瘤，这显然是特异性细胞免疫系统在防止肿瘤发生中起了重要的作用[1]。

国内外众多学者的研究发现，EBV 特异性 T 细胞能识别感染了 EBV 并表达某些靶抗原的 B 细胞，并将它们杀伤，其识别作用受 HLA 的限制[2,3]。但是，关于 EBV 感染后，正常的病毒携带者（EBV – IgA/VCA 阳性）、EBV 阴性者及未治疗的 NPC 者的不同的细胞免疫状况，报道很少。本文旨在探讨痘苗病毒表达的 EB 病毒核抗原 1、4（EBNA1、4）和潜伏膜蛋白 1、2（LMP1、2）在以上不同人群中的特异性 T 细胞引起特异性 T 细胞杀伤（CTL）

中的作用以及参与细胞免疫反应的 CD8$^+$ 细胞特异性应答的特征。为研究与 EBV 相关恶性肿瘤的预防和治疗性疫苗提供科学依据。

材料和方法

一、类淋巴母细胞（LCL）的建立 将 B95-8 细胞培养 7~10 d，取细胞上清，经超速离心得到高滴度的 EBV。采集我国大陆和香港地区 10 名 EBV 阴性的正常人、10 名 EBV IgA/VCA 阳性者和 10 名未经治疗的鼻咽癌病人（NPC）的外周血液标本，分离淋巴单核细胞（PBMC），按 1×10^7/ml 细胞加入 EBV，37℃ 孵育 1 h 后，弃病毒，洗细胞 2 次，每份标本加入 1 ml 细胞生长液［含环孢霉素 A（CSA）］，接种于 96 孔板，每孔 250 μl，约 10 d 后见细胞聚成堆，生长旺盛，转入 24 孔板。约 10 d 后见细胞生长旺盛，可转入方瓶，每周换培养液 2 次。

二、效应细胞的制备 在试验者的 PBMC（2×10^6）中，按 40:1 加入试验者自身的经 ^{60}Co 照射的 LCI（5×10^4），在含 IL2 的常规生长液中培养 2 周，每周换 2 次液。见到生长旺盛的 T 细胞，即为多克隆 T 细胞株。取 1640 100 ml，放入 2×10^6 经 ^{60}Co 照射后的自身的 LCL、10% FCS、1% 人血清、50 ng 植物血疑素（PHA）和 150 个 T 细胞（从多克隆 T 细胞株中获得）。接种 5 块 96 孔 U 形板，每孔 200 μl（0.3 个 T 细胞），培养 10 d 左右。从显微镜下寻找细胞成堆、折光度强、活力佳的细胞孔，移入 24 孔板，培养 10 d 左右。生长旺盛的为单克隆细胞株，多克隆及单克隆 T 细胞株为效应细胞。

三、靶细胞的准备 靶细胞包括 LCL 感染重组痘苗病毒表达的 EBNA1、4（VEBNA1、4）和 LMP1、2（VLMP1、2），以及作为对照的自身 LCL 和痘苗病毒感染的 LCL（VTK）。病毒感染 LCL 37℃ 1 h 后，直接加维持液，37℃ 孵育 12~16 h。将细胞洗 2 遍后加 100 μCi ^{51}Cr，37℃ 孵育 1 h，每 15 min 摇 1 次，使细胞与 ^{51}Cr 充分结合，l h 后洗 2 遍，调好细胞浓度，作为 ^{51}Cr 释放试验的靶细胞。

四、^{51}Cr 释放法检测 T 细胞杀伤活性 效应细胞与 ^{51}Cr 标记靶细胞的比例为 10:1，调好细胞浓度后加入培养液，在 37℃ 孵育 4 h 后，800 r/min 离心 5 min。取上清测 ^{51}Cr 释放率。每次试验均做 ^{51}Cr 自然释放（靶细胞单独培养于 1640）和最大释放（靶细胞单独培养于 SDS 中）。每一样本做 3 支重复管，取其均值。细胞毒杀伤活性百分率按下式计算：

细胞毒性率 =（试验释放 cpm - 自然释放 cpm）/（最大释放 cpm - 自然释放 cpm）×100%

五、Elispot 检测 CTL 应答 参照 EBNA1、4 和 LMP1、2 多肽库序列，合成了不同肽（表 1）。用 Elispot[4] 检测不同人群的 3030

表 1 EBV 多肽的 CTL 表位
Tab. 1 CTL epitopes of to EBV peptide

Peptide	Protein	HLA restriction	Peptide sequence
VLK	EBNA1	A 0203	VLKDAIKDL
VSF	EBNA4	B 5801	VSFIEFVGW
AVF	EBNA4	A 1101	AVFDRKSDAK
TYS	EBNA4	A 2402	TYSAGIVQI
WIY	LMP1	A 1101	WIYFLEILWR
LLV	LMP1	A 0201	LLVDLLLWLL
CLG	LMP2	A 0201	CLGGLLTMV
IED	LMP2	B 4001	IEDPPFNSL
SSC	LMP2	A 1101	SSCSSCPLSKI
TYG	TMP2	A 2402	TYGPVFMCL
LLW	LMP2	A 0201	LLWTLVVLL
LLS	LMP2	A 203	LLSAWILTA
LTA	LMP2	A 206	LTAGFLIFL

例标本的单克隆 T 细胞株的 CD8$^+$T 淋巴细胞，针对 EBNA1、4 和 LMP1、2 肽的特异性 CTL 应答。

结　　果

一、LCL 刺激下的 T 细胞对靶抗原的识别　见图 1。

用自身 LCL 刺激 PBMC 15 d 后的 T 淋巴细胞为效应细胞，除对自身 LCL 靶细胞有识别作用外，对 VLMP1、2 有识别能力，IgA/VCA 阳性的 LMP1 特异性 CTL 较高，正常人中特异性 VLMP2 CTL 较高，而对 VEBNA4 和 VEBNA1 无识别作用。

二、不同人群中 CD8$^+$T 细胞对靶抗原的应答　见表 2~表 4。

对 30 例正常人、NPC 及 EBV – IgA/VCA 阳性的 PBMC，经自身的 LCL 刺激及加 IL2 后 15 d，又经单克隆 T 细胞诱导增殖培养 15 d，共 1 个月后，培养体系中的淋巴细胞绝大多数成为 CD8$^+$的杀伤性 T 淋巴细胞。每例标本各取 5 株单克隆 T 细胞株，经 Elispot 试验检测对靶抗原的应答，结果所有的标本均未对 LMP1 应答，但分别都对 ENBA4 和 LMP2 有特异性应答。NPC 患者对 EB-NA1 有应答，30% 对 LMP2、20% 对 EBNA1 和 30% 对 EBNA4 有应答；正常人 90% 对 LMP2、40% 对 EBNA4 有应答；EBV – IgA/VCA 阳性者 60% 对 LMP2、50% 对 EBNA4 有应答。

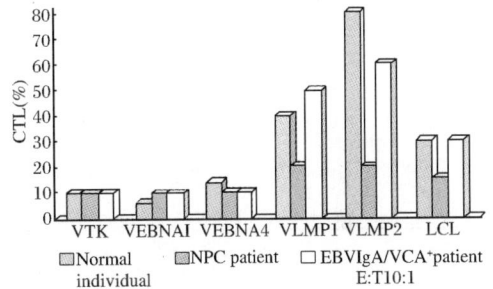

图 1　T 细胞对 EBV 特异靶抗原的识别
Fig. 1　EBV – specifictarget
antigen recognized by T cells

表 2　正常人的 T 细胞对 EBV 特异性 CTL 的应答
Tab. 2　EBV – specific CTL responses of T cells of normal individuals

Normal individuals	HLA type		Target antigen			
N	A	B	EBNA1	EBNA4	LMP1	LMP2
N1	A2	B13, 46	–	–	–	–
N2	A11, 26	B46, 52	–	AVF（A11）	–	SSC（A11）
N3	A11, 24	B13, 15	–	AVF（A11）	–	SSC（A11）TYG（A24）
N4	A2, 33	B15, 58	–	–	–	LLW（A2）CLG（A2）
N5	A11, 29	B7, 40	–	–	–	SSC（A11）IED（B40）
N6	A11, 24	B13	–	AVF（A11）	–	SSC（A11）TYG（A24）
N7	A11, 24	B39, 44	–	–	–	SSC（A11）TYG（A24）
N8	A2	B51, 54	–	–	–	GLG（A2）
N9	A2, 30	B13, 46	–	–	–	LLW（A2）IED（840）
N10	A30, 24	B58	–	VSF（B58）	–	TYG（A24）

表3 未治疗 NPC 病人的 T 细胞对 EBV 特异性 CTL 的应答
Tab. 3 EBV – specific CTL responses of T cells of untreated NPC patients

NPC patient	HLA Type		Target antigen			
NPC	A	B	EBNA1	EBNA4	LMP1	LMP2
NPC1	A2, 24	B40	VLK (A2)	–	–	LLS (A2)
NPC2	A2, 26	B46, 58	–	TYS (A24)	–	–
NPC3	A2	B38, 46	VLK (A2)	–	–	–
NPC4	A11, 24	B15, 48	–	–	–	–
NPC5	A2, 26	B46, 51	–	–	–	–
NPC6	A24, 33	B58, 60	–	VSF (B58)	–	–
NPC7	A2, 11	B15, 38	–	–	–	–
NPC8	A2, 11	B15, 46	–	–	–	–
NPC9	A2, 24	B40, 46	–	TYS (A24)	–	CLG (A2)
NPC10	A2, 24	B40, 46	–	–	–	TYG (A24)

表4 EBV – IgA/VCA 阳性者的 T 细胞对 EBV 特异性 CTL 的应答
Tab. 4 EBV – specific CTL responses of T cells of EBV – IgA/VCA⁺ patients

EBV – IgA/VCA⁺ patient	HLA type		Target antigen			
C	A	B	EBNA1	EBNA4	LMP1	LMP2
Cl	A2, 24	B35, 56	–	–	–	–
C2	A2	B46, 52	–	–	–	–
C3	A24, 33	B27, 58	–	VSF (B58)	–	TYG (A24)
C4	A11, 31	B51, 67	–	–	–	SSC (A11)
C5	A2, 32	B40, 52	–	VSF (B58)	–	–
C6	A11, 26	B27, 40	–	–	–	–
C7	A11, 13	B38, 50	–	–	–	–
C8	A2, 11	B35, 40	–	AVF (A11)	–	CLG (A2)
C9	A2, 33	B46, 58	–	VSF (B58)	–	LTA (A2)
C10	A11, 33	B54, 58	–	AVF (A11) VSF (B58)	–	SSC (A11)

讨　论

　　EBV 是传染性单核细胞增多症的病原，尤为重要的是它与在我国南方发病率相当高的 NPC 以及非洲儿童淋巴瘤的发生密切相关。原发感染后，EBV 在体内终生存在。EBV 在鼻咽部上皮细胞有低水平的复制，并不断释放病毒至口咽腔。机体在清除病毒的过程中，有特异性的细胞毒 T 淋巴细胞。近年来的实验研究证明，潜伏期基因 EBNA1 ~ 4 和 6 及 LMP1 除是淋巴细胞转化必需基因外，均可诱发 CTL。最近的研究发现，EBV - LMP2 是在 NPC 等 EBV 相关肿瘤组织中持续表达的病毒蛋白之一。LMP2 不引起 B 淋巴细胞的转化，无致癌性。在体外研究 EBV 诱导产生特异性 CTL 表位时，发现 LMP2 含有多种受 HLA 限制的 CTL 表位，而且其序列保守，与之相关的 HLA 型别在中国南方人群中较常见[5,6]。本研究应用重组痘苗病毒表达的 EBNA1、4 和 LMP1、2 以及这些基因多肽的 CTL 表位。了解在不同人群中 EBV 特异性 T 细胞对靶抗原的识别和应答，结果显示：正常人、NPC 病人、IgA/VCA 阳性者都对 LMP1、2 有识别能力，正常人中特异性 VLMP2 的 CTL 较高，为 80%；IgA/VCA 阳性者为 60%，而 NPC 为 18%。在对特异性 VLMP1 的 CTL 释放率，IgA/VCA 阳性者为 50%，正常人为 40%，而 NPC 病人为 20%。提示了 EBV LMP1、2 可能既是特异性 T 细胞的刺激抗原，又是其识别的靶抗原。同时又证实了正常人的特异性 CTL 较高，而 NPC 病人较低，而且发现 IgA/VCA 阳性的健康人，其特异性 CTL 均明显地高于 NPC。说明 CTL 应答在病毒感染，尤其是持续性病毒感染的清除过程中起着重要作用。EBV 的健康感染者体内会产生针对 EBV 的特异性 T 细胞，在大多数 IgA/VCA 阳性的健康者中均有针对一个以上的 EBV 抗原的 CTL 作用，而 NPC 病人则显示明显的 EBV 特异性 CTL 反应抑制[7]。这与杨成勇报道的结果相似[8]。

Elispot 的结果显示：正常人针对 LMP2 的特异性应答为 90%，IgA/VCA 阳性者为 60%，而 NPC 病人为 30%；针对 EBNA4 的特异性应答正常人为 40%，IgA/VCA 阳性者为 50%，NPC 病人为 30%。NPC 病人在 CTL 应答中均显示为最低，尤其是针对 LMP2 正常人是 NPC 病人的 3 倍，IgA/VCA 阳性者是 NPC 病人的 2 倍，与以往多次实验也相一致[9]。关于对 LMP1 均未产生应答的原因，我们考虑是由于细胞免疫应答需要 T 细胞对抗原的识别，也许我们所寻找的 LMP1 的 CTL 表位不十分匹配，以致 T 细胞不与识别。关于我们进行的 CD^8T 细胞识别要被 MHC I 类分子提呈的抗原激活而诱生 $CD8^+CTL$，病毒对特异性免疫应答的抑制集中体现在对 T 细胞抗原识别的干扰，包括对 MHC I 类分子抗原提呈中各个环节的作用，所以关于这方面的工作需作进一步的探讨。在各人群中均对 EBNA4 产生应答，也需我们对其做更多的标本检测，观察其特异性的状况。关于 NPC 病人中有 2 例测得 EBNA1 的应答也待做进一步研究。

本文的研究结果为我们今后开展 EBV 基因工程疫苗的预防接种及其免疫治疗，提供了更充分的实验依据。我国人群已普遍感染 EBV，有对 EBV 特异性免疫的基础，运用 EBV 相关的疫苗能进一步提高机体 EBV 特异性细胞免疫力。那么我们了解不同人群中的 CTL 状况，为不同时期的免疫需要提供论据。

〔原载《病毒学报》2001，17（1）：7 - 10〕

参 考 文 献

1　陈小毅. EB 病毒特异性 T 细胞对重组痘苗病毒表达 LMP 和 EBNA2 的靶细胞的识别. 病毒学报，1991，7（2）：125 - 131

2　Lee SP. CTL control of EBV in nasopharyngeal carcinoma（NPC）：EBV - specific CTL responses in the blood and tumors of NPC patients and the antigen - processing function of the tumor

cells. J Immunol，2000，165（1）：573 - 82

3　林毓纯，商铭，曾毅. 鼻咽癌的细胞免疫及其 HLA 的限制. 病毒学报，1982.4（4）：254 - 256

4　周玲，姚家伟，曾毅. 免疫斑点法检测特异性 EBV - LMP2 合成肽的细胞毒 T 淋巴细胞. 中华实验和临床病毒学杂志，2000，14（4）：384 - 385

5 Khanna R. Localization of EB virus cytotoxic T – cell epitopes using recombinant vaccinia: implications for the immune control of EBV – positive malignancies. J Exp Med, 1992, 176: 157 – 168

6 Hamilton Dutoit S T, Pallesen G. Detection of EB virus in a ubset of peripheral T – cell lymphomas. Am J Pathol, 1992, 143: 1072

7 Micheletti F, Guerrine R. Formentin A. Selective amino acid substitution of a subdominant EB virus LMP2 – derived epitope increase HLA/Peptide complex stability and immunogenicity: implications for immunotherapy of EB virus – associated malignancies. Eur J Immunol, 1999, 29 (8): 2579 – 2589

8 杨成勇，沈倍奋，曾毅. 鼻咽癌患者 EB 病毒潜伏膜蛋白 1（LMP1）的特异性细胞免疫研究. 病毒学报，1999, 15 (3): 193 – 198

9 Panonsis C G, Rowe D T. EB virus latent membrane protein 2 associates with and is a substrate for mitogen – activated protein kinase. JVirol, 1997, 71 (6): 4752 – 4760

Recognition and Responses of EBV Specific Cytotoxic T Cells against Target Antigens in NPC Patients and Normal Individuals

ZHOU Ling[1], YAO Qing – yun[2], Steve Lee[2], RICKINSON A.[2], ZENG Yi[1]

(1. Institute of Virology, CAPM. Beijing 100052, China;

2. The University of Birmingham, CRC Institute for Cancer Studies, U. K.)

CTL immune responses were detected in 10 untreated NPC patients, 10 EBV – IgA/VCA$^+$ patients and 10 normal individuals. Specific CTL responses were demonstrated by standard chromine releasing assay using autologous transformed B lymphocyte cell line (LCL) as target cell which expressed EBV proteins EBNA1, 4 and LMP1, 2. The results showed that LCL stimulated PBMC from normal individuals, 9/10 presented LMP2 and 4/10 presented EBNA4 specific responses; from untreated NPC patients, 3/10 presented LMP2, 2/10 presented EBNA1 and 3/10 presented EBNA4 specific responses; from EBV – lgA/VCA$^+$ patients 6/10 presented LMP2, 5/10 presented EBNA4 specific responses. In all 30 persons tested, we had not found LMP1 specific response. The results suggest that EBV – LMP1, 2 may be not only the major specific T cell stimulating antigens, but also the target antigens of EBV specific CTL responses.

〔**Key words**〕EBV – LMP1, 2; EBV – EBNA1, 4; Specific T cell responses; Elisport

256. 中国不同人群中 T 细胞对 EB 病毒潜伏膜蛋白 2 的识别

中国预防医学科学院病毒学研究所　王　琦　周　玲　姚家伟　曾　毅

汕头大学医学院附属肿瘤医院　陈志坚　李德锐　广西壮族自治区人民医院　周微雅

〔摘　要〕　采集我国广东、广西和北京地区，鼻咽癌病人、EBV – IgA/VCA 阳性和正常人各 30 例的外周血标本，按照已确定的受 HLA 限制的潜伏膜蛋白 2（LMP2）的 CTL 表位，合成在中国人群中常见的 HLA – A2、A11、A24、B40 短肽，应用酶免疫吸附斑点法（Elispot），检测 EBV 特异性 CD8$^+$ 的 CTL 应答。结果表明：30 例正常人中 27 人有特异性 LMP2 应答，在 EBV – IgA/VCA 阳性的 30 人中 17 人对 LMP2 识别，而 30 例未治疗 NPC 病人中仅 6 例有特异的 LMP2 应答。

〔关键词〕　EB 病毒；酶免疫吸附斑点法；中国

Epstein – Barr（EB）病毒是人传染性单核细胞增多症（IM）的病原，是鼻咽癌（NPC）的病因之一。近年来又发现与众多癌症有关，如胃癌、肺痛、胸腺癌等。因此，研究 EBV 感染后的机体免疫，特别是细胞免疫的特点备受关注。机体存在多种免疫监视机制，发挥其抗肿瘤作用，包括特异和非特异的细胞和体液的免疫机制，而其中细胞毒 T 细胞（CTL）是最重要的免疫监视细胞。CTL 主要是 MHC I 类分子限制性的 CD8$^+$T 细胞，它通过 T 细胞受体（TCR）识别靶细胞 I 类 MHC 分子沟槽结构中的抗原多肽（8～10 个氨基酸），即靶细胞通过 MHC I 类分子将内源性抗原加工呈递给 CTL 前体。因此，用合成肽替代自然多肽诱导 CTL 产生是可行的。根据有效的抗原多肽必须满足的条件，又按照已确定了多种受 HLA 限制的 EBV – LMP2 的 CTL 表位，合成在中国人群中常见的 HLA – A2、A11、A24、B40 短肽，应用酶免疫吸附斑点法（Elispot），检测了我国 90 例正常人、EBV – IgA/VCA 阳性和 NPC 病人的特异性 EBV – LMP2 的 CTL 状况。

材料和方法

标本收集：采集我国广东汕头、广西南宁和北京地区 90 例外周血标本，其中正常人、EBV – IgA/VCA 阳性和 NPC 病人各 30 例。获得新鲜的单核淋巴细胞。

多肽设计：参照 EBV – LMP2 多肽库的序列图，由英国伯明翰大学 Rickinson 教授实验室合成[1]。EBV – LMP2 肽 CTL 的表位序列见表 1。

检测方法：用 Elispot 检测 90 例不同人群中 T 淋巴细胞针对 EBV – LMP2（A2、A11、A24、B40）肽的特异性杀伤作用。单核淋巴细胞悬液按不同的稀释浓度加入到已进行 γ 干

表 1　EBV – LMP2 肽 CTL 表位序列

EBV – LMP2 肽名	氨基酸产物位置	HLA 限制	肽序列
CLC	426～434	A0201	CLGCLITMV
LLW	329～337	A0201	LLWTLVVLL
FLY	356～364	A0201	FLYALALLL
LLS	447～455	A0203	LLSAWILTA
LTA	453～461	A0206	LTAGFLIFL
SSC	340～350	A1101	SSCSSCPLSKI
TYG	419～427	A2402	TYGPVFMCL
IED	200～208	B4001	IEDPPFNSL

扰素（IFN – γ）抗体包被的反应孔内。这些淋巴细胞在诱导后产生的细胞因子会被包被的特异性抗体捕获。移去细胞后，被捕获的细胞因子可以与已结合生物素的第二抗体进行结合。用标记了碱性磷酸酶的抗生物素抗体显色。用显微镜计数蓝色斑点。设用 PHA 加淋巴细胞的阳性孔和 1640 加细胞的阴性孔。

统计学处理：所得数据采用 χ^2 检。

结　　果

不同人群中 T 细胞对 EBV – LMP2 靶抗原的识别，90 例标本的检测发现：30 例正常人中 27 例特异性 LMP2 应答。在 EBV – IgA/VCA 阳性的 30 例中 17 人对 LMP2 识别，而 30 例未治疗的 NPC 病人中仅 6 例由特异的 LMP2 应答，所得的结果经统计学处理，两者差异有非常显著性（$P < 0.0005$），见表 2。

3 组不同人群中，在 2 组构成有显著差异，正常人中 T 细胞对 LMP2 特异性应答的较高，而 NPC 对 LMP2 的应答较低。

EBV – IgA/VCA 阳性的人群中，按不同的滴度，观察 $CD8^+$ CTL，表 3 显示，不同滴度在识别 LMP2 中无显著差异。

表 2　特异性 EBV – LMP2 肽的 CTL

分　组	正常人	EBV – IgA/VGA 阳性	鼻咽癌病人	总计
LMP2 肽识别者	27	17	6	50
LMP2 肽无识别者	3	13	24	40
合　计	30	30	30	90

注：$\chi^2 = 29.79$，$P = 0.001$，$P < 0.0005$

表 3　不同滴度的 EBV – IgA/VCA 阳性对 LMP2 肽的识别

分　组	滴　度					
	1:10	1:20	1:40	1:80	>1:80	总计
LMP2 肽识别者	3	1	4	6	3	17
LMP2 肽无识别者		5		5	3	13
合　计	3	6	4	11	6	30

讨　　论

目前已知，几乎所有的肿瘤患者均有免疫功能异常，EBV 相关恶性肿瘤患者的细胞免疫也是低下的。杨成勇等[2]建立了检测 EBV – LMP1 特异性 CTL 功能的方法，发现 NPC 患者外周血中 LMP1 特异性的细胞免疫功能显著低于正常人群。我们的实验也得到同样的结果。

EB 病毒主要是通过唾液传播，世界上大多数人都感染了 EB 病毒，一旦感染就终身带毒。病毒在咽部上皮细胞有低水平复制，并不断释放病毒至口咽腔。同时有特异性的细胞毒性 T 淋巴细胞，它控制 EB 病毒转化的 B 淋巴细胞，这种特异性的细胞免疫是受 HLAI 所限制的。并发现具有这种活性的 T 细胞特异地识别病毒的膜成分。近年来，经过研究和详细分析已证明 LMP1、2 均能诱发 T 细胞的细胞毒反应。细胞免疫在对病毒活化的"监视"和清除转化的 B 细胞中起着关键性作用。最近的研究又表明 EBV – LMP2 是治疗 EBV 相关肿瘤的良好靶抗原。美国 Rooney 教授等[3]利用逆转录和单纯疱疹病毒作载体，将 EBV – LMP2 导入树突状细胞并表达，以它作刺激细胞激活霍奇金病患者体内的特异性 CTL。发现 15 例患者中有 11 例在第一或第二次治疗中产生了自身的 EBV 特异的 CTL。1999 年，英国实验室与香港大学合作，将 NPC 病人自身的树突状细胞作为佐剂加 LMP2 肽段作为免疫治疗的疫苗，得到一些可喜的前景。

我们的工作了解了特异性 EBV – LMP2 肽在中国不同人群中的应答状况，为进一步开展用 LMP2 多肽疫苗[4]或重组病毒疫苗的工作提供了重要依据。

〔原载《中国肿瘤》2001，10（12）：707 – 708〕

参 考 文 献

1 Redehenko LV, Rickinsom AB. Accessing Epstein – Barr Virus specific T – cell memory with peptide – loaded dendritic cells. J Virol, 1999, 73：334 – 342

2 杨成勇，沈倍奋，曾毅. 鼻咽癌患者 EB 病毒潜伏膜蛋白 1（LMP1）的特异性细胞免疫研究. 病毒学报，1999, 15：193 – 198

3 Rooney CM, Roskyow MA, Suzuki N. Treatment

of relapsed Hodgkin's disease using EBV – specific cytotoxic T cells. Ann Oncol. 1998, 9（Suppl）：S129 – 132

4 Yang J, Lemas VM. Flinn IW, et al. Application of the Elispot assay to the characterization of CD8+ responses to EBV. Blood. 95（1）：241 – 248

257. HPIV18 E6 E7 基因诱发的人胎儿食管上皮永生化和恶性转化细胞端粒长度和端粒酶活性

汕头大学医学院肿瘤病理研究室　许丽艳　沈忠英　蔡唯佳　沈　健　李　淳
汕头大学医学院生物化学与分子生物学教研室　李恩民
汕头大学医学院肿瘤医院　洪超群　陈炳玉　中国预防医学科学院病毒学研究所　曾　毅

〔摘　要〕　目的　探讨端粒长度、端粒酶活性以及端粒酶亚单位组分（hTERT、hTR）的表达与食管上皮细胞永生化和恶性转化之间的关系。　方法　对 HPV18E6E7 基因诱发的人胎儿食管上皮永生化细胞系 SHEE 和恶性转化细胞系 SHEEC，通过 Southern blot 检测端粒长度（TRF），TRAP 法测定端粒酶活性，RT – PCR 研究端粒酶催化亚单位（hTERT）和端粒酶 RNA 成分（hTR）的表达。　结果　SHEE 细胞和 SHEEC 细胞的端粒平均长度比正常食管上皮细胞的明显缩短，但稳定维持在一定长度范围内。SHEE 细胞和 SHEEC 细胞均具有端粒酶活性，并均有 hTERT 和 hTR 表达。　结论　端粒酶表达活化使端粒维持在一定长度是永生化食管上皮细胞 SHEE 和恶性转化细胞 SHEEC 能够稳定分裂增殖的重要因素之一。

〔关键词〕　端粒长度；端粒酶；食管癌细胞系；恶性转化；永生化

端粒是染色体末端的一种特殊结构。它具有控制细胞分裂次数，防止染色体重排、丢失、末端融合和被酶消化降解等功能。由于染色体线状 DNA 末端复制缺口问题，在真核细胞有丝分裂时，端粒序列将变短，最后越过一个临界长度，失去维护染色体稳定的作用，并最终导致细胞的衰老和死亡。但在许多永生化和恶性转化细胞中，由于端粒酶的表达活化，端粒将被稳定维持在一定长度范围内，使细胞能够持续分裂增殖下去。端粒酶控制着端粒的长度，但大多数人体组织和原代细胞具有较低或不能被检测出端粒酶活性。目前，已鉴定出了端粒酶的 3 个亚单位，它们分别是端粒酶催化亚单位，也称端粒酶反转录酶（hTERT）、端粒酶 RNA 成分（hTR）、端粒酶相关蛋白（hTP1）。hTR 为端粒重复片段单位的合成提供了模板；hTERT 与端粒酶活性呈明显的正相关，在端粒 DNA 的聚合中起催化作用；而 hTP1 究竟起何种作用还不清楚[1]。研究端粒酶的表达活化对探讨细胞永生化及其恶性转化具有重要意义[2]。SHEE 和 SHEEC 是我室用人乳头状瘤病毒（HPV）诱导人胎儿食管上皮而新建立的 2 株细胞系。SHEE 是永生化食管上皮细胞系[3,4]，SHEEC 是用十二烷基葵豆蔻（TPA）诱导 SHEE 而发生恶性转化的食管癌细胞系[5]，对它们的生物学特征已进行了较详细研究。本文将对 SHEE 和 SHEEC 细胞的端粒长度（TRF）、端粒酶活性及其 hTERT、hTR 的表达进行研究，以了解在食管上皮细胞永生化和恶性转化过程中染色体端粒和端粒酶的变化。

材料和方法

一、样品　SHEE 和 SHEEC 细胞系在含 10% ~ 15% 小牛血清（华美公司）的 199 培养基（GIBCO 公司）中传代培养，收获不同代数的细胞，PBS 洗 3 次后计数，按 10^6 ~ 10^8 个细胞分装于离心管中，以 EC109 食管癌细胞系（中国医学科学院肿瘤研究所吴昊院士惠赠）和手术切除的食管癌组织和正常食管黏膜上皮组织为对照，所有样品均保存于 − 70℃。

二、端粒长度检测

1. 提取基因组 DNA：10^6 ~ 10^8 个细胞或适量冻存的组织标本，常规方法提取基因组 DNA，260 nm 和 280nm 处测定光吸收值，计算 DNA 含量和纯度。

2. 探针标记：在无菌 0.5 ml 离心管中加 6 μl（1 μg/μl）寡核苷酸 5' − CCCTAACCCTA-ACCCTAA − 3，（上海生工生物工程有限公司合成），按地高辛标记试剂盒（BM 公司）说明书进行操作，确定最适工作浓度。

3　Southern 杂交[6]：各检测样品基因组 DNA 每种 20 μg，Hinfl（MBI 公司）酶切过夜，0.7% 琼脂糖、40 V 电泳过夜，然后将凝胶依次进行下列处理：0.25 mol/L HCl 脱嘌呤 15 min，1.5 mol/L NaCl、0.5 mol/L NaOH 变性 30 min，1.5 mol/L NaCl、0.5 mol/L Tris − Cl（pH 7.2）、1.0 mmol/L EDTA（pH 8.0）中和 2 次（每次 15 min），毛细管法转膜（Hy-bond™ N+ nylon membrane，Amersham Life Science）24 h，80℃烤膜 2 h，68℃下预杂交（5 × SSC、0.5% blocking reagent、0.1% SLS、0.02% SDS）6 h，47℃下杂交（杂交液中含适量的探针，不含 blocking reagent）过夜，漂洗杂交膜（2 × SSC、0.1% SDS 室温下漂洗 2 次，每次 5 min；1 × SSC、0.1% SDS，50℃下漂洗 7 ~ 10 min；0.1 × SSC、0.1% SDS，50 ℃洗 2 次，每次 5 min），进行免疫反应，NBT/BCIP 显色，TE 终止反应，照像，图像分析，计算端粒平均长度[6,7]。

三、端粒酶活性分析　采用 INTER GEN 公司的 TRAPEZE telomerase detection 试剂盒，按试剂盒说明书进行操作。细胞经裂解后，取适量上清液加入到置于冰上的无菌离心管中，依次加入 2.5μl 10 × TRAP buffer、0.5μl 2.5 mmol/L diNTP、0.5μl Ts Primer、0.5μl TRAP Primer Mix 和 0.5μl Taq（2U/μl），补水至 25.0μl 后混匀，30℃孵育 30 min，进行 PCR 反应。PCR 反应程序是：94℃30 s，55℃30 s，72℃30 s，共 35 个循环。PCR 反应后，12% 非

变性 PAGE 电泳，银染，照像。

四、RT－PCR 分析 hTERT 和 hTR 的表达 采用 MBI 公司的 Gstract RNA ISOLATION Kit Ⅱ。取 $10^6 \sim 10^8$ 个细胞，按试剂盒说明书提取总 RNA，反转录合成 cDNA。hTERT、hTR 和 CAPDH 所用引物及 PCR 反应条件参照 Nakamura[8] 建立的方法进行，引物由上海生工生物工程有限公司合成，hTERT、hTR 和 GAPDH 的扩增产物分别是 124 bp、150 bp 和 226 bp。PCR 产物经 1.5% 琼脂糖水平电泳进行检测，EB 染色，紫外透射仪下观察并照像。

结　果

一、端粒平均长度 从图 1（略）、图 2 可见，正常食管黏膜上皮组织端粒平均长度约为 30.0 kb，而食管癌组织、SHEEC 细胞和 SHEE 细胞的端粒长度明显缩短，在 6.6 ~ 2.0 kb 之间。SHEE 细胞从十几代到八十几代的传代过程中，端粒长度有增长趋势，约增长 1.0kb。SHEEC 细胞与 EC109 细胞和食管癌组织的端粒长度相近，约为 6.0kb。

二、端粒酶活性及其端粒酶 hTERT 和 hTR 的表达分析 结果见图 3（略）。

从中可见，SHEEC 细胞和 SHEE 细胞均具有端粒酶活性，且 SHEE 细胞从十几代就已开始具有了端粒酶活性，在六十几代、八十几代依然保持着。端粒酶的 hTERT（mRNA）及 hTR 在 SHEEC 细胞和 SHEE 细胞中也有表达，SHEE 细胞从十几代到七十几代的传代过程中，hTERT（mRNA）及 hTR 一直持续稳定表达。

讨　论

探讨肿瘤组织或细胞中端粒酶活性和端粒长度的变化是近年来肿瘤学研究的热点之一。人们希望通过对端粒与端粒酶的研究能够为肿瘤诊断和治疗寻找到新途径。目前普遍认为在大多数肿瘤组织或细胞中端粒酶呈高表达，而端粒长度虽变短，但维持在一定长度范围内，使细胞处于持续增殖状态。最近随着端粒酶的 3 个亚单位即 hTEKT、hTR、hTP1 被鉴定，使人们对端粒酶又有了更进一步的认识，认为 hTERT 的表达与端粒酶活性呈明显正相关，而通过抑制 hTEKT 的表达会抑制肿瘤的生长，借此达到治疗肿瘤的目的。目前，这一设想尚处于实验阶段[9]。

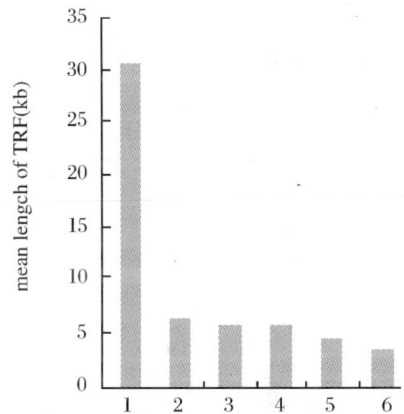

图 2　各种细胞系和组织端粒平均长度直方图（数据来源于图 1）

1：normal esophageal epithelial tissue，2：esophageal cancer tissue. 3：ECl09，4：SHEEC，the 55th passage，5：SHEE，the 8lst passage，6：SHEE，the 19th passage

Fig. 2　Telomere length in different cell lines and tissues，The data were obtained from Fig. 1

食管癌是潮汕地区的高发肿瘤之一，立足于潮汕地区探寻食管癌发病的分子机制一直是我们的研究目标。迄今为止，所见国内外关于食管癌中端粒酶表达和端粒长度检测的报道很少[10,11]。本文研究了我们自己建立的永生化食管上皮细胞系 SHEE 及其恶性转化的食管上皮细胞系 SHEEC 的端粒长度、端粒酶活性及其亚单位成分的表达，其目的是为深入认识食管上皮细胞永生化及其恶性转化的分子机制提供基础实验资料。本文的实验结果表明，与正常食管黏膜上皮相比 SHEE 细胞和 SHEEC 细胞的端粒长度明显缩短，但维持在一定长度范围内；与此同时 SHEE 细胞在十几代、六十几代和八十几代一直具有端粒酶活性，hTERT 及 hTR 的 mRNA 也一直持续稳定表达，而 SHEEC 细胞的有关情况与 SHEE 细胞类似。我们认为端粒长度明显缩短是由 SHEE 细胞和 SHEEC 细胞本身的持续分裂增殖造成的，而端粒长度被维持在一定范围内则与其端粒酶表达活化相关联。显而易见，上述与端粒长度密切相关的两个方面的作用是截然相反的，但两者的对立统一可能恰恰是细胞持续分裂增殖所必需的。另外，本文的实验结果还表明，SHEE 细胞随着传代次数的增加，从十几代到八十几代 SHEE 细胞的端粒长度有增长的趋势，而 SHEEC 细胞未见到此种情况。此现象值得深入研究。

Asai 曾研究过 13 种食管癌细胞系的端粒长度[10]，发现其端粒长度均明显缩短，这在其他肿瘤细胞也有相似报道[12]，可见这可能具有一定的普遍性。其机制可能是大多数体细胞无端粒酶活性，在某些因素的影响下，细胞发生分裂、增殖，导致端粒变短，此时如果端粒酶被表达并活化，那么，端粒也就被维持在一定长度，细胞就可持续增殖下去；反之，细胞则走向死亡。然而，端粒酶是如何被表达活化的，目前还没有明确认识。完全可以预见，端粒酶表达活化机制的阐明，将对研究肿瘤的发生、诊断、治疗具有重要的理论和实际意义。

〔原载《癌变·畸变·突变》2001，13（3）：137－140〕

参 考 文 献

1　Weinrich S L, Pruzan R, MaL, *et al*. Reconstitution of human telomerase with the template RNA component hTR and the catalytic protein subunit hTRT. *Nat Genet*, 1997, 17（4）：498－502

2　van Steensel B , Smogorzewska A and de lange T. TRF₂ protects human telomeres from end－to－end fusions. *Cell*. 1998, 92（3）：401－413

3　沈忠英，蔡唯佳，沈健，等. 人乳头状瘤病毒 18E6E7 和 TPA 协同诱发人胚食管上皮细胞恶性转化的研究，病毒学报，1999, 15（1）：1－6

4　沈忠英，岑山，蔡唯佳，等. 人乳头状瘤病毒 18 型 E6E7 基因诱导人胚食管上皮永生化. 中华实验和临床病毒学杂志，1999, 13（2）：121－123

5　沈忠英，沈建，蔡唯佳，等. 人乳头状瘤病毒 18 型 E6E7 基因诱导胎儿食管永生化上皮的生物学特征. 中华实验和临床病毒学杂志，1999, 13（3）：209－212

6　Hastie N D, Defroster M, Dunlop M G, *et al*. Telomere reduction in human colorectal carcinoma and with ageing. *Nature*, 1990, 346（6287）：866－868

7　Allsopp RC, Vaziri H, Patterson C, *et al*. Telomere length predicts replicative capacity of human fibroblasts Proc N atl Acad Sci USA, 1992, 29（21）：10114－10118

8　Nakamura TM, Morin GB, Chapman KB, et al. Telomerase catalytic subunit homologs from fisson yeast and human. *Scence*. 1997, 277（5328）：955－959

9　de Lange T, Jacks T. For better or worse? Telomerase inhibition and cancer cell line. Cell, 1999, 98（3）：273－275

10　Asai A, Kiyozuka Y, Yoshida R, *et al*. Telomere length, telomerase activity and telomerase RNA expression in human esophageal cancer cells: correlation with cell proliferation, differentiation and chemosensitivity to anticancer drugs. Anticancer Res, 1998, 18（3A）：1465－1472

11　王涛，张伟，金顺钱，等. 食管癌组织中端粒酶活性的研究. 中华医学杂志，1998, 78（10）：785－786

12　Kocneman KS, Pan C X, Jin J K, *et al*. Telomerase activity, telomere length, and DNA ploidy in prostatic intraepithelial neoplasia（PIN）. J Urol. 1998, 160（4）：1533－1539

Telomere Length and Telomerase Activity in Immortalized and Malignantly Transformed Human Embryonic Esophageal Epithelial Cell Lines by E6 and E7 Genes of HPV 18 Type

XU Li – yan, SHEN Zhong – ying, LI En – min, et al.

(Pathological Department, Shantou University Medical College, Shantou 515031, China)

Objective To study the relationship of the telomere length and telomerase activity to immortalization or malignant transformation of the immortalized esophageal epithelial cell line (SHEE) and malignantly transformed cell line (SHEEC) induced by E6 and E7 genes of HPV 18 type. **Methods** Using SHEE and SHEEC cell lines, the telomere length (mean length of telomere restriction fragments, TPF) was examined by Southern blotting, the telomerase activity by the PCR – based telomeric repeat amplification protocol (TRAP) and the expression of human telomerase reverse transcriptase (h TER T) and human telomerase RNA (hTR) by reverse transcription polymerase chain reaction (RT – PCR). **Results** The telomere length in the SHEE and SHEEC was significantly shorter than that in the normal esophageal epithelial tissue, but maintained a stable length. The telomerase activity and its subunit hTERT and hTR were observed in the SHEE and SHEEC. **Conclusion** A possible cause of stable division of SHEE and SHEEC is telomerase reactivitied, which maintains the telomere at a shortened and stable length.

〔**Key words**〕 Telomere length；Telomerase；Esophageal cancer cell line；Malignant transformation；Immortalization

258. 丁酸钠对食管永生化上皮细胞增殖、分化和凋亡的作用

汕头大学医学院肿瘤病理研究室 沈忠英 陈铭华 蔡维佳 沈 健

汕头大学医学院附属肿瘤医院中心实验室 陈炯玉 洪超群

中国预防医学科学院病毒学研究所 曾 毅

〔摘 要〕 目的 研究丁酸钠对永生化食管上皮的增殖、分化和凋亡的作用。 方法 用 HPV18 E6E7 诱发的人胚食管上皮永生化细胞株 SHEE，培养在 50 ml 培养瓶和 24 孔培养板，实验组分别加入 1 mmol/L 和 5 mmol/L 丁酸钠，对照组未加药，作用 4 d。统计细胞克隆数，细胞超微结构用电镜检查；细胞周期和凋亡细胞数用流式细胞仪检查；Ki – 67、细胞角蛋白用免疫组织化学 SP 法检查；激光共聚焦扫描显微镜检查用鬼臼毒素标记的 F – 肌动蛋白。 结果 加入 1 mmol/L 和 5 mmol/L 丁酸钠 4 d 克隆形成率分别为 65.5% 和 25.5%，比对照组减少 73.5%。细胞周期检查 1mmol/L 组 S 期细胞明显减少（4.6%），多停留在 G_0/G_1 期（83.8%）。与对照组比较，1 mmol/L 组细胞 Ki – 67 表达降低，F – 肌动蛋白和角蛋白表达增加，5 mmol/L 组细胞凋亡明显增多。 结论 丁酸钠可以诱导 SHEE

细胞增殖停滞和细胞凋亡，并有促细胞分化作用。其与用药剂量和时间有关。

〔关键词〕　食管；羟丁酸钠；脱嗜作用；细胞，培养的

　　丁酸是一种短链脂肪酸，它可以由食物纤维在肠道的酶作用下形成。文献上曾报道丁酸可以刺激结肠上皮细胞增殖和抑制分化和凋亡[1]；丁酸钠抑制人 Burkitt 淋巴瘤细胞的凋亡[2]；丁酸钠与促癌物 TPA 起协同作用可以大大地提高 EB 病毒抗原（EA，VCA）的表达率[3]；可以促进 EB 病毒诱发 B 淋巴细胞转化[4]和人胚鼻咽黏膜上皮细胞癌变[5]。相反的有较多报道认为丁酸钠能抑制大肠癌细胞生长[6]，能抑制神经母细胞增生和引起细胞分化[7]。上述观点迥然不同。我们就丁酸钠对食管永生化细胞系细胞的增殖、分化和凋亡的作用进行了研究。

材料和方法

　　一、细胞培养　SHEE 细胞系是我室用人乳头状瘤病毒（HPV）18 型 E6E7 基因诱导的永生化食管上皮细胞株[8]。细胞在 M199 培养基加 10% 小牛血清培养，第 15 代，细胞生长良好。

　　二、用药方法　丁酸钠（北京化工厂）用培养基配成 5 mmol/L 和 1 mmol/L，SHEE 细胞 10^6 接种在 50 ml 塑料培养瓶（Corning 公司），接种后第 2 天换含丁酸钠培养基。继续培养 4 d，对照组未给丁酸钠。另用 24 孔培养板，内加盖玻片，SHEE 细胞 10^4/ml 接种在 24 孔板，丁酸钠 5 mmol/L 和 1 mmol/L 各加入 8 孔，另 8 孔对照组未加丁酸钠，作用时间同上，实验重复 2 次。

　　三、细胞克隆计数　给药 4 d 后计算克隆数，克隆分为大（> 20 个细胞）、中（5～20 个细胞）、小（< 5 个细胞），每瓶计算 500 克隆，比较给药 1 mmol/L、5 mmol/L 和对照组的差异。

　　四、透射电镜检查　培养瓶细胞给药 4 d 后消化离心，细胞成团，用 2.5% 戊二醛固定，电镜常规制样，日立 H－300 透射电镜观察。

　　五、流式细胞仪检查　培养细胞加入丁酸钠，第 4 天，细胞从培养瓶消化，离心，PBS 洗 3 次，用 70% 冷乙醇固定。检查前洗去乙醇，分散细胞，350 目尼龙网过滤，细胞数 10^6/ml，用碘化丙锭（propidium iodide，PI）染色。流式细胞仪（FACSORT，B－D 公司）检查。DNA 组方图可分为 G_0G_1、S、G_2M 期，G_0G_1 期前细胞峰值代表凋亡细胞，细胞增殖指数 ＝ $(S + G_2M) / (G_0G_1 + S + G_2M)$。

　　六、免疫组织化学　细胞角蛋白单抗（cytokeratin13，CKl3），Ki－67 核增殖抗原单抗和免疫组织化学染色超敏感试剂盒（SP kit）Maxim 公司产品，购自福州迈新生物技术开发公司。用 24 孔板盖玻片上生长的细胞进行免疫组织化学检查，按试剂盒方法操作。统计 500 个细胞，计算 CKl3 和 Ki－67 阳性细胞百分率。

　　七、F－肌动蛋白鬼臼毒素和 Hoechst 33342 荧光染色　培养在 24 孔培养板内盖玻片上的细胞，经 4% 多聚甲醛固定，0.1% Triton X－100 处理后，冷丙酮脱水，荧光素标记的鬼

白毒素甲醇稀释液（6.6 μmol/L，200U/ml）染片（每片1U）40 min，室温，水洗多次，后用 Hoechst 33342（Sigma）50 μg/ml 染细胞核 20 min，PBS 洗 3 次，PBS 封片。

八、激光共聚焦扫描显微镜（LCSM）检查 盖片上 F－肌动蛋白染色的细胞用激光共聚焦扫描显微镜（ACAS Ultima312，Meridian 公司，美国）检查；计算机处理软件（Analyze-Image）控制，图像存入 Bermoulli 磁盘，各种实验参数如下：倒置显微镜（Olympus）物镜 40×；激发光：蓝光（488 mm）；激光功率：750 mW；Pinhole：225 μm；扫描激光强度：55%；PMTI：36.6%；PMT2：36.6%；扫描速度：20.0 mm/s；图像大小：121 μm×121 μm；马达步距：20 μm。扫描测定全屏肌动蛋白量，除以细胞核数为平均每个细胞 F－肌动蛋白含量。

九、统计学处理 采用 χ^2 检验。

结 果

一、克隆细胞生长情况 SHEE 细胞在培养瓶培养，24 h 贴壁后换含丁酸钠培养基，作用 4 d，不同浓度丁酸钠对细胞克隆形成的影响见表 1。5 mmol/L 丁酸钠组，细胞克隆形成率骤减，以 3~5 个细胞小克隆为主（92.5%，图 1）。1 mmol/L 组，以中克隆为主（占 54.2%，图 2）。对照组以大克隆为主（占 91.2%，图 3）。说明丁酸钠对 SHEE 细胞早期生长有抑制作用。不同剂量引起克隆形成率的差异有非常显著性意义（$P < 0.01$）。

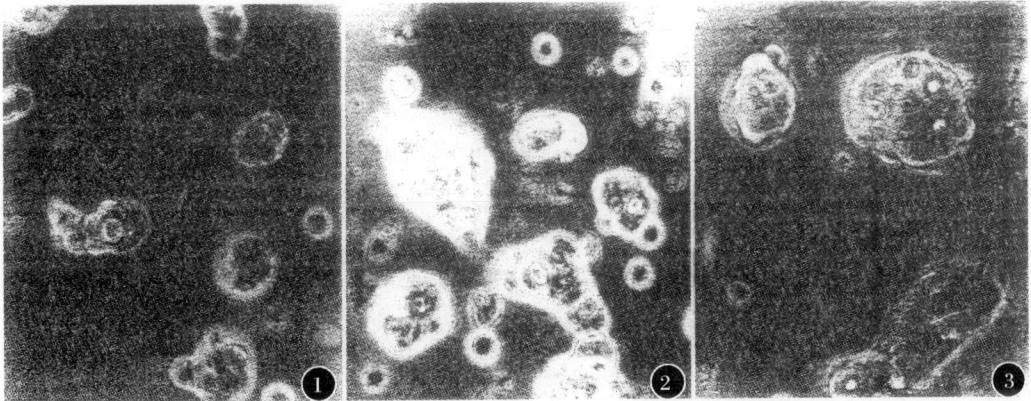

图 1~3：SHEE 在丁酸钠作用下细胞克隆生长情况。图 1：5 mmol/L 丁酸钠作用组细胞克隆小，
细胞少；图 2：1 mmol/L 丁酸钠作用组细胞克隆以中克隆为主；
图 3：对照组，细胞克隆大，细胞多 相差显微镜×400

二、细胞超微结构改变 对照组多数细胞核较大，张力原纤维稀少，核仁明显（图 4）；1 mmol/L 丁酸钠组，细胞分化较好，细胞体积增大，胞质多，核仁不明显，出现较多张力微丝（图 5）；5 mmol/L 组，部分细胞出现凋亡，核仁不明显（图 6），说明 1 mmol/L 丁酸钠有促细胞分化作用，5 mmol/L 丁酸钠有促细胞凋亡作用。

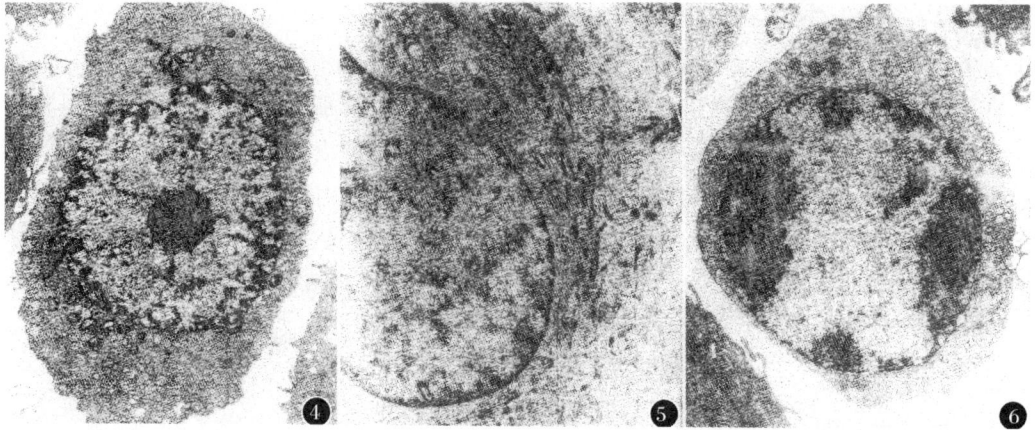

图 4~6 SHEE 细胞超微结构。图 4：可见细胞器丰富，核圆形，核仁较大居中 ×5000；

图 5：1 mmol/L 丁酸钠作用组，见细胞质张力原纤维增多 ×10 000；

图 6：5 mmol/L 丁酸钠作用组可见细胞微绒毛消失，核变圆，染色质凝集靠边，呈凋亡改变 ×7000

三、细胞增殖动力周期的分析　分析细胞 DNA 组方图，对照组 G_0/G_1 细胞 65.7%，S 期 18.3%，并有 5.2% 自发凋亡细胞。1 mmol/L 丁酸钠组，见细胞停滞在 G_0/G_1 期 (83.8%)，S 期减少（4.6%），凋亡细胞 7.2%。5 mmol/L 组，见 G_0/G_1 期 76.2%，S 期 10.5%，最突出的是细胞凋亡增加（25.7%）。细胞增殖指数：对照组 34.3%，1 mmol/L 丁酸钠组 16.2%，5 mmol/L 丁酸钠组 23.8%。说明小剂量丁酸钠经较长时间作用可诱导细胞分化。细胞多停留在 G_0/G_1 期，5 mmol/L 抑制细胞增殖，并诱导细胞凋亡。

四、细胞增殖核抗原和角蛋白的变化　以核增殖抗原（Ki－67）的表达代表细胞增殖标记，以 CK13 代表细胞分化指标，结果见表 2。丁酸钠 1 mmol/L 组和 5 mmol/L 组皆见 Ki－67 阳性细胞比对照组少，CK13 阳性表达，在 1 mmol/L 组表达较高，对照组其次，5 mmol/L 组最少。说明小剂量丁酸钠 1 mmol/L 有抑制增殖和促进分化作用。经统计学处理，各组间差异有非常显著性意义。

表 1　丁酸钠作用 SREE 细胞克隆形成率和克隆大小的统计

剂量	克隆形成率（%）	细胞大小百分比（%）		
		大	中	小
5 mmol/L	25.5 *	0	7.5	92.5
1 mmol/L	65.5 *	30.5	54.2	15.3
对照组	73.5 *	91.2	6.9	1.9

注：* 三者数值比较卡方检验，$\chi^2 = 161.3$，230.4，7.5，$P < 0.01$

表 2　丁酸钠作用 SHEE 细胞，Ki－67 和 CK13 阳性细胞百分率

丁酸钠剂量	阳性细胞百分率（%）	
	Ki－67	CK13
5 mmol/L	15.2 ± 4.3	18.7 ± 7.5
1 mmol/L	17.0 ± 11.7	59.3 ± 17.5
对照	38.0 ± 14.1	30.2 ± 5.4

注：卡方检验，两用药组和对照组相比，χ^2 值 Ki－67：267.6，220.0；CK13：71.9，341.6，均 $P < 0.01$

五、细胞 F－肌动蛋白表达的变化　未用药 SHEE 细胞生长良好，F－肌动蛋白稀少（图 7），每个细胞含量为（210.7 ± 70.3）au（为随意单位）。给丁酸钠（1 mmol/L）后，细胞增大，胞质增多，有丰富的 F－肌动蛋白（图 8），每个细胞肌动蛋白含量（983.7 ±

235.4）au，5 mmol/L 组 F－肌动蛋白量（430.5±170.6）au。说明 1 mmol/L 丁酸钠有促肌动蛋白的表达；5 mmol/L 丁酸钠对细胞肌动蛋白含量影响不大。

讨　论

　　SHEE 细胞系是我室以 HPV18 E6E7 AAV 感染人胚胎食管上皮诱导出的一株新的人食管永生化上皮细胞株，其特征系保留食管黏膜鳞状上皮基底细胞的特性，它增生活跃，并有一定分化能力。经证实细胞内有 HPV 18 E6E7 癌基因存在[9]。学者们一致认为 HPV E6E7 蛋白能使 p53 和 pRb 失活[10]，因此细胞易于增殖和恶性转化，处于癌前状态。

　　细胞的生物学特性应包括增殖、分化和凋亡。本实验丁酸钠作用于 SHEE 使细胞生长停滞，低剂量丁酸钠使培养细胞多处于 G_0/G_1 期，细胞增殖指数降低。细胞 Ki－67 标记增殖细胞减少，说明丁酸钠抑制细胞增殖。低剂量丁酸钠使细胞呈分化鳞状上皮形态，张力原纤维增加，细胞角蛋白和肌动蛋白增加，说明丁酸钠促进 SHEE 细胞分化。高剂量丁酸钠促细胞凋亡。因此可认为丁酸钠对增殖状态的 SHEE 细胞有抑制增殖、促进分化作用，可以改变 SHEE 细胞生物学特性。

　　有关丁酸钠抑制增殖作用机理，从丁酸钠可以使 S 期细胞减少推测，可能是由于丁酸钠有抑制 DNA 合成作用，使细胞停滞在 G_0/G_1 期。

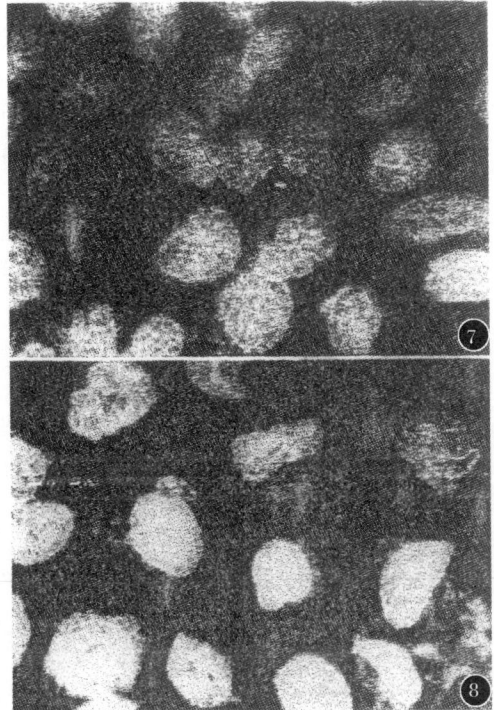

图 7，8：细胞 F－肌动蛋白检查
图 7：未给丁酸钠，细胞 F－肌动蛋白稀少；
图 8：给丁酸钠 1 mmol/L，细胞质增多，
有丰富的 F－肌动蛋白　LCSM×400

Heerdt 等[11]用丁酸引起大肠癌细胞系细胞生长停滞，认为是由于 p53 诱导 p16 作用于周期素激酶（cyclinkinase）所致。Heerdt 等[12]还认为丁酸引起细胞凋亡的机制是丁酸作用于线粒体，引起线粒体膜电位（mitochondrial membrane potential，Δφml）改变，引起半胱氨酸蛋白酶 caspases 级联活化（cascade），如 caspase 3 活化，使细胞蛋白溶解，或激发 caspase 活化 DNA 酶（caspase activative DNase）引起细胞核 DNA 降解，产生细胞凋亡。

　　我们研究结果认为丁酸钠对培养的永生化食管上皮细胞有抑制增殖、促进分化和细胞凋亡作用，是否可以作为治疗肿瘤的辅助用药物是值得进一步研究。我们过去的工作，报道丁酸钠和 TPA 协同作用可以促进 EB 病毒对人正常 B 淋巴细胞转化，促进鼻咽黏膜细胞恶性转化[4,5]，其结果与本文报道相反，何以解释，应进一步研究。

〔原载《中华病理学杂志》2001，30（2）：121－124〕

参 考 文 献

1　Hass R，Busche R，Luciano L，et at. Lack of
butyrate is associated with induction of Bax and

subsequent apoptosis in the proximal colon of guinea pig. Gastroenterology, 1997, 112: 875 –881

2　Alexandrov I, Romanova L, Mushinsk F, et al. Sodium butyrate suppresses apoptosis in human Burkitt lymphomas and murine plasmacytomas bearing c – myc translocations. FEBS Lett, 1998, 434: 209 –214

3　曾毅, 钟建民, 叶树清, 等. 诱导 EB 病毒早期抗原表达的中草药和植物的筛选. 病毒学报, 1992, 8: 158 –162

4　胡根玲, 曾毅. 几种中草药对淋巴细胞的促转化作用. 中华肿瘤杂志, 1985, 7: 417 –419

5　刘振声, 李保民, 刘彦仿, 等. 对 EB 病毒与促癌物协同作用诱发人鼻咽癌恶性淋巴瘤和未分化癌的研究. 病毒学报, 1996, 12: 1 –8

6　Yamamoto H, Fujimoto J, Okamoto E, et al. Suppression of growth of hepato cellular carcinoma by sodium butyrate in vitro and in vivo. Int J Cancer, 1998, 76: 897 –902

7　Rocehi P, Ferreri AM, Magrini E, et al. Effect of butyrate analogues onproliferation and differentiation in human neuroblastoma cell lines. Anticancer Res, 1998, 18: 1099 –1103

8　沈忠英, 岑山, 蔡维佳, 等. 人乳头状瘤病毒 18 型 E6E7 基因诱导人胎儿食管上皮永生化. 中华实验和临床病毒学杂志, 1999, 13: 121 –123

9　沈忠英, 蔡维佳, 曾毅, 等. 人乳头状瘤病毒 18E6E7 和 TPA 协同诱发人胚食管上皮细胞恶性转化的研究. 病毒学报, 1999, 15: 1 –6

10　Boyer SN, Wazer DE, Band V. E7 protein of human papillomavirus – 16induces degradation of retinoblastoma protein through the ubiquitin – proteasome pathway. Cancer, Res 1996, 56: 4620 –4624

11　Heerdt BG, Houston MA, Augenlicht LH. Potentiation by specific shortchain fatty acid of differentiation and apoptosis in human colonic carcinoma cell lines. Cancer Res,1994,54:3288 –3293

12　Heerdt BG, Houston MA, Anthony GM, et al. Mitochondrial membrane potential [delta psi (mt)] in the coordination of $p53$ – independent proliferation and apoptosis pathways in human colonic carcinoma cells. Cancer Res, 1998, 58: 2869 –2875

The Effects of Sodium Butyrate on Proliferation, Differentiation and Apoptosis in Immortalized Esophageal Epithelial Cells

SHEN Zhong-ying*, CHEN Ming-hua, CAI Wei-jia, SHEN Jian, CHEN Jiong-yu, HONG Chao-qun, ZENG Yi
(*Department of Pathology, Shantou University Medical College, Shanou 515031, Guangdong Province, China)

Objective　To study the effects of sodium butyrate on proliferation, differentiation and apoptosis of immortalized esophagus epithelial cells.　**Methods**　SHEE, an immortalized human fetal esophageal epithelial cell line induced by HPV18 E6E7, was cultivated in culture flasks and 24 – well plates. Two experiment groups of cultured cells were treated with 1 and 5 mmol/L of sodium butyrate respectively for 4 days, and one group of untreated cells set aside as control. The numbers of cloned cells were calculated. The ultra – structure of SHEE cells was examined by transmission electron microscopy (TEM). The cell cycle and number of apoptotic cells were measured by flow cytometry, Ki –67 and cytokeratin of cells were detected by immunohistochemistry method and F – actin of cells labeled with phalloidin was examined by laser confocal scanning microscopy.　**Results**　Colony formations showed a significant decrease in the 2 experiment groups after 4 days of culture ($P < 0.01$). In the 1 mmol/L group, the cells at S phase were diminished and arrested at G_0/G_1 phase. Compared with control group, Ki –67positive cells were found decreased, while F – actin and cytokeratin were increased. Apoptotic cells in 5 mmol/L group were increased markedly.

Conclusions Sodium butyrate may induce SHEE cells growth arrest, differentiation and apoptosis. The effects depend on sodium butyrate concentration and time of exposure. Whether it can be used in combination with other anticancer drugs should be further studied.

〔**Key words**〕 Esophagus; Sodium oxybate; Apoptosis; Cells, Cultured

259. Epstein–Barr 病毒 BARF1 基因协同 TPA 诱发猴肾上皮细胞恶性转化的研究

中国预防医学科学院病毒学研究所肿瘤艾滋病研究室 郭秀婵 张永利 黄燕萍 曾 毅
法国里昂 Laennec 医学院分子病毒实验室 盛 望 OOKA T

〔**摘 要**〕 **目的** 探讨 Epstein–Barr 病毒（EBV）BARF1 基因单独或协同佛波醇乙酯（TPA）诱发猴肾上皮细胞恶性转化的作用。 **方法** 用猴肾永生化上皮细胞 PT1 和 PT7 单独或进一步加促癌物 TPA 注射裸鼠或 Scid 小鼠背部皮下，观察成瘤情况。 **结果** EB 病毒 BARF1 永生化细胞 PT1 和 PT7 在裸鼠不能形成肿瘤，但在免疫力严重缺陷的 Scid 小鼠能形成肿瘤，成瘤率为 66.7% ~ 100%，成瘤时间较长为 45 ~ 60 d。加 TPA 后裸鼠及 Scid 小鼠均能形成肿瘤，裸鼠的成瘤时间为 20 ~ 22 d，Scid 小鼠的成瘤时间 5 ~ 7 d。用聚合酶链反应（PCR）可从肿瘤组织中扩增出 BARF1 基因。 **结论** EB 病毒 BARF1 基因是致癌基因，甚至无需促癌物等辅助条件，也能诱发猴肾上皮细胞恶性转化。

〔**关键词**〕 疱疹病毒 4 型；人；佛波醇乙酯；细胞系，猴，肾；恶性转化

EBV 是普遍存在的人 γ 型疱疹病毒，90% 以上的成年人为 EBV 携带者，持续性 EBV 感染与鼻咽癌、伯基特淋巴瘤、何杰金氏病及某些 T 淋巴细胞瘤等恶性肿瘤的发生过程密切相关。我国为鼻咽癌高发区，南方地区发病率可高达 0.55%[1]，几乎 100% 的 NPC 活检组织中存在 EBV 的基因，LMP1 是第一个被发现可恶性转化啮齿类纤维细胞的基因[2]，但最近有关 EBV 致癌基因的研究热点集中在另外一个基因 BARF1。最早关于 EBV 亲上皮细胞性的报道是 EBV 基因组 BamH I D 到 BamH I A 约 40 kb 的基因，可诱发灵长类原代细胞永生化，但不能恶变[3]。该区域含 BARF1 基因，法国 OOKA 实验室的研究结果表明，BABF10RF 的表达可诱发小鼠 3T3 细胞和 EBV 阴性的人 B 细胞系 Louckes 细胞恶性转化[4,5]。为了阐明 BARF1 基因能是否诱发原代上皮细胞恶性转化，OOKA 的实验室用含 BARF1 基因的逆转录病毒感染猴肾原代上皮细胞，能诱发细胞永生化，注射 60 代的永生化细胞至裸鼠后不能致瘤[6]。为了探讨 BARF1 基因协同 TPA 诱发猴肾细胞恶性转化的作用，在永生化的细胞基础上加入 TPA，诱导永生化细胞恶性变。

材料和方法

一、细胞系及来源 PT1 和 PT7 细胞是 EBV BARF1 基因永生化的 Erythrocebus patas 猴

肾上皮细胞，为两个不同批的克隆细胞，由法国 OOKA 教授提供，在含 10% 小牛血清的 DMEM 培养液中培养。用含 10% 小牛血清的 DMEM 将 TPA 配制成 5 ng/ml 的使用液，备用。

二、**动物** Scid 小鼠和 BALB/c 系裸鼠购于中国医学科学院实验动物研究所，鼠龄 4～6 周雌雄皆用，在有屏障保护的 SPF 环境中饲养，饲以高压灭菌水和饲料。

三、**主要试剂** PCR 试剂盒、T - Vector、各种工具酶购自 Takara 生物技术公司，DNA 回收试剂盒购自博大生物工程公司。

四、**TPA 促永生化的猴肾上皮细胞恶性变的实验** 实验分两组进行。对照组：PT1 和 PT7 细胞分别在含 10% 小牛血清的 DMEM 中培养两周；实验组：PT1 + TPA，PT7 + TPA，PT1，PT7 细胞分别在含 5 ng/ml TPA 的 10% 小牛血清 DMEM 培养液中培养两周，观察其恶变性。

五、**血清依赖性试验** 将 PT1、PT7、PT1 + TPA 和 PT7 + TPA 每组细胞分别接种于 9 个细胞孔中（6 孔板），每孔细胞密度为 1×10^4，用含 10% 小牛血清的 DMEM 培养液培养 1 d 后，弃掉培养液，各 3 孔加入含 5%，1%，0.5% 血清的 DMEM，隔天收细胞，用酞酚蓝染色进行活细胞计数，画出生长曲线。

六、**小鼠致瘤试验** 收集"四"中提到的对照细胞和实验组的细胞，分别注射裸鼠和 Scid 小鼠背部皮下，每只小鼠注射的细胞量为 5×10^6，观察 1～3 个月。

七、**PTI 和 PT7 细胞及瘤组织内 BARF1 基因的 PCR 检测** 以 B95 - 8 细胞 DNA 为阳性对照，Ervthrcebus patas 细胞 DNA 为阴性对照，PT1、PT7 细胞 DNA 及瘤组织 DNA 为模板，扩增片段长度为 697 bP。引物为：上游引物 5′ - GGGGATCCCAGAG - CAATGGCCAGGTTC - 3′，下游引物 5′ - GGGGATCCAAG - GTGAAATAGGCAAGTGCG - 3′。反应条件：95℃ 5min；95℃ 30s，55℃ 30s，75℃ 45s，35 个循环；72℃延伸 10 min。PCR 产物在 2% 琼脂糖凝胶中电泳鉴定。

八、**PCR 扩增片段的纯化、克隆及序列测定** 阳性对照及瘤组织 PCR 扩增产物经 2% 琼脂糖凝胶电泳分离，切胶后用 DNA 回收试剂盒纯化后，分别克隆到 PMD - 18T 载体，将筛选的阳性克隆摇菌培养，提取纯化质粒 DNA，送北京六合通技术发展有限公司测序。

结　果

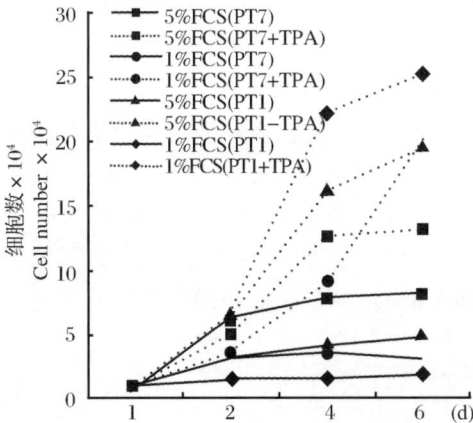

图 1　PT7、PT1、及 PT7 + TPA、PT1 + TPA 血清依赖性试验
Fig. 1　Serum requirement of PT7, PT1 and PT7 + TPA，PTI + TPA

一、**血清依赖性试验结果** 从图 1 可见对照组细胞有明显的血清依赖性，细胞在含 1% 血清的 DMEM 中生长受到抑制，而实验组细胞（图 2）对血清含量没有依赖性，在含 5% 和 1% 血清的 DMEM 中生长无明显差异；同时可见实验组细胞生长速度明显增快。

二、**小鼠致瘤试验结果** PT1、PT7 注射裸鼠不形成肿瘤，注射 Scid 小鼠成瘤率为 66.67%～100%。肿瘤发生在注射后 1.5～2 个月之间，体积约在 1～1.5cm³，表面不平，有的中间有坏死，质较硬。PT1 + TPA、PT7 + TPA 注射裸鼠在 20～22 d 左右成瘤，肿块生长较快，注射 Scid 小鼠后在 1 周内成瘤，因肿瘤生长迅速，一般在瘤体积达 1.5 cm³ 左右时处死动物，肉眼观察瘤组织与上述相似。瘤组织的病理切片观察结果见图2。

三、PCR 检测结果 见图3。

四、序列测定全结果 瘤组织和阳性对照（B95－8）PCR 扩增产物，序列完全一致，

讨 论

EB 病毒与促癌物协调作用在裸鼠体内可诱发人胚鼻咽黏膜组织细胞恶性变，形成恶性淋巴瘤和未分化癌[7]，说明 EBV 对上皮细胞

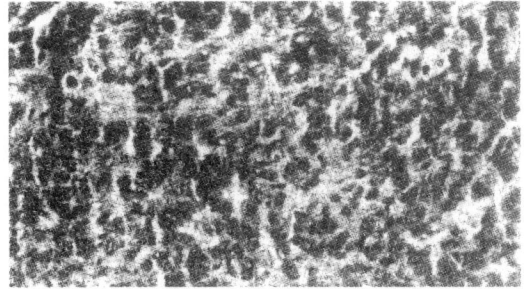

图2 瘤组织病理切片（HE，×200）
Fig. 2 Micrographs of paraffin section of malignant tumor in Scid mice（HE，×200）

有转化能力。到目前为止，国际上公认 LMP1 是 EBV 的致癌基因，在 NPC 组织中 LMP1 的表达为 50% ～60%，LMP1 可诱导啮齿类纤维的恶性转化[8]，是 B 淋巴细胞永生化不可缺少的基因[9]。最近的研究发现该基因能抑制上皮细胞分化，减少角质化表达[10]，但对上皮细胞的恶性转化作用仍不清楚。而有关 EBV 与上皮细胞关系最早的报道是涉及到 EBV 基因组 40 Kb 的片段，该片段包含约 20 个 ORFs，其中 BARF0 和 BARF1 在 NPC 活检组织中可检测到。BARF1 基因位于 EBV 基因组的 BamH I A 区域，可由限制内切酶 Sam I 切下，基因组 DNA 为 1.1Kb，而 cDNA 为 0.74 kb（从 165 449 ～166 189）。法国 OOKA 的实验室应用 BARF1 基因可诱发小鼠永生化 3T3 细胞恶变及猴肾上皮细胞永生化。

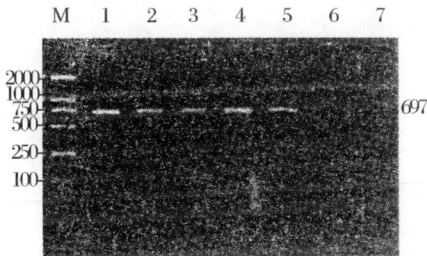

M：Marker DL2 000；1：B95－8 DNA；2：PT1 细胞 DNA；
3：PT7 细胞 DNA；4：瘤组织 DNA（PT1）；
5：瘤组织 DNA（PT7）；6：阴性对照；7：空白对照
图3 PT1，TP7 细胞及瘤组织的 PCR 扩增结果
1：B95－8 DNA. 2：PT1 cell DNA. 3：PT7 cell DNA.
4：Tumor tissue DNA（PT1）. 5：Tumor tissue DNA（PT7）.
6：Negative control（patas cell DNA）. 7：Control
Fig. 3 Result of the polymerase chain reaction revealed in PT1，PT7 and tumor tissues

我们的研究进一步证实了猴肾永生化细胞 PT1、PT7 在裸鼠体内不能形成肿瘤，为永生化细胞，但在免疫力严重缺陷 Scid 小鼠，能形成肿瘤（66.7% ～100%），成瘤时间较长，为 45～60 d，如进一步加促癌物 TPA，大大促进了肿瘤的发生，在裸鼠及 Scid 小鼠都能形成肿瘤（100%），在裸鼠成瘤时间为 20～22 d，在 Scid 小鼠更易形成肿瘤（5～7 d），PCR 扩增可在瘤组织中扩出 BARF1 基因，证明 EBV BARF1 基因是致癌基因，甚至无需促癌物质等附加条件，也能诱发正常上皮细胞癌变，该实验说明 EBV 致癌基因中，除了 LMP1 外，还存在着其他致癌基因，有关 BARF1 基因对人上皮细胞的转化作用本室正在研究之中。

〔原载《中华实验和临床病毒学杂志》2001，15（4）321－323〕

参 考 文 献

1 曾毅，陈启民，耿运琪. 艾滋病毒及其有关病毒. 天津：南开大学出版社，1999. 111－126

2   Decaussin G, Sbih – Lammali F, Turenne –
    Tessier M, et al. Expression of BARF1 gene en-
    coded by Epstein – Barr virus in nasopharyngeal
    carcinoma biopsies. Cancer Res, 2000. 60:
    5584 – 5588

3   Karran L, Teo CC, King D, et al. Establish-
    ment of immortalized primate epithelial cells
    with sub – genomic EBV DNA. Int J Cancer,
    1990, 45: 763 – 772

4   Wei MX, OOKA T. A transforming function of
    the BARF1 gene encoded by Epstein – Barr vi-
    rus. EMBO J. 1989, 8: 2897 – 2903

5   Wei MX, Moulin JC, Decaussin G, et al. Expres-
    sion and tumorigenicity of the Epstein – Barr virus
    BARF1 gene in human Louckes B – lyphocyte cell-
    line. Cancer Res, 1994, 54: 1843 – 1848

6   Wei MX, Turnne – Tessier M, Decaussin G, et al.
    Establishment of a monkey kidney epithelial cell line
    with BARF1 open reading frame from Epstein-Barr
    virus. Oncogene, 1997, 14: 3073 – 3081

7   刘振声，李宝民，刘彦仿，等. EB 病毒与促
    癌物协同作用诱发人鼻咽恶性淋巴瘤和未分
    化癌的研究. 病毒学报，1996，12：1 – 8

8   Wang D, Libowitz D. Kieff E. An EBV mem-
    brane protein expressed in – immortalized lym-
    phocytes transforms established rodent cells.
    Cell, 1985, 43: 831 – 840

9   Bakchwal VR, sugden B. Transformation of Bulb
    3T3 cells by the BNLF1 – gene of Epstein – Barr
    virus. Oncogene, 1988, 2: 461 – 467

10 Fahraeus R, Rymo L, Rhim JS, et al Morpho-
    logical transformation of human keratinocytes ex-
    pressing the LMP gene of Epstein – Barr virus.
    Nature (Lond on), 1990, 345: 447 – 449

Malignant Transformation of Monkey Kidney Epithelial Cell Induced by EBV BARF1 gene and TPA

CUO Xiu – chan*, SHENG Wang, ZHANG Yong – li, et al.

(* Institute of Virology, Chinese Academy of Preventive Medicine, Beijing)

Objective   To study the effect of Epstein – Barr virus (EPV) BARF1 gene alone and synergistic effect of the gene and TPA in carcinogenesis.   **Methods**   PT1 and PT7 cell line which were immortalized monkey kidney epi-thelial cells induced by the BARF1 gene of EB virus. PT1 and PT7 cell were cultrued with 5 ng/ml TPA for two weeks. Then the nude mice and scid mice were injected with PT1, PT7, PT1 + TPA, PT7 + TPA cells, respec-tively.   **Results**   The immortalized PT1 and PT7 cells could not develop the tumor in nude mice, but could develop the tumor in scid mice (severe combined immune deficiency mice). It took about 45 – 60 days for development of tumor. After adding the tumor promoter TPA. the PT1 and PT7 cells developed the tumor either in nude mice or scid mice. It needed about 20 – 22 days in nude mice and 5 – 7 days in scid mice for development or tumor. PCR amplifi-cation revealed EBV – BARF1 gene in tumor tissues.   **Conclusion**   EB virus BARF1 gene is another onco-gene. Malignant transformation of the primary monkey kidney epithelial cell can be induced with BARF1 gene even without tumor promoter.

〔**Key words**〕Herpesvirus 4, human; 12 – O – tetradecanoylphorbol 13 – acetate (TPA); Cell line, mon-key, kidney; Malignant transformation

260. 乙型肝炎病毒和黄曲霉素协同在裸鼠体内诱发人胎肝细胞癌变的研究

中国预防医学科学院病毒学研究所　蓝祥英　郭秀婵　周　玲　张永利　曾　毅
汕头大学医学院肿瘤病理研究室　沈忠英

〔摘　要〕　为了研究乙型肝炎（乙肝）病毒（HBV）和黄曲霉素（AFB_1）在肝癌发生过程中的作用，用 HBV 感染的人胚胎肝细胞移植至裸鼠背部皮下，以后每周注射 AFB_1，能诱发裸鼠成瘤。实验分为 4 组：A 组为 HBV + AFB_1 组，即用 HBV 感染的人胚胎肝细胞移植于裸鼠，同时注射 ABF_1；B 组为 HBV^+ 组，用 HBV 感染的人胚胎肝细胞移植于裸鼠，不注射 AFB_1；C 组为 AFB_1^+ 组，用不感染 HBV 的人胚胎肝细胞移植于裸鼠，注射 AFB_1；D 组为对照组，用不感染 HBV 的人胚胎肝细胞移植于裸鼠，也不注射 AFB_1。结果：A 组成瘤率为 27.3%（6/22），B 组 0%，C 组 13.3%（2/15），D 组 0%，所有肿瘤病理诊断均为肝细胞癌。用 EMA 单抗检测，证实为人来源细胞。PCR 和 DNA 狭缝印迹显示：HBVx 和 HBVs 基因阳性，证明 HBV 基因已到瘤细胞中。实验首次用人乙肝病毒协同 AFB_1 在裸鼠体内诱发成功人肝细胞癌，证明了 HBV 协同 AFB_1 在人肝细胞癌发生过程中的病因作用。同时，为进一步研究肝癌的发生及防治提供了良好的动物模型。

〔关键词〕　人胚胎肝细胞；乙型肝炎病毒；黄曲霉素（AFB_1）；恶性转化

　　原发性肝癌（PHC）是高度恶性肿瘤，全世界每年约有 25 万新发病例。流行病学调查和实验室研究结果表明，嗜肝病毒感染和黄曲霉素暴露被认为是最危险的肝癌病因因素。我国 HBsAg 携带者有 1.2 亿，在我国南方的某些省和非洲的莫桑比克地区，男性肝癌的死亡人数占整个肿瘤死亡率的 65% ~ 75%，女性占 30% ~ 55%[1]。乙型肝炎病毒（HBV）慢性感染者比同龄未感染者患肝癌的危险性高 200 倍[2]，因此探讨肝癌发生过程中 HBV 和黄曲霉素（AFB_1）的作用显得尤为重要。越来越多的流行病学资料及实验支持 HBV 的直接致癌作用，诸如：①前瞻性调查证实，HBV 感染发生于 PHC 之前；②在相同的黄曲霉素摄入条件下，HBsAg 阳性者 PHC 发病率远高于阴性者；③肝细胞癌（HCC）组织中 HBV DNA 检出率一般在 50% ~ 90% 左右，且其 DNA 主要为整合型；④HBV X 基因与 X 蛋白对肝癌形成的促进作用等[3]。但仍缺乏 HBV 致癌作用的直接证据。广西用 HBV 协同 AFB_1 诱发树鼩发生肝癌[4]。刘振声等人用 HBV 与促癌物协同作用诱发人鼻咽恶性淋巴瘤和未分化癌[5]。本文在此基础上重点研究了 HBV 协同黄曲霉素对人胚正常肝细胞的致癌作用。首次用人 HBV 协同 AFB_1 在裸鼠体内诱发人肝细胞癌成功，为进一步探讨肝癌的发病机制和防治措施提供了很好的动物模型。

材料和方法

一、动物　Balb/c 系裸鼠，购于中国医学科学院实验动物研究所，鼠龄 4 ~ 6 周，雌雄皆用,在有屏障保护的无特殊病原体(SPF)的环境中饲养。饲以高压灭菌水和饲料。

二、乙肝病毒(HBV)及主要试剂 HBV 来自 HBsAg 和 HBeAg(ELISA 法)为强阳性(+++)的患者血清,HBV DNA 定量为 $10^6 \sim 10^7$ 拷贝,由北京市第二传染病医院提供。黄曲霉素(AFB$_1$)购自中国预防医学科学院营养卫生研究所,溶于 1640 培养液中。PCR 试剂盒购自 Takara 生物技术公司。DNA 回收试剂盒购自博大生物工程公司。地高辛标记的 DNA 检测试剂盒购自德国宝灵曼公司。

三、HBV 感染人胚肝细胞协同 AFB$_1$ 移植裸鼠成瘤试验 取水囊引产的 3~5 月龄人胚肝脏(临床检测两对半证实母体为 HBV 阴性者),不分性别,无菌条件下分离肝脏组织,将组织剪碎制备胎肝细胞悬液。整个试验分为 4 组:A 组:HBV + AFB$_1$,胎肝细胞直接用 HBV 阳性血清感染,37℃孵育 2 h,1500 r/min 离心 5~10 min,去上清,用一次性注射器注入裸鼠背部皮下,同时对侧皮下注射 400 ng AFB$_1$,以后每周以同样剂量注射 1 次 AFB$_1$,持续 3 个月。B 组:HBV$^+$,胎肝细胞的处理方法同 A 组,但不注射 AFB$_1$。C 组:AFB$^+$,胎肝细胞不感染 HBV 阳性血清,37℃孵育 2 h,注入裸鼠背部皮下,同时对侧皮下注射 400 ng AFB$_1$,每周 1 次,持续 3 个月。D 组:对照组,只注射胎肝细胞,不注射 AFB$_1$,胎肝细胞的处理方法同 C 组。以上每只裸鼠均注射经不同处理的胎肝细胞,分 3 次实验,共用裸鼠 64 只。

四、瘤组织的病理学检测 分别取 A、C 组的瘤组织,石蜡包埋后,5 μm 切片,HE 染色。

五、瘤组织人源性检测 用间接免疫荧光(IIF)法检测人早期膜抗原(EMA)。鼠的 EMA 单抗和荧光标记的羊抗鼠抗 EMA 单抗(二抗),购自美国 Genezene 公司,方法见文献〔6〕。

六、PCR 和 DNA 狭缝印迹杂交检测 HBV S 和 X 基因

1. PCR 扩增:HBV S 基因引物由病毒学研究所肝炎室夏国良教授赠送,X 基因引物由北京赛百盛生物公司合成。以含 HBV 全基因组的 HepG2 细胞 DNA 为阳性对照,胎肝细胞 DNA 为阴性对照。A 组肿瘤组织 DNA 为模板,进行 PCR 扩增,循环条件:S 基因为 95℃ 3 min;94℃ 45s,47℃ 45s,72℃ 75s,35 个循环,72℃延伸 7 min;扩增片段长度为 228 bp。X 基因为 95℃ 3min;94℃ 30s,57℃ 30s,72℃ 30s,30 个循环,72℃延伸 5 min;扩增片段长度为 465 bp,产物在 1.5%琼脂糖胶电泳鉴定。

S 基因引物序列为:

上游引物 5′GGTATGTTGCCCGTTTGTCCTCT – 3′;下游引物 5′GGCACTAGTAAACTGAGC-CA – 3′;X 基因引物序列为:上游引物:5′ – CCATGGCTGCTCGGGTGTG – 3′;下游引物:5′ – GCTCTAGATGATTAGCAGAGG – 3′。

2. DNA 狭缝印迹杂交:以 HepG2 细胞 DNA 为模板,PCR 分别扩增 HBV X 和 S 基因,产物经 1.5%的琼脂糖凝胶电泳分离,切胶后 DNA 回收试剂盒回收纯化,得到 HBVX 和 S 基因的纯品,地高辛标记后与印迹在尼龙膜上的瘤组织 DNA 杂交,检测 HBV S 和 X 基因,方法详见试剂盒说明书。

结　果

一、裸鼠体内肿瘤的形成 见表1。

注射胎肝细胞后,在裸鼠背部可见 0.5~1.0 cm 左右的隆起,3~5 d 后逐渐消失,A 组肿瘤的形成一般发生在注射后 1~2 个月之间,肿块逐渐增大,直径约 0.5~1.5 cm 不等,质硬，表面不平；而 C 组肿瘤的形成发生在注射后 1.5 ~ 2 个月之间，肿块增长慢，直径在 0.5 ~ 1.0 cm 左右，中间有坏死；B 组和 D 组没有肿瘤形成。各组肿瘤的形成情况见表 1。

裸鼠成瘤的病理学检测证实，A 组和 C 组均为原发性肝癌。经 HE 染色可见瘤细胞多呈圆方形，排列成行，胞浆丰富，核轻度大小不一，癌巢周围有纤维细胞，未见浸润现象。图 1 为 A 组瘤组织病理切片。

表 1　不同组别肿瘤的形成情况
Tab. 1　Tumors induced by HBV and AFB$_1$ in different groups

No. of experiment	Group A (HBV$^+$ AFB$_1$)	Group B (HBV$^+$)	Group C (AFB$_1^+$)	Group D (Control group)
1	2/6	0/4	1/5	0/4
2	3/9	0/5	1/6	0/6
3	1/7	0/4	0/4	0/4
Total (%)	6/22 (27.3)	0/13 (0)	2/15 (13.3)	0/14 (0)

二、EMA 单抗检测　瘤组织细胞膜呈阳性反应，证实其为人来源的细胞（图 2）。

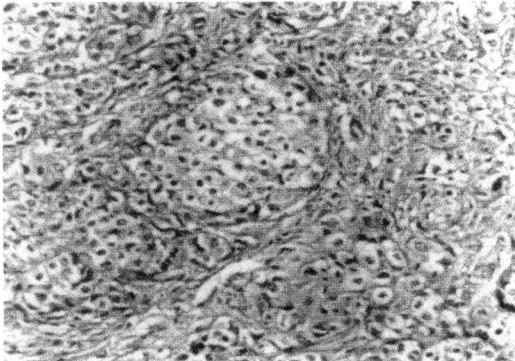

图 1　瘤组织病理切片（HE，×400）
Fig. 1　Micrographs of paraffin section of human hepatocellular carcinoma in nude mice (HE, ×400)

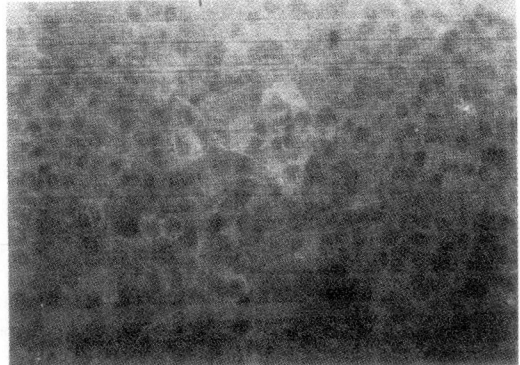

图 2　瘤细胞人早期膜抗原阳性（免疫荧光，×400）
Fig. 2　Human early membrane antigen is positive in tumor cells (Immunofluorescence, × 400)

三、PCR 扩增结果　以 HepG2 细胞 DNA 为阳性对照，经 PCR 扩增，在 228 bp 处可见 S 基因的扩增带，与阳性对照一致。A 组瘤组织中 5 例阳性，1 例阴性，胎肝组织为阴性（图 3）。PCR 扩增 X 基因全片段，在 465 bp 处可见扩增带，A 组 6 例瘤组织全部阳性（图 4）。

四、DNA 狭缝印迹杂交结果　分别用 Dig 标记的 S 和 X 基因与瘤组织 DNA 进行狭缝印迹杂交，结果显示，S 和 X 基因 PCR 阳性的瘤组织中存在 S 和 X 基因。上述 S 基因 PCR 阴性的一例 DNA 狭缝印迹杂交也是阴性，进一步证实了 PCR 的结果（图 5 略、图 6）。

讨　　论

大量证据表明，原发性肝细胞癌（PHC）的发生，常常是 HBV 与 HCV 持续感染的结果。目前 PHC 的高发病率、高死亡率及逐年增高的趋势，已成为一个极其严重的国际问题。我国为 HBsAg 高携带区，因此，研究 HBV 对人肝细胞的致癌作用对 PHC 的防治工作有重要意义。

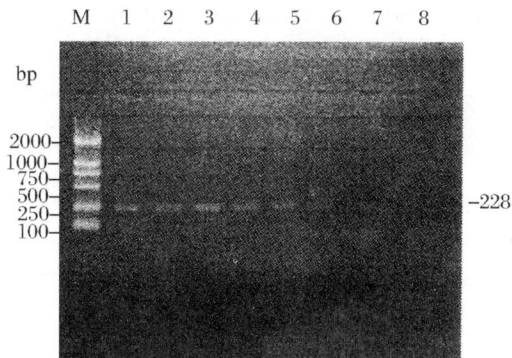

图3 瘤组织 S 基因 PCR 扩增结果

M：Marke；1：Positive control；

2－7：Tumor tissue DNA；8：Negative control

**Fig. 3 PCR amplification of HBV－S
gene of the tumor tissues**

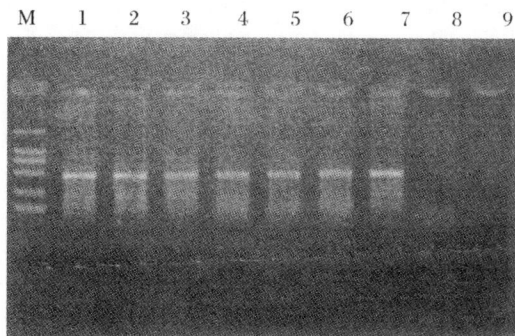

图4 瘤组织 X 基因 PCR 扩增结果

M：Marker；1：Positive control；2－7：Tumor

tissue DNA；8：Negative control；9：Blank control

**Fig. 4 PCR amplification of HBV－X
gene of the tumor tissues**

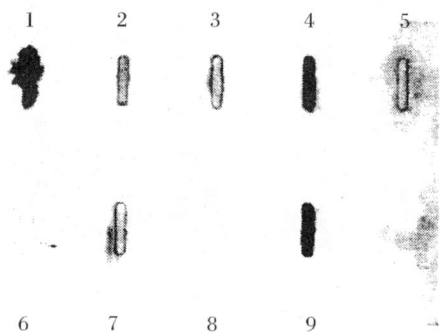

图6 X 基因狭缝印迹杂交结果

1：Positive control；2－7：Tissues of group A；

8：Negative control；9：Positive Control

Fig. 6 HBV－X gene by slot hybridization

本实验用 HBV 感染的人胚胎肝细胞，在 AFB_1 协同作用下使其恶性转化，在裸鼠体内形成人肝细胞癌，成瘤率为 27.3%。单纯 AFB_1 诱发率为 13.3%，而单纯 HBV 不能诱发肿瘤形成，证明两者在肝细胞恶性转化过程中起协同作用，而 HBV 的感染可显著增加肝癌的诱发率。肿瘤的发生与多种因子有关，肿瘤病毒是引起肿瘤的重要生物因子，肿瘤病毒致癌有其特殊性，这就是从病毒感染到引起肿瘤的发生要经过一个漫长的过程。从 HBV 感染到发生 PHC 的潜伏期可能要几十年。本实验在 A 组肿瘤组织中可检测到 HBV DNA 及 X 基因，说明 HBV DNA 已到胎肝细胞内。广西报道用 HBV 感染树鼩并饲以 AFB_1 可诱发肝癌，HBV 协同 AFB_1 诱发树鼩发生肝癌率为 67%，单纯 AFB_1 诱发率为 30%，而单纯 HBV 不诱发癌形成[4]，与本实验相吻合。

我国流行病学调查明确 HBV 感染与 HCC 的发生关系密切。在原发性肝癌调查中，HBV 排在致癌危险因子的第一位，68 例中有 60 例 HBV 阳性，占 88.2%[9]。而 HBV 如何使肝细胞转化，其分子机制如何尚待研究。近年来，有关 HBVX 蛋白与 p53 基因突变的关系的研究成为 HCC 分子生物学研究的热点之一。肝癌中 p53 突变频率是肿瘤基因突变较高的一种；HBV X 基因编码的蛋白 HBxAg 在肝癌的形成过程中可能起关键作用，X 蛋白可抑制 p53 基因的启动子，可增强血管内皮生长因子的转录活性等[7,8]，在 AFB_1 协同作用下，使细胞恶性转化；X 蛋白还可与 p53 基因产物发生蛋白－蛋白结合，或 HBV－p53 的 DNA－蛋白相结合，导致 p53 蛋白失活，突变，在细胞内积聚，p53 的负调节功能丧失，导致细胞癌变[10,11]。本研究首次证明，HBV 感染人胚肝细胞后，协同 AFB_1 可在裸鼠体内诱发人肝细胞癌，证明了 HBV 和 AFB$_1$ 在肝癌发生中起协同作用，为进一步研究 HBV 在肝癌发生发展的作用及机制提供了动物模型。

〔原载《病毒学报》2001，17（3）：200 – 204〕

参 考 文 献

1 Ghebranious N, Sell s. Hepatitis B injury, male gender, aflatoxin, and *p53* expression each contribute to hepatocarcinogenesis in transgenic mice. Hepatology, 1998, 27 (2)：383 – 391

2 Beasley R P, Hwang L Y, Lin C C, er al. Hepatocellular carcinoma and hepatitis B virus. A prospective study of 22, 707 men in Taiwan. Lancet, 1981, 2：1129 – 1133

3 成军，杨守纯. 肝炎病毒与肝细胞癌〔A〕. 现代肝炎病毒分子生物学. 北京：人民军医出版社，1997，219 – 238

4 Li Y, Su JJ, Qin L L, et al. Synergetic effect of hepatitis B virus and aflatoxin Bl in hepatocarcinogenesis in tree shrews. Ann Acad Med Singapore, 1999, 28 (1)：67 – 71

5 刘振声，李宝民，刘彦仿，等. EB 病毒与促癌物协同作用诱发人鼻咽恶性淋巴瘤和未分化癌的研究. 病毒学报，1996，12（1）：1 – 8

6 蔡文琴，王伯. 免疫荧光细胞化学技术. 实用免疫细胞化学. 成都：四川科学技术出版

社，1988，40 – 59

7 Lee S G, Rho H M Transcription repression of the human *p53* gene by hepatitis B viral X protein. Oncogene, 2000, 19 (3)：468 – 471

8 Lee S W, Lee Y M, Bae S K, et al. Human hepatitis B Virus X protein is a possible mediator of hypoxia – induced angiogenesis in hepatocarcinogenesis. Biochem Biophys Res Commun, 2000, 268 (2)：456 – 461

9 周元平，彭文伟，姚集鲁. 三种危险因素的协同致肝癌作用. 中华预防医学杂志，1996，30 (5)：289 – 291

10 Lee Y, Bong Y, Poo H, et al. Establishment and characterization of cell line constitutively expressing hepatitis B virus X protein. Gene, 1998, 207 (2)：11 – 118

11 Zu – Putlitz J, Roberts E A, Wieland S, el al. Hepatitis B virus replication and Viral antigen synthesis in hepatocyte lines derived from normal human liver. Virus Res, 1997, 52 (2)：177 – 182

Study on Malignant Transformation of Human Embryonic Liver Cells Induced by Hepatitis B Virus and Aflatoxin in Nude Mice

LAN Xiang – ying[1], GUO Xiu – chan[1], ZHOU Ling[1], ZHANG Yong – li[1], SHEN Zhong – ying[2], ZENG Yi[1]

(1. Institute of Virology, CAPM, Beijing 100052, China；

2. Medical College of Shantou University, Shantou 511031, China)

In order to study the effect of HBV and aflatoxin in hepatocarcinogenesis, the human embryonic liver cells infected with HBV were transplanted into nude mice by subcutaneous injection. The transplanted nude mice were divided into 4 groups. Group A（HBV + AFB$_1$）：nudc mice were injected with FIBV infected human embryonic liver cells, then injected with AFB$_1$ once a week. Group B（HBV$^+$）：nude mice were treated with HBV as Group A, but no AFB$_1$ was injected. Group C（AFB$_1^+$）：nude mice were injected with normal human embryonic liver cells and treated with AFB$_1$ as Group A. Group D：control group, nude mice were injected with normal human embryonic liver cells and no AFB$_1$ was used. Results：The incidence of tumor in different group was, group A 27.3%（6/22），group B

0% (0/13), group C 13.3% (2/15) and group D 0% (0/14). All the tumors were proved to be human hepato-cellular carcinomas (HCCs) by pathological diagnosis. The tumor tissues were anthropogenetic tested by EMA mono-clonal antibody. The HBV – X and HBV – S genes were positive by slot hybridization and PCR amplification, indica-ting that HBV DNA genes had integrated into cellular DNA. We have first successfully induced human HCC with HBV and AFB₁ in nude mice. This study demonstrated that there is a synergetic effect between HBV and AFB₁ in human hepatocarcinogenesis and will offer an animal model for further research on liver cancer. Man embryonic liver cells; HBV; aflatoxin; malignant transformation

〔Key words〕 Human embryonic liver cells; HBV; Aflatoxin; Malignant transformation

261. 乙型肝炎病毒和黄曲霉素协同作用诱发人肝细胞癌细胞株的建立

中国预防医学科学院病毒学研究所 郭秀婵 蓝祥英 周 玲 张永利 曾 毅
北京大学医学部人民医院血液病研究所分子生物学实验室 滕智平
汕头大学医学院肿瘤病理研究室 陈炯玉 沈忠英

〔摘 要〕 为了研究人乙型肝炎病毒（HBV）和黄曲霉素（AFB₁）在肝癌发生过程中的作用，我们用 HBV 感染的人胚胎肝细胞移植至裸鼠背部皮下，以后每周皮下注射 AFB₁，在裸鼠体内成功地诱发了人肝细胞癌。选 3 只裸鼠所形成的肿瘤组织，分别再接种裸鼠传代。在裸鼠体内传至 5 代后，将瘤组织在体外培养、传代，建立了 3 个肝癌细胞株，分别为 CBH – 1a、CBH – 1b 和 CBH – 2。对 3 个细胞株进行生物学特性分析发现，细胞生长迅速，接触抑制消失，细胞增殖核计数 Ki67 阳性细胞占 38.2%。用 EMA 单抗检测证实为人来源细胞。核酸原位杂交显示，细胞中 HBV – X 和 HBV – S 基因阳性，PCR 可扩增出 X 基因，证明 HBV 基因已到瘤细胞中。3 个细胞株细胞再接种裸鼠皮下，可再生成肿瘤。此实验证明了 HBV 协同 AFB₁ 在人肝细胞癌发生过程中的病因作用。同时，为进一步研究 HBV 和 AFB₁ 在肝癌发生过程中的分子机制提供了细胞水平的模型。

〔关键词〕 人胚胎肝细胞；乙型肝炎病毒；黄曲霉素（AFB₁）；肝癌细胞株

我国原发性肝癌的死亡率波动在 20/10 万～24/10 万，已成为农村第一位死因，城市第二位死因[1]。每年的发病例数占全世界 43.7%。流行病学调查和实验室研究结果表明，嗜肝病毒感染和黄曲霉素暴露被认为是最危险的肝癌病因因素。我国属乙型肝炎（乙肝）病毒（HBV）感染的高流行区，尽管越来越多的研究支持 HBV 的直接致癌作用，但仍缺乏 HBV 致癌作用的直接证据。我们用 HBV 感染人正常胎肝细胞，由黄曲霉素（AFB₁）协同，在裸鼠体内首次诱发人肝细胞癌成功[2]，本文在此基础上用诱导的瘤组织进行体外细胞培养，建立了 3 个肝癌细胞株，并对其癌细胞的生物学特性进行了分析。

材料和方法

一、材料 肿瘤组织为用人乙肝病毒协同 AFB₁ 在裸鼠体内诱发成功的人肝细胞癌[2]。

· 28 ·

Balb/c 系裸鼠购于中国医学科学院实验动物研究所，鼠龄 4 ~ 6 周，雌雄皆用，在有屏障保护的无特殊病原体（SPF）的环境中饲养，饲以高压灭菌水和饲料。新生小牛血清为 Gibca 产品。RPMI1640 及其他培养用试剂由中国预防医学科学院病毒学研究所配液室提供。PCR 试剂盒购自 Takara 生物技术公司。引物由北京赛百盛生物公司合成。NBT/BCIP 检测试剂盒和生物素随机引物标记试剂盒，购自北京医科大学人民医院血液病研究所。pd（N）引物购于 Promega 公司。

二、细胞培养和细胞株的建立 选不同实验次数诱发成功人肝细胞癌的荷瘤裸鼠 3 只，处死后无菌条件下取出皮下肿瘤组织，剔除坏死瘤组织和纤维组织后，将其剪成约 0.5 cm 大小的组织块，再移植于裸鼠背部皮下，待移植的肿块长至约 2.0 cm × 1.5 cm × 1.5 cm 时，将裸鼠处死，按上述方法使瘤组织连续在裸鼠内传代。当瘤组织在裸鼠体内传到第 5 代时，将瘤组织取出，用含双倍抗生素的 Hanks 液洗 2 次，再用 1640 培养液洗 1 次，剪碎后用含 10% 新生牛血清的 1640 培养液培养，细胞贴壁长满后传代，开始时约 1 周左右传代 1 次，6 代以后约 3 ~ 4 d 传代 1 次。由此建立的 3 个细胞株分别命名为 CBH – 1a、CBH – 1b 和 CBH – 2。

三、细胞株生物学特性的研究 细胞传至 50 代后进行以下生物学特性检测。

1. 形态学检测：相差显微镜下仔细观察活细胞形态。透射电镜检查，培养细胞消化收集后，离心成团，2.5% 冷戊二醛固定，常规制样，日立 H300 电镜观察。扫描电镜检查，细胞培养在盖玻片上，用冷戊二醛固定，制备扫描电镜样本，日立 H300 电镜扫描配件观察。

2. 细胞生长曲线：收集对数期生长的细胞，细胞记数后接种于 6 孔板中，每孔细胞密度为 1×10^4，每天收细胞，用酞酚蓝染色进行活细胞计数，画出生长曲线。

3. 细胞增殖周期分析：收集培养细胞，PBS 洗 2 次，70% 乙醇固定，350 目尼龙网过滤，制成单细胞悬液，10^6/ml 4℃保存。上机前染碘化镁锭（Propidium Iodide，PI），用流式细胞仪（FACSort，B – D）进行 DNA 分析，画出组方图，统计细胞周期、增殖指数（S + $MG_2/G_1C_0 + S + G_2M$）、凋亡峰和高倍体细胞百分率。

4. 增殖细胞核计数：培养盖片上的细胞，固定和细胞穿透液处理（IntraPrep permeabilization Reagent，Beckman – Coulter 公司），用 Ki67（福州迈新生物技术公司提供）按试剂盒说明染色，计数 500 细胞中 Ki67 阳性细胞核，统计增殖核百分率。

5. 甲胎蛋白测定：取培养第三天的培养基送汕头大学医学院附属肿瘤医院检验科，用放射免疫方法检测甲胎蛋白。

6. 核酸原位杂交和 PCR 检测 HBV 基因：荧光标记 HBV – X 基因、HBV – S 基因，细胞涂片后用 NBT/BCIP 检测试剂盒进行原位杂交检测，方法见文献〔3〕，荧光显微镜下观察。设计 X 基因引物，以含 HBV 全基因组的 HepG2 细胞 DNA 为阳性对照，胎肝细胞 DNA 为阴性对照。以 CBH – 1a、1b 和 CBH – 2 细胞株 DNA 为模板进行 PCR 扩增，循环条件为：95℃ 3 min，94℃ 30 s，56℃ 30 s，72℃ 30 s，30 个循环；72℃延伸 5 min。扩增片段为 465 bp，产物在 1.5% 琼脂糖凝胶电泳鉴定。

上游引物：5′ – CCATGGCTGCTCGGGTGTG – 3′；下游引物：5′ – GCTCTAGATGATTAG-GCAGAGG – 3′。

7. 细胞株裸鼠成瘤试验：分别收集第 60 代 CBH－1a、1b 和 CBH－2 细胞，以细胞数 $10^6/0.2$ ml 接种于裸鼠背部皮下，共 4 只，观察 6 周，移植瘤常规病理取材，切片，HE 染色。

结　果

一、CBH－1a、1b 和 CBH－2 细胞株的形成　培养的瘤组织经体外长期传代后，形成 3 株细胞系，在体外可长期存活，已传至近 100 代。

二、细胞株形态观察

1. 倒置显微镜下观察：细胞为典型的上皮样细胞，细胞排列紧密，界限清楚，与肝癌细胞系 Hep2 非常相似。相差显微镜下所见活细胞形态为：细胞大小较一致，胞质丰富，含有粗颗粒，细胞核圆形居中，双核细胞易见（图 1a）。

2. 超微结构：透射电镜检查见细胞表面有指状微绒毛，胞质丰富，核圆形居中（图 1b）。胞质细胞器较多，含有线粒体、内质网、核蛋白体和糖原。细胞核染色有的均匀，有的凝集。有一核仁，核内有成堆粗大颗粒（P），大小约 30 nm，颗粒间距相近，其密度和排列与核仁（N）和染色质（C）不同，疑为病毒核心颗粒（图 1c，图的右上角为颗粒的放大图）。

3. 扫描电镜：细胞生长运动状态呈椭圆形或梭形，有丰富微绒毛和伪足。细胞分裂状态呈圆球状，表面有较多微绒毛（图 1d）。

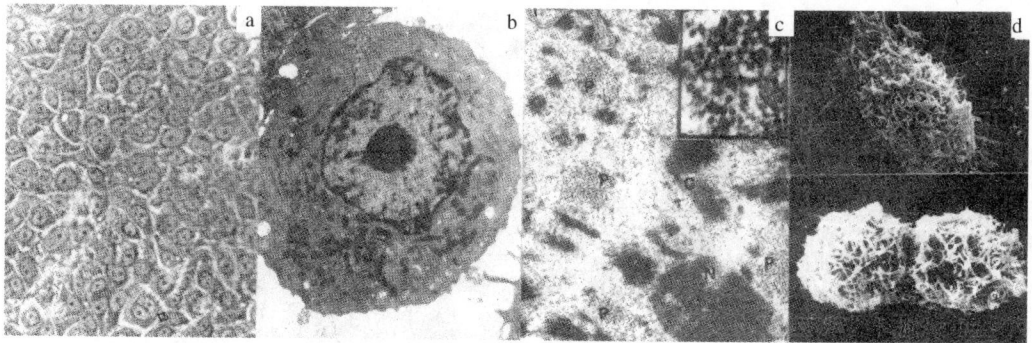

图 1　人肝癌细胞株的电子显微镜观察

a：Phase contrast microscope（×200）；b：TEM（×7k）；c：TEM（×15k）；d：SEM（×7k）

Fig. 1　Electron microscope observation of human HCCs

三、细胞生长曲线　细胞在含 10% 新生小牛血清的 RPMI 1640 培养液中培养，生长旺盛，细胞数呈直线上升，第三天出现大高峰，第四天后进入平台期（图 2）。

四、细胞增殖周期　细胞培养第三天 DNA 组方图（图 3）：G_0/G_1 期 40.8%，S 期 41%，G_2M 期 18%，>4 倍体细胞 2.96%，>8 倍体细胞 1.56%。增殖指数：59.2%，凋亡峰 0.09%。

五、增殖核计数　阳性细胞呈黄褐色颗粒状，计数结果为 Ki67 阳性细胞核占 38.2%（图 4）。

六、甲胎蛋白（AFP）　细胞培养液上清测到 APP 含量为 0.8 nmol ~ 1.0 mmol，少于正常血清 AFP 值（<0.35 nmol）。

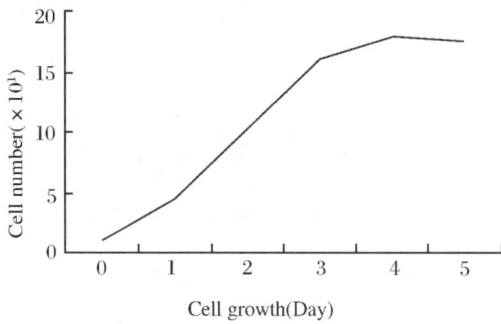

图 2　人肝癌细胞株生长曲线

Fig. 2　Growth curve of human HCC cell line

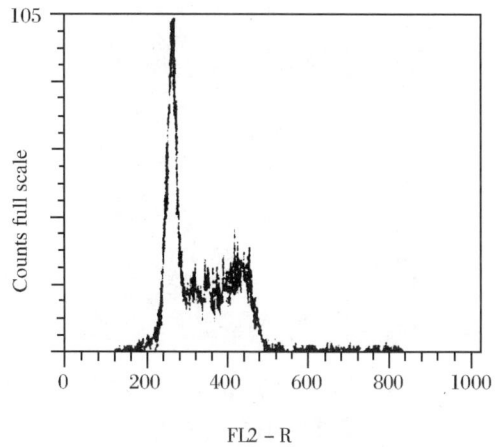

图 3　细胞周期 DNA 组方图

Fig. 3　The DNA histogram of cell cycle

七、PCR 和原位核酸杂交　荧光显微镜下，在杏红色细胞核上可见黄绿色亮点，结果显示：CBH – 1a、1b 和 CBH – 2 细胞核中含 HBV – X 和 HBV – S 基因（图 5，图 6）。

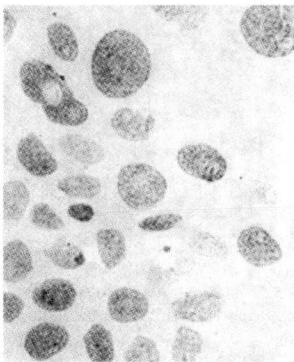

图 4　CBH – 1a 细胞（免疫组化，×200）
细胞核呈黄褐色颗粒为阳性细胞 Ki67

**Fig. 4　Immunohistochemical staining of
CBH – 1a cells, the positive nuclei of Ki67
are brown（×200）**

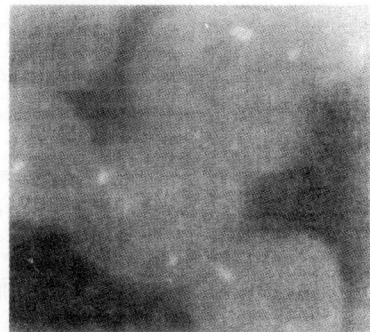

图 5　HBV – X 基因原位
杂交结果（荧光显微镜，×200）

**Fig. 5　The result of *in situ*
hybridization of HBV – Xgene
（Fluorescence microscope, ×200）**

　　PCR 结果：在 CBH – 1a、1b 和 CBH – 2 细胞 DNA 中，可扩增出 465bp 大小的 HBV – X 基因片段，琼脂糖电泳与阳性对照出现一致的核酸条带（图 7）。

八、裸鼠成瘤实验　接种 CBH – 1、2 细胞至裸鼠皮下，2 ~ 3 周后可见皮下有小结节，以后生长明显加快，6 周移植瘤可达 1.5 cm×1.5 cm×1.0 cm，成瘤率 100%。

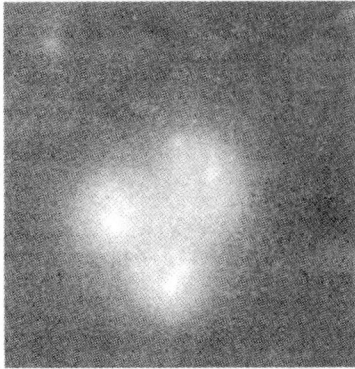

图 6　HBV – S 基因原位杂交结果
（荧光显微镜，×400）

Fig. 6　The result of *in situ* hybridization of
HBV – S gene（Fluorescence microscope，×400）

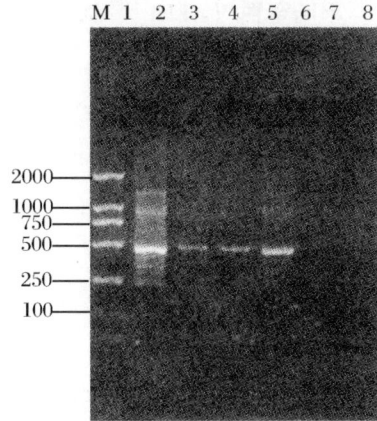

图 7　HBV – X 基因 PCR 扩增结果

M. Marker；1. Positive control；2. CBH – 1a；3. CBH – 1b；
4. CBH – 2；5. Negative control；6. Blank control

Fig. 7　The result of PCR
amplification of HBV – X gene

讨　论

体外建立人癌细胞株是研究人类肿瘤的一个重要手段，我们用 HBV 感染的人胚胎肝细胞移植于裸鼠皮下，由 AFB_1 协同，成功地诱发了肝细胞癌[2]。本实验将诱发成功的肿瘤组织进行体外培养，成功地建立了 3 个肝癌细胞株，分别命名为 CBH – 1a、CBH – 1b 和 CBH – 2，并对其生物学特性进行了分析。3 个细胞株的细胞形态仍保留肝细胞的特点，细胞圆形或立方形，细胞质丰富，有较多线粒体、内质网、糖原和核蛋白体，是代谢活跃的表型；细胞核圆形居中，有一较大核仁，双核细胞和核分裂相易见，是增殖活跃细胞。从细胞增殖周期、Ki67 阳性细胞核计数和细胞传代周期缩短可看出，细胞增殖多见，但细胞凋亡极少，仅占 0.09%；再接种裸鼠成瘤率 100%。PCR 检测和原位杂交显示，CBH 细胞中含有 HBV S 及 X 基因，说明病毒 DNA 已进入到宿主细胞。

在肝癌高发的江苏启东地区，HBsAg 阳性者人年平均肝癌发生率高达 910.89/10 万，极显著地高于对照组的 24.24/10 万[4]，提示 HBV 是肝癌发生的重要病因因素，而 HBsAg 携带者暴露于 AFB_1 后，更增大了肝癌发生的危险性，这与我们以前的实验研究结果相符[2]。但 HBV 如何使肝细胞转化，其中 HBV 和 AFB_1 是如何与肝细胞相互作用的，其分子机制尚待研究。越来越多的实验研究支持 X 基因为肝癌发生中的一个重要癌基因[5,6]。最近的研究表明，X 基因的表达产物 X 蛋白可与 p53 结合，导致抑癌基因 p53 失活，从而减弱了 p53 对甲胎蛋白（AFP）基因表达的抑制作用[7]，促使细胞发生转化。本实验建立的 3 个肝癌细胞株因其诱因明确，为进一步研究 HBV 在肝癌发生过程中的作用提供了细胞水平的模型。

〔原载《病毒学报》2001，17（3）：205 – 209〕

参 考 文 献

1　卫生部卫生信息中心. 中国卫生统计资料. 中华人民共和国卫生部, 1992, 73 – 79.

2　蓝祥英, 郭秀婵, 周玲, 等. 乙型肝炎病毒和黄曲霉素协同在裸鼠体内诱发人胎肝细胞癌变的研究. 病毒学报, 2001, 17 (3): 200 – 204

3　滕智平, 曾毅. 应用生物素标记探针进行细胞原位杂交检测人鼻咽癌细胞株中的 EB 病毒 LMP 基因. 病毒学报, 1994, 10 (2): 184 – 186

4　陆培新, 张启南, 王金兵, 等. 乙型肝炎病毒和黄曲霉素与肝癌发生的关系. 中国肿瘤, 1999, 8 (7): 305 – 306

5　Chang – Min Kim, Kazuhiko Koike, Lzumu Sai-to, et al. HBx gene of hepatitis B virus induces liver cancer in transgenic mice. Nature, 1991, 351: 317 – 320

6　Yu DY, Moon HB, Son JK, et al. Incidence of hepatocellular carcinoma in transgenic mice expressing the hepatitis B virus X – protein. J Hepatol, 1999, 31 (1): 123 – 132

7　Ogden S K, Lee K C, Barton M C. Hepatitis B viral transactivator HBx alleviates $p53$ – mediated repression of alpha – fetoprotein gene expression. J Biol Chem, 2000, 275 (36): 27806 – 27814

Establishment of Human Hepatocellular Carcinoma Cell Line Induced by Synergetic Effect of Hepatitis B Virus and Aflatoxin

GUO Xiu – chan[1], LAN Xiang – ying[1], ZHOU Ling[1], TENG Zhi – ping[2],

ZHANG Yong – li[1], CHEN Jiong – yu[3], SHEN Zhong – ying[3], ZENG Yi[1]

(1. Institute of Virology, CAPM, Beijing 100052, China; 2. Molecular Biology Lab. , Institute of Hematology, Beijing University, Beijing 100044, China; 3. Medical College of Shantou University, Shantou 511031, China)

In order to study the synergetic effect of HBV and aflatoxin in hepatocarcinogenesis, the human embryonic liver cells infected with HBV were transplanted into nude mice by subcutaneous injection. Aflatoxin (AFB_1) was injected subcutaneously once a week. For the first time, we have successfully induced human hepatocellular carcinomas (HCCs) with HBV and AFB_1 in nude mice. Three tumor tissues were separately transplanted into nude mice by subcutaneous injection again. After five passages in nude mice the tumor tissues were cultured in vitro and passaged. Three human hepatocellular carcinoma cell lines were successfully established and were named CBH – la, CBH – lb and CBH – 2. Analyzing the biological characteristics of these three cell lines, we found that the cells grew rapidly, cell contact inhibition vanished, Ki67 positive cells were 38. 2 % by counting proliferative cell nuclei. The cells were anthropogenic tested by EMA monoclonal antibody. The HBV – X and HBV – S genes were demonstrated positive in cell lines by in situ hybridization, PCR amplification revealed X gene. It indicated that HBV – X gene had integrated into cellular DNA. When cells from three cell lines were transplanted into the nude mice again, the tumor could be induced again. Our study demonstrated that there is synergetic effect between HBV and AFB_1 in human hepatocarcinogenesis and it will offer a model on cell level for further research of molecular mechanism of hepatocarcinogenesis.

〔**Key words**〕 Human embryonic liver cell; HBV; Aflatoxin; Hepatocellular carcinoma cell line

262. BHIV *gag - pol* 基因在 MT - 4 细胞中的表达

南开大学生命科学学院　王书晖　熊　鲲　刁丽榕　王金忠　陈启民　耿运琪
中国预防医学科学院病毒学研究所　陈国敏　曾　毅

〔摘　要〕　以 HIV - 1 HXBc2 毒株为遗传背景，通过 DNA 重组技术构建出嵌合有 BIV R29 *gag - pol* 基因的重组病毒 BHIV cDNA. BHIV cDNA 经电转染导入人源细胞 MT - 4 后，分别收集第 1 天到第 7 天的细胞和培养液上清进行检测。RT - PCR 分析证实 BHIV 的 *gag* 基因已得到转录；反转录酶活性测定表明，BHIV 中源于 BIV 的反转录酶已得到正确转录、翻译并加工成熟。这些结果说明重组病毒 BHIV cDNA 中 HIV 控制下的 BIV *gag - pol* 基因能够在 MT - 4 细胞内正确表达。

〔关键词〕　BHIV cDNA；RT - PCR；RT 活性测定；表达

SHIV 嵌合病毒为艾滋病疫苗的开发提供了一条新的途径，目前已构建出多种 SHIV 嵌合病毒[1,2]，但由于猴免疫缺陷病毒（simian immunodeficiency virus，SIV）与人免疫缺陷病毒（human immunodeficiency virus，HIV）的同源性很高，两者的嵌合体 SHIV 存在一定的风险，使其在多数情况下被用于对 HIV 疫苗的评价而不是直接充当疫苗[3,4]。牛免疫缺陷病毒（bovine immunodeficiency virus，BIV）与 HIV 同属于逆转录病毒科的慢病毒属，它们在基因结构上具有良好的对应关系[5,6]，所不同的是，HIV 是引起人类艾滋病的病原，而 BIV 感染牛后症状轻微，通常不发展为艾滋病。将 HIV 原有的细胞嗜性和免疫原性与 BIV 的低致病性结合起来，构建出一种具有生物活性的 HIV/BIV 重组病毒（BHIV），将为 HIV 与 BIV 相互作用关系的研究和一种新型 AIDS 疫苗的研制奠定基础。但是，灵长类慢病毒 HIV 和非灵长类慢病毒 BIV 的同源性较低，二者最保守的部分 RT 酶编码区有 59% ~ 61% 的同源，而穿膜蛋白氨基酸序列仅存在 13% 的同源[5,7]。BIV 和 HIV 在多大程度上能相互置换以及 BIV 结构基因能否在 HIV 调节下进行表达，是构建有感染性重组病毒 BHIV 所要解决的首要问题。本文构建了 BHIV 重组病毒 cDNA，并对 BHIV 中源于 BIV 的 *gog - pol* 基因在人源细胞的表达情况进行了初步分析。

材料和方法

一、**质粒、菌株、试剂和细胞**　质粒 pUC18 和 TG1 宿主菌由本室保存，质粒 pHIV - 1 HXBc2 和 PDIV R29 由美国 Nebraska 大学的 C. Wood 教授惠赠。酶和试剂购自华美生物工程公司。MT - 4 细胞为中国预防医学科学院病毒所肿瘤室保藏。

二、**质粒提取、PCR、酶切、DNA 片段制备、连接及转化**　按文献〔8〕的方法进行。

三、**细胞培养和转染**　MT - 4 细胞以加入 10% 胎牛血清的 RPMI1640 培养基培养。用 Gene Pulser（BIO - RAD）进行电转染，1500 V 0.7s 将 15 μg 质粒导入 10^7MI - 4 细胞，加入 20 ml 细胞培养基后，P3 实验室温箱中 37℃ 培养。

四、RT－PCR 用 GIBCOBRL 的 TRI$_{zoL}$®试剂提取转染细胞的总 RNA，无 RNA 酶的 DNA 酶（Promega）处理后用 TRI$_{zoL}$®试剂抽提，乙醇沉淀，再溶于 10 μl 经 DEPC 处理过的双蒸水中，PCR 检测无 DNA 存在后，用作 RT－PCR 的模板。RT－PCR 按照 GIBCOBRL 的 SUPERSCRIPT™一步法 RT－PCR 说明书进行。引物序列为：5′－atg aag aga agg *gag* tta gaa（上游引物）和 5′－ttc agt ggc gte tga cca ga（下游引物），扩增条件为：50℃ 30 min；94℃ 2 min（1 个循环）；94℃ 30s，55℃ 30s，72℃ 30s（35 个循环）；72℃ 5min（1 个循环）。

五 RT 活性测定

参照 Cavidi Tech UPPSALA（SWEDED）公司的 Lenti－RT®活性分析试剂盒说明书。

结果和讨论

一、BHIV 重组病毒 cDNA 的构建 同属于慢病毒家族的 BIV 和 HIV 都具有 *gag*、*pol* 和 *env* 三个结构基因，调节基因则以 *tat* 和 *rev* 最为重要，Tat 蛋白与其应答元件 TAR 相互作用后激活病毒基因的表达，*rev* 蛋白与其应答元件 RRE 的相互作用则是病毒早期基因表达向晚期基因表达转换的"开关"，由此起始晚期结构基因的表达，然而在 BIV 和 HIV 之间 Tat 和 *rev* 并不能利用对方的应答元件发挥功能，因此，为了保证构建的

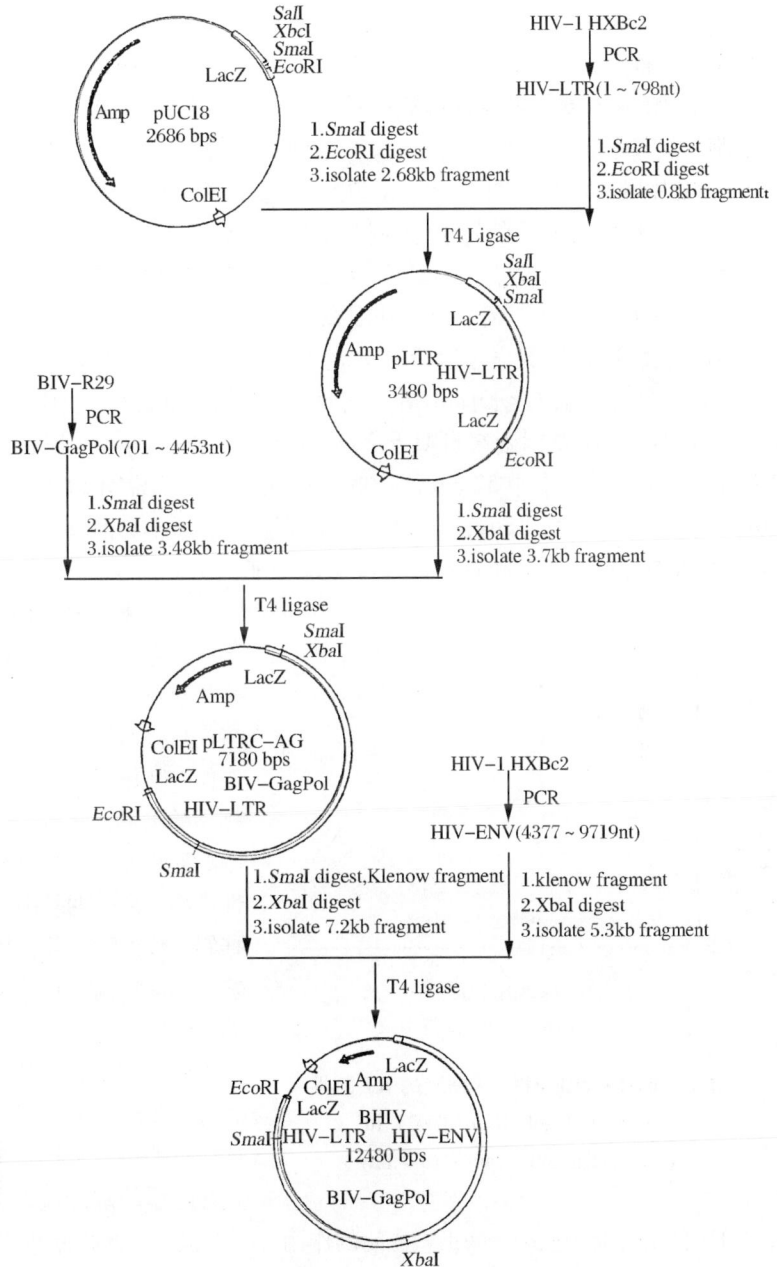

图 1　BHIV 重组病毒 cDNA 的构建
Fig. 1　Construction of plasmid BHIV cDNA

重组病毒具有生物活性，本文在构建时确保了 BHIV 的 *tat* 和 *rev* 以及它们的应答元件都来自 HIV－1 HXBc2。毒株。病毒的 *gag* 和 *pol* 基因形成同一转录本，本文所用的这两个基因均来自同一毒株 BIV R29，*env* 基因决定了病毒的细胞嗜性和免疫原性，因而要使 BHIV cDNA 能在人源细胞中复制，*env* 基因必须来自 HIV。通过 PCR 方法扩增 HIV－1 HXBc2 毒株的 5′ LTR（1～798nt）；*env* 基因、调节基因区及 3′LTR（4377～9719nt），同时扩增 BIV R29 毒株的 *gag－pol* 基因（701～4453nt），以 pUC18 为载体，按图 1 方法，构建出重组病毒 BHIV cDNA。经 PCR 和酶切鉴定证实，BHIV cDNA 中各片段的大小和插入方向正确。

二、RT－PCR 分析 *gag* 基因的转录　将重组病毒 BHIV cDNA 通过电转染方法导入 MT－4 细胞，转染后连续取样 7 d，提取转染细胞中的 RNA，RT－PCR 扩增 *gag* 转录本中长度为 528 bp 的片段，结果见图 2（略）。从中可以观察到 BHIV 转染细胞后第 1 天至第 7 天 *gag* 基因的表达。慢病毒基因的转录分为早期转录和晚期转录，在感染的早期，病毒利用宿主的转录系统，在 5′LTR 启动子的启动下转录出低水平的全长 mRNA，随即被宿主的剪接系统多次剪接成包括 *tat* 和 *rev* 等调节蛋白基因在内的小 mRNA 分子，分别翻译出 Tat 和 *rev* 等调节蛋白，Tat 作用于 TAR 后显著激活 LTR 起始的转录，*rev* 与 RRE 相作用后则可抑制 mRNA 的剪接，向细胞质中输出全长 mRNA，启动晚期基因的表达。BHIV cDNA 中的 *gag* 基因源于 BIV，而 *tat* 和 *rev* 基因则来自 HIV。*gag* 基因属于病毒生活周期中的晚期基因，由全长 mRNA 编码。*gag* 转录本中 528bp 片段的扩增成功，不仅说明 BHIV cDNA 转染细胞中已有全长 mRNA 转录本的存在，*gag－pol* 基因均得到转录，而且表明源于 HIV 的 *tat* 基因和 *rev* 基因得到了正确的转录、剪接和翻译，并能发挥功能。

三、RT 活性检测　收集转染后第 1 天到第 7 天的细胞培养液上清进行 RT 活性测定，结果见图 3。HIV cDNA 转染细胞后，RT 活性维持在较高水平。BHIV 转染细胞后第 1 天的 RT 值较低，从第 2 天开始迅速上升，之后维持在 HIV 相当的水平，直到第 7 天二者的 RT 值都随着细胞的死亡而下降。反转录酶是反转录病毒的特征性产物，由晚期基因 *gag－pol* 在翻译时核糖体的移码事件产生，并在病毒蛋白酶的作用下加工成熟，其活性高低直接反映了病毒活性的强弱，早期基因的表达是启动晚期基因的基础，在培养液上清中存在相对较高的 BHIV RT 活性。表明杂合病毒的 Tat 和 *rev* 等调节蛋白已获得正确的表达，这些早期蛋白发挥功能使全长 mRNA 得到转录，并在随后的翻译过程中发生了核糖体移码事件。

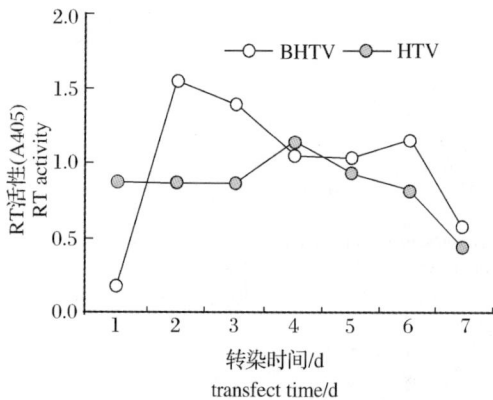

图 3　BHIV 转染 MT－4 细胞的 RT 活性

Fig. 3　RT activity of BHIV in transfected cells from 1 to 7 day

由于 RT 的成熟必须依赖于病毒蛋白酶的作用，因而也可由此推断重组病毒中源于 BIV 的蛋白酶不仅得到了表达，且能在人源细胞中正确发挥功能。以上结果说明重组病毒 BHIV cDNA 中源于 BIV 的 *gag－pol* 基因于 HIV 调控下能够在人源细胞 MT－4 内正确表达。该重组病毒能否形成具有感染性的病毒颗粒及其与宿主细胞相互关系的研究正在进行之中。

〔原载《南开大学学报》2001，34（4）：86－90〕

参 考 文 献

1　Li J, Lord C I, Haseltine W *et al.* Infection of cynomolgus monkeys with a chimeric HIV－1/ SIVmac virus that expresses the HIM－1 envelope glycoproteins. J Acquir Immune Defic Syndr, 1992, 5（7）：639－646

2　Riri S, Meiko K, Hiroyuki S *et al.* Generation of a chimeric human and simian immunodeficiency virus infectious to monkey peripheral blood mononuclear cells. Journal of Virology, 1991, 65 （7）：3514－3520

3　Stephens E B, Tian C, Dalton S B *et al.* Simian－human immunodeficiency virus－associated nephropathy in macaques. AIDS Res Hum Retroviruses, 2000, 16（13）：1295－1306

4　Kumar A, Lifson J D, Silverstein P S *et al.* Evaluation of immune responses induced by HiV－1 *gp*120 in rhesus macaques: effect of vaccination on challenge with pathogenic strains of homologous and heterologous simian human immunodeficiency viruses. Virology, 2000, 274（1）：149－164

5　Gouda M A, Braun M J, Carter S G *et al.* Characterization and molecular cloning of a bovine lentivirus related to human immunodeficiency virus. Nature, 1987, 330：388－391

6　Garvey K J, Oberste M S. Elser J E *et al.* Nucleotide sequence and genomic organization of biologically active proviruses of bovine immunodeficiency－like virus. Virology, 1990, 175：391－409

7　Guyader M. Emerman M, Sonigo P *et al.* Genome organization of the human immunodeficiency virus type2. *Nature*（London）, 1987. 326：652－669

8　萨姆布鲁克 J，弗里奇 E F，曼尼阿蒂斯 T 著，金冬雁，黎孟枫译. 分子克隆实验指南. 第2版. 北京：科学出版社，1992

Expression of BHIV *gag－pol* Gene in MT－4 Cells

WANG Shu－hui[1], XIONG Kun[1], DIAO Li－rong[1], CHEN Guo－min[2],
WANG Jin－zhong[1], CHEN Qi－min[1], GENG Yun－qi[1], ZENG Yi[2]

（1. College of Life Sciences, Nankai University, TianJin 300071;
2. Institute of Virology, Chinese Academy of Preventive Medicine, Beijing 100052）

A recombinant bovine/human immunodeficiency virus（BHIV）was generated with BIV R29 *gag－pol* gene in the background of HIV－1 HXBc2. BHIV cDNA was introduced into MT－4 cells by electroporation method and cultured at 37℃. Cells were used for RT－PCR analysis and culture supernatant was collected and assayed for reverse transcriptase（RT）activity. RTPCR analysis found the *gag* gene of BHIV has been expressed. Reverse transcriptase assay showed the RT of the BHIV has been expressed and processed into mature. These results suggest BIV *gag－pol* gene were expressed under control of HIV promoter and regulatory proteins in MT－4 cells.

〔**Key words**〕BHIV cDNA；RT－PCR；RT activity；expression

263. EB 病毒诱导胸腺恶性 T 细胞淋巴瘤的研究

中国预防医学科学院病毒学研究所　郭秀婵　赵　健　曾　毅

中国医学科学院　协和医科大学　黄燕萍　何祖根

〔摘　要〕　为研究 EB 病毒在恶性 T 细胞淋巴瘤发生中的作用，将 EB 病毒感染的人胚胸腺细胞移植于 Scid 鼠皮下，于移植后第 3 日起在移植处对侧皮下注射 TPA50 ng/只，每周 1 次。于移植后第 4 周起，移植处皮下有结节状隆起形成，并逐渐增大。于 6～15 周内行病理学检查和免疫组织化学染色，证实为 T 细胞淋巴瘤 8 例。其中实验组胸腺细胞 + EBV 的成瘤率为 25%（1/4），胸腺细胞 + EBV + TPA 组的成瘤率为 53.8%（7/13），对照组胸腺细胞 + TPA 的成瘤率为 0（0/5）。PCR 和原位杂交在诱导肿瘤中可检测到 EB 病毒的基因 EBERs、LMP1 和 BARF1，并有病毒基因 LMP1 蛋白编码产物的表达。EB 病毒可感染人胚胸腺细胞，并使其发生恶性转化，EB 病毒可能在恶性 T 细胞淋巴瘤的发生中起病因作用。

〔关键词〕　Epslein – Barr 病毒；胸腺；T 细胞淋巴瘤；病因作用

EBV（Epstein – Barr virus，EBV）是一种在人群中广泛传播的人类疱疹病毒。目前已经明确，EB 病毒是传染性单核细胞增多症的病因，Burkitt's 淋巴瘤和鼻咽部未分化癌的发生与 EB 病毒密切相关[1]。1988 年 Jones 等人首次报道，长期受 EB 病毒感染的外周 T 细胞淋巴瘤患者，在其肿瘤性 T 细胞中可检测到 EB 病毒的基因组[2]。以后，类似的报道不断增加。以原位杂交的方法检测 EB 病毒编码的小 RNA EBERs，在 T 细胞淋巴瘤中的检出率为 58%，血管中心性 T 细胞淋巴瘤中可高达 92%，其次为血管免疫母 T 细胞淋巴瘤 75%[3]。我们的研究也表明，T 细胞淋巴瘤中 EB 病毒的检出率为 61.6%，外周 T 细胞淋巴瘤中的检出率可高达 69.8%[4]。但 EB 病毒在 B 细胞淋巴瘤中的检出率仅为 5%～8%[5-7]。EB 病毒是否参与了 T 细胞淋巴瘤的发生，以及 T 淋巴细胞中 EB 病毒的感染途径和感染方式仍不清楚。1996 年，刘振声等人将 EB 病毒感染的人胚鼻咽黏膜移植于裸鼠皮下，在促癌物的协同作用下，诱导出鼻咽恶性淋巴瘤和未分化癌[8]。为了研究 EB 病毒与 T 细胞淋巴瘤的关系，我们将 EB 病毒感染的人胚胸腺细胞移植于 Scid 鼠皮下，单独或协同佛波醇二酯（TPA）成功地诱导了胸腺恶性 T 细胞淋巴瘤，进一步为 EB 病毒在恶性 T 细胞淋巴瘤发生中致瘤机制的研究提供了直接证据。这在国内及国际上也是首次报道。

材料和方法

一、动物、细胞和试剂　Scid 鼠购于中国医学科学院实验动物研究所，鼠龄 4～6 周，雌雄兼用，饲以高压灭菌水和饲料。B95 – 8 细胞系及 S12 – LMP1 单克隆抗体杂交瘤细胞株，由中国预防医学科学院病毒学研究所肿瘤室保存。LCA（淋巴细胞共同抗原）、UCHL1

（T 淋巴细胞特异性抗原）、CD20（B 淋巴细胞特异性抗原）单克隆抗体均为 Dako 公司产品。免疫组织化学 SP－9000 检测试剂盒购于北京中山生物技术有限公司。EBER2、LMP1 引物由赛百盛生物制品公司合成；BARP1 引物由法国 Ooks 教授馈赠。TaqDNA 聚合酶及 dNTP 由 Takara 生物工程有限公司提供。pGEM－Teasy 载体为 Promega 公司产品。体外转录试剂盒和地高辛标记及检测试剂盒购自宝灵曼公司。小牛血清为 Hyclone 公司产品。RP-MI1640 细胞培养液及其他细胞培养试剂，由中国预防医学科学院病毒学研究所配液室提供。引物序列为：EBER2：5′CCCTAGTCCTTTCGGACACA 3′；5′ACTTCCAAATGCTCTAGGGG3′；LMP1：5′CTAGCGACTCTGCTGGAAAT 3′；5′GAGTGTGTGCCAGTTAAGGT 3′；BARF1：5′GGGGATCCCAGAGCAATGGCCAGGTTC 3′；5′GGGGATCCAAGGTGAAATAGGCAAGTGCG 3′。

二、EB 病毒的制备 B95－8 细胞用 RPMI1640 完全培养基培养（含 2 mmol/L 谷氨酰胺、100 μg/ml 链霉素、100 μg/ml 青霉素和 10% 小牛血清），当细胞浓度达 10^6/ml 时，于 37℃ 静置 7～10 d，使 B95－8 细胞充分分泌病毒。然后于 5000 r/min 离心 30 min，取上清于 25 000 r/min 超速离心 2 h，收集沉淀，按 100∶1 浓缩重悬于生理盐水中。最后用 0.45 μm 微孔滤膜过滤，冻存于 －80℃ 待用。

三、EB 病毒感染人胚胸腺细胞和移植 Scid 鼠成瘤实验 取胎龄 4～7 个月水囊引产的胎儿 10 例，不分性别，无菌分离胸腺组织，将它剪碎，制成细胞悬液，取一滴细胞悬液进行锥虫蓝染色和细胞计数，观察细胞活力。当活细胞数 >90% 时，用无血清 RPMI1640 调整细胞浓度为 10^7/ml，加浓缩 100 倍的 B95－8EB 病毒 0.1 ml/10^7 细胞，37℃ 孵育 2 h，然后用注射器将 EB 病毒感染的人胚胸腺细胞（约 1×10^7/只）移植于 Scid 鼠背部皮下。移植后第 3 日起在移植处对侧皮下注射 TPA50 ng/只，每周 1 次。观察肿瘤形成情况，直至处死。设置胸腺细胞＋TPA 5 只鼠为对照组，分别以胸腺细胞＋EBV 4 只鼠、胸腺细胞＋EBV＋TPA 13 只鼠为实验组。

四、病理学检查和免疫组织化学检测 Scid 鼠致瘤后处死，常规取材，10% 甲醛固定，石蜡包埋，做 5 μm 厚连续切片，常规 HE 染色，光学显微镜检查确诊。免疫组织化学检测采用免疫组织化学 SP 法，按试剂盒的操作步骤进行操作。LMP1 特异性抗体的制备：取 S12 细胞培养上清，用饱和硫酸铵沉淀浓缩，按 100∶1 重悬于 PBS 中待用。特异性抗体 LCA、UCHL1、CD20 的使用浓度均为 1∶100。以 PBS 代替单抗，或以正常胸腺组织切片作为阴性对照。

五、组织 DNA 的提取和 PCR 扩增 常规提取恶性淋巴瘤和正常胸腺组织 DNA，用 PCR 技术扩增 EBV EBER2、LMP1 和 BARF1 基因片段。扩增片段长度分别为 108 bp、331 bp 和 695 bp。反应条件为 95℃ 预变性 3 min，94℃30 s，55℃30 s，72℃30 s，循环 35 次，最后 72℃ 延伸 5 min。PCR 反应产物经 2% 琼脂糖凝胶电泳鉴定。

六、原位分子杂交检测 按文献采用 mRNA 原位杂交法检测 EB 病毒编码的小 RNA EBERs[4]。以 B95－8 细胞涂片作为阳性对照，以杂交前用 RNase 40 μg/ml 37℃ 处理组织 1 h，或正常胸腺组织切片作为阴性对照，并设不加探针的空白对照。

结　果

一、Scid 鼠体内人胚胸腺细胞成瘤实验　人胚胸腺细胞感染 EB 病毒后移植于 Scid 鼠背部皮下，于第 4 周起可以触及移植处皮下结节状隆起，大小约 0.5 cm×0.5 cm，质地微软，可活动。以后结节逐渐增大，质地偏硬，似与皮下组织粘连。6~15 周内处死小鼠，从皮下取出肿瘤，大小约为 1.5 cm×1.5 cm×1.0 cm，质软，局部中央可见坏死，切面鱼肉状，色白。病理学诊断均为恶性淋巴瘤（图 1a、b）。经免疫组织化学染色确诊为 T 细胞淋巴瘤（图 2a、b、c，表 1）。

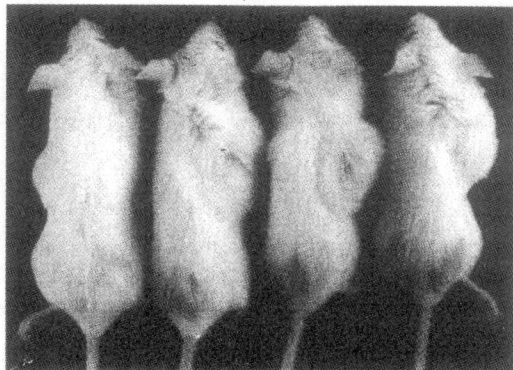

图 1a　Scid 鼠皮下诱导肿瘤

（胸腺细胞 + EBV + TPA 组）

Fig. 1a　Tumors in Scid mice induced by subcutaneous transplantation with EBV infected fetal thymus cells and treatment with TPA

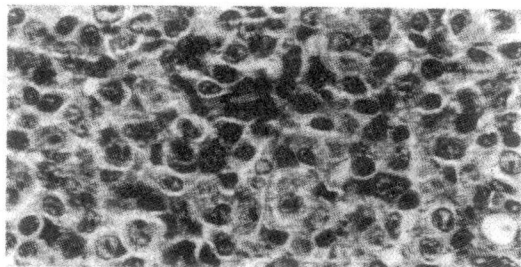

图 1b　恶性 T 细胞淋巴瘤组织切片（HE ×400）

The cells were different sized, the nucleus was deeply stained, the heterokaryon was obvious and the nucleus cleavage phase was frequently seen. Stained by hematoxylin/eosin（H&E ×400）

Fig. 1b　Micrographs of paraffin section of malignant lymphoma in Scid mice induced by transplantation of EBV infected fetal thymus cells and treatment with TPA

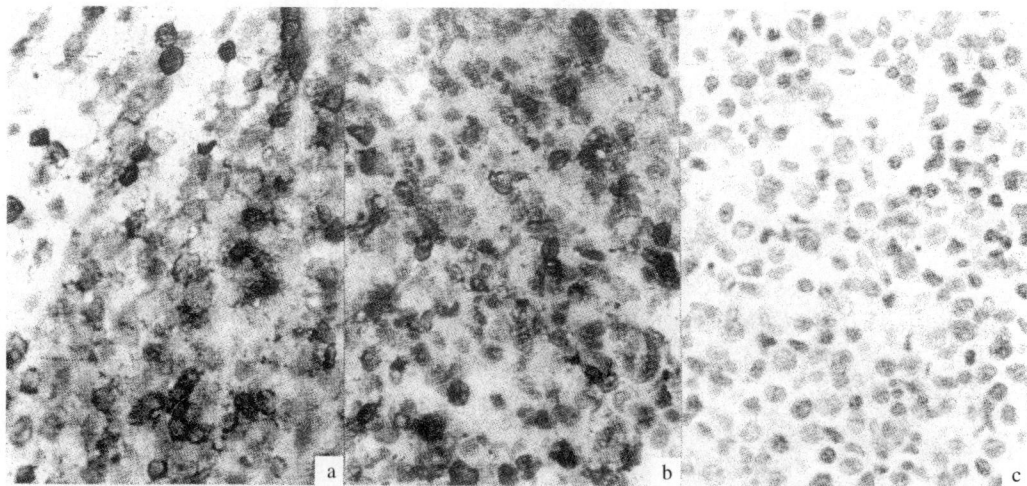

图 2　恶性 T 细胞淋巴瘤免疫组化染色（SP 法，×400）

a：LCA positive；b：UCHL1 positive；c：CD20 negative. Routine Streptavidin/Peroxidase immunohistochemical staining（SP ×400）.

Fig. 2　Immunohistochemical staining of malignant T cell lymphoma

表1　EB 病毒诱导胸腺恶性 T 细胞淋巴瘤形成

Tab. 1　Malignant T cell lymphomas induced by fetal thymus cells infected with EBV and treated with TPA

Group	No. Scid mice	Survival time（WK）	Malignant T cell lymphoma
Thymus cells + TPA	5	15	0
Thymus cells + EBV	4	5 – 15	1（25%）
Thymus cells + EBV + TPA	13	4 – 15	7（53.8%）
Total	22	4 – 15	8（36.4%）

二、PCR 扩增结果　经 PCR 扩增的 EBV – EBER2、EBV – LMP1 和 EBV – BARF1 基因片段，大小分别为 108 bp、331 bp 和 695 bp。在 2% 琼脂糖凝胶电泳中清晰可见，阴性对照及空白对照均为阴性（图 3a、b、c、d）。

三、原位杂交结果　采用地高辛标记的 EBERscRNA 探针，对恶性 T 细胞淋巴瘤组织切片进行 mRNA 原位杂交，均可检测到 EBERs 的表达，阳性信号呈蓝紫色颗粒，主要位于肿瘤细胞的细胞核中，空白对照及阴性对照均为阴性（图 4）。

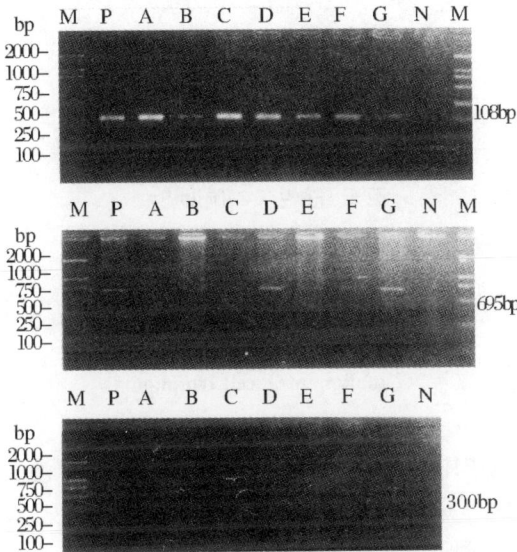

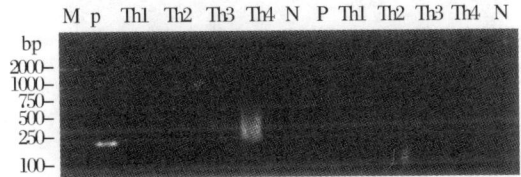

图 3　恶性 T 细胞淋巴瘤及对照胸腺组织 DNA PCR 扩增结果

a. Fragment of EBER2；b. Fragment of BARF1；c. Fragmenl of LMP1；d. Results of thc PCR of EBER2 and BARF1 of control thymus cell DNA；M. DNA marker；P. B95 – 8 ccll DNA as positive control；N. Negative control；A, B, C, D, E, F, G. Malignant T cell lymphomas DNAs；Th1, Th2, Th3, Th4. Control thymus DNAs

Fig. 3　Results of the polymerase chain reaction（PCR）amplification of tumor DNA

四、EBV 潜伏性膜蛋白 LMP1 的表达　见图 5。

以免疫组织化学 SP 法，可检测到恶性 T 细胞淋巴瘤中 EBV 潜伏性膜蛋白 LMP1 的表达；LMP1 主要位于肿瘤细胞的细胞膜，呈棕黄色颗粒状。

讨　　论

众所周知，胸腺是 T 淋巴细胞的发源地。T 淋巴细胞在胸腺发育成熟，然后被送往外周淋巴器官。胸腺中 90% 以上的胸腺细胞（即胸腺内分化发育的 T 淋巴细胞）位于胸腺皮质，从胚胎 13 ~ 14 周（即 3 ~ 4 个月）开始，胸腺中有成熟的 T 淋巴细胞向外周转运，此时，淋巴结内的 T 细胞结节开始出现[9]。我们用 EBV 感染的人胚胸腺细胞接种 Scid 鼠，单独或协同 TPA 成功地诱导了 T 细胞淋巴瘤。PCR、原位杂交和免疫组织化学检测的结果表明，EBV 基因组持续存在于肿瘤细胞中，并有病毒癌基因的表达，在 DNA、RNA 和蛋白质水平均检测到 EBV 的核酸物质及核酸表达产物。以上研究表明，EBV 可感染胸腺细胞，并能使其发生恶性转化，最终在 Scid 鼠中形成 T 细胞淋巴瘤。类似的研究也证明，体外感染 EBV 的人胸腺细胞能表达 EBV 的核抗原 EBNA1，联合应用 IL－2，可观察到胸腺细胞的增殖[10,11]。完整的 EB 病毒感染外周血 T 淋巴细胞，协同 IL－2 可建立永生化的类淋巴母细胞系[12]。EBV 可能在 T 细胞淋巴瘤发生中起病因作用。

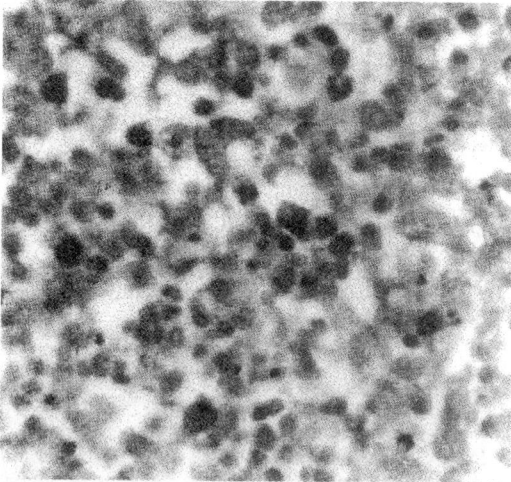

图4　恶性 T 细胞淋巴瘤 EBERs
原位杂交（×400）

Purple blue minute granules, as positive signal,
located in the cell nucleus（×400）

**Fig. 4　In situ hybridization of
EBERs gene in malignant T cell lymphoma**

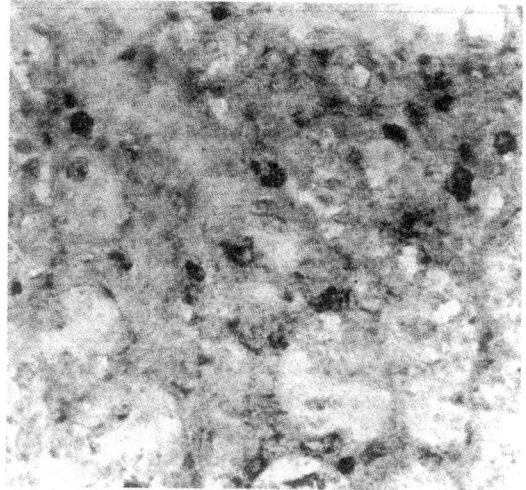

图5　恶性 T 细胞淋巴瘤
免疫组化学染色 SP 法（×400）

Showing EBV LMP1 positive, Streptavidin/
Peroxidase staining（SP×400）

**Fig. 5　Immunohistochemical staining
of malignant T cell lymphoma**

　　TPA 是一种较强促癌的化合物。其作用机制是作用于细胞生长因子信号系统，经甘油二酯作用于蛋白激酶 C（PKC），促进蛋白质合成和细胞增殖[13]。我国南方尤其是鼻咽癌高发区的中草药、土壤甚至食物中含 TPA 样物质[14]。以往的研究也表明，单纯 EBV 感染人胚鼻咽黏膜并不足以在裸鼠体内诱发淋巴瘤，但在促癌物 TPA 的协同作用下，可以诱发鼻咽恶性淋巴瘤，且 T 细胞淋巴瘤要多于 B 细胞淋巴瘤[8]。我们选用更为敏感的动物模型 Scid 鼠，单纯 EBV 可诱导胸腺恶性 T 细胞淋巴瘤，但协同 TPA 后，肿瘤诱发率从 25% 提高到53.8%。以上结果表明：环境促癌物在 T 细胞淋巴瘤的发生中有极其重要的作用。

　　至于 EBV 在 T 细胞淋巴瘤中的致瘤机制，仍不清楚。目前已明确 LMP1 和 BARF1 是EBV 的病毒癌基因[15~22]。LMP1 是 B 淋巴细胞永生化不可缺少的基因，LMP1 基因在体外可转化 3T3 细胞，在裸鼠体内形成肿瘤[15,16]。其作用机制可能为，LMP1 编码产物的 C 端含有两个活性区，可与肿瘤坏死因子受体相作用，导致 NF－kB 介导的信号传导通路的激活[17,18]。BARF1 基因可使原代猴肾上皮细胞永生化[19]。且 85% 以上的鼻咽癌活检组织中有BARF1 基因开放阅读框的转录和翻译，在鼻咽癌病人的活检组织中亦可检测到高水平的BARF1 编码蛋白[20]。有研究指出，BARF1 编码产物与原癌基因 c－fms 的编码产物有同源性，在体外能与 CSF－1 结合，具有刺激细胞生长的作用[21]。在我们的研究中均可检测到诱导肿瘤的肿瘤细胞中含有 LMP1 和 BARF1 基因，且有 LMP1 基因编码蛋白的表达，LMP1 和

BARF1 可能在 EBV 介导的 T 细胞淋巴瘤的发生中发挥作用。

EBV 是如何进入 T 淋巴细胞的，目前还有争议。有研究表明，约 8% ~18% 胸腺细胞能表达 EBV 的受体 CR2 （CD21），EBV 可通过与胸腺细胞的特异性结合而感染胸腺细胞[10,11]。但在外周血 T 淋巴细胞中却难以检测到 CR2 受体的转录。因此，有人认为 EBV 是通过另一条完全不同于 B 淋巴细胞的未知途径感染 T 淋巴细胞的[12]。T 淋巴细胞是否只是在发育过程中短暂表达 CR2，还是以其他途径受纳 EBV，仍需进一步研究。

肿瘤的发生与多种因子有关，肿瘤病毒是引起肿瘤的重要生物因子。肿瘤病毒感染人体后多以潜伏的形式持续存在于体内，在某些情况下，环境促癌因子激活潜伏病毒，促进病毒的致癌作用。EBV 是一种在人群中广泛传播的人类疱疹病毒，大多数成人都是 EBV 的长期携带者，环境中又含有一些 TPA 样类似物，这些因素都可能与 T 细胞淋巴瘤的发生有关。总而言之，我们的研究证明，EBV 单独或协同促癌物可以诱发人胚胸腺细胞恶性 T 细胞淋巴瘤，进一步证明了 EBV 在 T 细胞淋巴瘤发生的可能作用，它是研究 T 细胞淋巴瘤发生的病因和机理的重要模型。

〔原载《病毒学报》2001，17（4）：289 - 294〕

参 考 文 献

1 黄燕萍，何祖根，王顺宝. EB 病毒与恶性淋巴瘤. 国外医学：生理、病理科学与临床分册，2000，20（4）：288 - 290

2 Jones J F, Shurin S, Abramowsky C, et al. T - cell lymphomas containing Epstein - Barr viral DNA in patients with chronic Epstein - Barr virus infection. N Engl J Med, 1988, 318：733

3 Jooryung Huh, Kwanghyun Cho, Dae Seog Heo, et al. Detection of Epstein - Barr virus in Korean peripheral T - cell lymphoma. Am J Hematol, 1999, 60：205 - 214

4 黄燕萍，郭秀婵，何祖根，等. T 细胞淋巴瘤中 EBV 感染及临床病理研究. 待发表

5 周小鸽，张劲松，严庆汉. B 细胞淋巴瘤与 EBV 关系的研究. 中华病理学杂志，1996，25（1）：4 - 6

6 郭琳良，肖莎，曹长安. 淋巴瘤与 EB 病毒关系的研究. 中国癌症杂志，1997，7（4）：289 - 291

7 Hirose Y, Masaki Y, Sasaki K, et al. Determination of EBV association with B - cell lymphomas in Japan：Study of 72 cases of in situ hybridization、PCR、ICH studies. Int J Hematol, 1998, 67（2）：165 - 174

8 刘振声，李保民，刘彦仿，等. EB 病毒与促

癌物协同作用诱发人鼻咽恶性淋巴瘤和未分化癌的研究. 病毒学报，1996，12（1）：1 - 7

9 成令忠. 组织学. 第 2 版，北京：人民卫生出版社，1994，904 - 911

10 Watry D, Hedrick J A, Siervo S. et al. Infection of human thymocytes by Epstein - Barr virus. J Exp Med, 1991, 173（4）：971 - 980

11 Todd S C, Tsoukas C. D. EBV induces proliferation of immature human thymocytes in an IL - 2 - mediated response. ImmunoL, 1996, 156：4217 - 4223

12 Mingxu G, Gaetano R, Earl E H. Epstein - Bart virus （EBV） induced long - term proliferation of CD4+ lymphocytes leading to T lymphoblastoid cell lines carrying EBV. Anticancer Res, 1999, 19：3007 - 3018

13 Bessi H, Rast C, Rether B, et al. Synergistic effects of chlordane and TPA in multistage morphological transformation of SHE cells. Carcinogenesis, 1995, 16：237 - 244

14 胡垠玲，曾毅. 几种中草药对淋巴细胞的促转化作用. 中华肿瘤杂志，1985，7（6）：417 - 419

15 Wang D, Liebowitz D, Kieff E. An EBV membrane protein expressed in immortalized lymphocytes transforms established rodent cells. Cell,

1985, 43: 831 – 840

16 Baichwal V R, Sugden B. Transformation of Balb 3T3 cells by the BNLF – 1 gene of Epstein – Bart virus. Oncogene, 1988, 2: 461 –467

17 Mosialos G, Birkenbach M, Yalamanehili R, et al. The Epstein – Barr virus transforming protein LMP1 engages signaling proteins for the tumor necrosis factor receptor family. Cell, 1995, 80: 389 – 399

18 Izumi K M, Kieff E. The Epstein – Barr virus oncogene product latent membrane protein engages the tumor necrosis factor receptor associated death domain protein to mediate B lymphocyte growth transformation and activate NF – Kb. Proc Nad

Aead Sci USA, 1997, 94: 12592 – 12597

19 Wei M X, de Turenne – Tessier M, Decaussin G, et al. Establishment of a monkey kidney epithelial cell line with the Epstein – Barr virus BARF1 gene. Oncogene, 1997, 14: 3073 – 3081

20 Deeaussin G, Fatima S L, Mireille T T, et al. Expression of BARF1 gene encoded by Epstein – Barr virus in nasopharyngeal carcinoma biopsies. Cancer Res, 2000, 60: 5584 – 5588

21 Strockbine L D, Cohen J I, Farrah T, et al. The Epstein – Bart virus BARF1 gene encodes a novel, soluble colony – stimulating factor – 1receptor. J Virol, 1998, 72: 4015 –4021

Epstein – Barr Virus Induced Thymus Malignant T Cell Lymphoma

HUANG Yan – ping[2], GUO Xiu – chan[1], HE Zu – gen[2], ZHAO Jian[1], ZENG Yi[1]

(1. Institute of Virology, CAPM, Beijing 100052, China;

2. Tumor Hospital, CAMS and PUMC, Beijing 100021, China)

This paper is to study the effect of Epstein – Barr virus (EBV) on the occurrence of T cell lymphoma. Scid mice were subcutaneously transplanted with fetal thymus cells infected with EBV. 12 – O – tetradecanoylphorbol 13 – acetate (TPA), the tumor promoter, was injected subcutaneously on the third day and once a week hereafter. About four weeks later, tumor masses gradually grew in these mice. The mice were killed from 6 to 15 weeks later, the histopathological and immunohistochemical examinations were carried out. One T cell lymphoma was found in the group receiving EBV only, and seven cases of T cell lymphoma in the group receiving EBV and TPA. No case was found in the control group that was transplanted with fetal thymus and injected with TPA. Polymerase chain reaction and *in situ* hybridization revealed that the T cell lymphoma cells contained the EBV EBERs, LMP1 and BARF1 genes. LMP1 protein was also found in the tumor cells. The results showed that EBV could infect fetal thymus cells and consequently induced malignant transformation by the effect of EBV or by the synergistic effect of the tumor promoter. EBV may be an important etiologic factor for T cell lymphoma.

[**Key words**] Epstein – Barr virus; Thymus; T cell lymphoma

264. 含 HIV-1 *gag*、*gag* V3 基因的重组腺病毒伴随病毒的构建及其免疫原性的研究

中国预防医学科学院病毒学研究所

刘雁征　吴小兵　周　玲　伍志坚　侯云德　曾　毅

〔摘　要〕　将 HIV-1 中国株 42（B 亚型）的 *gag* 基因及 *gag* 与 gp120 V3 区的嵌合基因 *gag* V3 插入腺病毒伴随病毒（AAV）表达载体 pSNAV 质粒中，构建重组质粒 pSNAV-*gag* 及 pSNAV-*gag*V3；采用脂质体转染的方法分别将重组质粒转入 BHK 细胞，G418 筛选得到转入重组质粒并能表达外源基因的细胞系，命名为 BHK-*gag* 及 BHK-*gag*V3。用具有重组腺病毒伴随病毒（rAAv）包装功能的一种重组单纯疱疹病毒（rHSV）分别感染这两株细胞系，纯化后得到 rAAV，电镜观察可见到大量实心病毒颗粒，核酸杂交检测重组病毒滴度达到 10^{12} 病毒颗粒/ml，重组病毒感染 293 细胞，ELISA 检测有 *gag* 及 *gag*V3 基因的表达。用重组病毒免疫 Balb/C 小鼠，检测抗体及细胞免疫水平，证明重组病毒可以在小鼠体内诱导产生细胞及体液免疫。

〔关键词〕　人免疫缺陷病毒 1 型（HIV-1）；重组腺病毒伴随病毒；细胞毒性 T 淋巴细胞（CTL）活性

获得性免疫缺陷综合征（acquired immunodeficiency syndrome，AIDS）的全球传播造成的损失及危害极为严重。在某些病人中，通过高效的抗逆转录病毒药物的治疗可以控制 HIV 的复制，但这种新的疗法不能治愈患者，而且抗药毒株的出现、病人的经济承受能力等问题使联合疗法前景不尽如人意，因而，研制有效的疫苗仍是最紧迫的问题。

近来对 HIV 疫苗的研究越来越多的注意力集中在活病毒载体疫苗及 DNA 疫苗上[1]。在各种病毒载体中，腺病毒伴随病毒（AAV）载体具有安全、对超感染无免疫性、具有诱发黏膜免疫的可能性等特点[2]，因而应用 AAV 构建 HIV 重组疫苗有很大的应用前景。我们构建了含 HIV-1 中国株 B 亚型 *gag* 及 *gag*V3 基因的重组腺病毒伴随病毒，重组病毒有很高的滴度，感染细胞后能有效表达外源基因，初步动物实验表明，重组病毒免疫小鼠后可以诱导小鼠产生 HIV-1 特异性的细胞免疫及体液免疫，为进一步研究新型的 HIV 重组腺病毒伴随病毒载体活疫苗打下了基础。

材料和方法

一、质粒与载体　含 HIV-1 中国株 *gag* 及 *gag*V3 基因的质粒 plin8*gag*-42 及 plin8*gag*V3-42 由本室保存。rAAV 表达载体 pSNAV 由本所病毒基因工程国家重点实验室伍志坚博士构建。

二、细胞与病毒　金黄地鼠胚胎肾细胞（BHK-21）、人胚肾上皮细胞（293）、p815 细胞（为 Balb/C 小鼠同源的淋巴细胞系）由本室保存。具有 rAAV 包装功能的重组单纯疱

疹病毒（rHSV）及表达 GFP 基因的重组腺病毒伴随病毒（rAAV－GFP）由本所病毒基因工程国家重点实验室构建。

三、酶及试剂　各种工具酶购于 TaKaRa 公司。真核细胞转染试剂 Lipofectamine 购自 Gibco BRL 公司。胰蛋白冻及酵母浸出物为 Oxoid 公司产品。检测 HIV－1 p24 核心抗原的 ELISA 试剂盒为 Vironostika 公司产品。LDH 检测试剂盒购自 Promega 公司。

四、目的基因克隆入 AAV 载体质粒 pSNAV 中　*Eco*RI 和 *Sal* I 双酶切质粒 plin8*gag*－42 及 plin8*gag*V3－42，得到大小分别为 1.75 kb 和 1.85 kb 的 *gag* 及 *gag*V3 片段，回收纯化后克隆于 *Eco* RI 和 *Sal* I 双酶切的载体 pSNAV 中，酶切鉴定正确插入的重组质粒命名为 pSNAV－*gag*、pSNAV－*gag*V3。基因重组克隆操作按文献〔3〕进行。

五、重组 AAV 的获得　参照 Lipofectamine 产品说明书，将质粒 pSNAV－*gag* 及 pSNAV－*gag*V3 分别转染含 10% 胎牛血清的 Eagle 液培养的 BHK－21 细胞，24 h 后用含 G418 800 μg/ml 的培养液继续培养，压力筛选得到转入重组质粒的混合细胞系－BHK－*gag*、BHK－*gag*V3。参照 Vironostika HIV1 Antigen Microelisa System 说明书，用 ELISA 试剂盒检测细胞系中 *gag* 及 *gag*V3 基因的表达。将细胞系转入大转瓶中扩大培养，瓶内细胞生长至 80% 时用具有 rAAV 包装功能的 HSV－HSV－rc/ΔUL 感染细胞，48 h 细胞完全病变后收获细胞，纯化后所得重组病毒分别命名为 *raaV－gag* 及 rAAV－*gag*V3，病毒悬液置－20℃保存备用。

六、电子显微镜观察及病毒滴度的测定　参照文献〔4〕的方法，取适量纯化的重组病毒负染，直接电镜观察。参照 Dig DNA Labeling and Detection Kit 说明书中的方法用地高辛标记探针并检测重组病毒的物理滴度。

七、ELISA 检测重组病毒中目的基因的表达　分别用 rAAV－*gag*、rAAV－*gag*V3 感染生长至 80% 的 293 细胞（含 10% 胎牛血清的 1640 液培养），37℃吸附 1 h 后换含 2% 血清的维持培养液培养。72 h 后刮下单层细胞，PBS 洗 3 次，用 Vironostika 公司生产的检测 HIV－1 p24 核心抗原的 ELISA 试剂盒检测感染病毒的细胞中 *gag* 及 *gag*V3 基因的表达。

八、动物免疫　4 周龄的 Balb/C 小鼠用 1% 戊巴比妥钠腹腔麻醉，分组肌内注射 10^{10} 病毒颗粒的重组病毒，3 周后同样剂量加强免疫，6 周后处死小鼠，分离血清及脾淋巴细胞检测抗体及 CTL 活性。用同样剂量的 rAAVGFP 同样免疫程序免疫小鼠，6 周后处死分离血清及脾淋巴细胞作为对照。

九、细胞毒性 T 淋巴细胞（CTL）的检测

1. 靶细胞：分别构建含 HIV－1 *gag* 及 *gag*V3 基因的真核表达质粒 pCI－*gag* 及 pCI－*gag*V3，用电转法分别将这两种质粒转入 p815 细胞，G418 压力筛选得到表达 *gag* 及 *gag*V3 的两株细胞系：p815－*gag* 及 p815－*gag*V3，将压出的细胞系涂片，冷甲醇固定后用 HIV－1 病人的阳性血清做免疫酶检测，确认这两株细胞系中 HIV－1 基因的表达，作为靶细胞。

2. 刺激细胞：制备正常同源小鼠的脾淋巴细胞，用重组 AAV 感染 2 h 后，用含 15% FCS、20 U/ml IL－2 的 1640 培养液培养 48 h，作为刺激细胞。

3. 脾淋巴细胞及效应细胞的制备：参照文献〔5〕的方法进行。

4. CTL 测定：参照 Cytotox 96Non－Radionative Cytotoxic－ity Assay 说明书，建立不同的效应细胞及靶细胞组合（效应细胞与靶细胞细胞数量比分别为 50∶1、25∶1、12.5∶1），用 LDH 法进行 CTL 的测定。

十、抗体的检测 用 CTL 检测所用的靶细胞（表达 HIV-1 *gag* 及 *gag*V3 基因的 p815 细胞）涂片固定后作为检测 HIV-1 抗体的抗原片，分别与不同稀释度的免疫小鼠的血清及辣根过氧化物酶标记的羊抗小鼠 IgG 结合，采用免疫酶法（EIA）检测免疫小鼠血清中的 HIV-1 抗体。

结　　果

一、重组质粒的构建 重组质粒 pSNAV-*gag*、pSNAV-*gag*V3 的构建过程及结构见图 1。重组质粒经酶切证明，*gag*、*gag*V3 基因正向插入表达载体 DSNAV 中。

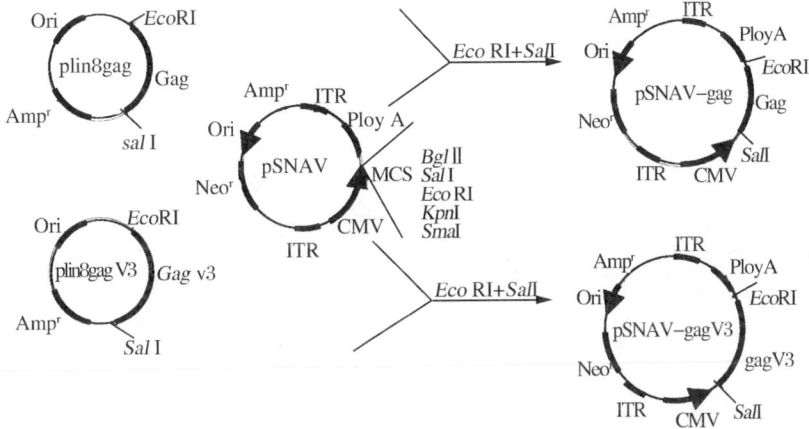

图 1　pSNAV-*gag*、pSNAV-*gag*V3 的构建过程
Fig. 1　Construction of pSNAV-*gag* and pSNAV-*gag*V3

二、混合细胞系的获得及细胞系中 *gag*、*gag*V3 基因的表达 pSNAV-*gag*、pSNAV-*gag*V3 分别转染 BHK 细胞后在含有 G418 的 Eagle 培养基中培养，约 10 d 后对照细胞全部死亡，转染的细胞约 30% 死亡，得到两株混合细胞系-BHK-*gag* 及 BHK-*gag*V3。扩大培养得到的混合细胞系，各取一小方瓶细胞，刮下单层细胞，PBS 洗 3 次，冻融 3 次后取上清用 ELISA 试剂盒检测外源基因表达，证明外源基因能够在混合细胞系中得到表达。

三、电子显微镜观察获得的重组病毒 重组病毒悬液负染后直接电镜观察，视野中可以见到大量的病毒颗粒，大小在 20～30 nm 左右，大多数为实心病毒粒子。电镜照片见图 2。

四、病毒滴度及感染性的测定 采用 PCR 方法标记 *gag* 基因的探针，提取重组病毒

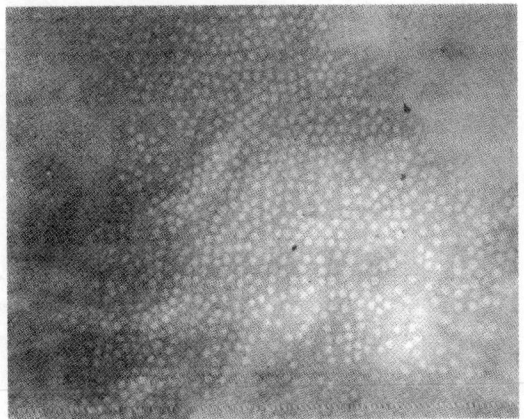

图 2　rAAV-*gag*、rAAV-*gag*V3 电镜下的形态
Fig. 2　Electron micrographs of rAAV-*gag* and rAAV-*gag*V3

DNA，用点杂交方法测定重组病毒的颗粒数为 10^{12} 病毒颗粒 1 ml。重组病毒感染 293 细胞后，ELISA 证明被感染细胞中有 HIV −1gag 基因的表达，证明重组病毒具有感染性并能表达目的基因。

五、抗体检测结果 用免疫酶法检测 rAAV 免疫小鼠血清中的抗体，结果表明，rAAV 免疫 Balb/C 小鼠后，可以产生针对 HIV −1 的特异性体液反应（图 3），但抗体的滴度不是很高，rAAV −gag 免疫小鼠的平均抗体滴度为 1：18，rAAV −gagV3 免疫小鼠的平均抗体滴度为 1：20，gag 基因及 gagV3 基因免疫诱发的抗体水平没有明显的差异（表 1）。

表 1　rAAV 免疫 Balb/C 小鼠的血清 HIV −1 抗体滴度
Tab. 1　HIV −1 antibody titers in sera of Balb/C mice immunized by rAAV vaccine

rAAV vaccine	Antibody titer
rAAV −gag	1：18
rAAV −gagV3	1：20
Control	−

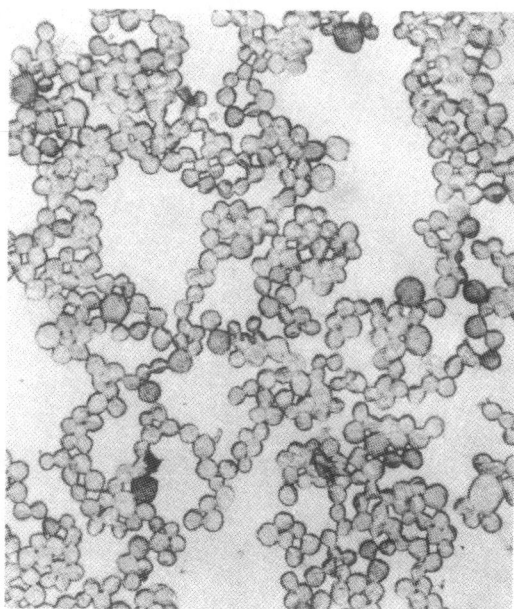 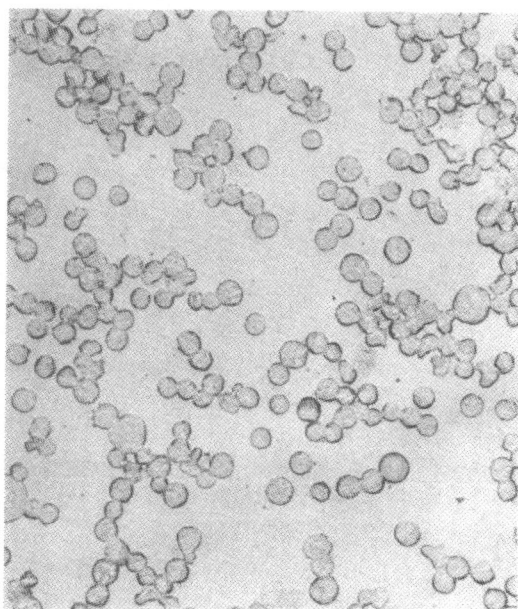

A B

图 3　免疫酶法检测免疫小鼠血清中 HIV −1 抗体
A：EIA of positive sera；B：EIA of negative sera
Fig. 3　EIA test of HIV −1 antibody in sera of Balb/C mice immunized by rAAV

六、CTL 检测结果 采用 LDH 法检测免疫小鼠 HIV −1 特异性的 CTL，平均计算后，结果见表 2。效靶比为 50：1 时，rAAV −gag 病毒诱发的 HIV −1 特异性 CTL 平均杀伤率可达 47.2%，rAAV −gagV3 病毒诱发的 CTL 平均杀伤率为 41.5%。从中可以看出，rAAV 疫苗可以诱导小鼠产生较好的针对 HIV −1 的特异性 CTL 反应，其中 rAAV −gagV3 疫苗诱发的 CTL 活性要高于 rAAV −gag 疫苗诱发的 CTL 活性。

表2 rAAV 疫苗免疫 Balb/C 小鼠产生的
HIV -1 特异性的 CTL 平均杀伤率
Tab. 2 HIV -1 specific CTL activity of Balb/C
mice immunized by rAAV vaccine（%）

rAAV vaccine	E : T	Cytotoxicity（%）
rAAV - gag V3	50 : 1	47. 2
	25 : 1	33. 7
rAAV - gag	50 : 1	41. 5
	25 : 1	26. 6
Control	50 : 1	9. 7
	25 : 1	5. 6

讨 论

HIV 感染机体后刺激机体产生的免疫反应中，特异性细胞免疫反应，特别是 CD8[+] 介导的细胞毒性 T 淋巴细胞，对于杀伤 HIV 感染的细胞和阻止 HIV 经细胞接触而扩散发挥重要的作用，因此理想的 HIV 疫苗应该能诱导机体产生针对病毒的特异性 CTL 反应，HIVgag 蛋白上 3 个保守区的一些抗原决定簇可以诱导机体产生特异性的 CTL 反应[6]，因此我们选择中国株 HIV -1gag 基因及在 gag 基因的非必需区中插入 V3 区的 gagV3 嵌合基因进行重组病毒疫苗的研究。

腺病毒伴随病毒具有广泛的宿主范围，可以转导静止期及分裂期的细胞，它作为一种活病毒载体可有效地将外源基因导入细胞并稳定表达。同时与其他用于疫苗的活病毒载体（如腺病毒载体、痘苗病毒载体）不同的是，重组腺病毒伴随病毒不含有任何表达病毒本身蛋白的基因，因而作为疫苗来讲，AAV 可能兼有活病毒载体及非病毒载体的优点。目前还没有见到用重组 AAV 作载体研究 HIV 疫苗的报道，用表达 HSV 外膜糖蛋白的重组 AAV 及表达 HPV -16E7 多肽的重组 AAV 都可以诱导实验动物产生特异性的 CTL 反应[7,8]，在本实验室以前的工作基础上，我们采用一套新的重组从 AAV 生产系统，与传统的共转染生产重组 AAV 的方法相比更适于大量生产并可以得到高滴度的重组病毒。

初步的动物实验结果表明，构建的 HIV - gag、gagV3 基因的重组腺病毒伴随病毒免疫小鼠后，可以诱发特异性的体液及细胞免疫，与我们构建的含同样基因的 DNA 疫苗的免疫效果相比，重组 AAV 可以诱发更强的 CTL 活性，同时由于重组 AAV 的整合特性，有望诱发机体产生持久的 CTL 活性。我们正在进一步研究重组 AAV 所诱发的体液及细胞免疫可以在小鼠体内持续多久，用 DNA 疫苗与重组 AAV 联合免疫能否提高抗体及 CTL 水平，从而为今后得到具有良好保护效果的 HIV -1 中国株重组活病毒疫苗打下基础。

（致谢：感谢病毒基因工程国家重点实验室王宏先生在实验中给予的帮助。）

〔原载《病毒学报》2001，17（4）：328 -331〕

参 考 文 献

1 Maurice R, Hilleman A. Simplified vaccinologists' Vaccinology and the pursuit of a vaccine against AIDS. Vaccine, 1998, 16（8）：778 -793

2 Robert M Kotin. Prospects for the Use of Adeno - Associated Virus as a Vector for Human Gene Therapy. Human Gene Therapy. 1994, 5：793 -801

3 萨姆布鲁克 J，弗里奇 E F，曼尼阿蒂斯 T. 分子克隆实验指南. 第 2 版，北京：科学出版社，1992

4 黄祯祥，洪涛，刘崇柏. 医学病毒学基础及实验技术. 北京：科学出版社，1990，464

5 管永军，朱跃科等. 中国 HIV -1 流行毒株的 DNA 疫苗的初步研究. 病毒学报，2000，16（4）：322 -326

6 Busch M P, Operskalski E A, et al. gag - specific cytotoxic T lymphocytes from human immunodeficiency virus type 1 - infected individuals: gag epitopes are clustered in three regions of the p24

gag protein. J Virol, 1993, 67: 694 –702

7 Manning W C, Paliare X, et al. Genetic Immunization with Adeno – Associated Virus Vectors Expressing Herpes Simplex Virus Type 2 Glycoproteins B and D. J Virol, 1997, 71: 7960 –7962

8 Liu D W, Tsao Y P, Kung J T, et al. Recombinant Adeno – Associated Virus Expressing Human Papillomavirus Type 16 E7 Peptide DNA Fused with Heat Shock Protein DNA as a Potential Vaccine for Cervical Cancer. J Virol, 2000, 74 (6): 2888 –2894

Construction of Recombinant Adeno – Associated Virus Which Expressed HIV –1 *gag*, *gag*V3 and the Preliminary Study of Their Antigenicity

LIU Yan –zheng, WU Xiao –bing, ZHOU Ling, WU Zhi –jian, HOU Yun –de, ZENG Yi

(Institute of Virology, CAPM, Beijing 100052, China)

The *gag* and *gag*V3 gene of the Chinese HIV –1 strain 42 (subtype B) were cloned into the adeno – associated virus (AAV) vector pSNAV, the recombinant pSNAV – *gag*, pSNAV – *gag*V3 were transfected into BHK cells by using Lipofectamine. The G418 – resistant cells, BHK – *gag* and BHK – *gag*V3, were obtained. These cells were infected with recombinant HSV which has function of packaging the recombinant AAV (rAAV). After purification, we obtained high – titer rAAV (10^{12} particles/ml) which expressed HIV –1 *gag* and *gag*V3. Balb/C mice were immunized with rAAV, the rAAV could induce HIV –1 specific cell – mediated and humoral immunity. These results showed a hope of developing rAAV as HIV vaccine.

〔**Key words**〕 Human immunodeficiency virus type I (HIV –1); Recombinant adeno – associated virus; Cytotoxic T lymphocyte activity

265.　三株人鼻咽癌 Scid 小鼠移植瘤的建立及特性研究

广东省汕头大学医学院肿瘤医院放射科　陈志坚　李德锐

中国预防医学科学院病毒学研究所肿瘤病毒研究室　周　玲　曾　毅

〔摘　要〕　**目的**　建立鼻咽癌鼠移植瘤，为鼻咽癌的特异性免疫治疗研究提供实验模型。　**方法**　从 26 例未治的鼻咽癌病人鼻咽部铰取肿瘤组织，分别皮下接种 BALB/c 裸小鼠（14 只）和 Scid 小鼠（12 只）；成功建立移植瘤株后观察其生长特性、形态、染色体和 LMP 的表达情况。　**结果**　成功建立鼻咽癌 Scid 小鼠移植瘤株 CSNET –1、S5NET –2 和 CSNET –3，已分别传至第 11 代（23 个月）、第 14 代（17 个月）和第 9 代（16 个月），其光镜和电镜下形态符合低分化鳞癌的特征，电镜下在 CSNET –1 中可观察到 Epstein – Barr 病毒样颗粒，CSNET –1 的染色体全部为人体细胞来源的染色体，免疫组化检测结果，3 个瘤株均可见 EB 病毒晚期膜蛋白 LMP –1 和 LMP –2 阳性细胞。　**结论**　S5NET –1、CSNET –2 和 CSNET –3 是人类来源的鼠移植瘤株，是鼻咽癌免疫治疗研究的理想动物模型。

［关键词］ 肿瘤，鼻咽；肿瘤，实验性；动物/模型；疱疹病毒4型；人

建立动物肿瘤模型是进行肿瘤病因学、预防和治疗研究中不可缺少的重要手段[1]。大量研究证实，鼻咽癌和Epstein - Barr病毒（EBV）密切相关[2]。建立鼻咽癌动物移植瘤株及体外培养细胞株，对于进一步研究EBV和鼻咽癌发生与发展的关系具有重要的临床意义。为了进行EBV特异性免疫和鼻咽癌免疫研究，我们在Scid小鼠建立了3株人鼻咽癌移植瘤，现就其建立过程及有关特性报告如下。

材料和方法

一、鼠移植瘤的建立 实验动物为Balb/C裸小鼠，鼠龄7～12周，体重 >21 g，雌雄兼用，合格证编号：粤检证99A044号，符合SPT级标准。Scid小鼠，鼠龄4～12周，体重19～30 g，雌雄兼用。以上动物由中山医科大学实验动物中心提供。实验鼠置于无菌室层流柜中饲养，饮水、饮料、垫料均经高压灭菌处理。鼻咽癌组织标本来自26例未治疗的鼻咽癌病人，病理组织学低分化鳞癌25例、高分化鳞癌1例。所有组织均在纤镜引导下从鼻咽部肿瘤组织铰取，直径约2～5 mm。标本切成1～2 mm直径小块后用套管针将肿瘤组织种植于实验鼠的肩部或腋窝皮下，每周观察1次。当鼠移植瘤大于直径10 mm后切取肿瘤组织再按上述方法种植于其他实验鼠。原代在裸鼠接种14例（16只鼠，21部位），在Scid小鼠接种12例（13只鼠，14部位）。

二、一般生物学特性观察 移植瘤成功建立后每周观察1～2次，观察移植瘤的形态、大小、有无坏死、荷瘤小鼠的生存情况及移植瘤的浸润和转移情况。从组织植入至可观察瘤体直径为5 mm的时间定为成瘤潜伏期。观察移植瘤生长速度，定期测量瘤体的长轴a和宽轴b，按公式W_t（mg）=（$a \times b^2$）/2求瘤体的近似重量[4]，绘出移植瘤生长曲线。

三、形态学观察 ①光镜：鼻咽癌鼠移植瘤组织用10% 甲醛液固定，石蜡包埋切片、培养细胞片，HE染色后于光学显微镜下，观察各代移植瘤的组织形态学表现及变化。②电镜：将新鲜移植瘤组织用锐利刀片切成约1 mm大小、培养细胞消化后，用2% 戊二醛固定，常规方法处理后行透射电镜观察。

四、染色体分析 取各移植瘤组织，按常规方法制备染色体并对其中2个移植瘤染色体行G带分行。

五、EBV潜伏膜蛋白的检测

1. LMP - 1的检测：用免疫组化二步法，抗 - EBV（LMP - 1）鼠McAb试剂盒为美国Antibody Diagnostica Inc. 产品即用型（Cal. No. R - 0234，K - 0234）。移植瘤标本均为10% 甲醛液固定，石蜡包埋切片，体外培养细胞为盖玻片培养细胞片。

2. LMP - 2的检测：用免疫组化SABC法，大鼠抗LMP - 2抗体由中国预防医学科学院病毒学研究所提供，即用型SABC试剂盒购自博士德公司。

六、细胞凋亡指数检测 用原位末端标记法，试剂盒购自博士德公司（*In Situ* Cell Apoptosis Detection Kit）。分别检测CSNET - 1第2、3、5、6代，CSNET - 2第1、2、3代，CSNET - 3第1、3、4代。每张玻片于光学显微镜随机计算3个高倍视野（×400）下肿瘤细胞数和其中的凋亡细胞数，凋亡指数 = 凋亡细胞数/肿瘤细胞总数。

结　　果

一、移植结果　成功建立3株鼻咽癌移植瘤，分别暂命名为CSNET-1、CSNET-2和CSNET-3移植瘤株。CSNET-1、CSNET-2和CSNET-3原代种植的鼻咽肿瘤标本分别取自3位住院患者，病理类型均为低分化鳞癌；血清VCA-IgA滴度分别是80，40，10；EA-IgA滴度分别是40，20和10。CSNET-2、CSNET-3的供体患者经治疗后现仍无瘤生存。

二、移植瘤的一般生物学特性　CSNET-1在裸鼠建立并传3代后移至Scid小鼠传代，已在鼠传代至第11代（23个月）。CSNET-2和CSNET-3在Scid小鼠建立传代，现已分别传至第14代（17个月）和第9代（16个月）。3个瘤株肿瘤大体形态相近，呈不规则结节状，与周围组织界限清楚，瘤体直径超过10 mm时多数出现液化、坏死。其成瘤潜伏期、成瘤率和最长荷瘤时间见表1，生长曲线见图1。

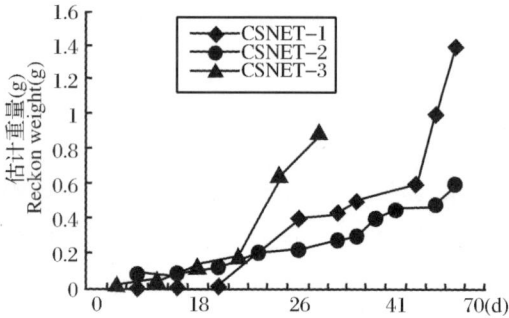

图1　三株NPC移植瘤生长曲线

Fig. 1　Growth curves of three NPC transplantable tumors

三、形态学表现　光镜下以上3个移植瘤株的第1、2代形态和其人鼻咽癌组织相似，具有低分化鳞癌的特征。随着传代的增加，CSNET-1和CSNET-2有分化成熟的趋势；相反，CSNET-3分化程度下降。透射电镜下，CSNET-1细胞多呈类圆形或椭圆形，核大小不一呈不规则形，核仁明显，胞质中张力原纤维少，细胞间可见发育好的桥粒。细胞胞质可见散在、有囊膜、核心直径约100 nm的EBV样颗粒。CSEET-2细胞多呈圆形，核圆，有不规则凹陷，核浆比例大，核周有较多张力原纤维，细胞间桥粒发育不良。CSNET-3细胞以椭圆形及多边形为主，胞质可见张力原纤维，核大小不一，可见双核仁，桥粒少见。

四、染色体分析　3个移植瘤株的染色体均为非整倍体，全部为人体细胞来源，和鼠染色体形态有明显差别。G带分析可见染色体结构畸形，以移位最为多见，另可见缺失、双着丝粒和标记染色体。

表1　3个鼻咽癌移植瘤株的生长情况
Tab. 1　Growth characteristics of three NPC transplantable tumors

名称 Name	成瘤潜伏期中位数（d） Median time of latent growth（days）	平均成瘤率（%） Success rate of tumor（%）	最长荷瘤时间（d） Longest persistence time of tumor（days）
CSNET-1	23	91	93
CSNET-2	19	97	38
CSNET-3	20	94	44

五、EBV表达产物的检测　免疫组化二步法检测结果，CSNET-1、CSNET-2和CSNET-3均见LMP-1表达阳性细胞，表达强度不一，阳性细胞细胞膜及胞质可见棕褐色着色，以胞膜为主。免疫组化SABC法示CSNET-1、CSNET-2、CSNET-3细胞膜和胞浆有LMP-2，染色呈棕褐色。

六、细胞凋亡指数 CSNET-1 第 2、3、5、6 代的细胞凋亡指数分别为 0.25%，0.05%，0.05% 和 0.2%，平均 0.14%。CSNET-2 第 1、2、3 代凋亡指数为 0.5%，0.1% 和 0.15%，平均 0.25%。CSNET-3 第 1、3、4 代凋亡指数分别为 0.2%，1.1% 和 0.95%，平均 0.75%。

讨　　论

肿瘤动物模型作为人类肿瘤的复制，是肿瘤研究中不可缺少的手段。同样，人类鼻咽癌鼠移植瘤的建立也为鼻咽癌的病因学研究、疾病发展观察及治疗提供了理想的实验材料和模型。至今，在 Scid 小鼠建立人鼻咽癌移植瘤尚未有先例。由于鼻咽肿瘤所在部位解剖学关系，获取足够无污染和坏死的肿瘤组织较为困难，给移植成功增加了难度。本研究中鼻咽肿瘤组织的采集均在纤维内窥镜直视下进行，保证能够咬取到较为健康的肿瘤组织，为提高移植的成功率打下基础。我们首次使用 Scid 小鼠用于人鼻咽癌移植瘤的建立，结果似较裸小鼠容易成功（2/13 对比 1/16），由于 Scid 小鼠的体液免疫和细胞免疫联合缺陷，在其身上建立的移植瘤模型更适合于免疫治疗的研究。

本研究建立的 3 株移植瘤在光学显微镜下和透射电镜下所观察的形态均符合低分化鳞癌的形态，与其来源的人鼻咽癌组织形态一致；另外，染色体检查均为人染色体而未见鼠染色体。以上说明 CS-NET-1、CSNET-2、CSNET-3 均来源于人鼻咽癌。

利用 EBV 表达产物作为肿瘤的特异性相关抗原应用于免疫治疗，已在部分 EBV 相关肿瘤中取得肯定的结果[3,4]。LMP-1 和 LMP-2 作为相关抗原，用于鼻咽癌免疫治疗的刺激抗原和攻击靶点是提高鼻咽癌治疗效果的潜在途径。CSNET-1、CSNET-2 和 CSNET-3 是进行 EBV 特异免疫抗鼻咽癌实验研究的理想材料。尤其是 CSNET-2、CSNET-3 的供体患者经治疗后现仍无瘤生存，这为开展自体 EBV 特异性 CTL 抗 CSNET-2、CSNET-3 的研究提供难得的条件。

（感谢陈炯玉、洪超群、王琦在本实验中给予的帮助）

〔原载《中华实验和临床病毒学杂志》2001，15（4）：324-326〕

参 考 文 献

1　高进. 动物肿瘤模型的建立及其标准研讨. 中国肿瘤生物治疗杂志，1995，2：76-79

2　张天泽，徐光炜，主编. 肿瘤学（上册）. 天津：天津科学技术出版社，1996. 89-95

3　Roskrow MA, Suzuki N, Can YJ, et al. Estein-Barr virus（EBV）specific cytotoxic T lymphocytes for the treatment of patients with EBV-posi-tive relapsed Hodgkin's disease. Blood, 1998, 91：2925-2934

4　Rooney CM, Smith CA, Ng CYC, et al. Use of gene-modified virus-spceific T lymphocytes to control Epstein-Barr-virus-related lymphopro-liferation. The Lancet, 1995, 345：9-13

Establishment and Characterization of Three Transplantable Tumors of Nasopharyngeal Carcinoma in Scid mice

CHEN Zhi – jian*, LI De – rui, ZHOU Ling, et al.

(* Department of Radiation Oncology, Cancer Hospital, Shantou University Medical College, Shantou 515031 *China*)

Objective   To establish several transplantable tumors of nasopharyngeal carcinoma (NPC) in order to provide suitable models for study of EBV specific immunity and its application in treatment of NPC.   **Methods**   Balb/C nude mice and scid mice were used as transplantation host. Tumor tissues were obtained with forceps from nasopharyngeal tumors of twenty six untreated NPC patients and transplanted subcutaneously in axilla or back of mice with punture trocar. Characteristics of the established transplantable tumors including the transplanting efficiency, growth rate, gross appearance, morphology under optic microscope and electron microscope and karyotypes chromosome were investigated. Detection of LMP – 1 as well as LMP – 2 were performed for the transplantable tumors and cell lines with immunohistochemical methods.   **Results**   Three transplantable tumors were successfully established from 26 specimens of human nasopharyngeal carcinoma and mamed as CSNET – 1, CSNET – 2 and CSNET – 3. The CSNET – 1 was primarily generated in nude mice and then transplanted to scid mice after 3 passages. To date the CSNET – 1, CSNET – 2, CSNET – 3 have been passed to 11th generation (23 months), 14th generation (17 months) and 9th generation (16 months), respectively. The overall success rates of transplantation were 91% (39/43), 97% (29/30) and 94% (34/36); The median time of latent growth were 23, 38 and 20 days; and longest persistence of tumor in vivo were 93, 38 and 44 days, respectively, for the above tumors. The karyotypes of all transplantable tumors displayed as typical human origin with hyperdiploid chromosomal and multiple structure aberration. Histologically, the tumors possess the characteristics of poor differentiated squamous carcinoma under either microscope or electron microscope. Some particles mimicing mature EBV were found in CSNET – 1 under electron microscope. Either LMP – 1 or LMP – 2 were detectable in CSNET – 1, CSNET – 2, and CSNET – 3 by immunohistochemical test.   **Conclusions**   The transplantable tumors CSNET – 1, CSNET – 2 and CSNET – 3 are of human origin and able to pass steadily in scid mice. They possess the characteristics of poorly differentiated squamous carcinoma similar to their prime tumors in human and express EBV LMP – 1 and LMP – 2. These tumors seemed to be suitable models in the study of immunotherapy for NPC.

[**Key words**] Neoplasms, nasopharyngeal; Neoplasms, experimental; Animals/models; Herpesviruses 4, human

266. 人乳头状瘤病毒诱导食管上皮永生化细胞的双相分化

汕头大学医学院　沈忠英　许丽艳　陈铭华　蔡维佳　沈　健

汕头大学医学院附属肿瘤医院　陈炯玉　洪超群　中国预防医学科学院病毒学研究所　曾　毅

〔摘　要〕　研究中期永生化食管上皮细胞的表型、细胞遗传学和部分基因的改变，以阐明癌前病变的特征。SHEE 是该院用人乳头状瘤病毒 HPV18E6E7 诱导的永生化上皮，传至 61 代已开始有少量细胞恶性转化。对永生化中期 31 代培养细胞用相差显微镜检查细胞形态改变和细胞生长状态（细胞接触抑制和锚定生长）；流式细胞仪检测细胞周期；做染色体众数分析；多重 PCR 检查 $c-myc$、$p53$、$bcl-2$ 和 ras 等基因。免疫组化检查细胞角蛋白和鬼白毒素荧光标记检查肌动蛋白 F（F-actin）。软琼脂培养的集落细胞接种 SCID 小鼠检查成瘤性。Western blot 方法检测细胞内 HPVE6 表达蛋白。结果：培养细胞有两种不同分化形态，分化差的基底细胞和分化好的鳞状上皮；前者角蛋白和 F-actin 极少，后者含量丰富；细胞接触抑制和锚锭生长特性减弱。分析 100 个细胞染色体众数分二干系，56 条（占 30%）和 61 条（占 24%）染色体，核型分析属于超二倍体，亚三倍体。多重 PCR 检查：$c-myc$、$p53$ 基因上调，$bcl-2$ 和 ras 基因阳性。用优选生长在软琼脂上的克隆细胞接种 SCID 小鼠，未成瘤；HPV18E6 表达蛋白阳性。以 HPV18E6E7 诱导的食管永生化上皮 31 代细胞形态出现了双向分化，根据其形态表型，双染色体众数的细胞遗传学改变和某些癌基因上调等特性，可以认为 SHEE31 细胞是处于癌前改变。

〔关键词〕　食管上皮；永生化；双相分化；细胞遗传学；癌前阶段

人体肿瘤的发生和发展是需要较长时间，经历多阶段的过程。我们报道的用 HPV18E6E7 诱导人胚食管上皮永生化细胞系 SHEE[1]，经历较长时间的培养传代，至 61 代开始有少量细胞恶性转化（SHEE61A）[2]。从细胞遗传学角度，正常人类细胞的染色体是稳定的，各种病因引起 DNA 的损伤表现在染色体的改变，因此细胞恶性转变必然有染色体数目和结构的改变。从分子生物学角度，细胞恶性变必然有癌基因或抑癌基因的改变，其中以 ras 和 myc 关系密切[3-4]。$c-myc$ 与细胞增殖有关，ras 有促细胞转化作用，$p53$ 与 $bcl-2$ 和细胞凋亡和永生化有关[5]。而这些改变也是由量变到质变长期累积的结果。在漫长的演变中，细胞在表型、细胞遗传学和某些基因皆出现不间断的改变。本文研究永生化上皮 SHEE 在 31 代细胞形态的表型、细胞遗传学和某些基因的改变，检查是否已经恶性变或已处于癌变前阶段。

材料和方法

一、细胞培养　食管永生化细胞株 SHEE 由本室用 HPV18E6E7 诱导，在 199 培养基加 10% 小牛血清及青霉素和链霉素各 100 U 培养传代。取第 31 代（SHEE31）细胞进行试验。

细胞接种在培养瓶和24孔培养板（内置盖玻片）。

二、光镜检查 细胞在培养瓶生长，每日用相差显微镜观察细胞形态，及其锚锭生长和接触抑制等指标。

三、流式细胞仪检查 取 SHEE31 细胞以 PBS 洗 2 次，70% 乙醇固定，360 目尼龙网过滤，制成单细胞悬液（10^6 细胞/ml），以碘化丙锭（Propidium Iodide，PI，Sigma）DNA 染色 15 min，流式细胞仪（FACSort，B-D 公司）进行 DNA 分析，并画出组方图，统计细胞增殖周期各期细胞和 DNA >4n 细胞百分率，增殖指数计算公式为 $S+G_2M/G_0G_1+S+G_2M$。

四、染色体制备 SHEE31 细胞置 4℃ 冰箱 3~4 h，使细胞同步；后在 37℃ 继续培养 3~4 h，加入 0.05 μg/ml 秋水仙碱 1 h，以 0.25% 胰酶溶液消化取出细胞，离心去上清液。加入 0.75 mol/L KCl，置 37℃ 低渗 30 min，加入 1 ml 固定液（甲醇∶冰醋酸 = 3∶1）固定 30 min，重复固定 2 次，滴片，Giemsa 染色，计算 100 个细胞染色体数。

五、免疫组化 细胞角蛋白单抗（cytokeratin13，CK113，博士德公司），免疫组化超敏感试剂盒（S-P kit，Maxim Biotech Inc.）染色。在 24 孔板内盖玻片上生长的细胞进行免疫组化检查，按试剂盒方法操作。

六、F-actin 鬼臼毒素（phalloidin）荧光染色[6] 培养在 24 孔培养板盖玻片上的细胞，经 4% 多聚甲醛固定，0.1% Triton X-100 处理后，冷丙酮脱水，荧光素标记的鬼臼毒素（Fluorescein phalloidin，f-432，Molecular probe Co），用甲醇稀释成 6.6 μmol/L（200 U/ml），染片（每片 1 U）40 min 室温，水洗多次，后用 PI 复染细胞核 20 min，PBS 洗 3 次，PBS 封片，在荧光显微镜（Nikon Fluophat）观察。

七、多重 PCR（mPCR）检测[7] c-myc、bcl-2、p53 用 cDNA mPCR 检测，ras 用 DNA mPCR 检测。SHEE31 细胞 10^6 提取总 RNA（Extract tract kit Ⅱ，Roehc Co.）并转录为 cDNA。mPCR 检查 c-myc、bcl-2、p53 和内标 GAPDH，按 mPCR 试剂盒（APO-MO50G Maxim Biotech. Co. USA）方案进行热循环扩增，96℃ 4 min 和 60℃ 4 min × 2，94℃ 1 min 和 60℃ 2.5 min × 30，70℃ 10 min，25℃ 浸泡。ras mPCR 试剂盒（RAS-MO50，Maxim Co. USA）含有 Ras 阳性对照，N-ras 和 K-ras 引物和 DNA marker。PCR 产物在含有 EB 的 1.5% 琼脂糖电泳。用落射荧光检测 EB 荧光带。

八、软琼脂培养 在直径 60 mm 培养皿铺以二层琼脂糖（Agarose，Promega，USA），底层 1%，上层 0.5%。培养 SHEE31 细胞，10 d 后出现小细胞集落，取集落细胞移种在培养瓶培养扩增，继续培养至 40 d 可见少数大集落（细胞数超过 50）。

九、SCID 小鼠成瘤检查 取软琼脂生长的细胞集落在培养瓶继续培养，扩增的细胞接种 4 只 SCID 小鼠（C.B-17/IcrJ-scid，中国医学科学院实验动物研究所繁殖场）右腋皮下，每只接种细胞 10^6/0.2 ml，每周观察瘤结 1 次，共 2 个月。

十、HPV18E6 蛋白 Western 印迹杂交分析 实验组和对照组细胞 1×10^6 用裂解液裂解，12 000×g 4℃ 离心 10 min，取上清液测蛋白含量。待测标本和相对分子质量标准品在 100℃ 变性 3 min，10% 丙烯酰胺凝胶电泳（8 V/cm），40 V 4 h。硝酸纤维膜（Hybond，Bio-trd）电转移（电转移装置 Bio-rad，170-3935），60 V 2 h，0.65 mA/cm²；转移膜处理后做免疫印迹反应，牛血清白蛋白封闭液封闭，加一抗（HPVE6-CIP5）和二抗（Santa Cruz Inc.），经化学发光剂（Western blotting Luminol Reagent A and B，Santa Cruz Inc.）反应，然后和 X 线片在暗盒曝光 1min 显影，可见蛋白条带。

结　果

一、细胞出现双相分化形态变化

SHEE31 贴壁后培养 10 d，部分细胞胞体大，呈多角形，细胞核椭圆形，呈分化的鳞状上皮细胞形态；部分细胞的胞体小，胞质少，核小圆形，生长拥挤，呈未分化基底细胞样。继续培养，前者胞质出现空泡，细颗粒增多，或凋亡脱落，细胞巢内呈网格状，后者仍拥挤生长，接触抑制差（图1）。此双相分化一直持续至50代以后。

二、细胞角蛋白和 F – actin 的表达

在双相分化细胞中，培养第 10 天，分化差的细胞显示角蛋白和 F – actin 稀少，分化好的细胞其细胞角蛋白和 F – actin 丰富（图2A、B）。

三、流式细胞仪检查细胞周期

SHEE31 细胞的 DNA 组方图见图3。增殖指数 35.2%，DNA >4n 的细胞有 4.7%。凋亡峰（M_1）16.85%，超二倍体（M_2）3.12%，亚三倍体（M_3）1.04%，超三倍体（M_4）0.55%。

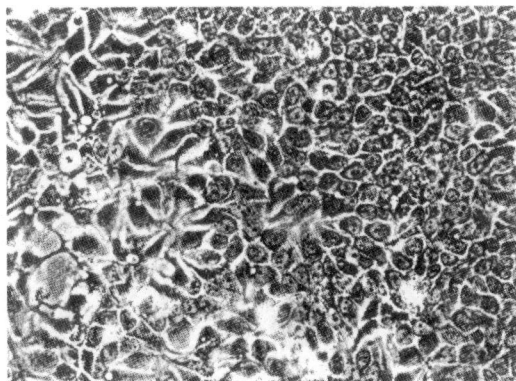

图1　SHEE31 细胞系的双相分化细胞

Part of the cultured cells displayed well differentiation (left) and another part the poor differentiation (right) at the 10th day. (Phase contrast microscope, ×200)

Fig. 1　The biphasic differentiated cells of the SHEE31 cell line

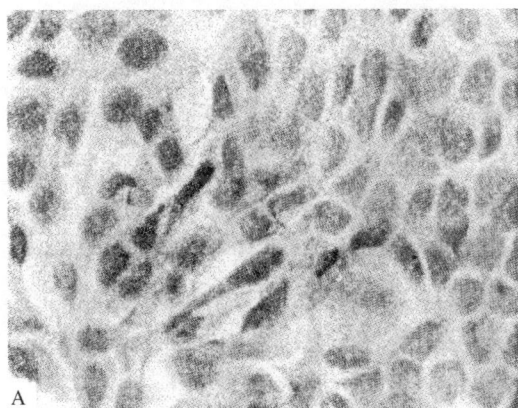

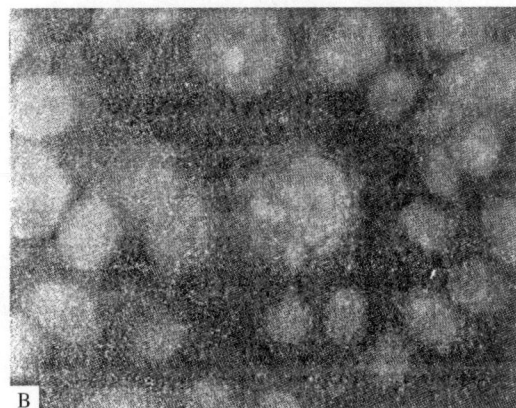

图2　细胞角蛋白和 F – actin 图像

F – actin and cytokeratin were rich in well differentiated (upper) and empty in poorly differentiated (lower) SHEE31 cells at the 10th day. A：The cytokeratin (Immunohistochemistry, ×400)；B：The Factin (Fluorescent microscopy, ×1000)

Fig. 2　The micrographs of cytokeratin and F – actin in biphasic differentiated cells

四、染色体众数

分析 100 个 SHEE31 细胞，染色体数目为 32～184，其中超二倍体和亚三倍体达 84%，少于 46 个占 12%，超过三倍体细胞仅占 4%，其众数有两个，56～59 和 61～64。有 2 个干系，56 条（图4）（占总数30%）和 61 条（占总数24%）。

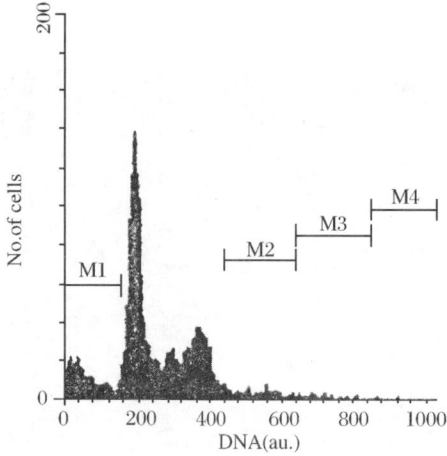

图3　SHEE31 细胞 DNA 组方图

au. Arbitrary unit；M_1. apoptotic peak；$M_2 - M_4$ >4n cells.

Fig. 3　DNA histogram of SHEE31

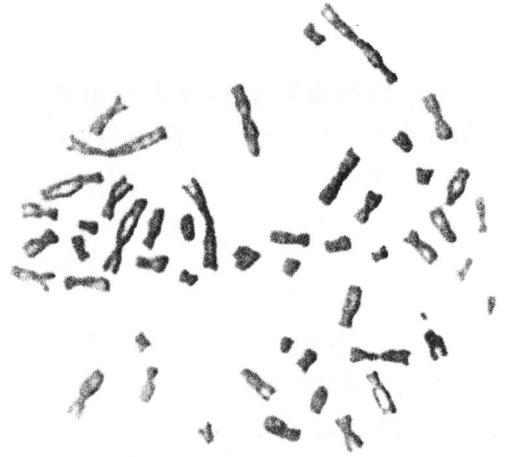

图4　SHEE31 染色体超 2 倍体核型

Fig. 4　Hyperdiploid karyotype of SHEE31

（Giemsa，×1000）

五、*p53*、*bcl -2*、*c - myc*、*ras* 和 *GAPDH* mPCR 检查　SHEE31mPCR 电泳图见图5A、B。*p53*、*c - myc* 上调，*bcl -2* 和 *ras*（包括 *H - ras* 和 *K - ras*）阳性。

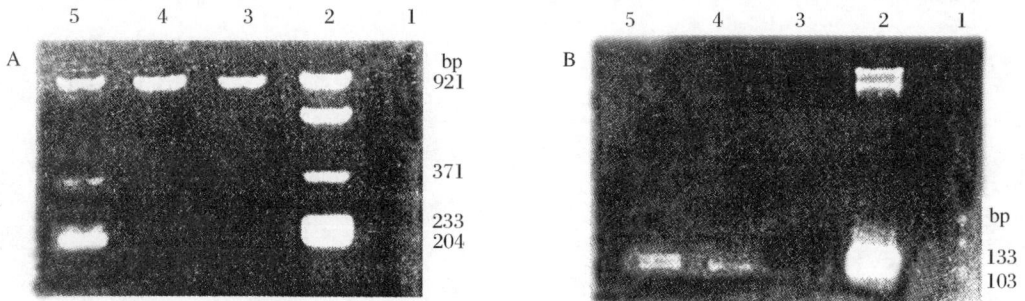

图5　SHEE31 细胞 mPCR 产物电泳图

A：*p53*, bcl - 2, c - myc and GAPDH；B：ras. 1：Marker；2：Positive；control；

3：SHEE31；4, 5：Malignantly transformed cells of SHEE61 and SHEE85

Fig. 5　Electrophoretogram of mPCR products of SHEE31 cells

六、软琼脂培养和接种 SCID 小鼠成瘤试验　SHEE31 可以在软琼脂培养上生长，形成小克隆。细胞接种4只 SCID 小鼠，未发现有肿瘤形成。

七、HPV18E6 蛋白的印迹杂交和化学发光检测　SHEE31 细胞蛋白提取物出现和 HPV18E6 抗体结合的阳性电泳带（图6），说明 SHEE31 细胞有 HPV18E6 表达。

讨　论

永生化细胞 SHEE31 在培养瓶生长呈现两种不同形态：一是细胞较大，多角形，胞质丰富，细胞核椭圆形，细胞角蛋白和 F - actin 丰富，是已分化的鳞状上皮；一是细胞小而拥挤，细胞质少，细胞核小圆形，细胞角蛋白和 F–actin 稀少，是未分化的基底型细胞。细胞角蛋白和 F–actin 细胞骨骼改变的指标可以作为细胞分化的指标[8]。这种双向分化可能是多克隆来源，细胞群体有两种占优势的干系。分化较差细胞拥挤重叠，出现接触抑制减弱。软琼脂培养形成小克隆，说明锚锭生长等特性的丧失，已逐渐小现肿瘤的生长性状，但细胞接种 SCID 小鼠未见成瘤，说明尚未恶性转化。SHEE31 细胞染色体检查，100 个可分析的中期分裂相，80% 以上染色体数超过 46 条，多属超二倍体和亚三倍体，出现两众数 56–59、61–64，和 SHEE61A 出现染色体众数分离相似[2]。其中染色体数目 56 条（30%）和 61 条

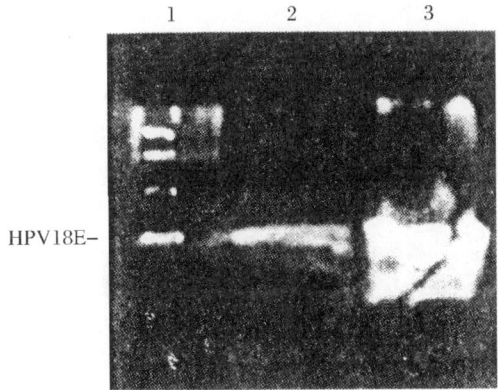

（24%）的细胞成为干系（stemline）。SHEE31 细胞株染色体组成和 SHEE10 细胞不同[1]，其细胞染色体数和高倍体细胞百分率比 SHEE10 高，比 SHEE61A 低，提示 HPV18E6E7 诱导的食管永生化细胞染色体数变化是染色体不稳定性的表现。细胞遗传学改变决定细胞分化的差异[9]。

用 mPCR 方法检测几个有关基因，如 $c-myc$、$H-ras$、$K-ras$、$p53$ 和 $bcl-2$ 等。$c-myc$ 和 $p53$（突变型）是促增殖基因，$bcl-2$ 预防细胞凋亡，这三者在 SHEE31 皆呈阳性，并有上调趋势。皆可促使细胞增殖。$c-myc$ 有促细胞增殖，抑制分化和使细胞永生化和活化 Ras 作用，可促使细胞转化[10]。Ras 可分 $H-ras$、$K-ras$ 和 $N-ras$，其编码蛋白有抑制细胞程序性死亡，参与细胞周期的调节，促进细胞分裂增殖的生长因子，ras 癌基因是早期发现的可以致正常细胞发生恶性转化的癌基因之一。本细胞系检查 ras 原癌基因包括 $H-ras$ 和 $K-ras$ 两者皆阳性。Ras 突变其蛋白可诱导正常细胞发生恶性转化。在头颈鳞状细胞癌中，$H-ras$ 原癌基因过表达是十分常见的现象。用病毒 SV40 诱导细胞转化实验中 ras 是一必备基因[4]。

本细胞系只检查 E6 蛋白显示有 HPV18E6 表达。说明 E6 基因继续起作用，HPV 感染可以产生核型紊乱，如染色体的断裂，结构异常以及数目改变[11]。病毒可使细胞接触抑制丧失，细胞间粘着性减弱，细胞骨架结构紊乱；对生长因子需要量降低；病毒基因组在宿主细胞染色体 DNA 上的插入和整合，从而诱导细胞癌基因的激活和表达，因此使细胞生长失控，产生细胞恶性转化[12]。有人认为单个病毒基因 HPV16E6 即可引起细胞恶性转化[13]。可以认为 HPV18E6E7 诱导的 SHEE 细胞系其 E6 基因继续表达对本细胞系的恶性转化起重要作用。

细胞双向分化可能是恶性转化一个过程，永生化的上皮细胞，部分出现分化；部分细胞增殖加快，分化受抑制，经细胞间的生存竞争，增殖型细胞占优势，分化细胞逐渐减少。增殖快、分化差的细胞逐步获得恶性肿瘤的特性，从量变和质变，最后细胞完全恶变。因此一种增生或永生化的细胞群体中出现不同分化的细胞巢，可能是癌变过程中的一种表型。

〔原载《病毒学报》2001，17（3）：210–214〕

参 考 文 献

1 沈忠英, 岑山, 曾毅, 等. 人乳头状瘤病毒
18 型 E6E7 基因诱导人胚食管上皮永生化.
中华实验和临床病毒学杂志, 1999, 13:
121 – 125

2 沈忠英, 陈晓红, 曾毅, 等. 人乳头状瘤病
毒诱导人胚食管上皮永生化细胞恶性转化.
病毒学报, 2000, 16 (2): 98 – 101

3 De – Miglio M R, Simile M M, Muroni M R,
et al. Correlation of cmyc overexpression and am-
plification with progression of preneoplastic liver
lesions to malignancy in the poorly susceptible
Wistar rat strain. Mol Carcinog, 1999, 25 (1):
21 – 29

4 Chin L, Tan A, Pomerantz J, et al. Essential role
for oncogenic Ras in tumor maintenance. Nature,
1999, 400 (6743): 468 – 472

5 Jost M, Class R, Kari C, et al. A central role
of Bcl – x (L) in the regulation of keratinocyte
survival by autocrine EGFR ligands. J Invest Der-
matol, 1999, 112 (4): 443 – 449

6 Small J V, Herzog M, Anderson K. Actin filament
organization in the fish keratocyte lamellipodium. J
Cell Biol, 1995, 129 (5): 1275 – 1286

7 Uchida K. Recombination and amplification of mul-
tiple portions of genomic DNA by a modified poly-

merase chain reaction. Anal Biochem, 1992, 202
(1): 159 – 161

8 Dabike M, Koenig C S. Development of the actin
and the cytokeratin cytoskeletons of parietal cells
during differentiation of the rat gastric muco-
sa. Anat Rec, 1999, 255 (3): 342 – 352

9 Testa J R, Getts L A, Salazar H, et al. Spon-
taneous transformation of rat ovarian surface epi-
thelial cells results in well to poorly differentiated
tumors with a parallel range of cytogenetic com-
plexity. Cancer Res, 1999, 54: 2778 – 2784

10 Fuhrmann G, Rosenherger G, Grusch M, et al.
The Myc dualism in growth and death. Murat Res,
1999, 437 (3): 205 – 217

11 刘立德, 周晓峰, 徐耀先, 等. 病毒对宿主
细胞的影响. 徐耀先, 等. 分子病毒学. 武
汉: 湖北科学技术出版社, 2000, 167 – 170

12 Song S, Liem A, Miller J A, et al. Human pap-
illomavirus type 16 E6and E7 contribute different-
ly to carcinogenesis. Virology, 2000, 267 (2):
141 – 150

13 Song S, Pitot HE, Lambert P F. The human pap-
illomavirus type 16E6 gene alone is sufficient to
induce carcinomas in transgenic animals. J Virol,
1999, 73 (7): 5887 – 5893

Biphasic Differentiation of Immortalized Esophageal Epithelium Induced by HPV18E6E7

SHEN Zhong – ying[1], XU Li – yan[1], CHEN Ming – hua[1], CAI Wei – jia[1],
CHEN Jiong – yu[2], HONG Chao – qun[2], SHEN Jian[1], ZENG Yi[3]

(1. Department of Pathology, Medical College of Shantou University, Shantou 515031, *China*;

2. Tumor Hospital, Medical College of Shantou University, Shantou 515031, *China*;

3. Institute of Virology, Chinese Academy of Preventive Medicine, Beijing 100052, *China*)

In order to explore the characters of precancerous phase, the changes of phenotype, cytogenetics and some on-cogenes of the immortalized esophageal epithelium in the middle phase were investigated. The immortalized human esophageal epithelium SHEE cell line induced by HPV18E6E7 genes was malignantly transformed in partial cells at its 61th passage in our laboratory. The cultured SHEE cells at its 31th passage, in the middle phase of immortalization, were observed under phase contrast microscope for morphology and cell growth pattern (contact – inhibition and anchorage – dependent growth), analyzed by flow cytometry for cell cycle, calculated the modal number of chromosome, and assayed $c-myc$, $p53$, $bcl-2$ and ras genes by multi – PCR method. The cytokeratin was examined immunohistochemically and the F – actin was assayed by fluorescence labeled phalloidin. Tumorigenicity of the SHEE cells, which were the colony cells cultured on the soft agar, were assayed by using SCID mice subcutaneously injected with the cells. The expressed protein of HPV18E6 was detected by Western blotting method. The results showed that the cultured SHEE31 cells were grouped into both the undifferentiated basal epithelium and the differentiated squamous epithelium, the cytokeratin and F – actin were empty in the former and rich in the latter. The contact – inhibition and anchorge – dependent growth of these cells weakened. The modal number of chromosome in 100 mitotic cells revealed two stemlines, 56 chromosomes (30%) and 61 chromosomes (24%). By karyotype analysis, SHEE31 were heteroploidy belonging to hyperdiploidy and hypotriploidy, $c-myc$ and $p53$ genes were upregulated and ras gene were positive. The colony cells (the optimum cells) sought from the soft – agar culture, could not grow in SCID mice. The expression of HPV18E6 was positive. The immortalized esophageal epithelium, induced by HPV18E6E7 genes, at its 31th passage displayed biphasically differentiated phenotype. Based on these findings of morphological phenotype, the double chromosomal modal number of cytogenetics and the upregulation of some oncogenes, it is suggested that SHEE31 cell line is in the precancerous phase.

〔**Key words**〕 Esophageal epithelium; Immortalization; Biphasic differentiation; Cytogenetics; Precancerous phase

267. 胆红素衍生物体外抗 HIV –1 的初步研究

中国预防医学科学院病毒学研究所肿瘤与艾滋病研究室

叶 涛 王 琦 陈国敏 李泽琳 曾 毅

中国科学院感光化学研究所 张 驿 闫 芳 王天宇 马金石

〔摘 要〕 **目的** 初步研究胆红素衍生物（DTB）体外抑制 HIV –1 病毒复制的作用，为进一步研究其作用机理奠定基础。 **方法** 将 DTB 加入到感染 HIV –1 的细胞中，在适当条件下培养，最终以其培养上清液中的 HIV –1 p24 抗原滴度（ELISA 法）及 MTT 染色细胞毒法（MTT 法）判断 DTB 抑制病毒的效果。 **结果** DTB 在对细胞无毒浓度作用下能够有效抑制 HIV –1 的复制，当 DTB 浓度为 160，80 和 40 mg/ml 时，抑制率分别为 93.0%、56.2% 和 18.1%。 **结论** DTB 可以有效抑制体外培养 HIV –1 病毒的复制。

〔关键词〕 胆红素；HIV –1；病毒抑制物

最新统计数字显示，我国 HIV –1 感染者 20 711 例，而实际感染人数估计超过 50 万人。然而目前国际上抗 HIV –1 药物价格昂贵，大多数中国感染者负担不了。因此，研究开发一种符合我国国情的价廉而有效的抗 HIV –1 药物已成为当务之急。

近年来，国外大量文献报道了胆红素的抗氧化作用和其抗 HIV –1 的作用。日本曾经在 1991

年报道了胆绿素具有抗－HIV 的作用[1]。美国加州大学医学研究中心曾做过研究，认为胆红素是很有前途的艾滋病毒蛋白酶抑制剂，他们实验了天然的胆红素和胆绿素，发现其效果相近[2]。

因此，我们对胆红素衍生物（DTB）抗 HIV－1 作用机理进行了初步研究，现将研究结果报告如下。

材料和方法

一、药物 DTB 由中国科学院化学研究所合成，经检测纯度达到 HPLC 水平。试验当天用 RPMI1640 液彻底溶解后（320 μg/ml），经 0.22 μm 微孔滤器过滤除菌，再用 RPMI1640 液稀释为不同浓度。

二、试剂 p24 试剂盒购自美国 Organon Teknika 公司，MTT（thiazoll blue）购自 Sigema 公司。

三、细胞 MT4、H₉ 细胞系中国预防医学科学院病毒学研究所肿瘤与艾滋病研究室培养保存，细胞培养基为 RPMI 1640，其中含有 10% 胎牛血清，1% 谷氨酰胺和 1% 青链霉素。

四、病毒 HIV－1 病毒株为中国预防医学科学院病毒所保存传代。

五、对 HIV－1 病毒急性感染的抑制试验 计数 5×10^6 MT4 细胞（1800 r/min 离心 5 min，弃上清，）将病毒稀释至 1×10^4 TCID$_{50}$/ml，取 1 ml 稀释后的病毒液加入 MT4 细胞，置 37℃ 温箱中作用 2 h。取出后离心，弃上清，用 1640 液洗一次，用含 20% 胎牛血清的培养基配至 5×10^5 细胞/ml，将配好的感染细胞和对应的不同浓度的 DTB 一起加入培养板中。置 37℃，5% CO₂ 孵箱中。48 h 后换液，继续孵育 48 h。取其上清用美国 Organon Teknika 公司 p24 抗原检测试剂盒测定 HIV－1 p24 抗原。计算出各孔中病毒浓度，计算药物对病毒复制的抑制率。

六、对 HIV－1 病毒慢性感染的抑制试验 计数 5×10^6 H₉ 细胞（1800 r/min 离心 5 min，弃上清），将病毒融化后稀释至 1×10^4 TCID$_{50}$/ml，取 1 ml 稀释后的病毒液加入 H₉ 细胞，置 37℃ 温箱中作用 4 h。取出后离心，弃上清，用 1640 液洗一次，用含 20% 胎牛血清的培养基配至 5×10^5 细胞/ml，将配好的感染细胞和对应的不同浓度的 DTB 一起加入培养板。置 37℃ 5% CO₂ 孵箱中。48 h 后换液，继续孵育 48 h 后，换液同上，再经 48 h 后取其上清，用美国 Organon Teknika 公司 p24 抗原试剂盒测定 p24 抗原，计算出各孔中病毒浓度，计算药物对病毒复制的抑制率。

七、MTY 细胞毒试验 将 MT4 细胞用含 20% 胎牛血清的培养基配至 5×10^5/ml，加入 100 μl 配好的细胞和 100 μl 的 DTB 于 96 孔培养板，37℃ 5% CO₂ 培养 6 d。取出后每孔吸除 150 μl 上清，加入新配制的 MTT（0.25%）25 μl，37℃ 下作用 4 h，再向每孔中加入 100 μl DMSO 充分溶解所形成的结晶，用 Biorad 公司 550 型酶标仪读取吸光度 A 数据（570 nm），计算细胞存活率。其计算方法为：

$$细胞抑制率 = \frac{（细胞对照孔 A 值 - 加药细胞孔 A 值）}{细胞对照孔 A 值} \times 100\%$$

结　　果

试验结果证明，在体外培养中，DTB 在对细胞无毒性作用的浓度（160 μg/ml）下，可对 HIV－1 的急、慢性感染起明显抑制作用。

一、DTB 对 HIV－1 急性感染的抑制实验结果　在 MT4 细胞中，DTB 对 HIV－1 急性感染有抑制作用。体外急性感染实验中，当 DTB 浓度为 160 mg/L 时，可对 HIV－1 有 93.0% 的抑制作用（表1）。

二、DTB 对 HIV－1 慢性感染的抑制作用　在 H₉ 细胞中，DTB 对 HIV－1 慢性感染有抑制作用。体外慢性感染实验中，当 DTB 浓度为 320 mg/L 时，可对 HIV－1 有 96.1% 的抑制作用（表2）。

三、DTB 对 MT4 细胞的毒性试验结果

从表 3 可见，浓度 ＜160 μg/ml 的 DTB 在体外实验中对 MT4 毒性作用很小。

表1　在 MT4 细胞中 DTB 对 HIV－1 急性感染的抑制试验

Tab. 1　Effect of DTB on MT4 cell infected with HIV－1

组别 Group	吸光度 A 值 A value	抑制率（%） Inhibition rate
DTB（mg/L）		
160	0.191	93.0
80	0.785	56.2
40	2.894	18.1
病毒对照 Positive control	3.500	
细胞对照 Negative control	0.056	

表2　在 H₉ 细胞中 DTB 对 HIV－1 慢性感染的抑制试验

Tab. 2　Effect of DTB on H₉ cell infected with HIV－1

组别 Group	吸光度 A 值 A value	抑制率（%） Inhibition rate
DTB（mg/L）		
320	0.108	96.10
160	3.214	14.42
80	3.500	0
病毒对照 Positive Conrtol	3.500	
细胞对照 Negative contol	0.066	

表3　DTB 对 MT4 细胞的毒性作用

Tab. . 3　Toxicity of DTB in MT4 cell

组别 Group	吸光度 A 值 A value	抑制率（%） Inhibition rate
DTB 浓度（mg/L）		
160	0.461	7.4
80	0.485	2.6
40	0.487	2.2
细胞对照 Negative control	0.498	

以上结果表明，在体外培养中，DTB 在对细胞无毒性作用的浓度（160 mg/L）下，可对 HIV－1 急、慢性感染均起明显抑制作用。

讨　　论

国外资料显示，胆色素抗 HIV－1 机理为抗病毒蛋白酶作用。胆红素衍生物（DTB）是某些鱼胆汁和鸡胆汁中的主要成分，并且可以在体外进行化学合成[3,4]。该衍生物具有以下特点：①它是一种天然的成分，而且易于由其他种胆红素进行大量合成，并且稳定。②极易溶于水，故易于吸收。③毒性很小。所以对胆红素的药用研究，目前正方兴未艾。

人体每天可产生、排泄 300 mg 胆红素，在肝功能试验和为了减轻关节炎的治疗应用时，给成人和新生儿静脉注射剂量达 20 mg/kg，未出现有害的影响。

本试验目的旨在表明胆红素衍生物（DTB）抑制 HIV－1，以期用来制备预防和治疗艾滋病的药物。结果可以说明，在体外培养试验中，胆红素合成物（DTB）对 HIV－1 的急、慢性感染均有明显抑制作用，其对病毒的抑制机理正在研究。

〔原载《中华实验和临床病毒学杂志》2002，16（1）：66－68〕

参 考 文 献

1 Mori H, Otake T, Morimoto M. el. al. *In vitro* anti – human immunodeficiency virus type 1 activity of biliverdin, a bile pigment. Jpn J Cancer Res, 1991, 82: 755 – 757

2 McPhee F, Caldera PS, Bemis GW, el. al. Bile pigments as HIV – 1 protease inhibitors and infectivity *in vitro*. Biochem J, 1996, 320 (Pt 2): 681 – 686

3 Ma JS, Yan F, Wang CQ, et al. Addition of Biliverdin. Chin Chem Lett, 1990, 1: 171 – 172

4 Tu B, Wang CG, Ma JS. Improved synthesis of symmetrical dipyrromethenes. Org Prep Proced Int, 1999, 31: 349 – 352

Effect of Bilirubin Derivative on HIV – 1 *in vitro*

YE Tao* ,WANC Qi,CHEN Guo – min,ZHANG Yi,YAN Fang,WANG Tian – yu,MA Jin – shi,LI Ze – lin,ZENG Yi

(* Institute of Virology, Chinese, Academy of Preventive Medicine, Beijing100052, China)

Objective   To study the effec of DTB against HIV – 1, for developing anti – HIV drugs. **Methods**   Different concentration of DTB was added to cell culture system after viral inoculation, MTT staining method for viable cells (MTT assay) and p24 (ELISA) were used as markers to monitor the viral replication. **Results**   The inhibition rates of DTB at concentrations 160, 80, and 40 mg/ml were 93.0% , 56.2% and 18.1% , respectively. **Conclusion** DTB could effectively inhibit HIV – 1 in vitro.

〔**Key words**〕 Bilirubim; HIV – 1; Virus inhibitors

268.　EB 病毒诱导的胸腺恶性 T 细胞淋巴瘤细胞体外长期培养研究

中国预防医学科学院病毒学研究所　黄燕萍　郭秀婵　曾　毅
中国医学科学院肿瘤医院病理科　何祖根

〔摘　要〕　　建立含有 EB 病毒的 T 细胞淋巴瘤细胞系，为探讨 EB 病毒的致瘤机理，研究 EB 病毒在 T 细胞淋巴瘤发生过程中的作用提供手段。在 TPA 协同 EB 病毒诱导胸腺恶性 T 细胞淋巴瘤动物模型的基础上，联合应用 IL – 2，将诱导的肿瘤组织进行体外细胞培养，成功地分离获得一株在体外长期存活的淋巴细胞 TET。T 细胞亚群分类实验证实 TET 细胞为 CD4 阳性的 T 淋巴细胞，PCR 和原位杂交可检测到 EB 病毒的 EBERs、LMP1 和 BARF1，并有 LMP1 蛋白的表达。TET 细胞的获得，有望在体外建立转化细胞系，为体外研究 EB 病毒的致瘤机理及防治提供理想的实验材料。

〔关键词〕　T 淋巴细胞；EB 病毒；细胞培养

Epstein – Barr virus（EBV）是一种在人群中广泛传播的人类肿瘤病毒[1]。EB病毒与T细胞淋巴瘤关系的研究始于20世纪80年代，建立含EB病毒的T淋巴细胞模型，对于研究EB病毒与T细胞淋巴瘤的关系、阐明EB病毒的致病机制，以及寻找肿瘤新的治疗措施均有极为重要的意义。1986年，Mario等人将EB病毒的完整DNA导入脐带血淋巴细胞，成功地诱导了两株永生化的T淋巴细胞系[2]。到目前为止，国际上已建立了近10株含EB病毒的T淋巴细胞系[2,4]。但国内未见建立该类似细胞系的报道。我们将感染了EB病毒的人胚胎胸腺细胞，接种于Scid鼠皮下，在TPA的协同作用下，诱发了T细胞淋巴瘤的动物模型[5]。再将此诱导的肿瘤组织进行体外培养，以期进一步建立含EB病毒的T细胞淋巴瘤细胞系。

材料和方法

一、细胞培养及细胞系建立的过程 将诱导的恶性T细胞淋巴瘤的肿瘤组织用Hanks溶液洗2次，用无菌眼科剪将瘤组织剪成直径约0.5 cm大小的小块，接种于1只4~6周的Scid鼠右侧背部皮下，此为肿瘤1代。以后，可见Scid鼠右侧背部皮下肿瘤逐渐增大，形成大小约2.0 cm×1.5 cm×1.5 cm的组织块，向表而突起。约1个月后处死小鼠，将小鼠体内的瘤组织取出，取另1只Scid鼠依前法进行连续传代。瘤组织在Scid鼠中传代时间逐渐缩短，开始为1个月传1次，以后为2~3周传1次。

当瘤组织在Scid鼠中传到第四代后，将瘤组织用Hanks溶液洗2次，用无菌眼科剪将瘤组织尽量剪碎，加入RPMI1640完全培养液（含10%胎牛血清、2 mmol/L谷氨酰胺、100 μg/ml链霉素、100 μg/ml青霉素和IL – 2 10~20 IU/ml），于37℃5% CO_2孵箱中培养。

培养第3天，培养瓶中可见少数聚集成团的细胞，并可见成悬浮生长的小圆形淋巴细胞和少许纤维细胞。1周后细胞团明显增多，但纤维细胞也生长迅速连接成片。小心吸弃半量培养上清，将悬浮生长的淋巴细胞吸出，换瓶并补足培养液继续培养。10 d后吸出一半细胞进行传代培养。以后，每3天换半液，5~7 d传1代。瓶内的纤维细胞通过换瓶或用胰酶消化除去。淋巴细胞继续生长，约1个月后细胞生长加快，每3~4天可传1代。将该细胞命名为TET细胞，细胞传至20代时作以下检测。

二、形态学检测 倒置显微镜下仔细观察活细胞形态。做细胞涂片，经4%多聚甲醛固定后做HE染色，光学显微镜下观察细胞的形态特征。

三、T细胞表面标记的检测和T细胞亚群的确定 离心沉淀悬浮生长的细胞，用0.9%的生理盐水洗1次，计数细胞，然后用生理盐水调整细胞浓度为$1×10^6$/ml。取100 μl细胞，用流式细胞仪测定T细胞表面标记和T细胞亚群。

四、细胞生长曲线 取悬浮生长的细胞进行细胞计数，在24孔板上，每孔接种$1×10^4$个细胞，一共接种30个孔，在37℃5% CO_2孵箱中培养。次日取3个孔进行细胞计数，细胞数为3孔细胞的平均数，连续计数10 d，绘出细胞生长曲线。

五、软琼脂培养 用三蒸水配制1.2%和0.6%的琼脂糖，8磅高压灭菌，室温中储存备用。配制双倍RPIM1640培养液，含30%小牛血清、200 μg/ml青霉素和200 μg/ml链霉素。在每只试管内先加入1.5 ml双倍1640培养液，再加入1.5 ml 1.2%琼脂糖混匀，倒入培养皿中，作为0.6%琼脂糖的基础层，置室温凝固。在每只试管内先加入1.5 ml双倍1640培养液，其中含$2×10^4$个细胞，再加入1.5 ml 0.6%的琼脂糖，混匀加在基础层上，作为

0.3%琼脂糖的种子层，置室温凝固。上覆 1 ml 含 10% 胎牛血清的培养基，将培养皿放 37℃5%CO_2 的孵箱中培养。

六、PCR 检测 EB 病毒 DNA 取 1×10^7 细胞，常规提取细胞 DNA 组织，用 PCR 扩增 EB 病毒 EBERs、LMP1 和 BARF1 基因片段[5]。以原代肿瘤组织 DNA 作为阳性对照，水代替 DNA 模板作为阴性对照。

七、原位杂交检测 EB 病毒编码的 EBERs

1. 细胞涂片的制备：悬浮培养的细胞直接离心用 PBS 冲洗 2 次，行细胞计数，用 PBS 重新悬浮细胞至浓度为 1×10^6/ml。取 2 滴细胞悬液滴于涂有 1 mg/ml 多聚赖氨酸的载玻片上，室温下空气干燥 30 min。用 4% 的多聚甲醛室温下固定 20 min，PBS 冲洗切片。然后依次入 75%、85%、95%、100% 乙醇进行梯度脱水。切片置 -20℃ 冰箱内保存待用。

2. 原位杂交：探针的制备及杂交的详细方法按参考文献进行[6]。细胞涂片先置于 PBS 中浸泡 5 min，加 100 µg/ml 蛋白酶 K 100 µl，37℃消化 15 min。PBS 冲洗 2 次，然后将片子直接浸于无水乙醇中，取出，待无水乙醇挥发后，加含 EBERs 探针的杂交液，于 42℃杂交过夜，次日洗片，做显色反应。以 B95-8 细胞涂片作为阳性对照，并设不加探针的空白对照。

八、表面膜蛋白 LMP1 的检测 按上述方法制备细胞涂片，以 S12 细胞上清浓缩液作为第一抗体。按照中山生物制品公司的 S-P 试剂盒操作步骤进行操作[5]。以 PBS 代替第一抗体作阴性对照。

结　果

一、细胞形态学观察 TET 细胞在体外连续传代 3 个月以后，生长状态良好。倒置显微镜下细胞呈圆形，部分细胞有丝状触角，部分细胞似有伪足，体积比原代细胞体积增大，成团、悬浮生长，有时可多达上百个细胞聚成一团（图 1a、1b）。HE 染色可见细胞大小不一，偶见瘤巨细胞，并可见核分裂相（图 2 略）。

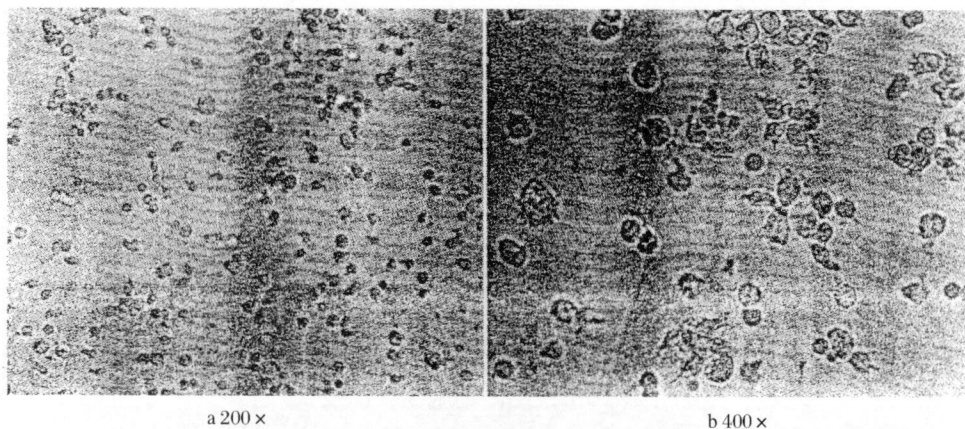

a 200×　　　　　　　　　　　　　　b 400×

图1　在倒置显微镜下 TET 细胞组织学图像

Fig. 1　Micrographs of TET cell under inverted microscope

二、TET 细胞为来源于 CD4+ 的 T 淋巴细胞 TET 细胞中，97.8% 为 CD3+ 的淋巴细胞，证实为 T 淋巴细胞来源。其中 CD4$^+$ 的细胞占 98%，CD8$^+$ 细胞为 0，CD56$^+$ 的细胞为 1.3%（图 3）。

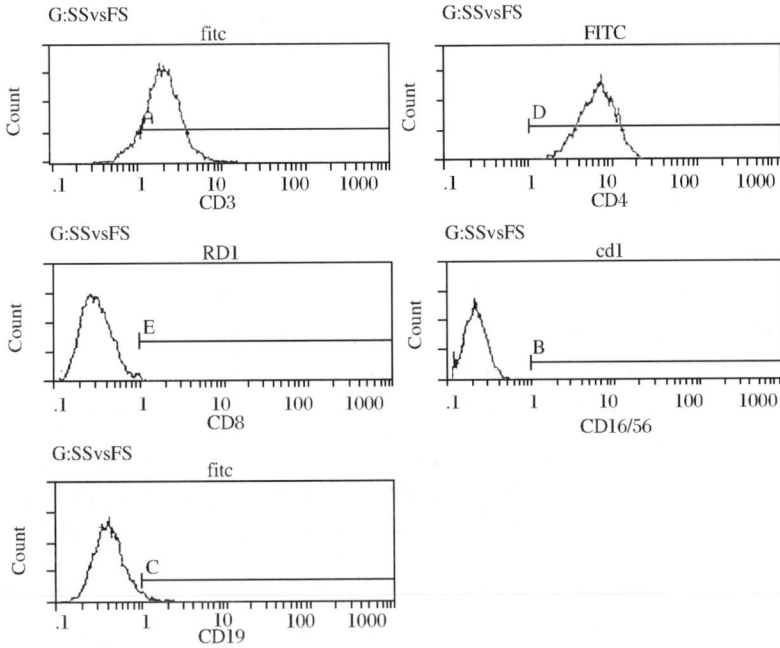

图 3　TET 细胞流式细胞仪 T 细胞亚群分类结果

The TET cell expressed T cell surface markers CD3 and CD4

Fig. 3　Flow cytometer analysis of antigens on TET cell

三、细胞生长特性　细胞用含 10% 胎牛血清的 RPMI1640 培养液培养，生长旺盛，细胞数呈直线上升，第 8 天达高峰，为原接种量的 50 倍，之后进入平台期（图 4）。

四、软琼脂细胞克隆形成能力的观察　将 TET 细胞接种在软琼脂培养基上，观察细胞克隆形成情况。培养 20 d 左右可见软琼脂内有细胞克隆形成（图 5 略）。

五、TET 细胞含 EB 病毒 DNA 组织　经 PCR 扩增的 EBV 的 EBER 2、LMP 1 和 BARF1 基因片段，其大小分别为 108 bp、331 bp 和 695 bp，在 2% 琼脂糖凝胶电泳中清晰可见，空白对照为阴性（图 6 略）。

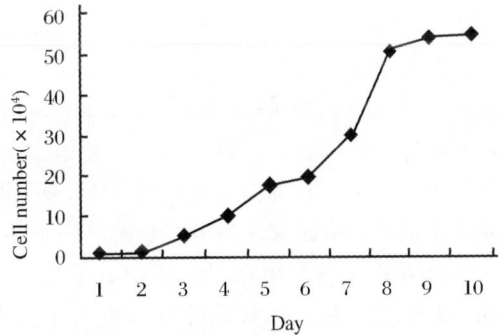

图 4　TET 细胞生长曲线

Fig. 4　Growth curve of TET cell

六、TET 细胞表达 EB 病毒小 RNA EBERs　采用地高辛标记的 EBERs cRNA 探针，对 TET 细胞涂片进行 mRNA 原位杂交，可检测到 EB 病毒编码的小 RNA EBERs，阳性信号呈蓝紫色颗粒，主要位于 TET 细胞的细胞核中。空白对照及阴性对照均为阴性（图 7 略）。

七、TET 细胞表达 EB 病毒潜伏膜蛋白 LMP1　免疫组织化学证实，TET 细胞有 LMP1 的表达，阳性信号为棕褐色，位于 TET 细胞膜和细胞质中（图 8a、b 略）。

讨　论

我们将感染了 EB 病毒的人胚胎胸腺细胞移植于 Scid 鼠皮下，在 TPA 的协同作用下，成功地诱导了胸腺恶性 T 细胞淋巴瘤[5]。然后将诱导的肿瘤组织进行体外培养，联合应用 IL-2，成功地分离并获得一株能在体外长期存活的淋巴细胞 TET（寓意为 T 淋巴细胞，来源于 EB 病毒和 TPA 协同作用诱导的 T 细胞淋巴瘤）。抗体荧光测定（流式细胞仪）的研究表明，TET 细胞为 CD4⁺ 的 T 淋巴细胞。PCR 检测证明，TET 细胞含有 EB 病毒的 EBER2、LMP1 和 BARF1 基因片段。原位杂交可检测到 TET 细胞中 EB 病毒编码的小 RNA EBERs。免疫组织化学也证明 TET 细胞有 EB 病毒 LMP1 蛋白表达。这些结果证实，TET 细胞为含有 EB 病毒的 CD4⁺ 的 T 淋巴细胞，且 TET 细胞在体外连续传代 3 个月以后，生长状态良好。TET 细胞的获得，有望在体外建立转化细胞系，为进一步研究 EB 病毒在 T 细胞淋巴瘤中的作用提供理想的体外实验材料。

宿主细胞中 EB 病毒的感染形式可分为两种即潜伏性感染和裂解性感染。在裂解性感染中，病毒转录几乎所有基因；在潜伏性感染中，EB 病毒可表达 11 种潜伏期蛋白，即 2 种小核酸 RNA（EBER1 和 EBER2），3 种潜伏期膜蛋白（LMP1、LMP2A 和 LMP2B）和 6 种核抗原（EBNA1、2、3A、3B、3C 和 LP）。根据这些蛋白表达状态的不同，又将 EB 病毒的潜伏性感染分为 3 种类型：Ⅰ 型如 EBV⁺ 的 Burkitt's 淋巴瘤细胞株，只表达 EBERs 和 EBNA1；Ⅱ 型如鼻咽癌细胞株、何杰金淋巴瘤的 R-S 细胞，只表达 EBERs、EBNA1 和 LMP1、LMP2A；Ⅲ 型常见无 EB 病毒诱导的 LCLs 细胞，表达所有 11 种潜伏期蛋白[1,7]。文献报道，T 淋巴细胞系中 EB 病毒的感染形式多为潜伏性感染中的第 Ⅱ 型[4]。本研究 TET 细胞中 EB 病毒的感染形式如何，还需进一步研究。

在 T 细胞亚群中，大多数辅助 T 细胞表达 CD4⁺，其主要效应功能是：分泌细胞因子，作用于相同的 T 细胞和其他一些细胞，以促进和调节体液和细胞免疫以及炎症反应。另外，T 辅助细胞的激活可诱导 gp39 膜蛋白的表达，它与其他细胞上的 CD40 结合，介导依赖于细胞间接触的 B 细胞和巨噬细胞的辅助功能。大部分 CTL 表达 CD8 标记，CTL 的主要效应功能是溶解带有抗原的靶细胞，同时分泌一些细胞因子[8]。我们的研究表明：EB 病毒选择性转化 CD4⁺ 的 T 淋巴细胞。目前体外建立的含 EB 病毒的 T 淋巴细胞系多为 CD4⁺ 的 T 细胞[4]。其发生机制还不清楚。有研究认为可能是淋巴因子在其中发挥主要作用，仍需进一步研究。

体外建立悬浮培养的淋巴细胞系比较困难。经过体内传代，可以提高建立细胞的成功率。我们最初进行体外培养时困难重重，直到在 Scid 鼠体内传到第四代后，再进行体外培养，才顺利地进行 TET 细胞体外建系培养。培养过程中还需要 IL-2 的辅助，尤其是在原代和早期传代细胞。另外，淋巴细胞在培养中要及时传代，使细胞浓度保持为 $1 \times 10^5/ml$ 至 $1 \times 10^6/ml$ 较为适宜。

总而言之，我们用 EB 病毒和 TPA 协同作用诱导的胸腺恶性 T 细胞淋巴瘤的组织进行体外培养，成功地分离并获得了一株含 EB 病毒的 CD4⁺ 的 T 细胞淋巴瘤细胞。该细胞的获得，有望在体外建立转化细胞系，为进一步研究 EB 病毒在 T 细胞淋巴瘤中的作用，提供理想的体外实验材料。

〔原载《病毒学报》2002，18（1）：34-38〕

参 考 文 献

1 黄燕萍, 何祖根, 王顺宝. EB 病毒与恶性淋巴瘤. 国外医学生理、病理科学与临床分册, 2000, 20 (4): 288 - 290

2 Mario S, Barbara V, Mona H, et al. Immortalization of human T lymphocytes after transfection of Epstein - Barr virus DNA. Science, 1986, 233: 980 - 983

3 Shosuka Imai, Makoto Sugiura, Ou Oikawa, et al. Epstein - Bart virus (EBV) carrying and expression T cell lines established from severe chronic active EBV infection. Blood, 1996, 87 (4): 1146 - 1457

4 Mingxu Guan, Gaetano R, Earl E H. Epstein - Barr virus (EBV) induced long - term proliferation of CD4[+] lymphocytes leading to T lympho-blastoid cell lines carrying EBV. Anticancer Research, 1999, 1 (9): 3007 - 3018

5 何祖根, 郭秀婵, 黄燕萍, 等. EB 病毒诱导胸腺恶性 T 细胞淋巴瘤的研究. 病毒学报, 2001, 17 (4): 289 - 294

6 黄燕萍, 郭秀婵, 何祖根, 等. T 细胞淋巴瘤中 EB 病毒感染与临床病理研究. 中华实验和临床病毒学杂志, 待发表

7 Baumforth K R, Young L S, Flavell K J, et al. The Epstein - Barr virus and its association with human cancers. Mol Pathol, 1999, 52 (6): 307 - 322

8 林学颜, 张玲主编. 现代分子免疫学. 北京: 科学出版社, 第 1 版, 1999: 263 - 278

Long - term Culturing of T Cell Developed from EBV and TPA Induced Thymus Malignant T Cell Lymphoma

HUANG Yan - ping[1], GUO Xiu - chan[1], HE Zu - gen[2], ZENG Yi[1]

(1. Institute of Virology, CAPM, Beijing 100052, China; 2. Tumor Hospital, CAMS and PUMC, Beijing 100021, China)

For the purpose of studying the tumorigenic mechanism and the role of EBV in the development of T cell lymphoma, we established a T cell line which contains EBV genome. T cell culture was from malignant T cell lymphoma tumor tissues, induced in Scid mice by subcutaneous transplanting of EB virus infected fetal thymus cells synergetic with the tumor promoter (TPA). A line of T cell lymphoma (TET) which expressed T cell surface markers CD3 and CD4 and carried EBV genome has been established. It may provide an important model for studying the etiology and mechanism of malignant T cell lymphoma development.

〔**Key words**〕 T lymphocyte; Epstein - Bart virus; Cell culture

269. EB 病毒潜伏膜蛋白 2 DNA 疫苗的构建及其免疫效果初步观察

中国预防医学科学院病毒学研究所　朱伟严　周　玲　王　琦　姚家伟　曾　毅

〔摘　要〕　**目的**　以 EB 病毒潜伏膜蛋白 2（latent membrane protein 2，LMP2）为靶基因，构建 EBV – LMP2 的候选 DNA 疫苗；并初步探讨其在小鼠体内诱导特异性细胞毒方面的作用，为研制鼻咽癌（nasopharyngeal carcinoma，NPC）等 EB 病毒相关肿瘤的治疗性疫苗提供有益资料。　**方法**　将 EB 病毒 LMP2 全 cDNA 片段克隆至含 CMV 早期启动子的真核表达载体 pcDNAⅢ上，构建 CMV 启动子 EB 病毒 LMP2 DNA 疫苗。在体外将重组质粒转染 COS 细胞，以 RT – PCR 和间接免疫荧光法检测重组质粒在转染的 COS 细胞中的转录和表达。采用 50 μg、100 μg、200 μg 3 种质粒剂量进行初步的小鼠免疫试验。　**结果**　重组质粒可在真核细胞中有效地转录和表达 LMP2。免疫接种小鼠后可诱发机体产生针对 LMP2 蛋白的特异性体液免疫和细胞免疫。50 μg、100 μg、200 μg 3 种免疫剂量产生的抗体水平差异不大。在免疫接种 6 周后，重组质粒免疫的小鼠产生针对 LMP2 的特异性 CTL 均明显高于空载体免疫小鼠。3 种剂量的 CTL 结果显示：在 100 μg，200 μg 免疫组，小鼠诱导产生的 CTL 水平要略高于 50 μg 免疫组。　**结论**　EB 病毒重组质粒 IMP2 免疫小鼠可以诱发小鼠产生特异的体液和细胞免疫应答。这些结果为研制鼻咽癌 DNA 疫苗提供有益的资料。

〔**关键词**〕　EB 病毒；潜伏膜蛋白 2；特异性细胞毒作用；核酸疫苗

　　EB 病毒感染人体后机体会产生针对 EB 病毒的多种特异性 T 细胞，它们在控制处于潜伏感染状态的细胞、防止肿瘤发生中起着非常重要的作用。早在 20 世纪 80 年代初期，中国医学科学院曾毅、林毓纯[1,2] 等人研究了 NPC 外周血淋巴细胞 CTL 介导的细胞免疫反应及其 HLA 的限制现象。发现 NPC 的 T 淋巴细胞对 NPC 的癌细胞有一定的特异性杀伤作用，而且这种杀伤作用与 HLA 有关。在寻找能诱导 EB 病毒特异性细胞免疫反应的抗原决定簇时人们发现，CTL 多是针对病毒的潜伏期蛋白。在鼻咽癌等恶性肿瘤组织中有 EBNA1、LMP1、LMP2 等蛋白持续表达[3]，可作为机体特异性 CTL 杀伤肿瘤细胞的靶分子。1992 年 Murray[4] 在研究 EBV 引起的 CTL 靶抗原时发现 LMP2 上含有激发 CTL 的抗原决定簇，应用针对 LMP2 的 CTL 能特异性杀伤表达 LMP2 的靶细胞。Sing[5] 等人分离出针对 LMP2 的特异性 CTL，并证明它们能特异性杀伤 EBV 阳性 Hodgkin's 病人的 R – S 细胞。此外，体外及 SCID 小鼠体内实验均证实 LMP2 无转化细胞的功能。LMP2 的上述优点有使之作为抗 EBV 肿瘤疫苗的可能性。

　　核酸疫苗是 20 世纪 90 年代发展起来的一种新型疫苗[6]。其突出优点是能通过不同途径诱导产生细胞毒 T 淋巴细胞。由于 CTL 反应对控制病毒感染和抗瘤免疫起着重要作用，因此核酸疫苗在诱导抗肿瘤免疫方面比常规疫苗更具优势。到目前为止，国内外尚未开展用DNA疫苗防治EB病毒相关肿瘤的工作，如果我们能尽快地完成此工作将有重要的现实意义。

材料和方法

一、菌株及质粒　大肠埃希菌DH5a为本室保存。pSG5 - LMP2质粒含LMP2全cDNA序列，为美国哈佛大学Kieff教授馈赠。pcDNAⅢ为含巨细胞病毒早期启动子/增强子的真核表达载体，带有neo基因。

二、细胞与病毒　COS7：复制子缺失SV40转化的非洲绿猴肾细胞。P815细胞：DBA肥大细胞瘤细胞（H - 2^d）。以上细胞均为本室保存，培养条件为含10%小牛血清，1%青链霉素，1%谷氨酰胺的Eagle's液或1640培养液。小牛血清购自天津血液研究所。重组LMP2逆转录病毒为本室构建。LMP2特异性单抗14B7、15F9、4E11为英国伯明翰大学肿瘤研究所Rideiuson教授所赠。

三、工具酶及其他试剂　各种限制性内切酶、T4 DNA连接酶、小牛肠碱性磷酸酶（CIAP）、Taq酶及其他工具酶购自Promega公司、Takara公司。LDH检测试剂盒"Cyto-Tox96™ Non Radioactive Cytotoxicity Assay"、脂质体转染"LipofecTAMINE™ Reagent"试剂盒、G418试剂均购自Promega公司。

四、引物合成　实验所用引物在Takara公司合成。我们针对LMP2基因中的保守序列设计一对引物。上游引物P1：5′CGGGATCCATATGCTTTTAACATTGGCAGC3′；下游引物P2：5′CGGGATCCAGTGTAAGGCAGTAGTAG3′。

扩增片段大小为520 bp。PCR扩增体系为：94℃ 30 s，58℃ 45 s，72℃ 60 s，共进行30个循环，最后72℃延伸10 min。

五、血清与抗体　荧光标记羊抗小鼠IgG购自北方同正试剂公司。荧光标记抗大鼠IgG购置于Sigma公司。

六、实验动物　BALB/c纯系小鼠为中国医学科学院动物研究所提供。

七、EBV - LMP2核酸疫苗重组表达质粒的构建　参照《分子克隆实验方法》。

八、重组质粒pcDNAⅢ - LMP2，pSG5 - LMP2瞬间转染COS7细胞及外源基因表达检测

1. 重组质粒的瞬间转染：培养对数生长期的细胞（16 ~ 24 h内传代）约有5 × 10^{5}细胞，转染前2 h用无抗生素，含10%牛血清的培养液培养，加转染液前用无血清和无抗生素的培养液洗3遍。

配制转染液：A液，纯水的DNA 5 μl（5 ~ 10 μg）和无血清、无抗生素的培养液共300 μl；B液，20 μl LipofecTAMINE和无血清、无抗生素的培养液共300 μl。A + B液轻轻混匀，室温放置30 ~ 45 min。取2.4 ml无血清、无抗生素的培养液加入混合转染液中，混匀后轻轻加入培养细胞上，于37℃，5% CO$_2$孵育5 h。然后弃掉转染液，加入含10%小牛血清的1640液6 ml，37℃，5% CO$_2$，孵育48 h或72 h后检测。

2. RT - PCR鉴定转染后细胞系中LMP2基因的转录

RNA提取：细胞总RNA的提取采用TRIzol试剂（Gibco BRL公司）。

逆转录反应：在0.5 ml的离心管中加入下列物质：1 μg细胞RNA，1 μl oligo（dT）18

（0.1 μg），11 μl 去离子水，75℃变性 5 min，自然冷却。加入 5 μg 5% AMV 缓冲液，RNasin 1 μl，0.5 μl AMV（2000 U/μl），2.5 mmol/L dNTP 4 μl，5 μl DTT，37℃作用 1 h，95℃灭活 5 min。取 2 μl 反转录产物为模板作 PCR 检测。

3. 免疫荧光检测瞬间表达情况：将合适浓度的细胞涂于细胞片上，晾干后，4℃丙酮固定 15 min，PBS 洗 2 次，晾干，4℃保存备用。细胞孔加入 LMP2 单抗覆盖，37℃孵育 45 min，PBS 洗 3 遍，水再洗 3 遍；再分别覆盖荧光标记抗大鼠 IgG 二抗，37℃孵育 45 min，PBS 洗 3 遍，水洗 3 遍；荧光显微镜下观察照相。

九、DNA 免疫实验 6 ~ 8 周龄 BALB/c（H - 2^d）雌性小鼠（19 ~ 21 g）。用 75 mg/kg 苯巴比妥钠 0.2 ml 腹腔麻醉，当小鼠昏迷，肌肉处于松弛状态后，将重组质粒 pcDNAⅢ - LMP2 和空载体 pcDNAⅢ 分别按 50 μg/只、100 μg/只、200 μg/只注射小鼠胫前肌（在前胫骨粗隆外侧 3 mm 处进针，介于膝关节和踝关节中间，至塑料套管压住皮肤，缓缓推射 10 s 左右，注射完成后继续抵住 5 ~ 10 s 后抽针）。在第 3 周同样方法、同样剂量加强免疫；第 6 周取血、脾进行抗体及 CTL 检测。一共分 6 个实验组，每组免疫 3 只小鼠。

十、含 LMP2 靶抗原细胞系的建立 收集 10^7 对数生长期细胞，PBS 洗 2 遍，将 10 ~ 20 μg 质粒 DNA 加入细胞悬液中，混合后室温作用 5 min，转入电池杯以 1000 V/cm 电压冲击 20 ~ 100 ms。室温放置 10 min 以恢复损伤。加 10% 牛血清的完全培养基 37℃ 5% CO$_2$ 培养 24 h，然后换为含 600 μg/ml G418 的选择培养基，培养 2 周左右得到稳定的目的抗性阳性细胞。继续扩增培养作为靶细胞。

十一、免疫小鼠血清中特异性抗体的检测 用培养得到 P815 - LMP2 抗性细胞作为阳性抗原片，检测不同组免疫小鼠的特异性 LMP2 抗体。

十二、CTL 的检测

1. 最适靶细胞数的检测：准备不同的靶细胞数（0、5000、10 000、20 000…3.2 × 10^5/100 μl），每孔再加入 10 μl lysis solution（10 ×）；37℃，5% CO$_2$ 孵育 45 min，100 r/min 离心 4 min，吸出 50 μl 上清至 96 孔 ELISA 板中，加入 50 μl 底物混合液，室温，避光孵育 30 min，再加入 50 μl 终止液。490 nm 波长下测吸光度（A）值。最适靶细胞数反应孔的 A 值应为培养液对照孔 A 值平均值的 2 倍以上。

2. 脾淋巴细胞的制备：无菌操作解剖小鼠，左侧腹部取脾，于 100 目铜网上碾磨分散脾细胞，用含 2 μg/ml 的 ConA、20 IU/ml 的 IL - 2、10% 小牛血清的 1640 培养液重悬，血球计数板计数，调整细胞浓度，37℃，5% CO$_2$ 条件下培养。

3. 刺激细胞：取正常同源同龄小鼠的脾淋巴细胞，重组 LMP2 逆转录病毒吸附 3 h 后用含 20 IU/ml IL - 2、10% 小牛血清的 1640 培养液培养，37℃，5% CO$_2$ 孵育 2 ~ 3 d，作为刺激细胞。

4. 效应细胞：免疫小鼠的脾淋巴细胞，与刺激细胞 10∶1 混合，用含 20 IU/ml IL - 2、10% 小牛血清的 1640 培养液，37℃，5% CO$_2$ 共培养 4 d，进行细胞计数，调细胞浓度为 10^7 细胞/ml。

5. 靶细胞：采用 P815 - LMP2 抗性细胞，与效应细胞反应前调细胞浓度为 2 × 10^5 细胞/ml。

6. 乳酸脱氢酶法检测 CTL 杀伤率：在圆底 96 孔培养板中建立如表 1 的组合，平行 3 孔。96 孔水平转头 500 r/min 离心 4 min，37℃，5% CO$_2$ 培养 4 h，靶细胞最大释放孔提前 45 min 加入 10 μl 10 × lysis，继续孵育，500 r/min 离心 4 min，每孔吸出 50 μl 上清，再加入 50 μl 预先配好的混合底物，室温孵育 30 min，最后加 50 μl 终止液，490 nm 波长下用酶标

仪测其 *A* 值。

特异性细胞毒性 T 杀伤细胞百分率的计算：

$$细胞毒性\% = \frac{实验孔\,A\,值 - 效应细胞自发释放\,A\,值 - 靶细胞自发释放\,A\,值}{靶细胞最大释放孔\,A\,值 - 靶细胞自发释放\,A\,值} \times 100\%$$

结　果

一、重组 EBV - LMP2 表达质粒的构建　重组 EBV - LMP2 核酸疫苗表达质粒的构建流程见图 1。

表 1　CTL 活性试验（μl）
Tab. 1　Assay of CTL activity（μl）

E：T ratio	Target cells (10^5/ml)	Effector cells (10^7 + ml)	Medium (5% FCS1640)	10 × Lysis
Experimental				
50：1	100	0	50	0
25：1	100	25	75	0
12.5：1	100	12.5	87.5	0
Effector spontaneous				
50：1	0	50	150	0
25：1	0	25	175	0
12.5：1	0	12.5	187.5	0
Target spontaneous	100	0	100	0
Target maximum	100	0	100	10
Medium background correction control	0	0	200	0
	0	0	200	10

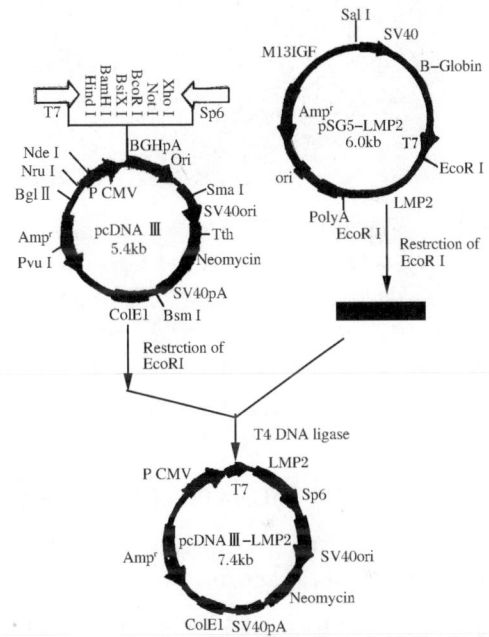

图 1　重组质粒 pcDNAⅢ - LMP2 的构建流程
Fig. 1　Scheme for the construction of the recombinant plasmid pcDNAⅢ - LMP2

从 pSG5 - LMP2 质粒上用 EcoR Ⅰ切下 LMP2 cDNA 后与同样用 EcoR Ⅰ切下后去磷酸化的载体 pcDNAⅢ连接，得到重组体后需进一步挑选外源基因插入方向正确的重组质粒。经 BamH Ⅰ消化后，正向插入的重组体产生的片段大小为 98 bp 和 7348 pb。经 SmaI 消化后，正向重组子的酶切片段为 6146 bp 和 1300 bp。重组质粒经 EcoR Ⅰ消化后大小为 5446 bp 和 2000 bp。HindⅢ消化后为 7446 bp。重组质粒的限制性内切酶分析见图 2，结果显示大小、方向与预计值一致。

二、RT - PCR 检测 pcDNAⅢ - LMP2、pSG5 - LMP2 在 COS 细胞中的转录　为鉴定 pcDNAⅢ - LMP2、pSG5 - LMP2 在 COS 细胞中的有效转录，我们从转染的 COS 细胞中提取总 RNA 进行 RT - PCR 检测。结果显示，使用 LMP2 特异性的引物从 2 种重组质粒转染的细胞中扩出 1 条 520 bp 的条带（见图 3）。同时以细胞 DNA 为模板进行直接 PCR，所有检测的细胞均无扩增条带出现。从而排除了有重组质粒 DNA 污染的可能。此结果从 RNA 水平上肯定了重组质粒在真核细胞中有效的转录。

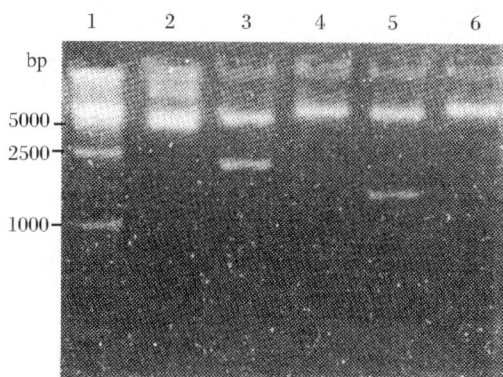

图 2　质粒 pcDNAⅢ－LMP2 的酶切鉴定

1：DL15 000 marker；2：pcDNAⅢ－LMP2；3：pc-
DNA Ⅲ－LMP2/EcoR I；4：pcDNAⅢ－LMP2/BamH I；
5：pcDNAⅢ－LMP2/Sma I；6：pcDNAⅢ－LMP2/HindⅢ

Fig. 2　Restriction identification of
plasmid pCDNAⅢ－LMP2

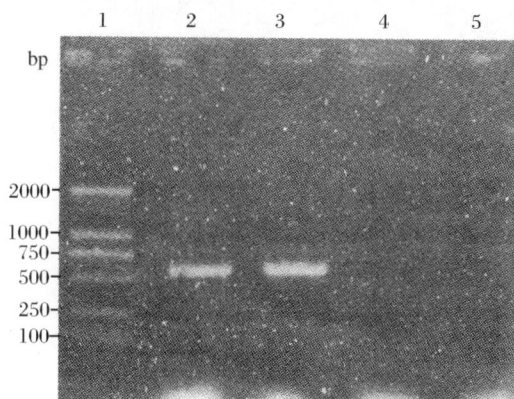

图 3　RT－PCR 检测 4 种瞬时转染的
COS 细胞中 LMP2 基因的转录

1：DL1000 marker；2：pcDNAⅢ－LMP2/COS RT－PCR；
3：pSG5－LMF2/COS RT－PCR；4：pcDNAⅢ－LMP2/
COS PCR control；5：pSG5－LMP2/COS PCR control

Fig. 3　Identification of LMP2 transcription in the
four transient transfect COS cells by RT－PCR

三、重组质粒 pcDNAⅢ－LMP2、pSG5－LMP2 及空载体瞬间转染真核细胞表达情况的检测　图 4（略）为重组质粒 pcDNAⅢ－LMP2 与空载体分别导入 COS 细胞 48 h 后涂片，用 LMP2 单抗进行间接免疫荧光检测的结果，可见在含 LMP2 外源基因的重组质粒转染的细胞涂片中，部分细胞的胞膜和胞质有翠绿色荧光，表明此重组质粒可以导入真核细胞并有效表达，表达率为 20% ~30%，空载体转染的 COS 细胞涂片结果为阴性。

四、重组质粒 DNA 疫苗初次免疫试验中诱发的 EBV－LMP2 特异性体液和细胞免疫反应

1. 免疫鼠血清中 LMP2 抗体的检测：以 P815－LMP2 细胞涂片作阳性抗原片，间接免疫荧光法检测免疫小鼠血清，结果在重组质粒免疫组中，尽管抗体的滴度最高仅 1：10，但每只小鼠都产生了抗体。在空载体组中，3 种剂量的 DNA 免疫均未产生特异性抗体。

2. DNA 初次免疫诱发的 LMP2 特异性 CTL 反应：我们采用乳酸脱氢酶法检测 LMP2 特异性的 CTL 水

表2　重组质粒免疫小鼠产生的 LMP2 特异性 CTL 活性（$\bar{x} \pm s$）

Tab. 2　CTL responses against LMP2 in mouse
of DNA immunization（$\bar{x} \pm s$）

E：T	pcDNAⅢ			pcDNAⅢ－LMP2		
	50μg	100μg	200μg	50μg	100μg	200μg
50：1	8.1±1.4	8.2±0.6	7.3±1.9	21.5±2.6	25.4±1.4	23.9±2.5
25：1	5.3±1.6	3.4±1.2	6.5±1.4	16.4±1.2	18.8±2.7	20.1±1.7
12.5：1	4.8±0.9	5.1±1.7	3.8±1.2	13.7±2.9	14.2±2.2	14.3±1.9

平，6组免疫鼠中每组各3只小鼠的特异性LMP2 CTL活性，进行平均计算后，结果见表2。

从CTL检测结果可以看出，3种剂量的重组质粒免疫的小鼠均可诱发一定程度的CTL反应（效∶靶为50∶1时杀伤率21.5%～25.4%）。重组质粒免疫组小鼠CTL的杀伤率明显高于空载体组。杀伤率的大小随效靶比的加大而增加。重组质粒诱发的LMP2特异性CTL水平与重组DNA的免疫剂量有一定关系。在100 μg/只组和200 μg/只组，CTL水平要略高于50 μg/只组。我们的实验结果表明，LMP2重组DNA疫苗可以诱发全面的细胞免疫和体液免疫反应。

对上述数据进行作图分析，结果见图5。

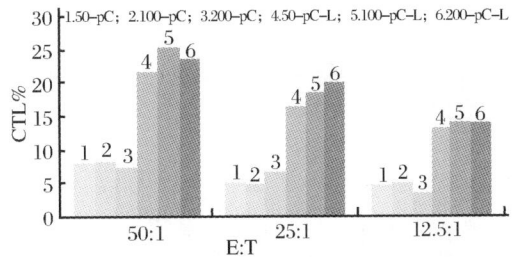

图5　不同免疫组产生特异性CTL水平的比较

Fig. 5　Comparison of the CTL activity in different immnunized groups

讨　　论

CTL的杀伤效应是机体发挥免疫监控作用的基本组成部分。因此，对于开发病毒相关肿瘤的免疫防治疫苗来说，首要的目标是以疫苗诱导和增强特异性记忆T细胞和T效应细胞的活性。研究表明，NPC等EB病毒恶性肿瘤患者体内存在着LMP2特异性记忆T细胞，这种T细胞亚群在体内处于一种亚优势状态。

肿瘤疫苗的研究当中，DNA疫苗因能在真核细胞中表达插入的抗原基因，以内源性抗原呈递方式表达抗原，激发持久的、以细胞免疫为主的全面免疫反应而成为研究肿瘤疫苗的良好手段[7,8]。利用EB病毒的LMP2 cDNA，我们构建了核酸疫苗并进行了初步的小鼠免疫实验。结果显示，该种LMP2 cDNA疫苗能在小鼠体内诱发产生LMP2特异性的体液和细胞免疫。DNA疫苗免疫效果主要取决于抗原蛋白的表达、结构、特性及其对细胞的毒性作用等。如表达在细胞膜上的蛋白较易诱发体液免疫反应，泛素化蛋白比未泛素化蛋白更易诱发$CD8^+$CTL反应[9,10]。在DNA免疫之前，我们观察了LMP2在瞬时转染细胞中的表达，结果表明pcDNAⅢ-LMP2有较高的表达外源基因的水平。启动子是影响DNA疫苗免疫效果的另一个方面，一般来说，对同一种蛋白，在排除蛋白高表达会对细胞产生毒性的情况下，能力越强的启动子诱发的免疫效果越好。在一些DNA疫苗研究中发现，CMV启动子来源的载体能较好地激发体内免疫水平[11]，因此我们采用含CMV启动子的pcDNAⅢ-LMP2免疫动物。DNA疫苗诱导的免疫水平还与免疫剂量有一定关系[12]。以往的研究表明，基因枪用10 ng～1 μg的DNA量即可在小鼠体内引起有效的免疫反应。而肌内注射需要1～100 μg的DNA，50 μg以下免疫效果会明显下降。为此，我们选用50 μg/只、100 μg/只、200 μg/只的免疫剂量免疫。在3个剂量的免疫组中，抗体产生的差异不明显，大剂量的DNA浓度并不能提高抗体水平。而在细胞免疫的产生中，100 μg/只组和200 μg/只组诱导CTL的水平稍强于50 μg/只免疫组。研制LMP2 DNA疫苗还有很多工作有待研究。

〔原载《中华微生物学和免疫学杂志》2002，22（2）∶185-190〕

参 考 文 献

1 林毓纯，赵文革，曾毅，等．鼻咽癌病人淋巴细胞对鼻咽癌上皮样细胞株（CNE）的体外细胞毒性反应．中华肿瘤杂志，1981，3（1）：1－3

2 林毓纯，赵文革，曾毅，等．鼻咽癌的细胞免疫及其 HLA 的限制．中华肿瘤杂志，1982，4（4）：254－256

3 Busson P，McCoy R，Sadler R，et al. Consistent transcription of the Epstein－Barr virus LMP2 gene in nasopharyngeal carcinoma. J Virol，1992，66：3257－3262

4 Murray RJ，Kurilla MG，Brooks JM，et al. Identification of target antigens for the human cytotoxic T－cell response to Epstein－Barr Virus（EBV）：implications for the immune control of EBV－positive malignancies. J Exp Med，1992，176：157－168

5 Sing AP，Ambinder RF，Hong DJ. Isolation of Epstein－Barr Virus（EBV）－specific cytotoxic T lymphocytes that lyse Reed－stemberg cells：Implications for immune－mediated therapy of EBV－Hodgkin's disease. Blood，1997，89（6）：1978－1986

6 Tang DC，Devit M，Johnston SA，et al. Genetic immunization is a simple method for eliciting an immune response. Nature，1992，356：152－154

7 Rhodes CH，Dwarki VJ，Abai AM，et a1.
Modem approaches to new vaccines including prevention of AIDS. In：Ginsberg HS，Brown F，Chaneck RM，et al. eds. Vaccines 93. New York：Cold Spring Harbor Lab. Press，1993，137－141

8 Robinson HL，Hunt LA，Webster RG，Modern approaches to new vaccines including prevention of AIDS. In：Ginsberg HS，Brown F，Chanock RM，et al. eds. Vaccines 93. New York：Cold Spring Harbor Lab. Press，1993，311－315

9 Yewdell JW，Bennink JR. Cell biology of antigen processing and presentation to major histocompatibility complex class I molecule－restricted T lymphocytes. Adv Immunol，1992，52：1－123

10 Jindal M，Schirmbeck R，Reimann J. MHC class I-restricted CTL responses to exogenous antigens. Immunity，1996，5：295－302

11 Cheng L，Ziegelhoffer PR，Yang NS. *In vivo* promoter activity and transgene expression in mammalian somatic tissues evaluated by using particle bombardment. Proc Natl Acad Saci USA，1993，90：4455－4459

12 Manthorpe M，Cornetert－Jensen F，Hartikka J，et a1. Gene therapy by intramuscular injection of plasmid DNA：studies on lucifferase gene expression in mice. Hum Gene Ther，1993，4：419－431

Induction of Epstein－Barr Virus－Specific Cytotoxic T Lymphocytes by Using Latent Membrane Protein 2 DNA Vaccine

ZHU Wei－yan，ZHOU Ling，WANG Qi，YAO Jia－wei，ZENG Yi

（Institute of Virology Chinese Academy of Preventive Medicine，Beijing 100052，P. R. China）

Objective To develop an EBV－LMP2 DNA vaccine，we have constructed a plasmid DNA encoding the full－length cDNA for LMP2 driven by CMV. **Methods** The recombined plasmids expressed LMP2 well in COS7 cells and after immunization with the BALB/c mice induced both cellular and humoral immune responses. To charaterize the effect of DNA vaccine dosage，three groups of mice were immunized with 50 μg，100 μg，200 μg doses of pcDNAⅢ－LMP2 respectively. **Results** Three groups showed no difference in inducing humoral immune response. But in inducing cellular immune response, of 50 μg were less effective than doses 100 μg, 200 μg. **Conclusion** Our results recommend LMP2 vaccine in future clinical studies. In EBV – seropositive individuals, if LMP2 protein can be presented in endogenously process way to induce specific CTL responses in EBV – IgA/VCA – seropositive individuals, it can protect host against cancer development and establish the CTL – based tumor therapy for NPC. The present work may be useful to the development of novel vaccines of EBV associated tumors.

〔**Key words**〕 Epstein – Barr virus; Latent membrane protein 2; DNA vaccine

270. 乌鲁木齐地区 HIV 感染人群中 人类疱疹病毒 8 型 IgG 抗体调查

新疆维吾尔自治区儿科研究所 孙 荷 杜文慧
新疆维吾尔自治区人民医院检验科 周 梅 中国预防医学科学院病毒学研究所 陈国敏 曾 毅

1994 年美国科学家常远等[1]从卡波西肉瘤（Kaposi's Sarcoma, KS）患者瘤组织中发现了一种新的疱疹病毒样序列，许多学者称之为 KS 相关疱疹病毒。经鉴定后被命名为人类疱疹病毒 8 型（HHV – 8）。近年国外已对普通人群及人 HIV 感染人群中 HHV – 8 血清流行病学做了大量调查。为了解乌鲁木齐地区 HIV 感染人群 HHV – 8 IgG 抗体情况，我们对 56 例 HIV 阳性者作了 HHV – 8 IgG 的检测。

材料和方法

一、标本采集 1998 年 1 月 ~ 2000 年 6 月新疆维吾尔自治区人民医院检验科从门诊和住院患者中筛查出 HIV 抗体阳性者 56 例（均经新疆维吾尔自治区 HIV/AIDS 监控中心确认）。其中男性 45 例，女性 11 例，维吾尔族 50 例，汉族 4 例；回族 1 例，哈萨克族 1 例（皮肤科住院患者，经临床表现及组织病理学确诊为 KS）；年龄 17 ~ 45 岁；32 人无职业，工人 11 人，个体户 9 人，司机 2 人，营业员 1 人，干部 1 人；47 人有 2 ~ 10 年不等的静脉吸毒史，另有 5 名女性无吸毒史但其丈夫吸毒；25 人有性乱史。56 例中 8 例已确诊为 AIDS 患者，表现为长期发热，体重下降，2 例分别于 1 个月内下降 6 和 11 kg，并有呼吸道感染、胸膜炎、心内膜炎、巨细胞病毒及弓形体感染等，46 人合并丙型肝炎病毒（HCV）感染。留取上述患者血清冻存待检。

二、检测方法 含有 HHV – 8 的抗原片由中国预防医学科学院病毒学研究所肿瘤病毒研究室提供，用间接免疫荧光方法检测待检血清中的 HHV – 8 IgG 抗体，被检血清自 1∶10 开始倍比稀释至 1∶80，在荧光显微镜下观察结果。抗 – HCV IgG 抗体的检测用 ELISA 法，试剂购自上海科技有限公司。

结 果

HIV 感染者及 AIS 患者中 HHV – 8 IgG 抗体阳性者 16 例，阳性率为 28.5%；HCV IgM 阳性 46 例，阳性率为 83.6%。HIV 和 AIDS 两组之间比较，差异无显著性（$\chi^2 = 0.59$，$\chi^2 = 1.08$，$P > 0.05$），见表 1。

表1 HIV 感染者及 AIDS 患者 HHV-8
抗体检测和合并 HCV 感染情况

Tab. 1 Prevalence of HHV-8 in HIV infected
individuals, AIDS and HCV co-infected patients

组别 Group	被检数 No. tested	HHV-8 IgG		HCV IgM	
		阳性数 No. cases positive	（%）	阳性数 No. cases positive	（%）
HIV	48	14	29.2	38	79.2
AIDS	8	2	25.0	8	100.0
合计 Total	56	16	28.5	46	83.6

在被检测的 56 例 HIV 抗体阳性者中，有 1 例哈萨克族 KS 患者，但其血清 HHV-8 IgG 抗体检测结果为阴性。

讨 论

HHV-8 主要传播方式为性传播，国外流行病学调查发现，2%～8% 儿童 HHV-8 血清学阳性，暗示还存在非性传播方式。非洲地区性 KS 患者 HHV-8 抗体 100% 阳性，美国 AIDS 相关性 KS 患者 96% 阳性，而静脉吸毒 AIDS 患者 HHV-8 抗体阳性率为 23%，女性 AIDS 患者为 21%，与普通人群 25% 阳性率差异无显著性[2]。国内报道新疆地区各民族 HHV-8 总的阳性率为 24.4%[3]，这与国外报道相一致。国外研究者用 PCR 方法检测发现 95%～100% AIDS 相关性 KS 患者的 KS 组织中存在 HHV-8 DNA 序列，而健康人组织中阳性率 <1%[4]。目前经典型 KS、非洲地方型 KS 和接受移植者的 KS 中普遍发现了 HHV-8DNA 序列，可见 HHV-8 不仅是 AIDS 患者的一种机会性感染，而且很可能是所有形式 KS 的共同病原。普雄明等[5]对新疆 KS 患者用 PCR 方法检测 HHV-8，DNA 片段结果显示，20 份标本中有 14 份阳性，推论 HHV-8 可能并非新疆 KS 的唯一病原。在本试验中 1 例哈萨克族 KS 患者 HIV 抗体阳性，HHV-8 抗体阴性，也说明了这个问题。有研究表明 HIV 与 HCV 容易发生合并感染。我们的研究结果 HIV 合并 HCV 感染率高达 83.6%，远高于 HHV-8 IgG 抗体检出率，这可能与本地 HIV 感染者以静脉吸毒为主有关。未感染 HCV 的 10 例中主要为无吸毒史的女性。HIV 的感染会促进 HCV 的传播，HIV 感染后的免疫缺陷助长了 HCV 的复制，HIV 的感染也可直接加重 HCV 对肝组织的损伤，合并感染者的临床进程明显快于 HIV 单一感染者[6]。

〔原载《中华实验和临床病毒学杂志》2002，16（2）：195〕

参 考 文 献

1 Chang Y, Cesarman E, Pessin MS, et al. Identification of herpesvirus-like DNA sequences in AIDS-associated Kapoi's sarcoma. Science, 1994, 266: 1865-1869

2 Ambroziak JA, Blackboum DJ, Hemdier BC, et al. Herpes-like sequences in HIV-infected and uninfected Kaposi's sarcoma patients. Science, 1995, 268: 582-583

3 杜文慧，陈国敏，孙荷，等. 新疆地区普通人群中 HHV-8 IgG 抗体的调查报告. 中华实验和临床病毒学杂志，2000，14：44-46

4 Lennette ET, Blackboum DJ, Levy JA. Antibodies to human herpesvirus type 8 in the general population and in Kaposi's sarcoma patients. Lancet, 1996、348: 858-861

5 普雄明，石得仁，沈大为. 新疆 Kaposi 肉瘤组织中 HHV-8 DNA 的 PCR 检测. 中华皮肤科杂志，1998.31：381

6 刘淑贞，郑锡文. 经血传播 HIV 的热点分析. 国外医学病毒学分册，2007，7：129-131

271. 国产蜂胶对肝癌细胞体外杀伤作用的研究

中国预防医学科学院病毒学研究所　郭秀婵　张永利　曾　毅

北京好富欣生物工程技术有限公司　叶　梁

〔摘　要〕　采用 MTT 细胞毒实验分别测定不同浓度的国产蜂胶对体外培养人肝癌细胞株细胞的杀伤率，并与商业化标准蜂胶（Sigma # P-1010）比较。结果显示国产蜂胶和标准蜂胶对肝癌细胞均有杀伤作用，且呈浓度-抑制率相关关系，而对正常细胞的影响较小。

〔关键词〕　蜂胶；肝肿瘤；肿瘤，实验性；抗肿瘤；MTT

蜂胶是蜜蜂从各种植物中采集的树脂类物质的总称，其成分因其来源不同而不同，一般由 50% 的树脂和植物香脂、30% 的蜂蜡、10% 的芳香油、5% 花粉和 5% 的其他物质以及一些有机物碎屑组成。在早期，尤其是欧洲，民间用它作为抗炎药物。蜂胶，尤其是醇提取的蜂胶有多种活性，包括抗细菌、抗真菌、抗病毒、护肝等效果，因此已广泛用于保健食品。此外，蜂胶还有抗氧化、抗细胞增殖、抗突变及免疫调节作用，又因为蜂胶富含黄酮醇、酚酸和萜类生物碱，因而具有潜在的化学预防作用[1]。动物实验表明，蜂胶可抑制由化学致癌物诱发的肿瘤[2,3]。为了研究国产蜂胶的抗肿瘤作用，我们以不同浓度的国产蜂胶在体外作用于人肝癌细胞，并与 Sigma 标准蜂胶比较，就其对肿瘤细胞的体外杀伤作用进行了研究。

材料和方法

试验方法：用 RPM11640 培养液将国产蜂胶稀释，稀释比从 1∶20 开始，依次到 1∶5000 备用；标准蜂胶先用无水乙醇溶解后，使用前再用 RPM11640 培养液稀释到所用浓度；MTT 用 PBS 稀释成 0.25%，备用。Hep-Ⅱ肝癌细胞用 RPM11640 完全培养液（含 2 mmol/L 谷氨酰胺、100 μg/ml 链霉素、100 μg/ml 青霉素和 10% 的小牛血清）培养，当细胞数达到 10^6 左右时接种到 96 孔板，每孔加入 1×10^4 个细胞/50 μl，细胞贴壁后，在对数生长期加入不同浓度的蜂胶分别作用 8 h、24 h、96 h 后，加 MTT 4 h 后，倾去上清液，加入 DMSO 充分溶解形成结晶，用酶标仪读取（570 nm），测 A 值，以上实验均重复 2 次以上，并据对照细胞 A 值，计算出抑制率，抑制率 =（对照组 A 值 - 实验组 A 值）/对照组 A 值 ×100%；并绘制药物浓度 - 抑制率曲线。

试验分组：①国产蜂胶组中设对照组和 16 个实验小组（每个小组 12 个孔，求其平均 A 值）；对照组只加培养液，16 个实验小组分别加不同稀释度的蜂胶，浓度为 1∶100、1∶200、1∶300 到 1∶1000，然后为 1∶1500、1∶2000、1∶2500 到 1∶4000。②标准蜂胶组中设对照组和 5 个实验小组；后者含蜂胶浓度分别为 50 μg、100 μg、150 μg、200 μg、250 μg。③用接近半效应量的国产蜂胶作用于人正常二倍体上皮细胞，观察其在体外对正常细胞的影响。

国产蜂胶由北京好富欣生物工程技术有限公司提供，MTT（Thiazollblue）、标准蜂胶（Propolis）及二甲基亚砜（DMSO）购自 Sigma 公司。Hep－Ⅱ人肝癌细胞系由中国预防医学科学院病毒学研究所肿瘤室培养传代保存。其他试剂由中国预防医学科学院病毒学研究所配液室提供。

结　　果

不同浓度的国产蜂胶在体外与肝癌细胞分别接触 8 h、24 h 后，计算抑制率，图 1 为不同浓度（从 1∶300 到 1∶800）的蜂胶与肝癌细胞作用 24 h 的结果，高于 1∶300 浓度的蜂胶几乎杀死所有的细胞，而低于 1∶800 的浓度抑制作用不明显。图 2 为不同浓度 Sigma 标准蜂胶与肝癌细胞作用其所长 24 h 的结果。两者作用 8 h 和 24 h 的结果相似。可见国产蜂胶与 Sigma 标准蜂胶对肝癌细胞有相似的抑制作用。

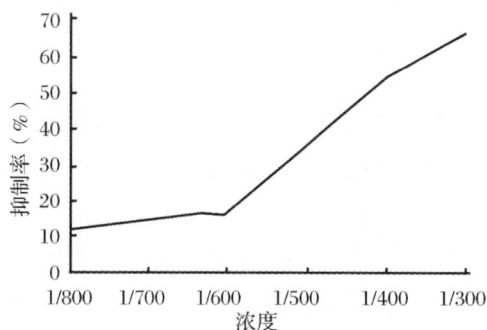

图 1　不同浓度的国产蜂胶液与
肝癌细胞作用 24 h 的结果

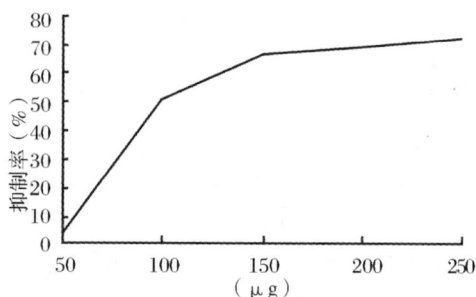

图 2　不同浓度 Sigma 标准蜂胶与
肝癌细胞作用 24 h 的结果

此外，癌细胞与蜂胶接触 24 h，可见细胞变形，胞质出现空泡，着色，核分裂象减少，细胞贴壁率下降；贴壁的细胞固缩，呈明显的凋亡状态，而同样浓度的蜂胶作用于正常人胚肾上皮细胞后，细胞形态无明显改变；说明该药物对肿瘤细胞有较强的杀伤作用，对正常细胞影响较小。因此，国产蜂胶对人肝癌细胞有较好的直接杀灭作用。

讨　　论

目前，已经从蜂胶中分离出 300 多种成分，含有大量的黄酮类，萜烯类化合物是蜂胶的重要特征。很多黄酮类，萜烯类物质具有抗癌活性，尤其是多种倍萜类、二萜类、三萜类等化合物，是抗白血病、抗肿瘤的重要成分。研究表明，蜂胶中的咖啡酸，木脂类、多糖，甙类、皂甙、萘醌类等物质都具有抗肿瘤活性[4]，近年来有关蜂胶抗肿瘤的报道越来越多，尤其是日本和韩国学者做了大量的工作。我国的蜂胶生产是 19 世纪末由西方蜂种引进中国的，70 年代有了较大进展，目前，我国已成为世界上蜂胶生产量最大的国家。由于放疗、化疗在杀伤肿瘤细胞的同时，也会损伤机体的免疫活性细胞及造血细胞，因此，强化机体免疫，对抗放疗，化疗引起的副作用，是当今肿瘤防治工作重要任务之一。大量研究表明，蜂胶是一种天然的免疫强化剂，同时又兼有抗肿瘤、抗病毒、抗菌的活性，韩国学者最近报道

Sigma 蜂胶（＃1010）对人肿瘤细胞有明显的诱凋亡作用[5]，为此我们同时用国产蜂胶和 Sigma 蜂胶作用于体外培养的人肝癌细胞，比较两者对癌细胞的抑制作用，实验结果表明，国产醇提取蜂胶对肝癌在体外有很强的杀伤作用，其 1：400（浓度 0.25%）稀释后与标准蜂胶 100μg 的作用相似，国产蜂胶和 Sigma 蜂胶作用肝癌细胞 24 h 后，没有脱落死亡的细胞呈明显凋亡形态。随着蜂胶浓度的增加，对癌细胞的杀伤作用也在增加。理想的抗癌药物是对癌细胞有选择性杀伤效应，而对正常细胞无影响或伤害很少。为此，我们选用 ID50 附近浓度（1：500 和 1：400 蜂胶）作用于正常人胚肾二倍体细胞，结果表明对正常细胞影响较小。本试验为蜂胶抗肝癌效应提供了初步依据，要进一步证实蜂胶的体内抗肝癌效果，尚需做动物实验后才可作出综合判断。

〔原载《中国肿瘤》2002，11（7）：431－432〕

参 考 文 献

1 Kimoto N, Hirose M, Mayumi K, at al. Post – initiation effects of a super critical extract of propolis in a rat two – stage carcinogenesis model in female F344 rats. Cancer letter, 1999, 147: 221 – 227

2 Rao CV, Desai D, Smith B, et al. Inhibitory effect of caffeicacid esters on azoxy – methane – induced biochemcial changes and abberrant crypt foci formation in rat colon. Cancer Res, 1993, 53:

4182 – 4188

3 Rao CV, Desai D, Rivenson A, et al. Chemoprevention of colon carcinogenesis by phenylethyl – 3 – methylcaffeate. Cancer Res,1995;55,2310 – 2315

4 刘富海，许正鼎. 神奇蜂胶疗法. 北京：中国农业出版社，1998.54 – 65

5 Choi YH, lee WY, Nam SY, et al. Apotosis induced by propolis inhuman hepatocellular carcinoma. cell line. Int J Mol Med；1999, 4：29 – 32

272. 我国北方地区鼻咽癌患者 EB 病毒 LMP1 基因缺失分析

中国疾病预防控制中心病毒病预防控制所　郭秀婵　杜海军　张永利　李红霞　曾　毅
中国医科大学肿瘤研究所　何安光

〔摘　要〕　为研究我国北方地区鼻咽癌和非鼻咽癌患者 Epstein – Barr 病毒（EBV）潜伏膜蛋白 1（LMP1）基因 C 端区缺失状况，探讨其在鼻咽癌发生中所起的作用。收集我国东北地区鼻咽癌石蜡组织 22 例，非鼻咽癌患者外周血 26 例，提取 DNA 后，采用聚合酶链反应技术（PCR）扩增 LMP1 基因的 C 末端，对其中有缺失的 4 例鼻咽癌进行了克隆和序列分析。结果显示：22 例鼻咽癌组织标本中，有 19 例扩增出特异性条带，阳性率为 86%。其中 8 例存在缺失，缺失率 42%。取 4 例缺失样品进行序列分析，并与 B95 – 8 原型 LMP1 做比较，结果显示：4 例鼻咽癌样品均存在 30 个碱基的缺失和某些位点的单点突变，并由此引起所编码的氨基酸改变。26 例非鼻咽癌患者 LMP1 阳性扩增率为 92.31%，无一例缺失。此结果表明：与广东、广西鼻咽癌高发区相比，我国北方地区鼻咽癌与非鼻咽癌患者中 EB

病毒 LMP1 基因缺失型和原型的分布有明显的地区差异。

〔关键词〕　　Epstein – Barr 病毒；鼻咽癌；潜伏膜蛋白 1；基因缺失

世界上大多数人都感染了 EB 病毒，一旦感染就终身带有病毒。鼻咽癌的发病率有很强的地域性及人种倾向性，是我国南方的常见肿瘤。我们以往的研究表明，在鼻咽癌的发生过程中，EB 病毒是病因，机体的遗传因素和免疫状况是基础，环境促癌物或致癌物起协同作用。LMP1 是由 EB 病毒 BNLF – 1 基因编码的潜伏膜蛋白，由 ED – L1 和 11 – TR 启动子控制，是一个没有受体的穿膜信号蛋白。由于它能转化鼠成纤维细胞[1,2]、人原代 B 细胞[3] 和人上皮细胞[4]，而被认为癌基因。LMP1 蛋白可在 40% ~65% 的中国人鼻咽癌和 20% ~40% 的欧洲、非洲人鼻咽癌活检组织中检测到；用敏感的 RT – PCR 方法，LMP1 基因转录物可在 90% 的人鼻咽癌中检测到[5]。LMP1 主要分布在细胞膜，呈片点状分布，小部分在胞质，呈弥散样分布。B95 – 8 病毒株的 LMP1 由 3 个功能区组成：短的亲水性 N – 端胞质区（aa 1 ~24）；被 3 个胞外环和 2 个胞内环分隔成 6 个疏水性跨膜区（aa 25 ~186）和一个长的 C – 端胞质区（aa 187 ~386）。N 端部分是使 LMP1 分子固着于膜上和呈点状分布所必需，在维持 B 细胞激活、转化及免疫调节上起一定作用；C 端区是 LMP1 的基本功能区域，删除这个区域 LMP1 将失去对 B 细胞表面标志物活化能力和转化能力。

已有研究表明，LMP1 基因在不同地区存在序列差异，大多集中在 LMP1 N 端 XhoI 多态性及 C 端 30 个碱基的缺失。我国台湾地区、两广地区鼻咽癌和非鼻咽癌病人携带的 EB 病毒以缺失型为主。为了探讨我国北方地区鼻咽癌和非鼻咽癌病人 EB 病毒 LMP1 基因 C 端区缺失流行状况及其与鼻咽癌的关系，我们对 22 例北方地区鼻咽癌患者和 26 例非鼻咽癌患者的 LMP1 基因进行了分析，现报道如下。

材料和方法

一、材料　22 例鼻咽癌石蜡组织标本，来自中国医科大学附属第一医院病理科 2001 年 1 月到 2001 年 5 月的病例，其中男性 14 例，女性 8 例，年龄 18 ~77 岁。26 例非鼻咽癌患者外周血标本，来自到我室检测 EB 病毒感染情况的北方籍患者，免疫酶法检测均为 EB 病毒携带者，包括发热待查、心肌炎、肝脾肿大待查等患者。主要试剂来源：PCR 试剂盒、T – vector、各种工具酶由 Takara 提供。DNA 回收试剂盒由博大生物工程公司提供。引物合成及 DNA 序列测定由上海生物工程公司完成。

二、石蜡组织及外周血 DNA 的提取　每例石蜡组织用切片机切出 10 μm 厚的切片 5 ~10 片，放入 1.5 ml 的无菌小离心管中，二甲苯脱蜡，乙醇冲洗，用新配制的含蛋白酶 K 的消化液消化后，酚/氯仿提取 DNA。血液标本 DNA 提取方法参见文献〔6〕。

三、PCR 扩增 LMP1 羧基端　依据 EB 病毒 B95 – 8 基因组序列（GenBank 登录号为 NC001 345），用 Primer5 软件设计引物：上游引物 5′ – AGCGACTCTGCTGGAAATGAT – 3′（nt 168 390 ~ nt 168 370）；下游引物 5′ – TGATTAGCTAAGGCATTCCCA – 3′（nt 168 075 ~ nt 168 095）。特异性地扩增 LMP1 基因 C 端包含缺失突变的区域，扩增片段 LMP1 原型为 316 bp。缺失型为 286 bp，20 μl 反应体系中含 10 × 缓冲液 2 μl，2.5 mmol dNTP 2 μl，20 μmol 的上下游引物各 1 μl，Taq 酶 0.5 U。反应条件为：94℃ 预变性 3 min；94 ℃ 30 s，55 ℃ 30 s，72 ℃ 45 s，35 个循环；72 ℃ 延伸 5 min。PCR 产物在 2% 的琼脂糖凝胶电泳分离鉴定。

四、**PCR 扩增片段的纯化和克隆** PCR 扩增的产物经 2% 的琼脂糖凝胶电泳分离，切胶后玻璃奶回收试剂盒回收并纯化，克隆至 pMD－18T 载体。重组克隆经限制性内切酶鉴定。

五、**序列测定及分析** 将经筛选和酶切分析正确的阳性克隆摇菌培养，提取并纯化质粒 DNA，双脱氧终止法测序，测序引物为 M13（＋）／M13（－）。用 DNASIsv2.5Demo 软件对序列进行核苷酸、氨基酸缺失变异分析。

结　果

一、**LMP1 基因 C 端的 PCR 扩增结果** 以 B95－8 细胞为阳性对照，经 PCR 扩增得到 316 bp 大小的 DNA 条带。22 例标本中有 19 例显示出阳性条带，阳性率为 86%。其中 8 例样品的 DNA 条带位置均比 B95－8 细胞的 DNA 条带靠前，提示存在缺失突变，缺失率 42%。琼脂糖凝胶电泳结果如图 1。26 例非鼻咽癌标本中，24 例扩增出 316 bp 的阳性条带，阳性率为 92.31%，与 B95－8 扩增带完全一致，阳性标本中未见缺失带，缺失率 0（图 2）。缺失型和 B95－8 原型扩增带的比较见图 3。

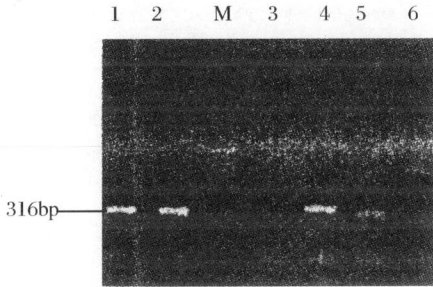

图 1　鼻咽癌组织中 LMP1 C 端基因 PCR 扩增结果

M. DNA marker（2000 bp ladder）；1：positive control（B95－8）；2：NPC 1；3：NPC 2；4：NPC 3；5：NPC 4（del－LMP1）；6：Negative control

Fig. 1　PCR amplification of LMP1 C terminus from NPC tissue DNA

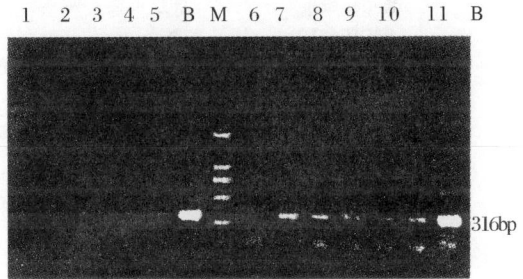

图 2　非鼻咽癌中 LMP1 C 端基因 PCR 扩增结果

M：DNA marker（2000 bp ladder）；1－5 and 6－11：Non－NPC samples；B：Positive control（B95－8）

Fig. 2　PCR amplification of LMP1 C terminus from DNA of non－NPC samples

二、**含 LMP1 C 端基因的克隆和鉴定** 分别将 4 例纯化的缺失型 LMP1 PCR 产物连接到 pMD－18 载体，经 EcoRI 和 PstI 酶切电泳鉴定正确。

三、**LMP1 基因 C 端核苷酸序列分析** 4 例鼻咽癌组织中分离的 LMP1 基因 C 端序列测定结果及与 B95－8 LMP1 的序列比较见图 4，显示 4 例鼻咽癌的 LMP1 基因 C 端均存在 30 个碱基的缺失（nt 168 285～nt 168 256），同时存在少数位点的点突变，如 168 347 处（C→A）、168 345

图 3　LMP1 基因缺失型与 B95－8 原型扩增结果比较

NNPC（del－LMP1）；B. B95－8 positive control（wild－LMP1）

Fig. 3　Comparison of deleted LMP1 from NPC with wild LMP1 from B95－8 by PCR

处（A→T）、168 310 处（A→G）、168 298 处（T→C）及 168 216 处（T→A）。这 5 个位点的变异在 4 例鼻咽癌中均存在。此外，NPC5、NPC10 和 NPC11 还存在其他点突变。

```
nt168374
                 |
                        10        20        30        40        50
B95-8.SEQ      1 TCTGCTGGAA ATGATGGAGG CCCTCCACAA TTGACGGAAG AGGTTGAAAA
NPC5.SEQ       1 .......... .......... .......A.T .......... ......C....
NPC8.SEQ       1 .......... .......... .......A.T .......... ...........
NPC10.SEQ      1 .......... .......... .......A.T .......... ...........
NPC11.SEQ      1 .......... .......... .......A.T .......... ...........
                        60        70        80        90        100
B95-8.SEQ     51 CAAAGGAGGT GACCAGGGCC CGCCTTTGAT GACAGACGGA GGCGGCGGTC
NPC5.SEQ      51 .......... ...G...... ....C..... .........- ----------
NPC8.SEQ      51 .......... ...G...... ....C..... .........- ----------
NPC10.SEQ     51 .......... ..C..G.... ....C..... .........- ----------
NPC11.SEQ     51 .......... ...G..A... ....C..... .........- ----------
                       110        120       130       140       150
B95-8.SEQ    101 ATAGTCATGA TTCCGGCCAT GGCGGCGGTG ATCCACACCT TCCTACGCTG
NPC5.SEQ     101 ---------- ---------- .......... .......... ...........
NPC8.SEQ     101 ---------- ---------- .......... .......... ...........
NPC10.SEQ    101 ---------- ---------- .......... .......... ...........
NPC11.SEQ    101 ---------- ---------- .......... .......... ...........
                       160        170       180       190       200
B95-8.SEQ    151 CTTTTGGGTT CTTCTGGTTC CGGTGGAGAT GATGACGACC CCCACGGCCC
NPC5.SEQ     151 .......A.. .......... .......... .......... ...........
NPC8.SEQ     151 .......A.. .......... .......... .......... ...........
NPC10.SEQ    151 .......A.. .......... .......... .......... ...........
NPC11.SEQ    151 .......A.. .......... .......... .......... ...........
```

图 4　4 例 NPC 分离的 LMP1 基因 C 端与 B95 – 8 LMP1 基因的序列比较

Fig. 4　Comparison of the wild LMP1 C terminus sequence of B95 – 8 with del –
LMP1 of four NPC cases "."　Denores the same base；"–" Denotes the deleted base

四、LMP1 基因氨基酸序列分析　4 例鼻咽癌分离的 LMP1 基因 C 端推导的氨基酸序列与 B95 – 8、上海鼻咽癌株 CAO 的 LMP1 比较结果见图 5。可见相对应于 30 个碱基的缺失处存在 10 个氨基酸的缺失（aa 346 ~ aa 3355），其他 5 个位点的突变相对应了 4 个氨基酸的改变。这些变异均与 CAD – LMP1 相同。此外，相对于 NPC5、NPC10 和 NPC11 的其他点突变，也有相应的氨基酸改变。

讨　　论

研究表明，不同地域来源、不同分化程度的鼻咽癌组织之间的 EB 病毒潜伏膜蛋白基因序列存在一定差异，序列的差异造成 LMP1 基因对细胞转化能力的不同。有关 LMP1 变异的研究主要集中在 C 端的 30 个碱基缺失。Hu[7] 等首次报道了从鼻咽癌中分离的 LMP1 为缺失型。LMP1 C 端功能区含有两个 NF – kB 活化小区，CTRA1（C – terminal activation region）和 CTRA2。近膜区的 CTRA1 定位于 194 ~ 232 氨基酸之间，CTRA1 不能直接与肿瘤坏死因子受体信号相关因子蛋白（TRAF）结合，从而激活 NF – kB 的活性，启动细胞增生；在氨基酸 351 ~ 386 之间的 CTRA2 并不直接与 TRAF 结合，而是通过与肿瘤坏死因子受体相关致

```
                      aa 313
                      |         10          20          30          40          50
B95-8.AMI     1 SAGNDGGPPQ LTEEVENKGG DQGPPLMTDG GGGHSHDSGH GGGDPHLPTL
CAO.AMI       1 .........N .....A.A... .R....S.... ..------- ---.....
NPC5.AMI      1 .........N .....U.... .R...S.... ..------- ---.....
NPC8.AMI      1 .........N ......... .R...S.... ..------- ---.....
NPC10.AMI     1 .........N ......AR... .S.... ..------- ---.....
NPC11.AMI     1 .........N ......RD..S.... ..------- ---.....
                        60          70          80          90          100
B95-8.AMI    51 LLGSSGSGGD DDDPHGPVUL SYYD*PFFTS RHYHVIGLPD .........
CAO.AMI      51 ...T..... ......... ....*.... ........
NPC5.AMI     51 ...T..... ......... ....*.... ........
NPC8.AMI     51 ...T..... ......... ....*.... ........
NPC10.AMI    51 ...T..... ......... ....*.... ........
NPC11.AMI    51 ...T..... ......... ....*.... ........
```

图 5　4 例 NPC LMP1 氨基酸序列与 B95－8 及 CAO LMP1 序列比较

The top line shows the amino acid sequence of standard B95－8 LMP1, the sequence of the CAO

LMP1 is from Hu et al[7]. ". " the same amino. acid; " － " the deleted amino acid; " ＊ " stop code.

Fig. 5　Comparison of deduced amino acid

sequences of LMP1 C terminus of 4 NPC patients with that of B95－8 and CAO

死功能蛋白（TRADD）结合后，与 CTRA3 结合成复合体，从而激活 NF－kB[8]。而 10 个氨基酸的缺失恰恰围绕着 CTRA2。LMP1 在 EB 病毒相关肿瘤的致病过程中起重要作用，普遍认为来源于上海和台湾的鼻咽癌细胞株 CAO 和 1510 的缺失型 LMP1，比来源于 B95－8 的原型 LMP1 对啮齿类纤维细胞和人上皮细胞具有更强的致癌性[9、10]。

　　以往的研究表明，在我国南方鼻咽癌高发区的鼻咽癌中，主要携带缺失型 LMP1。Sung Nancy[11]等检测了 21 例中国高发区鼻咽癌组织，缺失型 LMP1 占 76.2%。我国学者报告广东、广西地区鼻咽癌组织中 LMP1 缺失型分别占 70% 和 94.12%[12,13]。而有关我国非高发区鼻咽癌 LMP1 基因的变异情况报道很少。我们分析了 22 例东北籍患者的鼻咽癌组织，缺失型 LMP1 占 42%；26 例非鼻咽癌中未检出缺失型，明显低于南方高发区。对缺失型 LMP1 C 端基因高变区（nt 168 357 ~ nt 16 215）进行碱基和氨基酸序列分析，并与 B95－8 和 CAO 分离株的 LMP1 进行比较，结果显示：缺失 346 ~ 355 之间 10 个氨基酸，与 CAO 株一致，其他 4 个氨基酸的改变也与 CAO 分离株一致。4 例鼻咽癌均未发现编码 335 位氨基酸的 G→A（导致氨基酸 Gly→Asp）。Cheung[14]等报道，在鼻咽癌高发区缺失型 LMP1 中该位点突变占 94%，而在来源于中国北方 Hodgkin's 病的 LMP1 很少有该位点的突变[15]，表明该位点的突变有明显的地域性。最近有人检测了 7 例俄罗斯人鼻咽癌组织中的 LMP1，未发现缺失型[16]。

　　研究表明，B95－8 来源的 LMP1 转染鼠乳腺瘤肿瘤细胞后，在同基因鼠中有排斥作用，而来源于中国人鼻咽癌的缺失型 LMP1，在同基因鼠中的排斥不明显，说明他编码的蛋白免疫原性低，以逃避宿主的免疫监视。LMP1 是 EB 病毒重要的癌基因，因其 C 端存在着高变区。近年来，有关变异是否与其功能密切相关一直是这一领域研究的热点，对以前的观点即缺失型 LMP1 具有更强的致癌性也提出了疑问。最近的几篇报道认为，LMP1 C 端的缺失并不影响其对 NF－kB 的激活作用，也不是对 B 淋巴细胞转化作用的关键所在[16,17]。但却可作为 EB 病毒不同分离株的标志，认为以 CAO 株为代表的缺失型也是鼻咽癌高发区的主要流行株。我们的研究表明，在我国北方地区鼻咽癌和非鼻咽癌患者中，EB 病毒 LMP1 缺失型不是主要流行型，与两广高发区相比有明显的差异。至于缺失型 LMP1 与北方地区鼻咽癌发病的确切关系还需进一步研究。

〔原载《病毒学报》2002，18（4）：307－311〕

参 考 文 献

1　Wang D，Liebowitz D，Kieff E. An EBV membrane protein expressed in immortalized lymphocytes transforms established rodent cells. Cell，1985，431：831－840

2　Moorthy R K，Thorley－Lawson DA. All three domains of the Epstein－Barr virus－encoded latent membrane protein LMP1 are required for transformation of rat－1 fibroblasts. J Virol，1993，67：1638－1646

3　Kaye K M，lzumi K M，Kieff E. Epstein－Barr virus latent membrane protein－1 is－essential for B－lymphocyte. growth，transformation. Proc Natl Acad Sci USA，1993，90：9150－9154

4　Hu L F，Chen F，Zheng X，et a1. Clonability and tumorigenicity of human epithelial cells expressing the EBV encoded membrane protein LMP1. Oncogene，1993，8：1575－1583

5　胡利富．EB 病毒致癌基因 LMP1. 曾毅．人类病毒与癌症．2002

6　萨姆布鲁克丁，弗里奇 E F，曼尼阿蒂斯 T，分子克隆实验指南．北京：科学出版社，第 2 版，1998：463－468

7　Hu L F，Zabarovsky E R，Chen F，et a1. Isolation and sequencing of the Epstein－Barr virus BNLF－1 gene（LMP1）from a Chinese na－sopharyngeal carcinoma. J Gen Virol，1991，72：2399－409

8　Fischer N，Kopper B，Graf N，et al. Functional analysis of different LMP1 proteins isolated from Epstein－Barr virus－positive carriers. Virus Res，1999，60：41－54

9　Chen ML，Tsai C N，liang C L，et aI. Cloning and characterization of the latent membrane protein（LMP）of a specific Epstein－Barr virus variant derived from the nasopharyngeal carcinoma in the Taiwanes population. Ocogene，1992，7：2131－2140

10　Zheng N，Yuan F，Hu L，et a1. Effect of a B－lymphocyte and NPC derived EBV－LMP1 gene expression *in vitro* growth and differentiation of human epithelial cell. Int J Cancer，1994，57：747－753

11　Sung N S，Edwards R H，Seillier－Moieiwitsch F，et al. Epstein－Barr virus strain variation in nasopharyngeal carcinoma from the endemic and non－endemic regions of China. Int J Cancer，1998，76：207－215

12　张晓实，宋坤华，麦海强，等．EB 病毒潜伏膜蛋白1 多肽性与鼻咽癌的关系．病毒学报，2001，17（2）：104－107

13　汤敏中，郑裕明，郭秀婵，等．鼻咽癌患者 EB 病毒 LMPl 基因 C 端区的缺失突变及序列分析．中华实验和临床病毒学杂志，2002，16：待发表

14　Cheung S T，Leung S F，Lo K W，et al．Specific latent membrane protein 1 gene sequences in type 1 and type 2 Epstein－Barr viruses from nasopharyngeal carcinoma in Hong Kong. Int J Cancer，1998，76：399－406

15　Zhou X G，Sandvej K，Li P j，et aI. Epstein－Barr virus gene polymorphisms in Chinese Hodgkin's disease cases and healthy donors：identification of three distinct virus variants. J. Gen Virol，2001，82：1157－1167

16　Hahn P，Novikova E，Scherback L，el al. The LMP1 gene isolated from Russian nasopharyngeal carcinoma has no 30bp deletion. lnt J Cancer，2001，91：815－821

17　lzumi K M，Mcfarland E C，Riley E A，et al. The residues between the two transformation effector sites of Epstein－Barr virus latent membrane protein 1 are not critical for B－lymphocyte growth tranformation. J Virol，1999，73（12）：9908－9916

Analysis of Epstein – Barr Virus LMP1 Gene Deletion in Patients of Nasopharyngeal Carcinoma in Northern Part of China

GUO Xiu – chan[1], DU Hai – jun[1], HE An – guang[2], ZHANG Yong – li[1], LI Hong – xia[1], ZENG Yi[1]

(1. National Institute for Viral Disease Control and Prevention, China CDC, Beijing 100052, China;

2. Cancer Institute of China Medical University Shenyang 110001, China)

Nasopharyngeal carcinoma (NPC) incidence occurs with a striking geographic difference and is endemic in southern part of China. The LMP1 gene encoded by Epstein – Barr virus (EBV) is a typical oncogene due to its ability to transform rodent fibroblasts and B lymphocytes. It was originally shown that the LMP1 gene from NPC harbours a nucleotide deletion of 30bp in C terminus. However, this deletion is also present in EBV in healthy people in the NPC endemic areas. For studying the LMP1 gene C terminus deletion of NPC patients in northern China and the carcinogenic effect on NPC, we collected paraffin embedded tissues of 22 NPC cases and peripheral blood of 26 non – NPC cases from northern China. The LMP1 gene C terminus sequence was amplified by PCR, and the sequence with deleted LMP1 was cloned and sequenced. The results showed that the region covering del – LMP1 was amplified successfully from 19 of 22 NPC cases (86%) and the LMP1 deletion was found in 8 of 19 cases (42%) . The LMP1 was amplified successfully from 24 of 26 non – NPC cases (92. 31%) and none of LMP1 deletion was found. Sequencing was performed on 4 LMP1 gene C terminus deleted cases, they showed the presence of the 30bp deletion. Sequence analysis revealed that the EBV LMP1 gene C terminus deleted in NPC and non – NPC patients in northern China was obviously different from that in southern prevalent areas like Guangdong and Guangxi Provinces.

[**Key words**] Epstein – Barr virus; Latent membrane protein 1; Nasopharyngeal carcinoma; Gene deletion

273. 人永生化食管上皮细胞恶性转化的验证

汕头大学医学院肿瘤病理研究室　沈忠英　沈　健　蔡维佳
汕头大学医学院附属肿瘤医院中心实验室　陈炯玉　中国预防医学科学院病毒学研究所　曾　毅

〔摘　要〕　**目的**　检查永生化人胚食管上皮细胞系（SHEE）的恶性表型、成瘤性和侵袭力，证实此细胞系传至85代（SHEE85）已完全恶性转化。**方法**培养的SHEE85细胞用光镜和电镜观察细胞形态；以流式细胞仪检查细胞周期；行细胞软琼脂培养；以裸小鼠和SCID小鼠接种检测其成瘤性；以细胞培养于羊膜的体外方法和移植至SCID小鼠腹腔的体内方法测定其侵袭力。**结果**　SHEE85在光镜下细胞生长拥挤，大小不一；电镜下见细胞呈增殖状态。DNA组方图统计细胞增殖指数为47%，高倍体细胞12%。软琼脂培养多细胞大集落形成率4%。接种的4只裸小鼠和4只SCID小鼠皆成瘤。**结论**　SHEE85已完全恶性转化，并且有较强侵袭力。此细胞系可作为研究食管癌癌变细胞和分子机制可靠的模型。

〔关键词〕　食管肿瘤；人乳头状瘤病毒；永生化；肿瘤侵袭性

乳头状瘤病毒（HPV）可引起角化上皮增生和促进癌变，HPV的癌蛋白E6和E7是引起恶性转化的重要因素。高危HPV是否可以促永生化上皮恶性转化，尚有不同意见[1,2]。我们用HPV18型E6 E7基因腺病毒伴随病毒（AAV）构件诱导人胚食管上皮永生化[3]，证实该细胞系为鳞状上皮细胞，无恶性特征[4]。在永生化细胞早代（5～15代），给促癌物12－葵蔻（TPA）促使细胞恶性转化[5]。此永生细胞系培养至61代有少数细胞恶性转化，可用克隆法选出，并发现细胞系染色体的不稳定性[16]。此细胞系传至85代（SHEE85），疑有恶性转化。为此，我们对细胞的表型、成瘤性及侵袭性进行了检测，证实SHEE85已完全恶性转化。

材料和方法

一、细胞培养和冻存　我室以HPV18 E6 E7 AAV诱导人胚食管上皮永生化，培养成为细胞系SHEE[3]，长期培养于199培养剂（Gibco产品），含10%小牛血清和青霉素、链霉素。每隔10代细胞以含甘油的保存液冻存在液氮中。本实验取SHEE85细胞培养、扩增。

二、生长曲线的绘制　检验细胞存活和生长方法用四唑盐法（MTT），用0.01 mol/L PBS配制成5 g/ml溶盐，pH7.4。培养瓶细胞经0.25%胰蛋白酶消化成单细胞悬液，接种在2个96孔板，每孔$1 \times 10^3/0.2$ ml。隔日换新培养液培养。每日检测16孔，检测前加入MTT溶液20 μl，37℃培养4 h，去孔内培养液及死细胞，每孔加入150 μl二甲基亚砜（DMSO），振荡10 min，在酶联免疫测定仪（Sat Fax－2100，Awareness Techn lnc产品）490 nm波长测定吸光度值（A）。每日取16孔平均值制成细胞生长曲线。

三、细胞增殖周期分析　SHEE85培养细胞消化后以PBS洗2次，制成单细胞悬液

$1 \times 10^6/ml$，70%乙醇固定，存4℃冰箱。上机前以 PBS 洗 2 次，经 360 目尼龙网过滤，检测前用碘化丙锭（propidiumiodide，Sigma 产品）DNA 染色 30 min。用流式细胞仪（FACSort，B－D Co. 产品）进行 DNA 分析，绘制组方图，统计增殖指数（PI）和 DNA 超 4 n 的高倍体细胞（M2～M4）数。G_0、G_1 前峰（M1，DNA ＜2n）代表凋亡细胞和细胞碎片。

四、电镜观察　SHEE85 培养细胞收集后用 PBS 洗 2 次，细胞离心成团，2.5%戊二醛固定，常规制样，日立 H300 透射电镜观察。

五、软琼脂集落形成　取 1 ml 细胞悬液（活细胞数 $10^3/ml$）和 1 ml 0.6 % 琼脂糖（Agarose，V312A，Promega 公司），以含 20 %血清的培养基配制，铺于含 0.7 %琼脂糖的 6 孔培养板（Corning 产品），置 37 ℃，5 % CO_2 培养箱培养，观察 20 d，计算细胞集落。

六、裸鼠接种　裸小鼠（BALB/C，中山医科大学实验动物中心提供）和严重联合免疫缺陷（SCID）小鼠（中国医学科学院实验动物研究所饲养场）各 4 只。取 SHEE85 细胞，$1 \times 10^6/0.2$ ml，接种于小鼠腋下，观察 2 个月，取肿瘤组织切片，HE 染色观察。

七、体内侵袭实验　将 SHEE85 培养细胞制成单细胞悬液，以 1×10^6 细胞/0.2 ml 生理盐水，注入 4 只 SCID 小鼠腹腔，40 d 后检查腹腔各脏器瘤结生长部位，取有瘤结器官，并取横膈、胰、肠系膜、胃、肠、膀胱、肾、肝、脾组织做切片，显微镜检查。

八、体外侵袭实验[7]　新鲜足月胎盘，剥离胎儿面羊膜，去绒毛膜残余，洗净，保存于 199 培养基。培养 24 h 后剪成小圆片，直径 1.5 cm，铺于 24 孔培养板（Corning 产品），SHEE85 细胞 $1 \times 10^5/ml$，培养在羊膜上。每日取 2 孔羊膜，切片，镜检，共观察 12 d。

结　果

一、细胞生长曲线　SHEE85 细胞接种后，测定 MTT 数值，构成曲线图（图 1）。其生长规律为：第 1～2 日未见明显增殖，为潜伏期；第 3～5 日细胞增殖加快，为增殖期；第 6～7 日以后细胞逐渐减少，为退化期。

二、细胞形态　细胞大小相差大，胞质较少，胞质内有小颗粒，胞核大，不整形，核仁较大。透射电镜观察见细胞呈椭圆形或多角形，胞质较少，可见线粒体和较多内质网，有的细胞可见少量张力原纤维。核大，核膜皱褶多，有较大核仁（图 2）。

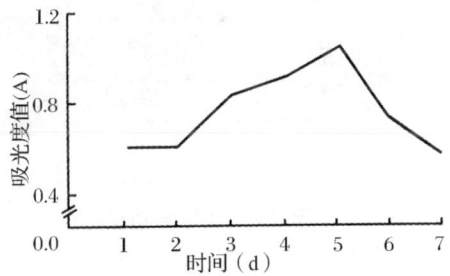

第 1～2 天为潜伏期；第 3～5 天为
增殖期；第 6 天为退化期

图 1　SHEE85 细胞生长曲线

三、细胞增殖周期　以流式细胞仪检测细胞 DNA，画成组方图（图 3）。细胞周期统计：C_1 期为 38%；S 期为 30%；C_2M 期为 17%；M1 为 3%；DNA ＞4n 的高倍体细胞（M2～M4）为 12%；PI 为 47%。

四、软琼脂细胞集落形成　细胞接种至软琼脂，第 10 天细胞集落小，发展较慢，集落形成率为 5%；第 20 天，集落扩大，细胞数超过 20 个的大集落形成率为 4%，集落中央隆起，有多层细胞。

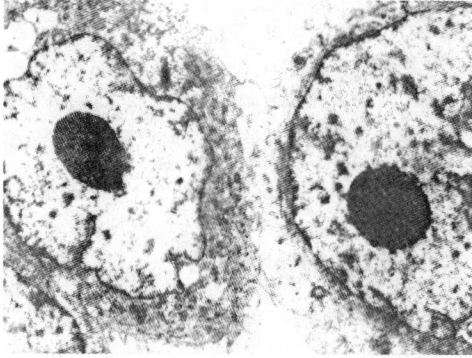

2个肿瘤细胞质少,有较丰富线粒
体(右);细胞核大,有一大核仁 ×5000

图2　SHEE85 细胞透射电镜图

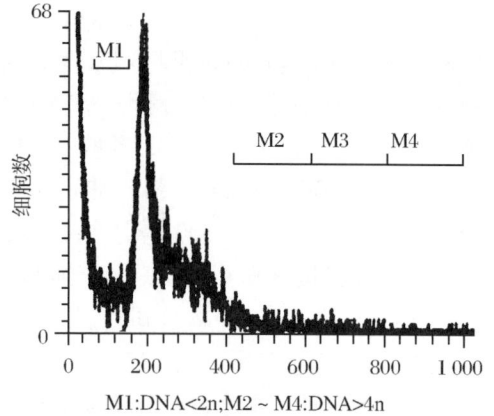

M1:DNA<2n;M2～M4:DNA>4n

图3　SHEE85 DNA 组方图

五、免疫缺陷小鼠成瘤实验　SHEE85 细胞接种至裸小鼠和 SCID 小鼠。30 d 可见裸小鼠腋下有肿块,较小,生长较慢;60 d 4 只全部成瘤。移植 SCID 小鼠肿块较大,生长快(图4),组织学检查细胞核大,质少,核仁大,呈侵袭性生长,并破坏肌层(图5)。

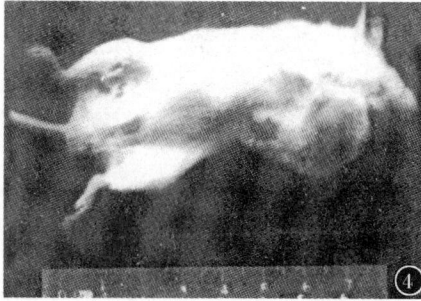

**图4　SCID 小鼠接种 SHEE85 细胞,
左腋下有一大肿瘤形成**

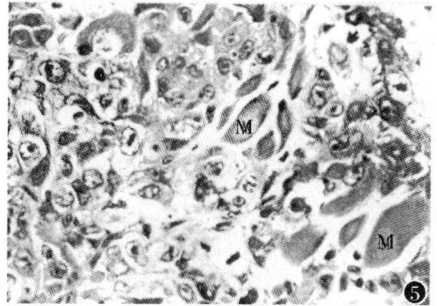

瘤细胞核大,质少,核仁大,侵袭破坏肌层(M)HE ×400

图5　SCID 小鼠移植瘤组织切片图

六、体内侵袭　SHEE85 细胞移植入腹腔,细胞多附着在脏器表面,以膈下、肠系膜、腹膜后和盆腔脏器表面为常见,有的形成小瘤结,并可从脏器外膜侵入其下。最初多侵袭较疏松组织,如侵袭肠系膜和胰腺间质;40 d 后可侵袭胃壁肌层,但未见远处转移。

七、体外侵袭　羊膜为一层薄膜,无血管,厚仅 0.02～0.05 mm,胎儿面铺有一单层上皮细胞。SHEE85 接种在羊膜上,经培养可见细胞贴在羊膜表面生长,呈多层重叠细胞。经 7～10 d 培养,可见部分羊膜(4/8)SHEE85 细胞侵袭至基底膜下结缔组织中。

讨　　论

我们观察了 SHEE85 细胞的生长状态,并进一步检测其体内和体外的侵袭性,证实 SHEE85 有明显成瘤性,有较强侵袭力,可以侵入致密的平滑肌层。表明本细胞系已完全恶性转化。

多数学者认为，用 HPV DNA 诱导永生化细胞，多经第 2 次促癌作用，如用佛波酯（12 − 0 − tetradecanoylphorbol − 13 − acetate，TPA），可加速永生化细胞恶性转化[18]。认为 HPV 致使细胞遗传学性状发生改变（如染色体的不稳定性）是促使癌变的原因[9]。本细胞系也发现在不同阶段，染色体改变的不断增加及某些癌基因和抑癌基因的改变引起的遗传不稳定性，可促使 HPV 诱导的细胞恶性转化[10]。

侵袭与转移是恶性肿瘤的生物学特征，检测肿瘤细胞侵袭性是评价肿瘤恶性程度指标之一。体外检测时，应用羊膜作为支持膜，以鉴别癌细胞和非癌细胞，因癌细胞可侵袭羊膜。此法是体外侵袭能力检定的良好方法。体内检测时，将人体恶性肿瘤细胞移植至裸鼠腹腔，肿瘤细胞有腹腔液营养，并有发展空间，细胞生长较活跃，形态完好。加之腹腔脏器各种组织有疏松（肠系膜）和致密（胃、肠肌层）之差别，可以检验细胞侵袭能力的强弱，因此，腹腔内移植检查成瘤性及侵袭特性是良好的体内检验方法。我们的研究证实，SHEE85 已形成完全恶性转化，有明显的体内外侵袭特点，可作为研究食管癌癌变机制的良好模型。

〔原载《中华肿瘤杂志》2002，24（2）：107 − 109〕

参 考 文 献

1 Oda D, Bigler L, lee P, et al. HPV immortalization of human oral epithelial cells: a model for carcinogenesis. Exp Cell Res, 1996, 226: 164 − 169

2 Hurlin PJ, Kaur P, Smith PP, et al. Progression of human papillomavirus type 18 − immortalized human keratinocytes to a malignant phenotype. Proc Natl Acad Sci USA, 1991, 88: 570 − 574

3 沈忠英，岑山，曾毅，等. 人乳头状瘤病毒 18 型 E6E7 诱导胎儿食管上皮永生化. 中华实验和临床病毒学杂志，1999，13：121 − 123

4 沈忠英，沈健，曾毅，等. HPV18E6E7 基因诱导胎儿食管永生化上皮的生物学特性. 中华实验和临床病毒学杂志，1999，13：109 − 112

5 Shen ZY, Cen S, Zeng Y, et al. Study of immortalization and malignant tranformation of human embryonic esophageal epithelial cells induced by HPV18 E6 E7. J Cancer Res Clin Oncol, 2000, 126: 589 − 594

6 沈忠英，陈晓红，曾毅，等. 人乳头状瘤病毒诱导人胚食管上皮永生化细胞恶性转化. 病毒学报，2000，16：97 − 101

7 沈健，陈铭华，沈忠英，等. 肿瘤细胞侵袭性体外检测的扫描电镜观察. 电子显微学报，2000，19：313 − 314

8 沈忠英，蔡维佳，曾毅，等. 人乳头状瘤病毒18E6E7 和 TPA 协同诱发人胚食管上皮细胞恶性转化的研究. 病毒学报，1999，15：1 − 6

9 Duensing S, Lee LY, Duensing A, et al. The human papillomavirus type 16 E6 and E7 oncoproteins cooperate to induce mitotic defects and genetic instability by uncoupling centrosome duplication from the cell division cycle. Proc. Nail Acad Sci USA, 2000, 97: 10002 − 10007

10 Filtov L, Golubovskaya V, Hurt JC, et aI. Chromosomal instability is correlated with telomere erosion and inactivation of G2 checkpoint function in human fibroblasts expressing human papillomavirus type 16 E6 oncoprotein. Oncogene, 1998, 16; 1825 − 1838

Malignant Transformation of the Immortalized Esophageal Epithelial Cells

SHEN Zhong – ying* , SHEN Jian, CAI Wei – jia, CHEN Jiong – yn, ZENG Yi

(*Department of Tumor Pathology, Medical College of Shantou University, Shantou 515031, China)

Objective lmmortal cell line of human embryonic esophageal epithelium (SHEE) was induced by E6E7 genes of human papillomavirus (HPV) type 18 in our laboratory. To identify the fully malignant transformation at its 85th passage (SHEE85), the malignant phenotype, tumorigenesis and invasive potency were studied. **Method** The cultured SHEE85 cells were observed under the light and the electron microscope (EM) for cell morphology, analyzed by flow cytometry for cell cycle. The tumorigenesis was assayed by planting cells in soft agar and transplanting cells into the nude mice and SCID mice. To detect invasive potency, cells were cultured on amniotic membrane *in vitro* and transplanted into peritoneal cavity of mice *in vivo*. **Results** SHEE85 cells were crowded in cultivation with different sizes and shapes under light microscope, and displayed proliferativerpmoholgy under EM. Proliferative index was 47% with 12% hyperploidy cells in determination of DNA histogram. Many large colonies grew in soft – agar (4%) and the transplanted tumors were found in all 4 nude and 4 SCID mice, with strong invasive potency demonstrated *in vitro* and *in vivo*. **Conclusion** The immortal esophageal epithelial cell line induced by HPV18 E6 E7 is derived from a fully malignant transformation with a strong invasive potency at the 85th passage. It is also a reliable model for studying the cellular and molecular mechanisms of carcinogenesis of the esophageal carcinoma.

[**Key words**] Esophageal neoplasms; Human papillomavirus; Immortalization; Neoplasm invasion

274. 丁酸钠对人乳头状瘤病毒诱导的永生化食管上皮细胞恶性转化的促进作用

汕头大学医学院肿瘤病理研究室　沈忠英　沈　健　蔡维佳　陈铭华　吴贤英　郑瑞明
中国预防医学科学院病毒学研究所　曾　毅

[摘　要]　　目的　在人乳头状瘤病毒（HPV）18E6E7 基因诱导人胚食管上皮细胞永生化的基础上，观察高、低剂量丁酸钠在细胞恶性转化过程中的促癌作用。　方法　永生化食管上皮细胞 SHEE 先用高剂量丁酸钠（80 mmol/L），后用低剂量丁酸钠（5 mmol/L）各处理 8 周，再经无丁酸钠条件继续培养 14 周。用相差显微镜、免疫组织化学 SABC 法和流式细胞仪检查细胞形态、增殖和凋亡状况；用 Hoechst 33 342 和碘化丙啶检查活细胞和死细胞；细胞软琼脂集落形成及移植裸小鼠和严重联合免疫缺陷小鼠检查成瘤性。　结果　当细胞暴露在 80 mmol/L 丁酸钠，细胞死亡，只剩少量活细胞。在含 5 mmol/L 丁酸钠培养基中细胞出现第一增殖期；撤去丁酸钠，细胞进入危象期，细胞倍增时间延长，如老化细胞。度过危象

期，细胞进入第二增殖期，细胞继续增生和异型增生。在第二增殖期末细胞出现恶变，软琼脂培养有大集落形成，移植裸小鼠和 SCID 小鼠成瘤。 **结论** SHEE 永生化上皮由丁酸钠诱导的恶性变通过了两个阶段的死亡威胁：高浓度丁酸钠引起细胞死亡，缺乏丁酸钠引起细胞危象。高剂量丁酸钠引起永生化细胞死亡，低剂量引起细胞增殖，说明丁酸钠对体外培养细胞有促恶变作用。

〔关键词〕 乳头状瘤病毒，人；食管：细胞转化，肿瘤；羟丁酸钠。

丁酸是一种短链脂肪酸，可由植物纤维在肠内分解而成，它是一种动物代谢所需的天然成分。其生理浓度可以引起多种生物效应，被认是一种基因表达的调控剂，可以促细胞生长、分化和凋亡[1]，也可用于治疗癌症[2]。有报道正常结肠上皮需要一定浓度丁酸方可维持其增殖和分化，撤去丁酸引起细胞凋亡[3]。更多报道认为丁酸盐可引起癌细胞的生长抑制和凋亡，使细胞停滞在 G_1G_0 期，或停滞在 G_2 期。由此可见丁酸及其衍生物的生物作用不一，其可诱导癌细胞凋亡即被认为具有一定的细胞毒作用[4]。另有报道丁酸钠与促癌物 12 葵豆蔻（TPA）起协同作用，可以提高 EB 病毒（FA，ECA）的表达率，促进 BB 病毒诱发 B 淋巴细胞的转化和人胚鼻咽黏膜上皮细胞癌变[5]。

我们研究室用人乳头状瘤病毒（HPV）18 型 E6E7 基因转染人胚食管上皮细胞，诱导上皮细胞永生。此细胞具有正常食管黏膜基底层的性质，但其染色体具有不稳定性的特点[6]。可以用 TPA 诱导恶性转化[7]。我们拟用不同剂量丁酸钠协同作用于永生化食管上皮细胞，并观察在此过程中细胞形态、细胞周期、细胞增殖核基因表达、细胞凋亡及其成瘤性等的变化。着重探索不同剂量丁酸钠对永生化细胞促增殖和促恶性转化的作用。

材料和方法

一、细胞培养 SHEE 细胞系是我室用 HPV18 型 E6E7 基因诱导的永生化上皮细胞株[8]，细胞在 M199 完全培养基（Gboo BRL），外加 10 % 小牛血清培养，第 8 代培养在 50 ml 培养瓶，共 4 瓶细胞长期培养和传代。每阶段用细胞培养在 24 孔培养板（Coming 公司产品）内置盖片，作短期培养供各种检查用。

二、丁酸钠处理 丁酸钠（sodium butyrate，北京化工厂）用培养基配成 80 mmol/L 和 5 mmol/L 两种浓度。在细胞生长至 70 % 培养瓶底面积时用药次序：丁酸钠 80 mmol/L 共给药 4 次，作用 1 周，间歇 1 周，历时 8 周；后连续给药 5 mmol/L 共 8 周。随后不给药继续培养，观察 34 周。

三、相差显微镜检查 定时用相差显微镜检查培养瓶内和培养板细胞，观察细胞生长状态，锚锭生长和接触抑制状态。

四、荧光显微镜检查 SHEE 细胞生长在 24 孔培养板内盖玻片上或细胞滴片在玻片上，用 Hoechst 33 342（H342，Sigma 公司产品）10 μmol/L 和碘化丙啶（PI，Sigma 公司产品）50 μg/ml，活细胞孵育，15 min，去染液，PBS 洗 2 次，荧光显微镜检查死细胞（红色）和活细胞（绿色）。

五、流式细胞仪检查 培养瓶细胞用胰酶消化，细胞用 PBS 洗 2 次，连同脱落细胞制成混悬液，360 目尼龙网筛过滤，制成单细胞悬液，用 70 % 乙醇固定，上机前用 PI 50 μg/ml 染 15 min。用流式细胞仪（FacSort，Bectorr Dickinson）检查细胞周期及计算细胞增殖指数

(proliferative index)。

六、细胞核增殖抗原 Ki-67 免疫组织化学检查　24 孔培养板内盖片上生长的细胞或细胞滴片，用抗 Ki-67 抗原的抗体（Maxim Biotech 公司产品，购自迈新公司），按试剂盒方法（SABC 法）标记增殖期细胞核。用图像分析仪（Leitz 显微镜 Orthoplan，日立摄像机，图像采集卡，VIPAS 软件）统计 Ki-67 阳性细胞数，计算 500 个细胞的增殖核百分率。

七、软琼脂细胞培养　6 孔板（孔径 35 mm），内铺二层琼脂糖（Promega 公司产品），底层 0.6%，上层 0.3%，用 M199 培养基配备，含 20% 小牛血清。SHEE 细胞悬液（1×10^5/ml），每孔接种 0.2 ml，每星期观察 1 次，共 4 周，统计超过 50 个细胞的集落数，计算集落形成率。

八、免疫缺陷小鼠成瘤试验　裸鼠（BALB/C，nu/nu）购自中山医科大学实验动物中心；严重联合免疫缺陷（SCID）小鼠（C.B-17/IcrJscid）购自中国医学科学院实验动物研究所饲养场。1×10^7/ml 增殖 I、II 期细胞，用 0.2 ml 接种在裸鼠和 SCID 小鼠腋下，观察 8 周。

结　果

一、丁酸钠诱导 SHEE 细胞恶性转化　全过程约 50 周，用 4 瓶细胞同一条件下进行实验，但进展不一致，最终两瓶细胞及其传代亚群细胞逐步转化具有恶性特征。整个实验过程可分为 5 个时期：细胞毒性期、增殖 I 期、危象期、增殖 II 期、恶性转化期。

二、细胞毒性反应和抗药细胞克隆形成　给药第 2 天细胞大量死亡，死亡细胞占 80% 以上（图 1 略），细胞分离，变圆缩小，脱落。流式细胞仪检查细胞周期，可见 G_1 期和亚 C_1G_0 期细胞占 60%~80%，凋亡峰占总数 30%~40%，停药 1 周，细胞形态恢复多角形，胞质丰富。再次用药反复出现上述改变，Ki-67 阳性细胞 2.0%~5.0%。8 周后形成具有一定抗丁酸钠细胞克隆，继续培养。

三、细胞增殖 I 期　上述残存的抗药细胞，在培养基加入丁酸钠 5 mmol/L，细胞逐步恢复增殖状态，可以扩增培养，免疫组织化学 Ki-67 阳性细胞 30%，细胞周期检查见 S 期和 G_2M 期细胞略增多，细胞增殖指数 28%。软琼脂培养，未形成集落。移植 4 只裸鼠，未见肿瘤形成。

四、细胞危象　撤去丁酸钠，细胞增殖停顿，未能长满全瓶，细胞分裂极少，细胞分散，细胞增大，胞质丰富，呈老化现象，未能扩增传代，细胞核 Ki-67 阴性。原瓶换培养基，经 14 周后，细胞出现增殖现象。

五、细胞增殖 II 期　危象后期细胞增殖，可以扩增传代，细胞大小不一，在相差显微镜检查，细胞锚锭生长和接触抑制状态减弱；核增殖抗原 Ki-67 阳性细胞逐步增多 10%~60%（图 2 略），第 40 周后，有巨核细胞，细胞拥挤、有巢状多层细胞叠加。细胞生长活跃，死细胞少，流式细胞仪检查见 S，C_2M 期增加，细胞增殖指数 45%，有超 4 倍体细胞。软琼脂培养出现大细胞集落（0.1%）。接种裸小鼠 4 只，1 只成瘤，瘤结小，生长慢。

六、恶性转化期　增殖 II 期以后，细胞软琼脂培养可见细胞集落形成（2.5%）。瘤组织移植 SCID 小鼠，4 只全部成瘤，生长较快（图 3）。瘤组织切片，细胞生长活跃，侵袭肌层（图 4）。

图3 恶性转化期 SHEE 细胞
接种 SCID 小鼠，4 只全部成瘤

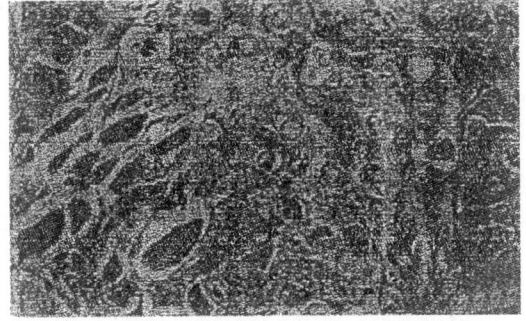

图4 同上移植瘤组织学形态，
瘤组织侵袭肌层 HE × 400

讨 论

恶性肿瘤细胞常具有抗细胞毒的特性[4]。我们采用具有一定细胞毒的高浓度丁酸钠，培养出抗丁酸钠细胞毒的细胞克隆，历时近 1 年，形成具有致瘤性的细胞株。主要经历以下几个阶段：高浓度丁酸钠 80 mmol/L（间歇给药）共 8 周，对 SHEE 细胞产生细胞毒，细胞大部分死亡，剩下耐细胞毒的细胞，继续培养形成克隆；低浓度丁酸钠维持耐细胞毒细胞克隆的继续增殖（增殖 I 期），形成依赖丁酸钠的细胞株；撤去丁酸钠，细胞进入危象期，约经 14 周；跨越危象期进入增殖 II 期，经历 10 周，细胞增殖活跃，有恶性特征细胞出现，是转化期，形成丁酸钠诱导恶性转化细胞株。恶性转化是通过二阶段死亡威胁——大剂量丁酸钠引起细胞死亡或凋亡和撤去丁酸钠引起危象期，经过较长时间的转化期，最后恶性变。

在实验过程中采用各种检测细胞生物特性方法，严密监控细胞恶性转化过程。我们用的监控方法：用细胞形态观察细胞锚锭生长和接触抑制状态，死、活细胞比例；增殖核细胞（Ki – 67 阳性）比例；流式细胞仪分析细胞周期 DNA 合成率和增殖指数；以软琼脂和免疫缺陷小鼠检查致瘤性。

常用治疗肿瘤的药物多为具有细胞毒的化学物质，可引起细胞 DNA 损伤。DNA 损伤的结果是 DNA 修复或引起细胞凋亡。这些 DNA 存活的细胞对此药物有抗性。存活细胞 DNA 修复的同时，可能产生基因突变。因此，细胞 DNA 损伤产生 3 种结果：细胞凋亡，DNA 修复和 DNA 突变，是同一原因的不同结果[9]。本实验在大剂量丁酸钠诱导细胞凋亡后，残存细胞可能对丁酸钠产生抗性和依赖性，故在增殖 I 期，给 5 mmol/L 丁酸钠 SHEE 细胞生长良好，有抑制细胞凋亡作用。正如在自然界中存有不少化学物质，在生理剂量，他是信使传递因子，营养必需品或代谢调节因子，超量有毒性作用，如一氧化氮。

据报道，丁酸钠对培养细胞产生生物效应的剂量相差很大。有大量报道认为丁酸钠在 1 ~ 5 mmol/L 之间可引起癌细胞生长速度降低和细胞周期停滞在 C_0C_1 期；而大剂量丁酸可诱导凋亡，小剂量可诱导分化[10]。丁酸钠对正常细胞的增殖、分化和凋亡起着调节作用。对肿瘤细胞起着抑制增殖，促进分化和凋亡的抑瘤作用，并认为有预防结直肠上皮癌变作用。也有报道丁酸钠可抑制细胞凋亡作用[11]。综上所述丁酸钠对细胞的生物作用是多方面，对不同细胞，不同剂量，不同作用方式，其结果是不同的。在本研究中大剂量（80 mmol/L）具有细胞毒作用，小剂量（5 mmol/L）有维持细胞生长作用，说明丁酸钠对细胞生命活动有重要作用，中间剂量如 10～80 mmol/L 和其作用尚待进一步研究。

Havre 等[12]曾证明 HPV E6 可以使 *p*53 蛋白失活，提高细胞突变率。本实验所用 SHEE 细胞系是由 HPV18 E6 E7 诱导永生化的细胞，其 E6 蛋白使野生型 *p*53 蛋白失活，使细胞处于增殖状态，在大剂量丁酸钠毒性作用下，使不稳定的基因组产生突变而引起细胞恶性转化，这是丁酸钠促进 SHEE 细胞恶性转化的可能机制。因此可认为 HPV 是肿瘤产生的启动因子（initiate factor），而丁酸钠在一定条件下，可成为促癌因子（promotor factor）。

〔原载《中华病理学杂志》2002，31（4）：327－330〕

参 考 文 献

1 沈忠英，陈铭华，蔡维佳，等，丁酸钠对食管永生化工皮细胞增殖、分化和凋亡的作用．中华病理学杂志，2001，30：121－124

2 Yamamoto H, Fujimoto J, Okamoto E, et al. Suppression of growth of hepatocellular carcinoma by sodium butyrate in vitro and in vivo. Int J Cancer, 1998, 76：897－902

3 Hass R, Busche R, Luciano L, et al, Lack of butyrate is associated with induction of Bax and subsequent apoptosis in the proximl colon of guinea pig. Castroenterology, 1997, 112：875－881

4 Carducci MA, Nelson JB, Charr Tack KM, et al. Phenylbutyrate induces apoptosis in human prostate cancer and is more potent than phenylacetate. Cin Cancer Res, 1996, 2：379－387

5 胡垠玲，曾毅．丁酸钠促进 EB 病毒对淋巴细胞转化的研究．癌症，1986，5：243－246

6 沈忠英，岑山，曾毅，等．乳头状瘤病毒 18E6E7 基因诱导人胚食管上皮永生化．中华临床和实验病毒学杂志，1999，13：18－20

7 Shen Z Cen S, Shen J, et al. Study of immortalization and malignant transformation of human embryonic esophageal epithelial cells induced by HPV18 E6E7. J Cancer Res Clin Oncol, 2000, 126：589－594

8 沈忠英，沈健，曾毅，等．HPV18 E6E7 基因诱导胎儿食管永生化上皮的生物学特性．中华临床和实验病毒学杂志，1999，13：209－212

9 Zunino F, Perego P, Pilotti S, et a1. Role of apoptotic response in cellular resistance to cytotoxic agents. Pharmacol Ther, 1997, 76：177－185

10 Zimra Y, Wasserman L, Maron L, et al. Butyric acid and pivaloy loxymethyl butyrate, AN－9, a novel butyric acid derivative, induce apoptosis in kL－60 cells. J Cancer Res clin Onool, 1997, 123：152－160

11 Alexandrov I, Romanova L, Mushinski F, et al. Sodium buytrate suppresses apoptosis in human Burkitt lymphoma and murine plasmacytomas bearing c－myc translocations. FEBS Lett, 1998, 434：209－214

12 Havre PA, Yuan J, Hedrick L, et al. *p*53 inactivation by HPV16 E6 results in increased mutagenesis in human cells. Cancer Res, 1995, 55：4420－4424

The Promoter Effects of Sodium Butyrate on the Malignant Transformation of the Immortalized Esophageal Epithelium Induced by Human Papillomavirus

SHEN Zhong-ying* SHEN Jian, CAI Wei-jia, CHEN Ming-hua, WU Xian-ying, ZHENG Rui-ming, ZENG Yi

(*Department of Tumor Pathology, Shantou University Medical College, Shantou 515031, China)

Obective   Study on the promoter effects of sodium butyrate in high or low dosages on carcinogenesis process, based on the immortalization of human fetal esophageal epithelium induced by human papillomavirus (HPV) 18E6E7 genes.   **Methods**   The immortalized esophageal epithelium SHEE was treated with high concentration of the sodium butyrate (80 mmol/L) and then with low concentration (5 mmol/L) for 8 weeks respectively. The cells were cultured continuously without sodium butyrate for 14 weeks. The morphology, proliferation and apoptosis of the cells were studied by phase contrast microscopy, immunohistochemistry and flow cytometry. The dead and the viable cells were assayed by fluorescent microscopy with Hoechst 33342 and Propidium iodide staining. Tumorigenesis of the cells was assessed by soft agar colony formation and by transplanation of cells into nude mice and SCID mice .   **Results**   When cells were exposed to high concentration of sodium butyrate, cell death was increased leaving few live cells. When cells were cultured in the medium with low concentration of sodium butyrate, the first proliferative stage appeared. Removal of the butyrate caused the cell to enter a crisis stage with a long doubling time resembling senescent cells. After the crisis stage, the cells progressed to the second proliferation stage with continuous replication and atypical hyperplasia. At the end of the second proliferative stage, carcinoenesis of the cells appeared with large colonies in soft agar and tumor formation in transplanted SCID mice and nude mice.   **Conclusions**   The malignant change of the immortalized epithelium by the effects of sodium butyrate is the consequence of a two-stage mortality mechanism: cells death by butyrate cytotoxity and cell crisis by abrogation of sodium butyrate. These data reveal that in high dosage, sodium butyrate induces cell death and in low dosage, it induces cell proliferation, which emphsizes the importance of butyrate as a promotor of carcinogenesis.

[**Key words**] Papillomavirus, human; Esophagus; Cell transformation, neoplastic; Sodium oxybate

275. 尖锐湿疣病变的人乳头瘤病毒6型L1序列多态性分析

中国医学科学院　中国协和医科大学　北京协和医院　洪少林　王家璧

中国疾病预防控制中心　病毒病预防控制所　李平川　周　玲　郭秀婵　曾　毅

中国医学科学院　中国协和医科大学　基础医学研究所　司静懿　许雪梅

〔摘　要〕　采用PCR方法从协和医院尖锐湿疣患者皮损中检测人乳头瘤病毒（HPV），并通过限制性片断长度多态性分析分型发现，HPV6型为主要感染型别，其次是HPV11型。根据临床特征选择主要致病型HPV6 8个分离株，扩增L1晚期基因，构建重组测序质粒，双脱氧法测序并分析L1区的核苷酸和氨基酸序列变异状况。结果表明，HPV6L1基因序列发生碱基替换的区域主要有四个区，包括SRI（5911～6104），SR2（6217～6273），SR3（6540～6661）和SR4（7062～7250）。少数的碱基替换导致错义突变，推导的蛋白质一级结构中有0～3个氨基酸发生变异，但抗原性强弱与原型HPV6基本一致。

〔关键词〕　人乳头瘤病毒6型；聚合酶链式反应；L1开放读码框；基因序列多态性

低危型人乳头瘤病毒（human papiliomavirus，HPV）为尖锐湿疣的致病因子，其中HPV6是最主要的病源，占70%以上。L1基因是乳头瘤病毒重要的晚期基因，L1蛋白构成病毒衣壳的主要成分，而且基因工程重组L1蛋白在无任何其他蛋白协助下即可自发折叠形成病毒样颗粒（VLP），并具有天然病毒的立体结构与抗原性[1]。VLP可作为HPV的候选疫苗是基于在自然病毒体表面可形成相同的构相表位，但如果不同的HPV亚型发生氨基酸序列的变异，则可能会改变与B细胞识别的表位。因此分析HPV6L1基因的序列变异和氨基酸序列的改变，筛选高效表达与组装的L1变异株是发展基因工程疫苗的重要环节。

材料和方法

一、临床资料　选取1997年5月至2001年4月4年间在协和医院皮肤科就诊的尖锐湿疣患者共110例，均经醋白试验和组织病理学检查证实。

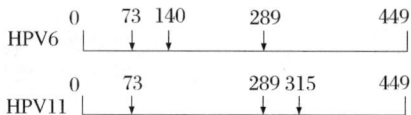

图1　HPV6和HPV11 PCR片段Rsa I 酶切位点示意图

Fig. 1　Restriction endonuclease Rsa V I cleavage maps of the PCR fragments of HPV6 and HPV11

二、PCR和RFLP方法对HPV检测并分型　110例患者标本中，26例由活检组织取得，84例由蜡块组织取得。选取HPV基因组L1片断，设计通用型引物MY09：5′-CGTCC-MARRGGAWACTGATC-3′，MY11：5′-GCMCAGGGW-CATAAYAATGG-3′。设计β-珠蛋白引物PCO3/PCO5用以验证DNA模板质量，并排除PCR反应体系中抑制因子的影响[2]。阳性对照为质粒pBV6和pBV11，分别含HPV6和HPV11L1全长基因。50 μl 反应体系中含 2U DNATaq 酶，2 μl 模板，0.2 mmol/L dNTP，0.5 μmol 引物。反应条件为 94℃ 45 s，52℃ 1 min，72℃ 1 min，共 30 个循环。PCR 产物通过限制性内切酶 Rsa Ⅰ进一步分型。20 μl 酶切反应体系包括 1 μl Rsa Ⅰ内切酶，0.1% BSA，8 μl PCR 产物。图 1 为 HPV6 和 HPV11PCR 片段 Rsa Ⅰ酶切位点[3]。

三、HPV6L1 基因的克隆和基因测序　在 HPV6 型感染的标本中，随机选取 8 例，患者发病年龄 20~50 岁，平均病程 6 个月。8 例中包括初发 4 例，复发 4 例；男性 4 例，女性 4 例（表 1）。

表 1　HPV6 感染的尖锐湿疣患者临床资料
Tab. 1　Clinical date of patients with condyloma acuminatum infected by HPV6

Cases	Sex	Age	Duration (Month)	Onset	Site	Size (cm)	Shape	Complication	Recombinant plasmid
N1	Female	50	12	First	Peranus	4	Cauliflower – like	SLE, with three years of oral prednisone	pMD18 – T1
N2	Male	30	14	Relapse	Perianus	1	Comb – like	none	pMD18 – T2
N3	Male	29	2	First	penis	1	Comb – like	none	pMD18 – T3
N5	Male	20	1	First	Penis	1.5	Comb – like	none	pMD18 – T5
N7	Male	46	6	Relapse	Urethral meatus	0.4	Cauliflower – like	none	pMD18 – T7
N8	Female	26	0.5	First	Labia majora	0.5	Nipple – like	none	pMD18 – T8
N9	Female	45	2	Relapse	Urethral meatus	0.3	Comb – like	none	pMD18 – T9
N10	Female	43	2	Relapse	Labia majora	2	Nipple – like	none	pMD18 – T10

设计 HPV6 特异性引物扩增 L1 全长基因，P1：5′ – CGGAATTCATGTGGCGGC-CTAGCGAG – 3′，P2：5′ – ATAAGAATGCGGCCGCTTACCTTTTAGTTTTGGCGC – 3′。阳性对照为质粒 pBV6 和 pBV11，分别含 HPV6 和 HPV11L1 全长基因。50 μl 反应体系中含 2U DNA Taq 酶，3 μl 模板，0.4 mmol/L dNTP，0.5 μmol 引物。反应条件为 94 ℃ 30 s，55 ℃ 40 s，72 ℃ 90 s，共 30 个循环。感受态细菌的制备：CaCl$_2$ 转化法制备感受态细菌 DH5α，质粒 pUC18 检测转化效率为（1~5）×10^5/μg。

PCR 产物通过 Promega Wizard PCR Preps 回收纯化，连于测序载体 pMD18 – T，10 μl 反应体系包括 pMD18 – T 载体 1 μl，连接溶液Ⅰ 5 μl，模板 DNA3 μl。阳性对照为 500 bp 的可插入片段。连接液转化感受态细菌 DH5α，涂于 Amp$^+$、含 X – gal 和 IPIG 的 LB 平板，通过蓝白斑筛选重组子。挑取白色菌落摇菌和鉴定。筛选的阳性质粒通过 Sal Ⅰ + Eco R Ⅰ双酶切和 Pst Ⅰ 单酶切鉴定。20 μl 反应体系中包括内切酶各 1 μl 和小提质粒 DNA 10 μl。

经筛选和酶切分析正确的质粒命名为 pMD18 – T1 – 10，双脱氧终止法测序，测序引物为 M13（+）/M13（－）。（测序由上海生工公司完成）

四、HPV6L1 多态性分析　比较原型 HPV6a 和 HPV6bL1 基因序列和氨基酸序列，通过 DNAsis 分析临床 8 例分离株 HPV6L1 区的基因多态性和氨基酸变异。

结　　果

一、**PCR 和 RFLP 方法对 HPV 的分型分析**　110 例标本均得到大约 450 bp 的产物，为 HPVLl 区的一段保守序列，内对照 β−珠蛋白的 PCR 扩增亦得到相应的 268 bp 产物（图 2）。通过内切酶 Rsa Ⅰ 可鉴别 HPV6 和 HPV11 的感染（图 3）。其中 HPV6 的感染占 60 %，HPV11 的感染占 24.5 %，两者的混合感染占 10 %，其他型别的感染占 5.5 %。

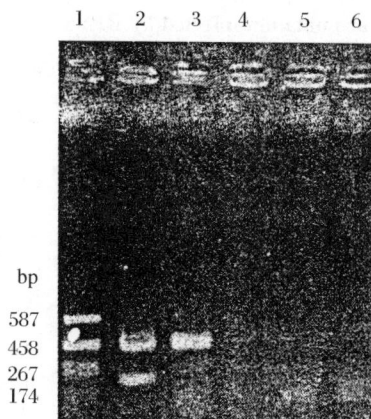

图 2　PCR 电泳图

1：Marder（pGEM 7zf（+）/Hae Ⅲ）；2：MY/PCO（+）；
3：MY09/11（+）；.MY/PCO（−）；4：MY/PCO（−）；
5：MY09/11（−）；6：Negative control

**Fig. 2　Detection of HPV
from tissue by PCR**

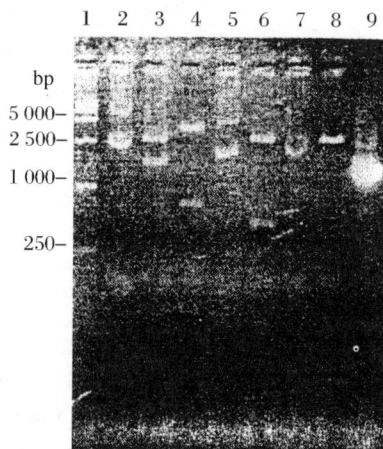

图 3　Rsa Ⅰ 酶切鉴别 HPV6 和 HPV11

1：Marker（pGEM 7zf（+）Hae Ⅲ）；2：pBV6
Rsa Ⅰ；3：pHV11 Rsa Ⅰ；4：pBV6+11 Rsa Ⅰ；
5：HPV6 Rsa Ⅰ；6：HPV11 Rsa Ⅰ；
7：HPV6+11 Rsa V Ⅰ；8：Negative control

**Fig. 3　ldentification of HPV6 and
HPV11 by endonuclease Rsa Ⅰ**

二、**HPV6L1 基因的克隆与鉴定**　8 例标本 PCR 扩增均得到约 1.5 kb 的产物，为 HPV6L1 全长基因序列。进一步连接于测序质粒 pMD18−T，经 Sal Ⅰ+EcoR Ⅰ 双酶切鉴定和 Pst Ⅰ 单酶切鉴定，目的基因已插入 T 载体中（图 4），经筛选和酶切分析正确的质粒命名为 pMD18−T1～T10。

三、**HPV6L1 基因多态性分析**　重组测序质粒经鉴定正确后，测定 L1 区基因序列，并与原型 HPV6a 和 HPV6b L1 序列相比较，8 例标本 L1 区碱基和氨基酸序列变异如表 2。8 例临床分离株与原型 HPV6 的系统发生比较见图 5。

可以发现，所测的 8 例标本总共有 6 例在系统发生上与 HPV6b 更接近，包括 N1、N2、N5、N7、N9 和 N10，而与 HPV6a 更接近的只有 N3 和 N8 两例。8 例 HPV6 临床分离株 L1 基因序列与 HPV6b 相比，碱基替换数为 3～11 个，但无碱基的增加或缺失。在 8 例 L1 基因序列中，发生变异的位点有 26 处，其中在 6598、7081 和 7099 位点发生碱基替换的占一半以上，但均为同义突变，而发生错义突变的 10 个位点均为单个分离株。发生碱基替换的区域主要有 4 个区，即 SRI（5911～6104）、SR2（6217～6273）、SR3（6540～6661）和 SR4（7062～7250）。

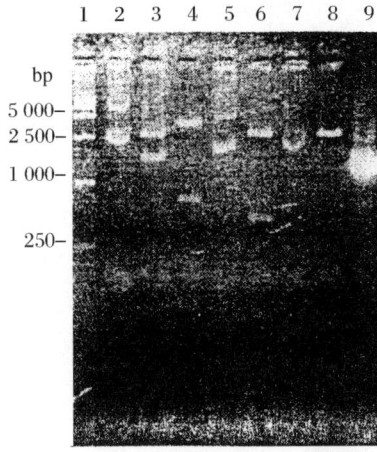

图 4　pMD‑18T‑HPV6 L1 重组质粒酶切鉴定图
1：Marker（DLl5000）；2：pMD18‑T‑HPV6 L1；3：pMD18‑T‑HPV6 L1 *Sal* Ⅰ+EcoRl（2.7kb+1.5kb）；4：pMD18‑T‑HPV6 L1*pst* Ⅰ（3.5kb+700bp）；5：pMD18‑T‑control DNA；6：pMD18‑T‑control *Sal* Ⅰ+EcoR Ⅰ（2.7kb+500bp）；7：pMD18‑TDNA；8：pMD18‑T *Sal* Ⅰ+*Eco*R Ⅰ（2.7kb）；9：HPV6L1（1.5kb）

Fig. 4　Identification of recombinant plasmid pMD18‑T‑NPV6 L1 by endonuclease

表2　比较8例临床标本 HPV6L1 区碱基和氨基酸序列变异图

Tab. 2　Nucleotide and amino acid sequence variations of HPV6 L1 ORF from clinical isolates compared with prototype HPV6a and 6b

	5	5	5	5	5	6	6	6	6	6	6	6	6	6	6	6	6	6	6	6	6	6	7	7	7	7	7
	8	9	9	9	9	0	0	0	0	1	1	2	2	2	3	4	5	5	6	6	6	6	0	0	0	1	2
	1	1	2	2	9	5	5	7	8	0	3	1	5	7	8	6	4	9	2	2	4	6	8	9	2	1	5
	4	1	3	9	2	2	6	3	8	4	6	7	6	3	6	5	0	8	5	8	1	1	2	1	9	8	0
6b	T	T	A	T	G	C	C	A	A	A	A	A	A	G	G	A	T	A	C	G	A	G	A	A	G	A	T
6a	–	–	T	–	A	T	–	G	–	C	–	–	–	–	–	T	–	–	–	A	–	–	–	C	–	–	–
N1	–	–	–	–	–	–	–	–	–	–	A	–	–	T	–	–	–	–	G	G	A	–	–	–	–	–	–
N2	C	–	–	–	–	–	–	–	–	–	A	–	–	T	–	–	–	–	G	A	–	–	–	–	–	–	–
N3	–	–	T	–	–	T	–	G	G	–	–	T	–	–	G	–	T	A	A	–	A	–	–	–	C	–	–
N5	–	C	–	G	–	–	T	–	–	–	–	–	C	T	–	–	–	–	–	A	–	–	C	–	–	–	C
N7	–	–	–	–	–	–	–	–	G	–	–	–	–	T	–	–	–	–	G	A	G	–	–	–	–	–	–
N8	–	–	T	–	–	T	–	G	–	–	–	T	–	–	T	A	–	A	–	–	G	–	–	–	–	–	–
N9	–	–	–	–	–	–	–	–	–	–	–	–	–	T	–	–	–	–	G	A	–	–	–	–	–	–	–
N10	–	–	–	–	–	–	–	–	C	–	–	–	T	–	–	C	–	–	–	A	–	–	–	–	–	–	–
6b	V	L	G	P	R	F	P	L	V	R	G	V	G	G	K	M	T	R	T	S	P	K	E	K	K	T	S
6a	–	–	–	–	–	–	–	–	–	–	–	–	–	–	–	–	–	–	–	–	–	–	–	–	–	–	–
N1	–	–	–	–	–	–	–	–	D	–	–	–	–	–	–	–	–	R	–	–	–	–	–	–	–	–	–
N2	A	–	–	–	–	–	–	–	S	–	–	–	–	–	–	–	–	–	–	–	–	–	–	–	–	–	–
N3	–	–	–	–	–	–	–	–	R	–	–	–	–	–	–	–	–	–	–	–	–	–	–	–	–	–	–
N5	–	–	–	–	–	S	–	–	–	–	–	–	–	–	–	–	T	–	–	–	–	–	–	–	–	–	P
N7	–	–	–	–	–	–	–	–	–	–	–	–	–	–	–	–	–	–	–	–	–	R	–	–	–	–	–
N8	–	–	–	–	–	–	–	–	–	–	–	–	–	–	–	–	–	–	–	–	–	–	–	–	–	–	–
N9	–	–	–	–	–	–	–	–	–	–	–	–	–	–	–	–	–	–	–	–	–	–	–	–	–	–	–
N10	–	–	–	–	–	–	–	–	–	–	–	–	–	–	–	–	–	R	–	–	–	–	–	–	–	–	–

　　8 例临床分离株中有 2 例未发生氨基酸的变异（N8 和 N9），3 例出现一个氨基酸的改变（N3、N7 和 N10），2 例有两个氨基酸的改变（N1 和 N2），1 例有 3 个氨基酸发生改变（N5）。发生氨基酸变异的区域则分布较为平均，与发生碱基替换的位置并不相关。抗原性分析（Jameson‑Wolf 抗原指数）表明，各分离株与原型 HPV6bVLP 抗原性强弱基本一致。

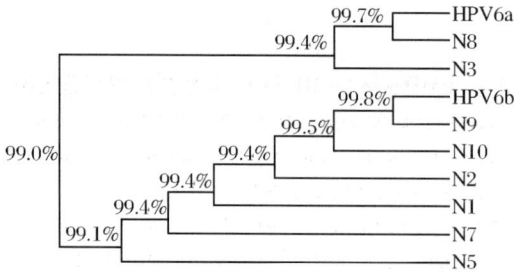

图 5　比较 8 例临床标本 HPV6 L1 区与
原型 HPV6a 和 HPV6b 的系统发生树状结构图
Fig. 5　Phylogenetic tree analysis of 8 HPV6
L1 isolates developed from nucleotide sequence
compared with prototypes HPV6a and 6b

图 6 示 N5 与 HPV6b 的比较。

讨　　论

L1 基因是人乳头瘤病毒重要的晚期基因。第一，他是病毒分型的主要依据之一，当分离株病毒其 L1ORF 与已知序列近源病毒株同源性少于 90% 时，方可定为新的型别，同源性在 90% ~ 98% 之间的定为亚型，超过 98% 而又不完全相同者为型内变异[4]。第二，L1 蛋白构成病毒衣壳的主要成分，约占衣壳蛋白的 90%，在病毒复制周期的晚期，L1 蛋白在 L2 蛋白协同下包裹病毒核酸形成完整的病毒颗粒，病毒颗粒又通过 L1 蛋白与宿主细胞的相互作用完成对细胞的吸附，因此 L1 蛋白在病毒感染过程中起关键作用。第三，由于基因工程重组 L1 蛋白在无任何其他蛋白协助下即可自发折叠形成病毒样颗粒——VLPs，并具有天然病毒的立体结构与抗原性，他是基因工程疫苗研究的主要目标。因此，L1 基因多态性分析在临床上有助于诊断和流行病学分析，在基因工程疫苗制备中有两个重要意义：一是不同型内变异株 L1 基因对其重组 L1 蛋白/VLP 产量可能存在影响，筛选高表达基因是提高基因工程产量的重要环节之一；另一是不同 L1 基因变异体其表达产物抗原性可能有改变，应筛选代表型抗原性的基因作为基因工程表达基因。

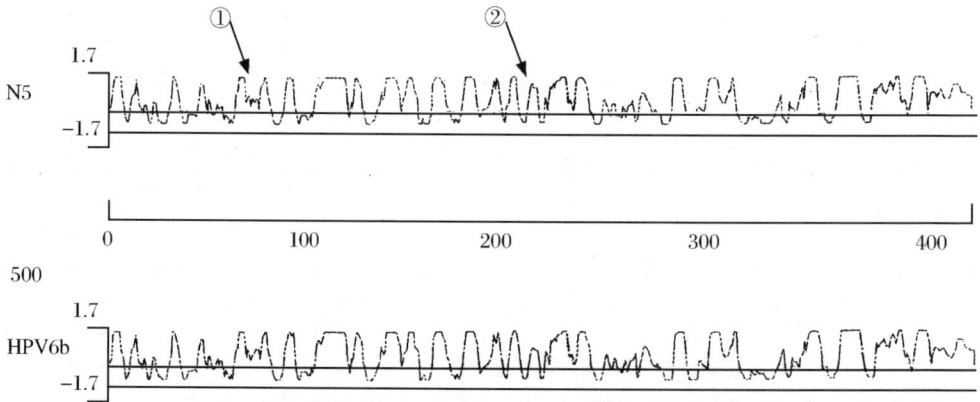

图 6　标本 N5 与 HPV6b 原型 Jameson – Wolf 抗原指数对比图
Position of amino acid changes were given at ①②③across N5 figure
Fig. 6　Comparing antigenic index plot of isolate N5L1 ORF with portotype HPV6b

高危型的 HPV16 L1 基因的变异直接影响 L1 蛋白的表达量及其折叠效率，但尚未改变 VLP 的免疫原性，提示人们寻找高效表达与组装的 L1 变异株是提高基因工程产品率的重要途径[5]。低危型 HPV 与高危型 HPVL1 基因在表达中的作用并非完全一致，这可能与不同型别 HPV 生物学特性相关。高危型 HPVDNA 在恶性变组织可以以整合形式存在，L1 基因产物自组装效率低。低危型 HPV 的 DNA 在感染组织中游离存在，基因的表型也多为自组装效率高者。原型 HPV6a 的完整 DNA 序列与 HPV6b 有 97% 的同源性，其中 L1 区有 8 个位点的碱基替换，但均为同义突变[6]。许多国家都报道了当地 HPV6L1 区的序列变异。Wanderley 对伦敦地区 17 例 HPV6 型临床分离株的 L1 ORF 做了序列分析，发现 L1 基因有 3 个型内变异高发区，他们是 R1（nt 5920 ~ nt 6075）、R3（nt 7070 ~ nt 7230），与本文 SR1、SR3 和 SR4 的位置基本相当。作者以主要变异株即第 7079 位碱基 G→C 替换（L1 蛋白则是第 431 位氨基酸发生 Glu ~ Gln 替换）变异株与 HPV6b 原型比较，发现两者在酵母表达体系中 L1 蛋白的产率即 VLP 的组装效率是相同的，而且抗原性相同[7]。日本 Suzuki 发现 2 例致复发性喉部乳头瘤的 HPV6 在 L1ORF 区有大片段的基因缺失，并发现缺失片断影响了病毒 L1 区编码的核定位信号（NLS），而后者则协助 L1 和 L2 蛋白在核内组装成完整的病毒颗粒。作者认为不稳定的病毒颗粒可能会逃避机体的免疫反应，导致喉部乳头瘤的复发[8]。此外，作者对 5 例 HPV6 型临床分离株进行序列分析发现，在 L1ORF 区有 6 ~ 11 个位点的碱基替换，20 个替换位点有 90% 位于 SR1 ~ SR4 的多发区内，而其中一例有错义突变（5952 位点 Asn →Thr）[9]。Icenogle 比较乔治亚洲、印度和菲律宾的 HPV6 临床分类株 L1 区 253 个碱基序列，发现 3 个位点的碱基替换：6598、6625 和 6661，但均为同义突变。在此次的标本中也发现了这 3 个位点的碱基替换，均未发生氨基酸的序列改变[10]。通过比较，发现在协和医院检测的标本，HPV6L1 区的基因变异位点与在日本检测的标本有较多的一致，而与伦敦地区的标本相比变化较多，这可能与地理位置的远近有关。

在 PCR 过程中，由于 Taq 酶误配而致扩增序列发生碱基替换是出现假阳性的最主要的原因。一般来讲，经过 30 个循环的 PCR 扩增，在每 400 ~ 4000 bp 的序列中会出现一个碱基的误配[11]。本文采用的 LATaq 酶具有 $3' → 5'$ 的外切酶活性，并有很高的保真性。我们还对较大样本的 HPV6L1 进行测序，由于 PCR 酶的错误率是平均分布在整个过程中，而我们分析的结果发现碱基替换主要位于几个较集中的区域内，故我们认为所测序列基本代表了原始 HPV6L1 的序列。

我们选择了 8 种临床分离株，具有不同的临床特征，与原型 HPV6bL1 蛋白相比较，发现不同位点的抗原性强弱均基本一致，说明 HPV6 变异株间并无明显的抗原性差异，HPV6L1 区是该病毒系统发生过程中非常保守的区域。L1 氨基酸序列的变化是否影响 VLP 的组装效率和与抗体的结合效率，应通过重组 VLP 体外表达进一步加以比较。

〔原载《病毒学报》2002，18（2）：102 - 107〕

参 考 文 献

1 Zhou J, Sun X Y, Frazer l H, et al. Expression of vaccinia recombinant HPV16 L1 and L2 ORF proteins in epithelial cells is sufficient for assembly of HPV virion - like particles. Virology, 1991, 185: 251 - 257

2 Bauer H M, Ting Y, Manos M M, et al Genital Human Papillomavirus lnfection in Female Uni-versity Students as Detemined by a PCR - Based Method. JAMA, 1991, 265（4）: 472 - 477

3 Bernard H U, Chan S Y, Wheeler C M, et al. Identification and Assessment of Known and Novel Human Papillomaviruses by PCR Amplification, Restriction Fragment Length Polymorphism, Nucleotid Sequence and Phylogenetie Al-

gorithms. J Infect Dis, 1994, 170: 1077 – 1085

4   Ethel – Michele de villiers. Papillomavirus and HPV typing. Clin Dermatol, 1997, 15: 199 – 206

5   Touze A, Mehaodui SEL, Sizaret P Y, et al. The L1 major capsid protein of human papilloma-virus type 16 variants affects yield of virus – like particles produced in an insect cell expression system. J Clin Microbiol, 1998, 36: 2046 – 2051

6   Hofmann K J, Cook J C, Jansen K U, et al. Sequence determination of human papillomavirus type 6a and assembly of virus – like particles in saccharomyces cerevisiae. Virology, 1995, 209: 506 – 518

7   Wanderley W C, Savage N, Davies D H, et al. Intratypic sequene variation among clinical isolates of the human papillomavirus type 6L1 ORF: Clustering of mutations and identification of a frequent amino acid sequence variant. J Gen Virol, 1999, 80: 1025 – 1033

8   Suzuki T, Toshimi Y, Simizu B, et al. Deletion in the Ll open readin frame of human papilloma-virus type 6a genomes associated with recurrent laryngeal papilloma. J Med Virol, 1995, 47: 191 – 197

9   Suzuki T, Toshimi Y, Simizu B, el al. Nucle-otide and amino acid sequence Variations in the L1 open reading frame of human papillo – mavir-us rype 6. J Med Virol, 1997, 53: 19 – 24

10   lcenogle J P, Sathya P, Rawls W E, et al. Nucleotide and amino acid sequenec variations in the L1 and E7 open reading frames of human papillomavirus type 6 and type 16. Virology, 1991, 184: 101 – 107

11   Saiki R K, Gelfand D H, Erlich H A, et al. Primer directed enzymatic amplification of DNA with a thermostable DNA polymerase. Science, 1988, 239: 487 – 491

Intratypic Nucleotide and Amino Acid Sequence Variations in the L1 Open Reading Frame of Human Papillomavirus Type 6 in Condyloma Acuminata Lesions

HONG Shao – lin[1], WANG Jia – bi[1], LI Ping – chuan[2], ZHOU Ling[2], SI Jing – yi[3], XU Xue – mei[3], GUO Xiu – chan[2], ZENG Yi[2]

(1. Department of Dermatology, CAMS and PUMC, Beijing 100730, China; 2. Institute of Viral Disease Control and Prevention, China CDC, Beijing 100052, China; 3. Department, of Biophysics, Institute of Basic Medical Sciences, CAMS and PUMC, Beijing 100005, China)

PCR was used to determine the human papillomavirus (HPV) in genital wart lesions from patients in PUMC hospital. Type of HPV was identified by restriction fragment length polymorphism analysis. The predominant type was HPV6, secondly the HPV11. Eight isolates of HPV6 with different clinical manifestations were chosen for further intratypic nucleotide and amino acid sequence variation analysis. HPV6 L1 genes of eight isolates were amplified and inserted into plamid pMD18 – T. By sequencing and phylogenetic analysis, the most frequently observed substitutions in HPV6 L1 ORF were distributed in four discrete regions: SR1 (5911 – 6104), SR2 (6217 – 6273), SR3 (6540 – 6661) and SR4 (7062 – 7250) . Some substitutions resulted in non – silent mutation. There had 0 to 3 deduced amino acid changes in different L1 sequences, but which didn't affect immunogenicity of L1 protein obviously.

[Key words] Human papillomavirus type 6 (HPV6); PCR; L1 ORF; Nucleotide sequence variation

276. BIV 在人源细胞 MT-4 中的活性研究

南开大学生命科学学院　王书晖　熊　鲲　朱义鑫　夏秋雨　王金忠　陈启民　耿运琪
中国预防医学科学院病毒学研究所　杨怡姝　陈国敏　曾　毅

〔摘　要〕　牛免疫缺陷病毒（*Bovine immunodeficiency virus*，BIV）在分类上属于转录病毒科的慢病毒属，目前尚未见 BIV 感染人的报道。为进一步确定 BIV 对人源细胞的感染性，我们用 BIV_{127} cDNA 转染人源细胞 MT-4，通过 RT-PCR 检测到 BIV*gag* 基因的转录。IFA 则显示 BIV_{127} 的 gag 或 gag-pol 基因在 MT-4 细胞中得到了翻译，而 RT 值的测定也有力地说明 BIV_{127} cDNA 已经在 MT-4 细胞内表达出有活性的反转录酶，但细胞传代实验表明 BIV 不能在 MT-4 细胞内复制。

〔关键词〕　牛免疫缺陷病毒；MT-4 细胞；基因表达；感染

1972 年，美国动物疾病中心的 van Der Maaten 博士及其同事从一头患有持续性淋巴细胞增多症的奶牛体内分离到了一株与羊维斯纳病毒十分类似的病毒（R29）[1]。15 年后，Gonda MA 等人对该病毒进行了深入细致的研究，发现其在形态、免疫学性质、基因组结构等方面与 HIV 和 SIV 极其相似，因此，在其病理学尚不清楚的情况下将其定名为牛免疫缺陷病毒（*Bovine immunodeficiency-like virus*，BIV）[2,3]。目前各国研究者已经从世界上多个国家和地区分离到了 BIV[4,5]，并在 BIV 的基因转录调控[6]、致病机理[7]和基因组织结构与功能研究方面做了很多工作[8]，但还没有人对 BIV 感染人源细胞后的生物学活性进行过深入研究，也没有找到 BIV 感染细胞所需的受体。

目前关于 HIV 嵌合病毒疫苗的研究主要集中在 HIV/SIV（SHIV）上，但由于 SIV 与 HIV 的同源性很高，人们对 SHIV 的安全性有很大的质疑，把 SHIV 作为 AIDS 疫苗的初步结果也不尽如人意[9,10]。我们计划利用 HIV-1 和 BIV 构建一种能在人源细胞中复制但不致病的嵌合病毒，探索这种嵌合病毒在作为 AIDS 疫苗方面的可行性，因此有必要对 BIV 是否能够感染人源细胞并在其中表达进行深入研究。本文用 BIV_{127} DNA 转染人源细胞 MT-4，并对其 cDNA 的转录、翻译、翻译后加工和可复制病毒的产生进行了初步的研究。

材料和方法

一、**细胞和质粒**　MT4 细胞是经 HTLV 转化的人 T 淋巴细胞，由中国预防医学科学院病毒所肿瘤室保藏。$pBIV_{127}$ 携带有 BIV_{127} 的 cDNA，pHIV-携带有 HIV-1HXBc2 的 cDNA，由 cDNA 美国 pHIV Ne-braska 大学的 C. Wood 教授惠赠。

二、**主要酶和试剂**　反转录酶、DEPC、RNase-Free DNase 购自 Promega；Lenti-PT™ Activity Assay 试剂盒购自 Cavidi Tech UPPSALA（SWEDED）公司；TRLzoIPNA 提取试剂购自 GIBCO/BRL；荧光标记抗体购自北京挚诚生物工程所；RPMI1640 细胞培养液、Hank's 液、青链霉素和 $NaHCO_3$ 溶液由中国预防医学科学院病毒所配液室配制；胎牛血清为北京军区兽医防治中心生产。

三、细胞培养和转染 MT4 细胞为悬浮细胞，用 RPMl1640 培养基加培养，添加100 U/ml 青霉素、100 μg/ml 链霉素和10% （V/V）的胎牛血清，调 pH 值至7.0；37℃培养（不需要5%CO_2 的培养环境）。培养过程中维持细胞浓度在（2~3）×10^5 个细胞/ml 培养液，pH 值在7.0 左右。用 Gene Puler（BIO－RAD）进行转染，1500 V，0.7 s 将15 μgp BIV_{127} 导入 10^7 个 MT－4 细胞，37℃培养。

四、RNA 模板的制备 用 TRIzoIRNA 试剂提取转染细胞的总 RNA，经 RNase－Free DNase 处理后再用 TRIzol 试剂抽提，乙醇沉淀，溶于10 μl 经 DEPC 处理过的双蒸水中，PCR 检测无 DNA 存在后，用作 RT－PCR 模板。

五、RT－PCR 按照 GIBCO/BRL SUPERSCRIP™ 一步 RT－PCR 说明书进行。上游引物：（21 mer，BIV_{127}709~729 nt）5′－ATGAAGAGAAGGGAGTTAGAA－3′；下游引物：（20 mer，BIV_{127} 1217~1236 nt）5′－TTCAGTGGCCTCGTACCAGA－3′。扩增条件为：50 ℃ 30 min，94 ℃ 2 min（1 个循环）；94 ℃ 30 s，55 ℃ 30 s，72 ℃ 30 s（35 个循环）；72 ℃ 5 min（1 个循环）。

六、间接免疫荧光试验 离心收集转染细胞，经 Hank′s 液洗细胞2 次，均匀涂布于一洁净的载玻片，待其安全干燥后，用冷丙酮固定10 min，滴盖稀释倍数为1：8 的 BIV gag 单抗，在37 ℃温盒内结合1 h，用磷酸缓冲液（PBS，pH7.4）洗去单抗，再滴效价为1：10 的荧光标记抗体，在37 ℃温盒内反应45 min，PBS 洗涤后，0.1% 伊文氏蓝染色15 min 取出稍干，用50% 甘油封片，在激光共聚焦显微镜下观察。

七、反转录酶（RT）活性测定 参照 Cavidi Tech UPPSALA（SWEDED）公司的 Lenti－RT™Activity Assay 试剂盒说明书进行。

八、转染细胞传代观察病毒的感染性 为了检测病毒 cDNA 转染 MT－4 细胞后能否在 MT－4 细胞中复制，我们将转染细胞传代，收集每一代的细胞，提取细胞总 DNA，通过 PCR 检测病毒的 gag 基因来观察 BIV_{127} 能否在 MT－4 细胞中复制。

结　果

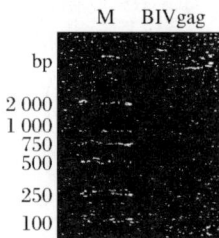

图1　RT－PCR 检测 BIVgag 基因的转录电泳图
Fig.1　Electrophonesis of the transcription of BIV gag gene by RT－PCR

一、RT－PCR 检测 BIV gag 基因的转录 BIV_{127} DNA 电转染 MT－4 细胞第4 天后，提取细胞总 RNA，进行 RT－PCR，获得预期长为528 bp 地增长片段（见图1），表明 BIVcDNA 已在转染细胞中获得转录。

二、BIV gag 单抗检测 BIV 外壳蛋白（CA）基因的表达 收集 BIV_{127}cDNA 转染第4 天后的 MT－4 细胞，丙酮固定后，分别与稀释倍数为1：8 的 BIV gag 单抗和效价：1：10 的羊抗鼠荧光抗体反应，同时以 pUC18 的转染的 MT－4 细胞用为负对照，染色封片后在激光共聚显微镜下观察。从图2 可以看到，pUC18 转染的 MT－4 细胞没有荧光反应，而 BIV_{127}cDNA 转染的 MT－4 部分细胞发绿色荧光，这充分说明 BIV_{127} 的 gag 或 gag－pol 基因已经得到翻译。

三、反转录酶（RT）活性测定 分别收集转染后第1 天到第7 天的细胞培养上清进行

RT 活性测定，结果以光吸收值 A_{405} 表示，光吸收值的大小直接反映反转录酶活性的强弱。以转染时间为横坐标，扣除本底的样品光吸收值为纵坐标作图，结果见图 3。结果显示，BIV_{127} cDNA 转染后 1~2 d 的 RT 值很低，从第 3 天起 RT 活性开始上升，在第 5 天时到达高峰，之后从第 6 天开始下降。反转录酶是反转录病毒的特征产物，BIV_{127} cDNA 转染细胞的 RT 活性随着培养时间的不同而呈一有规律的动态变化，有力地说明了 BIV_{127} cDNA 已经表达出有活性的反转录酶。

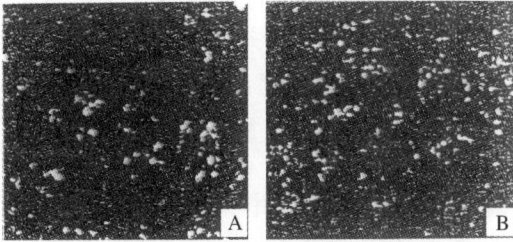

A:puc 18 转染的 MT-4 细胞；B:BIV$_{127}$ cDNA 转染的 MT-4

图 2 IFA 检测 BIV 外壳蛋白基因的表达

A：MT-4 cells transfected by pUC18 ；B：MT-4
cells transtected by BIV$_{127}$ cDNA

Fig. 2 Detecting the expression of BIV CA gene by IFA

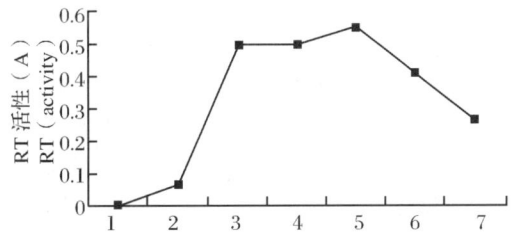

图 3 pBIV$_{127}$ 转染 MT-4
细胞 1~7 d 的 RT 活性

Fig. 3 RT Activity of pBIV$_{127}$ in
transfected cells from 1 to 7 day

四、BIV$_{127}$ cDNA 转染细胞传代观察其感染性 分别将 pHIV-1 和 pBIV$_{127}$ 电转染 MT-4 细胞，37 ℃ 培养 7 d 后，取 10^6 个转染细胞和 2 ml 转染细胞培养液加入 9×10^6 个 MT-4 细胞中，补培养液至 20 ml，培养 3 d 后再次按该法传代，收集每一代的 10^6 个细胞，提取细胞总 DNA，溶于 50 μl 双蒸水，取 1 μl 进行 PCR。pBIV$_{127}$ 转染的细胞经传代后仅在 P1-P2 代细胞 DNA 中扩增到一条长 528 bp 的带，而 pHIV-1 转染细胞经传代后，从 P1-P4 代细胞 DNA 都能扩增到一条长 370 bp 的片段，见图 4。这说明 pHIV-1 转染 MT-4 细胞后，有感染性病毒产生，病毒能够在 MT-4 细胞中传代，而 pBIV$_{127}$ 转染细胞后不能在 MT-4 细胞中复制。同时，从转染细胞的形态变化也说明了这一点，pHIV-1 转染细胞在第 7 天出现大量死亡，每次传代至第 3 天都产生严重的细胞病变。而 pBIV$_{127}$ 转染细胞和传代细胞都没有任何细胞病变效应，见图 5（略）。

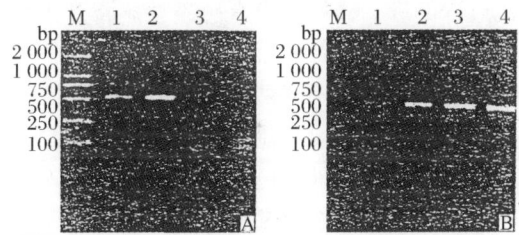

A：BIV *aga* 基因；B：HIV *gag* 基因（M. Markers；
1. 第一代传代细胞；2. 第二代传代细胞；
3. 第三代传代细胞；4. 第四代传代细胞）

图 4 PCR 检测传代细胞中的 *gag* 基因

A，BIV *gag* gene；B，HIV gene（M. Markers；
1. the First progeny of the transfected cells；
2. the Second progeny of the transfected cells；
3. the Third progeny of the transfected cells；
4. the Fourth progeny of the transfected cells）

Fig. 4 Detection of *gag* gcnc
in transfected cells by PCR

讨　论

慢病毒基因转录分为早期转录和晚期转录。在感染早期，病毒利用宿主的转录系统，在 5′LTR 的启动下转录出低水平的全长 mRNA，随即被宿主的剪接系统多次剪接成包括 tat 和 rev 在内的小 mRNA 分子，分别翻译出 Tat 的 rev 等调节蛋白，Tat 作用于 TAR 后显著激活 LTR 起始的转录，转录后调节蛋白 rev 则结合到其应答元件 RRE 上，遮蔽 mRNA 中的剪接供位和受位，并抑制剪接体的组装，同时促进非剪接或单剪接的 RNA 转运到细胞质中，使病毒的基因表达由早期过渡到晚期。这时，细胞中才出现一定量的非剪接 mRNA。gag 蛋白是病毒生活周期中的晚期基因产物，由非剪接的全长 mRNA 编码。因此，BIV_{127} gag 转录本 528 bp 片段的扩增成功，不仅说明 BIV cDNA 转染细胞中已有全长 mRNA 转录本的存在，gag - pol 基因已得到转录，而且表明 BIV_{127} 的 tat 和 rev 基因已在 MT - 4 细胞中的得到了正确转录、剪接和翻译，其产物能与 MT - 4 细胞的各种细胞因子相互作用，在其应答元件上正确发挥功能，促进 BIV_{127} cDNA 转录和转录加工后，使其各基因得到表达。反转录酶是病毒生活周期中最重要的晚期基因产物，因此反转录酶活性的检出，标志着 BIV_{127} cDNA 电转染进入 MT - 4 细胞后处于一种积极的生物活性状态，意味着 BIV_{127} cDNA 各基因表达的成功和功能正确发挥。

在传代试验中，从被 BIV cDNA 转染的 P1 - P2 代细胞 DNA 中代扩增到目的带是因为转染时我们使用的是病毒 cDNA，DNA 在一定时间内不可能被细胞核酸酶完全降解，但随着传代过程的进行，如果没有感染性病毒产生出新的病毒基因组，转染病毒 cDNA 最终消失，因此我们从第三代开始就无法检出病毒基因，这一结果表明 BIV 是不能在 MT - 4 细胞中复制的。目前我们还不清楚 BIV cDNA 转染 MT - 4 细胞后是否能够装配出可以感染下一代细胞的病毒颗粒，这需要采用免疫电镜等方法进行进一步的检测。

虽然各种元件均已具备，但为何 BIV 在 MT - 4 细胞内不能 MT - 4 细胞中进行复制？我们认为细胞受体在 BIV 的细胞嗜性方面起着至为关键的作用，灵长类动物和非灵长类动物细胞的病毒受体差异性大，故而 BIV 很难在人体细胞中建立感染。其次，BIV 转录翻译过程必须依赖于宿主细胞的蛋白合成系统，BIV 启动子和转录调节因子不能角 HIV 那样与宿主细胞因子高效协同作用，这也可能是 BIV 不能有效感染人源细胞的又一因素。另外，病毒蛋白加工和组装也必须有宿主细胞因子的参与，如病毒包膜前体的裂解就必须依赖于细胞蛋白酶的作用。人源细胞因子是否能够有效作用于 BIV 病毒产物的加工过程？还有，BIV 的核衣壳是否能够被运送到正确的位置？BIV 的表面糖蛋白和穿膜糖蛋白是否可以正确聚合并插入宿主细胞膜？所有这些均可能为 BIV 不能在 MT - 4 细胞中传代的因素。

〔原载《中国病毒学》2002，17（4）：354 - 357〕

参 考 文 献

1　Maaten V D, Boothe M J, Seger C L. Isolation of virus from cattle with persistent lymphocytosis. J Nat Cancer lnst，1972，49：1649 - 1657

2　Fauquet C M, Mayo M A. The 7th lCTV report. Arch Virol, 2001, 146：189 - 194

3　Gonda M A, Braun M J, Carter S G, et al. Characterization and molecular cloning of a bovine lentivirus related to human immunodeficiency virus. Arch Virol, 1987, 330：388 - 391

4　Polack B, Schwartz I, Berthelemy M, et al. Serolugic evidence for bovine immunodeficiency virus infection in France. VetMicrobiol, 1996, 48: 165 – 173

5　耿运琪，纪永刚，刘淑红，等. 从我国进口奶牛及其后代中发现牛免疫缺陷病毒（BIV）的自发感染. 病毒学报，1994，10: 322 – 326

6　Whetstone C A, Maaten V D, Black J W. Humoral immune response to the bovine immunodeficiency – like virus in experimentally and. naturally infected cattle. J Virol, 1990 64: 3557 – 3561

7　Obersre M S, Greenwood J D, Conga M A. Analysis of the transcription pattern and mapping of the putative rev and env splice junctions of bovine immunodeficiency – like virus. J. Virol, 1991, 65: 3932 – 3937

8　Tobin G J, Sowder R C, Fabris D, et al. Amino acid sequence analysis of the proteolytic cleavage products of the bovine immunodeficiency virus gag precursor polypeptide. J Virol, 1994, 68: 7620 – 7627

9　Ui M, Kuwata T, lgarashi T, et al. Protection of macaques against a SHIVwith a homologous HIV – 1 Env and a pathogenic SHIV – 89.6b with a heterologous Env by vaccination with multiple gene – deleted SHIVs. Virology, 1999, 265: 252 – 263

10　Kumar A, Lifson J D, Li Z, et al. Sequential immunization of macaqued with two differentially attenuated vaccines mduced long – term virus – specific immune responses and conferrde protection against AIDS caused by heterologous simian human immunodeficiency Virus（SHIV（89.6）P）. Virology, 2001, 297: 241 – 256

The Study on BIV Activity in Human Cells MT – 4

WANG Shu-hui[1], XIONG Kun[1], YANG Yi-shu[2], ZHU Yi-xin[1], XIA Qiu-yu[1], CHEN Guo-min[2], WANG Jin-zhong[1], CHEN Qi-min[1], GENG Yun-qi[1] – ZENG Yi[2]

（1. College of life Sciences, Nankai University, Tianjin 300071, China; 2. Institute of Virology, Chinese Academy of Preventive Medicine, Beijing 100052, China）

Bovine immunodeficiency virus（BIV）is a kind of Lentivirus belonging to Retrovirus, and up to now, there is no report about its infection to human. In order to check BIV's infection to human cells, we transfected BIV_{127} cDAN into human cells MT – 4. By RT – PCR, we checked the transcription of BIV's gag gene, and determined the expression of gag or gag – pol gene in MT – 4 cell by IFA. Reverse Transcriptase（RT）assay showed the reverse transcriptase of BIV_{127} had been expressed, while cell infection experiment indicated that BIV couldn't replicate in MT – 4 cells.

〔Key words〕 Bovine immunodeficiency virus; MT – 4 cells; Gene expression; Infection

277. 腺伴随病毒载体介导 HPV16 E6E7 基因转化人胎食管上皮细胞

中国疾病预防控制中心病毒病预防控制所　张拥军　郭秀婵　曾　毅
北京大学附属第一医院妇产科　赵　健　汕头大学医学院　沈忠英

〔摘　要〕　为了证实人乳头瘤病毒 16 型（HPV16）感染与食管鳞状细胞癌发生的关系，构建了包含 HPV16 E6E7 基因的组腺伴随病毒载体并包装重组病毒，重组病毒感染人胎食管黏膜组织，注射 SCID 小鼠皮下，在 TPA 协同下 12 周左右诱发肿瘤。PCR 及打点杂交检测到瘤组织中 HPV16 E6E7 基因的存在，HE 染色表明为恶性鳞状上皮癌，培养形态及透射电镜观察证实了瘤组织的上皮来源。以上结果对于阐明食管癌发生的病毒病因、食管癌发生的分子机制以及为食管癌防治提供了理论和实践依据。

〔关键词〕　人乳头瘤病毒 16 型；食管癌；腺伴随病毒载体；转化

1982 年 Syrjanen[1] 观察到，40% 的食管鳞状细胞癌的组织学改变与癌本身及周围的湿疣病变一致，并且用免疫组织化学手段证实其中一例食管鳞状细胞乳头瘤中存在 HPV 抗原，首次提出了食管 HPV 感染的病因学。为了阐明 HPV 感染与食管癌发生的关系，一方面，研究人员利用现代分子流行病调查食管癌标本中 HPV 的感染情况[2,3]；另一方面，则试图利用重组的 HPV DNA 或病毒，在体外转染或感染人胚食管上皮细胞，以期建立 HPV 感染的永生化细胞系[4]，作为研究食管癌的体外模型。

由于我们利用构建的包含 HPV16 E6E7 基因的逆转录病毒载体未能得到转化的食管上皮细胞，所以参考腺伴随病毒（AAV）载体能够感染静止期细胞的优点，以及沈忠英等[4-6] 用包含 HPV18E6E7 基因的重组从 AAV 载体成功地使食管上皮细胞永生化的先例，我们构建了包含 HPV16 E6E7 基因的 AAV 载体，并用包装出来的重组病毒感染人胎食管上皮细胞，成功地在 SCID 小鼠体内成瘤。

材料和方法

一、细胞、载体、试剂和引物　293 细胞为永生化的人胚肾上皮细胞系，BHK21 细胞为永生化的地鼠肾细胞，本室保存。AAV 载体 pSNAV 为病毒病所病毒基因工程国家重点实验室伍志坚博士构建。辅助质粒 pAd8 和野生型腺病毒 5 型（Ad5），为本室保存。大肠埃希菌 DH5a，本室保存。

脂质体转染试剂 Lipofectamine、逆转录酶 Superscnpt RT Ⅱ 及 G418 购自 GIBCO 公司。限制性内切酶 Sma Ⅰ、Bgl Ⅱ、Kpn Ⅰ，T 载体 pMD18 – T vector 购自 TaKaRa 公司，地高辛探针标记及检测试剂盒为 Roche 公司产品。硝酸纤维素膜为 Amershan 产品。HPV16 E7 单克隆抗体购自 Zymed 公司。HRP 标记羊抗小鼠 IgG 购自北京中山生物公司。化学发光自显影检测试剂盒购自 Plerce 公司。细胞培养所用培养基为 Eagle's 培养液。小牛血清购自天津川页生化制品有限公司。其余培养用液为病毒所配液室准备。其他化学试剂为分析纯。

HPV16 E6E7 全基因克隆引物是根据 HPV16 基因组序列，用引物设计软件 Primer Premier5.0 设计，克隆全长的 E6E7 基因（nt 53 ~ nt 867），并分别在上下游增加 *Kpn* I 及 *Bgl* II 的酶切位点。上海生工生物工程公司合成。序列如下：

上游引物 P1：5′g ggt acc atg gaa acc ggt tag tat aaa 3′；下游引物 P2：5′gaa gat ctc atg gat gat tat ggtt 3′；利用如下引物[7,8]扩增 HPV16 E6、E7 片段：E6 基因：16AP：5′TCA AAA GCC ACT GTG TCC TG3′；16BP：5′CGT GTT CTT GAT GAT CTG CA′（扩增产物 120 bp）；E7 基因：P1：5′CTG CAG AGA AAC CCA GCT GTA ATC ATG 3′；P2：5′GAC GTC ATC AGC CAT CGT AGA TTA3′（扩增产物 331 bp）。

二、RT-PCR 及 Western blot 检测 E6、E7 基因表达　总 RNA 提取方法见 Qiagen 公司手册，以 oligo-dT 引物逆转录合成 cDNA，然后以 cDNA 为模板扩增 HPV16 E6、E7 片段。

收集转染重组 AAV 载体的 BHK21 细胞，行 15% SDS-PAGE 电泳，将蛋白转移到硝酸纤维素膜，与 HPV16 E7 蛋白单抗结合，然后与 HRP 标记的羊抗小鼠 IgG 反应，化学发光自显影检测。

三、rAAV 包装　构建的重组腺伴随病毒载体转染 BHK21 细胞，用野生型 Ad5 病毒感染 2 h，然后用脂质体转染辅助质粒 pAd8，48 ~ 72 h 收获重组病毒。

四、动物实验　引产 4 ~ 6 月胎龄人胚，无菌分离食管组织黏膜层，剪碎，与 3 ml 重组病毒混合，37 ℃ CO_2 温箱孵育 2 h，离心收集剪碎的组织块，接种于 SCID 小鼠皮下。1 周以后在接种部位注射 50 ng TPA，每周 1 次，持续 12 周以上。

五、瘤组织 DNA 提取　取少部分瘤组织，Hank's 液洗涤 2 次，组织匀浆器研磨，加入 500 gl 细胞裂解液（100 μg/ml 蛋白酶 K，10 mmol/L Tris-HCl pH8.0，15 mmol/L NaCl，10 mmol/L EDTA，0.4% SDS），用组织匀浆器研磨，收集细胞匀浆于 Eppendorf 管，37℃ 保温 12 ~ 24 h，酚氯仿抽提，乙醇沉淀，-20℃ 贮存备用。

六、地高辛探针标记及检测　扩增 HPV16E6E7 全基因→纯化回收扩增片段→地高辛标记，备用。提取瘤组织细胞 DNA→变性，打点于硝酸纤维素膜→42℃预杂交 2 h→加入探针，42℃杂交过液→64℃洗膜→加入地高辛抗体→洗膜、NBT/XP 显色。

七、电子显微镜观察上皮细胞特异结构　培养细胞用 Hank's 液洗涤 3 次，细胞刮子刮下细胞，800 r/min 离心 10 min，收集细胞，Hank's 液洗涤 2 次，转移到 Eppendorf 管中，800 r/min离心 10 min，使细胞在管底成团，小心除去上清，沿管壁缓慢加入固定液（含2.5% 戊二醛的 1×PBS）。

从 SICD 小鼠皮下切取 1 mm^3 左右瘤组织作为瘤组织标本，迅速置于 2 ml 固定液中，立即送中国医学科学院中国协和医科大学基础医学研究所电镜室切片，染色，观察。

结　果

一、载体构建过程　通过 PCR 扩增 HPV16E6E7 全基因片段，连接到 pMD18-T 载体，以内切酶 *Kpn* I、*Bgl*II 消化并回收约 800 bp 左右片段，与用同样双酶切的 pSNAV 载体连接，挑选阳性克隆并鉴定。经过限制性内切酶酶切分析，酶切片段与预期大小相符合，证实得到了含有 HPV16 E6E7 ORF 的真核表达载体，命名为 pSNAV，-16E6E7，质粒结构如图 1 所示。

二、RT-PCR 和 Western blot 检测 BHK21-E6E7 细胞内 E6、E7 基因和 E6E7 蛋白

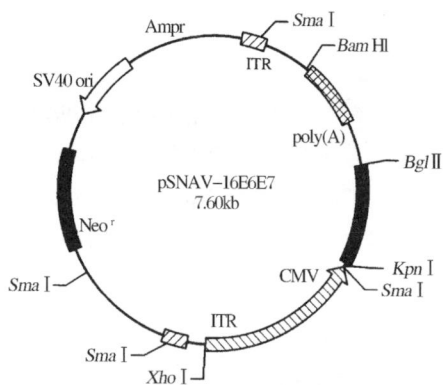

图 1　质粒 pSNAV16E6E7 结构

Fig. 1　Structure of plasmid pSNAV16E6E7

的表达　将构建的质粒 pSNA – 16E6E7 转染到 BHK21 细胞中，以 500 μg/mlG418 筛选 2 周，得到抗性克隆，命名为 BHK21 – E6E7。提取该细胞总 RNA，用 oligo – dT 引物反转录合成 cDNA，然后以 HPV16E6、E7 特异引物扩增，得到相应大小的片段，证明了 E6、E7 基因在 BHK21 – E6E7 细胞中的表达（图 2）。同时，收集细胞，进行 15% SDSPAGE 凝胶电泳。将蛋白样品转移到硝酸纤维素膜上，分别与 HPV16E7 单克隆抗体及 HRP 标记羊抗小鼠 IgG 反应，化学发光自显影检测，证实有约 18×10^3 大小的条带存在（图 3）。

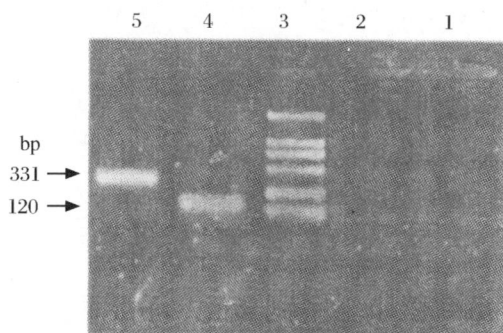

图 2　RT – PCR 检测 BHK21 细胞中 HPV16 E6、E7 基因的表达

1，2：Negative control；3：DL 2000 Marker；4：Amplified HPV16E6 fragment；5：Amplified HPV16E7 fragment

Fig. 2　Detection of the expression of HPV16 E6/E7 genes in BHK21 cell by RT –PCR

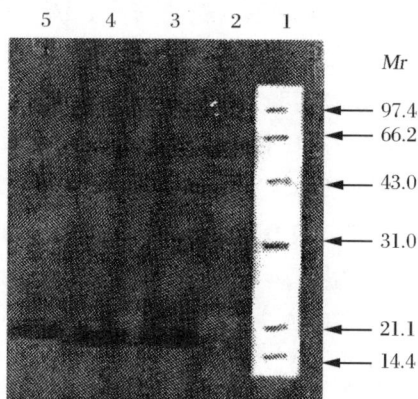

图 3　化学发光自显影检测 HPV16E7 蛋白的表达

1：Standard protein marker；2：BHK21 cell lysate；3，4，5：BHK21 – E6E7 cell lysate

Fig. 3　Western blot detection of the expression of HPV16 E7 protein by chemiluminescent autogaphy

　　三、重组 AAV 感染的食管组织在 SCID 小鼠成瘤　接种筛选出来的 BHK21 – E6E7 细胞，感染野生型腺病毒 5 型 2 h，然后转染辅助质粒 pAd8，48 h 后收获包装的重组病毒。经过反复冻融 3 次，56 ℃水浴 30 min，离心除去细胞碎片，分装病毒上清并冻存于 – 80 ℃冰箱备用。

　　无菌剪取 4 月龄人胚食管组织，纵向剪开，取下内屋黏膜屋，剪碎，与重组 3 ml 病毒上清混合，37 ℃CO₂ 温箱孵育感染 2 h，离心收集剪碎的组织块，注射 SCID 小鼠皮下。1 周后在注射部位注入 50 ngTPA，每周 1 次，持续 12 周。第 6 周后可见注射部位有异物生长（共注射 8 只 SCID 小鼠，其中有 2 只有生长；而作为阴性对照的 3 只均无生长），12 周后取下瘤组织块，部分移植到新的 SCID 小鼠，部分用无血清培养基 MDCB151 培养，其余部分用于瘤组织的鉴定。

　　四、瘤组织鉴定　取瘤组织少许提取 DNA，用克隆引物扩增 HPV16 E6E7 基因片段，能够在瘤组织中扩增到相应的 813 bp 片段，表明有 E6E7 基因的导入（图 4）。同时用瘤组织 DNA 与 HPV16 E6E7 全基因进行打点杂交，也证明了 E6E7 基因的存在（图 5）。

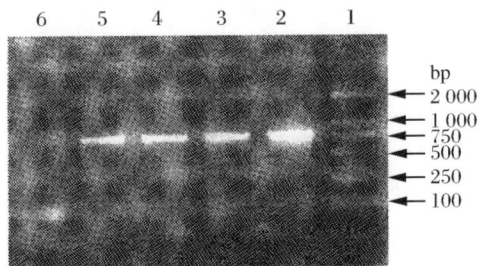

图 4　PCR 检测瘤组织中 HPV16 E6E7 基因片段

1：DL 2000 marker；2：Positive control；3，4，5：DNA samples from tumors；6：Negative control

Fig. 4　PCR amplification of HPV16 E6E7 fragments from tumor samples

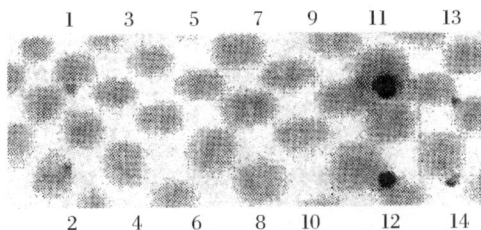

图 5　瘤组织 DNA 打点杂交

1，2：10 μl DNA sample；3，5，7，9．10 μl negative DNA；4，6，8. 5 μl negative DNA；11，12. 5 μl positive control；13，14. 5 μl DNA sam－ple

Fig. 5　Dot blot detection of tumor samples by Dig－labelled HPV16E6E7 full－length probe

对瘤组织病理切片进行 HE 染色，表明为恶性的鳞状上皮癌（图 6）。同时将瘤组织培养于无血清培养基 MCDB151 中，3 d 后见到组织块边缘有上皮样细胞生长，10 d 后细胞晕长大，普通显微镜及共聚焦显微镜扫描可以见到细胞呈典型上皮细胞的多角形（图 7）。同时，瘤组织超薄切片在电子显微镜下也可以观察到上皮细胞特有的桥粒及张力原纤维，证实了瘤组织的上皮来源（图 8）。从瘤组织培养的上皮细胞较原代人胚食管上皮生长迅速，目前仍然能够继续培养。

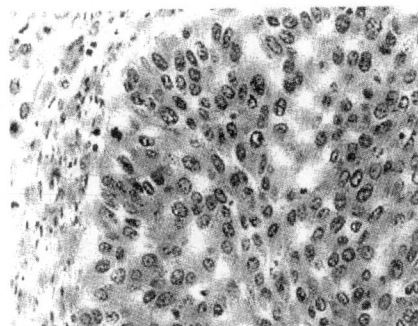

图 6　瘤组织切片 HE 染色（×200）
Fig. 6　H& Estain of the tumor（×200）

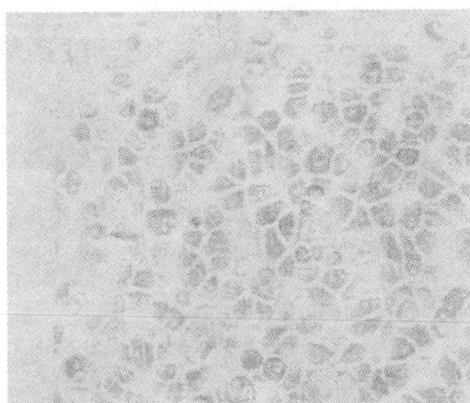

A

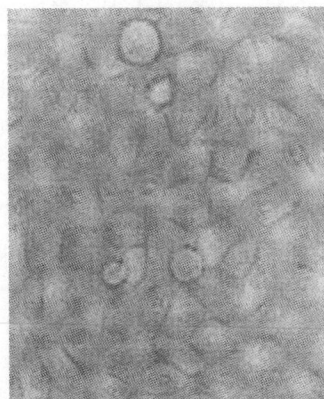

B

图 7　瘤组织培养形态观察

A：Observed under confocal microscope（×100）；B：Observed under light microscope（×200）

Fig. 7　Morphology of tumor tissue culture

讨　论

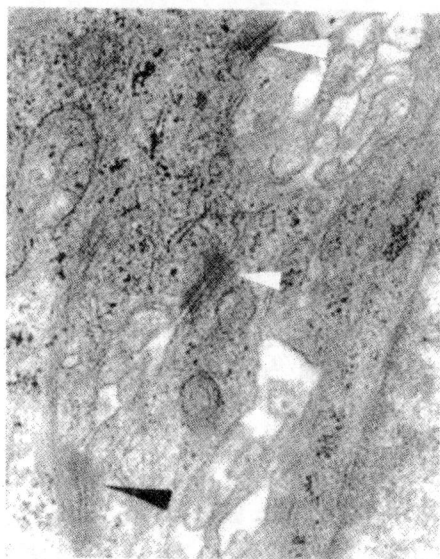

图 8　透射电镜下观察桥粒及张力原纤维

◊ desmosome; ← tonofibrils.

Fig. 8　Desmosomes and tonofibrils observed under transmission electron microscope（×15K）

食管癌是发展中国家居民中常见的一种消化道恶性肿瘤，我国卫生部肿瘤防治研究办公室1997年发表的报告，食管癌中国年龄调整死亡率为 15.02/10 万，占恶性肿瘤全部死亡的16.05%，严重威胁人民群众的生命与健康。但是食管癌发生的原因一直未明。根据食管癌的地区分布特点，认为食管癌可能与这些地区地理环境、饮水和食物中的营养素和微量元素分布以及群体遗传易感性等有关[2]

自从 1987 年周坚开始调查国内食管癌标本中HPV DNA 存在以来，国内、国外实验室对于国内不同地区食管癌标本进行了深入的研究，检出率在 0～80% 之间不等[2,3]。我们实验室对来自广东汕头地区的食管癌标本检测显示，HPV16 和HPV18DNA 的阳性率分别为 40% 和 20%，说明HPV 感染在该地区食管癌发生过程中发挥了重要作用。沈忠英等用包含 HPV18 E6E7 基因的重组腺伴随病毒感染原代人胎食管上皮细胞，成功地得到永生化细胞系 SHEE，并对该细胞系的生物学特性进行了详细的研究[4,6]。但用 HPV16 的E6E7 基因永生化食管上皮细胞未见有报道。

AAV 是一种无包膜的人单链 DNA 病毒，属于细小病毒属，虽然人群中血清阳性率在70%～90% 之间，迄今为止未见在人类发病。构建重组 AAV 载体得到的 rAAV 具有滴度高、能够感染非分裂期细胞等优点，逐渐受到人们的重视[9]。我们用含有 HPV16 E6E7 基因的重组逆转录病毒没有能够观察到食管上细胞的转化，这是因为逆转录病毒对终末细胞无效，此外，可能是得到的重组逆转录病毒滴度不高，影响了其转染效果。而采用重组 AAV 系统，在感染人胎食管组织以后，在 TPA 的协同作用下，在 SCID 小鼠体内成瘤。PCR 及打点杂交证实了瘤组织中 HPV16 E6E7 基因的存在，超薄切片在电镜下观察到上皮细胞所特有的桥粒及张力原纤维，证明了瘤组织的上皮来源。这些结果首次证明了 HPV16 感染对于食管癌发生具有一定作用，为深入研究食管癌发生的分子机制打下了基础。

〔原载《病毒学报》2003, 19（1）: 1－5〕

参 考 文 献

1　Syrjanen K J. Histological changes identical to those of condylomatous lesions found in esophageal squamous cell carcinomas. Arch Geschwulstforsh, 1982, 52: 283－292

2　Sur M, Cooper K. The role of the human papillomavirus in esophageal cancer. Pathology, 1998, 30: 348－354

3　Lavergne D, de Villiers E M. Papillomavirus in

esophageal papillomas and carcinomas. Int J Cancer, 1999, 80: 681 – 648

4 沈忠英，岑山，蔡维佳，等．人乳头状瘤病毒 18 型 E6E7 基因诱导人胚食管上皮永生化．中华实验和临床病毒学杂志，1999，13 （2）：121 – 123

5 沈忠英，陈晓红，沈健，等．人乳头状瘤病毒诱导人胚食管上皮永生化细胞恶性转化．病毒学报，2000，16：97 – 191

6 Shen Z, Cen S, Shen J, et al. Study of immortalization and malignant transformation of human embryonic esophageal epithelial cells induced by HPV18 E6E7. J Cancer Res Clin Oncol, 2000, 126: 589 – 594

7 刘华，刘天菊，耿宜萍，等．宫颈癌患者外周血中的人乳头瘤病毒 16 型 E6 及 E7 蛋白特异性致敏淋巴细胞的检测．中华微生物学和免疫学杂志，1995，15：411 – 413

8 Suzuk L, Noffsinger A E, Hui Y Z, et al. Detection of human papillomavirus in esophageal squamous cell carcinoma. Cancer, 1996, 78: 704 – 710

9 Russell D W, Kay M A. Adeno – Associated Virus Vectors and Hematology. Blood, 1999, 94: 864 – 874

Transformation of Fetal Esophageal Epithelial Cells by a Recombinant Adeno – associated Virus Containing the E6E7 ORFs of Human Papillomavirus Type 16

ZHANG Yong – jun[1], SHEN Zhong – ying[3], GUO Xiu – chan[1], ZHAO Jian[2], ZENG Yi[1]

(1. National Institute for Viral Disease Control and Prevention, China CDC, Beijing 100052, China ; 2. Department of Gynaecology and Obstetrics, the First Affiliated Hospital of Beijing University, Beijing 100037, China; 3. Medical Colloge of Shantou University, Shantou 515031, China)

To demonstrate the relationship between human papillomavirus type 16 infection and the development of esophageal cancers, an adeno – associated virus vector containing the E6E7 ORFs of HPV16 was constructed and the recombinant virus was packaged. Fetal esophageal epithelial cells infected with rAAV were injected into SCID mice subcutaneously. In synergy with TPA and about 12 weeks later, cells were induced to form tumors, the existence of HPV16 E6E7 genes in the tumors were confirmed by polymerase chain reaction and dot hybridization. The tumor was demonstrated as malignant squamous epithelial carcinoma by H&E stain, its epithelial origin was further confirmed by transmission electron microscope with the observation of desmosomes and tonofibrils. These results provided with both theoretical and practical foundations for elucidating the viral etiology of esophageal cancers, the molecular mechanisms of the development of esophageal cancers as well as the prevention of esophageal cancers.

〔**Key words**〕 Human papillomavirus type16; Esophageal cancer; Adeno – associated virus vector; Transformation

278. 含 EBV – LMP2 基因重组腺病毒疫苗的构建及其诱导 CTL 应答的初步探讨

中国疾病预防控制中心病毒病预防控制所肿瘤室

左建民　周　玲　王　琦　曾　毅

〔摘　要〕　**目的**　构建包含 EBV – LMP2 基因的重组腺病毒疫苗并探讨它在体内外的免疫性质。　**方法**　采用 pAdeasy – 1 系统构建包含 EBV – LMP2 基因的重组腺病毒疫苗，并用 IFA、PCR 和 $TCID_{50}$ 等方法对其特异性进行鉴定。通过重组腺病毒感染人树突状细胞（DC），在体外活化自体 T 细胞；以及通过重组腺病毒感染小鼠淋巴细胞，皮下免疫同种小鼠，体内活化 CTL 评价其免疫效果。　**结果**　通过 PCR 以及间接免疫荧光试验分别证实了病毒目的基因 LMP2 的存在以及蛋白在 293 细胞中的表达。采用 $TCID_{50}$ 方法，测定第 6 代的病毒滴度为 2×10^8。体内外的免疫实验结果显示通过这两种方式均可以有效地引发针对 EBV – LMP2 的 CTL 反应。　**结论**　包含 EBV – LMP2 基因的重组腺病毒疫苗可以在体内外有效地引发 CTL 应答，这些资料为下一步临床应用含 LMP2 的重组腺病毒作为疫苗治疗和预防 EBV 相关肿瘤奠定了基础。

〔关键词〕　EB 病毒；LMP2；重组腺病毒；DC；CTL 反应

Epstein – Bart 病毒（EBV）属于疱疹病毒科 γ 亚科，在人类广泛传播。大多数 EBV 的初次感染在患者幼儿时期，而且没有明显的临床症状，终身携带病毒。一旦病毒处于活化状态，这种原静止状态的病毒即可转变为与很多疾病包括肿瘤在内的相关病因。EBV 与越来越多的人类肿瘤相关，包括由于免疫抑制引起的免疫增生型淋巴瘤、Burkitt's 淋巴瘤、鼻咽癌（NPC）、何杰金氏病（HD）和多种 T 细胞淋巴瘤。尽管在这些肿瘤的病因学中，EBV 的准确作用并不十分清楚，但肿瘤细胞中这个病毒的存在提供了一个以 CTL 为基础治疗的潜在靶位。

腺病毒具有宿主范围广泛以及应用方便等优点，因此腺病毒载体被广泛用于基因治疗和疫苗研究。我们采用 pAdeasy – 1 系统[1] 构建了一株包含潜伏膜蛋白 2（LMP2）基因的重组腺病毒，并评估了其通过感染人树突状细胞（DC）在体外以及通过感染小鼠淋巴细胞在体内激发 EBV 特异性 CTL 的能力，通过这两种方式均可以有效地引发抗原特异性 T 细胞反应。

材料和方法

一、菌株及质粒　Adeasv – 1 系统（包括腺病毒穿梭质粒 pAdshuttle – CMV，骨架质粒 pAdeasy）为美国约翰霍普金斯大学 Dr. He TC 馈赠。HEK293 细胞、P815 细胞为本室保存。AD5 腺病毒野毒株本室保存。重组 LMP2 痘苗病毒为本室保存。

二、工具酶及其他试剂　各种限制性内切酶、T4 DNA 连接酶、Taq 酶及其他工具酶购自 TaKaRa 公司。脂质体转染试剂盒 LipofectAM NE™ reagent 购自 Invitrogen 公司。淋巴细胞分离液购自 Pharmacia 公司。细胞因子 GM－CSF、IL－4、ID2 购自 Sigma 公司。乳酸脱氢酶检测试剂盒 "CytoTox96T™ Non Radioactive Cytotoxicity Assay" 购自 Promega 公司。LMP2 单抗为英国伯明翰大学馈赠。荧光标记抗小鼠 IgC 购于华美公司。

三、实验动物　BALB/c 小鼠，6～8 周，购自中国医学科学院动物中心。

四、重组腺病毒 DNA 的构建和包装　具体的方法见文献〔1〕。重组腺病毒命名为 Adeasy－LMP2。

五、EBV－LMP2 重组腺病毒的鉴定和病毒滴度的测定　提取感染了重组 Adeasy－LMP2 病毒的 293 细胞 DNA 和收集的重组病毒悬液加入蛋白酶 K 消化后煮沸 5 min 作为模板，分别进行 PCR。并用 AD5 野毒的病毒悬液作为对照。收集感染的 293 细胞涂片，用间接免疫荧光检测蛋白的表达。滴度测定采用 TCID$_{50}$ 实验，其基础是应用极限稀释法使 293 细胞出现病变从而估计滴度。

六、重组腺病毒感染人 DC 体外活化 CTL 实验　首先分离和培养志愿者 DC。先用淋巴细胞分离液分离志愿者外周血单个核细胞（PBMC），在 6 孔板中培养 2 h，轻微晃动 3 次后吸掉上清中的细胞，加含 15％胎牛血清、IL－4（25 ng/ml）、GM－CSF（200 ng/ml）的 1640，37 ℃，5％ CO_2 培养 7 d，培养板中即为富集的 DC 细胞。腺病毒感染 DC。培养 7 d 的 DC 用无血清 1640 收集，在 100 μl 1640 中重悬，用 MOI 为 200 的 Adeasy－LMP2 重组腺病毒在 200 μl 1640 中 37 ℃感染 2 h，然后在含成熟因子的 DC 培养基（包括 IL－4、GM－CSF、TNF－α）中再培养 48 h。同时设立 AD5 野毒株对照。再将感染后的 DC 作为 APC 刺激自体 T 细胞反应。分离自体 PBMC，PBMC 与自体病毒感染的 DC 按 20∶1 的比例在 6 孔板中共同孵育，rhIL－2 在第 3 天加入，终浓度是 25 IU/ml；反应的 T 细胞每周刺激 1 次，培养 14 d。最后 CTL 检测。分离自体 PBMC，用重组 LMP2 痘苗病毒吸附 3 h，再继续培养 12 h 后作为 CTL 杀伤的靶细胞；然后采用乳酸脱氢酶法检测 CTL 杀伤率。

七、小鼠免疫 CTL 实验　分离小鼠的脾淋巴细胞，用含 2 μg/ml 的 Con A、20 U/ml IL－2 的 10％小牛血清的 1640 培养液重悬，37 ℃，5％ CO_2 条件下培养 1～2 d，MOI 为 1000 的 Adeasy－LMP2 重组腺病毒在 500 μl 1640 中 37 ℃感染 120 min。然后小鼠脾淋巴细胞继续培养 48 h。收集细胞并用 1640 洗涤 2 次，去除残存病毒，皮下免疫 6～8 周小鼠，野毒株作为对照。2 周、4 周加强免疫 2 次。6 周取小鼠脾淋巴细胞，采用乳酸脱氢酶法检测 CTL 杀伤率。

结　果

一、重组 Adeasy－LMP2 腺病毒的鉴定及滴度的测定　PCB 检测 LMP2 基因：为检测包装出来的重组病毒是否含有所需要的目的片段，分别取 4 代的重组 Adeasy－LMP2 病毒上清、重组 Adeasy－LMP2 病毒感染 293 细胞基因组 DNA、Ad5 病毒上清以及水作 PCR。结果显示，重组 Adeasy－LMP2 病毒上清以及感染 293 后提取的基因组 DNA 中有长 1.3 kb 的 LMP2 扩增条带，其余为阴性（图 1 略）。

间接免疫荧光实验：为了检测重组 Adeasy－LMP2 病毒感染 293 细胞后的 LMP2 蛋白表达情况，我们收集感染后的 293 细胞涂片，用 LMP2 的单抗以及荧光标记二抗作间接免疫荧光实验。并用正常 293 细胞作为对照：其中表达了 LMP2 抗原的 293 细胞被 FITC 标记而呈现绿色，阴性细胞由于伊文斯蓝染色而呈现红色（图 2）。

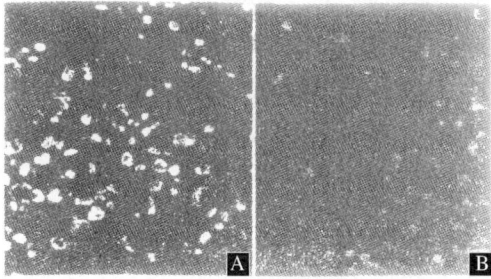

**图 2　Adeasy – LMP2 感染 293 细胞的
间接免疫荧光检测结果**

A：293 cell infected by Adeasy – LMP2；

B：Normal 293cell

**Fig. 2　The result of 293 cell infected by Adeasy –
LMP2 with indirect immunofluorescence assay**

重组 Adeasy – LMP2 腺病毒滴度的测定：用
96 孔板做 $TCID_{50}$ 实验，按照 $T = 10^{1+d(s-0.5)}$ 计算
滴度，结果第 6 代重组腺病毒滴度是 2×10^8。

二、**体外活化 CTL 实验**　本实验有 3 名志
愿者参与，重组腺病毒感染的 DC 与自体 PBMC
共同培养 14 d 后，采用乳酸脱氢酶法检测 CTL
杀伤率。结果显示，与腺病毒 5 型野毒对照相
比，重组 Adeasy – LMP2 腺病毒可以通过感染
DC 在体外有效地活化 CTL（图 3）。

三、**免疫小鼠的 CTL 实验**　本实验分重组
腺病毒实验组、腺病毒 5 型野毒对照组，每组 6
只小鼠。通过免疫小鼠的 CTL 实验可以看出，
重组 Adeasy – LMP2 病毒感染的淋巴细胞在小鼠
体内可以起到呈递抗原的作用，并有效激发 CTL 反应（图 4）。

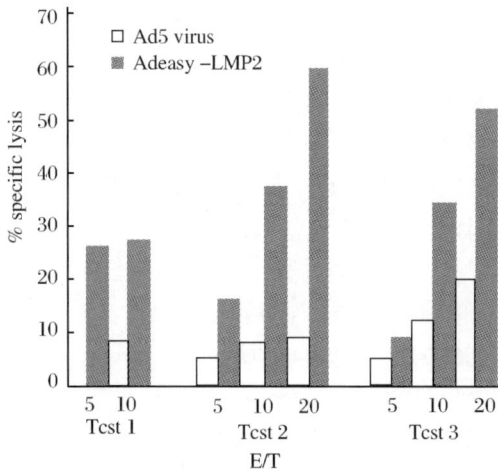

**图 3　重组 Adeasy – IAVIP2 腺
病毒感染 DC 体外活化 CIL 实验**
**Fig. 3　Adeasy – LMP2 infected
DC elicit anti – EBV CTL in vitro**

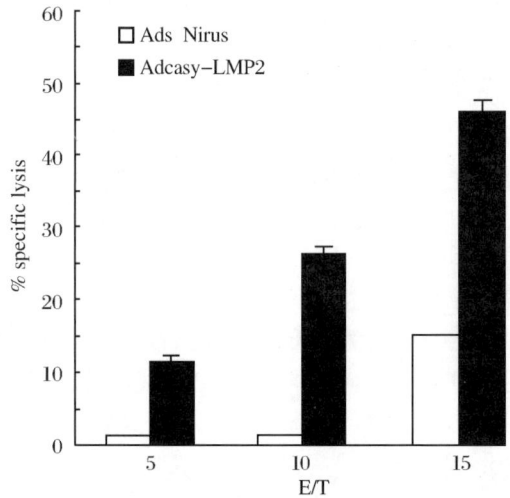

图 4　免疫小鼠 CTL 实验
Fig. 4　CTL test of immunized mouse

讨　论

EBV 与许多恶性肿瘤的关系密切，EBV 相关的大细胞淋巴瘤是免疫缺陷病人主要的恶
性肿瘤；EBV 相关的鼻咽癌（NPC）在东南亚地区尤其在我国南方地区发病率高，为每年
（20～50）/100 000 人[2]。目前，针对 EBV 相关肿瘤的传统治疗方法中效果不好或有严重的
合并症缺陷。但过继性 CTL 治疗骨髓移植受者体内出现的捐献者来源的免疫增生性 B 细胞
淋巴瘤的成功[3]，给人们提供了一个免疫治疗策略的思路。EBV 能够激发针对许多病毒抗
原的 CTL 反应，包括潜伏核抗原以及潜伏膜蛋白。有研究显示[4]，大多数 EBV 感染的个体

产生的主要 CTL 反应是特异于 EBNA3B 和 3C 来源表位的，而针对 EBV 在其相关的肿瘤中表达的蛋白 EBNA2、LMP1、LMP2 来源表位的反应往往很低。这些 EBV 蛋白中间，EBNA1 包含一个 Gly - Ala 重复序列，会阻断它对 HLA Ⅰ 类限制性 T 细胞的处理和呈递。而 LMF2 是一个很好的可以引发 CTL 反应的蛋白，许多学者都在致力于通过激发针对 LMP2 的 CTL 来治疗 EBV 相关的肿瘤。

腺病毒具有宿主范围广泛的优点，可感染分裂期细胞，也可感染静止或终末分化细胞；复制的缺陷腺病毒不但具有腺病毒上述的特点，而且具有更高的安全性。腺病毒向 APC 中导入表达抗原的 DNA，被视为一种很有前景的肿瘤疫苗策略。目前已经有许多成功的动物模型及人体实验[5,6]，结果都显示重组腺病毒可以引发强烈的细胞免疫反应，并对肿瘤有一定抑制效果。

我们已经构建了含 EBV - LMP2 基因重组腺病毒的实验株[7]，本研究构建了不含 GFP 报道基因的疫苗株，并集中研究了感染编码 LMP2 蛋白重组腺病毒的 DC 在体外激发抗 EBV 细胞免疫的能力，以及感染重组腺病毒的小鼠淋巴细胞在体内激发细胞免疫的能力。树突状细胞是最主要的抗原呈递细胞，可以启动和调节 T 细胞免疫反应，而且基因修饰的 DC 可以成功地用于肿瘤免疫治疗，无论在实验动物或人体[8,9]，证据都显示抗原负载或重组病毒感染的 DC 可以促进细胞免疫反应。在体外实验中，我们选取了 3 个志愿者，分别分离了他们的树突状细胞（DC），通过重组腺病毒感染后在体外对其自体 T 细胞进行刺激。3 组实验均显示了感染后的 DC 可以激发有效的 CTL 反应，在效靶比 10：1、20：1 时均有 20% ~ 30% 的杀伤率，其中一组达到了 50% 的杀伤。在免疫小鼠的实验中，我们采用的是小鼠脾淋巴细胞，经重组腺病毒修饰后，皮下免疫小鼠。修饰的淋巴细胞一部分可以直接向 T 细胞呈递抗原，一部分可以向抗原提呈细胞提呈抗原，达到激发细胞免疫的作用。结果显示，在效靶比为 10：1、20：1 时有 20% ~ 30% 的杀伤率，可以检测到明显的杀伤活性。

根据以上结果分析，我们基本可以判断，含 EBV - LMP2 的腺病毒转染的 DC 可以有效地刺激自体针对 LMP2 的 CTL 反应，动物实验也显示了相似的结果。这些资料为我们将来临床应用含 LMP2 的腺病毒载体治疗和预防 EBV 相关肿瘤奠定了基础。并为深入研究 LMP2 蛋白的功能和特性大有益处。

〔原载《中华微生物学和免疫学杂志》2003，23（6）：446 - 449〕

参 考 文 献

1 He TC, Zhou SD, Costa LT, et al. A simplified system for generating recombinant adenoviruses. Pro Nail Acad Sci, USA, 1998, 95: 2509 - 2514

2 Haang DP. Epidemioiogy and etiology // van - Hasseh CA, Gibb AG, eds. *Nasopharyngeal carcinoma.* Chinese University Press, Hong Kong, 1991, 23

3 Rooney CM, Smith CA. Use of gene - modified vires - specific T lymphocytes to control Epstein - Bmr vires related lympholiferation. The Lancet, 1995, 345: 9 - 13

4 Schmidt C, Burrows SR, Seulley TB, et al. Non-responsiveness to an immunodominant Epstein - Barr virus - encoded cytotoxic T - lymphocyte epitope in nuclear antigen 3A: implication for vaccine strategies. Proc Nail Acad Sci USA, 1991, 88: 9478 - 9482

5 Butterfield LH, Jilani SM, Chakraborty NG, et. al. Generation of melanoma - specific cytotoxic T lymphocytes by dendritic cells transduced with a MART - 1 adenovirus. J Immunol, 1998, 161: 5607 - 5613

6   Wan YJ, Bramson R, Carter F, et al, Dendritic cells transduced with an adenoviral vector encoding a model tumor – associated antigen for tumor vaccination. Hum Gene Tner, 1997, 8: 1355 – 1363

7   姚家伟，周玲，王琦，等．EB 病毒潜伏膜蛋白 2 重组腺病毒的构建及其免疫效果的研究．中国肿瘤，2002，11（11）：691 – 694

8   Fong L, Engleman EG. Dendritic cells in cancer immunotherapy. Annu Rev Immunol, 2000, 18: 245 – 273

9   Redchenko IV, Rickinson AB. Accessing Epstein – Barr. virus specific T cell memory with peptide loaded dendritic cells. J Virol, 1999, 73: 334 – 342

The *in vitro* and *in vivo* Immunogenicity of Recombinant Adenovirus Vaccine Containing EBV – latent Membrane Protein 2

ZUO Jian – min, ZHOU Ling, WANG Qi, ZENG Yi

(Institute for Virus Disease Control and Prevention, Chinese CDC, Beijing 100052, China)

Objective   To construct the recombinant adenovirus vaccine containing LMP2 gene and assess its immunogenieity in vitro and in vivo.   **Methods**   Using pAdeasy – 1 system, we constructed the recombinant adenovirus vaccine containing LMP2 gene. To estimate its immunogenicity, we used the DC infected by AdeasyLMP2 to stimulate autologous T cells *in vitro* and the murine lymphocyte infected by Adeasy – LMP2 to immunize mice through hypodermic injection.   **Results**   With PCR and immunofluorescence assay, we identified the existence of target gene LMP2 in the Adeasy – LMP2 and the expression of LMP2 protein in the 293 cells infected by Adeasy – LMP2. Using $TCID_{50}$ method, we determined the titer of the sixth generation Adeasy – LMP2 was 2×10^8. The immunology assay *in vitro* and *in vivo* showed that these two methods both can effectively elicit anti – LMP2 CTL reaction.   **Conclusions**   The recombinant adenovirus vaccine containing EBV – LMP2 gene effectively elicits cell immunity. These, data are the base of our clinical test of LMP2 recombinant adenovirus vaccine in prevention and treatment of EBV – associated tumors.

〔**Key words**〕EBV; LMP2; Recombinant adenovirus; DC; CTL

279. 去除致癌基因的 EB 病毒潜伏膜蛋白 1 的重组腺病毒的构建及其免疫效果

中国疾病预防控制中心病毒病预防控制所 贾俊岭 周 玲 左建民 王 琦 曾 毅

〔摘 要〕 为进一步研究利用 EB 病毒潜伏膜蛋白 1（LMP1）进行免疫治疗的可行性，构建了含有去除致癌基因的 EB 病毒 LMP1 片段（LMP1Δ）的穿梭质粒 pAdTrack–CMV–LMP1Δ，将他与腺病毒骨架质粒 pAdEasy–1 用电转染的方法共同导入大肠埃希菌 BJ5183 中，在宿主菌重组酶的介导下进行同源重组。通过抗性筛选，获得含有重组腺病毒基因的质粒；然后再通过脂质体将重组腺病毒质粒导入腺病毒包装细胞 HEK293 细胞中，在 HEK293 细胞 E1 蛋白的反式作用下，病毒被包装。将包装病毒的细胞裂解上清进行 PCR 鉴定证实，病毒 DNA 中含有目的基因的特异性片段。RT–PCR 证明了外源基因在真核细胞中得以转录，免疫酶和 Western blot 的结果也显示，LMP1Δ 蛋白在真核细胞得到表达。将扩增后的病毒感染 HeLa 细胞，测定病毒滴度为 $3.0 \times 10^9 \text{PFU/ml}$。为初步探讨其免疫效果，采用肌内注射和滴鼻的方式感染 Balb/c 纯系小鼠，免疫酶检测其特异性抗体，LDH 法检测特异性 CTL 的杀伤作用，结果发现，两种免疫途径均可诱发小鼠针对 LMP1 的特异性体液免疫和细胞免疫，而且 Ad5 作为免疫对照组的小鼠则没有引起相应的免疫反应。

〔关键词〕 EB 病毒；重组腺病毒；EB 病毒潜伏膜蛋白 1Δ；特异性细胞毒作用

EB 病毒在人群中的感染十分普遍，其中 EB 病毒 Ⅱ 型隐性感染与鼻咽癌（NPC）和何杰金氏病密切相关。NPC 细胞的抗原表达主要局限在 EBNA1 和潜伏膜蛋白 1、2（LMP1、IMP2）上[1]。研究发现，LMP1 是 EB 病毒细胞免疫反应的刺激剂和靶抗原，尤其是 N 端的蛋白区域，提供了 EB 病毒诱导的特异性 T 细胞毒性杀伤反应的靶抗原。由此可见，对可提高病人针对 LMP1 的特异的 CTL 反应可以作为 NPC 免疫治疗的重要手段。在 EB 病毒转化细胞的过程中，LMP1 基因发挥着重要的作用。他是一个完整的膜蛋白分子，由胞质区短 N 端、跨膜区和胞质区长 C 端 3 个部分组成。胞质区 C 端由 200 个氨基酸组成，其中后 155 个氨基酸是发生转化功能的基础，而前 44 个氨基酸则维持已转化细胞的生长。

刘海鹰等对 EB 病毒 LMP1 进行了基因改造，去除了 LMP1 C 末端的 2 个 *Nco* I 位点间的 495 bp 与致癌性片段，保留了其免疫源性，并进行了初步的免疫研究，发现其 DNA 疫苗可以在 Balb/c 纯系小鼠产生一定的 CTL 反应[2]。

鉴于腺病毒载体具有宿主范围广泛，既可感染分裂期细胞也可感染静止期或未分化细胞，感染滴度高、安全性高，产生的外源蛋白接近于翻译后的成熟蛋白质，以及稳定性好等优点，为进一步研究利用 LMP1Δ 进行免疫治疗的可行性，构建了 LMP1Δ 重组腺病毒并进行了研究。在腺病毒载体的选择上使用现在普遍应用的来源于 5 型腺病毒的 pAdEasy 的系统[3]，这个系统的构建比传统的构建方法相对简单。

材料和方法

一、菌株、质粒及实验动物　大肠埃希菌 EJ5183（链霉素抗性）为美国约翰霍普金斯大学 Dr. HeTC 馈赠。pUC18 - MS187 重组质粒（含有 LMP1Δ 的 pUC18 质粒）和 pCDNAⅢ - LMP1Δ 质粒（含有 LMP1Δ 的 pCDNAⅢ质粒）为本室保存；pMD - 18TVector 载体购自 Takara 公司，腺病毒穿梭质粒 pAdTrack - CMV（卡那霉素抗性）、骨架质粒 pAdEasy（氨苄西林抗性）为美国约翰霍普金斯大学 Dr. HeTC 馈赠。HEK293 细胞、P815 细胞、HeLa 细胞、宫颈癌细胞系为本室保存。S12（LMP1 单抗产生细胞）由美国哈佛大学 Kieff 教授馈赠。

二、工具酶及其他试剂　各种限制性内切酶、T4DNA 连接酶、Taq 酶及其他工具酶购自 Takara 公司。Pca Ⅰ 和 Pme Ⅰ 购自 BioLab 公司。脂质体转染 Lipofectamin™ Reagent 试剂盒、Opti - MEM、TRIzol 试剂购自 GIBCO BRL 公司。LDH 检测试剂盒 "Cyto Tox96™ Non Radio-active Cytotoxicity Assay" 购自 Promega 公司。HRP 标记抗小鼠 IgC 及荧光标记抗小鼠 IgG 购自华美公司。

三、引物和 PCR 扩增　实验所用引物在上海生物工程公司合成。P1：5′ACTGGTAC-CCTCCTGACACACTGCC3′；P2：5′ GGAAGCTTTATGACATGGTAATGCCT3′，P3：5′ GAGA-CAGGTGAACCTCGGGAAACA3′。

四、重组腺病毒 DNA 的构建和包装　具体的方法见文献〔3〕。重组腺病毒命名为 AdEasy - LMP1Δ。

五、EBV - LMP1Δ 组腺病毒的鉴定和病毒滴度的测定和电子显微镜观察　DNA 和 RNA 水平检测采用本室常规检测方法。采用免疫酶法和 Western blot 方法检测 EBV - LMP1Δ 瞬间表达情况。将大量生产的病毒作梯度稀释，以 $10^{-4} \sim 10^{-9}$ 稀释度各 2 ml，在 6 孔板上接种 HeLa 细胞，每个稀释度 3 个孔，12 ~ 18 h 荧光显微镜观察荧光蛋白表达。

病毒滴度（PFU/ml）= 平均每孔荧光数 × 稀释倍数/接种毫升数。病毒经磷酸钨负染，在透射电镜下观察。

六、EBV - LMP1Δ 重组腺病毒初步免疫实验　4 ~ 5 周龄 Babl/C（H - 2d）雌性小鼠，乙醚麻醉，当小鼠昏迷肌肉处于松弛状态后，将重组腺病毒和 Ad5 按 10^7PFU/只注射小鼠胫前肌和滴鼻。在第 4 周同样方法同样剂量加强免疫 1 次；第 6 周取血、脾检测抗体及 CTL。共分 6 个实验组，实验组每组免疫 8 只小鼠，对照组每组免疫 4 只。用培养得到 P815 - LMP1Δ 抗性细胞作为阳性抗原片，检测不同组免疫小鼠的特异性 LMP1 抗体。取免疫小鼠脾细胞，刺激后测定 CTL。

结　果

一、重组腺病毒的包装　细菌重组得到的质粒转染 293 细胞。293 细胞可反式提供腺病毒复制必需的 E1 区蛋白，病毒得以包装。观察指示荧光蛋白的表达变化和 293 细胞病变，结果显示，重组腺病毒包装成功，传代病毒可见典型腺病毒病变。

二、LMP1Δ 重组腺病毒的电镜观察　　含 LMP1Δ 的重组腺病毒经磷酸钨负染后用电子显微镜观察，结果见图 1。

三、LMP1Δ 重组腺病毒的鉴定及滴度测定

1. PCR 检测 LMP1Δ 基因：为了排除重组腺病毒质粒 DNA 污染的可能，取传 2～3 代的病毒上清及 Ad5 做 PCR。结果显示，只有重组腺病毒 DNA 中有长 890 bp 的 LMP1Δ 特异性扩增条带（图 2）。

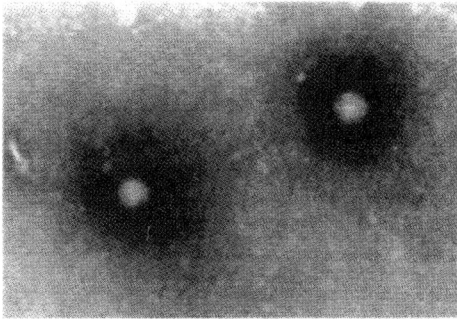

图 1　重组腺病毒的电子
显微镜照片（31 000 ×）
Fig. 1　AdEasyLMP1Δ under
electron microscope

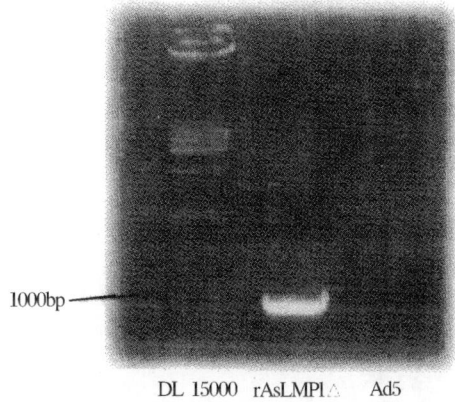

1000bp

DL 15000　rAsLMP1Δ　　Ad5

图 2　PCR 检测病毒 DNA 中 LMP1Δ 基因的结果
Fig. 2　Identification of LMP1Δ DNA
insertion in rAdLMP1Δ and in Ad5 by PCR

2. Western blot 检测 LMP1Δ 表达：LMP1Δ 特异性单克隆抗体进行 Western blot 检测，结果在 293 细胞中有大约 40×10^3 的蛋白条带，与预期值大小相符。而 Ad5 感染的 293 细胞未发现相似大小的条带（图 3）。

3. 重组腺病毒滴度的测定：病毒做梯度稀释，以 10^{-4}～10^{-9} 稀释度各 1 ml 接种于 6 孔板的 HeLa 细胞上，12～18 h 荧光显微镜观察，在最高稀释度 10^{-9} 有荧光蛋白表达，平均每孔有 3 个荧光斑点。病毒滴度（PFU/ml）＝3×10^9 PFU/ml。

四、EBV－LMP1Δ 重组腺病毒的初步免疫

1. 免疫酶法检测免疫鼠血清中 LMP1Δ 抗体：将 P815－LMP1Δ 细胞涂片，用 LMP1Δ 单抗检测靶抗原的表达情况。结果显示，含 LMP1Δ 重组质粒转染的 P815 抗性细胞的细胞膜上有棕色沉淀，对照无特异性抗原表达。

2. EBV－LMP1Δ 重组腺病毒诱发的 LMP1 特异性 CTL 反应：采用乳酸脱氢酶法检测 LMP1 特异性的 CTL 水平。对两组免疫鼠中每组各 8 只小鼠的特异性 LM1 CTL 活性进行平均计算后，从 CTL 检测结果可以看出，重组腺病毒两种免疫方式免疫的小鼠均可诱发一定程度的 CTL 反应（效靶比为 50∶1 杀伤率最好）。重组病毒免疫组小鼠 CTL 的杀伤率明显高于 Ad5 组。实验结果表明，LMP1Δ 重组腺病毒可以诱发细胞免疫和体液免疫反应（图 4）。

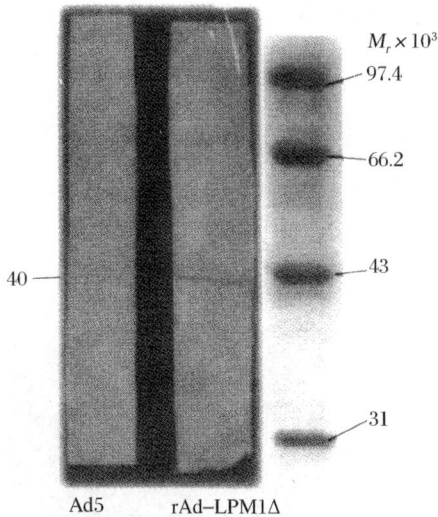

图 3　免疫印迹法鉴定 LMP1Δ 蛋白
Fig. 3　Detection of expression
of LMP1Δ by Western blot

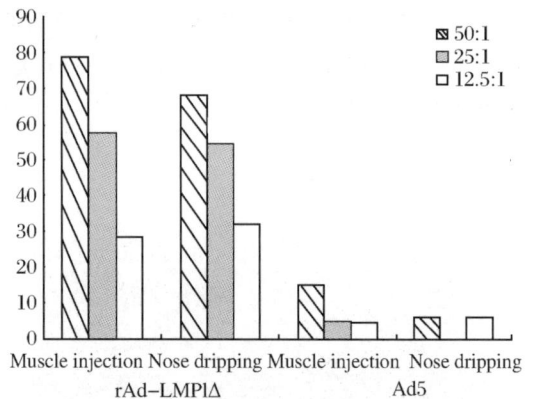

图 4　不同免疫组产生特异性 CTL 水平的比较
Fig. 4　Comparison of the CTL activity
in different immunized groups

讨　　论

鼻咽癌在我国东南四省属于区域性高发肿瘤，发病率男性约（2～50）×10⁵/年[4]。通过体外放疗 80% 的早期鼻咽癌患者可以被治愈，而只有 10%～40% 的恶性患者可以获得 5 年生存期[5-6]。但在放化疗失败的情况下肿瘤一般在两年内复发。近年来科学工作者正在研究应用 EB 病毒特异性 CTL 作为鼻咽癌的免疫治疗，同时作为补充对放化疗失败的人群尝试免疫治疗方法治疗，以探索阻断肿瘤复发和转移。

NPC 有一套免疫逃避机制[7]，使它们在 EBV 特异的免疫反应存在下也可以恶性存在[8-9]。最理想的方法是设计一种预防性的疫苗避免人群的感染。但这不现实，NPC 这种地域性疾病，病人在一出生很快就感染上病毒了。近些年来很多学者致力于 EB 病毒相关肿瘤的免疫治疗，并取得了一些成果。例如：1996 年，美国 Dr. Rooney 成功地用异体 HLA 匹配的 CTL 治疗 EBV 引起的 B 淋巴细胞增生症，临床效果显著。A. B Rickinson 等尝试使用自身的 DC 细胞负载三种 LMP2 的 CD8⁺ 特异肽进行免疫治疗也取得了一定的效果。现在，主要有两种免疫治疗策略：（1）回输在体外被激活的 LMP 特异的自体 CTL 细胞。Rooney 等人使用反录病毒和疱疹病毒作为载体，在 DC 细胞中表达 LMP2，并使用这样的 DC 细胞作为刺激物来产生 HD 病人的特异性 CTL[10,11]。（2）使用确定的 CTL 肽或 EB 病毒 CTL 抗原来激发免疫反应。载体的选择上已报道的有 DNA 疫苗、痘苗病毒、反录病毒。但近年来的研究结果表明，在人体中核酸疫苗诱发的免疫反应强度普遍较弱，与小鼠实验结果相差甚远，只比较适合在动物模型上的初步免疫效果研究。国内曾毅、周玲领导的课题组[12]，将 LMP2 基因定向克隆入逆转录病毒载体 LXSN 中，经包装细胞后成功获得带有 LMP2 的复制缺陷病毒。但由于逆转录病毒只能感染分裂期细胞而阻碍了其进一步的应用[13]。在病毒载体中，腺病毒不但能感染分裂期细胞，而且能感染静息期和分裂末期的细胞，而且腺病毒可以将外源基因导入树突细胞[14]，所以腺病毒载体是肿瘤免疫治疗比较理想的一种载体。在目的基因片段的选择上，由于鼻咽癌组织中 EB 病毒处于 II 型潜伏感染，细胞中仅表达 EBNA1、LMP1、LMP2 三种与细胞免疫相关的病毒产物。其中 EBNA1 产生的 CTL 不能杀伤自然感染 EB 病毒的细胞。由于 LMP1 是 EB 病毒致癌基因，所以，国际上还没有应用其进行免疫治疗的报道。我室刘海鹰对 LMP1 基因进行了改造，得到了 LMP1Δ 片段，并证明 LMP1Δ 不具有致癌性。使用腺病毒载体第一次构建成功了含 LMP1Δ 的重组腺病毒，并使用滴鼻和肌内注射两种免疫方法进行了初步的免疫学研究，从 CTL 检测结果可以看出，重组腺病毒两种免疫方式免疫小鼠均可诱发一定程度的 CTL 反应（效：靶为 50：1 杀伤率最好）。重组病毒免疫组小鼠 CTL 的杀伤率明显高于 Ad5 组。实验结果表明，LMP1Δ 重组腺病毒可以诱发全面的细胞免疫和体液免疫反应。

我们第一次成功构建了含 EB 病毒 LMP1Δ 的重组腺病毒，并初步研究了其免疫效果，为进一步使用 EB 病毒 LMP1Δ 作为 CTL 靶抗原进行鼻咽癌的免疫治疗奠定了基础。

〔原载《病毒学报》2003，19（3）：245 - 248〕

参 考 文 献

1 Rickinson A, Kieff E. Epstein - Barr Virus. Knipe D M, Howley P M. Fields Virology. Philadelphia New York：Lippincott Willams & Wilkins, 2000, 2575

2 刘海鹰. 去除致癌功能的 EB 病毒 LMP1 核酸疫苗的研究. 中国疾病预防控制中心病毒病预防控制所, 2000

3 He T C, Zhou S. A simplified system for generating recombinant adenoviruses. Proc Natl acad Sci USA, 1998, 95：2509 - 2514

4 Huang D P. Epidemiology and Aetiology. Van Hasselt C A, Gibb A G. Nasopharyngeal Carcinoma. Hong Kong：Chinese University Press, 1991. 3

5 Lee A W, Poon Y F, Foo W, et al. Retrospective analysis of 5037patients with nasopharyngeal carcinoma treated during 1976 - 1985：overall survival and patterns of failure. Int J Radial Oneol Biol Phys, 1992, 23：261

6 Zeng Y, Liu Y X, Wei T N, et al. Serological mass survey of NPC. Acta Med. Sin, I. 1979b, 123 - 126

7 Khanna R. Tumour surveillance：missing peptides and MHC molecules. Immunol Cell Biol, 1998, 76：20 - 26

8 Rooney C M, Rowe M, Wallace L E, et al. Epstein - Barr virus - positive Burkitt's lymphoma cells not recognized by virus - specific T - cell surveillance. Nature, 1985, 317：629 - 631

9 Moss D J, Burrows S R, Castelino D J, et al. A comparison of Epstein - Bart virus - specific T - cell immunity in malaria - endemic and nonendemic regions of Papua New - Guinea. Int J Cancer, 1983, 31：727 - 732

10 Rooney C M, Roskrow M A, Suzuki N, et al. Treatment of relapsed Hodgkin's disease using EBV - specific cytotoxic T cells. Ann Oncol, 1998, 9 (S1)：29 - 32

11 Roskrow M A, et al. Epstein - Barr virus (EBV) - specific cytotoxic T lymphocytes for the treatment of patients with EBV - positive relapsed Hodgkin's disease. Blood, 1998, 91：2925 - 2934

12 朱伟严. EB 病毒潜伏膜蛋白 2 重组疫苗的构建及其免疫效果的研究. 2000

13 Kai M A, Liu D, Hoogerbrugge P. Gene therapy. Proc Natl Acad Sci USA, 1997, 94：12774 - 12776

14 Brossart P, Goldrath W A, Butz E A, et al. Virus - mediated delivery of antigenic epitopes into dendritic cells as a means to induce CTL. J Immunol, 1997, 158：3270 - 3276

The Construction of Recombinant Adenovirus Inserted with Modified Epstein – Barr Virus Latent Membrane Protein 1 and the Study of Its Immune Effect

JIA Jun – ling, ZHOU Ling, ZUO Jian – min, WANG Qi, ZENG Yi

(National Institute for Viral Disease Control and Prevention, China CDC, Beijing 100052, China)

The LMP1 Δ gene was cloned and inserted into the shuttle vector pAdTrack – CMV. The resulting shuttle vector pAdTrack – CMV – LMP1 Δ was linearized by digesting with restriction endonuclease *Pme* I, and subsequently co-transformed into *E. coli*. BJ5183 cells with an adenoviral backbone plasmid pAdEasy – 1 by electroporotion method. We acquired the recombinants by selecting for kanamycin resistance, and reombination was confirmed by restriction endonuclease (*Pac* I) analyses. Subsequently, the linearized recombinant plasmid was transfected into adenovirus packaging cell line (the HEK 293 cell). The recombinant adenoviruses were typically generated within 7 to 12 days. The insertion of LMP1 Δ gene was confirmed by PCR method. The transcription of the LMP1Δ was also demonstrated by RT – PCR. The expression of LMP1Δ in HEK – 293 cell was proved by both EIA and Western blot. The titre of the recombinant virus tested on HeLa cell reached 3.0×10^9 PFU/ml. In order to know about the immune effect of the recombinant virus, Balb/C mice were infected by rAd5 – LMP1Δ through muscle injection and nose dripping. The LMP1Δ specific antibody was tested by EIA and the LMP1Δ specific cytotoxic T lymphocyte response was by the method of LDH. We found that both the infection routes in Balb/C mice could stimulate LMP1Δ specific lymphocytes and humoral immunel responses and, in contrast, the control group infected with Ad5 did not elicit the same responses.

〔**Key words**〕Epstein – Barr virus；Recombinant adenovirus；LMP1Δ ；Cytotoxic lymphocyte response

280. EB 病毒潜伏膜蛋白 2 的研究回顾

中国疾病预防控制中心病毒病预防控制所肿瘤与艾滋病实验室　左建民　周　玲　曾　毅

Epstein – Barr 病毒（EBV）属于疱疹病毒科 γ 亚科，在人类中广泛传播。大多数 EBV 的初次感染是在患者幼儿时期，而且没有明显的临床症状，终身携带病毒。EBV 与越来越多的人类肿瘤相关，包括由于免疫抑制引起的免疫增生性淋巴瘤、Burkitt 淋巴瘤、NPC、HD 和多种 T 细胞淋巴瘤等疾病。

EBV 潜伏感染时表达 8 种蛋白（6 种核蛋白 EBNA1、EBNA2、EBNA3A、EBNA3B、EBNA3C、EBNALP 和 2 种膜蛋白 LMP1 和 LMP2）。在这些与转化相关的病毒蛋白中，EB-NA1、LMP1、LMP2 是在 NPC 肿瘤标本和 EBV 相关肿瘤中可以检测到的蛋白。

一、LMP2 的功能　1982 年，Hummel 等[1]通过 cDNA 克隆和序列分析，发现了 2 个穿过病毒基因组融合末端重复区编码的有多聚 A 尾的胞质 RNA （2.3 kb 和 2.0kb）。2 个 cDNA

的 DNA 序列与基因组序列相比较显示[2]，它们来自 2 个相关而且高度拼接的 mRNA，始自基因组的 U5 区，延伸穿过融合末端重复序列进入基因组 U1 区。LMP2 由 LMP2A 和 LMP2B 两个膜蛋白组成，相对分子质量分别为 54 000 和 40 000，由 497 和 378 个氨基酸组成。LMP2A 分子由 12 个高度疏水的跨膜区，和带有 119 个氨基酸的 N 端区及带有 28 个氨基酸的 C 端组成。LMP2A 的 N 端和 C 端都在细胞质内。LMP2B 具有和 LMP2A 相同的跨膜区及胞质内的 C 端区，但无 N 端。LMP2A 和 LMP2B 基因跨越线形基因组的两个末端也被称为末端蛋白质 1 和 2（TP1、TP2），当线形分子环化时，成为功能性转录单位。LMP2 在感染细胞的细胞膜，网状内质网，高尔基体膜呈点片状分布。免疫荧光显示[3]，LMP2 定位在 EBV 感染的淋巴细胞膜，主要活性限制在 LMP1 定位的区域。

LMP2A 是一个磷酸化膜蛋白，位于细胞质内的 N 端有 8 个酪氨酸各与其下游的氨基酸组成功能顺序，其中几个构成了细胞信号分子 SH2 的潜在结合区域[4,5]。特别是 74 位和 85 位的酪氨酸，形成一个具有 ITAM（以酪氨酸为主的免疫受体）功能的特征性序列[(YXXL/I)]2 序列[6]。ITAM 在 B、T 细胞受体信号复合物以及 Fc 受体复合物中都可以见到[7]，当它发生磷酸化时，能被含有 SH2 功能域的 Syk、Lyn、Fyn 酪氨酸激酶结合，并激活这些酪氨酸激酶，参与穿膜信号的传递，介导淋巴细胞的增殖和分化。位于 LMP2A 112 位的酪氨酸构成 YEEA 结构域[8]，能与 Src 家族酪氨酸激酶 Lyn 的 SH2 功能部位结合，从而导致 LMP2A N 端的其他酪氨酸磷酸化，促进 Src 磷酸化激酶和 LMP2A 的 ITAM 结合。LMP2A 对 B 细胞受体介导的信号传导所起的抑制作用，依赖于 LMP2A 的 ITAM 和 YEEA。LMP2A 通过 ITAM 封闭 BCR，从而阻止由 BCR 引起的酪氨酸磷酸化，调节 PTK，阻止 EBV 进入病毒增殖期，从而维持病毒在潜伏期状态。LMP2A 还可以作为 BCR 的替代物，参与 B 细胞的生长发育。其他潜在的 SH2 结合区包括 31 位酪氨酸周围的 YSPA 序列。此外，在 LMP2A N 端又有 2 个保守的脯氨酸富有的 PPPY 功能区[9,10]，能被类似 Nedd4 的泛素蛋白连接酶家族样的蛋白结合，结果导致 LMP2A 以及下游的蛋白如 Lyn，以一种泛素依赖的机制降解，从而调节 EBV 感染的 LCL 细胞中的磷酸化，进而调节细胞的信号传导。由此基本上认为 LMP2A 是 Src 家族 Lyn 和 Syk 酪氨酸激酶的负调节因子，从而阻断穿膜信号的传递。尽管 LMP2A 与 B 淋巴细胞酪氨酸激酶有相互作用，LMP2A 却不会抑制或促进 EBV 转化 B 淋巴细胞的过程。Speck 等[11]用 GFP 的基因来代替 LMP2，对其诱导人 B 细胞永生化的能力进行测试，结果在转化效率上没有任何区别。

二、LMP2 引发免疫反应的能力　大多数 EBV 感染者体内可以引发强烈的 HLA I 类限制性 CTL 反应。这种反应在初次反应期间和长期携带者中，对控制病毒起重要作用。潜伏感染时表达的 8 种蛋白在 CD8+ T 细胞反应上显示了明显的等级顺序[12]：EBNA3A、EBNA3B、EBNA3C > EBNA-1 > LMP2 > EBNA2、EBNALP、LMP1。LMP2 已经被确认是几种 HLA I 类同位体表位的来源，但反应 T 细胞的数量不是太高。Steven 等[13]首先用一系列能代表全 LMP2 序列的 14~15 mer 的重叠的合成肽，应用 CTL-CTL 杀伤试验对其进行初步筛选，然后再用此区域更短的多肽进一步筛选，检测他们对自体 PHA 增生靶细胞被 CTL 介导后裂解的致敏作用，从而鉴定出限制性反应最小的靶表位，见表 1（这是在中国最常见的几个表位）。研究人员还对表位在不同病毒分离株中的保守性进行了试验。应用一系列 EBV 分离株，采用 PCR 的方法扩增并对编码表位的 DNA 序列进行测序。结果 A*0201 限制的 329~337，A*0206 限制的 453~461，B*2704 限制的 236~244 在所有分离株中保守。其他的

表1　LMP2 主要的 CTL 表位

Tab.1　The main CTL epitopes of LMP2

氨基酸序列 Amino acid sequence	表位序列 Epitope sequence	限制性 Restriction
LMP2		
426 ~ 434	CLGGLLTWV	HLA – A * 0201
329 ~ 337	LLWTLVVLL	HLA – A * 0201
453 ~ 461	LTAGFLIFL	HLA – A * 0206
340 ~ 349	SSCSSCPLSK	HLA – A * 1101
419 ~ 429	TYGPVFMCL	HLA – A * 2402
200 ~ 208	IEDPPFNSL	HLA – B * 60
236 ~ 244	RRRWRRLTV	HLA – B * 2704

LMP2 表位中，发现了一些单个氨基酸的替换，但这些突变不影响 LMP2 抗原性。对肿瘤细胞中存在病毒的 LMP2 表位与血液来源的病毒株相比差异无显著意义。大约有一半的世界人口携带 HLA – A2，因此他就对免疫反应的研究显得格外重要，而研究也显示 HLA – A2 不同亚型对表位的呈递没有明显的影响。

还有人试图通过人工途径对 LMP2 的免疫原性进行改造。多肽与 MHC Ⅰ类分子的亲和力在决定 CTL 反应性上发挥重要的功能。而 CLG 表位（CLGGLLTWV）肽对 HLA – A2 的亲和力低，所以不能产生稳定的复合体，决定了他的低免疫原性。Micheletti 等[14]合成了一系列的 CLG 多肽类似物，他们分别带有单个或多个的氨基酸分子的替代，这种替代不在假定的起锚位置。最后鉴定出两个替代的多肽 3A 和 1Y – 3A 可以使 HLA Ⅰ类复合体稳定的表达在 APC 的细胞表面，从而引发针对天然表位更强烈的 CTL 反应。而 Marastoni 等[15]则人工合成了 CLG 的二聚体，与天然表位相比，他们对 HLA – A2 有较高的亲和力并有很强形成复合体的能力，而且可以诱发针对天然表位有效的 CTL 反应。

抗原向 CD8[+]T（CTL）细胞呈递，通常包括抗原在胞质中被蛋白酶裂解，表位肽通过异源二聚体的 TAP 分子（transporter associated with antigen processing）被输送到内质网上的 MHC Ⅰ类分子上。对于 LMP2 表位的处理和呈递过程，研究显示 LMP2 有些表位是通过一种不依赖 TAP 的方式被呈递的。Lee 等[16]应用 TAP 阴性的 T2 细胞，发现 2 个被 HLA – A2.1 限制的多肽表位（LMP2 329 ~ 337、LMP2 426 ~ 434）就是通过非 – TAP 依赖的途径呈递的。此种方式与原来发现的非 TAP 依赖方式不同，那些蛋白天然到达或直接定位于内质网的内腔，所以对内质网的蛋白酶敏感。而此两个多肽表位的非寻常处理方式则与 LMP2 特殊的拓扑结构，以及他们天然定位在一个多重跨膜蛋白的跨膜区有关。可能的机制是，蛋白的胞液面初始化裂解产生不稳定的中间体，这时蛋白的跨膜段（包括 A2.1 表位序列）就会被脂质双层释放，就像信号肽序列的过程一样，这些多肽片段就会进入内质网与 MHC Ⅰ类分子结合。Lautscham 等[17]又采用两个细胞背景的表位特异性 CTLs 进行试验，他们均缺乏 TAP，结果显示，有些（不是全部）LMP2 的表位是通过不依赖 TAP 的方式呈递的。从试验推断这是一种不依赖 TAP 的疏水性表位容易到达的蛋白酶依赖的呈递过程。基本与前者研究的结果吻合。

在血中检测出 LMP2 抗体的比例很小，即使有滴度也很低，但有一个例外，就是在鼻咽癌患者（NPC）体内存在较高滴度的 LMP2 抗体。Lennette 等[18]应用鼠单克隆改进的间接免疫荧光法（MIFA）检测血清中针对 LMP2A 和 LMP2B 的抗体。在检测的 540 例患者中，101 例检测出了 LMP2 的抗体，而其中 99 个 LMP2 抗体阳性是 NPC 患者。而且值得注意的是，在 Burkitt 淋巴瘤患者，以及 EBV 阳性未分化食管癌患者中，LMP2 的抗体均完全未检测到。这中间 95% 的个体中的抗体可以同时与 LMP2A 和 LMP2B 转染的标志细胞反应，而其余 5% 只与 LMP2B 表达细胞反应。

三、MP2 在免疫治疗中的应用 EBV 与许多人类的肿瘤相关，尽管在这些肿瘤的病因学中，EBV 的确切作用并不十分清楚，但在肿瘤细胞中这个病毒的存在提供了一个以 CTL 为基础治疗的潜在靶位。这种方法的可行性已经在处理骨髓移植受者体内出现的，捐献者来源的免疫增生性 B 细胞淋巴瘤中得到了极大的显示。Rooney 等[19]用患者自体来源的 B - LCL 刺激的 CTL，治疗骨髓移植后 EBV 相关淋巴细胞增生性疾病，输注后的患者移植后并发症明显减轻，而且检测显示 EBV 的 DNA 载量明显下降，经过 2～4 次治疗后病毒基本消失，进一步追踪显示特异性 CTL 能在患者体内维持 10 个月的时间。但这种方法激发的 CTL 主要是针对潜伏期蛋白 EBNA3A、EBNA3B、EBNA3C 等优势抗原的，而对 LMP2A 的 CTL 则非常弱。这就存在着一种矛盾，因为 EBV 相关肿瘤表达的病毒蛋白非常有限，在 NPC 和 HD 中，表达的 EBV 蛋白仅仅是 EBNA1、LMP1（部分 NPC 病例）、LMP2。这中间 EBNA1 包含一个 Gly - ALA 重复序列，会阻断他对 HLA Ⅰ类限制性 T 细胞的处理和呈递。而针对 LMP1 的特异性反应只是偶尔有报道，但至今未鉴定出多肽表位。这样注意力就集中在了 LMP2 上。

随着体外应用细胞因子大量扩增树突状细胞（DC）的成功及 DC 与肿瘤关系的不断深入研究，他已经成为当今肿瘤生物治疗领域倍受关注的焦点之一。DC 是目前已知的功能最强的抗原递呈细胞，研究人员运用各种形式的抗原对 DC 进行修饰，然后将修饰过的 DC 回输动物模型或人体内，或者在体外激活 CTL，而采用过继性治疗，取得了非常好的抗瘤效果[20]。但此种治疗方法能否用于 EBV 相关肿瘤还需要其他的条件。首先，患者体内必须有可以用来激发和扩增的前体 CTL。Lee 等[21]用 EBV 转化的 LCL 对 EBV 健康携带者及 NPC 患者外周血中 T 细胞进行激活，发现正常健康携带者体内 EBV 特异性 CTL 克隆数，与 NPC 患者在统计学上差异无显著意义。其次，由于 CD8⁺CTL 识别的是内源性加工的抗原肽和 MHC - Ⅰ类分子结合的复合体，因此肿瘤细胞必须能对 EBV 抗原有效地加工和呈递，CTL 才能发挥作用。Sing 等[22]，Niedobitek 等[23]和 Khanna 等[24]分别对 HD 患者的 R - S 细胞，IM 患者淋巴结和 NPC 患者的肿瘤细胞进行了研究，发现这些细胞表面 MHC - Ⅰ类分子以及与抗原递呈有关的粘附分子和共刺激分子都表达正常，并能有效地递呈 EBV 抗原，被特异性的 CTL 以 MHC - Ⅰ类分子限制的方式杀死。

目前研究人员利用 DC 的特点，用针对 EBV 各种形式的抗原处理 DC，然后体外或体内激发特异性 CTL 用于相关肿瘤的治疗。Subklewe 等[25]研究发现，DC 能通过 MHC - Ⅰ类限制性途径递呈裂解的 LCL，诱导产生针对 EBV EBNA3A、LMP2A 特异性 CTL，而且明显高于 LCL 诱导产生的 CTL，但存在着与之相似的局限性。Redchenko 等[26]则在对 LMP2ACTL 表位研究清楚的基础上，用表位多肽负载 DC，并且诱导出了强烈的特异性 CTL，与 LCL 作为刺激细胞诱导出来的 CTL 相比，更强烈更持久，只是多肽负载 DC 诱导的 CTL 存在严格的 MHC 限制性。此种多肽负载的方法已经进入临床试验阶段。Su 等[27]用 LMP2A 的 RNA 在脂质体 DOTAP 存在的情况下转染自体未成熟树突状细胞（DC），此 DC 可以有效刺激自体混合淋巴细胞反应，从而产生仅识别 LMP2A 靶细胞的 CTL，对其组分进行研究的结果则显示，其主要是由 CD4⁺T 细胞组成（占 59.2%），及小部分 CD8⁺T 细胞（占 17.8%），而且 CD4⁺、CD8⁺T 细胞都有杀伤作用，说明此方法诱导 CTL 同时存在 MHC - Ⅰ及 MHC - Ⅱ类分子限制性抗原递呈途径，且 CD4⁺、CD8⁺T 细胞相互影响，对长时间维持 LMP2A 抗原的免疫记忆性发挥重要作用。Gahn 等[28]和 Ranieri[29]等用基因工程方法构建了表达 LMP2A 和

LMP2B 的重组腺病毒，并转染树突状细胞（DC）。然后用转染的 DC 刺激 CD8$^+$T 细胞，并检测细胞毒性活性和用 ELISPOT 进行 IFN - γ 释放检测。用 LMP2 表位 329～337 检测发现针对此表位的活性增加了近 100 倍。这就提示，由于腺病毒高效转移外源 DNA 有安全性好等特点，可以应用以 EBV 为基础的腺病毒作为疫苗对 EBV 相关的肿瘤进行免疫治疗。这些方法能真正进入临床还需要进一步试验。

〔原载《中华实验和临床病毒学杂志》2003，17（3）：296－299〕

参 考 文 献

1 Hummel M, Kieff E. Epstein - Bart virus RNA VIII, viral RNA in permissively infected B95 - 8 cells. J Virol, 1982, 43：262 - 272

2 Sample J, Liebowitz D, Kieff E. Two related Epstein - Barr virus membrane proteins are encoded by separate genes. J Virol, 1989, 63：933 - 937

3 Longnecker R, Kieff E. A second Epstein - Bart virus membrane protein（LMP2）is expressed in latent infection and cnlocalizes with LMP1. J Virol, 1990, 64：2319 - 2326

4 Longnecker R, Miller CL. Regulation of Epstein - Bart virus latency by latency membrane protein 2. Trends Microbial, 1996, 4：38 - 42

5 Songyang Z, Schoelson SE, McGlade J, et al. Specific motifs recognized by the SH2 domains of Cak, 3BP2, fps/fas, GRB - 2, Hep, SHC, syk, and Vav. Mol cell boil, 1994, 14：2777 - 2785

6 Fruehling S, Lengnecker R. The immunoreceptor tyrosine - based activation motif of Epstein - Barr virus LMP2A is essential for blocking BCR - mediated signal transduction. Virology, 1997, 235：241 - 251

7 Combier JC, Pleiman CM, Clark MR. Signal - transduction by B cell antigen receptor and its coreceptor. Aunu Rev Immunol, 1994, 12：457 - 486

8 Fruehling S, Swart R, Dolwick KM, et al. Tyrosine 112 of latent membrane protein 2a is essential for protein tyrosine kinase loading and regulation of Epstein - Barr virus latency. J Virol, 1998, 72：7796 - 7806

9 Ikeda M, Ikeda A, Longan LC, et al. The Epstein - Bart virus latent membrane protein 2A PY motif recruits WW domain - containing ubiquitin-protein ligases. Virology, 2000, 268：178 - 191

10 Ikeda M, Ikeda A, Longnecker R. PY Motifs of Epstein - Barr Virus LMP2A Regulate Protein Stability and Phosphorylation of LMP2A - Associated Proteins. J Virol, 2001, 75：5711 - 5718

11 Speck P, Kline KA, Cheresh P, et al. Epstein - Bmr virus lacking membrane protein 2 immortalizes B cell with efficiency indistinguishable from that of wild - type virus. J Gen Viral, 1999, 80：2193 - 2203

12 Rickinson AB, Moss DJ. Human cytotoxic T Lymphocyte responses to Epstein - Barr virus infection. Annu Rev Immunol, 1997, 15：405 - 431

13 Steven PL, Rosemary JT, Wendy AT, et al. Conserved CTL epitopes within EBV latent membrane protein 2：a potential target for CTL - based tumor therapy. J Immunol, 1997, 158：3325 - 3334

14 Micheletti F, Guerrini R, Formentin A, et al. Selective amino acid substitution of a subdominant Epstein - Bmr virus LMP2 - derived epitope increase HLA/peptide complex stability and immunogenicity：implication for immunotherapy of Eptein - Barr virus - association malignancies. Eur J Immunol, 1999, 29：1579 - 1589

15 Marastoni M, Bazzaro M, Gavioli R, et al. Design of dimeric peptides obtained from a subdominant Epstein - Barr virus LMP2 - derived epitope. Eur J Med Chem, 2000, 35：593 - 598

16 Lee SP, Thomas WA, Blake NW, et al. Transporter（TAP）- independent processing of a multiple membrane - spanning protein, the Epstein - Barr virus latent membrane protein 2. Eur J Immunol, 1996, 26：1875 - 1883

17 Lautscham G, Mayrhofer S, Taylor G, et al.

Processing of a multiple membrane spanning Epstein – Barr virus protein for CD8 (+) T cell recognition reveals a proteasome – dependent, transpeter associated with antigen processing – independent pathway. J Exp Med, 2001, 194: 1053 – 1068

18　Lennette ET, Winberg G, Yadav M, et al. Antibodies to LMP2A/2B in EBV – carrying malignancies. Eur J Cancer, 1995, 31: 1875 – 1878

19　Rooney CM, Smith CA. Use of gene – modified virus – specific T lymphocytes to control Epstein – Barr virus related lymphboliferation. Lancet, 1995, 345: 9 – 13

20　Fong L, Engleman EG. Dendritic cells in cancer immunotherapy. Annu Rev Immunol, 2000, 18: 245 – 273

21　Lee SP, Chan ATC, Cheung ST, et al. CTL control in Nasopharyngeal Carcinoma (NPC): EBV – specific CTL responses in the blood and tumors of NPC patients and the antigen – processing function of the tumor cells. J Immunol, 2000, 165: 573 – 582

22　Sing AP, Ambinder RF, Hong DJ, et al. Isolation of Epstein – Barr (EBV) – specific cytotoxic T lymphocytes that lyse Reed – Sternberg cells: implications for immunomediated therapy of EBV + Hodgkin's disease. Blood, 1997, 89: 1978 – 1986

23　Niedobitek G, Kremmer E, Herbst H, et al. Immunohistochemical detection of the Epstein – Bart virus – encoded latent membrane protein 2A in Hodgin's disease and infectious mononucleosis.

Blood, 1997, 90: 1664 – 1672

24　Khanna R, Busson P, Burrows SR, et al. Molecular characterization of antigen – processing function in Nasopharyngeal Carcinoma (NPC): Evidence for efficient presentation of Epstein – Barr virus cytotoxic T – cell epitopes by NPC cells. Cancer Res, 1998, 58: 310 – 314

25　Subklewe M, Paludan C, Tsang ML, et al. Dendritic cells cross – present latency gene products from Epstein – Barr virus – transformed B cells and expand Tumor – reactive CD8 + killer T cells. J Exp Med, 2001, 193: 405 – 411

26　Redchenko IV, Rickinson AB. Accessing Epstein – Barr virus specific T cell memory with peptide loaded dendritic cells. J Virol, 1999, 73: 334 – 342

27　Su Z, Peluso M, Raffegerst SH, et al. The generation of LMP2aspecific cytotoxic T lymphocytes for the treatment of patients with Epstein – Bmr virus – positive Hodgin disease. Eur J Immunol, 2001, 31: 947 – 958

28　Gahn B, Siller – Lopez F, Pirooz AD, et al. Adenoviral gene transfer into dendritic cells efficiently amplifies the immune response to LMP2A antigen: a potential treatment strategy for Epstein – Barr virus – positive Hodgkin's lymphoma. Int J Cancer, 2001, 93: 706 – 713

29　Ranieri E, Herr W, Gambotto A, et al. Dendritic cells transducted with an adenovirus vector encoding Epstein – Barr virus latent membrane protein 2B: a new modality for vaccination. J Virol, 1999, 73: 10416 – 10425

281. EB 病毒中早期表达的癌基因——BARF1

中国疾病预防控制中心病毒病预防控制所　杜海军综述　周　玲　曾　毅审校

〔摘　要〕　　BARF1 是近期发现 EB 病毒编码的早期癌基因。对其认识还处于起步阶段，本文从 BARF1 的基因结构、体外对细胞的转化、肿瘤细胞中的表达及可能的作用机制方面的研究做一介绍。

EB 病毒（epstein‐barr virus，EBV）分属于疱疹病毒科的 γ‐疱疹病毒亚科，与多种恶性肿瘤的发生发展密切相关。EBV 基因组中的 LMP1 基因是第一个发现并被确认的可使细胞发生恶性转化的晚期表达癌基因。最近研究表明，EBV 所含早期表达基因——BARF1 为 EBV 的另一个新的癌基因，故本文对 BARF1 基因方面的有关研究做一综述。

一、BARF1 的基因结构　根据 1984 年 Baer 等[1]推测，BARF1 基因位于 EBV 基因组的 BamH IA 区域，为第一个开放读码框（ORF），为早期表达基因，在 DNA 合成前转录表达早期抗原，分子量约为 24×10^3，最初认为主要参与 DNA 的复制与合成。1989 年 Wei 等[2]通过 Sam I 酶切获得 1.1 kb BARF1 基因，转录获得 cDNA 为 0.74 kb（165 449～166 189），其 ORF 为 663 bp（165 504～166 166），编码 221 个氨基酸，分子量约 33×10^3，称为 p31。将含有 BARF1 基因的重组质粒转染纤维细胞后，细胞发生转化，随后研究发现 BARF1 基因对淋巴细胞、上皮细胞均具有转化作用，因而 BARF1 基因被认为是 EBV 的一个新的早期表达癌基因。

二、对细胞具有转化作用　1989 年 Wei[2]首次报道采用含有 BARF1ORF 的重组质粒感染啮齿类纤维细胞系 Balbc/3T3 和 NIH3T3 可诱导 BARF1 表达，并使细胞的形态发生改变，接触抑制和锚定依赖性消失，并在新生鼠中形成肿瘤，说明 BARF1 具有使细胞发生转化的作用。随后 Wei 等应用逆转录病毒载体，将 BARF1 基因插入 MoMuLV LTR 启动子下，转染 EBV 阴性的 Louckes B 淋巴细胞系，发现 BARF1 基因可使人 EBV 阴性的 Louckes B 淋巴细胞系发生永生化并形成肿瘤，但接种小鼠后肿瘤消失[3]。对上皮细胞的转化作用的最初研究是 Karkan，用 40 kbEBV 病毒基因组片段包含 BARF1 基因能够使灵长类上皮细胞发生永生化[4]；稍后 Wei 用 BARF1 基因的 ORF 构建逆转录病毒 pcBARF1，感染猴肾原代上皮细胞，诱发了细胞永生化，并建立了 PT1 和 PT7 两个细胞系，但将传至 60 代的永生化细胞接种裸鼠后不能形成肿瘤[5]。郭秀婵等[6]将永生化细胞系协同 TPA 注射 Scid 鼠和裸鼠，肿瘤成瘤率为 100%。对于 BARF1 基因对人上皮细胞的永生化作用，曾毅院士实验室正致力于 BARF1 基因诱导人胚胎上皮细胞的转化研究中。Sheng 等[7]应用删除突变方法研究了 BARF1 基因中不同区域对细胞的转化作用，发现删除 BARF1 的 N‐端序列便失去了对细胞的转化作用，此段的序列编码的氨基酸可以激活 Bcl2 的表达，显示对于细胞的转化是必需的。

三、BARF1 在肿瘤细胞中的表达　BARF1 与上皮细胞癌变的发生高度相关。在与 EBV

感染相关胃肠道肿瘤中，BARF1 的 mRNA 转录为 90%[8]，却没有探测到 1 mpl 基因的转录。在鼻咽癌患者的调查中，Gisèle Decaussin 等[9]选取了 39 例鼻咽癌标本，其中 36 例为北非鼻咽癌患者的活检标本（27 例为不分化癌，9 例为低分化癌），3 例为鼻咽癌小鼠移植肿瘤组织块，RT－PCR 检测结果显示 27 例未分化癌中阳性为 23 例，9 例低分化癌中阳性为 8 例，3 例鼻咽癌小鼠移植肿瘤全部为阳性，总阳性率＞87%；BARF1 蛋白翻译水平检测结果表明，27 例未分化癌中阳性为 23 例，9 例低分化癌中阳性为 7 例，1 例转录但不翻译，3 例鼻咽癌小鼠移植肿瘤全部为阳性，总阳性率为 85%。通过免疫组化方法探测 BARF1 存在位置，发现位于细细胞膜和胞质区域，未见存在于细胞核中。无论是未分化还是低分化的鼻咽癌细胞中，都能测到 BARF1 基因的表达，而与肿瘤相邻的正常细胞以及 Burkitt 及 Hodgkin's 淋巴瘤中却不存在，表明 BARF1 表达与组织分化的状态无关，但却与肿瘤细胞的来源有关。众所周知的 EBV 癌基因 LMP1 在鼻咽癌细胞中的表达率不足 50%[10-12]，而在肠胃肿瘤中及移植瘤中未见表达，较之 LMP1，BARF1 蛋白颗粒却大量存在于上皮肿瘤细胞中。体外实验证明 BARF1 可以使多种细胞发生转化，在体内鼻咽癌细胞中 BARF1 基因高效表达。由此可推测 BARF1 在上皮细胞发生恶性转化过程中，较 LMPl 可能起更加关键的作用，或在肿瘤的发生中与 1mpl 的作用途径不同。

四、BARF1 基因的致瘤作用机制 现在研究已表明，肿瘤的发生发展与多种因素相关，而与免疫调节、基因作用、环境因素这三个方面最为密切。关于 BARF1 所导致细胞发生恶性转化的作用机制主要有两种可能：

1. 毒癌基因与细胞癌基因协同作用：Scrokbine[13]报道 BARF1 基因编码集落刺激因子－1（CSF－1）受体，与细胞癌基因 c－fms 编码产物在氨基酸序列上具有同源性，以剂量依赖型的调节方式中和吸附可溶性蛋白 CSF－1，从而抑制 γ－干扰素的分泌[14]，抑制宿主细胞对病毒产生的免疫杀伤活性；另一方面，BARF1 基因产物又激活细胞的原癌基因 C－myc[7]、Bcl2[15]的表达。故病毒癌基因 BARF1 与细胞癌基因协同作用可能导致细胞发生恶性转化。

2. 毒癌基因与环境促癌物协同作用：Wei[7]用 BARF1 基因的 ORF 感染猴肾原代上皮细胞，诱发了细胞永生化，但在裸鼠中不能形成肿瘤。在 LouckesB 淋巴细胞系中导入 BARF1 基因后，加入抗胸腺 T 细胞血清，在新生大鼠中产生淋巴样肿瘤，免疫抑制解除后，肿瘤消失[3]，郭秀婵等[6]将永生化细胞系，协同 TPA 接种 Scid 鼠和裸鼠均形成肿瘤。从而可推断细胞的永生化和癌变可能是两个独立的阶段，细胞的恶变还需促癌物的参与。所以细胞的恶变是病毒癌基因 BARF1 与环境促癌物 TPA 共同作用结果。

尽管以上两种情况都有一些实验证据，但 BARF1 基因的致瘤作用机制还远未明了，随着 BARF1 在肿瘤疫苗、肿瘤的早期诊断中应用方面的研究，相信对 BARF1 基因的认识将更加明确。

〔原载《国外医学病毒学分册》2003，10（6）：172－174〕

参 考 文 献

1 Baer AT, Bankier MD, Biggin, et al. DNA sequence and expression of B95－8 Epstein－Barr virus genome. Nature, 1984, 310（19）；205－211

2 Wei MX, OOKA T A transforming function of the BARF1 gene encoded by Epstein－Bart virus EMBO J. 1989，8（10）：2897－2903

3　Wei MX, Moulin JC, Decaussin G, et al. Expression and tumorigenicity of the Epstein – Barr virus BARF1 gene in human Louckes Blymphocyte cell line Cancer Res. 1994, 54 (7): 1843 – 1848

4　Karran L. Teo CG King D, et al. J Cancer, 1990, 45: 763 – 772

5　Wei MX, de Turenne – Tessier M, Decaussin G, Benet G, OOKA T Establishment of a monkey kidney epithelial cell line with the BARF1 open reading frame from Epstein – Barr virus Oncogene. 1997 , 14 (25): 3073 – 3081

6　Guo XCH, Sheng W, Zhang YL, et al. Malignant transformation of Monkey Kidney epithelial ceils induced by EBV BARF1 gene and TPA Zhong Hua Shi Yan He Lin Chuang Bing Du Xue Za Zhi, 2001, 15 (4): 321 – 323

7　Sheng W, Decaussin G, Sumner S. OOKA T Nterminal domain of BARF1 gene encoded by Epstein – Bart virus in essential for malignant trans-

formation of rodent fibroblasts and activation of BCL – 2. Oncogene. 2001, 20 (10): 1176 – 1185

8　Zur Hausen A, Brink AA, Craanen ME, et al. Cancer Res, 2000, 60 (10): 2745 – 2748

9　Gisele Decaussin, Fatima Sbih – Lammali, et al Cancer Research, 2000, 60: 5584 – 5588

10　Young LS, Dawson CW, Clar D, et al. J Gert Virol, 1988, 69: 1051 – 1065

11　Fahraeus R, Fu HL, Ernberg I, et al. J Cancer, 1988, 42: 329 – 338

12　Sbih – Lammali F, Busson P, OOKA T. Virology, 1996, 222: 64 – 74

13　Strockbine LD, Cohen JI, Farrah SD, et al. J Virol, 1998, 72 (5): 4015 – 4021

14　Jeffrey I. Cohen ＊ and Kristen. Virology, 1999, 7627 – 7632

15　Sheng W, Decaussin G. Ligout A, et al. J Virol, 2003, 77 (6): 3859 – 3865

282. 腺病毒伴随病毒表达载体表达人乳头瘤病毒 18 型 E6E7 基因构建及其转化作用的鉴定

中国预防医学科学院病毒学研究所肿瘤室　岑　山　滕智平　张　月　曾　毅
汕头大学医学院病理教研室　沈忠英　许锦阶　哈佛大学　杜　宾

〔摘　要〕　目的　探讨人乳头瘤病毒（HPV）的 E6E7 基因在细胞恶性转化中所起的作用。　方法　将人乳头瘤病毒（HPV）的 E6E7 基因克隆至腺病毒伴随病毒表达载体中，通过包装的重组病毒感染，将 E6E7 基因导入并整合到永生 293 细胞的基因组中。　结果　本研究成功地构建了 HPV18 E6E7 AAV 病毒并感染了永生 293 细胞，PCR/Southern 杂交分析表明 E6E7 基因在转化细胞 293TL 中确有表达，转化细胞 293TC 和 293TL 具有明显的转化表型，和亲本 293 细胞相比，生长速度快，接触抑制消失，集落形成率提高 20 倍，且集落明显增大，形成时间短。结论　成功地构建了 HPV18 E6E7 AAV 病毒，HPV18 E6E7 基因可引起永生化人上皮细胞 293 的恶性转化。此病毒可用于感染正常上皮细胞，研究其致癌机制。
　　〔关键词〕　乳头状瘤病毒；人；转化，遗传；依赖病毒；基因表达

　　流行病学研究表明人乳头瘤病毒感染与多种上皮细胞病变相关，而高危人乳头瘤病毒

HPV-16、HPV-18 等和宫颈癌等恶性肿瘤关系十分密切[1]。HPV-16 和 HPV-18 的 E6 和 E7 基因可以诱导细胞永生化[2]，E7 蛋白可结合细胞内的 Rb 蛋白因子[3]，而 E6 蛋白能特异性的降解 p53[4]，引起细胞的永生。但是由于迄今为止尚未找到 HPVs 的体外繁殖体系，这对其生物学功能的研究造成了很多困难，因此，需要建立一套外源基因真核表达系统，以进一步探讨 HPVs 在细胞转化和肿瘤诱生及发展中的作用。腺病毒伴随病毒表达载体具有 DNA 整合、高滴度、宿主广等特点，因此，本研究构建了 HPV-18 的 E6E7 基因的腺病毒伴随病毒表达载体，并利用包装的重组病毒感染 293 细胞，观察其是否能诱发细胞恶性转化，以期建立一套有效的 HPV18 转化正常上皮细胞和诱发肿瘤的模型，便于深入研究 HPVs 与恶性肿瘤发生的关系。

材料和方法

一、材料来源 大肠埃希菌 DH52、质粒 pAAV3：腺病毒伴随病毒表达载体、pad8 和 pGEM/HPV18 由中国预防医学科学院病毒学研究所肿瘤室提供。pAd8 为辅助质粒，其为重组病毒的包装提供包膜蛋白和反式调控因子，pGEM/HPV18 为 pGEM-3zf（-）的 EcoR I 位点克隆有 HPV18 的全基因组，Ad5 为 5 型腺病毒，由病毒所基因室提供，293 细胞为永生化人胚肾上皮细胞株，由病毒所肿瘤室提供。T4DNA 连接酶、AMV 逆转录酶，ClAP、Spe I、BamH I、Sal I、Xba I 等内切酶及 pGEM/T-vector 试剂盒、RNAgents 总 RNA 提取试剂盒购自美国 Promega 公司，Digoxigenin 标记试剂盒购自德国 B. M. 公司，DMEM 和 G418 购自美国 Eibco BRL 公司，PCR 试剂盒购自华美公司。

二、HPV18 E6E7 AAV 的构建 根据 Oligo 软件设计引物，上游引物的序列为 5'-GAC ACT AGT ACT ATG GCG CGC TTT GAG-3'，扩增条件为 94℃ 1min，55℃ 1 min，72℃ 1 min，30 个循环，72℃ 延伸 7 min。参照 pGEM-T vecter 试剂盒（美国 Promega 公司）说明书，回收目的 PCR 产物，和 pGEM-T vector 连接，经蓝白斑筛选，挑取阳性克隆。

三、重组子的检定 质粒 pGEM/E6E7 经 Sca I 酶切，Glassmilk 回收 0.9 kb 片段并进行 Dig 标记，该片段相当于 HPV-18 基因组的 110~985，包括完整的 E6 和 E7 基因。探针的标记方法、灵敏度的检测、斑点杂交和 Southern 杂交的具体方法见 Dig 标记及检测试剂盒（德国 B. M. 公司）说明书。

四、序列测定 阳性克隆振荡培养，用质粒 DNA 纯化试剂盒（美国 Promega 公司）提取质粒，A373 自动测序仪测定插入的目的基因序列。

五、细胞培养、转染和重组病毒的收获 293 细胞培养于含 10% 小牛血清的 DMEM 培养液中。取培养 24 h、50%~80% 成片的 293 细胞（约 1×10^6）。用无血清 DMEM 洗 3 次，加入 2 ml 无血清 DMEM 培养液和腺病毒 Ad5 感染 2 h，弃上清，采用脂质体介导，共转染 pAAV-E6E7 和 pad8，方法参见美国 Gibco 公司的说明书。转染细胞培养 48 h，反复冻融 3 次，56℃ 水浴 60 min，灭活腺病毒，过 0.22 μm 微孔滤膜，收取上清，即得到重组病毒。

六、重组病毒滴度的测定 取培养 24 h 的 293 细胞，用无血清 DMEM 洗 3 次，加入 2 ml 无血清 DMEM 培养液，用不同稀释度的重组病毒感染 2 h，继续培养 48 h，按 1:3 传代，培养于含嘌呤霉素（2 μg/ml）的 DMEM 中，待对照细胞大部分死亡时，换成含 1 μg/ml 嘌呤霉素的 DMEM 继续培养，根据抗性克隆的数目和稀释度计算病毒的滴度。计算公式：CPU/ml = 抗性克隆数 × 3 × 稀释倍数。

七、软琼脂生长　细胞消化后，经锥虫蓝染色计算活细胞数，调整细胞悬液浓度至 5×10^3 个/ml，取 0.1 ml 细胞悬液与含 0.35% 琼脂的 DMEM 混匀，铺于含 0.7% 琼脂的 35 mm 培养皿中，做双层琼脂培养，培养 3 周后计算细胞集落数，以检测细胞恶性转化的程度。

八、组织培养细胞总 RNA 的提取和 RT－PCR/Southern 杂交分析　取 1×10^7 个细胞，采用异硫氰酸胍和 B－巯基乙醇一步提取法，提取总 RNA，方法参见美国 Promega 公司 RNAgents 总 RNA 提取试剂盒说明书，测定吸光度 A 值（230 nm、260 nm、280 nm），以确定提取的总 RNA 的量和纯度。取总 RNA 2 μg，以 Oligo d（T）15 为引物，经 AMV 逆转录酶合成 cDNA 的第一条链后，取 1 μl 逆转录产物作为 PCR 的模板，随后的 PCR 扩增引物和条件及 Southern 杂交分析方法同前。

结　　果

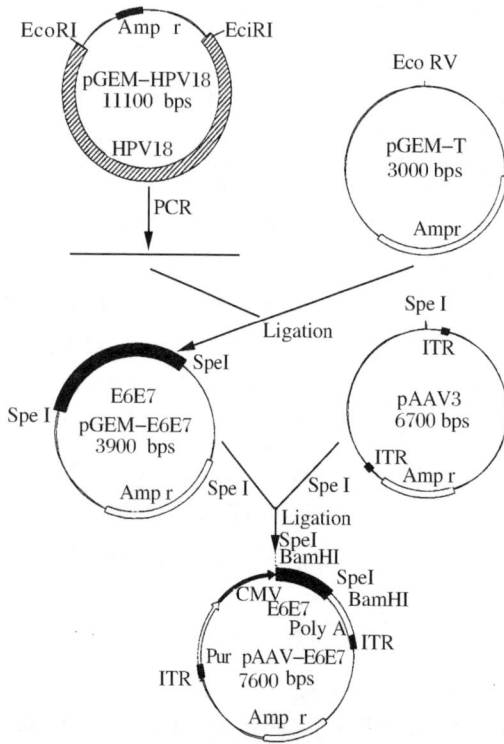

图 1　HPV18 E6E7 腺病毒伴随病毒重组质粒的构建
Fig. 1　Reconstruction of HPV18 E6E7 AAV plasmid

一、HPV18 E6E7 腺病毒伴随病毒重组质粒的构建和鉴定　腺病毒伴随病毒载体 rAAV3－E6E7 的构建如图 1 所示，以 pGEM－HPV18 为模板，通过 PCR 扩增得到 0.9 kb，含完整 E6 和 E7 基因的 PCR 产物，将其连接到 pGEM－T vector 上，得到重组中间质粒 pGEM－E6E7，经酶切分析和序列测定鉴定插入片段无误，用 Spe I 将该片段从 pGEM－E6E7 切下来，插入到载体 pAAV3 的 Spe I 位点上，得到目的克隆 pAAV3－E6E7。酶切和 Southern 杂交结果表明插入片段的大小和方向正确。

二、重组病毒的包装和滴度测定　将大量制备的重组质粒 pAAV－E6E7 和辅助质粒 pad8，过 Sephrose 2B 分子筛柱，纯化的质粒乙醇沉淀后，无菌条件下干燥和溶解。取培养 16～24 h 的 293 细胞（1×10^6），用无血清 DMEM 洗 3 次，加入 2 ml 无血清 DMEM 培养液，用腺病毒 Ad5 感染 2 h，弃上清，采用脂质体介导，共转染质粒 pAAV－E6E7 和 pad8，转染细胞培养 48 h，反复冻融 3 次，收取上清，即收得重组病毒。根据克隆上清感染 293 细胞后，经嘌呤霉素筛选出的克隆数，确定该重组病毒的滴度为 $5 \times 10^6 \sim 1 \times 10^7$。

三、E6E7 基因整合的 PCR 和 Southern blot 检测结果　重组病毒感染 293 细胞，经嘌呤霉素筛选，有限稀释法挑取单细胞克隆，获得 2 株转化细胞 293TC 和 293TL。提取 293TC 和 293TL 细胞染色体 DNA，进行 PCR。PCR 引物和反应条件同前，其反应结果可以扩增出 890 bp 的片段，其大小与阳性对照 pGEM/HPV18 的扩增产物相同。用 Dig 标记的 HPV18 E6E7 探针与 PCR 产物杂交，证实细胞基因组中整合了 E6E7 基因。该 390 bp 片段为杂交阳性，而从阴性对照 293 细胞 DNA 中扩增出的小片段为非特异产物，杂交结果为阴性，结果见图 2。用该探针直接与细胞染色体 DNA 进行打点杂交，实验结果如图 3 所示，转化细胞 293TC 和 293TL 及阳性对照 pGEM/HPV18 为阳性，进一步证实有 E6E7 基因的存在。

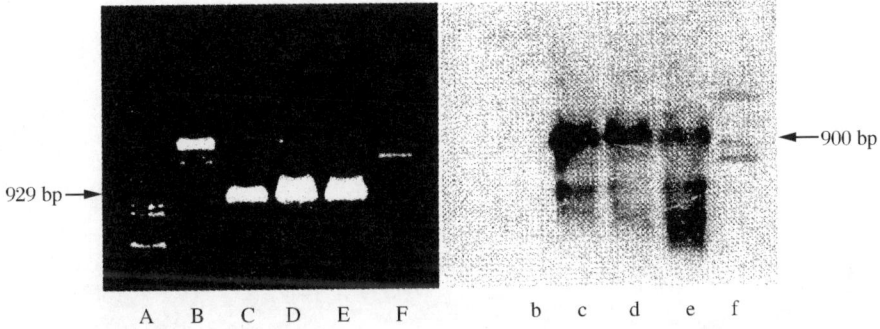

图 2　PCR – Southern 杂交检测 E6E7 基因在 293TL 和 293TC 基因组中的整合

Left：PCR amplification. Right：PCR – Southern blotting. A：pBR322/BstN1. B：b：293 cell DNA. C：c：293TC cell DNA. D：d：293TL cell DNA. E：e：pGEM/HPV18. F：f：DNA molecular weight marke Ⅷ（Dig – labeled）

Fig. 2　Detection of E6E7 gene in 293TL and 293TC genome by PCR – Southern blotting

四、转化细胞的生物学特点　从图 4 可以看出，获得的转化细胞 293TL 和 293TC 与 293 细胞相比，细胞形态变圆，折光性增强。为了检查 E6E7 转化细胞 293TC 和 293TL 的转化恶性程度，采用双层琼脂法测定了 293TC 和 293TL 的独立锚着性生长能力，发现 7 d 时 293TC 和 293TL 开始出现集落，而未转化 293 细胞；在 14 d 后才开始出现集落，培养 21 d 后，镜检计数，结果 293TC 和 293TL 的集落形成率（平均为 36.5%）比阴性对照 293 细胞高 20 倍以上，空载体感染细胞 293（AAV3）的集落形成率与 293 细胞无明显差别。而且 293TC 和 293TL 所形成的细胞集落比 293 和 293（AAV3）细胞明显增大。见表 1。

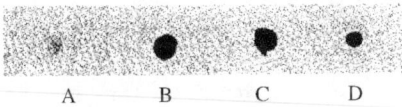

**图 3　293TC 细胞和
293TL 细胞的打点杂交**

A：293 cell DNA. B：293TC cell DNA.
C：293TL cell DNA. D：pGEM/HPV18

**Fig. 3　Dot blotting
of 293TC and 293TL**

表 1　293TC 和 293TL 的软琼脂集落形成的测定
**Tab. 1　Colonies formation in soft agarose
of 293TC and 293TL cells**

生长能力 Growth property	细胞　Cell			
	293	293 *	293TL	293TC
形成细胞集落数 No of Colonics	21	22	476	433
集落形成率（%） Colony forming rate（%）	1.05	1.10	23.8	21.7

注：＊空 AAV3 质粒
Note：＊293（AAV3）cell：293 cell with blank plasmid AAV3

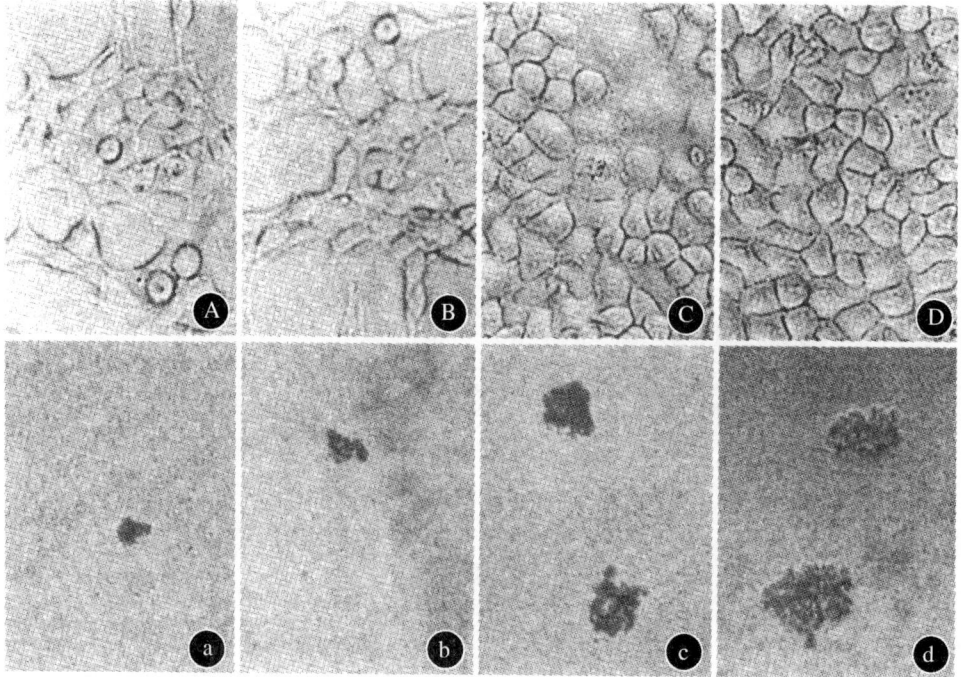

图 4 转化细胞形态和独立锚着性生长

A, B, C, D: Morphology of transformed cells. a, b, c, d: Anchorage–independent growth of transformed cells. A, a: 293 cell. B, b: 293（AAV3）cell. C, c: 293TC cell. D, d: 293TL cell 293（AAV3）cellI: 293 cell transformed wilh blank plasmid AAV3

Fig. 4   Morphology and anchorage–independent growth of transformed cell

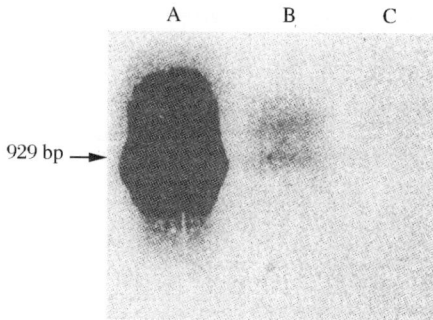

929 bp →

A: pGEM/HPV18 的 PCR 产物；
B: 293TL；C: 293（AAV3）

图 5   RT–PCR/Southern 杂交检测
E6E7 基因在转化细胞中的表达
A: PCR products of pGEM/HPV18.
B: 293TL, C: 293（AAV3）

Fig. 5   Detection of E6E7 gene expression in tr-ansformed cell by RT–PCR/Southern blotting

五、E6E7 基因在转化细胞中的表达　RT–PCR/Southern 杂交分析（图 5）表明，293（AAV3）细胞 RNA 的 RT–PCR 样本为阴性结果，而 293TL 细胞样本中存在 0.7 kb 和 0.9 kb 两种扩增产物，0.9 kb 片段为完整的 E6E7 转录样本的扩增产物，0.7 kb 片段为剪接的 E6E7 转录样本的扩增产物，证明 E6E7 基因在转化细胞 293TL 中确有表达。

讨　论

HPVs 与人宫颈癌、喉癌、食管癌等恶性肿瘤的关系，一直是大家所关注的问题。研究表明，在良性肿瘤和增生中，HPV DNA 多以游离形成存在，而在恶性肿瘤中，HPV DNA 多以整合形式存在[5,6]。HPV 的整合位点多在 E1 E2 区，这一整合过程不仅保证了 E6E7 基因读码框架的完整性，而且解除了 E1E2 对转录的抑制作用，提高了 E6E7 的表达水平，说明 E6 和 E7 对于细胞恶性转化的诱生和维持是十分重要的[7]。

高危型 HPV E7 可以和细胞内 Rb 蛋白结合[3]，刺激 DNA 合成，诱导染色体的畸变。并对 AdE2 早期启动子具有转录反式激活作用，单独的 E7 可以恶性转化永生化的啮齿类细胞 NIH 3T3 及 Rat 3Y1 等[8]，导致原代啮齿类细胞的永生化[9,10]。在高效表达启动子下表达的 E7 可以使人原代上皮细胞永生化，但不能诱导形成恶性转化，即转化细胞无致瘤性，在软琼脂中不生长[11,12]。而 E6 蛋白可以和 $p53$ 结合，并通过 E6 – AP（E6 伴随蛋白）的介导而降解 $p53$。E6 蛋白与 E7 类似，也具有反式激活作用和转化能力[13-15]。

我们将 HPV18 的 E6E7 基因克隆至腺病毒伴随病毒表达载体中，通过包装的重组病毒感染 293 细胞，将 E6E7 基因导入并整合至细胞的基因组中。RT – PCR/Southern 杂交分析表达 E6E7 基因在转化细胞 293TL 中确有表达。转化细胞 293TL 和 293TC 具有明显的转化表型，和 293 细胞及空病毒载体感染的未转化细胞相比，生长速度快，接触抑制消失，软琼脂培养实验中，转化细胞的集落形成率比 293 细胞高 20 倍，且集落明显增大。另外，克隆形成时间缩短，比 293 细胞提前近 14 d，说明 HPV18 E6E7 基因可以引起永生化人肾上皮 293 细胞的恶性转化。

肿瘤的发生大致上可以分为两个阶段：永生化和恶性转化。高危型 HPV 的 E6 和 E7 基因的共表达可以引起人的原代上皮细胞永生化，但不能在软琼脂上生长，在裸鼠体内也无致瘤性。只有经化学促癌物处理，或者长期体外培养才能导致充分的恶性转化[16]。这一结论与本实验的结果是相似的。HPV18 E6E7 可以引起永生化的人肾上皮 293 细胞的独立锚着性生长及细胞形态的改变，但在 SCID 小鼠中无致瘤性。只有在促癌物 TPA 的协同作用下，才能诱发肿瘤的形成。上述实验结果表明在肿瘤的诱发过程中，HPV18 E6E7 起着早期的启动作用，只能导致细胞的永生化、独立锚着性生长和表型改变。这一阶段在向充分恶性转化（体内成瘤）的发展过程中，E6E7 基因的表达是不充分的，尚需其他因素的进一步作用。

研究表明，高危型 HPV E7 可以诱导染色体畸变，如重排、缺失和非整倍比；E6 能灭活抑癌基因 $p53$，抑制细胞的 DNA 修复能力。同时细胞内 E6E7 基因的表达可以使细胞具有生长优势[17]。而具有选择优势的转化细胞保证了细胞内遗传学变异和代谢上的改变得以维持和累积。E6 和 E7 基因的这些生物学功能虽然不能立即引发细胞的充分恶性转化，但能让细胞处于一种对外界的转化作用或自身的变异十分敏感的状态，一旦引入其他外界促转化因子，如 ras 的表达和促癌物处理，或通过长期培养积累 DNA 变异，引起癌基因的激活或抑癌基因的失活，从而导致细胞的充分恶性转化。

在以前的 HPVs DNA 体外转化细胞实验中，多采用重组的逆转录病毒载体导入，但是由于逆转录载体为随机整合，易于激活细胞内的癌基因，对于分析外源癌基因的生物学功能不利。我们首次将 HPV18 E6E7 基因克隆至腺病毒伴随病毒表达载体。由于腺病毒伴随病毒表达载体，具有定位整合、高滴度、宿主广的特点[18]，所以对于以后继续深入研究 HPV18 E6E7 基因的生物学功能提供了一个十分有利的工具。

〔原载《中华实验和临床病毒学杂志》2003，17（1）：5 – 9〕

参 考 文 献

1　Zur – Hausen H. Papillomavirus in human cancer. Cancer, 1987, 59：1127 – 1136

2　Hawley – Nelson P, Vousden KH, Hubbert NL, et al. HPV16 E6 and E7 proteins cooperate to immortalize human foreskin keratinocytes. EMBO J, 1989, 8：3905 – 3910

3 Dyson N, Howley PM, Munger K, et al. The human papillomavirus – 16 E7 oncoprotein is able to bind to the retinoblastoma gene product. Science, 1989, 243: 934 – 937

4 Scheffner M, Weruess BA, Huibregtse JM, et al. The E6 oncoprotein encoded by human papillomavirus types 16 and 18 promotes the degradation of p53. Cell, 1990, 73: 1129 – 1136

5 Durst M, Kleinheinz A, Hotz A, et al. The physical state of human papillomavirus type 16 DNA in benign and malignant genital tumors. J Gen Viral, 1985, 66: 1515 – 1522

6 Wagatsuma M, Hashimoto K, Matsukara T. Analysis of integrated human papillomavirus type 16 DNA in cervical cancers: amplification of viral sequences together with cellular flanking sequences. J Virol, 1990, 64: 813 – 821

7 Romanczuk lt, Thierry F, Howley PM. Mutational analysis of cis elements involved in E2 modulation of human papillomavirus type 16 P97 and type 18 P 105. J Virol, 1990, 64: 2849 – 2859

8 Yasumoto S, Burkhardt A, Doniger J, et al. Human papillomavirus type 16 DNA – induced malignant transformation of NIH 3T3 cells. J Virol, 1987, 57: 572 – 577

9 Chesters PM, McCance DJ. Human papillomavirus types 6 and 16 in cooperation with Ha – ras transform secondary rat embryo fibroblasts. J Gen Virol, 1989, 70: 353 – 365

10 Peacock JW, Maflashewski GJ, Benchimol S. Synergism between pairs of immortalizing genes in transformation assays of rat embryo fibrolblasts. Oneogene, 1990, 5: 1769 – 1779

11 Halbert CL, Demers GW, Galloway DA. The E7 gene of human papillovirus type 16 is sufficient for immortalization of human epithelial cells. J Virol, 1991, 65: 473 – 478

12 Durst M, Dzarlieva – Petrusevska RT, Boukamp P, et al. Molecular and cytogenetic analysis of immortalized human keratinocytes obtained after transfection with human papillomavirus type 16 DNA. Oncogene, 1987, 1: 251 – 256

13 Desaintes C, Hallez S, Alphen PV, et al. Transcriptional activation of several heterologous promoters by the E6 protein of human papillomavirus type 16. J Virol, 1992, 66: 325 – 333

14 Band V, DeCaprio JA, Delmolino L, et al. Loss of p53 protein in human papillomavirus type 16 E6 – immortalized human mammary epithelial cells. J Virol, 1991, 65: 6671 – 6676

15 Liu Z, Ghai J, Ostrow RS, et al. The E6 gene of human papillomavirus type 16 is sufficient for transformation of baby rat kidney cells in cotransfection with activated Ha – ras. Virology. 1993, 201: 388 – 396

16 Park NH, Gujuluva CN, Back JH, et al. Combined oral carcinogenieity of HPV – 16 and bertzopyrene: An in vitro multistep carcinogenesis model. Oncogne, 1995, 10: 2145 – 2153

17 Joen S, Allen – Hoffmann BL, Lambert PF. Integration of human papillomavirus type 16 into the human genome eorrelates with a selective growth advantage of cells. J Virol, 1995, 69: 2089 – 2097

18 Kotin RM. Prospects for the use of adeno – associated virus as a vector for human gene therapy (review) . Hum Gene Ther, 1994, 5: 793 – 801

Construction of Human Papilloma Virus Type 18 E6E7 Genes in Adeno – associated Virus Expression Vector and Checking its Activity for Malignant Transformation

CEN Shan*, TENG Zhi – ping , ZHANG Yue, SHEN Zhong – ying, XU Jin – jie, DU Bin, ZENG Yi.

(* Institute of Virology, Chinese Academy of Preventive Medicine, Beijing 100052, China)

Objective   To construct human papillomavirus type 18 (HPV18 E6E7) adeno – associated virus (AAV) for studying the role of HPV E6E7 in the development of human cancer.   **Methods**   HPV18 E6E7 genes were inserted into adeno – associated virus expression vector and then infected 293 cell line. The expression of HPV18 E6E7 genes were confirmed by using RT – PCR/Southern blot assay.   **Results**   There was HPV18 E6E7 genes in the malignantly transformed cell line. The 293TL cells compared with the parent cells transformed cells grew more rapidly, lost their contact inhibition and formed more and large colonies in soft agar.   **Conclusion**   HPV18 E6E7 AAV was successfully constructed and could induce malignant transformation. HPV18 E6E7 AAV can be use for studying the immortalization and malignant transformation of human normal epithelial cells.

〔**Key words**〕 Papillomavirus, Human; Transformation, Genetic; Dependovirus; Gene Expression

283. 鼻咽癌患者 EBV LMP1 基因 C 端区的缺失突变及序列分析

广西壮族自治区梧州市红十字会医院中心实验室   汤敏中   郑裕明

中国预防医学科学院病毒学研究所肿瘤室   郭秀婵   张永利   曾　毅

〔摘　要〕　**目的**　研究 LMP1 基因 C 端区缺失突变在我国南方广东、广西鼻咽癌高发区的存在状况和探讨其在鼻咽癌中所起的作用。　**方法**　采用聚合酶链反应技术（PCR）扩增鼻咽癌患者鼻咽组织中 IMP1 基因的 C 末端，并对其进行了克隆和序列分析。　**结果**　20 份鼻咽癌组织标本中，有 17 份扩增出特异性条带，阳性率为 85%，阳性个体中只有 1 份未发生缺失。我们选择其中的 4 份样品进行了克隆和序列分析，结果显示，4 份样品均存在 30 个碱基的缺失和某些位点的单点突变。　**结论**　广东、广西鼻咽癌高发区鼻咽癌组织中 LMP1 基因 C 端区存在较高比例的碱基缺失和点突变。

〔关键词〕　鼻咽肿瘤；基因，LMP1；突变；序列分析

Epstein – Bart 病毒（Epstein – Barr virus, EBV）又称人疱疹病毒 4 型（human herpes-vims 4, HHV –4），属于 γ 疱疹病毒亚科的淋巴隐病毒属（Lymphocryptovirus），是第一个被

发现的淋巴隐病毒[1]。EBV 与许多恶性疾病，例如伯基特淋巴瘤（Burkitt lymphoma）、何杰金病（Hosgkin disease）、PTLs（Peripheral T – cell lymphomas）、鼻咽癌（Nasopharyngeal carcinoma）等具有密切的关系。EBV 在感染的早期，首先进入咽部上皮细胞，在其中复制并扩散至靠近上皮基膜的 B 淋巴细胞。感染 B 淋巴细胞后，病毒基因组主要以潜伏状态存在。在鼻咽癌组织中，表达的 EBV 潜伏蛋白只有 EBNA1 和 LMP1。EBNA1 可与 DNA 结合，具有 DNA 结合活性，但没有转化功能。LMP1 是鼻咽癌组织中表达的唯一与细胞转化有关的潜伏蛋白[2]。

已有研究表明，不同来源的个体之间 LMP1 基因具有差异。为了研究 LMP1 基因 C 端区缺失突变在我国南方鼻咽癌高发区的存在状况和探讨其在鼻咽癌中所起的作用，我们采用 PCR 法扩增了 20 例中国南方鼻咽癌高发区，鼻咽癌患者的 LMP1 基因，并对其中 4 例进行了克隆及序列分析。

材料和方法

一、鼻咽癌组织　来自广西壮族自治区梧州市红十字会医院患者鼻咽部活检标本，临床资料见表 1。

表 1　20 份样品的临床资料
Tab. 1　Clinical data of the 20 cases

病例 Case	性别/年龄（岁） Sex/Age（Yr）	临床分期 Clinical stage	病例 Case	性别/年龄（岁） Sex/Age（Yr）	临床分期 Clinical stage
NPC1	男/34 （Male）	$T_2N_iM_0$	NPC11	男/35 （Male）	$T_2N_3M_0$
NPC2	男/39 （Male）	$T_2N_2M_0$	NPC12	男/73 （Mae）	$T_2N_1M_0$
NPC3	男/55 （Male）	$T_3N_2M_0$	NPC13	男/53 （Male）	$T_2N_3M_0$
NPC4	男/78 （Male）	$T_4N_0M_0$	NPC14	男/49 （Male）	$T_2N_2N_0$
NPC5	男/53 （Male）	$T_2N_1M_0$	NPC15	男/51 （Male）	$T_1N_2M_0$
NPC6	男/58 （Male）	$T_2N_2N_0$	NPC16	男/47 （Male）	$T_2N_2M_1$
NPC7	男/50 （Male）	$T_3N_2M_0$	NPC17	女/45 （Female）	$T_2N_2M_0$
NPC8	男/55 （Male）	$T_2N_0M_0$	NPC18	女/38 （Female）	$T_2N_0M_0$
NPC9	男/30 （Male）	$T_2N_2M_0$	NPC19	男/15 （Male）	$T_1N_2M_0$
NPC10	男/45 （Male）	$T_2N_2M_0$	NPC20	男/44 （Male）	$T_2N_1M_0$

二、主要试剂　PCR 试剂盒、T – vector、各种工具酶由日本 Takala 公司提供；DNA 回收试剂盒由博大生物工程公司提供。

三、细胞和组织 DNA 的提取　采用酚/氯仿萃提法[3]。

四、PCR 扩增　引物设计系根据已发表的序列，特异性地扩增 LMP1 基因 C 端包含缺失突变的区域。引物合成由北京赛百胜生物公司完成。反应条件为 95℃预变性 5 min，循环参数为 95℃30 s，55℃30 s，72℃30 s，35 个循环，72℃延伸 10 min。

五、PCR 扩增片段的纯化和克隆　PCR 扩增的产物经 2% 的琼脂糖凝胶电泳分离，切胶后玻璃奶回收试剂盒回收并纯化，克隆至 pMD – 18T 载体。重组克隆经限制性内切酶鉴定。

六、序列测定　将筛选的阳性克隆摇菌培养，提取并纯化质粒 DNA，ABI PRISM™ 337XL 全自动 DNA 测序仪测定插入目的基因片段的序列。序列测定的引物见表 2。

表 2　PCR 与测序引物

Tab. 2　Sequences of primers used in PCR

引物 Primer	序列（5′–3′） Sequence（5′–3′）	在 EBV 基因中的定位（nt） Location in gene of EBV（nt）	用途 Usage
上游 Upstream	GAGTGTGTGCCAGTFAAGGT	168373 – 168392	PCR
下游 Downslream	CTAGCGACTCTGCTGGAAAT	168056—168075	PCR
M13 – 47	CGCCAGGGTTTTCCCAGTCACGAC		
RV – M	GAGCGGATAACAATTTCACACAGG		

七、序列分析　用 DNA STAR 对序列进行核苷酸、氨基酸缺失突变分析。

结　　果

一、LMP1 基因的 PCR 扩增结果　以 B95 – 8 细胞为阳性对照，经 PCR 扩增得到 337 bp 大小的 DNA 条带。20 份标本中有 17 份显示出阳性条带，阳性率为 85%，其中 16 份样品的 DNA 条带位置均比 B95 – 8 细胞的 DNA 条带靠前，约在 307 bp 处，提示存在缺失突变。琼脂糖凝胶电泳结果如图 1。

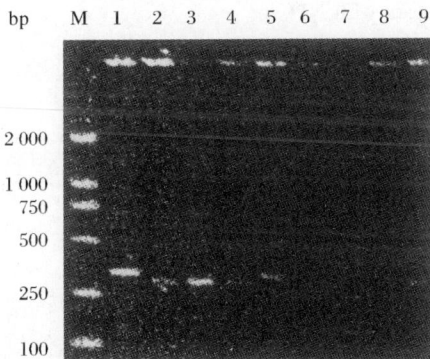

M：标准相对分子质量（2000 bp ladder）；1：NPC5；2：NPC6；3：NPC7；4：NPC8；5：阳性对照（B95 – 8）．6：NPC9；7：NPC10；8：NPC11；9：NPC12

图 1　鼻咽癌组织中 LMP1 基因 PCR 扩增结果

M：DNA marker（2000 bp ladder）；1：NPC5；2：NPC6；3：NPC7；4：NPC8；5：Positive control（B95 – 8）．6：NPC9；7：NPC10；8：NPCII；9：NPC12

Fig. 1　Result of LMP1 gene amplification from nasopharyngeal carcinoma tissue DNA by PCR

二、重组质粒的筛选及鉴定　将纯化的 PCR 产物与克隆载体 pMD – 18 连接，并转化大肠埃希菌 DH5α，经培养、蓝白斑筛选、增菌培养后提取质粒，并以 EcoR Ⅰ和 Pst Ⅰ酶切电泳鉴定。

三、序列测定结果　4 份鼻咽癌组织 LMP1 基因的序列测定结果见图 2。

Amino Acid	Pro	Gln (168360 (Asn))	Leu	Thr	Glu	Glu	Val	Glu	Asn	Lys	Gly	Gly	Asp	334 Gln (Arg)	335 Gly (Asp)
B95-8	CCA	CAA	TTG	ACG	GAA	GAG	GTT	GAA	AAC	AAA	GGA	GGT	GAC	CAG	GGC
NPC 1	---	A--T	---	---	---	---	---	---	---	---	---	---	---	-G--	-A--
NPC 2	---	A--T	---	---	---	---	---	---	---	---	---	---	---	-G--	-A--
NPC 3	---	A--T	---	---	---	---	---	---	---	---	---	---	---	-G--	-A--
NPC 4	---	A--T	---	---	---	---	---	---	---	---	---	---	---	-G--	---

Amino Acid	Pro (168315)	Pro	338 Leu (Ser)	Met	Thr	Asp	342 Gly	Gly	Gly	Gly	His	Ser	His	Asp	Ser
B95-8	CCG	CCT	TTG	ATG	ACA	GAC	GGA	GGC	GGC	GGT	CAT	AGT	CAT	GAT	TCC
NPC 1	---	---	-C--	---	---	---	--T	***	***	***	***	***	***	***	***
NPC 2	---	---	-C--	---	---	---	--T	***	***	***	***	***	***	***	***
NPC 3	---	---	-C--	---	---	---	--T	***	***	***	***	***	***	***	***
NPC 4	---	---	-C--	---	---	---	--T	***	***	***	***	***	***	***	***

Amino Acid	Gly (168270)	His	Gly	Gly	Gly	Asp	Pro	His	Leu	Pro	361 Thr (Met)	Leu	Leu	Leu	Gly
B95-8	GGC	CAT	GGC	GGC	GGT	GAT	CCA	CAC	CTT	CCT	ACG	CTG	CTT	TTG	GGT
NPC 1	***	***	---	---	---	---	---	---	---	---	---	---	---	---	---
NPC 2	***	***	---	---	---	---	---	---	---	---	-T--	---	---	---	---
NPC 3	***	***	---	---	---	---	---	---	---	---	---	---	---	---	---
NPC 4	***	***	---	---	---	---	---	---	---	---	---	---	---	---	---

Amino Acid	366 Ser (Leu)	Ser	Gly	Ser	370 Gly (Ala)	Gly (168208)
B95-8	TCT	TCT	GGT	TCC	GGT	GGA
NPC 1	A--	---	---	---	---	---
NPC 2	A--	---	---	---	-C--	---
NPC 3	A--	---	---	---	---	---
NPC 4	A--	---	---	---	---	---

＊：表示位置碱基缺失；　－：表示此位置碱基与上面相同

图 2　4 份样品的 LMP1 基因与标准 LMP1 基因的序列比较

＊：position of the base – paire deletion. －：the base – paire are same with above

Fig. 2　Comparison of the sequence of the standard LMP1 gene of EBV and LMP1 isolates in four cases with NPC

四、核苷酸及氨基酸序列分析　含有鼻咽癌患者 LMP1 基因的重组质粒，以 M13 – 47 和 RV – M 为测序引物，采用 PCR 荧光素标记法进行测序。测序结果显示，与 B95 – 8 细胞 LMP1 基因序列相比较，4 份鼻咽癌患者 LMP1 基因在核苷酸 168 294 ～ 168 265 处均存在 30 个碱基的缺失。核苷酸位点 168357（C→A）和 168355（A→T）的突变，导致 322 位氨基酸发生 Cln→Asn 的转变和核苷酸位点 168320（A→C）的突变，导致 334 位氨基酸发生 Gln – Arg 的转变和核苷酸位点 168308（T→C）的突变，导致 338 位氨基酸发生 Leu→Ser 的转变和核苷酸位点 168225（T→A）的突变，导致 366 位氨基酸发生 Ser→Leu 的转变和 342 位氨基酸在核苷酸位点 168295 发生 A→T 的突变，但并未引起氨基酸的改变。有 3 份样品发生了编码

335 位氨基酸的 C→A 的突变（nt 168 318，Cly－Asp）。NPC1 编码 361 位氨基酸在核苷酸位点 168240C→T 的突变，导致 Thr→Met 的转变。NPC2 编码 370 氨基酸在核苷酸位点 168193（C→C）的突变导致 Cly→Ala 的转变。

讨　　论

　　LMP1 基因具有在体外转化啮齿类成纤维细胞的能力和诱发人或鼠的永生化细胞恶性转化，被公认为是一种病毒癌基因[4]。Hu 等[2] 从中国鼻咽癌株 Cao 和中国台湾鼻咽癌株 1510 中分离出 LMP1 基因，与 B95－8 的 LMP1 基因进行序列比较，发现二者均具有 C 端 30 个碱基的缺失。不同来源的 LMP1 基因，转化细胞的能力也不相同。B95－8 细胞来源的 LMP1 基因，只有在强的增强子和启动子下，例如 SV40，才具有转化功能[5]。而来自 NPC 传代组织的含有 30 碱基缺失的 LMP1 基因在天然启动子下就具备转化 BALB/3T3 细胞的能力[6]。为了研究缺失对 LMP1 转化的影响，Li 等[7] 在来源于中国台湾鼻咽癌细胞株 1510 的 LMP1 基因的相对位置插入编码这 10 个氨基酸的 30bp 核苷酸序列，发现其致瘤性明显降低；而将 B95－8 来源的 LMP1 基因相应的 30bp 核苷酸序列缺失后，能够增强其致瘤性。研究表明，C 端的 30 个碱基对 LMP1 转化细胞具有重要的作用。碱基的缺失或突变可递呈给细胞逃逸宿主免疫监视的能力。EBV 的一些抗原表位能诱发很强的杀伤性 T 细胞反应，抗原表位一旦发生突变，就很可能丢失他的免疫原性。LMP1 基因 C 末端的碱基缺失，促进了抗原表位的突变[8]。

　　我们确认在广东、广西鼻咽癌高发区鼻咽癌患者组织中的 LMP1 基因存在着 C 端 30 碱基的缺失和点突变，LMP1 的缺失与突变与鼻咽癌的高发是否存在一定关系有待进一步分析。

〔原载《中华实验和临床病毒学杂志》2003，17（1）：5－9〕

参 考 文 献

1　曾毅，陈启民，耿运琪. EB 病毒艾滋病毒及其有关病毒. 天津：南开大学出版社，1999，111－126

2　Hu LF, Zabarovsky ER, Chen F, et al. Isolation and sequencing of the Epstein－Barr virus BNLF－1 gene（LMP1）from a Chinese nasophary ngeal carcinoma. J C, en Virol, 1991, 72: 2399

3　Samromok J, Fritsch EF, Maniatis T. Molecular cloning，a laboratory. manual. 2nd ed. New York: Cold Sping Harbor Laboratory, Press, 1989

4　Wang D. Liebowitz D, Kiff E. An EBV membrane protein expressed in immortalized lymphocytes transforms established rodem cells. Cell, 1985, 43: 831

5　Baichwal VR, Sudgen B. Transformation of Balb 3T3 cells by the BNLF－1 gene of Epstein－Barr virus. Oneogene, 1988, 2: 461－467

6　Chen ML, Tsai CN, Liang CL. Cloning and characterization of the latent membrane protein（LMP）of a specific Epstein－Barr virus variant derived from the nasopharyngeal carcinoma in the Taiwanese population. Oneogene, 1992, 7: 2131－2142

7　Li SN, Chang YS, Liu ST. Effect of a 10－amino acid deletion on the oncogenlc activity of latent membrane protein I of Epstein－Barr virus. Oncogene, 1996, 12: 2129－2135

8　Khanna R, Burrows SR, Kufilla MG, et al. Localization of Epstein－Bart virus cytotoxie T cell epitopes using recombinant vaccinia: implications for vaccine development. J Exp Med, 1992, 176: 169

Sequence Analysis of the Deletion and Mutation in Carboxy Terminal Region of the Epstein – Barr Virus Latent Membrane Protein 1 Derived from Nasopharyngeal Carcinoma Patients

TANG Min – zhong* , ZHENG Yu – ming, GUO Xiu – chan , ZHANG Yong – li , ZENG Yi

(*Department of Cerural Laboratory, The Red Cross Hospital, Wuzhou 543002, China)

Objective　To study the deletion and mutation in carboxy terminal region of LMP1 gene derived from nasopharyngeal carcinoma (NPC) in Guangdong and Guangxi, the high risk areas of nasopharyngeal carcinoma in China. **Methods**　LMPI gene carboxy terminal region was amplified from nasopharyngeal carcinoma tissues by PCR, and then cloned and sequenced. **Results**　Of the 20 cases, 17 were LMPI positive. In all positive cases, only 1 case did not show deletion. Four positive eases were chosen for DNA sequencing. The result showed that all the four cases had mutation and the 30bp deletion. **Conclusion**　High frequency of deletion and mutation in LMP1 gene of nasopharyngeal carcinoma tissues was found in Guangdong and Guangxi. Whether it related to the high incidence of NPC should be further studied.

〔**Key words**〕Nasopharyngeal Neoplasms; Genes, LMP1; Mutation; Sequence Analysis

284.　嵌合人/牛免疫缺陷病毒 cDNA 的构建及其在 MT₄ 细胞中的活性分析

中国疾病预防控制中心病毒病预防控制所肿瘤与艾滋病实验室　杨怡姝
陈国敏　董温平　曾　毅　南开大学生命科学学院　陈启民　耿运琪

〔摘　要〕　目的　构建嵌合人/牛免疫缺陷病毒（HBIV）cDNA，研究牛免疫缺陷病毒 BIV Tat 及 LTR 在人源 MT₄ 细胞中的活性。　方法　PCR 扩增 BIV 的 tat、LTR 及 HIV 的 gag、Pol、env 片段，定向插入到 pBluescript SK（+）载体上，嵌合质粒转染 MT₄ 细胞，逆转录聚合酶链反应（RT – PCR）检测嵌合病毒中的基因转录，反转录酶活性测定嵌合病毒基因的表达。　结果　BIV tat、HIV gag 在 MT₄ 细胞中均已得到转录，并已合成具有生物学活性的反转录酶。　结论　在人源 MT₄ 细胞中，嵌合病毒的 BIV LTR 具有启动子活性，BIV Tat 具有反式激活功能。

〔关键词〕　HIV；免疫缺陷病毒，牛；转录，遗传；酶激活；细胞，培养的

人免疫缺陷病毒（HIV）和牛免疫缺陷病毒（BIV）同属于逆转录病毒科慢病毒属，二者在基因结构上具有良好的对应关系，在形态学、免疫学、遗传学特点上有许多共同点[1]。HIV 可以引起人类致病性疾病艾滋病；而 BIV 感染牛后通常引起亚临床疾病综合征，如一过性的淋巴细胞增多，与滤泡增生相关的淋巴结腺病，并且研究认为 BIV 不能感染人或人细

胞[1]。HIV、BIV 的调节基因 tat 编码反式激活蛋白 Tat，可以使病毒 mRNA 水平升高 100 倍[2]，在病毒复制中起了十分重要的作用，但二者的作用机制存在差异[3]。另外，BIV 和 HIV LTR 中的转录因子结合序列在数量和位置上的不同，也极大地影响了病毒复制的速度和致病性[1]。为探讨 BIV Tat 和 LTR 在人源性细胞中的活性，用 BIV tat 和 LTR 取代 HIVtat 和 LTR，构建嵌合人/牛免疫缺陷病毒（HBIV）cDNA。

材料和方法

一、质粒和细胞 pHXB2 质粒，pBluescript SK（＋）载体（pBS），MT₄ 细胞由中国疾病预防控制中心病毒病预防控制所肿瘤病毒与艾滋病实验室保存；pBIVR29 质粒由南开大学生命科学学院提供。

二、嵌合 HBIV cDNA 的构建 分别以 pHXB2、pBIVR29 为模板扩增 BIV 5′LTR、HIV *gag* – poi、BIV tat、HIV env 及 BIV LTR3′片段。采用 Oligo 软件设计引物，并在引物中分别引入 SacⅡ、XbaⅠ、SmaⅠ、EcoRⅠ、CiaⅠ 及 KpnⅠ酶切位点，使得各片段可以依次定向插入到 pBS 载体的多克隆位点中。上述各个片段的上、下游引物序列依次为：①5′tcc ecg cgg tgt ggg gca ggg tgg gac ct 3′；②5′gct cta gac ccg ggg aaa aca cgc aac tac tc 3′；③5′gct cta gaa tgg gtg cga *gag* cgt cag 3′；④5′tce ccc ggg ttc ttg ctc tcc tct gtc g 3′；⑤5′tec ccc ggg aat atg ccc gga cct 3′；⑥5′ecg gaa ttc cta gtt att gat cca tgt ttg3′；⑦5′ccg gaa ttc atg gca gga aga agc ggg gac 3′；⑧5′cea tcg atc taa tea ggg aag tag eet tgt gtg 3′；⑨5′cca tcg att gtg ggg cag ggt ggg acc t 3′；⑩5′cgg ggt acc cea act gtt ggg tgt tct tca c 3′。

三、嵌合 HBIV cDNA 转染 MT₄ 细胞 取 8 μl DMRIE – C 试剂（美国 Invitrogen 公司）、4 μg 质粒在无血清条件下转染 6×10^6 MT₄ 细胞（同时设立 pBS 空载体转染组及空白对照组），24 h 后更换完全培养基，继续培养 7 d。

四、嵌合 HBIV cDNA 在 MT₄ 细胞中的转录 嵌合 HBIV cDNA 转染 MT₄ 细胞后第 7 天，收获细胞，TRIzol RNA 试剂（美国 Invitrogen 公司）提取细胞总 RNA，RNase – Free DNase 除尽 RNA 中的 DNA。RT – PCR 方法检测 HBIV 的早期基因（BIV tat）及晚期基因（HIV *gag*）的转录。扩增引物分别为：⑤、⑥同上；⑪5′atg ggt gcg aga gcg tca ga 3′；⑫5′tgt cct gtg tca get get gc 3′。扩增产物经 1.5% 琼脂糖凝胶电泳，鉴定特定基因的表达。

五、反转录酶（RTase）活性测定 嵌合 HBIV cDNA 转染 MT₄ 细胞 1～7 d，连续收获细胞培养上清，参照德国 Roche 公司的 Reverse Transcriptase Assay 试剂盒说明操作，分离病毒颗粒，测定 RTase 活性，用吸光度（A_{405nm}）反映 RTase 活性的强弱。以转染时间为横坐标，样本的吸光度（A 值）为纵坐标作图，绘制 RTase 活性曲线。

结 果

一、嵌合 HBIV cDNA 的鉴定 PCR 扩增的各个片段经测序鉴定后，依次定向插入到 pBS 载体的多克隆位点中。采用特征性酶（SmaⅠ；BglⅡ；BamHⅠ；EcoRⅤ；EcoRⅠ；SacⅡ/XbaⅠ；PstⅠ）消化后经 1% 琼脂糖凝胶电泳，酶解产物的条带与理论分析的一致（图 1）。表明已经将各目的片段按预先设计的方式拼接完全，形成了嵌合 HBIV cDNA 质粒。

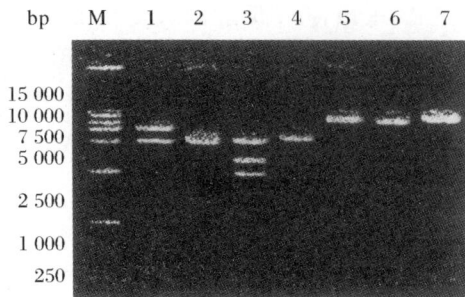

M：DNA 标准相对分子质量；1：Sma I （7.8 kb + 5.1 kb）；
2：Bgl Ⅱ（5.8 kb + 5.1 kb + 1.4 kb + 0.6 kb）；3：BamH I
（5.9 kb + 3.6 kb + 2.6 kb + 0.8 kb）；4：EcoR V （6.6 kb +
6.3 kb）；5：EcoR Ⅰ（11.4 kb + 1.1 kb + 0.4 kb）；
6：Sac Ⅱ/Xba I （12.2 kb + 0.7 kb）；7：Pst I （12.9 kb）

图 1　酶切鉴定嵌合质粒 pHBIV

M：DNA marker. 1：5 ma I （7.8 kb + 5.1 kb）.2：Bgl：
Ⅱ（5.8 kb + 5.1 kb + 1.4 kb + 0.6 kb）.3：BamH I （5.9 kb +
3.6 kb + 2.6 kb + 0.8 kb）.4：EcoR V （6.6 kb + 6.3 kb）
5：EcoR I （11.4 kb + 1.1 kb + 0.4 kb）.6：Sac Ⅱ/Xba I
（12.2 kb + 0.7 kb）.7：Pst I （12.9 kb）

Fig. 1　Identification of pHBIV by restriction endonucleges

二、嵌合 HBIV cDNA 在 MT4 细胞中的转录　RTPCR 扩增 HIV-1 *gag* 的部分转录产物片段（370 bp）及 BIV tat 转录产物（320 bp）。嵌合 HBIV cDNA 转染的 MT_4 细胞总 RNA 均可扩出这两种特异片段（图2），表明嵌合 HBIV cDNA 在 MT_4 细胞中已经发生了转录，合成了 *gag* mRNA 及 tat mRNA。

三、反转录酶（RTase）活性测定　RTase 活性随时间变化的曲线见图3。结果显示空载体转染 MT4 细胞的 RTase 活性始终在低水平波动。而嵌合 HBIVcDNA 转染 MT_4 细胞后，第 1~2 天的 RTase 活性很低，第 3 天 RTase 活性开始上升，第 4 天达到高峰，第 5 天有所下降，但第 3 天又开始回升。反转录酶是反转录病毒的特征性产物，嵌合 HBIV cDNA 转染 MT_4 细胞后 RTase 活性的动态变化，说明其在 MT_4 细胞已经表达出了有活性的反转录酶。

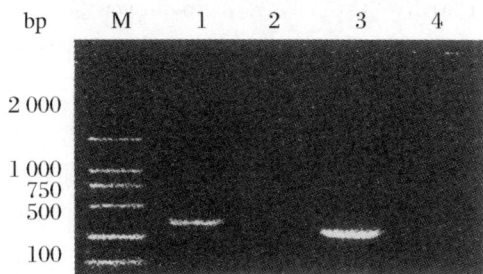

bp；M：DNA 标准相对分子质量；1，2：分别转染
pHBIV 或 pBS 的 MT_4 细胞总 RNA RT-PCR 扩增
HIV *gag* 片段；3，4：分别转染 pHBIV 或 pBS 的
MT_4 细胞总 RNA RT-PCR 扩增 BIV tat 片段

图 2　RT-PCR 检测 pHBIV 在 MT_4 细胞中的表达

The reverse transcription amplifying production of transfection
with pHBIV or PBS was 370 and 320 bp for HIV *gag* and BIV tat,
respectively. M：DNA marker. 1. 2：RT-PCR products of
MT_4 cell transfected with pHBIV or pBS for HIV *gag*.
3，4：RT-PCR products of MT_4 cell transfected
with pHBIV or pBS for BIV tat

转染 pHBIV 或 pBS 的 MT_4 细胞总 RNA RT-PCR 扩增 HIV *gag* 片段及 BIV tat 片段分别应为 370 和 320

**Fig. 2　Analysis of the expression of MT_4 cell
transfected with pHBIV by RT-PCR**

讨　论

根据是否表达依赖 RNA 序列的反式激活因子 Tat，将慢病毒分成两组[3,5]。所有的灵长类慢病毒（HIV-1，HIV-2，SIV）及马传染性贫血病毒（EIAV）和 BIV 都编码 Tat 的同源物；而猫免疫缺陷病毒（FIV）、山羊关节炎日脑炎病毒（CAEV）、绵羊山羊慢病毒（maedi/visna）则缺乏相应的反式激活因子。在第一组慢病毒中，病毒复制的调控取决于病毒反式激活因子和细胞因子与 LTR 的相互作用。慢病毒的基因转录首先是在 5′LTR 的启动下转录出低水平的全长 mRNA，经过多次剪接后产生相对分子质量低的 mRNA，编码病毒的各种调节蛋白（如 Tat，Nef，Rev）[2]。Tat 蛋白与 LTR 中的反式激活应答序列（trans-activation responsive element，TAR）相互作用，反式激活 HIV 基因的转录。Rev 则与 Rev 应答元件（rev responsive element，RRE）相互作用，促进单剪接或未剪接 RNA 转运到胞质中，引发 HIV 基因表达从早期向晚期转化，促进病毒结构蛋白和酶的合成。BIV LTR 及 Tat 在结构功能上与 HIV LTR 及 Tat 存在一些不同[1]。BIV LTR 是弱启动子，其 U3 区含有一个拷贝的转录因子结合序列（SP1，NF - κB 位点），一个核心增强子，且 NF - κB 距离 TATA box 相对较远；而在致病力强、复制率相对高的 HIV - 1 中则含有 2 个或多个这样的位点（3 个 SP，2 个 NF - κB 位点）。HIV Tat 的反式激活作用具有种属特异性，其作用需要细胞因子 Cyclin T1（CycT1）参与；而 BIV Tat 则可以在多种细胞中行使此功能，其作用不依赖于 Cyc T1。

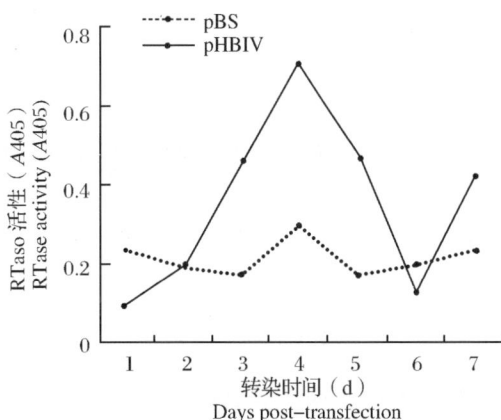

图 3　pHBIV cDNA 转染 MT₄ 细胞的 RTase 活性

Fig. 3　RTase activity of pHBIV cDNA in transfected MT₄ cells

　　为了研究 BIV Tat 与 LTR 在嵌合病毒 HBW cDNA 中的作用及其在人源 MT₄ 细胞中的活性，我们用 BIV tat 及 LTR 取代 HIV tat 及 LTR 构建了嵌合 HBW cDNA。采用 RT - PCR 的方法可以检测到 BWtat mRNA 的存在，表明 BIV LTR 在人源 MT₄ 细胞中具有启动子活性，并可以启动嵌合基因的表达。而扩增到 HIV *gag* mRNA 片段及检测出 RTase 活性，则反映了病毒基因的表达已从早期向晚期转化，细胞中存在全长 mRNA 转录产物，*gag - pol* 基因均得到转录，而且产生的 *gag - pol* 多蛋白前体已经被剪切成具有生物学功能的反转录酶。此外也间接表明 BIV tat 基因也在 MT₄ 细胞中得到了正确的转录和翻译，其产物与 MT₄ 细胞的各种细胞因子相互作用，与其应答元件结合发挥功能，促进嵌合基因的转录，使各基因得到表达。对该嵌合病毒能否形成具有感染性病毒颗粒的研究工作目前正在进行。

〔原载《中华实验和临床病毒学杂志》2003，17（2）：143 - 145〕

参 考 文 献

1　Gonda MA. Luther DG, Fong SE, et al. Bovine immunodeficiency virus：molecular biology and virus - host interactions. Virus Res, 1994. 32：155 - 181

2　Frankel AD, Young JA. HIV - 1：fifteen proteins and an RNA. Annu Bev Biochem. 1998. 67：1 - 25

3　Barborlc M. Taube R, Nekrep N. el al. Binding of Tat to TAB and recruitment of positive tran- scription elongation factor b occur independently in bovine immunodeficiency virus. J Virol, 2000, 74：6039 - 6044

4　Bogerd HP. Wiegand HL. Bieniasz PD. el al. Functional differences between human and bovine immunodeficiency rims Tat transcription factors. J Virol, 2000. 74：4666 - 4671

Construction and Analysis of Activity of an HIV – 1/bovine Immunodeficiency Virus Chimeric Clone cDNA

YANG Yi – shu*, CHEN Guo – min, DONG Wen – ping, CHEN Qi – min, GENG Yun – qi, ZENG Yi
(*Department of Oncogenic Virus and HIV, National Institute for Viral Disease Control and Prevention, Chinese Center for Disease Control and Prevention, Beijing 100052, China)

Objective Chimeric human/bovine immunodeficiency virus (HBIV) cDNA was constructed by replacing HIV tat and LTB with bovine immunodeficiency virus (BIV) tat and LTB to study the activity of BIV tat and LTB in the chimerae. **Methods** The target fragments of BIV tat, LTR and HIV *gag*, pol, env were respectively amplified by using PCR and sequentially inserted into pBhiescript SK (+) vector. The chimeric clone was transfected into human MT – 4 cells. The transcript and gene expression of the HBIV chimeric virus were detected by using RT – PCR and a reverse transcriptase assay, respectively. **Results** BIV tat mRNA and HIV *gag* mRNA were detected. The reverse transcriptase activity of the chimeric virus was analyzed in the fluctuation curve. **Conclusion** In chimeric HBIV cDNA transfected MT – 4 cells, BIV tat and HIV *gag* were transcribed. The reverse transcriptase of the chimeric virus had biological activity. These data suggest that in MT – 4 cells, BIV LTR had promoter activity and BIV tat had the function of transactivation in the chimeric virus. The study of the chimeric virus with infectivity is in progress.

〔**Key words**〕HIV；Immunodeficiency Virus, Bovine；Transcription, Genetic；Enzyme Activation；Cells, Cultured

285. T 细胞淋巴瘤中爱泼斯坦 – 巴尔病毒感染情况的研究

中国医学科学院、协和医科大学肿瘤医院病理科 何祖根 黄燕萍 林冬梅
中国疾病预防控制中心病毒病预防控制所肿瘤室 郭秀婵 曾 毅

〔摘 要〕 **目的** 通过检测不同类型 T 细胞淋巴瘤中爱泼斯坦 – 巴尔病毒 (EBV) 基因编码产物 EBERs 的表达，探讨 EBV 与 T 细胞淋巴瘤的关系。**方法** 应用原位杂交的方法，对 60 例经组织学和免疫组织化学确定的 T 细胞淋巴瘤中 EBV 编码的小 RNA EBERs 进行检测，并采用 1994 年淋巴瘤 REAL 分类方案对 60 例 T 细胞淋巴瘤进行分类，以进一步分析与 EBV 相关的 T 细胞淋巴瘤的临床病理特征。 **结果** 发现 60 例 T 细胞淋巴瘤中 EBERs 的检出率为 61.7%，外周 T 细胞淋巴瘤的检出率为 69.8%。结外淋巴瘤的检出率高于结内淋巴瘤 ($P < 0.01$)。EBERs 在 T 细胞淋巴瘤中的血管中心性 T 细胞淋巴瘤、血管免疫母 T 细胞淋巴瘤、间变性大细胞淋巴瘤中的检出率分别为 17/18，2/2 和 4/6，与外周 T 细胞淋巴瘤非特异型 (51.9%，14/27) 相比，差异有非常显著意义 ($P < 0.01$)。EBERs 与 T 细胞淋巴瘤患者的性别、年龄和临床分期无关 ($P < 0.05$)。 **结论** 外周 T 细胞淋巴瘤与 EBV 感染有关，尤其是外周 T 细胞淋巴瘤中的血管中心性 T 细胞淋巴瘤、

血管免疫母 T 细胞淋巴瘤和间变性大细胞淋巴瘤。

〔关键词〕 疱疹病毒 4 型，人；淋巴瘤，T 细胞；杂交

　　爱泼斯坦 – 巴尔病毒（Epstein – Barr virus，EBV）是一种在人群中广泛传播的人类疱疹病毒。目前已经明确 EBV 是传染性单核细胞增多症的原因，且 Burkitt 淋巴瘤和鼻咽部未分化癌的发生与 EBV 密切相关[1]。1988 年，Jones 等[2]首次报道长期 EBV 感染的外周 T 细胞淋巴瘤患者，其肿瘤性 T 细胞中可检测到 EBV 的基因组。目前，国际上报道，以原位杂交的方法检测 EBV 编码的小 RNA EBERs，在 T 细胞淋巴瘤中的检出率为 58%，血管中心性 T 细胞淋巴瘤中可高达 92%，其次，血管免疫母 T 细胞淋巴瘤为 75%[3]。但 EBV 在 B 细胞淋巴瘤中的检出率仅为 5% ~8%[4,6]。

　　我国 T 细胞淋巴瘤的发病率占非何杰金淋巴瘤的 34%，高于欧美国家的 6% ~21%。尽管部分 T 细胞淋巴瘤与人 T 细胞淋巴瘤病毒（human T cell lymphoma virus，HTLV）有关，但大部分 T 细胞淋巴瘤的发病原因仍然不明[7]。而我国人群亦普遍存在 EBV 感染，且多发生在孩童时期[1]。为进一步探讨 EBV 感染与 T 细胞淋巴瘤的关系，我们用原位杂交（in sutu hibridization，ISH）的方法，采用先进、敏感的 cRNA 探针，对 60 例 T 细胞淋巴瘤石蜡包埋标本中 EBV 编码的小 RNA EBERs 进行检测，并采用 1994 年淋巴瘤分类方案 REAL 分类法（revised europeanamerican lymphoma classfication，REAL）[8]，对 60 例 T 细胞淋巴瘤进行分类，分析与 EBV 相关的 T 细胞淋巴瘤的临床病理特征。

材料和方法

　　一、材料　取中国医学科学院肿瘤医院病理科 1994 – 1999 年存档的石蜡包埋标本 60份，由两位有经验的病理大夫复阅原片，经形态学和免疫组织化学确认为 T 细胞淋巴瘤。其中男性 39 例，女性 21 例。按 1994 年 REAL 分类方案进行分类为：前 T 细胞淋巴母细胞性淋巴瘤 7 例，外周 T 细胞淋巴瘤 53 例，包括外周 T 细胞淋巴瘤非特殊型 27 例，血管中心性 T 细胞淋巴瘤 18 例，间变性大细胞淋巴瘤 6 例，血管免疫母 T 细胞淋巴瘤 2 例。

　　鼻腔血管中心性 T 细胞淋巴瘤的诊断标准为：（1）经免疫组织化学证实有 T 细胞标记（CD3[+]/CD45RO[+]、CD20[-]），再加上以下两条中任意一条即可诊断。（2）具有血管浸润或形成以血管为中心的病变。（3）出现灶状凝固性坏死。对非鼻腔部血管中心性 T 细胞淋巴瘤的诊断，需要符合以上 3 条标准[3,8]。

　　二、探针的制备

　　1. PCR 扩增 EBERs 片段：离心收集悬浮生长的 B95 – 8 细胞。常规提取细胞 DNA。用 PCR 方法（引物 F：GGGAAATGAGGGTTAGCATA；R：GTTGTGTTGTAGGGGGTAGCG）扩增 EBV – EBERs 基因，长度为 678 bp，循环反应为：95 ℃预变性 3 min，然后 94 ℃1 min，55 ℃ 1 min，72 ℃1 min，35 个循环后，72 ℃延伸 10 min。PCR 产物经 1.5 %琼脂糖凝胶电泳分离，切下特异性扩增带，用博大公司的 DNA 快速纯化回收试剂盒回收 EBERs 片段。

　　2. 亚克隆：将回收的 PCR 扩增产物按操作步骤与 pGEM – T Easy 载体（美国 Promega公司）相连，分别用 Sal I 和 EcoR I 酶切，根据酶切产物片段的大小判定重组质粒是否正确。取制备的质粒 10 μl，由日本 Takara 公司测序并鉴定克隆 DNA 的方向。

　　3. 体外转录制备地高辛标记的 cRNA 探针：上述克隆载体经 Sal I 酶切线性化，用宝灵

曼公司的体外转录试剂盒（Cat. No. 999 644），按试剂盒操作步骤，采用 T_7 RNA 聚合酶体外转录地高辛标记的 EBERs 基因 cRNA 探针，此探针与 EBV – EBERs 转录的 mRNA 互补。

三、**原位杂交** 常规石蜡切片，贴于经多聚赖氨酸处理的载玻片上，每张载玻片上贴 2 张切片，于 80 ℃ 干烤过夜。次日切片经二甲苯脱蜡，梯度乙醇水化后，加入 100 μg/ml 蛋白酶 K 50 μl，于 37 ℃消化15 min。然后将 20 ~ 50 ng 探针加入 20 μl 杂交液（50% 甲酰胺、4 × SSC、5 % 硫酸葡聚糖、5 × Denhardt 液、200 μg/ml 变性鲑鱼精 DNA），滴于组织切片上，于湿盒中 42 % 杂交过夜，次日用 2 × SSC、1 × SSC、0. 5 × SSC 分别漂洗 2 次各 20 min，以去除非特异性杂交信号。然后加碱性磷酸酶标记的抗地高辛抗体，BCIP/NBT 显色（宝灵曼公司 Cat. No. 1093657），最后用伊红复染。阳性对照为 B95 – 8 细胞涂片，阴性对照在杂交前用 RNase 40 μg/ml 37℃ 处理组织 1 h，每一例均设置不加探针的空白对照。阳性标准：阳性信号呈蓝紫色，位于细胞核，周边 B 淋巴细胞着色不计，计数 10 个高倍镜视野，阳性细胞数比例≥20 %。

四、**统计学方法** 计数资料经 χ^2 检验。

结　　果

一、EBV EBERs cRNA 探针的获得

1. PCR 扩增 EBERs 片段及亚克隆：经 PCR 扩增，获得长度为 678 bp 的 EBV EBERs 片段，与 vGEM – T Easy 载体相连接，经 Sal I 和 EcoR I 酶切鉴定重组质粒的大小正确（图 1）。将重组质粒测序，确定克隆 DNA 的方向。

2. 体外转录制备 EBERs cRNA 探针：经体外转录，获得地高辛标记的 EBERs cRNA 探针，该探针与 EBV – EBERs 转录的 mRNA 互补。

二、T 细胞淋巴瘤中 EBV 感染
EBERs 原位杂交阳性信号位于肿瘤性 T 细胞的细胞核，呈深黑色（图2）。阳性率为 61.7% （31/60）。不同部位 T 细胞淋巴细胞瘤中 EBERs 的表达率不同，淋巴结外为 81.5% （22/27），淋巴结内为 45.5% （15/33），两者差异有非常显著意义（$\chi^2 = 8.15$，$P < 0.01$）。结外 T 细胞淋巴瘤中鼻腔、口咽（15/19），皮肤（4/5），胃、肝（2/2）及胸腺（1/1），均有较高的检出率（表1）。

三、不同组织类型 T 细胞淋巴瘤中 EBERs 表达
EBERs 在 T 细胞淋巴瘤中的表达，前 T 细胞淋巴母细胞性淋巴瘤（0/7），与外周性 T 细胞淋巴瘤（69.8%，37/53）相比，两者差异有非常显著意义（$P < 0.01$）。而在外周性 T 细胞淋巴瘤中，以血管免疫母 T 细胞淋巴瘤（2/2）、血管中心性 T 细胞淋巴瘤（17/18）和间变性大细胞淋巴瘤（4/6）较高，外周 T 细胞淋巴瘤非特异型较低，为 51.9% （14/27）。经统计学处理，差异有非常显著意义（$P < 0.01$）（表2）。

四、EBV 的 EBERs 表达与患者的年龄、性别及临床分期的关系
EBERs 的检出率女性（71.4%，15/21）略高于男性（56.4%，22/39）；在不同年龄组中，以 30 ~ 40 岁最高（6/8），其次为 40 ~ 50 岁（7/10），50 ~ 60 岁为 7/10，20 岁以下为 6/1.0，60 岁以上为 6/11 及 20 ~ 30 岁为 5/11；不同临床分期中 EBERs 的检出率：I 期为 10/15，II 期为 65.0% （13/20），III 期为 5/8，IV 期为 9/17。经统计学处理，差异无显著意义（$P > 0.05$）。

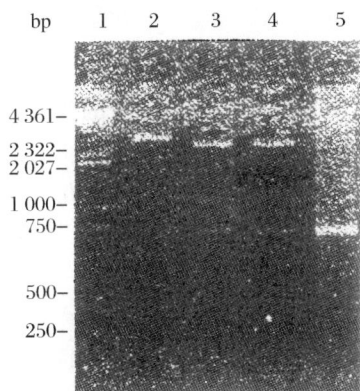

1：DNA 标准；2：重组质粒 *Sal* Ⅰ 酶切；

3，4：重组质粒 *EcoR* Ⅰ 酶切；5：EBERs PCR 扩增产物

图 1　pGEM – T Easy – EBERs 重组质粒的鉴定

1：DNA Marker. 2：The plasmid was digested by *Sal* Ⅰ.

3，4：The plasmid was digested by *EcoR* Ⅰ.

5：PCB product of EBERs

Fig. 1　Appraisiment of recombinant plasmid pGEM – T Easy – EBERs

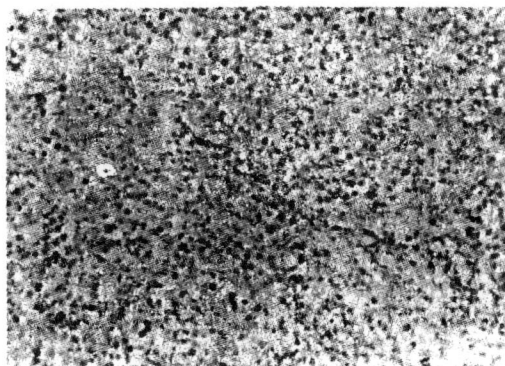

图 2　T 细胞淋巴瘤中 EBV – EBERs 原位杂交（×200）

阳性信号为深黑色，位于细胞核，
大部分肿瘤细胞阳性

Fig. 2　EBERs were detected in T cell lymphoma by *in situ* hybridization（×200）

The positive sign is blue and purple and located
in nucleus，most tumor cell are positive

表 1　不同部位 T 细胞淋巴瘤中 EBERs 的表达

Tab. 1　The expression of EBV – EBERs gene in different position T cell lymphoma

部位 Position	例数 Number of case	EBERs 表达 Expression of EBERs	
		例数 Number of case	阳性率 Positive rate
结内 Nodal	33	15	15/33
结外 Extranodal	27	22	22/27
鼻腔、口咽 Nasal cavity, oropharynx	19	15	15/19
皮肤 Skin	5	4	4/5
胃、肝 Stomach, Liver	2	2	2/2
胸腺 Thymus	1	1	1/1

表 2　不同类型 T 细胞淋巴瘤中 EBERs 的表达

Tab. 2　The expression of EBV – EBERs gene in different type of T cell lymphoma

类型 Type	例数 Casc nutuber	EBERs 表达 Expression of EBERs	
		例数 Number	阳性率 Positive rate
前 T 淋巴母细胞性淋巴瘤 Precusor T lymphoblastic lymphoma	7	0	0/7
外周 T 细胞淋巴瘤 Peripheral T cell lymphoma	59	37	37/53
外周 T 细胞淋巴瘤非特异型 Unspecified Peripheral T cell lymphoma	27	14	14/27
血管免疫母细胞 T 细胞淋巴瘤 Angioimmunoblastic T cell lymphoma	2	2	2/2
血管中心性 T 细胞淋巴瘤 Angiocentric lymphoma	18	17	17/18
间变性大细胞淋巴瘤 Anaplastic large cell lymphoma	6	4	4/6

注：$\chi^2 = 9.96$，$P < 0.01$；$*\chi^2 = 10.32$，$P < 0.01$

讨　论

通过基因克隆经体外转录而得到的 cRNA 探针是核酸分子杂交较为理想的探针，有以下几个优点：（1）RNA/RNA、RNA/DNA 杂交体稳定性高，杂交反应可在更为严格的条件下进行（杂交温度可提高 10℃左右），杂交特异性高。（2）单链 RNA 分子不存在互补双链的竞争性结合，使其与待测核酸顺序杂交的效率增高。（3）RNA 中不存在高度重复序列，因此非特异性杂交减少。（4）杂交后可用 RNase 将未杂交的探针分子消化掉，从而使成本降低[9]。

EBV 的 EBERs 基因编码两个小 RNA，即 EBER1 和 EBER2。目前 EBERs 的功能尚不清楚，只知 EBER1 和 EBER2 均为不戴帽、无多聚腺苷酸尾，不翻译的小 RNA 分子，分别由 167 和 172 个核苷酸组成。在 EBV 受染细胞中大量转录，其拷贝量在某些含 EBV 的细胞株中可高达 10^7/细胞[10]。本研究中，以原位杂交检测 EBV 的 EBERs，在 T 细胞淋巴瘤中的检出率为 61.7%，高于文献报道可能与以下两个原因有关：（1）方法敏感：我们采用的是 cRNA 探针，与大多数文献上采用寡核苷酸探针相比，进一步提高了原位杂交的特异性和敏感性。（2）人群不同：与欧美国家 T 细胞淋巴瘤相比，我国血管中心性 T 细胞淋巴瘤所占比例大[7]，可能会使 EBERs 的总检出率升高。

不同部位 T 细胞淋巴瘤中 EBERs 的检出率不同，结外与结内相比，差异有显著意义，其中在鼻腔、口咽、皮肤、胃、肝、胸腺中均有较高的检出率，而淋巴结内的检出率较低，与文献〔3〕报道一致。EBV 多是通过呼吸道感染，因此，作为 EBV 感染第一站的鼻腔、口咽部有较高的 EBV 检出率[11]。而对于其他结外器官中 EBV 检出率较高的原因尚不明了。

不同类型的 T 细胞淋巴瘤中，EBV 在前 T 淋巴母细胞淋巴瘤中的检出率为 0，而在外周 T 细胞淋巴细胞瘤中的检出率为 69.8%。在外周 T 细胞淋巴瘤中，以血管中心性 T 细胞淋巴瘤、血管免疫母 T 细胞淋巴瘤和间变性大细胞淋巴瘤中的检出率较高，与外周 T 细胞淋巴瘤非特异型相比，差异有非常显著意义（$P < 0.01$）。我国 T 细胞淋巴瘤的发病率高于欧美国家，且鼻咽部淋巴瘤发病率较高[7]。在组织学上，鼻咽部淋巴瘤最突出的病变特征是在组织中有大量异型淋巴样细胞，并混有数量不等的中性粒细胞、淋巴细胞、浆细胞和单核细胞浸润。同时，有不同程度的凝固性坏死，这些异型细胞常可浸润黏膜上皮和血管，使受累血管管腔变窄，有的血管腔内有血栓形成。以前多诊断为恶性肉芽肿、中线恶性网状细胞增生症、致死性中线肉芽肿等。1994 年国际淋巴瘤研究小组将这种鼻咽以及鼻咽外相类似的一类疾病称为血管中心性 T 细胞淋巴瘤[8]。文献〔3〕报道 CD56 免疫组织化学染色可有助于诊断。

有研究指出，EBV 的检出率随 T 细胞淋巴瘤的分级、分期增高而增高，且 EBY 阳性的患者预后比 EBV 阴性的患者差[12]。

EBV 在 T 细胞淋巴瘤中有较高的检出率，提示 EBV 与 T 细胞淋巴瘤的发病可能有关。但 EBV 在 T 细胞淋巴瘤中的致瘤机制尚不清楚。体外 EBV 转化试验表明，将外周血 T 淋巴细胞用 EBV 感染，可建立永生化的类淋巴母细胞系[13]。对于 EBV 是如何进入 T 淋巴细胞的，目前主要有两种观点：一种认为部分 T 淋巴细胞表面表达 CD21，同感染 B 淋巴细胞一样，EBV 也是通过 CD21 感染 T 淋巴细胞[14]。而另一种观点认为，T 淋巴细胞表面存在未知的另一条途径，不同于 B 淋巴细胞[15]。

总之，以上研究结果表明，EBV 在 T 细胞淋巴瘤中的检出率为 61.7%，在外周 T 细胞淋巴瘤中的检出率为 69.8%，在结外淋巴瘤的检出率高于结内淋巴瘤，EBV 与外周 T 细胞淋巴瘤中的血管中心性 T 细胞淋巴瘤、血管免疫母 T 细胞淋巴瘤和间变性大细胞淋巴瘤的发病可能有关。

〔原载《中华实验和临床病毒学杂志》2003，17（3）：229－233〕

参 考 文 献

1　黄燕萍，何祖根，王顺宝. EB 病毒与恶性淋巴瘤. 国外医学生理、病理科学与临床分册，2000，20：288－290

2　Jones JF, Shurin S, Abramowsky C, et al. T－cell lymphomas containing Epstein－Barr viral DNA in patients with chronic Epstein－Bart virus infection. N Engl J Med, 1988, 318：733

3　Jooryung H, Kwanghyun C, Dae SH, et al. Detection of Epstein－Barr virus in Korean peripheral T－cell lymphoma. Am J Hematol, 1999, 60：205－214

4　周小鸽，张劲松，严庆汉. B 细胞淋巴瘤与 EBV 关系的研究. 中华病理学杂志，1996，25：4－6

5　郭琳良，肖莎，曹长安. 淋巴瘤与 EB 病毒关系的研究. 中国癌症杂志，1997，7：289－291

6　Hirose Y, Masaki Y, Sasaki K, et al. Determination of EBV association with B－cell lymphomas in Japan：study of 72 cases in situ hybridization, PCR, ICH studies. Int J Hematol, 1998, 67：165－174

7　王奇璐，主编. 恶性淋巴瘤的诊断与治疗. 北京：北京医科大学、中国协和医科大学联合出版社，1997.1－2

8　Harris NL. Jaffe ES. Stein H. et al. A Revised European－American classification of lymphoid neoplasms：a proposal from the International lympho-ma study group. Blood, 1994.84：1361－1392

9　卢圣栋. 主编. 现代分子生物学实验技术. 北京：高等教育出版社，1993.155－156

10　Clemens MJ. The small RNAs of Epstein－Barr virus. Mol Biol Rep, 1993, 17：81－92

11　De～Brain P, Jiwa M, Oudejans JJ, et al Presence of Epstein－Barr virus in estranodal T cell lymphoma：differences in relation lo site. Blood, 1994, 83：1612－1618

12　Ko YH, Kim CW, Park CS, et al. Real classification of malignant lymphomas in the Republic of Korea. Incidence of recently recognized entities and changes in clinicopathotogic features. Cancer, 1998, 83：806－812

13　Guan M, Gaetano R, Earl EH. Epstein－Bart virus（EBV）induced longterm proliferation of CD4[+] lymphocytes leading to T lymphoblastoid cell lines carrying EBV. Anticaneer Res, 1999, 19：3007－3018

14　Warty D, Hedrick JA, Siervo S, et al. Infection of human thymocytes by Epstein－Barr virus. J Exp Med, 1991, 173：97t－980

15　Guan MX, Romano G, Henderson E. － In situ RT-PCR detection of Epstein－Barr virus immdiate－early transcripts in CD4 and CD8 T lymphoeytes. Antieancer Res, 1998, 18：3171－3180

Detection of Epstein – Barr Virus in T Cell Lymphoma and Clinicopathoiogic Analysis

HE Zu – gen*, HUANG Yan – ping, GUO Xiu – chan, LIN Dong – mei, ZENG Yi.

(*Department of Pathology, Cancer Institute, Chinese Academy of Medical Sciences, Beijing 100021, China)

Objective To study the relationship of Epstein – Barr virus (EBV) and T cell lymphoma. **Methods** Sixty cases of T cell lymphomas were examined for the presence of EBV using *in situ* hybridization for EBV encoded RNA (EBERs). **Results** EBERs were detected in tumor cells in 37 (69.8%) of 53 cases with peripheral T cell lymphoma, but in none of seven cases of precusor T lymphoblastic lymphoma. The total detected EBERs were 37 (61.6%) in 60 cases of T cell lymphomas. By Revised European – Amercan Lymphoma (REAL) classification, EBERs were detected in 2/2 angioimmuno – blastic T cell lymphoma, 17/18 angiocentric lymphoma, 4/6 anaplastic large cell lymphoma and 14/27 peripheral T cell lymphoma, unspecified (51.9%). The frequency of EBERs among the extranodal peripheral T cell lymphoma was higher than the nodal (P < 0.01), there was no significant correlation with the sex, age and clinical stage. **Conclusion** This study indicated that high incidence of EBV was observed in peripheral T cell lymphoma, with preditection for angiocentric lymphoma and extranodal presentation.

[**Key words**] Herpesvirus 4, human; Lymphoma, T cell; Hybridization

286. 人乳头状瘤病毒 16 型与促癌物 TPA 协同作用诱发人胚口腔细胞恶性转化研究

北京大学附属第一医院妇产科　赵　健　曹泽毅　廖秦平
中国医学科学院肿瘤医院病理科　孙耘田
中国疾病预防控制中心病毒病预防控制所肿瘤室　杜海军　曾　毅

[摘　要]　**目的**　研究人乳头状瘤病毒 16 型（HPV16）与 TPA（12 – O – tetradecanog 1 phorbol – 13 – acetate）协同作用在 scid 小鼠体内诱发人胚口腔细胞的恶性转化。　**方法**　制备包装含有 HPV16 E6/E7 基因的逆转录病毒，用此病毒感染人胚口腔黏膜，将组织块接种于 scid 小鼠右侧肩部皮下，共分为 4 组：实验组为感染病毒的口腔黏膜和 TPA，共接种 8 只小鼠；病毒组为感染病毒的口腔黏膜，共接种 6 只小鼠；促癌组为正常口腔黏膜和 TPA，共接种 6 只小鼠；对照组为正常口腔黏膜，共接种 5 只小鼠。于接种第 3 日起在左侧肩部皮下注射 TPA，每周一次。观察 16 周后处死动物，对瘤组织进行病理诊断，并作聚合酶链反应（PCR）检测 HPV16 E6/E7 基因。　**结果**　实验组成瘤率为 7/8，其他 3 组成瘤率皆为 0/6、0/6、0/5。实验组肿瘤组织的病理学检查结果证实为生长活跃的纤维组织细胞瘤，在肿瘤组织中用 PCR 检测到 HPV16E6/E7 基因。　**结论**　口腔细胞在感染含有

HPV16 E6/E7 基因的逆转录病毒后，在 TPA 作用下可以发生恶性转化。

〔关键词〕　乳头状瘤病毒；人；细胞转化，病毒；口腔黏膜；致癌物

1983 年，Syrjanen 等[1]首次报道口腔鳞癌中存在人乳头状瘤病毒（human papillomavirus，HPV）抗原，随后的研究证明[2]，口腔鳞癌中 HPV16 型感染最多见，占 75%。我们利用分子生物学技术，制备了包装含有 HPV16 E6/E7 逆转录病毒，用以感染人胚口腔黏膜，在 TPA（12 - O - tetradecanog 1 phorbol - 13 - acetate）的协同作用下观察其转化结果，为研究口腔癌的发生、发展提供一种研究模型。

材料和方法

一、材料

1. 动物：scid 小鼠购于中国医学科学院实验动物研究所，4 ~ 6 周龄的 scid 小鼠。

2. 质粒：pLXSN 16 E6/E7 为含有 HPV16 E6/E7 重组逆转录病毒载体。引物序列为：HPV16 E6/E7；正义链：5′GAA TCC ATG CAC CAA AAG AGA ACT G 3′；反义链：5′GTC GAC TAC ATC CCG TAC CCT CTT3′。

3. 试剂：G418 和 Lipofectamine 脂质体从美国 Gibco 公司购买。PCR Amplification Kit 为日本 Takara 公司产品。聚季铵盐（polybrene）购买美国 Sigma 公司。

4. 人胚口腔黏膜：胎龄 4 个月左右的因孕妇心脏病行水囊引产的胎儿，取其口腔黏膜组织。

二、方法

1. 逆转录病毒的包装和鉴定：采用脂质体介导转染的方法，将重组逆转录病毒载体导入 PT67 包装细胞，48 h 后用 400 μg/mlG418 筛选，2 周后可见克隆形成，挑单克隆扩大培养，形成单层细胞后换 5 ml 培养液继续培养 48 h 后，分别收集 PT67 细胞和病毒上清液。提取细胞 DNA 并进行 PCR 扩增。扩增片段长度分别为 821 bp。反应条件为：95℃变性 4 min，然后 95 ℃ 30 s，55 ℃ 30 s，72 ℃ 45 s，共进行 35 个循环，最后 72 ℃延伸 7 min。PCR 反应产物经 1.5 % 琼脂糖凝胶电泳鉴定。

2. 逆转录病毒滴度测定：抗性细胞克隆的筛选用含 4 μg/ml polybrene 的细胞培养液 10 倍系列稀释病毒原液，将含病毒的稀释液分别加入 NIH3T3 细胞中，48 h 后用 400 μg/ml G418 筛选，2 周后可见克隆形成，计数克隆数。

3. 逆转录病毒感染人胚口腔黏膜和接种 scid 小鼠成瘤实验：无菌分离口腔黏膜，将黏膜组织块剪碎成 0.5 ~ 1.0 mm² 碎片，与病毒上清液在 37 ℃ 5 % 的 CO_2 共培养 2 h，分组接种于 scid 小鼠右侧肩部皮下。接种后第 3 日起在左侧皮下注射 TPA 50 ng/ml，每周 1 次。实验分 4 组，实验组：感染组织加 TPA，共 8 只小鼠；病毒组：仅感染组织，共 6 只小鼠；促癌组：未感染组织加 TPA，共 6 只小鼠；对照组：未感染组织，共 5 只小鼠。观察 16 周有无肿瘤形成。

4. 肿瘤组织的病理学检查：所有 scid 小鼠于 16 周处死，对已形成肿瘤的小鼠进行常规取材，10 % 的甲醛固定，由中国医学科学院肿瘤医院病理科进行病理诊断。

5. 组织 DNA 的提取和 PCR 扩增：常规提取肿瘤 DNA，用 PCR 技术扩增 HPV16 E6/E7 基因片段。扩增条件同上。

结　果

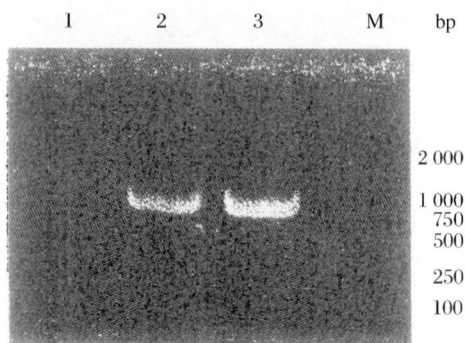

1：阴性对照；2：PT67 细胞 E6/E7；3：质粒 - E6/E7；M：DL2000 相对分子质量标准

图 1　PT67 细胞的 PCR 结果

1：control. 2：PT67 CELLS E6/E7.
3：pLXSN 16 E6/E7. M：DL 2000（Marker）

Fig. 1　Detection of E6/E7 in PT67 cells by PCR

一、PT67 细胞的 DNA 鉴定结果　用 PCR 对 PT67 细胞的 HPV16 E6/E7 DNA 的扩增结果表明，FF67 细胞中有 HPV16 E6/E7 片段，见图 1，说明 HPV16 E6/E7 基因已导人 PT67 细胞。

二、病毒滴度的测定　根据克隆数及稀释度计算滴度，本研究使用的病毒滴度为 4.8×10^5 CFU/ml。

三、scid 小鼠体内人胚口腔黏膜成瘤实验　实验组成瘤率为 7/8，病毒组成瘤率 0/6，促癌组成瘤率 0/6，对照组 0/5。实验组形成肿瘤后，解剖时可见在 scid 小鼠右侧肩部皮下人胚口腔黏膜种植处，有多个直径约 4~6 mm 的结节，呈串珠样。显微镜下，结节为梭形细胞肿瘤，无包膜，边缘不规则。肿瘤中可见腺管结构，应为残留之人口腔涎腺导管。肿瘤细胞丰富，有轻度异形

性，偶可见核分裂象，未见出血、坏死区。肿瘤中未见鳞状上皮细胞。病理组织学诊断为生长活跃的纤维组织细胞瘤（低度恶性肿瘤）。见图 2 和图 3。

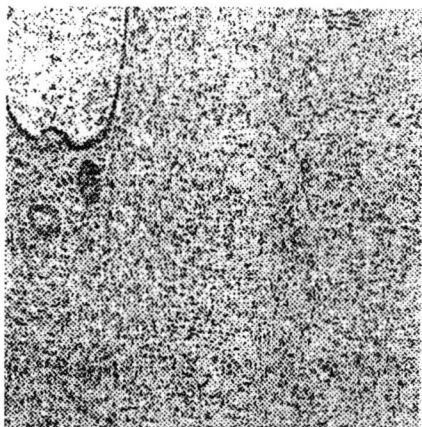

图 2　病理诊断为肉瘤（×100）

Fig. 2　Identification of the tissue as sarcoma by pathological findings（×100）

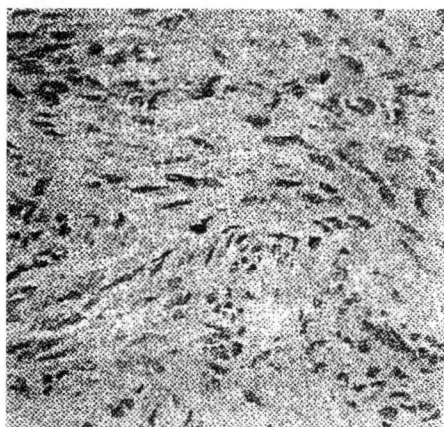

图 3　病理诊断为肉瘤（×400）

Fig. 3　Identification of the tissue as sarcoma by pathological findings（×400）

四、瘤组织 HPV16 E6/E7 基因的鉴定　用 PCR 对肿瘤组织 HPV16 E6/E7 DNA 的扩增结果表明，瘤组织中有 HPV16 E6/E7 片段，见图 4。

讨　论

HPV 与口腔鳞癌的关系日益受到重视，HPV 在口腔鳞癌的总体检出率为 59% [3]，尤其是 HPV16 型与口腔癌的关系密切。参与细胞转化并起主要作用的是高危型 E6/E7 基因片段，为此，我们采用逆转录病毒作为载体，表达 HPV16 E6/E7 基因。

Miller 等[2]综合以往的文献发现，除 HPV 感染外未发现危险因素者占口腔鳞癌的 7.3%，比较而言，21.3% 的口腔鳞癌仅与烟酒因素有关，而 68.9% 的口腔鳞癌同时存在烟酒因素及 HPV 感染。HPV 的感染并非肿瘤发生的唯一因素，肿瘤的发生是多种突变的积累。许多研究表明[4,5]，口腔癌与理化刺激、致癌病毒感染、遗传等多种因素有关，但其确切的发病因素及机制尚未完全了解。

有关口腔鳞癌的研究中，文献〔6-8〕均证实与烟草提取物有关，而提取物其成分较复杂。TPA 是从巴豆油中分离纯化出来的一种具有很强生物活

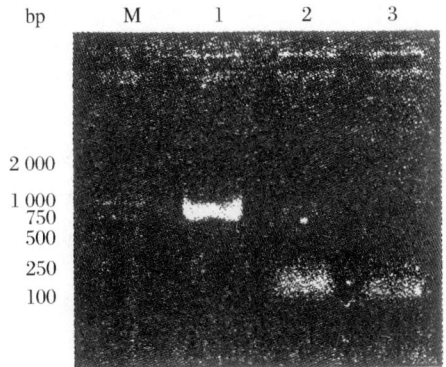

M：DL 2 000 相对分子质量标准；1：质粒 - E6/E7；2：肿瘤组织 - E6/E7；3：阴性对照

图 4　肿瘤组织的 PCR 结果

M：DL 2 000 Marker. 2：pLXSN 16, E6/E7. 3：tumour tissues E6/E7. 4：control

Fig. 4　Detection of E6/E7 in the tumour tissue by PCR

性的化合物，它作为经典的促癌剂已得到大量的研究证实。我们选用单一的促癌物 TPA 来研究口腔细胞的转化情况。实验结果表明，HPV16 E6/E7 协同 TPA 可以诱导口腔细胞发生恶性转化。

人胚口腔黏膜在 scid 小鼠体内，从病理标本可以清楚地看出，肿瘤中可见腺管结构，应为残留之人口腔涎腺导管，而他周围已被恶变的纤维细胞所包围。人口腔纤维肉瘤发病率较低，我们的实验在体外通过 HPV16 E6/E7 基因协同 TPA 诱导出口腔纤维细胞恶性变，因此，对口腔纤维肉瘤的病例应检测 HPV DNA 基因是否存在。我们未诱导出口腔鳞状细胞癌，下一步的研究将对人胚口腔上皮细胞进行体外培养，加入口腔中的自然存在因素，观察其转化情况，这些结果为研究口腔鳞癌的发生、发展及防治提供了新的途径。

〔原载《中华实验和临床病毒学杂志》2003，17（3）：234-236〕

参　考　文　献

1　Syrjanen KJ, Pyrhonen S, Syrjanen SM, et al. lmmunohistochemical demonstration of huraan papilloma vires（flPV）antigens in oral squamous cell lesions. Br J Oral Surg, 1983, 21：147-153

2　Miller CS, White DK. Human papillomavirus expression in oral mueosa, premalignant conditions, and squamoas cell carcinoma：a retrospective review of the literature. Oral Surg Oral Med Oral Pathol Oral Radiol Endod, 1996, 82：57-68

3　McKaig RG, Baric RS, Olshan AF. Human papillomavirus and head and neck cancer：epidemiology and molecular biology. Head Neck, 1998, 20：250-265

4　Takahashi K, Akiniwa K, Narita K. Regression analysis of cancer incidence rates and water fluoride in the U S A. based on IACR/IARC（WHO）data（1978-1992）. International Agency for Research on Cancer. J Epidemiol, 2001, 11：170-179

5 Badaraeco G, Venuti A, Morello R, et al. Human papillomavirus in head and neck carcinomas: prevalence, physical status and relationship with clinical/pathological parameters. Anticancer Res, 2000, 20: 1301 – 1305

6 Paz lB, Cook N, Odom – Maryon T, et al. Human papillomavirus (HPV) in head and neck cancer. An association of HPV16 with squamous cell carcinoma of Waldeyer's tonsillar ring. Cancer, 1997, 79: 595 – 604

7 Jones NJ, McGregor AD, Waters R. Detection of DNA adducts in human oral tissue: correlation of adduct levels with tobacco smoking and differential enhancement of adducts using the butanol – extraction and nuclease P1 versions of 32P postlabeling. Cancer Res, 1993, 53: 1522 – 1528

8 Chang SE, Foster S, Betts D, et al. DOK, a cell line established from human dysplastic oral mucosa, shows a partially transformed nonmalignant phenotype, Int J Cancer, 1992, 52: 896 – 902

Induction of Human Oral Carcinoma by Human Papillomavirus 16 E6/E7 and TPA

ZHAO Jian[*], CAO Ze – yi, SUN Yun – tian, LIAO Qin – ping, DU Hal – jun, ZENG Yi

([*] Department of Obstetrics and Gyneology, First Hospital, Beijing 100036, China)

Objective To study the effect of human papillomavirus (HPV) 16 E6/E7 and TPA (12 – Otetradecanog – 1 – phorbol – 13 – acetate) on malignant transformation of human embryo oral tissue. **Methods** Recombinant plasmid with HPV16 E6/E7 was constructed and transfected into human embryo oral tissue. The oral tissue with HPV16 E6/E7 gene or without the gene was inoculated into the hypophloeodal of right shoulder in scid mice, respectively. The study was conducted in four groups: the first group was the oral tissue transfected plasmid with HPV16 E6/E7 plus TPA, which were inoculated into 8 scid mice; the second group was ouly oral tissue transfected with plasmid with HPV16 E6/E7 into 6 scid mice; the third group was normal oral tissue plus TPA inocalated into 6 scid mice; and the final group was only normal oral tissue inoculated into 5 scid mice. Three days after inoculation, TPA was injected at the left shoulder of the mice once a week. Twelve weeks after inoculation, tumor was found in 7 scid mice from the first group. HPV16 E6/E7 gene in tumor tissues was analyzed by PCR. **Results** The rate of tumor formation was 7/8 in the first group; no tumor was found in the other groups. Pathological diagnosis of the tumor was fibrohistiocytoma. HPV16 E6/E7 gene was detected by PCR in tumor tissues. **Conclusion** With the cooperating action of TPA, human oral tissue containing HPV16 E6/E7 gene could cause malignant transformation in scid mice.

[**Key words**] Papillomavirus, human; Cell transfomation, viral; Oral mucosa; Carcinogens

287. 利用新型表达载体一步获得 HIV-1 核壳蛋白 p24 纯品

中国预防医学科学院病毒学研究所　王自春　滕智平　张晓光　郭秀婵　曾　毅　山西大学　袁静明

〔摘　要〕　**目的**　利用新型原核表达载体获得人免疫缺陷病毒 1 型（HIV-1）核壳蛋白 p24 纯品。**方法**　采用聚合酶链反应（PCR）技术扩增出 HIV-1 HXB2 株 *gag* 开放阅读框架的内壳蛋白 p24 的基因片段，将目的基因片段插入到新型表达载体 pTXB 中构建成重组表达质粒 pTXB-p24。表达产物的纯品通过几丁质珠（chitin beads）的亲和与柱上 DTT 的剪切而得到。用 SDS-PAGE 和 HPLC 分析所得纯品的大小和纯度，用 Western blot 和胶体金实验检测其抗原性。**结果**　构建的重组表达质粒 pTXB-p24 经 IPTC 诱导得到 C 端融合 Intein-CBD 的 p24 蛋白，该蛋白通过几丁质珠（chitin beads）的亲和与柱上 DTT 的剪切得到纯化的非融合的 p24 重组蛋白。HPLC 分析表明其纯度可达 96%，胶体金结果显示纯化的 p24 可与 HIV-1 阳性患者的血清反应，具良好的抗原性。**结论**　利用新型原核表达载体可一步获得纯度为 96% 的非融合 p24 抗原纯品，为大规模生产该蛋白提供了可靠的保证。

〔关键词〕　人免疫缺陷病毒 1 型；核壳蛋白；基因表达；纯化

HIV 有 9 个开放阅读框架，*gag* 基因编码病毒的内壳蛋白，翻译时先形成一个相对分子质量（M_r）为 55×10^3 的前体蛋白（p55），然后在 HIV 蛋白酶的作用下裂解成 p17、p24、p15 3 个蛋白质。p24 和 p17 分别构成 HIV 颗粒的内壳和内膜，p15 进一步裂解成与病毒 RNA 结合的核壳蛋白 p9 和 p7[1-3]。在 HIV 感染的早期就可产生针对 p24 的抗体，且随着病程的进展，p24 抗体滴度下降[4]，因此，p24 除了可以用来确定 HIV 的感染外，还可用来检测疾病进程。此外，p24 已被用来作为抑制病毒颗粒包装的抗病毒药物的专一靶位[5]。

利用基因重组的方法，在大肠埃希菌中高效表达 HIV 抗原，可以较低的成本大量提供高纯度的抗原用于抗 HIV 抗体的检测。但以重组抗原构成的诊断试剂可能会产生非特异性反应，这主要是由于重组抗原的提纯程度不够高以及 p24 抗原在病毒芽生时有细胞 HLA 抗原，因此，如何提高重组抗原的纯度一直是亟待解决的问题和研究的重点。

我们在获得 p24 抗原纯品的过程中采用了新的蛋白纯化系统，利用该系统中表达载体 pTXB 的特性不仅简化了纯化步骤，提高了蛋白的收率，更重要的是通过内蛋白子和几丁质结合区的新和尾巴实现了亲和层析、剪切目的蛋白和配体一步到位，使所得蛋白的纯度一步可达 96%。为大规模生产该蛋白提供了可靠的保证。

材料和方法

一、细菌菌株及质粒　含 T7 启动子、Intein 序列和几丁质结合蛋白（chitin binding domain，CBD）基因编码序列的质粒 pTXB 由山西大学生物工程中心袁静明教授惠赠。

含有 HIV – 1 HXB2 株全基因的 pUC18 载体的衍生质粒 pLin8 及用于目的基因克隆和表达的细菌菌株 *E. coli* DH5α、BL21 均为本室保存。

二、工具酶和试剂 各种限制性核酸内切酶、Taq 酶及 PCR 扩增系统购自宝生物工程（大连）有限公司。T4DNA 连接酶购自 GIBCOL BRL 公司。pGEM – T 载体连接系统、PCR 产物回收纯化系统和质粒 DNA 提取纯化系统均购自 Promega 公司。柱添料 chitin beads 购自 NEB 公司。p24 引物由上海生物工程公司合成，p24 基因测序由赛百盛生物技术公司完成。HIV – 1 阳性血清由本室提供；HRP 标记的羊抗人 IgC 购自原平皓生物技术公司。蛋白质凝胶扫描由中国医学科学院基础所完成；HPLC 由中国预防医学科学院乙肝疫苗中试车间完成。胶体金实验中使用的 A、B 液取自 VANGUARD BIOMEDICAL CORPRATION HIV/1 + 2 快速检测试剂盒。

三、pN 基因的克隆与表达质粒的构建 据 HXB2 株基因序列，设计一对引物。上游引物：5′ – GGCATATG CAAGGGCAAATGGTACA – 3′，下游引物：5′ – GCCCTCGA GTGCTGT-GATGATTTCT – 3′。扩增条件：94℃ 2 min；94℃ 1 min，60℃ 2 min，72℃ 2 min，35 个循环；72℃ 15 min 结束扩增。克隆及鉴定参照文献〔6〕的方法进行。挑选正确的克隆与表达载体同时用 NdeI 和 XhoⅠ进行酶切，低熔点胶回收载体与 p24 基因片段，经 T4 DNA 连接酶构建表达载体 PTXB – p24。转化大肠埃希菌 BL21（DE3）后，获得 p24 蛋白表达菌。

四、重组蛋白的表达和检测 参照 New England Biolabs 公司用户手册进行。

五、pTXB – p24 重组蛋白的纯化 参照 New Ensland Biolabs 公司用户手册进行。

六、Western 印迹 参照文献〔6〕的方法进行。

七、胶体金实验 将纯化的抗原 p24 稀释到一定浓度后，分别点于硝酸纤维素膜上，室温晾干后置于带孔方盒中，加 A 液将膜润湿，然后加 1：5 稀释的 HIV – 1 阴性或阳性血清数滴。待快干时，加 5 滴 A 液洗涤，待 A 液完全渗入时，加数滴 B 液，此时出现肉眼可观察的结果（棕色圆点，视抗原量多寡而显示不同深浅），待膜快干时，加数滴 A 液洗干净，拍照。

结　果

一、p24 基因片段的扩增 以 HIV – 1 HXB2 cDNA 为模板，采用 PCR 方法扩增 p24 基因，在引物 5′端添加 Nde I 酶切位点（含起始密码子 ATG），在 3′端添加 Xho I 酶切位点，PCR 产物大小与预期的 638 bp 相符（图 1）。扩增产物经回收纯化后，通过 A – T 互补粘端用 T4 DNA 连接酶与 pGEM – T 载体连接，转化宿主菌 DH5α，经蓝白菌落筛选，挑选白色阳性克隆，以便于 DNA 酶切操作和测序，得到的重组质粒 pGEM – p24 经 PCR 扩增、酶切和序列分析证实，得到的基因克隆确系 HIV – 1 p24。

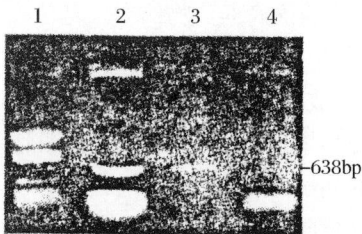

图 1　HIV – 1 p24 基因片段的扩增
1：pBR322/BstNⅠ marker；2：PCR product of p24；
3：purified PCR product of p24；4：negative control
Fig. 1　Amplification of HIV – 1 p24 fragment

二、HIV – 1 pTXB – p24 重组质粒的构建 将 pGEMp24 用 NdeⅠ和 XhoⅠ酶切消化后，定向克隆到表达质粒 pTXB1 的 NdeⅠ和 XhoⅠ两酶切位点之间，构建重组表达质粒 pTXB –

p24，重组表达质粒的结构见图 2。

三、p24 – Intein – CBD 蛋白的表达及产物鉴定

将表达质粒 pTXB – p24 转化大肠埃希菌 BL21 （DE3），获得表达菌。挑选几个单克隆进行小量发酵，以 pTXB/BL21 （DE3） 作为对照，用 1 mmol/L IPTG 诱导表达 pTXBp24/BL21 （DE3）。重组蛋白进行 12% SDS – PAGE，经 IPTG 诱导后可高效表达一 M_r 为 46×10^3 的蛋白质，该蛋白是一融合蛋白，N 端为 p24，M_r 大小为 24×10^3，在 p24 的 C 端为一修饰的蛋白质剪切因子（Intein）和几丁质结合蛋白（chitin – binding domain, CBD）的亲和尾巴，M_r 大小为 22×10^3，表达蛋白的大小与预期值一致。蛋白凝胶自动扫描分析表明，其表达量约占菌体总蛋白的 24%（图略）。

图 2　重组表达质粒 pTXB – p24 的结构
Fig. 2　Structure of recombinant plasmid pTXB – p24

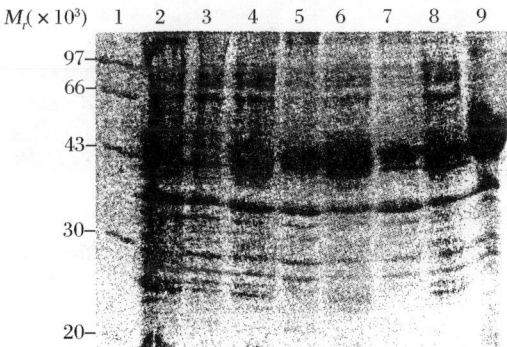

四、p24 – Intein – CBD 蛋白发酵条件的初探

发酵 3 瓶 500 ml 的 2 × YT 培养基，当菌体吸光度（A_{600}）值达到 0.4～0.6 时，用 0.3 mmol/L IPTG 诱导，之后分别在 22℃、30℃、37℃诱导表达菌体蛋白，诱导时间分别为 6 h、4 h 和 3 h。用超声波对收集的菌体进行破碎，离心后分别取上清和沉淀行 10% SDS – PAGE，结果见图 3。从图中可看出，重组 p24 融合蛋白（M_r 为 46×10^3）有一部分以可溶形式存在，另一部分以包涵体形式存在，随着诱导温度的升高，包涵体的含量也在增加（在 22℃、30℃、37℃ 条件下诱导，目标蛋白在上清和沉淀中的百分含量分别为 19.6%、21%；31%、23%；21.5%、36%）。为了获得大量的可溶性蛋白，选择 30℃诱导比较合适。

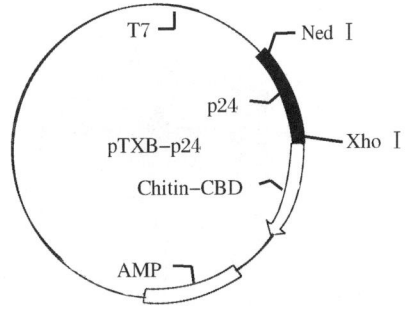

图 3　温度对 p24 – Intein – CBD 蛋白表达量的影响

1：Standard protein marker；2：induced cell extract of pTXB in 37℃；3：uninduced cell extract of pTXB – p24；4, 5：induced cell extract of pTXBp24 in 22℃；6, 7：induced cell extract of pTXB – p24 in 30℃；8, 9：induced cell extract of pTXB – p24 in37℃

Fig. 3　Expressed quantity of p24 – Intein – CBD protein with temperature

五、p24 重组蛋白纯品的获得及鉴定

发酵液超声的上清经过几丁质的亲和柱后，p24 – Intein – CBD 融合蛋白与几丁质的亲和配体相结合被吸附在柱上，用柱洗脱缓冲液洗掉杂质蛋白后，加入含 DTT 的裂解缓冲液，DTT 在 4℃ 可导致 p24 – Intein – CBD 融合蛋白在 p24 与 Intein 处断裂，从而得到纯化的非融合目的蛋白 p24（图 4A，lane 7、8）；纯化 p24 抗原可以和 HIV –1 阳性血清反应，其 Western blot 见图 4B。纯化的 p24 经 HPLC 分析达到一个峰（图 5），纯度可达 96% 以上。

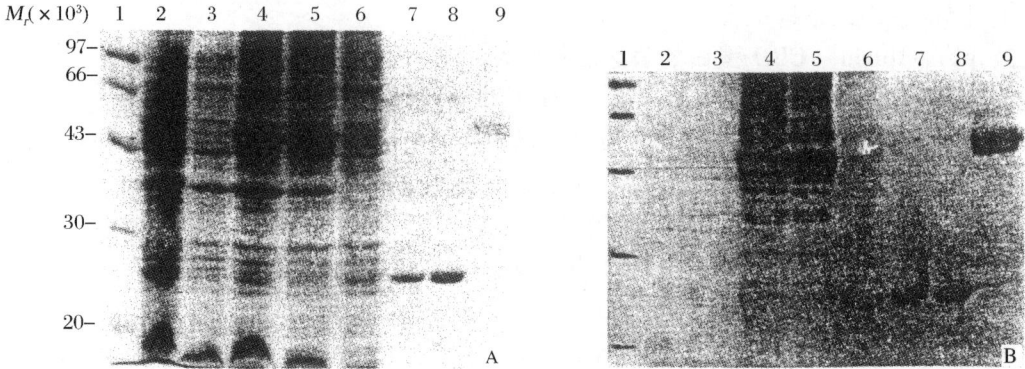

图4 从上清中纯化的 p24 蛋白的 SDS – PAGE（A）和 Western blot（B）

1：Standard protein marker；2：induced cell extract of pTXB in 30℃；3：uninduced cell extract of pTXB – p24；
4：induced cell extract of pTXB – p24 in 30℃；5：the supernatant after ultra sonication of pTXB – p24；6：flow through；
7，8：eluted fractions after DTT – induced cleavage reaction（16h，4℃）；9：eluted fraction after 1% SDS

Fig. 4　SDS – PAGE（A）and Western blot（B）of purified recombinant p24 protein

六、纯化 p24 的胶体金实验　把纯化的 p24 抗原以不同的浓度点在硝酸纤维素膜上进行胶体金实验，图 6 结果表明，在阳性血清中，50 ng、100 ng、200 ng、300 ng 抗原量的棕色反应点越来越大，颜色越来越深；在阴性血清中，100 ng、300 ng 的抗原量二者不发生反应。说明纯化所得的 p24 抗原纯品可用于 HIV – 1 抗体的检测。

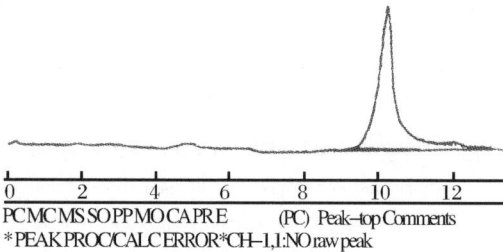

图5　p24 纯品的 HPLC 分析图

Fig. 5　HPLC analysis of purified recombinant protein p24

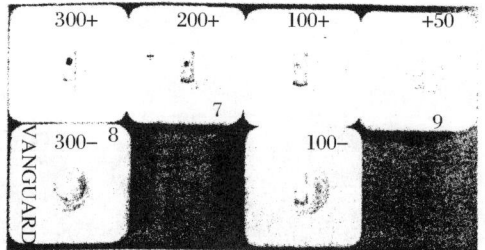

图6　纯化 p24 的胶体金实验

Fig. 6　Colloid gold techniques of purified p24

讨　　论

HIV – 1 是变异性很大的病毒，尤其是外膜蛋白中的 *gp*120 各毒株间差异可达 30%，但 *gag* 和 pol 基因相对保守，这与他们的结构与功能蛋白有关。由于 *gag* 基因产物在 HIV – 1 的不同株型之间高度保守，并与 HIV – 2 的 *gag* 基因产物也有很高的同源性，因此，针对核心抗原的抗体在 HIV – 1 与 HIV – 2 之间有交叉反应，检测 p24 抗原或抗体不仅有利于 HIV 感染的早期诊断，还有可能同时检测 HIV – 1 与 HIV – 2 的感染[7]。在临床上，对 HIV 感染者的抗 p24 抗体水平检测，还可以作为病程发展的重要指标之一[8]。此外，p24 也是抗病毒治疗的潜在靶位。因此制备高纯度、高质量的 p24 蛋白可以满足 p24 蛋白生化结构分析，专一抗体制备，抗艾滋病药物筛选分析，AIDS 感染的诊断和检测的需求。

目前在大肠埃希菌中融合表达外源蛋白已成为一项广泛应用的生物技术，该技术不仅被广泛应用于提高表达效率，增加表达产物的稳定性、溶解性、免疫原性，产生导向药物等双功能分子，还被广泛应用于促进重组蛋白的有效回收与纯化[9,10]。利用多种生物化学专一功能作用及性质设计了多种与目的蛋白共同表达的亲和标签（affinity tag）用于重组融合蛋白的表达和快速纯化。如谷胱甘肽 S - 转移酶（glutathione S - transferase，GST）；麦芽糖结合蛋白（maltosebinding protein，MBP）；蛋白 A（protein A）；多聚组氨酸（polyhistidine）；calmodulin - 结合肽（calmodulin - binding peptide）等等。利用这些亲和标签，可使目的蛋白在亲和柱上得到一步纯化。随着目的蛋白的纯化，这些亲和标签一般需要位点专一的蛋白酶或羟胺从目的蛋白中切掉[11]，而蛋白酶或羟胺的使用限制了许多亲和纯化系统的应用。

IMPACT（Intein Mediated Purification with an Affinity Chitin - binding Tag）是一种新型的简单的蛋白质纯化系统，他可以在 24 h 之内从大肠埃希菌中获得电泳纯的重组蛋白。该系统的理论依据是由蛋白质自剪接机制发展来的[12,13]。IMPACT 系统使用了一个蛋白质剪接的元件——来自于 *Saccharomyces cerevisiae* VWAI 基因的内蛋白子。低温条件下，当有 1，4 - dithiothreitol（DTT，二硫苏糖醇）等硫醇类试剂存在时，该内蛋白子的 N - 端可以发生自剪切反应。载体中在启动子和核糖体结合位点下游有 Nde I 或 Nco I 的酶切位点，该位点含有起始翻译的甲硫氨酸密码子，将目的基因克隆入多克隆位点的 Nde I 或 Nco I 位置使翻译起始于天然编码序列位置。这样目的基因 N 末端就不包含有载体上的任何残基，融合蛋白的表达主要由 N 端目的基因表达水平所决定，在原核表达系统中选用 T7 启动子会提高表达水平。编码目的蛋白的基因插入质粒载体的多克隆位点，使目的基因的 C 末端与内蛋白子的 N 末端融合。另外，为亲和纯化，将 *Bacillus circulans* 中编码一个小肽的几丁质结合区的 DNA 加入到内蛋白子基因的 C 端。当诱导的大肠埃希菌表达系统的粗提物通过几丁质柱的时候，融合蛋白结合到柱上，而其他杂蛋白全部被洗脱掉。当用 DTT、β - 巯基乙醇在 4℃ 处理过夜后，融合蛋白在柱上发生了内蛋白子介导的自剪切反应，目的蛋白被释放，而内蛋白子和几丁质结合区融合部分仍保留在柱上。该表达纯化系统有四个主要的优点：（1）为天然蛋白质的纯化提供了一种快速简单的方法，不带有亲和标记，而一般的亲和标记往往会改变目的基因的性质。（2）目的蛋白 C 端与内蛋白子 - CBD 融合体解离时不需要价格昂贵的蛋白酶，有内蛋白子介导的可诱导剪切反应是高度特异性的，在 4℃ 下即可完成。（3）可将目的蛋白的 C 端进行标记。（4）几丁质是一种非常丰富的有机物，而且性质稳定，价格便宜，还可重复使用。

我们在获得 p24 抗原纯品的过程中采用了这一新的蛋白纯化系统，所采用的表达载体 pTXB 含有高表达的 T7 启动子，编码 p24 蛋白的基因插入该载体的多克隆位点 Nde I 和 Xho I 之间，使 p24 基因的 C 端与内蛋白子的 N 末端融合，为亲和纯化，内蛋白子基因的 C 端连接有几丁质结合区的 DNA。利用上面陈述的原理，不仅简化了纯化步骤，提高了蛋白的收率，更重要的是通过内蛋白子和几丁质结合区的亲和尾巴实现了亲和层析和剪切目的蛋白和配体一步到位，不仅提高了蛋白的纯度，而且使 Intein - CBD 同时去掉，充分体现了该纯化系统的上述几个优点。

综上所述，我们成功地利用 PCR 技术得到了 p24 基因，并在大肠埃希菌中进行了高效表达，利用新型、先进的蛋白纯化系统，成功地得到了目的抗原 p24，将其进行初步的免疫学应用，有较好的免疫学效果，为抗 HIV－1 抗体筛选的良好抗原。

〔原载《中华微生物学和免疫学杂志》2003，23（5）：375－379〕

参 考 文 献

1 Ratner L, Haseltine W, Patarea R, et al. Complete nucleotide sequence of the AIDS virus, HTLVⅢ. Nature, 1985, 313：277－284

2 Mervis RJ, Ahmad N, Lilleho EP, et al. The *gag* gene products of human immunodeficiency virus type 1：alignment within the *gag* open reading frame, identification of post－translational modifications and evidence for altemative *gag* precursors. J Virol, 1988, 62：3993－4002

3 Veronese FO, Copeland TD, Oroszlau S, et al. Biochemical and immnunological analysis of human immunodeficiency *gag* gene products p17 and p24. J Virol, 1988, 62：795－801

4 Pedersen Nielsen SM, Vestergaard BF, et al. Temporal relation of antigenemia and loss of antibodies to core antigens to development of clinical disease in HIV－infection. Br Med J, 1987, 295：567－569

5 Rossmann MG. Antiviral agents targeted to inteeract with viral eapsid proteins and a possible application to human immunodeficiency virus. Proc Natl Acad Sci USA, 1988, 85：4625－4627

6 王自春，曾毅. 人类获得性免疫缺陷病毒 1 型内壳蛋白 p24 在大肠埃希菌中的表达与纯化. 中华实验和临床病毒学杂志，1999，13：386－388

7 Ayres L, Avillez F, Garcia BA, et al. Multicenter evaluation of a new recombinant enzyme immunoassay for the combined detection of antibody to HIV－1 and HIV－2. AIDS, 1990. 4：131－138

8 Cao Y, Valentine F, Hojvat S, et al. Detection of HIV antigen and specific antibodies to HIV core and envelope proteins in sera of patients with HIV infection. Blood, 1987, 70：575－578

9 Uhlen M, Forsberg G, Moks T, et al. Fusion proteins in biotechnology. Curr Opin Biotechnol, 1992, 3：363－369

10 Uhlen M, Moks T. Gene fusions for purpose of expression：an introduction. Methods Enzymol, 1990, 185：129－143

11 LaVallie ER, McCoy JM. Gene fusion expression systems in *Escherichia coil*. Curr Opin Biotechnol, 1995, 6：501－506

12 Xu MQ, Southworth MW, Mersha FB, et al. *In vitro* protein splicing of purified precursor and the identification by a branched intermediate. Cell, 1993, 75：1371－1377

13 Perler FB, Xu MQ, Paulus H. Protein splicing and autoproteolysis mechanisms. Curr Opin Chem Biol, 1997, 1：292－299

Obtaining Purified p24 *gag* Protein of HIV－1 by Using A New Prokaryotic Expressive Vector

WANG Zi－chun, TENG Zhi－ping, ZHANG Xiao－guang, CUO Xiu－chan, YUAN Jing－ming, ZENG Yi
(Institute of Virology, Chinese Academy of Preventive Medicine, Beijing 100052, China)

Objective To obtaining purified p24 *gag* protein of HIV－1 by a new prokaryotic expressive vector. **Methods** p24 fragment was amplified by PCR from the HIV－1 HXB2 cDNA template and cloned into the expressive plasmid pTXB1 for constructing the recombinant plasmid p TXB－p24. Purified p24 was obtained by affinity column (chitin beads). Molecular weight and purity of p24 were analyzed with SDS – PAGE and HPLC, Antigenity was tested with Western blot and colloid gold technique. **Results** Under the control of phage T7 promoter leading to production of fusion protein p24 – Intein – CBD in *E. coli*, stable expression quantity was above 12%. The purity of p24 was more than 96% with HPLC, and it reacted with serum samples from HIV – 1 infected subjects when tested by Western blot and colloid gold technique. **Conclusion** Obtaining purified non – fusion p24 *gag* protein of HIV – 1 with a new prokaryotic expressive vector, may teach a purity more than 96%.

〔**Key words**〕 Human immunodeficiency virus type 1；*gag* gene；Prokaryotic expression；Purification

288. 新疆乌鲁木齐及阿勒泰地区围产母婴人疱疹病毒 8 型感染的调查

新疆维吾尔自治区儿科研究所　孙　荷　加娜尔　杜文慧

新疆维吾尔自治区人民医院产科　朱丽红　新疆维吾尔自治区阿勒泰地区医院　王兰婷

中国预防医学科学院病毒学研究所　陈国敏　曾　毅

〔**摘　要**〕　**目的**　了解新疆乌鲁木齐、阿勒泰地区不同民族围产母婴中人类疱疹病毒 8 型（HHV8）感染情况。**方法**　用间接免疫荧光法（IFA），检测维吾尔族（简称维族）、哈萨克族（简称哈族）、汉族母亲血清和其婴儿脐血血清中 HHV – 8 IgG、IgM 抗体，共 406 对。**结果**　乌鲁木齐地区维族母婴 HHV – 8 IgG 阳性率均为 22 9% （24/105），汉族母婴均为 5.4% （8/149） （$\chi^2 = 11.1$，$P < 0.01$）。阿勒泰地区哈族母婴 HHV – 8 IgG 阳性率均为 26.1% （27/103），汉族母婴为 8.1% （4/49） （$\chi^2 = 6.7$，$P < 0.01$）。维族及哈族阳性明显高于当地汉族。HHV – 8 IgM 抗体阳性率母亲为 0.7% （3/406）。**结论**　新疆乌鲁木齐、阿勒泰地区不同民族围产母婴 HHV – 8 感染率不同，母亲 HHV – 8 活动感染率为 0.7%。HHV – 8 IgG 阳性母亲的婴儿 IgM 阳性者 2 例，宫内感染率为 3.17% （2/63）。HHV – 8 IgG 抗体阳性的婴儿正在进一步随访。

〔**关键词**〕　疱疹病毒 8 型，人；疱疹病毒科感染；疾病传播，垂直；免疫球蛋白 G；免疫球蛋白 M

1994 年美国华裔病理学家 Chang 等[1] 从皮肤多发性出血性肉瘤（kaposi's sarcoma，KS）中发现了一种新的疱疹病毒样序列，许多学者称之为 KS 相关疱疹病毒。作为第 8 种被鉴定的人类疱疹病毒，他也被称为人类疱疹病毒 8 型（HHV – 8）。近年国外已对普通人群 HHV – 8 血清流行病学做了大量调查。发现 KS 流行地区其 HHV – 8 抗体阳性率也较其他地区高，新疆地区 KS 为高发区，主要以少数民族为主。为了解围产母婴 HHV – 8 传播感染情况，我们对新疆不同民族围产母婴进行了 HHV – 8 IgG、IgM 抗体的检测。

材料和方法

一、标本采集　2000 年 6 ~ 12 月，新疆维吾尔自治区人民医院、友谊医院、阿勒泰地区医院产科共采集母婴血清标本 406 对，其中维吾尔族（简称维族）105 对，哈萨克族（简称哈族）103 对，两地汉族分别为 149 和 49 对。产妇年龄 19～34 岁，平均 25 岁。婴儿中早产 4 例，足月小样儿 2 例。上述血清 -20℃ 冻存待检。

二、实验方法

1. 抗原制备：由国外引进的不含 EB 病毒及人免疫缺陷病毒，只含 HHV-8 的 BCBL-1 细胞系制备抗原片，由中国预防医学科学院病毒学研究所肿瘤室提供。

2. 用间接免疫荧光法（IFA）检测血清中 HHV-8 IgG 及 IgM 抗体：荧光标记的羊抗人 IgG、IgM 购自北京挚诚生物工程研究所，被检血清自 1∶10 开始 2 倍稀释至 1∶160，在荧光显微镜下检测，如见抗原细胞膜被染成绿色荧光则判为阳性。

结　　果

一、新疆乌鲁木齐市及阿勒泰地区不同民族围产母婴 HHV-8 IgG 抗体检测结果　维族与哈族 HHV-8 IgG 抗体阳性率均显著高于当地汉族，见表1。

表1　不同民族母子 HHV-IgG 抗体检测情况

地　区	民族	检测人数		阳性例数			χ^2 值	P 值
		母	子	母	子	阳性率（%）		
乌鲁木齐	维	105	105	24	24	22 9	17.108	<0.01
	汉	149	149	8	8	5.4		
阿勒泰	哈	103	103	27	27	26.1	6.663	<0.01
	汉	49	49	4	4	8.1		
合计		406	406	63	63	15.5		

注：维族和哈族 HHV-8 IgG 抗体阳性率比较，$\chi^2 = 0.317$，$P > 0 05$

二、母婴 HHV-8 IgG 抗体滴度的比较　母亲组抗体滴度最低 1∶10，最高 1∶40，婴儿组滴度最低 1∶20，最高 1∶160，其几何平均滴度经 t 检验，婴儿组高于母亲（$t = 8.416$，$P < 0.01$）。

三、母婴 IgM 抗体检出情况　母 HHV-8 IgM 抗体检出率为 0.5%（2/406），婴儿 2 例阳性者均为维族。

讨　　论

HHV-8 是一种与 KS 发病有关的病毒，有人用 PCR 方法检测发现，95%～100% ADS 相关性 KS 患者的 KS 组织中存在 HHV-8DNA 序列，而健康人组织中阳性率 <1%[2]。目前经典型 KS、非洲地方型 KS 和接受移植者的 KS 中普遍发现 HHV-8DNA 序列，可见 HHV-8 不仅是 ADS 患者的一种机会性感染，而且很有可能是所有形式 KS 的共同病原。

在美国和欧洲，HHV-8 被证明主要由性途径传播，但国外其他血清流行病学调查发现，2%～8% 的儿童 HHV-8 血清阳性。提示还存在非性传播方式。英国和北美普通人群 HHV-8 感染率 <5%，地中海国家轻度升高，而在非洲为 50%，北美艾滋病型 KS 和非洲经典型 KS 患者高达 96%～100%。在埃塞俄比亚的厄立特里亚省孕妇 HHV-8 感染率为

5%，海地籍孕妇为10%，美国籍孕妇为1.5%[3-6]。

国内仅有我所报道了新疆不同民族普通人群HHV-8血清流行病学调查结果，南疆地区柯尔克孜族阳性率为48%、维族30.4%，阿勒泰地区哈族12.5%、汉族16.9%，各民族总的阳性率为24.4%[7]。

本次研究结果揭示新疆围产母婴HHV-8感染情况随地区和民族的不同而不同。乌鲁木齐地区如不分民族，母亲HHV-8感染率为12.6%，近似于海地孕妇10%感染率。但其中维族为22.9%，而汉族5.4%。与英国和北美普通人群及埃塞俄比亚的厄立特里亚省孕妇感染情况相近，但高于美国籍孕妇的1.5%。阿勒泰地区如不分民族，母亲HHV-8感染率为20.4%，其中哈族26.1%，汉族8.4%，与乌鲁木齐地区汉族相近，新疆乌鲁木齐地区维族、阿勒泰地区哈族母亲HHV-8感染率均高于当地汉族，也同新疆KS主要发生在维族等少数民族中的情况相符合[8]。

HHV-8 IgG抗体阳性母亲的婴儿其脐血IgG抗体100%阳性，且抗体滴度高于母亲。婴儿脐血IgG抗体阳性无垂直传播的意义，因母亲的特异性IgG不但能通过胎盘，而且对通过胎盘的IgG有浓缩作用，一般认为可浓缩1.7倍，本试验结果也证实此点。本研究HHV-8 IgM检测结果表明母亲HHV-8活动感染率为0.7%，母亲IgM抗体不能通过胎盘，一般认为脐血IgM抗体阳性，可考虑胎儿感染后自己产生的特异性抗体，但IgM阳性患儿均未发现异常，是否有垂直传播问题，有待深入研究。

〔原载《中华围产医学杂志》2003，6（1）：21-23〕

参 考 文 献

1 Chang Y, Ccsarman E, Pessin MS, et al Identification of herpes virus-like DNA sequences in AIDS-associated Kaposi's sarcoma Science, 1994, 266: 1865-1869

2 Ambroziak JA, Blackbourn DJ, Herndier BG, et al Herpes-like sequences in HIV-infected and uninfected Kaposi's sarcoma patients Science, 1995, 268: 582-583

3 Rickinson AB. Changing seroepidemiology of human herpcsvirus type 8. Lancet, 1996, 348: 1110-1111

4 Lennette ET, Blackbrourn DJ, Levy JA. Antibodies to human herpesvirus type 8 in the general population and in Kaposi's sarcoma patients Lan-cet, 1996, 348: 858-861

5 Enbom M, Tolfvenstam T, Ghebrekidan H, et al. Seroprevalence of human herpes virus 8 in different Eritrcan population groups J Clin Virol, 1999, 14: 167-172

6 Goedcr JJ. 生于海地和美国的妇女及其婴儿中的人疱疹病毒8型抗体. 国外医学妇幼保健分册, 1998, 9: 34-35

7 杜文慧, 陈国敏, 孙荷, 等. 新疆地区普通人群中HHV-8IgG抗体的调查报告. 中华实验和临床病毒学杂志, 2000, 14: 44-46

8 沈大为, 石得仁, 普雄明. 经典型Kaposi's肉瘤（23例分析）. 临床皮肤科杂志, 1993, 22: 136-138

Human Herpes Virus Type – 8 Infection in the Mothers and Their Infants of Wulumuqi and Aletai Region

SUN He[*], CHEN Guo – min, WANG Lan – ting, et al

([*] Institute of Pediatrics of Xinjiang, Wulumuqi 830001, China)

Objective　To investigate the status of infection of human herpes virus type – 8 (HHV – 8) in the mother and their infants of Wulumuqi and Aletai region.　**Methods**　BCBL – 1 cell line was used as antigen and 406 matched sera samples were collected from mothers and their infants (cord blood) of different nationalities (Uighur, Kazak and Han nationality) from Wulumuqi and Aletai regions of Xinjiang A. R, tested for HHV – 8 IgG and IgM antibody by immunofluorescence assay.　**Results**　HHV – 8 IgG antibody positive rate of mothers and their infants of Uighur nationality was 22.9% (24/105), Han was 5.4% (8/149), $\chi^2 = 17.1$, $P < 0.01$ in Wulumuqi region and Kazak nationality was 26.1% (27/103), Han nationality was 8.1% (4/49, $\chi^2 = 6.7$, $P < 0.01$) in Aletai region. The IgM positive rate of mothers was 0.7% (3/406) and their infants was 3.2% (2/63).　**Conclusions**　These data illustrate that the infective rate of HHV – 8 in mothers and their infants in different nationality was different Uighur was higher than Han in Wulumuqi region and Kazak was also higher than Han in Aletai region ($P < 0.05$). The infants with HHV – 8 IgG antibody positive need further follow – up.

〔**Key words**〕Herpesvirus 8, human; Herpesvirdae infectious; Disease transmission, vertical; Immunoglobulin G; Immunogbulin M

289.　EB 病毒潜伏膜蛋白 2 重组腺病毒的构建及其免疫效果的研究

中国疾病预防控制中心病毒病预防控制所　姚家伟　周　玲　王　琦　左建民　曾　毅

〔摘　要〕　为了进一步研究以 EB 病毒潜伏膜蛋白 2 (LMP2) 为靶抗原制备 EB 病毒相关肿瘤的治疗性疫苗，利用 AdEasy 系统构建了 EBV – LMP2 的重组腺病毒。PCR 鉴定结果证实病毒 DNA 中含有目的基因的特异性片段；RT – PCR 证明了外源基因在真核细胞中得以转录；免疫酶和 Western blot 的结果也显示 LMP2 蛋白在真核细胞得到表达。将扩增后的病毒感染 Hela 细胞测定病毒滴度为 1.5×10^9 pfu/ml。将重组病毒以灌胃，肌内注射和滴鼻的方式感染小鼠，经免疫荧光检测其特异性抗体，LDH 法检测特异性 CTL 的杀伤作用，结果发现三种给药途径均可诱发小鼠针对 LMP2 的特异性体液免疫和细胞免疫，而用 Ad5 作为对照组的小鼠则没有引起相应的免疫反应。该研究将有益于进一步探索抗肿瘤特异性主动免疫作用在阻止肿瘤的生长、扩散或复发中的作用。对诱导机体产生特异性抗瘤活性有重要意义。

〔关键词〕　EB 病毒；潜伏膜蛋白 2；重组腺病毒

EB 病毒（Epstein – Barr Virus，EBV）作为疱疹病毒科成员，是第一个被发现的与人类肿瘤有关的病毒。现已明确 EB 病毒是导致鼻咽癌（NPC）、Burkitt 淋巴瘤（BL）及免疫抑制后淋巴瘤的病因之一。EB 病毒潜伏膜蛋白 2（Latent membrane protein 2，LMP2）是在 NPC 等 EB 病毒相关肿瘤组织中持续表达的病毒蛋白之一，且存在于细胞的表面，LMP2 基因不引起 B 淋巴细胞的转化、无致癌性，体外研究 EB 病毒诱导产生特异性 CTL 表位时发现 LMP2 含多种受 HLA 限制的 CTL 表位，而且其序列保守，与之相关的 HLA 型别如 A_2 在中国人群中较常见。因此，LMP2 成为在体内诱导 EB 病毒特异性 CTL、预防和治疗相关肿瘤的良好靶抗原。临床上应用 LMP2 特异性的 CTL 治疗 EB 病毒相关的淋巴细胞增生症，证明有良好的疗效。

由于腺病毒具有宿主范围广泛，可感染分裂期细胞，也可感染静止或终末分化细胞；能诱发较强的细胞免疫、可高效感染 DC 细胞以及应用方便等优点，因此腺病毒载体被广泛用于基因治疗和疫苗。本文用一种简便的方法，构建 EBVLMP2 的重组腺病毒，并对其免疫小鼠的效果进行了观察。

材料和方法

一、菌株及质粒　大肠埃希菌 DH5α，DH10B 为本室保存。pSG5 – LMP2 质粒含 LMP2 全 cDNA 序列，为美国哈佛大学 Kieff 教授馈赠。Bluescript M13，peDNA3 – LMP2 为本室保存。腺病毒穿梭质粒，骨架质粒，大肠埃希菌 BJ5183 为美国约翰霍普金斯大学 B. Vogestein 馈赠。

二、细胞与病毒　293 细胞、P815 细胞、Hela 细胞均为本室保存。LMP2 特异性单抗 14B7. 15F9，4E11 为英国伯明翰大学 Rickinson 教授馈赠。LMP2 的重组逆转录病毒由朱伟严博士构建。MVA – LMP2：重组 EBV – LMP2 非复制型痘苗病毒安卡拉株（modified vaeeinia Ankara MVA – LMP2）为本室保存

三、工具酶及其他试剂　各种限制性内切酶、T_4DNA 连接酶、小牛肠碱性磷酸酶（CIAP）、Taq 酶及其他工具酶购自 Takara 公司。质粒提取与纯化回收试剂盒购自博大公司。脂质体转染 "Lipofectamine™ Reagent" 试剂盒，Opti – MEM. TRIzol 试剂购自 CIBCO BRL 公司。地高辛标记及检测试剂盒为 Roche 公司的产品。丙烯酰胺与双叉丙烯酰胺为 Fluka 公司产品。LDH 检测试剂盒 "CvtoTox96™ Non Radioactive Cytotoxicity Assay" 购自 Promega 公司。HRP 标记抗大鼠 IgG 及荧光标记羊抗小鼠 IgG 购自北方同正试剂公司。荧光标记抗大鼠 IgG 购自 Sigma 公司。分析纯试剂为病毒所提供。

四、EBV – LMP2 重组腺病毒穿梭质粒的构建　Kpnl. Xbal 双酶切 Bluescript – LMP2 质粒获得 LMP2 片段，与同样双酶切 pShuttle – CMV 和 pAdTrack – CMV 进行定向连接，获得插入有 LMP2 的穿梭质粒，分别进行 EcoRI，Kphl 及 Xbal 酶切鉴定。

五、EBV – LMP2 重组腺病毒质粒的构建　具体方法见文献〔1〕。获得的重组腺病毒命名为 AdEasyLMP2 和 AdEasyLMP2（L）。

六、PCR 检测 LMP2 特异性片段　引物在 Takara 公司合成，上游引物 P1：5′CGG-GATCCATATGCTTTTAACATTGGCAGC′：下游引物 P2：5′CGGGATCCACTGTAAGGCAGTAG-TAG3′，扩增片段大小为 520 bp。反应体系为：取 2 μl 细胞裂解液作模板，加入 50 pmol 的引物 P1. P2 各 1 μl，Tag 酶 0.5 μl，dNTPs 4 ~ 50 μl 的 PCR 扩增体系，按 94 ℃ 30 s，58 ℃

45 s，72℃ 60 s 共进行 30 个循环，最后 72℃ 延伸 10 min；电泳分析产物。

七、RT – PCR TRIzol 试剂提取细胞总 RNA，方法详见公司操作手册。RT – PCR 反应条件见文献〔2〕。

八、免疫酶检测瞬间表达情况 具体方法见文献〔2〕。

九、Western – blot SDS – PAGE 及 Western blot 方法参照文献〔2〕。

十、动物实验 4~5 周龄 Balb/c（H – 2^d）雌性小鼠（购自动物研究所），乙醚麻醉，当小鼠昏迷，肌肉处于松弛状态后，将重组腺病毒和 Ad5 按 10^7 pfu/只注射小鼠胫前肌、滴鼻和灌胃（灌胃不需麻醉）。在第四周同样方法、同样剂量加强免疫一次；第六周取血。脾进行抗体及 CTL 检测。一共分 6 个实验组，每实验组免疫 8 只小鼠，对照组免疫 4 只。

十一、含 LMP2 靶抗原细胞系的建立 电击法将 pcDNA3 – LMP2 导入 p815 细胞系，具体方法见文献〔2〕。

十二、免疫小鼠血清中特异性抗体的检测 方法见文献〔2〕，检测不同组免疫小鼠的特异性 LMP2 抗体。

十三、CTL 的检测 方法详见公司操作手册。

结　　果

一、EBV – LMP2 重组腺病毒的构建 用适当的限制性内切酶进行酶切分析，表明目的基因在穿梭质粒及重组腺病毒质粒中插入方向及大小均正确。用重组腺病毒 DNA 转染 293 细胞后，7~10 d 后细胞出现肿胀、圆缩等病变现象。

二、PCR 检测 LMP2 基因 取传 2~3 代的病毒上清以及 Ad5 作 PCR。结果显示只有重组腺病毒 DNA 中有长 520 bp 的 LMP2 特异性扩增条带。

三、RT – PCR 检测 LMP2 基因在 293 细胞中的转录 从 rAd – LMP2 和 Ad5 感染的 293 细胞中提取总 RNA 进行 RT – PCR 检测。结果显示使用 LMP2 特异性的引物从两种重组腺病毒感染的细胞中扩出一条 520 bp 的条带，而 Ad5 感染的细胞中无扩增条带的出现。

四、免疫酶法检测 rAd – LMP2 和 Ad5 感染的 293 细胞中 LMP2 表达 rAd – LMP2 和 Ad5 感染 293 细胞，48 h 后细胞涂片，用 LMP2 单抗进行间接免疫酶检测的结果，可见在含 LMP2 外源基因的重组腺病毒感染的细胞涂片中，细胞的胞膜和胞质呈棕黄色，表明 LMP2 在 293 细胞中得到有效表达，而 Ad5 感染的 293 细胞涂片结果为阴性。

五、Western – blot 检测 LMP2 表达 LMP2 特异性单克隆抗体进行 Western blot 检测。结果显示，B95 – 8 细胞和 rAd 感染的 293 细胞中有大约 54 ×10^3 的蛋白条带（与预期值大小相符）。而 Ad5 感染的 293 细胞未发现相似大小的条带。

六、免疫鼠血清中 LMP2 抗体的检测 以 P815 – LMP2 细胞涂片作阳性抗原片，间接免疫荧光法检测免疫小鼠血清，结果在重组腺病毒免疫组中，三种给药途径，小鼠都产生了抗体。但经鼻和肌内注射途径要优于灌胃途径。而对照组中均未产生特异性抗体。

七、EBV – LMP2 重组腺病毒诱发的 LMP2 特异性 CTL 反应 我们采用乳酸脱氢酶法检测 LMP2 特异性的 CTL 水平，三组免疫鼠中每组各 8 只小鼠的特异性 LMP2 CTL 活性。从 CFL 检测结果可以看出，重组腺病毒疫苗三种免疫方式免疫的小鼠均可诱发一定程度的 CTL 反应（效：靶为 100∶1 时杀伤率 30%~50%）。重组病毒免疫组小鼠 CTL 的杀伤率明显高于 Ad5 组。杀伤率的大小与免疫途径有一定的关系，经胃途径低于其他两个途径。图 1 表明 LMP2 重组腺病毒疫苗可以诱发全面的细胞免疫反应。

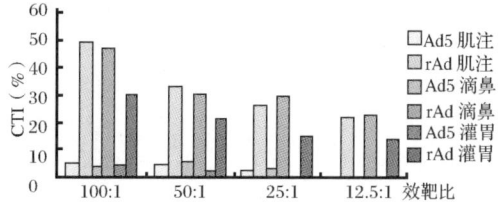

图1　不同免疫组产生特异性 CTL 水平的比较

讨　论

鉴于 EB 病毒与许多恶性肿瘤的密切关系，人们开展了许多利用病毒特异性细胞毒作用预防和治疗肿瘤的尝试。在 EB 病毒潜伏感染 Ⅱ 型的相关恶性肿瘤中，由于肿瘤细胞只有 EBNA1、LMP1 及 LMP2 的表达，所以 LMP2 因其优越性成为在体内诱导 EB 病毒特异性 CTL、预防和治疗这类相关肿瘤的良好靶抗原。

在肿瘤疫苗中，应用腺病毒载体将外源基因导入 APC 是简单易行的策略[3]。腺病毒不但能感染分裂期细胞，而且能感染静息期和分裂末期的细胞。复制缺陷腺病毒不但具有腺病毒上述的特点，而且具有更高的安全性。目前应用含黑素瘤相关抗原 MART1 基因的重组腺病毒在人体体外治疗[4]以及含多瘤病毒中 T 抗原基因的重组腺病毒在鼠体内治疗[5]都已经建立起来，所有这些系统都显示经腺病毒载体转移的基因能引起强烈的细胞免疫。为此我们将 LMP2 的全 cDNA 定向克隆到腺病毒穿梭质粒 pShuttle－CMV 中，在大肠埃希菌 BJ5183 中与腺病毒骨架质粒 pAdEasy－1 进行同源重组，从而得到含 LMP2 基因的腺病毒载体；经 293 细胞包装后成功获得了带有 LMP2 的复制缺陷腺病毒，产生的病毒滴度也高达 10^9 pfu/ml；动物实验证明在小鼠体内诱发产生 LMP2 特异性的体液和细胞免疫。其免疫效果与核酸疫苗和逆转录疫苗[2]相比，也要高 10～20 个百分点。为 NPC 等 EB 病毒相关肿瘤的免疫治疗提供了有效的工具。

在三种免疫途径中，实验结果显示无论是特异性体液免疫还是细胞免疫水平，灌胃组均低于滴鼻组和肌内注射组。这与先前何金生博士的实验结果一致[6]。

腺病毒载体有其缺陷。主要是由于机体存在针对重组腺病毒衣壳蛋白[7]的抗腺病毒中和抗体[8]和细胞免疫，从而影响外源基因的转移效率[9]和重复给药。我们认为，作为疫苗应用的重组腺病毒用量一般要低于基因治疗的量，重复给药可能不会带来太多的影响，具体情况有待作进一步观察。目前已有研究发现尽管存在针对腺病毒的特异性的体液和细胞免疫[10]，腺病毒诱导的树突状细胞上的靶抗原仍具有有效的免疫原性，并引起抗原特异性 T 细胞的增殖[4,11]。

因此，我们的工作为进一步探讨应用 LMP2 蛋白作为 EB 病毒相关肿瘤治疗性疫苗靶抗原的研究奠定了基础。并且对于深入研究 EB 病毒 LMP2 蛋白的功能也有帮助。

〔原载《中国肿瘤》2003，12（1）：45－47〕

参 考 文 献

1　He TC, Zhou S. da Costa LT, et al. A simpli-fied system for generating recombinant adenoviru-ses. Proceedings of the National Academy of Sci-ences. USA, 1998, 95: 2509－2514

2　朱伟严. EB 病毒潜伏膜蛋白 2 重组疫苗的构

建及其免疫效果的研究．博士学位论文．2000

3　Kai MA, D Liu, P Hoogerbrugge. Gene_therapy. Proc Natl Acad Sci USA, 1997, 94: 12774－12776

4　Butterfield LH, SM Jilani, NG Chakraborty, et

al. Generation of melanoma – specific cytotoxic T lymphocytes by dendritic cells transduced with a MART – 1 adenovirus. J Immunol, 1998, 161: 5607 – 5613

5　Wan Y, J Bramson R, Carter F, et al. Dendritic cells transduced with an adenoviral vector encoding a model tumor – associated antigen for tumor vaccination. Hum Gene Ther, 1997, 8: 1355 – 1363

6　何金生，王健伟，洪涛，等. 用重组腺病毒表达 A 组轮状病毒主要中和抗原 VP7 可获得良好的免疫学效果. 病毒学报，2001，17 (2): 122 – 126

7　Gahery – Segard HF, Farace D, Godfrin J, et al. Immune response to recombinant capsid proteins of adenovirus in humans: antifiber and antipenton base antibodies have a synergistic effect on neutralizing activity. J Virol, 1998, 72: 2388 – 2397

8　Morgan SM, GW Wilkinson, E Floettmann, et al. A recombinant adenovirus expressing an Epstein – Barr virus (EBV) target antigen can se-lectively reactivate rare components of EBV cytotoxic T – lymphocyte memory in vitro. J Virol, 1996, 70: 2394 – 2402

9　Gahery – Segard H, V Molinier – Frenkel, C Le Boulaire, et al. Phase I trial of recombinant adenovirus gene transfer in lung cancer. Longitudinal study of tile immune responses to transgene and viral products. J Clin Investig, 1997, 100: 2218 – 2226

10　Song W, HL Kong, H Carpenter, et al. Dendritic cells genetically modified with an adenovirus vector encoding the cDNA for a model antigen induce protective and therapeutic antitumor immunity. J Exp Med, 1997, 186: 1247 – 1256

11　E Ranieri, W Herr, A Gambotto, et al. Dendritic Cells Transduced with an Adenovirus Vector Encoding Epstein – Barr Virus Latent Membrane Protein 2B: a New Modality for Vaccination. Journal of Virology, 1999, 73 (12), 10416 – 10425

Effective Induction of Epstein – Barr Virus – Specific Cytotoxic T Lymphocytes in Mice by Latent Membrane Protein 2 Recombined Adenovirus

YAO Jia – wei, ZHOU Ling, WANG Qi, et al.

(Institute of Virology, Chinese Academy of Preventive Medicine, Beijing 100052, China)

In order to develop an EBV – LMP2 vaccine, we constructed recombined adenovirus (rAd) bearing the full – length cDNA for LMP2 driven by CMV. As time – consuming and tedious conventional procedure for construction of rAd. We chose AdFasy system to construct rads. PCR and dot blot showed the LMP2 gene integrated into the genome of rAds. LMP2 specific mRNA was detected in infected 293 cells by RT – PCR. We obtained the LMP2 recombinant adenovirus by lmmunoenzyme method and Western blot assays. The titer of amplified rAds was 1.5×10^9 Pfu/ml. Balb/c mice were immunized by the rads with three routes. Preliminary results showed the rads could elicit LMP2 specific cellular and humoral immune responses.

〔**Key words**〕Epstein – Barr virus; Latent membrane protein 2; CTL recombinant adenovirus

290.　多胺对 Raji 细胞中 Epstein-Barr 病毒早期抗原的诱导

北京大学附属第一医院　赵　健　曹泽毅　廖秦平
中国预防医学科学院病毒学研究所　周　玲　曾　毅

〔摘　要〕　**目的**　探讨精胺和亚精胺对 EB 病毒抗原的诱导作用。　**方法**分别利用细胞计数法和免疫酶法对 Raji 细胞进行活细胞计数和 500 个细胞中有 Epstein-Barr 病毒早期抗原的表达细胞数。　**结果**　精胺和亚精胺的半数致死量分别为 970.4094 ng/ml 和 87.71987 ng/ml；精胺和亚精胺单独诱导 EB 早期抗原表达率分别为 4.6% 和 4.2%；而精胺、亚精胺与正丁酸协同作用时，其早期抗原表达率分别达到 20.6%、21.6%。　**结论**　精胺和亚精胺可诱导 Raji 细胞内 Epstein-Bart 病毒早期抗原的表达，当它们分别与正丁酸协同作用时，其表达率增高。

〔关键词〕　精胺；亚精胺；Epstein-Barr 病毒；抗原

流行病学资料及实验室的证据已经确定了人乳头状瘤病毒（human papillomavirus，HPV）与宫颈癌的病因关系[1]，即 HPV 感染是宫颈癌发生的必要条件。全世界妇女中，每年约有 10%~15% HPV 感染的新发病例，然而仅有一小部分的感染者发展为宫颈癌[2,3]，提示 HPV 单独致癌证据不足。在宫颈癌的病因学中，性行为同样是宫颈癌研究的重点，已有研究表明[4-7]，人精液中的成分精胺（SPM）、亚精胺（SPD）等多胺对宫颈局部起诱变、细胞毒性和免疫抑制作用，为了明确宫颈癌多因素、多步骤的致瘤机制，我们利用免疫酶法，研究精胺和亚精胺对 Raji 细胞中 Epstein-Barr 病毒（EBV）早期抗原（Early antigen，EA）表达的作用。

材料和方法

一、材料

1. 主要试剂：含 10% 新生牛血清的 1640 培养液由中国预防医学科学院病毒所提供。用 pH 为 7.4 的磷酸盐缓冲液（PBS）配制 1% 的锥虫蓝。辣根过氧化物酶（HRP）标记羊抗人的 IgA 购于北京经科化学试剂经营公司，-20℃ 保存。精胺、亚精胺、12-0-十四烷酰巴豆醇-13 乙酸酯（TPA）、正丁酸（n-B）购于美国 Sigma 公司，精胺和亚精胺用 0.1 mol/L 的稀盐酸配制为 10 mg/ml 的浓度备用，用时稀释为所需浓度。酶底物溶液：取 3，3′二氨基联苯胺 50 mg 溶于 0.05 mol/L，pH 7.6 Tris-Cl 缓冲液 100 ml，加 3% H_2O_2 0.1 ml。

2. 实验系统：Raji 细胞为携带 EBV 基因的人淋巴瘤细胞系。检测鼻咽癌患者 EBV 早期抗原抗体为阳性的血清作为奉实验所用抗体，抗体效价 1：640，由中国预防医学科学院病毒所肿瘤病毒实验室提供。

二、实验方法　Raji 细胞由含 10% 的新生牛血清的 1640 培养液培养。

精胺和亚精胺的半数致死量的测定：将所培养的 Raji 细胞进行细胞计数，以 1×10^4/管。按精胺的浓度：75 ng/ml，125 ng/ml，250 ng/ml，500 ng/ml，1000 ng/ml，2000 ng/ml；亚精胺的浓度：12.5 ng/ml，25 ng/ml，50 ng/ml，100 ng/ml，200 ng/ml，400 ng/ml，分别与 Raji 细胞共培养48 h。空白对照和不同浓度实验组均做2管。1% 的锥虫蓝与各组以1:5的比例共同作用20 min 后。镜下计数活细胞数。

免疫酶法：亚精胺组（SPD 组）10 ng；亚粘胺 10 ng + 正丁酸 0.4 mmol 组（SPD + n - B 组）；精胺组（SPM 组）100 ng，精胺 100 ng + 正丁酸 0.4 mmol 组（SPM + n - B 组），分别与 Raji 细胞共培养48 h；同时设空白对照组，正丁酸组（n - B 组）0.4 mmol，TPA 组 100 ng 各组细胞离心，留少量残余量，重悬细胞，并做细胞计数。以 100 μl（$10^4 \sim 10^5$ 个细胞）的细胞量做细胞涂片，吹干。用冰预冷的丙酮在4℃冰箱固定15 min，吹干。滴加鼻咽癌患者的阳性血清。将涂片放入湿盒，在37 ℃温箱作用40 min，取出后用 PBS 冲洗干净，吹干。加羊抗入 IgA 进行酶标后，放入湿盒，在37 ℃温箱作用40 min，取出后用 PBS 冲洗干净。将涂片放入酶底物溶液中5 ~ 10 min。用 PBS 冲洗干净后镜检，并计数500个细胞中出现的阳性细胞数。

三、统计学处理 寇氏法计算半数致死量，阳性细胞率统计用 χ^2 检验。

结　果

一、精胺和亚精胺的半数致死量 精胺的半数致死量 LD50 = 970.4094 ng/ml；95% 可信区间：894.563 ~ 1052.688 8；亚精胺的半数致死量 LD50 = 87.71987 ng/ml；95% 可信区间：78.429 96 ~ 98.110 16。根据上述结果，我们选用精胺 100 ng，亚精胺 10 ng 为我们的工作浓度。

二、多胺对 EBV 早期抗原的诱导作用 精胺和亚精胺单独诱导 EBV 早期抗原表达率分别为4.6% 和4.2%；TPA 和正丁酸（n - B）分别为3.6% 和3.8%；而精胺、亚精胺、TPA 分别与正丁酸协同作用时，其早期抗原表达率可分别达到20.6%、21.6%、23.6%。共同作用分别与各自作用比较差异有统计学意义，$P < 0.05$，见表1。

表1　精胺和亚精胺对 Raji 细胞的作用

组别	阳性细胞数	阳性细胞率（%）
SPM	6/500	4.6
SPM + n - B	103/500	20.6
SPD	7/500	4.2
SPD + n - B	108/500	21.6
TPA	5/500	3.6
TPA + n - B	110/500	23.6
n - B	9/500	3.8
对照	0/500	0

注：SPM：精胺．SPD：亚精胺．n - B：正丁酸．TPA：12 - 0 - 十四烷酰巴豆醇 - 13 乙酸酯

讨　论

Raji 细胞是携带 EBV 基因的人淋巴瘤细胞系。正常情况下，EB 病毒在 Raji 细胞中处于潜伏状态，当被促癌物激活时，EB 病毒的早期抗原表达增加，可以用此系统来检测促癌物。精液中的成分精胺和亚精胺是否有促癌的特性，所以利用 Raji 细胞这一特性可以用来检测。

纪志武等检测了53份人精液，其中24份有诱导 EB 病毒 EA 的作用，占45.3%。有的高达9.8% ~ 12.2%。在精液0.4 ~ 10 μl 范围内，阳性标本对 EB 病毒 EA 的诱导率无差别，其结论是45.3% 的中国人精液具有诱导 Raji 细胞中 EB 病毒 EA 的作用。

多胺是细胞生长，分化的重要调节剂，具有促进 DNA、RNA 和蛋白质合成的生物功能。

近 10 年的研究表明，精液中有很高浓度的多胺，其中，精胺、亚精胺、腐胺浓度较高。在体外精胺的浓度达到 0.5 ~ 3.5 mg/ml 即可发挥作用，并且已经证实多胺抑制免疫功能[7]。Fletcher 等[14]应用流式细胞仪检测精液中几种多胺对 SiHa、CaSKi 细胞以及原代宫颈上皮细胞的影响，结果表明：细胞生长率没有改变，但是，细胞染色体有改变。外源多胺与宫颈细胞的相互作用导致染色体的改变，或许是宫颈异常增生的潜在因素。

本文采用免疫酶法研究精胺、亚精胺、TPA、正丁酸对 Raji 细胞的 EBV 早期抗原的表达的影响，结果表明，精胺、亚精胺、TPA、正丁酸不仅单独具有促进 EB 病毒的早期抗原的表达，且联合应用可提高 EBV 早期抗原表达的效率，本研究结果为深入研究宫颈癌发病机制提供一个佐证。

〔原载《中国肿瘤》2003, 12 (3)：177 - 178〕

参 考 文 献

1 Munger K. The role of human papillomaviruses in human cancers. Front Biosei, 2002, 7：641 - 649

2 Riethmuller D, Schaal JP, Mougin C. Epidemiology and natural history of genital infection by human papillomavirus. Gynecol Obstet Fertil, 2002, 30：139 - 14.6

3 Sisk EA. Robertson ES. Clinical implications of human papillomavirus infection. Front Biosci, 2002, 7：77 - 84

4 Chanda R. Ganguly AK. Diamine - oxidase activity and tissue di - and poly - amine contents of human ovarian, cervical and endometrial carcinoma. Cancer Leu, 1995, 89：23 - 28

5 Fernandez C. Sharrard BM, Talbot M, et al. Evaluation of the significance of polyamines and their oxidases in the aetiology of human cervical carcinoma. Br J Cancer. 1995. 72：1194 - 1199

6 Nishioka K. Melgarejo AB, Lyon RR, et al. Polyamines as biomarkers of cervical intraepithelial neoplasia. J Cell Biochem Suppl, 1995, 23：87 - 95

7 Evans CH. Lee TS. Fiugelman AA. Spermine - directed immunosuppression of cervical carcinoma cell sensitivity to a majority of lymphokine - activated killer lymphocyte cytotoxicity. Nat lmmun, 1995. 14：157 - 163

291. 阿司匹林对宫颈癌细胞系 Caski 的生长抑制作用

北京大学附属第一医院妇产科 赵 健 曹泽毅 廖秦平
中国预防医学科学院病毒学研究所肿瘤室 周 玲 曾 毅

〔摘 要〕 目的 探讨阿司匹林对宫颈癌细胞系 Caski 作用。 方法 利用细胞计数法对宫颈癌细胞系 Caski 细胞进行活细胞计数，利用流式细胞仪检测细胞 DNA 含量。 结果 阿司匹林对宫颈癌细胞系 Caski 细胞的抑制呈剂量依赖性，在 1 ~ 5 mmol/L 浓度范围内，生长抑制率为 20% ~ 86%。阿司匹林作用后的 Caski 细胞呈现出 G1 和 G2 期细胞数目增加，而 S 期细胞数目减少的趋势。 结论 阿司匹林对宫颈癌细胞系 Caski 有抑制作用。

〔关键词〕 阿司匹林；宫颈癌；Caski 细胞；细胞凋亡

宫颈癌是常见的妇科恶性肿瘤之一，全世界每年死于宫颈癌的妇女约23万例，我国死于宫颈癌的妇女为8万例，现行的手术治疗对早期宫颈癌的5年生存率可达100%，而对中晚期的宫颈癌治疗仍很困难，在人乳头状瘤病毒疫苗尚未应用于人群之前，化学治疗对中晚期宫颈癌的治疗仍很重要，但大多数药物都是针对肿瘤细胞增殖代谢较快的特点而设计，人体同样增殖代谢快的组织或细胞如肝、肾、血细胞等将同时遭受化疗药物的损伤。抗肿瘤药物的不断发现及研究深入使肿瘤化学治疗日趋进步。文献报道阿司匹林对肿瘤细胞的生长有抑制作用[1]，阿司匹林可以抑制食管[2]、胃[3]、结直肠[4]、卵巢[5]、胰腺[6]、肝[7]、乳腺[8]、肺[9]、淋巴瘤[10]、前列腺[11]、膀胱[12]以及子宫内膜[13]肿瘤的生长，而阿司匹林每天服用又可以预防心脏病的发作。目前阿司匹林对宫颈癌的研究尚未报道。基于上述原因，我们将探讨阿司匹林对宫颈癌细胞系Caski是否有抑制作用。

材料和方法

一、材料 宫颈癌Caski细胞系为中国预防医学科学院病毒所肿瘤室保存。含10%新生牛血清的DMEM培养液由中国预防医学科学院病毒所提供。用pH为7.4的磷酸盐缓冲液（PBS）配制1%的锥虫蓝。阿司匹林购于美国Sigma公司，无水乙醇配制为1 mol/L的浓度备用，用时稀释为所需浓度。

二、方法

1. Caski细胞的培养：用含10%的新生牛血清的DMEM培养液培养。将所培养的Caski细胞进行细胞计数，以1×10^5个/瓶。按阿司匹林的浓度：1、2、3、4、5 mmol/L，分别与Caski细胞共培养48 h。空白对照和不同浓度实验组均做2瓶。48 h后胰酶消化，PBS洗涤3遍，进行下列实验。

2. Caski细胞增殖的测定：1%的锥虫蓝与各组以1.5的比例共同作用20 min后检测细胞活性并重复计数。细胞增殖抑制率＝（对照组细胞数－药用组细胞数）/对照组细胞数×100%。

3. 流式细胞仪检测：置于4 ℃冷乙醇中固定后，在1×10^9个细胞/L密度的细胞悬液中加入1 ml碘化丙啶（PI）染液（100 mg/L），4℃染色30 min，用FAC－Scan（Becton Dickinson, USA）流式细胞仪测定荧光强度，激发波长488 nm，每次测定106个细胞。采用Modfit分析软件进行细胞DNA含量分析，低于G1期二倍体DNA含量的细胞为凋亡细胞。药物处理后的Caski细胞用70%乙醇固定24 h后，经PBS洗涤，用PC缓冲液37 ℃温育60 min，抽取小分子DNA，然后加入PI染色液，4 ℃避光染色20 min后上机检测，流式细胞仪CV值纠正于2%以下。由中国医学科学院中国协和医科大学肿瘤研究所流式细胞仪室完成。

三、统计学分析 剂量效应进行相关分析。

结 果

一、增殖检测结果 阿司匹林作用Caski细胞48 h后的结果分别是：20%、42%、58%、65%和86%。见图1。相关分析表明阿司匹林对Caski细胞的抑制作用呈剂量依赖性（$r = 0.988\,08$, $P < 0.05$）。

二、流式细胞仪检测结果 分别收集各组细胞，在流式细胞仪上检测细胞周期时相，其结果见表1。治疗组中1～3 mmol/L组与未治疗组细胞在各个时期分布相似，随着浓度的增加，4 mmol/L、5 mmol/L 治疗组中 G0/G1 期细胞的比例减少，而 S 期的细胞比例增加，出现了由 G0/G1 期向 S 期转化的现象。

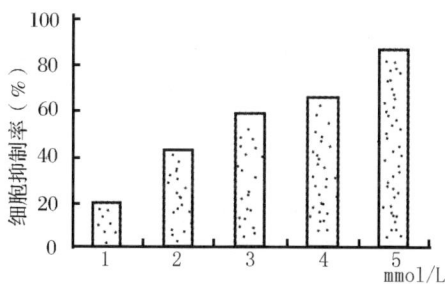

图1 不同浓度的阿司匹林对 Caski 细胞的作用

表1 阿司匹林作用后 Caski 细胞周期分布

项目	G0/G1 期（%）	S 期（%）	G2 期（%）
未治疗组	62 ± 1	25 ± 2	13 ± 1
治疗组 1 mmol/L	68 ± 1	26 ± 1	6 ± 1
2 mmol/L	67 ± 1	26 ± 1	7 ± 1
3 mmol/L	62 ± 9	34 ± 11	4 ± 1
4 mmol/L	43 ± 12	51 ± 13	6 ± 1
5 mmol/L	46 ± 5	48 ± 2	6 ± 3

讨　　论

近几年来对阿司匹林作为抗肿瘤的化疗药物进行了大量的研究。流行病学资料及实验室的证据表明有规律地服用阿司匹林，结肠癌的发生率显著低于未服用的人群，进一步的观察研究发现，服用阿司匹林家族性的结肠息肉病患者概率显著低于未服用该类药的患者[1,4,14-16]。随后的资料也表明阿司匹林对其他的肿瘤也有抑制作用[7]，但是服用阿司匹林也有风险，主要是胃肠道出血的风险增高。

阿司匹林抑制肿瘤的生长是通过多种途径而起作用。主要的途径是阿司匹林抑制 CDX - 2 酶（cyclooxygenase - 2）发挥作用[14]，COX - 2 酶能够在上皮细胞中过度表达，抑制凋亡发生，促进肿瘤细胞的浸润；另外阿司匹林可以影响 bcl - 2 基因家族的调控，可以上调促进凋亡的 bax，bak 基因[3] 和下调抑制凋亡 bcl - 2 基因[13] 的作用；还可以激活诱发凋亡最关键的信号分子半胱氨酸蛋白血酶的 caspase 家族[18]。

阿司匹林诱导宫颈癌发生凋亡的机制目前不清楚。流行病学资料结合实验室的证据已经确定了 HPV 与宫颈癌的发病有关，即 HPV 感染是宫颈癌发生的必要条件。HPV 致癌主要其本身癌基因 E6 和 E7 有关。HPV 的 E6 蛋白可通过作用于 p53 改变细胞生长。p53 作为"分子警察"，保证着 DNA 序列的准确性。当 DNA 有轻度损伤时，p53 含量增加，阻止细胞进一步有丝分裂并修复 DNA。当 DNA 损伤较大时，p53 则启动凋亡程序以阻止异常细胞的形成。而 E7 蛋白与 pRb 结合后，可激活 p16 蛋白和周期素 E，促使细胞从 G1 期进入 S 期。但是，阿司匹林诱导凋亡的途径尚需进一步研究。

本实验结果表明，阿司匹林对宫颈癌细胞系 Caski 细胞有抑制作用。为将来阿司匹林用于能治疗宫颈癌提供实验依据。

〔原载《中国妇产科临床杂志》2003，4（1）：37 - 39〕

参 考 文 献

1 Thun MI, Henley SI, Patrono C. Nonsteroidal anti - irflammatory drugs as anticancer agents: mechanistic, pharmacologic, and clinical issues. J Natl Cancer lnst, 2002, 94: 252 - 266

2 Li M, Lotan R, Levin B, et al. Aspirin induction of apoptosis in esophageal cancer: a potential for

chetmprevention. Cancer Epidemiol Biomarkers Prev, 2000, 9: 545 – 549

3　Zhou XM, Wong BC, Fan XM, et al. Non – steroidal anti – ifflammatory drugs induce apoptosis in gastric cancer cells through up – regulation of bax and bak. Carcinogenesis, 2001, 22: 1393 – 1397

4　lizaka M, Furukavea Y, Tsunoda T, et al. Expression profile analysis of colon cancer cells in response to sulindac on aspinn. Biocbem Biophys Res Gommun, 2002, 292: 498 – 512

5　Rodriguez – Burford C, Bamnes MN. Oclschlager DK, et al. Effects of nonsteroidal anti – imiammatory agents (NSAIDs) on ovarian carcinoma cell lines: preclinical evaluation of NSAIDs as chemopreventive agents. Clin Cancer Res, 2002, 8: 202 – 209

6　Pemgini PA, McDade TP, Vittimberga FJ Jr, et al. Sodium salicylate inhibits proliferation and induces Gl cell cycle arrest in human pancreatic cancer cell lines. J Gastrointest Surg, 2000, 4: 24 – 32

7　Abiru S, Nakao K, lchikawa T, et al. Aspirin and NS – 398 inhibit hepatocyte growth factor – induced invasiveness of human hepatoma cells. Hepatology, 2002, 35: 1117 – 1124

8　Morgan MP, Cooke MM, Christopherson PA, et al. Calcium hydroxyapatite promotes mitogenesis and matrix metalloproteinase expression in human breast cancer cell lines. Mbl Carcinog, 2001, 32: 111 – 117

9　Hida T, Leyton J, Makheja AN, et al. Non – small cell lung cancer cycloxygenase activity and proliferation are inhibited by non – steroidal antiinflammatory drugs. Anticancer Res, 1998, 18: 775 – 782

10　Flescher E, Rotem R, Kwon P, et al. Aspirin enhances multidrug resistance gene 1 expression in human Molt – 4 T lymphoma cells. Anticaucer Res, 2000, 20 (6B): 4441 – 4444

11　Rotem R, Tzivony Y, Flescher E. Contrasting effects of aspirin on prostate cancer cells: suppression of proliferation and induction of drug resistance. Prostate, 2000, 42: 172 – 180

12　Yeh CC, Chung JG, Wu HC, et al. Effects of aspirin on arylamine Nacetyltransferase activity and DNA adducts in human bladder tumour cells. J Appl Toxiool, 1999, 19: 389 – 394

13　Arango HA, Icely S, Roberts WS, et al. Aspirin effects on endometrial cancer cell growth. Obstet Gyneool, 2001, 97: 423 – 427

14　Subbaramaiah K, Zakim D, Weksler B, et al. Inhibition of cyclooxygenase: a novel approah to cancer prevention. Proc. Soc. Exp. Biol. Med, 1997, 216: 201 – 210

15　Williams JL, Borga S, Hasan I, et al. Nitric oxide-releasing nonsteroidal anti – inflammatory drugs (NSAIDs) alter the kinetics of humah colon cancer cell lines more effectively than traditional NSAIDs: implications for colon cancer chemoprevention. Cancer Res, 2001, 61: 3285 – 3289

16　Weiss H, Amberger A, Widschwendter M, et al. Inhibition of storeoperated calcium entry contributes to the anti – proliferative effect of nonsteroidal anti – inflammatory drugs in human colon cancer cells. Int J Cancer, 2001, 92: 877 – 882

17　Andersen KE, Johnson TW, Lazovich D, et al. Association between nonsteroidal anti – inflammatory drug use and the incidence of pancreatic cancer. J Natl Cancer Inst, 2002, 94: 1168 – 1171

18　Bellosillo B, Pique M, Barragan M, et al. Aspirin and salicytate induce apoptosis and activation of caspases in B – cell chronic lymphocytic leukemia cells. Blood, 1998, 92: 1406 – 1414

Effect of Aspirin on Cervical Cancer Cell Growth

ZHAO Jian, CAO Ze – yi, LIAO Qin – ping, et al.

(Department of Obstetrics and Gynecology, Peking University First Hospital, Beijing 100034, China)

Objective　To explore whether aspirin (acetylsalicylic acid, ASA) inhibits the growth of Caski cells, a cervical cancer cell line, in vitro.　**Methods**　Caski cells were cultured in the presence of ASA (1 – 5mmol/L) for 48 h. Cell proliferation was determined by trypan blue exclusion and exceeded 95%. Cell cycle distribution was analyzed by flow cytometry.　**Results**　ASA induced a dose – dependent inhibition of Caski cells in vitro. The growth inhibition was 20% – 86% at dosages of 1 – 5 mmol/L. ASA induced a shift from S phase to the resting phase (G0/G1) of the cell cycle.　**Conclusions**　ASA inhibits Caski cell growth in vitro in a dose – dependent manner. Apoptosis may be one of the mechanisms involved in the response.

〔**Key words**〕 Aspirin (acetylsalicylic acid); Cervical cancer; Caski cell line; Apoptosis

292.　腺病毒伴随病毒表达载体表达人乳头状瘤病毒 16 型 E6/R7 基因的构建及应用

北京大学附属第一医院妇产科　赵　健　曹泽毅　廖秦平

中国疾病预防控制中心病毒研究所肿瘤室　杨怡殊　周　玲　曾　毅

〔摘　要〕　目的　为了了解人乳头状瘤病毒 (Human papillomavirus, HPV) 16 型的 E6/E7 基因在细胞恶性转化中所起的作用, 利用腺病毒伴随病毒载体 (AAV Helpcr – Frfe System) 构建和表达人乳头状瘤病毒 16 型 E6/E7 基因。　方法　在 pLX-SN16 E6E7 质粒中经 PCR 扩增回收 HPV16 E6E7 基因片段, 连接于 T 载体上进行测序, 将正确的 HPV16 E6E7 插入 pAAV – IRES – hrGFP 质粒, 协同 pAAV – RC 质粒和 pHelper 质粒共转染 HEK 293 细胞, 包装表达 HPV16 K6E7 基因的重组腺病毒伴随病毒, 收获病毒, 并检测病毒的感染效率。　结果　在包装细胞系 HKK 293 细胞中能形成较高感染效率的腺病毒伴随病毒, 激光共聚焦检测可发现 HEK 293 细胞内有绿色荧光蛋白表达, HEK 293 细胞经 PCR 可扩增出特异性的 HPV16 E6E7 基因片段, 经流式细胞仪检测重组病毒的感染效率为 71.3%。　结论　携带人乳头状瘤病毒 16 型 E6K7 基因的腺病毒伴随病毒可感染细胞, 并在细胞内表达, 可望用于宫颈癌病因学的研究。

〔关键词〕　腺病毒伴随病毒; 人乳头状瘤病毒 HPVE6E7; 转染; 表达

人乳头状瘤病毒 (human papillomavirus, HPV) 感染是宫颈癌发生的必要条件。然而, 人乳头状瘤病毒具有严格的宿主范围和组织特异性, 体外培养产生感染性的病毒颗粒比较困难。目前, 只有利用 Raft 培养有成功的报道[1], 而培养条件又极其严格, 这对其生物学功能的深入研究造成了很多困难，因此需要建立一套外源基因核表达系统，以进一步探讨 HPV 在细胞转化和肿瘤发生及发展中的作用。过去我们曾用逆转录病毒包装 HPV16 E6E7 感染胎儿宫颈鳞状上皮未能获得成功[2]，因此本研究构建了 HPV16 的 E6E7 基因的腺病毒伴随病毒表达载体，以期建立一套有效的 HPV16 转化细胞和诱发肿瘤的模型，便于深入研究宫颈癌的病因学。

材料和方法

一、材料 质粒 pLXSN16E6E7 含有德国标准株 HPV16E6E7 片段，用作模板扩增 HPV16 的 E6E7 片段。由美国华盛顿大学 Fred Hutchinson 癌症研究中心 Denise A. Galloway 教授惠赠。腺病毒伴随病毒表达载体系统：包括 pAAV – IRES – hrGFP 质粒，pAAVRC 质粒和 pHelper 质粒。用于构建表达 HPV16E6E7 基因，及共转染入细胞中，包装表达 HPV16E6E7 基因的重组腺病毒伴随病毒，购自 GIBCO 公司。

二、方法 根据 HPV16 E6E7 基因序列，并考虑 pAAV – IRES – hrGFP 质粒上的多克隆位点设计引物，OLI – GO 5.0 引物分析软件（National Biosciences, USA）辅助设计，由上海生工生物工程公司合成，PAGE 纯化。引物序列如下：上游引物（25 mer）：5′ – GAA TTC ATG CAC CAA AAG AGA ACT G – 3'，EcoR I 下游引物（24 mer）：5' – GTC GAC TAC ATC CCG TAC CCT CTY – 3'，Sal I。

扩增条件为：95℃3 min；95℃1 min，55℃1 min，72℃ 1 min，30 个循环；72℃延伸7 min 结束扩增。扩增产物取 5 μl 于 1% 琼脂糖凝胶电泳检测扩增片段的大小。采用 Ultra – Sep™ Gel Extraction kit 凝胶回收试剂盒进行回收纯化。PCR 产物与 T – 载体相连及测序鉴定。

三、表达 HPV16 E6E7 的重组腺病毒伴随病毒的制备 LipofectamineTM 2000 Reagent（Invitrogen）与 pAAV – IRES – hrGFP – E6E7 质粒，pAAV – RC 质粒和 pHelper 质粒转染 HEK 293 细胞，转染后 48 h，反复冻融细胞三次，56 ℃水浴 60 min，灭活腺病毒，过 0.22 μm 微孔滤膜，收取上清，即得到重组病毒。

四、重组腺病毒伴随病毒感染效率的检测 收集后的重组病毒感染处于指数增殖期的 HEK 293 细胞，并设空白对照。24 h 后分别收集 HEK 293 细胞进行流式细胞仪的检测，计数 5000 个细胞出现阳性细胞数。

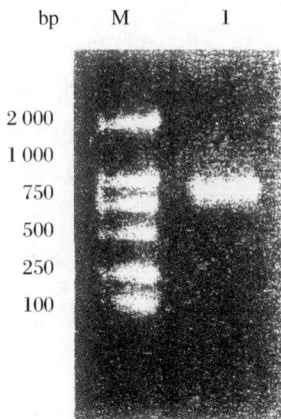

M. DL 2000 marker; 1. HPV16 E6E7

图 1　HPV16 E6E7 目的片段的扩增

结　果

一、HPV16E6E7 目的片段的扩增及测序鉴定 以 pLXSN16E6E7 为模板，PCR 扩增得到含有完整 E6 和 E7 基因的 PCR 产物（829 bp）。1% 琼脂糖凝胶电泳，确定扩增片段的大小（见图 1），回收 PCR 产物，将其连接到 pMD18 – T vector 上，得到中间质粒 pMD18 – T – E6E7，经序列测定鉴定插入片段无误。

二、重组腺病毒伴随病毒表达质粒的构建 从连接了 PCR 产物的 T – 载体上，用 EcoR I 和 Sal I 双酶切获取目的片段，将其连接到用同样两种内切酶处理的 pAAV – 1RES – hrGFP 载体片段中，得到重组腺病毒伴随病毒表达质粒 pAAV – HPV E6E7。质粒构建过程见图 2。

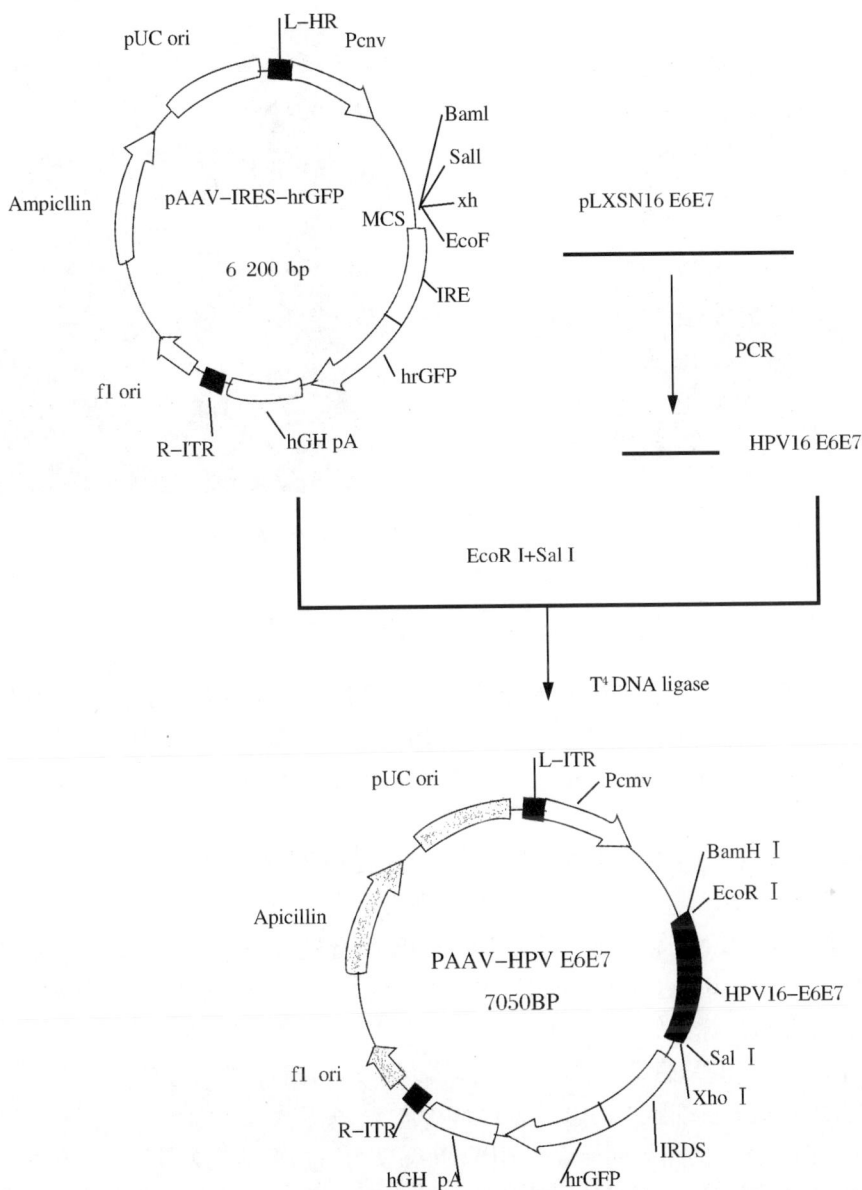

图 2　构建含有 HPV16 F6E7 的 AAV 表达载体

　　三、重组腺病毒伴随病毒表达质粒的酶切鉴定　酶切结果表明插入片段的大小和方向正确。见图 3 所示。

　　四、重组病毒的包装　转染细胞分别与 12 h、24 h、48 h 行激光共聚焦检查，荧光表明 HEK 293 细胞中有基因整合表达，结果见图 4。

　　五、重组病毒感染效率　收集后的重组病毒感染处于指数增殖期的 HEK 293 细胞，并设空白对照。24 h 以后分别收集 HEK293 细胞进行流式细胞仪的检测，计数 5000 个细胞出现阳性细胞数为 1969 个，感染率为 71.4%（见图 5，略）。空白对照为 0.5%。χ^2 检验 $P < 0.05$ 有统计学意义。

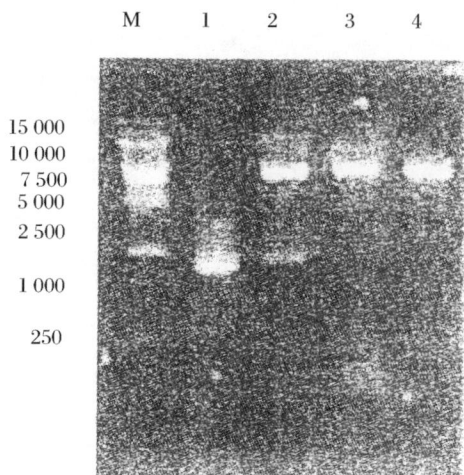

图3 重组质粒 pAAV – HPV E6E7 的酶切鉴定

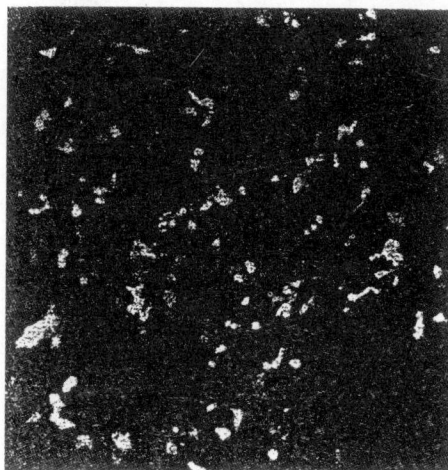

图4 激光共聚焦检查 HEK 293 细胞荧光蛋白

讨 论

腺病毒伴随病毒表达载体[3]，具有定位整合、高滴度、宿主广的特点，此载体系统已在许多组织中能够进行安全，有效，长期的基因治疗。本实验所采用腺病毒伴随病毒表达载体包含有荧光蛋白（fluoreseent protein）报告基因，对于实验研究中每个环节提供了一个十分有利的检测方法。

协和肿瘤医院流行病学研究室赵方辉等[4]对我国山西宫颈癌高发区襄垣 HPV 的调查发现，该人群的高危型 HPV 总感染率为 20.8%，所有宫颈癌和 CINⅢ对象及 95.3% 的 CINⅡ对象 HPV 感染阳性，CINⅠ和正常对象的 HPV 感染率分别是 61.4% 14.2%。他们的研究得出，HPV 对宫颈癌的 ABP 达 98%，说明 HPV 感染是当地宫颈癌高发的主要危险因素。来自世界范围的宫颈癌组织标本的研究发现，HPV16 和 18 型感染率最高。Cuzick 等[5]调查报道宫颈癌患者中 94% 有 HPV 感染，其中 HPV16 占 66%。Clifford 等[6]总结 10 058 例宫颈癌的患者，其中宫颈鳞状上皮细胞癌的患者为 8550 例，宫颈腺状上皮细胞癌和宫颈腺鳞细胞癌的患者为 1508 例，他们的结果同样表明 HPV 36 感染与宫颈癌的相关具有普遍意义，同时他们还指出 HPV 的型别还与宫颈癌的病理类型有关，在宫颈鳞状上皮细胞癌中，感染 HPV16 型占 46% ~ 63%，HPV18 占 10% ~ 14%；而在宫颈腺状上皮细胞癌和宫颈腺鳞细胞癌中 HPV 18 占主要地位，为 37% ~ 41%，而 HPV16 占 26% ~ 36%。鉴于国内外宫颈癌的流行病学的资料，我们选用 HPV16 来作为我们研究的对象。

本文将 HPV16 的 E6E7 基因克隆至腺病毒伴随病毒表达载体中，通过包装获得重组病毒，再次感染 HEK293 细胞，流式细胞仪检测有较高的感染效率。证实我们获得了能够表达和具有感染能力的 HPV16 E6/E7 基因的重组病毒。为探讨 HPV 与宫颈癌的关系奠定了坚实的实验基础。

〔原载《中国妇产科临床杂志》2003，4（4）：286 – 289〕

参 考 文 献

1 McCance DJ, Kopan R, Fuchs E, et al. Human papillomavirus type 16 alters human epithelial cell differentiation in vitro. Proc Nad Acad Sci USA, 1988, 85: 7169 – 7173

2 曹泽毅, 赵健, 廖秦平, 等. 人乳头状瘤病毒与促癌物协同作用诱发人胚宫颈细胞恶性转化研究. 中华医学杂志. 2002, 82: 1108 – 1110

3 Qiao C, Li J, Skold A, et al. Feasibility of generating adeno – associated virus packaging cell lines containing inducible adenovirus helper genes. J Virol, 2002, 76: 1904 – 1913

4 赵方辉, 李楠, 马俊飞, 等. 山西省襄垣县妇女人乳头状瘤病毒感染与宫颈癌关系的研究. 中华流行病学杂志, 2001, 22: 375 – 378

5 Cuzick J, Terry G. Ho L, et al. Association between high – risk HPV types. HLA DRB1 * and DQB1 * alleles and cervical cancer in British women. Br J Cancer, 2000. 82: 1348 – 1352

6 Clifford GM. Smith JS, Plummer M, et al. Human papillomavirus types in invasive cervical cancer worldwide: a meta – analysis. Br J Cancer, 2003, 88: 63 – 73

Construction of the Expression Plasmid pAAV – IRES – hrGFP Encoding the Human Papillomavirus 16 E6E7

ZHAO Jian* , CAO Ze – yi, LIAO Qin – ping, et al.

(*Department of Obstetrics and Gyneology, Peking University First Hospital, Beijing 100034, China)

Objective To construct the expression plasmid pAAV – IRES – hrGFP encoding the human papillomavirus 16 E6E7 for study of the relationship between human papillomavirus and cervical cancer. **Methods** The HPV16 E6E7 DNA fragment was obtained by nested PCR from the pLXSN 16 E6E7, then ligated into pMD18 – T vector and sequenced. The recombinant expression plasmid pAAV – IRES – hrGFP – E6E7 was constructed by inserting the E6E7 DNA fragment, pAAV – IRES – hrGFP – E6E7, pAAV – RC and pHelper was co – transfected into HEK 293 cells. The viral particles were harvested, and the infection efficiency was detected. **Results** The vira particles with high infection efficiency were generated in the packaging cell line HEK 293 cells. Green fluorescence protein was observed by laser confocal microscopy. The HPV16 E6E7 gene expression was confirmed by PCR. The infection efficiency was 71. 3% by flow cytometry. **Conclusions** The recombinant expression plasmid pAAV – IRES – hrGFP – E6E7 may infect and be expressed in cells and the cells expressing HPV16 E6E7 may be a useful tool for research on the etiology of cervical cancer.

〔**Key words**〕rAAV; Human papillomavirus 16 E6E7; Transfection; Expression

293. 用甲醇酵母表达经基因优化的 HPV6 型 L1 蛋白

中国疾病预防控制中心病毒病预防控制所肿瘤病毒室　李平川　张晓光　周　玲　曾　毅

〔摘　要〕　**目的**　利用甲醇酵母系统 *Pichia pastoris* 高效表达 HPV 6 型 L1 蛋白。　**方法**　按照 *Pichia pastoris* 偏爱密码子合成 L1 全长基因，构建 pPIC3.5K – HPV6 – L1 表达载体，转化 KM71，经组氨酸缺陷的 MD 培养基和 G418 筛选，PCR 确认 L1 基因整合，使用 BMCY/BMMY 培养/诱导目的基因的表达。　**结果**　筛选到 3 株阳性表达克隆，Western blot 显示表达产物有部分糖基化现象，使用能识别完整 VLP 的单抗进行间接免疫荧光检测提示 L1 蛋白在 *pichia* 细胞内以空间构象形式存在。通过离子交换和亲和层析两步纯化从 1L 发酵液中得到 125 μg 纯的 L1 蛋白。　**结论**　通过基因优化在甲醇酵母中表达 HPV6 – L1 蛋白，这将为结构与功能研究以及疫苗开发提供条件。

〔关键词〕　乳头状瘤病毒，人；蛋白，L1；毕赤酵母；基因，结构

人乳头瘤病毒（human papillomavirus，HPV）感染人的皮肤和黏膜上皮细胞，导致良性与恶性增生，特别是 16、18 型与诸如宫颈癌等恶性肿瘤的密切联系，促使人们开发抗 HPV 的肿瘤疫苗。基于主要衣壳蛋白 L1 的病毒样颗粒疫苗（Virus – Like articles，VLPs），正在进行Ⅱ期临床试验，前景看好[1]。但是其采用的昆虫细胞培养系统价格昂贵，有可能限制其在 HPV 感染率较高的发展中国家的应用。使用大肠埃希菌表达 L1 蛋白，主要形成包涵体，需经复杂的变性、复性步骤，方能得到五邻体（pentamers）或病毒样颗粒结构，且得率很低[2,3]。

甲醇营养型酵母 *Pichia pastoris* 是近年新开发的真核细胞表达系统[4]，其可利用甲醇作为唯一碳源生长，在此期间负责甲醇代谢的醇氧化酶 AOX 可达很高水平，能占到细胞总蛋白的 30%，以其启动子序列为基础构建了这种新型表达载体，并得到广泛应用。迄今为止，利用该系统蛋白产量最高达到了 14.8 g/L[5]。研究表明在决定表达量的诸多因素中，欲表达的蛋白本身性质起着非常重要的作用，例如 HPV16 L1 基因的编码区就存在着翻译的抑制序列[6]。在本研究中，我们以性病尖锐湿疣的主要病因 HPV6 型 L1 基因为例，尝试通过密码子的优化来提高在酵母细胞中的表达量，取得了预期结果，现将过程报道如下。

材料和方法

一、甲醇酵母表达载体　pPIC3.5K 宿主菌 KM71（his4，aox1，AOX2）购自美国 Invitrogen 公司，MD、YPD、BMGY、BMMY 等培养基的准备按文献〔7〕。*E. coli* DH5α 用于质粒扩增，本室保存。

二、HPV6 型 L1 原始基因的获得　应用 PCR 方法从尖锐湿疣患者的疣体标本中获得[8]。

三、在不改变氨基酸序列的前提下　按照 *P. pastoris* 密码偏爱性重建 L1 基因，*P. pastoris* 密码使用频率数据来自 www. kazusa. or. jp/eodon；保证 L1 基因中间 AT 及 GC 的重复次数 <5，借以消除原序列中位于 730、1110 及 1341 等处的 3 个 AT 富含区（可使翻译提前终止）。为方便纯化，C 端加上 6Xhis。包括上游的 *Bam*H Ⅰ、*Xho* Ⅰ、*Nde* Ⅰ 位点及蛋白酶切割序列和下游的 6XHis 编码序列、*Eco*R Ⅰ 位点，全长基因 1566 bp，由上海生工合成。

四、借助生物学软件 **Codon W** 预测基因改造的效率　利用下述网站资源，通过 CAI（Codon Adaptation lndex）、CBI（Codon Bias Index）及 Fop（Frequency of OPtimal codons）3 个指标加以评价。http：//bioweb. pasteur. fr/seqanal/interfaces/codonw. html.

五、构建酵母表达载体、转化宿主菌　原始基因（wt L1）和改造基因（ml1）分别通过 *Bam*H Ⅰ、*Eco* R Ⅰ 位点插入甲醇酵母表达载体 pPIC3.5K。常规分子克隆方法见文献〔9〕。通过测序以确认无误。QIAGEN plasmid midi kit 纯化表达载体及空载体（作阴性对照），取约 30 μg，用 Sal Ⅰ 单酶切使之线形化（利于其通过同源重组整合进酵母基因组中），电击转化 100 μl 新鲜制备的 KM71（Bio - Rad 电击仪，1.5 kV），铺于组氨酸缺陷的 MD 平板，30 ℃培养，5 d 后长出 His$^+$ 转化子。

六、G418 筛选整合多拷贝基因的转化子　用无菌水将所有 His$^+$ 转化子从 MD 平板上洗脱下来，合并调整浓度至吸光度 $A_{600} = 1$，取 1/10 铺于含 G418 浓度为 2 mg/ml 的 YPD 平板上，30 ℃培养 5 d。

七、提取酵母基因组 DNA，PCR 确认转化子中含 L1 基因表达框的稳定整合　将 His$^+$ 转化子再次在 MD 平板上划线挑单斑（该步可避免表达质粒仅仅游离在酵母细胞中而导致的 PCR 假阳性结果），用酵母裂解酶 lyticase 消化，取 5 μl 作模板。所使用的引物如下：P1/P2，扩增 ml1，1.5 kb；5′AOX1/3′AOX1，扩增 KM 71 基因组中 AOX1 基因，3.6 kb，转化子同时还能得到 1.7 kL（含 220 bp 的载体序列）的目的基因扩增带。PCR 详细过程及 AOX1 引物序列见文献〔7〕。P1（sense primer）：5′TGGAGACCATCTGAT3′；P2（anti - sense primer）：5′TCTCTTAGTCTTAGC3′。

八、蛋白小量表达、**Western blot** 筛选阳性菌株　PCR 阳性克隆及空载体转化的 KM71（作阴性对照）接种于 5 ml BMGY，250 r/min 离心，30 ℃，48 h 培养后离心，菌体转入 2 ml BMMY 诱导表达，每 24 h 加入甲醇至终浓度 1%，72 h 后收获。取 200 μl 菌液离心所得菌体加入 1 ml 1 × loading buffer（内含 10% BME），超声破碎 20 s，100 ℃加热 10 min，离心取 20 μl，进行 SDS - PAGE 电泳，考马斯亮蓝染色，空载体转化的 KM71 作阴性对照。一抗为 H$_6$C$_6$，识别 HPV6 - L1 变性的抗原位点（由 Dr. Neil Christensen 惠赠），二抗为 HRP 标记羊抗小鼠 IgC（购自中山公司）。用大肠埃希菌表达的 HPV6 - L1 蛋白作为阳性对照。

九、间接免疫荧光检测酵母细胞内的 L1 蛋白　取少量酵母细胞滴于盖玻片以形成单层，丙酮固定 10 min。一抗为 H$_6$B$_{10.5}$ 识别 HPV6 - L1 完整 VLP 空间构象的抗原位点（由 Dr. Neil Christensen 惠赠），能识别变性抗原位点的单抗 H$_6$C$_6$ 作阴性对照。二抗为 FITC 标记羊抗小鼠 IgG 于荧光显微镜下观察。

十、离子交换与亲和层析纯化　挑单克隆入 5 ml YPD，250 r/min 离心，30 ℃，48 h 培养后，转接 1000 ml YPD，（200 ml/500 ml 摇瓶）继续培养 48 h 至 $A_{600} = 3$。离心收集菌体，无菌水清洗 2 次，转接 200 ml BMMY 诱导表达，2 层纱布覆盖以保证充足通气，每天加入 1 % 甲醇，3 d 后收获。清洗菌体，按 1 g 加入 10 ml 溶液 A（PBS，pH7.0，〔Na$^+$〕=

50 mmol/L，1 mmol/L PMSF)，冰浴超声破菌，30 s/次，10 次，间隔 30 s。液氮/37℃反复冻融 3 次，再次超声破菌 5 次。离心 12 000 r/min，取上清，加入 SP Sepharose Fast Flow，溶液 B (PBS，pH7.0，[Na$^+$] = 0.1 mol/L，1 mmol/L PMSF) 冲洗杂蛋白，溶液 C (PBS，pH7.0，[Na$^+$] = 0.5 mol/L，1 mmol/L PMSF) 洗脱目标蛋白。部分纯化的目标蛋白用溶液 C 稀释，加入咪唑 5 mmol/L 后 (抑制非特异结合) 上 Ni - NTA 柱，溶液 D (同溶液 C，含咪唑 20 mmol/L) 冲洗杂蛋白，溶液 E (同溶液 C，含咪唑 250 mmol/L) 洗脱目标蛋白。

十一、蛋白定量 BCA Protein Assay Reagent Kit (Pierce)，BSA 作为标准。

结　果

一、HPV6 L1 原始序列 (wtL1) 在 *Pichia pastoris* 中不能有效表达 由临床标本中获得的 HPV6 - wtL1 序列插入 pPIC3.5K，在宿主菌 KM71 中表达量很低，Western blot 检测不可见，间接免疫荧光检测酵母细胞内的 L1 蛋白仅见微弱信号 (数据未显示)。虽然筛选大量克隆，仍未得到高表达菌株。

二、使用 Codon W 软件预测基因改造效率 反映密码适合度的 3 个指标 CAI、CBI 及 Fop 均有提高 (表1)，这说明蛋白表达量也有提高的可能性。

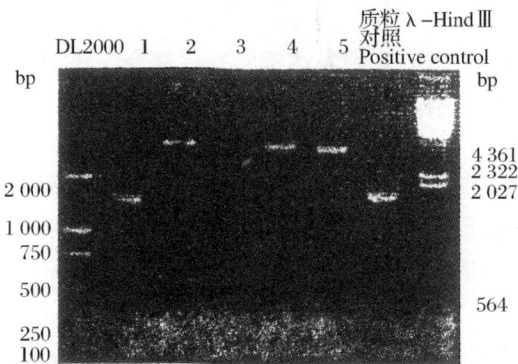

1：阳性克隆 P1/P2 扩增 1.5 kb；2：阳性克隆 5′AOX1/3′AOX1 扩增 3.6kb + 1.7 kb；3：阴性克隆 P1/P2 扩增无产物；4：阴性克隆 5′AOX1/3′AOX1 扩增 3.6kb；5：空载体转化的 KM71 5′AOX1/3′AOX1 扩增 3.6kb + 220bp；质粒对照 P1/P2 扩增 1.5 kb

图 1 PCR 检测含 L1 基因表达框的整合

Positive clone (1) and negative clone (3) was confirmed using L1 gene - specific pyimers (P1/P2). Positive clone (2) and negative clone (4) was sconfirmed using AOX1 gene - specific primers (5′AOX1/3′AOX1). DNA form cells transformed with pPIC3.5k served as negative control (5) plasmid DNA pPIC 3.5 k - L1 served as positive control

Fig. 1 PCR Analysis of the integrating the expression cassette

表 1　使用 CodonW 软件综合分析改造前后 L1 基因在 *Pichia pastoris* 中的密码适合度

Tab. 1　Determined the Codon Adaptation Index of HPV6 - wtL1 and ml1 in *Pichia pastoris*

L1 gene	CAI	CBI	Fop
wtL1	0.1	- 0.053	0.366
ml1	0.6	0.762	0.857

三、电击转化 KM71、G418 筛选、PGR 确认目的基因的整合 *Sal* I 酶切表达载体，使之线形化，电击转化 KM71，5 d 后在 MD 平板上长出较密的 His$^+$ 克隆。重新铺于含 2 mg/ml G418 的 YPD 平板，5 d 后，长出许多 His$^+$ 克隆，对应最少 5 个拷贝的抗性基因插入。随机挑选 40 个克隆，在 MD 平板上划线挑单斑，提酵母基因组 DNA，分别用 L1 的特异引物和 5′AOX1/3′AOX1 引物 PCR 检测，发现 19 个克隆有 L1 基因整合 (图1)，阳性率为 47 %。PCR 阴性的 His$^+$ 克隆可能是电击转化 KM71 的过程中，仅仅恢复了 KM71 HIS4 位点的功能，但表达框没有插入。

四、甲醇诱导表达、Western blot 检测

1 个 PCR 阳性克隆在试管中小量表达，经过简单的处理 (见材料和方法之八) 即能较好地释放胞内蛋白（该法与玻璃珠裂解相比，更加简单、快速）。经过 SDS－PAGE 电泳，考马斯亮蓝染色发现与阴性对照比较，$4^\#$、$6^\#$、$7^\#$ 三个克隆在 55×10^3 处有多余表达带（图2）。Western blot 检测显示表达产物能与 H_6C_6 单抗反应（图3）。

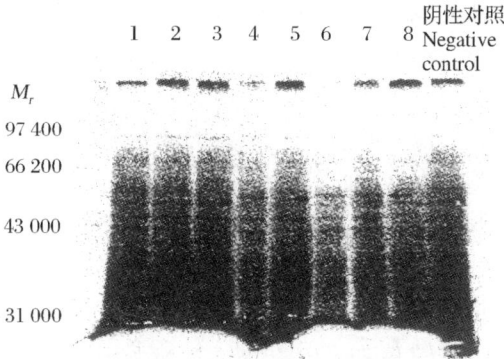

图2 SDS－PAGE 电泳、考马斯亮蓝染色显示有 HPV6 L1 表达

Fig. 2 SDS－PAGE analysis of the HPV6 L1 protein extracted from the recombinant yeast followed by Coomassie blue staining

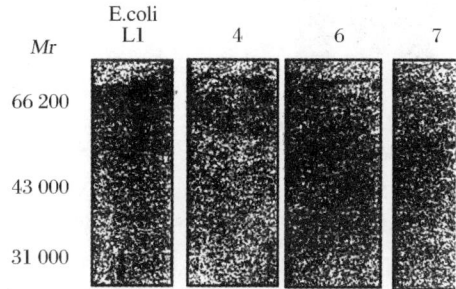

图3 Western blot 检测 HPV6 L1 蛋白（大肠埃希菌表达的 L1 蛋白作阳性对照）

Fig. 3 Western blot analysis of the HPV6 L1 protein（L1 protein expressed by *E. coli* used as positive control）

五、酵母细胞内的间接免疫荧光检测

为了判断所表达的 L1 蛋白在胞内是否也像大肠埃希菌一样形成包涵体，我们利用能识别完整 VLP 的单抗 $H_6B_{10.5}$ 进行免疫荧光检测，镜下显示：胞内蛋白能与 $H_6B_{10.5}$ 较好地结合，产生强而清晰的荧光，而滴加识别变性抗原位点的单抗 H_6C_6 的细胞则荧光较弱（图4）。该结果提示甲醇酵母细胞内表达的 HPV6 L1 蛋白呈现特定的空间构象。至于是否形成了 VLP，还需电镜观察。

六、蛋白纯化与定量

使用网上生物学软件 http：//cn. expasy. org 分析 L1 蛋白的 pI ＝ 8.77，采用阳离子交换和 Ni－NTA 亲和层析纯化，从 1L 发酵液中得到 125 μg L1 纯品，SDS－PAGE 电泳呈现单一条带（图5）。

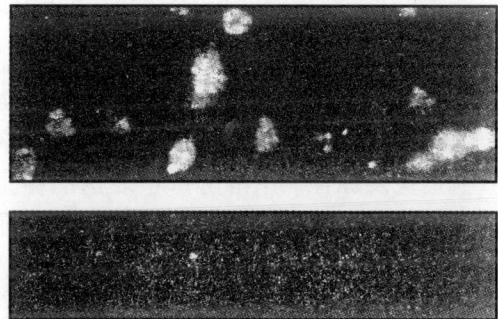

上图结合 $H_6B_{10.5}$；下图结合 H_6C_6

图4 间接免疫荧光检测酵母细胞内 L1 蛋白的状态

Upper figure：combined with $H_6B_{10.5}$.

Lower figure：combined with H_6C_6.

Fig. 4 Detection the L1 protein in *Pichia pastoris* cell by indirect immunofluorescence

讨　论

乳头瘤病毒 L1 蛋白的表达受到严格调控，仅限于终末分化的上皮细胞内。多项研究提示有如下几种原因[10]：晚期蛋白启动子受控于细胞分化状态；上游出现的 poly（A）加尾信号提前终止 L1 编码区的转录；mRNA 序列中含有特殊的信号可以抑制出核或者加速其降

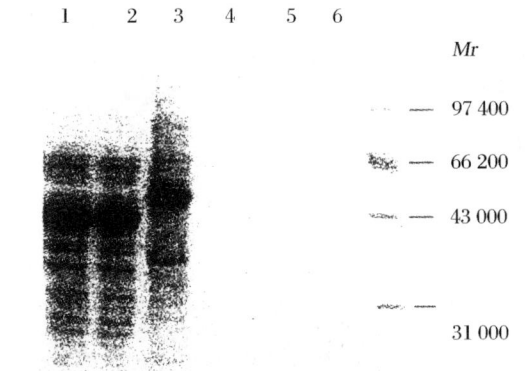

1. 裂解上清；2. 上样流出；3. ［Na⁺］= 0.5 mol/L 的溶液 B 清洗杂蛋白；4. ［Na⁺］= 0.1 mol/L 的溶液 C 洗脱 L1 蛋白；5. 含咪唑 20 mmol/L 的溶液 D 冲洗杂蛋白；6. 含咪唑 250mmol/L 的溶液 E 洗脱 L1 蛋白

图 5　离子交换和 Ni – NTA 亲和层纯化 L1 蛋白

1. crude cell lysate；2. flow – through fraction of SP sepharose. 3. wash fraction by 0.1 mol/L NaCl. 4. elution by 0.5 mol/L NaCl. 5. wash fraction by 20 mmol/L imidazole. 6. pure L1 protein elution by 250 mmol/L imidazole

Fig. 5　SDS – PAGE analysis of HPV6 L1 in the fractions collected after ion – exchange and Ni – NTA chromatography

解；HPV16 – L1 mRNA 含有的 AT 富含区可促使翻译提前终止；而在 BPV – 1 中，tRNA 的水平可随分化状态的不同发生变化，进而影响 L1 蛋白的翻译。迄今为止，体外成功表达 L1 蛋白多是利用病毒载体在哺乳细胞中进行，如痘苗病毒载体、Semliki 森林脑炎病毒载体和埃希状病毒载体。在前两个系统中，L1 基因的转录发生于细胞质中，因此得以绕过 mRNA 出核这一限制步骤[11,12]。但是该机制不能解释 11 蛋白在埃希状病毒及酵母系统中的成功表达[13,14]。与酿酒酵母 S. cerevisiae 相比，甲醇酵母 P. pastoris 作为一种新型蛋白表达系统具有如下显著特点[4]：（1）容易实现高密度发酵。发酵过程中堆积的乙醇将抑制酿酒酵母中来自糖酵解基因的启动子，而甲醇酵母系统中使用的 AOXI 基因是高效和严密调控的，且不被发酵产物抑制；（2）高密度发酵时，含外源基因的表达框因为是整合进甲醇酵母基因组中，故非常稳定，而酿酒酵母 2 μ 来源的表达质粒呈

附加体形式存在，丢失现象较多；（3）酿酒酵母有对表达蛋白过度糖基化的倾向，N – 连接的糖链长度可达 40 个甘露糖残基，这不仅造成表达产物的异质性，不利于下游纯化，且增加产物的免疫原性。甲醇酵母中表达的糖蛋白糖链明显缩短。基于上述优点，同时参照 HPV6 L1 蛋白在酿酒酵母中的成功表达，我们最初尝试使用甲醇酵母直接表达自临床标本分离的 L1 序列（与 HPV6 标准株相比，仅有 2 个氨基酸的差异），但没有成功。尽管有数据显示，两种酵母菌使用的密码偏爱性几乎一致，但是酿酒酵母表达载体是以附加体形式存在，而甲醇酵母表达载体是整合进酵母基因组中，不同的基因环境是否对 L1 的表达产生了影响，目前还没有深入研究。

目前还没有使用甲醇酵母表达 HPV L1 的报道，我们利用 CodonW 软件评估 L1 基因在酵母细胞中的适合度，发现数值都较低，有提高空间。分析 HPV6 L1 序列，发现在 730、1110、1341 位有 13 个 AT 的富含区，有可能使翻译提前终止。参阅文献〔15〕我们尝试按照甲醇酵母的偏爱密码子重建 L1 序列，同时消除 AT 富含区，改造后的 L1 基因在 P. pastoris KM71 胞内成功表达，但是无法区分这两种改动的效果。另外我们也尝试了分泌型表达，以方便下游纯化。但是表达上清中目标蛋白含量极低，Western blot 检测仅隐约可见（结果未列出），我们认为这可能与 L1 蛋白 C 端含有的核定位信号（NLS）有关。有文献报道，含 NLS 的蛋白在酵母中表达时，通过删除 NLS 可提高产量[16,17]。同样，HPV L1 删除 C 端部分氨基酸，有利于 VLP 的产生[6,18]。另外，相对于众多使用甲醇酵母系统达到的毫克乃至克的表达水平，本实验中的产率偏低。相信通过优化条件以及充分发挥该系统适应高密度发酵

的优势，能够提高产量。

L1 蛋白的免疫原性有赖于其保持特定的空间构象，如病毒样颗粒或五邻体，间接免疫荧光实验显示 *P. pastoris* 酵母胞内表达的 L1 蛋白呈现空间构象，至于是何种结构，还需电镜观察。

Western blot 显示表达蛋白与大肠埃希菌表达的 HPV6 L1 蛋白比较，相对分子质量略大，提示有少量的糖基化现象；甲醇酵母普遍会对表达蛋白进行糖基化修饰[4]，多为 N－连接的糖链，8－14 个甘露糖加于特征性序列 Asn－Xaa－Thr/Ser（Xaa≠Pro）的 Asn 上。但对于前述的酿酒酵母表达蛋白有过度糖基化倾向的情况，HPV6 L1 蛋白倒是个例外，其在酿酒酵母中几乎没有任何糖基化现象[13,14]。至于糖基化对 L1 蛋白结构和性质（如免疫原性）方面的影响，我们正在研究之中。为方便以后的临床试验，有必要通过基因突变消除 L1 序列中 5 处可能的 N－糖基化位点（Asn），这将是下步的工作重点。

〔原载《中华实验和临床病毒学杂志》2003，17（4）：310－315〕

参 考 文 献

1 Connett H. HPV vaccine moves into late stage trials. Nat Med，2001，7：388

2 Yuan H，Estes PA，Chen Y，et al. Immunization with a pentameric L1 fusion protein protects against papillomavirus infection. J Viral，2001，75：7848－7853

3 Zhang W，Carmichael J，Ferguson J，et al. Expression of human papillomavirus type 16 L1 protein in *Escherichia coil*：denaturation，renaturation，and self－assembly of virus－like particles in vitro. Virology，1998，243：423－431

4 Cereghino JL，Cregg JM，Heterologous protein expression in the methylotrophic yeast *Pichia pastoris*. FEMS Microbiol Rev，2000，24：45－66

5 Werten MWT，Bosch TJ，Wind RD，et al. High－yield secretion of recombinant gelatins by *Pichia pastoris*. Yeast，1999，15：1087－1096

6 Tan W，Felber BK，Zolotukhin AS，et al. Efficient expression of the human papillomavirus type 16 L1 protein in epithelial cells by using Rev and the Rev－responsive element of human immunodeficiency virus or the cis－acting transactivation element of simian retrovirus type 1. J Virol，1995，69：5607－5620

7 Invitrogen. Multi－copy *Pichia* expression kit manual，version C. 1998. Invitrogen Corporation，Carlsbad，Calif

8 洪少林，王家璧，李平川，等．尖锐湿疣病变的人乳头瘤病毒 6 型 L1 序列多态性分析．病毒学报，2002，18，：102－107

9 SambrookJ，Fritsch EF，Maniatis T. Molecular Cloning：A Laboratory Manual，Second Edition. New York：Gold Spring Harbor Laboratory Press，1989

10 Leder C，Kleinschmidt JU，Wiethe C，et al. Enhancement of capsid gene expression：preparing the human papillomavirus type 16 major structural gene L1 for DNA vaccination purposes. J Virol，2001，75：9201－9209

11 Heino P，Dillner J，Schwartz S. Human papillomavirus type 16 capsid proteins produced from recombinant *Smliki* Forest virus assemble into vires－like particles. Virology，1995，214：349－359

12 Zhou J，Stenzel DJ，Sun XY，et al. Synthesis and assembly of infectious bovine papillomavirus particles *in vitro*. J Gen Virol，1993，74：763－768

13 Buonamassa DT，Greer CE，Capo S，et al. Yeast coexpression of human papillomavirus types 6 and 16 capsid proteins. Virology，2002，293：335－344

14 Sasagawa T，Pushko P，Steers G，et al. Synthesis and assembly of viruslike particles of human papillomaviruses type 6 and type 16 in fission yeast *Schizosaccharomyces* pombe. Virology，

1995, 206: 126 – 135

15 Clemens HMK, Chrislaine WM, Dubbeld MA, et al. High – Level expression of the malaria blood – stage vaccine candidate plasmodium falciparum apical membrane antigen 1 and induction of antibodies that inhibit erythrocyte invasion. Infect Immun, 2002, 70: 4471 – 4476

16 Rong L, Klein HL. Purification and characteriza-

tion of the SRS2 DNA helicase of the yeast *Saccharomyces cerevisiae*. J Biol Chem, 1993, 268: 1252 – 1259

17 Hwang JS, Yamada K, Honda A, et al. Expression of functional influenza virus RNA polymerase in the methylotrophic yeast *Pichia pastoris*. J Virol, 2000, 74: 4074 – 4084

18 Patent LOLOYA UNIV: WO9918220 (1999)

Gene Optimization is Necessary to Express HPV Type 6 L1 Protein in the Methylotrophic Yeast *Pichia Pastoris*

LI Ping – chuan, ZHANG Xiao – guang, ZHOU Ling, ZENG Yi

(Institute for Viral Disease Control and Prevention, China CDC, Beijing 100052, China)

Objective Human papillomavirus 6 (HPV 6) causes genital warts, a common sexually transmitted disease. L1 – capsids protein is a highly promising vaccine candidate that has entered phase II clinical trial. But the existing methodologies for producing L1 – capsids in insect cells is expensive for use in developing countries. As methylotrophic yeast, the *Pichia pastoris* expression system offers economy, and high expression levels. Over – expression of HPV6 – L1 protein in *P. pastoris* was the purpose of this study. **Methods** The whole L1 gene with preferred codons for *P. pastoris* was rebuilt and A – T rich regions were abolished, Cloning into pPIC3.5K, electroporafion of KM71, *in vivo* screen of multiple inserts by GA18 resistance, PCR analysis of *pichia* integrants, BMGY/BMMY are used for induction and expression of L1 proteins. **Results** Three clones were found to produce L1 protein which can be identified with Western blot. Compared with L1 protein from *E. coli*, *pichia*produced L1 has some glycosylation. Reacting strongly with $MabH_6B_{10.5}$ in indirect immunofluorescence assay indicated that L1 protein expressed in *pichia* cell holds its native conformational epitopes which is important for vaccine use. A total 125 μg pure L1 protein could be obtained from 1L cultures through ion – exchange and Ni – NTA chromatography. **Conclusion** HPV type 6 L1 protein expressed in *Pichia pastoris* will facilitate the HPV vaccine development and structure – function study.

〔**Key words**〕 Papillomavirus, human; Protein, L1; *Pichia*; Gene, structure

294. HPV 疫苗研究现状

中国疾病预防控制中心病毒病预防控制所肿瘤病毒研究室 李平川 周 玲 曾 毅

众多研究已经证明人乳头瘤病毒（HPV）感染可导致宫颈癌，这为通过疫苗来预防肿瘤提供了可能。与现行癌前病变的筛查手段相比，疫苗方式更为简单、便宜，这在宫颈癌发病率高但又缺乏筛查手段的发展中国家尤其重要。世界各国都在积极开发预防性和治疗性的HPV 疫苗[1]。利用基因工程技术已经设计出多种候选疫苗，有些已经进入早期临床试验。

因为 HPV 主要侵犯皮肤与黏膜，所以黏膜免疫在疫苗开发中应予考虑，而目前对黏膜免疫的理解还很不全面。预防性疫苗就是诱发中和抗体，吸附灭活侵入的病毒，该策略希望诱发高水平长期存在于黏膜表面的中和抗体，但很多学者认为困难较大。研究表明预防性疫苗也能诱发细胞免疫，借此可以清除早期感染的宿主细胞。

宫颈癌的发生一般需要 20 年或更长时间，因此 HPV 预防性疫苗对于降低宫颈癌发病率的近期效果不大。相反，治疗性疫苗因能通过诱发细胞免疫来杀伤感染细胞，作为辅助治疗手段已经在临床中试用。因为还没有治疗性疫苗的成功先例，这使得开发 HPV 治疗性疫苗面临很大挑战。

目前多数 HPV 候选疫苗是针对宫颈癌的，还有一些是针对良性的生殖器疣。生殖器疣发病率较高，也是一个严重的公共卫生问题。另外生殖器疣作为 HPV 疫苗评价模型，可以快速得出结果，而宫颈癌疫苗的试验要较长周期并且涉及因素复杂。

开发有效的 HPV 疫苗面临很多挑战，一方面源自病毒本身特有性质，另一方面源自对免疫系统特别是黏膜免疫机制缺乏了解。

挑战 1：缺乏动物模型   因为 HPV 不感染动物（目前只有 HPV11 在裸鼠上能成功传代），致使疫苗开发中的动物试验难以开展。有学者以动物乳头瘤病毒为替代模型，这包括兔、犬及牛的乳头瘤病毒。因为这些模型不能真实模拟 HPV 与人免疫系统的作用方式，故动物试验数据使用于人时应慎重。

挑战 2：对 HPV 的免疫应答了解较少   在控制和清除 HPV 感染的过程中，免疫系统的哪些因素最重要还不太清楚。尽管有证据显示免疫应答确实起到了控制感染的作用，但还不清楚为什么在一些人中感染能持续存在，而另外一些人则能自发消退[2]。

挑战 3：对黏膜免疫缺乏了解   HPV 通过黏膜进入基底层，没有全身感染迹象。相对于系统免疫，我们对黏膜免疫了解甚少。有证据显示在一处黏膜表面接受抗原刺激（如鼻腔或胃肠道黏膜），可诱发远处的如阴道或子宫颈的黏膜反应。有学者正在研究鼻腔喷雾或口服是否比注射能更好地诱发阴道或宫颈部位的抗体分泌。由于不用注射，此种途径更简单便宜。但是目前的黏膜疫苗不能诱发长时间的免疫反应，同时抗原吸收少，操作不能标准化是其缺点。

挑战 4：需要多价疫苗   已经确定的能感染生殖道的 HPV 型别有 90 多种[1]，与宫颈癌相关的有 15 ~ 20 种，其中有 4 种（16、18、31 与 45）在 80% 的宫颈癌病人中都有发现。HPV 的型别分布亦有地区差异。

研究表明 HPV 各型别间缺乏交叉保护性[3]，所以预防宫颈癌的疫苗最少应该包括 16、18、31 与 45 四个型别。专家建议最好将导致生殖器疣的 6 及 11 型包括进去，以此吸引男性使用该种疫苗。同时需要更多的流行病学研究以查明各地区主要的 HPV 型别，方便开发更有针对性的疫苗。

挑战 5：疫苗效果评价   因为宫颈癌发病慢、致病因素不确定及有多种型别的 HPV 参与，所以宫颈癌疫苗的临床试验评价起来非常复杂[1]。感染 HPV 后，需经数十年才能发生宫颈癌，而且大多数感染者都能自愈不会进展为肿瘤。如果以肿瘤发生率为评价指标，则需数十年和数目庞大的试验人群。另外如对照组发现异常增生而不给以治疗，任其发展为肿瘤将会引发巨大的伦理问题。于是人们希望将病情的早期阶段作为临床试验的终点，如高度鳞状上皮内病变（high - grade squamous intraepithelial lesions, HSIL）或宫颈上皮内瘤样病变

（Cervical intraepithelial neoptasia，CIN Ⅱ/Ⅲ）。甚至建议将低度鳞状上皮内病变（low – grade squamous intraepithelial lesions，LSIL）或 CIN Ⅰ 作为终点。预防性疫苗的试验可将免 GF 目标型别 HPV 的感染作为终点。

以下分别介绍几种正在开发的 HPV 疫苗形式。

一、重组载体活疫苗

特点：

①治疗性疫苗已开始 Ⅱ 期临床试验；

②预防性疫苗还在研究；

③可诱发较强的体液与细胞免疫；

④一次接种可产生长时间的保护；

⑤使用于免疫抑制的个体不安全；

⑥对于载体的免疫反应妨碍重复使用。

传统方法生产的减毒活疫苗使用完整病原体，可以诱发强的细胞和体液免疫，而且接种次数较少，因此具有很大优势。但是因为 HPV 不能体外培养，促使人们将 HPV 的基因插入其他细菌或病毒构建了重组载体活疫苗。载体蛋白和抗原蛋白都能诱发免疫反应。

重组载体活疫苗集中了亚单位疫苗和减毒活疫苗的优点，因为仅表达选择的 HPV 基因，相对来说较安全。也能像减毒活疫苗一样诱发强的细胞和体液免疫，而且接种次数较少。

重组载体活疫苗也具有一些明显的缺点。如用于免疫抑制的病人，尽管减毒，依然不安全。针对载体的抗体将妨碍以后使用的效果。目前试用的许多载体都已用于其他疫苗，所以在人群中普遍存在着抗体。同时载体中 HPV 基因的表达一般都较弱，这样针对载体的反应可掩盖对 HPV 的反应。

只要无害，病毒或细菌都可作为载体使用，关键是该载体能感染人体但同时又无临床症状。一些疫苗株可作为理想的载体，如 vaccinia 和 Bacille Calmette – Guérin（BCG）。而一些具有噬黏膜特性的病原体如 adenovirus 或 Salmonella 作载体，有望诱发较强的黏膜免疫。

在 HPV 的重组载体活疫苗开发方面，Cantab Pharmaceuticals 公司进展最为迅速，他们已经完成了治疗性疫苗 TA – HPV 4 个临床试验。该疫苗是以 vaccinia 病毒为载体，表达 HPV6、18 的 E6、E7 基因，是作为宫颈癌治疗的辅助用药，希望达到清除残留的肿瘤细胞，防止手术后复发。Ⅰ 期临床试验在少量患有晚期宫颈癌的病人中进行，发现有少量副作用，但是还是有部分人中产生了 CTL 和特异性抗体。Ⅱ 期试验选择了 29 名患有早期宫颈癌的病人。采用手术前后各接种一次的方案。其免疫学终点定为：有超过 10% 的病人产生 HPV 特异性免疫反应。现在已超过这一终点。该公司计划进行 Ⅲ 期试验，检验疫苗临床效果。

南非和澳大利亚的研究人员正在尝试改造 BCG，使之表达 HPV 基因。BCG 作为结核疫苗，曾经广泛在发展中国家使用，也不昂贵。基于 BCG 的 HPV 疫苗在动物体内取得了良好效果[4]。Wistar 研究所的报告指出，表达 HPV16 – L1 的重组腺病毒鼻腔接种可诱发血清和阴道黏膜抗体。

二、蛋白和多肽疫苗

特点：

①治疗性疫苗已开始 Ⅰ/Ⅱ 期临床试验；

②一般需要佐剂方能诱发强的免疫反应；

③需要多次免疫；

④非常安全；

⑤生产成本低。

将选择的抗原基因插入酵母或其他宿主菌中大量生产蛋白或多肽片段（短的多肽亦可化学合成），纯化后加上佐剂以提高免疫效果。因为蛋白免疫原性比整个病原体差，所以佐剂很重要。

多肽疫苗安全，生产简单。但是分离有效的抗原表位比较困难，多肽还会呈现不同的结构导致免疫原性差[1,2]。在诱发 CTL 方面，多肽能力也较差，也可能导致免疫耐受，需要多次免疫以维持长期的保护力。较短的多肽因为不稳定，在不同个体中的免疫反应会有差异[3]。

Cantab Pharmaceuticals 开发了 HPV6 – L2 – E7 的蛋白疫苗，多点肌内注射方式免疫，铝为佐剂。Ⅰ、Ⅱ期试验表明该疫苗安全及有免疫原性，能够清除生殖器疣，降低复发率。1996 年 SmithKline Beecham Biologicals 公司接手该产品，加入其拥有专利技术的 SBAS2 佐剂，可诱发更强的细胞免疫。Ⅰ、Ⅱ期试验已经完成[5]，随机、双盲及有安慰剂对照的Ⅱb期试验正在多个地区开展，以评价其在治疗生殖器疣中的效率。Cantab 又开发了 TA – CIN，用于治疗宫颈的不典型增生，该疫苗使用了一种新型的佐剂 NAX – 57，在动物模型中证明能够诱发 T 细胞反应。

三、病毒颗粒样疫苗（VLP）

特点：

①预防性的单价疫苗已进入Ⅲ期临床试验；

②杂合的 VLP 形式兼有预防和治疗功能；

③能诱发强的体液和细胞免疫；

④需要特殊的递呈系统可诱发黏膜免疫；

⑤生产成本较高。

VLP 的发现是 HPV 疫苗研究的重大突破。HPV 的 L1（或者加上 L2）在细胞内表达可自行组装成空心的颗粒样结构，类似天然的病毒颗粒。因为 VLP 包含了各种天然的构象表位，所以诱导的免疫反应更全面[3]。VLP 是空心的不含有病毒核酸，也没有感染性。目前已经生产出 HPV10 个型别的 VLP（6、11、16、18、31、33、35、39、45 和 58），这就为多价疫苗提供了可能。

因为 VLP 可诱发高滴度的中和抗体，非常适合用作预防性疫苗。在兔、狗、牛的实验结果表明，L1 VLP 免疫可获得 90% ~ 100% 的保护率。但还不清楚 VLP 的系统免疫方式能否抵御 HPV 的黏膜感染。为此一些学者用一些替代的方法进行接种，如鼻内接种及口服，尝试提高黏膜免疫水平[6,7]。有研究指出利用 vaccinia 或 Salmonella 表达的 VLP 在宫颈处可诱发黏膜免疫。

E6/E7 与 L1 融合表达形成的杂合 VLP，可同时诱发抗体和 CTL 反应，能够兼有预防和治疗作用[1]，其中的治疗作用可作为第二种机制杀伤早期的感染细胞。

MedImmune 公司开发了一系列 VLP 预防性疫苗[8]。MEDI – 501，用重组埃希状病毒在昆虫细胞内表达的 HPV11 – L1 VLP 疫苗，已进入Ⅱ期临床试验。初步结果显示：使用铝佐剂，接种 3 次，可诱发抗体反应。另 2 种疫苗：MEDI – 503（HPV – 16）和 MEDI – 504

（HPV－18）也已进入Ⅰ期临床。Merck公司开发的4价VLP疫苗包括HPV6、11、16及18正在进行Ⅱ期临床试验，所选对象是年轻健康女性。

四、DNA疫苗

特点：

①预防性疫苗形式还在研究；

②可诱发长期的体液与细胞免疫；

③诱发的黏膜免疫较弱；

④存在诸如基因突变和自身免疫等潜在问题；

⑤可以方便的构建多价疫苗；

⑥因为DNA很稳定可以简化运输储藏的冷链系统。

将HPV基因插入真核表达载体，在细菌中大量增殖，分离纯化后，溶于适当溶液注射或与金形成颗粒用基因枪射入细胞，在细胞内表达HPV特异抗原。

目前已有多种病原体的DNA疫苗进行了动物实验，显示出其独特优势。DNA疫苗能同时诱发细胞和体液免疫，中和抗休能识别天然状态的抗原，因为DNA可在细胞内持续表达，抗体可维持数年时间。作为单一组分，DNA纯化起来非常简单，方便了多价疫苗的开发，也可加入特定的刺激序列定向诱发T细胞免疫。

相对于传统疫苗，DNA疫苗生产工艺简单、便宜，可以标准化生产针对多种病原体的疫苗。DNA不论呈现干粉或溶液状态都比较稳定，可以方便地运输、储存与使用，可大大降低冷链费用。

关于DNA疫苗具有的潜在问题也应引起关注。质粒DNA进入宿主细胞基因组，有可能导致基因突变、打断细胞基因产生意想不到的危害。DNA疫苗还有可能诱发抗核抗体，导致自身免疫症状。类似于其他类型的疫苗，DNA疫苗也需利用诸如鼻腔、口腔等黏膜接种方式，才可诱发有效的黏膜免疫。另外使用HPV16/18的E6、E7基因时，要确保完全去除致癌活性。加入诸如CpG等刺激序列可加强免疫效果。与蛋白或载体疫苗合用也是加强免疫的常用策略。

Wyeth公司采用GENEVAX技术将DNA疫苗与bupivacaine混合肌内接种，利于细胞吸收。已经开始在疱疹、肝炎、HIV和HPV感染的病人中试验[8]。Merck公司与Vical公司合作利用脂质体转染技术以加经DNA疫苗在细胞中的吸收，动物试验表明能够诱发L1特异的中和抗体，保护动物免受病毒攻击。Wistar研究所的工作人员尝试了不同接种方式（肌内、皮内及气管内）和不同的佐剂（泛素ubiquitin或lysosomeassociated membrane protein，LAMP）以期提高DNA疫苗的效能。

五、可食用疫苗

特点：

①预防性疫苗还在研究中；

②可诱发黏膜免疫；

③价格便宜。

可食用疫苗使用转基因技术将抗原基因插入植物中，在其果实或叶子里就会表达抗原蛋白，食用后可诱发免疫反应。另一种方法就是从中提取抗原蛋白，纯化后辅以佐剂作为疫苗使用。已有将HPV、肝炎及霍乱的基因转入土豆、西红柿、莴苣、胡萝卜中的成功例子。

能够大量便宜的生产，不需特殊的冷链设备，口服而不用注射等都大大方便了这种疫苗在发展中国家的使用。口服诱发的黏膜免疫对于抵抗 HPV 感染更有意义。

小鼠经口腔免疫 HPV VLP 疫苗也为口服 HPV 疫苗提供了依据[9]。南非的研究人员正在尝试表达 HPV 抗原的各种植物品种，其中西红柿很有希望。这种廉价易得的疫苗形式对于贫困的发展中国家是非常必要的。

六、疫苗推广中涉及的重要问题　尽管针对 HPV 的 VLP 形式的预防性疫苗和多肽形式的治疗性疫苗都已取得了很大的研究进展，但现在预测哪种疫苗能首先上市还为时尚早。在发达国家和发展中国家，要从有效性、实用性及价格承受能力方面综合考虑选用疫苗的形式。

1. 有效性：疫苗的最低要求就是安全有效。针对宫颈癌的预防性疫苗必须包括 HPV16、18，这 2 种型别与 2/3 的宫颈癌病例有关，再加上其他高危型别组成多价疫苗可提高覆盖率。使用当地流行的 HPV 型别也是一种提高有效性的策略。

有效性也要求预防性疫苗能提供长期的免疫反应，能保护女性从性活动开始后长达 20～30 年的时间。如果需要加强免疫，费用就会上升，覆盖率也会相应下降。

因为已有大量女性感染了 HPV，癌前筛查依然重要[10]，治疗性疫苗诱发的 CTL 可以杀灭早期感染细胞，进而增强预防性疫苗的保护效能。从这个意义上说理想的宫颈癌疫苗应是兼顾预防和治疗即杂合形式的 VLP。

2. 费用：生产、运输、储存及使用费用将大大影响疫苗覆盖率，如果不能降低费用，尤其在发展中国家很难用于大量人群。如下方式有助于降低费用[9,10]：

①发展中国家自己生产疫苗而不依赖进口，如重组 BCG 疫苗或可食用的疫苗；

②发展性质稳定的疫苗形式，减少昂贵的冷链系统，如 DNA 疫苗；

③发展一次接种能维持长期免疫的疫苗形式，如重组载体活疫苗；

④口服疫苗服用方便，更易被人群接受。相对于注射用疫苗，口服疫苗的纯度要求不高。

3. 疫苗的使用对象：哪些人适用宫颈癌预防疫苗，在什么年龄开始？因为多数女性是在性活动开始后被感染 HPV 的，所以需要在此之前接种疫苗，即 10～12 岁。这个年龄段的儿童免疫通过学校进行比较方便。将 HPV 疫苗纳入扩大免疫计划（Expanded Program of Immunization，EPI）免疫婴幼儿，可阻断可能的 HPV 母婴传播。使用于婴幼儿和儿童的疫苗应该有不同于成人的安全要求。如果是仅需一次接种，要求覆盖率一定要广。

女性感染 HPV 的过程中，男性起了重要作用。降低男性 HPV 的感染率有助于减少女性患病概率。设计包含 HPV6/11 的多价疫苗，含有针对生殖器疣的疫苗成分将吸引男性参与宫颈癌疫苗的使用中。

4. 应该继续癌前病变的筛查：因为不是全部的宫颈癌都与 HPV 感染有关，何况还有免疫无应答者，所以即使接种了预防性疫苗，也不应放弃癌前病变的筛查。

〔原载《肿瘤基础与临床》2003，1（1）：39－42〕

参 考 文 献

1　Duggan－Keen MF，Brown MD，Stacey SN，et al. Papillomavirus vaccines. Front Biosci，1998，3：D1192－208

2　Galloway DA. Is vaccination against human papillomavirus a possibility? Lancet, 1998, 351: 22 - 24

3　Lowy DR and Schiller JT. Papillomaviruses and cervical cancer: pathogenesis and vaccine development. J Natl Cancer Inst Monogr, 1998, 23: 27 - 30

4　Jabbar IA Fernando GJ, Saunders N, et al. Immune responses induced by BCG recombinant for human papillomavirus L1 and E7 proteins. Vaccine, 2000, 18: 2444 - 2453

5　Thompson HS, Davies ML, Holding FP, et al. Phase I safety and antigenicity of TA - GW: a recombinant HPV6 L2E7 vaccine for the treatment of genital warts. Vaccine, 1999, 17: 40 - 49

6　Liu XS, Ibtissam A J, Qi YM, et al. Mucosal immunization with papillomavirus - like particles elicits systemic and mucosal immunity in mice.

Virology, 1998, 252: 39 - 45

7　Nardelli - Haefliger D, Roden R, Balmelli C, et al. Mucosal but not parenteral immunization with purified human papillomavirus type 16 virus - like particles induces neutralizing titers of antibodies throughout the estrous cycle of mice. J ViroI, 1999, 73: 9609 - 9613

8　Hanissian J. Emerging HPV vaccines. Infect Med, 1997, 14: 266 - 275

9　Rose RC, Lane C, Wilson S, et al. Oral vaccination of mice with human papillomavirus virus - like particles induces systemic virus - neutralizing antibodies. Vaccine, 1999, 17: 2129 - 2135

10　Jones SB. Cancer in the developing world: a call to action. BMJ, 1999, 319: 505 - 508

295.　SHEEC 食管癌细胞中 NGAL 基因的功能

汕头大学医学院生物化学与分子生物学教研室　李恩民
汕头大学医学院肿瘤病理研究室　许丽艳　蔡唯佳　熊华淇　沈忠英
中国预防医学科学院病毒学研究所　曾　毅

〔摘　要〕　中性粒细胞明胶酶相关脂质运载蛋白（neutrophil gelatinase associated lipocalin, NGAL）是脂质运载蛋白（lipocalin）家族的一个新成员，可能是人类的一种新的癌基因，但是在肿瘤中的功能不清楚。以往研究发现 NGAL 基因在 SHEEC 食管癌细胞中显著过表达，表明该细胞是一种用来揭示 NGAL 基因在肿瘤中功能的良好模型。采用反义封闭技术，同时结合裸鼠成瘤实验等研究了反义封闭 NGAL 基因转录对 SHEEC 食管癌细胞的浸润和分裂增殖等行为的影响。结果发现，反义封闭 NGAL 基因转录不但可以有效地降低 SHEEC 细胞分泌的基质金属蛋白酶 -9 和基质金属蛋白酶 -2 的活性，而与此同时裸鼠成瘤细胞的浸润行为也相应地受到了明显抑制，然而 SHEEC 细胞端粒的长度、拓扑异构酶 Ⅱ 的含量以及细胞增殖指数等未发生明显变化。表明 NGAL 基因在食管癌细胞 SHEEC 中的功能可能主要是通过明胶酶在促进肿瘤细胞的浸润中发挥作用，而可能与肿瘤细胞分裂增殖的相关性不明显。

〔关键词〕　NGAL 基因；食管癌细胞；肿瘤细胞浸润；明胶酶；裸鼠成瘤实验

中性粒细胞明胶酶相关脂质运载蛋白（neutrophil gelatinase - associated lipocalin, NGAL）

基因是脂质运载蛋白（lipocalin）家族的一个新的成员，该蛋白产物具有运输疏水性小分子、保护调节基质金属蛋白酶－9（matrix metalloproteinase－9，MMP－9）的活性和作为信息分子载体参与免疫炎症反应等功能[13]。近年来，随着 NGAL 基因在人体一些肿瘤组织细胞中出现异常过表达等事实的认证[46]，特别是 NGAL 基因在小鼠和大鼠中的同源物 24p3 和 NRL（neu－related lipocalin）已被证明是癌基因[7,8]，目前在肿瘤领域有关 NGAL 基因的研究已开始受到重视，但一些基本问题，比如 NGAL 基因究竟在肿瘤的哪一个或哪一些环节上发挥功能以及发挥何种功能等尚不清楚。以往我们研究组的成员曾建立两个细胞系，一个是在人乳头瘤病毒 18（human papillomavirus 18，HPV18）E6 E7 病毒癌基因作用下由人正常胎儿食管上皮转化来的人永生化食管上皮细胞系 SHEE，而另一个则是在促癌物 TPA（12－O－tetrade-canoyl－phorbol－13－acetate）作用下由 SHEE 恶性转化来的人食管癌细胞系 SHEEC[9]。2000 年我们采用基因芯片和抑制消减杂交等技术，同时配合 Northern 印迹等实验研究了 SHEE 与 SHEEC 之间基因的差异表达情况，发现 NGAL 基因在 TPA 诱导的人永生化食管上皮细胞恶性变中显著过表达，提示可能是食管癌癌变相关基因[10]。在本文中我们采用基因反义封闭技术，同时结合裸鼠成瘤等实验研究了反义封闭 NGAL 基因转录对 SHEEC 食管癌细胞的浸润、分裂增殖和分化等肿瘤生物学行为的影响。这将有助于揭示 NGAL 基因在肿瘤生物学方面的功能。

材料和方法

一、细胞培养　食管癌细胞系 SHEEC 由本研究组沈忠英等人建立[9]。SHEEC 细胞在 5% CO_2 和 37℃ 的条件下，在含 10%～15% 小牛血清的 199 培养液（Invitrogen）中贴壁生长。细胞用含 0.25% 胰蛋白酶和 0.02% EDTA 的消化液消化进行传代。待细胞达一定数目（$1 \times 10^6 \sim 2 \times 10^6$，50 ml 培养瓶）后，收获备用。

二、有义、反义真核表达载体的构建　根据文献报道的 NGAL 基因 cDNA 序列[4,5]合成引物扩增 NCAL 全编码区（上海生工公司）：NGAL1：5′－GTGGATCCTTCCTCGGCCCT-CAAATCATG－3′，NGAL2：5′－GGGAATTCTCA GCCGTCGATACACTGGTC－3′；并在引物的 5′ 端分别加入 BamHⅠ 和 EcoRⅠ 酶切位点。应用 Trizol 试剂（Invitrogen）提取 SHEEC 细胞总 RNA，然后进行 RT－PCR（MBI kit）。PCR 反应条件是 94℃，3 min；94℃，30 s，68℃，3 min，30 个循环；68℃ 3 min。将获得的 PCR 产物直接重组到中间载体 pT－Adv（Clontech）中，经测序和与 NCBI 数据库比较证实是 NGAL 基因的全编码序列后，再亚克隆到真核表达载体 pcDNA3（Invitrogen）的 EcoRⅠ 位点中，分别用 EcoRⅠ 和 BamHⅠ 酶切鉴定插入片段的大小与方向。

三、细胞转染　应用 Qiagen 公司的转染试剂（Effectene Transfection Reagent）将上述已构建好的表达载体分别转染至 SHEEC 细胞中，并以 pcDNA3 空载体作对照。SHEEC 细胞经消化液消化后，按 1×10^4 个/孔细胞接种 6 孔培养板，待细胞满度达 40% 左右时进行转染实验：取约 0.5 μg 的上述表达质粒和对照质粒与适量的 EC 缓冲液和 3.2 μl 增强剂（enhancer）混合，总体积为 100 μl，漩流振荡 5 s，室温下放置 5 min，稍离心后备用；在各管中均加入 10 μl 效应剂（Effectene Reagent），漩流振荡 10 s 后，室温下放置 10 min；在此期间，将上述接种有 SHEEC 细胞的 6 孔板，弃去培养液，用 2 ml PBS 漂洗两次后，加入 1.6 ml 生长培养液；在上述各管中均加入 600 μl 生长培养液，混匀后将全部液体加至相应各孔中，轻轻混匀后，把培养板置于 5% CO_2 和 37 ℃ 条件下培养。24 h 后，换成含 G418（400 mg/L）的生长培养液进行筛选。待长出抗药克隆后，换成含 200 mg/L G418 的生长培养液继续培养，传代扩增。

四、RT – PCR 法检测 NGAL 基因在各种转染细胞中的表达　提取各种转染细胞总 RNA、RT – PCR 反应的条件及其所用试剂与构建 NGAL 全基因编码区反义表达载体实验一致。以 *GA PDH* 为对照（MBI 反转录试剂盒）。扩增出来的 PCR 产物进行 1.5% 琼脂糖凝胶电泳，以凝胶图像处理系统（Kodak EDAS290）扫描凝胶并进行条带净光密度值测定分析。

五、酶谱法检测 MMP –9 和 MMP –2 的活性　细胞经传代培养长成单层后，用 PBS 洗 3 次，去尽残液，加入 5 ml 不含血清的条件培养液（转染细胞仍含有 200 mg/L 的 G418），5% CO_2 和 37 ℃ 条件下培养 24 h 后，收集条件培养液，从中取 1 ml 进行浓缩至 10 μl（Microcon YM –10，Millipore）后，将其于 2 × 上样缓冲液（100 mmol/L Tris – HCl pH6.8，4% SDS，0.2% 溴酚蓝，20% 甘油）混匀，37 ℃ 温育 30 min 后，进行 10% SDS – PAGE（分离胶中含 1 g/L 明胶）凝胶电泳。电泳完成后，取下凝胶，将其浸入洗涤缓冲液中（50 mmol/L Tris – HCl pH 7.5，2.5% TritonX – 100）室温摇动下漂洗 1 h，然后于温育缓冲液（50 mmol/L Tris – HCl pH 7.5、150 mmol/LNaCl、10 mmol/L $CaCl_2$）中 37 ℃ 温育 24 h。经考马斯亮蓝染液（0.1% 考马斯亮蓝 R250、40% 甲醇，10% 冰乙酸）染色和脱色液（40% 甲醇、10% 冰乙酸）脱色后，在蓝色背景下，凝胶中呈现出的白色条带，即为所检测的目的条带。用凝胶图像处理系统（Kodak EDAS290）扫描凝胶并进行条带净光吸收值（条带的总光吸收值去除背景平均光吸收值）的测定分析。

六、细胞端粒长度的检测　采用本实验室建立的非同位素标记法检测转染细胞端粒的长度[11]。取 $10^6 \sim 10^8$ 个细胞按常规方法提取基因组 DNA，从中取 20 μg 用 *Hin*F I 酶切过夜。次日进行常规 0.7% 琼脂糖凝胶电泳，毛细管法转尼龙膜（HybondTM N + nylon membrane，Amersham Life Science）。用地高辛标记的端粒重复序列（CCCTAA）$_3$ 在 50 ℃ 下杂交（5 × SSC，0.1% SLS，0.02% SDS）12 ~ 16 h，次日将杂交膜进行严格洗涤：2 × SSC，0.1% SDS 溶液中室温下漂洗两次，每次 5 min；1 × SSC，0.1% SDS 溶液中 50 ℃ 下洗 10 min；0.1 × SSC，0.1% SDS 溶液中 50 ℃ 下漂洗两次，每次 5 min。最后进行 NBT/BCIP 显色（Dig DNA labeling and detection kit，Roch），凝胶图像处理系统（Kodak EDAS290）扫描和端粒平均长度测算分析。

七、Western 印迹检测拓扑异构酶Ⅱ的表达　培养细胞经传代长成单层后，冷 PBS 洗 3 次，然后加入适量裂解缓冲液（50 mmol/L Tris – HCl、pH8.0、150 mmol/L NaCl、100 mg/L PMSF、1% Triton X – 100）冰上裂解 30 min，刮下残留细胞及裂解液一同进行 4℃ 下 12 000 g 离心 5 min 以去除细胞碎片。收获上清液，Bradford 法测定其蛋白质含量，取 50 μg 蛋白质进行常规 12% SDS – PAGE 电泳和转 NC 膜（Mini – PROTEAN 3 System，Bio – Pad）。将转移好的膜置于封闭缓冲液（10 mmol/L Tris – HCl，pH 7.5，150 mmol/L NaCl，2% Tween – 20，4% BSA）中 4℃ 下封闭过夜；次日在室温下依次与鼠抗人拓扑异构酶Ⅱ抗体（Roche）及其二抗（Zymed）进行结合反应，反应时间均为 2 h；最后用化学发光法进行检测（Santa Cruz），压片，显影，定影，以凝胶图像处理系统（Kodak EDAS290）进行扫描分析。

八、裸鼠成瘤实验 分别将转染不同质粒的 SHEEC 细胞（1×10^6 个，0.2 ml）接种到 4 周龄裸鼠右腋皮下，实验分 3 组，包括对照组（接种转染有 pcDNA3 的 SHEEC 细胞）、pcDNA - *NGAL*（+）组［接种转染有 pcDNA - *NGAL*（+）的 SHEEC 细胞］和 PcDNA - *NG4L*（-）组［接种转染有 pcDNA - *NGAL*（-）的 SHEEC 细胞］，每组 6 只，每周观察两次，至接种后第 11 周处死，照相，取瘤块进行 HE 染色、病理组织学检查。

九、细胞增殖指数的检测 细胞样品包括未转染质粒的 SHEEC 细胞、转染有 pcDNA3 空白质粒载体的 SHEEC 细胞、转染有 pcDNA - *NGAL*（-）的 SHEEC 细胞以及转染有 pcD - NA - *NGAL*（+）的 SHEEC 细胞等 4 个组。室温下，细胞经 PBS 缓冲液洗涤 2 次，1500 r/min 离心 5 min，去上清液，以 5 mg/L 碘化丙锭（propidiumiodide）标记细胞内 DNA，20 min 后，PBS 洗涤 2 次；并最终用 PBS 缓冲液制成 1×10^6 的细胞悬液，待用。

采用 FACSort 流式细胞仪（Becton Dickenson company，BD. Co.，USA）检测细胞样品，使用亚离子激光 448 nm 激发细胞，对细胞内 DNA 含量进行分析测定，分别获取（$G_1 + G_0$）期细胞数、S 期细胞数和（$G_2 + M$）期细胞数。在此基础上，通过如下公式计算细胞增殖指数（proliferation index，PI），PI = ［（$S + G_2 + M$）期细胞数/（$G_0 + G_1 + S + G_2 + M$）期细胞数］$\times 100 \%$。每组样品进行 3 次实验，分别计算各组 PI 的平均值与标准偏差，并以 SSPS10.0 for Windows 软件包对实验数据是否有显著性差别进行 F 检验。

结　果

一、NGAL 基因有义、反义真核表达载体的构建与鉴定 采用 RT - PCR 法从 SHEEC 细胞中扩增的 NGAL 基因全长 cDNA 编码序列（597 bp）的结果见图 1（A）和（B）。序列分析发现，SHEEC 细胞中 NGAL 基因 cDNA 编码区有 $A^{223} \rightarrow G$ 处同型碱基置换。按照通用遗传密码原则翻译表明这一突变可导致 NGAL 肽链 N 端第 75 个氨基酸由异亮氨酸变为缬氨酸。异亮氨酸与缬氨酸只相差一个亚甲基，同属于非极性氨基酸，分子结构和理化性质相似，因此不会对 NGAL 蛋白的结构与功能产生明显影响。在此基础上，把从 SHEEC 细胞中克隆来的 NGAL 基因全长 cDNA 编码区片段插入到 pcDNA3 真核表达载体中，构建了 NGAL 基因有义、反义真核表达载体，分别用 *Eco*R I 和 *Bam*H I 进行酶切鉴定，结果见图 1（C）。从中可见，当用 *Eco*R I 酶切时，无论是正向插入还是反向插入，均可切出 600 bp 左右的条带，说明所插入片段的大小是正确的；当用 *Bam*H I 酶切时，正向插入的仅见到一条带，而反向插入的为两条带。这些结果表明已成功构建了 NGAL 基因的有义、反义真核表达载体 pcDNA - *NGAL*（+）和 pcDNA - *NGAL*（-）。

二、稳定表达有义、反义 NGAL 基因 SHEEC 细胞株的筛选 结果见图 2。

以不含质粒的 SHEEC 细胞作对照，在一定量的 G418 存在下，进行稳定表达有义、反义 NGAL 基因 SHEEC 细胞株的筛选，结果见图 2。从中可见，转染有 pcDNA3、pcDNA - *NGAL*（+）或 pcDNA - *NGAL*（-）的 SHEEC 细胞，由于质粒载体上有 *neo* 基因，具有 G418 抗性，因此得以存活；而相比之下，未转染上述质粒的对照 SHEEC 细胞则因 G418 的毒性作用而被杀死。这表明稳定表达有义、反义 NCAL 基因的 SHEEC 细胞株被成功建立。

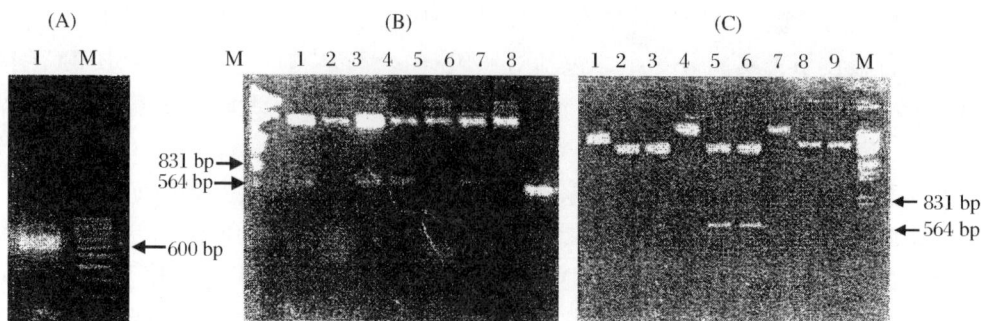

(A) Electrophoresis analysis of RT – PCR amplification product of NGAL gene from SHEEC cell line. 1, RT – PCR amplification product of NGAL gene; M, DNA marker, 100 bp DNA ladder. NGAL gene cDNA encoding region is 597 bp. (B) Electrophoresis analysis of p T – NGAL recombinant plasmid after EcoRI digesting. M, λDNA/EcoRI + HindⅢ; 1, 3, 4, 6, recons; 2, 5, 7, norr recons; 8, NCAL gene PCR amplification product. (C) Electrophoresis analysis of pcDNA – NGAL (+/–) expressive plasmids after EcoRI or RamHI digesting. 1, pcDNA3; 2, pcDNA3/BamHI; 3, pcDNA3/EcoRI; 4, pcDNA – NGAL (–);
5, pcDNA NGAL (–) /BamHI; 6, pcDNA – NGAL (–) /EcoRI; 7, pcDNA – NGAL (+);
8, pcDNA – NGAL (+) /BamHI; 9, pcDNA – NGAL (+) /EcoRI; M, λDNA/EcoRI + HindⅢ

Fig. 1 Cloning of NGAL gene encoding region and construction of its expressive vectors

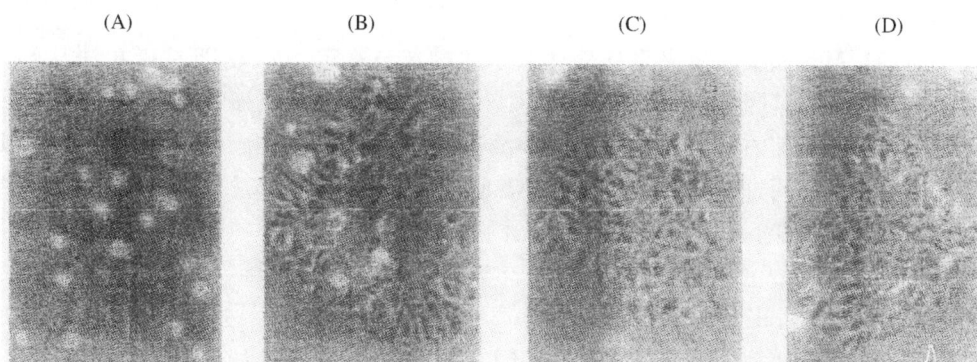

(A) SHEEC without plasmid; (B) pcDNA3; (C) pcDNA – NGAL (+); (D) pcDNA – NGAL (–)

Fig. 2 SHEEC cell clones transfected with expressive plasmid of NGAL gene after G418 (400 mg/L) screening

三、NGAL 基因的转录水平　　以未转染质粒的 SHEEC 细胞和转染有 pcDNA3 空白质粒载体的 SHEEC 细胞为对照，RT – PCR 法检测结果表明，转染有 pcDNA – NGAL (–) 的 SHEEC 细胞株 NGAL 基因 mRNA 的水平显著降低（图 3），说明采用全编码区反义策略封闭 NGAL 基因转录的效果是十分明显的。然而，在相同条件下，转染有 pcDNA – NGAL (+) 的 SHEEC 细胞株却并没有相应地表现出 NGAL 基因 mRNA 水平的显著升高（图 3），提示在 SHEEC 细胞中可能存在着某种 NGAL 基因的负反馈转录调控机制。

四、MMP – 9 和 MMP – 2 的活性　　以转染有 pcDNA3 空白质粒载体的 SHEEC 细胞为对照，酶谱法检测结果表明，转染有 pcDNA – NGAL (–) 的 SHEEC 细胞分泌的 MMP – 9 和

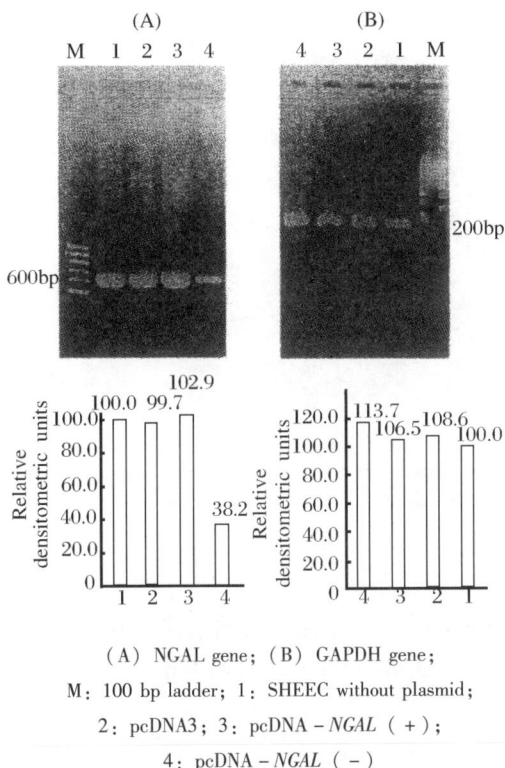

(A) NGAL gene; (B) GAPDH gene;

M：100 bp ladder; 1：SHEEC without plasmid;

2：pcDNA3; 3：pcDNA - *NGAL* (+);

4：pcDNA - *NGAL* (-)

Fig. 3 Electrophoresis analysis of RT - PCR amplification product of NGAL gene in the transfected cells with different expressive plasmids of NGAL gene NGAL (-)

MMP - 2 的活性均明显降低；而与此同时，转染有 pcDNA - *NGAL* (+) 的 SHEEC 细胞分泌的 MMP - 9 和 MMP - 2 的活性均明显升高（图 4）。表明通过有义、反义技术使 NGAL 基因表达发生改变可以对 SHEEC 细胞分泌的 MMP - 9 和 MMP - 2 的活性产生明显影响。

五、裸鼠成瘤细胞的形态及其浸润行为的改变 HE 染色、病理组织学检查结果见图 5，从中可见，（1）对照组：癌细胞已浸润肌层，癌巢与肌组织混杂，癌巢呈低度分化，细胞大小不一，排列紊乱，异质性明显，可见核分裂象，偶见角质细胞；（2）pcDNA - *NGAL* (+) 组：癌细胞已浸润肌层，癌巢与肌组织混杂，癌巢呈低度分化，细胞异质性明显，可见核分裂象，未见角质细胞；（3）pcDNA - *NGAL* (-) 组：癌巢与肌组织分界明显，癌巢呈中度分化，细胞大小形态趋于一致，排列呈现出一定极性，可见核分裂相和角质细胞。上述结果表明，SHEEC 裸鼠成瘤细胞的恶性程度是很高的；反义封闭 NGAL 基因表达可能会抑制 SHEEC 裸鼠成瘤细胞的浸润性，并对癌细胞的异质性以及角质细胞的形成具有一定的影响；而有义促进 NGAL 基因表达对 SHEEC 裸鼠成瘤细胞的上述性质未产生十分明显的影响。

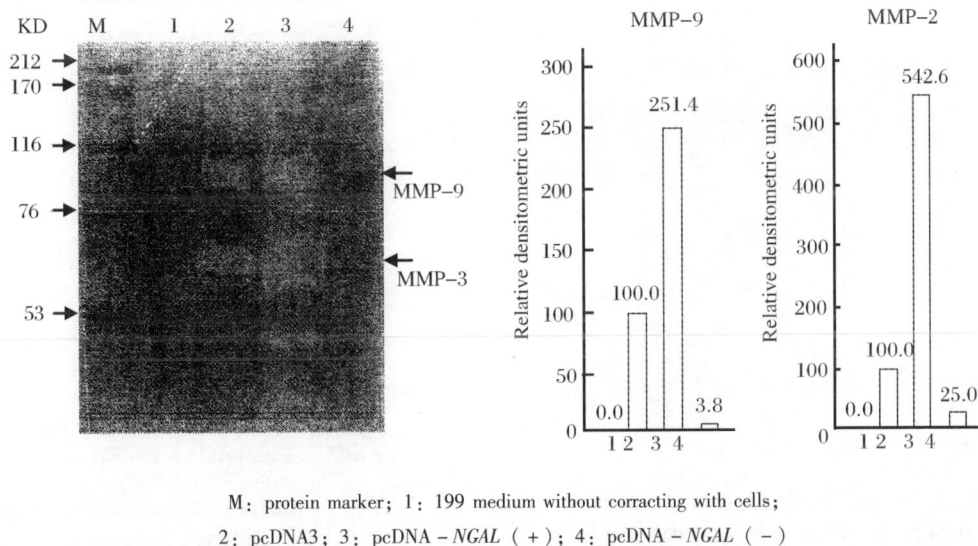

M：protein marker; 1：199 medium without corracting with cells;

2：pcDNA3; 3：pcDNA - *NGAL* (+); 4：pcDNA - *NGAL* (-)

Fig. 4 Analysis of MMP - 9 and MMP - 2 activity in the different transfected cell by zymography

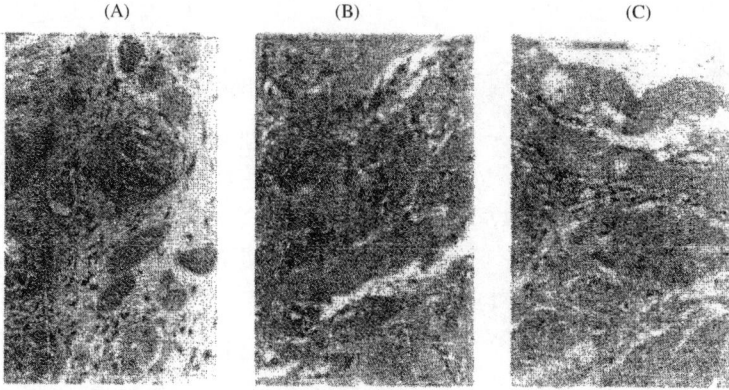

(A) pcDNA3；(B) pcDNA－*NGAL*（＋）；(C) pcDNA－*NGAL*（－）

Fig. 5 Hematoxylin & Eosin staining of a section from paraffirrembeded neoplasm after transfected cells inoculated to nude mices（×400 magnification）

六、细胞端粒长度　细胞端粒长度检测结果表明，无论是转染有 pcDNA－*NGAL*（＋）的 SHEEC 细胞，还是转染有 pcDNA－*NGAL*（－）的 SHEEC 细胞，与对照细胞即转染有 pcDNA3 的 SHEEC 比较，其端粒平均长度均未发生明显变化，约为 3.8 kb（图6）。表明无论是反义封闭，还是有义促进 NGAL 基因的转录，均不能对 SHEEC 细胞端粒的长度产生明显影响。

七、拓扑异构酶Ⅱ的表达水平　Western 印迹检测结果表明，无论是转染有 pcDNA－*NGAL*（＋）的 SHEEC 细胞，还是转染有 pcDNA－*NGAL*（－）的 SHEEC 细胞，与对照细胞即转染有 pcDNA3 的 SHEEC 比较，其拓扑异构酶Ⅱ的含量均未发生明显变化（图7），表明无论是反义封闭，还是有义促进 NGAL 基因的转录，均不能对 SHEEC 细胞的拓扑异构酶Ⅱ的表达产生明显影响。

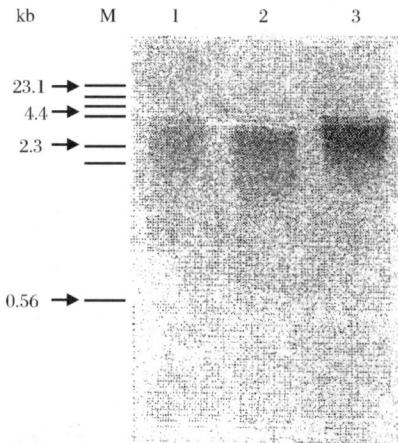

M：$^\lambda$DNA/*Hind*Ⅲ；1：pcDNA3；2：pcDNA－ *NGAL*（＋）；3：pcDNA－*NGAL*（－）

Fig. 6 Southern blot analysis of telomere length in the different transfected cells by using digoxirr labelled（CCCTAA）₃probe

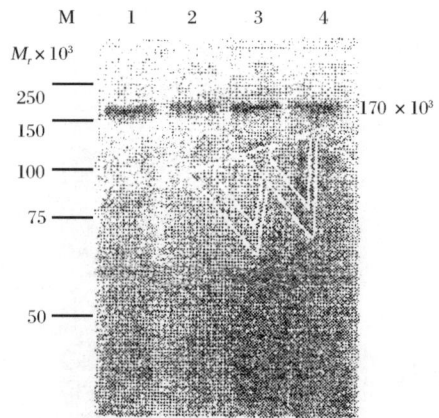

M：protein marker；1：SHEEC without plasmid；2：pcDNA3；3：pcDNA－*NGAL*（＋）；4：pcDNA－*NGAL*（－）

Fig. 7 Measure of topoisomera seⅡ in the different transfected cells by Western blot

八、细胞增殖指数 以未转染质粒的 SHEEC 细胞和转染有 pcDNA3 空白质粒载体的 SHEEC 细胞为对照,细胞增殖指数检测结果是,无论是转染有 pcDNA – NGAL（ + ）的 SHEEC 细胞,还是转染有 pcDNA – NGAL（ – ）的 SHEEC 细胞,与对照组比较,其细胞增殖指数均未发生明显变化,$F = 1.271$,$P > 0.05$（图 8）。表明无论是反义封闭,还是有义促进 NCAL 基因的转录,均未能对 SHEEC 细胞的增殖产生明显影响。

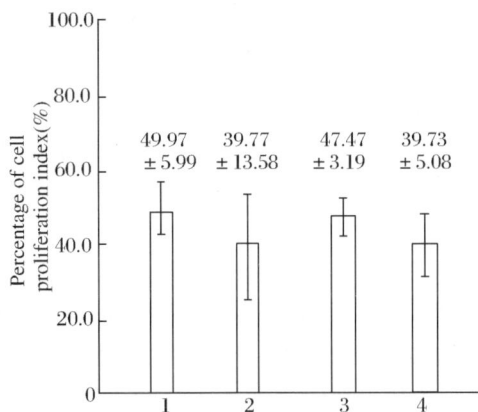

1：SHEEC without plasmid；2：pcDNA3；

3：pcDNA – NGAL（ + ）；4：pcD – NA – NGAL（ – ）

Fig. 8 **The proliferation index of various cells**

讨　论

近年来,一些研究提示 NGAL 基因可能是人类的一种新的癌基因,但是在肿瘤中的确切功能尚不清楚。1993 年 Kjeldsen 等[12]研究发现 NGAL 蛋白可以结合 MMP – 9,提示 NGAL 基因在肿瘤中的功能可能与 MMP – 9 的作用存在着某种必然联系。MMP – 9 属于基质金属蛋白酶超家族中的明胶酶类,其主要作用底物是组织基底膜细胞外基质中的Ⅳ型胶原。近几年来,大量研究提示 MMP – 9 可能在许多恶性肿瘤细胞的浸润转移中发挥着重要的先导作用[13]。最近 Yah 和 Tschesche 等[1,2]通过体外 NGAL 蛋白与 MMP – 9 之间的相互作用,同时结合真核细胞基因表达实验证明 NGAL 蛋白结合 MMI – 9 是在蛋白质水平上对 MMP – 9 活性的一种剂量依赖性保护作用。由此推测,NGAL 基因在肿瘤中的功能可能与其调节保护 MMP – 9,并以此促进恶变细胞的浸润转移密切相关。在本文中,我们的研究结果显示,反义封闭 NGAL 基因转录不但可以有效地降低 SHEEC 细胞分泌的 MMP – 9 的活性,而且与此同时,裸鼠成瘤细胞的浸润行为也相应地受到了明显抑制。因此不但从反面为确证 NGAL 基因与 MMP – 9 之间功能相关增添了一个更有力的新证据,而且还把 NGAL 基因在肿瘤中的作用环节借助于 MMP – 9 的中介与肿瘤细胞的浸润行为直接联系在一起,说明 NGAL 基因在肿瘤中的功能确与促进恶变细胞的浸润有关。通常 NGAL 蛋白可以与 MMP – 9 的前体形式（Pro – MMP – 9）以分子间二硫键和肽段间的疏水作用相互结合在一起,形成异源二聚体（NGAL/Rro – MMP – 9）。而 NGAL/Pro – MMP – 9 可以进一步与金属蛋白酶组织抑制剂（tissue inhibitor of metalloproteinase – 1,TIMP – 1）以及其他的 MMPS 结合在一起形成 NGAL/Pro – MMP – 9/TIMP – 1 或 NGAL/Pro – MMP – 9/TIMP – 1/MMPs 等多元复合物。而在这些复合物中 MMP – 9 依然可以被激活,有时甚至活性更高[14,15]。由此可见 NGAL 蛋白具有在多个层面上调节 Pro – MMP – 9 被激活的能力,而实际上这可能是一种抵消复合物中 TIMP – 1 抑制 MMP – 9 活性的作用。通常,NGAL 蛋白等与 TIMP – 1 等抑制因子之间保持着一种动态平衡关系,他们构筑成一个共同的调节体系,借助于对 MMP – 9 等的调节与恶性细胞的浸润转移行为相适应。

另外,需要特别指出的是,本文的研究结果表明,随着 NGAL 基因表达的改变,在 SHEEC 细胞中 MMP – 2 表现出了与 MMP – 9 相似的变化特征。MMP – 2 是基质金属蛋白酶家族中明胶酶类的另一个成员,也可以降解组织基底膜细胞外基质中的Ⅳ型胶原,只不过降解反应的速度远不如 MMP -9 快。迄今，并未发现 MMP -2 能够像 MMP -9 那样可以被 NGAL 蛋白结合，那么是什么机制导致 MMP -2 跟 MMP -9 一样表现出上述与 NGAL 基因之间的相关关系呢。对此我们推测这可能与各种 MMPs 以及 TIMPs 之间的网络调控作用或 NGAL/Pro - MMP - 9/TIMP -1/MMPs 等复合物的形成有关。但详细机制尚有待于进一步研究。

端粒长度是表征细胞分裂增殖能力的一项可靠的指标[16]。以往大量研究证明肿瘤细胞由于处于持续分裂增殖状态，端粒的长度会逐渐缩短，不过此时某些细胞克隆的端粒酶会被激活，因此其端粒的长度依然被维持在一个相对较短但稳定的范围内，可以确保肿瘤细胞继续保持一种旺盛的分裂增殖能力。本文的研究结果表明，在 SHEEC 细胞的有义和反义基因表达实验中虽然 NGAL 基因的表达发生了很大的改变，然而各组细胞之间端粒的长度并未因此发生明显变化，均被维持在约 3.8 kb 这一较短的范围，说明 SHEEC 细胞一直保持着旺盛的分裂增殖能力，而且与 NGAL 基因的作用可能并不相关或相关性不明显。

有大量研究证明分裂增殖旺盛细胞的拓扑异构酶 II 的表达水平是明显升高的[17]，因此借助于检测拓扑异构酶 II 同样可以表征细胞的分裂增殖能力。本文的研究结果表明，NGAL 基因无论是有义表达，还是被反义封闭，SHEEC 细胞的拓扑异构酶 II 均未发生明显改变。这可以间接地说明 NGAL 基因在 SHEEC 细胞的分裂增殖方面可能不发挥作用或作用不明显。

PI 是表征细胞分裂增殖能力的一项十分可靠的直接指标[18,19]。本文的研究结果表明无论是反义封闭，还是有义促进 NGAL 基因的转录，SHEEC 细胞的 PI 值均未发生明显变化。这说明 NGAL 基因在 SHEEC 细胞的分裂增殖方面可能的确不发挥作用或作用不明显。

综合以上多个方面的实验证据可见，在 SHEEC 细胞中 NGAL 基因的生物学功能可能主要是通过明胶酶在促进肿瘤细胞的浸润中发挥作用，而可能与肿瘤细胞的分裂增殖不相关或相关性不明显。

〔原载《生物化学与生物物理学报》2003, 35（3）: 247 - 254〕

参 考 文 献

1 Yan L, Borregaard N, Kjeldsen L, Moses MA. The high molecular weight urinary matrix metalloproteinase（MMP）activity is a complex of gelatinase B/MMP -9 and neutrophil gelatinase - associated lipocalin（NGAL）. Modulation of MMP -9 activity by NGAL J Biol Chem, 2001, 276（40）: 37258 - 37265

2 Tschesche H, Zolzer V, Triebel S, Bartsch S. The human neutrophil lipocalin supports the allosteric activation of matrix metalloproteinases. Eur J Biochem, 2001, 268（7）: 1918 - 1928

3 Coetz DH, Willie ST, Armen RS, Bratt T, Borregaard N, Strong RK Ligand preference inferred from the structure of neutrophil gelatinase associatedlipocalin. Biochemistry, 2000, 39（8）: 1935 - 1941

4 Stoesz SP, Friedl A, Haag JD, Lindstrom MJ, Clark GM, Gould MN. Heterogeneous expression of the lipocalin NGAL in primary breast cancers. Int J Cancer, 1998, 79（6）: 565 - 572

5 Furutani M, Arii S, Mizumoto M, Kato M, Imamura M. Identification of a neutrophil gelatinase associated lipocalin mRNA in human pancreatic cancers using a modified signal sequence trap method. Cancer Lett, 1998, 121（1 -2）: 209 - 214

6 Friedl A, Stoesz SP, Buckley P, Gould MN. Neutrophil gelatinase - associated lipocalin in normal and neoplastic human tissues, Cell typespecific pattern of expression. Histochem J, 1999, 31（7）: 433 - 441

7 Kjeldsen L, Cowland JB, Borregaard N. Human

neutrophil gelatinase – associated lipocalin and homologous proteins in rat and mouse. Biochim Biophys Acta, 2000, 1482（1 – 2）: 272 – 283

8 Chu ST, Lin HJ, Huang HL, Chen YH. The hydrophobic pocket of 24p3 protein from mouse uterine luminal fluid: Fatty acid and retinol binding activity and predicted structural similarity to lipocalins. J Pept Res, 1998, 52（5）: 390 – 397

9 Shen Z, Cen S, Shen J, Cai W, XuJ, Teng Z, Hu Z, Zeng Y. Study of immortalization and malignant transformation of human embryonic esophageal epithelial cells induced by HPV18 E6E7. J Cancer Res ClinOncol, 2000, 126（10）: 589 – 594

10 Xu LY, Li EM, Xiong HQ, Cai WJ, Shen ZY. Study of neutrophil gelatinase associated lipocalin （NGAL） gene overexpression in the progress of malignant transformation of human immortalized esophageal epithelial cell. Prog Biochem Biophys, 2001, 28（6）: 839 – 843（引自: 生物化学与生物物理进展）

11 Xu L Y, Li EM, Shen ZY, Cai WJ, Shen J. A nonradio – labelled method assays to measure the telomere length of human chromosome. Carcinogenesis, Teratogenesis and Mutagenesis, 2001, 13（1）: 1 – 4（引自: 癌变·畸变·突变）

12 Kjeldsen L, Johnsen AH, Sengelov H, Borregaard N. Isolation and primary structure of NGAL, a novel protein associated with human neutyophil gelatinase, J Biol Chem, 1993, 268（14）: 10425 – 10432

13 Westennarck J, Kahari VM. Regulation of matrix metalloproteinase expression in tumor invasion. FAS EB J, 1999, 13（8）: 781 – 792

14 Coles M, Diercks T, Muehlenweg B, Bartsch S, Zolzar V, Tschesche H, Kessler H. The solution structure and dynamics of human neutrophil gelatinase associated lipocalin. J Mol Biol, 1999, 289（1）: 139 – 157

15 Kolkenbrock H, Hecker – Kia A, Orgel D, Kinawi A, Ulbrich N. Progelatinase B forms from human neutrophils complex formation of monomer/lipocalin with TIMP – 1. Biol Chem, 1996, 377（7 – 8）: 529 – 533.

16 Chen Z, Fadiel A, Feng Y, Ohtani K, Rutherford T, Naftolin F. Ovarian epithelial carcinoma tyrosine phosphorylation, cell proliferation, and ezrin translocation are stimulated by interleukin 1 alpha and epidermal growth factor. Cancer, 2001, 92（12）: 3068 – 3075

17 Villman K, Stahl E, Liljegren G, Tidefelt U, Karlsson MG. Topoisomerase II – alpha expression in different cell cycle phases in fresh human breast carcinomas. Mod Pathol, 2002, 15（5）: 486 – 491

18 Wohlschlegel JA, Kutok JL, Weng AP, Dutta A. Expression of geminin as a marker of cell proliferation in normal tissues and malignancies. Am J pathol, 2002, 161（1）: 267 – 273.

19 Shen ZY, Xu L Y, Li EM, Shen J, Zheng RM, Cai WJ, Zeng Y. Immortal phenotype of the esophageal epithelial cells in the process of immortalization. Int J Mol Med, 2002, 10（5）: 641 – 646

Functions of Neutrophil Gelatinase – associated Lipocalin in the Esophageal Carcinoma Cell Line SHEEC

LI En Min[1,2], XU Li – Yan[2], CAI Wei – Jia[2], XIONG Hua – Qi[2], SHEN Zhong – Ying[2], ZENG Yi[3]

(1. Department of Biochemistry and Molecular Biology, Shantou University Medical College, Shantou 515031, China;

2. Institute of Oncologic pathology, Shantou University Medical College, Shantou 515031, China;

3. Institute of Virology, Chinese Academy of Preventive Medicine, Beijing 100052, China)

Neutrophil gelatinase – associated lipocalin (NGAL) is a novel member of the lipocalin family and may be a new human oncogene product, but function of NGAL is not clear in the cancer. It was recently found that NGAL was over-expressed in the progression of malignant transformation from human immortalized esophageal epithelial cell line SHEE to esophageal carcinoma cell line SHEEC. This indicated that cell line SHEEC was a good model for exploring functions of NGAL in the carcinogenesis. The effects of blocking transcription of NGAL gene on invasion, division and proliferation of SHEEC cells were studied by antisense blocking RNA technique and tumor formation in nude mice. The results showed that the antisense blocking of transcription of NGAL gene not only decreased effectively the activity of MMP – 9 and MMP – 2 secreted by SHEEC cells, but suppressed significantly also the invasion of these cells in nude mice. However, the telomere length, the content of the cellular topoisomerase $\mathrm{II} - \alpha$ and cellular proliferation index (PI) of the SHEEC cells have not been changed markedly. These results indicate that NGAL is possibly involved in invasion of tumor cells by regulating activity of MMP – 9 and MMP – 2, but is not apparently related with division and proliferation of tumor cells in SHEEC.

[Key words] Neutrophil gelatinase – associated lipocalin gene; Esophageal carcinoma cell; Invasion of tumor cell; Gelatinase; Tumor formation in nude mice

296. 螺旋 CT、X 线胸片和热断层（TTM）对 SARS 诊断价值的评价

首都医科大学附属北京佑安医院放射科　王　微　赵春惠　黄　春　吴　昊　赵大伟

袁春旺　杨露绮　北京工业大学生命科学学院　曾　毅

首都医科大学附属北京友谊医院放射科　马大庆　协和医院放射科　金征宇

中国人民解放军总医院基础研究所　袁云娥　中国人体健康科技促进会　刘忠齐

〔摘　要〕　为提高 SARS 的诊断及鉴别诊断水平，本文对螺旋 CT（SCT）、X 线胸片、热断层（TTM）诊断 SARS 进行了对比研究。

我们对从 2003 年 3 月 10 日至 2003 年 6 月 18 日经临床、实验室检查确诊的 111 例 SARS 患者，全部行 X 线胸片、SCT［部分高分辨螺旋 CT（HRCT）〕、TTM

检查，复查间隔时间 2~6 d，随访时间 80~90 d。三种检查方法诊断结果分别为：早期 SARS 病变多位于肺下野，X 线胸片多表现为肺内单发或多发局灶性渗出改变，占病例总数的 48%（53/111 例）；SCT 表现为单发或多发小片状影，其中以"棉花团"样磨玻璃影为基本影像表现。进展期表现为大片状磨玻璃影或以实变影为主的影像；TTM 则表现为与 CT 显示病变部位一致的高热辐射区，脾脏较肝脏热辐射增高，脊柱热辐射降低。X 线胸片虽是 SARS 的主要检查方法，但 TTM 不仅可以反映人体功能影像亦可提示 SARS 病变形态、部位及病情的变化，他与 X 线胸片、SCT 相互结合可明显提高 SARS 诊断和鉴别诊断水平。因此，对于临床疑似 SARS 的病人应首选 X 线胸片或 TTM 检查，当 X 线胸片检查在疾病早期受到一定限度时，则应及时应用 TTM 和 SCT 检查有助于诊断和鉴别诊断。

通过对比，我们认为三种检查方式相互结合应用于 SARS 的诊断，不失为医学影像技术的最佳搭配。

[关键词] 严重急性呼吸综合征；体层摄影术；X 线计算机；X 线摄影术；热断层；诊断

2002 年 11 月起在我国广东以及东南亚爆发了具有高度传染性而病因不明的非典型肺炎，病原已被证实为变异的冠状病毒，几个月来 SARS 蔓延到 28 个国家。由于他的传染性强，病死率较高（11%~15%），因而受到全球科学家的高度重视。我国及世界多个科研机构已完成了对冠状病毒的基因测序，研究出了快速检测方法，这些新的成果有待临床进一步验证其可靠性、准确性。目前仍采用流行病学史、临床表现、实验室与影像学检查来诊断 SARS。

胸部影像学检查，特别是 HRCT 是 SARS 早期诊断、病情监测、出院判断及恢复期可能出现并发症非常重要的指标。早期发现、快速确诊、早期隔离是防止 SARS 蔓延的主要手段；动态观察分析疾病的整个病程影像学变化是正确诊断和评价临床治疗疗效的重要依据。因此如何采用有效的安全而快速的影像学检查，及时准确诊断，对 SARS 的防治起着至关重要的作用，为此我们对三种检查方法即 SCT、X 线胸片、TTM 进行了对比研究，旨在提高 SARS 的诊断及鉴别诊断水平。

材料和方法

一、一般资料　从 2003 年 3 月 10 日至 6 月 18 日对北京佑安医院感染科收治的经临床和实验室检查确诊的 111 例 SARS 患者影像学资料进行回顾性分析。全部病例均符合卫生部门的"传染性非典型肺炎临床诊断标准"及美国 CDC 制订的有关 SARS 诊断标准。其中男性 54 例（12~30 岁 24 例，31~62 岁 30 例，平均年龄 34 岁），女性 57 例（14~30 岁 22 例，31~68 岁 35 例，平均年龄 36 岁）。98 例患者发病前有与 SARS 患者的密切接触史，临床表现主要为发热 94.4%，咳嗽 92.7%，胸痛 83.3%，头痛 55.6%，腹泻 3.0%，5.6% 患者就诊时无明显状况。实验室检查：发病早期白细胞总数、淋巴细胞总数和比值下降较明显；T 细胞亚群：CD3、CD4、CD8 均下降，其中以 CD4 下降最为明显，病程 10~14 d 下降达最高峰，下降程度与病情轻重成正比。

二、检查方法　全部患者入院均进行正位 X 线胸片及 SCT 检查，并进行定期复查，X

线胸片复查间隔时间 2 ~ 3 d，SCT 为 4 ~ 6 d，随访时间为 80 ~ 90 d，TTM 检查时间从 2003 年 5 月 19 日至 6 月 18 日共 111 例 164 人次，设备置于 X 光机房，患者先完成 X 线胸片和/或 SCT 检查，马上进行 TTM 扫描。

CT 采用美国 GE 公司 Hispeed DX/I 螺旋 CT 机，首先进行常规 CT 扫描，层厚 10 mm，由肺尖到膈顶连续扫描，HRCT 采用 140 KV，180 MA，层厚 2 mm，间隔 2 ~ 4 mm，骨算法重建。X 光设备采用日本岛津公司 800 MAX 光机，热断层为贝亿集团 TSI - 21M 移动型设备，取三种体位：胸部前位、胸部后位、右前斜位。

TTM 所采集的数据中确定可比较的 CT 数据为 123 人次，X 线胸片数据为 152 人次。所有的影像均由 3 名副主任以上职称的放射科医师和生物医学专家共同判定。

结　果

一、SARS 早期影像学表现　肺内单发、多发小片状影像和大片状影像（共 28/111 例）其中肺内单发小片状影像最多见，占 85.7%（24/28），X 线胸片仅能显示 14 例，CT 检查尤其 HRCT 可清楚显示病灶形态，其中以磨玻璃影像最常见。TTM 表现为与 HRCT 相同部位的热辐射增高区，脾损伤系数逐渐上升、脊柱热辐射逐渐降低。

二、SARS 进展期影像学表现　1）单纯磨玻璃影：在动态观察过程中病变始终以磨玻璃密度影，边缘模糊，其中可见血管影，占 16.2%（18/111 例）。2）磨玻璃密度影为主并有肺实变影占 76.6%（85/111 例）；3）以肺实变影为主的影像，其中可见空气支气管气象占 7.2%（8/111 例）。TTM 则表现为与 X 线胸片特别是 SCT 显示病变部位一致的异常热辐射区和脾损伤系数异常。见表 1、表 2。

表 1　123 人次 CT 检查与 TTM 检查结果的比较（对 SARS 的诊断提示）

类别	相同诊断提示	基本相同诊断提示	不完全相同	全不同	总人次
CT	106	11	6	0	123
TTM	106	11	6	0	123
占百分比（%）	86	9	5	0	100

表 2　152 人次 X 线胸片与 TTM 检查结果的比较（对 SARS 诊断的提示）

类别	相同诊断提示	基本相同诊断提示	不完全相同	不同	诊断明确	不明确	总人次
X 线胸片	103	24	6	0		19	152
TTM	103	24	6	0	19	0	152
占百分比（%）	68	16	4		12（TTM）	12（X 线）	100

三、恢复期大部分 SARS 患者肺部表现正常或局限性肺纹理增强　本组病例中有 4 例 HRCT 发现肺纤维化，表现为肺内索条状、网状、蜂窝状影、胸膜下弧线影，小叶间隔增厚，代偿性肺气肿，患侧胸腔变小等。TTM 则表现为相应部位热辐射低下区，另有 5 例表现为单/多发胀肿空洞。TTM 表现为脾损伤指数大于 0.3，脊柱热辐射低于 0.6，热断层后可见与 CT 相同的空洞影并可鉴别其性质。

从表 1 可看出，CT 和 TTM 对 SARS 检查诊断的提示，相同者 123 例中有 106 例，占被检查人次的 86%，加上基本相同诊断提示的 11 例，共计 117 例，占 95% 以上。不完全相同的诊断中，出现在恢复期的患者占 5 例，另有一例是进展期患者，这可能由于 TTM 是一种功能影像的诊断技术，其灵敏度可能比 CT 更高的缘故所至。另外不完全相同的诊断提示仅指的是恢复程度，并没有重要提示不同。

从表2可看出，X线胸片对SARS检查的前三项占88%。因此在没有其他检查手段时，X线胸片对SARS检查仍有明确的意义，但不及CT和TTM诊断明确。

从表3可看出，从其他方面综合性来看，TTM是一种很有使用价值的技术。另外在临床检查中，TTM还可以提示患者肝、脾、肾损伤及其他疾病状况，包括乳房、胸椎、过敏状态、咽喉等。

表3　三种影像学检查方法其他特性的比较

类别	损伤性	传染危险性	检查时间	费用	污染	可移动性	耗能
CT	大	大	稍长（20 min）	高	需防护	差	30kW
X线胸片	中	大	短（5 min）	低	需防护	不良	10kW
TTM	无	小	短（5 min）	低	无	良	0.3kW

讨　论

一、SARS的X线胸片、SCT、TTM表现及病理基础　本病X线胸片及SCT（特别是HRCT）主要的影像表现可分为病变的密度、形态和分布等方面。在病变的密度上，主要为磨玻璃密度及肺实变影像。

本组研究表明：无论是病变初期还是病变进展期，磨玻璃密度病变是最常见的表现，但更多的是合并肺实变影。在病变形态上，可有局灶性多灶性斑片状、肺叶及肺段形态和大片融合状。在病变的分布上本文与其他作者观点相似，以下部肺野和胸膜下较为常见。

TTM在疾病进展期中所采集的图像和数据在病变性质、分布及诊断提示与X线胸片、SCT有较高符合率。

本病的病理改变包括肺间质和肺实质的异常，病变以间质性为主或者肺实质的异常未能使肺泡完全充实时，病变部位为磨玻璃密度影，严重的肺实质异常引起肺实变影像。TTM表现为"热辐射低下区"提示进展存在。一般认为本病的早期以间质浸润为主，病变进展后肺内开始出现实变，SARS患者发展到后期，可发生成人呼吸窘迫综合征（ARDS），基本病理改变是肺水肿，病理改变与影像表现的严重程度一致，X线胸片表现为肺野普遍密度增高。

二、SARS的影像动态观察　观察疾病的动态变化是本病影像检查的一项重要内容，这也是与一般的肺炎及其他非典型肺炎的不同处之一，SARS影像变化不仅受疾病发展的制约，一般认为还与治疗方法、治疗效果、有无基础病以及年龄、体质等有关。

本组病例中，早期小片状影像在短期内一般都进展为大片及弥漫病变，这与临床上在24~48 h病情恶化一致，两肺广泛弥漫病变反映病理上的早期ARDS可能。从局限性磨玻璃影进展为广泛磨玻璃及实变影（HRCT、X线胸片），肺的热辐射低下区（TTM）以及病变快速发展的表现，与ARDS的特点一致。病变吸收表现为肺部阴影逐渐消失。TTM则表现为肝热辐射逐渐增加，脊柱热线逐渐建立，肺部病变的"热辐射低下区"消失。恢复期部分病例可能会出现一些并发症，如肺纤维化，多发脓肿空洞形成等，HRCT检查为索条状、网状及蜂窝影像等。X线难以显示肺间质的细微结构及小空洞影，X线胸片的肺纹理变化对于肺间质纤维化缺乏特异性，此时TTM检查则可显示肺内"热辐射低下区"提示肺纤维化可能。

三、三种检查方法的比较和选择　根据临床实际应用情况及本组资料分析，X线胸片仍是本病的主要检查方法。对于临床疑似 SARS 的病人应首选 X 线胸片或 TTM 检查，但在疾病早期 X 线胸片检查有一定限度，则应及时应用 TTM 和 SCT 检查进行诊断和鉴别诊断，HRCT 可充分显示小病灶和早期病变，特别是磨玻璃密度影，TTM 则可提示肺内存在高热辐射区，以及脾损伤系数异常，脊柱热线破坏等相关依据。在 SARS 的治疗过程中，需要随时观察肺内病变的形态和范围，了解疾病的治疗效果和病情的变化，X 线胸片、TTM 是方便快捷反映疾病动态变化的主要检查方法，对于恢复期病人肺内出现纤维化的改变，X 线胸片难以发现，此时应选用 HRCT 及 TTM 检查，以便显示细微变化及肺内出现的"热辐射低下区"。

TTM 从功能影像学方面，不但可快速诊断和鉴别诊断 SARS，同时还能提示患者肺部组织损伤的程度及病情，观察治疗的疗效以及恢复期患者肺及其他脏器的恢复状况。另外还可提示患者肝、脾、肾的损伤程度，考虑到对人体的损伤性，首先用 TTM 及 X 线胸片作 SARS 筛查，然后结合 CT 进一步作鉴别诊断，包括治疗全程的监测，相互结合将是应对防治 SARS 及其他流行病的最佳医学影像技术搭配。

X 线、CT 检查的原理是基于病变和原子序数不同的组织对 X 线衰减值改变，而 TTM 则是反映细胞相对新陈代谢强度的影像学变化，三种诊断的检查方法不同，所提供的信息也不尽相同，联合使用的信息将有助于提高对 SARS 诊断的质量。

另外，提高设备的临床应用质量是一个系统工程，医师的作用是不可缺的，重要的是医师面对设备不仅是被动应用还应是主动参与发挥其应有的功能。

〔原载《香山科学会议论文汇编》2003，21–28〕

参 考 文 献

1　Wang W, MA D, Zhao D, et al. CT manifestation of severe acute respiratory syndrome and its diagnostic value, 2003

2　Nicolaou S, Al–Nakshabandi NA, Muller NL. SARS: imaging of severe acute respiratory syndrome. AJR, 2003, 180: 1247–1249

3　Liu Z Q, and Wang C. Method and apparatus for thermal radiation imaging. Technical Report 6, 023, 637, United States Patent, 2000

4　阎新华. 开创预测医学新纪元. 科技日报. 2002–03

5　Hairong Q, Kuruganti P T, Liu Z. Early Detection of Breast Cancer using Thermal Texture Maps 2002 IEEE International Symposium on Biomedical Imaging, 2002

6　Nicholas A. Diakides Advances in Medical Infrared Imaging. IEEE EMB, 2002, 21 (6), 32

The Diagnostic Value of CT, X–ray and TTM in SARS

WANG Wei, ZHAO Chun–hui, WU Hao, et al.

(Department of Radiology, Beijing Youan Hospital, affiliated to
Capital University of Medical Sciences, Beijing 100054, China)

The imaging manifestation of spiral computer tomography (SCT), chest X–ray, and MMT were evaluated to improve the diagnosis of SARS and the ability of differential diagnosis. SCT, chest X–ray, and TTM were performed in 111 SARS patients hospitalized from March 10 to June 18. The interval of re – examination was 2 – 6 days and the follow – up observation was 80 – 90 days. The results were as follows: The lesion was located in the low field of the lung in the early stage of SARS. Solitary or multiple focal infiltrative lesions were seen in 48% (53/111) patients in chest X – ray. Imaging manifestation of CT in initial stage demonstrated solitary or multiple patches of infiltration density, especially ground – glass – like density, and in progressive stage demonstrated extensive ground – glass – like density or consolidation. Imaging manifestation of TTM demonstrated high calorediance in the site consistent with CT. The calorediance of liver was lower than the spleen and higher than the spine. Chest X – ray is the basic method useful to the diagnosis SARS. TTM could not only reflect the state of the body's function, but also suggest the lesion's form, position, and changes of the patient's condition. TTM combined with X – ray or SCT can obviously improve the diagnosis of SARS and the ability of differential diagnosis. Chest X – ray should be examined firstly to suspected SARS patients, but in the early stage in which chest X – ray's role is limited, SCT and TTM should be applied in time to assist the diagnosis and differential diagnosis. Through the comparison, we think CT, X – ray and TTM combined mutually is the optimal application of medical imaging technique which is helpful to the diagnosis of SARS.

297. EBV-LMP2 基因密码子优化对其蛋白表达及免疫效果的影响

中国疾病预防控制中心病毒病预防控制所肿瘤室 左建民 周 玲 王 琦 曾 毅

〔摘 要〕 为了研究对 EBV – LMP2 基因按照真核密码子偏好进行密码子优化后，对其在真核细胞蛋白表达水平以及引发细胞免疫能力的影响，我们对 EBV – LMP2 基因进行了完全改造，并构建了改造前后的 Psectag/LMP2 重质粒，通过瞬时转染 COS – 7 细胞检测其蛋白表达并进行了小鼠的 DNA 疫苗实验。结果表明，改造后的 LMP2 基因在真核细胞中的表达未见大幅提高，同时引发细胞免疫的能力也没有明显上升。结果提示，我们单纯按照密码子的偏好来改造基因并不一定能使蛋白的表达量和引发免疫反应的能力提高。

〔关键词〕 密码子优化；LMP2；瞬时转染；CTL

EBV 与很多人类肿瘤相关，包括由于免疫抑制引起的免疫增生型淋巴瘤、Burkitt's 淋巴瘤、鼻咽癌（NPC）、何杰金氏病（HD）和多种 T 细胞淋巴瘤。尽管在这些肿瘤的病因学中，EBV 的准确功能并不十分清楚，但在肿瘤细胞中这个病毒的存在提供了一个 CTL 为基础治疗的潜在靶位。EBV – LMP2 基因则是 EBV 相关肿瘤，尤其是鼻咽癌免疫治疗很重要的一个靶基因。蛋白的表达水平和其引起的免疫反应直接相关，而蛋白的表达水平则与密码子的偏好有很大关系。很多文献也报道了基因改造成功的例子。因此我们就对 EBV – LMP2 基因按照真核密码子偏好进行了基因的改造，并观察这种方式是否能够提高 LMP2 蛋白的表达并从而引发更有效的细胞免疫。

材料和方法

一、**实验材料** 包含 EBV – LMP2 基因的 pMD18T – LMP2，真核表达载体 pSectag2B，真核表达质粒 pCDNA3.1 – LMP2 为本室保存。COS – 7 细胞，P815 细胞为本室保存。LMP2 单抗为英国伯明翰大学 Rickinson 教授惠赠。HRP 标记羊抗小鼠、大鼠 IgC 购自北京中山生物技术公司。各种限制性内切酶、T4DNA 连接酶、Taq 酶及其他工具酶购自 TaKaRa 公司。脂质体转染试剂盒 Lipofectamine™Reagent 购自 Invitrogen 公司。质粒大量提取试剂盒购自 Qiagen 公司。淋巴细胞分离液购自 Pharmacia 公司。乳酸脱氢酶检测试剂盒 "CytoTox96™Non Radioactive – Cyto – toxicity Assay" 购自 Promega 公司。BALB/c 小鼠，6～8 周，购自中国医学科学院动物中心。

二、**方法**

1. EBV – LMP2 基因的改造：按照真核密码子的偏好改造 LMP2 基因，表 1 显示了两种统计所得的高表达的真核基因其密码子使用频率以及 LMP2 改造前后密码使用情况，改造基本上按照剔除密码子使用频率最低的情况，将其更换为高频密码子；保留部分次高频使用的密码子；N 端的密码子全部按最高频密码子修改；保持其全部氨基酸不变的原则来改造。基因在上海生工生物工程技术服务有限公司合成，命名为 POL（改造前为 PL），合成以后采用 EcoR Ⅰ，Xho Ⅰ克隆至 pUC18 – T 载体上（pUC – POL），并反复测序正确。

表 1　两种统计所得的高表达的真核基因其密码子使用频率以及 LMP2 改造前后密码使用情况

			1[1]	2[2]	Wt	Syn				1	2	Et	Syn
A	Ala	C	53	29.1	13	38	P	Pro	C	48	20.0	9	21
	GC	T	17	19.6	13	5		CC	T	19	15.5	6	4
		A	13	14.0	14	5			A	16	14.6	14	6
		G	17	7.2	8	0			G	17	6.5	5	3
R	Arg	C	37	11.3	4	14	L	Leu	C	26	19.9	19	5
	CG	T	7	4.7	3	0		CT	T	5	10.7	16	0
		A	6	5.4	1	0			A	3	6.2	13	0
		G	21	10.4	3	1			G	58	42.5	26	89
	AG	A	10	9.9	5	1		TT	A	2	5.3	4	0
		G	18	11.1	3	1			G	6	11.0	16	0
N	Asn	C	78	22.6	8	13	K	Lys	A	18	22.2	1	0
	AA	T	22	16.6	7	2		AA	G	28	34.9	2	3
D	Asp	C	75	29.0	8	14	F	Phe	C	80	22.6	10	16
	GA	T	25	21.7	6	0		TT	T	20	15.8	9	3
C	Gys	C	68	14.5	11	13	S	Ser	C	28	17.7	4	2
	TG	T	32	9.9	4	2		TC	T	13	13.2	13	3
Q	Gln	A	12	11.1	9	2			A	5	9.3	6	0
	GA	G	88	33.6	1	8			G	9	4.2	4	0
E	Glu	A	25	26.8	9	2		AG	C	34	18.7	5	35
	CA	G	75	41.4	6	13			T	10	9.4	8	0
G	Cly	C	50	25.4	20	39	T	Thr	C	57	23.0	9	27
	GG	T	12	11.2	6	0		AC	T	14	12.7	8	3
		A	14	17.1	8	1			A	14	14.4	11	2
		G	24	17.3	8	2			G	15	6.7	4	0
H	His	C	79	14.2	3	3	Y	Tyr	C	74	18.8	11	16
	CA	T	21	9.3	0	0		TA	T	26	12.5	7	2
I	lle	C	77	24.3	5	20	V	Val	C	25	16.3	6	2
		T	18	14.9	14	3		CT	T	7	10.4	10	0
		A	5	5.8	4	0			A	5	5.9	6	0
									G	64	30.9	11	31

2. 表达质粒的构建和鉴定：分别用 *EcoR* Ⅰ、*Xho* Ⅰ从 pUC – POL 载体上切下 POL 片段以及 *Pst* Ⅰ、*Xho* Ⅰ从 pMD18T – LMP2 切下 PL 片段，酶切片段按 DNA 回收试剂盒说明书回收，然后与相同双酶切的 pSectag2B 载体相连。连接产物转化感受态大肠埃希菌，挑取单克隆，扩大培养后提取质粒酶切鉴定。

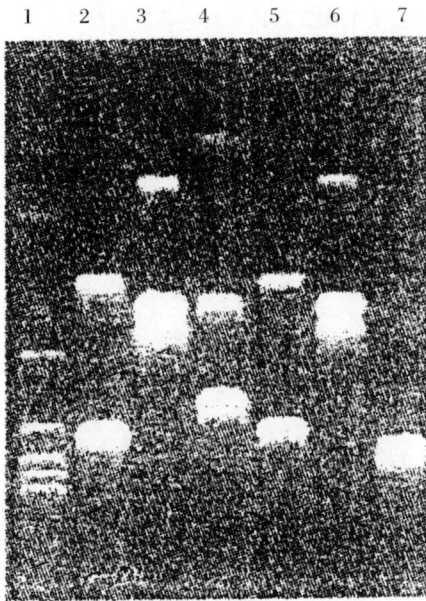

1：DL 15 000 Marker；2：pSectag2B – POL/*EcoR* Ⅰ + *Xho* Ⅰ；3：pSectag2B – POL/sal Ⅰ；4：pSectag2B – POL/*Sma* Ⅰ；5：pSectag2B – PL/*Pst* Ⅰ + *Xho* Ⅰ；6：pSectag2B – PL/*Sal* Ⅰ；7：pSectag2B – PL/*Sma* Ⅰ

图 1　重组质粒限制性内切酶分析

3. 瞬时转染检测在真核细胞的表达：鉴定正确的表达质粒按转染试剂说明书转染 COS – 7 细胞，转染 72 h 后，刮刀刮取细胞，离心收集并用 PBS 洗涤。然后在冰冷的 RIPA 缓冲液中裂解过夜，并加入适量电泳上样缓冲液，煮沸处理后进行 SDS – PAGE 电泳。电泳结束后，采用半干电转印设备转印至 PVDF 膜。封闭后分别与一抗和二抗孵育，最后 DAB 显色。

4. 动物免疫实验：选用 6 ~ 8 周的 BALB/c 小鼠，分 3 组，每组 5 只。每组分别肌内注射空载体 pSectag2B、pSectag2B – PL、pSectag2B – POL。8 周取小鼠脾淋巴细胞，采用乳酸脱氢酶法检测 CTL 杀伤率。

5. 免疫鼠血清中 LMP2 抗体的检测：以 pCD-NA3.1 – LMP2 转染的 PS15 细胞涂片（P815 – LMP2）作为阳性抗原片，间接免疫荧光法检测免疫小鼠血清中的 LMP2 抗体。

结　　果

一、表达质粒的鉴定　pSectag2B – POL 分别用 EcoRI + *Xho* Ⅰ、*Sal* Ⅰ、*Sma* Ⅰ，pSectag2B – PL 分别用 *Pst* Ⅰ + *Xho* Ⅰ，*Sal* Ⅰ、*Sma* Ⅰ酶切进行鉴定（图1），所切得的片段与预期结果一致，说明克隆是正确的。

二、采用 Westen blot 进行对瞬时表达进行确证　以大鼠抗 LMP2 单抗为一抗，HRP 标记羊抗大鼠 IgG 作为二抗进行蛋白印迹检测，结果显示，作为阴性对照的未处理 COS – 7 细胞无特异性条带，而 pSectag2B – PL，pSectag2B – POL 转染的 COS – 7 细胞在相对分子质量 50 000 处出现了特异性条带（图2略），但两条带未见明显区别，未见改造后的 LMP2 表达有明显上升。

三、小鼠 CTL 实验　通过免疫小鼠的 CTL 实验可以看出，pSectag2B – PL、pSectag2B – POL 免疫的小鼠均可以有效地激发特异性 CTL 反应，但未能见改造后的 LMP2 基因所引发的

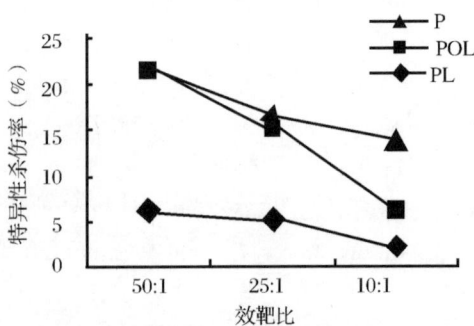

图3　小鼠 CTL 实验

CTL 有明显提高（图 3）。

四、免疫小鼠血清中 LMP2 抗体的检测 用 P815 – LMP2 细胞涂片以及间接免疫荧光的方法检测结果显示，pSectag2B – PL、pSectag2B – POL 免疫的小鼠均可以诱导体液免疫，抗体滴度均是 10∶1。

讨　论

研究显示，无论是在原核细胞还是真核细胞的基因中，同义密码子的使用都不是随机分布的。对密码子使用模式进行系统的分析后可以看到[3]，几乎所有同义密码子家族都会出现对 1 个或 2 个密码子的偏好。而且某些密码子在所有的基因中都频繁使用，而与蛋白质本身在细胞内的丰度无关。高表达的基因与低表达基因相比，显示了较高水平的密码子偏向。同义密码子使用的频率往往反映了与他们同源的 tRNA 的丰度。在这些研究的基础上，很多科学家对他们感兴趣的蛋白进行了基因改造，也获得了很多成功的尝试，包括真核细胞的蛋白在原核系统中的表达[4]，以及真核蛋白在真核系统中的表达[5]等等。但蛋白质的表达并不单单与密码子的使用相关。目前尚没有通用，而且明确的规则去预测是否低使用频率的密码子影响了蛋白质翻译的效率。还有其他许多因素会影响蛋白质的表达，比如很关键的 mRNA 的二级结构问题等。

EBV – LMP2 基因是 EBV 相关的肿瘤基因治疗的靶基因，而能够引发高而且特异的 CTL 反应对肿瘤的治疗是关键的，我们已经构建了包含 LMP2 基因的重组腺病毒[6]，转染 DC 后进行了一系列体内体外实验，取得了很好的结果，目前正在尝试进行临床实验，因此如果能通过基因改造提高蛋白的表达量将会对我们的实验有很大帮助。通过对 LMP2 基因的分析，我们发现稀有密码子的存在十分普遍，于是对 LMP2 基因进行了全面改造，消除了所有稀有密码子。很多文献报道，N 端对于蛋白的表达十分重要，因此，我们在 5' 端全部使用最高频率的密码子，GC 含量从改造前的 52.28% 上升至改造后的 66.67%。在 COS – 7 细胞中的瞬时转染结果以及 DNA 疫苗免疫小鼠的 CTL 实验结果显示，改造后的 LMP2 蛋白表达以及引发细胞免疫的能力保持了原来的水平，未见明显提高，提示单纯依据密码子的偏好去对基因进行改造并不一定能够提高蛋白质的表达和免疫源性，基因改造并不适用于所有的基因。

〔原载《现代免疫学杂志》2004，24（4）：301 – 304〕

参 考 文 献

1　Cherry M. Codon usage and frequency of codon occurrence. M Current protocols in molecular biology. John Wiley & Sons, Inc. New York. NY, 1992, A1. 8

2　Nakamura YK. Wada H. Doi S. et al, Codon usage tabulated from the international DNA sequence databases. Nucleic AcidsRes. 1996, 24：214

3　de Boer HA. Kastelein RA. Biased codon usage：an exploration of its role in, optimization of translation. Maximizing gene expression. Bullerworths Boston. 1986, 225

4　Hernan RA, Hui HL. Andracki M. el al. Human hemoglobin expression in *Escherichia coil*：importance of optimal codon usage. Biochemistry, 1992, 31：8619

5　Stefanie A. Brian S. Josef E. el al. Increased immune response elicited by DNA vaccination with a synthetic *gp*120 sequence with optimized codon usage. J Virol, 1998, 72：1497

6　左建民，周玲，王琦，等. 含 EBV-LMP2 基因重组腺病毒疫苗的构建及其诱导 CTL 应答的初步探讨. 中华微生物学和免疫学杂志. 2003, 13：446

The Influence of Gene Codons Optimization of LMP2 on the Protein Expression and Immunogenic Character

ZUO Jian – min, ZHOU Ling, WANG Qi, ZENG Yi

(Institute for Viral Disease Prevention and Control, China CDC, Beijing 100052, China)

To observe the influence on the protein expression level in mammalian cell and the ability to elicit cell immunity of EBV – LMP2 gene after its codons were optimized according to mammalian codon bias, the gene of EBV – LMP2 was fully modified, and the plasmids Psectag/LMP2 containing two genes were constructed. The protein expression level was detected by transient transfection in COS – 7 cell, at the same time the DNA vaccines were inoculated into mice. The results showed that the protein expression level was not elevated markedly, and the ability to elicit cell immunity was not enhanced too. This result suggests that the method to modify gene simply according to codons bias can not always elevate the protein expression level and improve the immunogenic character.

[Key words] Codon optimization; LMP2; Transient transfection; CTL

298. 宣传教育与干预是遏制艾滋病流行最有效的手段

中国预防性病艾滋病基金会 曾 毅 许 华

[关键词] 艾滋病；流行病学；宣传教育；预防

艾滋病流行情况

一、部分国家艾滋病流行情况 自 1981 美国报告首批艾滋病例以来，艾滋病在全世界流行已有 23 年，至今不仅没有减缓之势，而且日益猖獗，在某些地区已到了失控的地步。艾滋病已经变成人类前所未有的最具毁灭性的疾病，也成为联合国安理会的核心问题。据联合国艾滋病规划署和世界卫生组织新的估计，自艾滋病流行以来，截至 2003 年 11 月底，全球共发生艾滋病毒感染者和艾滋病患者已超过 7000 万人，死亡 3000 万人，现在活着的艾滋病毒感染者和艾滋病患者 4000 万人（其中妇女近 2000 万，小于 15 岁的儿童近 300 万），这个数字比 1991 年世界卫生组织预测的数字高 50% 还多（联合国的专家认为，目前的情况处于大流行的早期）。这些感染者和病人 95% 在发展中国家。大多数的人不知道他们已经感染了艾滋病毒。数百万的人对此一无所知或对于如何保护自己免受感染知道甚少。据联合国艾滋病规划署的预测，在被侵袭最严重的 45 个国家，从 2000 年到 2020 年将有 6800 万人死于艾滋病。而最近美国国家情报委员会（NIC）预测，到 2010 年印度、中国、俄罗斯、埃塞俄比亚和尼日利亚五个第二浪潮国家的艾滋病毒感染者的人数有可能高达 5000 万 ~ 7500 万。

二、中国艾滋病流行情况 我国艾滋病流行的形势也不容乐观。事实证明，艾滋病毒早于1982年随着进口的因子Ⅷ传入中国，1983年首次感染了中国大陆公民，我们从1984年开始进行艾滋病的血清学检查。1985年一个美国籍的阿根廷艾滋病患者来中国旅游，在上海发病，到北京死亡。1989年首先在云南发现经静脉注射吸毒的艾滋病毒感染者。1994年下半年发现大量供血者感染艾滋病毒。从此以后，艾滋病迅速传播到全国。截至2003年6月全国累计报告艾滋病毒感染者和艾滋病患者为5092例，其中患病3532例，死亡1800例，这个数字远远低于实际数字。据专家估计到2003年6月底现有活着的艾滋病毒感染者约84万，其中艾滋病人8万，虽然从整体上来说，我国目前艾滋病仍处于较低的感染率或称低发阶段。但从专家估计的我国艾滋病毒感染者的总数上来看，我国在西太平洋地区占第1位，在亚洲占第2位（次于印度），在全球占第13位。而且，自1994年以来，我国的艾滋病传播的速度加快，疫情逐年大幅度上升，从报告的数字来看，1994年是1993年的两倍，1995年是1993年的5.7倍，到1998年则比1993年上升了11倍之多，2001年与2000年比，又较上一年增长58.30%，上升的速度居世界前列，这意味着我国已进入了快速增长期。

三、中国艾滋病发病情况 目前全球艾滋病流行仍很猖獗未见尽头，周边国家的艾滋病迅速蔓延，我国艾滋病的流行形势严峻。国内性病病例逐年增多，性病和艾滋病存在密切关系，性病可促进艾滋病毒的传播，患有性病感染艾滋病毒的危险性增加1.5～18.2倍。截止到2000年底，全国报告性病新发病人数为859 040例，专家估计全国性病实际人数为600万。流动人口不断增多，人们性观念和性行为改变，性乱人群没有减少，同性恋者活跃并处于隐蔽状态，使用避孕套的比例很低（9.1%），而感染率却在上升。吸毒、贩毒及妇女暗地卖淫问题遍及全国各地；而人们预防艾滋病的知识普遍缺乏。据专家预测，如果采取的措施不力，到2010年，我国的艾滋病毒感染者和病人将达到1000万。我国面临严峻的挑战，与艾滋病的斗争已到了关键的时刻。

国外预防和控制艾滋病流行的经验和教训

一、联合国关于艾滋病的预防与教育 2001年，联合国《关于艾滋病毒/艾滋病问题的承诺宣言》指出："确认预防感染艾滋病毒必须成为国家、区域和国际社会遏制艾滋病对策的支柱"；"无论一个国家的艾滋病感染率如何，在艾滋病预防上的投入都可以避免无数的人承受艾滋病带来的痛苦，并且减少艾滋病给社会和发展带来的后果。艾滋病感染率的上升只有通过大规模的预防才能降低"。近几年来，原来艾滋病严重流行的乌干达、赞比亚、塞内加尔、泰国和柬埔寨等国以及那些高收入国家大力开展预防与干预，特别是广泛的宣传教育等活动的成功经验显示综合的艾滋病预防工作是有效的。

二、英国对艾滋病的预防与干预 为了应对艾滋病，迅速普及预防艾滋病知识。英国在1986年，从中央到地方专门成立健康教育机构，迅速普及了预防艾滋病知识。把预防艾滋病的小册子送到每家每户，真正做到了家喻户晓。电影、电视台的宣传更是铺天盖地，每天都在宣传预防艾滋病的知识。

三、澳大利亚对艾滋病的预防与干预 澳大利亚投资非政府组织发动全社会开展了多方位、覆盖广、深入持久的宣传教育运动，并取得了良好的效果。澳大利亚艾滋病的宣传教育做得最好，他们发动非政府组织一起参与，动员全国做宣传教育。结果新发现艾滋病毒感染者减少，同性恋的人群当中，原来有10%的人感染艾滋病毒，现在感染减少到1%；注射毒品的吸毒者艾滋病毒感染率原来约占 3% 左右，现在也下降很多；还编了一个《性工作者》的杂志，告诉读者如何预防，不被艾滋病毒感染。妓女的感染率已经很少。

四、泰国对艾滋病的预防与干预　泰国自 1988 年报告约 10 万人感染艾滋病毒，到 1991 年、1992 年增加到 50 万~60 万，后来，泰国政府总理带头，协调各部门，全民参与宣传教育，采取各种干预措施。每天在电视中都播放艾滋病预防控制知识。目前，泰国娼妓的人数减少了，使用避孕套的人数上升了，性病在不断下降，艾滋病毒感染率也有所下降。联合国艾滋病规划署认为，泰国开展积极广泛的宣传教育和干预工作很有成效，自采取宣传教育与干预措施，10 多年来全国减少了 600 万人被艾滋病毒感染，表现出艾滋病流行的"自然"进程可以被改变。目前泰国艾滋病流行情况与预测见图 1。

五、柬埔寨对艾滋病的预防与干预　柬埔寨在 20 世纪 90 年代是亚洲艾滋病流行最严重的国家，近年来政府采取有力的预防干预措施，有效地控制了艾滋病的流行。由于多方面参与艾滋病防治项目，这既包括广泛开展宣传教育运动、100% 的安全套使用项目也包括减少歧视和减少人群易感性的步骤。主要城市中孕妇的艾滋病毒感染率从 1997 年的 3.2% 下降为 2000 年底的 2.7%。在 2001 年，艾滋病毒的感染率也由 1999 年的 4.04% 下降到 2001 年的 2.7%；该国采取的另一项措施，即是政府在进行形势分析的基础上制定并颁布了一个新的全面的艾滋病防治战略规划。现在艾滋病防治工作已经整合到包括国防部在内的几个部门的战略规划之中。使其成为能够在全国范围内实施成功的项目，并能解决一些棘手的问题，如令人一直担心的血液安全问题。

六、乌干达对艾滋病的预防与干预　乌干达的宣传教育也非常成功，乌干达政府在 1990 年就对公众进行艾滋病宣传，使原来孕妇携带艾滋病毒率由 20%~30% 下降到 1996 年 5%~10%，成效显著。

七、南非艾滋病的流行情况及早期干预　20 世纪 90 年代初，南非的艾滋病毒感染水平还跟在邻国后面蹒跚而行，艾滋病毒感染率仅为 0.7%。其周边一些邻国则高达 10% 以上。但是，由于人口流动，经济开发，特别是金矿的开采，大批来自各地及邻国的劳工来到矿区，吸毒、卖淫嫖娼和性乱泛滥，更加速了该国艾滋病的流行，而该国政府忽视预防与对高危人群的干预措施，感染人数急剧上升每年大约新增 70 万，将近十年的时间该国年人口的 20% 以上，占整个非洲大陆新感染者的 1/6，成为全球感染人数最多的国家。

艾滋病 1990－2001 年在泰国和南非的流行及早期干预的影响见图 2。

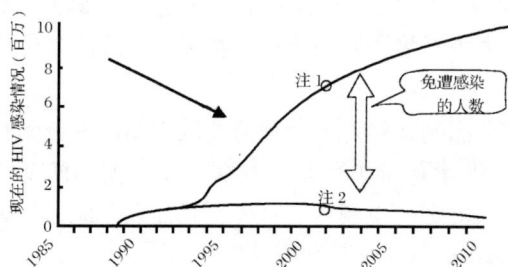

注1：不进行宣传教育与干预，感染人数要达 700 多万
注2：进行宣传教育和行为干预后，感染人数降到 100 万以下

图 1　泰国目前艾滋病的流行情况与预测

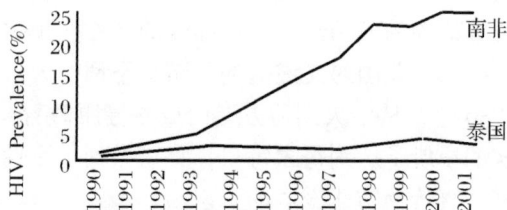

**图 2　艾滋病 1990－2001 年在泰国和
南非的流行及早期干预的影响**

八、东欧和中亚地区艾滋病毒感染情况

东欧和中亚地区在 20 世纪 90 年代仅有艾滋病毒感染者 3 万人。由于忽略预防工作，不到 10 年的时间上升到 150 万人，成为全球增幅最大、增速最快的地区。最近世界银行公布的数据显示，这两个地区防治力度，几乎无济于事。该行指出，要遏制这两个地区艾滋病蔓延的势头，必须在近 3 年内投入 15 亿美元的专项资金。

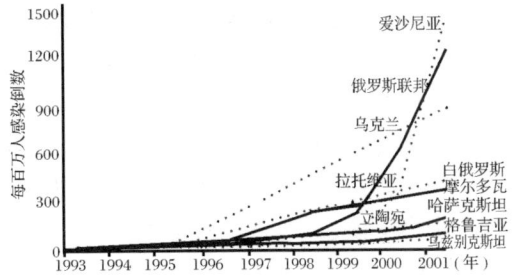

图 3　东欧和中亚一些国家
艾滋病毒感染者累积报告数

九、西欧艾滋病治疗及预防情况

西欧自 20 世纪 90 年代中期开展高效抗逆转录病毒治疗之后，艾滋病死亡人数大幅下降，从 1996 年的 2 万多例下降到了 3500 例。但是由于放松预防工作，仅 2003 年就有 34 万人感染艾滋病毒。

我国艾滋病防治现状和存在的主要问题

一、中国政府为防治艾滋病做了大量工作　成立了国务院艾滋病防治协调会议及其办公室，颁布了相关法规《中国预防与控制艾滋病中长期规划》和《中国遏制和防治艾滋病行动计划》等，加大了宣传教育和干预的力度及投入，中央财政也增加了对防治艾滋病的投入，从 500 万、1500 万、增加到 20 多亿元，其中 12.5 亿元拿来改善血液的安全供应，经采供血传播的途径已基本得到控制，10 亿元中每年 1 亿元用于做艾滋病防治的工作。最近卫生部常务副部长高强代表中国政府作出五项承诺。

1. 增强政府的责任：中国政府将艾滋病防治工作作为一项重要工作任务，明确目标，落实责任，加强考核、监督和检查。对因工作不力，造成艾滋病扩散的，追究政府有关人员的责任。

2. 中国政府承诺加强为经济困难的艾滋病患者免费提供治疗药：城市，对艾滋病患者中的低收入者，由国家免费提供治疗药物。在农村，国家免费为农民提供治疗药物。同时，中央和地方政府投资 100 多亿元，加强传染病医疗救助体系建设，建立艾滋病防治专业技术队伍。

3. 完善法律法规建设：加强对危险行为的干预和预防宣传工作。

4. 保护艾滋病病毒感染者和患者的合法权益，反对社会歧视：在全国建立 127 个艾滋病综合防治示范区，对艾滋病患者采取抗病毒治疗、人文关怀、生活救助等综合防治措施。政府对贫困的艾滋病人患者予经济救助，对其子女免收上学费用。

5. 积极开展国际合作：十多年来，中国的民间组织也在不断壮大，协助政府做了大量的工作：开展了宣传教育和在高危人群中的干预工作以及对艾滋病毒感染者/艾滋病患者进行关爱和治疗等。

二、中国艾滋病防治工作中存在的问题

1. 对艾滋病严重危害认识不足：一些地方的领导对艾滋病的流行形势估计不足，对艾滋病危害的严重性缺乏认识，把艾滋病的宣传与改革开放对立起来，有的甚至认为艾滋病是由于吸毒、卖淫、嫖娼等不良行为引起的，应由他们自己负责。因而没有把预防艾滋病列入

议事日程，导致规划和计划未能全面贯彻，2002 年的目标几乎没有达到。

2. 对艾滋病防治投入不足：现在国家每年投入只有 1 亿元，对于我们近 13 亿人口的一个大国来说，每人每年不到 0.08 元人民币，而且真正用于宣传教育和干预的比例很小，往往将经费用在基建和治疗方面，而用到基层和农村更是微乎其微。

3. 对预防艾滋病的宣传教育重视不够：表现在：①全面、广泛地进行宣传教育重视不够；即使开展也主要在城市地区进行，在真正需要的农村地区却很少开展。农村地区人口艾滋病知识贫乏，未听说过艾滋病的占 13.4%，不能正确回答有关艾滋病治疗、预防和传染问题的人分别为 57.7%、32.5% 及 19.8%，艾滋病知识的知晓率 46.7%，误认为各种日常生活接触能传播艾滋病的比例为 10%30% 左右；②经常、持久的宣传教育重视不够：预防艾滋病的宣传教育每年只在 12 月份进行，其它时间很少开展；③讲究实效没有得到很好落实。有些单位和地区每年到了 12 月 1 日进行宣传，在单位门口挂条标语，摆张桌子发发传单，形式简单，有的过路人不愿要传单；有的部门发的材料只是一条口号，没有具体内容，到了农村很多人理解不了。由于上述原因致使预防艾滋病的安全行为难以推广，错误对待艾滋病感染者和患者的行为难以消除。

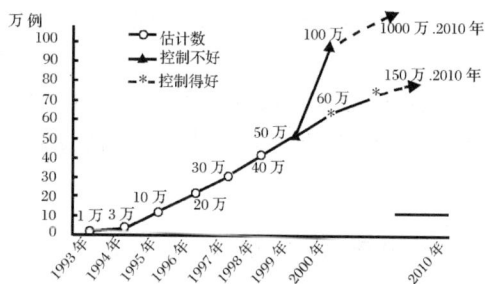

图 4　1993～1999 年艾滋病病毒感染者估计数和 2010 年艾滋病病毒感染者预测数

宣传教育与干预是遏制艾滋病流行最有效的手段

艾滋病不只是医学问题，它已经是一个严重的社会问题。目前，艾滋病既无可预防的疫苗，也没有可治愈的药物。宣传教育和行为干预就是最好的"疫苗"。当前，国际上控制艾滋病流行的六大成功经验中最主要的一条是对公众进行宣传教育和干预；干预措施包括：避孕套的广泛使用，规范的性病治疗及管理；对静脉吸毒人群的针具交换；对吸毒者进行美沙酮的代替疗法；对孕妇的治疗等。

一、中国要控制艾滋病关键在领导　从全国来讲，艾滋病能否被阻止，各级政府和社会团体都有责任。如果政府领导不重视，艾滋病是不能从根本上得到控制的。我们认为目前的当务之急是：

提高对艾滋病危害严重性的认识　现在艾滋病已成为全球一个政治问题。联合国《关于艾滋病毒/艾滋病问题的承诺宣言》指出："深切关注艾滋病毒/艾滋病蔓延全球，其范围极广，影响极深，造成全球紧急状况，是对人的生命和尊严以及切实享受人权的一个最严重的挑战，破坏世界各地的社会和经济发展，影响到社会各个层次，国家、社会、家庭和个人"；美国总统布什也确认："艾滋病已成为构筑全球安全的一个重要方面"。联合国提出"全球危机全球行动"。艾滋病的流行已给我国的国计民生带来一定的影响，在局部地区不仅是人民的生命攸关问题，而且已影响到社会安定。遏制艾滋病在我国的流行必须提到贯彻落实党的十六大提出的"达到全国小康"的战略思想的高度来认识。如果任凭艾滋病蔓延，那么国民生产总值的增长就不是 7.8%，而是下降或负增长，改革开放几十年的辉煌成就将毁于艾滋病的流行，我国将再一次面临民族生死存亡的严重挑战。当前遏制艾滋病流行最重要的手段就是预防和干预。而宣传教育就是做好预防为主与干预的基础和关键。

二、全面持久讲求实效地开展预防艾滋病的宣传教育活动 首先是要全民动员，动员社会各界，特别是高层领导和社会知名人士积极参与预防艾滋病的宣传教育工作，形成一个全民总动员的局面。要把重点放到农村地区各类人群，尤其是流动人口的艾滋病健康教育。现在吸毒、卖淫、卖血的艾滋病毒感染者/艾滋病患者70%~80%在农村，如果不对农村广大群众进行健康教育，他们就不能掌握必要的预防知识，也就不知道怎样去预防，中国的艾滋病就很难达到有效控制。社会上许多人对艾滋病患者抱着歧视态度，这说明人们并没有感到有责任关爱艾滋病患者，人群对艾滋病恐惧，就是因为宣传教育做得不够。

预防艾滋病的宣传既要关注高流行区，也要贯彻"预防为主"的方针，关注低流行区。宣传的方式要多样化，要有针对性，讲究实效。具体方法可以借鉴国内外较成功的经验，如开展参与农村艾滋病健康促进活动，在流动人口流出地，请返回的人来培训将要流动的人群，运用流动交通工具（火车、船、汽车）对正在流动的人群进行宣传教育。

三、加大对艾滋病预防干预，特别是宣传教育的投入 联合国艾滋病规划署最近发布了一个材料，指出为了遏制艾滋病的流行，提出每年必须投入100亿美元（大约人均1.3美元），或者为每一个被预防感染者付出1000美元，这将减少大约3000万人感染艾滋病，而且比在他们得病后所花的费用省得多，香港地区早在1992年就拨出3亿5千万港元作为艾滋病基金（人均58港元）。据报道，泰国每年投入近1亿美元（大约人均1.3美元）。山东省潍坊市开展的艾滋病预防干预所用的经费，大约人均1.5~2元人民币。据初步测算，如果我国在近年内能加大投入，对每个人进行一遍预防艾滋病的教育，只需20亿~30亿人民币。其效果可使大约500万~600万人避免感染艾滋病毒。这比全球所花的费用节省大约700亿人民币。如果与600万感染者和患者的治疗费用以及所造成的损失比，则可节省数千亿元人民币。因此，我们建议，中央政府、各级地方政府、国内外团体共同努力，3年内募集20亿~30亿元人民币，在全国特别在农村地区和青少年中开展预防艾滋病的宣传教育和行为干预活动。

四、贯彻落实行为干预措施 为了保障人民的健康，国务院授权卫生部负责，认真贯彻落实国家"行动计划"中关于控制高危吸毒行为和性行为传播艾滋病的各项措施，要把干预试点工作的成功经验尽快推广应用，并尽快形成大范围开展有效干预措施的局面，以便控制艾滋病在高危人群中流行以及从高危人群向一般人群扩散。

总之，中国政府现在正在开展127个县的以医疗为中心开展宣传教育和干预，这是很好的。但最好在2~3年内能在全国普遍开展，才能有效地控制艾滋病在我国的流行。

〔原载《医药论坛杂志》2004，25（1）：1-6〕

299. 嵌合人/牛免疫缺陷病毒 cDNA（pHBIV-2）传染性克隆的构建及其生物学活性

北京工业大学生命科学与生物工程学院　杨怡妹

中国疾病预防控制中心病毒病预防控制所　陈国敏　曾　毅

南开大学生命科学学院　陈启民　耿运琪

〔摘　要〕　为探讨牛免疫缺陷病毒（BIV）Tat 能否在功能上取代 HIV Tat，构建用 BIV *tat* 取代 HIV *tat* 的嵌合人/牛免疫缺陷病毒（pHBIV-2）cDNA，将其转染人源 MT_4 细胞。PCR、RT-PCR 法检测到嵌合基因组在 MT_4 细胞中可稳定地存在并转录；套式 Alu-PCR 法检测到嵌合基因组可整合到细胞基因组中；RTase 活性测定及 IFA 检测显示，嵌合基因在 MT4 细胞中得到了翻译。结果表明，HIV 的 *tat* 基因用 BIV *tat* 取代后产生的传染性 cDNA 克隆，仍能在人源 MT_4 细胞中产生有复制性的重组病毒。

〔关键词〕　人免疫缺陷病毒；牛免疫缺陷病毒；反式激活因子；MT_4 细胞

牛免疫缺陷病毒（bovine immunodeficiency virus，BIV）和人免疫缺陷病毒（human immunodeficiency virus，HIV）同属于逆转录病毒科慢病毒属，二者在基因结构上具有良好的对应关系[1]。HIV 可以引起人类致死性疾病艾滋病；而 BIV 感染牛后通常仅引起轻微的亚临床疾病，并且现有的研究认为 BIV 不能感染人或人细胞[1]。HIV、BIV 的调节基因 *tat* 编码反式激活因子 Tat，可以使病毒 mRNA 水平升高 100 倍[2]，在病毒复制中起了十分重要的作用，但二者的作用机制存在差异[3]。为探讨 BIVTat（bTat）能否在功能上取代 HIV Tat（hTat），用 BIV *tat* 取代 HIV *tat*，构建嵌合人/牛免疫缺陷病毒 cDNA（pHBIV-2），将其转染人源 MT_4 细胞，并对该嵌合克隆的转录、翻译、表达能力及能否产生复制性病毒进行了初步研究。

材料和方法

一、质粒和细胞株　$pHXB_2$ 质粒、pBluescript SK（+）载体（pBS）和 MT_4 细胞由中国疾病预防控制中心病毒病预防控制所肿瘤病毒与艾滋病毒实验室保存。$pBIVR_{29-127}$ 质粒由南开大学生命科学学院提供。

二、主要试剂　Taq 酶、T_4DNA 连接酶、各种限制性内切酶购自 TaKaRa 公司。脂质体转染试剂 DMRIE-C、TRI_{ZOL} RNA 购自美国 Invitrogen 公司。反转录酶、DEPC、RNase-Free DNase 购自美国 Promega 公司。Reverse Transcriptase Assay 试剂盒购自德国 Roche 公司。HIV-1 阳性血清由本科室保存。FITC 标记山羊抗人 IgG 荧光抗体购自北京中山生物技术有限公司（进口分装）。

三、引物设计　分别以 $pHXB_2$、$pBIVR_{29-127}$ 为模板扩增 HIV-1 $5'LTR-gag-pol$（H4

片段，5.8 kb）、BIV *tat*（B5 片段，0.3 kb）及 HIV－1 *env－LTR*3′（H6 片段，3.7 kb）。采用 Oligo 软件设计引物，并在引物中分别引入 *Sac* Ⅱ、*Sma* Ⅰ、*EcoR* Ⅰ及 *Cla* Ⅰ酶切位点，使得各片段可以依次定向插入到 pBS 载体的多克隆位点中。上述各个片段的上、下游引物序列依次为：①5′tccccg cggtgg aag ggc taa ttc act c3′；②5′tcc ccc tgg ttc ttg ctc tcc tct gtc g3′；③5′tcc ccc ggg aat atg ccc gga ccc′；④5′ccg gaa ttccta gtt gat cca tgt ttg3′；⑤5′cog gaa ttc atg gca gga aga agc gga gac3′；⑥5′cca tcg att gct aga gat ttt cca cac tga c3′。RT－PCR 法检测 HBIV 早期基因（BIV *tat*）及晚期基因（HIV *gag*）转录的扩增引物分别为：③、④同上；⑦5′atg ggt gcg aga gcg tca gta 3′；⑧5′tgt cct gtg tca gct gct gc 3′。套式 Alu－PCR 法检测 HBIV 基因组整合的扩增引物分别为：⑨5′tcc cag cta ctc ggg agg ctg agg3′；⑩5′agg caa gct tta ttg agg cttt aag 3′；⑪5′cac aca Caa ggc tac ttc cct3′；⑫5′gcc act ccc cag tcc cgc cc3′。

四、细胞培养和转染　悬浮 MT₄ 细胞，采用 RPMI1640 培养基培养，添加 100 U/ml 青霉素、100 μg/ml 链霉素和 10 %（V/V）胎牛血清，37 ℃培养。取 8 μl DMRIE－C 试剂、6 μg 质粒在无血清条件下转染 6×10^6 MT₄ 细胞（同时设立 pBS 空载体转染组及 *tat* 缺失对照组），24 h 后更换完全培养基，继续培养。

五、细胞总 DNA 模板的制备　方法参照《分子克隆实验指南》第二版[4]或采用 TRI$_{ZOL}$RNA 试剂提取细胞总 DNA。

六、细胞总 RNA 模板的制备　TRI$_{ZOL}$RNA 试剂提取细胞总 RNA，RNase－Free DNase 除尽 RNA 中的 DNA，用作 RT－PCR 的模板。

七、反转录酶（RTase）活性测定　收获转染或感染细胞培养上清，参照 Reverse Transcriptase Assay 试剂盒说明操作，分离病毒颗粒，测定 RTase 活性，用吸光度（A_{405nm}）反映 RTase 活性的强弱。以转染时间为横坐标，样本的 A 值为纵坐标作图，绘制 RTase 活性曲线。

八、间接免疫荧光试验（IFA）　方法参照《组织培养和分子细胞学技术》[5]，激光共聚焦显微镜观察并扫描。

结　果

一、嵌合 pHBIV－2 cDNA 的构建及鉴定　分别扩增并回收各片段，与 T－载体相连测序鉴定后，双酶切获取目的片段，依次定向插入到 pBS 载体的多克隆位点中，获得嵌合质粒。其基因组结构组成为：5′*ITR－gag－pol*（HIV－1）－*tat*（BIV）－*env－LTR*（HIV－1）3′。在质粒构建过程中的每一个中间质粒都经过多种限制性内切酶鉴定，以保证插入各片段的大小和方向均正确。最后分别用 *Apa* Ⅰ、*EcoR* Ⅰ、*Sal* Ⅰ、*Pst* Ⅰ/*Xho* Ⅰ、*BamH* Ⅰ/*Pst* Ⅰ、*Kpn* Ⅰ消化 pHBIV－2，经 1% 琼脂糖凝胶电泳，电泳结果略。

酶解产物的条带与理论分析的一致，表明已将各目的片段按预先设计的方式拼接完全，形成了嵌合 pHBIV－2 cDNA 质粒。同时构建 *tat* 缺失对照克隆 pHBIV－2.2（图未显示）。

二、嵌合克隆 pHBIV－2 cDNA 在 MT₄ 细胞中的生物学活性　嵌合克隆转染 MT₄ 细胞后 8 d，收获细胞，TRI$_{ZOL}$RNA 试剂提取细胞总 DNA 和总 RNA，分别采用 PCR 和 RT－PCR 方法扩增 HIV－1 *gag* 的部分片段（370 bp）和 BIV *tat* 片段（320 bp）。pHBIV－2cDNA 转染的 MT₄ 细胞总 DNA 和总 RNA 均可扩增到这两种特异性片段；*tat* 缺失对照 pHBIV－2.2cDNA 转染组也可扩增到 HIV－1 *gag* 的部分片段；空载体 pBS 转染组不能扩增到这些特

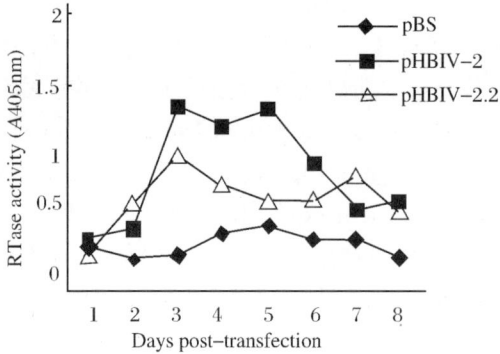

图 1　pHBIV-2 cDNA 转染
MT$_4$ 细胞的 RTase 活性

Fig. 1　RTase activity of pHBIV-2 cDNA
in transfected MT$_4$ cells

异性片段（电泳结果未显示）。扩增结果表明，嵌合 pHBIV-2 cD-NA 及 pHBIV-2.2 cDNA 均已被转入到了 MT$_4$ 细胞中，并可以转录合成 gag mRNA 和/或 tat mRNA。即嵌合克隆在 MT$_4$ 细胞中具有转录活性。嵌合克隆转染 MT$_4$ 细胞后，连续 8 天收获培养上清，测定 RTase 活性，绘制 RTase 活性随时间变化的曲线（图 1）。

结果显示，空载体转染 MT$_4$ 细胞后，RTase 测定值始终在低水平波动。pHBIV-2 cDNA 转染 MT$_4$ 细胞后第 1 天 RTase 活性较低，第 2 天 RTase 活性开始上升，第 3 ~ 5 天维持在较高水平，第 6 天下降。pHBIV-2.2 cDNA 转染 MT$_4$ 细胞后第 1 天 RTase 活性较

低，第 2 天上升，第 3 天达到高峰，之后有所下降，但仍维持在较高水平。总体看来，pE-BIV-2 组的 RTase 活性的丰度高于 pHBIV-2.2 组。嵌合 pHBIV-2 cDNA 转染 MT$_4$ 细胞后 RTase 活性的动态变化，表明其在 MT$_4$ 细胞中已经表达出了有活性的反转录酶。即嵌合克隆在 MT$_4$ 细胞中具有翻译、表达活性。

三、嵌合病毒 HBIV-2 在 MT$_4$ 细胞中的生物学活性　为了检测嵌合克隆转染 MT$_4$ 细胞后能否在其中复制产生有感染性的病毒，将转染细胞培养上清进行传代。即嵌合克隆转染 MT$_4$ 细胞后 5 天，取出 2 ml 培养上清过滤后加入 8×10^6 个 MT$_4$ 细胞中，补培养液至 20 ml，分别收获第 2、5、8、11、14 天的培养上清，测定 RTasc 活性。并于第 14 天再次按该法进行感染传代，之后每隔 5 天感染传代 1 次，收集各代细胞，提取 DNA 和/或 RNA，检测嵌合基因组的整合及转录。

（一）DNA 水平检测嵌合 HBIV-2 基因组的整合：收集各代感染细胞，提取细胞总 DNA，PCR 方法扩增 HIV-1gag 的部分片段。pHBIV-2 转染上清感染传代后的第 4、6、8、10 代细胞总 DNA 中，始终都可以扩增到 HIV-1 gag 的部分片段；pHBIV-2.2 组第 2、3 代细胞总 DNA 中，可以扩增到 HIV-1 gag 的部分片段；第 4、5 代细胞总 DNA 中，却扩增不到该片段。

对于反转录病毒，原病毒整合到细胞基因组中是转录的先决条件。鉴于 pHBIV-2 转染上清连续感染传代 10 代均可检测到其基因片段，故推测该嵌合质粒转染至细胞中后可产生病毒颗粒，且该病毒颗粒可以感染正常的 MT$_4$ 细胞，其嵌合基因组也可整合到细胞基因组中。考虑到反转录病毒在细胞基因组中整合的位置是随机的，所以以细胞基因组中中度重复序列 Alu 中的保守序列为外侧上游引物，以 HIV-1 5'LTR 下游序列为外侧下游引物，进行第一轮扩增，再扩增 HIV-1 5'LTR 中的某一片段（400 bp），即采用套式 Alu-PCR 法检测整合的嵌合原病毒。

pHBIV-2 及阳性对照质粒 pHXB$_2$ 转染上清感染传代的第 3 代细胞总 DNA，经 Alu-PCR 可扩增到该 400 bp 的片段，而 pHBIV-2.2 及空载体对照组扩不到该片段。表明嵌合 HBIV-2 基因组可以整合到细胞基因组中，为嵌合病毒完成整个生活周期打下了基础。

（二）RNA 水平检测嵌合病毒 HBIV－2 基因组在 MT$_4$ 细胞中的转录：分别收获第 4、8 代感染传代细胞，提取细胞总 RNA，RT－PCR 方法扩增 HIV－1 gag 的部分片段及 BIV tat 片段。结果第 4、8 代 pHBIV－2 感染传代细胞总 RNA 中均可扩增到这两种片段；而 pHBIV－2.2 组不能扩增到该片段。表明重组病毒 HBIV－2 在 MT$_4$ 细胞中可转录出 gag mRNA 及 tat mRNA。即重组病毒 HBIV－2 在 MT$_4$ 细胞中具有转录活性。

（三）蛋白水平检测嵌合病毒 HBIV－2 基因组在 MT$_4$ 细胞中的表达

1. 反转录酶（RTase）活性测定：转染上清感染 MT$_4$ 细胞后的 RTase 活性曲线如图 2。结果显示空载体组，RTase 测定值始终在极低水平波动。pHBIV－2 组，感染后第 2～8 天，RTase 活性较低，略高于空载体组，第 11 天 RTase 活性达到高峰，第 14 天有所下降，但 RTase 活性仍较高。pHBIV－2.2 组，RTase 活性虽有所波动，但仅第 5 及第 11 天高于空载体组，而且从整体来看，其 RTase 活性水平与空载体组相近。pHBIV－2 组 RTase 活性较高，表明转染上清中已经形成了有活性的嵌合病毒，并能感染正常的 MT$_4$ 细胞。RTase 活性测定的结果与 DNA 和 RNA 水平检测的结果相符。

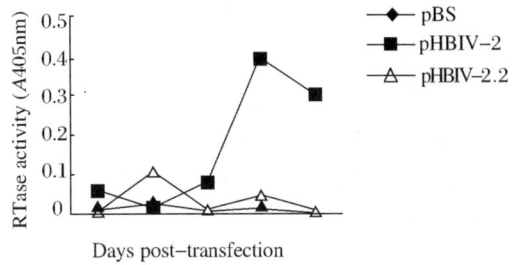

图 2　pHBIV－2 cDNA 转染上清感染 MT$_4$ 细胞的 RTase 活性

Fig. 2　RTase activity of HBIV－2 in MT$_4$ cells infected with supernatant of chimeric genome transfected MT$_4$ cells

2. IFA 法检测 HBIV－2 基因在人源化细胞中的表达：收取 pHBIV－2 组第 10 代感染传代细胞，涂片，进行 IFA 检测。由图 3（略）可见，pBS 转染组细胞不发生荧光反应，而 pHBIV－2 组细胞呈现明显的绿色荧光。结果表明 HBIV－2 嵌合病毒的蛋白可以表达，并可与免疫血清发生反应。

讨　论

SHIV 嵌合病毒为艾滋病疫苗的开发提供了一个新的方向，但由于猴免疫缺陷病毒（simian im－munodeficiency virus，SIV）与 HIV 的同源性很高，二者嵌合的 SHIV 在安全性方面存在一定的风险，而且 SHIV 作为 AIDS 疫苗的初步结果也不很理想[6,7]。BIV 是一种非灵长类慢病毒，与 HIV 的亲缘关系较远，而且 BIV 的致病力很弱。所以本课题组希望通过 BIV 和 HIV 相应基因的合理组合，构建出一种能在人源细胞中复制，能将 HIV 原有的细胞嗜性及免疫原性与 BIV 的低致病性结合起来的重组病毒，探索这种嵌合病毒在 AIDS 疫苗方面的可行性。我们曾尝试用 BIV 的结构基因取代 HIV 的结构基因[8]，得到的嵌合质粒转染 MT$_4$ 细胞后可以转录、翻译、表达，但嵌合病毒不具有感染性，不能连续传代。本文则探讨了 bTat 能否在功能上取代 hTat。

构建用 BIV tat 取代 HIV tat 的嵌合 pHBIV－2cDNA，转染 MT$_4$ 细胞后，取上清进行感染传代实验。由结果可见，pHBIV－2 组明显不同于 Tat 缺失对照组，HBIV－2 基因片段长期稳定存在于感染传代细胞中，其转录也处于活跃状态，并可检测到有功能性的蛋白。这三种水平的检测均反映出，pHBIV－2 cDNA 转染 MT$_4$ 细胞后的培养上清及连续感染传代的培养上清中，都可以产生 HBIV-2 重组病毒，且该病毒具有感染性。即嵌合基因组中的 BIV *tat* 基因得到了正确的转录和翻译，其产物与 HIV LTR（hLTR）结合，促进嵌合基因的转录，使各基因得到表达，进而组装形成有感染性的病毒。目前正在对该嵌合病毒的毒力进行检测。而且考虑在 *tat* 取代的同时，将 HIV-1 基因组中的其他调节基因（如 *vif*、*nef*）或 LTR 进一步进行取代，观察其复制能力和毒力的变化。

RNA-蛋白质之间的相互作用在病毒生命周期中起着关键的作用。根据是否表达依赖 RNA 序列的反式激活因子 Tat，慢病毒可分为两组[3,9]：所有的灵长类慢病毒（HIV-1、HIV-2、SIV）、马传染性贫血病毒（EIAV）和 BIV 都编码 Tat 的同源物；而猫免疫缺陷病毒（FIV）、山羊关节炎-脑炎病毒（CAEV）、绵羊山羊慢病毒（maedi/visna）则缺乏相应的反式激活因子。在第一组慢病毒中，病毒复制的调控取决于病毒反式激活因子与 LTR 中反式激活应答序列（trans-activation responsive element，TAR）的相互作用。bTat、bTAR 与 hTat、hTAR 在结构上存在许多相似之处（图 4[10]），但 hTat 和 bTat 采取不同的方式识别相应的 TAR。

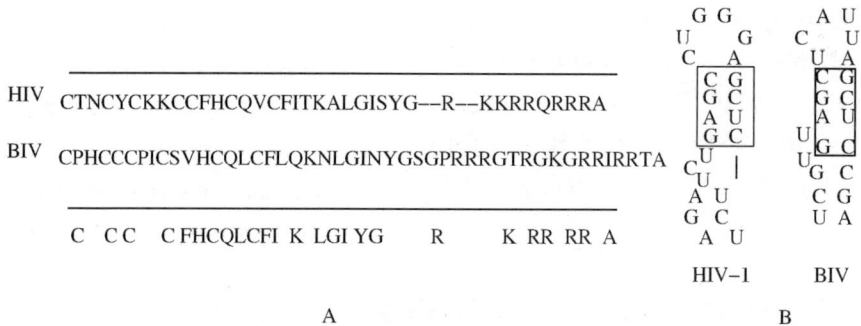

图 4　HIV-1 和 BIV Tat、TAR 结构的比较

A. Comparison of HIV-1 Tat with BIV Tat；

B. Comparison of the secondary structures of the upper stems of HIV-1 and BIV TAR

Fig. 4　Comparison of HIV-1 Tat and TAR with BIV Tat and TAR

bTat 在序列及功能域组成上与 hTat 相似，二者均可分为 N 末端序列、Cys 富含区、核心区、碱性区、Glu 富含区和 C 末端序列等几个结构域。其中 Cys 富含区和核心区与 hTat 相应区域十分相似。bTAR 和 hTAR 序列的一、二级结构也很相似，二者都包含茎（stem）、膨突（bulge）及环（loop）结构。不过，在 hTAR 的环中包括一个在灵长类慢病毒中非常保守的 CUG 序列。而 bTAR 的环中缺乏该 CUG 序列，不过其 UGU 膨突及茎上部的 U：A 碱基对对于 bTat 与 bTAR 的结合是重要的。目前的研究认为，hTat 利用其 RNA 结合域中一个 Arg 残基与 hTAR 的膨突结合，形成序列特异的 RNA-蛋白质间接触，同时 hTat 的活化域与细胞因子 Cyclin T1（CycT1）相互作用。在存在 CycT1 时，hTat 识别 hTAR 的环结构，形成 Tat-TAR-CycT1 复合体[10-12]。而 bTat 与 bTAR 的高亲和力特异性结合，不依赖于环结构，并且不需要 CycT1 或其他细胞蛋白。在 BIV Tat-TAR 复合体中，bTat 采取 β-hairpin 构型特异地识别 bTAR 的膨突[3,10,13]。有研究认为，尽管 BIV 和 HIV 的 Tat、TAR 结构存在着相似性，但 bTat 不能与 hTAR 高亲和力结合，进而不能有效活化 hLTR/9[10]。但也有研究显示，bTat、hTat 可以交叉反式激活对方的 LTR[1,14]，不过反式激活水平明显低于各自的同源系统，而且还与细胞类型相关。本结果表明，在 MT$_4$ 细胞中，bTat 可以反式激活 hLTR，促进嵌合基因的表达。但对于该激活作用是由于 bTat 与 hTAR 之间发生了强制性进化，以便产生有功能性的 Tat – TAR 相互作用；还是由于 bTat 通过活化 hLTR 中的细胞转录因子结合位点，从而间接活化基因的表达，尚有待于进一步的研究。

〔原载《病毒学报》2004，20（2）：138 – 142〕

参 考 文 献

1　Gonda M A, Luther D G, Fong S E, et al. Bovine immunodeficiency virus：molecular biology and virus – host interactions. Virus Res，1994，32：155 – 181

2　Frankel A D, Young J A. HIV – 1：fifteen proteins and an RNA. Annu Rev Biochem，1998，67：1 – 25

3　Barboric M, Taube R, Nekrep N, et al. Binding of Tat to TAR and recruitment of positive transcription elongation factor B occur independently in bovine immunodeficiency virus. J Virol，2000，74：6039 – 6044

4　萨姆布鲁克 J，弗里奇 E F，曼尼阿蒂斯 T. 分子克隆实验指南. 北京：科学出版社，1992.463 – 469

5　鄂征. 组织培养和分子细胞学技术. 北京：北京出版社，1994.146 – 147

6　Ui M, Kuwata T, Igarashi T, et al. Protection of macaques against a SHIV with a homologous HIV – I Env and a pathogenic SHIV – 89.6P with a heterologous Env by vaccination with multiple gene – deleted SHIVs. Virology，1999，265：252 – 263

7　Kumar A, Lifson J D, Li Z, et al. Sequential immunization of macaques with two differentially attenuated vaccines induced long – term virus – specific immune responses and conferred protection against AIDS caused by heterologous simian immunodeficiency virus（SHIV – 89.6P）. Virology，2001，279：241 – 256

8　Chen G M, Wang S H, Xiong K, et al. Construction and characterization of a chimeric virus（BIV/HIV – 1）carrying the bovine immunodeficiency virus *gag – pol* gene. AIDS，2002，16：123 – 125

9　Bogerd H P, Wiegand H L, Bieniasz P D, et al. Functional differences between human and bovine immunodeficiency virus Tat transcription factors. J Virol，2000，74：4666 – 4671

10　Xie B, Wainberg M A, Frankel A D. Replication of human immunodeficiency viruses engineered with heterologous Tat – transactivation response element interactions. J Virol，2003，77：1984 – 1991

11　Seewald M J, Metzger A U, Willbold D, et al. Structural model of the HIV – 1 Tat（46 – 58）– TAR complex. J Biomol Struct Dyn，1998，16：683 – 692

12　Chen L, Frankel A D. An RNA – binding peptide from bovine immunodeficiency virus Tat protein recognizes an unusual RNA structure. Biochemistry，1994，33：2708 – 2715

13　Campisi D M, Calabro V, Frankel A D. Structure – based design of a dimeric RNA – peptide complex. EMBO J，2001，20：178 – 186

14　Fong S E, Greenwood J D, Williamson J C, et al. Bovine immunodeficiency virus tat gene：cloning of two distinct cDNAs and identification, characterization，and immunolocalization of the tat gene products. Virology，1997，233（2）：339 – 357

Construction and Bioactivity Analysis of a pHBIV −2 Chimeric cDNA Clone

YANG Yi − shu[1], CHEN Guo − min[2], CHEN Qi − min[3], GENG Yun − qi[3], ZENG Yi[2]

(1. College of Life Sciences and Bio − engineering, Beijing University of Technology, Beijing 100022, China;

2. National Institute for Viral Disease Control and Prevention, China CDC, Beijing 100052, China;

3. College of Life Sciences, Nankai University, Tianjin 300071, China)

In order to study whether BIV Tat could substitute HIV Tat, the chimeric human/bovine immunodeficiency virus (pHBIV − 2) cDNA was constructed by replacing HIV*tat* with BIV *tat*, then transfected into human MT$_4$ cell. The stable existence and transcription of the chimerae in MT$_4$ cell were demonstrated by PCR and RTPCR. The integration of chimerae into MT$_4$ cell was verified by nested Alu − PCR. Reverse transcriptase assay and IFA showed the chimeric genome had been expressed. In conclusion, BIV *tat* could substitute HIV tat in the chimerae and produce replicative recombinant HBIV − 2 virus in MT$_4$ cell.

〔**Key words**〕 Human immunodeficiency virus (HIV); Bovine immunodeficiency virus (BIV); Trans − activator (Tat); MT$_4$ cell

300. 含密码子优化型 HIV − 1 *gp*120 基因重组腺病毒的构建及其免疫效果研究

中国疾病预防控制中心病毒病预防控制所肿瘤与艾滋病病毒研究室

冯 霞 余双庆 陈国敏 左建民 周 玲 曾 毅

〔摘 要〕 **目的** 构建能表达野生型和密码子优化型人免疫缺陷病毒 I 型 (HIV − 1) B 亚型中国流行株 *gp*120 基因的非复制型腺病毒。 **方法** 按哺乳动物细胞偏好的密码子对 HIV − 1 B 亚型中国流行株 Ch *gp*42 的 *gp*120 基因进行优化，合成优化基因。将野生型和密码子优化的 *gp*120 基因插入穿梭质粒，再与腺病毒骨架质粒 pAdEasy − 1 共转化 *E. coli* BJ5183，获得重组子，转染 293 细胞后获得重组病毒。分别以两种重组腺病毒疫苗免疫小鼠，ELISA 检测小鼠血清中的特异性抗体，乳酸脱氢酶法检测小鼠细胞毒性 T 淋巴细胞 (CTL) 反应。 **结果** 获得两株重组腺病毒 rAd − wt. *gp*120 和 rAd − mod. *gp*120，能正确表达 *gp*120。rAd − mod. *gp*120 比 rAd − wt. *gp*120 蛋白表达水平明显提高。重组腺病毒免疫小鼠后能产生 HIV − 1 特异性的抗体及 CTL 反应，rAd − mod. *gp*120 组明显优于 rAd − wt. *gp*120 组。 **结论** 成功构建了表达野生型和密码子优化的 HIV − 1 *gp*120 基因的重组腺病毒，能诱导 HIV − 1 特异性体液和细胞免疫反应。

〔关键词〕 HIV − 1；腺病毒科；艾滋病疫苗

近年来人免疫缺陷病毒（HIV）在世界范围内迅速传播，尤其是在非洲，已经成为死亡的首要病因。在我国 HIV 的流行也已越过低速增长期进入高速增长期，因而研制针对我国 HIV 流行株的预防性疫苗是我国艾滋病研究工作的重点之一。

对多种不同的 HIV 候选疫苗进行的大量研究表明，活的重组病毒载体疫苗是最有前景的疫苗之一[1]。其中，非复制型重组腺病毒对人无致病性；可以感染非分裂细胞；可以达到较高的滴度；不会产生插入突变、以染色体外形式存在等优点而倍受瞩目[2]。外膜蛋白是中和抗体识别的靶点，同时富含细胞毒性 T 淋巴细胞（CTL）的表位，是 HIV 疫苗中不可缺少的组分。但由于其表达依赖 Rev 蛋白的存在，而且 HIV 基因组有优先使用的密码子，因而降低了病毒蛋白的表达效率。文献报道将 gp120 基因按哺乳动物细胞偏好的密码子进行优化后可显著提高其在哺乳动物细胞中的表达水平[3]。本研究对我国 HIV－1 B 亚型流行株 Ch gp42 的 gp120 基因进行了密码子优化，合成优化基因；采用 AdEasy－1 系统构建了含野生型和密码子优化的 gp120 基因的复制缺陷型重组腺病毒[4]，并对其免疫效果进行了初步研究。

材料和方法

一、菌株、质粒、细胞和毒种 工程菌 DH5α、HEK293 细胞、COS－7 细胞、P815 细胞和 Ad5 腺病毒野毒株为本室保存。AdEasy－1 系统包括腺病毒穿梭质粒 pShuttle－CMV、骨架质粒 pAdEasy－1 和大肠埃希菌 BJ5183 为美国约翰霍普金斯大学 Dr. He TC 馈赠。含野生型 HIV－1 B 亚型中国流行株 Ch gp42 的 gp120 基因的质粒 pBac－wt. gp120 为本室构建[5]。

二、工具酶及其他试剂 各种限制性内切酶、T4 DNA 连接酶及 Taq 酶购自日本 TaKaRa 公司。脂质体转染试剂 LipofectAMINE™ reagent 购自美国 Invitrogen 公司。荧光标记抗人 IgG 购自美国 Sigma 公司。HRP 标记抗人 IgG 和 HRP 标记抗小鼠 IgG 购自中山公司。淋巴细胞分离液购自瑞典 Pharmacia 公司。乳酸脱氢酶法 CTL 检测试剂盒 CytoTox96™ Non Radioactive Cytotoxicity Assay 购自美国 Promega 公司。

三、实验动物 雌性 BALB/c 小鼠，6～8 周龄，购自中国医学科学院动物中心。

四、gp120 基因的密码子优化及基因合成 根据哺乳动物密码子使用频率表，将 HIV－1 B 亚型中国流行株 Ch gp42 的 gp120 基因中部分密码子换成高度表达的哺乳动物密码子。优化后的 gp120 全基因由上海生工公司合成，连于 PUC18 载体，即 PUC18－mod. gp120。

五、重组腺病毒 DNA 的构建和包装

1. 穿梭质粒的构建：将 pBac－wt. gp120 和 PUC18－mod. gp120 中的 wt. gp120 和 mod. gp120 基因分别克隆至穿梭载体 pShuttle－CMV，酶切鉴定基因的插入，阳性克隆命名为 pSh－wt. gp120 和 pSh－mod. gp120。

2. 在 E. coli BJ5183 中构建重组子：以 Pme I 酶切穿梭质粒 pSh－wt. gp120 和 pSh－mod. gp120 使之线性化，与骨架质粒 pAdeasy－1 共转化 E. coli BJ5183，以卡那霉素筛选阳性克隆，限制性内切酶酶切鉴定。阳性质粒分别命名为 pAd－wt. gp120 和 pAd－mod. gp120。

3. 重组腺病毒的包装：以 Pac I 线性化重组腺病毒质粒，暴露其反向末端重复序列，用 LipofectAMINE™ reagent 转染 50%～70% 成片的 293 细胞，7～10 d 后收毒。取 40% 的转染收毒液接种 70% 成片的 293 细胞，3～5 d 待细胞完全病变后收毒。取前次收毒液的 10% 接种 70% 成片的 293 细胞，重复上述步骤 2～3 次，即可获得高滴度的重组病毒。所得重组病毒分别命名为 rAd－wt. *gp*120 和 rAd－mod. *gp*120。

六、重组腺病毒的鉴定和病毒滴度的测定

1. 重组腺病毒的鉴定：提取感染了 rAd－wt. *gp*120、rAd－mod. *gp*120 和 Ad5 的 293 细胞 DNA 及 RNA，收集的病毒悬液加入蛋白酶 K 消化后煮沸 5 min 分别作为模板，进行 PCR 和 RT－PCR。收集感染的 293 细胞，用间接免疫荧光实验和 Western Blot 检测蛋白的表达。

2. 重组腺病毒滴度的测定：采用 TCID$_{50}$ 实验，其基础是应用极限稀释法使 293 细胞出现病变从而估计滴度。

七、动物免疫及免疫反应的检测

1. 动物免疫：18 只雌性 BALB/c 小鼠，6～8 周龄，体重为 18～25 g，随机分为 3 组，每组 6 只。分别通过肌内注射途径以重组腺病毒或对照腺病毒免疫。于 0、2、5 周各免疫 1 次，每次接种剂量均为 1×10^8 PFU。并于 2、4、8 周采尾血，分离血清备用。

2. 细胞免疫反应 CTL 的检测：将 mod. *gp*120 基因克隆至 pcDNA3.1（＋）载体，得到 pcDNA3.1（＋）－mod. *gp*120。以该质粒转染 P815 细胞，G418 压力选择，得到稳定表达 *gp*120 基因的 P815 细胞系，作为 CTL 检测的效应细胞和靶细胞。8 周处死小鼠，分离其淋巴细胞，与经丝裂霉素 C 处理的刺激细胞共培养 4 d 后，采用乳酸脱氢酶法检测 CTL 杀伤率。

3. 体液免疫反应抗－*gp*120 IgG 的检测：纯化的 HIV－1 *gp*120 抗原（本室制备）以碳酸盐包被液稀释至 2 μg/ml，每孔 100 μl 包被微孔板。HRP 标记的抗小鼠 IgG 作为二抗，血清样品以 2 倍系列稀释，以间接 ELISA 法测定抗体滴度。

结　果

一、重组腺病毒 DNA 的构建

1. 将外源基因克隆入穿梭载体 pShuttle－CMV：wt. *gp*120 和 mod. *gp*120 基因被定向克隆入穿梭载体 pShuttle－CMV，得到 pSh－wt. *gp*120 和 pSh－mod. *gp*120。经酶切鉴定证实插入片段大小及方向正确。质粒 pSh－wt. *gp*120 和 pSh－mod. *gp*120 酶切分析结果见图 1。

2. 在 *E. coli* BJ5183 中构建重组腺病毒基因组：质粒 pSh－wt. *gp*120 和 pSh－mod. *gp*120，以 *Pme* I 线性化后与骨架质粒 pAdeasy－1 共转化 *E. coli* BJ5183。在菌体内，超螺旋的 pAdeasy－1 与线性化的 pSh－wt. *gp*120 或 pSh－mod. *gp*120 发生重组，将外源基因整合入腺病毒的基因组中。重组原理见文献〔4〕。质粒 pAd－wt, *gp*120 是由右臂和原点同源重组产生，*Pac* I 酶切后产生 3.0 kb 的片段；质粒 pad－mod. *gp*120 是右臂和左臂同源重组产生，以 *Pac* I 酶切后产生 4.5 kb 的片段。质粒 pAd－wt. *gp*120 和 pAdmod. *gp*120 的 *Pac* I 酶切分析结果见图 2。

二、重组腺病毒 rAd－wt. *gp*120 和 r Ad－mod. *gp*120 的鉴定和病毒滴度的测定

1. PCR 及 RT－PCR 检测外源基因的插入及转录：分别取 rAd－wt. *gp*120、rAd－mod. *gp*120 和 Ad－5 感染的 293 细胞基因组 DNA 及病毒上清作模板进行 PCR；同时分别取这 3 种病毒感染的 293 细胞基因组 RNA 作模板进行 RT－PCR。结果显示，rAd－wt. *gp*120、r Ad－mod. *gp*120 感染的 293 细胞基因组 DNA 和 RNA 及病毒上清中均可扩增到 1.5 kb 的特异性条带，其余为阴性，见图 3。

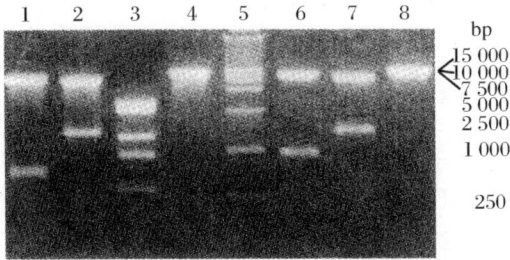

图1 质粒 pSh – wt. *gp*120, pSh. mod. *gp*120 的酶切分析

1：pSh – mod. *gp*120/*EcoR* V；2：pSh – mod. *gp*120/*Kpn* Ⅰ + *Xhol* Ⅰ；3：pSh – mod. *gp*120/*Puv* Ⅱ；4：pSh – mod. *gp*120/*Xhol* Ⅰ；5：DL15 000 Marker；6：pSh – wt. *gp*120/*Hind* Ⅲ；7：pSh – wt. *gp*120/*Sal* Ⅰ + *Xhol* Ⅰ；8：pSh – wt. *gp*120/*Xhol* Ⅰ

Fig. 1 Restriction endonuclease analysis of pSh – wt. *gp*120 and pSh – mod. *gp*120

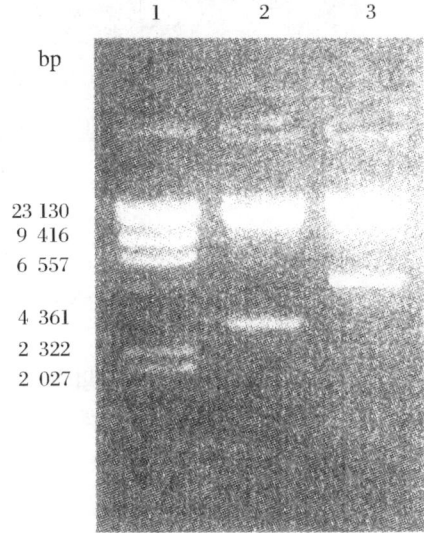

图2 质粒 pAd – wt. *gp*120, pAd – mod. *gp*120 的酶切分析

1：λDNA/*Hind* Ⅲ Marker；2：pAd – wt. *gp*120/*Pac*Ⅰ；3：pAd – mod. *gp*120/*Pac* Ⅰ

Fig. 2 Restriction endoenzyme analysis of pAd – wt. *gp*120 and pAd – mod. *gp*120

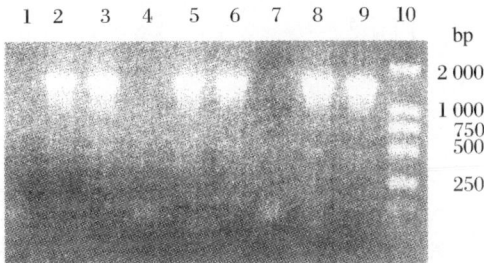

1 ~ 3：Ad – 5，rAd – wt. *gp*120 和 rAd – mod. *gp*120 感染的 293 细胞 DNA 的 PCR 产物；4 ~ 6：Ad – 5，rAd – wt. *gp*120 和 rAd – mod. *gp*120 感染的 293 细胞上清的 PCR 产物；7 ~ 9：Ad – 5，rAd – wt. *gp*120 和 rAd – mod. *gp*120 感染的 293 细胞 RNA 的 RT – PCR 产物；10：DL 2000 Marker

图3 PCR 及 RT – PCR 检测重组病毒中 *gp*120 基因的插入及转录

1 – 3：PCR product of DNA from Ad – 5，rAd – wt. *gp*120 and rAd – mod. *gp*120 infected 293 cells；4 – 6：PCR product of Ad – 5，rAd – wt. *gp*120 and rAd – mod. *gp*120 infected 293 cells supernatant；7 – 9：RT – PCR Product of RNA from Ad – 5，rAd – wt. *gp*120 and rAd – mod. *gp*120 infected 293 cells；10：DL 2000 Marker

Fig. 3 PCR and RT – PCR detection of *gp*120 genes in recombinant viruses and their transcription

2. 间接免疫荧光实验检测外源基因的表达：收集 Ad – 5、rAd – wt. *gp*120 和 rAd – mod. *gp*120 感染的 293 细胞涂片，用抗 HIV – 1 阳性患者血清（经实验证实抗 Ad – 5 抗体阴性，排除了 5 型腺病毒感染）及荧光际记抗人 – IgG 作间接免疫荧光实验。表达了 *gp*120 基因的 293 细胞被 FITC 标记而呈绿色，阴性细胞由于依文斯蓝染色而呈红色。rAd – mod. *gp*120 感染的 293 细胞荧光强度明显高于 rAd – wt. *gp*120（图4）；阳性率（81%）也高于 rAd – wt. *gp*120 组（59%）。

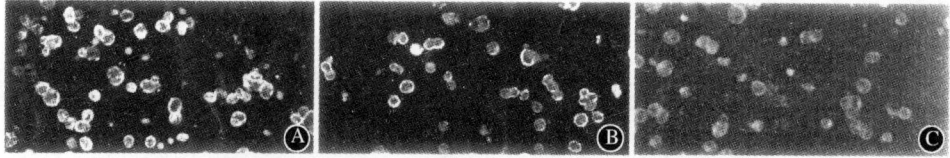

A：rAd－mod. *gp*120 感染的 293 细胞；B：rAd－wt. *gp*120 感染的 293 细胞；C：Ad－5 感染的 293 细胞

图 4　重组病毒感染 293 细胞的间接免疫荧光实验

A：293 cells infected by rAd－mod. *gp*120；B：293 cells infected by rAd－wt. *gp*120；C：293 cells infected by Ad－5

Fig. 4　Indirect immunofluorescence assay detection 293 cells infected by recombinant viruses

3. Western Blot 检测外源基因的表达：收集 Ad－5、rAd－wt. *gp*120 和 rAd－mod. *gp* 120 感染的 293 细胞，以蛋白裂解液裂解后，经 SDS－PAGE 电泳，转膜。用抗 HIV－1 阳性患者血清作为一抗，HPR 标记的抗人 IgG 作为二抗，检测 *gp* 120 蛋白的表达。rAd－wt. *gp*120 的蛋白条带非常弱，而 rAd－mod. *gp* 120 可见明显的 $120 \times 10^3 M_r$ 的条带（图 5）。

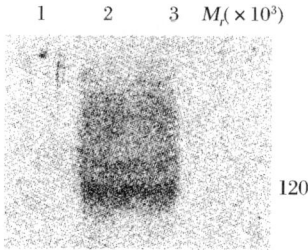

1：rAd－wt. *gp*120 感染的 293 细胞；2：rAd－mod. *gp*120 感染的 293 细胞；3：Ad－5 感染的 293 细胞

图 5　Westren blot 检测重组病毒中 *gp*120 蛋白的表达

1：293 cells infected by rAd－wt. *gp*120；2：293 cells infected by tAd－mod. *gp*120；3：293 cells infected by Ad－5

Fig. 5　Western blot analysis of expression of *gp*120 in recombinant viruses

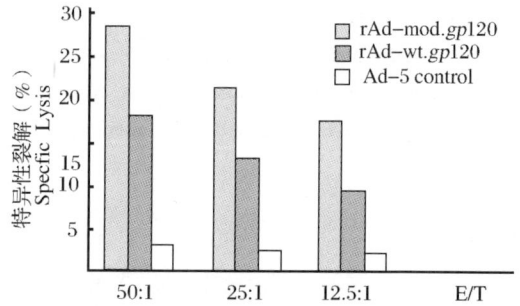

图 6　免疫小鼠的 CTL 实验

Fig. 6　CTL test of immunized mice

4. 重组腺病毒滴度的测定：用 96 孔板做 $TCID_{50}$ 实验，按照 $T = 10^{1+d(s-0.5)}$ 计算滴度，结果第 6 代 rAd－wt. *gp*120 及 rAd－mod. *gp*120 滴度分别为 2×10^9 PFU/ml 和 4×10^9 PFU/ml。

三、免疫小鼠中免疫反应的检测

1. 免疫小鼠的 CTL 检测：与对照组相比，重组腺病毒 rAd－mod. *gp*120 和 rAd－wt. *gp*120 组都可激发小鼠的 CTL 反应，rAd－mod. *gp*120 组明显强于 rAd－wt. *gp*120 组（$P < 0.05$）（图 6）。

2. 免疫小鼠血清中抗体水平的检测：用 ELISA 法检测血清抗体，重组腺病毒 rAd－mod. *gp*120 和 rAd－wt. *gp*120 组都可诱导 HIV－1 特异性抗体。rAd－wt. *gp*120 组于第 8 周才可检测到 IgC 抗体，滴度为 1：32。rAd－mod. *gp*120 组第 4 周开始检测到 IgG 抗体，滴度为 1：40，第 8 周时上升到 1：80。

讨　　论

HIV－1 的高度变异性是 HIV 疫苗发展中的一个障碍，为了克服这种变异性，各国正在研制国家特异性疫苗[6]。因此，我国的 HIV 疫苗研究也必须针对我国的流行株开展。HIV-1 B 亚型流行株 gp120 基因 Ch gp42 是我室在 HIV 分子流行病学调查中筛选并克隆到的。本研究应用其构建实验性疫苗并评价其免疫效果，为我国的 HIV 候选疫苗筛选有效的基因。为了提高 gp120 蛋白的表达水平，将其部分密码子换成了高度表达的人类基因密码子。本研究中证实密码子优化后的 gp120 基因表达水平明显提高。

迄今为止进行的有关 HIV 复制和艾滋病免疫病理的研究表明，传统形式的疫苗诱发的免疫应不足以控制他。有效的 HIV 疫苗必须能激发机体产生细胞免疫和体液免疫反应，诱发细胞免疫特别是以 CD8$^+$T 细胞介导的 CTL 反应尤为重要[1]。原因是在受 HIV 感染的患者中，CTL 在病程变化中具有重要作用：首先是对病毒血症的控制，随着病毒特异性 CTL 反应的增强，病毒载量迅速下降；在病情进展时 CTL 反应降低；在长期不进展且病毒载量很低的患者及高危暴露而未感染者体内都可检测到强特异性 CTL 反应。复制缺陷型腺病毒载体疫苗是目前较有前景的疫苗之一，他最初是作为基因治疗的载体发展起来的；已经证实在小鼠和非人灵长类中都可产生强的免疫原性，能诱导高滴度的抗体和 CTL 反应，并且在灵长类攻击实验研究中具有保护作用。以腺病毒为载体的 HIV 疫苗已经进入临床实验阶段。以腺病毒为载体的基因治疗药物 - 重组人 p53 腺病毒注射液已于 2003 年 10 月在我国上市，这给腺病毒载体疫苗的研究带来了新的希望。

本研究以复制缺陷型腺病毒为载体，构建了表达野生型和密码子优化的 HIV-1gp120 蛋白的重组腺病毒 rAd-wt. gp120 和 rAd-mod. gp120。经间接免疫荧光和 Western Blot 证实，能表达 gp120 蛋白，而且经密码子优化后表达水平明显提高。两种重组病毒分别免疫小鼠后，都能诱导 HIV-1 特异性细胞免疫和体液免疫反应，密码子优化组明显强于野生型组。这表明，密码子优化是成功的；采用重组腺病毒载体能诱导出较好的免疫应答，尤其是细胞免疫。但细胞免疫反应还不够高，如果先以 DNA 疫苗初免，再以腺病毒载体疫苗加强免疫，可能会产生较强的细胞免疫反应，这是本课题组下一步的研究计划。本研究中检测到的小鼠血清中 HIV 特异性 IgG 抗体滴度偏低，可能与采血时间过早有关，相对细胞免疫反应来说，抗体的产生要晚一些。

〔原载《中华实验和临床病毒学杂志》2004，18（2）：113 - 117〕

参 考 文 献

1 Letvin NL. Strategies for an HIV vaccine. J Clin Invest, 2002, 110: 15 - 20

2 Bruce CB, Akrigg A, Sharpe SA, et al. Replication - deficient recombinant adenoviruses expressing the human immunodeficiency virus Env antigen can induce both humoral and CTL immune responses in mice. J Gen Virol, 1999, 80: 2621 - 2628

3 Andre S, Seed B, Eberle J, et al. Increased immune response elicited by DNA vaccination with a synthetic gp120 sequence with optimized codon usage. J Virol, 1998, 72: 1497 - 1503

4 He TC, Zhou S, da Costa LT, et al. A simplified system for generating recombinant adenoviruses. Proc Natl Acad Sci U S A, 1998, 95: 2509 - 2514

5 管永军，朱跃科，刘海鹰，等. 中国 HIV-1 流行毒株的 DNA 疫苗的初步研究. 病毒学报，2000，16: 322 - 326

6 Gaschen B, Taylor J, Yusim K, et al. Diversity considerations in HIV-1 vaccine selection. Science, 2002, 296: 2354 - 2360

Construction and Immune Potency of Recombinant Adenovirus Containing Codon – modified HIV – 1 *gp*120

FENG Xia, YU Shuang – qing, CHEN Guo – min, ZUO Jian – min, ZHOU Ling, ZENG Yi.
(Department of Oncogenic Virus and HIV, Institute for Viral Disease Control and Prevention, Chinese Center for Disease Control and Prevention, Beijing 100052, China)

Objective To construct replication – deficient recombinant adenovirus expressing wild and codon – modified HIV – 1 *gp*120. **Methods** The viral codons were changed to the codon usage of highly expressed mammal gene, the resulting modified *gp*120 gene was synthesized. The wild and modified *gp*120 genes were cloned into shuttle vector pShuttle – CMV respectively, and then the constructed plasmids containing *gp*120 gene was cotransformed with the backbone vector pADeasy – 1 into *E. coli* BJ5183. Transfection of the recombinant AdEasy plasmid into 293 cells was performed to obtain recombinant adenoviruses. The mice were immunized with the recombinant adenoviruses. Their immunogenicity was evaluated by testing antibody and CTL levels of immunized mice. **Results** Two strains of recombinant adenovirus expressing wild and codon – modified HIV – 1 *gp*120 were obtained. The protein expressing level of the recombinant adenoviruses containing modified genes was much higher than that containing wild genes. The mice immunized with recombinant adenoviruses elicited HIV – 1 specific antibody and CTL response. The rAd – mod. *gp*120 group was better than the rAd – wt. *gp*120 group. **Conclusion** Replication – deficient recombinant adenovirus expressing HIV – 1 *gp*120 can elicit HIV – 1 specific humoral and cellular response, the condon – modified recombinant virus was more efficient than the native.

〔**Key words**〕 HIV – 1; Adenoviridae; AIDS vaccines

301. 逆转录病毒载体介导 HPV16 E6E7 基因转化人胚食管纤维细胞的研究

中国疾病预防控制中心病毒病预防控制所肿瘤与艾滋病室
张拥军　郭秀婵　张永利　曾　毅
四川大学华西医学院附属第二医院　赵　健　汕头大学医学院病理教研室　沈忠英

〔摘　要〕　**目的**　研究 HPV16 型病毒感染与食管癌发生的关系。　**方法**　包装含有 HPV16 E6E7 基因重组逆转录病毒，以重组病毒感染人胚食管纤维细胞，在 TPA 协同下诱导 SCID 小鼠成瘤。　**结果**　重组病毒感染人胚食管纤维细胞可以诱导 SCID 小鼠形成肉瘤，可以检测到 E6E7 基因的存在及表达，流式细胞仪检测从瘤组织培养出来的纤维细胞，确定为异倍体；但未能诱导人胚食管组织成瘤。　**结论**　建立的重组逆转录病毒系统可以成功介导 HPV16 E6E7 基因的转移，可以应用于 HPV 致瘤性研究。

〔关键词〕　乳头状瘤病毒，人；逆转录病毒科；成纤维细胞；癌基因人乳头瘤病毒是一组细小的双链 DNA 病毒，主要感染黏膜表皮细胞，产生良性疣及恶性增生等一系列分化病变。尤其是近年来已经证实高危 HPV 感染与一些恶性肿瘤的发生存在一定关系[1]。由于 HPV 是严格嗜上皮的病毒，目前尚无合适的体外培养模型。借助于重组 DNA 技术，人们将 HPV 的全基因及部分基因克隆到适当载体中，转染原代宿主动物细胞及人源细胞，得到各种永生化细胞系，成为各种肿瘤研究的体外细胞模型。

逆转录病毒载体由于其结构、功能清楚，操作简单，感染效率高，安全性好，是目前基因治疗及基因转移中常用的载体，已经有许多外源基因经逆转录病毒载体介导并在多种细胞中得到转移和表达。我们利用逆转录病毒载体，将 HPV16 E6E7 基因转导到人胎儿食管纤维细胞中，在 TPA 协同作用下，成功地在 SCID 小鼠皮下诱发肿瘤。

材料和方法

一、载体和包装细胞 逆转录病毒载体 pLXSN16 E6E7 为美国华盛顿大学 Fred Hutchinson 癌症研究中心（Fred Hutchinson cancer research center，FHCRC）Galloway 教授[2]惠赠；逆转录病毒包装细胞系 PT67 由北京医科大学曹善津博士提供。NIH3T3 细胞为永生化的鼠成纤维细胞系，由中国疾病预防控制中心病毒病预防控制所肿瘤与艾滋病室保存。

限制性内切酶、*Taq* DNA 聚合酶及 oligo-dT 引物购自日本 Takara 公司提供，逆转录酶为美国 Gibco BRL 公司提供，Superscript RT II，总 RNA 提取试剂盒（RNeasymini）为德国 Qiagen 公司产品。地高辛标记及检测试剂盒为德国 Roche 公司产品。细胞培养液采用 DMEM（高糖型），由中国疾病预防控制中心病毒病预防控制所配液室制备。小牛血清为天津川页生物制品有限公司出品。

SCID 小鼠购自中国协和医科大学实验动物繁育场，饲养于中国疾病预防控制中心病毒病预防控制所肿瘤室 SPF 动物房。

二、逆转录病毒包装及滴度测定 脂质体 Lipofectamine 转染过程见美国 Gibco BRL 公司试剂说明，将载体质粒 pLXSN16E6E7 转染至 PT67 包装细胞，收获重组病毒，重组逆转录病毒滴定方法见美国 Clontech 公司操作指南。

三、PCR 检测 利用如下引物扩增 HPV16 E7 片段。P1：5′CTGCAGAGAAACCCAGCT-GTAATCATG3′；P2：5′GACGTCATCAGCCATGGTAGATTA 3′，扩增条件：94℃，5 min；1 个循环；94℃，30 s；50℃，30 s；72℃，30 s；×30 个循环；72℃，5 min；1 个循环，扩增产物为 331 bp。

四、食管纤维细胞培养及 SCID 鼠内诱导成瘤 引产 4~6 个月胎龄人胚，无菌分离食管组织，剪碎，接种培养瓶，培养液为含 20% 牛血清的 RPMI 1640。一周后传代，感染重组逆转录病毒（1 ml 病毒上清加入 3 ml 完全培养基，并补充 polybrene 至 4 μg/ml），3 d 后消化细胞，皮下接种 SCID 小鼠。一周以后在接种部位注射 50 ng TPA，每周 1 次，持续 6~8 周。同时取食管黏膜层，剪碎，重组逆转录病毒感染 2 h，收集组织块，注射 SCID 小鼠。

五、瘤组织 DNA 提取 剪取瘤组织约 0.2 g 大小，Hank 液洗涤 2 次，组织匀浆器研磨匀浆，收集混悬液于 Eppendorf 管，以 500 μl 细胞裂解液（100 μg/ml 蛋白酶 K，10 mmol/L Tris-HCl pH8.0，15 mmol/L NaCl，10 mmol/L EDTA，0.4% SDS）重悬，37℃保温 12~24 h，酚/氯仿抽提，乙醇沉淀，-20℃贮存备用。

六、RT-PCR 总 RNA 提取方法见德国 Qiagen 公司手册，以 oligo-dT 引物，逆转录合成 cDNA，然后以 cDNA 为模板扩增 HPV16 E6、E7 片段。E6 基因引物为[3]：16AP：5′TCAAAAGCCACTGTGTCCTG 3′；16BP：5′CGTGTTCTTGATGATCTGCA 3′。

七、探针标记及检测　扩增 HPV16 E6E7 全基因片段，纯化回收后用地高辛标记，贮存于 −20℃ 备用。提取瘤组织细胞 DNA，沸水浴 10 min 变性，打点于硝酸纤维素膜上，42℃ 预杂交 2 h，然后加入变性探针，42℃ 杂交过夜。64℃ 洗膜，加入地高辛抗体，洗膜、NBT/XP 显色。HPV16 E6E7 全基因引物为：上游引物 P1：5′GGGTACCATGGAAACCGGTTAG-TATAAA3′；下游引物 P2：5′ GAAGATCTCATGGTAGATTATGGTT3′。

八、流式细胞仪检测培养细胞周期　胰酶消化培养的瘤组织细胞，PBS 洗涤 1 次，以预冷的 70% 乙醇重悬，再次洗涤，重悬于 70% 乙醇。送中国医学科学院肿瘤研究所流式细胞室检测细胞周期时相。

结　　果

一、质粒酶切鉴定　逆转录病毒载体 pLXSN16 E6E7 克隆了全长的 HPV16 E6E7 基因（nt 56 ~ nt 875），将 HPV16 E6E7 基因插入 Moloney 鼠白血病病毒（MoMLV）5′长末端重复（LTR）启动子增强子序列的下游，新霉素抗性基因（Neor）置于 SV40 启动子的控制之下。质粒 pLXSN16 E6E7 经过限制性内切酶 Hind Ⅲ 及 Xba Ⅰ 单酶切，得到线性化的 6.8 kb 片段；Kpn Ⅰ 酶切，得到 3.5 kb 及 3.3 kb 片段；Hind Ⅲ 和 Xba Ⅰ 双酶切，得到 1.2 kb 及 5.6 kb 片段。酶切鉴定表明载体片段与预期结果相符和。

二、病毒包装及滴度测定　质粒用 Lipofectamine 转染 PT67 包装细胞系，500 μg/ml G418 筛选 2 周以上，可见 G418 抗性克隆生长。收集扩增抗性克隆，继续用 G418 筛选 1 周，取培养上清，0.45 μm 醋酸纤维素滤膜过滤，分装冻存于 −80℃ 低温冰箱备用。

取含有病毒上清培养液，用含 4 μg/ml polybrene（美国 Sigma 公司产品）的 DMEM 培养液 10 倍系列稀释，将含病毒的稀释液加入 NIH3T3 细胞，48 h 后用 200 μg/ml G418 筛选，根据克隆数及稀释度计算滴度，滴度为 3.6×10^5 CFU/ml。

三、重组逆转录病毒诱导食管纤维细胞在 SCID 小鼠体内成瘤　重组逆转录病毒感染原代纤维细胞 3 d 之后，胰酶消化细胞，注射于 SCID 小鼠皮下，1 周后在接种部位注射 50 ng TPA，每周 1 次，持续 6 ~ 8 周，5 周以后可见有瘤块生长。接种的 2 只 SCID 小鼠均有瘤块生长。8 周后无菌条件下取出瘤组织，对瘤组织进行鉴定。同时取少部分组织剪成米粒大小，移植到新的 SCID 鼠皮下，不再注射 TPA，3 ~ 4 周可以生长到 1 cm³ 大小。至今已连续传代 7 代。

取人胚食管内黏膜层，剪碎，同样以重组逆转录病毒感染 2 h，注射于 SCID 鼠皮下，并在 1 周后于接种部位注射 50 ns TPA，每周 1 次，持续 12 周以上，所接种的 4 只 SCID 小鼠均未见到有瘤块生长。

四、瘤组织鉴定　取瘤组织切片，HE 染色（图 1），病理诊断为典型纤维肉瘤。镜下细胞排列紊乱，失极性，细胞间异型性明显，瘤细胞主要呈梭形，并可见

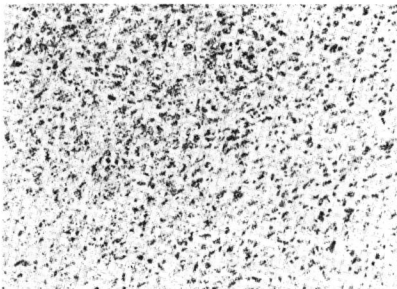

图 1　纤维肉瘤瘤组织（HE，×400）
Fig. 1　HE staining of the sarcoma

较多核分裂象。

提取瘤组织 DNA，PCR 扩增 HPV16 E7 片段，能够扩增出 331 bp 特异性片段（图 2）。同时，将瘤组织 DNA 打点于硝酸纤维素膜，与地高辛标记的 HPV16 E6E7 全基因探针杂交，也能检测到阳性斑点（图 3）。证明了重组逆转录病毒已经将 HPV16 E6E7 基因导入到瘤组织中。

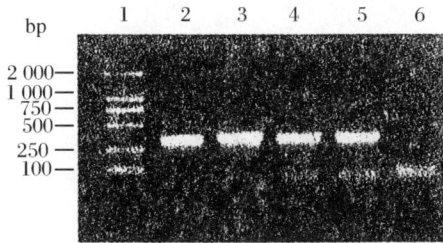

1：DL 2000 marker；2，3：阳性对照；4，5：肉瘤组织中提取的 DNA 样品；6：阻性对照

图 2　PCR 检测肉瘤中 HPV16E7 片段

1：DL 2000 marker；2，3：positive confront；4，5：DNA samples extracted from sarcoma；6：negative control

Fig. 2　Detection of the 33 bp HPV16 E7 fragment in the sarcoma by using PCR

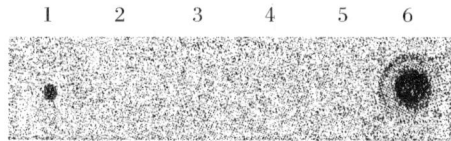

1：瘤组织 DNA；2－5：阴性对照；6：阳性对照

图 3　HPV16 E6E7 全基因探针打点杂交

1：DNA　sample from sarcoma.

2－5：negative control；6：positive control

Fig. 3　Dot hybridization with full－length HPV16 E6E7 probe

五、RT－PCR 检测 HPV16 E6E7 基因的表达　提取细胞的总 RNA，并用 oligo dT－adaptor primer 合成 cDNA，然后分别用扩增 HPV16 E6、E7 的引物，以 cDNA 为模板扩增得到相应大小片段（分别为 120 bp、331 bp），证实了 E6、E7 基因在瘤组织中的表达（图 4）。

六、流式细胞仪检测培养瘤组织细胞周期时相　取部分瘤组织进行培养，培养出典型的成纤维细胞。流式细胞仪检测显示，从瘤组织中培养出来的纤维细胞与正常二倍体细胞明显不同，为异倍体。成纤维细胞在细胞周期各阶段的分布为：G1 期 47.6%，G2 期 14.9%，S 期 37.9%。正常二倍体细胞停滞于 G1 期，而瘤组织中培养出来的纤维细胞则跨越了 G1 停滞期，进入 S 期（图 5）。

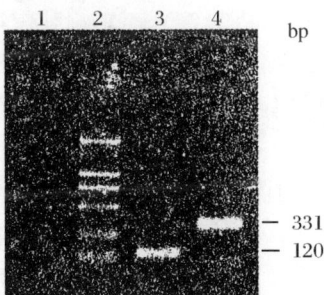

1：阴性对照；2：DL 2000 marker；3：扩增的 120 bp HPV16 E6 片段；4：扩增的 331 bp HPV16 E6E7 片段

图 4　RT－PCR 检测 HPV16 E6、E7 基因表达

1：negative control；2：DL 2000 marker；3：amplified 120 bp HPV16 E6 fragment；4. amplified 331 bp HPV16 E7 fragment

Fig. 4　Detection of the expression of HPV16 E6 E7 genes by RT－PCR

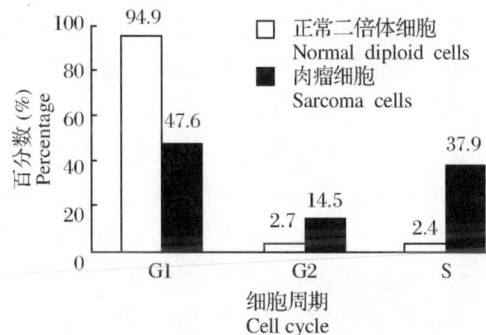

图 5　不同细胞周期时相分布

Fig. 5　Distribution of cells at different stages in cell cycle

讨 论

高危型 HPV （16、18、31、33 型）的 E6、E7 基因已经是公认的原癌基因。在众多的 E6、E7 基因永生化的细胞系中，细胞本身没有致瘤性。我们能够得到恶性转化的成纤维细胞，在于 12 – O – tetradecanoylphorbol – 13 – acetate （TPA）的促进作用。TPA 是一种有效的促癌物，是潜在的蛋白激酶 C （PKC）激活剂，其生物学活性可以诱导多种基因的表达改变，TPA 可以诱导细胞原癌基因，包括 c – fos，c – myc 和 c – sis 的转录，并导致生长失去调控。E6、E7 蛋白可以使培养的原代细胞永生化，但永生化细胞除非在其他因素刺激下，本身不具有致瘤性。这说明病毒原癌基因并不直接诱导肿瘤形成，而是一系列最终导致肿瘤发生的事件的开始。

逆转录病毒载体是基因治疗和基因转移最常用的载体，包含美国华盛顿大学（西雅图）D. A. Galloway 实验室构建的 HPV16 E6E7 基因的逆转录载体 pLXSN16E6E7，相同或类似的载体已经成功建立了永生化的人角质细胞、人平滑肌细胞、人卵巢表皮上皮细胞、人尿道上皮细胞、人口腔上皮细胞、人支气管上皮细胞等细胞系[2,4-6]。单独用 HPV16 E6 或 E7 基因也能够永生化其他一些上皮细胞，这充分说明了 HPV 具有广泛的转化活性。我们没有能够诱导人胚食管成瘤，可能是因为逆转录病毒对非分裂期细胞不敏感，以及逆转录病毒滴度不高的限制。

对于成纤维细胞而言，也存在很多 HPV 永生化或转化的细胞系，包括齿龈成纤维细胞、人新生儿包皮二倍体成纤维细胞、人皮肤成纤维细胞系和人角膜成纤维细胞等[7-9]。这些永生化或转化细胞系表现出的生物学特性，主要是细胞增殖速度增加，生存时间延长，接种效率和饱和密度增加，血清需求及群体倍增时间的下降，以及具有双微染色体（double minute chromosomes，DMs），后者是癌细胞中常见的核型畸变，但在体内无致瘤性。

间质 – 上皮相互作用在胚胎发育过程中对于组织发生和正常上皮发育都十分重要。肿瘤生长也不是简单的肿瘤上皮细胞的自动生长，而是要受到来自邻近的基质组织，特别是间质来源的基质细胞如成纤维细胞的影响。成纤维细胞可能通过释放一些细胞因子和可溶性生长因子（如角质细胞生长因子 KGF，碱性成纤维细胞生长因子 bFGF 等）而影响肿瘤细胞的迁移和增殖。bFGF 通常被认为是内皮细胞抵抗放射线、TNF – alpha 和紫外线诱导细胞凋亡的保护剂。研究表明，成纤维细胞可能对人上皮细胞的癌变有促进作用。这一点已经在乳腺癌及前列腺癌研究中得到证实[10,11]。

我们利用逆转录病毒载体成功地介导 HPV16 E6E7 基因诱导人胚食管纤维细胞在 SCID 小鼠体内成瘤，诱发的恶性肉瘤可以在 SCID 鼠中移植传代，并且培养出来的成纤维细胞也证明是异倍体。参考在乳腺癌和前列腺癌模型中的研究成果，可以通过转化的食管成纤维细胞和永生化的食管上皮细胞的相互作用，深入研究 HPV16 的感染在食管癌发生过程中的作用以及食管癌发生的分子机制。

〔原载《中华实验和临床病毒学杂志》2004，18（3）：223 – 226〕

参 考 文 献

1　Alani RM, Munger K. Human papillomaviruses　and associated Malignancies. J Clin Oncol,

1998, 16: 330 – 337

2　Halbert CL, Demers GW, Galloway DA. The E7 gene of human papillomavirus type 16 is sufficient for immortalization of human epithelial cells. J Virol, 1991, 65: 473 – 478

3　Suzuk L, Noffsinger AE, Hui YZ, et al. Detection of hunan papillomavirus in esophageal squamous cell carcinoma. Cancer, 1996, 78: 704 – 710

4　Oda D, Bigler L, Lee P, et al. HPV immortalization of human oral epithelial cells: a model for carcinogenesis. Exp Cell Res, 1996, 226: 164 – 169

5　Reznikoff CA, Belair C, Savelieva, et al. Long – term genome stability and minimal genotypic and phenotypic alternations in HPV16 E7 – , but not E6 – , immortalized human uroepithelial cells. Genes Development, 1994, 8: 2227 – 2240

6　Perez – Reyes N, Halbert CL, Smith PP, et al. Immortalization of primary human smooth muscle cells. Proc Natl Acad Sci U S A, 1992, 89: 1224 – 1228

7　Chiang LC, Chiang W, Chang SF, et al. Characterization of an immortalized human cell line derived from neonatal foreskin diploid fibroblasts. J Dermatol, 1992, 19: 1 – 11

8　Ishiwatari H, Hayasaka N, Inoue H, et al. Degradation of p53 only is not sufficient for the growth stimulatory effect of human papillomavirus 16 E6 oncoprotein in human embryonic fibroblasts. J Med Virol, 1994, 44: 243 – 249

9　Peters DM, Dowd N, Brandt C, et al. Human papillomavirus E6/E7 genes can expand the lifespan of human corneal fibroblasts. In Vitro Cell Der Biol Anim, 1996, 32: 279 – 284

10　Shekhar MP, Werdell J, Santner SJ, et al. Breast stroma plays a dominant regulatory role in breast epithelial growth and differentiation: implications for tumor development and progression. Cancer Res, 2001, 61: 1320 – 1326

11　Chung LW. Fibroblasts are critical determinants in prostatic cancer growth and dissemination. Cancer Metastasis Rev, 1991, 10: 263 – 274

Studies on Transformation of Human Esophageal Fibroblasts Mediated by A Retroviral Vector Containing the E6E7 ORFs of Human Papillomavirus Type 16

ZHANG Yong – jun *, GUO Xiu – chan, ZHANG Yong – li, ZHAO Jian, SHEN Zhong – ying, ZENG Yi

(* Department of Oncogenic Virus and HIV, National Institute for Viral Disease and Prevention, Chinese Center for Disease Control and Prevention, Beijing 100052, China)

Objective　To study the etiological role of human papillomavirus type 16 (HPV16) infection in the development of esophageal cancers.　**Methods**　A recombinant retrovirus containing the E6E7 ORFs of HPV16 was packaged and human fetal esophageal fibroblasts were infected. The tumorigenecity of the fibroblasts was tested in SCID mice in synergy with 12 – O – tetradecanoylphorbol – 13 – acetate (TPA) .　**Results**　Human esophageal fibroblasts infected with the recombinant retrovirus induced sarcomas in SCID mice, the existence and expression of E6E7 ORFs was confirmed in the sarcomas. Fibroblasts cultured from the sarcoma were demonstrated heteroploid by cytoflowmetry. However, tumors were not observed in human fetal esophagus infected with such virus.　**Conclusion**　These results revealed that the established recombinant retroviral system can successfully mediate the transference of HPV16 E6E7 genes, and such system is applicable to researches on tumorigenesis of HPV.

[**Key words**] Papilomavirus, human; Retrovirdae; Fibrublasts; Oneogenes

302. HIV DNA 疫苗与重组腺病毒伴随病毒联合免疫效果的研究

中国疾病预防控制中心病毒病预防控制所肿瘤病毒与艾滋病室

刘雁征　周　玲　王　琦　叶树清　李红霞　曾　毅

〔摘　要〕　目的　构建含 HIV-1 B 亚型中国株 gagV3 基因的 DNA 疫苗及重组腺病毒伴随病毒（rAAV）疫苗，并研究 DNA 疫苗和 rAAV 联合免疫的免疫效果。　方法　将 HIV-1 B 亚型中国株 gagV3 基因克隆入真核表达载体 pCI-neo 上，构建了含 HIV-1 gagV3 基因的 DNA 疫苗 PCI-gagV3。采用电击法将 pCI-gagV3 质粒转染 p815 细胞，用 G418 压力筛选，得到转入重组质粒的细胞系 p815-gagV3，用免疫酶法检测细胞系中 HIV-1 基因的表达。用该 DNA 疫苗进行小鼠免疫实验，检测免疫效果；用该 DNA 疫苗初次免疫，含同样 gagV3 基因的重组腺病毒伴随病毒 rAAV-gagV3 加强免疫，采用免疫酶法检测免疫小鼠血清中 HIV-1 特异性的抗体水平，用乳酸脱氢酶法检测免疫小鼠的 HIV-1 特异性 CTL 水平。结果　pCI-gagV3 可以在 p815 细胞中表达 HIV-1 的基因，免疫 DALB/c 小鼠后可以在小鼠体内诱发 HIV-1 特异性的细胞和体液免疫反应。HIV-1 特异性抗体滴度为 1∶20；效靶比为 50∶1 时，CTL 平均杀伤率为 41.7%。pCI-gagV3 与 rAAV-gagV3 联合免疫并不能明显提高抗体水平，但可以提高 CTL 反应，效靶比为 50∶1 时，CTL 平均杀伤率为 61.3%，高于单独用 DNA 疫苗或重组 AAV 疫苗免疫后产生的 CTL 活性。　结论　DNA 疫苗与重组腺病毒伴随病毒联合免疫可以提高免疫小鼠产生的 HIV-1 特异性 CTL 反应。

〔关键词〕　HIV-1；疫苗，DNA；重组腺病毒伴随病毒；疫苗，联合

HIV 在全球的迅速传播严重威胁着人类的生命安全，预防和控制 HIV 传播必须研制出安全有效的疫苗已成为共识。理想的 HIV 疫苗应该能激发机体产生细胞免疫和体液免疫反应，诱发细胞免疫特别是以 CD8⁺T 细胞介导的细胞毒性 T 细胞反应尤为重要。在各种 HIV 候选疫苗中，DNA 疫苗和重组载体疫苗具有良好的免疫原性，可以诱发机体产生有效的体液免疫和细胞免疫反应，因而这两种疫苗的研究受到越来越多的重视[2]。我们曾构建了含 HIV-1 B 亚型中国株 gagV3 基因的重组腺病毒伴随病毒，初步动物实验表明重组病毒免疫小鼠后可以诱导小鼠产生 HIV-1 特异性的细胞及体液免疫[3]。在本实验中，我们构建了含同样基因的 DNA 疫苗 pCI-gagV3，该 DNA 疫苗可以在 p815 细胞中有效表达 HIV-1 基因，并在免疫小鼠中诱发有效的细胞及体液免疫反应。

目前许多研究表明，采用联合免疫的方法，以不同载体按不同方式向免疫系统呈递抗原，能有效诱发强有力的免疫反应。因此，我们采用 pCI-gagV3 DNA 疫苗初次免疫，rAAV-gagV3 疫苗加强免疫的策略，检测免疫小鼠产生的抗体和 CTL 水平，并与单独 DNA 疫苗或

重组 AAV 疫苗免疫效果进行对比，结果表明我们所用的联合免疫并不能明显提高抗体水平，但可以诱发小鼠产生较高的 CTL 反应。

材料和方法

一、质粒与载体　含 HIV－1 B 亚型中国株 *gag*V3 基因的质粒 plin8*gag*V3－42，真核表达载体 pCI－neo 均由本室保存。

二、细胞与病毒　p815 细胞（为 BALB/c 小鼠同源的淋巴细胞系）由本室保存；含同样 HIV－1 B 亚型 *gag*V3 基因的重组腺病毒伴随病毒 rAAV－*gag*V3 由本室构建，含 GFP 基因的重组腺病毒伴随病毒 rAAV－CFP 由本所病毒基因工程国家重点实验室构建。

三、DNA 疫苗 pCI－*gag*V3 的构建　*Eco*R Ⅰ/*Sal* Ⅰ双酶切质粒 plin8*gag*V3－42，得到大小为 1.85 kb 的 *gag*V3 基因片段，纯化后连接到 *Eco*R Ⅰ/*Sal* Ⅰ双酶切的载体 pCI－neo 中，筛选正确的重组质粒，命名为 pCI－*gag* V3。基因重组克隆操作按文献〔4〕进行。

四、pCI－*gag*V3 中 HIV－1 基因表达的检测　采用电击法将大提纯化后的 pCI－*gag*V3 导入 p815 细胞，用含 G418 的选择培养基进行压力筛选，得到表达抗性基因的混合细胞系 p815－*gag*V3，将该细胞涂在细胞片上，分别用 HIV－1 患者的阳性血清和 HRP 标记的单抗人 IgG 作为一抗及酶标二抗，用免疫酶法检测细胞系中 HIV－1 基因的表达。

五、动物免疫

1. DNA 疫苗动物免疫：用 100 μg/只剂量的 pCI－*gag*V3 肌内注射 4 周龄的 BALB/c 小鼠，3 周后同样剂量加强免疫，用同样剂量的 pCI－neo 按照同样免疫程序免疫小鼠作为对照。6 周后处死小鼠，分离血清及脾淋巴细胞检测抗体及 CTL 活性。

2. DNA 疫苗与 rAAV 联合动物免疫：用 100 μg/只剂量的 pCI－*gag*V3 肌内注射 4 周龄的 BALB/c 小鼠，3 周后用 10^{10} vg/只剂量的 rAAV－*gag*V3 加强免疫，6 周后处死小鼠，分离血清及脾淋巴细胞，检测抗体及 CTL 水平。用 pCI－neo 初次免疫，rAAV－GFP 加强免疫作为对照，免疫程序与免疫剂量与实验组相同。

六、抗体的检测　用表达 HIV－1 *gag*V3 基因的 p815 细胞涂片固定后作为检测 HIV－1 抗体的抗原片，分别与不同稀释度的免疫小鼠的血清及辣根过氧化物酶标记的羊抗小鼠 IgG 结合，采用免疫酶法（EIA）检测免疫小鼠血清中的 HIV－1 抗体。

七、CTL 的检测

1. 靶细胞：用表达 HIV－1 基因的 p815－*gag*V3 细胞系作为 CTL 检测用靶细胞。

2. 刺激细胞：制备正常同源小鼠的脾淋巴细胞，用重组 AAV 感染 2 h 后，用含 15% FCS，20 U/ml IL－2 的 1640 培养液培养 48 h，作为刺激细胞。

3. 脾淋巴细胞及效应细胞的制备：参照文献〔5〕的方法进行。

4. CTL 测定：参照文献〔5〕的说明，建立不同的效应细胞及靶细胞组合（效应细胞与靶细胞数量比分别为 50∶1、25∶1、12.5∶1），用 LDH 法进行 CTL 的测定。

结　　果

一、pCI－*gag*V3 质粒的鉴定　重组质粒经限制性内切酶 *Eco*R Ⅰ和 *Sal* Ⅰ双酶切鉴定，得到 5.47 kb 和 1.85 kb 片段（图 1），与预计结果一致，表明外源基因正确插入 pCI－neo 中。

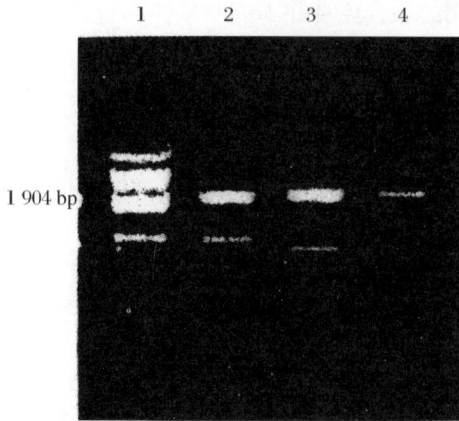

图 1　pCI-*gag*V3 酶切鉴定图谱

1：Marker：λDNA/*Eco*RⅠ+*Hind*Ⅲ；2：pCI-
*gag*V3/*Eco*RⅠ+*Sal*Ⅰ；3：pCI-*gag*V3/*Xho*Ⅰ；
4：pCI-neo/*Eco*RⅠ+*Sal*Ⅰ

**Fig. 1　Restriction endonuclease analysis
of recombinant plasmid pCI-*gag*V3**

标记：1 904 bp

二、P815-*gag*V3 细胞系中 HIV-1 基因表达的检测　用免疫酶法检测混合细胞系中 HIV-1 基因的表达。细胞涂片后用 HIV-1 患者阳性血清做一抗，HRP 标记羊抗人 IgG 为酶标二抗做免疫酶检测，可见 G418 压力筛选得到的 p815-*gag*V3 细胞系部分细胞染成棕色，而对照正常 p815 细胞则未被染色，表明 pCI-*gag*V3 可以在细胞中进行有效的表达。

三、DNA 疫苗和联合免疫诱发的抗体水平
用 p815-*gag*V3 靶细胞系涂片作为抗原片，采用免疫酶法检测免疫小鼠血清中的 HIV-1 特异性抗体，并与 pCI-*gag*V3 及 rAAV-*gag*V3 单独免疫后小鼠体内的 HIV-1 特异性抗体水平做比较（重组 AAV 的动物实验参见文献〔3〕），结果见表1。从中可以看出，DNA 疫苗免疫小鼠后可以诱发小鼠产生针对 HIV-1 抗原的特异性抗体，但是抗体的滴度不是很高。联合免疫诱发的抗体水平与 DNA 疫苗或重组 AAV 单独免疫诱发的抗体水平相比没有明显的差异。

四、DNA 免疫和联合免疫诱发的 HIV-1 特异性 CTL 反应　采用表达 HIV-1 B 亚型 *gag*V3 基因的 p815-*gag*V3 细胞作为靶细胞来呈递抗原，用乳酸脱氢酶法来检测免疫组及对照组小鼠产生的 HIV-1 特异性的 CTL 水平，计算平均杀伤率并与 pCI-*gag*V3 及 rAAV-*gag*V3 单独免疫产生的 CTL 平均杀伤率比较，结果见表2。从中可以看出，采用 DNA 疫苗初次免疫，重组 AAV 加强免疫的免疫程序可以增强小鼠产生的 CTL 反应水平。

表 1　联合免疫小鼠血清中 HIV-1 抗体滴度
**Tab. 1　Titer of HIV-1 antibody in sera
of mice in different immunization groups**

疫苗 Vaccine	抗体滴度 Antibody titer
pCI-*gag*V3 + rAAV-*gag*V3	1：24
pCI-*gag*V3	1：21
rAAV-*gag*V3	1：21
pCI-neo + rAAV-GFP（control）	—

注："-"未测出抗体　Note："-" No antibody was detectable

表 2　联合免疫小鼠产生的 HIV-1
特异性 CTL 活性（$\bar{x}\pm s$）
**Tab. 2　HIV-1 specific CTL activity（$\bar{x}\pm s$）of
mice immunized with combined vaccines**

疫苗 Vaccine	效靶比　E：T		
	50：1	25：1	（12.5：1）
pCI-*gag*V3 + rAAV-*gag*V3	61.3 ±7.0	44.6 ±2.2	29.7 ±8.1
pCI-*gag*V3	41.7 ±1.8	28.3 ±1.1	19.1 ±0.8
rAAV-*gag*V3	47.2 ±5.6	33.7 ±6.7	21.7 ±3.9
pCI-neo（Control）	8.4 ±1.5	2.0 ±1.0	0.4 ±0.1
pCI neo + rAAV GFP（Control）	12.5 ±1.5	7.7 ±1.2	3.4 ±0.8

讨　论

使用 DNA 载体携带 HIV 基因进入细胞后，可按内源性方式表达 HIV 基因，由 MHC-Ⅰ

类分子呈递给 CD8$^+$ 细胞，能诱发机体产生较好的针对 HIV 基因的 CTL 反应[6]。我们构建了表达 HIV - 1 中国株 B 亚型 gagV3 的 DNA 疫苗并进行了初步的动物实验，结果表明注射这种疫苗可以在小鼠体内诱发 HIV - 1 特异性的细胞和体液免疫。

外源基因的抗原性、表达、结构特性都会直接影响到 DNA 疫苗的免疫效果。HIV 的 gag、env 及 gag pol 基因是常用于 DNA 疫苗研究的基因。同时越来越多的研究结果表明 vif、nef、vpu、tat 等 HIV 调节基因在疾病进程中也发挥着重要的作用，序列分析显示这些调节基因的序列在 HIV 的不同毒株之间是非常保守的，还含有多个保守的 CTL 及 Th 抗原决定簇[7,8]，这就提示在疫苗研究中同样应该重视这些调节基因。DNA 疫苗的优点之一就是易于操作，因而可以将 HIV 基因中多个重要和保守的 CTL 表位组合起来，去除可能导致免疫病理的基因，构建这样的 DNA 疫苗也是我们将来研究的方向之一。

DNA 疫苗初次免疫动物后，用表达同样外源基因的重组载体疫苗加强免疫是近年来被看好的免疫方案之一，这种"初免—加强"（Prime - Boost）的方案可以有效地增强免疫效果。在猴中用表达 HIV - 1env 和 gag 蛋白的 DNA 疫苗初免，表达同样基因的重组禽痘病毒加强免疫可以激发强有力的特异性 CTL 和 Th1 细胞反应，并在随后的病毒攻击实验中使动物得到保护[9]。Amara 等[10]1 用表达多基因（SIV gag、pol、vif、vpx、vpr 基因和 HIV env、tat、rev 基因）的 DNA 疫苗免疫恒河猴，用表达 SIV gag、pol 和 HIV env 基因的 MVA 加强免疫，可以在实验动物中激发长期有效的细胞免疫，并使动物在随后的病毒攻击实验中得到保护。我们用表达 HIV - 1 中国株 B 亚型 gagV3 基因的 DNA 疫苗免疫小鼠后，用表达同样基因的重组 AAV 加强免疫，检测免疫效果发现这种联合免疫并不能明显提高抗体水平，但是可以增强 CTL 水平。这种增强效果产生的机制可能是 DNA 初次免疫后，机体产生针对外源基因表达产物的特异性 T 细胞，同一种蛋白被不同的系统导入机体后，在细胞内经加工处理并呈递给免疫细胞的特异性抗原表位会有一些差异，因而用含同种基因的重组 AAV 再次免疫后，一方面，针对同样抗原表位的记忆性 T 细胞会被激活而增殖，另一方面，有差异的抗原表位还可以诱发针对他们的 T 细胞和 B 细胞，这样可能会诱发强有力的免疫反应。对于这种免疫效果产生的机制还需要进一步的研究，希望我们的探索能对发展有效的 HIV 疫苗提供新的思路。

〔原载《中华实验和临床病毒学杂志》2004，18（3）：251 - 254〕

参 考 文 献

1 Cease KB, Berzofsky JA. Toward a vaccine for AIDS: the emergence of immunobiology - based vaccine development. Annu Rev lmmunol, 1994, 12: 923 - 989

2 Fauci AS. An HIV vaccine breaking the paradigms. Proc Assoc Am Physicians, 1996, 108: 6 - 13

3 刘雁征，吴小兵，周玲，等. 含 HIV - 1 gag、gagV3 基因的重组腺病毒伴随病毒的构建及其免疫原性的研究. 病毒学报，2001，17：328 - 332

4 萨姆布鲁克 J，弗里奇 EF，曼尼阿蒂斯 T. 分子克隆实验指南. 第 2 版，北京：科学出版社，1992，34 - 57

5 管永军，朱跃科，刘海鹰，等. 中国 HIV - 1 流行毒株的 DNA 疫苗的初步研究. 病毒学报，2000，16：322 - 326

6 Sanjay G, Dennis MK, Robert AS. DNA vaccines: immunology, application, and optimization. Annu Rev Immunol, 2000, 18: 927 - 974

7 Zhang L, Huang Y, Yuan H, et al. Genetic characterization of vif, vpr, and vpu sequences

from long – term survivors of human immunodeficiency virus type 1 infection. Virology, 1997, 228: 340 – 349

8 Gotch F. Cross – clade T cell recognition of HIV – 1. Cur Opin Immunol, 1998, 10: 388 – 392

9 Kent SJ, Zhao A, Best SJ, et al. Enhanced T – cell immunogenicity and protective efficacy of a human immunodeficiency virus type I vaccine regimen consisting of consecutive priming with DNA and boosting with recombinant fowlpox virus. J Virol, 1998, 72: 10180 – 10188

10 Amara RR, Villinger F, Altman JD, et al. Control of a mucosal challenge and prevention of AIDS by a multiprotein DNA/MVA vaccine. Science, 2001, 292: 69 – 74

Immune Response Induced by HIV DNA Vaccine Combined with Recombinant Adeno – associated Virus

LIU Yan – zheng, ZHOU Ling, WANG Qi, YE Shu – qing, LI Hong – xia, ZENG Yi

(Department of Tumor Virus and AIDS, Institute of Viral Disease Control and Prevention,
Chinese Center for Disease Control and Prevention, Beijing 100052, China)

Objective HIV – 1 DNA vaccine and recombinant adeno – associated virus (rAAV) expressing *gag*V3 gene of HIV – 1 subtype B were constructed and BALB/c mice were immunized by vaccination regimen consisting of consecutive priming with DNA vaccine and boosting with rAAV vaccine; The CTL and antibody response were detected and compared with those induced by DNA vaccine or rAAV vaccine separately. **Methods** (1) HIV – 1 subtype B *gag*V3 gene was inserted into the polyclonal site of plasmid pCI – neo, DNA vaccine pCI – *gag*V3 was thereby constructed; (2) pCI – *gag*V3 was transfected into p815 cells, G418 – resistant cells were obtained through screening transfected – cells with G418. The expression of HIV – 1 antigen in G – 418 – resistant cells was detected by EIA; (3) BALB/c mice were immunized with pCI – *gag*V3 and the immune response was tested; BALB/c mouse immunized with pCI – *gag*V3 and combined with rAAV expressing the same *gag*V3 genes were tested for antibody level in sera by EIA method and cytotoxicity response by LDH method. **Results** (1) pCI – *gag*V3 could express HIV – 1 gene in p815 cells; (2) pCI – *gag*V3 could induce HIV – 1 specific humoral and cell – mediated immune response in BALB/c mice. The HIV – 1 specific antibody level was 1 : 20; when the ratio of effector cells: target cells was 50 : 1, the average specific cytotoxicity was 41.7%; (3) there was no evident increase in the antibody level induced by pCI – *gag*V3 combined with rAAV, but there was increase in CTL response, the average specific cytotoxicity was 61.3% when effector cells: target cells ratio was 50 : 1. **Conclusion** HIV – 1 specific cytotoxicity in BALB/c mice can be increased by immunization of BALB/c mice with DNA vaccine combined with rAAV vaccine.

〔**Key words**〕 HIV – 1; Vaccines, DNA; Recombinant adeno – associated virus; Vaccines, combined

303. EBV-LMP2 多肽所激活的特异性 CTL 对鼻咽癌细胞杀伤活性的研究

中国疾病预防控制中心病毒病预防控制所

杜海军 周 玲 左建民 王 琦 李红霞 曾 毅

〔摘 要〕 目的 研究 EB 病毒编码的 LMP2 多肽片段所激活的肿瘤特异性 CTL 对鼻咽癌细胞的杀伤作用，探讨利用 LMP2 多肽对鼻咽癌进行免疫治疗。方法 通过细胞免疫方法鉴定鼻咽癌细胞（CNE2）中的 LMP2 蛋白是否表达；外周血分离树突状细胞（DC）体外培养，以 LMP2 多肽片段负载 DC 激活产生特异性 CTL；通过流式细胞仪、MTT 法检测特异性 CTL 对 CNE2 细胞杀伤活性。 结果 在 CNE2 中表达 LMP2 蛋白，LMP2 多肽所激活的肿瘤特异性 CTL 对鼻咽癌细胞具有杀伤活性。 结论 LMP2 多肽片段所激活的肿瘤特异性 CTL 在体外对鼻咽癌细胞具有杀伤作用。

〔关键词〕 LMP2 多肽；免疫疗法；树突状细胞；肿瘤特异性 CTL

肿瘤的发生发展与一些病毒的感染密切相关。鼻咽癌是我国南方常见恶性肿瘤，国内外资料研究证明，鼻咽癌的发生与 EB 病毒感染密切相关。通常在临床上对鼻咽癌治疗常常采用手术、化疗、放疗及药物等多种手段联合应用，虽然在一定程度上能够延长患者的生命，但术后复发率高，易转移[1]，且放化疗及药物等极大地影响自身免疫系统，常会引起其他一些疾病。因此人们尝试寻找鼻咽癌治疗的新方法，免疫治疗正成为医学研究关注的焦点。免疫治疗是通过抗原呈递细胞（APC）加工处理肿瘤抗原，呈递于细胞表面，激活特异性细胞毒性淋巴 T 细胞，杀伤肿瘤细胞，在与 EB 病毒相关的肿瘤方面已有一些成功报道[2~4]，但在鼻咽癌免疫治疗方面，尚在起步阶段。我们利用 EB 病毒编码的 LMP2 多肽片段负载 DC 后，在体外刺激特异性细胞毒性淋巴 T 细胞，研究其对体外鼻咽癌细胞 CNE2 的杀伤作用。

材料和方法

一、主要材料 CNE2 鼻咽癌细胞系由本室建立保存；抗 LMP2 兔血清抗体由荷兰 Middeldorp 教授惠赠；羊抗兔 FITC 标记 IgG 购于北京中山公司；EBVLMP2 CTL 表位多肽由美联生物科技公司合成（纯度 > 95%）其多肽序列为 A201：LLWTLVVLL，A203：LLLSAWILTA，A206：LTAGFLIFL，A11：SSCSSCPLSKI，A24：TYGPVFMCL，B40：IEDPPFNSL；淋巴细胞分离液购于 Pharmcia 公司；IL-4、IL-2、GS-CSF 购于 Sigma 公司；Hyclone 精制胎牛血清购于希尔城生物工程公司；细胞培养所需用液由本所配液室提供。

二、LMP2 表达的检测 接种鼻咽癌细胞 CNE2 于含 10% 胎牛血清的 DMEM 培养基中培养，待细胞生长至对数生长期后，以 0.25% 胰酶消化成细胞悬液；稀释细胞密度为 5×10^4/ml 滴于载玻片上风干；冷丙酮固定 30 min，PBS 洗涤 3 次，与抗 LMP2 多抗（按 1:100

比例 PBS 稀释）37 ℃孵育 45 min；PBS 洗涤后与羊抗人 FITC 标记 IgG（以 0.25% 伊文斯蓝 125 倍稀释）37 ℃孵育 45 min；PBS 洗涤去除非结合 FITC 标记 IgG，滴加 50% 甘油临时封片，于扫描共聚焦显微镜下，检测 LMP2 在 CNE2 细胞中表达。

三、树突状细胞（DC）的分离与培养 取人外周血以 Ficoll – pague™ 液分离淋巴细胞，以 10% 胎牛血清的 RPMI1640 完全培养基调整细胞密度至 $2 \times 10^6/ml$，接种于 24 孔板内（$2 \times 10^6/$孔）；于细胞培养箱内 37℃孵育 2 h 后，以无血清 RPMI1640 洗去非黏附细胞；加入含 IL – 4（25 ng）、GM – CSF（50 ng）和 1% 自身血清的 RPMI1640 完全培养基，隔日半量换液。诱导培养 1 周后，向 DC 培养液中加入 LMP2 混合多肽片段 60 ng，TNF – α10 ng/ml，余下一孔为对照，共同孵育 48 h 后，收集细胞计数，用于如下实验。

四、T 细胞的分离与培养 按前面步骤分离淋巴细胞以 $10^6/$孔加入 24 孔板中，加入含 1L – 2（20U）和 1% 自身血清的完全培养基隔日半量换液。

五、T 细胞增殖实验 将前面培养 DC 和 T 细胞按 1∶10 的比例混合培养 5 d，隔日半量换液，收集混合培养细胞；取 2×10^4 细胞通过流式细胞仪检测 DC 负载 LMP2 多肽片段刺激后 T 细胞增殖周期各时相的变化；余下细胞用于对鼻咽癌细胞 CNE2 杀伤活性实验。

六、咽癌细胞 CNE2 杀伤活性实验 CNE2 经胰酶消化后以 $5 \times 10^4/$孔接种于 96 孔板内，补加含 10% 胎牛血清的 DMEM 培养液至 200 μl，贴壁后，分别按 1∶1、10∶1、20∶1、40∶1 的效靶比将激活的细胞加入 CNE2 中，每一比例加 3 孔，44 h 后加入 20 μl MTT 溶液（5 g/ml），继续孵育 4 h 吸出培养液及悬浮细胞，PBS 洗涤 2 次，加入 DMSO 150 μl，37℃作用 20 min，于酶标仪上 A_{490} 波长下检测 CNE2 细胞吸光值。

结　果

一、LMP2 的表达 LMP2 与抗 LMP2 单抗及羊抗人 FITC 标记的 IgG 作用后，经紫外光线激发后发出绿色荧光。在 CNE2 细胞的周围显现绿色荧光，中央为红色，而阴性的细胞中全部为红色，说明在 CNE2 细胞中表达 LMP2 蛋白（图 1）。

二、T 细胞增殖 通过 DC 负载多肽片段，刺激特异性 T 细胞增殖，处于细胞分裂 G_2 期（4.4）和 S 期（16.2）的细胞比例总和（20.6）高出对照组 G_2 期（4.8）和 S 期（11.2）4.6%，推测为特异性 T 细胞增殖，增殖幅度较小。

三、对 CNE2 细胞的杀伤用用 通过 MTT 法测定细胞生长结果可以看出，按 40∶1 的效靶比 CNE2 细胞的 A 值（0.495 ± 0.03）明显低于对照组（0.831 ± 0.03）及其他比例组 1∶1（0.834 ± 0.04）、10∶1（0.790 + 0.04）、20∶1（0.750 ± 0.04），说明 40∶1 的效靶比对 CNE2 细胞增殖起到明显抑制和杀伤作用（图 2）。

讨　论

EB 病毒为 γ–疱疹病毒亚科的 DNA 病毒，与多种恶性肿瘤如淋巴瘤、鼻咽癌、肺癌、胃癌、乳腺癌[5~8]等发生相关。EB 病毒在癌细胞中以潜伏感染状态存在，按其基因表达的种类分为三种类型，Ⅰ型存在于与 EB 病毒相关的淋巴瘤中，表达 EBER、EBNA 和 BARF0 基因；Ⅱ型以鼻咽癌最为典型，除表达 Ⅰ 型表达的基因外，还表达 LMP1、LMP2A、LMP2B 基因；Ⅲ型表达全部潜伏感染基因，主要存在于 EB 病毒转化细胞中。在鼻咽癌所表达的基因中，LMP1 已被确认能够使正常细胞发生转化癌基因蛋白，其致瘤机制尚未明了，且 LMP1

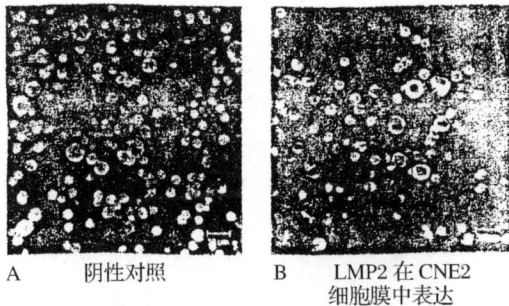

图1 细胞免疫方法检测LMP2
在鼻咽癌细胞中的表达

A 阴性对照　B LMP2在CNE2
细胞膜中表达

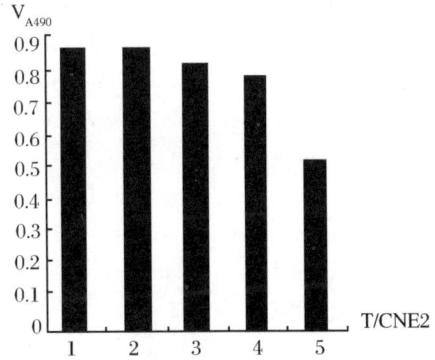

1：阳性对照；2：1∶1；3：10∶1；
4：20∶1；5：40∶1（2－5为T/CNE的效靶比）

图2 MTT法检测LMP2多肽诱导的
CTL对CNE2细胞的杀伤作用

的免疫原性弱于LMP2。EBNA为核心抗原，EBER为短小多聚核苷酸片段，已有文献报道LMP2在体内可引起细胞免疫反应，但反应强度较弱[9]，本实验选用LMP2作为肿瘤特异性抗原体外诱导增强其特异性CTL免疫。在所有的抗原递呈细胞中，树突状细胞（DC）递呈能力最强[10]，通过外周血诱导培养DC具有产量大、纯度高、易获得等优点。我国汉族人群HLA－Ⅰ类分子A、B位点亚型统计发现，A2、A11、A24、B40所占比例分别为14.79%、32.77%、25.84%、12.94%[11]，四种亚型总和为86.34%，据此我们根据文献报道设计了LMP2的A2、A11、A24、B40的CTL多肽表位，通过DC负载LMP2多肽片段激活T细胞的特异性增殖，体外杀伤鼻咽癌细胞。我们所合成的混合多肽纯度大于95%，大大增强了抗原递呈的特异性。我们的实验结果表明自身DC刺激T细胞的增殖并不显著，但以40∶1的效靶比作用CNE2细胞时，具有明显的杀伤作用。我们也进行异体DC刺激T细胞的实验，T细胞增殖效果明显高于自身刺激，但其杀伤活性却无显著增强，推测异体DC刺激增殖的T细胞中，可能含有大量非肿瘤特异性CTL。关于DC负载LMP2多肽片段所激活特异性CTL对体内鼻咽癌细胞的杀伤作用，香港大学林成龙教授的研究已进入临床Ⅰ期阶段，国内尚未见相关报道，我们正在研究中。

〔原载《肿瘤学杂志》2004，10（2）：92－94〕

参 考 文 献

1 中国抗癌协会. 新编常见恶性肿瘤诊治规范—鼻咽癌分册. 北京：北京医科大学中国协和医科大学联合出版社，1999

2 Straahof KC, Bollard CM, Heslop HE. Immunotherapy for Epstein － Barr virus － associated cancers in children. Oncologist, 2003, 8（1）：83 － 98

3 Savoldo B, Huls MH, Liu Z, et al. Autologous Epstein Barr virus（EBV）－ specific cytotoxic T cells for the treatment of persistent active EBV infection. Blood, 2002, 100（12）：4059 － 4066

4 Rooney CM, Aguilar LK, Huls MH, et al. Adoptive immunotherapy of EBV － associated malignancies with EBVspecific cytotoxic T － cell lines. Curr

Top Microbiol Immunol, 2001, 258: 221 –229

5 Kamano J, Sugiura M, Takada K. Epstein – Barr virus contributes to the malignant phenotype and to apoptosis resistance in Burrkit's lymphoma cell line Akata. J Virot, 1998, 72 (11): 9150 –9156

6 Danve C, Decaussin G, Busson P, et al. Growth transformation of primary epithelial cells with a NPC – derived Epstein – Barr virus stain. Virology, 2001, 288 (2): 223 –235

7 Rickinson AB, Kieff E. Epstein – Barr virus. Fields BN, Knipe DM, Howley PM, et al. Fields Virology [M]. Philadelphia: Lippincott – Raven Pulishers, 1996. 2397 –2446

8 Takada K. Epstein – Barr virus and gastric carcinoma. Epstein – Barr virus Report, 1999, 6 (4): 95 –100

9 Jail – Kumar D. Martina S. Scott T. et al. Therapeutic LMP1 polyepitope vaccine for Ebv – associated Hodgkin's disease and nasopharyngeal carcinoma. Blood. 2002, 10: 5

10 Bancherv J. Steinmen RM. Dendritic cells and the control immunity. Nature. 1998. 392 (5637): 245 –250

11 谭建明，周永昌，唐孝达，组织配型技术与临床应用．北京：人民卫生出版社，2002. 120 – 122

A Study on Killing Effect of Cytotoxic T Cell Activated by LMP2 Peptides in Nasopharyngeal Carcinoma Cells

DU Hai – jun, ZHOU Ling, ZUO Jian – min, et al
(Institute for Viral Disease Control and Prevention, Chinese Center
for Disease Control and Prevention, Beijing 100052, China)

Objective To explore the possibility of the immunotherapy with specific cytotoxic T cell (CTL) activated by LMP2 peptides for NPC. **Methods** Latent membrane potein 2 (LMP2) encoded by Epstein – Barr virus was identified by the means of cytoimmunity. Dendritic cells (DC) were separated from peripheral blood cells and cultured. The killing activity was demonstrated by flow cytometry. Tumorspecific CTL responses were activited by LMP2 peptides presented by DC. Killing effect was detected by the way of MTT and floweytometer. **Result** Expression of LMP2 was found in CNE2. Specific CTL activated by LMP2 peptides, which revealed killing activity to nasopharyngeal carcinoma cells in vitro culture. **Conclusion** CTL activated by LMP2 peptides has killing effect to nasopharyngeal carcinoma cells in vitro.

[**Key words**] LMP2 peptides; Immunotherapy; Dendritic cells; Tumorspecific CTL

304. EBV-LMP2 多肽激活的特异性 CTL 抑制同 HLA-Ⅰ亚型的鼻咽癌移植瘤形成

中国疾病预防控制中心病毒病预防控制所

杜海军　周　玲　左建民　付　华　王　琦　李红霞　曾　毅

〔摘　要〕　**目的**　研究异体的 EBV-LMP2 表位多肽所激活的特异性 CTL 对具有相同 HLA-Ⅰ类分子亚型鼻咽癌细胞（CNE2）移植瘤的抑制作用，探讨异体间的免疫治疗。　**方法**　先将 CNE2 细胞接种于 Scid 鼠背部皮下建立移植瘤模型；然后通过 SSP-PCR 确定 CNE2 的 HLA-Ⅰ类分子亚型，并选取与 CNE2 有相同 HLA-Ⅰ类分子亚型的外周血淋巴细胞；实验再将 3 组不同细胞分别接种于 Scid 鼠背部皮下，（1）对照组：仅接种 CNE2 细胞；（2）T 细胞组：接种未激活的淋巴细胞与 CNE2 混合细胞。（3）CTL 组接种经 EBV-LNF2 多肽激活的特异性 CTL 与 CNE2 混合细胞。观察 EBV-LMP2 多肽激活的 CTL 对 CNE2 移植瘤生长的影响。　**结果**　CNE2 于一周左右在 Scid 鼠背部形成肿块，病理学鉴定为低分化上皮癌；SSP-PCR 显示 CNE2 含有 HLA-A11 基因位点；含有相同基因位点的 DC 负载 LMP2-A11 多肽所激活的 CTL，明显抑制 CNE2 移植瘤生长。　**结论**　EBV-LMP2 多肽所激活的特异性 CTL 抑制 HLA 亚型相同的 CNE2 移植瘤的形成。

〔关键词〕　移植瘤；EBV-LMP2 表位多肽；HLA-Ⅰ类分子亚型

鼻咽癌是我国南方常见恶性肿瘤，几乎 100% 鼻咽癌患者有 EB 病毒感染。在临床治疗上通常采用放疗及药物等手段。但晚期患者易复发、转移，治疗又极大地影响自身免疫系统。免疫治疗正成为医学肿瘤学研究关注的焦点。免疫治疗是通过肿瘤抗原激活细胞毒性 T 淋巴细胞，杀伤肿瘤细胞。对肿瘤细胞的杀伤活性与 HLA 间的免疫识别密切相关[1]。在肿瘤自体免疫治疗方面已有一些成功报道[2~5]。在 EB 病毒相关的淋巴瘤免疫治疗上也取得了一定疗效[6~8]，而在鼻咽癌的方面，则尚在起步阶段。鉴此，本实验以 PCR-SSP 方法鉴定 HLA-Ⅰ类分子亚型，探讨 LMP2 表位多肽刺激特异性细胞毒性 T 淋巴细胞，对含相同 HLA-Ⅰ类分子亚型的鼻咽癌细胞 CNE2 的生长抑制作用。

材料和方法

一、材料来源　CNE2 为低分化鼻咽癌细胞株由本室建立保存；PCR-SSP 引物由赛百胜生物公司合成；EBV-LMP2 CTL 表位多肽[8]由美联生物科技公司合成（纯度>95%）。其多肽序列为 A201：LLWTLVVLL，A203：LLLSAWILTA，A206：LTAGFLIFL，A11：SSCSSCPLSKI，A24：TYGPVFMCL，B40：IEDPPFNSL；淋巴细胞分离液购于 Pharmcia 公司；IL-4，GS-CSF 购于 Sigma 公司；Hyclone 精制胎牛血清购于同正生物工程公司；细胞培养所需用液由本所配液室提供；Scid 鼠购于中国医学科学院实验动物中心。

二、鼻咽癌移植瘤模型的建立 选取体重 15~20 g 的 6 周龄 Scid 鼠 12 只,分 3 组,每组 4 只,雌雄各半;将 CNE2 细胞分别以 10^5 个/只、10^6 个/只、10^7 个/只接种 3 组 Scid 鼠背部皮下,观察 Scid 鼠背部形成肿瘤时间;接种 2 周后断脊法处死 Scid 鼠,取出瘤组织中性甲醛固定后,病理染色鉴定瘤组织类型。选取最佳细胞浓度用于以下实验。

三、HLA – Ⅰ类分子亚型的鉴定 根据我国人种中 HLA – Ⅰ类分子亚型统计[9]合成 HLA – A2,A11,A24,A66,HLA – B40、B7 亚型引物。酚氯仿法抽提 CNE2 细胞及志愿者外周血液 DNA,通过 PCR – SSP 及琼脂糖凝胶电泳方法鉴定并筛选与 CNE – 2 相同的志愿者 HLA – Ⅰ类分子基因亚型。PCR – SSP 条件为:94℃ 5 min;94℃ 30 s,53℃ 30 s,72℃ 45 s,30 cycles;72℃ 5 min。

四、淋巴细胞的分离与培养 取人外周血以 Ficoll – pague™ 液分离淋巴细胞,于细胞培养箱内 37℃ 孵育 2 h 后,以无血清 RPMI – 1640 洗去非黏附细胞;以含 IL – 4（25 ng）、GM – CSF（50 ng）和 1% 自身血清的 RPMI – 1640 完全培养基诱导培养 DC。以含 IL – 2（20 U）和 1% 自身血清的 RPMI – 1640 完全培养基诱导培养 T 细胞。诱导培养 1 周后,向 DC 培养液中加入 LMP2 – A11 多肽片段 10 ng,TNF – α10 ng/ml,共同孵育 48 h 后,收集细胞计数,待实验使用。

五、效应细胞的制备 将上述"三"培养 DC 和 T 细胞按 1∶10 的比例混合培养 5 d,隔日半量换液,收集混合培养细胞,待实验使用。

六、多肽介导的肿瘤细胞的免疫治疗 按上述"三"所述方法将 CNE2 组、CNR2⁺T 细胞组、CNE2⁺CTL 组接种 Scid 鼠,CNE2 接种量为 10^6 个/只,T 和 CTL 细胞量为 10^7/只,1 周以后观察各组成瘤情况,并从成瘤日起每周测量各组瘤体大小,于第 5 周后处死 Scid 鼠,取出肿瘤组织称重,比较各组肿瘤体积及重量差异。

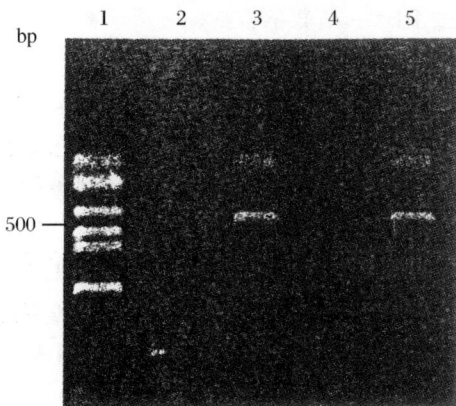

图 2 PCR – SSP 鉴定 HLA – Ⅰ类分子亚型琼脂糖凝胶电泳结果

1：DL – 2000 marker；2：Positive control in CNE2；
3：All site in CNE2；4：Positive control in volunteer；5：A11 site in volunteer

Fig. 2 Illustration of PCR – SSP by agarose gel electrophoresis

结　果

一、CNE2 细胞在 Scid 鼠中成瘤 在实验中我们发现以 10^6/只、10^7/只 CNE2 细胞接种的 Scid 鼠分别在 7~10 d、5~7d 在背部形成瘤肿块,而以 10^5/只接种的 Scid 鼠,至第 2 周处死前未观察到瘤组织块产生。成瘤组织经 HE 病理切片鉴定发现多个核仁,核分裂相较多,细胞间界限不清,为人上皮来源的低分化癌（图 1 略）;说明 CNE2 细胞在 Scid 鼠中形成移植瘤,可作为肿瘤模型用于本试验。

二、HLA – Ⅰ类分子亚型 PCR – SSP 及琼脂糖凝胶电泳结果显示 CNE2 细胞中存在 HLA – Ⅰ类分子 A11 基因位点,通过对 10 个志愿者的血液 DNA HLA – Ⅰ类分子亚型的筛查,发现有一例含有 A11 基因位点（图 2）。

三、LMP2 多肽激活 CTLs 细胞抑制 CNE2 移植瘤的生长　实验结果表明：DC 负载 LMP2A11 多肽结合表位所激活的 CTLs 细胞能够有效抑制肿瘤细胞的生长，CNE2 组、CNE2⁺ 非 CTL 组均在 7 ~ 10 d 形成肿瘤，而 CNE2 + CTL 组的 4 只 Scid 鼠中只有一只在 10 d 形成肿瘤，且肿瘤生长速度（体积和重量）远小于其余 2 组（见图 3）。

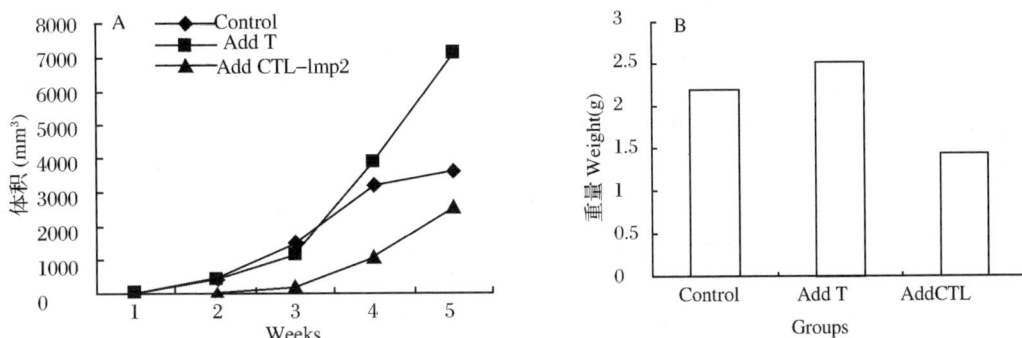

图 3　CNE2 移植瘤的生长结果比较

A：The growth curve of transplantable tumor of CNE2 cells in volume；

B：The comparison of transplantable tumor of CNE2 between groups in weight

Fig. 3　The inhibitory effect of specific – LMP2 CTLs on transplantable tumor of CNE cells

讨　论

EBV – LMP2 是鼻咽癌细胞中所表达的蛋白，在体内可引起细胞免疫反应。以 EBV – LMP2 多肽进行自体肿瘤治疗，已有成功报道，Lin 等[10]以 LMP2 的限制性表位多肽负载鼻咽癌患者的树突状细胞后回输体内，在 16 名病人中，9 名出现针对的 LMP2 多肽较强的 CTLs 活性，且有两人在 3 个月后肿瘤体积减小。而 LMP2 多肽进行异体鼻咽癌治疗方面，尚未见文献报道。本实验选用 LMP2 作为肿瘤特异性抗原体外诱导增强其特异性 CTLs 免疫。我们曾对 LMP2 混合多肽诱导特异性 CTLs 对鼻咽癌细胞的作用进行研究，对我国汉族人群 HLA – Ⅰ类分子 A、B 位点亚型统计发现，A2，A11，A24，B40 所占比例分别为 14.79%，32.77%，25.84%，12.94%[11]，4 种亚型总和为 86.34%，因而，我们选用 LMP2 混合多肽诱导特异性 CTLs 研究体外对 CNE2 的杀伤作用。结果表明以 40∶1 的效靶比作用于 CNE2 细胞时，具有明显的杀伤作用。鉴于 HLA – Ⅰ类分子亚型影响效应细胞对靶细胞的杀伤效果[6]，我们推测分离的淋巴细胞个体与 CNE2 可能存在相同 HLA – Ⅰ类分子亚型。一些肿瘤患者体内的 DC 又发生功能缺陷[7]。在此基础上，我们采用 PCR – SSP 方法筛选尝试异体同型间的免疫治疗。我们的实验结果表明这种异体间 DC 激活的 T 细胞明显具有抑制肿瘤细胞生长，为我们进一步的临床研究提供良好的实验基础，从实验结果来看 CNE2 组、CNE2⁺ 非 CTL 组在第 2 周生长较快，第 5 周生长相对减缓，推测可能是营养衰竭导致瘤体内部组织坏死所致。在 CNE2⁺ CTL 组中成瘤率仅为 25%，且瘤体积远小于 CNE2 组、CNE2⁺ 非 CTL 组。我们实验发现 CNE2⁺ 非 CTL 组的成瘤体积大于 CNE2 组可能是非特异 T 细胞刺激了 CNE2 细胞的生长，或抑制了 Scid 鼠体内 NK、LAK 细胞活性。本试验只检测到 A11 多肽结合表位，是否还存在其他相同亚型位点有待进一步研究。在鼻咽癌细胞中除表达 LMP2 基因，还表达

LMP1，EBER，EBNA 和 BARF0 基因，以 EBNA 与 LMP2 嵌合基因感染树突状细胞可引起 CD4（+）和 CD8（+）T 细胞的双重应答[12]，其对鼻咽癌细胞的杀伤活性有待进一步探索。

〔原载《中国肿瘤生物治疗杂志》2004，11（3）：157 – 160〕

参 考 文 献

1 Mcmichael AJ, Ting A, Zweerink HJ, et al. Restriction of cell mediated lysis of influenza virus – infected human cells. Nature. 1977, 270 (5637)：524 – 526

2 Caruso DA, Orme LM, Neale AM, et at. Results of a phase 1 study utilizing monocyte – derived dendritic cells pulsed with tumro RNA in children and young adults with brain cancer. Neurooncol, 2004, 6（3）：236 – 246

3 Lee JJ, Kook H, Park MS, et al. Immunotherapy using autologous monocyte – derived dendritic cells pulsed with leukemic cell lysates for acute myeloid leukemia relapse after autologous peripheral blood stem cell transplantation. J Clin Apheresis, 2004, 19（2）：66 – 70

4 汪晓莺，梁志强，张一心，等，肿瘤抗原负载的树突状细胞对肝癌肿瘤浸润淋巴细胞体外抗瘤作用的影响．中国肿瘤生物治疗杂志，2003，10（3）：170 – 174

5 李东复，杨春荣，申吉子，等．肝癌细胞抗原负载树突状细胞激活 CTL 的抗肿瘤作用．中国肿瘤生物治疗杂志，2003，10（2）：137 – 138

6 Straahof KC, Bollard CM, Heslop HE. Immunotherapy for Epstein – Barr vires – associated cancers in children. Oncologist, 2003, 8（1）：83 – 98

7 Savoldo B, Huls MH, Liu Z, et al. Autologous Epstein – Barr virus（EBV） – specific eytotoxic T cells for the treatment of persistent active EBV infection. Blood, 2002, 100（12）：4059 – 066

8 Rooney CM, Aguilar LK, Huls MH, et al. Adoptive immunotherapy of EBV – associated malignaneies with EBV – specific cytotoxic cell lines. Curt Top Microbiol Immunol, 2001, 258：221 – 229

9 Steven PL, Rosemary jr, Wendy AT, et at. Conserved CTL epitopes within EBV latent membrane protein 2：A potential target for CTL – based tumor therapy. J Immunol, 1997, 158：3325 – 3334

10 Lin CL, Lo WF, Lee TH, et al. Immunization with Epstein – Bart Virus（EBV）peptide – pulsed dendritic cells induces functional CD8+ T – eell immunity and may lead to tumor regression in patients with EBV – positive nasopharyngeal carcinoma. Cancer Res, 2002, 62（23）：6952 – 6958

11 谭建明，周永昌，唐孝达．组织配型技术与临床应用．北京：人民卫生出版社，2002. 120 – 122

12 Bancherv J, Steinmen RM. Dendritic cell and the control immunity. Nature, 1998, 392 (6673)：245 – 250

13 Almand B, Clark JI, Nikitina E, et al. Increased production of immature myeloid cells in cancer patients；A mechanism of immunosuppression in cancer. J Immunol, 2001, 166（1）：678 – 689

14 Taylor GS, Haigh TA, Gudgeon Nh, et al. Dual Stimulation of Epstein – Barr Virus（EBV） – Specific CD4（+）and CD8（+） – T – Cell Responses by a Chimeric Antigen Construct：Potential Therapeutic Vaccine for EBV – Positive Nasopharyngeal Carcinoma. JVirol, 2004, 78 (2)：768 – 778

Inhibition of Transplantable Tumor of Nasopharyngeal Carcinoma Cells Line by Specific LMP2 – CTLs

DU Hai – jun, ZHOU Ling, ZUO Jian – min, FU Hua, WANG Qi, LI Hong – xia, ZENG Yi

(Institute for Viral Disease Control and Prevention, Chinese Center

for Disease Control and Prevention, Beijing 100052, China)

Objective To investigate inhibitory effect of specific cytotoxicity lymphocytes (CTLs) pulsed by EBV – LMP2 – peptide epitopes on transplantable tumor of nasopharyngeal carcinoma cell (NPC) line – CNE2 with identical HLA – I molecule subtypes, and explore the possibility of immunotherapy among individuals. **Methods** Transplantation tumor was established through subcutaneous injection of CNE2 cells in Scid mice. HLA – I subtypes in CNE2 cells were identified by specific site primer polymerase chain reaction (SSP – PCR). Matched HLA HLA – I molecule subtypes with CNE2 were screened among normal volunteers. Specific CTLs stimulated by EBV – LMP2 – peptide epitopes were collected for the next steps. Three groups were divided. (1) CTL group: CNE2 cells with specific CTLs stimulated by EBV – LMP2 – peptide epitopes were injected into mice subcutaneousness. (2) T group: CNE2 cells with T lymphocytes were injected. (3) The control group, CNE2 cells were injected only. The results were observed in a few weeks later. **Results** Transplantable tumors were observed after CNE2 having been injected into scids mice. HLA – A11 in CNE2 cells was detected by SSP – PCR. Comparing the results from the three groups, we found specific CTLs stimulated by A11 – LMP2 – peptide epitopes distinctly retarded the growth of CNE2 transplantable tumor. **Conclusion** Specific – LMP2 CTLs with HLA – A11 molecule subtype effectively inhibit the development of transplantable tumor of CNE2 cells with identical HLA – I molecule subtype of three different groups were injected.

〔**Key words**〕 Transplantable tumor; EBV – LMP2 peptides epitopes; HLA – I molecule subtypes

305. HIV –1 B 亚型 *gp*120 基因密码子优化前后免疫原性的比较

中国疾病预防控制中心病毒病预防控制所 余双庆 冯 霞 陈国敏 龚 非 周 玲 曾 毅

〔摘 要〕 对 HIV – 1 B 亚型 *gp*120 基因按照哺乳动物优势密码子的使用原则进行优化，以 Western blot 方法比较其体外表达量。将优化前的野生型 *gp*120 基因和改造后的 mod *gp*120 基因插入重组腺伴随病毒载体，构建了重组病毒 rAAV – wt *gp*120 和 rAAV – mod *gp*120，比较两者免疫 Balb/C 小鼠后的抗体和 CTL 应答。Western blot 检测结果显示：优化后基因的体外表达量明显高于野生型基因，rAAV – mod *gp*120 与 raAV – wt *gp*120 相比可更好地诱导 Balb/C 小鼠的 CTL 应答，但检测不到明显的抗体反应。由此得出结论，优化后 *gp*120 基因的体外表达量明显高于野生型基因，并且可以诱导更强的特异性 CTL 应答，但检测不到 *gp*120 抗体。

〔关键词〕 人免疫缺陷病毒 I 型 (HIV –1)；密码子优化；重组腺伴随病毒；CTL 应答

人免疫缺陷病毒 1 型（human immunodeficiency Virus type 1，HIV – 1）在中国的流行非常严重，自国内首例艾滋病患者于 1985 年 6 月发现，截止 2002 年 6 月，共发现 HIV 感染者 100 万例。专家估计，若不采取措施进行预防控制，到 2010 年，中国的 HIV 感染者将达到 1000万。研制安全、有效、廉价的艾滋病疫苗来控制艾滋病的传播已非常紧迫。研究表明，细胞介导的免疫应答，尤其是细胞毒性 T 淋巴细胞（CTL）在早期控制 HIV – 1 的传播中起着重要作用[1,2]。HIV 外膜糖蛋白（Env）是体液免疫应答的主要靶标，可诱导较高水平的中和抗体，同时含有丰富的 CTL 表位，但在 Rev 缺陷的系统中表达量很低，大大降低了其免疫原性。本文对 gp120 基因进行了密码子优化，使其在 Rev 缺陷的系统中表达量得到了明显提高，并在动物体内激发了较强的细胞免疫应答。

材料和方法

一、菌株及质粒　大肠埃希菌 DH5α 为本室保存，质粒 pSNAV 由本元正阳基因有限公司提供。

二、病毒与细胞　ramV – GFP 为表达 GFP 报告基因的重组腺伴随病毒，由本元正阳基因有限公司提供。CxDs – 7 细胞和 P815 细胞由本室保存，BHK – 21 细胞由本元正阳基因有限公司提供，培养液分别为 DMEM、1640 和 Eagle's 培养液，均加 10% 胎牛血清。

三、工具酶和试剂　各种限制性内切酶、T4 DNA 连接酶及其他工具酶均购自大连宝生物工程有限公司。真核转染试剂 Lipofectamlne™2000 和 DMRIE – C、TRlzol 试剂均购自 Invitrogen 公司。CTL 检测试剂盒 CytoTox™ 96 Non – Radioac – tive Cytotoxicity Assay 购自 Promega 公司；淋巴细胞分离液 Ficoll – Paque™PULS 购自 Amersham 公司。羊抗人 gp120 多抗购于华美生物公司，HRP 标记兔抗羊 IgG、FITC 标记羊抗人 IgG 和 HRP 标记羊抗小鼠 IgG，均购于中山生物技术有限公司。HIV – 1 患者阳性血清由本室保存。其他分析纯试剂由本所提供。

四、基因的改造与合成　按照哺乳动物优势密码子的使用原则，在不改变氨基酸序列的前提下，对野生型 gp120 基因（wt gp120）的密码子进行了改造，通过全基因合成获得了改造后基因（modgp120）。本文所用改造后序列由上海生工生物工程技术服务有限公司合成。

五、改造前后基因体外表达量的比较　将 wtgp120 和 modgp120 插入 pSNAV 上 EcoR I 和 Xho I 酶切位点，构建了 pSNAV – wtgp120 和 pSNAY – modgp120，用 Lipofectamine™2000 将其瞬时转染 Cos – 7 细胞，72 h 后收获细胞。用 Western blot 法比较基因的体外表达量。

六、重组腺伴随病毒（rAAV）的构建及鉴定　将质粒 pSNAVwtgp120 和 pSNAV – modgp120 送交本元正阳基因有限公司，由其包装纯化重组病毒 rAAV – wtgp120 和 rAAV – modgp120。取纯化后的病毒 1 μl 加入 100 μl 无菌水中，100℃ 加热 10 min，使其裂解，取 2 μl 作为模板，用 PCR 方法扩增插入的墓因片段，并设 rAAV – GFP 为对照。

七、重组病毒 rAAV – wtgp120 和 rAAV – modgp120 体外表达的鉴定　将 rAAV – wtgp120 和 rAAV – modgp120 按 MOI 为 1×10^5 转染 BHK – 21 和 293 细胞，并按 MOI = 5 加入辅助病毒野生型 Ad5 增加其表达，转染后 72 h 收获细胞，用间接免疫荧光法检测 gp120 基因的表达。

八、实验动物的免疫　4 ~ 6 周雌性 Balb/C 纯系小鼠由中国医学科学院动物研究所提供。将 15 只小鼠分为 3 组，每组 5 只，于 0、2、5 周分别在双侧胫前肌注射 AAV 对照载体、rAAV – wt*gp*120、rAAV – mod*gp*120，剂量均为 1.0×10^{10} vg/只。

九、免疫小鼠血清抗体滴度的检测　每次免疫前 3 d 以及最后 1 次免疫后 2 周采血，分离血清，贮存于 –20℃，用 ELISA 法检测抗 HIV – 1 *gp*120 的特异性抗体滴度。

十、免疫小鼠 CTL 应答的检测　初次免疫后第 8 周将小鼠颈椎脱臼法处死，分离脾淋巴细胞，用乳酸脱氢酶法检测 CTL 杀伤率，具体操作参照相关说明书。

结　果

一、优化前后密码子使用频率的比较

按照哺乳动物优势密码子的使用原则，对 wt*gp*120 进行优化后，其密码子使用频率发生了很大改变，整个基因的 GC 含量明显增加，尤其是密码子第三位的碱基，其 GC 含量均增加了一倍，具体数据见表 1。

二、mod*gp*120 的体外表达量明显高于 wtep120

取瞬时转染后 72 h 的 Cos – 7 细胞 5×10^5 做 Western blot 检测，优化后样品在约 120×10^3 处可见明显的特异性条带，而野生型样品未见明显条带（图 1 略）。证明获得了不依赖于 Rev、可在体外高水平表达 *gp*120 基因的 mod*gp*120。

三、PCR 法鉴定重组病毒 rAAV – wt*gp*120 和 rAAV – mod*gp*120 结果

取 5 μl PCR 产物做 1% 琼脂糖凝胶电泳，结果可见以 rAAV – wt*gp*120 和 rAAV – mod*gp*120 裂解产物为模板的样品可扩增到 1.5 kb 特异性条带，而以 rAAV – GFP 裂解产物和 H_2O 为模板的样品未见特异性条带（图 2）。

四、重组病毒 rAAV – wt*gp*120 和 rAAV – mod*gp*120 的体外表达结果

rAAV – wt*gp*120 和 rAAV – mod*gp* 120 转染的 BHK 细胞可见绿色荧光，而正常 BHK 细胞未见绿色荧光（图 3）。

五、免疫小鼠 CTL 应答的检测结果

当效靶比为 50∶1 时，平均 CTL 杀伤率，第 1 组为 2 %，第 2 组为 15 %，第 3 组为 24.2 %，各组之间差异有统计学意义（Newman – Keulstest，$P < 0.05$），第 3 组高于第 2 组，差异有显著性。当效靶比为 25∶1 时，也显示了同样的趋势（图 4）。

表 1　优化前后密码子使用的比较

Tab. 1　Comparison of codon usage before and after optimization

Base	Overall (%)		Position 1 (%)		Position 2 (%)		Position 3 (%)	
	wt	mod	wt	mod	wt	mod	wt	mod
A	37.4	32.4	42.8	42.8	32.2	32.2	38.0	22.2
C	16.5	21.7	12.8	12.8	21.2	21.2	15.4	31.2
G	21.4	25.1	26.6	26.6	20.8	20.8	16.8	28.0
T	24.5	20.7	17.8	17.8	25.8	25.8	29.8	18.6

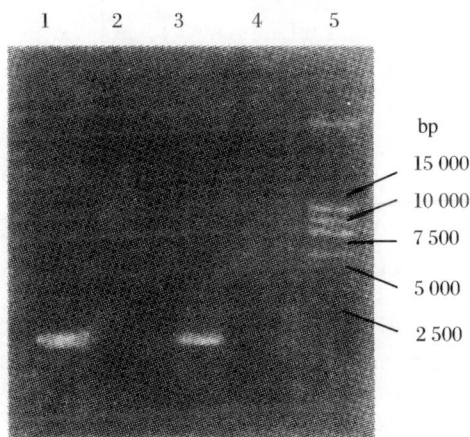

图 2　重组病毒的 PCR 鉴定结果

1：AAV – wt*gp*120 as template；2：rAAV – GFP as template；3：rAAVmod*gp*120 as template；
4：H_2O as template；5：DL 15 000

Fig. 2　Identification of *gp*120 inserted into rAAV by PCR

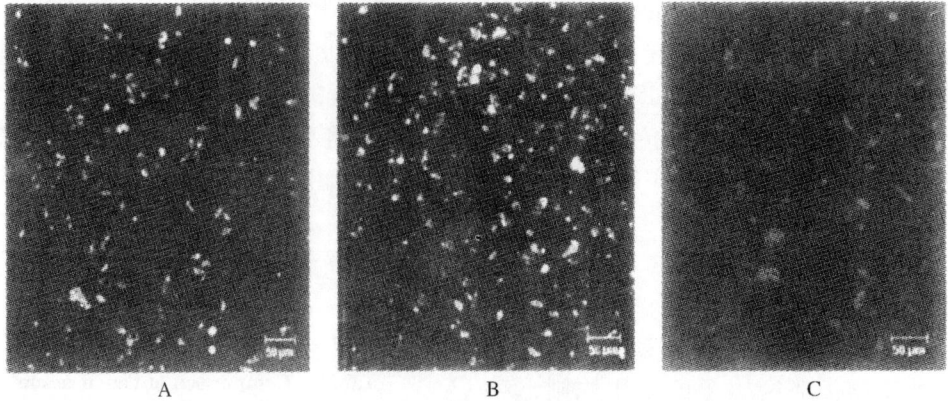

图3　间接免疫荧光法检测插入重组病毒的 *gp*120 基因的表达

A. rAAV－wt*gp*120 infected BHK cells；B, rAAV－mod*gp*120 infected BHK cells；C. Normal BHK cells as control.

Fig. 3　Expression of *gp*120 gene inserted into rAAV identified by indirect immunofiuoresence

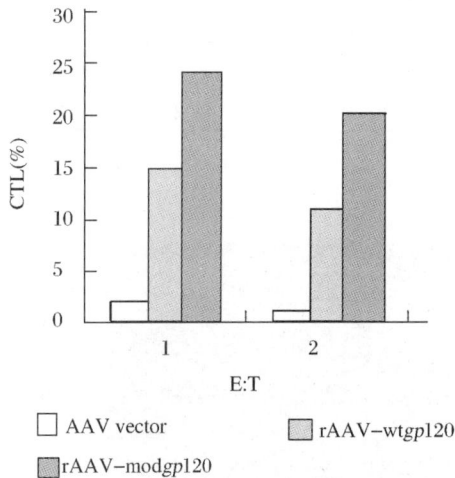

图4　各免疫组间的 CTL 结果比较

1：The ratio of effector cells and target cells was 50：1
2：The ratio of effector cells and target cells was 25：1

**Fig. 4　Comparison of CTL response
in different immunized groups**

六、免疫小鼠血清抗体滴度的检测结果

ELISA 结果显示，各免疫组在 0、2、5、7 周时均检测不到抗 HIV－1 *gp*120 特异性抗体。

讨　论

HIV 具有高度变异性、潜伏感染性和免疫细胞靶向性，这些给艾滋病疫苗的研制造成了很大的困难。本文所选用的 HIV－1B 亚型毒株为 Chgp42，分离自云南省，其 C2V3 区的氨基酸序列与中国主要流行的 B′亚型 C2V3 区共享序列只有 5 个氨基酸残基的差异（3.7％），因此能很好地代表中国 HIV－1 流行毒株。

研究表明，细胞介导的免疫反应在 HIV－1 的控制中起着重要作用，特异性细胞毒性 T 淋巴细胞（CTL）在病毒生活史的初期就可以靶向杀伤感染细胞，同时可产生 IFN－γ 和 TNF－β 等细胞因子，从而抑制病毒在宿主细胞内的复制。*gp*120 是直接结合细胞 CD4 受体和 CCR5/CXCR4 辅助受体的病毒蛋白成分，其中含有大量的中和表位和 CTL 表位，是最初研究 HIV 疫苗最常选用的病毒基因。但早期的研究集中在 *gp*120 亚单位疫苗和多肽疫苗的研究方面，其中 VAXGEN 公司的 *gp*120 亚单位疫苗已经完成Ⅲ期临床实验，结果表明该疫苗对受试者并无保护作用，这可能与抗原的呈递途径有关。亚单位疫苗以细胞外抗原形式呈递，不能很好地诱导细胞免疫反应。很多研究表明，DNA 疫苗可诱导很强的细胞免疫反应，但 *gp*120 基因在哺乳动物细胞内的表达必须依赖于 Rev 的表达，在 Rev 缺陷的系统中，不完全剪接的 mRNA 只存在于核中，且无法在核孔聚集，导致剪接不完全的 mRNA 无法完成从细胞核到细胞质的转运[3]。同时由于 PSF 等因子与内部抑制性序列（INS）的相互作用，导致转录后的 mR-NA 无法在胞质中有效聚集[4,5]。这些都大大影响了 *gp*120 的表达，也限制了其在 DNA 疫苗中的应用。本文对 *gp*120 基因按照哺乳动物优势密码子的使用原则，在不改变氨基酸序列的前提下对其进行了优化，使其更适合于在真核细胞中表达，同时由于 GC 含量的增加，破坏了其中 AT 含量较高的 INS。在 Cos－7 细胞中的瞬时表达结果显示，优化后的基因可以在 Rev 缺陷的系统中表达，与野生型基因相比，其表达量得到了明显提高，这与 STEFANIE-ANDRE 的研究结果[6]一致。

另外，本文选用重组 AAV 作为载体，研究优化前后的基因在小鼠体内诱发的免疫反应是否有差异。该载体具有安全性好、免疫原性低、能感染分裂细胞和非分裂细胞、能介导基因的长期稳定表达等优点。我们采用的 AAV 载体是由吴小兵等构建的一种由"一株细胞和一株病毒"组成的"双因素生产系统"，他适用于大规模生产[7]，重组病毒的纯度和安全性都已经得到证实[8]。其中，用此载体构建的治疗血友病 B 的 AAV－2/hFIX（表达人凝血因子 IX 的重组 AAV－2），已获得 SFDA 批准的新药临床批件，正在开展 I 期临床试验。这些都为我们所构建的疫苗在实验动物和临床上的应用打下了很好的基础。

作为一种基因导入系统，重组 AAV 载体在基因治疗和载体疫苗的研究和开发中受到越来越多的关注。应用重组 AAV 载体进行胆囊纤维化的治疗，已进入 II 期临床实验阶段。在利用 AAV 载体进行 HIV 疫苗开发方面，Xin KQ 等用 rAAV 载体同时表达 HIV－1 的 *env*、*tat* 和 *rev* 基因，将其免疫 Balb/C 小鼠，当肌内注射 10^{10} particals/只时，诱导的 Env 特异性 CTL 杀伤率约 18%（效靶比为 20：1）和 25%（效靶比为 80：1）[9]，与本文的结果基本一致。该结果表明，我们通过对 *gp*120 的基因密码子进行优化，获得了与同时表达 *env* 和 *rev* 基因同样的免疫效果。这可能与基因在小鼠体内的表达量提高有关，但也有可能与优化后的基因中 CpG 含量的增加有关。Klinman 等的研究表明，未甲基化的 CpG 也有助于 DNA 疫苗免疫原性的增加[10]。但本研究未检测到特异性的抗体反应。Xin KQ 等的研究采用 0、10 个月的免疫方案，于加强后两个月检测 Env 特异性的 IgG，可检测到很高的抗体滴度（平均为 21 619±147）[9]。这可能与本文的免疫间隔时间较短有关。

本文进行的对 HIV－1 *gp*120 基因密码子优化的尝试表明，优化后的基因在哺乳动物细胞中的表达量得到了明显提高，而且利用重组 AAV－2 载体将其导入小鼠体内后，可诱导较强的特异性 CTL 应答。这为我们将此方法应用于其他依赖于 Rev 表达的基因 *gag* 和 *pol* 奠定了基础。

〔原载《病毒学报》2004，20（3）：214－217〕

参 考 文 献

1 Goulder P J, Brander C, Tang Y, et al. Evolution and transmission of stable CTL escape mutations in HIV infection. Nature, 2001, 412: 334－338

2 Chouquet C, Autran B, Gomard E, et al. Correlation between breadth of memory HIV－specific cytotoxic T cells, viral load and disease progression in HIV infection. AIDS, 2002, 16: 2399－2407

3 Cmarko D, Boe S O, Scassellati C, et al. REV inhibition strongly affects intracellular distribution of human immunodeficiency virus type 1 RNAs. J Virol, 2002, 76: 10473－10484

4 Kong W, Tian C J, Liu B D, et al. Stable expression of primary human immunodeficiency virus type 1 structural gene products by use of a

noncytopathic Sindbis virus vector. J Virol, 2002, 76: 11434 – 11439

5　Zolotukhin A S, Michalowski D, Bear J, et al. PSF acts through the human immunodeficiency virus type 1 mRNA instability elements to regulate virus expression. Mol Cell Biol, 2003, 23: 6618 – 6630

6　Andre S, Seed B, Eberle J, et al. Increased immune response elicited by DNA vaccination with a synthetic gp120 sequence with optimized codon usage. J Virol, 1998, 72: 1497 – 1503

7　伍志坚, 吴小兵, 曹晖, 等. 一种高效的重组腺伴随病毒载体生产系统. 中国科学,

2001, 31: 423 – 430

8　邹蓓艳, 陈立, 伍志坚, 等. 肌注腺伴随病毒基因治疗血友病 B 的安全性研究. 病毒学报, 2001, 17: 301 – 306

9　Xin K Q, Urabe M, Yang J, et al. A novel recombinant adeno – associated virus vaccine induces a long – term humoral immune response to human immunodeficiency virus. Hum Gene Ther, 2001, 12: 1047 – 1061

10　Klinman D M, Yamshchikov G, Ishigatsubo Y. Contribution of CpG motifs to the immunogenieity of DNA vaccines. J Immunol, 1997, 158: 3635 – 3639

Study on the Immunogenicity of HIV – 1 Clade B gp120 Gene before and after Codon Optimization

YU Shuang – qing, FENG Xia, CHEN Guo – min, GONG Fei, ZHOU Ling, ZENG Yi

(National Institute for Viral Disease Control and Prevention, China CDC, Beijing 100052, China)

To compare the immunogenicity of HIV – 1 clade B gp120 gene using optimized codons with wild – type gene based on recombinant adeno – associated virus vector (rAAV), we, firstly, generated a synthetic HIV – 1 gp120 sequence in which most wide – type codons were replaced with codons from highly expressed human genes (modgp120) and identified its better expression in vitro than that of wild – type gene (wtgp120) using Western blot; secondly, we inserted wtgp120 and modgp120 into rAAV vector and produced pure rAAV – wtgp120 and rAAV – modgp120. Balb/C mice were immunized with rAAV – wtgp120 and rAAV – modgp120 separately, the antibody and CTL responses were tested. Results indicated that modgp120 gene expressed more antigen in vitro and induced higher specific CTL response in vivo than that of wild – type gp120 gene. There was no detectable antibody to gp120.

〔Key words〕HIV – 1 ; Optimized codon usage; Recombinant adeno – associated virus; CTL response

306. 人乳头状瘤病毒协同 ^{60} 钴照射促进食管上皮细胞恶性转化

汕头大学医学院肿瘤病理研究室　沈忠英　蔡唯佳　沈　健　汕头大学医学院肿瘤医院
陈炯玉　陈志坚　李德锐　中国疾病预防控制中心病毒病预防控制所　岑　山　滕智平　曾　毅

〔摘　要〕　为探明人乳头状瘤病毒（HPV）和促癌剂对食管上皮致癌作用，人胚食管上皮细胞转染 HPV 协同 ^{60} 钴（^{60}Co）放射观察其恶性转化。用 HPV18E6E7AAV 转染的人胚食管上皮（SHEE），培养至 13 代，分为 4 组，实验组分别用 ^{60}Co2、4、8Gy 照射，每周 1 次共 4 周；SHEE 未经照射为对照组。细胞形态用相差显微镜观察；细胞 DNA 合成和定量用 ^{3}H – TdR 掺入和用流式细胞仪分析；染色体众数用常规方法分析；致瘤性用软琼脂培养和裸小鼠接种；HPV DNA 用 PCR 检测。经 ^{60}Co 照射后细胞呈凋亡和坏死（危象期）。8 周后 SHEE 4Gy 组细胞增殖，增殖指数（34%）和 ^{3}H – TdR 摄入增高，软琼脂培养和裸鼠接种出现致瘤性。对照组 SHEE 组细胞增殖指数 24%，伴有少数 ^{3}H – TdR 掺入，裸鼠未成瘤。染色体众数：对照组，58～62；4Gy 组，63～65；两组 HPV18E6E7PCR 呈阳性条带。此结果表明，用 HPVISE6E7 协同 ^{60}Coγ 射线可以使人胚食管上皮恶性转化，^{60}Coγ 射线有加速食管上皮细胞恶性转化作用。

〔关键词〕　食管上皮；人乳头状瘤病毒；^{60}钴放射；恶性转化

经 HPVE6E7 长期作用可以诱导细胞永生化，已见于胰腺导管上皮[1]、口腔上皮、乳腺上皮[2]、支气管上皮[3]等。本实验室的研究证实，HPV18 型 E6E7 基因可以使食管上皮细胞永生化[4,5]。Oda 报道，用 HPV16 诱导口腔上皮永生化细胞系，历经 4 年培养 350 代，虽有染色体进行性改变，但接种裸鼠未成瘤。他提出单独 HPV 是否能诱导恶性转化的疑问[6]。

电离辐射可以诱发细胞恶性转化，如 ^{60}Coγ 射线可诱发人纤维母细胞恶性转化[7]，X 线可诱发动物细胞恶性转化[8]。电离辐射体外诱发细胞转化有剂量 – 效应关系。人的细胞比啮齿动物细胞难于用放射诱导细胞永生化，尤其是上皮细胞难于纤维细胞[9,10]。诱导体外培养细胞的恶性转化，是研究癌变的重要手段，它既可研究致癌病因，也可研究促癌因素，比动物诱癌简易可行。

本文将以 HPV18E6E7AAV 转染人胚食管上皮，然后以电离辐射促进细胞转化，目的是探索 HPV 转染基础上，^{60}Co 射线促进细胞转化的进程及其内部变化。

材料和方法

一、细胞培养　人胚食管上皮转染 HPV18E6E7AAV[11]，在 M199 培养基培养传代，定名为 SHEE 细胞。13 代细胞在 24 孔培养板培养，内置盖玻片，每孔接种 10^5 细胞，共 3 板。

二、^{60}Coγ 射线照射　两块 24 孔培养板以铅板遮挡，2 行 8 孔分别照射 2、4、8Gy，每周 1 次，共 4 周。一板每周取 1 孔细胞检查；另一板同样处理未取出细胞。至第 4 周，消化另一板细胞转入培养瓶培养，并扩增检测其他指标。第3板对照组 SHEE 细胞未经照射，也于第4周转入培养瓶培养。

三、细胞形态检查　实验组各剂量组和对照组细胞以相差显微镜检查活细胞形态，细胞单层或重叠生长，接触抑制和锚锭生长。

四、细胞增殖周期分析　照射后第8周在培养瓶内实验组和对照组细胞经消化，PBS 洗2次，70%乙醇固定，制成单细胞悬液，存4℃冰箱。上机前30 min 加碘化丙锭（PI, Sigma）DNA 染色，用流式细胞仪（FACSort, B–D Co. USA）进行 DNA 分析，并划出组方图，统计细胞增殖指数（Proliferative Index, $S + G_2M/G_0G_1 + S + G_2M$）。

五、染色体检查　取瓶内生长旺盛的培养细胞（4Gy 组和对照组），加秋水素至终浓度为 $0.05 \sim 0.08$ mg/L，继续培养 $2 \sim 3$ h，然后胰酶消化收获细胞，常规制片，并用 Giemsa 染色。两种细胞油镜下各随机计数50个界线明显的分裂相，进行染色体计数，统计两组细胞染色体众数。

六、软琼脂集落形成　照射后第8周实验组和对照组培养细胞，在指数生长期消化后，经锥虫蓝染色，计算活细胞数（>90%），取 1 ml 细胞悬液。（10^3/ml）和 1 ml 0.7%琼脂糖（A–garose, V312A, Promega）混匀，铺在含 0.7%琼脂糖的 35 mm 培养皿上，共4个培养皿，置37℃、5%CO_2 培养箱培养，观察40 d，计算细胞集落（>50个细胞/每集落）。

七、裸鼠致瘤性　取6周龄 BALB/C 裸小鼠（中山医科大学实验动物中心供应，合格证号：医动字 26–96081），隔离无菌饲养。12只小鼠分2组，取放射 4Gy 组和 SHEE 无照射两组细胞，各按 1×10^6/只接种于裸鼠右腋皮下，每组6只。2个月时处死，取瘤结组织做病理组织学检查。

八、HPV18 DNA PCR 检测　HPV18E6E7 引物根据 Oligo 软件设计，由上海生物工程公司合成。上游引物：5′–GACACTAGTACTATGGCGCGCTTTGAG3′，下游引物：5′–AG–TACTAGTTTACAACCCCGTGCCCTCC–3′。模板 DNA 提取自实验组和对照组细胞。PCR 试剂盒购自赛百盛生物公司。PCR 方法按说明书进行，PCR 产物经琼脂糖凝胶电泳。

结　果

一、照射后细胞变化　SHEE 细胞每周用 ^{60}Co 照射1次（2、4、8Gy）后，24h 内细胞有不同程度的坏死，凋亡，脱落。残留细胞继续扩增，经4次照射后，24孔板内细胞转入培养瓶内培养，细胞生长缓慢，8Gy 组细胞未能继续传代；4Gy 组缓慢生长。照射后第8周，4Gy 组增殖加快，细胞形态出现多样性，细胞大小不一，接触抑制减弱，锚锭生长减弱，出现细胞重叠。4Gy 组细胞生长状况与对照组的生物学特征见表1。2Gy 组细胞生长状态同对照。

二、细胞增殖指数（proliferative index）　照射后第8周流式细胞仪检查，对照组增殖指数24%（图1A）；4Gy 组增殖指数34%（图1B）。

表1　SHEE 细胞系经^{60}Co 4Gy 照射后生物学特征
Tab. 1　Biological behaviors of SHEE cell line after 4Gy ^{60}Co radiation

Biological behaviors of SHEE cell line	^{60}Co radiation	
	0Gy	4Gy
Prohferative index	24%	34%
Modal number of chromosome	58–62	63–65
Colony formation	0	5‰~8‰
Tumor formation in nude mice	–	+
HPV18E6E7	+	+

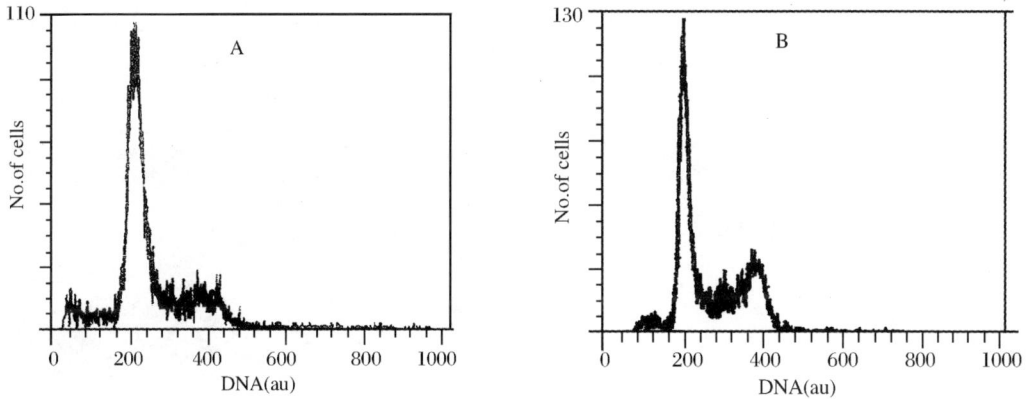

图 1 DNA 组方图

A：Control group；B：4Gy group（au. arbitrary unit）

Fig. 1 DNA histogram

三、染色体分析 50 个细胞染色体组分析，对照组染色体数多在 44～69 条，众数在 58～62（图 2A）；照射后第 8 周 4Gy 组染色体数 49～96，众数 63～65（图 2B）。在 ^{60}Co 照射后，染色体变化较大。

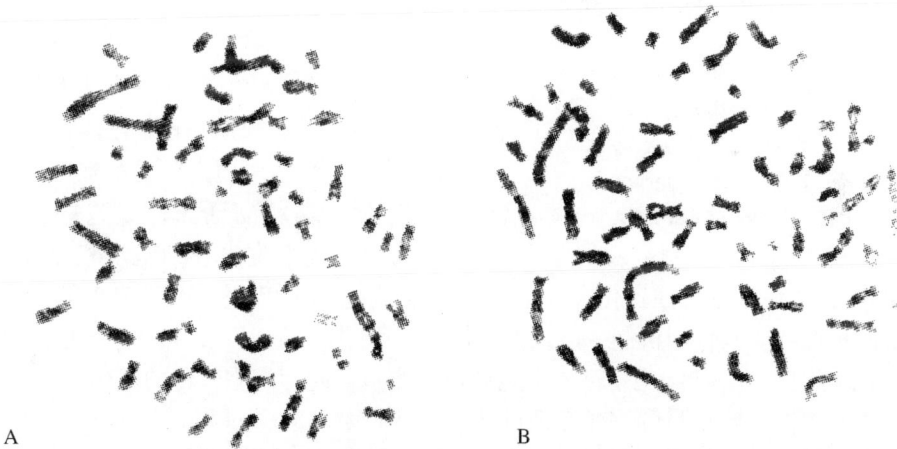

图 2 细胞染色体（Giemsa，×1000）

A：Control group；B：4Gy group

Fig. 2 Chromosomes of cells（Giemsa，×1000）

四、软琼脂细胞集落形成 照射后第 8 周对照组未能形成集落；4Gy 组集落形成率 5%～8%，并形成大集落（细胞数超过 50 个），集落中央隆起。

五、裸鼠成瘤实验 照射后第 8 周，将 4Gy 组细胞接种至裸鼠右腋下，6 只接种小鼠全部在 30 天可见腋下有肿块（图 3），60 天组织学检查细胞核大，浆少，核仁大，浸润并破坏肌层（图 4）。对照组细胞接种裸鼠，未见肿瘤形成。

图3 4Gy 组细胞移植至
裸小鼠后，肿瘤形成（箭头）
Fig.3 Cells of 4Gy group transplanted
into nude mouse and the tumor formed（arrow）

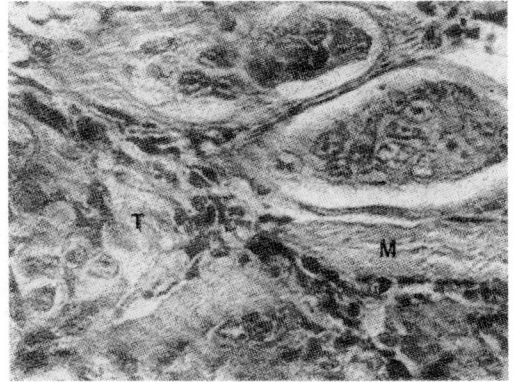

图4 裸小鼠移植瘤组织学
Fig. 4 The histology of transplanted tumor（T）
in nude micc showing iarge nuclei with prominent nucl-
eoli and infiltrating into muscle fibers(M)(HE, ×400)

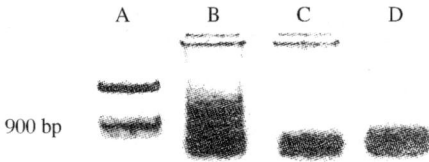

900 bp

图5 细胞 DNA PCR 产物电泳图
A：Marker；B：pB322/*Bst* N1；
C：Control group；D：4Gy group
Fig. 5 Electrophoretogram
of PCR product of cell DNA

六、HPV18E6E7PCR 检测 实验组和对照组皆出现 HPV18E6E7 基因片段，长度为 875bp（图5），说明 SHEE 细胞含有 HPV18E6E7 特异片段。

讨 论

我室曾用 HPV18E6E7AAV 转染人胚食管上皮细胞（SHEE），经过长期观察，细胞传代至 15～20 代，端粒缩短，细胞凋亡，出现细胞危象（crisis）；至 25～30 代，端粒酶活化，细胞进入永生化阶段[12]；50～60 代细胞出现细胞双相分化，呈癌前改变；至 85 代以后细胞恶性转化[13]。由此可见，高危型 HPV 癌基因 E6E7 可以单独致癌，但要经过漫长过程。其作用机制一般认为 E6 能作用于抑癌基因 *p53* 和 E7 作用于 PRb 产物，使之失活或降解[12,13]，使细胞易进入细胞周期和增殖，此为细胞转化的基础。

本文观察到 ^{60}Co 反复照射，细胞经过坏死、凋亡及增生等过程。其间出现 DNA 合成失调，细胞进入异常细胞周期，经一定时间（8 周）细胞经过增生到恶性转化。实验过程显示，SHEE 细胞恶性变呈阶段性，经 ^{60}Coγ 射线照射细胞迅速凋亡，为初始放射事件（initial radiation - induced event）。4 周后，未再照射，细胞仍呈放射后反应，细胞生长抑制，为"后遗反应"（descendant of the irradiated cells）[14]。由于 γ 射线直接损伤 DNA，也可以形成氧自由基作用于 DNA，DNA 损伤，继之 DNA 修复及突变，后者可以发生基因突变和染色体畸变，促使细胞恶性转化。加上抗癌基因 *p53* 失活，两者协同诱导细胞恶性转化[15,16]。

在我们的实验中，^{60}Coγ 射线照射剂量和次数与转化有关，细胞经 4 次照射可在短时间内转化。其中以 4Gy 比 2Gy 和 8Gy 为佳。8Gy 照射 4 次细胞呈凋亡和坏死，难以继续扩增培养。2Gy 组细胞变化不大，可能剂量较小，4 次照射未引起细胞明显改变。恶性转化是多个染色体遗传异常积累的结果，包括染色体数量和结构的异常。本实验发现放射（4Gy）后 8 周，染色体众数由 58～62 增加至 63～65 可能是癌变遗传基础。此遗传学改变是放射后作用

（postirradiation）[17]。

人类生活环境中存在多种有害因素如化学、物理和生物因素。这些有害因子可以单独或协同作用于人体，影响人体健康及诱发肿瘤。体外细胞转化实验模型可用于模拟体内细胞的恶性转化，用以研究病因和转化机制。本研究以人乳头状瘤病毒为致癌因素，^{60}Coγ射线为促癌因素，诱导人胚胎食管上皮（未接触体外各种有害因子）恶性转化。证实HPV18E6E－/7基因协同^{60}Co照射可使细胞转化。跨越了永生化阶段，缩短了癌变过程，说明多种致癌因子作用下加速细胞癌变。

〔原载《病毒学报》2004，20（3）：225－229〕

参 考 文 献

1 Furukawa T, Duguid W P, Rosenberg L, et al. Long－term culture and immortalization of epithelial ceils from normal adult human pancreatic ducts transfected by E6E7 gene of human papillomavirus 16. Am J Pathol, 1996, 148 （6）: 1763－1770

2 Wazer D E, Liu X L, Chu Q, et al. Immortalization of distinct human mammary epithelial cell types by human papilloma－virus 16 E6 or E7. Proc Nad Acad Sci USA, 1995, 92 （9）: 3687－3691

3 Viallet J, Liu C, Emond J, et al. Characterization of human bronchial epithelial cells immortalized by the E6 and E7 genes of human papillomavirus type 16. Exp Cell Res, 1994, 212 （1）: 36－41

4 沈忠英, 岑山, 蔡唯佳, 等. 人乳头状瘤病毒18型E6E7基因诱导人胚食管上皮永生化. 中华实验和临床病毒学杂志, 1999, 13 （2）: 121－123

5 沈忠英, 沈健, 蔡唯佳, 等. 人乳头状瘤病毒18型E6E7基因诱导胎儿食管永生化上皮的生物学特性. 中华实验和临床病毒学杂志, 1999, 13 （3）: 209－212

6 Oda D, Bigler L, Lee P, et al. HPV immortalization of human oral epithelial cells: a model for carcinogenesis. Exp Cell Res, 1996, 226 （1）: 164－169

7 Jahan I, Mihara K, Bai L, et al. Neoplastic transformation and characterization of human fibroblasta by treatment with ^{60}Co gamma rays and the human c－Ha－fas oncogene In Vitro. Cell Der Biol Anim, 1993, 29A （10）: 763－767

8 Hopfer U, Jacobberger J W, Gruenert D C, et at. Immortalization of epithelial cells. Am J Physiol, 1996, 270: C1－11

9 Namba M, Nishitani K, Fukushima F, et al. Multistep carcinogenesis of normal human fibroblasts. Human fibroblasts immortalized by repeated treatment with ^{60}Co gamma rays were transformed into tumorigenic cells with Ha－rna oncogenes. Anticancer Res, 1988, 8: 947－958

10 Redpath J L, Sun C, Colman M, et al. Neoplastic transformation of human hybrid cells by gamma radiation: a quantitative ashy. Radiat Res, 1987, 110 （3）: 468－472

11 岑山, 滕智平, 张月, 等. 腺病毒伴随病毒表达载体表达入乳头瘤18型E6E7基因构建及其转化作用的鉴定. 中华实验和临床病毒学杂志, 2003, 17 （1）: 5－9

12 Shen Z Y, Xu L Y, Ii E M, et al. Immortal phenotype of the esophageal epithelial ceils in the process of immortatization. Int J Mol Med, 2002, 10: 641－646

13 沈忠英, 沉健, 曾毅, 等. 人永生化食管上皮细胞恶性转化的验证. 中华肿瘤杂志, 2002, 24 （2）: 107－109

14 Hill C K, man A, Elkind M M. Promoter－enhanced neoplastic transformation after gamma－ray exposure at 10cGy/day. Radiat Res, 1989, 119 （2）: 348－355

15 Cowen D, Salem N, Ashoori F, et al. Prostate cancer radiosensitization in vivo with adenovirus－mediated p53 gene therapy. Clin Cancer Res,

2000, 6 (11): 4402 – 4408

16 Mihara K, Iijima M, Kondo T, ct al. Selective
    expression of mutated *p53* in human cells immor-
    talized with either 4 – nitroquinoline 1 – ox. ide or
    ⁶⁰Co gamma rays. Cell Struct Funct, 1996, 21
    (2): 111 – 116

17 Mothersill C, Lyng F, O'Reitly S, et at. Ex-
    pression of lethal mutations is suppressed in neo-
    plastically transformed cells and after treatment of
    normal cells with carcinogens. Radiat Res,
    1996, 145 (6): 714 – 721

Human Papillomavirus in Synergy with ⁶⁰Co balt Radiation Promotes Malignant Transformation of Esophageal Epithelial Cells

SHEN Zhong – ying[1], CEN Shan[3], TENG Zhi – ping[3], CAI Wei – jia[1], SHEN Jian[1],
CHEN Jiong – yu[2], CHEN Zhi – jian[2], LI De – rui[2], ZENG Yi[3]

(1. Department of Tumor Pathology, Medical College of Shantou University, Shantou 515031,
China; 2. Tumor Hospital, Medical College of Shantou University, Shantou 515031, China;
3. National Institute for Viral Disease Control and Prevention, CDC, Beijing 100052, China)

To explore the effect of human papillomavirus and tumor promoter on the tumorigenicity of esophageal epitheli-um, the human embryonic esophageal epithelial cells were infected with human papillomavirus (HPV) in synergy with ⁶⁰Co balt radiation to observe their malignant transformation. The cultured esophageal epithelial cells (SHEE) was tansfected with HPV18E6E7 AAV and propagated for 13 passages. The transfected cells were then divided into four groups, three experimental groups were exposed to ⁶⁰Co radiation (2, 4, 8Gy respectively) once a week for 4 weeks at the 13th passage of the SHEE cells and one control group was cultured in the same medium without radia-tion. The morphology of the cells was observed under phase contrast microscope, the DNA content during the cell cy-cle synthesis was analyzed by flow cytometry and the modal number of chromosomes were analyzed by routine method. The tumorigenicity was assessed by colony formation after cultivating in soft agar and transplanting the cells into nude mice. HPV18E6E7 DNA was assayed by PCR. The results revealed that cell necrosis and apoptosis (crisis) stages appeared after cobalt radiation. At 8 weeks after radiation, cells of 4Gy group proliferated with higher proliferative in-dex (34%). Through soft – agar cultivation and injection into nude mice, SHEE cells became tumorigenic. In control group, proliferative index was 24% and no tumor formation appeared in nude mice. The modal number of chromosome was 58 – 62 in control group and 63 – 65 in 4Gy group. In these two cell groups, HPV18E6E7 DNA was positively detected by PCR. The data above suggest that the malignant transformation of human embryonic esophageal epithelial cells was induced in vitro by HPV18E6E7 in synergy with cobalt radiation and cobalt radiation is the promo-tive factor to accelerate malignant transformation of esophageal epithelial cells.

[**Key words**] Esophageal epithelium; Human papillomavirus; Cobalt radiation; Malignant transformation

307. 祛毒增宁胶囊治疗艾滋病的疗效观察

北京工业大学生命科学与生物工程学院病毒与药理研究室 李泽琳 温瑞兴

河南省新蔡县卫生局 王仲民 河南省卫生厅 刘学周 马士文

河南省药品监督管理局 张泽书 河南省防疫站 王 哲 薛晓玲 朱新朋

河南省新蔡县防疫站 陈春华 岳彦超 中国疾病预防控制中心病毒病预防控制所肿瘤室 曾 毅

〔摘 要〕 目的 临床观察中药祛毒增宁（ZL-1）胶囊治疗艾滋病（AIDS）的效果。 方法 应用经河南省药品监督管理局批准的 ZL-1 胶囊治疗 1000 例 AIDS 患者。剂量为每次 4 粒，一日 3 次，共治疗一年，对其中 60 例患者进行仔细的临床观察及实验检查。 结果 AIDS 患者服中药后症状有较好的改善，绝大多数患者可以继续进行日常工作，CD4 细胞数显著上升，治疗 1 个月后 CD4 数量增加了 112.3%，6 个月增加了 156.7%，其中增加 50.0%、100.0% 和 200.0% 的分别为治疗者的 79.6%、63.3% 和 46.9%。共检查了 10 例患者病毒载量的变化，3 例患者的病毒载量明显下降（0.931~2.696 对数），4 例稳定，二者占 7/10。 结论 ZL-1 胶囊治疗 AIDS 有效，无副作用。

〔关键词〕 获得性免疫缺陷综合征；治疗结果；中草药

自 1981 年发现第一例艾滋病（AIDS）患者以来，截止 2003 年 12 月，累计活着的艾滋病病毒（hulnan immunodeficiency vires，HIV）感染者/AIDS 患者已有 3780 万人[1]。HIV 于 1983 年感染我国第一位公民[2]，1985 年发现第一例由美国来华的 AIDS 患者。1984 年在云南省首次发现经静脉吸毒的 HIV 感染者，1994 年发现卖血者感染了 HIV，此后，HIV 迅速传播全国。经卖血途径感染 HIV 者以河南省最多，2000 年以后 HIV 感染者正处于高发病期，那里有很多 AID5 患者，治疗 AIDS 的进口药物价格昂贵，当地感染者大多数为农民，无力支付治疗药费。河南省卫生厅决定试用中药免费给这些 AIDS 患者进行治疗。所有患者均经初筛及确诊。先在新蔡县治疗 500 例，随后又在商丘市治疗了 500 例，治疗 1 年，对其中新蔡县的 60 例患者进行仔细的临床观察及实验室检查，为期 6 个月，现将结果报道如下。

对象和方法

一、**观察对象** 本次对象为 1992—1995 年因卖血感染的 AIDS 患者。共 60 例，其中男性 19 例，女性 41 例，年龄最大 58 岁，最小 27 岁，平均年龄 38.9 岁，均为农民。其中 59 例丙型肝炎抗体检验为阳性、7 例梅毒快速血浆反应（RPR）检验为阳性，2 例合并肺结核感染。

二、**观察方法** 为了确实做到患者服药的科学性、准确性，由县卫生局安排具有 AIDS 防治经验的工作人员，按照设计方案对 AIDS 患者进行逐一登记，每周发药一次，同时记录服药反应和临床症状的变化。

三、**服药方法** 第一组 30 例，采用单纯服用中药"祛毒增宁"（ZL-1）胶囊，每粒 0.5 g，每次4粒，每日3次，饭后服用，连续服用6个月。第二组30例，服用ZL-1胶囊，每次4粒，每日3次。第一个月加服拉米夫定和施当宁，每次各1粒，每日2次，早晚服。第2~6个月，停服拉米夫定和施当宁，仅服ZL-1胶囊，剂量同前。患者为居家治疗，每周发药一次。

四、样品采集要求　检验专业人员对患者登记编号后，抽取静脉血10 ml，注入加有EDTA抗凝剂的无菌真空采血管中，将采血管轻轻倾倒4~5次，使抗凝剂与血液充分混合，5 ml做临床常规检查，另5 ml除0.2~0.5 ml全血立即按流式细胞仪检测CD4、CD8的要求处理，所有管于4℃保存箱中待运，其他血液离心，取血浆置冻存管中放干冰保存箱中待运，两个保存箱24 h内送达北京工业大学生命科学与生物工程学院病毒与药理研究室。4℃保存箱中的样本立即进行流式细胞仪检测，血浆放-80℃冰箱保存，留做病毒载量检查。

五、检查项目　主要检查项目：用罗氏（Roche）仪和试剂检测HIV载量，用流式细胞仪检测免疫细胞CD4、CD8的数值。其他辅助项目为：血常规、心电图、出凝血时间、血沉、大小便常规；B超检查肝、脾和肾；X线胸透、临床症状与体征。主要观察项目均在治疗前、服药后1、3、6个月各做1次，共计4次，病毒载量及辅助项目治疗前及药后6个月各进行1次。根据AIDS患者常出现的并发症和个体差异所表现的症状不同，选择性的观察机会性致病菌引起的症状、变化。

六、疗效判定标准　（1）临床症状有好转或痊愈。（2）疗后病毒载量下降>0.5对数为显效，≤0.5对数为稳定不变，上升>0.5对数为病毒载量上升。（3）CD4细胞数增加。

结　　果

一、临床观察　60例患者分2组，第1组30例，仅用ZL-1胶囊治疗，第2组30例，在中药治疗全过程中，仅在第一个月加服拉米夫定及施当宁，中药使用与第一组相同。两组患者的临床观察差异无显著意义，将其结果合并一起，如表1所示。患者体重和食欲增加及无变化者分别为76.5%、73.6%，感冒次数与程度、乏力、腹泻次数和皮痒皮疹减少及无变化者分别为78.2%、56.6%、68.7%、69.6%。表明这些患者服中药后症状有较好的改善，绝大多数患者可以继续进行日常工作。对肾脏、肝脏未发现损伤，心脏功能无异常。

表1　两组患者服用中药后的临床观察结果（例数）

Tab. 1　Clinical observation of patients after administration of drug

项目 Item	增加 Increased	增加率 Increacel（%）	减少 Reduced	减少率 Reduce（%）	无变化 No change	无变化率 No. change（%）	总计 Total
体重 Body weight	21	41.2	12	23.5	18	35.3	51
感冒次数与程度 Fiu-like disease（times）	12	21.8	23	41.8	20	36.4	55
乏力 Fatigue	13	43.4	14	26.4	16	30.2	53
食欲 Appetite	17	32.1	14	26.4	22	41.5	53
腹泻次数 Diarrhea（times）	5	31.2	9	56.2	2	12.5	16
皮痒皮疹 Skin rash and itching	7	30.4	10	43.5	6	26.1	23

在农村无法进行对机会性感染的病原诊断，只能对症治疗。2002年5月26日开始治疗，治疗6个月即2002年11月26日结束，2003年1月4日，60例患者中有一例因肺部感染、脑膜炎及脑部出血死亡。

二、CD4 细胞检测　CD4 细胞是表示机体免疫状态的最重要指标。中药治疗后的结果见表2。第1组和第2组 CD4 上升数目结果相似。

表2　治疗后 AIDS 患者 CD4 细胞数/μl 检测结果（%）
Tab. 2　Numbers of CD4 cells of AIDS patients after treatment

组别 Group	服药前 Before treatment	服药后（月） After treatment（month）		
		1	3	6
1	135.8	264.6	288.3	297.3
2	94.2	223.8	274.2	293.1
合计 Total	115.0	244.2	281.3	295.2
CD4 上升（%） CD4 increase（%）		112.3	144.6	156.7

将其结果合计，治疗前 CD4 数目较低，平均为 115.0 μl，治疗第一个月后平均上升到 244.2 μl，第3个月继续上升，平均为 281.3/μl，第6个月上升平均到 295.2/μl。由此可见，ZL－1 胶囊治疗1个月后，CD4 数目迅速上升了 112.3%，随后平稳上升，在 150.0% 左右。ZL1 胶囊治疗6个月后 AIDS 患者 CD4 细胞数增加了 ≥30%、≥50%、≥100%、≥200%、≥300%、≥400% 的分别为患者数的 85.7%、79.6%、63.3%、46.9%、40.8% 和 36.7%，CD4 细胞上升结果十分明显。

三、ZL－1 胶囊治疗后 AIDS 患者病毒载量的变化　治疗后10例患者的病毒载量用 Roche RNA 定量 PCR 检测仪进行测定。测定前多数患者的病毒载量较高，> $\log_{10} 4 \sim 5$，治疗结果见表3，下降 >0.5 对数的有3例（9.931～2.696），不变（变动 <0.5 对数）的有4例（0.040～0.309），上升（>0.5 对数）的3例，但上升对数很少（0.582～0.613）。因此，从总体来看，显著下降和较稳定不变的居多，占 7/10。

表3　ZL－1 胶囊治疗后病毒载量的变化
Tab. 3　HIV viral load before and after treatment

编号 No.	治疗前 Before treatment	治疗后6个月 6 months after treatment	病毒载量变化 Viral load change	评价 Evaluation
2	$10^{5.951}$	$10^{3.255}$	2.696	下降
9	$10^{4.155}$	$10^{2.668}$	1.487	Decreased
59	$10^{3.599}$	$10^{2.668}$	0.931	3/10
1	$10^{5.935}$	$10^{6.143}$	0.208	不变
14	$10^{5.520}$	$10^{5.560}$	0.040	Unchanged
24	$10^{5.072}$	$10^{4.884}$	0.188	4/10
30	$10^{4.990}$	$10^{5.299}$	0.309	
51	$10^{4.433}$	$20^{5.021}$	0.588	上升
11	$10^{2.823}$	$10^{3.436}$	0.613	Inereased
28	$10^{4.274}$	$10^{4.856}$	0.582	3/10

讨　论

本次应用于治疗 AiDS 的药物为 ZL－1 胶囊，其处方是根据抗 HIV 实验筛选出的具有抑制 HIV 复制的中药结合中医药的理论组合成的，药物经过提取精制做成胶囊制剂。此复方胶囊制剂经过体外和体内试验对猴的 SIV 及猩猩的 HIV 实验确证其有很好的抑制 HIV－11 复制的作用，进而利用病毒单一生命周期等新技术证明药物可作用于 HIV 的不同靶点。因此，中药复方具有对病毒多靶点的联合作用。实验还证明，本药对蛋白酶抑制剂有抗药性的 HIV 毒株也有明显的抑制作用。同时，本药物中的一个成分与西药齐多夫定联合使用可以提高药物的敏感性，使齐多夫定的 IC_{50} 量比单独使用时低7倍。对60例患者临床治疗观察6

个月，所有患者共治疗一年。药物无明显的副作用，临床症状有明显的改善，患者喜欢用中药治疗。患者服用中药治疗后 CD4 数目明显上升，1 个月上升了 112.3%。国家药品监督管理局关于中药治疗 AIDS 的评审标准规定，50% 患者的 CD4 数治疗后上升了 30.9% 即为能增加免疫功能，而本药治疗后 CD4 数增加 ≥30.0% 的患者为 85.7%，上升 ≥50.0% 的患者为 79.6%，上升 ≥100.0% 的患者为 63.3%，甚至有 36.7% 的患者治疗后 CD4 数上升 ≥400.0%。由此表明，本药能显著增加患者的免疫功能。本药治疗后病毒载量的检测，10 例中有 3 例明显下降，4 例稳定，这表明本药对病毒的复制有一定的抑制作用。国内仿制的治疗 AIDS 的逆转录酶抑制剂毒性较大，特别是神经周围炎严重，目前，约有 20.0% 的患者由于药物的副作用，无法继续治疗。ZL－1 胶囊无副作用，可应用于这些患者及副作用大无法接受 HAART 疗法的患者，他们能很好地接受，还能提高其生活质量并继续工作。

〔原载《中华实验和临床病毒学杂志》2004, 18 (4): 305-307〕

参 考 文 献

1 UNAIDS. 2004 report on the global AIDS epidemic, 4th global report. 2004. 10
2 Zeng Y, Fan J, Wang P, et al. Detection of LAV/HTLV Ⅲ in sera from hemophilics in China, AIDS Res, 1986, 2: 147-150

Treatment of AIDS Patients with Chinese Medicinal Herbs QuDu ZengNing Capsule

LI Ze－lin*, WANG Zhong－min, LIU Xue－zhou, ZHANG Ze－shu, WANG Zhe, MA Shi－wen, CHEN Chun－hua, XUE Xiao－ling, WEN Rui－xing, YUE Yan－chao, ZHU Xin－peng, ZENG Yi
(*Beijing University of Technology, Beijing 100022, China)

Objective   To evaluate the therapeutic effect of QuDu ZengNing Capsule on AIDS.   **Methods**   QuDu ZcngNing Capsule is a capsule containing extract from 4 Chinese medicinal herbs. Totally 1000 AIDS patients were treated, among them 60 patients were clinically observed weekly. Blood routine tests, liver, heart and kidney function, X－ray, CD4, CD8 cells were examined before and after treatment at 1, 3, 6 month. The patients were treated with 4 capsules t. i. d for 6 months.   **Results**   The symptoms were improved in most of the patients, the CD4 cells increased from 115.0 to 295.2/tA and the viral load (RNA copies/mi) in most patients reduced markedly or maintained at the same level.   **Conclusion**   These data indicated that QuDu ZengNing Capsule was effective for treatment of AIDS patients.

〔**Key words**〕 Acquired immunodeficiency syndrome; Treatment outcome; Drugs, Chinese herbal

308. 含 HIV-1 *gp*120 基因的重组腺相关病毒和重组腺病毒疫苗联合免疫的研究

中国疾病预防控制中心病毒病预防控制所肿瘤病毒与艾滋病研究室

冯　霞　余双庆　陈国敏　吴小兵　左建民　董温平　周　玲　曾　毅

〔摘　要〕　**目的**　探讨含 UIV-1 *gp*120 基因的重组腺相关病毒（rAAV）和重组腺病毒（rAdV）疫苗在 BALB/c 小鼠中联合免疫的效果。　**方法**　将密码子优化的 HIV-1 *gp*120 基因分别插入腺相关病毒（AAV）和腺病毒（AdV）载体质粒，构建含该基因的 AVV 和 rAdY 载体疫苗。将两种疫苗以不同的联合方式免疫 BALB/c 小鼠，ELISA 检测小鼠血清中的 *gp*120 特异性抗体，细胞内细胞因子染色法检测小鼠的特异性细胞毒性 T 淋巴细胞（CTL）应答。　**结果**　两种重组病毒均可表达目的基因 *gp*120；在小鼠体内两种重组病毒联合免疫可诱导特异性的 CTL 应答和血清 ISG 抗体反应，但用 rAAV 初免 2 次，再用 rAdV 加强 3 次所诱发的 CTL 和血清 IsC 反应最强。　**结论**　rAAV 和 rAdV 疫苗联合免疫可在小鼠体内诱导特异性的 CTL 应答和血清 IgC 抗体反应。

〔关键词〕　HIV-1；艾滋病疫苗；细小病毒科；腺病毒科

实验证明，多种不同疫苗的联合应用，发挥各自的优势，可以达到单一形式的疫苗难以达到的效果。在这些载体中，腺相关病毒（AAV）免疫原性低，可在体内持续表达目的基因，而腺病毒（AdV）可在短期内大量表达目的基因，将他们联合应用，可能获得理想的免疫效果。我们将优化的 *gp*120 基因插入 AAV 和 AdV 载体，构建了两种重组疫苗，即重组腺相关病毒（rAAV）和重组腺病毒（rAdV），并在 BALB/c 小鼠体内初步探讨了 rAAV 和 rAdV 联合免疫的效果以及何种免疫方案可诱导较好的免疫反应。

材料和方法

一、载体和试剂　AAV 载体系统由本元正阳基因有限公司提供，AdEasy-1 系统（包括 AdV 穿梭质粒 pShuttle-CMV、骨架质粒 pAdEasy-1 和大肠埃希菌 BJ5183）为美国约翰霍普金斯大学 Dr. He TC 馈赠。淋巴细胞分离液购自瑞典 Pharmacia 公司。PE 标记大鼠抗小鼠 CD8a 单克隆抗体（Lv-2）和 FITC 标记大鼠抗小鼠 IFN-γ 单克隆抗体购自美国 BD Pharmigen 公司；羊抗人 *gp*120 多抗购于华美生物公司、HRP 标记兔抗羊和羊抗小鼠 IgG 均购于中山生物技术有限公司。

二、HIV-1 *gp*120 基因密码子优化及合成　见文献〔1〕。

三、多肽合成　*gp*120V3 区多肽 HIGPGRAFY 由博亚生物技术有限公司合成。

四、实验动物　雌性 BALB/e 小鼠，6~8 周龄，购自中国医学科学院实验动物所。

五、rAAV 载体疫苗的构建　将 rAAV 表达载体质粒 pSNAV – mod gp120 送交本元正阳基因有限公司，由其包装并纯化 rAAV，滴度为 8×10^{12} vg/ml。

六、rAdV 载体疫苗的构建　将密码子优化的 B 亚型中国流行株 Chgp42 的 gp120 基因插入穿梭质粒，再与 AdV 骨架质粒 pAdEasy – 1 共转化 E. coli BJ5183，获得重组子。经限制性内切酶酶切鉴定，阳性质粒命名为 pad – mod. gp120。以 PacⅠ 线性化 padmod. gp120 后转染 293 细胞获得 rAdV。连续传代 2～3 次即可获得高滴度的重组病毒。采用 $TCID_{50}$ 方法测定病毒滴度。

七、重组病毒的鉴定

1. 重组病毒中 gp120 基因表达的鉴定：以 MOI = 10 的 rAdV 和野生型 Ad – 5 感染 293 细胞，3 d 后收集完全病变的细胞，用 Western Blot 检测蛋白的表达。将 rAAV 按 MOI 为 1×10^5 转染 293 细胞，并按 MOI = 5 加入辅助病毒野生型 Ad5 增加其表达，转染后 72 h 收获细胞，用 Western blot 检测蛋白的表达。

2. 重组病毒颗粒的电镜观察：取 100 μl rAdV 悬液和 10 倍稀释后的 rAAV，分别负染后电子显微镜下观察病毒颗粒。

八、动物免疫及免疫反应的检测

1. 动物免疫：12 只雌性 BALB/c 小鼠，4～6 周龄，体重约 18～25 g，随机分为 4 组，每组 3 只，将两种疫苗 rAAV 和 rAdY 以不同的联合方式免疫小鼠。以 PBS 将 rAAV 稀释至 5×10^{11} vg/ml，rAdV 稀释至 1×10^9 PFU/ml，双侧胫前肌内注射，每侧各 50 μl，具体免疫程序见表 1。

表 1　rAAV 和 rAdV 联合免疫程序
Tab. 1　Combined immunization schedule of rAAV and rAdV

组别 Group	0 周 0 week	2 周 2 weeks	5 周 5 weeks	14 周 14 weeks	20 周 20 week
1	PBS	PBS	PBS	PBS	PBS
2	rAAV	rAAV	rAdV	rAdV	rAdV
3	rAdV	rAdV	rAAV	rAAV	rAAV
4	rAAV	rAdV	rAdV	rAdV	rAdV

2. 抗 – gp120 IgG 抗体的检测：纯化的 HIV – 1gp120 抗原（本室制备）以碳酸盐包被液稀释至 2 μg/ml，每孔 100 μl 包被微孔板。HRP 标记的羊抗小鼠 IgG 作为二抗，血清样品以 2 倍系列稀释，间接 ELISA 法测定抗体滴度。

3. 细胞免疫反应的检测：采用细胞内染色法检测 HIV – 1 gp120 特异性细胞毒性 T 淋巴细胞（CTL）反应。最后一次免疫后 2 周，处死小鼠，分离脾淋巴细胞，取 2×10^6 小鼠淋巴细胞以 50 μg/mlV3 区多肽于 37℃，5% CO_2 培养箱中刺激培养，3 h 后加入蛋白质运输抑制物布雷非尔德菌素 A（Brefeldin A，5 μg/ml）处理，继续培养 5 h。PE 标记的大鼠抗小鼠 CD8a（Ly – 2）单抗室温避光染色 1 h；4% 多聚甲醛室温固定 15 min；0.15% 皂素室温穿膜 15 min。FITC 标记的大鼠抗小鼠 IFN – γ 单抗室温避光染色 1 h。PBA 洗涤 2 次后以 800 μl PBA 重悬，上流式细胞仪，计数 CD8 和 IFN – γ 双阳性的 T 淋巴细胞。

结　果

一、重组病毒的鉴定

1. Western blot 检测 gp120 蛋白的表达：收集 Ad – 5 和 rAdV 以及 rAAV 感染的 293 细胞，以蛋白裂解液裂解后，经 SDS – PAGE 电泳、转膜。用兔抗羊 gp120 多抗作为一抗，HRP 标记的羊抗人 IgG 作为二抗，检测 $gp120$ 蛋白的表达。rAdV 和 rAAV 感染的 293 细胞可见明显的 120×10^3 的条带（图1），说明两种重组病毒均可表达目的基因 $gp120$。

2. 电子显微镜下观察重组病毒颗粒：取 $100\ \mu l$ rAdV 悬液，负染后电子显微镜下可观察到直径约 70 nm 具有典型 AdV 特征的病毒颗粒（图2）。rAAV 负染后电镜下可见大量大小均一的病毒颗粒，以完整的实心颗粒为主，少量空心颗粒（中间为黑色）为病毒的空壳形式（图2），表明纯化后的 rAAV 为高纯度病毒。

二、免疫小鼠中免疫反应的检测

1. 细胞免疫反应的检测：用胞内细胞因子染色法检测小鼠脾淋巴细胞中 CD8 和 IFN－Y 双阳性的细胞，并经过流式细胞仪计数，检测 $gp120$ 特异性的 CTL 应答，结果见图3。第2组和第4组的 CTL 应答明显强于第1组，第3组的 CTL 应答与第1组差异无显著意义。该结果说明，采用 rAAV 初免，rAdV 加强的免疫方案可诱发较强的特异性 CTL 应答，并且用 rAAV 初免2次，再用 rAdV 加强3次所诱发的 CTL 反应比 rAAV 初免1次，rAdV 加强4次的免疫方案高出1倍。

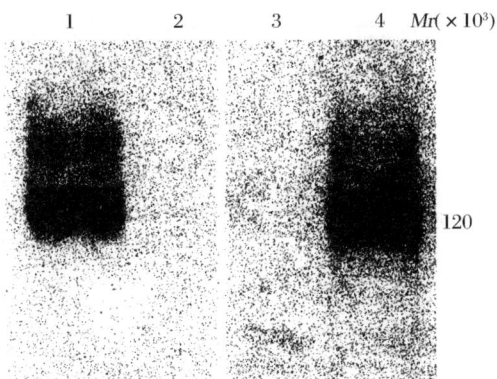

1：rAdV 感染的 293 细胞；2：Ad－5 感染的 293 细胞；
3：正常 293 细胞；4：rAAV 感染的 293 细胞

图1　Westren blot 检测重组病毒中 $gp120$ 蛋白的表达

1：293 cells infected with rAdV；2：293 cells infected with Ad－5；3：normal 293 cells；4：293 cellS infected with rAAV

Fig. 1　Western blot analysis of expression of $gp120$ in recombinant viruses

2. 特异性血清 IgC 抗体检测结果：ELISA 检测结果显示，在第7和22周时，仅第2组可检测到特异性的血清 IgG 抗体，滴度均为 1：20，其他各组均检测不到特异性抗体反应，说明用 rAAV 初免2次，再用 rAdV 加强3次所诱发的抗体反应较强，与 CTL 反应结果相一致。细胞及体液免疫反应结果见表2。

表2　不同免疫方式在 BALB/c 小鼠中诱发的细胞及体液免疫反应

Tab. 2　CTL response and $gp120$ specific antibody in immunized BALB/c mice

组别 Group	免疫方式 (n) Immunization Schedule	CD8$^+$ 和 IFN－γ 双阳性的 T 淋巴细胞百分率 Percentage of CD8$^+$ IFN－γ＋T cells（%）		HIV－1 $gp120$ IgG 抗体 $gp120$ specific IgG
		Total	CD8	
1	Control：PBS (5)	0.02	0.24	－
2	rAAV(2)＋rAdV(3)	0.22	2.40	1：20
3	rAdV(2)＋rAAV(3)	0.06	0.56	－
4	rAAV(1)＋rAdV(4)	0.12	1.12	－

注："－"代表阴性　Note："－"：negative

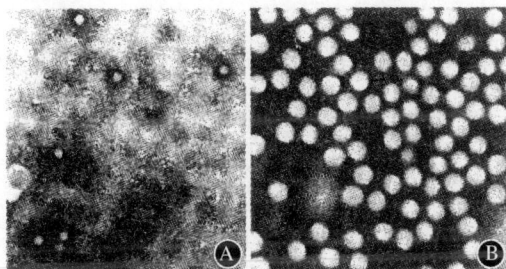

A：重组腺病毒；B：重组腺相关病毒

图2　rAAV 和 rAdV 的电镜观察
（×30 000；×110 000）

A：TAdV；B：rAAV

Fig. 2　Electron Micrographs of rAdV and rAAV

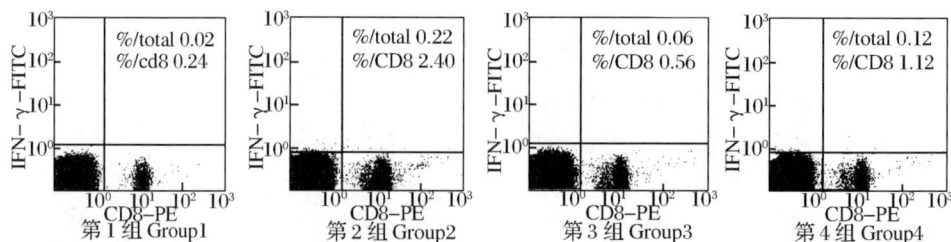

图3 细胞内细胞因子染色检测分泌 IEN - γ 的 CD8⁺脾淋巴细胞

Fig. 3 Induction of specific CTL response in different immunized groups by ICCS assay

(The value in the box is the mean of each group)

讨　论

研究表明，细胞介导的免疫反应在 HIV - 1 的控制中起着重要作用，特异性 CTL 在病毒生活史的初期就可以靶向杀伤感染细胞，同时可产生 IFN - 7 和 TNF - β 等细胞因子，从而抑制病毒在宿主细胞内的复制。如何诱导特异、有效的 CTL 应答就成了 HIV 疫苗研究的重点。HIV 大约有 200 种抗原蛋白，如果没有初次免疫，由于优势免疫原的存在，他可能无法诱导针对插入蛋白的应答。初免可能使 T 细胞集中，以保证同样的应答可以被随后的重组病毒免疫所加强[2]。在小鼠和恒河猴中的试验表明，用含有同一种免疫原的两种不同的疫苗采用初免—加强的免疫方案来接种，其免疫效果优于其中任何一种单独使用的效果。为了研究两种重组病毒疫苗的联合使用是否具有增强免疫的效果，以及何种免疫方案更好，我们在小鼠体内初步探讨了含有改造后 gp120 基因的 rAAV 和 rAdV 的联合免疫方案。

由 2 型腺病毒伴随病毒（AAV - 2）改造而来的 rAAV 是一种安全有效的基因转移载体，对他的研究已有 30 多年的历史，是很安全的病毒载体。实验证明重组 AAV - 2 对多种组织细胞都具有较好的转导效率，如肌肉、肝脏、视网膜、神经元细胞等[3-6]，并已用于人类多种疾病的基因治疗研究，其中，应用 rAAV 载体进行胆囊纤维化的治疗已进入Ⅱ期临床试验阶段[7]。本元正阳基因有限公司用此载体构建的治疗血友病 B 的 AAV - 2/hFIX（表达人凝血因子Ⅸ的重组 AAV - 2）已获得 SFDA 批准的新药临床批件，正在开展工期临床试验[8]。AdV 载体具有包装容量大，可自主复制，外源基因不插入染色体，可在较短时间内高水平表达外源基因等优点，是技术比较成熟，近年来应用较多的一类载体，其中美国 Merck 公司开发的 HIV 疫苗 DNA（sag）/Ad5（gag）正在美国进行Ⅰ期临床试验。将他们联合应用，发挥各自的优势可能获得理想的免疫效果。

我们的结果显示，成功构建了两种含有 modgp120 基因的重组病毒，且两种重组病毒均能在 293 细胞中表达目的蛋白。采用 rAAV 初免，rAdV 加强免疫的方案可在 BALB/c 小鼠体内诱发较强的特异性 CTL 应答，并且用 rAAV 初免 2 次，再用 rAdV 加强 3 次所诱发的 CTL 反应比 rAAV 初免 1 次，rAdV 加强 4 次的免疫方案高出 1 倍，这与文献报道采用 DNA 疫苗多次初免，重组活病毒载体疫苗加强可获得较好免疫效果相一致[9]；该方案也可诱导较好的特异性血清 IgG 反应，从我们对第 8 和 22 周的抗体检测结果来看，多次加强免疫似乎不能明显增强特异性血清 IgG 反应。但是，以 rAdV 初免 2 次，再以 rAAV 加强 3 次与另外两种免疫方案相比所诱发的 CTL 反应水平较低，原因何在值得探讨。这是我们今后的工作中需要解决的问题。rAAV 初免 2 次，再用 rAdV

加强 3 次的免疫方案免疫次数较多，能否通过增加剂量，或改变免疫途径的方法，在减少免疫次数的同时也可以获得同样或更好的免疫效果值得进一步探讨。

〔原载《中华实验和临床病毒杂志》2004，18（4）：312 – 315〕

参 考 文 献

1 余双庆，冯霞，陈国敏，等 . HIV – 1B 亚型 gp120 基因密码子优化前后免疫原性的比较 . 病毒学报，2004，20：214 – 217

2 Schneider J, Gilbert SC, Blanchard TJ, et al. Enhanced immunogenicity for CD8 + T cell induction and complete protective efficacy of malaria DNA vaccination by boosting with modified vaccinia virus Ankara. Nat Med, 1998, 4：397 – 402

3 Fisher KJ, Jooss K, Alston J, et al. Recombinant adeno – associated virus for muscle directed gene therapy. Nat Med, 1997, 3：306 – 321

4 Lewin AS, Drenser KA, Hauswirth WW, et al. Ribozyme rescue of photoreceptor cells in a transgenic rat model of autosomal dominant retinitis pigmentosa. Nat Med, 1998, 4：967 – 971

5 Snyder RO, Miao CH, Patijn GA, et al. Persistent and therapeutic concentrations of human factor IX in mice after hepatic gene transfer of recombinant AAV vectors. Nat Genet, 1997, 16：270 – 276

6 Xiao X, IA J, Samulski RJ. Production of hightiter recombinant adeno – associated virus vectors in the absence of helper adenovirus. J Virol, 1998, 72：2224 – 2232

7 Wagner JA, Nepomuceno IB, Messner AH, et al. A phase II, doubleblind, randomized, placebo – controlled clinical trial of tgAAVCF using maxillary sinus delivery in patients with cystic fibrosis with antrostomies. Hum Gene Ther, 2002, 13：1349 – 1359

8 陆华中，陈立，主红卫，等 . 重组腺相关病毒（rAAv）介导的人凝血因子IX高活性突变衍生物在血友病 B 基因治疗研究中的应用 . 中国科学，2001，31：523 – 528

9 Mc-Conkey SJ, Reece WH, Moorthy VS, et al. Enhanced T-cell immunogenicity of plasmid DNA vaccines boosted by recombinant modified vaccinia virus Ankara in humans. Nat Meal, 2003, 9：729 – 735

Immune Potency of Recombinant Adeno – associated Virus Combined with Recombinant Adenovirus Vaccine Containing HIV – 1 *gp*120

FENG Xia, YU Shuang – qing, CHEN Guo – min, WU Xiao – bing, ZUO Jian – min, Dong Wen – ping, ZHOU Ling, ZENG Yi. (Department of Oncogenic Virus and HIV, Institute for Viral Disease Control and Prevention, Chinese Center for Disease Control and Prevention, Beijing 100052, China)

Objective To study the immune effect of recombinant adeno – associated virus （rAAV） combined with recombinant adenovirus' (rAdV) vaccine in BALB/c mice. **Methods** The codon – modified HIV – 1 *gp*120 gene was inserted into plasmid of adeno – associated virus and adenovirus vector seperately. Then the rAAV and rAdV vaccines were constructed. BALB/c mice were immunized with rAAV and rAdV vaccines in different administration scheme. The IgG antibody was detected by ELISA and CTL response was detected by intracellular cytokine stain assay. **Results** Both rAAV and rAdV vaccine could express *gp*120 gene; the mice primed with rAAV at week 0, 2 and boosted with rAdV at week 5, 14 and 20 elicited the strongest *gp*120 specific CTL and IgG antibody response. **Conclusion** The mice primed with rAAV and boosted with rAdV could elicit specific CTL response and IgG antibody.

〔**Key words**〕HIV – 1; AIDS vaccines; Parvoviridae; Adenoviridae

309. 焦磷酸测序技术在确认北京严重急性呼吸综合征（SARS）病毒株并检测基因突变中的应用

北京工业大学　程绍辉　李泽琳　张　珑　马洪涛　曾　毅

苏州陆博生物科技有限公司　梁明华　首都儿科研究所　张　霆　刘哲伟

〔摘　要〕　结合严重急性呼吸综合征（SARS）病毒株序列信息分析和高通量测序技术，建立一种快速、简单地确定 SARS 病毒株并筛查 SARS 病毒突变位点和突变频率的方法。从感染人 SARS 病毒的 Vero－6 细胞中提取病毒 RNA，反转录为 eDNA 后，PCR 扩增目的基因片段，采用焦磷酸测序技术（Pyrosequencing Technology，PSQ）进行第 2601、7919、9479、19 838 多个碱基突变位点测序和突变频率分析。通过测序分析多个可能出现突变的位点，确定了该病毒为北京流行株，同时发现第 7919 位碱基发生了 A/G 突变。PSQ 技术对于高通量筛选研究病毒基因的突变和确定病毒株型别有着简单、快速、灵敏的特点。利用生物信息学分析核酸多态性，结合实验验证，可以确定 SARS 病毒流行株的特征，有利于对突发事件及早确定传染来源。

〔关键词〕　焦磷酸测序技术；严重急性呼吸综合征（SARS）；核酸多态性；点突变

追查传染源和传播途径是控制疾病传播的重要环节。对于严重急性呼吸综合征（SARS）这样的烈性呼吸系统传染病，可以通过比较不同地域病毒的核酸多态性特征加以区分。通过对核酸多态性位点的序列比对，能很快确定病毒株的地域来源，有利于尽早确定传染源和追查传播途径。生物信息学研究发现，目前分离到的 SARS 病毒株序列比对结果存在多个核酸多态性位点，不同地区的 SARS 病毒株在特定位置的碱基序列存在多态性的表现，而存在流行病学关联的病毒株基因组核酸多态性特征也是相似的。这提示我们如何应用核酸的多态性、相似性以区别不同地域来源的 SARS 病毒株，通过分析检测多个碱基位点的序列确定病毒的来源，为尽早确定传染源提供了更多信息。

人类基因组计划制订完成后，生命科学研究进入功能基因组时代，当理论研究深入到一定程度后，技术往往成为发展的"瓶颈"和继续发展的关键条件。因此，新技术的发展在人类基因组研究中始终是科学家和决策者重点考虑的一个方面。它包括：DNA 测序新技术、生物信息高效分析方法、高通量 SNP 检测技术、突变检测新技术、基因芯片技术、质谱新技术等。

本研究所使用的焦磷酸测序技术（Pyrosequencing Technology，PSQ），在核酸序列研究中有很大的优势，主要适用于核酸碱基序列的分析，采用 PCR 技术结合测序技术两部分完成的[1-2]。PSQ 技术首先要分离单链模板用于后续的测序反应，与常规方法不同的是：它对单链的分离策略采用的是生物素化标记的 PCR 单链引物，通过磁珠与生物素化的 PCR 引物结合，利用 96 孔磁力分离板实现了在普通 96 孔塑料板上一步分离 PCR 单链产物。序列测定的策略是采用 DNA 合成伴随发光反应，计算机程序对发光峰值的高低分析，完成对 DNA 合成序列的判定。同时做一次 PCR 和通过一次测序反应即可对特定碱基作出准确的检测和分析，且能在 1 h 内完成 96 个样品孔不同核酸位点的测序工作。PSQ 的这种高通量的检测能力适用于核酸多态性研究和耐药基因的筛查等研究。

传统的核酸测序方法需要连接于特定的测序载体上完成，连接、转化并挑取阳性克隆需要几天的时间，而且不能一次完成跨度较宽的多位点检测。对于多个核酸位点的测定，PSQ 技术相比以上技术而言，有更好的操作性，可以灵活地改变所要研究的实验方案和测序分析结果；而且不需要更多的设备，实验准备阶段简单，只需要合成相应的引物即可，实验耗材便宜且使用方便；能够很快在高通量测序分析，PSQ 技术可应用于等位基因的研究和分析，突变位点的筛查等。有关这方面的文献报道越来越多[3-5]，具体的实验操作可参考相应的网站（www. pyroseqencing. com）介绍。

基于上述考虑，本工作在生物信息学分析的基础上，采用 PSQ 技术分析北京地区 SARS 流行株的核酸多态性特征，建立了一种快速、有效的多突变位点检测方法，来确定 SARS 病毒流行株的型别和碱基突变。

材料和方法

一、病毒 RNA 的提取 病毒得自一临床确诊 SARS 病例外周血，该患者为 6 周岁男孩，ELISA 检测该儿童抗 SARS 病毒抗体 IgM 阳性。用该 SARS 病人分离到的病毒感染的 Vero – 6 传代细胞作为 RNA 提取的模板，使用 Promega 公司提供的 Razoal 一步法试剂盒提取 RNA，具体方法按 RNA 提取试剂盒说明书进行。

二、RT – PCR 扩增目的片段

1. cDNA 的转录：以总 RNA 为模板，合成 cDNA 第一链。包括：5 × buffer 5 μl，dNTP 2 mmol/L，随机引物 1 pmol/μl，总 RNA 2 μg，混匀后 70℃ 5min，立即冰浴 10min，再加入 Superscript 反转录酶 30 U，RNase 抑制剂 40 U，加入无 RNase 水至 25 μl，25℃预热 10min 后，42℃ 60min，95℃ 5min 灭活。

2. PCR 扩增多个核酸多态性（SNP）位点：以 cDNA 为模板，分别扩增含有第 2601、第 7919、第 9479、第 19 838 位碱基的 DNA 片段。扩增 9479 位碱基的 PCR 引物：上游（生物素标记）5′– GCAACCTGTGGGTGCTTTAGATGT –3′，下游 5′– AGACTCAGTAGACTCCCGGC –3′；测序引物序列为：5′– AGAAAGCTGTAAGCTGGT –3′（反向互补序列）。扩增 7919 位碱基位点 PCR 引物：上游（生物素标记）5′– GCGCGCTTCACCTCTACTTTGAG3′，下游 5′– GTGCCCCAAGTTTTCCATAGG –3′；测序引物序列为 5′– CCAACGTCTGATACAAGA –3′。扩增 2601 位碱基位点的 PCR 引物：上游：5′– GAGACGCCCCGTTTTAAGCG –3′，下游：生物素标记 5′– GAAAGACALTTGTTTGTAGCCAG –3′；测序引物为 5′– AATGG AGCTATCGT –3′。扩增第 19 838 位碱基位点的 PCR 引物：上游 5′– CGAAGCACCTGTTTCCATCA –3′，下游 5′（生物素标记） – TGTCCTTCCACTCTACCATCAAAC –3′，测序引物为：5′AGAAGC-CCALGCACA –3′。PCR 条件均为：95℃ 2 min 预变性后，然后包括 94℃ 1min，55℃ 1min，

72℃ 1min 30 个循环；最后 72℃ 延伸 10min。取 PCR 产物进行 1% 的琼脂糖凝胶电泳，紫外线投射仪观察结果并照相。

三、核酸序列的测序与确定 用生物素标记引物扩增目的片段，取 PCR 产物加样于 96 孔微孔板中，磁珠分离生物素化的单链 DNA。洗脱分离的单链 DNA 后上机检测，测序引物引导合成特异性 DNA 碱基，DNA 合成伴随酶促反应并诱发发光信号，检测发光信号转换为 A、G、C、T 的碱基信息，最后通过序列比对确定核苷酸序列。

四、Pyrosequencibg™ 测序仪 由苏州陆博科技有限公司提供。

五、SARS 流行株核酸多态性特征的分析 检索美国国立卫生研究院基因数据库（GenBank）中北京、广州、香港、加拿大、新加坡等地区 SARS 流行株的序列，通过序列比对，确定北京病毒株的核酸多态性特征。

结　　果

一、生物信息学研究确定北京地区 SARS 流行株特征 网上检索 GenBank 数据库中已经公布的 SARS 流行株的序列，收集存在流行病学关联的病毒株序列，通过序列比对表明，目前分离到的病毒株存在很多 SNP 位点，其中 2601 位、7919 位、9479 位和 19 838 位碱基的序列组合（TC/TTG）是北京地区流行的 BJ01 - 03 SARS 流行株所特有的。表 1 列出了北京与主要 SARS 流行地区的病毒株在部分碱基位点的序列比对结果。结果显示，广州传播至北京的流行株的核酸序列特征比较接近，而广州传播至香港而流行的病毒株与加拿大、新加坡等地的病毒流行株核酸序列特征比较接近，这是与传播流行过程相吻合的。由此证实，存在流行病学关联的病毒株的核酸多态性特征是相似的。

表 1　SARS 病毒株核酸多态性序列比较结果

Tab. 1　Comparison of nucleotide sequence of SARS virus isolates

Base site	AY274119 TOR2	AY278741 URBANI	AY283794 SIN2500	AY278491 HKU – 39849	AY278489 GZ01	AY278488 BJ01	AY278487 BJ02	AY278490 DJ03	AY279354 BJ04
2601	C	T	T	C	T	T	T	T	
7919	C	T	C	C	C	C	C	T	C
9404	T	T	T	T	C	C	C	C	
9479	T	T	T	T	C	T	T	T	G
19 838	A	A	A	A	A	G	G	G	
22 222	T	T	T	T	C	G	C	G	C
27 827	T	T	T	T	C	G	G	G	T

注：Base sites were compared with SARS virus isolate AY274119

二、RT - PCR 扩增包含有 SNP 位点的 DNA 片段 取上游和下游引物以反转录的 cDNA 为模板，扩增含有 2601、7919、9479、19 838 等碱基的 DNA 片段，PCR 条件如前所述，完成后分别取 3 μl 进行琼脂糖凝胶电泳。结果（图 1）显示，分别扩增了含有目的碱基的 DNA 片段。

三、多个 SNP 位点的碱基序列测定 将 PCR 产物经过磁珠分离后得到单链，PSQ 测序仪分析，按照测序引物位置，分别编写可能的序列信息或者互补序列的信息。首先该病毒是北京病毒株来源的，先经计算机预测可能的基因型，通过实验数据与预测结果比对来证实测序结果的正确性。以下各图（图2~6）中，A图为计算机预测的结果序列，B图为实测的实验数据结果。

1. 第7919位碱基的序列测定：得到由生物素标记引物扩增的PCR单链产物后，利用测序引物对该单链进行测序。由于测序引物与原序列是反向互补的，所以测序反应反向进行，预测序列和测得序列也和原序列反向互补。对于7919位碱基，预测序列为G/GCTTGGTCAA，G/G表示7919位点的互补碱基为G。测序实验中发现未出现峰值，证明7919位碱基实测结果与预期不符，存在点突变（图2）。

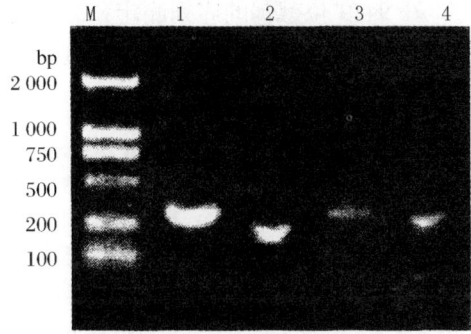

图1　PCR扩增包含SNP位点的DNA片段

M：Molecular weight marker；1：Fragment including 19 838 base sire；2：Fragmem including 9479 base site；3：Fragment including 7919 base site；4：Fragment including 2601 base site

Fig. 1　DNA fragments including SNP sites amplified by PCR

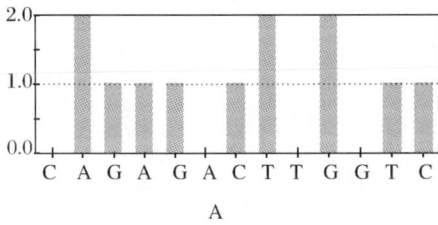

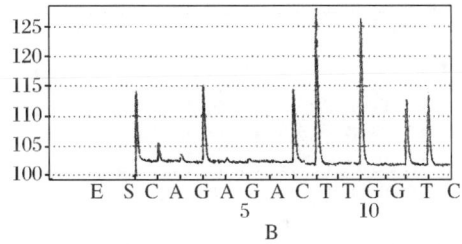

图2　7919位点分析结果

Fig. 2　Base analysis at 7919 site

在排除AA、A/G的可能性的情况下，预测可能的T/C突变的基因表型，重复以上实验，实测结果与预测结果完全相同，证实发生了A/G突变，T/C为反向互补序列。计算机分析T/C突变频率为T54.3%，C45.7%，相应的A/G突变频率为A54.3%，G45.7%（图3）。

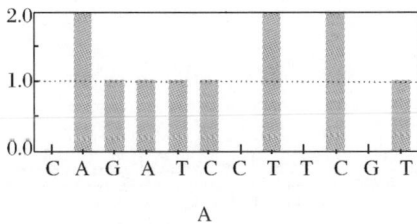

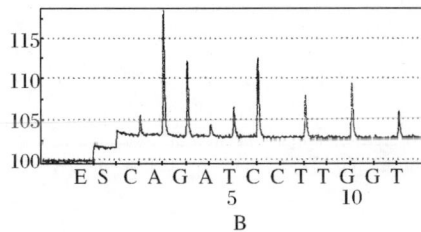

图3　7919位点分析结果

Fig. 3　Base analysis at 7919 site

2. 9479 位碱基的序列测定：测序的序列预测为 A/ACCAGACA，与实际序列为反向互补序列。经测序分析，预测结果与实验结果完全一致，证实 9479 位碱基实际序列为 T，A 为互补序列（图4）。

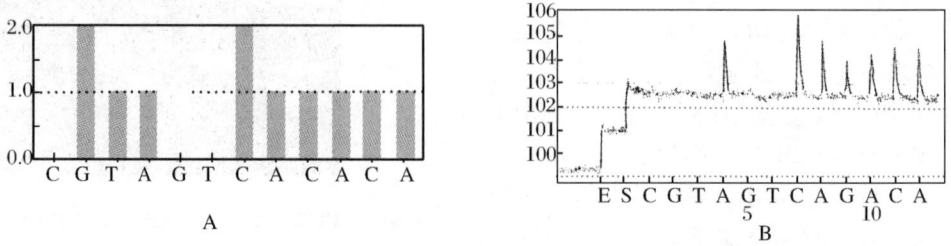

图4　9479 位碱基分析结果

Fig. 4　Base analysis at 9479 site

3. 19 838 位碱基的序列测定：测序序列预测为 G/GTCTACAA，经测序分析，预测结果与实验结果完全一致，证实 19 838 位碱基序列为 G（图5）。

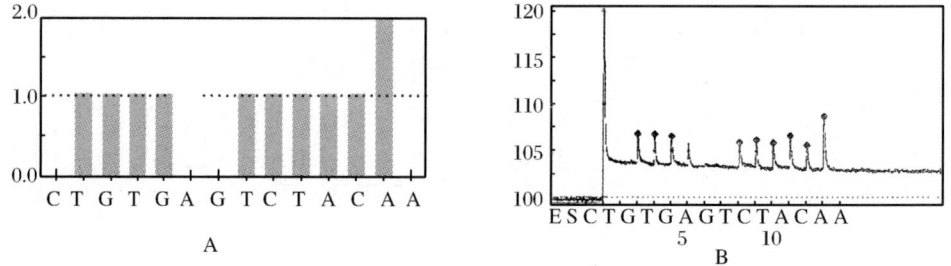

图5　19 838 位碱基分析结果

Fig. 5　Base analysis at 19 838 site

4. 2601 位碱基的序列测定：测序序列预测为 T/TGGCACAC，经测序分析，预测结果与实验结果完全一致，证实 2601 位实际碱基序列为 T（图6）。

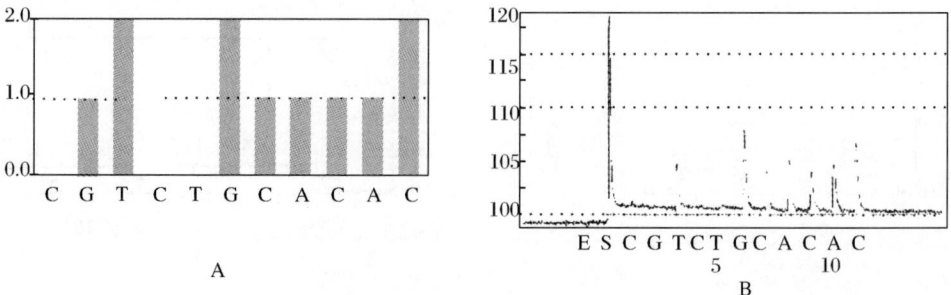

图6　2601 位碱基分析结果

Fig. 6　Base analysis at 2601 site

四、SARS 病毒株的核酸多态性分析　经过上述实验可以确定，2601 位、9479 位、19 838位的碱基组合为 TTG，与目前我国曾流行的病毒株核酸多态性信息比对，确定为北京地区流行株。因 7919 位点发生突变，故无法进一步确认是否为 BJ01 - 04 的哪一株病毒株，需要其他核酸多态性的信息支持才可以判定。

讨　论

当病毒群体完全发生变异时，序列分析结果表现为一种氨基酸完全为另一种氨基酸所取代，而在早期仅有部分病毒变异时，序列分析显示二种核苷酸的混合图形。本次研究中，7919 位点发生了点突变，由 C 突变为 A 或 G，表现为反向互补的碱基序列为 T/C 突变，相应地氨基酸序列由丙氨酸变为天冬氨酸或谷氨酸。氨基酸改变时病毒侵染力的影响还需要进一步研究。造成突变的原因可能是多方面的，细胞培养传代过程中是否可以造成基因突变还有待于进一步证实。应该指出的是，本次研究开始针对假定为北京型 SARS 病毒，设计的互补基因型为 GG 型，当测序分析结果为阴性时，改变测序程序的设置，很快测出该点的碱基位置互补的基因型为 T/C。从另一方面反映了 PSQ 技术在确定基因突变和突变频率方面有独到的优势。

在本研究中，根据北京地区病毒株的特征序列，我们选择了多个核酸特征性位点对检测样品进行测序分析，以此来确定样品是否是北京地区流行株来源，或给出其他流行株的基本信息，而不必进行全基因测序来确定病毒的型别和来源。通过生物信息学研究，结合实验验证，证实了该病毒株为北京地区 SARS 病毒株。通过几个位点的碱基序列测定，就可以确定未知 SARS 病毒的流行株型别，这无疑对于确定病毒来源和追查传染源提供了简单、快捷的实验方案，避开了全基因测序所涉及的繁琐实验步骤，反映了新技术发展在科研领域的推动效应。

生物信息学研究不仅有利于了解 SARS 病毒的分子进化规律[6]，而且通过核酸多态性研究可以发现病毒传播的来源。有文献报道[7]，通过序列分析中国台湾 SARS 流行株的核酸序列多态性特征，结果表明，中国台湾多数 SARS 流行株的核酸多态性特征与香港、广州接近，而且与北京地区的流行特征不同。说明在中国台湾造成大范围流行的流行株主要是来自香港和广州等地，而且这些特征也与实际流行情况吻合，说明核酸多态性特征可以反应疾病的流行区域和传播流行的信息。

我们将生物信息学获得的数据归纳于表 1。尽管 BJ04 型病毒株的信息不完整，但通过其数据可以看出，北京地区传播的病毒株与广州传播的病毒株存在较近的序列亲缘性，其中 7919 位发生了部分突变，9479 位和 19 838 位碱基发生了完全突变，9479 点由 C 变为 T，19 838点由 A 变为 G。而病毒传播至香港后发生了 9404、9479、22 222、27 827 位等多个碱基的突变，而其后传播至新加坡、加拿大等地的流行株与中国香港流行株序列相比较，碱基保持了较稳定的突变，可以得出有流行病关联的病毒株序列核酸多态性是相似的，并且来自于同一传染来源的病毒株序列高度同源[8]，例如 SARS BJ01、SARSBJ02、SARS BJ03 病毒株序列非常接近，这是应用本研究指导流行病学调查和确定病毒株来源的基础。所以本实验主要对具有代表性的 2601、7919、9479、19 838 位点进行研究。

目前针对类似 SARS 这样的突发性烈性传染性疾病，及早确定病毒传染源将有利于早期诊断，隔离传染源，切断传播途径，阻止疫情的进一步扩大。辅助于流行病学调查的实验诊断手段将提供更可靠的研究典范。本次研究就是生物信息学分析结合应用先进实验手段的一个例子，它的应用价值在于：（1）PSQ 技术是一种比较新颖的技术，它可以专门对预测的突变位点进行检测，避免了全基因测序；（2）本研究以生物信息学研究为基础，结合 PSQ 技术，建立了通过核酸多态性特征确定不同地域 SARS 病毒株的快速鉴定方法，对于突发 SARS 事件是很好的快速应急鉴定方法；（3）通过本研究证实该患者携带的病毒为北京 SARS 病毒株，从而确定了其感染的病毒来源地为北京，对于流行病学调查提供了有力证据。其他流行性疾病也可以用类似方法追查其传染源，控制疾病传播，对于流行性疾病的控制有很大帮助。

〔原载《病毒学报》2005，21（3）：168－172〕

参 考 文 献

1 Ching A，Rafalski A . Rapid genetic mapping of tests using SNP pyrosequencing. Cell Mol Biol Lett，2002，7：803－810

2 Agaton C，Unnerberg P，Sievertzon M，ct al. Gene expression analysis by signature pyrosequencing. Gene，2002，289：31－39

3 Ronaghi M，Elahi E. Pyrosequencing for microbial typing（review）. Journal of Chromatophy B，2002，782：67－72

4 Tommy N，Baback G Nader P，et al. Method Enabling Fast Partial Sequencing of cDNA Clones. Analytical Biochemistry，2001，292：266－271

5 Elahi E a，b，Nader Pourmand a，Ramsey Chaung c，et al. Determina tion of hepatitis C virus genotype by pyrosequencing. J VirolMethods，2003，109：171－176

6 The Chinese SARS Molecular Epidemiology Consortium ＊ Molecularevolution of the SARS－coronavirus during The course of the SARSepidemic in China. Science，2004，303（5664）：1666－1669

7 Yeh S H，Wang H Y，Tsai C Y，et al Characterization of severe acuterespiratory syndrome coronavirus genomes in Taiwan：Molecular epidemiology and genome evolution. J Microbiol，2004，101（8）：2542－2547

8 Ruan Y J，Lin C，Ai Eb W L，et al. Comparative full－lengh genomesequence analysis of 14 SARS coronavirus isolates and common mu tations associated with putative origins of infection. The Lancet，2003，361（24）：1779－1784

Confirming SARS Virus Isolate in Beijing with Pyrosequencing Technology and Assaying SARS Virus DNA Mutation

CHENG Shao－hui[1]，LIANG Ming－hua[2]，LI Ze－lin[1]，ZHANG Ting[3]，
ZHANG Long[1]，MA Hong－tao[1]，LIU Zhe－wei[3]，ZENG Yi[1]

（1. Beijing University of Technology，Beijing 100022 China；2. Biowaell Technology（Suzhou）Co.，Ltd. Suzhou 215000，China；3. Beijing Paediatric Institute，Beijing 100020，China）

For establishing a rapid and simple method to sequence SARS DNA and assess SARS coronavirus mutation sites with Pyrosequencing Technology（PSQ），so as to trace the source of SARS，the RNA was extractedfrom Vero－6 cells infected with SARS coronavirus from a clinically affirmed child patient and was reverse transcripted to cDNA. The cDNA was amplified by polymerase chain reaction（PCR），and the product was then sequenced and analyzed with PSQ technology. By sequence analysis of some possible mutation sites，the virus was identified as SARS coronavirus isolate circulating in Beijing, at the same time A/G mutation was found at the 7919 base site. Source of SARS coronavirus isolates can be traced throught analyzing their single nucleotide polymorphisms (SNPs) sites, which is related with its geographical origin. PSQ technology is a simple, quick and sensitive method to study virus gene mutation and virus types.

〔**Key words**〕PSQ Technology; Severe acute respiratory syndrome (SARS); Single nucleotide polymorphism site (SNP)

310. 含 EBV – LMP2 基因重组腺病毒修饰的树突状细胞疫苗体内外特异性抗瘤作用的研究

中国疾病预防控制中心病毒病预防控制所

左建民 周 玲 杜海军 付 华 王 琦 曾 毅

〔关键词〕 重组腺病毒；LMP2；DC；CTL；CNE – 2 细胞

鼻咽癌（NPC）在东南亚地区，尤其在我国南方地区发病率高达 40/10 万 ~ 60/10 万。Epstein – Barr virus（EBV）在鼻咽癌的病因学中有着十分重要的作用，在肿瘤细胞中该病毒的存在为以 CTL 为基础的免疫治疗提供了一个潜在靶位。过继性 EBV 特异性 CTL，成功地治疗了骨髓移植受者体内出现的来自捐献者的免疫增生性 B 细胞淋巴瘤的研究，显示了这种方法的可行性[1]。LMP2 已经被证实可以诱发较强的特异性细胞免疫反应，而且也确定了很多 CTL 表位[2]。目前许多关于 EBV 相关肿瘤治疗的研究都是针对 LMP2 的。树突状细胞（DC）是人体内最强大的抗原呈递细胞（APC），在肿瘤的免疫治疗中有着重要的作用。

此次研究是为了检测 Ad – LMP2[3] 修饰的 DC 在体外活化的特异性 CTL 对其体内、外抑制肿瘤细胞生长的作用。

所选取的肿瘤细胞是 CNE – 2 细胞。为了检测 CNE – 2 细胞中 LMP2 基因的存在，根据 LMF2 保守序列在上海生工合成了引物：5′CGGGATCCATATGCTTTTAACATTGGCAGC 3′；5′CGGGATCCAGTGTAAGGCAGTAGTAG 3′。采用常规方法提取 CNE – 2 细胞的全 DNA。PCR 扩增条件为：94 ℃ 30 s，58 ℃ 45 s，72 ℃ 60 s，共进行 30 个循环，最后 72 ℃延伸 10 min。扩增片段大小为 520 bp。同时应用间接免疫荧光检测 CNE – 2 细胞 LMP2 的表达，收集 CNE – 2 细胞，将合适浓度的细胞涂于细胞片上，丙酮固定，细胞孔分别用正常兔血清和抗 LMP2 兔多克隆抗体孵育，再分别孵育 FITC 标记的羊抗兔 IgG，伊文氏蓝负染后，荧光显微镜下观察和照相。还进行了 Western blot 检测。

PCR 扩增后，琼脂糖电泳检测结果显示，在 500 bp 左右可见一条特异性条带，说明 CNE – 2 细胞中有 LMP2 基因的存在。将 PCR 扩增后回收得到的 EBV – LMP2 片段送博亚公司进行测序分析，结果与标准株完全相符。间接免疫荧光试验显示，在大部分的 CNE – 2 细胞表面有 LMP2 蛋白的表达。蛋白印迹试验也证明了在 CNE – 2 细胞中有 LMP2 蛋白的表达（图 1）。

然后进行了志愿者 DC 的体外培养，以及在体外活化自体 CTL。先用淋巴细胞分离液分

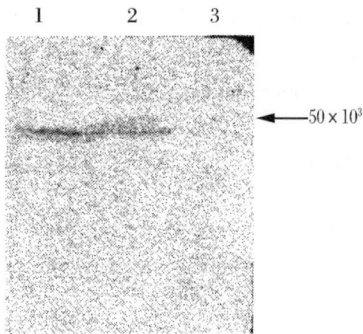

图1 蛋白印迹检测 CNE-2
细胞 LMP2 蛋白表达

1：Ad-LMP2 infected 293 cell；
2：CNE-2 cell；3：Normal 293 cell

Fig. 1 The detection of LMP2 expression in CNE-2 cell by Western blot

离志愿者外周血单个核细胞（PBMC），采用半贴壁法以及细胞因子诱导方法培养 DC，其间用 Adeasy-LMP2 重组腺病毒感染，并继续培养 48 h，随后将 PBMC 与病毒感染的自体 DC 按 20：1 的比例在 6 孔板中共同孵育，最后收集 CTL。然后进行体外活化 CTL 体外杀伤肿瘤细胞的试验。设置无关基因重组腺病毒感染 DC 作为对照。体外活化的 CTL 与 CNE-2（HLA-A11）按三种比例混合培养（图2），MTT 法检测杀伤比例。最后进行了体外活化 CTL 在 SCID 小鼠体内抑制肿瘤生长试验，体外活化 CTL 与 CNE-2（HLA-A11）按 10：1 比例同时皮下注射 SCID 小鼠，每组 4 只小鼠。同时设立阴性对照组，即只注射 CNE-2 细胞。观察测量肿瘤大小。5 周后处死，摘取肿瘤称重，并做免疫组化检测。

体外杀伤肿瘤细胞的试验中，MTT 比色的结果显示，修饰的 DC 体外活化的 CTL 可以在体外有效地抑制 CNE-2 细胞的生长。当效靶比为 20：1 时，抑制率可以达到 48.34 %，而此时无关基因重组腺病毒对照组是 15.4 %（图2）。

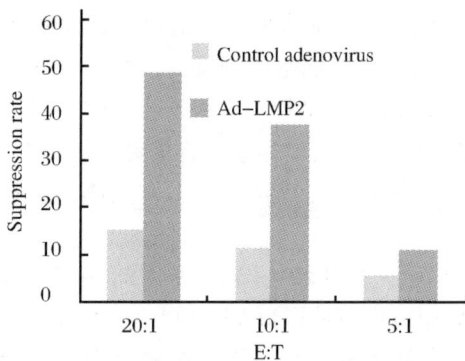

图2 DC 活化 CTL 体外杀伤
CNE-2 细胞活性

Fig. 2 The killing activity of CTL to CNE-2 cell activated by DC *in vitro*

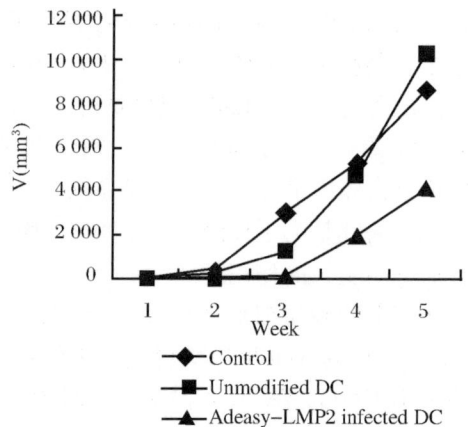

图3 体内抑瘤实验平均肿瘤体积变化趋势曲线

Fig. 3 The trend curve of average tumor bulk in tumor suppression experiment *in vivo*

体外活化 CTL 在 SCID 小鼠体内抑制 CNE-2 成瘤实验中，对 SCID 小鼠肿瘤生长的监测结果显示，修饰 DC 体外活化的 CTL 可以延缓 CNE-2 细胞在小鼠体内的成瘤，并且有效地抑制肿瘤的生长。皮下注射活化的 CTL 和 CNE-2 细胞，5 周后取瘤称重。在效靶比是 10：1 时，阴性对照组小鼠肿瘤平均重量是 2.19 g，Ad-LMP2 组小鼠肿瘤的平均重量是 1.18 g，与阴性对照组相比抑制率为 46.35 %（图3）。

DC 在体内分布广泛，是体内功能最强，也是唯一能激活初始型 T 细胞的抗原呈递细胞

（APC），被称为天然"免疫佐剂"，在抗感染、抗肿瘤、移植排斥等过程中发挥重要作用[4]。20 世纪 90 年代，随着一系列 DC 分离和扩增方法的建立及相关免疫学、分子生物学、肿瘤病理学等学科的发展，用 DC 不同来源的肿瘤抗原负载在体内外激活淋巴细胞成了 DC 研究的一个热点。目前 DC 疫苗已经在黑色素瘤、肾细胞癌、乳腺癌、卵巢癌[5,6,7]进行着广泛的临床试验，并且取得了令人鼓舞的进展。

EBV 与鼻咽癌的关系为人们提供了一个思路，而其中 EBV – LMP2 是鼻咽癌治疗最有前景的靶位。各国学者在应用 DC 疫苗对 NPC 病人进行免疫治疗方面进行了很多探索研究。中国台湾学者林成龙等[8]用 DC 负载 LMP2 多肽对 NPC 病人治疗已经进行了一期临床试验，取得了可喜的结果。我们采用的是腺病毒感染 DC 的方法，将 LMP2 基因转至 DC 细胞。腺病毒具有广泛的宿主范围优点，可感染分裂期细胞，也可感染静止或终末分化细胞。非复制型腺病毒不但具有腺病毒上述的特点，而且具有更高的安全性。近来，利用腺病毒向 APC 中导入表达抗原的 DNA，被视为一种很有前景的肿瘤疫苗策略。

为了检测 Ad – LMP2 修饰的 DC 疫苗的有效性，进行了体内体外抑制肿瘤的试验。试验的结果显示，Ad – LMP2 修饰的 DC 在体外活化的特异性 CTL，可以在体外有效地抑制 CNE – 2 肿瘤细胞的生长，同时在 SCID 小鼠体内可以抑制 CNE – 2 肿瘤细胞成瘤。这些都为下一步研究 Ad – LMP2 修饰的 DC 疫苗打下了良好的基础。

〔原载《病毒学报》2005，21（3）：235 – 237〕

参 考 文 献

1　Rooney C M., Smith C A. Use of gene – modified virus – specific Tlymphocytes to control Epstein – Barr virus related lymphoproliferation. The Lancet, 1995, 345：9 – 13

2　Steven P L, Rosemary J T, Wendy A T, et al. Conserved CTL epitopes within EBV latent membrane protein 2：a potential target for CTL – based tumor therapy. J Immunol, 1997, 158（7）：3325 – 3334

3　张锦堃. 树突状细胞与肿瘤免疫治疗. 汕头：汕头大学出版社，2001.65 – 83

4　Ranieri E, Kierstead L S, Zarour H, et al. Dendritic cell/peptide cancer vaccines：clinical responsiveness and epitope spreading. Immunol Invest, 2000, 29（2）：121 – 125

5　Kugler A, Stuhler G, Walden P, et al. Regression of human metastatic renal cell carcinoma after vaccination with tumor celldendritic cell hybrids. Nat Med, 2000, 6（3）：332 – 336

6　Peter B, Stefan W, Gernot S, et al, Induction of cytotoxic T – lymphocyte responses in vivo after vaccinations with peptide – pulseddendritic cells. Blood, 2000, 96（9）：3102 – 3108

7　Lin C L, Lo W F, Lee T H, et al. Immunization with Epstein – Barr virus（EBV）peptide – pulsed dendritic cells induces functional CD8[+] T – cell immunity and may lead to tumor regression in patients with EBV – positive nasopharyngeal carcinoma. Cancer Res, 2002, 62（23）：6952 – 6958

Tumor Suppression *in Vitro* and *in vivo* of DC Vaccine Modified by Recombinant Adenovirus Containing EBV – LMP2 Gene

ZUO Jian – min, ZHOU Ling, DU Hai – jun, FU Hua, WANG Qi, ZENG Yi

(National Institute for Viral Disease Control and Prevention, China CDC, Beijing 100052, *China*)

At first, the expression of LMP2 on the surface of CNE – 2 cell was identified by PCR and IFA. Then, the dendritic cells (DC) from a volunteer who has the same HLA type with CNE – 2 cell were isolated, cultured and cocultured with volunteer's T cells after his DC was infected by Ad – LMP2. The activated CTL was cocultured with CNE – 2 cell *in vitro* in a Fixed ratio, then the proliferation of CNE – 2 cell was detected by MTT method. When the ratio of effector and target was 20 : 1, the specific CTL activated by Ad – LMP2 modified DC *in vitro* could suppress the proliferation of CNE – 2 cell by 48. 34% *in vitro*. At the same time, the CTL was mixed with CNE – 2 cell in the ratio of 10 : 1, and inoculated into SCID mice subcutaneously. Also, when the ratio of effector and target was 10: 1, the specific CTL could suppress *in vivo* the tumor formation in SCID mice by 46. 35%. The results showed that the specific CTL activated by Ad – LMP2 modified DC *in vitro* could remarkably suppress the proliferation of CNE – 2 cell *in vitro* and *in vivo*.

〔**Key words**〕 Recombinant adenovirus; Latent membrane protein 2 (LMP2); DC; CTL; CNE – 2 cell

311. 488 683 人鼻咽癌普查基本方案分析

广西梧州市肿瘤防治研究所　邓　洪　郑裕明　林健敏　成积儒　汤敏中　黄碧珍

中国疾病预防控制中心病毒病预防控制所　曾　毅

广西壮族自治区人民医院　梁建平　张　政　张法灿

广西苍梧县鼻咽癌防治所　廖　建　中建明　广西壮族自治区卫生厅科教处　欧　波

〔摘　要〕　**目的**　分析 488 683 人鼻咽癌普查结果，其中 20 726 人是广西梧州市鼻咽癌高发现场 1980 年普查及 10 年追踪观察和对查出 EB 病毒 IgA/VCA 抗体阳性者 20 年追踪观察结果，467 957 人是现场以外其他地区普查结果，两者结果比较分析提出鼻咽癌普查和社区应用基本方案。　**方法**　应用免疫酶法检测 EB 病毒 IgA/VCA 抗体，间接鼻咽镜配合，在现场和现场以外其他地区进行鼻咽癌普查。　**结果**　现场 20 726 人普查及 10 年和 20 年追踪观察，IgA/VCA 抗体阴性 19 590 人 10 年内发生鼻咽癌 4 例，其中 3 例确诊时 IgA/VCA 抗体已显阳性反应，仅 1 例仍为阴性，IgA/VCA 抗体阳性 1136 人普查及 20 年追踪观察检出鼻咽癌 60 例，其中接受随访的 54 例中，有 46 例属早期，早诊率 85.2%，IgA/VCA 抗体诊断鼻咽癌符合率 98.3%。现场以外其他地区普查 467 957 人，检出鼻咽癌 188 例，其中属于早期患者为 164 例，早诊率 87.2%，可以重复现场结果。　**结论**　免疫酶法检测 EB 病毒 IgA/VCA 抗体普查鼻咽癌，间接鼻咽镜配合，方法简单、价廉、诊断符合率高，可以检出鼻咽癌早期病人，是鼻咽癌普查或社区服务的首选基本方案，其他抗体检测可在这基础上互补，符合成本效益卫生经济学观点。

〔关键词〕　鼻咽肿瘤；普查　方案评价

1980 年在广西梧州市鼻咽癌高发现场对 20 726 人用间接免疫酶法检测 EB 病毒壳抗原的免疫球蛋白 A 抗体（IgA/VCA 抗体），并在 10 年追踪观察基础上[1]，于 1991—2003 年又在现场以外 20 多个市县同样普查 467 957 人。比较分析两处普查及 20 年追踪观察的资料。

材料和方法

一、普查组织原则与基本方案　行政驱动、技术依托、社会参与，防癌抗癌与科普宣传相结合。鼻咽癌普查基本方案见图 1。

二、实验室检测　采用免疫酶法检测 IgA VCA 抗体，抗体阳性滴度 ≥ 1：10 者，同时检测 EB 病毒早期抗原抗体（IgA/EA）[2,3]。

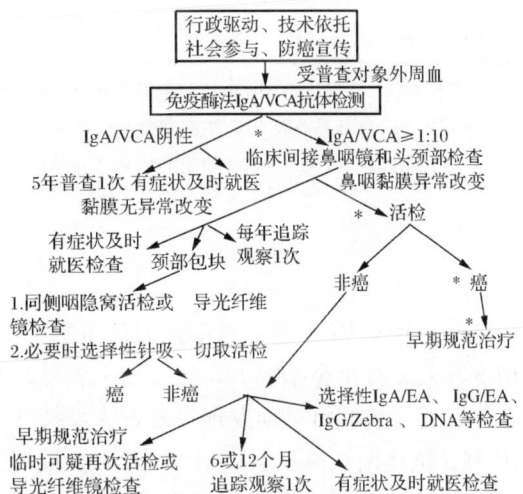

图1　鼻咽癌普查基本方案

三、**IgA/VCA 抗体滴度测定** 对 IgA/VCA 抗体滴度≥1∶10，IgA/EA 抗体滴度≥1∶5者均在普查市县或社区临时场地，应用间接鼻咽镜检查鼻咽腔，发现异常即活检，用常规石蜡切片进行病理组织学诊断。

结　果

现场 1980 年 20 726 人普查检出 IgA，VCA 抗体阳性 1136 人，普查及 20 年追踪观察检出鼻咽癌基本方案见图 1。现场普查及 20 年追踪观察和现场以外 467 957 人普查检出 IgA/VCA 抗体阳性滴度分布与鼻咽癌检出关系见表 1。

表 1　抗体滴度分布与鼻咽癌检出关系

受检项目	阳性人数	阳性率（%）	抗体滴度（1∶~）							检出率（%）
			10	20	40	80	160	320	合计	
高发现场										
IgA/VCA	1136*	5.5	455	98	312	55	152	64	1 136	
例数（%）			(40, 1)	(8, 6)	(27, 5)	(4, 1)	(13.4)	(5. 6)	(100.0)	
检出鼻咽癌			19	3	11	6	15	6	60	5.3
例数（%）			(31. 7)	(5, 0)	(18. 3)	(10. 1)	(25, 0)	(10, 0)	(100, 0)	
病例数占相应滴度例数的(%)			4.2	3.1	3.5	10.9	9.9	9.4		
现场以外地区										
IgA/VCA	14 576**	3.1	11 937	1 871	548	156	63	3	14 576	
例数（9%）			(81.90)	(12.80)	(3.80)	(1.05)	(0.43)	(0.02)	(100.0)	
检出鼻咽癌			39	39	45	37	28	0	188	1. 3
例数（%）			(20.74)	(20.74)	(22, 94)	(19.68)	(14.90)	0	(100.0)	
病例数占相应滴度例数的(%)			0.3	2.1	8.2	24.0	44.4	0		

注：（受检人数：高发现场 20 726 人，现场以外地区 467 957 人）

＊现场 20 726 人普查及 20 年追踪观察 IgA/VCA 抗体阳性者；普查检出滴度并非确诊时滴度

＊＊现场以外 467 957 人普查检出 IgA/VCA 抗体阳性者

讨　论

一、IgA/VCA 普查鼻咽癌方法可靠、结果可重复 467 957 人普查 IgA/VCA 抗体阳性14 576 人，检出鼻咽癌 188 例，其中属早期 164 例，早期诊断率 87.2%。提示无症状早期鼻咽癌，适于普查可早期发现。普查人群抗体阳性率和鼻咽癌检出率，分别是 3.1% 和 40.17/10 万，抗体阳性鼻咽癌检出率 1.3%，前两者低于现场 20 726 人普查 5.5% 和 86.84/10 万（$P < 0.005$）。但抗体阳性鼻咽癌检出率 1.6% 和检出鼻咽癌早期诊断率 88.9%（16/18），两者无差异（$P > 0.05$），这与现场鼻咽癌比其他市县高发有关，这些结果表明现场应用免疫酶法检测 EB 病毒 IgA/VCA 抗体普查鼻咽癌的方法，可以在现场以外更大范围和更多人接受普查中重复结果。观场 20 726 人普查及 10 年追踪观察共发生鼻咽癌 57 例，其中 IgA/VCA 抗体阳性 1136 人发生 53 例，IgA/VCA 抗体阴性 19 590 人在普查后 4～7 年发生 4 例，4 例中 3 例确诊时 IgA/VCA 已显阳性反应，1 例仍为阴性（见图 2），IgA/VCA 抗体诊断鼻咽癌符合率 98.3%，说明该抗体诊断鼻咽癌可靠。若能 5 年普查 1 次，可以弥补普查时抗体阴性而在普查间歇抗体转阳发病的人群，对提高 IgA/VCA 抗体诊断鼻咽癌的符合率和鼻咽癌检出率将更有意义[4,5]。

二、IgA/VCA 抗体滴度 ≥1∶10 有临床意义可减少过度诊断　现场普查及对 IgA/VCA 阳性者 20 年追踪观察和现场以外普查的结果说明：①抗体阳性鼻咽癌检出率与抗体滴度高低呈正相关，但不同滴度均可发生鼻咽癌，滴度 1∶10～1∶20 占检出病人总数 36.7%～41.5%，所以滴度 ≥1∶10 应视为有临床意义，否则将会遗漏很多病人；②人群抗体阳性率与抗体滴度高低呈负相关，滴度 1∶10 占抗体阳性人数 40.1%～81.9% 不等。从现场普查 IgA/VCA 抗体阴性 19 590 人 10 年追踪观察结果，在普查后 4～7 年发生鼻咽癌 4 例，其中 3 例确诊时 IgA/VCA 抗体滴度分别是 1∶20、1∶80 和 1∶160，1 例仍为阴性，即使把已显阳性 3 例病人普查时的抗体滴度 1∶1.25、1∶2.5 或 1∶5 视为没有临床意义，也只不过是丢失 5.3%（3/57）病人，但却可在 1∶10 抗体阳性者基础上若干倍数地减少过度诊断和入列观察人群，更符合普查成本效益卫生经济学原则和减少过度诊断引起受检者的心理负担，更何况丢失的 5.3% 病人可以在 5 年 1 次普查中被检出。

三、不能单一使用 IgA/EA 抗体普查鼻咽癌　IgA/EA 抗体诊断鼻咽癌的符合率只有 43.1%[6]，若单一使用 IgA/EA 抗体普查鼻咽癌，将会造成很多病人漏诊。应以 IgA/VCA 为普查基本方案，但免疫酶法 IgA/VCA 检测结果存在偏重于经验，不易标化的缺点，所以可在 IgA/VCA 普查基础上选择性应用 IgA/EA 抗体互补，为临床综合分析提供更多依据。若盲目增多检测项目，将造成过度检查或过度医疗，普查成本必然提高。

〔原载《肿瘤》2005，25（2）：152－154〕

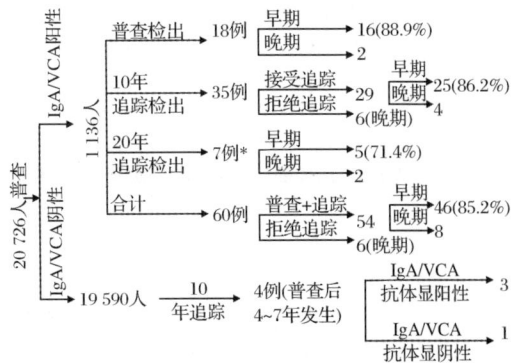

图 2　梧州市 20 726 人鼻咽癌普查及 10 年和 20 年追踪观察（1980～2000 年）

＊隙访 11、12、13、14、15、18 年分别发生 1、2、1、1、1、1 例
＊＊Ⅰ～Ⅱ期为早期，Ⅲ～Ⅳ期为晚期，

参 考 文 献

1　邓洪，曾毅，黄遐琴，等．广西梧州市鼻咽癌现场 10 年的前瞻性研究．病毒学报，1992，8（1），32－36

2　Dong H，Zeng Y，Lei Y，et al，Serological Survey of nauopharyagea. carcinoma in 21 citlea of South China. Chin Med J，1995，108（4）：300－303

3　邓洪，赵正宝，张政，等．广西 21 市县 338 868 人鼻咽癌血清华普查，中华预防医学杂志，1995，29（6）：342－343

4　梁柱新，韦德才，黎祖标，等．岑溪市职工干部鼻咽癌血清学普查，广西医学，1996，18（3），215－218

5　庞声航，刘航，邓洪，等．筛查中 EB 病毒抗体反应与鼻咽癌检出关系及质控研究，广西医

学, 1996, 20 (6), 1061 – 1063

6 邓洪, 曾毅, 郑裕明, 等. 自然人群 413 154 人鼻咽癌血清学普查, 中国癌症杂志, 2003, 13 (2): 109 – 111

The Basic Screening Project in 488 683 Persons for Nasopharyngeal Carcinoma

DENG Hong*, ZENG Yi, LIANG Jian – ping, LIAO Jian, ZHENG Yu – ming,
ZHANG Zheng, ZHONG Jian – ming, OU Bo, ZHANG Fa – can, LIN Jian – min,
CHENG Ji – ru, TANG Min – zhong, HUANG Bi – zhen
(*Wuzhot Cancer Institute, Wuzhou 543002, China)

Objective   This study aimed to establish a basic project for nasopharyngeal carcinoma (NPC) screening and community application by analyzing the screening results in 488 683 persons. Of all, 20 726 persons comes from Wuzhou high incidence area of NPC by serological screening in 1980, the seronegative subjects were followed up for 10 years, and seropositive for 20 years; 467 957 came from other areas of non – high incidence of NPC.
Methods   By using the indirect immuo – enzymatic detection for EBV IgA/VCA antibody combined with the indrect nasopharyngoscope examination, the NPCC screening was performed in high incidence area and other areas of nod – high incidence.   **Results**   In high incidence area of NPC where 20 762 persons were screend and followed up for 10 to 20 years, 4 casas of NPC were founded in 19 590 persons of negative for IgA/VCA antibody during 10 year follow – up, and the antibody reactions of 3 cases were turned to positive when they were diagnosed to NPC, only one still was negative; 60 cases of NPC were four ded in 1136 persons of positive for IgA/VCA antibody during 20 year follow up, early – diagnose rate was 85.2% and the according rate of NPC diagnose by detecting IgA/VCA antibody was 98.3%. In other areas of non – high incidences of NPC where 467 957 persons were screened, 188 cases of NPC were found, the early – dyagnose rate was 87.2%, and the screening results were similar to that of the high incidence area of NPC.   **Conclusion**   This project of the immuo – enzymatic detection for EBV IgA/VCA antibody combined with the indirect nasopharyngoscope examination has the advantages of simple, convenient, economy and high according rate, and it can help NPC cases to be detected at early stage. The project is recommended to be a first – line plan in NPC screening and community application. Additionally, it is better to improve clinic diagnosis effect involving the combination of this project and other antibody detections.

〔**Key words**〕 Nasopharyngeal neoplasms; Mass screening; Program evaluation

312. 替换 HIV-1 衣壳蛋白基因 SHIV 的构建及其活性测定

中国疾病预防控制中心病毒病预防控制所 朱义鑫 曾 毅（北京工业大学客座教授）

南开大学生命科学院 刘 畅 乔文涛 陈启民 耿运琪

〔摘 要〕 将猴免疫缺陷病毒（*Simian immunodeficiency virus*，SIVmm239）中 *gag* 基因的衣壳蛋白部分置换成人免疫缺陷病毒（Human immunodeficiency virus typel，HIV-1 HXBc2）的相应部分，构建出替换了衣壳蛋白基因的人/猿嵌合免疫缺陷病毒（SHIV）原病毒 DNA。用此 SHIV 原病毒 DNA 转染 293T 细胞。细胞中能够检测到嵌合病毒基因的转录与翻译；在细胞培养液上清中亦可检测到装配出的病毒颗粒。病毒颗粒形态正常，含有基因组 RNA，具有反转录酶活性，嵌合的外源衣壳蛋白能够正常剪切，形成棒状的核心。将此嵌合 SHIV 病毒感染 MT4 细胞，病毒能够吸附并进入细胞，能完成反转录过程，但不能增殖。

〔关键词〕 SHIV；SIV；HIV-1：衣壳蛋白

人/猿嵌合免疫缺陷病毒 SHIV，是一种通过基因重组技术，置换猴免疫缺陷病毒（*Simian immu-node ficiency virus*，SIV）和人免疫缺陷病毒（Human immunodeficiency virus，HIV）的相应基因而构建的人造病毒。自 20 世纪 90 年代初，日本与美国学者开始这类研究以来，人们构建了多株 SHIV 嵌合病毒，用于不同研究及应用领域[1,2]。

SHIV 病毒通常是以 SIV mm239 为骨架，置换不同亚型的 HIV-1 膜蛋白 *env* 基因（也包括 *tat*，*rev*，*vpu* 等辅助基因），进而产生能同时感染人细胞与恒河猴细胞的嵌合病毒。这些 SHIV 病毒通常能感染恒河猴，在猴体内复制传代，有些还能使恒河猴产生类艾滋病症状[3]。基于 HIV 强毒株构建的 SHIV（如 SHIV89.6P）建立的 SHIV/恒河猴艾滋病模型，已广泛应用于研究 HIV 致病机理、免疫机制、包膜变异、细胞嗜性和传播途径方面，并取得较好研究效果[4,5]。SHIV/恒河猴艾滋病模型主要应用之一是评价疫苗的有效性：以 SHIV 作为攻击病毒，来检验各种艾滋病疫苗对恒河猴的保护作用[6]。

HIV 的主要抗原集中在膜蛋白与核心蛋白，目前的艾滋病疫苗主要依据这两类蛋白而设计[7]。但用替换 HIV-1 膜蛋白 *env* 基因的 SHIV 来评价基于 HIV-1 核心蛋白设计的疫苗，问题之一是疫苗激起的免疫反应针对 HIV-1 核心蛋白，而攻击病毒 SHIV 的核心蛋白来自 SIV。虽然他们的同源性较高（40%～50% 氨基酸相同，同源程度到 60%～70% 左右），免疫交叉反应强[8~10]，但毕竟源于不同种病毒，难于评估疫苗真实的保护效果。

曾经有研究者构建过以 SIV 为骨架能，换入 HIV-2 *gag-pol* 基因的 SHIV 嵌合病毒[11]。此嵌合病毒评价疫苗的问题在于 HIV-2 在序列同源性上与 SIV 更接近，与 HIV-1 同源性反而较远[8,9]，因而这种包含 HIV-2 核心蛋白的 SHIV 也难于准确评估基于 HIV-1 核心蛋白的疫苗。目前尚无置换 HIV-1 核心蛋白的 SHIV 报道。为获得更好的评价疫苗攻击毒株，本文尝试置换用 HIV－1 中免疫原性最强的衣壳蛋白置换 SIV 相应部分，以研究 HIV－1 的衣壳蛋白能否与 SIV 基因组相容，进而包装出嵌合的病毒颗粒，并检测其生物学活性。

材料和方法

一、**实验材料**　HIV－1 HXBc2 全基因组 cDNA 由本室保存。SIVmm239 全基因组 cDNA 由美国 Yongjun Guan 博士提供。293T 细胞系和 MT4 细胞系由本室保存。

二、**SHIV$_{CA}$ 全基因组原病毒 cDNA 质粒的构建**　嵌合的 SHIV *gag* 基因以及 5'LTR 片段通过 PCR 反应得到。PCR 产物的 5' 末端含有来自 SIVmm239 质粒载体的单酶切位点 *Cla*I，而 3' 末端含有来自 *SIV*mm239 基因组内部的单酶切位点 *Sse*8387I。PCR 产物经过 *Cla*I/*Sse*8387I 双酶切，连入预先已经经过 *Cla*I/*Sse*8387I 双酶切的 *SIV*mm239 基因组中（质粒载体），得到 SHIV$_{CA}$。

PCR 反应如下：第一次与第二轮，模板为 SIVmm239。反应程序：94 ℃ 3 min；（94 ℃ 30 s，55 ℃ 30 s，72 ℃ 90 s）10cycles；72 ℃ 5 min。第一轮上游引物 SHIV *gag* up：5'-ACGACGGCCAGTGAATTG－3'，来自 SIVmm239 质粒载体，下游引物 SHIV*gag*1：5'－GTTCTGCACTATAGGGTAATTTCCTCCTCTG，其中 5'22mer 来自 HIV－1 HXBc2 1200－1179，3'18mer 来自 SIVmm239 1715－1698。第二轮上游引物 SHIV *gag*2：5'－GATGACAGCATGTCAAGGAGTAGGG－3'，其中 3'15mer 来自 HIV－1HXBc2 1827－1841，5'15mer 来自 SIVmm239 2359－2373；第二轮下游引物 SHIV *gag* low；5'－CTTCATCTAGAGGTATATGGAG－3'，来自 SIVmm239 3474－3455。第三轮反应的模板是前两轮的 PCR 产物外加 HIV－1 HXBc2 质粒，上下游引物是 SHIV *gag* up 和 SHIV *gag* low，反应程序：94℃ 3min；（94℃ 30s，55℃ 30s，72℃ 3min）20cycles；72℃ 5min。

三、**转染**　按 Polyfect（Qiagen）说明书进行转染，将 SHIV$_{CA}$、HIV－1 HXBc2、SIVmm239 质粒分别转染到 293T 细胞中。转染 12 h 之后，用 PBS 缓冲液洗涤 293T 细胞 3 遍，以除去残余的质粒与脂质体。换上新鲜的细胞培养基，继续培养 60 h。

四、**病毒浓度的测定与病毒颗粒的富集**　将转染的 293T 细胞培养基上清通过 0.22 μm 滤膜，即得到了不含细胞碎片的病毒悬液。悬液中病毒的浓度通过 HIV－1 p24 Antigen ELISA 试剂盒测定，方法参照 ZeptoMetix 公司的试剂说明书。一部分病毒悬液用于后面的感染试验，另一部分在 4℃ 经过 30 000 g 3 h 超速离心而富集。

五、**病毒颗粒的成分分析与形态观察**　把离心富集的病毒颗粒分成四份。一份提取基因组 RNA：用 PBS 缓冲液重悬，加入 DNase，37℃ 30 min 彻底除去残余的质粒 DNA，然后用酚氯仿抽提，乙醇沉淀，RT－PCR 检测。一份测定反转录酶活性：照 Reverse Transcriptase Assay colorimetric kit（Roche）说明进行。一份对杂合的 *gag* 蛋白进行 Western 分析：病毒颗粒直接用蛋白上样缓冲液溶解，经 12%SDS－PAGE 电泳，转到硝酸纤维素膜上，一抗为兔的 Anti－HIV－1 CA 抗血清，二抗为辣根过氧化物酶标记的羊抗兔抗体（购自中山），DAB 显色。最后一份通过电镜进行形态观察：2.5% 戊二醛固定，磷钨酸负染，然后于透射电子显微镜下观察。

六、**感染与传代**　将病毒悬液与 MT4 细胞 37 ℃ 孵育 16 h，然后用 PBS 缓冲液洗涤细胞三次，以洗去未结合的病毒颗粒和残存的质粒 DNA 以及脂质体，然后加入新鲜的培养基，每 7d 换一次液。每天取出少许细胞与细胞培养基进行检测。

七、细胞的 RNA、DNA 与蛋白质的提取 收集转染后的 293T 细胞或者感染后的 MT4 细胞，用 Tri Reagent（Sigma）溶解，方法按照 Sigma 公司的试剂说明。

八、RT-PCR 和 PCR 检测 在检测 293T 细胞中嵌合病毒基因的转录情况，以及检测病毒颗粒时是否包含基因组 RNA，需要用到 RT-PCR 检测，共有两对引物。第一对引物检测经过剪切之后的 *tat* 基因 RNA，产物长度 250 bp：其中上游引物，Stat RT-PCRup5′-CATTTCA-GAGGCGGATGC-3'，来自 SIV 6620-6637；下游引物，Stat RT-PCR low 5′-CGGGTCCTGTT-GGATATG-3'，来自 SIV 9082-9065。第二对检测 *gag* 基因 RNA，产物长度 640 bp：其中上游引物，Hgag（RT）PCR up 5′-GGTACATCAGGCCATATC-3' 来自 HIV 1215-1232，下游引物，Hgag（RT）PCR low5′-CTCCTACTCCCTGACATG-3'HIV1852-1835。RT-PCR 用一步法，程序：48 ℃ 30 min，94 ℃ 3 min；（94 ℃ 30 s，55 ℃ 30 s，72 ℃ 45 s）30cycles；72 ℃ 5 min。在检测嵌合病毒在 MT4 细胞中的逆转录情况的时候，用 PCR 检测病毒基因组 DNA 的情况，引物和 RT-PCR 的第二对引物相同，程序：94 ℃ 3 min；（94 ℃ 30 s，55℃ 30 s，72 ℃ 45 s）30cycles；72 ℃ 5 min。

结　　果

一、获得了 SHIV_{CA} 嵌合病毒原病毒 DNA 获得了以 SIVmm239 为骨架，嵌入了 HIV HXBc2 衣壳蛋白基因的 SHIV_{CA}，质粒 DNA 序列经酶切与接头测序鉴定正确。SHIV_{CA} 的 *gag* 蛋白的如图 1 所示。考虑到蛋白酶对剪切位点的识别问题，我们把右侧的替换位置从 CA-p2 剪切处向 N 端移动了 6 个氨基酸，以保证 SIV 蛋白酶能够对嵌合的 SHIV *gag* 前体进行正确剪切。

图 1　SHIV_{CA} 的 *gag* 蛋白示意图

Underlined sequence is the final sequence of SHIV_{CA} *gag* protein. □from SIV *gag*；■from HIV *gag*

Fig. 1　Depiction of SHIV_{CA} *gag* protein

二、嵌合病毒 SHIV_{CA} 的基因能在转染的 293T 细胞内正确表达 在转录水平，我们提取 293T 细胞的 RNA，用 RT-PCR 的方法分别检测到来自 HIV、经过正确拼接的早期基因 *tal* 和晚期基因 *gag*，见图 2。在翻译水平，通过 Western blot，我们在 293T 细胞总蛋白中检测到了嵌合 *gag* 基因的前体、部分剪切产物和最终剪切产物，见图 3。

三、嵌合病毒 SHIV_{CA} 能在 293T 中组装出病毒颗粒并释放到胞外 收集转染后的 293T 细胞培养基上清液，经过超速离心之后，电子显微镜观察。能够看到典型的、直径约100 nm 病毒颗粒。颗粒中间有密度较高的棒状内核，显示该颗粒内的核心蛋白已经经过加工和重排，成为成熟的病毒颗粒，见图 4。

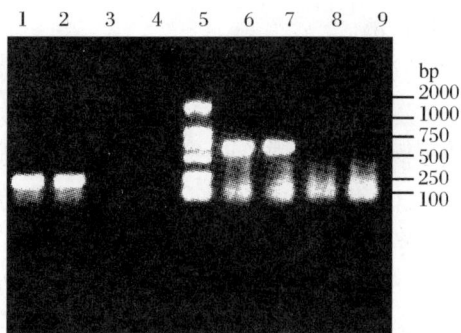

图 2 RT – PCR 检测嵌合病毒基因在
293T 细胞内的表达

Lane 1 –4, SIV*tat* gene 250bp. 1：SIV as positive
control；2，SHIV$_{CA}$；3/4：Former two samples without
RTase as negative control，5：DL2000；Lane 6 –9, HIV
gag gene 640bp. 6/7：HIV as positive control；
8/9：Former two samples without RTase as negative control

Fig. 2　Detection of chimeric virus genes
expression in 293T cells by RT – PCR

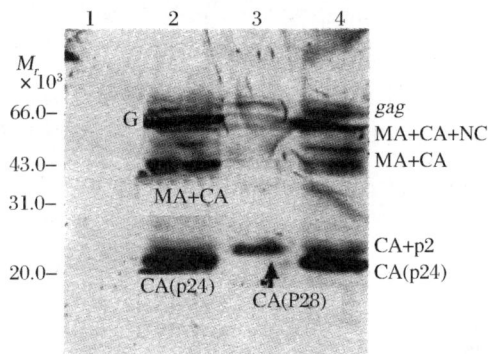

图 3　Western blot 检测嵌合病毒
基因在 293T 细胞内的表达

First antibody is anti – HIV CA. Lane 1：293T cell protein
as negative control；2：HIV – 1 transfected 293T cells
as positive control；3：SIV tansfected 293T cells as
positive control；4：SHIV$_{CA}$ transfeced 293 T cells

Fig. 3　Detection of chimeric virus genes
expression in 293T cells by Western blot

四、SHIV$_{CA}$嵌合病毒颗粒的 *gag* 前体可正确剪切　电镜照片中病毒颗粒形态推测，嵌合的 *gag* 前体已经过正确的剪切。为获得直接证据，我们在收集到足够多的病毒颗粒蛋白之后，进行 western blot 分析。分析结果证实，嵌合病毒颗粒的核心蛋白已经过正确剪切，HIV CA 蛋白在病毒颗粒叶中以单体形式存在，见图 5。

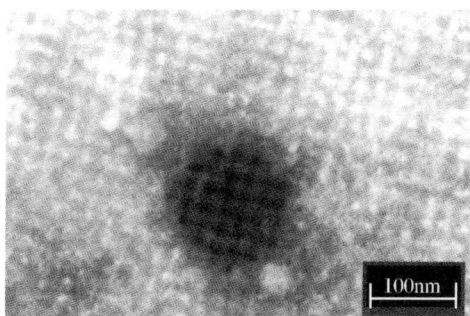

图 4　SHIV$_{CA}$嵌合病毒颗粒的电镜照片
Fig. 4　EM picture of chimeric SHIV$_{CA}$ virus particle

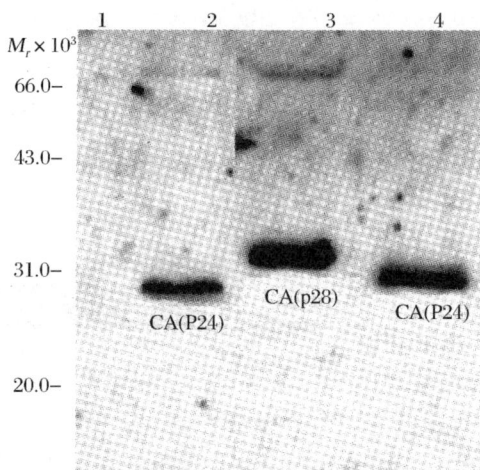

图 5　SHIV$_{CA}$嵌合病毒颗粒蛋白的
Western blot 分析

First antibody is anti – HIV p24. Lane 1. Supernatant of
293T as negative control；Lane 2. HIV – 1 virus particles
as positive control；Lane 3. SIV virus particles as positive
control；Lane 4. SHIV$_{CA}$ virus particles

Fig. 5　Western blot analysis of virion
protein of SHIV$_{CA}$

五、SHIV$_{CA}$嵌合病毒颗粒具有反转录酶活性和基因组 RNA　为了检验嵌合病毒颗粒的结构完整性，我们检测这些颗粒包含的反转录酶活性和基因组 RNA。对于反转录酶活性的检测，为了使结果能够定量比较，我们先用 HIV – 1 p24 Antigen ELISA 比色法给病毒定量，然后再测定等量的病毒颗粒的反转录酶活性。结果嵌合病毒含有反转录酶活性，在数量上与正常对照没有显著差异，见图 6。对于基因组 RNA 检测，我们提取病毒颗粒内的 RNA，用 RT – PCR 的方法进行检测。结果扩增到基因组 RNA 中来自 HIV – 1 部分的基因片段，见图 7。

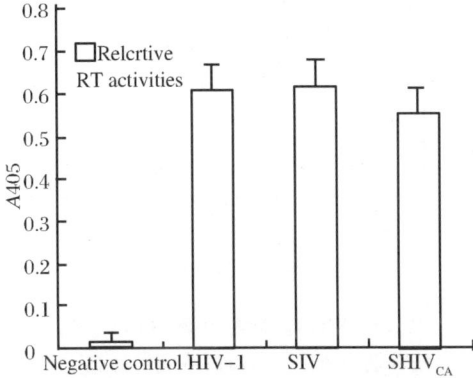

图 6　SHIV$_{CA}$嵌合病毒颗粒反转录酶活性测定

Fig. 6　Reverse transcriptase assay of SHIV$_{CA}$ chimeric virions

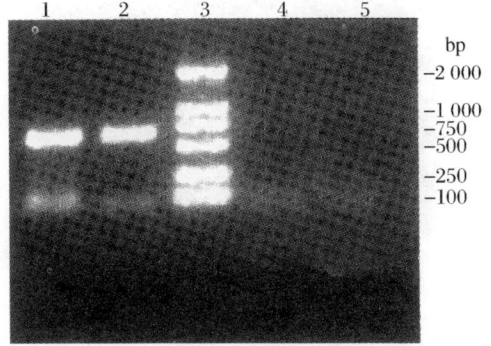

图 7　SHIV$_{CA}$嵌合病毒颗粒
基因组 RNA RT – PCR 检测

The amplified fragment is 640bp from HIV *gag* gene.
Lane 1：HIV – 1 virions as positive control；2：SHIV$_{CA}$
virions；3：DL2000 marker；4/5：the former
2 samples without RTase as negative control

Fig. 7　Detection of genomic RNA in
SHIV$_{CA}$ chimeric virions by RT – PCR

六、SHIV$_{CA}$嵌合病毒颗粒能感染 MT4 细胞完成反转录过程　将含有 SHIV$_{CA}$嵌合病毒颗粒的培养基上清与 MT4 细胞孵育 16 h，用 PBS 洗涤三遍，然后换上新鲜培养基再培养 8 h。提取细胞的蛋白质和 DNA。通过 Western blot，我们可以在细胞蛋白中检测到 CA 蛋白，说明嵌合病毒能够吸附并且进入 MT4 细胞，见图 8。对于细胞 DNA，通过 PCR 方面能够扩增到 *gag* 基因，而在 MT4 细胞上清中扩增不到相应的片段。这说明，PCR 的结果不是转染时残留质粒的污染，而是嵌合病毒在 MT4 细胞中完成反转录过程的结果，见图 9。

七、SHIV$_{CA}$嵌合病毒颗粒不能在 MT4 细胞中增殖　提取经 SHIV$_{CA}$嵌合病毒感染后的 MT4 细胞 DNA 与 RNA，通过 Alu – PCR 未能检测到 SHIV$_{CA}$DNA 的整合；通过

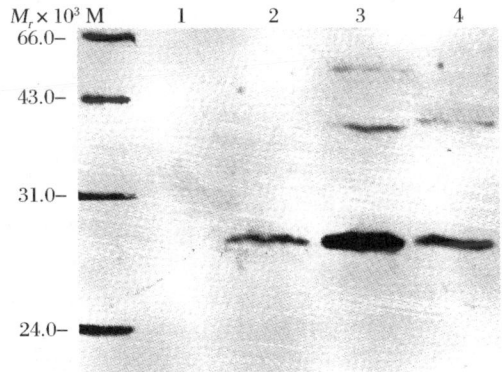

图 8　SHIV$_{CA}$嵌合病毒颗粒感染 MT4
细胞的 Western blot 分析

First antibody is anti – HIV CA. M, Marker；Lane 1：MT4
cells as negative control；2：MT4 cells infected by HIV – 1
as positive control；3：MT4 cells infected by HIV – 1 for 7 days
as positive control；4：MT4 cells infected by SHIV$_{CA}$.

Fig. 8　Western blot analysis of MT4
cells infected by SHIV$_{CA}$ virus particles.

RT－PCR 未能检测到新转录出的 RNA。（我们检测的是 *tat* 基因，它在转录后需经剪切，借此可以与病毒携带的基因组 RNA 区别。结果未显示。）此外，我们在三周时间内检测经 SHIV$_{CA}$ 病毒颗粒感染的 MT4 细胞培养基上清中 CA 蛋白浓度的变化。结果显示，CA 蛋白浓度随着细胞换液（RM）而下降，三周后，浓度降低到背景水平，见图 10。

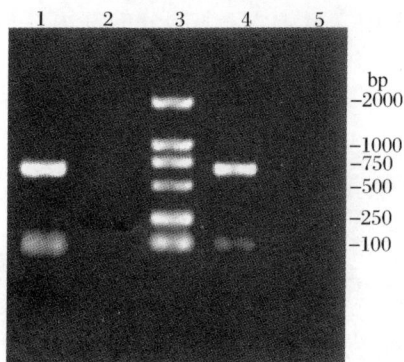

图 9　SHIV$_{CA}$ 嵌合病毒在 MT4 细胞中反转录的 PCR 分析

The amplified fragment is 640bp from HIV *gag* gene. Lane1:Cellular DNA of MT4 infected by HIV－1 virus as positive control；2:Supernatant of MT4 cells infected by HIV－1 virus as negative control；3:DL2000；4:Cellular DNA of MT4 infected by SHIV$_{CA}$ virions；5:Supernatant of MT4 cells infected by SHIV$_{CA}$ virions as negative control in proving there is no plasmid DNA remain

Fig. 9　Detection of SHIV$_{CA}$ reverse transcripts in MT4 cells by PCR

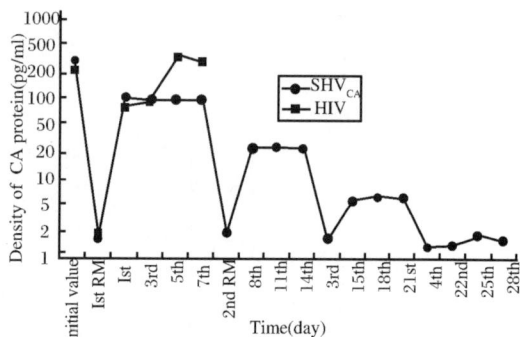

图 10　SHIV$_{CA}$ 病毒感染 MT4 细胞后培养基上清中 CA 蛋白浓度的动态变化

RM：replacement of cell culture medium

Fig. 10　Dynamics of HIV CA density in the supernatant of MT4 cells infected by SHIV$_{CA}$

讨　　论

人类与严重传染病斗争的历史经验表明：战胜传染病最有效、最经济的办法就是开发有效的疫苗。鉴于我国目前日益严峻的艾滋病发展趋势，开发有效的 HIV 疫苗应该成为我国的优先考虑及艾滋病研究领域的最终目标[12]。开发疫苗的前提条件是建立有效的疫苗评价体系，包括合适的动物模型与攻击病毒。如前所述，即使使用携带我国流行亚型的 SHIV 攻击病毒也无法准确评估基于 HIV－1*gag* 基因的疫苗。鉴于此，我们进行了替换 HIV－1*gag* 衣壳蛋白基因替换的 SHIV 构建。

初步实验结果表明，HIV－1 的 CA 蛋白仅可部分替代 SIV CA 的功能。对转染后的 293T 细胞各种成分的分析表明，SHIV$_{CA}$ 嵌合病毒能在人细胞中进行正常的转录、转录后加工、翻译和病毒颗粒的装配。对纯化后富集出的病毒蛋白进行 Western blot 分析表明，在病毒颗粒内部，嵌合的 *gag* 前体可以正常剪切，导致病毒颗粒核心的重排，产生出成熟的病毒粒子。这与电镜结果一致。对病毒颗粒的进一步分析还表明，这些病毒粒子具有完整的结构，包括基因组 RNA、反转录酶、核心蛋白和膜蛋白。感染实验表明，嵌合病毒可以感染人源的 MT4 细胞，且可完成反转录过程。通过 Western blot 可以从细胞中检测到来自病毒的蛋白，也能够通过 PCR 在细胞中检测到来自病毒 RNA 反转录出的 DNA，推测因感染而进入 MT4 细胞的病毒粒子可以再次出芽到细胞外，在 SHIV$_{CA}$ 嵌合病毒感染

MT4 细胞后培养基中新出现的 CA 蛋白，不是源于感染之后产生的子代病毒颗粒。这是因为：首先，时间上与病毒的复制周期不符合，子代病毒一般在感染后 48～72 h 才出现；其次，CA 蛋白浓度的时间动态变化也没有逐渐积累的过程，CA 蛋白浓度在细胞换液之前几乎维持恒定；第三，与感染细胞内的病毒成分分析结果不符合，我们没有在感染的细胞中检测到病毒基因组 DNA 的整合，也没检测到新产生 RNA。

SHIV$_{CA}$ 嵌合病毒在感染 MT4 细胞后未能产生子代病毒，最大可能在于 SHIV$_{CA}$ 嵌合病毒的前整合复合体通过核孔失败，未能进入细胞核。慢病毒之所以能感染未分裂的细胞，在于它能通过核孔进入细胞核，无需细胞分裂时的核膜解构[13]。但是，慢病毒的前整合复合体通过核孔也需要一定条件：以 HIV 为例，反转录后的 HIV 核心要经过复杂的变形，从近于圆形变形为狭长的、直径 28 nm、长 3.3 μm 的前整合复合体结构。在变形与随后的核输入中，基质蛋白、衣壳蛋白、核衣壳蛋白以及 Vpr 都扮演了重要的角色[14,15]。推测 HIV 衣壳蛋白 CA 在这些过程中不能完全替代行使 SIV 衣壳蛋白 CA 的功能，而导致核输入过程失败。

下一步工作改进方法：一条是减少嵌合替代的区域，把嵌合替代集中到关键性的抗原决定簇，尽量减少对 SIV *gag* 蛋白功能的影响，以增加成功概率；另一条是增加嵌合替代的区域，用 HIV *gag* 蛋白替代大部分 SIV *gag* 蛋白，使基质蛋白、衣壳蛋白以及核衣壳蛋白之间能够相互协调，可能增加成功的机会。

〔原载《中国病毒学》2005, 20（4）：346－351〕

参 考 文 献

1 Shibata R, Sakai H, Kiyomasu T, *et al.* Generation and characterization of infectious chimeric clones between human immunodeficiency virus type I and simian immunodeficiency virus from an African green monkey . J Virol, 1990, 61 (12): 5861－5868

2 Li J, Lord C I, Haseltine W, *et al.* Infection of cynomolgus monkeys with a chimeric HIV－1/SIVmac virus that expresses the HIV－1 envelope glycoproteins. J Acquir Immune Defic Syndr. 1992, 5 (7): 639－646

3 Carla K. Reagents for HIV/SIV Vaccine Studies. 2001, HIV Database Review Available from URL: http: //www. hiv. lanl. gov/content/hiv－db/REVIEWS/reviews. html

4 Haga T, Kuwata T, Ui M, *et al.* A new approach to AIDS research and prevention: the use of gene-mutated HIV－1/SIVchimeric viruses for anti－HIV－1 live－attenuated vaccines. Microbiol Immunol, 1998, 42 (4): 245－251

5 Joag SV. Primate models of AIDS. Microbes Infect. 2000, 2 (2): 223－229

6 Xu W, Hofmann－Lehmann R, McClure H M. *et al.* Passive immunization with human neutralizing monnclonal antibodies: correlates of protective immunity against HIV. Vaccine. 2002, 6; 20 (15): 1956－1960

7 IAVI database of AIDS vaccines in human trials. updated: September 29, 2004, Available from: URL: http: //www. iavireport. org/trialsdb/default, asp

8 Tsujimoto H. Cooper R W. Kodama T, *et al.* Isolation and characterization of simian immunodeficiency virus from mandrills in Africa and its relationship to other human and simian immunndeficiency viruses. J Virol. 1988, 62 (11): 4044－4050

9 Henderson L E. Benveniste R E, Sowder R, *et al.* Molecular characterization of *gag* proteins from simian immunodeficiency virus (SIVMne). J Virol, 1988, 62 (8): 2587－2595

10 Chakrabarti L. Guyader M. Alizon M, *et al.* Sequence of Simian immunodeficiency virus from macaque and its relationship to other human and simi-

an retroviruses. Nature, 1987, 328: 543 –547

11 Ranjbar S. Bhattacharya U, Oram J. *et al*. Construction of infectious SIV/HIV 2 chimeras. AIDS, 2000, 14 (16): 2479 –2484

12 UNAIDS. Report on the global AIDS epidemic 2004. 26 – 29. Available form URL: http: // www. unaids. org/bangkok2004/GAR2004_html/ GAR2004_ 00_ en. htm

13 Gallay P, Swingler S, Aiken C, *et al*. HIV – 1 infection of nondividing cells: G – terminal tyro-

sine phosphorylation of the viral matrix protein is a key regulator. Cell, 1995, 80 (3): 379 –388

14 Fouchier R A, Malim M H. Nuclear import of human immunodeficiency virus type – 1 preintegration complexes. Adv Virus Res, 1999, 52: 275 –299

15 Sherman M P, Greene W C. Slipping through the door: HIV entry into the nucleus. Microbes Infect. 2002. 4: 67 –73

Construction and Characterization of SHIV Carrying HIV –1 Capsid

ZHU Yi – xin[1,2], LIU Chang[2], QIAO Wen – tao[2], CHEN Qi – min[2], GENG Yun – qi[2], ZENG Yi[1,3]

(1. National Institute for viral Disease Control and Prevention, CDC , Beijing 100052 Chian; 2. College of Life Sciences. Nankai University. Tianjin 300071 China; 3. Beijing University of Technology, Beijing 100022, China)

SHIV (SIV/HIV chimeric virus) proviral DNA carrying human immunodeficiency virus typeI (HIV – 1 HXBc2) capsid was constructed on the backbone of *Simian immunodeficiency virus* (SIV mm239) . The gene expression of chimeric virus could be detected in 293T cells transfected by SHIV proviral DNA. Chimeric SHIV virions were also obtained in the supernatant of transfected 293T cells. These virions have complete structures, including genomic RNA, reverse transcriptase, core proteins and envelope with glycoproteins. The chimeric *gag* precursor could be appropriately cleaved and lead to the conformation of spindle core in the mature virus particles. They could absorb and enter into MT4 cells and complete the course of reverse transcription without repication.

[**Key words**] SIV/HIV chimeric virus (SHIV); Simian immunodeficiency virus (SIV); Human immunodeficiency virus (HIV – 1); Capsid

313. EBV - LMP1 重组腺病毒疫苗的研究及与 Ad - LMP2 疫苗联合免疫效果的探讨

中国疾病预防控制中心病毒病预防控制所

付 华 周 玲 吴小兵 杜海军 左建民 王 琦 曾 毅

〔摘 要〕 **目的** 构建表达 EB 病毒潜伏膜蛋白 1 的非复制型腺病毒疫苗株（Ad - LMP1），并初步探讨其单独及与 Ad - LMP2 联合免疫效果。 **方法** 采用 pAdeasy - 1 系统构建 Ad - LMP1 疫苗；RT - PCR、IFA、Western blot 等技术检测重组病毒在体外的表达；其单独和与 Ad - LMP2 联合免疫 BALB/c 小鼠，免疫酶方法检测免疫小鼠血清中的特异性抗体，胞内 IFN - γ 染色法检测免疫小鼠特异性细胞毒性 T 淋巴细胞反应（CTL）。 **结果** （1）获得 Ad - LMP1 疫苗株，并证明 LMP1 基因能够在体外正确表达。（2）Ad - LMP1 在小鼠体内诱发的特异性 CTL 细胞占小鼠脾脏 CTL 细胞的百分数为 6.95%，对照组为 0.56%。（3）与单独免疫相比两种重组腺病毒在免疫剂量各自减半情况下，联合免疫诱发的针对 LMP1 或 LMP2 的 CTL 反应与单独免疫相当，联合免疫组小鼠脾淋巴细胞同时被两种抗原特异性激活时，CTL 反应水平显著高于单一抗原的刺激。 **结论** 成功构建 Ad - LMP1 疫苗株，能够诱导 LMP1 特异性体液和细胞免疫反应。与单独免疫相比，两种腺病毒疫苗联合免疫减少每种疫苗的免疫剂量，扩大免疫反应范围，可能在一定程度上克服鼻咽癌免疫逃逸机制。

〔关键词〕 EBV - LMP1；Ad - LMP2；疫苗；腺病毒

Epstein - Barr（EB）病毒属于 γ - 疱疹病毒亚科淋巴潜隐病毒属，在人类感染广泛[1]。EB 病毒的隐性感染与人类多种恶性肿瘤密切相关，如非洲儿童 Burkitt's 淋巴瘤（BL）、鼻咽癌（NPC）、何杰金氏病（HD）以及各种免疫抑制病人和移植病人的淋巴细胞增生紊乱引起的淋巴瘤（PTLD）等。在我国，鼻咽癌是一种常见的恶性肿瘤。目前，鼻咽癌的首选治疗方法是放射治疗，治疗后总的 5 年生存率约 60% ~70%，远处转移和局部复发是晚期鼻咽癌治疗失败的主要原因[6]。为了改善鼻咽癌患者的预后，科学工作者正在积极寻求其他有效、安全的治疗方法，其中 NPC 预防性和治疗性疫苗的开发是目前研究的一个热点。EBV 在 NPC 细胞内的存在为免疫治疗提供了良好靶位，但是在鼻咽癌细胞中 EBV 以Ⅱ型隐性感染形式存在，只表达有限的病毒抗原如 EB 病毒核抗原（EBNA1）、潜伏膜蛋白 1（LMP1）、潜伏膜蛋白 2（LMP2）和 BamH I A 片段编码蛋白（BARFO）等[11]；本研究选择 LMP1 基因，采用 AdEasy - 1 系统构建复制缺陷型重组腺病毒并在小鼠体内对其单独和与 Ad - LMP2 联合免疫的效果进行了初步探讨。

材料和方法

一、材料

（一）菌株及质粒：大肠埃希菌 DH5α，BJ5183 为本室保存。质粒 pAdShuttle - CMV -

LMP1ΔA 为重组腺病毒穿梭质粒，由本室贾俊岭硕士构建。质粒 pAdEasy - 1 为重组腺病毒骨架质粒，由美国约翰霍普金斯大学 Dr. He 馈赠。真核表达质粒 pcDNA3.1（＋）购自 Invitrogen 公司。

（二）细胞与病毒：HEK293 细胞、P815 细胞为本室保存。S12 细胞（LMP1 单抗细胞株）为美国哈佛大学 Kieff 教授馈赠。Ad - LMP2 重组腺病毒、Ad - wt*gp*120 重组腺病毒由本室构建。Ad5 腺病毒野毒株、重组痘苗病毒 Vac - LMP1 和 Vac - LMP2 本室保存。

（三）工具酶及其他试剂：质粒大量提取试剂盒 "QLAGEN Plasmid Midi Kits" 购自 Qiagen 公司。各种限制性内切酶、T_4DNA 连接酶及其他工具酶、AMV Reverse Transcriptase、rTaq 酶、核酸纯化回收试剂盒购自 Takara 公司。限制性内切酶 Pac I 购自 Bio - Lab 公司。脂质体转染 "Lipofectamine 2000 Reagent" 试剂盒，OPti - MEM、TRIzol 试剂购自 Invitrogen 公司。HRP - 标记抗小鼠 IgG、荧光标记抗小鼠 IgG、荧光标记羊抗兔 IgG 购自北京中山生物技术公司。PE 标记大鼠抗小鼠 CD8a 单克隆抗体（Ly - 2）和 FITC 标记大鼠抗小鼠 IFN - γ 单克隆抗体购自 BD Pharmigen 公司。

（四）实验动物：4～5 周龄雌性 BALB/c 纯系小鼠为中国医学科学院动物研究所提供。

二、方法

（一）重组腺病毒构建

1. 穿梭质粒 pAdShuttle - CMV - LMP1Δ 的鉴定：分别用 HindⅢ/Kpn I 双酶切质粒 pAd-ShuttleCMV - LMP1Δ 和载体质粒 pAdShuttle - CMV，电泳判断片段大小。送 pAdShuttle - CMV - LMP1Δ 进行测序分析。

2. 在 BJ5183 细胞中制备重组腺病毒质粒：Pme I 线性比的穿梭质粒和腺病毒骨架质粒 pAdEasy - 1 共转化 BJ5133 细胞，卡那霉素筛选阳性克隆，限制性内切酶酶切鉴定。

3. 重组腺病毒的包装：Pac I 线性比重组腺病毒质粒，用脂质体转染 80%～90% 汇合成片的 293 细胞，7～10 d 后将细胞刮擦下来，离心后重悬于 2 ml 无菌 PBS，- 20℃和 37℃反复冻融 4 次. 吸取原代重组腺病毒上清。用原代病毒上清反复传 293 细胞 2～3 代，按上述方法收集病毒，保存于 - 20℃备用。

（二）重组腺病毒的鉴定：TRIzol 试剂提取感染了 Ad - LMP1 和 Ad5 的 293 细胞的 DNA、RNA 和蛋白质。PCR 检测 Ad - LMP1 中的目的基因，RT - PCR 检测目的基因在 293 细胞中的转录，IFA 和 Western blot 检测 LMP1 基因在 293 细胞中的表达。

（三）重组腺病毒滴度的测定：采用 $TCID_{50}$ 实验，其基础是应用极限稀释法使 293 细胞出现病变，只要有小部分细胞病变此孔即作为阳性对待，如果有什么怀疑跟阴性对照比较。最后按公式 T = 101 + d（s - 0.5）计算病毒的滴度（d 为稀释度的对数值，s 为病变比例的和）。

（四）Ad - LMP1Δ 和 Ad - LMP2 重组腺病毒免疫小鼠：选择 4～5 周龄 BALB/c（H - 2^d）雌性小鼠（体重 19～21 g）进行动物实验，共分 4 组，每组 8 只小鼠。重组腺病毒的滴度均稀释到 10^9 pfu/ml。用乙醚麻醉小鼠，当小鼠昏迷，肌肉处于松弛状态后分别将重组腺病毒注射至小鼠单侧胫前肌，每只 100 μl，第三组 Ad - LMP1Δ 和 Ad - LMP2 的剂量各为 50 μl，混匀后注射。在第 2、4 周以同样方法、同样剂量加强免疫两次；第 5 周采血、取脾进行免疫效果检测。

（五）免疫小鼠体外特异性 CTL 反应的检测

1. 刺激细胞的制备：用 LMP1 重组痘苗病毒（MOI = 10）和 LMP2 重组痘苗病毒

（MOI＝10）感染 P815（H－2^d）细胞，37 ℃孵育 12 h。然后用丝裂霉素 C 处理，PBS 洗涤后作为刺激细胞。

2. 小鼠脾淋巴细胞的制备：小鼠在免疫 5 周后眼球采血，引颈处死，75%的乙醇浸泡消毒。无菌操作解剖小鼠，左侧腹部取脾，于 100 目铜网上研磨分散脾细胞，用无血清 1640 培养液重悬脾细胞。弃培养液上清，加入 NH$_4$Cl 溶液 10 ml，37 ℃作用 15 min 后，弃上清，用无血清 1640 培养液洗两遍，细胞沉淀用含 2 μg/ml ConA，20 U/ml IL－2，10 % 胎牛血清的进口 1640 培养液重悬，计数，置于 24 孔培养板中 37 ℃、5%CO$_2$ 条件下培养。

3. 细胞内 IFN－γ染色法检测 EBV－LMP1 和 EBV－LMP2 特异性 CTL 反应：取 2×10^6 的小鼠脾淋巴细胞，加入相应的刺激细胞，刺激细胞与小鼠脾淋巴细胞的比例为 1∶10。37 ℃，5%CO$_2$ 条件下刺激培养 3－4 d。利用流式细胞仪．采用 IFN－γ染色法检测 EBV－LMP1Δ 和 EBV－LMP2 特异性 CTL 反应。

4. 免疫酶方法检测小鼠血清中特异性抗体：LMP1 重组痘苗病毒（MOI＝10）和 LMP2 重组痘苗病毒（MOI＝10）：感染的 P815 细胞作为阳性抗原片，覆盖免疫小鼠血清（每只小鼠的血清按 1∶5、1∶10、1∶20 和 1∶40 的比例稀释），4 ℃孵育过夜，PBS 洗 3 遍，水再洗 3 遍；再覆盖辣根过氧化物酶标记的羊抗小鼠 IgG（1∶100），37 ℃孵育 45 min，在新鲜配制的染色液中浸 3～5 min，去离子水终止反应，显微镜下观察照相。

结　果

一、梭质粒 PAdShuttle－CMV－LMP1Δ 的鉴定　穿梭质粒 pAdShuttle－CMV－LMP1 经酶切鉴定证实插入片段大小及方向正确，重组质粒的限制性内切酶分析结果见图 1。测序结果与标准序列（来源于 B95.8 细胞）比对无误。

二、重组腺病毒质粒的限制性内切酶鉴定　Pac Ⅰ单酶切 pAd－LMP1Δ 质粒，得到 35 000 bp 和 4500 bp 两个片段，证明重组由 Ori 和载体右臂位点介导。重组质粒的限制性内切酶分析结果见图 2。

三、Ad－LMP1 在 293 细胞中的典型病变　Pac Ⅰ线性化的质粒 pAd－LMP1Δ 转染 293 细胞，7～10 d 后收集原代病毒，命名为 rAd－LMP1Δ，反复冻融后传代。第二代以后 293 细胞在 2～3 d 可以出现明显的病变，即细胞皱缩、变圆、脱落和死亡，见图 3。

四、PCR 及 RT－PCR 检测外源基因的插入及转录　提取 Ad－LMP1 和 Ad5 感染的 293 细胞基因组 DNA 及 RNA 作 PCR 反应和 RT－PCR 反应模板。在重组病毒感染的 293 细胞中分别扩出 890 bp DNA 条带和相应的 cDNA 条带，结果见图 4、图 5。说明重组腺病毒中含有目的基因，并可以在 293 细胞中转录。

五、免疫荧光试验检测 Ad－LMP1 感染的 293 细胞中 LMP1Δ 表达　收集 Ad－LMP1 重组腺病毒感染 293 细胞涂片，用 S12 抗体进行间接免疫荧光检测，结果见图 6（略）。在 LMP1Δ 重组腺病毒感染的细胞片中，293 细胞呈现绿色荧光，而正常的 293 细胞片被伊文氏蓝染成红色，未见绿色荧光，表明 LMP1 基因在 293 细胞中得到有效表达。

六、Western blot 检测 LMP2Δ 表达　采用 S12 抗体进行 Western blot 检测，显示 Ad－LMP1 感染的 293 细胞中有大约 43 000 的蛋白条带（与预期值大小相符）。而 Ad5 感染的 293 细胞未发现相似大小的条带，结果见图 7。

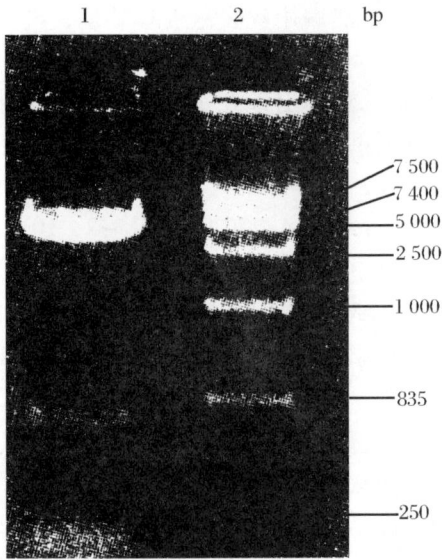

图1　重组腺病毒穿梭质粒 pAdShuttle –
CMV – LMP1Δ 的内切酶分析

ΔNote：1：pAdShuttle – CMV – LMP1Δ/Hind
Ⅲ + Kpn Ⅰ；2：DL1500

Fig. 1　Restriction endonuclease
analysis of recombinant plasmid
pAdShuttle – CMV – LMP1

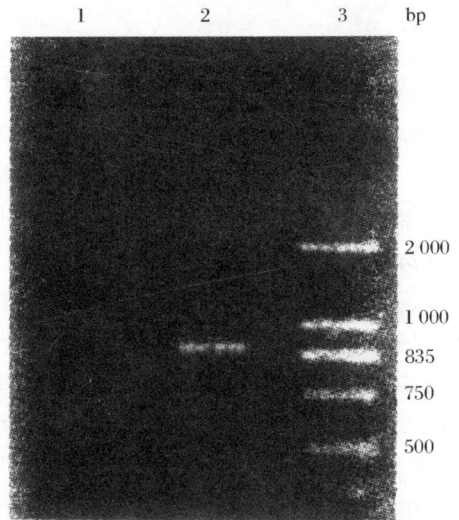

图2　PAd – LMP1Δ 的限制性内切酶鉴定图

Note：1：pAd – LMP1Δ/Pac Ⅰ；2 – A – Hind Ⅲ digest

Fig. 2　Restriction endonuclease analysis of
recombinant plasmid pAd – LMP1Δ

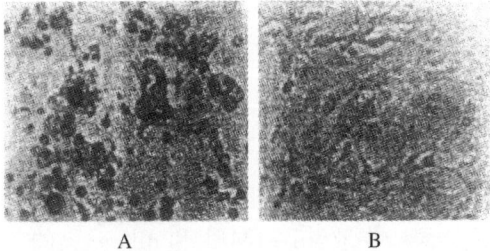

图3　感染重组腺病毒后
293 细胞出现的典型病变

Note：A：rAd – LMP1Δ infected 293 cell；
B：Normal 293 cell

Fig. 3　The cytopathic effect of 293
cells infected with Adeasy – LMP2

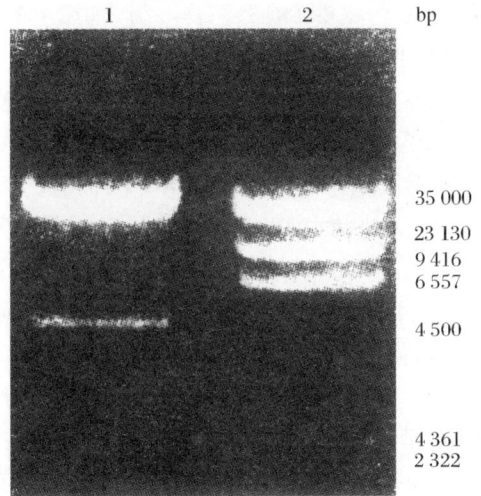

图4　rAd – LMP1Δ 的 PCR 检测结果

Note：1．：Ad5；2：rAd – LMP1Δ；3：Dl2000

Fig. 4　Identification of LMP1ΔDNA
in rAd – LMP1Δby PCR

七、Ad – LMP1Δ 滴度的测定　采用 TCID$_{50}$ 的方法对重组腺病毒的滴度进行测定，他的滴度是 2×10^{10} pfu/ml。

八、IFA 检测刺激细胞中目的基因表达　重组痘苗病毒 LMP1 感染 p815 细胞 4 h 后，抗原开始明显表达，在 10 ~ 12 h 抗原表达达到高峰，以后直到感染 24 h 抗原表达水平没有明显

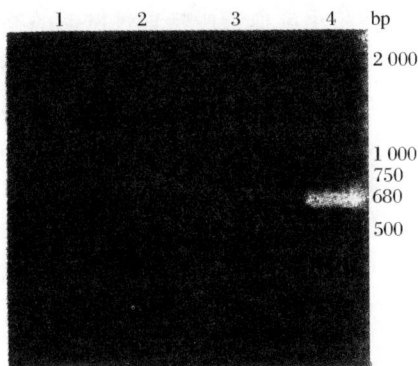

图 5　RT – PCR 检测 rAd – LMP1Δ
感染细胞中 LMP1Δ 基因的转录

Note：1：Ad5 infectde 293 cell cDNA；
2：rAd – LMP1Δ；3：DL2000；
4：rAdLMP1Δ infected 293 cell cDNA

Fig. 5　Detection of the transcription
of LMP1Δin the 293 cells infected with
rAd – LMP1Δ and Ad5 by RT – PCR

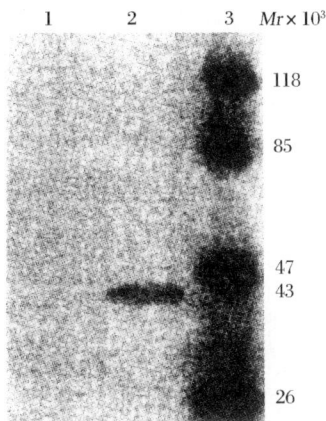

图 7　Western blot 检测重组腺病毒感染的
293 细胞中 LMP1 的表达

Note：1：Ad5 infected 293 cell；2：rAd – LMP1Δ
infected 293 cell；3：Protein marker

Fig. 7　The detection of LMP1 expression in
293 cells infected with Ad – LMP1 by WB

改变重组痘苗病毒 LMP2 感染 P815 细胞抗原表达随时间变化情况与重组痘苗病毒 LMP1 相同，而正常 P815 细胞未见两种抗原的表达，见图 8（略）。

九、胞内 IFN – γ 染色检测 EBV – LMP1 和 EBV – LMP2 特异性 CTL 反应　Ad – LMP1 免疫组 IFN – γ 和 CD8 双阳性细胞占 CD8 阳性 T 细胞的百分数均数 6.95%；rAd – LMP2 免疫组是 7.21%；联合免疫组使用 P815 – LMP1 细胞刺激产生的双阳性细胞百分数均数是 7.17%，使用 P815 – LMP2 细胞刺激产生的双阳性细胞百分数均数是 7.33%，使用两种细胞同时刺激产生的双阳性细胞百分数均数是 12.42%；非相关腺病毒免疫组为 0.56%。单因素方差分析，6 组数据方差齐，总体 $P ≤ 0.05$，说明 6 组数据均值不完全相同，具有统计学差异。以上结果表明，Ad – LMP1 和 Ad – LMP2 均在小鼠体内诱发了较高水平的特异性细胞免疫反应，为对照组的 12 ~ 13 倍；与两组单独免疫相比两种重组腺病毒在免疫剂量各自减半情况下，联合免疫诱发的针对 LMP1 或 LMP2 的 CTL 反应与单独免疫相当；联合免疫组小鼠的脾淋巴细胞在体外可以同时被两种抗原特异性的激活，而且 CTL 反应水平显著高于单一抗原刺激的 CTL 反应水平。结果见图 9、图 10。

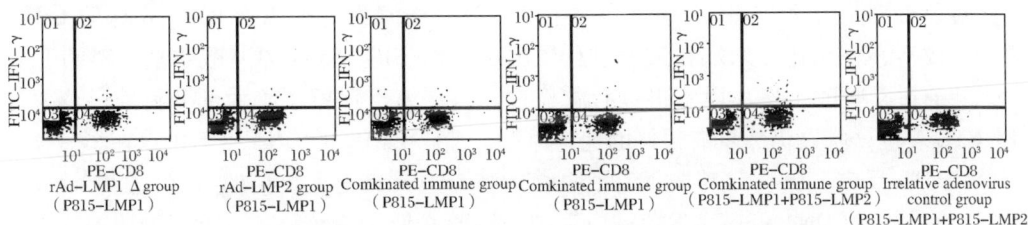

图 9　流式细胞仪检测分泌 IFN – γ 的 CD8 阳性 T 淋巴细胞

Note：Dl quadrant. IFN – γ single positive region；D2 quadrant. IFN – γ and CD8 double positive region；
tD3 quadrant. double negative region；D4 quadrant. CD8 single positive region.

Fig. 9　Detection of CD8 positive T lymphocytes which secrete IFN – γ by FACS

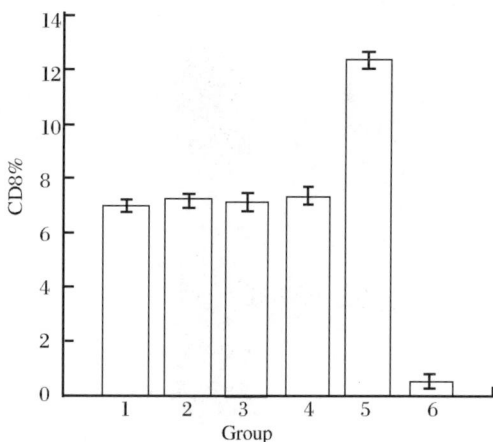

**图 10　各免疫组小鼠的 CD8 阳性细胞
占 CD8 细胞总数的百分比**

Note: 1: rAd－LMP1Δ group, stimulative cell is
P815－LMP1Δ; 2: rad－LMP2 group, stimulatve cell
is P815－LMP2; 3: Combinated immune group,
stimulative cell is P815－LMP1Δ; 4: Combinated
immune group, stimulative cells is P815－LMP2;
5: Combinated immune group, stimulative cell is
P815－LMP1Δ＋PB15－LMP2; 6: Irrelative adenovirus
control group, stimulative cell is P815－LMP1Δ＋P815－LMP2

**Fig. 10　Comparision of the percent of CD8
positive cells among different groups**

十、免疫小鼠血清中特异性抗体的检测

采用免疫酶方法，使用 P815－LMP1 和 P815－LMP2 细胞对各组免疫小鼠血清进行检测，各实验组均检测到特异性抗体，滴度均为 1∶10，而非相关腺病毒对照组未检测到相应的抗体。

讨　论

在过去的三十年中，放疗和多种药物联合化疗是鼻咽癌的主要治疗方法，虽然经过治疗部分鼻咽癌患者可以治愈，但是这两种方法由于缺乏特异性而具有明显的副作用如长期毒性、并发感染等。而且这两种方法不能控制部分肿瘤的复发和转移，对晚期鼻咽癌患者的疗效不好。近来人们越来越注重发展新的治疗策略，尤其是希望通过提高鼻咽癌患者的免疫力达到监视和治疗肿瘤的目的。

EBV 在 NPC 细胞中以 Ⅱ 型隐性感染形式存在，只表达有限的病毒抗原。其中 EBNA1 在所有 NPC 活检标本和肿瘤细胞中都可以检测到，BARF0 也经常被检出。尽管在 EBV 健康携带者的外周血中发现了针对这两种抗原的 CTL 细胞，但是它们均不能识别表达这两种抗原的靶细胞，与 EBNA1 和 BARF0 相反，

LMP1 和 LMP2 均是 EBV 特异性 CTL 应答的有效靶位。LMP1 包含许多 HLA Ⅰ类分子和 HLA Ⅱ 分子限制性的 T 细胞表位，虽然不同地区病毒分离株中的 LMP1 存在很大变异，但是大多数 CTL 表位具有保守性，与 B95－8 标准株基本一致。由于 LMP1 基因能够恶性转化原代 B 细胞、鼠成纤维细胞和人上皮细胞，所以在国外研究中未见使用其全基因序列构建疫苗的报道，国外的研究主要是选择来源于 LMP 的 CTL 表位构建 DNA 疫苗或病毒载体疫苗。Duraiswamv 等将 6 个来源于 LMP1 HLA A2 限制性的 CTL 表位依次连接起来插入痘苗病毒载体，这种疫苗可以在 HLA A2/Kb 小鼠体内诱发针对其中 5 个表位的较高水平的特异性 CTL 应答，并且能够抑制表达 LMP1 肿瘤细胞的生长。我室刘海鹰对来源于 B95－8 株的 LMP1 基因进行了改造，去除其 C 末端在致癌过程中起决定作用的 155 个氨基酸残基，得到 LMP1Δ 片段，并通过实验证明该片段不再具有致瘤性，但是由于保留了绝大部分目前已经鉴定的 LMP1 CTL 表位，所以仍然具有很好的免疫原性，编码 LMP1 的 DNA 疫苗可以在小鼠体内诱发特异性 CTL 反应。DNA 疫苗既具有活疫苗的特点，又具有死疫苗的特点，能够诱发全面的免疫应答，然而 DNA 疫苗诱发免疫应答的强度通常低于传统疫苗。近年的研究表明，在人体中核酸疫苗诱发的免疫应答强度普遍较弱，与小鼠实验结果相差甚远，只比较适合在动物模型上初步免疫效果的研究。从 20 世纪 80 年代，腺病毒载体开始逐渐成为外源基因高效转移和表达载体，它是继逆转病毒载体以后发展较快的载体系统，其在小鼠和非人灵长类中

都可产生强的免疫原性，能诱导高滴度的抗体和 CTL 反应。腺病毒载体在生产过程中可以获得高滴度的重组病毒，转导效率较高，特别是对上皮来源的恶性肿瘤如 NPC 等。本研究以复制缺陷型腺病毒为载体，构建了表达野 LMP1 的重组腺病毒疫苗株，免疫小鼠后能诱导特异性细胞免疫和体液免疫反应。本研究中检测到的小鼠血清中 LMP1 特异性 IgG 抗体滴度偏低，原因可能是 LMP1 结构中含有的 6 个疏水性跨膜片段抑制了抗体的诱导。

　　LMP1 和 LMP2 为鼻咽癌的免疫治疗提供了靶位，但并不是所有肿瘤细胞都表达这两种抗原，例如 35% 的鼻咽癌并不明显表达 LMP1，它的阴性或低表达可能代表了一种次级改变，是一种免疫逃逸机制。Rickinson 等在研究 EBV 健康携带者外周血中 EBV 特异性的 CTL 细胞时发现，大多数 CTL 细胞针对 EBNA3s 家族，而 NPC 的一个重要特征是这种肿瘤持续性的下调 EBV 抗原（包括 EBNA3、EBNA4 和 EBNA6）的表达，与 EBNA3s 等优势抗原相比 LMP1 和 LMP2 属于亚优势抗原。因此我们希望通过诱发针对一种以上病毒抗原的 CTL 应答降低肿瘤发生免疫逃逸的风险。为此我们使用 rAd - LMP1Δ 和左建民博士构建的 rAd - LMP2 疫苗株联合免疫小鼠。结果表明与两组单独免疫相比两种重组腺病毒在免疫剂量各自减半情况下，联合免疫诱发的针对 LMP1 或 LMP2 的 CTL 反应与单独免疫相当，更为重要的是联合免疫组小鼠的脾淋巴细胞在体外可以同时被两种抗原特异性激活，活化的 CTL 水平显著高于单一抗原激活的 CTL 水平，因此我们推测使用两种疫苗联合免疫治疗鼻咽癌病人疗效可能优于一种疫苗单独治疗。

　　我们构建的表达 LMP1 基因的重组腺病毒疫苗能够诱发特异性 CTL 反应，在人群中应用时不会受到 HLA 型别的限制，尽管这种疫苗的有效性需要其他的实验进一步证明，但是我们的工作为今后深入研究 EBV 相关恶性肿瘤的免疫治疗策略提供了重要依据。

〔原载《中国免疫学杂志》2005，21：7 - 11〕

The Combining Immunity of Latent Membrane Protein 1 and 2 Encoded by Epstein – Barr Viruses with Replication – defective Adenovirus Vector Vaccine

FU Hua, ZHOU Ling, WU Xiao - Bing, DU Hai - Jun, ZUO Jian - min, WANG Qi, ZENG Yi

(The Institute of Virus Disease Prevention and Control, Chinese

Disease Prevention and Control Center, Beijing 100052, China)

Objective To explore the immunizing effects of only Ad – LMP1 or Ad – LMP2 and combination of Ad – LMP1 and Ad – LMP2 with replication – defective adenovirus vector vaccine. **Methods** The recombinant adenovirus vector vaccine expressing LMP1 (Ad – LMP1) was constructed with pAdeasy – 1 system. The expression of recombinant adenovirus in vitro was detected with RT – PCR, indirect immunofluprescence and Western blot assays techniques. BALB/c mice were immunized with only Ad – LMP1 and combination of Ad – LMP1, and Ad – LMP2. The specific CTL responses in mice were detected with IFN – γ intracellular staining assay. **Results** The results indicate that the vaccine of Ad – LMP1 was constructed successfully and the expression of LMP1 was detected in vitro. The specific serum – antibody in immunized mice was detected by immunoenzymatic techniques. The percentage of specific CTL cells in the spleen was 6. 95% induced by Ad – LMP1 and only 0. 56% in control group. The same specific CTL responses to LMP1 and LMP2 were demonstrated by immunizing the combination of Ad – LMP1 and Ad – LMP2 with half dose of Ad – LMP1, or Ad – LMP2 respectively. The summation of specific CTL responses to LMP1 and LMP2 had much higher frequency than that of only Ad – LMP1 or AD – LMP2 in the spleen. **Conclusion** The results show that Ad – LMP1 can induce specific antibody response and CTL response for LMP1. Moreover, the combining immunity with Ad – LMP1 and Ad – LMP2 decreased the dose of every vaccine and expanded the extent of immunoreaction in comparison to Ad – LMP1 alone, which will overcome the immune evasion strategies adopted by NPC to some extent.

〔**Key words**〕EBV – LMP1；Ad – LMP2；Vaccine；Adenovirus

314. 新一代腺病毒载体研究进展

中国疾病预防控制中心病毒病预防控制所肿瘤病毒室
付 华 周 玲 曾 毅

由于腺病毒载体具有高核转移效率，对人致病性低等优点，所以在众多的载体系统中脱颖而出，成为基础研究、基因治疗和重组疫苗开发等领域中的重要工具。至今腺病毒载体已经发展了3代：第1代腺病毒载体（通常来源于Ad5和Ad2）主要是去除了E1和（或）E3区；第2代腺病毒在E1、E3缺失的基础上进一步去除了E2和（或）E4区；然后人们对腺病毒进行彻底的缺失，发展了第3代腺病毒载体，即high – capacity Ad vectors（HC – Ad），它仅含有ITRS和包装信号。最近几年，腺病毒载体在临床应用中所占的比例迅速上升，甚至超过了逆转录病毒载体。尽管以往3代腺病毒载体具有很好的应用前景，但是在临床应用中还有不足之处，如对某些靶细胞转导效率低，不能介导转基因长期表达和较强的免疫源性等。因此，人们从这些问题出发，对腺病毒载体进行进一步改造，发展了新一代载体，本文就此进行了综述。

一、改变嗜性的腺病毒载体 腺病毒受体CAR和αμβ整连蛋白在体内分布广泛，向啮齿类动物静脉注射腺病毒载体后发现其主要分布在肝脏。腺病毒载体的天然嗜性影响其将外源基因转移到靶细胞的效率和安全性。所以构建靶向性腺病毒载体，首先要去除Ad5对非靶器官尤其是肝脏的天然嗜性。方法包括使用其他血清型或其他种属腺病毒纤维替换Ad5的纤维[1]、通过基因突变的方法使纤维蛋白球域无法与CAR结合以及把位于五邻体基底的RGD基序进行缺失。单独去除CAR嗜性或ανβ整连蛋白嗜性的腺病毒载体在小鼠体内的生物学分布未发生明显改变，没有降低对肝脏的毒性[2]。联合去除CAR和ανβ整连蛋白嗜性的腺病毒载体对肝脏的转导能力比原来低700倍以上。Ad5纤维埃希部KKTK（Lys – Lys – Thr – Lys）基序对腺病毒在肝脏中的累积起到了一定的作用，缩短Ad5纤维可以削弱其对CAR和ανβ整连蛋白的结合能力。Ad35纤维埃希部不含有KKTK基序，长度短于Ad5纤维，2003年，Koizumi等[3]设计了纤维蛋白球域和RGD基序均突变，而且含有Ad35纤维埃希部的Ad5载体（Ad/FP – S35 – L2），这种三重突变的腺病毒载体对肝脏的转导效率比原来的Ad5载体低30 000倍，几乎丧失了对任何器官的嗜性，为设计靶向性腺病毒载体提供了很好的基础。

由于 CAR 存在于多种组织细胞表面,所以腺病毒在体内应用时特异性不高。相反,与治疗相关的一些组织细胞表面往往 CAR 表达水平低,甚至不表达,所以它们难于被传统的腺病毒载体转导。为了改善腺病毒载体对这些细胞的转导效率,同时提高特异性,近几年来人们提出了一些构建靶向性腺病毒载体的策略:用基因工程方法修饰病毒外壳、通过双功能分子(bifunctional molecule)和双特异性抗体(bispecific – antibody)介导靶向性感染并在转录水平控制转基因在靶细胞中的表达。

RGD 基序和多聚赖氨酸(pk7)可以通过不依赖 CAR 的途径感染细胞,提高腺病毒感染效率。将 RGD 基序分别插入 Ad5 纤维突起的 HI 环和六邻体可以使病毒感染不依赖于 CAR 而是直接针对表达 $\alpha\nu\beta3$ 或 $\alpha\nu\beta5$ 的细胞。把 pk7 加在腺病毒纤维 C 末端其通过与硫酸肝素受体结合,大大提高了原本对腺病毒感染有抗性的血管平滑肌细胞和骨髓瘤细胞的转导效率。Contreras 等[4] 利用 RGD 和 pk7 构建了纤维蛋白双遗传修饰的腺病毒载体(Ad5RGDpk7),与 RGD 或 pk7 单遗传修饰的载体相比,Ad5RGDpk7 显著提高了对人胰岛细胞的感染效率。另外,与其他血清型腺病毒,特别是与 B 亚属腺病毒交换纤维,可以使腺病毒具有新的嗜性[5]。

双功能分子是一种通过化学方法将两种抗体交联后形成的双特异性抗体分子,或者是一种重组的融合蛋白,可以用其介导靶向性转导。Haisma 等[6] 把抗纤维蛋白球域的 scFv 和表皮生长因子受体(EGFR)的 scFv 抗体连接成一个双特异抗体分子,使腺病毒载体成功地靶向表达 EGFR 的细胞。最近有人通过 PEG 将 RGD 基序或抗 E – 选凝蛋白抗体与腺病毒偶联,在体外实验中改造后的载体不再感染表达 CAR 的细胞,而是靶向上皮细胞,在血液中的循环时间也延长[7]。

除了上述的靶向性转导以外,利用组织或肿瘤特异性启动子也可以在转录水平控制外源基因在特定的组织细胞中表达。

二、条件复制型腺病毒载体(conditionally replicating adenoviruses,CR – Ad) 随着腺病毒载体在肿瘤基因治疗领域中的广泛应用,人们发现复制缺陷型腺病毒载体往往不能充分转导实体性肿瘤或者体积较大的肿瘤,这是肿瘤基因治疗取得成功的一个障碍。因此,人们开始研究一种新型的载体即 CR – Ad:它不影响正常细胞的功能,却可以在肿瘤细胞中复制并裂解肿瘤细胞,释放出子代病毒再感染邻近的细胞,直至把所有肿瘤细胞杀死为止。控制载体在肿瘤细胞中特异性复制主要有以下两种途径。

(一)改变病毒的基因使其可以在肿瘤细胞中复制,但是在正常细胞中复制能力降低:在这种策略中,第一个被突变的基因是 E1B 基因。R1B – 55 000D 蛋白与 $p53$ 结合,使其降解,从而防止宿主细胞在感染早期发生凋亡,允许病毒在细胞内顺利的复制。腺病毒突变株 dl1520(即 ONYX – 015 或 CI – 1042)的 E1B 基因缺失,不能编码有功能的 E1B – 55 000D 蛋白。人们发现,dl1520 在正常细胞中复制受阻而只能在 $p53$ 突变的细胞中复制。许多肿瘤细胞的 $p53$ 基因发生突变,因此,dl1520 可以在这些肿瘤细胞中复制并将其裂解。一些临床前研究证明,dl1520 与放疗或化疗结合可以使肿瘤消退。另一个被突变的基因是 E1A 基因。E1A 蛋白与细胞周期调控蛋白 pRb 结合可以克服其对细胞周期的抑制作用,使细胞周期由 G1 期过渡到 S 期。腺病毒突变株 d1922 – 947 和 $\Delta24$ 的 E1A 基因在第 2 个保守区(CR2)存在缺失,突变后的 E1A 蛋白不能结合 pRb,所以不能在正常细胞中复制。但是许多肿瘤细胞 G1~S 期的过渡失去调控，从而使 d1922-947 和 Δ24 可以在这些肿瘤细胞中复制，在肿瘤移植模型中可以观察到 d1922-947 的抗肿瘤效应。但是这些突变株也可能在处于分裂期的正常细胞中复制，考虑到它们对其他器官的潜在毒性，所以目前的应用局限于瘤内注射，而不能控制肿瘤的远处转移。为了提高杀伤肿瘤细胞的特异性，近来人们把 E1A 和 E1B 基因突变联合起来[8]。E1A 和 E1B-55 000D 基因双突变的腺病毒 AxdAdB-3 只能在 p53 基因和 pRb 基因突变的肿瘤细胞中复制。它与 E1B-55 000D 基因缺失的腺病毒（AxdAdB）一样能够有效地抑制胆囊癌细胞和肿瘤移植模型的生长，而在正常细胞中复制能力低于 AxdAdB。这提示 E1A 和 E1B 基因联合突变可以提高选择性，减低副作用。

腺病毒在转录过程中产生与病毒相关的 RNAs，它们与蛋白激酶 R（pkR）结合可以克服其介导的对腺病毒复制的抑制作用。Ras 癌基因也可以使 pkR 表达下调。因此，病毒相关 RNAs 编码区突变株（dl1331）的复制依赖于在肿瘤细胞中高表达的 Ras 蛋白，使 dl1331 可以在肿瘤细胞中特异性复制[9]。研究发现 dl1331 具有一定的抗肿瘤作用，但是效果不及野生型 Ad5。而且只有 30% 的肿瘤 Ras 基因发生突变，所以它的应用具有局限性。

（二）利用肿瘤特异性启动子控制病毒复制相关基因在肿瘤细胞中选择性表达：某些肿瘤如前列腺癌、肝癌等表达特异性蛋白，即这些蛋白在正常体细胞中不表达。还有些肿瘤如乳腺癌等对正常分泌的激素（雌激素）十分敏感。利用这些特点，人们通过肿瘤特异性启动子控制 E1A 基因转录构建了一些在肿瘤细胞中选择性复制的腺病毒载体。后来人们进一步利用肿瘤特异性启动子同时控制 E1A 和 E4 基因，使病毒的复制受到了双重限制。另外一些研究把肿瘤特异性转录和病毒基因突变结合起来控制病毒复制。在黑色素瘤的治疗中，研究者使用酪氨酸酶基因的启动子控制突变后的 E1A 基因，发现病毒在处于分裂相的肿瘤细胞中选择性复制，并且可以对黑色素瘤细胞进行高效杀伤，而对非黑色素瘤来源的细胞杀伤能力下降 100~1000 倍[10]。

肿瘤特异性标志分子只存在于几种特定的肿瘤细胞中，含有这些肿瘤特异性启动子的腺病毒在应用中存在一定局限性。因此，人们开始寻找在所有肿瘤细胞中均有活性的通用启动子。E2F-1 是一种重要的转录因子，他常常在肿瘤细胞中高水平表达。有人利用 E2F-1 启动子控制 E1A 基因，构建了可以裂解肿瘤细胞而不影响处于静止期的正常细胞的腺病毒载体 AdE2F-1RC，在小鼠卵巢癌和肺癌移植模型中，AdE2F-1RC 治疗效果好于野生型腺病毒[11]。除了胎儿组织以外，端粒酶在正常组织中几乎没有活性，而在肿瘤细胞中表达升高。通过端粒酶逆转录酶（TERT）基因启动子控制 E1A 基因表达构建了 Adv-TERTp-E1A，体内实验证明与复制缺陷型载体相比，Adv-TERTp-E1A 明显抑制肝癌细胞的生长[12]。实体性肿瘤往往由于血液供应不足而处于缺氧状态。缺氧诱导一些转录因子，与缺氧效应元件结合启动特定基因的转录。有人构建了一种条件复制型载体，它使用缺氧效应元件控制 E1A 基因，能够在处于缺氧状态的细胞中复制，有可能在肿瘤治疗中发挥作用[13]。

三、在增殖细胞中可以长期表达的腺病毒载体 腺病毒载体可以转导静止期细胞又可以转导分裂期细胞。虽然 HC-Ad 可以在许多静止期细胞内长期表达，但是由于腺病毒基因组在感染细胞内仍然保持游离状态，所以其在分裂的细胞内迅速丢失，不能维持转基因的长期表达。解决这个问题的方法主要有两个：控制游离的病毒基因组复制和使转基因整合到染色体中。在第一种方法中，首先需要使进入靶细胞内的线性病毒基因组环化，其次使其复制受到细胞周期的调控，并且使复制后的病毒基因组得到分离。有人设计了表达 Cre 重组酶的腺病毒载体，而且在包括 EBNA–1 基因表达盒、oriP 序列和外源基因表达盒的 DNA 片段的两端引进了 loxP 位点，通过顺式或反式作用重组酶识别 loxP 位点并将位于其内部的 DNA 片段去除。剪切后的 DNA 片段能够环化，并与宿主细胞同步复制。Kreppel 等[14]利用 Flp–frt 系统产生环化的病毒基因组，然后依赖 oriP/EBNA–1 系统或者来源于人核纤层蛋白 B2 基因的复制起始位点控制 28 kb 的环化游离体复制。另外，有人利用逆转录病毒的包装信号和 LTR 构建了逆转录病毒/腺病毒嵌合载体，类似的还有泡沫病毒/腺病毒嵌合载体，它们可以使外源基因整合到细胞染色体中[15,16]。由于腺相关病毒（AAV）rep 蛋白也可以介导稳定整合，因此人们也构建了 Adv/AAV 嵌合载体，它可以使外源基因整合到人 19 号染色体 AAVS1 位点[17]。近来研究发现，含有真核转座元件的 HC–Ad 也可以介导外源基因整合到靶细胞基因组中[18]。但是染色体整合是随机的，可能影响位于整合位点附近基因的功能，此外，外源基因的表达水平也可能受到插入位点的影响。

四、动物腺病毒载体　人腺病毒载体在基因转移和基因治疗领域中应用广泛，但是它的主要缺点是诱导机体产生针对载体本身的免疫反应，特别是型特异性的中和抗体妨碍了腺病毒载体的二次应用。动物腺病毒的基因组结构与人腺病毒类似，它能够转染人的细胞却不能在人体细胞内复制，而且很少有人感染过，所以人群中不存在针对它们的免疫应答。Kremer 等[19]证明在 98% 健康人体内未检测到针对犬腺病毒载体（CAV–2）的抗体，E1 缺失的 CAV–2 可以感染 HT1080、HeLa、A172 等人细胞系，转导效率与人 Ad5 相似或者略高，小鼠鼻内注射 CAV–2 后，50% 以上的支气管细胞被转染。研究发现重组牛 3 型腺病毒载体（BAV–3）感染人体细胞后几乎检测不到病毒蛋白的表达，没有细胞毒性，另外与人腺病毒共转染后，没有发现反式激活现象，这说明以 BAV–3 为基础的载体安全性较好。但是 BAV–3 对人类的组织细胞转导效率很低，而使用人 Ad5 的纤维球域替换 BAV–3 的纤维球域后，转导效率提高了 3～67 倍[20]。此外，绵羊腺病毒载体（OAV）也可以进入人细胞，又不会被人血清中和，研究显示其携带的外源基因在小鼠体内的表达水平和持续时间与人腺病毒相似，但是二者的生物学分布不同，肝脏不是 OAV 的主要靶器官。将人因子插入绵羊腺病毒 7 型（OadV）E4 和 RH 转录单位之间，外源基因表达比较稳定，向小鼠体内静脉注射重组 OadV 后可以产生接近生理水平的Ⅸ因子[21]，这提示 OAV 可以作为基因治疗的良好载体，相信今后通过将 E1 区缺失，可以使其安全性得到改善。此外，人们还构建了以猪 3 型腺病毒（PAd3）、黑猩猩腺病毒、禽腺病毒（CELO）等为基础的载体，他们均显示了良好的应用前景。同时研究人员探索了动物腺病毒载体与人腺病毒载体联合免疫，发现如使用 HAd5 初次免疫小鼠，利用 BAd3 或 PAd3 加强免疫，可以延长外源基因在体内表达时间，提高免疫效果[22]。

目前腺病毒载体广泛应用于将外源基因转移到各种组织中。靶向腺病毒载体提高了基因转移的效率和安全性，同时降低免疫源性，而去除天然嗜性的腺病毒载体为构建靶向性腺病毒载体提供了基础。此外，利用其他病毒元件设计的腺病毒载体可以维持转基因在增殖细胞内长期表达，改善对新生肝细胞，表皮基底层细胞、造血组织细胞和肿瘤细胞等的治疗效果。条件复制型腺病毒载体对肿瘤具有高度选择性、高转染率及裂解肿瘤细胞等优点，其目前面临的问题是进一步提高特异性，减少副作用。动物腺病毒载体比人腺病毒载体具有更好的安全性和有效性，可以反复应用，利用他作为基因治疗的载体将有很大的前景。有人设想未来的腺病毒载体是一种完全删除病毒基因的非人类腺病毒载体，靶向目的器官，除了携带由组织特异性启动子控制的目的基因外，还含有可调控的免疫调节基因用来减轻免疫反应。的确，各种新型腺病毒载体的研制大大促进了这一领域的发展，相信随着腺病毒载体的不断完善，在基因治疗和基因转移领域会有更广阔的应用前景。

〔原载《中华实验和临床病毒学杂志》2005，19（2）：190－193〕

参 考 文 献

1　Renaut L，Colin M，Leite JP，et al. Abolition of hCAR－dependent cell tropism using fiber knobs of Adenovirus serotypes. Virology，2004，321：189－204

2　Mizugucbi H，Koizumi N，Hosono T，et al. CAR－or alphav integrinbinding ablated adenovirus vectors，but not fibermodified vectors containing RGD peptide，do not change the systemic gene transfer properties in mice. Gene Ther，2002 9：769－776

3　Koizumi N，Mizuguchi H，Sakurai F，et al. Reduction of natural adenovirus tropism to mouse liver by fiber－shaft exchange in combination with both CAR－and alphav integrin－binding ablation. J Virol，2003，77：13 062－13 072

4　Contreras JL，Wu H，Smyth CA，et al. Double genetic modification of adenovirus fiber with RGD polylysine motifs significantly enhances gene transfer to isolated human pancreatic islets. Transplantation，2003，76：252－261

5　Koizumi N，Mizuguchi H，Sakurai F，et al. Reduction of natural adenovirus tropism to mouse liver by fiber－shaft exchange in combination with both CAR－and alphav integrinbinding ablation. J Virol，2003，77：13062－13072

6　Haisma HJ，Grill J，Curiel DT，et al. Targeting of adenoviral vectors through a bispecific single－chain antibody. Cancer Gene Ther，2000，7：901－904

7　Ogawara K，Rots MG，Kok RJ，et ak. A novel strategy to modify adenovirus tropism and enhance transgene delivery to activated vascular endothelial cells in vitro and in vivo. Hum Gene Ther，2004，15：433－443

8　Fukuda K，Abei M，Ugai H，et al. E1A，E1B double－restricted adenovirus for oncolytic gene therapy of gallbladder cancer. Cancer Res，2003，63：4434－4440

9　Caseallo M，Capella G，Mazo A，et al. Ras－dependent oncolysis with an adenovirus VAI mutant. Cancer Res，2003，63：5544－5550

10　Nettelbeck DM，Rivera AA，Balague C，et al. Novel oncolytic adenoviruses targeted to melanoma：specific viral replication and cytolysis by expression of E1A mutants from the tyrosinase enhancer/promoter. Cancer Res，2002，62：4663－4670

11　Tsukuda K，Wiewrodt R，Molnar－Kimber K，et al. An E2F－responsive replication－selective adenovirus targeted to the defective cell cycle in cancer cells：potent antitumoral efficacy but no toxicity to normal cell. Cancer Res，2002，62：3438－3447

12　Huang TG，Savontaus MJ，Shinozaki K，et al. Telomerase－dependen toncolytic adenovius for cancer treatment. Gene Ther，2003，10：1241－1247

13　Post DE，Van Meir EG. A novel hypoxia－inducible factor（HIF）activated oncolytic adenovirus for cancer therapy. Oncogene，2003，22：2065－2072

14　Kreppel F，Kochanekl S. Long－Term transgene expression in proliferating cells mediated by episomally maintained high－capacity adenovirus vectors. J Virol，2004，78：9－22

15　Feng M，Jackson WH Jr，Goldman CK，et al. Stable in vivo gene transduction via anove adenoviral/retroviral chimeric vector. NatBiotechnol，1997，15：866－870

16　Picard－Maureau M，Kreppel F，Lindemann D，et al. Foamy virus－adenovirus hybrid vectors. Gene Ther，2004，11：722－728

17　Recchia A，Parks RJ，Lamartina S，Site－specific integration mediated by a hybrid adenovirus/adeno－associated virus vector. Proc Natl Acad

Sci U S A, 1999, 96: 2615 – 2620

18 Yant SR, Ehrhardt A, Mikkelsen JG, et al. Transposition from a gutless adeno – transposon vector stabilizes transgene expression *in vivo*. NatBiotechnol, 2002, 20: 999 – 1005

19 Kremer EJ, Boutin S, ChilloH M, et al. Canine adenovirus vectors:an alternative for adenovirus – mediated gene transfer. J Virol,2000,74:505 – 512

20 Wu Q, Tikoo SK. Altered tropism of recombinant bovine adenovirustype – expressing chimeric fi-

ber. Virus Res, 2004, 99: 9 – 15

21 Loser P, Hofmann C, Both GW, et al. Construction, rescue, and characterization of vectors derived from bovine adenovirus. J Virol, 2003, 77: 11941 – 11951

22 Moffatt S, Hays J, HogenEsch H, et al. Circumvention of vector – specific neutralizing antibody response by alternating use of human and non – human adenoviruses; implications in gene therapy. Virology, 2000, 272: 159 – 167

315.　BRLF1 – EBV 的一种立即早期基因的研究进展

中国疾病预防控制中心病毒病预防控制所

任 军 综述，　周 玲 曾 毅 审校

〔摘 要〕　BRLF1 是 EBV 的立即早期基因。作为一种反式激活因子，它可以调节 EBV 早期/晚期基因的表达，并且还可能参与裂解期病毒基因组的复制。它的表达与 EBV 潜伏周期向裂解周期的转换密切相关。BRLF1 的蛋白产物 Rta 包含 CTL 识别的表位，可能在病毒裂解周期的早期成为免疫系统的作用位点。对它研究还可能为某些 EBV 相关肿瘤的筛查和治疗提供线索。

〔关键词〕　Epstein – Barr 病毒；BRLF1；Rta；基因

Epstein – Barr 病毒（EBV）是疱疹病毒科 γ 亚科成员，是一种在人群中分布广泛的感染因子，在全世界 90% 以上人感染此病毒。EBV 可引起人类的传染性单核细胞增多症，还与 Burkitt's 淋巴瘤及鼻咽癌的发生密切相关。EBV 的基因组长约 172 kb，基因组的末端有多个长约 0.5 kb 的末端重复序列，可以使病毒基因组环化成环状游离体（episome），并以此形式持续存在于受感染细胞的细胞核内。EBV 有潜伏周期和裂解周期两种状态。EBV 进入细胞后，通常很快进入潜伏期，病毒基因组持续存在于细胞内。但病毒在受感染细胞的少数细胞中可以进入增殖期，并产生病毒颗粒。佛波酯、钙离子载体、丁酸盐、抗膜免疫球蛋白处理潜伏有 EBV 的 B 淋巴细胞，都可以诱导 EBV 由潜伏状态转换到裂解状态。BZLF1（BamHI 片段 Z 左向第一读码框）和 BRLF1（BamHI 片段 R 左向第一读码框）两个基因在病毒的潜伏周期转变为裂解周期的过程中起重要作用。1997 年 Samuel H. Speck 及 2003 年王海都曾经对 BZLFl 的研究做过综述。本文主要对 BRLF1 基因的表达调控及功能做一综述。

BRLF1 基因结构

BRLF1 和 BZLF1 在 EBV 的基因组中位于相邻的位置。由 Rp 和 Zp 启动，分别转录出

4.0 kb 和 1.0 kb 的 mRNA。4.0 kb 的 mRNA 进一步被剪接成 3.3 kb 或 0.8 kb 的 mRNA。BRLF1 基因不含有内含子，由 3.3 kb mRNA 翻译出 Rta 蛋白。BZLF1 的蛋白产物 Zta（Z，也被称为 EB1、ZEBRA）可以由 3 个重叠的 mRNA（1.0 kb，3.3 kb，4.0 kb）表达，分别由 Rp 和 Zp 启动子控制。1.0 kb 的 mRNA 翻译出完整的 Zta 蛋白。3.3 kb 的 mRNA 翻译出 Zta 蛋白和 Rta 蛋白。0.8 kb 的 mRNA 编码 BRLF1 和 BZLF1 的融合蛋白 RAZ[1]。见图 1[2]。

实验表明 BRLF1 的框移突变和删除突变可以减少双顺反子 Zp 下游基因的翻译，并且 BRLF1 的顺式位置对于拯救这种突变的影响是重要的[3]。第 86~125 bp 与 18S rRNA（1489~1524 碱基）部分互补，并且这段序列的突变能显著减少下游顺反子的翻译。推测 40S 核蛋白体可以与此段序列结合，Zta 蛋白翻译的起始会因此而增加效率[2]。

BRLF1 转录起始位点上游 300 bp 之内的启动子元件如图 2：

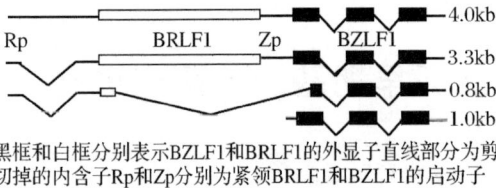

黑框和白框分别表示BZLF1和BRLF1的外显子直线部分为剪切掉的内含子Rp和Zp分别为紧领BRLF1和BZLF1的启动子

图 1　BRLF1 和 BZLF1 基因结构示意图

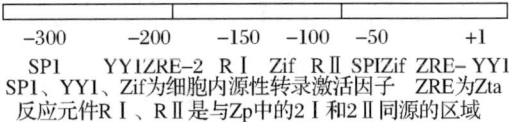

SP1、YY1、Zif为细胞内源性转录激活因子　ZRE为Zta反应元件RⅠ、RⅡ是与Zp中的ZⅠ和ZⅡ同源的区域

图 2　BRLF1 转录起始位上游 300bp 内的启动子元件

-279~-286 和 -45~-50 之间的 SP1 位点，与 Rta 的自激活作用密切相关[4]。-44~-39、-575~-379 两个区域可能也含有 SP1 结合位点。细胞的转录激活因子 SP1 能够很强地激活 Rp。实验证明，在上皮细胞中 Rp 可以组成性地被激活，而 B 细胞中则不能[5]。-197~-191 和 -37~-31 为 ZRE 位点。-153~-142 和 -80~-72 的 RⅠ、RⅡ 是与 Zp 中的 ZⅠ 和 ZⅡ 同源的区域。-131~-123 和 -49~40 为 Zif 位点。-214~-225 和 8~+5 为 YY1 位点[6]。-206~-227 之间可能存在与 YY1 相作用的负调控元件，这段序列的突变可以在 Hela 和 Raji 细胞中增加 Rp 所调控的报道基因的表达[7]。另外，在 -422~-398 处存在 ZEB 的结合位点[8]。

在淋巴瘤细胞系 DG75 和上皮细胞系 293 中，TPA 和钙离子通道对 Rp 的诱导激活作用很弱，并且 Rta 和 Zta 对 Rp 的激活具有协同效应。近端的 ZRE-1 位点在这种协同效应中起关键作用。而近端的 SP1 位点在缺少 Zta 的情况下似乎更重要[9]

BRLEl 基因表达产物的结构和功能

一、Rta 蛋白的功能结构域　Rta 蛋白由 605 个氨基酸组成，N 端的 232 个氨基酸为 DNA 结合区域。其中 N 端的 230 个氨基酸与二聚体形成有关。对于与 DNA 的结合，二聚体的形成是必需的。与转录激活相关的区域位于 C 末端，这段区域又可进一步划分成两个结构域：结构域 1，352~515 的富含脯氨酸区域；结构域 2，515~605 位的酸性区域。删除这两个结构域的任何一个都会使转录激活活性显著减弱。把 GAL4 的 DNA 结合序列与 Rta 的 416~519 位氨基酸融合表达，只显示出很弱的转录激活活性，而 CAL4-Rta（520~605）却表现出很强的活性。并且根据突变分析的结果推测，结构域 2 中可能包含具行协同作用的 3 个亚结构域[10]。说明结构域 2 可能在转录激活作用中更为重要。

二、对病毒编码基因的作用和 EBV 裂解周期 DNA 复制的影响

1. 基因表达产物对病毒基因的反式激活作用：Rta 是一种具有序列特异性的 DNA 结合蛋白[11]。它可以与 BMLF1 启动子 -400 ~ -356bp 的区域直接相互作用，促进 BMLF1 的表达[12]。此外，Rta 可以通过非直接结合的机制发挥其激活作用。在 EBV 阴性的淋巴瘤细胞系 DG75 中，单独表达 Rta 就可以启动 EBV 的 pol 启动子所控制基因的表达。在 pol 启动子中没有找到与已发现的 RRE（R response element）同源的序列，也没有检测到与原核表达的 Rta 结合的序列。并且 pol 启动子中 E2F 和 USF 结合位点的突变会减弱 Rta 激活作用。推测 Rta 是以一种由细胞蛋白介导的方式激活 pol 启动子[13]。在 Hela 细胞内，Rta 可以与 CBP 直接相互作用，并且这种相互作用对于 Rta 激活 EBV 早期基因 SM 是十分重要的[14]。在正常的人成纤维细胞中，以腺病毒载体表达 BRLF1，激活了 PI3 激酶信号途径。同时，PI3 抑制剂可以在 EBV 阳性的 D98/HE - R - 1 细胞中有效抑制 Rta 对 BMRF1 的诱导，但不能抑制 Rta 对 SM 基因的激活。这些结果提示，PI3 激酶途径在 Rta 的转录激活作用中具有启动子依赖性，并且 Rta 对下游基因的激活也是通过不同机制实现的[15]。

Rta 可能以某种上皮细胞特异的方式激活 EBV 由潜伏状态到裂解状态的转变。在潜伏有 EBV 的上皮细胞中，Rta 的表达就足够引起 EAD（D 型 EBV 早期抗原）的产生，也可以激活 BZLF1 和 BMRF1 的表达[16]。以重组痘苗病毒为载体分别在 EBV 阳性的类淋巴母细胞系（LCLs）及 Burkitt 淋巴瘤（BL）细胞中表达 BRLF1 和 BZLF1，观察早期蛋白 MSta 及 BALF2 编码的 p138 的表达情况，发现 BRLF1 在 LCLs 中起较为重要的作用，而 BZLF1 在 BL 细胞中显示出更为重要的作用[17]。

在 EBV 阳性的 B 淋巴细胞 HH514 - 16 细胞中，表达 Rta 可以激活 EBV 晚期基因的表达和病毒裂解周期 DNA 的复制，并且 Zta 可以有效地激活 Rp，Rta 也可以激活 Rp 和 Zp[18]。由于这种交叉的激活作用，难以单独观察到 Zta 和 Rta 对 EBV 早晚期基因表达和病毒 DNA 复制的影响。R. Feederle 等[19]通过建立 BZLF1 或 BRLF1 基因突变的 EBV 基因组，单独分析这两个基因的功能，发现它们在 EBV 早晚期基因表达和病毒 DNA 的复制过程中都是必需的，并可能分别执行各自独特的功能。

此外微阵列分析表明，在 Hela 和 TIK 细胞中以腺病毒为载体表达 BRLF1 可以诱导激活脂肪酸合成酶（FAS）基因的表达[20]。这可能会改变细胞膜的成分。

2. 基因表达产物与 OriLyt 作用：与裂解周期复制相关的原点为 OriLyt。OriLyt 区域内有可以与 Rta 作用的双歧启动子序列（一个约 1000 bp 的区域），右向调控 BHRF1 基因，左向调控 BHLF1 基因。Rta 在不包含其他 EBV 组分的细胞中就可以增强受此段序列调控的报道基因的表达[21]。在 Vero 细胞中的共转染实验表明，缺少 Zta 或 Rta 都会使 OriLyt 的复制效率降低[22]。这些实验结果表明，在 EBV 裂解周期的病毒基因组复制的过程中，Rta 也起着重要的作用。

三、与细胞内蛋白质分子的作用

Rta 可以与 CBP 直接地相互作用，增强激活的某些 EBV 早期基因启动子调控的报道基因的表达[14]。此外，Rta 可以增加 p38 激酶和 JNK 的活性，从而增加 ATF2 的磷酸化水平，这在 Rta 诱导 EBV 由潜伏状态向裂解状态转换过程中起关键作用[23]。交联的表面免疫球蛋白诱导激活 Akala 细胞 6 h 和 12 h 后，用免疫共沉淀法可以检测到 Rta 和 Rb 的相互作用，同时与 Rb 结合的 E2F1 被释放出来[24]。以腺病毒载体在正常的人成纤维细胞（NHF）表达 BRLF1 基因，可以减少 Rb 的水平和增加 E2F1 的水平，

并使细胞进入 S 期[25]。由此，Rta 可以通过多种途径对宿主细胞产生影响。

四、Rta 的 CTL 表位 Sandra Pepperl 等[26]用合成肽与 EBV 阳性个体的外周血淋巴细胞相作用，分析 Zta 蛋白的 CTL 表位，结果表明，Rta 蛋白至少有 8 个位点可以被 EBV 特异的 CTL 细胞识别，并且有 7 个相关的 HLA 型别已确定。以上的结果说明，在裂解周期中 Rta 可能是宿主免疫系统识别和作用的靶，在早期阻止子代病毒的产生。

BRLF1 与 EBV 相关肿瘤

体外及体内实验均表明，以腺病毒为载体表达 BRLF1 基因可以在 EBV 阳性的肿瘤细胞中诱导向裂解周期的转换；同时体外实验证明在加入药物 GCV 的情况下，可以有效地抑制 EBV 复制的同时使携带 EBV 的 Jijoye 肿瘤细胞死亡[27]。FENG WH 等[28]的实验也表明，以腺病毒载体表达 BRLF1 可以有效导致 EBV 阳性的 NPC - KT 和 AGS - EBV 细胞死亡，也可以有效抑制 C18 NPC 肿瘤细胞在裸鼠体内的生长。提示 BRLF1 可以成为一个治疗 EBV 相关肿瘤的研究方向。

用大肠埃希菌表达的 Rta 蛋白，通过 ELISA 方法检测到鼻咽癌（NPC）患者血清中具有 Rta 的 IgG 抗体，敏感性可达 82.3%，特异性达到 85.2%[29]。Yoshizaki 的研究表明，ELISA 法检测 Rta 和 Zta 的抗体可以用于 NPC 的筛查[30]。

小　　结

BRLF1 是 EBV 裂解周期的立即早期基因，与打断病毒的潜伏周期、诱导早/晚期基因的表达和基因组的复制密切相关。对他的研究有助于对基因表达调控和蛋白质相互作用的了解，尤其病毒与宿主细胞之间的关系在这一过程中的变化。这些都有利于揭开 EBV 的致病和免疫机制，为预防和治疗 EBV 的相关疾病提供基础。并且有研究数据表明，EBV 的裂解周期与某些恶性病变密切相关。对于 BRLF1 基因的研究可能对相关疾病的检测和治疗有所帮助。

〔原载《中国肿瘤》2005，14（6）：372 - 375〕

参 考 文 献

1　Furnari FB, Zacny V, QuinlivanEB, et al. RAZ, an Epstein - Barr virus transdominant repressor that modulates the viral reactivation mechanism. J Virol, 1994, 68：1827 - 1836

2　Chang PJ, Liu ST. Function of the intercistronic region of BRLF1BZLF1 bicistronic mRNA in translating the Zta protein of Epstein - Barr virus. J Virol, 2001. 75：1142 - 1151

3　Chang PJ, Chang YS, Liu ST. Role of Rta in the translation of bicistronic BZLF1 of Epstein - Barr virus. J Virol, 1998, 72：5128 - 5136

4　Ragoezy T, Miller G. Autostimulation of the Epstein - Barr virus BRLF1promoter is mediated through consensus Spl and Sp3 hinding sites. J Virol, 2001, 75：5240 - 5251

5　Zalani S, Holley - Guthrie E, Gutsch D, et al. The Epstein - Barr virus immediateeady promoter BRLF1 can be activated by the cellular Spl transcription factor. J Virol, 1992, 66：7282 - 7292

6　Zalani S, Holley - Guthrie E, Kenney S, The Zif268 cellular transcription factor activates expression of the Epstein - Barr virus immediate - early BRLF1 promoter. J Virol, 1995, 69：3816 - 3823

7　Zalani S, Coppage A, Holley - Guthrie E, et al. The cellular YY1 transcription factor binds a cis - acting, negatively regulating element in the Epstein - Barr virus BRLF1 promoter. J Virol, 1997, 71: 3268 - 3274

8　Kraus R, Perrigoue J, Mertz J. ZEB negatively regulates the lytic - switch BZLF1 gene promoter of Epstein - Barr virus. J Virol, 2003, 77: 199 - 207

9　Liu PF, Speck SH. Synergistic autoactivation of the Epstein - Barr virus immediate - early BRLF1 promoter by Rta and Zta. Virology, 2003, 310: 199 - 206

10　Hardwick JM, Tse L, Applegren N, et al. The Epstein - Barr virus R transactivator (Rta) contains a complex. potent activation domain with properties different from those of VP16. J Virol, 1992, 66: 5500 - 5508

11　Gruffat H , Sergeant A. Characterization of the DNA - binding site repertoire for the Epstein - Barr virus transcription factor R. Nucleic Acids Research, 1994, 22: 1172 - 1178

12　Gruffat H, Duran N, Buisson M, et al. Characterization of an R - binding site mediating the R - induced Activation of the Epstein - Barr virus BMLF1 promoter. J Virol, 1992, 66: 46 - 52

13　Liu C, Sista ND, pagano JS, Activation of the Epstein - Barr virus DNA polymerase promoter by the BRLF1 immediate - early protein is mediated through USF and E2F. J Virol, 1996, 70: 2545 - 2555

14　Swenson JJ, Holley - Guthrie E, Kenney S. Epstein - Barr virus immediate - early protein BRLF1 interaets with CBP, promoting enhanced BRLF1 transactivation. J Virol, 2001, 75: 6228 - 6234

15　Darr CD, Mauser A, Kenneye S. Epstein - Barr virus immediate - early protein BRLF1 induces the lytic form of viral replication through a mechanism involving phosphatidylinositol - 3 kinase activation. J Virol, 2001, 75: 6135 - 6142

16　Zalani S, Holley - Guthrie E, Kenney S. Epstein- Barr viral lateney is disrupted by the immediate - early BRLF1 protein through a cell - specific mechanism. Proc Natl Acad Sci USA, 1996. 93:

9194 - 9199

17　Bogedain C, Alliger P, Schwarzmann F, et al. Different activation of Epstein - Barr virus immediate - early and early genes in Burkitt lymphoma cells and lymphoblastoid cell lines. J Virol, 1994, 68: 1200 - 1203

18　Ragoezy T, Heston L, Miller G. The Epstein - Barr virus Rta protein activates lytic cyele genes and can disrupt latency in B lymphocytes. J Vinol, 1998. 72: 7978 - 7984

19　Feederle R, Kost M. Baumann M. et al. The Epstein - Barr virus lytic program is controlled by the co - operative functions of two transactivators. J EMBO, 2000, 19: 3080 - 3089

20　Li YL, Webster - Cyriaque J, Tomlinson CC, et al. Fatty acid synthase expression is induced by the Epstein - Barr virus immediate - early protein BRLF1 and is required for lytic viral gene expression. J Virol, 2004, 78: 4197 - 4206

21　Cox MA, Leaby J. Hardwick JM. An enhancer within the divergent promoter of Epstein - Barr virus responds synergically to the R and Z transactivators. J Virol, 1990, 64: 313 - 321

22　Fixman ED. Hayward GS. Hayward SD. Replication of Epstein - Barr virus oriLyt: lack of a dedicated virally encoded origin - binding protein and deptendence on Zta in cotransfection assays. J Virol, 1995, 69: 2998 - 3006

23　Adamson AL, Darr D, Holley Guthrie E, et al, Epstein - Barr virus immediate - early proteins BZLF1 and BRLF1 activate the ATF2 transcription factor by increasing the levels of phosphorylated p38 and C - Jun N - terminal kinases. J Virol, 2000, 74: 1224 - 1233

24　Zacny VL, Wilson J, Pagano JS. The Epstein - Barr virus immediate - early gene product, BRLF1, interacts with the retinoblastoma protein during the viral lytic cycle. J Virol, 1998, 72: 8043 - 8051

25　Swenson JJ, Mauser AE, Kaufmann WK, et al. The Epstein - Barr virus protein BRLF1 activates S phase entry through E2F1 induction. J Virol. 1999, 73: 6540 - 6550

26 Pepperl S, Benninger – Doring G, Modrow S. et al. Immediate – early transactivator Rta of Epstein – Barr virus (EBV) shows multiple epitopes recognized by EBV – specific cytotoxic T lymphocytes. J Virol, 1998, 72: 8644 – 8649

27 Westphal EM. Mauser A, Swenson J, et al. Induction of lytic Epstein – Barr virus (EBV) infection in EBV associated malignancies using adenovirus vectors in vitro and in vivol. Cancer Res, 1999, 59: 1485 – 1491

28 Feng WH, Westphal E, Mauser A, et al. Use of adenovirus vectors expressing Epstein – Barr virus (EBV) immediate – early protein BZLF1 or BRLF1 To treat EBV – positive tumors. J Virol, 2002, 76: 10951 – 10959

29 Deng P. Chan SH, Rachel Soo MY, et al. Antibody response to Epstein – Barr virus Rta protein in patients with nasopharyngeal carcinoma. Cancer, 2001, 92: 1872 – 1880

30 Yoshizaki T. Miwa H, Takeshita H, et al. Elevation of antibody against Epstein – Barr virus genes BRLF1 and BZLF1 in nasopharyngeal carcinoma. J Cancer Res Clin On col. 2000, 126 (2): 69 – 73

316.　HIV –1 *vif* 与机体内在抗病毒因子 APOBEC3G 的研究进展

北京工业大学生命科学与生物医学工程学院药理室

李　岚　杨怡姝 综述　李泽琳　曾　毅 审校

〔摘　要〕　近期研究表明，非允许性细胞中存在的载脂蛋白 B mRNA 编辑酶催化多肽样蛋白 3G（APOBEC3G）是机体内在的抗病毒因子，它在人免疫缺陷病毒（HIV）反转录过程中，使所形成的负链 cDNA 中的胞嘧啶脱氨，进而降低病毒的感染力。而 *vif* 蛋白可结合 APOBEC3G，并激活泛素—蛋白酶体途径，使之降解，拮抗 APOBEC3G 的抗病毒活性，且二者之间的相互作用还存在种属特异性。*vif* 与 APOBEC3G 间的相互作用，为抗 HIV 药物的研究提供了新靶点。

〔关键词〕　人免疫缺陷病毒；病毒感染性因子；APOBEC3G 脱氨酶；泛素—蛋白酶体降解途径

20 世纪 80 年代中期发现人免疫缺陷病毒（HIV）中存在 *vif* 基因，最初命名为 *sor*[1]，其产物为 23×10^3，后被重命名为病毒感染因子（Viral Infectivity Factor, *vif*）。反转录病毒科中所有的灵长类慢病毒及除马传染性贫血病毒之外的非灵长类慢病毒中都含有 *vif*。HIV –1 *vif* 在产生感染性毒粒的过程中起着关键的作用，可以使 HIV –1 毒粒的感染力增强 10 – 1000 倍。近年来随着对 *vif* 研究的深入，研究者发现机体内存在一种内在的抗病毒因子，而其抗病毒作用可以被 *vif* 拮抗。这些研究进一步推动了围绕 HIV –1 *vif* 所展开的相关研究。

APOBEC3G 的发现

早期研究表明[1]，HIV –1 缺失（HIV –1 Δ*vif*）毒株在原代人 T –细胞、巨噬细胞或某些转染 CD4$^+$T 细胞系中不能复制，这些细胞被称作非允许性细胞（nonpermissive cell）；而在其他的 T 细胞系（如 SupT1、CEM – SS）、非血细胞系（如 293T、HeLaCD4、COS7）中，则支持 HIV – 1 Δvif 毒株的复制，这些细胞被称作允许性细胞（permissive cell）。有意思的是，HIV – 1 Δvif 毒粒可以在允许性细胞中进行有效的复制，产生的 HIV – 1 Δvif 毒粒可以以单轮感染的方式感染非允许性细胞，合成原病毒 DNA。但是由非允许性细胞产生的 HIV – 1Δvif 毒粒，被不可逆地灭活，在随后的感染中完成反转录的能力显著受损，不能完成单轮复制。

研究显示由非允许性细胞产生的 HIV – 1 Δvif 毒粒在蛋白组成、RNA 组成或反转录酶活性等方面与由允许性细胞中得到的 HIV – 1 Δvif 毒粒不存在明显差别[2]，那么为什么前者能起始反转录，但不能完成原病毒的合成？对此研究者提出了两种假设：（1）允许性细胞可能含有一种细胞蛋白，其功能与 vif 相似，可以使 HIV – 1 的感染力上升；（2）非允许性细胞可能含有一种 HIV – 1 的抑制剂，该抑制剂可以被 vif 中和。

1998 年有 2 个独立的研究组对此作出了解答。他们采用体细胞融合实验，形成由允许性细胞和非允许性细胞融合的杂合细胞，后者的表型是非允许性的。研究表明非允许性表型是显性的，提示非允许性细胞含有一种内源性抗病毒因子，而该因子在允许性细胞中是缺失的。这些研究验证了第二种假设。

2002 年，Sheehy[3]等从非允许性细胞系 CEM 及与其密切相关的允许性细胞系 CEM – SS 的 cDNA 文库中进行差减分析，发现非允许性细胞中存在一种特异的细胞因子，并将其命名为 CEM15。后来证实 CEM15 就是载脂蛋白 B mRNA 编辑酶催化多肽样蛋白 3G（apolipoprotein B mRNA editing enzymecatalytic polypeptide – like 3G，APOBEC3G）——一种孢嘧啶脱氨酶。APOBEC3G 仅在非允许性细胞中表达；允许性细胞过表达 APOBEC3G，可变成非允许性细胞。这些研究提示 APOBEC3G 是决定非允许性细胞表型的必要和充分条件。

APOBEC3G 是机体内在的一种抗病毒因子

APOBEC3G 是一种核酸编辑酶——胞嘧啶脱氨酶家族的成员，其在正常细胞中的生理功能不详。人胞嘧啶脱氨酶 APOBEC 家族包括：APOBEC 1、AID：位于 12 号染色体上；APOBEC 2：位于 6 号染色体上；APOBEC3A ~ G：位于 22 号染色体上[4]。APOBEC 1 在小肠及一些哺乳动物细胞的肝脏中表达，特异地使载脂蛋白 B（apo B）mRNA 中的 C6666 脱氨变为 U6666。该突变使密码子由编码谷氨酰胺变成终止密码，使得翻译产物由 apo B 100 截短为 apo B 48。AID 在 B 淋巴细胞中表达，与免疫球蛋白基因的重排及体细胞超突变密切相关[4,5]。APOBEC3F 和 APOBEC3G 广泛地共表达于淋巴细胞和单核细胞中（非允许性细胞中），二者可以形成异二聚体。而且二者在反转录过程中可以诱导 HIV – 1 负链 cDNA 上广泛的 dC→dU 脱氨作用[6-8]。目前研究较深入的是 APOBEC3G。

研究显示[3] APOBEC3G 并不抑制 HIV – 1 毒粒的产生，但却可以显著地、特异地降低 HiV – 1 Δvif 的感染力。APOBEC3G 被包装到毒粒中，在反转录阶段，使病毒负链 cDNA 的 dC 脱氨变成 dU。

HIV – 1 Δvif 毒株感染的非允许性细胞，在病毒组装时，APOBEC3G 被包装到毒粒中[9-11]。当含有 APOBEC3G 的子代 Δvif 毒粒感染新的细胞后，反转录开始，毒粒中包装的 APOBEC3G 可以使新合成的负链 cDNA 中的胞嘧啶残基脱氨，形成尿嘧啶。含有尿嘧啶的

cDNA 可以活化细胞的尿嘧啶 DNA 糖苷酶（uracil – DNA – glycosylase，UNG）和无嘌呤 – 无嘧啶内切酶（apurinic – apyrimidinic endonucleases）。该过程可能会使原病毒的合成终止，导致反转录的失败，造成原病毒整合到宿主基因组的过程受阻。而且即使反转录过程以很低的效率完成了，但所产生的双链 cDNA 原病毒被整合到细胞基因组中，负链广泛的 C→U 转变，会导致正链 cDNA 广泛的 G→A 超突变。突变率增加，可能通过引入致死性终止突变使病毒丧失活性或通过改变氨基酸的组成影响病毒的适应度，从而使病毒的感染力下降。当野生型 HIV – 1 毒株感染非允许性细胞后，产生的 vif 蛋白与细胞内的 APOBEC3G 的结合，阻止了 APOBEC3G 的包装，从而使子代病毒负链上的胞嘧啶免遭脱氨作用，随后产生的 cDNA 也不被降解，病毒的感染力不受 APOBEC3G 的影响。即 APOBEC3G 是体内内在的一种抗病毒因子，而 vif 则可以拮抗其抗病毒活性。

vif 拮抗 APOBEC3G 的抗病毒活性

非允许性细胞产生的野生型 HIV – 1 及 HIV – 1Δvif 毒粒都可以包裹 APOBEC3G，但 APOBEC3G 被包装到 HIV – 1 Δvif 毒粒的效率高于野生型 HIV – 1 毒粒。与 Δvif 毒株相比，野生毒株包含的 APOBEC3G 量要低 100 倍，提示 HIV – 1 vif 可以特异地有效地将 APOBEC3G 排除在毒粒之外[12,13]。为了将 APOBEC3G 排除在毒粒之外，vif（1）可能掩盖了 APOBEC3G 上与组装中的毒粒相互作用的区域；（2）也可能诱导 APOBEC3G 的快速降解。实验显示[12 – 14]，培养的人或猴细胞共转染 HIV – 1 vif 及 APOBEC3G，可以使 AFOBEC3G 蛋白表达水平降低 3 ~ 10 倍；非允许性 T 细胞感染 HIV – 1 后，也可见到 APOBEC3G 水平的相应下降。不过 vif 并不影响 APOBEC3G mRNA 的水平，提示 vif 对 AFOBEC3G 水平的下调作用发生在转录后的水平。

vif 拮抗 APOBEC3G 的抗病毒活性主要是通过二者不可逆的结合及随后的快速降解。突变分析显示 vif 含有至少 2 个重要的功能域：一个是 N – 端，对于 vif 与 APOBEC3G 的结合很重要；另一个是 C – 端保守的 SLQ（Y/F）LAφφφφmotif（φ 代表疏水氨基酸），后者虽不是结合 APOBEC3G 所必需的，但却是以依赖蛋白酶体途径降解 APOBEC3G 所必需的。vif 诱导 APOBEC3G 降解的机制涉及 vif 与 elongin/cullin/细胞因子信号蛋白抑制剂（SOCS）box ECS E3 连接酶复合体的相互作用[15,16]。

vif 中保守的 SLQ（Y/F）LAφφφφmotif，与 SOCS 的 BC – box 区中的保守序列极为相似。BCbox 蛋白的功能是组装连接蛋白的平台，即将蛋白连接到含有 Elongins B 和 C（cullin 家族和 Rbx – 1 的成员）的多亚基 E3 泛素蛋白异肽连接酶上，作为快速降解的靶点。在这些降解通路中，一种 E1 活化酶将泛素传递至 E2 泛素偶联酶。随后，E2 泛素与 E3 连接酶的催化核心（由 cullin 和 Rbx – 1 组成）相连，共价地将泛素连到靶蛋白的赖氨酸侧链上。将多个泛素 moieties 转移到靶蛋白上会造成蛋白被多泛素化，之后被转至蛋白酶体被降解。Yu[17] 报道 vif 可以特异地结合 Elongins B、C 和 Cul – 5、Rbx – 1 及 APOBEC3G。与 vif 是一种 BC – box 蛋白这一假设一致的是，SLQ（Y/F）LAφφφφmotif 突变对 vif 与 APOBEC3G 的结合没有影响，但却消除了对 APOBEC3G 的降解作用[12,17]。此外，在 vif 中与 BC – box 一致位点的 SLQ – AAA 突变，造成了 Elongins B、C 和 Cul – 5 从复合体上脱离。更为有意义的是，Cul – 5 的显性负突变体，既不能被泛素样小分子修饰物 NeddB 修饰，也不能与 Rbx – 1 相连，从而阻止 APOBEOG 的降解，恢复其被包装到子代毒粒中，并发挥抗病毒活性[17]。

Kao[18]等人的研究表明，产毒细胞中有 *vif* 存在时，产生有感染性的 HIV – 1 不需要 APOBEC3G 完全耗竭。因此研究者推测 *vif* 除通过加强对 APOBEC3G 的泛素－蛋白酶体途径的降解外，*vif* 对抗 APOBEC3G 还存在其他机制。（1）*vif* 也许机械地使 APOBEC3G 滞留在病毒出芽的位点，从而将 APOBEC3G 排除在毒粒之外；（2）*vif* 也可能通过抑制 APOBEC3G mRNA 的翻译，从而减低细胞 APOBEC3G 的水平[14]；（3）*vif* 还可抑制 APOBEC3G 的胞嘧啶脱氨酶活性[18,19]。但是这些假说难于与蛋白酶体抑制剂可以阻止 *vif* 诱导的 APOBEC3G 下调；若恢复将其组装至毒粒中，则可发挥其抗病毒活性的现象一致。*vif* 是否可以通过多种机制协同起作用，更为有效地拮抗 APOBEC3G 的抗病毒活性，仍有待于进一步研究。

vif 对 APOBEC3G 的拮抗存在种属特异性

Mariani 等证明多种物种都存在 APOBEC3G，但 HIV – 1 *vif* 不能结合并中和其他种属的 APOBEC3G 同源物[20]，如鼠及非洲绿猴。SIVagm *vif* 可以结合并中和非洲绿猴的 APOBEC3G，但不结合、中和人 APOBEC3G。Matin[12] 的研究还观察到在非洲绿猴细胞及枭猴细胞中可以看到 HIV – 1 能中和人 APOBEC3G 的现象，提示 HIV – 1 *vif* 中和 APOBEC3G 所需的其他辅助因子在这些细胞环境中都能起作用。因此，HIV – 1 *vif* 不能结合并中和其他种属的 APOBEC3G 这一特异性，不是由辅助因子的种属差异所引起的。而是由于人与非洲绿猴的 APOBEC3G 存在一个关键的氨基酸位点差异 D128K[21-23]。对此位点的氨基酸进行突变，可以改变 *vif* 结合、中和 APOBEC3G 的特异性。提示单一一个氨基酸的区别可能就是控制种属特异性，限制灵长类慢病毒跨物种传播的关键所在。不过，每种慢病毒 *vif* 蛋白都已适应了其天然宿主中存在的 APOBEC3G。

结　语

细胞已经进化多种机制抵抗病毒的感染，同时病毒也进化了多种机制逃避机体的免疫。APOBEC3G 和 *vif* 就是细胞与病毒长期斗争的产物。APOBEC3G 的发现及其抗 HIV 机制的探讨，加深了人们对细胞内在抗病毒机制的了解。对 *vif* 拮抗 APOBEC3G 机制的了解可以促进新靶点及药物开发的研究。阻断 *vif* 与 APOBEC3G 的结合、干扰 *vif* 介导的 APOBEC3G 降解及增强 APOBEC3G 活性的药物，可以增大突变的频率，降低病毒的适合度。此外，*vif* 与 APOBEC3G 的直接或间接相互作用，为进一步探索宿主与病毒间复杂的相互关系提供了研究空间。

〔原载《国外医学病毒学分册》2005，12（5）：143－146〕

参 考 文 献

1 Strebel K, Daugherty D, Clouse K, et al. The HIV 'A' (sor) gene product is essential for virus infectiviry. Nature, 1987, 328: 728 – 730

2 Gaddis NC, Chertova E, Sheehy AM, et al. Comprehensive investigation of the molecular defect in *vif* – deficient human immunodeficiency virus type 1 virions. J Virol, 2003. 77: 5810 – 5820

3 Sheehy AM, Gaddis NC, Choi JD, et al. isola-

tion of a human gene that inhibits HIV – 1 infection and is suppressed by the viral *vif* protein. Nature, 2002, 418: 646 – 650

4 Jarmuz A, Chester A. Bayliss J, et al. An anthropoid – specific locus of orphan C to U RNA – editing enzymes on chromosome 22. Genomics. 2002, 79: 285 – 296

5 Imai K, Slupphaug G, Lee WI, et al. Human

uracil – DNA glycosylase deficiency associated with profoundly impaired immunoglobulin class – switch recombination. Nat Immunol, 2003, 4: 1023 – 1028

6　Liddament MT, Brown WL, Schumaeher AJ, et al. APOBEC3F properties and hypermutation preferences indicate activity against HIV – 1 in vivo. Curt Biol, 2004, 14 (15): 1385 – 1391

7　Wiegand HL, Doehle BP, Bogerd HP, et al. A second human antiretroviral factor, APOBEC3F, is suppressed by the HIV – 1 and HIV – 2 *vif* proteins. EMBO J, 2004, 23 (12): 2451 – 2458

8　Zheng YH, Irwin D, Kurosu T, et al. Human APOBEC3F is another host factor that blocks human immunodeficiency virus type 1 repication. J Virol 2004, 78 (11): 6073 – 6076

9　Dussart S, Douaisi M, Courcoul M, et al. APOBEC3G Ubiquitination by Nedd4 – 1 Favors its Packaging into HIV – 1 Particles. J Mol Bioh 2005, 345: 547 – 558

10　Douaisi M, Dussarr S, Courcoul M, et al. The tyrosine kinases Fyn and Hck favor the recruitment of tyrosine – phosphorylated APOBEC3G into *vif* – defective HIV – 1 particles. Biochemical and Biophysical Research Communications, 2005, 329: 917 – 924

11　Navarro F, Bollman B, Chen H, et al. Complementary function of the two catalytic domains of APOBEC3G. Virology, 2005, 333: 374 – 386

12　Marin M, Rose KM, Kcaak SL, et al. HIV – 1 *vif* protein binds the editing enzyme APOBEC3G and induces its degradation. Nat Med, 2003, 11: 1398 – 1403

13　Sheehy AM, Gaddis NC, Malim MH. The antiretroviral enzyme APOBEC3G is degraded by the proteasome in responae to HIV – 1*vif*. Nat Med, 2003, 9: 1404 – 1407

14　Kao S, Khan MA, Miyagi E, et al. The human immunodeficiency virus type 1 *vif* protein reduces intracellular expression and inhibits packaging of APOBEC3G (CEM15), a cellular inhibitor of virus infectivity. J Virol, 2003, 77: 11398 – 11407

15　Mehle A, Goncalves J, Santa – marts M, et al.

Phosphorylation of a novel SOCS – box regulates assembly of the HIV – 1 *vif* – Cul5 complex that promotes APOBEC3G degradation. Genes and development, 2004, 18: 2861 – 2866

16　Yu YK, Xiao ZX, Elana S, et al. Selctive assembly of HIV – 1 *vif* – Cul5 – ElonginB – ElonginC E3 ubiquitin ligase complex through a novel SOCS box and upstream cysteines. Genes and development, 2004, 18: 2867 – 2872

17　Yu X, Yu Y, Liu B, er al. Induction of APOBEC3G ubiquitination and degradation by an HIV – 1 *vif* – Cul5 – SCF complex. Science, 2003, 302: 1056 – 1060

18　Kao S, Miyegi E, Khan MA, et al. Production of infectious human immunodeficiency virus type 1 does not require depletion of APOBEC3G from virusproducing cells. Retrovirology, 2004, 1: 27 – 39

19　Goncalves J, Santa – maria M. HIV – 1 *vif* and APOBEC3G: Multiple roads to one goal. Retrovirology, 2004, 1 (1): 28

20　Lin B, Yu X, Luo K, et al. Influence of primate lentiviral *vif* and proteaaome inhibitors on human immunodeficiency virus type 1 virion packaging of APOBEC3G. J Virol, 2004: 78: 2072 – 2081

21　Xu H, Svarovskaia ES, Barr R, et al. A single amino acid substitution in human APOBEC3G antiretroviral enzyme confers resistance to HIV – 1 virion infectivity factor – induced depletion. Proc Natl Acad Sci U. S. A. , 2004, 101 (15): 5652 – 5657

22　Schrofelbauer B, Chen D, Landau N'R. A single amino acid of APOBEC3G controls its species – specific interaction with virion infectivity factor (*vif*). Proc Nad Acad Sci U. S. A. , 2004, 101 (11): 3927 – 3932

23　Bogerd HP, Doehl. e BP, Wiegand HL, et al. A single amino acid difference in the host APOBEC3G protein controls the primate species specificity of HIV type 1 virion infectivity factor. Proc Natl Acad Sci U. S. A. , 2004, 101 (11): 3770 – 3774

317. RNA 干扰在抗 HBV 感染中作用的研究进展

北京工业大学生命科学与生物工程学院病毒药理室

欧阳雁玲　李泽琳　曾　毅

乙型肝炎病毒（HBV）可引起慢性肝炎，慢性乙型肝炎（慢性乙肝）最终可能发展为肝硬化、肝癌[1,2]，所以慢性肝炎是严重危害人类健康的一种疾病。目前用干扰素或核苷类似物如拉米夫定、阿德福韦等治疗慢性乙肝，但疗效不理想，特异性差，易出现耐药性[3,4]。RNA 干扰（RNAi）是一种普遍存在的自然过程，双链 RNA 直接作用于同源基因特别序列使其沉默。这一过程非常保守，在真核生物中广泛存在[5,6]。哺乳动物细胞 mRNA 可被 RNAi 特异地降解，如 23、21 个核苷酸的双链 RNA[7,8]，从而特异地阻断相应基因的表达[9]。近几年来 RNAi 的研究取得了重大进展，因此被《Science》评为 2001 年十大科学成就之一。

由于 RNAi 是双链 RNA 启动的选择性基因沉默作用，相对于传统基因治疗对基因水平上的敲除，整个流程设计更简单且作用迅速，效果明显，为基因治疗开辟了新的途径。2003 年最引人关注的进展之一是对肝炎的 RNAi 研究。

RNAi 简介

1990 年，Napoli 等[10]在对紫色牵牛花的研究中，为加深花瓣的紫色，将 CHS 基因转入紫花中，结果花瓣的颜色不仅没有加深，而且失去原有的紫色成为白色或白紫相间，导入的基因未表达，而且植物本身某些合成色素的基因失活，表现出一种共抑制（co‐suppression）现象。

1992 年，Ramano 等[11]在粗糙脉孢菌（*mold Neurospora crassa*）中导入合成胡萝卜素的基因后，约30% 的被转化细胞中自身合成胡萝卜素的基因失活。1995 年 Guo 等[12]利用反义 RNA 技术特异性阻断美丽线虫（*caenorhaditis elegans*）中的 par‐I 基因时，发现无论是反义 RNA 还是作为对照的正义 RNA 都同样切断了 par‐I 基因的表达，这显然不能用反义 RNA 的作用模式加以解释。1998 年华盛顿卡耐基研究院的 Fire 等[13]和马萨诸塞大学医学院的 Mello 等[14]首次用 RNAi 解释了这一现象，他们发现 Guo 等的正义 RNA 抑制及过去利用反义 RNA 技术对基因抑制均是由于污染有微量双链 RNA 所引起的。随后人们发现 RNAi 存在于植物、真菌、线虫、昆虫、蛙类、鸟类、大鼠、小鼠、猴一直到人类的多种细胞几乎所有的真核生物中[15]。2000 年 2 月，Zemicka‐Goetz 等[16]发现，在哺乳动物小鼠的早期胚胎中 dsRNA 也能产生 RNAi。同年 Clemens 等[17]发现在体外培养细胞中也可产生 RNAi。

RNAi 作用机制过程如下：dsRNA 首先被降解为具有 5'‐单磷酸、长 21 ~ 23 bp 的小分子双链 RNA，这种 RNA 分子称为小干扰 RNA（small interfering RNA，siRNA）。dsRNA 转化为 siRNA 是由被称为 Dicer 的核酸酶催化的，它属于 RNaseⅢ家族。siRNA 形成之后，与一系列特异性蛋白结合形成 RNA 介导沉默复合物（RNA‐induced silencing complex，R ISC），此复合物通过碱基互补配对识别靶 mRNA 并使其降解，从而导致特定基因沉默[8,18,19]。研究表明，在生物体中 siRNA 具有相似的结构：长 21~23 bp 的双链 RNA，具 5' 单磷酸和 3' 羟基端多游离有 2~3 nt 的核苷酸。

RNAi 最大的特点就在于它的特异性。dsRNA 抑制编码同源 mRNA 的基因表达，却不影响无关序列的翻译[20]。而且这种抑制效应的发挥具有亚型及种属的特异性[21]。在体外的 RNAi 模型中也只有相对外显子的 dsRNA 有活性，而内含子则无作用，Celotto 等[22]随后体内实验证实外显子的 dsRNA 可降低对应的 mRNA 水平，但 RNAi 对 mRNA 的前体却很少或完全没有作用。RNAi 效应的另一个特征是它的高效性。Fire 等[13]早在 1998 年便发现少量的 dsRNA 就能够导致线虫大量的靶 mRNA 降解。RNA 在分子水平除具有特异性和高效性外还有快速、信号的扩散及效应的可持续性等特点。在调控 mRNA 表达的作用中，一方面使其得以成为研究细胞内特定基因功能的有效工具，另一方面也丰富了以封闭一定基因为目标的抗肿瘤、抗病毒的现有治疗手段。

RNAi 技术要点

研究表明抑制作用最强的是长 21 bp，3' 端有两个碱基突出的 siRNA。RNAi 技术要求 siRNA 反义链与靶基因序列之间严格的碱基配对，单个碱基错配就会大大降低沉默效应，siRNA 还可以造成与其具同源性的其他基因沉默，所以在 siRNA 设计中非常重要的问题是 RNA 的序列设计。设计 siRNA 序列应注意以下几点：（1）从靶基因转录起始密码子 AUG 开始向下游寻找 AA 双核苷酸序列，将此双核苷酸序列和其下游相邻的 19 个核苷酸作为 siRNA 序列设计模板。（2）每个基因选择 4~5 个 siRNA 序列，然后运用生物信息学方法进行比较，剔除与其他基因有同源性的序列，选出一个特异性最强的 siRNA[22]。（3）尽量不以 mRNA 的 5' 和 3' 端非翻译区及起始密码子附近序列作为设计 siRNA 的模板，因为这些区域有许多调节蛋白结合位点，调节蛋白会与 R ISC 竞争结合靶序列，降低 siRNA 的基因沉默效应[23]。

siRNA 的合成方法有多种：（1）化学合成法方便且不受碱基限制，是最早用于哺乳动物研究中的一种方法，但是合成耗时长，费用很高且容易降解。（2）体外转录合成，与化学合成法相比要经济得多，且此法合成的 siRNA 活性高，得到的 siRNA 可直接用于研究。另外长片段双链 RNA 经 RNA 酶Ⅲ降解也可制备 siRNA，但是上述方法有其自身的缺点，即只能产生短暂的效应。（3）质粒载体介导的细胞内表达 siRNA 法，通常通过带有 PolⅢ启动子的 siRNA 表达质粒载体，将长度为 21 nt 的靶向特定基因双链 siRNA 或者长度 45~50 nt 的发夹结构 RNA 转染到细胞中，发夹结构 RNA 在细胞内会自动被加工成 siRNA，从而引发"沉默"或表达抑制。与上述两种方法相比，siRNA 能够更长时间地抑制目的基因的表达，但其导入细胞的方法，要借助于物理方法和其他细胞转染手段，这种方法至今多限于体外细胞系研究。（4）病毒载体介导的细胞内表达 siRNA 法，此法可有效地导入细胞并在细胞内进行表达，该系统提供了高效一致的转染效率，并能快速选择基因沉默的细胞。（5）聚合酶链反应（PCR）制备的 siRNA 表达框在细胞中表达。

siRNA 导入细胞的方法有多种，不同的生物体可以选择不同的方法。简单生物，一般用物理方法（如电穿孔法）；较复杂生物可选用 dsRNA 微注射入生殖细胞或早期胚胎，还有浸泡法、工程菌喂养法、脂质体转染方法和磷酸钙沉淀法等，还有用静脉注射的方法将合成的

siRNA 引入动物体内进行基因功能的研究[24]。但这些方法所产生的抑制效应都是很短暂的，一般有效期只有一周左右。Hoep rich 等[25] 的 pRNA 可在 5' 或 3' 末端连接 siRNA，并将其引入细胞内，由于可解决内切酶的降解和细胞内错误折叠的两个难题，使 pRNA 成为一个运载治疗 RNA 的理想载体。

RNAi 抗 HBV 研究进展

RNAi 作为一种抵御病毒侵袭的机制一直未能引起人们的重视。直到前不久才发现 RNAi 在哺乳动物及哺乳动物细胞中存在作用，RNAi 现象的发现使人们一直难以解决的病毒性疾病的治疗与预防出现转机，尤其针对一些对人类健康严重危害的病毒，2003 年最引人关注的进展之一就是对肝炎的 RNAi 研究。

Shlomai 等[26] 首先进行了 RNAi 研究的体外实验。由载体 p^{super} 携带相应序列转染 Huh7 细胞，合成针对 HBV C 区（nt 2191~2209）及 X 区（nt 1649~1667）的含 19 个核苷酸的 dsRNA。实验结果为：Western Blot 检测表明在转染仅含 X 或 C 蛋白基因的表达载体 72 h 后，其相应蛋白表达均有明显下降。Northern 杂交分析表明，在加同样量的情况下，p^{super} 可以使所有病毒转录子下降 68%。尽管 p^{super} Core 可以使细胞中 C 抗原的表达量下降 63%，3.5 kb 转录子却只微弱下降 13%，但所对应靶序列在 p^{super} Core 上游的 p^{super} Core 2 却能使 C 抗原表达量下降 80%，3.5 kb 转录子下降 50%。

Hamasaki 等[27] 以体外人工合成的 siRNA，所对应的 mRNA 序列是 HBV C 区 21 个核苷酸，合成 siRNA。实验结果表明：实验组与对照组间 HBsAg 表达无差别，而 HBeAg 表达则分别下降了 4.6（Huh7）和 4.9 倍（Hep G_2），Northem 杂交则显示，HBV 2.4/2.1 kb mRNA 没有受到影响，而 3.5 kb mRNA 则明显下降。

McCaffrey 等[28] 通过表达 siRNA 的载体，在培养细胞水平和转染 HBV 质粒后免疫活性缺失的小鼠肝脏中成功抑制了 HBV 复制。体外实验分别于转染后第 3、6、8 天检测细胞培养液中的 HBsAg，除 HBVU6 No.1 外，其他各实验组 HBsAg 表达均下降。体内 HBVU6 No.2 在免疫正常小鼠和免疫缺陷小鼠中分别可使 HBV RNA 下降 77% 和 92%。RNAi 在免疫缺陷小鼠体内也能起作用，说明它的作用不是抗原依赖性的免疫反应。

Hilali 等[29] 用 21 bp siRNA 转染到 Hep G_2 2，2，15 细胞，结果 HBV RNA 明显下降，HBsAg 和 HBeAg 下降 80%。siRNA 小鼠模型实验表明，HBV 质粒和 siRNA 共同注射可使病毒转录，病毒抗原、病毒 DNA 在肝脏和血清中比对照组明显下降。他们的结果认为，siRNA 能有效地抑制 HBV 在体内的复制，所以 RNAi 是抑制 HBV 感染的新治疗方法。

唐霓等[30] 构建针对 HBV 核心区的 siRNA 表达载体 $P^{SIHBV/C}$，观察其对 HBV 复制和表达的影响，结果表明可明显抑制 HBsAg 和 HBeAg 的分泌，转染后第 2 天抑制率达到高峰，分别为 92% 和 85%，而随机序列的 siRNA 无此作用。免疫荧光染色结果也证实转染 24 h 后，随 $P^{SIHBV/C}$ 比例的升高，其对 HBV 抗原表达的抑制作用也随之增加，当 $P^{SIRNA/C}$ 与 $P^{HBV1.3}$ 比例为 1:20 时，$P^{SIHBV/C}$ 细胞内 HBsAg 和 HBcAg 表达的抑制作用最强。

哈佛大学 Lieberman 的研究小组通过尾静脉注射针对 Fas 的 siRNA 后[31]，小鼠肝细胞 Fas mRNA 和蛋白的表达显著下降，注射 10 d 后，Fas mRNA 水平仍保持在较低不变。取出经 Fas siRNA 处理过的小鼠肝细胞，与刀豆毒素 A 诱导的肝单核细胞共培养，或直接用 Fas 特异性抗体刺激，可抑制肝细胞凋亡。Fas siRNA 作用 2 d 后，注射刀豆毒素 A，与对照组比较血清转氨酶含量显著下降，注射刀豆毒素 A 前 1 周用 Fas siRNA 作用，可防止肝纤维化。由于 Fas 很少在肝细胞外的其他细胞高表达水平，对他的抑制对其他器官几乎没有副作用。

Chun 等[32]用 1.6 和 40 μg/ml siRNA 转染 HepAD38 细胞，实时定量 PCR 测定 HBV DNA 抑制率分别为 72% 和 98%，Western Blot 结果表明 HBV 核心蛋白合成减少。1.6 和 40 μg/ml siRNA 转染 HepAD79 细胞，如上实时定量 PCR 测定 HBV DNA 抑制率分别为 75% 和 89%，且 siRNA 没有细胞毒性，对细胞效应亦无抑制作用。

Liu 等[33]组建一个质粒 p^{UC18U6} 载体，表达 siRNA 在 2.2.15 细胞中，结果显示，与对照组比较，HBsAg 显著下降，下降率为 44%，提示 siRNA 可抑制 2.2.15 细胞中 HBV。

Le 等[34]用转基因小鼠肝细胞癌（HCC）模型，同时表达 C-myc 和 X 蛋白（HBX）。在细胞水平研究 siRNA 对 C-myc 和 HBX 的抑制结果表明，siRNA 有高度特异性且无交叉干扰。不同的 siRNA 都有抑制，且他们有累加效应。

Li 等[35]用靶向癌基因 cyclinE 编列区的 siRNA 处理 HCC 细胞系，结果使 90% 过表达的 cyclinE 基因得到抑制，并且用同样方法删除 cyclinE 基因可促进 HCC 细胞凋亡，阻碍细胞增生，siRNA 还可抑制裸鼠 HCC 肿瘤生长。

结　　语

虽然人们对 RNAi 的研究只有短短的几年时间，但进展却极为迅速。RNAi 抗病毒的实验结果使人们认识到 RNAi 抗病毒治疗的有效性，目前尚无人体细胞内 Dicer 形成 siRNA 分子达到抗病毒效应的报道。虽然 RNAi 用于抗 HBV 治疗有许多优点，但也有许多需要解决的问题，如何安全有效地将 siRNA 导入人体。随着 RNAi 的相关技术进一步简化与完善，在全面深入地了解 RNAi 对细胞及宿主机体影响的前提下，RNAi 将成为抗病毒感染治疗的有效方法。

〔原载《中华实验和临床病毒学杂志》2005，19（3）：297-299〕

参 考 文 献

1　Ganem D, Varmus HE. The molecular biology of the hepatitis B viruses. Annu RevBiochem, 1987, 56：651-693

2　Lee WM. Hepatitis B virus infection. N Engl J Med, 1997, 337：1733-1745

3　Dienstag JL. Durability of serologic response after lamivudine treatment of chronic hepatitisB. Hepatobgy, 2003, 37：748-755

4　Marcellin P, Chang TT, Lin SG, et al. Adefovir dipivoxil for the treatment of hepatitis B e antigen positive chronic hepatitisB. N Engl J Med, 2003, 348：808-816

5　McmanusMT, Sharp PA. Gene silencing in mammals by small interfering RNAs. Nat Rev Genet, 2002, 3：737-747

6　Hammond SM, Candy AA, Hannon GJ. Post-transcriptional gene silencing by double-stranded RNA. Nat Rev Genet, 2001, 2：110-119

7　Elbashir SM, LendeckelW, Tuschl T. RNA interference is mediated by 21- and 22-nucleotide RNAs. Genes Dev, 2001, 15：188-200

8　Zamore PD, Tuschl T, Sharp PA, et al. RNAi：double-stranded RNA directs the ATP-dependent cleavage of mRNA at 21 to 23 nucleotide intervals. Cell, 2000, 101：25-33

9　Brummelkamp TR, Bemards R, Agami R. A system for stable expression of short interfering RNAs in mammalian cells. Science, 2002,

296: 550 - 553

10 Napoli CD, Lemieux C, Jorgensen R. Introduction of a chalcone synthase gene into petunia results in reversible co – suppression of homo logous gene in trans. Plant Cell, 1990, 2: 279 – 289

11 Romano N, Macino G. Quelling: Transient inactivation of gene expression in neurospora crassa by transformation with homobgous sequences. MolMirobiol, 1992, 6: 3343 – 3353

12 Guo S, Kemphues KJ. Par – I, a gene required for establishing polarity in C elegans embryos. Cell, 1995, 81: 611 – 620

13 Fire A, Xu S, Montgometry MK, et al. Potent and specific genetic interference by double – stranded RNA in Caenorhabditis elegans. Nature, 1998, 391: 806 – 811

14 Tababa H, GrishokA, Mello CC. RNAi in C elegans: soaking in the genome sequence. Science, 1998, 282: 430 – 431

15 Shasp PA, Zamore PD. RNA interference. Science, 2000, 287: 2431 – 2433

16 Wianny F, Zemicka – goetz M. Specific interference with gene function by double – stranded RNA in early mouse development. Nature Cell Biology, 2000, 2: 70 – 75

17 Clemens JC, Worby CA, Simonson – leff N, et al. Use of doublestranded RNA interference in Drosophila cell lines to dissect signal transduction pathways. Proc Natl Acad Sci USA, 2000, 97: 6499 – 6503

18 Yang D, Lu H, Erickson JW. Evidence that processed small dsRNAs may mediate sequence – specific mRNA degradation during RNAi in Drosophila embryos. Curr Biol, 2000, 10: 1191 – 1200

19 Berenstein E, Candy AA, Hammond SM, et al. Role for a bidentate ribonuclease in the initiation step of RNA interference. Nature, 2001, 409: 363 – 366

20 Ngo H, Tschudi C, Gull K, et al. Double – stranded RNA induces mRNA degradation in Trypanosoma brucei. Proc Natl Acad Sci USA, 1998, 95: 14687 – 14692

21 Iric N, Sakai N, Ueyama T, et al. Subtype and species – specific knockdown of PKC using short interfering RNA. Biochem Biophys Res Commun, 2002, 298: 738 – 743

22 Celotto AM, Graveley BR. Exon – specific RNA i: A tool for dissecting the functional relevance of alternation splicing. RNA, 2002, 8: 718 – 724

23 Elbashir SM, Harborth J, Lendeckel W, et al. Duplexes of 21 – nucleotide RNAs mediate RNA interference in cultured mammalian cells. Nature, 2001, 411: 494 – 498

24 Lewis DL, Hagstrom JE, Loom is AG, et al. Efficient delivery of siRNA for inhibition of gene expression in postnatal mice. Nat Genet, 2002, 32: 107 – 108

25 Hoep rich S, Zhou Q, Cuo S, et al. Bacterlal Vimsphi29 pRNA as a hammerhead ribozyme escort to destry hepatitis B vires. Gene The rapy, 2003, 10: 1258 – 1267

26 Shlomai A, Shaul Y. inhibition of hepatitis B vires expression and replication by RNA interference. Hepatology, 2003, 37: 764 – 770

27 Hamasaki K, Nakan K, Maatsumo to K, et al. Short interfering RNA directed inhibition of hepatitis B vires replication. FEBS Lett, 2003, 543: 51 – 54

28 McCaffrey AP, Nakai H, Pandey K, et al. Inhibition of hepatitis B virus in mice by RNA interference. Nat Biotechnol, 2003, 21: 639 – 644

29 Hilia G, Mall Ketzinel – gilad, Ludmila, et al. Small interfering RNA inhibits Hepatitis B Virus Rep lication in mice. Molecular Therapy, 2003, 8: 769 – 776

30 唐霓, 黄爱龙, 张秉强, 等. 应用 RNA 干扰技术抑制乙型肝炎病毒抗原表达的实验研究. 中华医学杂志, 2003, 83: 1309 – 1312

31 Erwei S, Sang – kungy Lee, Wang Jei, et al. RNA interference targeting Fas protectsmice from fulminant hepatitis NatMed, 2003, 9 (3): 347 – 351

32 Chun XY, Erik De Clercq, Johan Neyts. Selective inhibition of hepatitis B vires replication by RNA interference. Bioche Biophys Res Commun, 2003, 309: 482 – 484

33 Lin J, Guo Y, Xue CF, et al. Effect of vector –

· 325 ·

expressed siRNA on HBV replication in hepato-blastoma cells. W J Castroenterol, 2004, 10: 1898 - 1901

34　Le H, Vijay Kuma. Specific inhibition of gene expression and transactivatin functions of hepatitis B

vires X protein and c - myc by small interfering RNAs. FEBS Letters, 2004, 560: 210 - 214

35　Li K, Lin SY, BmnicardiFC, et al. Use of RNA interference to target cyclin E overexpressing hepacellulay carcinoma. Cancer,2003,63:3593 - 3597

318.　病毒与肿瘤

中国疾病预防控制中心病毒病预防控制所　曾　毅
汕头大学医学院病理研究室　沈忠英
中国医学科学院基础医学研究所　李　昆

病毒可以通过不同机制诱发人恶性肿瘤,包括 DNA 病毒和 RNA 病毒。病毒可以直接作用于细胞基因,使其增生,最后发展成癌,另一是由于机体免疫系统受到抑制,病毒更易诱发细胞恶性变,形成癌症。后者例如艾滋病人由于 HIV 感染引起的免疫缺陷,很多病人易发生卡波西(Kaposi)肉瘤及淋巴瘤。另外一些病毒,如单纯疱疹病毒,曾被怀疑与生殖器官及肛门癌症有关,这是根据血清流行病学及部分灭活的单纯疱疹病毒能使鼠细胞转化而提出的。虽然这些病毒在感染时能使细胞发生突变,或细胞 DNA 扩增,但经过多年的研究,未能证实单纯疱疹病毒与人的肿瘤有关。另外有三类病毒:包括多瘤病毒组(BK, J. C, LPV)、腺病毒和痘类病毒(传染性湿疣病毒),不能在特定的肿瘤中经常发现,故未能肯定其与人肿瘤的关系。

表1　病毒与人肿瘤

病　毒	良性增生	恶性肿瘤
EBV	毛发样白斑	伯同特基淋巴瘤
	传染性单核细胞增多症	鼻咽癌
		免疫抑制者的淋巴瘤
HPV 36, 18, 31, 33, 95,	宫颈、阴户、阴茎	宫颈癌、食管癌
39, 45, 51, 52, 56, 58.59, 61	肛周、良性增生	阴户癌、阴茎癌、肛门和肛周癌
HPV5, 8, 14, 17, 20	皮斑及皮肤乳头状瘤	皮肤癌
HPV 6, 11	尖锐湿疣	阴户癌、阴茎癌
HTLV I		成年人 T 细胞白血病
HBV、HCV	肝脏细胞增生	肝细胞癌
HHV - 8		卡波西肉瘤

表2　我国与病毒有关的几种人肿瘤的构成

肿　瘤	全国病例数（%）	广西苍梧县病例数（%）
鼻咽癌	18 999 (2.81)	(23.0)
肝癌	100 533 (5.08)	(21.0)
宫颈癌	52 898 (7.56)	(7.0)
白血病	23 533 (3.77)	(5.0)
总计	196 023 (19.22)	(56.0)

　EB 病毒(EBV)、人乳头状瘤病毒(HPV)、人嗜 T 淋巴细胞病毒 I 型(HTLV - I),人类疱疹 8 型病毒(HHV8)及人乙型(HBV)和丙型(HCV)肝炎病毒,总是与某些特定的肿瘤有关(表1),病毒的潜伏期很长,

甚至达数十年，其中少数人发生恶性肿瘤，肿瘤的发生可能与其他化学、物理或遗传因素有关。总的看来约 15% 的恶性肿瘤与病毒有关，但在我国南方可能与病毒有关的恶性肿瘤高达 56%（表 2）。因此，研究肿瘤的病毒病因有十分重要的意义。本文就上述病毒与有关恶性肿瘤进行讨论。

现将各种肿瘤病毒与有关肿瘤分述如下。

一、EB 病毒与人肿瘤

（一）KB 病毒：1964 年英国 Epstein 和 Barr 等从非洲伯基特淋巴瘤建立了细胞株，发现其中有疱疹类病毒，后来命名为 Epstein – Barr 病毒（EBV）。

1. 形态与结构：EB 病毒属疱疹病毒科，是双链 DNA 病毒。病毒 DNA 基因组相对分子质量为 100×10^6。病毒 DNA 的重复序列有 TR，IR4，DNA 分为 5 段 U1 ~ U5。病毒直径为 120 ~ 200 mm。中央为核心，核壳由 162 个壳粒组成 20 面体。外有囊膜，病毒基因表达的蛋白有 EBNA1 – 6，LMP – 1，LMP – 2，VCA，EA，Z，R 等。EBV 基因组还转录 2 个小 RNA，称 EBERs，位于细胞核内。

2. EB 病毒在体外感染 B 淋巴细胞：在体外 EB 病毒的囊膜蛋白 gp340 与 B 淋巴细胞的 CR2 受体（CD21）结合而感染 B 细胞，能使细胞永生化；并建立成类淋巴母细胞株（LCLS）。一般来说，细胞株是多克隆的，是二倍体细胞。虽然是由 EB 病毒诱发永生，但不能在软琼脂中形成集落，也不能在裸鼠体内形成肿瘤。LCLS 表达一些正常的 B 细胞标记，包括 HLA1 和 HLA2 抗原，CD19，CD20 及表面免疫球蛋白，激活淋巴细胞的抗原（CD23，CD39 和 CDW70）、细胞表面粘连分子及 IL – 2 受体。特别有意义的是 CD23，是 45×10^3 的膜关联的糖蛋白，它很快地从转化细胞囊膜上游离出来，成为可溶性 CD23。可溶性 CD23 是 EB 病毒诱发的 LCLS 细胞的生长因子。

EB 病毒基因在病毒颗粒内是线形的，在感染的 B 淋巴细胞内是环形的，它是细胞染色体外的多拷贝游离环形体（每个细胞 5 ~ 500 个）。病毒基因的表达为潜伏感染型，包括潜伏膜蛋白（LMP1，LMP2），EB 病毒核抗原（EBNAS1 – 6）及末端蛋白基因产物。EBNA – 1 可能是为了维持病毒 DNA 的游离型，EBNA – 2 的功能是使细胞永生，将其转染到 EBV 阴性伯基特瘤（Burkitt）细胞株，使 CD23 表达增加。因此，它促进细胞的增殖。LMP1 与细胞的恶性转化有关，能使大鼠永生纤维细胞及人皮肤永生细胞恶性转化。

3. EB 病毒在体内的感染：EB 病毒主要是通过唾液传播，世界上大多数人都感染了 EB 病毒，一旦感染就终身带有病毒。在儿童期感染，多是没有症状的，在中国 3 ~ 5 岁的儿童，90% ~ 100% 已感染了 EB 病毒。在经济发达的国家，约 50% 的人感染了 EB 病毒会发生传染性单核细胞增多症，其特点为发热、淋巴腺病、咽炎、皮疹及脾大，持续 3 ~ 6 周，随后完全复原。原发感染时可测到 IgG/EBNA 抗体和 IgM/VCA 抗体，IgG/VCA、EBNA 抗体稳定地持续很多年。感染后有特异性细胞免疫。

原发感染后，EB 病毒在体内终身存在，病毒在咽部上皮细胞有低水平的复制，并不断释放病毒至口咽腔。同时有特异性的细胞毒性 T 淋巴细胞，他控制 EB 病毒转化的 B 淋巴细胞，这种特异性的细胞免疫是受 HLA1 所限制的。

（二）EB 病毒与鼻咽癌（NPC）

1. 我国正常人群和鼻咽癌病人的 EB 病毒：抗体包括：IgG、IgA/VCA 和 IgG，IgA/EA 抗体。EB 病毒感染的细胞有多种 EB 病毒特异性抗原，包括早期抗原（FA）、壳抗原（VCA）、膜抗原（MA）、核抗原（EBNA）、胸腺激酶（TK）、DNA 多聚酶、Zebra、病毒潜伏蛋白 1（LMP1）、病毒潜伏蛋白 2（LMP2）等。人感染了 EB 病毒后有相应的抗体。文献上多用免疫荧光法测定 EB 病毒各种抗体。我们于 1976 年建立了简易的方法——免疫酶法，应用此法检测正常人的 EB 病毒 IgG/VCA 和 EA 抗体，EB 病毒的 IgA/VCA 和 EA 抗体，儿童在 3～5 岁时已达 95%～100%，以后各年龄组持续维持很高的阳性率。IgG/EA 抗体阳性率在 3～5 岁时达高峰，阳性率为 37%，随后逐渐下降，在 20～29 岁时为 17%，50～59 岁时稍有上升。IgA/VCA 抗体阳性率在 3～5 岁时亦达高峰（20%），以后逐渐下降，30～39 岁后稍有上升，各年龄组人群的 IgA/EA 抗体的阳性率很低，这表示儿童在初次感染 EB 病毒时可能不产生 IgA/EA 抗体，或很少人产生 IgA/EA 抗体。在现场多年进行血清学普查发现，30 岁以上人群 IgA/VCA 抗体阳性率，一般在 5% 左右，IgA/VCA 抗体阴性者，IgA/EA 抗体也是阴性。在 IgA/VCA 抗体阳性者中 IgA/EA 抗体的阳性率为 4.4%，在全体 IgA/VCA 抗体阳性和阴性者中，IgA/EA 抗体的阳性率仅占 0.23%。

鼻咽癌病人的 IgG/VCA 抗体几何平均滴度高于正常人，但抗体水平高低不一，有的甚至低于一些正常人，因此，测定 IgG/VCA 抗体没有诊断价值。我们应用免疫荧光法检测鼻咽癌病人血清中的 IgG/EA、IgA/VCA 和 IgA/EA 抗体，头颈部其他恶性肿瘤、其他部位恶性肿瘤和正常人的血清作对照。鼻咽癌病人的 EB 病毒 IgG/VCA 和 IgA/VCA 抗体的阳性率都很高，分别为 96% 和 81.5%，而其他三组这两种抗体的阳性率都在 6% 以下。仅 50% 病人可以测出 IgA/EA 抗体，而其他组 IgA/EA 抗体均为阴性，这些结果表明鼻咽癌病人的 IgC/EA 和 IgA/VCA 抗体阳性率很高，可用以鼻咽癌的诊断，但进一步研究表明正常人的 IgC/EA 抗体阳性率较高，在鼻咽癌诊断中不如 IgA/VCA 特异[1~3]。

Desgrange 等报道应用免疫荧光法发现 54% 鼻咽癌病人唾液中有 IgA/VCA 抗体。我们应用免疫酶法和免疫放射自显影法检测鼻咽癌病人唾液中的 IgA/VCA 抗体[4]，其阳性率为 71.1% 和 85.7%。应用免疫酶法测定 IgA/VCA 抗体阳性和阴性人群唾液中的 IgA/VCA 抗体，阳性率为 32% 和 0。远较血清中的阳性率低。故不能应用唾液检测 IgA/VCA 抗体于鼻咽癌的诊断。正常人和鼻咽癌病人唾液中的 IgA/MA 抗体阳性率分为 12%～19% 和 49%，不能应用于诊断。

2. 鼻咽癌的血清学诊断和预后：在我国从 1976 年起应用免疫酶法检测鼻咽癌患者血清中的 EB 病毒 IgA/VCA、EA 抗体。鼻咽癌病人、其他头颈部肿瘤病人和正常人的 IgA/VCA 抗体阳性率分别为 92.6%、5.7% 和 6%，抗体几何平均滴度分别为 1：35.7～1：78.5、1：1.25～1：2.7、1：1.25～1：5.4。在全国各地，特别是在鼻咽癌高发区所得的结果相似。鼻咽癌病人的 IgA/VCA 抗体和几何滴度显著高于其他各组。

因此，测定 IgA/VCA 抗体对鼻咽癌的诊断是很有意义的，特别是对早期鼻咽癌或鼻咽部没有明显的肿瘤，而肿瘤已向黏膜下发展，或早期转移到颈部淋巴结的诊断更有意义。

关于鼻咽癌病人 IgA/VCA 抗体阳性率和几何平均滴度与临床分期的关系，我们对中国各地鼻咽癌病人的 IgA/VCA 抗体测定的结果表明，各地病人的抗体阳性率无明显的差别，Ⅰ、Ⅱ、Ⅲ和Ⅳ期鼻咽癌病人的 IgA/VCA 抗体阳性率分为 93.6%，88.0%，80.1% 和 92.4%。但李万钧等[5]报道鼻咽癌病人血清 IgA/VCA 抗体水平随鼻咽部病情从Ⅰ～Ⅳ期的发展和淋巴结转移灶（N$_{0~3}$）的发展而不断地提高，临床Ⅳ期和颈淋巴结 N$_3$ 病例分别较Ⅰ期和Ⅳ期的抗体几何平均滴度高 3～4 倍。IgA/VCA 抗体水平主要与淋巴结转移灶的大小有关，而与鼻咽部肿瘤原发灶的大小无关。鼻咽部其他肿瘤、其他疾病、颈部其他转移肿瘤病人和正常人的 IgA/VCA 抗体阳性率都很低，在 6% 以下。放射治疗后，EB 病毒 IgA/VCA、

EA 抗体逐渐下降，当肿瘤复发，或远处转移时，抗体又上升。因此，测定血清中 IgA/VCA 抗体对鼻咽癌的诊断和预后都是很有意义的。

虽然其他肿瘤病人和正常人血清中的 IgA/EA 抗体阴性，但不能单独应用测定 IgA/EA 抗体的方法于鼻咽癌诊断，因应用免疫荧光法检测鼻咽癌病人的 IgA/EA 抗体阳性率仅 50%，应用免疫酶法检测阳性率虽可提高，但仍仅达 60%～70%。血清学普查时，从 IgA/VCA 抗体阳性者中可查出 1.9% 鼻咽癌，而 IgA/EA 抗体阳性者中鼻咽癌检出率为 30%，其差异 15.8 倍。这表明 IgA/EA 抗体对鼻咽癌较为特异，但没有 IgA/VCA 抗体敏感，因此需要改进测定 IgA/EA 抗体的方法。IgA/VCA 抗体检测可用于普查，IgA/VCA 和 IgA/EA 二者都阳性更有利于诊断。

我们还建立了检测 IgA/EA 抗体的蛋白印迹法。应用 P54 和 P138 蛋白，发现鼻咽癌病人的血清仅 70% 对 P54 抗原有反应，60% 对 P138 抗原有反应，而将两种抗原同时检测鼻咽癌病人的血清时，95% 有反应。表示 EA 抗原是一组抗原复合体，用于诊断时不能只使用一种抗原，至少应有两种以上（P138，P54）。我们将表达这两种抗原的基因重组在一起，再用此表达在一起的两种抗原蛋白印迹法检测鼻咽癌病人的 IgA/EA 抗体，其结果与上述二种分开的抗原所获得结果一致。

3. 鼻咽癌的血清学普查和前瞻性现场研究：我们应用免疫酶法检测到医院来就诊的鼻咽癌病人，获得满意的结果，但来医院的病人 70%～80% 都是晚期病人，为了提高鼻咽癌的早期诊断率，我们到高发区农村去检查。由于在鼻咽癌高发区苍梧县和梧州市进行血清学普查，使早期诊断率显著提高，分别从 18.6% 提高到 61% 和 31.5% 提高到 88.8%。表明血清学普查可大大提高病人的早期诊断率，但血清学普查出现的 IgA/VCA 和 IgA/EA 抗体阳性，是否可以作为预测鼻咽癌的指标呢？EB 病毒 IgA 抗体的存在与鼻咽癌的发生有什么关系呢？为此，我们进行了 10 年追踪观察。

在梧州市从 40 岁以上 20 726 人群中查出 1136 人的 IgA/VCA 抗体阳性。对阳性者进行临床和组织病理学检查（表 3），发现 18 例鼻咽癌，其中 16 例为早期，早期诊断率达 88.8%，每年进行一次血清学临床及组织学检查，共追踪 10 年，又发现 29 例鼻咽癌，25 例为早期，早期诊断率为 86.2%。理论上一年查一次，应该都能发现在早期，但由于有的病人不在，或病人不愿检查，这样就会失去早期查出的机会。普查和追踪共查出病人 47 例，其中早期 41 例，占 87.2%。相反的同时期在门诊查出的鼻咽癌病人 3374 例，其中 I 期仅占 0.8%，II 期仅占 25%，共 25.8%，显著低于普查和追踪观察查出的早期病人的百分数（87.2%）。在追踪查出的 29 例病人中 23 例在 5 年内查出，占 79.3%，从第 6～10 年查出 6 例，占 21.7%。29 例中有 14 例（48.2%），在确诊时其 IgA/VCA 抗体比普查时高 4 倍。其余的在确诊时，抗体略有变动或仅有 2 倍的波动。

表3　梧州市鼻咽癌血清学普查和 10 年追踪

| | 临 床 期 | | | | 总数 | 早期诊断率（%） |
	I	II	III	IV		
普查（%）	10（55.5）	6（33.3）	2（11.2）	0	18（100）	（88.8）
10 年追踪（%）	5（17.2）	20（69.0）	4（13.8）	0	29（100）	（86.2）
普查＋追踪（%）	15（31.9）	26（55.3）	6（12.8）	0	47（100）	（87.2）
门诊病人（%）	27（0.8）	846（25）	2 043（60.6）	458（13.6）	3 374（100）	（25.8）

有 6 例 IgA/VCA 抗体阳性者由于不愿检查或外出没有进行追踪观察，在普查后 3～6 年

来门诊检查都属于晚期（Ⅲ～Ⅵ期）。另外有 4 例普查时抗体阴性，在 4～7 年后出现鼻咽癌，3 例为晚期，1 例为Ⅱ期，其中 3 例的 IgA/VCA 抗体为 1:20～160。

综上所述，从 20 726 人群进行 EB 病毒 IgA/VCA 抗体普查和追踪观察，共查出 57 例鼻咽癌，鼻咽癌的检出率为 275/10 万，平均年发病率为 27.5/10 万。在抗体阳性 1136 人中，查出 53 例鼻咽癌（93%），年发病率为 466.5/10 万，而在抗体阴性组中仅 4 例，检出率为 20/10 万，年发病率为 2/10 万。前者较后者高 223 倍，表明 IgA/VCA 抗体阳性组中的鼻咽癌检出率显著高于抗体阴性组（表4）[6,7]。梧州市的抗体阳性者在第 11～13 年发现 3 例，在 19 年又发现 1 例鼻咽癌病人。

表4 10 年追踪人群的鼻咽癌检出率和发病率

人 数	总人数	IgA/VCA 阳性	IgA/VCA 阴性
	20 726	1136	19 590
NPC 数	57	53（93%）	4（7%）
10 年总检出率（/10 万）	275	4665.5	20.4
年发病率（/10 万）	27.5	466.5	2

对发现的鼻咽癌病人进行放射治疗，10 年随访的结果，血清普查组的 5 年生存率为 68.69%，非普查的门诊病人为 54.8%。全市鼻咽癌病人的平均 5 年生存率为 54.65%。按卫生部 2000 年肿瘤防治纲要要求鼻咽癌病的 5 年生存率达 30%，即梧州市已提前并超额完成。血清普查组的 10 年生存率为 50.83%，非普查组 32%，全市平均为 39.27%。普查组病人的 5 年和 10 年生存率显著高于非普查组。

对梧州市 IgA/VCA 抗体阳性者在第 11～14 年间发现 3 例，第 19 年又发现 1 例鼻咽癌病人，鼻咽癌病人总数达 61 例。

在苍梧县也进行了鼻咽癌的血清学普查和追踪观察[8]，对普查出抗体阳性者追踪观察了 10 年（表5）。血清学普查时鼻咽癌病人的早期诊断为 66.7%。10 年追踪观察早期诊断率为 80.1%，都显著高于来自门诊的鼻咽癌病人的早期诊断率（18.6%，表5）。很有意义的是 IgA/VCA 抗体可以持续存在达 10 年以上，但当 IgA/VCA 抗体上升，特别是出现 IgA/EA 抗体并抗体滴度上升时，容易检测到鼻咽癌（表6）。EB 病毒 IgA/VCA 抗体的存在或滴度上升与鼻咽癌的出现关系密切，经 10 年的追踪观察，抗体消

表5 苍梧县鼻咽癌血清学普查和 10 年追踪

	临 床 期				总数	早期诊断率（%）
	Ⅰ	Ⅱ	Ⅲ	Ⅳ		
普查（%）	5（33.3）	5（33.3）	3（20）	2（13.3）	15（100）	（66.7）
10 年追踪（%）	5（23.8）	12（57.1）	4（19.1）	0	21（100）	（80.1）
门诊人数（%）	0（0）	11（18.6）	24（40.7）	24（40.7）	59（100）	（18.6）

表6 苍梧县 EBV 抗体阳性者追踪的结果

姓名	性别	年龄	抗体	1 年	2 年	3 年	4 年	5 年	6 年	7 年	临床期	鼻咽癌发现（年）
潘	男	60	VCA	20	20	20	20	40	80		Ⅰ	6
			EA				-	10	20			
林	女	40	VCA	20	20	20	10	160	160		Ⅰ	6
			EA				-	20	20			
李	女	52	VCA	20	20		20	40	40	80	Ⅰ	7
			EA				10	40	40	40		
潘	女	50	VCA	20	20	10	10	10	10	10	Ⅱ	7
			EA				-	10	10	20		
吴	男	48	VCA	20	20	20	20	80	160	160	Ⅱ	7
			EA	10	10	20	20					

失、抗体在阴性与低水平波动、不改变、4 倍上升或 4 倍下降的百分数分别为 32.7%、7.3%、39.4%、7.1% 和 13.6%。而鼻咽癌只是从抗体滴度不变或特别是从 4 倍上升者中出现。当抗体 4 倍下降或转阴时没有鼻咽癌发生（表 7）。至于 IgA/VCA 抗体阴性者后来出现抗体阳性情况如何呢？会不会影响只对抗体阳性者进行追踪观察呢？抗体阴性者经 10 年追踪观察，仅有 4.1% 阳转。由于抗体阳转者很少，而且 93% 病人是从抗体阳性组中出现，因此，不会影响只对抗体阳性者进行追踪观察的结果。

表 7　EBV 抗体变动与鼻咽癌的检出率

10 年追踪人数	阴转	阴性和低滴度波动	不变	4 倍上升	4 倍下降
931 (100%)	304 (32.7%)	67 (7.3%)	367 (39.4%)	66 (7.1%)	127 (13.6%)
NPC 数	0	0	6	15	0
NPC 检出率		(1.6%)		(22.7%)	

综上所述，EB 病毒 IgA/VCA 和 IgA/EA 抗体对鼻咽癌的早期诊断很有意义，93% 的鼻咽癌病人出现在 IgA/VCA 抗体阳性人群，特别是当 IgA/VCA 抗体上升和 IgA/EA 抗体出现时，鼻咽癌容易出现。血清学普查和追踪观察大大改变了早期诊断率，使其从 20%~30% 提高到 80%~90%。因此，提高了鼻咽癌的 5~10 年生存率，挽救了很多病人的生命。根据 EB 病毒 IgA/VCA 和 IgA/EA 的抗体种类和滴度可以在 5~13 年前预测鼻咽癌发生的可能性。同时，这些资料也充分证明 EB 病毒在鼻咽癌发生中起重要作用。在鼻咽癌低发区，开展宣传教育，提高群众对鼻咽癌的认识，只要有可疑症状，就来进行血清学检测，也可以使鼻咽癌早期诊断率提高到 74%。

4. 正常人和鼻咽癌病人的 EB 病毒其他抗体谱：除了上述介绍的 EB 病毒 IgG/VGA 和 EA 抗体外，我们继续研究正常人和鼻咽癌病人的 EB 病毒其他抗体，看是否对鼻咽癌的早期诊断有意义。检测了 EB 病毒 IgG 和 IgA 的 MA、EBNA-1、EBNA-2、EBNA-5、TK DNase 和 zebra 抗体。

IgG/MA 和 IgA/MA 抗体[9,10]。应用免疫荧光法检测正常人的 IgG/MA 和 IgA/MA 抗体阳性率分别为 90% 和 0。而鼻咽癌病人的这两种抗体的阳性率分别为 100% 和 60%~91%。在血清学普查时也发现 3 例 IgA/MA 抗体阳性者与 IgA/EA 抗体阳性者一样，都被发现为早期鼻咽癌，这表示 IgG/MA 对鼻咽癌没有诊断意义，而 IgA/MA 则具有诊断意义。

IgG/EBNA-1 和 IgA/EBNA-1 抗体。应用免疫酶法检测正常人的 IgG/EBNA-1 和 IgA/EBNA-1 抗体阳性率分别为 92% 和 5.3%。而鼻咽癌病人的这两种抗体的阳性率分别为 100% 和 78%。正常人和鼻咽癌病人的 IgG/EBNA-1 抗体阳性率差别不是十分显著，没有诊断价值，而两者 IgA/EBNA-1 抗抗体则相差显著，有诊断意义。

此外，我们还检测了 EB 病毒 EBNA-5，LMP1，Zebra 和 TK 抗体[11~13]。现将正常人和鼻咽癌病人的各种 EB 病毒抗体列于表 8。

表 8　比较鼻咽癌病人和正常人的各种 EBV 抗体阳性率（%）

	NPC		正常人	
	IgC	IgA	IgG	IgA
YCA	100	90~95	100	1~6
EA	90	70~95	10~30	0<1
MA	100	60~91	90~100	0<1
EBNA-1	100	78	92	5
Zebra	84~95	0	0~3	0
EBNA-5	87	0	67	0
LMP1		0		0
TK		85		0

5. EB 病毒 IgA/VCA 抗体与鼻咽黏膜改变和鼻咽癌发生的关系：鼻咽癌病人、鼻咽部黏膜非典型增生和非典型化生者的 IgA/VCA 抗体几何平均滴度显著高于鼻咽癌黏膜正常、单纯增生或单纯化生者。对这两组进行 3 年追踪观察，发现前者的鼻咽癌检出率为 29%，后者为 3%，两组的差异十分显著[14]。这表明 EB 病毒 IgA/VCA 抗体滴度的高低与鼻咽部黏膜的改变及鼻咽癌的发生有关，进一步表明 EB 病毒与鼻咽癌的发生有关。

6. 鼻咽癌和鼻咽部的 EB 病毒标记：从鼻咽部可以检测到 EB 病毒 DNA 及 EBNA – 1 和 LMP 抗原。但在鼻咽癌病人和正常人鼻咽部的正常上皮细胞都可以发现 EB 病毒 DNA，EB-NA – 1 抗原，而且 EB 病毒 DNA 的存在与 IgA/VCA 抗体无十分密切的关系。曾毅等（1980）对鼻咽部黏膜 EB 病毒 DNA 阳性者进行临床和组织病理学的追踪观察，未发现其与鼻咽癌发生的关系。因此，检测鼻咽部 EB 病毒 DNA 或抗原不能作为诊断鼻咽癌的标记[15,16]。

我们于 1976 年首次建立了鼻咽癌高分化细胞株（CNE – 1），未发现有 EB 病毒 DNA 和抗原[17]。1980 年首次建立低分化鼻咽癌细胞株（CNE – 2）[18]，在早代细胞带有 EB 病毒，但传代后未能测出 EB 病毒 DNA。1987 年又建立了能在裸鼠传代的低分化鼻咽癌株，并成功地建立了体外培养的细胞株（CNF – 3）[19,20]。此癌细胞来源于肝转移鼻咽癌。应用 PCR 扩增技术和原位杂交法发现 CNE – 1，CNE – 2，CNE – 3 及香港的高分化鼻咽癌株（HK – 1）都有 EB 病毒 DNA 存在，国际上公认高分化鼻咽癌与 EB 病毒无关，在 CNE – 1 及 CNE – 2 无 EB 病毒存在，但最近这一新发现有重要意义，表明高分化癌也与 EB 病毒有关。可能由于癌高分化，而抑制 EB 病毒 DNA 的扩增及抗原表达，故不易测到病人的 EB 病毒 IgA 抗体。很有兴趣的是在体外培养的上述细胞株，甚至用 PCR 也不总是能查到 EB 病毒 DNA，但移植上述细胞株于裸鼠后，就较容易查到 EB 病毒 DNA[21,22]，可能是在没有 T 细胞的机体内，或细胞免疫能力很低时，病毒 DNA 在肿瘤细胞内容易扩增。

鼻咽癌的癌基因和抗癌基因。从 CEN – 1，CNE – 2 细胞中可以发现 5 ~ 8 种癌基因的过度表达。鼻咽癌活检组织中的 Rb 基因可以正常，或部分丢失[23]。35% 鼻咽癌组织中有突变型的 p53 蛋白存在，表示 p53 有突变，但 p53 核酸序列分析未发现有很多突变[24,25]，因此，对 p53 在鼻咽癌的作用机制尚待阐明。转染突变型 p53 抗癌基因于 CNE – 3 细胞，能显著地促进 CEN – 3 癌细胞的生长[26]，相反的，转染野生型 p53 于 CEN – 3 癌细胞，则显著地抑制 CNE – 3 癌细胞的生长。这表明 p53 与鼻咽癌的发生和发展有关。

7. 特异性细胞免疫：鼻咽癌细胞膜上及跨膜有 EB 病毒的 LMP1 和 LMP2 抗原。已知 LMP 抗原与细胞免疫有关。我们发现正常人的 EB 病毒特异性 LMP 细胞免疫力较强（16% ~ 22%），鼻咽癌病人的细胞毒性率很低为 0 ~ 7%。进一步应用 Elisport 的方法检测正常人，IgA/VCA 抗体阳性者及鼻咽癌病人的特异性 LMP2 细胞免疫分别为 80%、50% 和 20%[27,28]。特异性细胞毒性低可能与鼻咽癌的发生有关，其在鼻咽癌发生中的作用尚需进一步研究。

8. EB 病毒在鼻咽癌发生中的作用：鼻咽癌病人有 EB 病毒的多种抗体，在鼻咽癌细胞中发现有 EB 病毒的 EBNA 和病毒的 DNA，鼻咽癌患者血液中有更多的 EBV DNA，经治疗后该 DNA 迅速下降；鼻咽癌细胞在裸鼠传代后偶尔有完整的 EB 病毒形成。这些结果证实了 EB 病毒与鼻咽癌关系密切。我们的研究工作进一步证实了这种关系。

（1）EB 病毒的感染率在鼻咽癌高发区和低发区之间没有明显的差异，但高发区 20 岁以上人群的 EB 病毒抗体的几何平均滴度却显著高于低发区[29]，这表示 EB 病毒在高发区人群中更为活跃。

（2）30 岁以上正常人群中 IgA/VCA 抗体的阳性率随年龄的增加而上升，这可能是某些外因或内因激活 EB 病毒的结果。

（3）鼻咽癌病人鼻咽部上皮细胞非典型性增生或非典型性化生者的 IgA/VCA 抗体水平显著高于单纯增生、单纯化生或黏膜正常者。经 8 ~ 37 个月的追踪观察，非典型增生和非典型化生者的鼻咽癌检出率较单纯增生和单纯化生者高 10 倍，这表明 EB 病毒与非典型增生和非典型化生及鼻咽癌的发生有关。

（4）EBV IgA/VCA、EA 抗体对鼻咽癌的诊断有重要的意义。进行血清学普查和追踪观察，可以大大提高鼻咽癌的早期诊断率，由 20% ~ 30% 提高到 80% ~ 90%。根据抗体的种类和抗体滴度在鼻咽癌发生前 5 ~ 13 年可以预测鼻咽癌发生的可能性。经 10 年追踪观察 93% 的鼻咽癌病人来自 IgA/VCA 抗体阳性人群，其鼻咽癌检出率较抗体阴性人群高达 223 倍。

（5）不仅鼻咽癌细胞有 EB 病毒 DNA 和核抗原，而且鼻咽部正常上皮细胞和增生细胞也有 EB 病毒和核抗原[30]，这有利于排除 EB 病毒是鼻咽癌"过客"的假说。关于 EB 病毒如何进入上皮细胞的问题，尚未得到完满的解决。已证明人上皮细胞株有 EB 病毒受体 CR2 的 DNA 序列，但表达量很少，在体内 CR2 的表达如何尚不清楚。Yao 等（1991）报道上皮细胞有 IgA 免疫球蛋白受体，此受体可与人 EB 病毒 IgA 抗体结合，再与 EB 病毒结合，并把 EB 病毒带入细胞内。我们发现鼻咽部正常上皮细胞、增生细胞和癌细胞都有 EB 病毒 DNA 和核抗原，但在正常上皮和增生上皮细胞 EB 病毒的 DNA 不是永久存在的，可以是暂时的，当追踪检查时，原来阳性的可以变为阴性。这表示在正常情况下 EB 病毒是能进入上皮细胞的。至于是否能够诱发鼻咽癌，尚需其他因素协同决定。

9. 遗传因素的协同作用：从流行病学调查发现侨居国外的华侨发生鼻咽癌的概率远较当地居民高。在新加坡操不同方言的华人，其发生鼻咽癌的危险性也不同，以说广州方言的华人发病率最高，客家人次之，讲潮州方言者较低。移居上海的广东居民的鼻咽癌死亡率较上海当地居民高，相对危险性为 2.64 倍。这说明鼻咽癌的发病率在不同种族和人群之间存在明显的差异，这揭示鼻咽癌的发生可能与遗传因素有关。我们检测了家庭有 2 例以上鼻咽癌患者的父母、本人、兄弟姐妹及子女的 HLA 抗原，总计检测了 29 个家庭，证明鼻咽癌患者存在与 HLA 连锁的鼻咽癌易感基因，此基因为隐性基因[31]。有此基因者发生鼻咽癌的危险性高 21 倍，证明鼻咽癌的发生与遗传因素有关。最近曾益新等报道（2002）[32] 认为鼻咽癌的主要易感基因可能与 4 号染色体有关。至于遗传因素与 EB 病毒是否有协同作用存在，EB 病毒是否对鼻咽癌易感基因的细胞容易转化，值得进一步研究。

10. 致癌物和其他致癌因素及促癌物的协同作用[33~40]：我们的资料表明鼻咽癌高发区 20 岁以上成年人群的 EB 病毒抗体的几何平均滴度显著高于低发区同龄人群。这揭示在鼻咽癌高发区，EB 病毒是较为活跃的。在鼻咽癌高发区，EB 病毒 IgA/VGA 抗体阳性组中的鼻咽癌发病率达 466.5/10 万。Ito 等（1981）报道大戟科植物的 TPA 和丁酸能激活 EB 病毒，因此，有必要研究中草药中是否含有 EB 病毒诱导物。我们对 1693 种中草药等植物进行筛选，发现 54 种中草药含有 EB 病毒诱导剂，在广东和广西有 45 种，其地理分布与鼻咽癌的分布相似。在种植这些中草药和植物的土壤中也含有高浓度的 EB 病毒诱导物。种植蔬菜于这些含诱导物的土壤，在蔬菜中可发现诱导物[41]。我们从北京 350 种中成药中发现 8 种含有 EB 病毒诱导物。在广东咸鱼及突尼斯的 Harisa 食物中也可以发现 EB 病毒诱导物，但其性质与经典的 TPA 不一样，因前者为水溶性，后者为脂溶性。这些 EB 病毒诱导物能促进 EB 病毒对淋巴细胞的转化作用，或腺病毒诱发地鼠纤维细胞的转化作用。Ito 等报道丁酸和 TPA 在诱导 EB 病毒中起协同作用。我们从鼻咽癌病人及正常人鼻咽部分离到厌氧埃希菌。它们生长的代谢产物中有丁酸。证明此代谢产物能激活 EB 病毒，促进 EB 病毒对淋巴细胞的转化，并进一步证明丁酸是促癌物。了哥王、芫花等能促进化学致癌物质诱发的大鼠鼻咽癌、小鼠乳头状瘤和宫颈癌，或促进病毒诱发的鸡肉瘤。这些结果表明某些 EB 病毒诱导物为促癌物。因此，促癌物可能在鼻咽癌发生中与 EB 病毒起协同作用。

Huang 等（1987）报道咸鱼中有亚硝氨类物质，并能诱发大鼠鼻咽癌，提出食咸鱼可能是发生鼻咽癌的危险因素，潘世成等（1985）报道二亚硝基哌嗪对大鼠鼻咽上皮细胞有亲和性，引起大鼠鼻咽上皮细胞 DNA 损伤，并成功地用二亚硝基哌嗪诱发了正常人胚上皮细胞的恶性转化。我们发现某些中草药、广东咸鱼和非洲 Harrisa 食物中不仅含有 EB 病毒诱导物，而且含有亚硝胺类化合物。我们还发现广西苍梧县高发区人群内源性亚硝胺合成显著高于低发区人群，而且维生素 C 能阻断内源性亚硝胺类化合物的合成。因此，化学致癌物质是否与 EB 病毒在鼻咽癌发生中与促癌物 EB 病毒起协同作用的问题值得进一步研究。

11. EB 病毒 BARF1 基因是致癌基因：Karran 等用 EB 病毒基因组 BamHID 到 BamHIA 约 40 个 kb 的基因，可诱导猴原代细胞永生化，但不能恶性变。该 DNA 片段含 BARF1 基因。法国 OOKA 实验室证明 BARF1 基因能诱发小鼠 3T3 细胞和 EB 病毒阴性的 B 细胞系 Louckes 细胞恶性转化。为进一步研究其是否诱发原代上皮细胞恶性变，构建成 BARF1 逆转录病毒，将其感染猴肾上皮细胞，能诱发上皮细胞永生化，但将 20 世纪 60 年代的永生化细胞移植至裸鼠不能形成肿瘤。我们应用裸鼠移植证实该细胞不能形成肿瘤。但移植至免疫力严重缺陷的 scid 小鼠，就能形成肿瘤（66.7% ~ 100%），如加入促癌物 TPA 则能提高肿瘤发生率（100%），在 scid 小鼠形成肿瘤的时间较短（5 ~ 7 d），而在裸鼠形成肿瘤的时间较长（20 ~ 22 d）。PCR 扩增表明肿瘤细胞中有 BARF1 基因。证明 BARF1 基因是致癌基因，甚至不加促癌物 TPA 也能在 scid 小鼠诱发肿瘤[42]。因此，除已知 LMP1 外，BARF1 基因也是 EB 病毒的致癌基因。

12. EB 病毒诱发人鼻咽部上皮细胞癌变：已证明 LMP1 能诱发 3T3 细胞和人皮肤永生上皮细胞恶性变化，但尚未有 EB 病毒诱发人上皮细胞癌变的报道。人上皮细胞有 EB 病毒受体 CR2，但传代上皮细胞没有 CR2 的表达。我们首先用人传代上皮细胞（293）作模型，为了使 EB 病毒能直接感染人上皮细胞，将 CR2 基因转入 293 细胞，证明该基因在 23% 的 293 细胞中有表达，加入促癌物 TPA 能增加表达的细胞数，而且细胞的形态特征有了变化。把从 B95 - 8 细胞增殖的 EB 病毒感染 293 - CR2 细胞，并接种到裸鼠背部皮下，每周注射 TPA，可诱导细胞在裸鼠体内形成肿瘤，经病理组织学检查，确诊为低分化上皮细胞癌，杂交试验证明肿瘤组织细胞中有 EB 病毒 EBERs 存在。本实验证明 EB 病毒在 TPA 的协同作用下，可诱发人永生上皮细胞恶性转化。

完整的 EB 病毒能诱发永生上皮细胞恶性转化，在此基础上我们进一步研究了 EB 病毒对鼻咽部上皮细胞的转化。应用从 B95 - 8 来的 EB 病毒感染人胎鼻咽部黏膜组织（0.5 ~ 1.0 mm 3 小块），37 ℃2 h，然后移植至裸鼠皮下，从第 3 天起每周注射一次 TPA（佛波醇二脂和/或丁酸）。实验结果如表 9[43] 所示，单纯的 EB 病毒感染人鼻咽黏膜不足以诱发上皮细胞癌变或淋巴瘤，但 EB 病毒与 TPA 的协同作用下可诱发 T、B 淋巴瘤，T 淋巴瘤多于 B 淋巴瘤，在 TPA 和丁酸协同作用下，可诱发人鼻咽部上皮细胞癌，EB 病毒基因在鼻咽癌和淋巴瘤细胞中存在，并有病毒蛋白表达。这是国际上首次证明 EB 病毒能诱发人鼻咽癌，但需协同作用因素，也进一步证明 EB 病毒在鼻咽癌发生中起病因作用。

13. 鼻咽癌的预防

（1）鼻咽癌的二级预防——早期诊断，早期治疗：现有资料征明 EB 病毒在鼻咽癌发生中起重要作用。测定 EB 病毒 IgA 抗体可以诊断鼻咽癌，大大提高鼻咽癌的早期诊断率。早期鼻咽癌的放射治疗效果很好。因此，在鼻咽癌高发区进行血清学普查和对抗体阳性者进行追踪观察，在低发区普遍开展鼻咽癌的血清学诊断可以提高鼻咽癌的早期诊断率。通过早期诊断和早期治疗，可以提高生存率。

表 9　EB 病毒诱发的人胎儿鼻咽组织肿瘤形成

组　别	裸鼠数	存活时间（周）	恶性淋巴瘤 T（B）	未分化瘤
鼻咽组织	4	15	0	0
鼻咽组织 + EBV	6	15	0	0
鼻咽组织 + TPA + 丁酸	4	13 ~ 15	0	0
鼻咽组织 + EBV + TPA	6	8 ~ 15	2（1）	0
鼻咽组织 + EBV + TPA + 丁酸	6	7 ~ 15		3

（2）疫苗：由于 EB 病毒在鼻咽癌发生中起重要作用，采用 EB 病毒膜抗原疫苗免疫，有可能借助 MA 的中和抗体或细胞免疫以阻断 EB 病毒的原发性感染。在棉顶绒猴已成功地应用疫苗阻断 EB 病毒的感染。此外由于细胞膜上有 LMP1 和 LMP2 抗原，感染 EB 病毒后有 EBV、LMP1、LMP2 的特异性细胞免疫。可以采用 LMP1、LMP2 疫苗提高 EBV IgA 抗体阳性者的细胞免疫，从而阻断鼻咽癌的发生或治疗后的复发，值得进行试验。我们已研制成功几种 LMP1、LMP2 疫苗，动物免疫能产生很好的特异性细胞免疫。正在申请上临床。

（三）EB 病毒与伯基特淋巴瘤（BurKitt Lymphoma，BL）：伯基特淋巴瘤是高度恶性的淋巴瘤，主要是侵犯下颌，赤道非洲及 Papua 新几内亚的 BL 发病率最高，这些地区疟疾严重流行。在中国仅有散发病例。

1. 流行区和非流行区的 BL：EB 病毒首先是从 BL 活检组织培养中的瘤细胞中发现。在流行区 96% 的 BL（eBL）有 EB 病毒的 DNA 和 EB 病毒的核抗原（EBNA），其余 4% 的 BL 查不到 EB 病毒 DNA 或核抗原。这与世界其他地区即在非流行区的 BL（sBL）相似，在 BL 中查不到 EBV DNA 和核抗原。在非流行区 BL 是散发病例。在流行区的 BL，主要发生在 6 ~ 10 岁儿童，而在非流行区 BL 主要发生在青年人，而且多在淋巴腺外，很少在下颌部位。在 BL 流行区大多数 2 ~ 5 岁儿童已感染了 EB 病毒，并产生了抗 EB 病毒 IgG/VCA 抗体，deThe（1978）在乌干达进行前瞻性的流行病学调查，发现患 BL 的儿童在症状出现前 2 年已有很高的 VCA 抗体，高抗体滴度的儿童，发生 BL 的危险性大 30 倍。此项调查研究表明 EB 病毒在 BL 发生中起重要作用。但 EB 病毒不是致瘤的唯一因素，其他因素也可能参与 BL 的发病机理。因为 EB 病毒到处都有，而散发性的 BL 与 EB 病毒无关。

2. BL 的表现型：对流行区 BL 瘤表现型的研究，流行区的 BL 瘤细胞是单克隆的，有 IgG 型表面免疫球蛋白的表达。活检组织的瘤细胞或新培养的瘤细胞表面有白细胞标记 CD19、CD20、急性淋巴母细胞白血病抗原（CAtLA，CD10）及 BL 相关抗原（BLA）表达，但不表达白细胞激活抗原，LFA - 1、LFA - 3 和 ICAM - 1，这些抗原在类淋巴细胞（LCLS）及激活的正常白细胞都表达。很多流行区的 BL EBV 阳性的细胞株在体外传 20 代后，具有与 LCLS 细胞相似的表现型。BL 细胞与 LCLS 的不同是前者能在裸鼠形成肿瘤，后者不能。

3. BL 细胞中的 EBV：EB 病毒在 eBL 细胞的表达与在 LCLS 的表达有显著不同。有 EB-NA－1，但没有查到 EBNA2，6 及 LMP 抗原。B 细胞上表达的 EBNA2 及 LMP 是 EB 病毒特异性细胞毒性 T 细胞的靶细胞。肿瘤细胞表面有特异性抗原表达，其结果是有利于限制和清除肿瘤的发展。在 eBL 细胞查不到 EBNA2 及 LMP 抗原，与 BL 细胞对毒性 T 细胞不敏感是一致的。但什么因素限制 EB 病毒潜伏基因的表达尚不清楚。有意义的是 BL 细胞在体外连续传代后，扩大潜伏基因的表达，包括 EBNA－1 和 LMP1。除了 EBNA1 外，在 BL 还有 EB 病毒编码的 RNAs（EBERs）。

4. 染色体易位：尽管 eBL 与 sBL 的临床特征有差异，但所有的 BL，都有包括免疫球蛋白染色体易位。主要是染色体 14，较少在染色体 2 或 22。易位的情况是第 8 染色体易位至第 14 染色体，即 14 [t（8：14）（q24：q32）]，这是最常见的。较少见的是第 2 染色体易位至第 8 染色体，即 8 [t（2：8）（q11：q24）]，以及由第 8 染色体至第 22 染色体，即 22 [t（8：22）（q24：q11）]。其结果是 cmyc。癌基因与免疫球蛋白的基因（Ig）在染色体 14（Ig 重链），染色体 2（IgK 链）和染色体 22（Igλ 链）上形成复合体。

根据分子克隆及 DNA 序列的资料表明在断裂处位置有显著的差异。eBL 和 sBL 的染色体易位不尽相同。这可能是肿瘤来源于其他细胞分化的不同阶段。在 eBL 的易位明显地包括 Ig 重链和 K 轻链的 J 区，这可能是发生在 B 细胞分化的早期。而 sBL 易位的断裂发生在 Ig 重链 SM 启动区内或靠近，因此，sBL 能分泌 Ig，并代表较成熟的 B 细胞。虽然在大多数 eBL 的染色体易位没有使 c－myc 基因断裂，但在外显子的 3′端常有点突变，或者缺失，这对 c－myc 基因的激活可能是重要的。这种易位可能与 BL 的发生有关。

应用杂交的方法使 BL 细胞与从同一病人来的 EBV 转化的淋巴母细胞融合，其结果是有 c－myc 的重排列，EBNA－1，EBNA－2 的表达下降，在裸鼠体内不能形成肿瘤。这表明失去调控的 c－myc 的表达及 EB 病毒晚期基因的表达不足以形成肿瘤。

5. BL 的致瘤性：接种 BL 于裸鼠能形成肿瘤，接种 EB 病毒转化的类淋巴母细胞或上述杂交细胞于裸鼠也能形成肿瘤，但在 24 周内瘤细胞坏死，并退变。在接种后 2 周内，BL 和类淋巴母细胞一样进行分裂，因此，认为 EB 病毒转化的永生类淋巴母细胞与 BL 的致肿瘤性的差别，可能在于类淋巴母细胞对坏死因子（TNF）产生和反应的不同。这种差异也可能是不能从软琼脂上克隆 EB 病毒转化细胞的原因。类淋巴母细胞株能产生 TNF，而 BL 肿瘤细胞产生 TNF，就会降低致肿瘤性。因此，在 BL 染色体易位发生在 B 细胞分化的早期，可能至少打断了与 c－myc 相连的一个基因，这个基因是调控 TNF 的产生和对 TNF 的反应。

6. 疟原虫或其他因素的协同作用：klein 认为在 BL 的流行区，由于严重的疟原虫感染，使儿童的对 EB 病毒的 T 细胞免疫受到抑制，儿童体内有大量很活跃的 EB 病毒感染淋巴细胞，这样就增加了染色体易位等可能性。而 Lendir 及 Bomkamm 则认为在 Ig 基因重排列过程中，正常 B 淋巴细胞的发生 c－myc/Ig 基因易位的概率较小。慢性疟疾是使多克隆 B 淋巴细胞活跃，而不是免疫抑制，这样，就大量增加周围血液中的骨髓 B 细胞，这些细胞有很活跃的重排列的 Ig 基因。如果随后没有 EB 病毒的感染和失去调控的 C－myc 基因，通常这种细胞会死亡的。这也可以解释 sBL 的发生，可能是其他因素代替了 EB 病毒的作用，使淋巴细胞形成恶性转化，在小鼠 B 淋巴细胞恶性转化中可见到 ras 基因和 c－mye 基因的协同作用。在 sBL 中也可以发现 N－ras 基因的激活，因此，ras 基因在 sBL 的发生中可能代替 EB

病毒的作用。

虽然有诸多上述现象和观点，但对 EB 病毒如何在 sBL 中发生作用，仍然不够清楚。

（四）EB 病毒与 T 淋巴细胞瘤：近年来，大量的研究资料表明：在何杰金淋巴瘤的 R－S 细胞和外周 T 细胞淋巴瘤，尤其是血管中心性 T 细胞淋巴瘤的肿瘤性 T 细胞中，发现了 EBV 的基因组，扩大了 EBV 在人类肿瘤谱中的存在范围。其致病机制的研究变得日益重要。

我国 T 细胞淋巴瘤的发病率占非何杰金淋巴瘤的 34%，高于欧美国家的 6% ~21%。T 细胞淋巴瘤的发病原因仍然不明。而我国人群普遍存在 EBV 的感染，且多发生在孩童时期。何祖根等用原位杂交的方法，对 60 例 T 细胞淋巴瘤中 EBV 编码的小 RNA EBERs 进行检测，并采用最新的淋巴瘤分类方案 REAL 分类法[45]，对 60 例 T 细胞淋巴瘤进行分类，以进一步分析与 EBV 相关的 T 细胞淋巴瘤的临床病理特征。EBERs 原位杂交阳性信号位于肿瘤性 T 细胞的细胞核，呈蓝紫色，阳性率为 61.6%（37/60）。不同部位 T 细胞淋巴瘤中 EBERs 的表达率不同，淋巴结外为 81.5%（22/27），与淋巴结内 45.5%（15/33）相比，差异有显著性（$P < 0.01$）。淋巴结外 T 细胞淋巴瘤中以鼻腔、口咽 78.9%（15/19），皮肤 80%（4/5），胃、肝 2/2 及胸腺 2/2，有较高的检出率，列入表 10。

表 10 不同部位 T 细胞淋巴瘤中 EBERs 的表达

部 位	例 数	EBERs 的表达	
		例 数	（%）
淋巴结内	33	15	45.5
淋巴结外	27	22	81.5
鼻腔、口咽	19	15	78.9
皮肤	5	4	80
胃、肝	2	2	2/2
胸腺	1	1	1/1

EBV 的 EBERs 表达与病人的年龄、性别及临床分期的关系：EBERs 的检出率女性为 71.4%（15/21）略高于男性 56.4%（22/39）；在不同年龄组中以 30 ~40 岁 75%（6/8）最高，其次为 40 ~50 岁 70%（7/10），50 ~60 岁 70%（7/10），20 岁以下 60%（6/10），60 岁以上 54.5%（6/11），及 20 ~30 岁 45.5%（5/11）；不同临床分期中 EBERs 的检出率分别为 I 期 66.7%（10/15），II 期 65%（13/20），III 期 62.5%（5/8），IV 期 52.9%（9/17），经统计学处理，差异无显著性（$P < 0.05$）。

EBV 在 T 细胞淋巴瘤中有较高的检出率，提示 EBV 与 T 细胞淋巴瘤的关系密切。但 EBV 在 T 细胞淋巴瘤中的致瘤机制仍不清楚。体外 EBV 转化试验证明，用外周血 T 淋巴细胞，经 EBV 感染，可建立永生化的类淋巴母细胞株。但要比转化 B 淋巴细胞困难。对于 EBV 是如何进入 T 淋巴细胞的，目前有两种观点：一种认为部分 T 淋巴细胞表面表达 CD21，同感染 B 淋巴细胞一样，EBV 也是通过 CD21 感染 T 淋巴细胞；而另一种观点认为，T 淋巴细胞表面存在未知的不同于 B 淋巴细胞的另一条途径。与 EBV 在 B 淋巴细胞中的研究结果相比，T 淋巴细胞中的感染途径、存在状态及发病机制等仍有许多未知数，有待进一步研究。

我们应用 EB 病毒感染鼻咽黏膜组织块，其中含有 T、B 淋巴细胞，接种于裸鼠，在促癌物 TPA 的协同作用下，诱发的 T 淋巴细胞瘤较 B 淋巴细胞瘤还多，表明 EB 病毒是能诱发 T、B 淋巴细胞瘤的。进一步我们用 EB 病毒直接感染人胎儿胸腺细胞，在体外培养，能诱发出 T 淋巴细胞瘤，并建立了 T 淋巴瘤细胞株，能在体外长期培养，接种于 SCID 小鼠，能形成肿瘤。这是首次应用 EB 病毒诱发出淋巴细胞瘤[46,47]。从以上资料看来 EB 病毒在诱发

T 淋巴细胞瘤中起重要作用。

二、HTLV - I 病毒与成年人 T 细胞白血病：在动物中早已证明病毒能致肿瘤，在人肿瘤的病毒病因中也进行了长期探索，在人肿瘤中发现逆转录病毒，这是肿瘤病毒病因研究的转折点。HTLV I 病毒是最早肯定的人 RNA 肿瘤病毒，美国 Poiesz et al（1980）应用 IL - 2 培养 T 淋巴细胞。首先从一例恶性 T 淋巴瘤病人分离到的逆转录病毒，称为人 T 细胞白血病病毒（Human T - cell Leukemia Virus，HTLV）。日本 Hinuma et al[48]独立地从成年人 T 细胞白血病（Adult T cell Leukemia，ATL）细胞株中发现一种新的逆转录病毒，称成年人 T 细胞白血病病毒（Adult T - cell Leukemia Virus，ATLV）。后来证明此两种病毒是一样的，统一称为 HTLV I。虽然 ATL 的病例不多，但这项发现有十分重要的意义，首次直接证明逆转录病毒是成年人 T 细胞白血病的病原，此项发现推动了人类肿瘤病毒病因的研究。

（一）ATL 特征：早在 1970 年根据统计学分析 T 细胞淋巴瘤/白血病在日本，特别是在九州岛发病率很高。Takatsukiet al（1977）首次描述了 AIL 是恶性 T 细胞淋巴瘤中一种新的疾病。此疾病的特征是：

（1）患者多是 40 岁以上成年人，无性别差异。

（2）常有皮肤损害，50% 的 ATL 患者有皮肤损害，呈多形性，有结节、肿瘤、斑丘疹、类牛皮癣、广泛或局限性红皮病。皮肤结节是由于白血病细胞皮肤浸润形成的。

（3）白血病细胞的特征。多为中等大小淋巴细胞，胞质较少，无颗粒。核形态异常，为多叶，扭曲或多形性改变。细胞呈 PAS 阳性。

（4）内脏浸润，ATL 白血病细胞可侵犯内脏器官。常见于肝、肺和胃肠道，肝、脾和淋巴结肿大。少数患者 ATL 白血病细胞侵犯乳腺、鼻咽部和肾脏。

（5）高血钙及骨骼病变，高血钙的出现提示病变在加剧。患者常有多发性非对称的局部骨破坏，此为溶骨性骨破坏。患者呈囊性变，伴有白血病细胞浸润。这种高血钙及代谢性骨病是由于破骨细胞所致。

病例主要出现在日本西南部，包括九州等地，估计每年约有 500 例新病人，ATL 病人的新鲜血细胞表面有成熟 T 细胞的标记，包括 OK T - 3，OK T - 4，OK T - 5，OK T - 6 和 OKT - 8 等。

（二）ATL 细胞株的建立及 HTLV - I 病毒的发现：Miyoshi el al（1980）从一例 69 岁 ATL 病人的周围血细胞中建立了一个细胞株，称 MT - 1。MT - 1 细胞有 T 细胞标记。Hinuma（1981）发现 MTd 细胞有特异性抗原存在，即 ATL 病人的血清能与 MT - 1 细胞的抗原发生反应。由于其他对照都是阴性，因此对此抗原命名为 ATL 相关抗原（ATLA）。如果用激活病毒的碘脱氧尿苷（IudR）处理 MT - 1 细胞，有 ATLA 的阳性细胞显著增加。在电镜下观察 MT - 1 细胞带有 C 型病毒颗粒，大小不等，直径 50 ~ 150 nm，称 ATLV。Miyoshi et al（1981）建立了第 2 个细胞株，MT - 2，这是 ATL 女性病人的外周血细胞与另一男性正常人的外周血细胞共培养而获得的，此细胞为男性染色体，表示 ATL 病人的血细胞中有转化病毒存在。MT - 2 细胞有大量的 C 型病毒，进一步证实此病毒为逆转录病毒。随后 Gardar et al（1980）和 Poiesz et al（1981）又分别从皮肤型 T 细胞白血病/淋巴瘤（Mycosis fungoides）和 sezafy 综合征，建立了 HuT - 102 和 CTCL - 2 细胞株。这两个细胞株经激活之后，可见到病毒颗粒及查到逆转录酶。其病毒在抗原性和遗传性上与 ATLV 相同，一致同意，统称为 HTLV - I。

（三）HTLV - Ⅰ病毒：试图用 MT - 2 细胞的病毒转化正常人的白细胞恶变成白血病，总是失败。将 MT - 2 病毒感染经植物凝集处理过的正常人白细胞可诱发 HTLV - Ⅰ抗原。发现 MT - 2 的病毒能吸附在多种细胞上，包括人、鼠、绒猴、兔等。因此，认为可能多种细胞都有 HTLV - Ⅰ的受体。HTLV 不仅能感染 T 细胞，也能感染其他细胞。从病人可以建立带有 HTLV - Ⅰ和 EBV 的 B 细胞株。将大鼠和兔子的淋巴细胞与带 HTLV - Ⅰ细胞共同培养，可以建立大鼠和兔的带 HTLV - Ⅰ抗原细胞株。

Seiki et al（1982）首先克隆了 HTLV - Ⅰ的 LTR 长末端重复序列。他们在 1983 年又克隆了全病毒基因组。病毒有 *gag*、pol 和 env 基因。分别编码的蛋白为 48K、95K 和 46K。48K 蛋白进一步切割成 p14、p25 和 p15。46K 蛋白糖化后为 *gp*61 ~ 62，进一步切割成 *gp*46、*gp*15 ~ 20。另外，还有调控基因 Tax 和 Rex。HTLV - Ⅰ不同地区的毒株的亚型间差异范围为 2% ~ 8%。亚型毒株内差异很少（< 0.5）。将一例带毒者（Gessain et al 1991，Gout et al 1990）的 HTLV - Ⅰ病毒经输血传给一心脏病移植病人，数月后发生 TSP/HSM，他又将病毒传给其妻子，前后经过 5 年。从他们身上分离的病毒经分子生物学分析，没什么差异，表明 HTLV - Ⅰ病毒是比较稳定的。

（四）血清流行病学调查 100% 的 ATL 病人都有 HTLV - Ⅰ抗体：在日本进行了全国 HTLV - Ⅰ血清流行病学调查（Hinuma1986），从正常供血人群（16 ~ 64 岁）中发现最高的地区是九州，抗体阳性率可高达 30%，其他地区较低为 0.08% ~ 0.3%。血清的阳性率随年龄的增加而上升。在不同地区内的阳性率仍有高低之分。抗体阳性者带有病毒，为带毒者，全日本 HTLV - Ⅰ感染者上百万人，但每年病例仅数百人，因此，HTLV - Ⅰ感染者中仅有很少数会发病。在日本和美国发现 HTLV - Ⅰ病毒后，在其他国家也发现有此病毒，特别是在南美洲和非洲。

（五）HTLN - 1 与神经系统疾病的关系：法国 Gessain 等[49~51]（1985）首先在 Martinique 发现 HTLN - 1 抗体与热带地区的神经脊髓病——热带强直麻痹（Tropical spastic paraparesis，TSP）有关，后来在哥伦比亚、雅美加、科威迪和日本等地也发现，进一步证实 HTLN - Ⅰ为 TSP 的病原。日本 Osem et al（1986）报道日本 ATL 高发区鹿儿岛地区有慢性进行性脊髓病（Chronic Progressive Mydopathy）。患者的血清和脑脊液有高滴度的抗体，将其命名为 HTLV - Ⅰ相关的脊髓病变（HTLN - Ⅰ associated myelophy，HAM）。其临床特点为：发病年龄多在 40 岁以上，痉挛性下肢轻瘫，伴有上肢痉挛，轻度感觉丧失。晚期病人有免疫缺陷及条件性感染。脑脊液中蛋白量增加，有淋巴细胞，血清和脑脊液中的 HTLV - Ⅰ抗体阳性。

（六）HTLV - Ⅰ在我国的流行情况：我们与日本 Hinuma 等合作在中国进行 HTLV - Ⅰ的血清流行病学调查研究[42~57]（曾毅等 1985 年）从各大城市收集到 2 万多份正常人和白血病病人的血清，发现 7 例正常人 HTLV - Ⅰ抗体阳性，阳性率为 0.08%，但都与日本和中国台湾人有关。有 2 例妇女抗体阳性者，她们分别是日本人和生长在日本的台湾籍居民的妻子，她们的丈夫都是抗体阳性。显然她们是从丈夫获得感染。另一例为典型的 ATL 病人，但这位病人 84 岁，从 16 岁就为外国商船船员，长期居住日本，在发病前数年才回国。看来此病例是在日本感染的。后来我们继续进行研究，从 2 例白血病病人发现 HTLV - Ⅰ抗体阳性，并从其中江西一例建立了白血病细胞株（CTL - 8）。细胞株内有 HTLV - Ⅰ抗原，进行 HTLV - Ⅰ基因组分析，证明其基因组与日本的 HTLV - Ⅰ相似。从 250 例神经系统病人中发现 5 例 HTLV – I 抗体阳性。证明中国的神经系统疾病，包括下肢麻痹等与 HTLV – I 病毒有关。我们进一步的工作，在福建、江西、广东、新疆也发现 HTLV – I 抗体阳性者，并经 PCR HTLV – I 核酸扩增证实。

吕联煌等（1989）报道从 518 名白血病人和正常人群中发现 2 例白血病人和正常人 HTLV – I 抗体阳性，阳性率为 1%，其中一例白血病患者的妻子和次子 HTLV – I 抗体阳性，表明在福建沿海地区存在着 HTLV – I 的传播。因此，对我国 HTLV – I 的流行情况应作进一步的调查。

（七）HTLV – I 病毒的传播：输血能传播 HTLV – I 病毒，还可经抽血的针头传播。现在认为抗体阳性的母亲可经乳汁将病毒传给婴儿，而且认为是主要的传播途径。已证明牛白血病病毒可经这样途径传播。此外，HTLV – I 还可经性交传播，也可以经胚胎垂直传播。

（八）HTLV – I 与 ATL 的关系：ATL 是从 HTLV – I 抗体阳性者中发展来的。血清流行病学调查表明抗体阳性率高地区 ATL 发病率也高；在 ATL 细胞中总可以查到 HTLV – I 病毒的 DNA，病人都有 HTLV – I 抗体；实验室证明 HTLV – I 能使 CD4 细胞永生，并有 T 细胞激活标志，包括 IL – 2 受体和 HLA DR 抗原。HTIN – 1 诱发 IL – 2 及 IL – 2 受体，从而促进 T 细胞的增殖，这些资料表明 HTLV – I 病毒与 ATL 的发生和发展有关。但一般从病毒感染至发生白血病长达数十年，在日本感染 HTLV – I 者逾百万人，每年只有 500 病例，即每 25～30 个感染者中仅有一个人发病。因此，除了 HTLV – I 病毒外，其他内外因素也可能与 ATL 的发生有关。

（九）预防

（1）HTLV – I 抗体阳性者避免用乳汁喂婴儿。在日本已采取抗体阳性的母亲不要给婴儿喂奶的措施。试图阻断病毒经乳汁传给婴儿，据报道这种预防措施甚为有效。

（2）疫苗。由于 HTLV – I 抗原较稳定，已在研制疫苗，尚未进行人体临床试验。

（3）血库筛选。欧美一些国家已开始进行血液的 HTLV – I 抗体筛选，以保证血液中没有 HTLV – I 病毒。在我国正常人 HTLV – I 抗体阳性较高省如福建省应该进行 HTLV – I 抗体筛选。

三、人乳头瘤病毒与人肿瘤

（一）乳头瘤病毒的生物学特征：乳头瘤病毒（Papilloma viruses，PV）属乳多空病毒科（Papovaviridang family，早年由 papilloma polyoma simian vacuolayting virus 即乳头瘤 – 多瘤 – 猴空泡病毒简称而来）。Papovaviridae 主要分两属（genus）：乳头瘤病毒和多瘤病毒（Polyomavirus）（Books et al，1991），均为双链闭环 DNA 的小 DNA 病毒。病毒核壳体均为对称二十面体，外面无衣壳存在（nonenveloped capsid exhibiting icosahedral symmetry）。乳头瘤病毒是一类在脊椎动物中广泛存在的小病毒。他们主要感染上皮细胞并导致多种皮肤病变，如寻常疣（Common warts）、乳头瘤（papilloma）等。其中的一类，人乳头痛病毒（Human Papilloma viruses，HPVS）于 1949 年由 strauss 在电镜下发现。目前已发现和鉴定出近 100 种型别（types），有 54 种可以感染生殖道黏膜。病毒颗粒的直径为 55 nm，其 DNA 的长度为 7.2～8 kb。直至现在对各种 HPVS 还未找到体外培养细胞的繁殖体系，因此对于他们的研究与分型造成了很多困难。不能像其他病毒那样，在体外培养细胞内增殖大量的病毒，以分离提纯病毒各组分用来制备各种抗原或抗体。因此 HPVS 的分型不像其他病毒那样可以用免疫法鉴定，而主要是根据其 DNA 的同源性，通过将所测得的 L1 基因的序列与所有已知 HPV 型别的序列进行比较来确定 HPV 亚型。如果某种 HPV 的同源性小于90%，则可被分类为一种新的 HPV 类型。迄今已分离鉴定了 100 型 HPVS。与人口腔、肛门、会阴生殖道鳞状黏膜上皮有关的有 54 余型。又可根据其与恶性肿瘤的关系再分为两组：①低危（low risk）HPVS，如 HPV－6、11、30、40、42、43、44、54；②高危（high risk）HPVS 与宫颈上皮内瘤样变（Cervical intraepithelial neoplasia，CIN）和宫颈癌等病变有关如 HPV－16、18、31、39、45、51、52、55、56、58、59 等。

HPV 的基因组是闭环双链[58~62]可以分为三个区：一个非编码的调控区（noncoding region NCR，又称为 Long Control region，LCR）和两个编码区：早期编码区（early coding region，E 区：包括 E1、2、4、5、6、7 亚基因）和晚期编码区（late coding region，L 区：包括 L1，12）。E 区的功能涉及病毒 DNA 复制、转录及细胞转化；L 区编码病毒结构蛋白。E 区和 L 区的划分并不截然，因 E4 虽属于早期却系感染晚期表达的一主要蛋白。位于 E6 和 L1 之间的 NCR 具有调控转录和复制的作用。HPV 的特异组织嗜性可能是受到 NCR 中的基因表达调控所致。

虽然当前大多数病毒学家认为乳头瘤病毒（PV）归属乳多空病毒科，由于近年对 PV 的逐步深入了解，特别是对 HPV 的深入研究，有人开始提出 PV 是一类独特的 DNA 病毒，主张将他们独立呈一类，主要基于：①PV 的 DNA（7900 bp）较其他乳多空病毒（5250 bp）长；②PV 病毒直径（55 nm）比其他成员的直径（45 nm）大；③PV 基因组的结构和 RNA 的合成方式也与乳多空病毒成员不同；④所有 PV 的开放读码框架（open reading frame，ORF）均由其 DNA 双链中的一条来编码和转录（Baker，1993）；⑤绝大多数 PV 只在特定解剖部位的黏膜上皮或分化的皮肤上皮细胞中增殖，目前尚未找到体外培养增殖细胞体系，而其他乳多空病毒通常感染许多器官和神经组织，并且能在体外培养细胞内繁殖（Jenseon and Lancaster，1990）。有关 PV 的归属仍在讨论之际，我们仍将 PV 放在乳多空病毒科之中。

（二）人乳头瘤病毒（HPVS）与人宫颈癌

1. 分子流行病学：HPV 感染可通过性生活传播，全世界妇女每年约有10%～15%的新病例，30%～50%有性生活的人有可能会感染 HPV。美国疾病控制和预防中心估计美国每年大约有 75 万生殖道 HPV 的新病例。据估计，有80%的妇女会接触到 HPV，大多数都会自然消退，不引起细胞的改变和相关疾病。HPV 感染的高峰年龄在 18～28 岁，HPV 检出期较短，约 2～3 年。HPV 感染期也短，常在 8～10 个月自然消退，只有10%～15%以上的妇女呈持续的感染状态。HPV 可反复感染和重复感染，HPV 感染通常无症状。大于 30 岁的妇女 HPV 感染率下降。下降的原因可能是由于对已存在的病毒的免疫清除或抑制以及由于性伴侣相对固定，较少再感染新的病毒的缘故。估计约3%感染 HPV 的妇女会发展为宫颈癌，平均潜伏期（从有症状的原发感染到肿瘤发生）约为 20～50 年。

流行病学资料结合实验室的证据已经确定了 HPV 与宫颈癌的病因关系，即 HPV 感染是宫颈癌发生的必要条件。Bosch 和 Manos 等通过收集来自 22 个国家的 1008 份宫颈癌活检标本进行检测，发现93%的肿瘤中可以检测出 HPV DNA，而且各国间无显著差异。Manos 等重新分析了该研究中 HPV 阴性的病例，结合先前的数据，发现在世界范围内宫颈癌的 HPV 检出率高达99.7%。这是迄今为止所报道人类肿瘤致病因素中的最高百分数，同时表明 HPV 感染与宫颈癌的相关具有普遍意义。此外，在细胞学和分子生物学方面也得到了 HPV 致癌的有力证据。宫颈癌变与病毒 DNA 整合入宿主染色体密切相关。HPV 的 DNA 链通常在 E1 或 E2 的开放读码框内断裂，使 HPV DNA 能够整合人染色体脆弱区，E6 和 E7 则具有促进和维持整合状态的功能。研究表明，在宫颈浸润癌中 HPV - 16 和 HPV - 18 的整合率分别高达 72% 和 100%，在 CIN 中，根据病变的轻重，为 5% ~ 50% 不等。此外 HPV 的 E6 蛋白可通过作用于 $p53$ 改变细胞生长。$p53$ 作为"分子警察"，保证着 DNA 序列的准确性，当 DNA 有轻度损伤时，$p53$ 含量增加，阻止细胞进一步有丝分裂并修复 DNA。当 DNA 损伤较大时，$p53$ 则启动凋亡程序以阻止异常细胞的形成。高危型 HPV 的 E6 蛋白与 $p53$ 结合导致 $p53$ 失活，失去正常功能并可进一步激活原癌基因 c - myc 和 H - ras。而 E7 蛋白则与 pRb 结合后，可激活 $p16$ 蛋白和周期素 E，促使细胞从 G_1 期进入 S 期。近年的研究还表明，HPV 基因组整合可激活端粒酶和 IGF，尤其是 IGFBP - 3。所有这些事件均可促进细胞无控制增殖和永生化，最终导致 CIN 和宫颈癌发生。

中国医学科学院肿瘤医院流行病学研究室乔友林等对我国山西宫颈癌高发区襄垣妇女 HPV 的调查发现，该人群的高危型 HPV 总感染率为 20.8%，所有宫颈癌和 CINⅢ及 95.3% 的 CINⅡ患者的 HPV 感染阳性，CINⅠ和正常的 HPV 感染率分别是 61.4%、14.2%。他们的研究说明 HPV 感染是当地宫颈癌高发的主要危险因素。

许多学者提出将检测 HPV 感染作为宫颈癌的一种筛查手段[63,64]。目前 HPV 检测方法有细胞学法、斑点印迹法、荧光原位杂交法、原位杂交法、Southern 杂交法、PCR 和杂交捕获法。然而，杂交捕获（Hybrid Capture，HC）试验是美国 Digene 公司新发展并获 FDA 唯一批准的可在临床使用的一种检测 HPV - DNA 的技术，其原理是利用对抗体捕获信号的放大和化学发光信号的检测。基本实验步骤如下：①样本 DNA 双链被释放并分解为核苷酸单链；②DNA 单链与 RNA 探针结合为 RNA - DNA 杂交体；③特异性抗体将 RNA - DNA 杂交体固定在试管壁或微孔壁上；④结合有碱性磷酸酶的多个第二抗体与 RNA - DNA 杂交体结合，使信号放大；⑤碱性磷酸酶使酶底物发光，判读光的强弱可确定碱性磷酸酶的含量，从而确定 RNA - DNA 杂合体的含量。杂交捕获一代试验可检测 9 种高危型 HPV，包括 HPV - 16、18、31、33、35、45、51、52、56。杂交捕获二代试验可同时检测 13 种高危型 HPV - 16、18、31、33、35、39、45、51、52、56、58、59 和 68。该方法已经得到世界范围的认可。

2. 分子生物学及超微结构：在人湿疣标本中可看到大量 HPV 病毒颗粒在细胞核中，而核酸杂交证明 HPV 的 DNA 呈游离状态存在。虽然在人宫颈癌细胞中核酸杂交证明确有 HPV - 16 E6、E7 基因整合在癌细胞基因之中，但从未见有成熟的 HPV 颗粒，只见病毒感染后的一些超微病理变化如核内出现多量的染色质之间颗粒（interchromatinp granule），染色质周围颗粒（pelichromatin granule）以及各种类型的核内小体（nuclear body），这些变化在 HPV - 16 DNA 阴性的癌细胞以及对照的正常宫颈鳞状上皮细胞内则很少见到，这些结果证明上述的超微结构变化与 HPV - 16 的感染有关，也说明 HPV - 16 DNA 一旦整合人宿主细胞基因组并导致细胞癌变后，就不再复制成熟的 HPV - 16 颗粒。

3. HPV E6、E7 基因体外转化细胞：上述大量宫颈癌的材料说明中国妇女的宫颈癌的发生与高危型 HPV 关系密切，其 DNA 中 E6、E7 亚基因片段是致癌的关键。为验证人材料所获得的这些结果，国内外学者近年仍致力于 HPV - DNA 对正常离体培养细胞的体外转化实验。应用 HPV - 16 的全早期基因以及其 E6、E7 进行了大量体外转化实验，对永生化的 NIH3T3、非洲绿猴肾上皮细胞（CV - 1）、人羊膜上皮细胞（wish cell）以及人正常宫颈鳞状上皮细胞原代培养细胞进行转化研究。转化方法除采用常规的磷酸钙/DNA 共沉淀方法作为基因转染的常规手段之外，还使用基因工程重组逆转录病毒方法，人及双嗜性（amphotropic，可感染啮齿类细胞）的重组逆转录病毒，或脂质体转基因方法，分别含有 HPV - 16 全早期区基因及 E6、E7 亚基因，以及不含任何 HPV - 16 基因而其他均与上述二者相同之阴性对照病毒。

用上述三组重组逆转录病毒分别感染上述细胞后用 G418 筛选确认目的基因转入，证明上述四种细胞均获得了转化表型。和各组正常的对照细胞及经阴性对照病毒转染的未转化细胞相比，生长速度快；细胞外形不规则，失去极性排列；接触抑制消失，在软琼脂中可形成集落；对血清的依赖性降低。转化的 NIH3T3 细胞，CV - 1 细胞及人羊膜上皮细胞（wish cell）接种裸鼠皮下，2 周全部可见肿瘤生成，4 周可达直径 1.5 cm 以上。而永生化对照细胞及阴性对照病毒所感染的细胞则无一发生恶性转化，也不在裸鼠体内生瘤。证明这些恶性转化及裸鼠体内的瘤细胞确系由 HPV - 16 全早期基因及 E6、E7 基因所引起。光学镜及电子显微镜证明转化细胞及裸鼠瘤细胞呈典型的恶性形态。以 HPV - 16E6、E7 为探针进行 Southern bolt 杂交证明转化细胞及裸鼠恶性瘤细胞中的 HPV - 16 E6、E7 之 mRNA 的明显表达，进一步证明上述四种细胞的转化及三种细胞的恶性转化（裸鼠体内肿瘤的形成）确由 HPV - 16 之 E6、E7 基因所致。上述结果证实了人宫颈癌的发生与 HPV - 16 E6、E7 密切相关的结论。

我们用脂质体转染 HPV - 16 全早期基因及 E6、E7 亚基因片段的方法仅能使人正常宫颈鳞状上皮原代培养细胞发生转化（获得永生化细胞）而未能充分恶性转化，即未能在裸鼠体内生瘤，这和国外一些学者仅能用 HPV - 16 或 18F6、E7 体外使人正常包皮鳞状上皮原代培养细胞获得永生化而不能在裸鼠体内形成肿瘤的结果是一致的。我们将 HPV - 16 全早期基因（包含 E6、E7）及单独 HPV - 16E6、E7 亚基因分别转化成功的永生化人宫颈鳞状上皮细胞（前者称 H16，后者称 HK16 细胞）继续分别用突变的 p53 或促癌剂 12 - 0 - 十四酰佛波 - 13 - 乙酸酯（12 - 0 - tetradecanoylphorbol - 13 - acetate，TPA）导入，结果上述永生化的 H16 及 HK16 细胞均发生充分恶性转化，即在裸鼠体内均发生肿瘤，（H16P，H16T，HK16P，HK16T 细胞），经光学镜及电镜观察显示典型的恶性形态，并向周围正常组织侵袭。用 HPV - 16 E6、E7 为探针对永生化的 H16，HK16 以及充分恶性转化的 H16T，H16P，HK16T，HK16P 进行 Southern bolt 及 Northem bolt 核酸杂交检测均证明细胞基因组中有 HPV - 16 E6、E7 的多位点整合并有 E6E7mRNA 表达。用 Western bolt 方法还可在上述细胞内检测到有 E6、E7 蛋白的表达。这一实验结果充分说明人宫颈鳞状上皮细胞无论永生化或者充分恶变均有 HPV - 16 E6、E7 的参与，是癌变的主要因素之一。又说明单一的 HPV - 16 E6、E7 尚不足以使之充分恶性，尚需要突变型的抑癌基因 p53 的协同作用使宫颈鳞状上皮充分恶性转化，或用促癌剂 TPA 与 HPV - 16 E6、E7 协同作用使细胞恶性转化。说明人宫颈癌的癌变是一个多因素、多步骤的过程，而我们用人正常宫颈鳞状上皮细胞经 HPV - 16 E6、E7 永生化所建立起的模型是研究人宫颈癌病因与癌变原理的良好手段。最近我们用 HPV - 16 E6、E7 基因构建成 HPV - 16 E6、E7 AAV，用该病毒直接感染人宫颈上皮细胞已能让上皮细胞永生。沈忠英、曾毅等用 HPV - 18 E6、E7AAV 感染人胎食管上皮细胞能直接诱发上皮细胞永生和恶性转变。估计 HPV - 16 E6、E7 也能这样。此项工作正在继续进行中。

4. HPV 疫苗：上述资料表明，宫颈癌的主要致病因素是 HPV，从根本上解决宫颈癌的方法是采用疫苗作为病因的预防。全世界的宫颈癌研究者都在致力于 HPV 疫苗的研究。由于 HPV 在体外难以培养和其本身的致癌性，完整的病毒颗粒不可能被发展为疫苗，现在研制的 HPV 疫苗大多数属于基因工程疫苗。这些疫苗根据其功能不同大致可分为两大类：即预防性疫苗和治疗性疫苗。

预防性疫苗一般以 HPV－16 的衣壳蛋白作为抗原，刺激机体产生特异性的中和抗体，用于 HPV－16 的感染。研制 HPV 预防性疫苗常用的靶抗原主要是衣壳蛋白 L1 和 12。HPV 的衣壳蛋白 L1 在真核和原核表达系统中大量表达时，可以自我装配成 HPV 病毒样颗粒。由于不同系统表达的病毒样颗粒，其结构均与 HPV 天然结构相似，且不含 HPV 的 DNA，所以，目前认为病毒样颗粒是最有应用前景的 HPV 预防性疫苗。在多种实验动物模型中都观察到，以病毒样颗粒免疫后可产生高滴度的血清中和抗体，并能保护动物免受 HPV 的实验性攻击。对不同免疫途径的研究发现，滴鼻免疫是最有效的免疫途径，可使小鼠和猴子的血清和生殖道分泌物中产生特异性的中和抗体。最新一项研究还发现，病毒样颗粒经口腔免疫小鼠，也可产生系统性的中和抗体。这提示 HPV 病毒样颗粒的抗原性在胃肠道环境中是稳定的，这一结果为大量人群免疫时采用非注射途径免疫提供了可能性。美国癌症中心正在哥斯达黎加对 6000 名妇女进行Ⅲ/Ⅳ临床试验。美国 Koustsky 等报道 2392 例经 HPV－16 型疫苗免疫者随访时间的中位数为 17.4 个月。HPV－16 感染的发生率为：安慰剂组中有发病危险者 3.8%，发生宫颈上皮肉瘤 9 例，疫苗组中感染者 0，无宫颈上皮肉瘤形成，即疫苗有可能降低发病率。

治疗性疫苗通常以 HPV－16 的早期蛋白作为靶抗原，诱导机体产生有效的针对病毒抗原的细胞毒性 T 细胞，用于 CIN 和宫颈癌的免疫治疗。这些疫苗包括载体活疫苗、多肽疫苗、蛋白质疫苗、DNA 疫苗、嵌合疫苗病毒样颗粒疫苗。

由于 E6 和 E7 在大多数宫颈癌及其癌前病变中可以持续表达，而在正常组织中并不存在，这两种蛋白可以作为发展 HPV 相关宫颈癌及癌前病变治疗性疫苗的理想抗原。大多数肿瘤特异性抗原是正常或突变的细胞蛋白，而 E6 和 E7 完全是外源病毒蛋白，由于 E6 和 E7 的持续存在是肿瘤细胞转化和维持恶性特征所必需的，因此，E6、E7 抗原可以作为靶抗原。动物实验已经显示，以 E6 和 E7 蛋白作为靶抗原免疫后可产生较好的免疫治疗作用。

针对 HPV－16E6 和 E7 蛋白的多种治疗性疫苗已经进行了动物实验。在大多数研究中，抗原主要集中于 E7 蛋白，这是因为 E7 容易获得高水平表达且易于用免疫学方法测定，而且 E7 的序列较 E6 更为保守。

（三）HPV 与食管癌：食管癌是常见的恶性肿瘤之一，全世界每年死于该病超过 30 万人，中国病人占有一半。中国是食管癌高发区，其发病率和死亡率居十大常见恶性肿瘤之前。尤其是在某些高发区，它是居恶性肿瘤之首。严重影响人们生命、健康和国计民生。

食管癌的病因和发病因素尚未十分清楚，其中以环境因素最重要的，包括化学的、物理的、生物的和营养的等因素。内因有家族遗传因素，对各种外界致癌和促癌因素的易感性等。食管癌病因研究，以化学病因，尤其是亚硝胺病因研究较为深入，并取得重要突破。生物性病因研究滞后，尤其是病毒病因的研究时起时伏，进展缓慢。近年随着分子病毒学的发展，对病毒致癌有了进一步的认识。

20 世纪 80 年代起人们注意到 HPV 可能和食管癌有关。由于分子生物学技术和分子病毒学技术的应用，使病毒的检测有新的发展，HPV 和食管癌的关系，从世界范围和我国食管癌高发区有较多的报道。

1. HPV 分子流行病学：食管癌的流行病学特点是有明显地域差异，在全世界范围或在中国皆有发病率特别高（＞200/105），和特别低（0~5/105）的地区。从世界范围看高发区和低发区食管癌发生率相差 300 倍；在中国最高和最低发病率相差 600 倍。这种差别的原因可能由于致癌因素，地理环境和种族的不同。过去所报道的结果因检测 HPV 的方法不同，因此统计 HPV 感染率也有不同，难以比较，早期以形态学指标和免疫组化或血清学检查，这些方法不如用分子生物学新技术，如 PCR、原位杂交及其他杂交方法灵敏和准确。因此我们只收集近年来用分子生物学方法检查的材料，分别列表报道世界各国和国内各地区食管癌 HPV 感染率，从中看出 HPV 感染和食管鳞状细胞癌的关系。

（1）外国各地食管癌组织检出 HPV 的百分率：选择文献报道的，以分子生物学方法检测 HPV 的资料综合于表 11。

表 11　外国范围内食管癌检出 HPV 百分率的比较*

作　者	国家	检测方法	阳性率	HPV 型
Goldsmith（1984）	Sauth Africa	ISH	22/51（43%）	HPV16，18
Ostrow（1987）	USA	ISH	0/5（0%）	
DeVilliers（1988）	Germany	ISH	2/46（4.3%）	6. 11. 16. 18
Kiyabu（1989）	USA	E6 PCR	0/13（0.0%）	None
Kulski（1990）	Australia	ISH	9/39（23%）	6. 11. 16. 18
Kim（1991）	Korea	E6 PCR	16/24（66.7%）	16. 18
Williamson（1991）	South Africa	PCR	5/11（45%）	Unknown
		PCR	10/14（71%）	L1
Benamouzig（1992）	France	ISH. dot – blot	5/12（41.6%）	6/11. 16/18
Brachman（1992）	USA	E6 and L1 PCR	3/30（10%）	16. 18
Toh（1992）	Japan	PCR	3/45（7%）	16. 18
Chaves（1993）	Portugal	PCR	8/12（66.6%）	16. 18
Poljak（1993）	Slovenia	ISH，L1 PCR	2/20（10%）	16
Ashworth（1993）	UK	ISH	0/4（0%）	Unknown
Furihta（1993）	Japan	ISH	24/71（34%）	16. 18
（1994）	Japan	ISH	13/42（31%）	16. 18
Togawa（1994）	Japan	Nested L1 PCR	2/20（10%）	16. 18
France（Lyon）	Nested L1 PCR	1/8（12.5%）	16. 18	
	Japan	Nested L1 PCR	1/4（25%）	16. 18
	Iran	Nested L1 PCR	1/8	16. 18
	USA	Nested L1 PCR	2/15	16. 18
	South Africa	Nested L1 PCR	3/18	16. 18
Lewensohn（1994）	Sweden	PCR	0/10	Noen
Benamorzig（1995）	France	E6 and L1 PCR	0/75	Noen
Fidago（1995）	Portugal	E6 PCR	9/16（37.5%）	16. 18
Smits（1995）	Netherlands	L1 and E6 PCR	0/61	Noen
Akulzu（1995）	Japan	PCR	0/33（0%）	–
Cooper（1995）	South Africa	PCR	25/48（52%）	6. 16. 18
Fidalgo（1995）	Portugal	PCR	8/16（50%）	16. 18
Suzuk（1996）	USA（Chincinnau）	ISH. E6 and L1 PCR	1/27（3.7%）	6. 16
Turner（1997）	USA，North	E7 and L1 PCR	1/51（2%）	16
West（1996）	USA	L1 PCR	1/1	73
Miller（1997）	Alaska	PCR	10/22（45%）	16
Morgan（1997）	UK	PCR	0/22（0%）	
Kok（1997）	Netherlands	PCR	0/63（0%）	

注：ISH：原位杂交；PCR：多聚酶链反应；Dot – blot：点杂交；Southern blot：Southern 杂交

从表11统计材料，方法接近有可比性。根据现有HPV检测结果，把各地区归纳为高、中、低感染区。在亚洲，中国（60%），朝鲜（66.6%）等一些地区具有食管癌HPV高感染区；日本（7%~37%），伊朗（12.8%）一些地区是中感染区；在欧洲，食管癌发病率低HPV感染率，只见葡萄牙（8/12，8/16），法国（5/12，1/8）的个别地区感染率较高；荷兰，瑞典，英国，德国最低；在美洲，阿拉斯加最高45%，美国低于13.3%；在非洲，以南非最高（11.1%~71%）；在澳大利亚感染率23%~50%不等。由于各种报道材料或检查例数多少不一，或有些地区虽是食管癌高发地区但未报道，故此资料不全，仅是粗略比较。食管癌的发生率的调查说明食管癌流行病学特征是区域性分布。全世界范围高发区有伊朗、里海地区，南非的特兰斯凯地区，哈萨克的久列埃地区，印度次大陆和中国几个高发区等。人种以中国和中国移民最高，南非和北美等地黑人高，显示了地区差异和民族差异。从统计材料可见有些食管癌高发生率地区HPV感染率也高。说明该地区HPV和食管癌有一定的关系。

（2）中国食管癌组织HPV的检出率：中国有六个食管癌高发区：河南林县，太行山区，苏北地区，大别山区，川北地区，闽粤交界（包括潮汕）地区，另有散在高发点。1987年周健在国内首先报道HPV感染与食管癌有关。随后陆续有研究人员对国内不同地区的食管癌标本进行HPV感染率的调查，结果也不一致。国内食管癌标本HPV感染率如表12。

表12   中国不同地域人食管癌标本 HPV 感染调查

作　者	标本来源	阳性率	型别	检测方法
Chang F（1990）	林县	53/80（66.3%）	HPV	Filter ISH
Chang F（1990）	林县	25/51（49.0%）	HPV-16，18	PCB
Loke（1990）	Hong Kong	0/37（0%）	Unknown	ISH
李茵（1991）	四川	12/24（50%）	HPV-16	DH SBH
Chang（1992）	China	31/71（43%）	HPV-6，11，16，18	ISH
陈碧芬（1993）	福建	24/40（60%）	HPV-6，16	PCR
Chang F（1993）	林县	85/363（23.4%）	HPV	ISH
纪震东（1994）	吉林	20/34（58.8%）	PCR	共用引物
Chang（1994）	China	9/21（43%）	Unknown	ISH
Lam KY（1995）	香港	6/75（8.6%）	HPV-16	PCH
Suzuk L（1995）	北京	3/83（3.61%）	HPV	PCR
陆士新（1995）	林县	0/35（0%）	HPV-16/18	SBH PCR
Chen（1995）	China	24/40（60%）	HPV-6，16	PCR
何丹（1996）	四川	37/103（35.9%）	HPV	PCR，SBH
庄坚（1996）	汕头	45/68（66.18%）	HPV	PCR
王修杰（1996）	四川	18/36（50%）	HPV-16	ISH
何丹（1996）	四川	37/103（35.9%）	HPV-16，18	PCB
		21（20.4%）+7.8%	HPV-16，18	Southern
Lam（1996）	Hong Kong	6/70（9%）	HPV-16	PCR
He K（1997）	四川	32/152（21.05%）	HPV-16/18	PCR-Southern analysis
周健（1997）	河南	25/90（27%）	HPV	ISH
Chang（1997）	China（North）	3/36（8.3%）		ISH
邹富英（1998）	新疆	53/104（50.96%）	HPV-6，11，16，18	PCR
Lavergne（1999）	China	10/29（34.5%）	L1	PCR

2. HPV 诱导人胎食管上皮细胞永生化和恶性转化

（1）HPV 诱导人胎食管上皮细胞永生化[65~77]：人胎食管未接触外界致癌因素，HPV - 18 E6、E7 AAV 感染人胎食管原代上皮细胞可以诱发上皮永生化。其方法是采用胎儿食管组织培养，未感染 HPV - 18 的胚胎食管上皮多数生长至 1 ~ 2 代即停顿，有的传代至 13 代，也渐退化脱落。岑山和曾毅以 HPV - 18 E6、E7 和 AAV 构建成 HPV - 18 E6、K7 AAV 病毒。以 HPV - 18E6、E7 AAV 感染人胎食管上皮细胞，继续传代，定名为 SHEE 细胞株。SHEE 细胞株传代在 10 代之前，细胞繁殖速度缓慢，平均每代 10 ~ 15 d；10 ~ 20 代细胞生长速度加快，每代约 8 ~ 12 d；至 20 代以后，培养细胞生长更快，约 6 ~ 8 d 长满培养瓶，细胞接种成功率 35%。细胞生长曲线接种后第 2 日细胞略减，第 3 ~ 8 日细胞增殖期，第 9 ~ 10 天维持高峰为平顶期，第 10 天以后逐渐减少。细胞核分裂指数（MI）为 1.20% ~ 4.80%，平均 2.47%。细胞生长呈单层平铺，具接触抑制特性。细胞形态：胞质丰富，细胞核椭圆，核仁小。软琼脂培养每克隆 2 ~ 5 个细胞。20 d 以后观察，极少克隆细胞超过 10 个，细胞呈颗粒状变性现象。裸小鼠腋部皮下接种细胞（10^6/0.2ml），接种处有小结节，20 d 以后逐渐缩小、消失。60 d 后取接种处皮肤和皮下周围组织切片，见残存少数 SHEE 细胞，呈退化变性，无浸润周围组织现象。

汕头地区是食管癌高发区，在大量食管癌标本 HPV 检测结果见表 13。

表 13　汕头地区食管瘤 HPV 检出率

作　者	年　份	阳性率（%）	方　法	HPV 型别
吕丽春	（1995）	30/34（69.77%）	PCR	HPV - 16.18
吕丽春	（1995）	45/55（81.8%）	ISH	HVP - 6，11.16.18
庄坚	（1996）	38/60（63.3%）	PCR	HPV - 6，11，18
唐纯志	（1996）	33/44（75%）	PCR	HPV - 6，11，16，18
匡忠生	（1996）	40/56（61.42%）	PCR	HPV - 16，18
岑山	（1997）	13/63（20.63%）	PCR	HPV - 18
谈浪逐	（1997）	39/63（61.90%）	PCR	HPV - 16
陈少湖[10]	（1998）	36/64（56.30%）	PCR	HPV - 16，18

注：前 5 位作者检测工作在汕头大学医学院，后 3 位作者检测在中国预防医学科学院病毒所进行

SHEE 细胞增殖、分化和凋亡等生物学特征：Ki67 核阳性增殖细胞较多，表示细胞增殖活跃。用流式细胞仪检测细胞 DNA，其增殖指数 34.03%，细胞周期统计本细胞系仍属二倍体类型。细胞角蛋白（Cytokeratin4，18）检查呈非角化型或胎儿型鳞状上皮类型。SHEE 细胞培养过程不断出现细胞死亡，细胞凋亡指数 6.19%。

透射电镜：细胞呈多角形或椭圆形，胞质较少，可见线粒体和较多内质网，有的细胞可见张力纤维。核椭圆形，核膜皱褶少，偶可见核仁，较大。扫描电镜可见 3 种表面结构：圆球状，有伪足或胞质突起贴附玻片或与其他细胞连接，表面有较多细小微绒毛是增殖状态；圆饼状，胞质铺开，有较多伪足、胞质突互相连接，中央核区隆起，有较多指状微绒毛；多角形，细胞铺平呈多角化，互相连接，核区隆起，有较多微绒毛，呈分化型形态。

染色体分析 12 个细胞染色体组，分析染色体数多在 44 ~ 54 条之间，46 条染色体 5/12，

小于46条3/12,多于46条4/12。仍属二倍体核型。随代数增加,染色体众数增加,说明染色体的不稳定性。

HPV-18 E6、E7在细胞内的检测:HPV-18 E6、K7的荧光原位杂交检测结果在荧光显微镜下,红染的细胞核中有点状的黄绿色荧光杂交点,证实细胞核内有HVP-18 E6、E7基因存在。SHEE细胞DNA HPV-18 E6、E7的PCR检测可见HPV-18 E6、E7基因片段长度为875 bp,说明SHEE含有HPV-18 E6、E7特异性片段。

HPV诱导细胞永生化要克服细胞老化(M1)和细胞危象(Crisis,M2)两个阶段。细胞老化表现在上皮细胞增大,扁平,难以连成一片,细胞出现大量颗粒,细胞凋亡,脱落。细胞危象可分为危象前期,危象期和危象后期,危象前期细胞老化、增殖停止;危象期,细胞死亡,残留少数细胞;危象后期细胞开始增殖。

(2)HPV诱导人食管上皮永生化细胞继续培养逐步出现恶性特征——癌前阶段:SHEE传到30代,培养细胞出现双相分化,部分细胞呈分化型鳞状上皮,部分呈基底细胞型,可呈灶性或呈散在分布。已分化细胞,细胞大,多角形,胞质丰富,细胞核椭圆形,规整居中,胞质角蛋白Cytokeratin18和肌动蛋白(F-actin)皆强阳性。基底细胞型细胞小,胞质极少,梭圆形。随着传代继续,分化细胞减少,未分化细胞增多,未分化细胞细胞核增殖抗原(PCNA)和Ki67皆阳性,说明增殖能力增强,电镜下见细胞张力原纤维稀少或消失。

细胞接触抑制特性减弱现象。40代以后部分细胞可在软琼脂生长,细胞集落形成,收集集落细胞扩增接种裸小鼠未能成瘤。50代以后血清依赖性减弱,细胞耐受低浓度血清培养,5%血清生长良好,50代以后,5%,2.5%血清交替培养仍可维持生长。超4倍体和不整合体细胞不断增加。60代有部分细胞恶变,说明本细胞系生物学特性不断向癌前和癌变发展。

(3)永生化细胞恶性转化:HPV-18 E6、E7诱导的胚胎食管永生化上皮,经3年半的培养,除了每10代细胞冻存外,经各实验中传代已传至90代,通过各个实验,严密监控细胞的生物学特性,发现不同代数细胞各种特性不同,有表型改变,染色体和基因的改变。永生化食管上皮SHEE30代,开始出现双向分化,30代分化型上皮占优势,40代分化好和分化差细胞各占一半,60代以分化差的占优势,部分细胞呈现致瘤性。85代以后细胞出现完全恶性转化,体内、外侵袭试验证明有较强侵袭性。

1)细胞表型变化:20代之前,细胞生长较慢,有分化和老化,退化和死亡现象较多见,常出现传代3~5代,自动消退死亡,未能继续传代。细胞群体中可分三种细胞:增殖新生细胞,体积较小,可见核分裂;分化细胞,细胞体较大,胞质较多,核饱满,椭圆形,核分裂少。衰老细胞,细胞大,浆更多,出现较多颗粒(相差活细胞观察),有的细胞核有皱缩现象。细胞群体锚锭生长和接触抑制两特性明显,此为永生化前阶段。20代以上细胞永生化,细胞继续传代未见间断,增殖细胞为主,部分可呈分化、衰老和凋亡,保存鳞状上皮基底层特征,但染色体已有改变。此为永生化分阶段。30代以上细胞,呈双相分化期,分化差细胞散在逐步发展。40代以后,细胞接触抑制特性减弱,收集软琼脂(0.5/0.1%软琼脂)细胞集落继续培养,说明锚锭生长特性减弱,尚未能成瘤,此为双相分化阶段。接种裸鼠未能成瘤;60代以后接触抑制和锚锭生长特性减弱,有灶性多层细胞生长,细胞大小不一。第60代细胞经优选取克隆细胞,接种SCID小鼠能形成肿瘤。Reznikoff培育的HPV-16 E6诱发的输尿管上皮永生化细胞,在40代20个月后出现有转化表型。Oda(1996)永生化上皮经 4 年 350 代培养未见恶性转化。说明皆有较长的转化潜伏期。培养至 85 代细胞异型性明显接种 SCID 小鼠腹腔见有广泛侵袭肠系膜、胰腺、肠壁。

2) 细胞增殖周期改变：比较不同代数细胞从 10 代至 85 代，细胞周期中 S 期，G_2M 期细胞百分率增高，说明细胞增殖指数不断增加，出现较多超 4n，6n，8n 和不整倍体细胞。

3) 染色体的改变：有报道用 HPV E7 诱导人尿路上皮细胞系永生化，其染色体稳定，因此其表型变化不大。用 E6 诱导的永生化细胞出现多数染色体改变，其核型的不稳定性及基因不稳定性；E6、E7 皆可使细胞产生多倍体；pRb 失活，使细胞增殖，产生自发转化。本室用 HPV 18 E6、E7 诱导的食管上皮永生化，染色体改变不断加剧，染色体众数不断增加，出现众数分离。由染色质众数从 SHEE10 44 ~ 56，转变为 SHEE31 59 ~ 62，进而 SHEE61 转变为众数分离为 57 ~ 60，63 ~ 65 两组，至 SHEE85，染色体众数为 58 ~ 65 至此 SHEE 系列细胞仍属超二倍体和亚三倍体。高倍体和不整倍逐步增加，在染色体 1，7，9，13，17 等多见 3 体和 4 体型。说明不整倍体的改变是本细胞系的特点，随着代数增加染色体数目和结构不断改变，说明本细胞系是遗传（染色体）高度不稳定性。

4) 端粒长度和端粒酶活性：正常食管黏膜上皮组织端粒平均长度约为 30 kb，而食管癌组织、食管细胞癌系和永生化食管上皮细胞系的端粒长度明显缩短，至 17 代在 6.6 ~ 2.0 kb 之间波动。端粒酶成分 hTR 在 SHEE15 代开始测到活性。永生化食管细胞系 SHEE 从 16 代到 85 代的传代过程中，端粒长度略有增长的趋势，从约 3.0 kb 增长为约 4.0 kb。

以上四方面进行性改变，说明 HPV – 18 E6、E7 诱导的永生化食管上皮（SHEE）不断地演变，可以自发恶性转化，其过程经历几个阶段：①永生化前期，细胞生长不稳定阶段；②永生化阶段，细胞永生化特性稳定；③双相分化阶段，锚锭生长和接触抑制特性减弱，经受低血清培养。④癌前阶段，经筛选优势克隆细胞已能成瘤性。⑤完全恶性转化阶段，细胞有侵袭能力。每一阶段皆有遗传性状的改变和选择性克隆增殖过程。

细胞永生化和恶性过程皆需较长时间的演变，在细胞遗传性状不稳定性，如染色体不稳定性，异倍体不断产生和基因继续突变，这些变化要累积至一定程度方出现表型变化。因此诱导细胞永生化和恶性转化不是个别基因突变所能完成，需大量基因的改变，大量基因改变非一朝一夕之功，而是要在不能自我催化（Autocatalysis）作用下经几代和几十代遗传性状改变方能出现，因此需假以时日。

本细胞系是胚胎 4 个月食管上皮细胞系，具有强增殖的潜力，在 HPV18 E6、E7 诱导下，染色体的改变明显，染色体不稳定性，显示了遗传不稳定性；由端粒酶的活化，使细胞得以永生；不断传代，染色体改变加剧，导致细胞逐步获得恶性特性，符合"非整倍体肿瘤形成的假设"。由于本细胞系 SHEE 系多克隆，细胞转化步调参差不齐，通过竞争细胞适者生存，即选择性克隆增殖。因此需有较长时间（60 ~ 85 代）方见整体转化特征（表 14）。Hahn（1999）三基因转化实验也经 60 代漫长时间方转化。

3. 肿瘤病毒与促癌因素、化学或物理致癌物起协同作用诱发食管上皮永生化细胞恶变：HPV 诱导永生化细胞，具有生长和增殖优势，染色体不稳定性和癌基因活化和抗癌基因抑制等生物学基础，因此永生化上皮可认为是处于癌前状态，如有内外环境促癌因素，例如 12 葵豆蔻（TPA），亚硝胺，氧化砷，苯丙芘，^{60}钴放射，丁酸等外源性化学、物理因素，皆可促使永生化上皮恶性转化。甚至各种细胞因子，也可能有促癌作用[75~77]。

表 14　HPV - 18 E6 E7 诱导胚胎食管上皮永生化和恶性转化生物特性改变

	永生化前	永生化	双向分化 （散在细胞）	恶变前期 （克隆改变）	恶性转化
人胚胎食管上皮	SHEE10→	SHEE20→	SHEE30→	SHEE60→	SHEE80
增殖	+	+ +	+ +	+ +	+ + +
分化	+ +	+	双相（散在）	双相（克隆）	±
接触抑制	+ +	+ +	+	+	-
锚锭依赖	+ +	+ +	+	+	-
凋亡	+ - + +	+	+	+	+
染色体众数				+	
端粒长度	缩短	稳定	稳定	长度略增	长度略增
端粒酶	-	+	+	+	+
HPV - 18 E6 E7	+	+	+	+	+

四、乙型肝炎病毒与肝癌　在中国大陆、中国台湾和中国香港，南非，塞内加尔和菲律宾进行流行病学调查表明乙肝病毒感染与肝细胞癌的发生有密切联系，乙肝病毒慢性感染高发地区，肝细胞癌发生也高。前瞻性调查研究也证明乙肝病毒慢性感染是肝细胞癌发生的高危因素。肝细胞性肝癌是在乙肝病毒持续感染数十年后发生的，特别是在慢性肝病，由肝细胞再生和纤维化取代损坏的肝细胞，由于长期的肝细胞再生，就有可能出现肝细胞的突变，从而导致癌的发生。

（一）肝炎病毒在癌变发生中起重要作用的根据

（1）在肝癌高发区的大多数肝癌细胞中可以发现有乙肝病毒的 DNA。

（2）在大多数带 HBV 的肝硬变和增生的肝细胞中可以查到乙肝病毒抗原。慢性肝炎带毒者的肝细胞核内仅 5% ~15% 有 HBX 抗原，而肝硬变和增生者的肝细胞核内有 HBX 抗原。后者发生肝癌的概率大得多。因此核内的 HBX 抗原在肝癌发生中的作用可能是很重要的。

（3）在一些肝癌细胞中发现抗癌基因 $p53$ 有基因突变，或缺失。这可能与肝癌发生有关，但在肝癌细胞中也发现有野生型 $p53$，此外，$p53$ 的突变多发现在肝癌的晚期，而不是早期，因此，可能 $p53$ 的作用还有其他机制。在体内和体外的研究证明，$p53$ 与抗 HBX 抗体，或 HBX 抗原与 $p53$ 抗体能结合起免疫沉淀反应。这支持肝癌病人肝细胞内 HBX 抗原与抗癌基因 $p53$ 能结合的观点。HBX 抗原与 $p53$ 结合，使野型 $p53$ 蛋白稳定，而使 $p53$ 的功能失活。这在肝癌的发生中可能起重要的作用。HBX 抗原与 $p53$ 的结合与 DNA 肿瘤病毒如 Papova 病毒、乳头瘤病毒和腺病毒编码的蛋白与 $p53$ 结合很相似。然而与这些 DNA 肿瘤病毒诱发细胞恶性转化的时间相比较，从 HBV 的感染至原发性肝癌的出现所需期间很长，部分原因可能是由于 HBX 抗原在核内的积累和与 $p53$ 结合的能力有关。细胞分化的状态或细胞周期的不同阶段可能影响 HBX 抗原在核内的定位。肝硬化结节较慢性持续性肝炎更处于细胞快速分裂状态，这与产生 HBX 抗原的量可能有关，前者有更多的 HBX 抗原，可与 $p53$ 结合，更容易发生肝癌。

（4）在转移乙型肝炎病毒表面抗原基因小鼠中发现肝内有多灶性结节增生。

（5）在外来强启动子的作用下，乙肝病毒调基因的表达能使 NTH 3T3 细胞恶性转化，在裸鼠形成肿瘤。

（6）转染 HBV DNA 到带有 SV40T 抗原的胎鼠肝细胞，建立了 HBV DNA 重排列的恶性克隆细胞。

（7）转移 X 基因的小鼠能发生肝癌和肝腺癌，他们能持续地表达 HBX 抗原。

（二）动物实验：动物实验也证明乙肝病毒与肝细胞癌的关系。广西肿瘤医院将带乙肝病毒的血液接种到树鼠体内，动物可以发生肝细胞癌，并可在肝癌细胞中找到乙肝病毒的 DNA[78]。

从土拨鼠（Wood Chuck）、家鸭、松鼠、鹅和灰苍鹭分离到 Wood Chuck 肝炎病毒。将其接种到新生土拨鼠，1 年后发生肝癌。这些动物没有肝硬变，肝癌是在有少量周围淋巴细胞浸润的小肝炎的基础上发生的。病毒 DNA 重排列，并显示为单克隆的整合形式。

如何解释这些资料尚属困难，仍不能排除肝细胞的持续再生，最终导致肝癌的发生。然而很可能的是 HBV 的特异功能通过顺式或反式作用以启动或维持细胞的增生。土拨鼠肝炎病毒 DNA 常整合在特殊部位，形成肝细胞性肝癌后，有 C – myc，erb – A 或激素受体基因的重新排列和加强表达，这可能是肝炎病毒顺式作用的结果。另外，X 或 Pres 序列的重排列可能改变转录的功能，从而刺激细胞的增生。

（三）癌细胞染色体的改变：在肝细胞肝癌发现第 11 对染色体短臂的改变和 13 对染色体长臂的缺失。抗癌基因是在这个位置，在正常情况下，它是防止肝癌的发生。在肝细胞癌 p53 有点突变（Hsu et al 1990）。肝细胞癌同时多发生在黄曲霉毒素高的地区。因此，乙肝病毒感染与化学致癌因素可能有协同作用。

没有乙肝病毒的肝细胞癌，可能与其他 RNA 病毒，如丙型肝炎病毒感染有关。丙型肝炎病毒常引起持续感染，伴有肝细胞损伤和肝细胞再生。在西非洲、东南亚和我国进行的乙型肝炎疫苗的预防将进一步澄清乙型肝炎病毒在肝癌发生中的作用。

（四）乙型肝炎病毒 HBV 与黄曲霉毒素协同诱发人胎肝细胞癌变：黄曲霉毒素能诱发肝癌。据流行病学调查我国肝癌高发区如广西、广东等地存在黄曲霉毒素和乙型肝炎病毒（HBV）引起的慢性肝炎较多，为了证实 HBV 与黄曲霉毒素在诱发肝癌中的作用，我们用 HBV 感染胎儿肝细胞，然后接种于裸鼠，再给裸鼠皮下注射黄曲霉素，每周 2 次，2 个月后皮下出现肿瘤，经病理组织学证明为肝细胞癌。单独黄曲霉诱发肿瘤的成瘤率为 13.3%，单独 HBV 感染组未见肿瘤。HBV 和黄曲霉组的成瘤率上升至 27.3%，经原位杂交及 PCR 扩增证实 HBV X 基因仍存在，表明 HBV 与黄曲霉毒素起协同作用，大大促进癌的发生[79]。将 HBV 加黄曲霉毒素诱发的肿瘤组织进行体外细胞培养，获得二株肝癌细胞，该肝癌细胞株仍带有 HBV X 基因[80]。这是国际上首次用 HBV + 黄曲霉毒素诱发出人肝细胞肝癌，可以作为研究 HBV 及黄曲霉毒素致癌作用的模型。

五、人类疱疹病毒（HHV – 8）与卡波西肉瘤　卡波西肉瘤（Kaposi's Sareoma）是血管内皮细胞肉瘤，长期以来其病因未能解决。曾怀疑是由人巨细胞病毒（CMV）引起的，因曾从卡波西肉瘤中分离到此病毒。1994 年张等首先从艾滋病人的卡波西肉瘤中发现一种新的病毒[81]，即 HHV – 8 与卡波西肉瘤密切相关。后来大量流行病学和分子流行病学调查研究证明 HHV – 8 是卡波西肉瘤的病因。此外 HHV – 8 还与原发性渗出物淋巴瘤（prirnary effusion lymphoma，body – cavity base lymphoma）及某些 castlemens 疾病有关。

（一）HHV－8 结构：在电镜下可见 HHV－8 为典型的疱疹病毒特点。病毒颗粒直径为 140 nm，外有脂肪囊膜，内有壳及病毒 DNA。病毒的基因组约有 165 kb，两端重复序列约 800 bp，富含 G：C（84.5%）。基因组是高度稳定的。已证明 HHV－8 有使细胞转化的基因。

（二）宿主范围及感染的细胞：人类是 HHV－8 的自然宿主，未发现动物有自然感染的情况存在。HHV－8 可感染内皮细胞，外周血单核细胞（PBMC）、B 淋巴细胞及巨噬细胞，可以潜伏形式或裂解形式存在于 PBMC。HHV－8 可存在其他组织，如正常人的前列腺组织及艾滋病人的神经节的前根。可以从艾滋病人的唾液、痰、精液、漱口液、肺囊管、肺泡液中分离到 HHV－8 DNA。可以用荧光显微镜、Elisa 法及蛋白印迹法检测 HHV 抗体。

（三）病毒体外培养：目前尚未有可以培养 HHV－8 高滴度细胞培养系统。一些原发性渗出性淋巴细胞瘤有潜伏 HHV－8 感染，可以用促癌物 TPA 或丁酸激活，可将 HHV－8 DNA 转染到 Raji、BJAB 等细胞株。可以用 293 细胞直接从卡波西肉瘤培养病毒，病毒能复制、转化，但病毒量很少，需 PCR 扩增证明病毒存在。

（四）病毒传播途径：HHV－8 病毒主要是经性传播的。在高发区青年人的卡波西肉瘤可能是通过母婴垂直传播的，有时可通过器官移植传播。

（五）HHV－8 与卡波西肉瘤：1972 年 Moriz Kaposi 首先描述了卡波西肉瘤。卡波西肉瘤可分为散发型、地方型和艾滋病相关或和器官移植免疫有关的流行型。但所有的卡波西肉瘤的组织病理学是一样的。散发型（亦称经典型）卡波西肉瘤主要发生在沿地中海东欧，地方型主要是在部分非洲国家。流行型主要与艾滋病有关。

散发型及地方型主要侵犯皮肤，主要患者为青年，平均病程为 10～15 年。儿童发病较成人重，不仅侵犯皮肤，而且侵犯淋巴系统及内脏。在器官移植病人常用激素或有细胞毒的药物的病人，卡波西肉瘤常侵犯内脏淋巴结和面部皮肤。流行型的卡波西肉瘤常见为多发迅速发展，可以侵犯各部位的皮肤及内脏器官。

从艾滋病人的卡波西肉瘤中，80%～100% 的组织中有 HHV－8 的 DNA，其中以非洲的最高。在我国新疆少数民族的卡波西肉瘤中 HHV－8 的 DNA 阳性率达 70%。这与 HIV－1 无关。汉人中与 HIV 无关的卡波西肉瘤也发现有 HHV－8 的 DNA。新疆少数民族正常人的 HHV－8 抗体可高达 30% 以上，而汉人则较低。中国艾滋病人的血清中 20% 有 HHV－8 抗体[82-84]。关于 HHV－8 与卡波西肉瘤的关系，仍待进一步深入研究。

〔原载《肿瘤学》天津科学技术出版社等，2005，92－115〕

参 考 文 献

1 刘育希，曾毅，董温平，曹桂茹．应用免疫酶法测定鼻咽癌病人的免疫球蛋白 A 抗体．中华肿瘤杂志，1979，1：8

2 曾毅，商铭，刘纯仁，程一瞿，等．我国八个省市鼻咽癌病人 EB 病毒壳抗原的免疫球蛋白 A 抗体的测定．中华肿瘤杂志，1979，1：8－11

3 邓洪，曾毅，王培中，李秉均，雷一鸣，郑裕明，黄碧珍．鼻咽癌血清学早期诊断的应用研究．中国肿瘤，2000，9（11）：500

4 钟建明，曾毅，刘育希，韦继能，皮国华，祝积松，莫永坤，成积儒．鼻咽癌病人和正常人唾液中 EB 病毒 IgA/VCA 抗体．中华流行病学杂志，1980，1：225－226

5 李万钧，李振权，等．鼻咽癌临床血清学研究，治疗前 1 006 例血清 IgA/VCA 结果分析．癌症，1982，1：43

6 邓洪，曾毅，黄乃琴，黄玉英，黎跃，苏辉民，钟汉桑，练英熙，王培中，C. de The. 广西梧州市鼻咽癌现场 10 年的前瞻性研究．病

毒学报，1992，8，32－37

7 邓洪，赵正保，张政，皮至明，李秉均，廖建，黎而介，李可能，胡良芳，银佑长，王培中，曾毅．广西21市县338 868人鼻咽癌血清学普查．中华预防医学杂志，1995，29：342－343

8 钟建明，曾毅，廖建，李秉钧，潘文俊，严壮南，韦继能，王培中，黎而介．Epstein－barr病毒IgA/VCA抗体变动规律和鼻咽癌发病的关系．中华实验和临床病毒学杂志，1996，10（3）：225－228

9 曾毅，杜滨，苗学谦，M. Mackett，J. R. Arrand．用PO4细胞为靶细胞检测人血清中Epstein～Barr病毒IgA/MA抗体以诊断鼻咽癌．病毒学报，1987，3：396－397

10 杜滨，曾毅，H. Wolf．鼻咽癌患者血清中抗EpsteinBarr病毒早期和晚期膜抗原抗体的检测．病毒学报，1987，3：119－121

11 李稻，曾毅，纪志武，方仲，G. Pearson．鼻咽癌血清中Epstein－Barr病毒早期抗原特异性抗体的IgA类抗独特型抗体的检测．病毒学报，1992，8，26

12 李稻，曾毅，Cochet Chantal，Joab Irene．鼻咽癌病人血清中IgG/Zebra抗体的ELISA法检测．病毒学报，1994，10：78－80

13 曾毅，Jean－claude Nicolas，Guy Schwaab，Guy dP The，Bernard Clausse，Thomas Tursz，Irene Joab. Epstein－Barr病毒相关疾病的IgG/Z抗体检测．病毒学报，1992，8，218－222

14 黎而介，谭碧芳，曾毅，王培中，钟建明，邓洪．45例EB病毒IgA/VCA抗体阳性者鼻咽黏膜组织学改变追踪观察．广西医学，1982，5：2－3

15 Desgranges C Pi C H，Zeng Y. deThe'G. Detection of EBV DNA Internal Repeaks in the Mucosa of Chinese with IgA/EBV specific Antibodies. Int J Cancer，1982，29：87

16 Desgranges C. Pi C H. Bomkamm G. Zeng Y. Presence of EBV－DNA Sequences in Nasopharyngeal cells of Individuals without IgA/VCA Antibodies，Int J Cancer，1983，32：543－545

17 中国医学科学院肿瘤研究所病毒室，病毒学研究所肿瘤病毒室，等．人体鼻咽癌上皮样细胞株和梭形细胞株的建立．中国科学，1978，1：113

18 谷淑燕，唐慰平，曾毅，赵明伦．从低分化鼻咽癌建立上皮细胞株．癌症，1993，2：70－73

19 焦伟，周薇雅，张兴，王培中，黎而介，黄立国，陆胜经，曾毅，于庚庚，滕智平．人鼻咽癌肝转移灶裸鼠移植瘤模型的建立（CNT－1）及特性的研究．广西医学，1995，17：10－12

20 苏玲，滕智平，赵全壁，曾毅．高分化及低分化鼻咽癌细胞株中Epstein－Bart病毒潜伏感染膜蛋白（LMP1）基因的原位杂交与克隆及序列分析．病毒学报，1995，11：114－118

21 余升宏，陈卫平，李扬，曾毅．鼻咽癌组织中Epsteinbarr病毒潜伏感染膜蛋白基因片段的克隆及分析．病毒学报，1995，11：10－14

22 Teng ZP，OOKA T，Huang D，Zeng Y. Detection of Epstein－Barr DNA in well and poorly differential Naropharyngeal carcinome cell lines. Vurus Genes，1996，13：53－60

23 陈卫平，李扬，王惠，曾毅．抗癌基因Rb在大肠埃希菌中的表达．病毒学报，1994，10：19－23

24 陈卫平，黄振录，韦荣干，李扬，刘时才，黎而介，曾毅．$p53$蛋白在鼻咽癌组织中的过量表达．病毒学报，1994，10：72－74

25 陈卫平，李扬，余升宏，周薇雅，王培中，曾毅．鼻咽癌组织中$p53$基因249位点未发现突变．病毒学报，1994，10：75－76

26 Chen W P，Lee Y，Wang H Yu G G，et al. Suppression of Human Nasopharyngeal Carcinoma Cell Growth in Nude Mice by the Wide－Type $p53$ Gene. J Cancer Res Clin Oncol，1992，119：46－48

27 周玲，姚家伟，陈志坚，周薇雅，李德锐，A. Rickinon，曾毅．免疫斑点法检测特异性EBV潜伏膜蛋白2合成肽的细胞毒T淋巴细胞．中华实验和临床病毒学杂志，2000，14：384－385

28 周玲，姚庆云，Steve. Lee，A. Rickinon，曾毅．鼻咽癌病人和正常人群中EB病毒特异性T细胞对靶抗原的识别和应答．病毒学报，2001，17：7－10

29 广东中山县肿瘤防治队，中国医学科学院肿瘤研究所,病毒学研究所肿瘤病毒室.正常人群血清中 EB 病毒补体结合抗体水平的调查研究.中华耳鼻喉科杂志,1978,1:22

30 曾毅,皮国华,沈淑静,张钦,赵明伦,马娇莲,董翰基,应用抗补体免疫酶法检查鼻咽癌细胞和鼻咽部上皮细胞中的 EB 病毒核抗原.中国医学科学院学报,1980,2:220-223

31 Lu SL, Day NE, Degos L, Lepage Y, Hung PC, Chan SHM, Mcknight B, Easton D, Zeng Y, de The G. The genetic basic for nasopharyngeal carcinoma of linkage to HLA Region Nature, 1990, 346:479-471

32 Feng, Z Chou, YX Zeng et al. Genome - wide scan for familiar nasopharyngeal carcinoma evidence of linkage to choromosome 4 Nature Genetics, 2002, 31:395-399

33 纪志武,曾毅.乌柏,射干和巴豆油对 3 - 甲基胆蒽诱发小白鼠皮肤肿瘤的促进作用的研究.癌,1989,5:350

34 倪芝瑜,曾毅,夏恺,等.广西常见的五种具激活 EB 病毒早期抗原作用植物.宁波师范学院学报,1985,3:134-137

35 胡垠玲,曾毅.某些中草药提取物促进 EB 病毒对淋巴细胞的转化.中华肿瘤杂志,1985:417-419

36 胡垠玲,曾毅,伊藤洋平.巴豆油,黄芫花和了哥王对兔乳头瘤病毒诱发的兔乳头瘤的促进作用.病毒学报,1986,2:81-92

37 胡垠玲,曾毅.丁酸钠促进 EB 病毒对淋巴细胞转化的研究.癌症,1986,5:243-246

38 倪芝瑜,黄长春,陆小鸿,曾毅,钟建明.激活 Raji 细胞早期抗原植物的研究.广西植物,1988,8:291-296

39 曾毅,王嫣,叶树清,苗学谦,钟建明.中成药乙醚提取液对 Raji 细胞的 Epstein - Barr 病毒早期抗原的诱导.病毒学报,1986,3:306-309

40 潘世成,姚开泰.鼻咽癌的化学性致癌因素研究、鼻咽癌病因和发病学的研究.区宝详.曾毅主编.北京:人民卫生出版社,1985,30-46

41 曾毅,等.土壤中含 EB 病毒诱导物的检测.病毒学报,1985,1:122-125

42 郭秀婵,盛望,张水利,黄蒸萍,T OOKA,曾毅.EB 病毒 BARF1 基因协同 TPA 诱发猴肾上皮细胞恶性转化的研究.中华实验和临床病毒学杂志,2001,15:321-323

43 刘振声,李保民,刘彦仿,曾毅.EB 病毒与促癌物协同作用诱发人鼻咽癌恶性淋巴瘤和未分化癌的研究.病毒学报,1996,12:1-8

44 Haluska F G, Finvers Yoshihide Y, and Crocs C M. the t(8:14)chromosomal translocation occurring in B - cell malignancies results from mistakes in V - D - J joining Nature, 1986, 324:158-161

45 何祖根,郭秀婵,黄燕萍,林冬梅,周玲,曾毅.T 细胞淋巴瘤中 EB 病毒感染情况的研究.中华实验和临床病毒学杂志,2003,16:30-34

46 黄燕萍,郭秀婵,何祖根,曾毅.EB 病毒诱导胸腺恶性 T 细胞淋巴瘤的研究.病毒学报,2001,17(4):289-294

47 黄燕萍,郭秀婵,何祖根,曾毅.EB 病毒诱导的胸腺恶性 T 细胞淋巴瘤细胞体外长期培养的研究.病毒学报,2002,18:34-38

48 Himrma Y, Nagata K, Hanaoka M, Nakai M, matsumato T, et al. Adult T - cell line and detection of antibodies to the antigen in human sera. Proc. Nat. Acad. Sci. USA, 1981, 78:6476-6480

49 Gessain A, Yanahigara R, el al. Highly divergent molecular variants of human T lymphotropic virus type. 1 from isolated populations in Papora New Guinea and the Solomon llands, 1991, 88:7684-7698

50 Gout O, Banlae M, et al. Raoud development of myetopathy after HTLV - Ⅰ infection acquired by transfusion during cardiac transplantation. New England J. Medicine, 1990, 322:383-388

51 Gessain, A., Barin F., Bernant J. C., et al. Antibodies to HTLV Ⅰ in patient with tropical spastic paraparesis. Lancet, 1985, 92:407-410

52 杨锦华,陈国敏,余秀葵,庄春兰,郑璇,庄坚,陈慎奔,廖传红,张永利,曾毅.广东省人群中嗜 T 细胞病毒Ⅰ型感染的血清流行病学调查及其与人类疾病的关系.中华实

验和临床病毒学杂志, 1997, 11: 56-58

53 孙荷, 陈国敏, 杜文慧, 欧阳小梅, 庞月婵, 何有明, 张君芬, 张永利, 曾毅. 新疆南疆地区嗜人T淋巴细胞病毒I型血清流行病学调查. 中华实验和临床病毒学杂志, 1997, 11: 366-368

54 陈国敏, 薛守贵, 张永利, 林惠添, 董德华, 林星, 魏礼康, 陈武, 曾毅. 我国福建福清地区 HTLV-I 无症状携带者体内 HTLV-I 病毒核酸的检测. 病毒学报, 1995, 11: 374-376

55 何士勤, 秦克旺, 方征, 曾毅等. C型逆转录病毒与人类白血病因的探讨. 人兽共患病杂志, 1992, 8: 11-12

56 陈国敏, 何士勤, 王柠, 张永利, 曾毅. 用聚合酶链反应检测T细胞白血病/淋巴瘤中 HTLV-I 前病毒 DNA. 病毒学报, 1994, 10: 366-368

57 薛守贵, 陈国敏, 林惠添, 张永利, 董德华, 曾毅, 林星, 魏礼康. 福建部分沿海地区嗜人T细胞病毒I型血清流行病学调查及病毒携带者的临床研究. 中华实验和临床病毒学杂志, 1996, 10: 42-45

58 Coggin J R Jr and zur Hansen H, Workshop on papillomaviruses and cancer. Cancer Res, 1979, 39: 545-546

59 Gissmann L and Schwarz E. Persistence and expression of HPV DNA in genital cancer, In: Papillomaviruses. Everecl D and Clarks (eds), CIBA Symp, John Wiley and Sons. New Youk, 1986

60 Jenson AB and lancaster E D. Association of human papillomavirus with benign, premalignant and malignant anogenital lesions. In: Papillomaviruses and Human Cancer. Ed. By Piister H., CRC Press, Boca Raton, FL, 1990

61 Baker C. C Structural and transcriptional analysis of human papillomavirus. In: Genetic maps: locus maps of complex genomes. CSH Laboratory Press. Clod Spring Harbor, NY. (O'Breen S J. ed), 1993, 1134-1146

62 Brooks G F, Butel JS, Ornston LN, Jawetz E, et al Tumor viruses and onoogenes, In: Jawetz, Melnick and Adelberg's Medical Microbiology. 19th edition. Eds: Brooks, G, F. et al (eds),

1991; 561-566, Appleton and Lange, Norwalk/SaMaeo, 1991

63 赵富玺, 涂伯林, 司静懿, 等. 应用共有引物的 PCR 法检测宫颈癌组织中的人乳头瘤病毒和 PFLP 分析. 中华微生物学和免疫学杂志, 1993, 13: 320-332

64 韩日才, 司静懿, 等. 人子宫颈癌活检组织中病毒 DNA 相关序列的检测. 中华医学杂志, 1988, 68: 387-390

65 Shen ZY, Hu SP, Lu LC, Tang CZ, Kuang ZS, Zhong SP, Zeng Y. Detection of HPV in Esophageal Carcinoma. J Med, Virol, 2002, 68: 412-416

66 沈忠英, 岑山, 蔡维佳, 滕智平, 沈健, 胡智, 曾毅. 人乳头状瘤病毒18型E6、R7基因诱导人胎食管上皮永生化. 中华实验和临床病毒学杂志, 1999, 13: 121-123

67 沈忠英, 沈健, 蔡维佳, 岑山, 曾毅. 人乳头状瘤病毒18型E6、E7基因诱导胎儿食管永生化上皮的生物学特征. 中华实验和临床病毒学杂志, 1999, 13: 209-212

68 Shen ZY, Xu LY, Chen XH, Zeng Y, et al. The genetic events of ltPV-immortalized esophageal epithelium cells. International journal of molecular medicine, 2001, 8: 537-542

69 Shen ZY, Xu LY, Zeng Y, et al. Immortal phenotype of the esophageal epithelial cells in the process of immortalization. International journal of molecular medicine, 2002, 10: 641-646

70 沈忠英, 陈晓红, 沈健, 蔡维佳, 陈炯玉, 黄天华, 曾毅. 人乳头状瘤病毒诱导人胎食管上皮永生化细胞恶性转变. 病毒学报, 2000, 16: 97-101

71 Shen ZY, Cen SH, Zeng Y, et al. Study of immortalization and malignant transformation of human embryonic esophageal epithelial cells induced by HPV18 E6, E7. J cancer Res Clin Oncol, 2000, 126: 589-594

72 许丽艳, 沈忠英, 李恩民, 蔡维佳, 沈健, 李淳, 洪超群, 陈炯玉, 曾毅. HPV18 E6、E7基因诱发的人胎儿食管上皮永生化和恶性转化细胞端粒长度和端粒酶活性. 癌变·畸变·突变, 2001, 13: 137-140

73 Shen ZY, Xu LY, Zeng Y, et al. A comparative study of telomerase activity and malignant phenotype in multistage carcinogenesis of esophageal epithelial cells induced by human papillomavirus. International journal of molecular medicine, 2001, 8: 633 – 639

74 Shen ZY, Xu LY, Zeng Y, et al. Telomere and telomerase in the initial stage of immortalization of esophageal epithelial cell. World J Gastroenterol, 2002, 8: 357 – 362

75 沈忠英, 蔡维佳, 沈健, 许锦阶, 岑山, 滕智平, 胡智, 曾毅. 人乳头状瘤病毒 18 型 E6、E7 和 TPA 协同诱发人胚上皮细胞恶性转化的研究. 病毒学报, 1999, 15: 1 – 6

76 沈忠英, 陈铭华, 蔡维佳, 沈健, 陈炯玉, 洪超群, 曾毅. 丁酸钠对食管永生化上皮细胞增殖、分化和凋亡的作用. 中华病理学杂志, 2001, 30: 121 – 124

77 沈忠英, 沈健, 蔡维佳, 陈铭华, 曾毅, 等. 丁酸钠对人乳头状瘤病毒诱导的永生化食管上皮细胞恶性转化的促进作用. 中华病理学杂志, 2002, 31: 327 – 330

78 Li Y, Su J, Qin L, et al. Synergetic effect of hepatitis B virs and aflatoxin B1 in hepatocarcinogenesis in tree shrews J. Ann Acad Med Singapore, 1999, 28: 67 – 71

79 蓝祥英, 郭秀婵, 周玲, 张永利, 沈忠英, 曾毅. 乙肝病毒和黄曲霉素协同作用在裸鼠体内诱发人胎肝细胞癌变的研究. 病毒学报, 2001, 17: 200 – 204

80 郭秀婵, 蓝祥英, 周玲, 滕智平, 张水利, 陈炯玉, 沈忠英, 曾毅. 乙肝病毒和黄曲霉素协同作用诱发人肝细胞癌细胞株的建立. 病毒学报, 2001, 17: 205 – 209

81 Zhang Y, Cesarman E, Pessin MS, Lee F, et al. Identification of herpesvirus – like DNA sequences in AIDS – associated Kaposi's sarcoma. Science, 1994, 266: 1865 – 1869

82 滕智平, 冯加武, 王爱霞, 王自春, 余红, 徐莲芝, C. Wood, 耿运琪, 曾毅. 在 AIDS 的卡波西肉瘤病人中检测 HHV – 8 基因和抗体. 中华实验和临床病毒学杂志, 1998, 12: 87 – 88

83 陈国敏, 曾毅. 人疱疹病毒 8 型 330 基因片段的检出与 Kaposi 肉瘤的关系. 病毒学报, 1999, 15: 275 – 276

84 杜文慧, 陈国敏, 孙荷, 曾毅. 新疆地区普通人群中人疱疹病毒 8 型 IgG 抗体的调查报告. 中华实验和临床病毒学杂志, 2000, 14: 44 – 46

319. 腺病毒载体介导密码子优化型 HPV16 L1 基因在哺乳动物细胞中的高效表达及病毒样颗粒的装配

传染病预防控制国家重点实验室　中国疾病预防控制中心病毒病预防控制所

周玉柏　周　玲　吴小兵　曾　毅

〔摘　要〕　为研究重组腺病毒载体作为 HPV16 预防性疫苗的可行性, 构建了含密码子优化型 HPV16 L1 基因的重组腺病毒, 并对优化基因在哺乳动物细胞中的表达进行研究。首先按照哺乳动物密码子偏好对野生型 HPV16 L1 基因进行改造并合成优化基因, 命名为 mod. HPV16 L1。将 mod. HPV16 L1 基因克隆到穿梭质粒 PDC316 上, 与骨架质粒共转染 293 细胞, 在细胞内包装重组腺病毒 rAd – mod. HPV16 L1。用免疫印迹法检测病毒感染的 293T 细胞中 HPV16 L1 蛋白的表达。通过 Optiprep 密度梯度超速离心法纯化 HPV16 L1 病毒样颗粒 (VLPs)。用磷钨酸负染，在电子显微镜下观察 HPV16 L1 蛋白自我装配形成的 VLPs。结果显示，重组腺病毒载体可介导 mod. HPV16 L1 基因在哺乳动物细胞内的高效表达，L1 蛋白可自我装配形成 VLPs。

〔关键词〕　腺病毒；人乳头瘤病毒 16 型；密码子优化；病毒样颗粒

人乳头瘤病毒属乳多空病毒科，是无包膜的闭环双链 DNA 病毒，具有上皮细胞嗜性，迄今已分离到超过 100 种基因型[1,2]。根据各型病毒的潜在致病性可将 HPV 分为低危型和高危型两类，低危型如 HPV6、11 主要引起皮肤寻常疣和肛门生殖道尖锐湿疣等良性病变，高危型则与上皮细胞来源的恶性肿瘤密切相关，如 HPV16、18 被确定为宫颈癌的主要病因，其中又以 HPV16 型最为常见[3]。目前，临床上尚无预防 HPV16 感染的有效措施，对该型病毒感染的早期预防将可显著降低宫颈癌等恶性肿瘤的发病率。现阶段已进入临床Ⅲ期试验的 VLPs 疫苗，可以诱导机体产生高滴度的血清中和抗体[4-6]，但其纯化工艺繁琐，成本高昂，不利于在发展中国家进行推广。研究表明，通过性途径传播的病毒主要由生殖道黏膜侵入机体，仅有系统性免疫不足以预防病毒的感染[7]，因此，研制能有效激发局部黏膜免疫反应的疫苗显得尤为重要。复制缺陷型重组腺病毒嗜性广泛，能感染包括黏膜上皮细胞在内的多种细胞，介导外源基因在细胞内的稳定表达，并可通过类似天然感染的鼻腔接种途径在局部黏膜以及远端生殖道黏膜表面诱发特异性免疫反应[8]；且病毒基因不与受体细胞基因组发生整合，具有良好的生物安全性[9]，是较理想的 HPV16 候选预防性疫苗。鉴于野生型 HPV16 L1 基因在真核细胞中极低的表达水平，我们首先对 L1 基因进行了密码子改造，构建了含密码子优化型 HPV16 L1 基因的复制缺陷型重组腺病毒，并对其在哺乳动物细胞内的表达进行了研究，为将其应用于 HPV16 预防性疫苗奠定基础。

材料和方法

一、质粒、菌株、细胞和毒种　Admax 系统穿梭质粒 pDC316 和骨架质粒 pBHGloxΔE1，3Cre 购自 Microbix Biosystems 公司。含野生型 HPV16（114K 株）L1 基因的质粒 PUC-wt. HPV16 L1 由本室保存。大肠埃希菌 DH5α、293 细胞、293T 细胞（由 293 细胞派生，可表达 SV40 大 T 抗原的人胚肾细胞系）和 Ad5 型腺病毒野毒株为本室保存。含野生型 HPV16 L1 基因重组腺病毒 rAd－wt. HPV16 L1 由本室构建。

二、工具酶及主要试剂　质粒大量提取试剂盒 QIAGEN Plasmid Midi Kits 购自德国 QIAGEN 公司。常用限制性内切酶、T4 DNA 连接酶、rTaq 酶、核酸凝胶纯化试剂盒及 RT－PCR 试剂盒购自大连宝生物工程有限公司。脂质体转染试剂 Lipofectamine 2000、Opti－MEM 及 TRIzol 试剂购自美国 Invitrogen 公司。小鼠抗 HPV16 L1 单克隆抗体（camvir－1）购自 Chemicon 公司。Brij58、Benzonase 购自 Sigma 公司。Optiprep 购自 Axis－shield 公司。BCA 蛋白定量试剂盒购自 pierce 公司。辣根酶标记羊抗小鼠 IgG 抗体购自北京中杉金桥生物技术公司。低相对分子质量蛋白预染 marker 购自晶美生物公司。硝酸纤维素膜购自 Pall 公司。其他分析纯试剂由本所提供。

三、HPV16 L1 基因的密码子优化及基因合成　按照哺乳动物优势密码子的使用原则[10]，在不改变氨基酸序列的前提下，对野生型 HPV16 L1 基因的密码子进行了改造，除第 30 位，第 41、71、74 位的精氨酸分别使用了次高频密码子 CGC 和 CGG 以外，其余氨基酸的密码子均替换为哺乳动物细胞高频使用的密码子。改造后序列由上海博亚生物技术有限公司全基因合成，命名为 mod. HPV16 L1 并克隆到 PUC18 载体，命名为 PUC - mod. HPV16 L1。优化基因送上海生工进行测序鉴定。

四、含密码子优化型 HPV16 L1 基因重组腺病毒的构建及鉴定

（一）Admax 系统构建含密码子优化型 HPV16 L1 基因重组腺病毒：将测序鉴定正确的 PUC - mod. HPV16 L1 质粒用 *EcoRI*、*Hind* Ⅲ 酶切，回收 1.5 kb 的 mod. HPV16 L1 条带，克隆到 3.9 kb 大小穿梭质粒 PDC316 的相同位点上，命名为 PDC - mod. HPV16 L1。使用 QIA-GEN Plasmid Midi Kits 质粒大提试剂盒制备细胞转染用 PDC - mod. HPV16 L1 质粒与骨架质粒 pBHGloxΔE1。按 Lipofectamine 2000 操作手册将两种质粒共转染 293T 细胞，7 ~ 10 d 后根据细胞病变效应（CPE）判断病毒的产生。所得重组病毒命名为 rAdmod. HPV16 L1。

（二）PCR 和 RT - PCR 鉴定重组腺病毒中外源基因的插入及转录

1. PCR 引物设计和合成：PCR 引物根据 mod. HPV16 L1 基因序列设计，由上海生工合成。引物序列为，上游：5′ - atgagcctgtggctgcccagc - 3′ 和下游：5′ - tcacagcttcctcttcttcctcttgg - 3′。

2. PCR 和 RT - PCR 鉴定重组腺病毒中外源基因的插入及转录：在 rAd - mod. HPV16 L1 和 Ad5 病毒悬液中分别加入蛋白酶 K 至终浓度 100 μg/ml，55℃ 消化 1 h，煮沸 5 min 后分别作为模板，进行 PCR 反应，反应条件如下：94 ℃ 预处理 5 min 后进入循环，94 ℃ 1 min，58 ℃ 30 s，72 ℃ 90 s，30 个循环，75 ℃ 7 min，反应产物置 -20 ℃ 保存。TRIzol 一步法分别提取正常 293 细胞和感染了 rAd - mod. HPV16 L1 和 Ad5 的 293 细胞的总 DNA 和 RNA，分别进行 PCR 和 RT - PCR 鉴定。PCR 反应条件同前。RT - PCR 反应参数如下：逆转录体系为 20 μl。以 1 μg 细胞总 RNA 为模板，Oligod（T）$_{50}$ 为引物，50 ℃ 30 min 进行逆转录反应，94 ℃ 2 min 灭活逆转录酶，以合成的 cDNA 为模板进行 PCR 反应，94 ℃ 1 min，58 ℃ 30 s，72 ℃ 90 s，30 个循环，取 5 μl PCR 及 RT - PCR 反应产物进行琼脂糖凝胶电泳分析。

（三）重组腺病毒滴度的测定：采用 TCID$_{50}$ 法测定重组腺病毒滴度。方法如下：293T 细胞按 1×10^4/孔接种于 96 孔板中，接种 24 h 后将系列稀释的病毒液加入孔中，每个稀释度接种 10 孔，设置 2 孔为阴性对照。37 ℃ 5 % CO$_2$ 细胞培养箱培养 10 d，观察每个稀释度细胞病变效应（CPE）出现的百分率，按照 Admax 操作手册中的公式计算出重组腺病毒的滴度。

五、腺病毒介导 HPV16 L1 基因在哺乳动物细胞内的表达　分别以 1PFU/cell 滴度的 rAd - mod. HPV16 L1、rAd - wt. HPV16 L1 和 Ad5 病毒感染 1×10^6 293T 细胞，48 h 后将细胞刮下，冰预冷 PBS 洗 2 遍，按照 TRIzol 试剂说明提取细胞总蛋白，溶于 1 % SDS 溶液中，0.1 % SDS 透析 3 次，4 ℃ 10 000 g 离心 10 min，收集上清。BCA 法测定细胞总蛋白含量，调整蛋白浓度至 5 mg/ml。以 50 μg TRIzol 提取的细胞总蛋白进行 SDS - PAGE 电泳，转膜。用鼠抗 HPV16 L1 单克隆抗体（camvir - 1）为一抗，辣根酶标记羊抗小鼠 IgG 抗体为二抗，进行 Western blot 分析。

六、HPV16 病毒样颗粒（VLPs）的纯化　rAd - mod. HPV16 L1 重组腺病毒以 1 PFU/cell 滴度感染 5×10^8 293T 细胞，48 h 收获细胞，参照文献报道的纯化方法[11]，用 1 ml 含 10 mmol/L MgCl$_2$ 的 D - PBS 重悬细胞，加入 Brij58 至终浓度 0.25 %，37 ℃ 孵育 24 h，加入 0.2 % Benzonase 核酸酶 37 ℃ 孵育 30 min。裂解产物加入 0.17 体积 5mol/LNaCl，置冰上 10min，4 ℃ 4000 g 离心 10 min，收集上清置 4 ℃ 备用。UltraClear 离心管中依次铺上 27 %、33 %、39 % 的 Optiprep（用含 0.8 mol/L NaCl 的 PBS 阳配制），室温避光静置 4 h 后将 500 μl 离心收集的裂解上清小心加入密度梯度介质上，Beckman Optima L - XP 超速离心机

SW41 转头 16℃ 215 000 g 离心 3.5 h，由下至上用针刺分别收集离心管中下部浮力密度约 1.15 ~ 1.18 g/ml 之间各组分，置 1.5 ml 硅化离心管内，1 ml/管共收集 5 管，取 5 μl 进行 SDS – PAGE 电泳，转膜。免疫印迹法检测 HPV16 L1 蛋白。

七、**HPV16 L1 病毒样颗粒的电镜观察**　取 20 μl 纯化的 HPV16 L1 病毒样颗粒 （VLPs）悬液用磷钨酸负染，在透射电镜下观察病毒样颗粒的形态。

结　果

一、**HPV16 L1 基因的密码子优化及基因合成**　根据 Kazusa 密码子使用数据库中哺乳动物密码子使用频率表（表 1），在不改变氨基酸序列的情况下，除第 30 位，第 41、71、74 位的精氨酸分别使用了次高频密码子 CGC 和 CGG 以外，wt. HPV16 L1 序列其余氨基酸密码子均替换为哺乳动物高频使用的密码子。优化序列由上海博亚生物技术有限公司全基因合成后送上海生工进行序列测定，测序结果证实合成序列与设计完全一致。

表 1　哺乳动物密码子使用频率表
Tab. 1　Codon usage in mammalian

Amino acid	Codon	Frequency（‰）	Amino acid	Codon	Frequency（‰）
Ala	GCA	15.9		CTG*	39.9
	GCG	7.5		CTC	19.7
	GCC*	28.0		CTT	13.1
	GCT	18.5		TTA	7.6
Arg	AGA	11.9		TTG	12.8
	AGG*	11.9	Lys	AAA	24.2
	CGA	6.2		AAG*	32.0
	CGG*	11.5	Met	ATG*	22.1
	CGC*	10.6	Phe	TTC*	20.4
	CGT	4.6		TTT	17.4
Asn	AAC*	19.1	Pro	CCA	16.9
	AAT	16.8		CCG	7.0
Asp	GAC*	25.0		CCC*	19.9
	GAT	21.7		CCT	17.5
Cys	TGC*	12.6	Ser	AGC*	19.4
	TGT	10.5		AGT	12.1
Gln	CAA	12.1		TCA	12.2
	CAG*	34.2		TCG	4.5
Glu	GAA	28.7		TCC	17.7
	GAG*	39.6		TCT	15.1
Gly	GGA	16.4	Thr	ACA	15.0
	GGG	16.5		ACG	6.1
	GGC*	22.4		ACC*	19.0
	GGT	10.8		ACT	13.0
His	CAC*	15.1	Trp	TGG*	13.2
	CAT	10.8	Tyr	TAC*	15.3
Ile	ATA	7.4		TAT	12.1
	ATC*	20.9	Val	GTA	7.1
	ATT	15.8		GTG*	28.3
Leu	CTA	7.1		GTC	14.6
				GTT	11.0

注："＊" indicates the codon used in mod. HPV16 L1

二、含密码子优化型 HPV16 L1 基因重组腺病毒的构建　　mod. HPV16 L1 基因定向克隆到穿梭质粒 PDC316 上，得到 PDC – mod. HPV16 L1，*Eco*R I、*Hind* III双酶切鉴定重组质粒，电泳结果显示得到 1.5 kb 的 mod. HPV16 L1 片段和 3.9 kb 的载体片段，证实插入片段大小正确（图 1）。将 PDCmod. HPV16 L1 质粒与骨架质粒 pBHGloxΔE1，3Cre 共转染 293 细胞，7 ~ 10 d 后，细胞出现肿胀、圆缩等典型细胞病变（CPE）（图 2）。

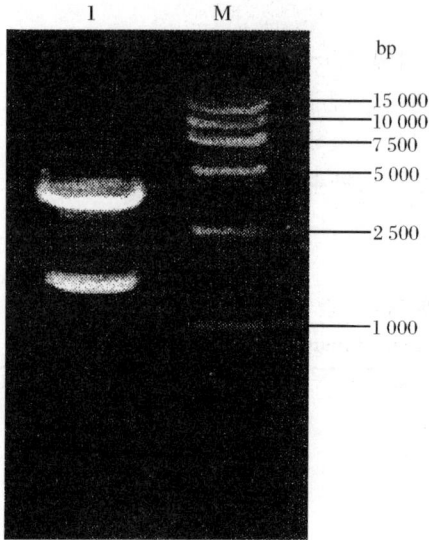

图 1　PDC – mod. HPV16 L1
质粒酶切鉴定

1：PDC – mod. HPV16 L1 digested by *Eco* RI and *Hind* III；M：DL15 000 marker

Fig. 1　PDC – mod. HPV16 L1 plasmid identified by restriction enzyme digestion

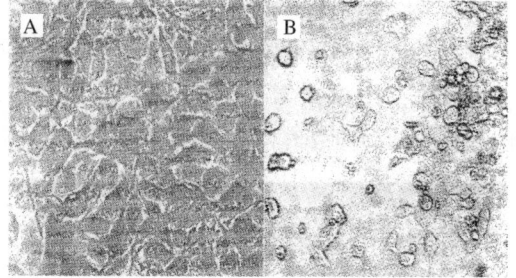

图 2　重组腺病毒 rAd – mod. HPV16 L1
感染 293 细胞后出现的典型病变

A：Normal 293T cells；B：293T cells infected with tAdmod. HPV16 L1

Fig. 2　The cytopathic effect of 293T cells infected with rAd – mod. HPV16 L1 （×200）

三、重组腺病毒 rAd – mod. HPV16 L1 的鉴定及病毒滴度的测定

（一）PCR 和 RT – PCR 鉴定重组腺病毒中外源基因的插入及转录：将 Ad5 野毒株及 rAd – mod. HPV16 L1 重组腺病毒悬液用蛋白酶 K 处理后煮沸 5 min，以病毒裂解液为模板进行 PCR，同时分别提取这两种病毒感染的 293T 细胞及正常 293T 细胞总 DNA 和 RNA，分别进行 PCR 及 RT – PCR 分析。结果显示，rAd – mod. HPV16 L1 感染的 293T 细胞总 DNA 和 RNA 及病毒裂解液中均可扩增到 1500 bp 左右特异性条带，而 Ad5 野毒株和正常 293T 细胞结果均为阴性，这表明 mod. HPV16 L1 基因正确插入腺病毒基因组中，并且能有效转录（图 3）。

（二）重组腺病毒滴度的测定　　用 TCID$_{50}$ 法测定病毒滴度，第 6 代重组腺病毒 rAd – mod. HPV16 L1 的滴度为 4×10^8 PFU/ml。

四、腺病毒载体介导 HPV16 L1 基因在哺乳动物细胞内的表达　　Ad5、rAd – wt. HPV16 L1 和 rAd – mod. HPV16 L1 按 1 PFU/cell 滴度感染 1×10^6 的 293T 细胞，48 h 后裂解细胞，收集细胞总蛋白，调整蛋白浓度至 5 mg/ml。取 50 μg 细胞总蛋白进行 Western blot 分析。结果显示，rAd – wt. HPV16 L1 的条带十分微弱，而 rAd – mod. HPV16 L1 可见明显的 55×10^3 条带，Ad5 未检测到目的蛋白的表达（图 4）。证明密码子优化可显著提高 HPV16 L1 基因在哺乳动物细胞内的表达水平，mod. HPV16 L1 基因在重组腺病毒介导下获得了高效表达。

五、HPV16 病毒样颗粒（VLPs）的纯化 将 500 μl 细胞裂解上清小心加入预先制备的密度梯度介质上，使用 Beckman Optima L-XP 超速离心机 SW41 转头 16 ℃ 215 000 g 离心 3.5 h，在离心管中下部由下至上分别收集浮力密度约 1.15～1.18 g/ml 之间各组分，取 5 μl 进行 SDS-PAGE 和 Western-blot 分析。结果显示，第 2、3 组分均有 HPV16 L1 蛋白存在，电镜结果证实病毒样颗粒（VLPs）主要位于第 2 组分中，如图 5（略）。

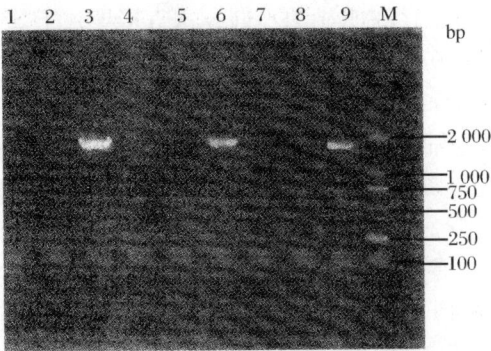

图 3 PCR 及 RT-PCR 检测重组腺病毒中 mod. HPV16 L1 基因的插入及转录

1-3: PCR products of DNA extracted from 293T cells, Ad-5 and rAd-mod. HPV16 L1 infected 293T cells respectively; 4-6: PCR products of 293T, Ad-5 and rAd-mod. HPV16 L1 infected 293T cell supernatants respectively; 7-9: RT-PCR products of RNA extracted from 293T cells, Ad-5 and rAdmod. HPV16 L1 infected 293T cells respectively; M: DL 2000marker

Fig. 3 PCR and RT-PCR detection of mod. HPV16 L1 gene in recombinant adenovirus and their transcription

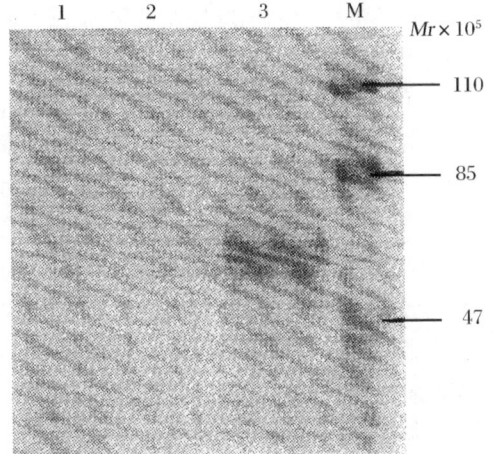

图 4 Western blot 检测腺病毒介导 mod. HPV16 L1 基因在 293T 细胞内的表达

1: Ad-5 infected 293T cells; 2: rAd-wt. HPV16 L1 infected 293T cells; 3: rAd-mod. HPV16Ll infected 293T cells; M: Prestainecl standard protein weight marker

Fig. 4 Detection of adenovirus-mediated HPV16 L1 protein expression in 293T cell by Western blot

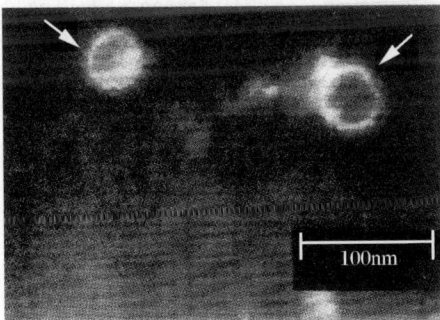

（箭头表示 HPV16 L1 VLPs）

图 6 HPV16 L1 病毒样颗粒的电镜观察

Arrows indicate HPV16 L1 VLPs.

（×67000, Bar = 100 nm）

Fig. 6 Electron microscopy of HPV16 L1 VLPs.

六、HPV16 L1 病毒样颗粒的电镜观察 纯化的 HPV16 VLPs 用磷钨酸负染后在透射电镜下观察，可见直径约 55 nm 的病毒样颗粒的存在，证明腺病毒载体介导表达的 HPV16 L1 蛋白可正确组装成病毒样颗粒。电镜结果见图 6。

讨 论

宫颈癌在全球范围内已成为导致妇女死亡的第二大癌症，在一些发展中国家甚至居于首位[12]。鉴于高危型 HPV 的嗜黏膜特性以及与宫颈癌的密切关系，有效预防 HPV 感染的疫苗应能在病毒入侵的生殖道黏膜局部提供免疫保护作用。分泌型 IgA（SIgA）能够与病毒结合，阻止其附着上皮细胞，因此，HPV 预防性疫苗的研究重点已逐渐转向在生殖道黏膜表面激发足够强度的具有病毒中和活性的 SIgA 上。重组腺病毒能通过消化道和呼吸道途径感染，被认为是诱导机体黏膜免疫中最为理想的载体之一，它不仅能介导外源基因的有效表达，还可通过自然感染途径将抗原呈递给免疫系统，有效激发局部和远端黏膜表面的特异性免疫反应[8]，且重组腺病毒具有生物安全性好，便于大规模培养制备，成本低廉等优点，因此是理想的替代 VLPs 的候选疫苗之一。

同义密码子的偏好使用普遍存在于从原核生物到真核生物的编码基因中。密码子偏好对基因表达有着显著的影响。如在大肠埃希菌中高表达和低表达的基因使用的偏好密码子在 tRNA 的丰度和密码子—反密码子间的作用强度方面就存在明显的不同，这直接导致了基因表达水平的差异[13]。我们的研究证明，野生型 HPV16 L1 基因在哺乳动物细胞中的表达水平极低，即使是在腺病毒载体介导下也无法通过 Western blot 检测到明显的蛋白表达。对野生型 HPV16 L1 基因的分析表明，其密码子使用偏好与哺乳动物存在较大差异，这可能导致宿主细胞中同工 tRNA 的使用效率低下，从而降低蛋白质翻译的速度。Tan 等人发现在 HPV16 L1 开放阅读框中存在限制蛋白表达的抑制性元件[14]。因此，对 HPV16 L1 基因的密码子优化可能通过提高同工 tRNA 的使用效率以及突变基因序列中的抑制性元件来提高基因在哺乳动物细胞中的表达水平。近年来，国外也有对 HPV L1 进行密码子优化后成功提高基因表达水平的相关报道[15,16]。我们在进行密码子优化时，仅在第 30、41、71、74 位的精氨酸使用了次高频密码子 CGC 和 CGG，而其余氨基酸密码平均替换为哺乳动物高频使用的密码子。优化基因 GC 含量由 38% 提高至 64%，这与哺乳动物密码子第三位碱基偏好 G、C 结尾的报道相一致[10]。Western blot 结果显示，优化基因 mod. HPV16 L1 在哺乳动物细胞中的表达较野生型基因有十分显著的提高，通过比较 Western blot 各条带信号的强弱，我们估计优化基因表达水平至少提高了 50 倍。证明我们对 HPV16 L1 基因的改造是成功的，mod. HPV16 L1 基因在腺病毒载体介导下在哺乳动物细胞中获得了高效表达。

我们在获得具有自主知识产权的优化基因 mod. HPV16 L1 的基础上成功构建了含密码子优化型 HPV16 L1 基因重组腺病毒 rAd – mod. HPV16 L1，通过免疫印迹试验和电镜观察证实了优化基因在哺乳动物细胞中的高效表达以及病毒样颗粒的形成。实验结果证明，重组腺病毒 rAd – mod. HPV16 L1 可以作为 HPV 候选预防性疫苗进行后续研究。我们将利用该重组腺病毒进一步做动物实验，以确定获得最佳黏膜免疫效果的接种方案。为 HPV 预防性疫苗的进一步研究打下基础。

（致谢：本课题在电镜观察过程中得到了中国疾病预防控制中心病毒病预防控制所屈建国老师的大力协助，在此表示衷心感谢。）

〔原载《病毒学报》2006，22（2）：101 –106〕

参 考 文 献

1 Zur Hausen H. Papillomaviruses and cancer： from basic studies to clinical application. Nat Rev Cancer，2002，2：342 –350

2 Clifford G M，Smith J S，Plummer M，et al. Human papillomavirus types in invasive cervical cancer worldwide：a meta – analysis. BrJ Cancer，2003 ，88：63 –73

3 Bosch F X，Manos M M，Munoz N，et al. Prevalence of human papillomavirus in cervical cancer：a worldwide perspective. JNatl Cancer Inst，1995，87：796 –802

4 Harro C D，Pang Y Y，Roden R B，et al. Safety and immunogenicity trial in adult volunteers of a human papillomavirus 16 L1 virus like particle

vaccine. J Nad Cancer Inst, 2001, 93: 284 – 292

5　Brown D R, Bryan J T, Sehroeder J M, et al. Neutralization of human papillomavirus type 11 (HPV – 11) by serum from women vaccinated with yeast – derived HPV – 11 L1 virus – like particles: correlation with competitive radioimmunoassay titer. J Infect Dis, 2001, 184: 1183 – 1186

6　Koutsky L A, Auh K A, Wheeler C M, et al. A controlled trial of a human papillomavirus type 16 vaccine. N Engl J Med , 2002, 347: 1645 – 1651

7　Lehner T, Wang Y, Cranage M, et al. Protective mueosal immunity elicited by targeted iliac lymph node immunization with a subunit SIV envelope and core vaccine in macaques. Nat Med, 1996, 2: 767 – 775

8　Xiang Z Q, Pasquini S, Ertl H C J. Induction of genital immunity by DNA priming and intranasal booster immunization with a replication – defective adenoviral recombinant. J Immunol, 1999, 162: 6716 – 6723

9　McConnell M J, Imperiale M J. Biology of adenovirus and its use as a vector for gene therapy. Human Gene Therapy, 2004, 15 (11): 1022 – 1033

10　Nakamura Y, Gojobori T, Ikemura T. Codon usage tabulated from international DNA sequence databases: status for the year 2000. Nucleic Acids Res, 2000, 28: 292

11　Pyeon D, Lambert P F, Ahlquist P. Production of infectious human papillomavirus independently of viral replication and epithelial cell differentiation. Proc Nad Acad Sci USA, 2005, 102: 9311 – 9316

12　World Health Report 2004: Changing History. Statistical Annex. World Health Organization, http://www, who. int/whr/2004/en/index. htm

13　Shpaer E G. Constraints on coden context in *Escherichia coli* genes. Their possible role in modulating the efficiency of translation. J Mol Biol, 1986, 188: 555 – 564

14　Tan W, Felber B K, Zolotukhin A S, et al. Efficient expression of the human papillomavirus type 16 L1 protein in epithelial cells by using Rev and the Rev – responsive element of human immunodeficiency virus or the cis – acting transactivation element of simian retrovirus type 1. J Virol, 1995, 69: 5607 – 5620

15　Leder C, Kleinschmidt J A, Wiethe C, ct al. Enhancement of capsid gene expression: preparing the human papillomavirus type 16 major structural gene L1 for DNA vaccination purposes. J Virol, 2001, 75: 9201 – 9209

16　Mossadegh N, Gissmann L, Muller M, et al. Codon optimization of the human papillomavirus 11 (HPV 11) L1 gene leads to increased gene expression and formation of virus – like particles in mammalian epithelial cells. Virology, 2004, 326 (1): 57 – 66

Highly Efficient Expression of Codon – modified HPV16 L1 Gene in Mammalian Cell Using Adenovirus Vector and Assembly of VLPs

ZHOU Yu – bai, ZHOU Ling, WU Xiao – bing, ZENG Yi

(State Key Laboratory for Infectious Disease Prevention and Control National Institute for Viral Disease Control and Prevention, Chinese Center for Disease Control and Prevention, Beijing 100052, China)

To investigate the feasibility of using recombinant adenovirus vector as prophylactic vaccine against HPV infection, a recombinant adenovirus containing eodon modified HPV16 L1 gene was constructed, and the expression of the optimized gene in mammalian cells mediated by adenovirus was evaluated. We optimized the codon usage of wild type HPV16 L1 gene according to the codon bias of mammalian, and synthesized the fulllength optimized L1 gene, named mod. HPV16 L1, which was later cloned to shuttle plasmid PDC316, and cotransfected with the backbone plasmid into 293 cell for rAd production. We detected the expression of HPV16 L1 protein in rAd infected 293T cell by Western blot, and purified the HPV16 virus – like particles that self – assembled in 293T cell using Optiprep density gradient ultracentrifugation. The purified HPV16 L1 virus – like particles were seen under the electron microscope. The results showed the recombinant adenovirus, rAdmod. HPV16 L1, mediated highly efficient expression of codon – modified HPV16 L1 gene in mammalian cell. The L1 protein could self – assemble into VLPs in mammalian cell.

〔**Key words**〕 Adenovirus; Human papillomavirus 16; Codon modification; Virus – like particles （VLPs）

320. HIV 抗体检测技术研究进展

中国疾病预防控制中心病毒病预防控制所
马 晶 郭秀婵 曾 毅

获得性免疫缺陷综合征，简称艾滋病（acquired immunodeficiency syndrome，AIDS），是由免疫缺陷病毒（human immunodeficiency virus，HIV）感染所引起的一种严重的传染性疾病。HIV/AIDS 的流行已成为人类、社会和经济发展的灾难，全球活着的 HIV 感染者已超过 4300 万人，每天约有 14 000 人感染 HIV，其中 1/2 以上为 24 岁以下的青少年。自 1985 年我国发现首例 AIDS 病人以来，呈加速流行的趋势，疫情正在从高危人群向一般人群传播。截止到 2005 年底，我国估测存活的 HIV 感染者有 65 万；预计到 2010 年，如控制不力可能达到 1000 万，疫情非常严峻。由于目前尚无有效的预防疫苗和根治艾滋病的药物，当前防治的主要手段仍是预防为主。2003 年 4 月，美国 CDC 将 HIV 检测纳入到预防艾滋病感染的常规医疗措施之中。因此普及 HIV 的检测，尤其是快速检测，尽早发现感染者，控制其传播就显得尤为重要和必要。

近年来，随着分子生物学技术的迅速发展，HIV 抗体检测方法也随之不断更新。由酶联免疫吸附检测（enzymelinked immunosorbent assay，ELISA）和免疫印迹检测（Western-blot，WB）组合而成的抗体检测的"金标准"方法，到近几年发展起来的 HIV 抗体快速检测方法和非侵入性 HIV 抗体检测方法，再到可以在家中自行采集样品的抗体检测方法。HIV 抗体检测试剂正朝着更特异、敏感、高效和更快速、经济、方便的方向发展。现就此方面综述如下。

一、ELISA 和 WB 方法 – HIV 检测的"金标准" ELISA 法以病毒抗原包被反应板，应用间接法原理检测 HIV 抗体。ELISA 试剂的发展见表 1。其中第三代试剂可将窗口期由 10 周缩短至 3~4 周。第四代试剂可同时检测抗原和抗体，使窗口期缩短至 2~3 周。Speers D[1]等比较第 3 代、第 4 代试剂监测 HIV 血清阳转时发现，与第 3 代试剂相比第 4 代试剂出现了"第 2 窗口期"，其原因是 p24 抗原水平下降一段时间之后抗体的量才上升到检测水平之上，这段时间内既检测不到 p24 抗原又检测不到 HIV 抗体，因此称为"第 2 窗口期"。尽管这种情况并不多见，但也提示我们应注意"第 2 窗口期"。ELISA 法检测 HIV 抗体的敏感性和特异性都超过 99%。其假阴性结果通常出现在 HIV 感染最初的 1~2 周内或是疾病后期抗体水平很低的时候；而假阳性结果则可能与以下疾病相关：自身免疫性疾病、肾衰、胆囊纤维化、肝病、血液透析、多次妊娠或输血以及接种疫苗等[2]。

表 1   ELISA 试剂的发展

Tab. 1   The development of ELISA reagents

ELISA 试剂	抗原	特点
第一代试剂	HIV 全病毒裂解物	检测 HIV 抗体；假阳性率较高
第二代试剂	在细菌或真菌中表达的人工重组 HIV 抗原或化学合成的 HIV 抗原多肽	单一性抗原代替多样性混合抗原，特异性高于第一代试剂
第三代试剂	合成 HIV 抗原多肽（少数用重组抗原）	应用双抗原夹心法原理检测 HIV 抗体 可同时检测血清中 HIV – 1 IgG、IgM、IgA 抗体 敏感性和特异性均优于一代和二代试剂
第四代试剂	在第三代试剂基础上，将针对 P24 抗原的抗体与 HIV – 1 抗原一起包被固相载体	同时检测 HIV – 1 IgG、IgM、IgA 抗体和 P24 抗原

WB 是体外检测和鉴定 HIV 抗体的方法，用于确证 ELISA 检测阳性的个体。原理是以病毒抗原、重组抗原或合成肽，经 SDS – PAGE 电泳后转至硝酸纤维素膜上，再与血清或血浆中的 HIV 抗体结合，最后以显色反应来确定条带的存在。有报道说 WE 检测的特异性是 97.8% （364/372）[3]，这可能是由于在病毒裂解液中存在人白细胞抗原（human leukocyte antigen，HLA）的抗体，或操作过程中临近阳性样品的交叉污染，以及条带判断错误和结果解释标准的不同所致。另外，大约 4% ~ 20% ELISA 检测阳性个体的 WB 结果为"不确定"。其原因可能是在"窗口期" HIV 抗体水平和种类尚未达到 WB 检出水平，或 HIV 感染后期核心抗体的缺失及一些非特异性反应（淋巴瘤、肝病、自身免疫性疾病等）[2]。尽管如此，WB 方法仍是目前公认的 HIV 抗体确证方法。另外，除血液样品的 WB 检测之外，近几年针对唾液和尿液的 WB 检测试剂盒也已获得美国食品和药品监督管理局（US Food and Drug Administration，FDA）批准陆续上市。

二、HIV 抗体快速检测技术

（一）概述：HIV 抗体快速检测是在传统 ELISA 和 WB 检测方法的基础上发展起来的。主要特点是在较短的时间内通过相对简单的操作即可得到相对准确的检测结果。美国 CDC 2005 年公布的 HIV 抗体快速检测试剂评价报告显示，经 FDA 批准的 4 家公司的全血、唾液和血浆检测试剂的特异性和敏感性分别为 99.1% ~ 100% 和 99.3% ~ 100%[4]。

传统的 HIV 抗体检测方法无法回避以下问题：①全世界大部分 HIV 感染者不知道自己的感染状况：我国 80% 以上的 HIV 感染者不知道自己的感染状况；②相当一部分人检测后不再来取检测结果：2003 年美国 CDC 的统计结果显示，用传统的 HIV 检测方法得到阳性结果的人群中约有三分之一没有再来取检测结果[5]，其原因包括：来回交通的不便、等待结果的时间过长、对得到的阳性结果及因此带来的社会歧视的恐惧、检测的费用过高、不愿再度抽血等[6]；③在不具备 ELISA 设备和专业人员的情况下给检测带来困难，如即时现场检测（point – of – care）等；④许多发展中国家设备和条件不足限制了 ELISA 检测的使用。而 HIV 抗体快速检测技术就是针对上述问题发展起来的。WHO 也看到这一点，在 1992 年发表的（HIV 抗体检测选择和应用的建议）一文中提议要将 HIV 快速检测结合到实验室标准检测和即时现场检测当中去。

快速检测操作简单，不需特殊设备及专业人员，尤其适合发展中国家。有研究表明只受过半天简单培训的非专业人员即足以熟练完成整个操作[7]，从而减少了人为因素导致的错误。此外，HIV 的母婴传播也因女性感染者的增多而日益受到关注。如不对其进行干预，孕期和分娩期发生传染的可能性分别为 10% 和 15%[8]，而对围产期妇女进行早期诊断并给予适当治疗，围产期 HIV 母婴传播可降至 2% 或更低。因此，方便快速的诊断方法尤其适合这类人群的需求。Melvin AJ[9] 等对秘鲁某医院急诊室 2000 年 10 月至 2001 年 8 月期间 3543 名妊娠晚期妇女进行了 HIV 抗体快速检测，27 名阳性妇女中仅 2 名以标准酶联免疫测定（enzyme immunoassay，EIA）方法检测为阴性。他们同时推荐在妊娠早期进行 HIV 抗体检测，但对妊娠晚期或分娩期妇女来说快速检测方法更可行并易于接受。HIV 抗体快速检测的缺点是不适合大量样品的同时检测，如 100 份以上样品；对单独做一个检测可能费用更大；操作者确认结果的不稳定性等等。1997 年美国 CDC 及州和地方健康相关实验室主管人员在亚特兰大召开的会议上讨论了 HIV 抗体快速检测的使用问题，会议认为其是否使用应根据当地的 HIV 流行状况及被检测者检测后取结果的返回率决定[10]。我国也在（全国艾滋病检测技术规范）中明确提出要根据 HIV 流行强度对不同地区和不同人群采用不同的检测程序[11]。

（二）HIV 抗体快速检测技术的原理：HIV 抗体快速检测的原理是将 HIV-1 和/或 HIV-2 的不同抗原组合后偶联至不同固相介质，与样品中的相应抗体结合，再通过肉眼可见的变化来判断结果。通常在 30 min 以内显示结果。按照固相介质的不同可分为：固相捕获免疫检测（solid-phase capture immunoassay）、免疫斑点检测（dot immunoblot assay）、颗粒凝集检测（particle agglutination assay）及近年来发展起来的芯片检测方法（latex bead immobilization in PDMS matrix 等）。目前比较常用的是颗粒凝集检测和固相捕获免疫检测。

颗粒凝集检测是根据 HIV 抗体与 HIV 抗原包被的橡胶微珠混合后，就会发生抗原-抗体-抗原相互作用，导致肉眼可见的橡胶微珠凝集，以此判断结果。由于凝集反应不强时结果判断困难，现又进行了新的改进，样品和橡胶微珠的混合物加至样品孔中，而后流经窄而长的通道，提高了颗粒凝集效果。该方法需多步操作，一般在 10~60 min 内显示结果。试剂需冷藏保存。

免疫过滤检测（immunofiltrations/flow-through）应用了固相捕获免疫检测技术。其是将 HIV 抗原固定在多孔渗水膜上，样品流经膜后抗体被吸附，再加入标记的抗原（通常为胶体金标记或硒标记），膜上就会产生肉眼可见的点或线，以此判断结果。如将 HIV-1 和 HIV-2 的抗原固定在膜的不同位置则可同时检测 HIV-1 或是 HIV-2 感染。该方法一般在 5~15 min 内显示结果。试剂需冷藏保存。

最近发展起来的免疫层析检测（immunochromatography/lateral flow）是将 HIV 抗原和标记抗原的抗体固定在硝酸纤维素膜上不同区域，当样品加至样品孔或吸附垫后，样品中抗体会随同标记抗原一起通过毛细作用沿膜移动，到达 HIV 抗原固定区发生 HIV 抗原-HIV 抗体-标记抗原相互作用，从而出现肉眼可见的条带；到达标记抗原的抗体固定区发生标记抗原的抗体-标记抗原相互作用，从而出现检测的对照条带。如将不同抗原固定在膜的不同位置，还可以检测出 HIV-1 的不同型别，如 M 型、O 型及 HIV-2。该方法仅需单步操作，一般在 15 min 以内显示结果。试剂室温保存即可。

三、非侵入性 HIV 抗体检测　研究发现，除血浆或血清外，人体的其他体液（如唾液、尿液和阴道洗液等）也可检测到 HIV 抗体。这些体液的收集对个体来说是无创的，因而更易接受，尤其是对老人、小孩和静脉吸毒者等采血困难的人群。同时又是安全的，降低了因采样造成的感染者机会感染和采样者意外感染的风险。此外，还可降低样品采集和检测的成本。剩余样品也不必按照生物危害品处理。

以这类体液为样品的 HIV 抗体检测与血浆/血清的抗体检测流程相同：先进行 ELISA 筛查，阳性者再进行 ELISA 复查，重复阳性者进行 WB 确证。因这类体液的抗体水平相对较低，进行 ELISA 和 WB 检测时，阳性标准要进行适当调整。

（一）唾液 HIV 检测方法：以口腔黏膜的液体来检测 HIV 抗体因其无创性和安全性引起研究者们的关注。其早期面临的问题和发展见表 2。

表 2　唾液检测的主要技术问题及解决方法
Tab. 2　The major techniques of overcoming obstacles for oral HIV test

问题	事实	解决方法
IgG 抗体滴度低	是血浆 IgG 水平的 1/800[12]；IgG 含量大于 IgA[13]	研究发现，在唾液成分中，齿龈裂隙分泌液 IgG 水平最高，可以作为检测的样品来源
蛋白酶对 IgG 的降解	微生物产生的蛋白酶降解 IgG，使第 7 天 IgG 含量仅为原含量的 7%[14]	将收集到的样品保存在含防腐剂的溶液中，研究表明，第 7 天 IgG 的含量仍在 93% 以上
黏度高	唾液是一种混合物，其中包括腮腺、下颌腺等，其分泌液均黏稠；以及口腔内含有的颗粒性物质	加盐溶液棉签的特殊吸附方式，使样品和黏稠物质分离
缺乏样品收集的标准方法	早期研究采用传统的检测方法，其主要是针对血液样品的，对唾液样品不适用	OraSure 检测系统提供了专门的样品收集方法

OraSure 公司推出了特殊的口腔液体样品收集装置及方法：包括一根经特殊处理的棉签和一瓶含防腐剂的溶液。取样时将棉签置于颊和齿龈之间来回摩擦至棉签湿润，再静置 2 min 充分取样。取样后，棉签放置在准备好的含防腐剂的小瓶中送实验室检测。研究人员对该取样方法收集到的唾液样品同血浆/血清样品进行了 ELISA 检测的评价[16]，共检测样品 3570 份，其中 2382 份来自一般人群、698 份来自高危人群、242 份来自艾滋病人、248 份来自易导致 HIV 抗体检测假阳性的其他疾病病人。结果表明，用该方法取样检测的敏感性和特异性均超过 99.4%。美国 FDA 于 1996 年批准了 OraSure 的取样体系，并将其用于 ELISA 筛查和 WB 确证检测。近几年，唾液检测也朝着快速检测方向发展。2004 年 3 月 26 日，美国 FDA 又批准了 OraQuick 公司生产的唾液 HIV－1/2 抗体快速检测试剂盒。20 min 之内即可报告结果，检测敏感性和特异性大于 99%。

（二）尿液 HIV 检测方法：1988 年，纽约大学的研究者们发现 HIV 感染者尿液中可检测到 HIV 抗体，并以 IgA 为主，也含一定量的 IgG。尿液 HIV 抗体检测以其无创性、安全性和低成本同样引起了关注。1996 年美国 FDA 批准了首个尿液 ELISA 检测试剂盒（Calypte Biomedical Corporation, Berkeley, California），原理是以重组 gp 160 包膜蛋白包被反应板来检测 HIV 抗体，但同时指出由于其检测准确性不如标准的血液样品因而只能作为辅助诊断工具[17]。Desai 等[18]研究了 140 份尿液和血浆配对样品的 ELISA 检测效果，与血浆样品的结果相比，尿液 ELISA 检测的敏感性和特异性分别达到 99%（87/88）和 94%（47/52）。尿液中的 HIV 抗体同样可以用 WB 方法检出。1998 年 5 月美国 FDA 批准了同一家公司的尿液 WB 试剂盒。Tiensiwakul P[9] 研究了 84 份尿液和血浆配对样品的 WB 检测效果，与血浆样品的结果相比，尿液 WB 检测的敏感性和特异性分别达到 97.7 %（43/44）和 100 %（40/40）。此外，在一般人群中进行大规模普查时发现，血液样品 HIV 抗体检测阴性的 25 000 人中有 24 人尿液 HIV 抗体检测呈阳性。有研究者[20] 详细研究了尿液 ELISA 检测重复阳性，但尿液 WB 检测及血浆 ELISA 检测均阴性（urine – positive/serum – negative，UPSN）的现象，认为这可能仅是黏膜局部免疫的结果，但同时指出这一推测还不足以解释血浆检测阴性的现象。这一发现对治疗和疫苗研究可能有重要意义。

四、在家中采集样品的抗体检测方法 通过提供必备的样品采集和保存设备使个体能够自行采样：刺破指尖后将一滴血滴至经特殊处理的滤膜上，晾干后成"干血点"样品。而后匿名邮寄至实验室，实验室进行的则是常规的 HIV 抗体检测，受检者再拨打免费电话得知自己的检测结果、获得咨询和帮助。由于"干血点"样品运输和保存的便利和一部分人希望匿名检测的心理使得这一检测方法受到关注。1996 年美国 FDA 批准了 2 种 HIV 抗体检测家中样品收集产品，该产品直接面对消费者。Frank AP 等[21] 对家中样品采集体系和传统静脉血 HIV – 1 检测方法做了比较。对 1255 名个体的检测结果显示，"干血点"样品和传统静脉血样品的结果完全一致，两者相比其敏感性和特异性均为 100 %。对电话咨询效果的监测发现，咨询后能完全正确回答提问的占 96 %。另外，唾液检测也可以和电话咨询相结合进行匿名检测。

五、抗体检测技术的应用

（一）降低灵敏度的抗体亲和力检测技术：抗体亲和力检测技术（Detuned Assay）是根据新近感染病例抗体的滴度、亲和力都比已发病例的低，因此将 ELISA 和快速检测方法进行适当修改降低检测的灵敏度，再对两种样品进行检测，从而达到辨别新近感染和既往感染的目的。其对流行病学研究有意义。理论上讲，因为新近感染的抗体滴度相对较低，只要我们把待检测样品进行适当稀释，那么检测的结果就可能由"有反应"变到"不确定"或是"无反应"；而既往感染的样品在相同条件下却无此现象，从而能够辨别两种感染。Janssen[22] 等在 1998 年据此原理用 Abbott Laboratories 第一代 ELISA 试剂以标准检测方法和低敏感检测方法同时检测经 ELISA 和 WB 确证的样品，可以鉴别出最近 129 d 内的血清阳转，假阳性率分别为 0.4 %（长期持续 HIV 感染）和 2 %（疾病晚期）。但该方法耗时，并需重复检测。后来又发展出亲和力检测，根据 HIV 感染初期感染时间的不同与抗体亲和力的高低密切相关，因此可以通过 HIV 抗原抗体复合物对分离试剂（减弱抗原抗体的相互作用）的抵抗程度，即抗体亲和力指数（Avidity Index，AI），来区分新近感染和既往感染。通常采用第 3 代 ELISA 试剂进行检测。公认的检测试剂是 BioRad 公司的重组病毒裂解 EIA 试剂，抗体亲和力指数低于 80% 的结果被认为是新近感染和最近 120 d 内的血清阳转。近年来以快速检测方法为基础发展起来的抗体亲和力快速检测方法，也是基于样品稀释的原理进行检测。

（二）降低成本的样品混合抗体检测技术：样品混合（pooled specimens）方法是将若干份待检测样品混合后进行 1 次标准 HIV 抗体检测，如检测结果为阴性，则认为每一份样品均为阴性；如检测结果为阳性，则在所检测样品中进行随机分组，再进行相似的样品混合检测，以此缩小阳性样品的范围，直至完全区分出阳性样品和阴性样品群体。该方法在血液筛查和群体研究中显示出明显的低成本性。为兼顾检测的准确性和低成本性，混合样品的数量必须根据地区的 HIV 流行状况进行调整。自 20 世纪 80 年代后期，一系列的研究均说明了使用样品混合方法在 ELISA 方法筛查血液样品中的有效性。近些年随着抗体快速检测技术的发展，研究者开始关注两种技术的联合应用。Stephen D[23]等评价了两种快速检测方法（Sero Strip HIV-1/2 和 Determine HIV-1/2）用于血液样品混合检测的效果。两种检测的样品混合量均在 5~10 份之间。结果该方法与未经样品混合的 ELISA 和 WB 相当，Sero Strip HIV-1/2检测敏感性为 98.88%、特异性为 99.56%；Determine HIV-1/2 检测敏感性为 100%、特异性为 99.45%。

六、发展与展望　综合上述，分子生物学技术的发展和人们对诊断方式的需求的提高不断推动着 HIV 抗体检测技术的发展。Skolnik HS 等[24]通过调查人们对 HIV 抗体检测地点和方式的选择，分析了影响选择的主要因素。结果显示影响人们选择不同检测方法的主要因素是：检测的准确性、花费的时间、检测结果的隐私性和检测结果对其他事件的影响程度。而这些因素对未来 HIV 抗体检测技术的发展很可能起着至关重要的作用。

〔原载《病毒学报》2006，22（2）：155-158〕

参 考 文 献

1　Speers D, Phillips P, Dyer J. Combination as. my detecting both human immunodeficiency virus （HIV） p24 antigen and anti-HIV antibodies opens a second diagnostic window. J Clin Microbiol, 2005, 43 （10）：5397-5399

2　No authors listed. Diagnostic tests for HIV. Med Lett Drugs Ther, 1997, 39：81-83

3　Mylonakis E, Paliou M, Lally M, et al. Laboratory testing for infection with the human immunodeficiency virus：established and novel approaches. Am J Med, 2000, 109 （2）：568-576

4　Bernard M, Branson M D. Rapid HIV Testing：2005 Update. www.cdc.gov/hiv/rapid testing

5　Centers for Disease Control and Prevention. Advancing HIV prevention：new strategies for a changing epidemic-United States. 2003. MMWR. 2003, 52：329-332

6　Spielberg F, Branson B M, Goldbaum G M, et al. Overcoming barriers to HIV testing：preferences for new strategies among clients of a needle exchange, a sexually transmitted disease clinic, and sex venues for men who have sex with men. J Acquit Immune Defic Syndr, 2003, 32：318-327

7　Kanal K, Chou T L, Sovann L, et al. Evaluation of the proficiency of trained non-laboratory health staffs and laboratory technicians using a rapid and simple HIV antibody test. AIDS Res Ther, 2005, 2 （1）：5

8　Gallant J E. HIV counseling, testing, and referral. Am Fam Physician, 2004, 70 （2）：295-302

9　Melvin A J, Alarlon J, Velasquez C, et al. Rapid HIV type 1 testing of women presenting in late pregnancy with unknown HIV status in Lima, Peru. AIDS Res Hum Retroviruses, 2004, 20 （10）：1046-1052

10　Centers for Disease Control and Prevention. Update：HIV counseling and testing using rapid tests-United States, 1995. MMWR, 1998, 47：211-215

11　中国疾病预防控制中心，全国艾滋病检测技术规范.（2004 年版）

12　Mortimer P P, Parry J V. Detection of antibody to HIVin saliva：a brief review. Clin Diagn Virol, 1994, 2：231-243

13　Mestelky J, Jackson S, Moldoveanu Z, et al. Paucity of antigenspecific IgA. responses in sera and external secretions of HIV-type 1 infected individuals. AIDS Res Hum Retroitruses, 2004, 20 （9）：972-988

14　Gaudette D, North L, Hindahl M, et al. Stability of clinically significant antibodies in saliva and oral fluid. J Clin Immun, 1994, 17：171-175

15　Hunt A J, Connell J, Christofinis G, et al. The testing of saliva samples for HIV-1 antibodies：reliability in a non-clinic setting. Genitourin Med, 1993, 69：29-30

16　Gallo D, George J R, Fitchen J H, et al. Evaluation of a system using oral mucosal transudate for HIV-1 antibody screening and confirmatory testing. OraSure HIV Clinical Trials Group. JAMA,

1997, 277: 254－258

17　No authors listed. Urea test. AIDS Policy Law, 1996, 11 (15): 12

18　Desai S, Bates H, Michalski F J. Detection of antibody to HIV－1 in urine. Lancet, 1991, 337: 183－184

19　Tiensiwakul P. Urinary HIV－1 antibody patterns by Western blot assay. Clin Lab Sci, 1998, 11 (6): 336－338

20　Howard B, Urnovitz J C, Sturge T D, et al. Urine antibody tests: new insights into the dynamics of HIV－1 infection. Clin Chem, 1999, 45 (9): 1602－1613

21　Frank A P, Wandell M G, Headings M D, et al. Anonymous HIV testing using home collection and telemedicine counseling: A multicenter evaluation.

Arch Intern Med, 1997, 157 (3): 309－31.4

22　Janssen R S, Satten G A, Stramer S L, et al. New testing strategy to detect early HIV－1 infection for use in incidence estimates and for clinical and prevention purposes. JAMA, 1998, 280 (1): 42－48

23　Stephen D, Soroka T C. Granade S P, et al. The use of simple, rapid tests to detect antibodies to human immunodeficiency virus types 1 and 2 in pooled serum specimens. J. Clin Virol, 2003, 27: 90－96

24　Skolnik H S. Phillips K A. Binson D, et al. Deciding where and how to be tested for HIV: what matters most? J Acquir Immune Defic Syndr, 2001, 27 (3): 292－300

321. 内源性逆转录病毒长末端重复序列在嗜酸性粒细胞增多症的基因表达及核苷酸序列分析

北京大学人民医院血液病研究所　滕智平　张　萍
秦效英　郝　乐　徐　红　史惠琳　江　滨　陆道培
北京大学人民医院中心实验室　潘秀英　中国疾病预防控制中心病毒病预防控制所　曾　毅

〔摘　要〕　探索人内源性逆转录病毒长末端重复序列（LTR）基因及表达与嗜酸性粒细胞增多症发生的关系。PCR 法检测嗜酸性粒细胞增多症患者外周血中内源性逆转录病毒长末端重复序列基因，RT－PCR 法检测内源性逆转录病毒基因表达。变性高效液相分析和序列测定 LTR 片段核苷酸序列，对不同株基因序列作同源性的比较分析。PCR 结果显示：20 例嗜酸性粒细胞增多症患者细胞中均获得内源性逆转录病毒长末端重复序列扩增产物，嗜酸性粒细胞增多症组中长末端重复序列基因有高的表达，而正常人表达为阴性。与 HERV－K 家族 LTR 基因相应区域核苷酸序列比较；嗜酸性粒细胞增多组长末端重复序列 U3、R、U5 区同源性分析有核苷酸的改变，与淋巴瘤对照比较没有大片段的缺失。人类基因组中普遍存在逆转录病毒长末端重复序列。正常人和嗜酸性粒细胞增多症患者中长末端重复序列有不同程度核苷酸碱基的变异，但是，二者比较，这种改变与嗜酸性粒细胞的增多没有明显的相关性。在嗜酸性粒细胞增多症患者中有高的基因表达而正常人中没有可检出的病毒基因的表达，嗜酸粒细胞的增多可能与逆转录病毒基因表达水平有关，其诱导嗜酸粒细胞增多的机制需进一步的研究。

〔关键词〕　入内源性逆转录病毒（HRTV）；长末端重复序列（LTR）；核苷

酸序列分析；变性高效液相分析（DHPLC）；嗜酸性粒细胞增多症

嗜酸性粒细胞增多症（eosinophilia）多见于寄生虫感染，变态反应，药物过敏，肿瘤等疾病。随着我国卫生条件的改善，寄生虫引起的嗜酸性粒细胞增多症比例明显下降，而不明原因的增多症逐年增加，影响到对疾病的准确治疗。我们在 2003 年 9 月至 2005 年 8 月期间对临床收治的不明病因的嗜酸粒细胞增多症患者进行成人 T 淋巴细胞白血病病毒（HTLV -Ⅰ）基因和逆转录病毒长末端重复序列的检测，在 20 余例患者中成人 T 淋巴细胞白血病病毒 POL、GAG、ENV 和 TAX 基因的检测皆为阴性，而内源性逆转录病毒长末端重复序列的检测均为阳性。人内源性逆转录病毒基因普遍存在于人的染色体，是由大约几百万年前外源性逆转录病毒的感染，病毒基因整合于人的染色体按照孟德尔遗传定律垂直遗传给子孙后代[1,2]。有报道内源性逆转录病毒基因的特异整合及基因的高表达与某些恶性肿瘤的发生有关[3,4]。

这种病毒本身并不含有癌基因，而在前病毒长末端重复序列（LTR）中含有很强的启动子。当长末段重复序列插入到细胞的原癌基因附近，成为原癌基因的启动子，这种强启动子可促使原癌基因表达，比正常时高 30～100 倍。原癌基因不仅因获得启动子而被激活，甚至也会因获得正常细胞的增强子而活化。人嗜酸性粒细胞的增高是否与内源性逆转录病毒基因激活表达增高有关目前未见报道。为此，我们对嗜酸粒细胞增高患者内源性逆转录病毒长末端重复序列基因和基因的表达进行研究，探索长末端重复序列与嗜酸粒细胞增多症的病因关系。

材料和方法

一、研究标本 20 例 2003 年 9 月至 2005 年 8 月期间来我院就诊经病理和形态学确诊而病因不明的嗜酸粒细胞增多症患者，10 例正常人。淋巴瘤患者血液细胞作为对照。5 ml 外周血，低渗法离心分离白细胞，分别提取 RNA 和 DNA。

二、PCR 扩增 LTR 基因及序列分析 参照 HERV - K（GenBank AF148679）序列合成 PCR 引物（赛百盛公司）。引物序列如下：

LTR1 5′ - TGTTACTGTGTCTGTGTAG - 3′；LTR2 5′ - TACACACCTGTGGGTGTT - 3′

50 μl 反应体系，Long PCR mix kit（购自天为时代公司）。反应条件为：预变性 94 ℃ 4 min，变性 94 ℃ 45 s，退火 57 ℃ 1 min，延伸 72 ℃ 1 min，35 个循环，72 ℃ 10 min。扩增产物经琼脂糖凝胶电泳纯化，于 DNA 序列自动分析仪上下游引物双向测序分析（上海博星基因芯片公司，北京鼎国生物技术公司分别重复测序）。

三、逆转录 - PCR 检测 LTR 基因的表达 按照 Trizol 提取试剂盒说明书进行操作：提取细胞总 RNA 反转录合成 cDNA，葡萄糖醛酸脱氢酶作为内参对照。引物序列如下：

1）P1 5′ - AAC TGA - T GA CAT TCC ACC - 3′；2）P2 5′ - GGCTGTTTTATTTCACCTG - 3′；

3）5′ - TTC ATT GAC CTC AAC TAC AT - 3′；4）5′ - GTG GCA GTG ATG GCA TGG AG - 3′；

25 μl 反应体系，PCR mix kit（购自天为时代公司）。反应条件为：预变性 94 ℃ 5 min，变性 94 ℃ 1 min，退火 60 ℃ 1 min，延伸 72 ℃ 2 min，35 个循环，72 ℃ 5 min。取 10 μl 扩增产物 1.5% 琼脂糖凝胶电泳，XT - 100 凝胶图像分析仪光密度扫描，测定比值。

四、高效液相色谱（HPLC）分析长末端重复序列扩增产物的长度 按照 HPLC（WAVE 仪器购自美国 Transgenomic 公司）分析系统操作指南。5 μl PCR 产物，采用非变性温度

（50℃）进行高效液相色谱分析。扫描结果应用 WAVEMaker DNA 片段分析系统专用软件包分析。原理：在 50 ℃的温度下，DNA 双链保持完整状态，分析柱的吸附剂带正电荷与 DNA 带负电荷的磷酸基相互作用。长的 DNA 片段比短的 DNA 片段带有更多的负电荷，与更多的吸附剂相互作用，阻碍片段通过 DNA 分析柱，延长滞留时间。长的 DNA 片段比短的 DNA 片段更牢固的与分析柱结合，即短的 DNA 片段比长的 DNA 片段先洗脱下来，因此，在非变性温度条件下 WAVE 系统对 DNA 片段的分析是按其片段的长度进行分离，而不是按序列分离。

五、统计学处理　数据以均数标准差表示，组间比较用 t 检验，$P < 0.05$ 有统计学意义，$P < 0.01$ 具有显著性差异。

结　　果

在 20 例嗜酸性粒细胞增多症患者和 10 例正常人中，除了 1 例正常人之外，均获得内源性逆转录病毒长末端重复序列扩增产物（图 1）。1.5 % 琼脂糖凝胶电泳显示基因表达；葡萄糖醛酸脱氢酶内参对照 403 bp，嗜酸性粒细胞增多症细胞长末端重复序列基因表达条带 261 bp，正常人为阴性（图 2）。凝胶图像分析仪对电泳条带进行光密度扫描测定分析比值，嗜酸性粒细胞增多症患者组与正常人组的组间比较，$P < 0.01$ 具有显著性差异。HPLC 技术进行内源性逆转录病毒长末端重复序列扩增产物基因片段长度的分析；扫描图显示：于大约 900 bp 处出现洗脱高峰，与淋巴瘤样品对照比较长末端重复序列扩增产物没有大片段的缺失（图 3）。长末端重复序列 DNA 序列测序分析：与内源性逆转录病毒 HERV–K 家族 LTR 作同源性比较；正常人和嗜酸性粒细胞增多组长末端重复序列 U3、R、U5 区都存在不同程度的改变（图 4）。

一、长末端重复序列基因检测结果　PCR 特异性引物扩增长末端重复序列 DNA 片段，经 1.5 % 琼脂糖凝胶电泳，除恶性淋巴瘤组外，扩增产物相对分子质量约为 900 bp DNA 片段（图 1）。

二、长末端重复序列基因表达检测　RT–PCR 检测基因的表达，长末端重复序列基因扩增产物 261 bp，葡萄糖醛酸脱氢酶扩增产物 403 bp。

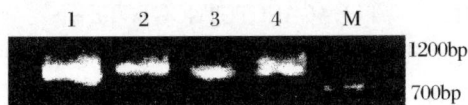

图 1　PCR 扩增产物 1.5% 琼脂糖凝胶电泳

1：DNA of malignant lymphoma patient；2：DNA of healthy person；3–4：DNA of eosinophilia；M：DNA marker Ⅱ

Fig. 1　1.5% agarose gel electrophoresis of PCR products

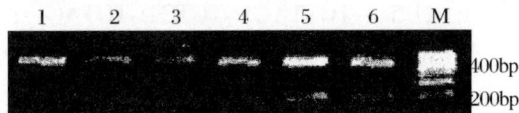

图 2　LTR 基因表达的琼脂糖凝胶电泳

1：cDNA of healthy person；2–5：cDNA of eosinophilia；6：cDNA of lymphoma patient；M：DNA marker Ⅰ

Fig. 2　LTR gene expression analyzed by agarose gel electrophoresis

三、高效液相色谱（HPLC）分析长末端重复序列扩增产物的长度　经过高效液相色谱（HPLC）分析，根据洗脱扫描色谱图的峰型，初步分析长末端重复序列扩增产物的长度；20 例嗜酸性粒细胞增多症样品和 10 例正常人 DNA 样品长末端重复序列片段于 900 bp 处显示出高的洗脱峰，而淋巴瘤样品由于 LTR 分子内有大片段的丢失，于 700 bp 处显示出洗脱峰。（图 3）

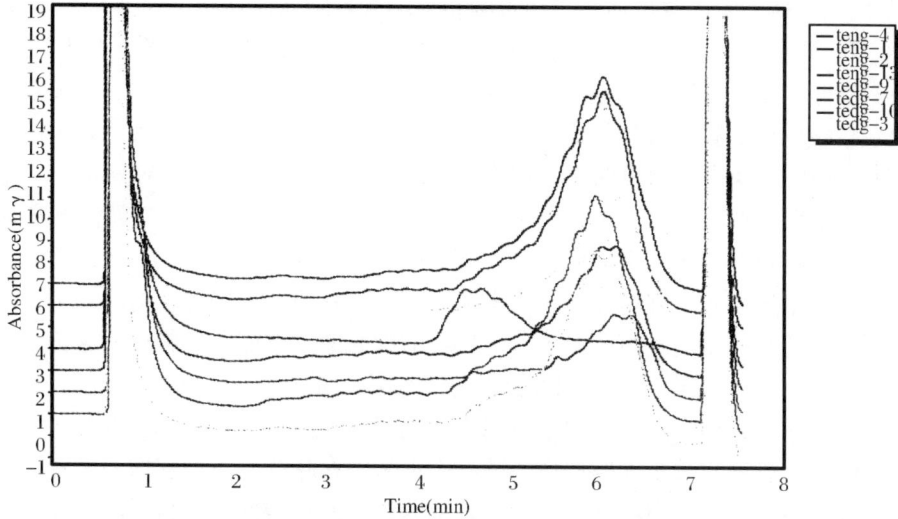

图3 高效液相色谱（HPLC）分析色谱图

The black curve, red curve and curve of other colors represent healthy persons,

malignant lymphoma samples and eosinophilia patients, respectively

Fig. 3 The spectrum by high performance liquid chromatography

四、长末端重复序列核苷酸序列分析及比较

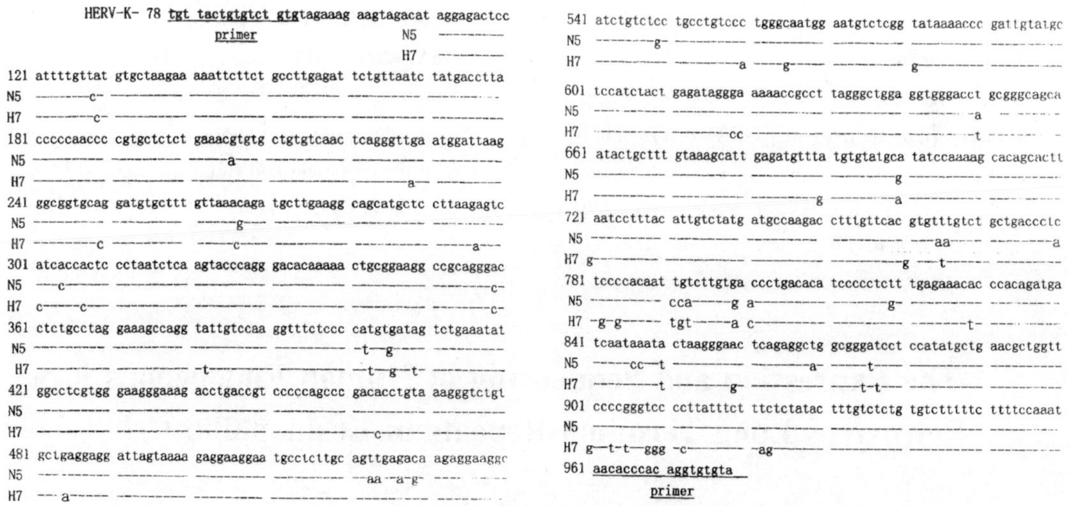

图4 长末端重复序列核苷酸序列分析及比较

Fig. 4 Nucleotide analysis of the long terminal repeats among

DNA from HERV - K，healthy person and eosinophilia

讨　论

我们的研究证明内源性逆转录病毒普遍分布于人的染色体。分析了 20 例嗜酸性粒细胞

增高和 10 例正常样品中内源性逆转录病毒的长末端重复序列核苷酸序列，二者与 HERV – K 株 U3、R、U5 同源性的比较，没有病毒基因大片段的插入和丢失，仅有不同程度的碱基的改变，在本实验中没有发现其规律性的改变，这种改变与嗜酸性粒细胞的增多没有明显的相关性，提示嗜酸性粒细胞的增高与长末端重复序列内的基因变异可能无关。长末端重复序列位于（LTR）逆转录病毒基因组两端，结构为 U3 – R – U5 的顺向重复序列单位。主要包括四个功能域：远距离调节单位；增强子单位；核心启动子单位；Tat 反应元件。实现对各种结构蛋白与非结构蛋白表达水平的调节。在 20 例嗜酸性粒细胞增高和 10 例正常样品基因表达的检测结果；嗜酸性粒细胞增多症中长末端重复序列基因有不同程度的高表达，而正常人没有明显可检出的基因表达。由此提示，嗜酸粒细胞的增多可能与逆转录病毒长末端重复序列基因表达水平有关。由于 LTR 序列在嗜酸性粒细胞中的插入和表达可能会产生复杂的调节能力。但是，从我们初步的研究中还不能清楚地解释人内源性逆转录病毒如何引起嗜酸性粒细胞增高的分子机制。关于人内源性逆转录病毒基因在嗜酸性粒细胞增高患者染色体中插入确切的定位分布，以及人内源性逆转录病毒基因诱导的嗜酸性粒细胞增高是否与血液肿瘤的发生有关等问题还有待进一步的研究。

〔原载《病毒学报》2006，22（3）：209 – 213〕

参 考 文 献

1 Casau A E, Vaughn J E, Lozano G, et al. Germ cell expression of an isolated human endogenous retroviral long terminal repeat of the HERV – K/ HTDV family in transgenic mice. J Virol, 1999, 73（12）: 9976 – 9983

2 Flockcrzi A, Burkhardt S, Schempp W, et al. Human endogenous retrovirus HERV – K14 familia: status, variants, evolution, and mobilization of other cellular sequences. J Virol, 2005, 79（5）: 2941 – 2949

3 Dunn C A, Medstrand P, Mage D L, et al. An endogenous retroviral long terminal repeat is the dominant promoter for human β1, 3 – galactosyl-transferase 5 in the colon. Proc Natl Acad Sci USA, 2003, 100（22）: 12841 – 12846

4 Stauffer Y, Thciler G, Sperisen P, et al. Digital expression profiles of human endogenous retroviral families in normal and cancerous tissues. J Cancer Immunity, 2004, 4: 2

The Expression and Sequencing of Human Endogenous Retrovirus Long Terminal Repeats in Eosinophilia Cells

TENG Zhi – ping[1], ZHANG Ping[1], QIN Xiao – ying[1], PAN Xiu – ying[2], HAO Le[1],
XU Hong[1], SHI Hui – lin[1], JIANG Bin[1], ZENG Yi[3], LU Dao – pei[1]

（1. Institute of Hemotology, People's Hospital, Beijing University, Beijing 100044, China;

2. Central Laboratory of People's Hospital, Beijing University, Beijing 100044, China;

3. National Institute for Viral Disease Control and Prevention, China CDC, Beijing 100052, China）

To explore the relationship between gene expression of endogenous retrovirus long terminal repeat and eosinphil-ia, PCR was used to amplify the peripheral blood granulocyte DNA fragments in 20 cases of eosinophilia, 1 case of malignant lymphoma and 10 healthy persons as control. The expression of long terminal repeat (LTR) gene was detected by RT – PCR. Denatured high performance liquid chromatography (DHPLC) was used to array the long terminal repeat DNA fragments, and then the nucleotide sequence of LTR was analyzed by automatic sequence meter. The PCR results indicated that the LTR gene fragments were found in eosinophilia patients, RT – PCR revealed that LTR gene was higher expressed in 20 cases of eosinophilia patient while no expression was detected in healthy persons. To contrast the homogeneity of nucleotide sequence of eosinophilia on locus of U3 , R, U5 to that of HERV – K strain, there showed nucleotide changes. These results demonstrated that human beings carry human endogenous retrovirus sequences as an integral part of their genomes. There may be a relationship between gene expression of human endogenous retrovirus and eosinophilia developing. The mechanism abode in inducing eosinophilia needs further investigation.

〔Key words〕 Human endogenous retrovirus (HERV); Long terminal repeat (LTR); Nucleotide sequencing; Eosinophilia; Denatured high performance liquid chromatography (DHPLC)

322. 禽流感病毒 H5N1 对卫生工作人员的危险

中国疾病预防控制中心病毒学研究所 郭秀婵 曾 毅

〔关键词〕 禽流感；病毒；H5N1；危险

2003 年 7 月以来，东南亚许多国家发生了高致病性禽流感疫情暴发，包括越南、泰国、印度尼西亚、柬埔寨、老挝、韩国、日本、马来西亚和中国。2006 年 2 月 8 日，非洲尼日利亚北部也出现了 H5N1 禽流感疫情。自 1997 年发生高致病性禽流感病毒 H5N1 感染人以来，以往的禽流感病毒不能直接感染人类，也不能在人体内有效繁殖的观念得以改变。继之的禽流感病毒 H9N2 和 H7N7 直接感染人，使人们担心可能发生世界性流感大流行。从 2003 年 12 月到 2006 年 2 月 9 日，WHO 公布的实验室确诊人感染 H5N1 病毒的已达 166 例，死亡 88 例，病死率为 53%，明显高于 1997 年的 33%。全球的卫生部门都已行动起来密切监测疫情的发展，为可能发生流感大流行作准备。我国内地于 2005 年 10 月 16 日首次报道了确诊的人感染 H5N1 的病例，目前已发展到 11 例，其中 7 例死亡。随着禽流感疫情的扩展，感染人数还可能增加。虽然目前多数研究不支持 H5N1 具有人感染人的能力，但病毒是否最终变异到人传人、医务工作者被患者感染的机会有多大是目前关注的热点。本文就这方面的内容综述如下。

一、禽流感病毒的特性 流感病毒属正黏病毒科，根据核蛋白（NP）和基质蛋白（M1）的不同分为甲、乙、丙三型。其中 A 型病毒毒性最强，可引起严重的或致死性呼吸系统疾病，也是造成流感流行及世界性流感大流行的主要原因。A 型流感病毒可感染人和包括猪、马、哺乳类水生动物（如海豹和鲸）、野生水禽和家禽等多种动物。虽然 2000 年从海豹中分离出了 B 型流感病毒，但 B 和 G 型流感病毒主要感染人，并只引起局部小流行。A 型流感病毒又根据其表面糖蛋白血凝素（HA）和神经氨酸酶（NA）的不同进一步分为不同的类型，目前已确定了 16 个 HA（H1 – H16）亚型和 9 个 N（N1 – N9）亚型[1]。所有这些亚型病毒均在禽类中循环流行，为病毒的进化及新型流感病毒形成提供了有利的多态性基因库和宿主库[2]。而在人类中流行的有 H1、H2 和 H3 亚型。

因此，禽流感病毒是指 A 型流感病毒。禽流感病毒据其毒力的强弱可分为高致病性禽流感（HPAI）病毒和低致病性禽流感（LPAI）病毒；前者引起的疾病往往是致死性的，可在感染后 24 h 致禽类死亡，通常在一周内造成禽类死亡。后者很少引起严重疾病的暴发，发病率和致死率远低于前者。所有高致病性禽流感病毒均属于 H5 和 H7 亚型。虽然许多家禽和野禽对流感病毒都易感，但所表现的致病性却不同。如对鸡致死的病毒，鸭却可正常携带。而在家禽中，高致病性禽流感病毒最易在鸡和火鸡中造成流行。HA 糖蛋白在流感病毒致病性方面起关键作用。而决定不同种禽对禽流感病毒易感性的宿主因素至今不清楚。

二、禽流感病毒感染人的历史 自发现禽流感病毒以来，已有若干禽流感病毒感染人的报道，见表1。1959 年，从一名 46 岁美国男子的血中分离出了 H7N7 型 HPA1 病毒，但未检测到抗 H7 抗休，该患者后来恢复了。1978至 1979 年间，美国发生了接触海豹工作人员由 H7N7 型 LPAI 病毒感染引起的结膜炎和呼吸系统疾病。1996 年，从一位患自限性结膜炎的 43 岁英国养鸭妇女中分离到了 H7N7 型 LPAI 病毒。1998 年 12 月至 1999 年 3 月，从5 名中国大陆及两名香港患者中分离到了 H9N2 型 LPAI 病毒。2004 年，从加拿大患者中分离到了 H7N3 型 HPAI 病毒[3]。

相比而言，1997 年发生在中国香港的 H5N1 型 HPAI 病毒、2003 年发生在荷兰的 H7N7 型 HPAI 病毒及 2003 年底至今发生在亚洲的 H5N1 型 HPAI 病毒感染人的情况要严重得多，表2 列出了 2003 年 12 月以来 WHO 公布的实验室确诊的世界各国人感染 H5N1 病毒

表 1　禽流感病毒感染人的报道

Tab. 1　The report on human infection of bird flu virus

年份	国家、地区	病毒亚型	病例数	死亡数
1959	美国	H7N7 HPAI	1	0
1978—1979	美国	H7N7 LPAI	?	0
1996	英国	H7N7 LPAI	1	0
1997	中国香港	H5N1 HPAI	18	6
1999	中国	H9N2 LPAI	5	0
1999, 2003	中国香港	H9N2 LPAI	3	0
2002—2003	美国	H7N2 LPAI	2	0
2003	中国香港	H5NI HPAI	5	2
2003	荷兰	H7N7 HPAI	89	1
2004	加拿大	H7N3 HPAI	2	0

情况。不像 1957 和 1968 年的流感流行株，分析 H5N1 香港分离株发现，病毒的所有成分都来源于禽流感病毒，不含人流感病毒的成分[4,5]。这是首次发生的不通过猪而直接由禽跳跃到人的例子。最近，Taubenberger 等[6]对造成 1918 年流感大流行的病毒全基因组进行了序列及系统发生学分析，发现病毒不像是由禽流感病毒和人流感病毒重排形成的，而更像是完全由禽流感病毒进化而来，最后适应宿主人的。实验表明，1997 年以后，由 H5N1 病毒（A/Goose/Guangdong/1/96，最早从中国广东的一只死鹅中分离出）衍生来的编码 HA 的基因一直在我国的禽类中循环。Chen 等[7]在 1999—2002 年间从我国南方外观健康的家鸭中分离出 21 株 H5N1 型病毒，发现其抗原性与 1997 年香港禽流感流行的病毒源相似（A/Goose/Guangdong/1/96）。而 2000 年后的分离株对小鼠的致病性增强了。2002 年，发现又一株 H5N1 香港分离株发生抗原飘移，表现出对鸭和其他水禽的高致病性[8]。可见，1997 年禽流感疫情控制后，H5N1 病毒并未真正根除。2003 年初，香港一对父子确诊感染了 H5N1 禽流感病毒，父亲死亡，女儿也死于呼吸道感染，但未确诊[9]。据非官方报道，H5N1 禽流感疫情最早在 2003 年 7 月发生在越南、印度尼西亚和泰国。2003 年 12 月以来，疫情扩散到许多亚洲国家，造成 1 亿多鸡被宰杀，至少 166 人被感染。

表2　2003年12月至2006年2月9日WHO公布的人感染H5N1病毒情况

Tab. 2　The cases of human infection of H5N1 virus publicized by WHO between Dec. 2003 and Feb. 9, 2006

国家	2003		2004		2005		2006		总计	
	病例数	死亡数	病例数	死亡数	病例数	死亡数	病例数	死亡数	病例数	死亡数
柬埔寨	0	0	0	0	4	4	0	0	4	4
中国	0	0	0	0	8	5	2	2	11	7
印尼	0	0	0	0	17	11	6	5	23	16
伊拉克	0	0	0	0	0	0	1	1	1	1
泰国	0	0	17	12	5	2	0	0	22	14
土耳其	0	0	0	0	0	0	12	4	12	4
越南	3	3	29	20	61	19	0	0	93	42
合计	3	3	46	32	95	41	21	42	166	88

三、H5N1感染人的可能机制　造成H5N1禽流感病毒直接感染人的原因可能是人直接暴露于高浓度H5N1病毒，包括与感染的组织、受感染禽的排泄物和分泌物（主要指粪便和呼吸道分泌物）接触。传播途径包括：（1）吸入了含感染禽粪便或呼吸道分泌物的灰尘。（2）在屠宰禽的过程中吸入了含病毒的气雾颗粒。（3）手接触了病禽的口腔、鼻腔或结膜黏膜，或接触了被病禽粪便或呼吸道分泌物污染了的衣物。（4）吃了生的或未煮熟的禽血、器官或肉。对2004年1月至3月泰国确诊的12名H5N1患者的研究表明，患者共同的特点是年轻、具有与病禽或死禽的接触史、出现肺炎和淋巴细胞减少及迅速发展成急性呼吸窘迫综合征[10]。H5N1病毒直接感染人的分子机制还不清楚。流感病毒HA糖蛋白的结构是决定宿主范围的决定因素，人流感病毒识别的受体是唾液酸α2，6半乳糖（NeuAcα2，6Gal），而禽流感病毒识别的受体是唾液酸α2，3半乳糖（NeuAcα2，3Gal）[11,12]。人类气管上皮细胞主要含NeuAcα2，6Cal，禽的气管和肠道上皮细胞主要含NeuAeα2，3Gal，而猪的气管上皮细胞两者均有。HA不同亚型中受体结合位点的氨基酸不同是识别α2，3或α2，6的关键，其中仅两个氨基酸的不同就可由识别禽流感病毒受体转变为识别人流感病毒受体。如H5发生Gln222→Leu，Gly224→Ser；H3发生Gln226→Leu，Gly228→Ser的变换，病毒所识别的受体就由α2，3→α2，6。1997年的H5N1分离株仍然只识别离的病毒受体，NeuAcα2，3Gal[13]。2003—2004年泰国和越南的H5N1禽分离株，其HA1的受体结合位点的氨基酸残基为Gln222和Gly224，仍保留嗜禽特异性[14]。最近实验表明，人支气管有纤毛的上皮细胞也含有NeuAcα2，3Gal受体[15]，因此在人呼吸道中含禽流感病毒的易感细胞。另外一种可能是H5N1病毒在人或猪体内繁殖时发生了受体识别特异性的变异。1918年、1957年及1968年分离株的HA虽然是从禽流感病毒衍生来的，但只识别NeuAcα2，6Gal。

有研究显示，从鸡中分离出的H5N1病毒对NeuAcα2，3Gal的亲和力低于从水禽中分离出的H5N1病毒[13]。而1999年发生的直接感染人的禽流感病毒H9N2也只是在陆地禽中分离到了，并没从水禽中分离到[16,17]。这就提示陆地禽流感病毒在未来的人流感大流行中可能起到重要的感染源作用。H5N1禽流感疫情已相继在许多亚洲国家发生，要彻底根除疫情并不容易。人类普遍对H5缺乏免疫，一旦H5N1突变后获得了人传人的能力，在人群中迅速传播，将引起流感大流行。自疫情发生以来，已从鸭、鹅、乌鸦及本地鸟中分离出 H5N1 病毒；近来，从老虎及美洲豹中也分离出了 H5N1 病毒。实验证明，猫可感染 H5N1 病毒，推测猫可作为人和鸟之间的中间宿主[18]。

四、H5N1 病毒人传人的可能性　自 1997 年发生禽流感病毒 H5N1 直接感染人以来，人们就一直担心病毒可能变异并适应在人中传播。至今发生的大多数感染人的病例都有暴露于病禽或死禽的病史，但也不能完全排除有可能人传人的病例。1997 年香港的 2 名医务工作者在暴露 1 例 H5N1 患者后，发现有 H5 抗体，其中一名回忆暴露后还出现了呼吸系统疾病[19]。2004 年越南发生两个家庭的感染聚集，虽考虑是由禽传给人的，但也不能完全排除人传人的可能[20]。Ungchusak 等[21]对 2004 年 8 月底 9 月初发生在泰国一家三人感染 H5N1 禽流感的患者进行了研究。首例患者为 11 岁的女孩，2004 年 9 月 2 日出现发热、咳嗽咽痛症状；9 月 7 日被送往医院，体温 38.5℃，中度呼吸困难，淋巴细胞及血小板减少，左肺下叶阴影；很快进展为呼吸困难、缺氧及休克第 2 天被送到省医院，3 h 后死亡，患者的母亲，26 岁，生活在另一个省，9 月 7 日及 8 日在医院病床边照顾女儿约 16～18 h；3 d 后出现症状，在女儿的村庄住了一晚后返回自己的省；17 日因严重呼吸困难入当地省医院，20 日死亡。患者的姑妈，32 岁，与患者住在一起，9 月 7 日在病床边照顾患者约 12～13 h；9 月 16 日发病，23 日入当地区医院，10 月 7 日出院，见图 1。流行病学调查显示，最近的家养鸡死亡是发生在 8 月 29 日或 30 日。虽然不知道首例患者是否接触过病鸡或死鸡，但她在有这些鸡的地方玩耍和睡觉。她的姑妈在 29 或 30 日用塑料袋埋了 5 只死鸡，并戴着手套。女孩的母亲居住在离女儿 4 h 路程的曼谷郊区，在得知女儿病情后赶往医院，途中在女儿的住处停留了约 10 min。但在照顾女儿的过程中，护士说她拥抱亲吻了女儿，并擦了女儿口中的分泌物。女孩死后，为葬礼的事母亲和姑妈去了祖父的村庄，离女儿的村庄 40 km。该村庄 6 个月前发生过禽流感疫情，所有的家禽都已被宰杀，不存在暴露病禽或死禽包括生鸡或鸡蛋的可能性。此外，患者母亲在生病前的两周，在她生活、工作的地方及周围的人都不具备暴露死禽的可能。8 月 30 日以后患者的姑母也没有接触禽的病史。

实验室检测证实，患者发病后第 6 天及其姑妈发病后第 8 天的血清 H5 抗体阴性，其姑妈第 21 天的血清抗体转阳。患者姑妈的口咽拭子标本 RT－PCR 为 H5N1 阳性，鼻咽拭子弱阳性。患者母亲尸检肺标本 RT－PCR 显示 H5N1 阳性。两者 RT－PCR 的序列分析显示病毒所有基因均来自禽流感病毒，并与 2004 年泰国鸡分离株 H5N1 非常接近。仍然保留对禽流感病毒受体 NeuAcα2, 3Gal 的亲和性，没发生与人流感病毒的重排，属于在越南、泰国及印度尼西亚流行的 H5N1 禽流感病毒 Z 基因型；说明该病毒不是新的变异株，仍没获得人传人的能力。Ungchusak K. 最终对这一家庭聚集现象的解释是，虽然首例患者因死亡没被确诊，但从接触史、临床症状及其母亲和姑妈的确诊情况都支持她是 H5N1 禽流感患者。因其母亲没有与禽的接触史（只在患者原来住处停留过 10 min），其姑妈最后接触禽是在发病前 17 d，而禽流感的潜伏期一般为 2～10 d；因此认为母亲是由首例患者女儿传染的，姑妈是由母亲传染的。

五、医务工作者的风险　Buxtcm Bridges G 等[22]对 1997 年香港禽流感疫情中 H5N1 患者的暴露和非暴露医务工作者（health care Workers，HCWs）的研究显示，227 名暴露者中有 8 名 H5 抗体阳性，阳性率 3.7%，其中 2 例很明显是由患者传染的；309 名非暴露者中 2 名 H5 抗体阳性，阳性率 0.7%；两组之间差异显著。这是首次报道 H5N1 禽流感病毒可人传

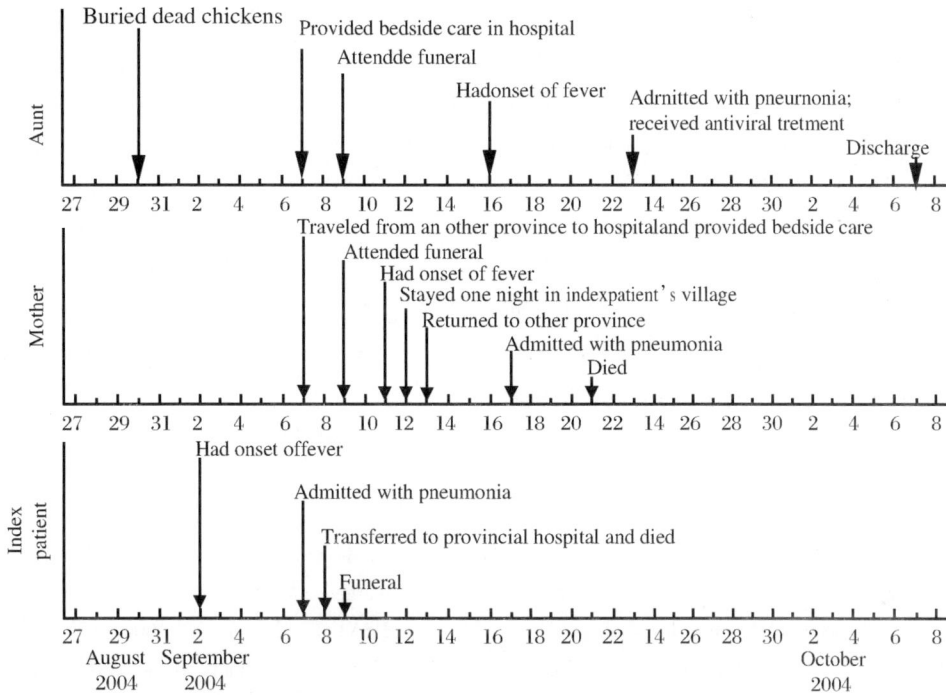

图 1　3 名患者相关的暴露及发病时间

Fig. 1　The time of exposure and onset of the 3 cases

人，并存在无症状感染者的流行病学证据[19]。为了评估 H5N1 病毒从禽传人的职业风险，Buxton Bridges C 等[22] 还对 1997 年香港疫情中参与禽类宰杀的 293 名政府工作人员和 1525 名涉及禽类的工作人员进行了流行病学研究。结果表明，3% 的政府工作人员 H5 抗体阳性，约 10% 的禽类工作者 H5 抗体阳性。提示存在执业暴露危险。2003 年再次发生 H5N1 病毒感染人以来，为了评估医务工作者在暴露禽流感 H5N1 患者后被感染的风险，世界卫生组织国际禽流感观察组对越南河内国家儿童医院 87 名可能暴露于 4 名确诊的 H5N1 患者的医务工作人员进行了包括问卷调查、血清学检测的详细研究。获得其中 95.4%（83 人）的问卷和血标本，问卷结果显示，95% 的人至少暴露于 1 例 H5N1 患者；72%（59 人）的人出现过临床症状，其中两位工作人员在 ICU 暴露过第 2 例 H5N1 患者。83 人的血清学 H5N1 抗体检测均为阴性。调查显示 94.8% 的医务工作者在照顾 H5N1 患者时戴了口罩，多数说是 N95 口罩[23]。另一项类似的研究是在越南胡志明市儿科医院的 60 名涉及照顾 2 名 H5N1 患者的医务工作者中进行的，60 例鼻拭子标本 RT - PCR 均为阴性，血清学检测 H5 特异性抗体均为阴性[24]。我国至今已发生 3 例 H5N1 禽流感确诊病例，未见医务人员被感染报道。

综合上述，即使有少数几个家庭聚集现象，大多数 H5N1 感染者为散发患者。来自泰国和越南的流行病学资料证明，虽然目前流行的 H5N1 禽流感病毒从禽直接传染人的能力还很弱，还没有直接的证据表明具有人传人的能力，但也不能排除人传人的可能。泰国一家三口的例子及中国香港医务人员的情况都提示，只要疫情仍在继续，或者说病毒继续在禽类中循环，人类会继续暴露于 H5N1 并有机会感染，这将增加病毒的突变或与已在人群中流行的人流感病毒的重排机会，从而使病毒增加了获得人传人的能力的机会。发生在 1918 年病毒多聚酶的氨基酸变异，已有几个相同的变异出现在 H5N1[16]。这些都提示 H5N1 在继续朝着可能是适应宿主人的方向变异进化，自 H5N1 禽流感疫情在亚洲发生以来，各国政府都采取了迅速有力的措施控制疫情，这确实会减少疫情的发生和人类感染的机会。但由于禽流感病毒宿主的广泛性，一种宿主可感染不同型多种流感病毒及流感病毒的快速进化特点，短期内彻底消除疫情很准。应发展长期的应对措施控制其在禽中的进一步流行。由于 H5N1 禽流感病毒感染人的高致病性，医务工作者及实验室工作人员要严格遵守相应的操作程序，采取相应的个人保护措施。据报道，2003 年的 H5N1 越南分离株对抗流感药物金刚烷（amantadine）和金刚烷的衍生物 rimantadine 有抗药性，而 1997 年的香港分离株却没有这一特性。为了应对可能出现的流感大流行，许多国家已投入大量资金研究针对 H5N1 的疫苗及药物。但目前最有效的预防措施是切断由禽到人的传播途径。

〔原载《病毒监测》2006，21（3）：162－166〕

参 考 文 献

1　Fouchier RA，Munster V，Wallensten A. et al. Characterization of a novel influenza A virus hemagglutinin subtype（H16）obtained from black－headed gulls. J. Virol，2005，79：2814－2822

2　Suzuki Y. Sialobiology of influenza molecular mechanism of host range variation of influenza viruses. Biol. Pharm. Bull,2005,28(3):399－408

3　Perdue ML，Swayne DE. Public health risk from avian influenza viruses. Avian Dis，2005，49：317－327

4　Subbarao K，Klimov A，Katz J，et al. Characterization of an avian influenza A（H5N1）virus isolated from a child with a fatal respiratory illness. Science，1998，279：393－396

5　Claas EJ，Osterhaus PD，Beek RV，et al，Human influenza A H5N1 virus related to a highly pathogenic avian influenza virus. Lancet，1998，351：472－477

6　Taubenberger JK，Reid H，Lourens M，et al. Characterization of the 1918 influenza virus polymerase genes. Nature，2005，437：889－893

7　Chen H，Deng G，Li Z，et al. The evolution of H5N1 influenza viruses in ducks in southern China. Proc. Natl　Acad. Sci. USA，2004，101：10 452－10 457

8　Sturm－Ramirez K. M. Ellis T，Bousfield B，et al. Reemerging H5N1 influenza viruses in Hong Kong in 2002 are highly pathogenic to ducks. J. Virol. ，2004，78：4892－4901

9　Peiris JS，Yu WC，Leung. CW，el al. Re－emergence of fatal human influenza A subtype H5N1 disease. Lancet，2004. 363：617－619

10　Chotpitayasunondh T，Ungchusak K，Hanshaoworakul W. et al. Human disease from influenza A（H5N1），Thailand，2004. Emerg Infect Dis，2005，11（2）：201－209

11　Ito T，Kawaoka Y. Host－range barrier of influenza A viruses. Vet. Microhiol. ，2000. 74：71－75

12　Skehel JJ，Wiley DC. Receptor binding and membrane fusion in virus entry：the influenza hemagglutinin. Annu. Rev. Biochem. 2000，69：531－569

13　Matrosovich M，Zhou N，Kawaoka Y et al. The surface glycoproteins of H5 influenza viruses isolated from humans，chickens，and wild aquatic birds have distinguishable properties. J. Virol，1999，73：1146－1155

14　Li KS，Guan Y，Wang J，et al. Genesis of a highly pathogenic and potentially pandemic H5N1 influenza virus in eastern Asia. Nature，2004. 430：209－212

15　Matrosovich MN，Matrosovieh TY，Gray T，el al. Human and avian influenza viruses target different cell types in cultures of human airway epithelium. Proc. Natl　Acad. Sci. USA. 2004，101：4620－4624

16　Matrosovich MN，Krauss S. Webster RG. H9N2 influenza A viruses from poultry in Asia have human virus－like receptor specificity. Virology，

2001, 281: 156 - 162

17　Saito T. Characterization of a human H9N2 influ-
enza virus isolated in Hong Kong. Vaccine,
2001, 20: 125 - 133

18　Kuiken T, Rimmelzwaan G, Van Amerongen
G, et al. Avian H5N1 influenza in cats. Science,
2004, 306: 241

19　Buxton Bridges C, Katz JM, Sero WH, et al.
Risk of influenza A (H5N1) infection among
health care workers exposed to patients with in-
fluenza A (HSN1), Hong Kong. J Infect Dis,
2000, 181: 344 - 348

20　Hien TT, Liem NT, Dung NT. et al. Avian in-
fluenza A (H5N1) in 10 patients in Vietnam. N
Engl J Med, 2004, 350: 1179 - 1188

21　Ungchusak K, Auewarakul P, Dowell S, et al.

Probable person - to person transmission of avian
influenza A (H5N1). N Engl J Med, 2005,
352: 333 - 340

22　Buxton Bridges C, Lim W, Hu - Primmer. J,
et al. Risk of influenza A (H5N1) infection
among poultry workers, Hong Kong, 1997 -
1998. J Infect Dis, 2002, 185: 1005 - 1010

23　Liem NT, WHO International Avian Influenza
Investigation Team, Vietnam. et al. Lack of
H5N1 avian influenza transmission to hospital
employees, Hanoi, 2004. Emerg Infect Dis.
2005, 11 (2): 210 - 215

24　Schultsz C, Dong VC. Chau NVV. el al. Avian
influenza H5N1 and healthcare workers. Emerg
Infect Dis. 2005, 11 (7): 1158 - 1159

323.　宣传教育与干预是控制艾滋病流行的主要策略

中国疾病预防控制中心病毒学研究所　曾　毅

〔关键词〕　艾滋病；疾病控制；宣传教育；行为干预

一、艾滋病流行现状及其发展趋势　从全球来看，自1981年发现第1例艾滋病患者以来，截至2004年12月，累计活着的艾滋病毒感染者和艾滋病人（HIV/AIDS）3940万。仅2004年，就有490万新感染者，死亡310万。

我们从1984年开始进行艾滋病的血清流行病学检查，证明艾滋病毒于1982年传入中国大陆，1983年首次感染大陆的中国公民。1985年1个美籍阿根廷艾滋病患者来中国大陆旅游，在北京发病死亡。1989年首先在云南发现经静脉注射吸毒的艾滋病毒感染者。1994年下半年发现供血者感染了艾滋病毒。此后，艾滋病迅速地传播到中国大陆。2004年报告累计活着的艾滋病感染者和艾滋病人为106 990例，其中艾滋病人23 955例，这个数字远低于实际数字。卫生部估计截止2003年10月活着的HIV/AIDS病例已达84万，其中艾滋病人8万例。从2001年到2010年，将可能达到1000万，疫情发展非常严峻。

据联合国的消息，艾滋病流行仍在继续发展，全球截止2001年是6480万。从2002年到2010年全球还将有4600万人被感染，即到2010年全球累计HIV/AIDS将有1亿人。

二、主要感染途径及流行因素

（一）血液传播

1. 吸毒：吸毒者通过共用注射器经静脉传播艾滋病毒。吸毒在大陆现已扩展到很多省，除了较严重的云南和新疆外，特别近年来广东、广西增加很快，据报告，2001年全国吸毒的人数有90万，实际数目可能达到600万。1989年在云南瑞丽县发现吸毒者感染艾滋病毒后，几年中云南瑞丽县吸毒者的艾滋病毒感染率就达到80%以上，其他地区也都较高，约60%～80%。新疆伊犁达到84%，1995年乌鲁木齐感染率20%，2000年达到了39%。广西百色感染率在30%～40%，凭祥感染率在16%～17%。广东21%。江西17%。

2. 供血者：通过供血液感染艾滋病毒，在一些省份非常严重。河南省政府最近报告全省卖血者280 476人，其中HIV抗体阳性者25 036人。现存活的HIV/AIDS有11 815例，其中农村占11 622例，河南省人群HIV感染率为3.5/万。如河南的文楼村3211人中有1310人卖血，卖血者中感染者784人，现症艾滋病人455人，已死亡178人，全村70%以上人家有HIV感染者或艾滋病人，全村人口的感染率为24.4%，HIV感染者主要是青壮年劳动力，这是当地巨大的灾难。输血感染不仅在河南，在其他地方也有少数人通过卖血被感染。多年来政府大力防治，严禁卖血，从1996年后这种情况已被控制。

（二）性传播

1. 性乱途径：性病的情况是逐年上升。但是在1999—2000年，报告性病数目处于平稳的状态，事实上，在性病人群中，关于暗娼被感染艾滋病毒情况是：2000年上半年广西一项对354名暗娼的调查报告，感染性病的达到了近10%。云南暗娼感染性病达到4.6%，广东是3%。到2001年，广西凭祥暗娼感染艾滋病毒已经达到12%，每年都在增长。嫖客感染艾滋病毒后，会将病毒传染给其他女人。一般说来，女性较男性更易被艾滋病毒感染。

此外，在劳改所改造的暗娼，很多人都患有性病，这些人得不到及时的治疗，缺乏预防性病/艾滋病知识，90%以上的人回到社会上又重新卖淫、吸毒，因此，这些人是传播性病/艾滋病的重点人群。目前，中国大陆暗娼大约有600万。

据统计艾滋病感染者中，男性和女性的比例已由20世纪90年代的5∶1上升到目前的2∶1，局部地区已达到1∶1。表明女性艾滋病毒感染者的比例在不断增加。

2. 男性同性恋：中国大陆的男性同性恋存在的问题比国外更为复杂，目前国内法律尚无相应条款限制同性恋，但这个现实并没有被社会接受，许多同性恋者迫于社会压力结了婚，但还保留了同性性行为。张北川教授专门从事男性同性恋的调查研究工作，他认为大陆有男性同性恋约2000万。另外，有报告，男性同性性行为的大学生占7%，城市已婚的男性中同性恋大概占0.5%，农村已婚的男性中同性恋约2.3%。综合各方面的报告，男性同性恋及双性恋，大陆约有2000万人。其中有1/2的人都与女性有过性生活。同性恋人群中约有1/4曾得过性病。而有性病就更容易被艾滋病毒感染。张北川教授还报告。1998年同性恋中感染艾滋病毒的人只有2.5%，1999年是17%，2000年4.2%，2001年5.5%。表明HIV感染在同性恋者中迅速增加。

3. 流动人口：中国大陆流动人口约有1亿多，大多数来自农村，这些来城市务工的大都是青壮年，处于性活跃时期。据调查，卖淫的大多数来自农村，流动人口不仅容易在城市被艾滋病毒感染，还会在感染后把艾滋病毒带到小城市或者农村，进一步传播扩散。

（三）母婴传播：近年来女性感染艾滋病毒的比例显著增加。她们大部分处于生育活跃期，经母婴传播感染HIV的婴儿数量就会相应的增加。

三、艾滋病的宣传教育及干预的重要性 目前国际上控制艾滋病流行的6大成功经验中最主要的一条是对公众进行宣传教育和干预：干预措施包括广泛的避孕套的使用；规范的性病治疗及管理；对静脉吸毒人群的针具交换；进行美沙酮的代替疗法；对孕妇的治疗等。

英国在 1986 年，从中央到地方专门成立健康教育机构，迅速普及了预防艾滋病知识。把预防艾滋病的小册子送到每家每户，真正做到了家喻户晓。电影、电视台的宣传更是铺天盖地，每天都在宣传预防艾滋病的知识。国外经历的时间和状况与我们相似，开始也非常恐惧，整个社会对艾滋病患者非常的歧视。但是，当一位著名影星承认自己是同性恋者，同时又是一个艾滋病患者时，震动了整个美国社会。这时，大家才开始认识到艾滋病患者并不仅仅是那些卖淫的、下层社会的人，再通过不断地宣传，整个社会才动员起来。

泰国自 1988 年有报告约 10 万人感染了艾滋病毒。到 1991 年、1992 年增加到 50 万～60 万。1990 年泰国政府总理带头，协调各部门，全民参与宣传教育，采取各种干预措施，特别是在娱乐场所宣传 100% 使用避孕套，每天在电视中都播放艾滋病预防控制知识。目前，泰国性工作者的人数减少了，使用避孕套的人数上升了，性病在不断下降，艾滋病毒感染率也有所下降。联合国艾滋病规划署认为，泰国开展积极广泛的宣传教育和干预工作，很有成效，到 2004 年底减少了 700 多万人不被艾滋病毒感染。这是预防控制艾滋病流行最成功的范例（图 1 略）。乌干达的宣传教育也非常成功。乌干达政府在 1990 年就对公众进行艾滋病宣传，使原来孕妇带艾滋病毒率由 20%～30% 下降到 1996 年 5%～10%，成效显著。相反的，南非政府没有积极进行宣传教育和干预，艾滋病毒的感染率达 25% 以上（图 2）。

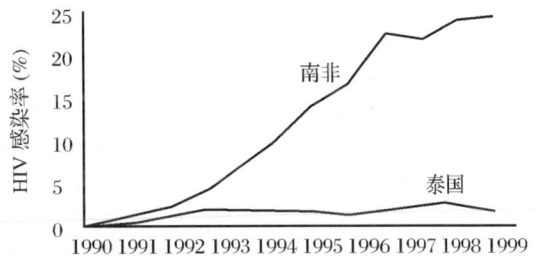

图 2　泰国和南非艾滋病
流行及干预影响（1990—2000）

澳大利亚的艾滋病宣传教育做得很好，发动非政府组织一起参与，动员全国非政府组织和广大人群做宣传教育和干预工作，并采取了积极的干预措施。结果艾滋病毒感染者减少了，同性恋人群感染率由原来的 10% 减少到了 1%；静脉吸毒者的感染率原来约 3%，现在也下降了很多；性工作者的 HIV 感染已经很少了。

近年来我国各级政府做了很多工作，中央财政也增加了大量对防治艾滋病的投入，从 500 万到 1000 万，增加到 20 多亿，其中 12.5 亿元用来改进血液的安全供应，使大陆使用血液的安全性显著改善，10 亿中每年 1 亿用于做艾滋病的防治工作。近年来又增加了大量防治和研究经费。

美国有关资料报道从 2002—2010 年，全球将有 HIV 新感染者 4600 万，如果积极进行宣传教育和干预，将有 2900 万人（2/3）可以不被感染，由此可见宣传教育和干预的重要性。

四、艾滋病的宣传教言和干预需要投入多少资金　1993 年，全球投入 21.5 亿美元防治艾滋病，其中 15 亿用于宣传教育和干预，占全部经费的 70%。只有积极地进行宣传教育和干预，才能最有效的控制艾滋病的流行。泰国的成功控制艾滋病流行，为此投入了大量的资金，这个 6000 多万人口的国家在 1995 年艾滋病流行高峰期政府投入 20 多亿泰铢，约合人民币 5500 万元，而且这些资金是泰国自己投入的，国际的支援仅占很少的比例（图 3）。

据报道，美国有关资料报告，预防一个人不被艾滋病毒感染约需要 1000 美元（8200 元人民币）。艾滋病宣传教育和干预的费用，每年需要 100 亿美元。以此计算，全球到 2010 年

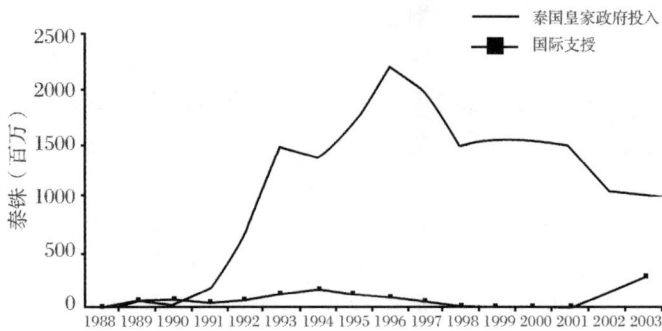

Notes: 1. Figures for 1988 – 2001 represent budget support directly to the HIV/AIDS programme

2. Figures for 2002 – 2003 represent actual expenditure of the HIV/ADIS programme. These figures did not include some HIV/ADIS programme spending that has been absorbed by universal health case coverage, such as prevention of mother – to – child transmission, universal precautions and opportunistic infections treatment

Sources: Bureau of the Budget. The Annual Budget Act, various years AIDS Division, Ministry of Public Health; 1988 – 2001; External assistance during 1998 – 2001 obtained from Department of Technical and Economic Cooperation , Ministry of Foreign Affairs; Comptroller General Department, Ministry of Finance; Global Fund for AIDS, TB and Malaria in 2003, dlsbursement as of June 2003

图 3 泰国历年控制艾滋病投入的经费

减少 2900 万人被感染就需要 290 亿美元。按此计算，如不进行宣传教育和干预，从 2002 年到 2010 年全球将有 4600 万人被艾滋病毒感染，如进行宣传教育，在这 9 年中可以减少 2900 万人不被艾滋病毒感染，也就是 2/3 的人可免受感染，这是重大的成就。估计中国大陆现有 100 万 HIV/AIDS，到 2010 年将有 1000 万。中国大陆如果能够减少 2/3 艾滋病感染者，即可减少 600 万人，以预防一个人不被艾滋病毒感染需 1000 美元标准计算，需要 60 亿美元，约 500 亿人民币。目前，政府对预防艾滋病的投入显然是不够的。最重要的是能够控制艾滋病流行的宣传教育和干预的投入很少，这正是我们担心的。如果不对广大人群进行宣传教育，不对重点人群实施行为干预，就不可能控制艾滋病的蔓延。中国大陆预防性病艾滋病基金会于 1997 年从广州开始进行艾滋病预防宣传教育，相继到广西、南宁、北京等城市，宣传教育后，公众对艾滋病的知晓率由原来 40% ~60% 达到了 80% ~90%，效果很好。自 2000 年开始，又深入到农村开展艾滋病健康教育，与山东潍坊市政府合作搞试点，提出在县以下农村基层艾滋病知识知晓率达到 70% 以上的目标。由于大规模地宣传，通过电台、各种媒介，利用大型展览，搞知识竞赛，文艺演出等多种形式宣传普及预防艾滋病性病知识，收到了显著效果。艾滋病知识知晓率由 50% 上升到 70% ~80%。根据我们在山东潍坊进行 5 年多的宣传教育和干预工作的经验，如果中国大陆每个人平均 2 元钱，13 亿人口需 26 亿元人民币，就可以对大陆所有人群进行一次普遍的很好的宣传教育和干预，使群众的艾滋病预防知识知晓率达到 70% 以上，就有可能大大降低人群中 HIV 的感染。所花的费用远比外国少。如减少 2/3 的人（600 万）不被艾滋病毒感染，平均减少 1 人不被感染投入的经费为每人 100 元，较外国 1000 美元，即 8000 元人民币少得多，为其 1/20。

艾滋病不只是医学问题，它已经是一个严峻的社会问题，我们要控制艾滋病，关键在高层领导。从整体来讲，艾滋病能否被阻止，各级政府和社会团体都有责任。如果政府领导不重视，艾滋病是不能从根本上得到控制的。

目前，大陆在宣传教育方面虽然做了很多工作，但多是在 12 月 1 日世界艾滋病日前后，主要是在大城市，而中小城市做得少，广大农村做宣传教育的力度就更小，做得很不够。农村占全体人口的 80%，现在吸毒、卖淫、卖血的患者：70% ~80% 来自农村，如果不对农村广大群众进行宣传教育和干预，他们就不能掌握必要的预防知识，也就不知道怎样去预防，中国大陆的艾滋病就很难达到有效控制。社会上许多人对艾滋病患者抱着歧视态度，说明人们并未感到有责任关爱艾滋病患者，人们对艾滋病恐惧，害怕与艾滋病人接触会被感染。艾滋病毒感染者和艾滋病人自己有很沉重的耻辱感、自卑感，甚至走上轻生的道路。种种表现都说明对艾滋病的宣传教育和干预做得很不够。

目前政府正在艾滋病流行较严重地区继续开展127个示范县的以医疗为中心开展宣传教育和干预工作，这很好。政府积极贯彻4免1关怀政策，免费治疗艾滋病人，使病人恢复健康，稳定社会，同时治疗可以显著降低病人的艾滋病毒载量，很低的病毒载量可以大大减少病毒的扩散传播，十分有利于艾滋病的预防控制。由于艾滋病毒通过吸毒和性传播继续扩大，因此最好在2~3年内能在整个大陆，特别是在农村和青少年以及流动人口中进行广泛、深入和持久的宣传教育和干预，只有这样才能更有效地控制艾滋病的流行。

〔原载《海峡预防医学杂志》2006, 12 (1): 1 - 4〕

324.　Ad - LMP2 重组腺病毒疫苗对恒河猴免疫效果的研究

中国疾病预防控制中心病毒病预防控制所传染病预防控制国家重点实验室

王　湛　周　玲　左建民　王　琦　叶树清　曾　毅

本元正阳基因技术股份有限公司　吴小兵

浙江省医学科学院国家（浙江）新药安全评价研究重点实验室　卢觅佳　宣尧仙　李　峰

〔摘　要〕　**目的**　观察带有 EBV - LMP2 的非复制型 Ad - LMP2 重组腺病毒疫苗免疫恒河猴诱导的针对 EBV - LMP2 的特异性细胞和体液免疫应答。**方法**　分别使用高剂量（4.5×10^{11} VP/kg）、中剂量（1.5×10^{11} VP/kg）、低剂量（0.5×10^{11} VP/kg）三个剂量的 Ad - LMP2 重组腺病毒，肌内注射免疫恒河猴，每5天免疫一次，共免疫6次，第7周时使用 ELISPOT 方法检测猴外周血细胞毒性 T 细胞应答，同时应用免疫酶方法检测血清中抗 LMP2 抗体。**结果**　3 个剂量免疫恒河猴均可以诱导出有效的细胞免疫应答及一定的抗体应答，免疫应答水平的高低与病毒剂量的高低有一定的关系，较高剂量产生的细胞及体液免疫应答水平比低剂量的要高。抗腺病毒中和抗体和抗 LMP2 抗体免疫 2 周后就可以检测到，其中抗 LMP2 抗体在免疫 3~4 周时滴度较高，7 周时则与 3~4 周时接近或有所下降。**结论**　非复制型 Ad - LMP2 重组腺病毒疫苗可以有效地诱导恒河猴产生 EBV - LMP2 特异性细胞和体液免疫反应。

〔关键词〕　腺病毒，重组；Epstein - Barr 病毒；潜伏膜抗原2；恒河猴；免疫应答

鼻咽癌在东南亚地区尤其在中国南方地区发病率非常高，每年为（20~50）/10 万，放疗可以有效地治疗早期 NPC 患者。而疾病一旦复发或转移，则没有有效的治疗方法，将近 85% 的患者一年内死亡[1]。

EB 病毒是疱疹病毒科 γ 亚科中惟一能引起人类感染的病毒，在人类广泛传播，为 95% 以上成人所携带，大量的流行病和实验室证据提示 EB 病毒与 NPC 密切相关，该病毒的存在为以 CTL 进行肿瘤治疗提供了一个潜在靶位。在 NPC 癌组织中 EB 病毒以潜伏感染的方式存在，仅表达 EBNA1、LMP1 和 LMP2 三种蛋白[2,3]，其中 LMP2 可以诱发较强的 CD8[+] CTL 反应，一些抗原表位已经确定，EB 病毒携带者体内的 LMP2 细胞免疫水平的高低与 NPC 的发生相关[4]，目前许多有关 EBV 相关肿瘤治疗的研究都是针对 LMP2 的。

非复制型腺病毒载体能够产生有效的细胞免疫应答[5]，该载体具有宿主范围广、感染滴度高、安全稳定等优点，被广泛地应用到疫苗的研究中。本室已经成功构建了含 EBV - LMP2 基因的重组腺病毒，证明了该病毒可以在小鼠体内和体外诱导特异性 CTL 反应[6]。本研究是在此基础上进行恒河猴体内免疫的研究，以检测该病毒作为疫苗的安全性及免疫应答效果。

材料和方法

一、质粒、病毒和细胞 Ad - LMP2 非复制型重组腺病毒为本室左建民博士构建。293 细胞为本室保存。

二、试剂和多肽 淋巴细胞分离液购自瑞典 pharmacia 公司。猴 ELISPOT 试剂盒购自荷兰 U - Cytech 公司。LMP2 特异 CTL 表位多肽由美联（西安）生物科技有限公司合成，共 6 条，序列分别为：LLWTLVVLL、LTAGFLIFL、LLSAWILTA、SSCSSCPLSKI、TYGP - VFMCE、IEDPPFNSL。辣根过氧化物酶标记的抗人 IgG 抗体购自华美生物公司。

三、动物免疫 用来免疫的恒河猴均为成年猴，体重 3 ~ 5 kg，分为高、中、低和 PBS 对照 4 组进行免疫，每组 2 只，雌雄各 1 只。其中高剂量组病毒剂量是 4.5×10^{11} VP/kg，中剂量组病毒剂量是 1.5×10^{11} VP/kg，低剂量组病毒剂量是 0.5×10^{11} VP/kg，对照组 PBS 0.8 ml/只肌内注射免疫，每 5 天加强免疫 1 次，共免疫 6 次，分别于第 2、3、4、7 周收集猴血清，检测腺病毒中和抗体及抗 LMP2 的特异性抗体，并于 7 周采集猴恢复期外周血，使用 Ficoll 淋巴细胞分离液分离外周血单个核细胞（PBMCs），检测疫苗细胞免疫情况。

四、ELISPOT 分析 猴 IFN - γ - ELISPOT 分析按试剂盒说明书进行，使用 LMP2 表位多肽进行抗原特异性刺激。

五、免疫酶方法检测抗 LMP2 抗体 将瞬时表达 LMP2 蛋白的 293T 细胞涂片，丙酮固定，恒河猴血清倍比稀释，抗 LMP2 大鼠单抗作为阳性对照，辣根过氧化物酶标记的抗人 IgG 抗体作二抗，显微镜下观察结果并照相。

结　　果

一、Ad - LMP2 诱导的细胞免疫应答 使用高、中、低不同病毒剂量免疫恒河猴，并于初次免疫的第 7 周分离恢复期外周血单个核细胞，LMP2 特异多肽刺激，ELISPOT 方法检测能够释放细胞因子 IFN - γ 的细胞占外周血单个核细胞的比率。由图 1 可以看出 Ad - LMP2 疫苗免疫的 3 个剂量组的猴都可以产生针对 LMP2 的特异性细胞应答；诱导的细胞免疫应答与免疫剂量之间存在一定的依赖关系，高剂量组（4.5×10^{11} VP/kg）比低剂量组（0.5×10^{11} VP/kg）疫苗免疫后产生的细胞应答要高。

二、Ad - LMP2 诱导的抗 LMP2 抗体滴度 应用免疫酶的方法检测 Ad - LMP2 疫苗免疫的猴血清中产生的抗 LMP2 特异性抗体的高低（表 1），疫苗初次免疫 2 周时已经产生了抗 LMP2 抗体，第 3~4 周时抗体的滴度较高，最高可以达到 640，而第 7 周恢复期血清的抗体滴度则与 3~4 周血清的滴度接近或有所下降（4 号猴例外，7 周血清的抗 LMP2 抗体的滴度反而比 4 周血清的滴度高）。同时，不同剂量组诱导的抗体滴度也不相同，免疫的病毒量越大，产生的抗体滴度相对来讲也较高。

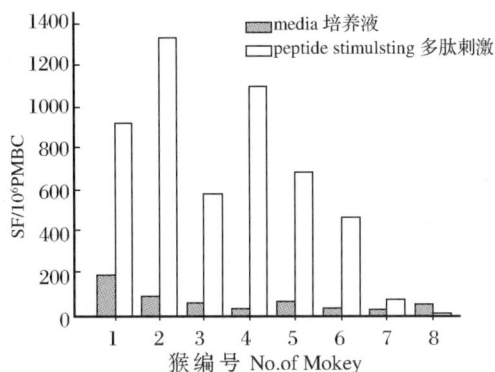

表 1　Ad－LMP2 诱导的抗 LMP2 抗体的滴度
Tab. 1　Titer of anti－LMP2 induced by Ad－LMP2

猴编号 No. of monkey	免疫剂量 Ad－LMP2 dose （VP/kg）	0 周血清 Serum of 0 week	2 周血清 Serum of 2 weeks	3 周血清 Serum of 3 weeks	4 周血清 Serum of 4 weeks	7 周血清 Serum of 4 weeks
1	4.5×10^{11}	－	160	320	320	160
2	4.5×10^{11}	－	80	320	640	160
3	1.5×10^{11}	－	40	160	160	160
4	1.5×10^{11}	－	80	160	160	320
5	0.5×10^{11}	－	80	160	160	160
6	0.5×10^{11}	－	20	80	40	20
7	PUS	－	－	－	－	－
8	PBS	－	－	－	－	－

讨　论

腺病毒载体在研制预防或治疗性疫苗中被广泛地应用，该载体具有宿主范围广、感染滴度高、安全稳定、能诱发较强的细胞免疫以及应用方便等优点，应用该载体治疗头颈部肿瘤的基因工程药物已经应用到临床治疗中。

EB 病毒的隐性感染与许多人类肿瘤密切相关，如非洲儿童 Burkitt 淋巴瘤（BL）、鼻咽癌（NPC）、何杰金病（HD）以及各种免疫抑制患者和移植患者的淋巴细胞增生紊乱引起的淋巴瘤（PTLD），这些肿瘤中 EBV 的存在为以 CTL 为基础的预防和治疗肿瘤的发生提供了靶位。NPC 中只有 EBNA1、LMP1 和 LMP2 三种蛋白的表达，其中 EBNA1 和 LMP1 在免疫治疗应用中有很多局限，而对 LMP2 的研究结果表明，该基因表达的蛋白可以在患者体内有效诱导出特异性细胞免疫，而细胞免疫在机体的抗肿瘤中发挥着重要作用。台湾学者 Lin 等[7]用 LMP2 多肽负载的 DC 对鼻咽癌患者过继治疗，取得了可喜结果，英国伯明翰大学 Rickinson 等构建以痘苗病毒为载体的 LMP2 疫苗，并进行了人体试验。左建民等利用 Ad－LMP2 重组病毒修饰的自体 DC 用于放疗后的患者的治疗，也取得了一定的结果。但应用患者自身的

DC 需要培养分离，不但用的时间较长且价格昂贵，因此，采用肌内注射的方法进行有效免疫可以克服 DC 疫苗的缺点。

我室首次利用腺病毒为载体构建了 Ad－LMP2 重组病毒，该重组病毒可以很好地表达 LMP2 蛋白，试验证实其可以通过肌内注射及口服滴鼻的方式在小鼠体内产生特异的细胞免疫应答[8]。为进一步证实该病毒在非人灵长类动物体内的免疫效果及安全性，我们选用恒河猴作为实验动物进行实验，结果证明，Ad－LMP2 重组病毒通过肌内注射的方式免疫恒河猴可以诱导机体产生有效的细胞和体液免疫，免疫病毒剂量的高低影响免疫结果。由于此次的 3 个剂量组的剂量均较高，同时存在着个体差异，因此免疫结果对剂量的依赖性不是呈明显线性关系。另外，由于免疫后 2 周猴已经产生了很好的抗腺病毒中和抗体，影响了以后的加强免疫的效果，分析这也是恢复期血清抗体滴度不升高甚至下降的原因，而 3~4 周时的抗体滴度的增加是由于在中和抗体产生之前的加强免疫的结果。总之，通过肌内注射的方式，简单、易行，且费用较低，他克服了多肽或病毒等修饰自体 DC 再回输体内所带来的不便，具有良好的应用前景。本实验应用与人类接近的恒河猴为实验对象，为 Ad－LMP2 重组腺病毒疫苗在临床上的进一步应用提供了可靠的依据。

〔原载《中华实验和临床病毒学杂志》2006，20（2）：63－65〕

参 考 文 献

1 Lee AW，Poon YF，Foo W，et al. Retrospective analysis of 5037 patients with nasopharyngeal carcinoma treated during 1976－1985：overall survival and patterns of failure. Int J Radiat Oncol Biol Phys，1992，23：261－270

2 Chang KL，Chen YY，Shibata D，et al. Description of an in situ hybridization methodology for detection for Epstein－Barr virus RNA in paraffinembedded tissues，with a survey of normal and neoplastic tissues. Diagn Mol Patrol，1992，1：246－255

3 Pthmanathan R，Prasad U，Chandrila G，et al. Undifferentiated nonkeratinizing and spuamous cell carcinoma of the nasopharynx. Variantrs of Epstein－Barr virus－infected neoplasia. Am J Patrol，1995，146：1355－1367

4 周玲，姚庆云，Lee S. 鼻咽癌患者和正常人群中 EB 病毒特异性 T 细胞对靶抗原的识别和应答. 病毒学报，2001，17：7－10

5 Danilo RC，Chen L，Fu TM，Comparative immunogenicity in rhesus monkeys of DNA plasmid，recombinant vaccinia virus，and replication－defective adenovirus vectors expressing a human immunodeficieney vires type I *gag* gene. J Virol，2003，6305－6313

6 左建民，周玲，王琦. 含 EBV－LMP2 基因重组腺病毒疫苗的构建及其诱导 CTL 应答的初步探讨. 中华微生物学和免疫学杂志，2003，23. 446，449

7 Lin CL，Lo WF，Lee TH，el al. Immunization With Epstein－Barr virus（EBV）peptide－pulsed dendritic cells induces functional CD8[+] T－cell immunity and may lead to tumor regression in patients with EBV－positive nasopharyngeal carcinoma. Cancer Res. 2002，62：6952－6958

8 姚家伟，周玲，王琦. 等. EB 病毒潜伏膜蛋白 2 重组腺病毒的构建及其免疫效果的研究. 中国肿瘤. 2001，11：691－694

Immune Responses in *rhesus* Induced by Recombinant Adenovirus Ad – LMP2

WANG Zhan*, ZHOU Ling, WU Xiao – bing, LU Mi – jla, XUAN Yao – xian,

ZUO Jian – min, LI Feng, WANG Qi, YE Shu – qing, ZENG Yi

(*State Key Laboratory for Infectious Disease Control and Prevention, Institute for Viral Disease Control and Prevention, Chinese Center for Disease Control and Prevention, Beijing 100052, China)

Objective   To observe the LMP2 specific cellular and humoral immune responses after immunization with recombinant adenovirus Ad – LMP2 in *rhesus*.   **Methods**   The *rhesuses* were immunized with AdLMF2 through intra muscular injection in three groups, high dosage (4.2×10^{11} VP/kg), medium dosage (1.5×10^{11} VP/kg) and low dosage (0.5×10^{11} VP/kg) groups. They were totally immunized six times at intervals of 5days. The specific cellular immune responses were tested during the 7th week by ELISPOT after immunization. And the titers of anti – LMP2 antibody were tested by EIA throughout the period of immunization.   **Results**   LMP2 induced specific cellular and humoral immune responses in all three dosage group. The potency of immune responses was related with the dosage of immunization. Higher dosage elicited more potent immune response. Both the neutralizing antibody to adenovirus and anti – LMP2 antibody could be detected from 2 weeks after immunization. They would reach the peak during 3 – 4 weeks after immunization, then declined during the 7th week after immunization.   **Conclusion**   The recombinant adenovirus LMP2 could induce specific cellular and humeral immune responses in *rhesus* after immunization.

〔**Key words**〕Adenovirus, recombinant; Epstein – Barr Virus; LMP2; *Rhesus*; Immune responses

325. 亚硝基吡啶对人乳头状瘤病毒诱导的食管上皮永生化细胞的促癌作用

汕头大学医学院病理教研室   沈忠英 蔡唯佳 沈 健 陈铭华 陈炯玉
中国疾病预防控制中心病毒病预防控制研究所   滕智平 岑 山 曾 毅

〔摘 要〕   目的   观察亚硝基吡啶在细胞恶性转化过程中的促癌作用。**方法**   用 HPV18E6E7 诱导食管上皮细胞永生化细胞系 SHEE,第 17 代细胞培养在 50 ml 培养瓶。加入亚硝基吡啶(N – nitrosopiperidine, NPIP)0,2,4,8 mmol/L 作用 3 周。用相差显微镜检查细胞形态,流式细胞仪检测细胞增殖和凋亡;染色体常规制样,检查染色体众数;细胞软琼脂集落形成及接种裸小鼠检查成瘤性;用 Western blot 检测 HPV18 表达。   **结果**   当细胞暴露在 8 mmol/L NPIP 时细胞死亡增加,只剩少量活细胞。换正常培基代替 NPIP,经 4 周后细胞进入增殖状态,细胞出现增生和异型增生。第 8 周末细胞软琼脂培养有大集落形成,接种裸小鼠成瘤。2,4 mmol/L组细胞倍增时间延长,细胞未能成瘤。8 mmol/L NPIP 组染色体众数 61～65，对照组 56～61。实验组和对照组 HPV 阳性。 **结论** NPIP 促进人乳头状瘤病毒诱导人胚食管永生化上皮恶性转化，HPV18E6E7 和 NPIP 能协同作用加速食管上皮恶性转化。本研究探索 HPV 和亚硝胺化学物质的协同作用加快致癌，阐明病因和预防措施具有理论和实践意义。

〔关键词〕 乳头状瘤病毒；人；亚硝基化合物；食管；细胞系，转化

材料和方法

一、细胞培养 SHEE 细胞系是我室用 HPV18 型 E6E7 基因诱导的永生化上皮细胞株[1]，细胞在 M199 完全培养基（美国 Gibco BRL），外加 10 % 小牛血清培养。第 17 代（SHEE17）细胞在 50 ml 培养瓶培养作为靶细胞。

二、亚硝基吡啶处理 亚硝基吡啶（N－6007，N－Nitrosopiperidine，Sigma Chemical Company，Louis，Mo. USA，M. Wt. 114.2）2，4 和 8 mmol/L 加入培养基为实验组，未加 NPIP 为对照组。作用 3 周后换普通培养基。

三、相差显微镜检查 定时用相差显微镜观察细胞生长状态，锚锭生长和接触抑制状态。

四、流式细胞仪检查 定期检查细胞增殖周期，细胞用胰酶消化，PBS 洗 2 次，连同脱落细胞制成混悬液，360 目尼龙网筛过滤，制成单细胞悬液，用 70% 乙醇固定，上机前用碘化丙锭 50 μg/ml 染 15 min。用流式细胞仪（FacSort，Becton－Dickinson）检查细胞周期及计算细胞增殖指数和凋亡细胞。

五、细胞遗传学方法 取生长旺盛的 SHEE 和 8 mmol/LNPIP 组细胞，加秋水仙素（0.05～0.08 mg/L），继续培养 2～3 h，胰酶分别消化收获细胞，常规制片并显带。两种细胞油镜下各随机计数 50 个界线明显的分裂相，进行染色体计数，统计其众数。

六、软琼脂细胞培养 6 孔培养板（直径 35 mm），内铺二层琼脂糖（美国 Promega 公司产品），底层 0.6 %，上层 0.3 %，用 M199 培养基配备，含 20% 小牛血清。2，4，8 mmol/L NPIP 组和对照组细胞悬液（1×10^5/ml），每孔接种 0.2 ml，每周观察 1 次，共 4 周，统计超过 50 个细胞的大集落数，计算集落形成率。

七、HPV18E6 蛋白 Western 印迹杂交分析 实验组和对照组细胞 1×10^6，用裂解液裂解，12 000 r/min 4 C 离心 10 min，取上清液测蛋白含量。待测标本和相对分子质量标准品在 100 ℃变性 3 min，10% 丙烯酰胺凝胶电泳（8 V/cm），40 V 4 h。硝酸纤维膜（Hybond，Biorad）电转移，60 V 2 h，转移膜处理后做免疫印迹反应。牛血清白蛋白封闭液封闭，加一抗（HPVE6－CIP₅）和二抗（Santa Cruz Inc.）经化学发光剂（Western blotting Luminol Reagent A and B，Santa Cruz Inc.）反应，然后和 X 线片在暗盒曝光 1 min 显影。

八、免疫缺陷小鼠成瘤试裸 裸小鼠（BALB/c，nu/nu）购自中山医科大学实验动物中心；1×10^7/ml 增殖期细胞，用 0.2 ml 接种 4 只裸鼠右胸前，观察 8 周。

结　　果

一、NPIP 诱导 SHEE 细胞恶性转化 用 2，4，8 mmol/L NPIP 作用细胞 3 周，换无

NPIP 培养基继续培养，细胞逐步转化具有恶性特征（见以下指标）。对照组无恶性转化。整个实验过程可分为 3 个时期：细胞毒性期、增殖期、恶性转化期。

二、细胞毒性反应　细胞培养在含 NPIP 培基内，第 4 天起细胞分离、变圆、缩小、脱落，细胞大量死亡。流式细胞仪检查细胞周期，可见 G_1 期和亚 $G_1 G_0$ 期细胞占 $60\% \sim 80\%$，凋亡峰占总数 $30\% \sim 40\%$，以 8 mmol/L 组为著（图 1A）。

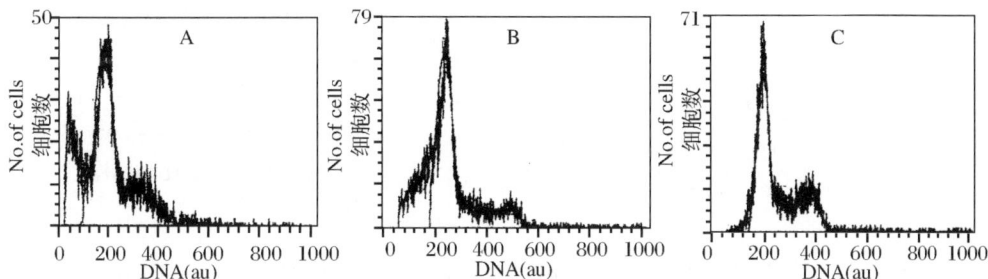

A：毒性反应期；B：增殖期；C：恶性转化期；au：随意单位

图 1　8 mmol NPIP 组细胞 DNA 组方图

A：toxic stage；B：prolifcrative stage；C：malignantly transformed stage；au：arbitrary unit

Fig. 1　DNA histogram of 8 mmol NPIP group

三、细胞增殖期　上述残存的细胞，逐步恢复增殖状态，可以扩增培养，8 mmol/L 组细胞周期检查见 S 期和 $G_2 M$ 期细胞增多，细胞增殖指数 18%（图 1B）。

四、恶性转化期　8 mmol/L NPIP 组细胞经 8 周增殖期以后，增殖指数增加 35%（图 1C）。细胞软琼脂培养可见细胞集落形成（2.5‰）。8 mmol/L 组细胞接种裸小鼠有肿瘤形成。瘤组织切片，细胞有侵袭肌层现象（图 2）。2 和 4 mmol/L 组和对照组软琼脂培养未见有大集落形成及裸小鼠成瘤现象。

五、染色体众数　细胞经 8 mmol/L NPIP 作用，停药 8 周后，取增殖状态细胞作染色体分析 50 个细胞，染色体数目为 $54 \sim 98$，其中超二倍体和亚三倍体达 84%，少于 46 个占 12%，超过三倍体细胞仅占 4%，其众数 $61 \sim 65$（图 3A）。对照组染色体众数增加，$56 \sim 61$（图 3B）。

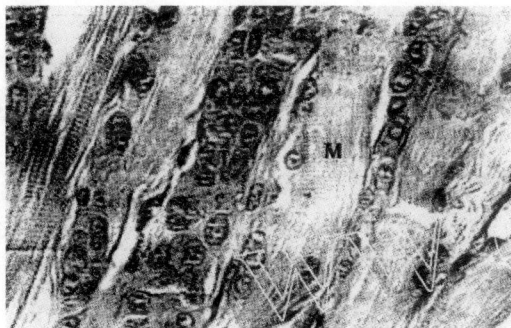

瘤细胞（T）核大，核仁明显，浸润肌层（M）（HE，×400）

图 2　裸小鼠瘤组织形态学

Tumor cells（T）showed large nuclei with prominent nuclei and infiltrating into muscular fibers（M）（HE，×400）

Fig. 2　The morphology of tumor tissue in nude mice

六、裸小鼠成瘤　8 mmol/L NPIP 组细胞接种至裸小鼠右胸前，8 周形成肿瘤。组织切片见瘤细胞核大，核仁明显，浸润肌纤维间（图 2）。

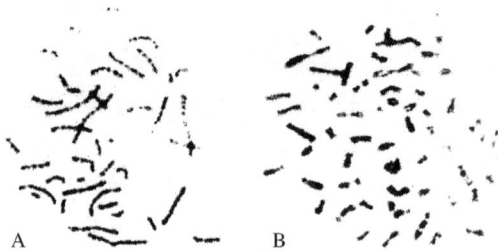

亚3倍体（A）和超2倍体（B）（Giemsa，×1000）

图3　染色体核型

A：hypotriploid；B：Hyperdiploid（giemsa，×1000）

Fig. 3　Karyotype of SHEE

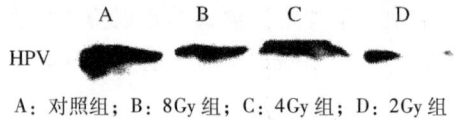

A：对照组；B：8Gy组；C：4Gy组；D：2Gy组

图4　HPV18E6 蛋白印迹杂文电泳图

A：control；B：8mmol/L group；

C：4 mmol/L group；D：2 mmol/L group

Fig. 4　Electrophoretogram of Western blot of HPV18E6

七、HPV18E6 蛋白的印迹杂交　各组细胞蛋白提取物，皆显示有 HPV18E6 抗体结合的阳性电泳带，说明各组细胞有 HPV18 表达（图4）。

讨　论

我们过去研究确定永生化细胞的指标为细胞增殖，染色体畸变和端粒酶活化[2]。SHEE 细胞在 25～30 代方出现端粒酶活性，第 17 代 SHEE 处于永生化前期，用永生化前期的食管上皮细胞作为靶细胞。本研究所用 SHEE 细胞系是转导 HPV18 E6E7 基因，E6 蛋白使野生型 $p53$ 蛋白失活，提高细胞突变率，也使细胞处于增殖状态及基因组不稳定性，我们曾单纯用 HPV18E6E7 基因历时 4 年第 85 代诱发细胞恶性转化[3]。

我们曾用 NPIP 诱发肺泡上皮和气管上皮肿瘤，历时 1 年多。说明单纯 NPIP 可以致癌，但需较长时间。NPIP 作用于细胞，其化学基因可与 DNA 相结合，形成加合物（adduct），NPIP 致癌作用和其他亚硝胺发生机制相类似，首先是 DNA 损伤，导致染色体畸变和基因突变。细胞恶性转化是基因突变的结果。本研究用 NPIP 促癌有一定剂量效应关系，2、4 mmol/L 可引起细胞生长速度降低和细胞周期停滞在 $G_0 G_1$ 期，而 8 mmol/L 诱导凋亡，此为细胞毒性作用。比较未经 NPIP 作用的 SHEE 和经 NPIP 作用转化细胞染色体众数分析，发现 SHEE 染色体众数 56～61，而恶性转化细胞为 61～65。染色体增加说明其遗传性质有所改变，是癌变的基础。总之，本研究证实生物致癌因子 HPV 和 NPIP 化学致癌物有协同作用，可以加速食管永生化前细胞的癌变[4]。

〔原载《中华实验和临床病毒学杂志》2006，20（2）：81–83〕

参　考　文　献

1　沈忠英，岑山，蔡唯佳，等. 人乳头状瘤病毒18型 E6E7 基因诱导人胚食管上皮永生化. 中华实验和临床病毒学杂志，1999，13：121–123

2　Shen ZY，Xu LY，Li EM，et al. Immortal phenotype of the esophageal epithelial cells in the process of immortalization. Int J Mol Mcd，2002，10：641–646

3　沈忠英，沈健，曾毅，等. 丁酸钠对人乳头状瘤病毒诱导的永生化食管上皮恶性转化的促进作用. 中华病理学杂志，2002，327–330

4　Shen ZY，Hu SP，Shen J，et al. Detection of Human Papillomavirus in Esophageal Carcinoma. J

Med Virol, 2002, 68: 412 –416

The Promotive Effects of Nitrosopiperidine on the Malignant Transformation of the Immortalized Esophageal Epithelium Induced by Human Papillomavirus

SHEN Zhong – ying* , TENG Zhi – ping, SHEN Jian, CAI Wei – jia, CHEN
Ming – hua, Qin Shan, CHEN Jiong – yu, ZENG Yi

(*Shantou University Medical College, Shantou 515031, China)

Objective   Study on the promotive effects of N – nitrosopiperidine on carcinogenesis process was performed, based on the immortalization of human fetal esophageal epithelium induced by human papillomavirus (HPV) 18E6E7 genes.   **Methods**   The immortalized esophageal epithelium SHEE was induced by HPV18E6F7. The cells at 17th passages were cultured in 50 ml flasks. The N – nitrosopiperidine (NPIP) 0, 2, 4, 8 mmol/L added to the cultured medium of SHEE cells for 3 weeks. The morphology, proliferation and apoptosis of the cells were studied by phase contrast microscopy and flow cytometry. Modal number of chromosomes was analyzed by standard meth-od. Tumorigenicity of the cells was assessed by soft agar colony formation and by transplantation of cells into nude mice. Expression of HPV was detected by Western blot.   **Results**   When cells were exposed to high concentration (8 mmol/L) of NPIP, cell death was increased, leaving a few live cells. In normal cultural medium instead of NPIP proliferative status of the cells restored after 4 weeks and the cells progressed to the proliferation stage with continuous replication and atypical hyperplasia. At the end of the 8th week, the cells appeared with large colonies in soft – agar and tumor formation in transplanted nude mice. When the cells were cultured in 2, 4 mmol/L NPIP the doubling pas-sage was delayed and without tumor formtion in nude mice. Modal number of chromosomes was 61 – 65, in 8 mmol/L NPIP group and control group, 56 – 61. Expression of HPV18 appeared in experimental and control groups.   **Conclusion**   NPIP promotes malignant change of the immortalized esophageal epithelial ceils induced hy HPV18E6E7. HPV18E6E7 synergy with NPIP will accelerate malignant transformation in esophageal epithelium.

[**Key words**] Papillomavirus, human; Nitroso compounds; Esophageus; Cell line, transformed

326. 4号染色体短臂微卫星多态性与鼻咽癌相关性的研究

中国疾病预防控制中心病毒病预防控制所　郭秀婵　刘　彦　曾　毅

美国国家癌症研究所基因组多样性研究室　O'BRIEN Stephen J　WINKLER Cheryl

SCOTT Kevin　HUTCHESON Holli　DAVID Victor　KESSING Bailey　GUY de The

广西梧州市肿瘤防治研究所　郑裕明　广西苍梧县鼻咽癌防治所　廖　建　法国巴士德研究所

〔摘　要〕　鼻咽癌（NPC）是一种多因素复杂疾病。其发病过程涉及EB病毒慢性感染、环境致癌因素及宿主基因之间的相互作用。在这一过程中，哪些宿主基因在EB病毒感染及鼻咽癌的发生发展中起了关键作用仍不清楚。本研究的目的是发现与鼻咽癌发生发展中两个关键步骤相关的遗传变异，即EB病毒持续性感染鼻咽部上皮细胞和鼻咽癌的形成。我们在广西梧州市及苍梧县鼻咽癌高发区收集汉族鼻咽癌患者350例、EB病毒壳抗原IgA抗体阳性者（IgA/VCA+）288例和EB病毒壳抗原IgA抗体阴性者（IgA/VCA-）346例。对先前鼻咽癌家系研究显示的鼻咽癌易感区4号染色体短臂（4p15.1~q12）进行了微卫星精细扫描，在18 Mb的范围内选择34个微卫星标记，包括319个等位基因，对其进行基因分型。比较分析NPC组和IgA/VCA+组等位基因频率结果显示，9个等位基因与鼻咽癌呈相关，其中5个为易感等位基因（$OR=1.51~$ 5.36，$P=0.01~0.03$），4个为限制性等位基因（OR值为$0.3~0.71$，P值为$0.02~$ 0.045）。比较分析IgA/VCA+组和IgA/VCA-组及比较所有IgA/VCA+者（包括NPO患者）和IgA/VCA-者等位基因频率的结果显示，12个等位基因与EB病毒壳抗原IgA抗体持续存在相关，其中3个在两组比较中均呈显著相关。等位基因D4S3241~136（$P=0.004$，$OR=1.9$，95% $CI=1.2~3.0$）和D4S3347-213（$P=0.001$，$OR=1.6$，95% $CI=1.2~2.1$）可增加EB病毒IgA/VCA抗体形成的危险，为易感基因；而等位基因D4S174-202（$P-0.001$，$OR=0.5$，95% $CI=0.3~0.7$）可限制IgA/VlA抗体的形成。但上述结果经多因素比较校正后，均失去相关性。结果不能确定该区域与非家族性鼻咽癌的形成相关，但本研究却提供了进一步发现鼻咽癌相关基因的研究模式。有关4号染色体短臂与EB病毒慢性持续感染及鼻咽癌的形成仍值得进一步深入研究。

〔关键词〕　鼻咽癌；4号染色体；微卫星；相关研究

鼻咽癌（NPC）是我国南方地区常见的恶性肿瘤之一，其发病率在10~50/10万人口；而在其他大多数国家却很少见，发病率仅为0.5~2/10万人口[1]，在阿拉斯加爱斯基摩人、地中海地区及北非的某些地区，鼻咽癌的发病率为中等[2]。鼻咽癌的高发病年龄为50~59岁，男女比例为（2~3）:1。1966年Old和他的同事首次报道了鼻咽癌和EB病毒（EBV）的关系。1976年，证实EB病毒壳抗原IgA抗体对鼻咽癌有特异性[3]。大规模的现场普查和追踪证明该抗体的检测可用于预测和早期诊断鼻咽癌[4]。EB病毒主要通过唾液传播，全世界95%以上的成人感染了EB病毒，且终身带毒。其中30岁以上约2.5%的高发区人群为

EB 病毒壳抗原 IgA 抗体（EBV IgA/VCA）阳性者；不到3%的 EBV IgA/VCA 阳性者发展为鼻咽癌；95%以上的鼻咽癌患者 EBV IgA/VCA 抗体阳性，高发区10年的追踪结果显示93%的鼻咽癌出自 EBV IgA/VCA 阳性者[5~10]。流行病学研究显示环境因素主要是地理环境、生活及饮食习惯与鼻咽癌发病相关，如广东人从小嗜好腌制海产品，而广东咸鱼富含亚硝酸氨类物质。在广东、广西地区的中草药、食物和土壤中有促癌物质，如 TPA 含量较高[11]。

6% ~10%的鼻咽癌患者有家族聚集现象，移居国内其他省市或海外的广东人仍保持较高的鼻咽癌发病率。即使在同一个国家，如新加坡，虽然饮食习惯和环境因素相似，鼻咽癌在不同人群中的发病率（/10 万）存在显著不同，中国人为18.5、马来西亚人为6.8、印度人只有0.5。说明遗传因素在 NPC 的发生发展中起重要作用。早在20世纪80年代早期，我们研究发现白细胞抗原（HLA）在 NPC 患者和健康人群中存在显著差异[12]，后来大量的研究表明 HLA 多态性与 NPC 的发生有关。最近美国 NIH 与中国台湾的合作研究表明等位基因 *HLA - A* *0207 和 *HLA - B* *4601 可明显增加 NPC 的危险性；而纯合型等位基因 *HLA - A* *1101 可降低 NPC 的患病危险性[13]。广东20个家系全基因组连锁分析研究显示4号染色体短臂（4p15.1 ~4q12）可能存在 NPC 的易感基因[14]，而湖南对18个家系部分基因组扫描的结果显示3号染色体可能含鼻咽癌易感基因[15]。

为了进一步探讨4号染色体短臂是否与非家族鼻咽癌的发生有关，本实验应用相关分析研究，在鼻咽癌患者、EBV IgA/VCA 阳性者和 EBV IgA/VCA 阴性者队列中对4p15.1 ~4q12 区域进行了精细的微卫星等位基因分型。

材料和方法

一、标本及队列设计　350 例 NPC、288 例 IgA + 者和346 例 IgA - 对照者的外周血标本来自鼻咽癌高发区广西梧州市和苍梧县的汉族居民。队列分成3组，NPC 组：经临床病理活检诊断的 NPC 患者，EBV IgA/VCA 抗体阳性。IgA + 组：血清学检查证实 EBV IgA/VCA 抗体阳性，而未患 NPC 者。IgA - 组：正常对照者，血清学检测 EBV IgA/VCA 抗体阴性，未患 NPC 者。同时收集每一位 NPC 患者和 IgA + 者的配偶及一个成年子女或父母的外周血标本，配偶作为饮食习惯及社会经济状况的对照，子女或父母可提供单倍体型的信息。收集的所有标本免疫酶法检测血清 EBVIgA/VCA 和 EB 病毒早期抗原 IgA（EBV IgA/ EA）抗体，抗体阳性的判断标准为抗体滴度≥1：5，两种抗体均为阴性的配偶组成 IgA -组。血标本分成3份，一份用于检测 EBV 抗体，一份用于提取基因组 DNA，另一份用于建立 B 淋巴细胞系（LCL）。队列的详细情况见表1。

表1　队列情况
Tab. 1　Characteristics of cohort

	鼻咽癌组 NPC group	IgA +组 NPC group	IgA -组 IgA - group
年龄 * Age	48 ± 10 (16 ~ 79)	44 ± 9 (20 ~ 77)	47 ± 10 (18 ~ 75)
IgA/VCA 滴度 IgA/VCA titer	1：10 ~640	1：5 ~80	<1：5
IgA/EA 滴度 IgA/EA titer	1：10 ~160 (57.4%) * *	1：5 ~20 (5%) * *	<1：5
男/女　M/F	233/117	142/146	129/217

注：＊鼻咽癌确诊时的年龄，其他两组为注册登记时的年龄；＊＊抗体阳性比率

＊Age at NPC diagnosis and at study enrollment for IgA serostatus

＊＊Antibody seropositive rate

二、基因组 DNA 提取　采用 QIAamp 公司的全血 DNA 提取试剂盒（Qiagen，Valencia，CA，catalog #51194），按说明操作，本研究 80% 的 DNA 来自全血标本，20% 来自己建立的 LCL。稀释好的 DNA 用 Matrix 公司生产的 384 通道的 Hydra 微量自动移液机分装到 384 孔的反应板中待用。

三、微卫星标志基因分型　在 4 号染色体短臂 4p15.1～4q12 区域内 D4S2950 至 D4S2916（18 Mb）之间选择 34 个微卫星标志（图1）。34 对引物序列参见 UCSC 基因组生物信息库（hnp：//genome.ucsc.edu/cgi‑bin/hgGate‑way）。所有上游引物的 5′端都加一段 19 个碱基的 M13 序列，即 5′‑CACGACGTTGTAAAACGAC‑3′，而相同序列的 M13 引物则分别标上不同颜色的荧光引物 6‑FAM、VIC 和 NED。后者与带有 M13 序列的引物联合应用可扩增出不同颜色的产物。PCR 反应总体积为 10 μL，包括 10 mmol/L 的 Tris‑HCI（pH8.3），50 mmol/L 的 KCI，2.0 mmol/L 的 MgCl₂，0.2 mmol/L 的 dNTP，1 mmol/L 荧光标记 M13 引物和下游引物，0.07 mmol/L 带 M13 的上游引物（荧光标记 M13 引物和带 M13 的上游引物的比例为 15：1）[16]，25 ng 的基因组 DNA，0.5 U *Taq* Gold DNA 多聚酶（Applied Biosystems）。反应采用 Touchdown PCR：95℃，10 min；95℃ 15 s。分别以复性温度 60℃，58℃，56℃，54℃，52℃，30 s，72℃45s 各两个循环；然后，50℃ 同样条件 30 个循环，最后 72℃30 min，应用 384 孔高通量反应板，PCR 反应在 ABI 公司生产的 9700 型 PCR 议中完成。

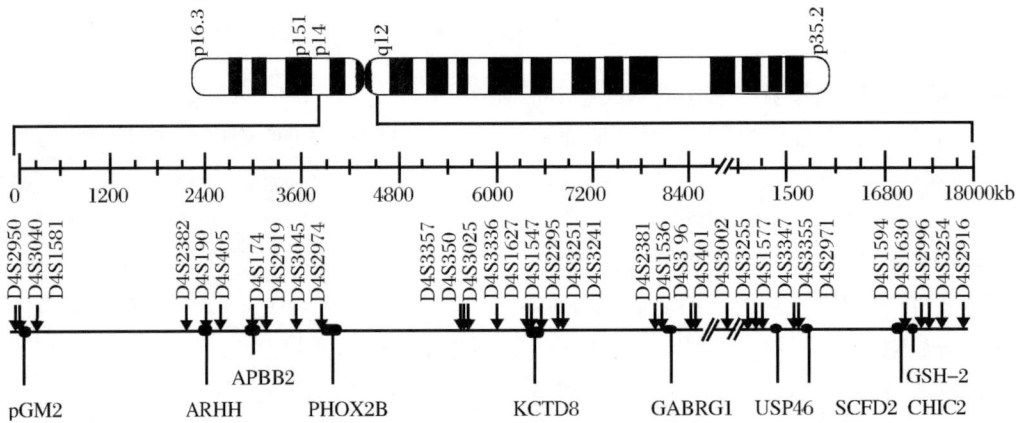

图1　显示 4 号染色体短臂上 D4S2950 和 D4S2916 之间 18 Mb 范围内所选的 34 个微卫星标志、标志之间的距离及相应基因的位置关系

Fig. 1　Thirty‑four microsatellite markers distributed across an 18 Mb region were selected between D4S2950 to D4S2916 with intervals of 10～3500 kb

The positional relationship among Markers and selected genes are also indicated

根据 PCR 产物的大小和标记的颜色，将 6 个 PCR 产物用 Hydra 微量自动移液机混合到一起，适当稀释后，取 3 μl 与 9 μl 含 Liz 350 标准 DNAMarker 的甲酰胺混合后，使用 ABI 公司的 3100 型 DNA 自动测序仪进行毛细管电泳。图像及原始数据处理使用数据收集软件（Data collection software version 1.0.1）和基因扫描分析软件（Genescan analysis software ver‑

sion 3.7），应用 Genotyper Version 2.5 软件和 Allelogram 进行基因分型及数据编辑，Allelogram 详见 http：//s92417348. ohlinehome. us/software/allelogram/index. html。为了保证结果的准确性，22% 的重复样品分布在不同的样品板中。同时结合每个家庭提供的单倍体信息应用 Padcheck Program 核对是否符合孟德尔遗传规律，确定基因分型的准确性[17]。

四、统计分析　应用 Pearson's 卡方检验和 Fisher 精确计算法，计算等位基因频率，调整年龄和性别后，SAS PROCLOGISTIC（Cary，NC）回归分析计算比值比（OR）、95% 可信限（95% CI）和 P 值。通过比较纯合子加杂合子基因型与所有其他基因型计算出显性模式的 OR，通过比较纯合子基因型与所有其他基因型计算出隐性模式的 OR（等位基因频率 ≥5% 时）。计算所有基因座的 Hardy - Weinberg 平衡预期值，观察基因型比例是否达到 Hardy - Weinberg 平衡。应用 Haploview（http：//www. broad. mit. edu/personal/jcbarret/haploview）计算代表等位基因对连锁不平衡的 D'。

结　　果

为了探讨 4 号染色体 4p15.1 - q12 区域内是否存在与 EBV IgA/VCA 抗体或鼻咽癌形成有关的宿主基因，在 D4S2950 至 D4S2916 之间 18 Mb 的范围内，对 34 个 STRs 标志进行了基因分型。STRs 之间的距离为 10 ~3500 kb，平均 530 kb。并将其结果分成 4 组进行比较分析，第 1 组：比较鼻咽癌组和 IgA + 组（表2）；第 2 组：比较 IgA + 组和 IgA - 组（表3）；第 3 组：比较鼻咽癌组加上 IgA + 组和 IgA - 组（表4）：第 4 组；比较鼻咽癌组和 IgA - 组（该组的结果在此未列出）。所观察到的基因型比例均符合 Hardy - Weinberg 平衡。因为我们所扫的区域是先前应用鼻咽癌家系进行连锁分析所显示的鼻咽癌易感区[14]，因此所列出的结果未经多因素比较矫正。

一、与鼻咽癌相关的 STRs 等位基因　表 2 仅列出了 $P <0.05$，95% $CI >1$ 或 <1 的第一组比较分析结果（无论是显性或隐性模型），包括 STR 的位置、STRs 相应的等位基因、实际基因分型的病例及对照组人数、等位基因频率、OR 值、P 值及 95% CI。OR 值 >1 表示易感，OR 值 <1 表示保护，即限制鼻咽癌的发展。比较鼻咽癌和 IgA + 组的结果显示：9 个等位基因与鼻咽癌的发生相关，其中 5 个为易感基因，OR 值在 1.51 ~5.36 之间，P 值在 0.01 ~0.03 之间；4 个为限制性基因，OR 值的范围为 0.3 ~0.71，P 值的范围为 0.02 ~0.045。

二、与 EBV/IgA/VCA 抗体阳性状态相关的 STRs 等位基因　表 3 列出了第 2 组的分析结果，其内容和要求与表 2 相同。结果显示：11 个等位基因与 EBV IgA/VCA 抗体阳性状态相关，其中 5 个为易感基因，OR 值为 1.51 ~2.38，P 值为 0.004 ~0.04；6 个为限制性基因，OR 值的范围为 0.33 ~0.70，P 值为 0.002 ~0.05。表 4 列出了第 3 组的比较结果，同样显示 11 个等位基因与 EBV/IgA/VCA 抗体阳性状态相关，其中 4 个为易感基因，OR 值的范围 1.5 ~1.63，P 值为 0.001 ~0.03；7 个为限制性基因，OR 值的范围为 0.46 ~0.76，P 值为 0.001 ~0.05。两组的比较结果仅 1 个等位基因不同，即在同一个基因座 D4S3357：等位基因 D4S3357 -271 为易感基因，而 D4S3357 -275 为限制基因。综合两组的分析结果显示：8 个等位基因呈显著相关，D4S190 -170（$P = 0.005$，$OR = 1.5$，95% $CI = 1.1$ ~2.0），D4S3241 -136（$P = 0.004$，$OR = 1.9$，95% $CI = 1.2$ ~3.0）和 D4S3347 -213（$P = 0.001$，$OR = 1.6$，95% $CI = 1.2$ ~2.1）可增加 EBV IgA/VCA 抗体形成的危险；D4S2950 -137（$P = 0.004$，OR = 0.6，95% $CI = 0.4$ ~0.8），D4S174 -202（$P = 0.001$，$OR = 0.5$，95% $CI = 0.3$ ~0.7），D4S1627 -218（$P = 0.007$，$OR = 0.6$，95% $CI = 0.4$ ~0.9），

表2 第一组比较得出的有意义的等位基因

Tab. 2 Significant alleles frequencies among NPC cases and IgA + cases

位置 cM	基因座 Locus	等位基因 Allele	标本数 individuals#		等位基因频率 Allele freq - uencies（%）		显性模式 Dominant			隐性模式 Recessive		
			IgA +	IgA -	IgA +	IgA -	OR	P value	95% CI	OR	P value	95% CI
37. 64	D4S2950	141	334	270	12. 9	19. 6	0. 70	0. 056	0. 48 ~ 1. 01	0. 30	0. 0214	0. 11 ~ 0. 84
37. 74	D4S3040	213	324	261	17. 4	14. 0	1. 52	0. 031	1. 04 ~ 2. 22	1. 47	0. 4246	0. 57 ~ 3. 75
37. 74	D4S3040	215	324	261	15. 6	12. 5	1. 21	0. 336	0. 82 ~ 1. 79	5. 36	0. 0304	1. 17 ~ 24. 53
41. 57	D4S2974	135	347	281	60. 7	64. 9	1. 22	0. 406	0. 76 ~ 1. 97	0. 67	0. 018	0. 48 ~ 0. 93
41. 57	D4S2974	137	347	281	16. 9	11. 4	1. 51	0. 034	1. 03 ~ 2. 20	3. 43	0. 0676	0. 92 ~ 12. 85
43. 27	D4S3357	271	340	271	29. 7	33. 4	0. 71	0. 045	0. 51 ~ 0. 99	1. 01	0. 975	0. 60 ~ 1. 71
44. 11	D4S1547	251	349	276	56. 4	52. 7	0. 91	0. 642	0. 62 ~ 1. 35	1. 53	0. 0189	1. 07 ~ 2. 19
45. 71	D4S2381	277	347	277	61. 8	65. 9	0. 59	0. 032	0. 36 ~ 0. 95	0. 92	0. 5995	0. 66 ~ 1. 28
55. 73	D4S2916	204	336	265	13. 8	10. 6	1. 55	0. 035	1. 03 ~ 2. 33	0. 57	0. 3894	0. 16 ~ 2. 07

注：＊141，213 等为 PCR 扩增出的片断长度（bp）；＊141，213 etc. are length of PCR product（bp）

D4S1536 - 284（$P = 0.004$，$OR = 0.6$，95% $CI = 0.4 \sim 0.8$）和 D4S3347 - 217（$P = 0.004$，$OR = 0.6$，95% $CI = 0.5 \sim 0.9$）可降低 EBV IgA/VCA 抗体形成的危险。而其中的 3 个在两组中均呈显著相关，即 D4S3241 - 136，D4S3347 - 213 和 D4S174 - 202。因我们选择的鼻咽癌患者全部为 IgA + ，而仅有不到 5% 的鼻咽癌来自 IgA - 者，所以比较 NPC 组和 IgA - 组的结果未列出。

表3 第二组比较得出的有意义的等位基因

Tab. 3 Significant allele frequencies among IgA + cases and IgA - Subjects

位置 CM	基因座 Locus	等位基因 Allele	标本数 Individuals#		等位基因频率 Allele freq - uencies（%）		显性模式 Dominant			隐性模式 Recessive		
			IgA +	IgA -	IgA +	IgA -	OR	P Value	95% CI	OR	P Value	95% CI
37. 64	D4S2950	137	230	319	13. 3	18. 5	0. 56	0. 0036	0. 38 ~ 0. 83	0. 75	0. 5649	0. 28 ~ 2. 00
40. 14	D4S190	170	236	332	23. 9	18. 7	1. 40	0. 0648	0. 98 ~ 1. 99	2. 38	0. 0426	1. 03 ~ 5. 49
40. 75	D4S174	202	237	331	23. 4	32. 6	0. 59	0. 0031	0. 42 ~ 0. 84	0. 33	0. 0019	0. 16 ~ 0. 67
43. 27	D4S3357	271	232	326	34. 3	27. 8	1. 51	0. 021	1. 06 ~ 2. 13	1. 46	0. 196	0. 82 ~ 2. 61
44. 09	D4S1627	218	239	335	33. 3	38. 1	0. 81	0. 235	0. 58 ~ 1. 15	0. 57	0. 0389	0. 33 ~ 0. 97
44. 48	D4S3241	136	233	325	13. 7	8. 9	1. 91	0. 0036	1. 24 ~ 2. 94	2. 11	0. 2844	0. 54 ~ 8. 27
45. 84	D4S1536	284	233	327	33. 7	40. 7	0. 79	0. 1949	0. 56 ~ 1. 13	0. 48	0. 0106	0. 27 ~ 0. 84
52. 95	D4S1577	143	238	332	34. 2	41. 6	0. 70	0. 0481	0. 49 ~ 1. 0	0. 52	0. 0111	0. 31 ~ 0. 86
53. 03	D4S3347	213	237	332	34. 8	29. 5	1. 65	0. 0044	1. 17 ~ 2. 33	0. 89	0. 6722	0. 50 ~ 1. 56
53. 03	D4S3347	217	237	332	45. 4	50. 0	0. 87	0. 4826	0. 59 ~ 1. 28	0. 66	0. 0497	0. 43 ~ 1. 0
54. 86	D4S1594	266	236	330	66. 1	64. 2	1. 76	0. 043	1. 02 ~ 3. 03	1. 01	0. 9536	0. 71 ~ 1. 43

表 4   第三组比较得出的有意义的等位基因

Tab. 4   Significant allele frequencies among NPC cases plus IgA + cases and IgA - subjects

位置 CM	基因座 Locus	等位基因 Allele	标本数 Individuals#		等位基因频率 Allele freq - uencies (%)		显性模式 Dominant			隐性模式 Recessive		
			NPC + IgA +	IgA -	NPC -	IgA -	OR	P value	95% CI	OR	P value	95% CI
37. 64	D4S2950	137	604	319	15. 0	18. 5	0. 69	0. 0146	0. 51 ~ 0. 93	1. 06	0. 8769	0. 50 ~ 2. 26
40. 14	D4S190	170	627	332	24. 1	18. 7	1. 50	0. 0053	1. 13 ~ 1. 99	1. 99	0, 066	0. 96 ~ 4. 14
40. 75	D4S174	202	616	331	27. 4	32. 6	0. 79	0. 0998	0. 60 ~ 1. 05	0. 46	0. 0014	0. 28 ~ 0. 74
43. 27	D4S3357	275	611	326	21. 4	24. 8	0. 72	0. 0231	0. 55 ~ 0. 96	0. 95	0. 8681	0. 51 ~ 1. 75
44. 09	D4S1627	218	625	335	31. 8	38. 1	0. 76	0. 0503	0. 58 ~ 1. 0	0. 57	0. 0069	0. 38 ~ 0. 86
44. 48	D4S3241	136	611	325	13. 4	8. 9	1. 63	0. 0067	1. 14 ~ 2. 31	1. 85	0, 3008	0. 58 ~ 5. 89
45. 84	D4S1536	284	615	327	34. 5	40. 1	0. 78	0. 0943	0. 59 ~ 1. 04	0. 55	0. 0043	0. 37 ~ 0. 83
52. 95	D4S1577	143	624	332	35. 8	41. 6	0. 72	0. 022	0. 54 ~ 0. 95	0. 67	0. 0308	0. 46 ~ 0. 96
53. 03	D4S3347	213	623	332	34. 3	29. 5	1. 58	0. 0011	1. 20 ~ 2. 08	1. 02	0. 9297	0. 66 ~ 1. 58
53. 03	D4S3347	217	623	332	45. 2	50. 0	0. 90	0. 483	0. 66 ~ 1. 22	0. 62	0. 0038	0. 45 ~ 0. 86
54. 86	D4S1594	266	620	330	66. 5	64. 2	7. 57	0. 0309	1. 04 ~ 2. 38	1. 03	0. 8618	0. 78 ~ 1. 35

讨　论

寻找鼻咽癌（NPC）易感基因的研究已经持续了多年，如上所述，虽然发现基因组的某些区域可能与 NPC 的发生有关，但至今还没有确定的区域和基因被发现，缺乏系统规模化的研究。而 NPC 的发生仅有 6% ~ 10% 有家庭聚集现象。应用家系研究 NPC 的遗传易感性存在一定的局限性。传统的连锁分析对研究单基因遗传病较适用，对遗传模式不明确的多基因疾病不能简单套用。对鼻咽癌来讲，更多的是一种遗传易感性，而 NPC 是一种比较典型的具有遗传易感性的恶性肿瘤。目前的观点认为研究多因素复杂疾病（如肿瘤、心脏病、糖尿病等）在群体中收集病例和对照组，应用队列相关分析研究更适用，更有优势。应用相关分析研究找到相关基因的一个成功例子是：Apoe - 4 等位基因的存在可增加无论是散发性的或家族性的老年性痴呆的危险性[18]。

为了证实最近鼻咽癌家系研究得出的 4 号染色体 4p15. 1 ~ q12 区域为鼻咽癌易感区的结果[15]，我们在该区域 18 Mb 的范围内选择了包括前者得出高 LOD 值的 D4S405 和 D4S3002 共 34 个微卫星标志，对其 319 个等位基因进行了相关分析研究。在鼻咽癌高发区广西西江流域的梧州市和苍梧县收集鼻咽癌患者、EBV IgA/VCA 健康携带者及 EBV IgA/VCA 阴性对照者，应用队列研究的方法研究该区域是否与高发区人群中 EB 病毒壳抗原抗体 IgA 及非家族鼻咽癌的形成有关。我们的结果经多因素比较校正后均失去相关性，不能确定该区域与非家族鼻咽癌的形成有关。湖南应用鼻咽癌家系的研究结果也未得出广州的类似结果[15]。虽然如此，我们也不能排除该区存在与 EBV IgA/VCA 抗体形成及 NPC 的发展有关的遗传标志的可能。该区域真正的易感基因座也许并未与我们所选的 STRs 标志形成连锁不平衡（LD）。LD 代表相邻基因座伴随遗传的趋势，即相邻等位基因的相关性。我们所选的 STRs 标志之间的距离为 10 ~ 3500 kb，虽比家系研究所选的 STRs 更密，但计算 2 点的 D′ 值来测定相邻

STRs 所有等位基因的 LD，仅 60 对 D′值为 1（即完全连锁不平衡）。同时因为少数等位基因频率低于 5%，其分析结果未列出或不能统计分析，因此本研究结果不能定论该区域这些低频率等位基因与 EBV 感染状态和 NPC 的关系。当单倍体图项目完成后，可通过选择标签 SNPs 对该区域的遗传变异进行进一步的基因分型。

　　虽然本研究未得出很强的 P 值以区别统计学造成的假性相关和真正的相关，但几个 STRs 标志的多态性显示出与 EB 病毒壳抗原 IgA 抗体阳转有关，其中 D4S190 位于 ARHH 癌基因内。ARHH 是 ras 类似基因家族的成员 H，仅被造血细胞转录，编码一个小的 GTP 结合蛋白。46% 的弥漫性大细胞淋巴瘤存在 ARHH 非编码区的变异，并可影响其蛋白的表达[19]。因而 ARHH 基因的一个或多个变异可能影响 EB 病毒的复制，并与 D4S190 – 170 形成连锁不平衡。图 1 标出了有意义的微卫星标志相对应及邻近的基因。因此该区域值得进一步研究。就家族性鼻咽癌和非家族性鼻咽癌的地理分布的一致性而言，很可能两者享有共同的病因，尤其是环境和病毒因素。而宿主的遗传因素是家庭聚集现象、早发和非家族鼻咽癌易感性的基础。就像 BRLA1 和 BRLA2 基因的变异仅可以解释部分家族性和非家族性乳腺癌一样[20,21]，可能不同基因变异对家族性和非家族性鼻咽癌有着不同的影响。确定 NPC 易感基因最好的途径应该是采用合理设计、强大的队列，通过候选基因及表签 SNPs 结合的方法在全基因组范围内进行基因分型及扫描。

〔原载《遗传》2006，28（7）：783 – 790〕

参 考 文 献

1　de The G. Viruses and human cancers：challenges for preventive strategies. Environ Health Perspect，1995，103（Suppl. 8）：269 – 273

2　Jeannel D，Hubert A，de Vathaire F，Ellouz R，Camoun M，Ben Salem M，Sancho – Garnier H，de – The G. Diet，living conditions and nasopharyngeal carcinoma in Tunisia – a case – control study. Int J Cancer，1990，46（3）：421 – 425

3　Henle G，Henle W. Epstein – Barr virus – specific IgA serum antibodies as an outstanding feature of nasopharyngeal carcinoma. Int J Cancer，1976，17（1）：1 – 7

4　ZENG Yi，LIU Yu – Xi，LIU Chun – Ren CHEN San – Wen，WEI Ji – Neng，ZHU Ji – Song，ZAI Hui – Jiong. Application of immunoenzymic method and immunoautoradiographic method for the mass survey of nasopharyngeal carcinoma. Chin J Oncol，1979，1（1）：2 – 7 曾毅，刘育希，柳纯仁，陈三文，韦继能，祝积松，栽惠炯，应用免疫酶法和免疫放射自显影法普查鼻咽癌，中华肿瘤杂志。1979，1（1）：2 – 7

5　Zeng Y，Zhang，L G，Li H Y，Jan M G，Zhang Q，Wu Y C，Wang Y S，Su G R. Serological mass survey for early detection of nasopharyngeal carcinoma in Wuzhou City，China. Int J Cancer 1982，29（2）：139 – 141

6　Zeng Y，Zhong JM，Li LY. Wang PZ，Tang H，Ma Y R，Zhu JS，Pan W J，Liu Y X，Wei Z N. Follow – up studies on Epstein – Barr virus IgA/VCA antibody – positive persons in Zangwu County，China. Intervirology，1983. 20（4）：190 – 194

7　Zeng Y，Zhang LG. Wu YC. Huang Y S，Huang N Q，Li J Y，Wang Y B，Jiang M K，Fang Z，Meng N N. Prospective studies on nasopharyngeal carcinoma in Epstein – Barr virus IgA/VCA an – tibody – positive persons in Wuzhou City，China. Int J Cancer，1985. 36（5）：545 – 547

8　Deng H，Zeng Y. Lei Y. Zhao Z. Wang P. Li B. Pi Z. Tan B. Zheng Y. Pan W. Serological survey of nasopharyngeal carcinoma in 21 cities of south China. Chin MedJ J（Engl），1995.108（4）：300 – 303

9　Zong Y S, Sham J S, Ng M H, Ou X T, Gun Y Q, Zheng S A, Liang J S, Qiu H. Immunoglobutin A against viral capsid antigen of Epstein – Barr virus and indirect mirror examination of the nasopharynx in the detection of asymptomatic nasopharyngeal carcinoma. Cancer, 1992, 69 (1): 3 – 7

10　sham J S, Wei W I, Zong Y S, Choy D, Guo Y Q, Luo Y, Lin Z X, Ng M H. Detection of subclinical nasopharyngeal carcinoma by fibreoptic endoscopy and multiple biopsy. Lancet. 1990, 335 (8686): 371 – 374

11　Zeng Y, Miao X, Jiao W, Wei J, Li J, Wang Y, Ni Z, Ito Y. Detection of Epstein – Barr virus inducers in soil. Chinese J Virology, 1985, 1 (2): 122 – 125

12　Lu S J, Day N E, Degos L, Lepage V, Wang P C, Chen S H, Simons M, McKnight B, Easton D, Zeng Y. Linkage of a nasopharyngeal carcinoma susceptibility locus to the HLA region. Nature, 1990, 346 (6283): 470 – 471

13　Hildesheim A, Apple R J, Chen C J, Wang S S, Chang Y J, Klitz W, Mack S J, Chen I H, Hsu M M, Yang C S, Brinton L A, Levine P H, Erlich H A. Association of HLA class I and ll alleles and extended haplotypes with nasopharyngeal carcinoma in Taiwan. J Natl Concer Inst, 2002, 94 (23): 1780 – 1789

14　Feng B J, Huang W, Shugart Y Y, Lee M K, Zhang F, Xia J C, Wang H Y, Huang T B, Jian S W, Huang P, Fang Q S, Huang L X, Yu X J, Li D, Chen L Z, Jia W H, Fang Y, Huang H M, Zhu J L, Liu X M, Zhao Y, Liu W Q, Dang M Q, Hu W H, Wu S X, Mo H Y, Hong M F, King M C, Chen Z, Zeng Y X. Genomewide scan for familial nasopharyngeal carcinoma reveals evidence of linkage to chromosome 4. Nat Genet, 2002, 31 (4): 395 – 399

15　Xiong W, Zeng Z Y, Xia JH, Xia K, Shen S R, Li X L, Hu D X, Tan C, Xiang J J, Zhou J, Deng H, Fan S Q, Li W F, Wang R, Zhou M, Zhu S G, Lu H B, Qian J, Zhang B C, Wang J R, Ma J. Xiao B Y. Huang H, Zhang Q H. Zhou Y H. Luo X M. Zhou H D. Yang Y X. Dai H P, Feng G Y, Pan Q. Wu L Q. He L. Li G Y. A susceptibility locus at chromosome 3p21 linked to familial nasopharyngeal carcinoma. Cancer Res, 2004, 64 (6): 1972 – 1974

16　Boutin – Ganache I, Raposo M, Raymond M, Deschepper C F. M13 – tailed primers improve the readability and usability of microsatellite analyses performed with two different allele – sizing methods. Biotechniques, 2001, 31 (1): 24 – 26, 28

17　O' Connell J R. Weeks D E. PedCheck: a program for identification of genotype incompatibilities in linkage analysis. Am J HumGenet, 1998, 63 (1): 259 – 266

18　Martin E R, Gilbert J R, Lai EH, Riley J, Rogala A R, Slotterbeck B D, Sipe C A, Grubber J M, Warren L L, Ccnneally P M, Saunders A M, Schmechel D E, Purvis l Pericak – Vance M A, Roses A D, Vance J M. Analysis of association at single nucieotide polymorphisms in the APOE region. Genomics, 2000, 63 (1): 7 – 12

19　Preudhomme C, Roumier C, Hildebrand M P, Dallery – Prudhom – me E, Lantoine D, Lai J L, Daudignon A, Adenis C, Bauters F, Fenaux P, Kerckaert J P, Galiegue – Zouitina S. Nonrendom 4p13 rearrangements of the RhoH/TTF gene, encoding a GTP – binding protein, in non – Hodgkin's lymphoma and multiple myeloma. Oncogene, 2000, 19 (16): 2023 – 2032

20　Malone K E, Daling J R, Neal C, Suter N M, O' Brien C, Cushing – Haugen K, Jonasdottir T J, Thompson J D, Ostrander E A. Frequency of BRCA1/BRCA2 mutations in a population – based sample of young breast carcinoma cases. Cancer, 2000, 88 (6): 1393 – 1402

21　Peto J, Collins N, Barfoot R, Seal S, Warren W, Rahman N, Easton D F, Evans C, Deacon J, Stratton M R. Prevalence of BRCA1 and BRCA2 gene mutations in patients with early – onset breast cancer. J Natl Cancer Inst, 1999, 91 (11): 943 – 949

Association Study of Chromosome 4 STRs Polymorphisms with Nasopharyngeal Carcinoma

GUO Xiu – chan[1,2], O' BRIEN Stephen J[2], WINKLER Cheryl[2], SCOTT Kevin[2], HUTCHESON Holli[2],
DAVID Victor[2], KESSING Bailey[2], ZHENG Yu – ming[3], LIAO Jian[4], LUI Yan[1]. GUY de The[5], ZENG Yi[1]

(1. Institute for Viral Disease Control and Prevention, Beijing 100052, China; 2. Laboratory
of Genomic Diversity, National Cancer Institute – Frederick MD 21702; 3. Cancer Institute of
Wuzhou, Wuzhou 543002, Guangxi, China; 4. Cangwu Institute for NPC control and
prevention, Cangwu, Guangxi 543100, China; 5. Institut Pasteur, 75724 Paris, France)

Nasopharyngeal carcinoma (NPC) is a complex disease caused by an interaction of EBV chronic infection, environment and host genes, in a multi – step process of carcinogenesis. However, which genetic factors play an important role in the development of chronic EBV infection and NPC remain elusive. The objective of this study is to identify genetic variations associated with two key clinical stages of NPC development: persistent Epstein – Barr virus (EBV) infection of nasopharyngeal epithelia and progression to NPC. We inspected a NPC – associated region on the short arm of chromosome 4 previously implicated by a genome – wide linkage analysis of familial NPC. We determined genotypes for 319 alleles in 34 microsatellite markers spanning an 18 Mb region in 350 NPC cases. 288 individuals with IgA antibodies to EBV capsid antigen (IgA/VCA +) and 346 controls seronegative for IgA antibodies to EBV capsid antigen (IgA/ VCA –) . The cases and controls were Han Chinese from Wuzhou city and Cangwu county, Guangxi province where the incidence of NPC is as high as 25 – 50 per 100 000 individuals. Comparing NPC cases to IgA/VCA + subjects, we found 9 alleles marginally associated with developing NPC from IgA + status, 5 for risk ($OR = 1.51 – 5.36. P = 0.01 – 0.03$) and 4 for restrictive ($OR = 0.3 – 0.71$, $P = 0.02 – 0.045$) . Comparing IgA/VCA + subjects and IgA/VCA – controls, and comparing all IgA seropositives with and without NPC to IgA seronegatives revealed 12 significant and 3 highly significant ($P < 0.01$) alleles associated with IgA + serostatus in the two comparing groups. Alleles D4S3241 – 136 ($P = 0.004$, $OR = 1.91$, 95% $CI = 1.2 – 3.0$) and D4S3347 – 213 ($P = 0.001$, $OR = 1.6$, 95% $CI = 1.2 – 2.1$) were for risk. Allele D4S174 – 202 ($P = 0.001$, $OR = 0.5$, 95% $CI = 0.3 – 0.7$) was restrictive. However, statistical significance was lost for all when corrected for multiple comparisons test. Our study could not affirm the genetic association within this region with NPC as did another pedigree study, but provide an opportunity for further gene discovery in this highly endemic NPC population and suggest that this region warrants further study.

[**Key words**] Nasopharyngeal carcinoma; Chromosome 4; Microsatellite; Association study

327. 微囊藻毒素及其毒性研究进展

北京工业大学生命科学与生物工程学院 柳丽丽 钟儒刚 曾 毅*

〔摘 要〕 微囊藻毒素是富营养化淡水水体中最常见的藻类毒素，它是一类具有多种异构体的环状多肽物质。由于其毒性大、分布广，从而成为水环境中的重要潜在危害物质。作者总结了微囊藻毒素的分子结构、理化性质及污染现状，并综述了有关其毒性及作用机理的国内外最新研究进展。

〔关键词〕 微囊藻毒素；富营养化；毒性机理

近年来，随着人类生产、生活方式的迅速发展，工业化、城市化的进程加快，大量含有丰富氮、磷污染物的工业废水和生活污水排入水体，导致藻类特别是蓝藻的异常繁殖而出现水华现象，不仅严重影响了水质和环境卫生，而且部分藻属还能产生微囊藻毒素，给人类健康带来巨大的威胁[1]。因此，分析研究微囊藻毒素的性状特征，探索其毒性机理具有十分重要的现实意义。

概 述

一、微囊藻毒素的化学结构 微囊藻毒素（Microcystins，MCs）是由水体中蓝藻类如铜绿微囊藻、鱼腥藻和念珠藻等藻属产生的单环七肽化合物[2]，它的化学结构可表示为环 D – 丙氨酸 – L – X – 赤 – β – 甲基 – D – 异天冬氨酸 – L – Y – Adda – D – 异谷氨酸 – N – 甲基脱氢丙氨酸，如图 1 所示。X、Y 为两个可变的 L – 氨基酸，由于 X、Y 的不同而产生多种异构体，目前已知有 60 多种[3]。其中存在最普遍、含量较多、毒性较大的是 MC – LR、MC – RR 和 MC – YR（L、R、Y 分别代表亮氨酸、精氨酸和酪氨酸）。Adda（3 – 氨基 – 9 – 甲氧基 – 2，6，8 – 三甲基 – 10 – 苯基 4，6 – 二烯酸）为一特殊的 20 个碳原子的 β – 氨基酸，它是表达 MCs 活性的必需基团，其结构改变或被去除，毒素的毒性就会降低。

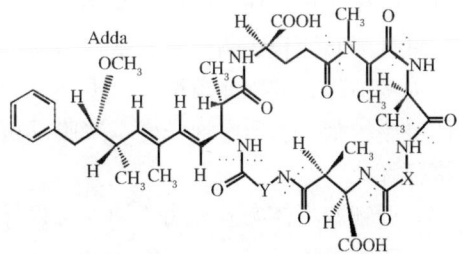

图 1 微囊藻毒素的分子结构图
Fig. 1 Molecular structure of microcystins

二、微囊藻毒素的理化性质 MCs 溶于水，在水中的溶解度达 1 g/L 以上，不易沉淀或被吸附于沉淀物和悬浮颗粒物中。MCs 在水体中的稳定时间与水体的特征有关。MCs 在去离子水中可保持稳定状态长达 27 d，在消毒的水库中可保持稳定 12 d，在自然水库中 7 d 以内即会通过 Adda 旁链的修饰灭活从而发生生物降解。MCs 可被紫外线光解或发生化学异构和化学键合

---

* 中国疾病预防控制中心病毒病预防控制所

反应而丧失毒性，其半衰期是 10 d。MCs 具有热稳定性，加热煮沸（水浴 100 ℃，30 min）不致丧失毒性。现行自来水处理工艺的混凝、沉淀、过滤、加氯等均不能有效去除 MCs[4,5]。

三、微囊藻毒素的污染现状及含量标准　近年来，水休的大面积富营养化导致了 MCs 的污染在世界各地广泛分布。日本、美国、澳大利亚、德国、中国台湾等 20 多个国家和地区都曾对其境内的淡水湖泊、水库等饮水水源中的水华现象进行了报道，分离并检测出了 MCs。在中国，由于环境意识、法规措施等方面的原因，许多工业废水和生活污水未经处理即排入水体，60% 的天然淡水湖泊有不同程度的富营养化污染现象。对长江、黄河、松花江等主要河滩以及鄱阳湖、太湖、巢湖、武汉东湖、昆明滇池、上海淀山湖等几大淡水湖泊的调查中发现有大量藻类繁殖，产生的毒素主要是 MCs。

MCs 对环境及人类健康的危害已引起世界各国的普遍关注。1998 年世界卫生组织（WHO）出版的《饮用水卫生基准》中建议饮用水中 MCs 标准为 1.0 μg/L，英、美等国限定天然水体及饮用水中的 MCs 含量为 1.0 μg/L，加拿大健康组织认为饮用水中可按受的 MCs 标准为 0.5 μg/L。中国尚未制定饮用水中 MCs 总含量标准，在 2001 年 6 月卫生部颁布的《生活饮用水卫生规范》中将 MC-LR 的浓度暂行基准值定为 1 μg/L。国家环境保护总局颁布的《中华人民共和国国家标准》（GB3838-2002）中在集中式生活饮用水地表水源地特定项目标准限值中列出 MC-LR 的标准值同样为 1 μg/L。

微囊藻毒素的毒性

一、生物学效应

（一）肝脏毒性及促肝肿瘤作用：MCs 是一类肽毒素，肝脏是其主要的靶器官[6,7]。动物经腹腔或静脉注射后出现嗜睡、竖毛、苍白、脚趾和尾部冰冷、后肢瘫痪、呼吸急促等急性中毒现象，对肝脏的损伤在组织病理学上主要表现为肝脏大面积出血、坏死、肿胀、瘀血、肝体比重增加、肝细胞结构破坏。血清酶学表现为乳酸脱氢酶渗漏，γ-谷氨基转移酶和碱性磷脂酸合成酶升高，蛋白磷酸酯酶 1 和 2A 受抑制。光镜下可见肝窦状血管破坏、血窦内皮损伤、细胞间隙增大，电镜下肝细胞超微结构发生改变，粗面内质网发生折叠、线粒体脊膜扩张、胞质空泡样变、浆膜反折、细胞内器重新分布，肝细胞坏死融合成带，出现桥接样坏死[8]。

肝细胞离体实验表明，MCs 可以导致原代培养肝细胞的明显损伤，表现为肝细胞增殖活跃，出现大核、双核等增生表现，乳酸脱氢酶释放率显著升高，且具有时间-剂量反应关系，同时还可以导致细胞内活性氧类的升高。随染毒时间延长和剂量增大，继而形成团块状增生活跃的细胞，细胞收缩，核固缩成颗粒状，大部分细胞核膜完整，部分细胞崩解。各种细胞对 MCs 的敏感性是不同的。张志勇等的研究发现[9]，MCs 对原代大鼠肝细胞（PCRH）和人类肝细胞系（CLC）的毒作用有明显差别。在 MCs 作用下，PCRH 形态发生一系列变化，且乳酸脱氢酶释放率随剂量和处理时间的增加而增加；而 CLC 对 MCs 有很强的耐受性，虽然所用的剂量比前者高 10 倍以上，但无论是显微镜下的大体形态还是乳酸脱氢酶释放率都没有显著性改变，这可能与两类细胞上胆酸转运系统的活力不同有关。

越来越多的研究表明 MCs 是形成肝肿瘤的促进剂。陈华等的研究表明[10]，腹腔注射 MCs 能显著增加二乙基亚硝胺启动后大鼠肝细胞癌前病变生物标记物——谷氨酰转肽酶和谷胱甘肽硫转移酶阳性灶的数量和面积，且有明显的剂量－效应关系，并使肝组织中嗜酸性和透明性细胞灶明显增多（嗜酸性、嗜碱性和透明性细胞灶是常见的癌前增生细胞，在癌症的发生发展过程中，有部分会演变成癌细胞，是由正常细胞向癌细胞转化过程中的过渡细胞）。陈加平等用蛋白印迹法研究了 MCs 暴露时大鼠 BRL－3A 细胞 $p53$、Bcl－2 和 Bax 的表达情况。$p53$ 基因是一个备受关注的肿瘤抑制基因[11,12]，Bcl－2 和 Bax 是调节细胞凋亡的关键元件，前者抑制凋亡，后者促进凋亡。研究发现，大鼠 BRL－3A 细胞暴露于不同浓度 MCs 中后，$p53$ 和 Bax 蛋白表达升高，同时 Bcl－2 蛋白表达下降，致使细胞失控性生长，诱发肿瘤。

（二）遗传毒性：有关 MCs 的遗传毒性，国内外学者在基因、染色体水平等方面进行了研究。结果表明[13]，MCs 不但在染色体水平上造成遗传损伤，影响细胞的分裂增殖，还可以直接作用于 DNA 分子，引起 DNA 分子移码型突变。宋瑞霞等应用 Ames 实验[14]、小鼠骨髓嗜多染红细胞微核试验和小鼠精子畸形实验，对 MCs 的遗传毒性进行了研究。结果表明，MCs 能明显增强小鼠骨髓嗜多染红细胞的微核率，并呈现一定的剂量－反应关系，对鼠伤寒沙门氏菌 TA_{98} 菌株直接作用呈现致突变性，而代谢活化后作用未呈现致突变性，表明 MCs 可直接作用于 DNA 分子引起移码型突变。Ding 等研究了上海饮用水源之一的淀山湖在水华暴发过程中所产生的 MCs 的遗传毒性[15]。Ames 实验的结果表明 MCs 有很强的致突变效应，彗星实验中，MCs 能在大鼠原代肝细胞培养液中诱导 DNA 损伤。

（三）其他毒性：有研究表明 MCs 具有肾毒性[16]，主要表现为：肾小球内红细胞减少，周围红细胞增多，管腔直径增大，且存在剂量－反应关系。近端小管上皮坏死，远端小管蛋白质表膜物质出现。Bhattacharya 等给大鼠腹腔注射 MCs[17]，发现血中尿素和肌酸水平升高，白蛋白含量下降，随后尿中出现血红素、蛋白、胆红素，而肾脏乳酸脱氢酶及谷草转氨酶下降，提示 MCs 具有肾毒性。

另有研究报道 MCs 能引起动物心肌细胞病理学及超微结构的损伤。Leclaire 等发现 MCs 是心脏病的潜在致病因素[18]，它可引起心脏输出量下降、血管扩张、血压降低、心率下降以及周围血管发生低血压反应。

二、人群健康效应　MCs 同样也危害人类健康。人们直接接触含有 MCs 的水，如在湖泊、河流、水库中进行游泳等娱乐活动，会引起皮肤，眼睛过敏，发热，疲劳以及急性肠胃炎，如果经常暴露于含有 MCs 的水体，会引发皮肤癌、肝炎及肝癌。1996 年巴西一透析中心因透析液遭 MCs 污染，导致 130 名病人中有 116 人出现恶心、呕吐、精神萎靡等症状，两个月后 26 人死于肝功能衰竭，引起举世瞩目。流行病学调查显示，饮水 MCs 污染与人群中原发性肝癌的发病率有很大相关性，这已引起了国内外学者的广泛关注[19,20]，俞顺章等在原发性肝癌高发地区应用流行病学的方法[21]，研究慢性暴露于 MCs 与人类肝肿瘤的关系。发现饮用塘沟水的人群肝癌发病率是饮用深井水人群的 8 倍。在这些塘沟水中检出大量的 MCs，其浓度高达 1.158 μg/L。中国肝癌的高发区主要集中在东南沿海地区，包括江苏省启东市和海门市，福建省同安市和广西壮族自治区扶绥市等。在这些地区，尤其是在农村，由于化肥的广泛使用以及富含氮、磷的工业废水和生活污水的大量排放，使许多池塘、河流等浅表水遭到不同程度的污染。当水体达到一定的温度及 pH 值时，藻类大量生长繁殖，产生 MCs。而目前的水处理措施并不能有效地去除 MCs，这就使这些地区的居民呈现长期暴露于低浓度 MCs 的特点。人群流行病学调查发现，在水中 MCs 平均浓度低于 0.3 μg/L

的情况下，长期饮用会对人体肝脏有损害作用，引起血清中部分肝脏酶含量升高，从而导致肝癌高发。

另外，有学者在浙江海宁大肠癌高发区的调查表明[22]，饮用河水、池塘水等浅表水是大肠癌的危险因素之一，其中 MCs 的含量与大肠癌的发病率呈正相关。美国学者用病例对照研究的方法[23]，发现某些腹泻病人粪便中含有 MCs，与饮用水被 MCs 污染有关，建议今后诊断不明原因迁延性腹泻时应考虑藻类因素。

微囊藻毒素的毒性机理研究

一、靶器官学说 Brook 等用 14 C 标记的 MCs 腹腔注射染毒小鼠[24]，1 min 后肝内出现的 MCs 是总标记的 70 %，3 h 后肝脏内蓄积的 MCs 占总量的 90 %，由此可见肝脏是 MCs 作用的靶器官。Eriksson 用哺乳动物细胞检测 MCs 的毒性[26]，发现 MCs 可特异性进入大鼠肝细胞，且肝细胞对 MCs 的吸收不是简单扩散过程，而是一个主动过程。Eriksson 发现，MCs 特异地进入肝细胞与膜上的胆汁酸转运系统有关。MCs 对细胞或器官作用的特异性，临床正研究将其应用于某些肿瘤或艾滋病的治疗。

二、抑制蛋白磷酸酯酶 细胞内蛋白磷酸化水平主要依赖于蛋白激酶和蛋白磷酸酯酶的活性，这两种酶均存在于胞质中，是 MCs 毒作用的靶分子。有研究证实[26]，MCs 能强烈抑制蛋白磷酸酯酶 1 和 2A 的活性，导致细胞内多种蛋白质的过度磷酸化，使细胞内的蛋白磷酸化和去磷酸化作用调节失衡，改变了多种酶的活性，造成细胞内一系列的生理生化反应紊乱，随即发生一系列的生理病理变化。细胞骨架蛋白如细胞中间丝比其他蛋白更易磷酸化，导致胞质中微丝网络重排，细胞结构及整体稳定性破坏，引起肝细胞形态发生改变。另外，某些蛋白的磷酸化，可解除对细胞增殖的正常抑制作用，从而促进肿瘤的生长。

三、细胞因子效应 细胞因子是由活化的免疫细胞和某些基质细胞分泌的，具有介导和调节免疫、炎症反应等功能的小分子多肽。当 MCs 作用于肝巨噬细胞时，可以诱导白细胞介素 1（IL - 1）和肿瘤坏死因子（TNF - α）分泌的增多。IL - 1 和 TNF - α 均为炎症介质，是 MCs 引起炎症反应的重要因子。由于体内的细胞因子都处于一个相互调节的网络，因此 IL - 1 和 TNF - α 的增多，可以同时引起其他炎症因子的增多，诸如前列腺素和血小板抗凝因子等，正是由于这些炎症因子的增多，从而引发了肝细胞炎症、肝损伤甚至肝坏死[27]。

结　语

目前，有关微囊藻毒素的研究主要集中在对务器官的毒性作用上，已经取得了很多有价值的成果，但在其产生机理、毒作用机制等方面仍未十分清楚。今后的研究应进一步明确其致病机制，寻找有效的生物标记物，同时应加强监测环境水体中微囊藻毒素的污染状况和人群暴露情况，建立有效的监测体系，探索临床上快速高效的诊断治疗方法。

〔原载《卫生研究》2006，35（2）：247 - 249〕

参 考 文 献

1　殷丽红，微囊藻毒素致肝癌研究进展．国外医学卫生学分册，2005.32（3）：170 - 174

2　詹立，张立实，王莉，等．微囊藻毒素 Mi-

crocystinLR 体外遗传毒性，癌变·畸变·突变，2005，17（3）：171 - 174

3　吴和岩，郑力行，苏瑾，等．饮用水源水中

位囊藻毒素与蓝藻相关性研究. 环境与职业医学, 2005, 22 (2): 130 - 132

4　黄淑淇, 微囊藻毒素的细胞毒性. 预防医学情报杂志, 2005, 21 (3): 304 - 306

5　吴和岩, 郑力行, 苏瑾, 等。上海市供水系统微囊藻毒素 LR 含量调查. 卫生研究, 2005, 34 (2): 152 - 154

6　Batista T, Sousa CD, Suput S, ct al. Microcystirr - LR causes the collapse of actin filaments in primary human hepatocytes. Aquatic Toxicol, 2003, 65: 85 - 91

7　雷腊梅, 宋立荣, 微囊藻毒素 LR 对小鼠的急性毒性研究. 第一军医大学学报, 2005, 25 (5): 565 - 566

8　罗民波, 沈新强, 杨良, 等. 微囊藻毒素对小白鼠肝脏的毒理效应. 海洋水产研究, 2005, 26 (3): 55 - 60

9　张志勇, 梁恒进, 沈汉民, 等. 蓝藻提取物对两类肝细胞的毒作用研究. 广西医科大学学报, 1999, 16 (4): 427 - 429

10　陈华, 孙昌盛, 胡志坚, 等. 饮水微囊藻毒素污染促肝癌作用研究. 肿瘤防治杂志, 2002, 9 (5): 454 - 456

11　陈加平, 傅文宇, 王秀敏, 微囊藻毒紫 LR 对 BRL - 3A 凋亡相关蛋白表达的影响. 中国环境科学, 2004, 24 (4): 460 - 463

12　王秀敏, 陈家平, 傅文宇, 等, 活体染毒时藻毒素 LR 诱导大鼠肝脏 $p53$ 和 Bax 蛋白的表达. 浙江大学学报 (医学版), 2005, 34 (3): 220 - 222

13　Zegura B, Sedmak B, Filipic M. Microcystirr LR induces oxidative DNA damage in human hepatoma cell line Hep G2. Toxicon, 2003, 41: 41 - 48

14　宋瑞霞, 刘征涛, 沈萍萍. 太湖中微囊藻毒素的遗传毒性研究. 环境科学研究, 2003, 16 (2): 51 - 53

15　Ding WX, Shen HM, Zhu HG, et al. Genetoxicity of microcystic cyanobacteria extract of a water source in China. Muta Res, 1999, 442: 69 - 77

16　Falconer IR, Stephen JH. Andrw RH, et al. Hepatic and renal toxicity of the blue - green alga (cyanobacterium) clylindrospermopsis raciborslii in male Swiss Albino mice. Environ Toxicol, 1999, 14: 143 - 150

17　Bhattacharya R, Sugendran K, Dangi RS, et al. Toxicity evaluation of freshwater cyanobacterium microcystis aeruginsoa pcc. 7806: Ⅱ Nephrotoxicity in rats. Biomed Environ Sci, 1997, 10 (1): 93 - 101

18　Leclaire RD, Parker GW, Franz DR. Hemodynamic and calorimetric changes induced by microcystinLR in the rats. 3 Appl Toxicon, 1995, 15: 605 - 613

19　Fleming LE, Rivero C, Burns J, et al. Blue green algal (cyanobacterial) toxins, surface drinking water, and liver cancer in Florida. Harmful Algae, 2002, 1: 157 - 168

20　Falconer IR. Toxic cyanobacterial bloom problems in australian waters: risks and impacts on human health. Phycologia, 2001, 40 (3): 228 - 233

21　Yu SZ. Bluc - green algal toxins and liver cancer. Chinese J Cancer Res, 1994. 6: 9

22　郑树. 大肠癌防治现场研究. 中国肿瘤, 2005, 14 (6): 352 - 354

23　Huang P. The first reported outbreak of diarrheal illness associated with cyclospora in the united states. Ann - Intern Med, 1995, 123 (6): 409 - 414

24　Brook WP. Distribution of microcystins aeruginosc peptide toxin and interaction with hepatic microsomes in mice. Pharmacol Toxicol, 1987, 60: 187 - 191

25　Eriksson J E. Hepatocelular uptake of 3H dihydromicrocystin - LR a cycle peptide toxin. Biochim Biophys Acta, 1990, 1025: 60

26　Guzman RE, Solter PF, Runnegar MT. Inhibition of nuclear protein phosphatase activity in mouse hepatocytes by the cyanobacterial toxin mictocystin - LR. Toxicon, 2003, 41: 773 - 781

27　许川. 微囊藻毒素污染状况、检测及其毒效应. 国外医学卫生学分册, 2005, 32 (1): 56 - 60

Advances in Study on Microcystins and Their Toxicology

LU Li-li, ZHONG Ru-gang, ZENG Yi

(College of Life Sciences and Bioengineering, Beijing University of Technology, Beijing 100022, China)

There were many research reports about microcystins, a most common algal toxin in eutrophic freshwater body. It is a class of monocyclic heptapeptides with many different isomerides. It has become potential hazardous material in aquatic environment for its toxic and distribution. This paper summarized the molecular structure, physical and chemical characteristics of microcystins as well as its pollution condition. The toxic effect and mechanisms of microcystins are reviewed too.

〔**Key words**〕 Microcystins; Eutrophication; Toxicology mechanism

328. 微囊藻毒素污染及其促肝癌作用研究进展

北京工业大学生命科学与生物工程学院 柳丽丽 钟儒刚 曾 毅*

〔**摘 要**〕 淡水水体的富营养化导致了蓝藻水华的普遍发生，微囊藻毒素是由蓝藻的部分藻属产生的环肽化合物，具有毒性大、分布广、结构稳定等特性，从而成为水环境中的重要潜在危害物质。微囊藻毒素已被证明具有明显的肝毒性，是肝肿瘤的促进剂之一。本文就微囊藻毒素的污染现状、肝毒性作用及具促肝癌机制等方面的研究进展进行了综述。

〔**关键词**〕 微囊藻毒素；肝毒性；肝癌；促癌作用

目前，随着社会工业化进程的加快，国民经济的迅速发展，人类在工农业生产及日常生活中向水体排入了大量富含氮、磷的污染物，导致各地水体富营养化现象日益严重，藻类由于获取了丰富的营养而大量繁殖，特别是部分藻类还能产生微囊藻毒素（microcystins，MCs），给人类健康带来巨大的威胁。MCs 是一类肽毒素，可特异性地作用于肝脏，引起肝脏的损伤，甚至引发肝癌，被认为是除肝炎病毒和黄曲霉毒素以外环境中致肝癌的重要原因。中国在 2001 年修订并实施的《生活饮用水卫生规范》中已将 MC-LR 列为非常规监测项目，确定其执行标准为 1 μg/L。

微囊藻毒素概况

MCs 是由水体中蓝藻类如铜绿微囊藻、鱼腥藻和念珠藻等产生的具有生物活性的单环七肽化合物[1]，其基本结构是由 7 个氨基酸组成的环状多肽，相对分子质量都在 1000 左右，

---

* 中国疾病预防控制中心病毒病预防控制所

由于多肽组成中氨基酸种类的变化，导致了该类毒素的多样性，目前已发现了 60 多种 MCs 的异构体，其中存在最普遍、含量较多、毒性较大的三种异构体是 MC－LR、MC－RR 和 MC－YR（L、R、Y 分别代表亮氨酸、精氨酸和酪氨酸）[2]。

MCs 是细胞内毒素，产生并主要包含在蓝藻活细胞内，但当细胞衰老、死亡并破裂后，则将毒素释放到水体中。实验研究表明，在蓝藻对数生长期内，水中溶解毒素仅占总量的 10 % ~ 20 %。一般天然水体中 MCs 的浓度在 10 μg/L 以下，而在细胞内毒素的含量可高出其 100 万倍左右[3]。虽然在天然水体中细胞释放的毒素会被大量水体稀释，但当高浓度、大面积严重的藻类水华发生后会使水体中的毒素浓度达到每升毫克级水平，从而威胁人和动物的饮用水安全，给水体使用者造成潜在危害。目前，传统的水处理工艺很难将 MCs 彻底去除。

MCs 是一种肝毒素[4]，可在贻贝和扇贝的消化腺内积累并沿食物链进入到高级生物体内，包括鱼、鸟、哺乳动物和人类，引起野生动物和家畜中毒。MCs 对动物的毒害程度主要与水华密度、水体毒素含量有关，也与动物种类和大小有关。动物通过直接接触或饮用含有 MCs 的水而中毒，中毒症状主要有昏迷、皮肤苍白、四肢过冷、肌肉痉挛、呼吸急促、腹泻等，严重的可引起肝大出血及肝坏死，使动物在数小时至数天内死亡。MCs 同样危害人类健康，人们直接接触含有毒素的水华会引起皮肤、眼睛过敏，发热，疲劳以及急性肠胃炎；如果经常暴露于含有毒素的水，会引发皮肤癌、肝炎及肝癌，甚至导致死亡。1996 年 2 月，巴西一血液透析中心因误用含 MCs 污染的水给病人做肾透析，结果造成 126 人出现了急性或亚急性肝中毒症状，其中有 60 人因肝衰竭而死亡。

微囊藻毒素污染现状

近 10 多年来，水体富营养化已经成为中国乃至世界所面临的重大环境污染问题之一，水体的大面积富营养化导致了浮游藻类的污染在世界各地广泛分布。从寒冷的极地湖泊的冰下到高达 70℃ 以上的温泉，从干燥的沙漠到潮湿的热带雨林，几乎世界上有光线和水能到达的地方，都可能出现浮游藻的踪迹。全世界很多国家和地区的天然水体中都检测到了 MCs。日本、美国、澳大利亚、德国、中国台湾地区等 20 多个国家和地区都曾对其境内的淡水湖泊、水库等饮水水源中的水华现象进行了报道，分离并检测出了 MCs[5]。

在中国，由于环境意识、法规措施等方面的原因，多数工业废水和生活污水仅经过一级处理，有些甚至不经过任何处理就直接排入水体。这些废水一方面直接污染了水体，另一方面大大促进了藻类的繁殖，造成了水体富营养化。早在 20 世纪 60 年代，南京地理所在进行太湖科学考察时就曾发现有条状分布的蓝藻出现。80 年代初，中国曾在有关部门的组织协调下对全国范围内的水源水质进行全面的调查，结果表明 34 个湖泊中有 1/2 以上的湖泊面积属于富营养化状态。这些湖泊主要位于工业企业相对密集或人类生活活动频繁的大中城市近郊或江河下游。进入 90 年代，全国淡水水体富营养状态日益严重，涉及范围不断扩大，60% 的天然淡水湖泊有不同程度的富营养化污染现象[6]。对长江、黄河、松花江等主要河流以及鄱阳湖、太湖、巢湖、武汉东湖、昆明滇池、上海淀山湖等几大淡水湖泊的调查中发现有大量藻类繁殖，产生的毒素主要是 MCs，并且夏秋季含量比冬春季高，其原因可能是因为夏秋季节水温高，光照足，比冬春季更适宜藻类生长。1989—1992 年以巢湖水为主要饮用水源的合肥市多次发生因自来水发腥发臭而短期停止供水现象，1992 年以来以黄河水为水源的郑州市水源水厂的调蓄池内经常出现因藻类大量生长而导致自来水出现明显鱼腥味的现象，调蓄池水中 MCs 含量达 0.264 μg/L。90 年代以来太湖几乎年年出现蓝藻暴发，水体异常腥臭，1999 年 5 月至 2000 年 5 月无锡的梅园、小湾里、充山水厂的出厂水都曾有不同程度的 MCs 污染，最大时 MCs 浓度达到 0.643 μg/L，严重阻碍无锡市 8 个自来水厂的正常运行，使全市 85% 的供水受到威胁[7]。

　　针对水体富营养化及藻类污染问题，国内外有关部门普遍采取了一些措施，但实际效果不甚理想。朱光灿等曾考察了无锡某给水厂常规净水工艺各单元去除 MCs 的效果，结果表明，原水预氯化使细胞外 MCs 浓度上升，混凝沉淀对细胞外 MCs 无去除作用[8]。砂滤能去除水中部分细胞外 MCs 与总 MCs，加氯消毒单元对细胞外 MCs 的去除率为 31%～45.3%，总 MCs 去除率为 30.8%～51.7%。蓝藻暴发季节原水预加氯使细胞内 MCs 释放出来，导致出厂水中细胞外 MCs 高于原水。由此得出结论，常规净水工艺对 MCa 的去除作用有限，而且经加氯消毒后，水的致突变性还有可能增加，降低了饮水安全性。

　　目前，中国许多城市的供水是以湖泊、河流为水源，一些农村地区甚至直接以池塘、宅沟水力饮用水，这些水体都不同程度地受到了藻类的污染。必须改进和完善现有的常规水处理技术或增加新的处理工艺，保证水中的 MCs 得到有效去除，保障居民的身体健康。

微囊藻毒素与肝癌的关系

　　一、肝癌的病因　肝癌是多种因素多种途径综合作用的结果，与病毒性肝炎、肝硬化、黄曲霉毒素、饮用水污染、其他化学致癌物、寄生虫等因素有关。细胞的增殖、分化和自然凋亡是其生命活动的 3 个同等重要事件，是生物有机体细胞层次上网络调节系统的枢纽。它在基因调节控制下协调统一，若任何环节发生变化，就可诱发肿瘤。以往研究认为，病毒性肝炎（尤其是乙型肝炎）和黄曲霉毒素是最危险的肝癌病因因素。1973 年苏德隆教授提出饮水污染也是肝癌的危险因素之一。

　　二、流行病学资料　流行病学调查显示，饮水 MCs 污染与人群中原发性肝癌的发病率有很大相关性，这已引起了国内外学者的广泛关注。我国肝癌的高发区主要集中在东南沿海地区，包括江苏省启东市和海门市、福建省同安市和广西壮族自治区扶绥市等。这些地区的共同点之一是居民曾饮用或还在饮用闭锁水系的水或沟塘水。在这些地区，尤其是在农村，由于化肥的广泛使用以及富含氮、磷的工业废水和生活污水的大量排放，使许多池塘、河流等浅表水遭到不同程度的污染。当水体达到一定的温度及 pH 值时，藻类大量生长繁殖，产生 MCs。而目前的水处理措施并不能有效地去除 MCs，这就使这些地区的居民呈现长期暴露于低浓度 MCs 的特点。人群流行病学调查发现，在水中 MCs 平均浓度低于 0.3 μg/L 的情况下，长期饮用会对人体肝脏有损害作用，引起血清中部分肝脏酶含量升高，从而导致肝癌高发。

　　俞顺章等在原发性肝癌高发地区应用流行病学、生态学、病例，对照等方法，研究慢性暴露于 MCs 与人类肝肿瘤的关系。发现饮用塘沟水的人群肝癌发病率是饮用深井水人群的 8 倍[9]。在这些塘沟水中检出大量的 MCs，其浓度高达 1.158 μg/L。江苏海门为肝癌高发区之一，农村不同类型的水源中，MCs 测定的阳性率顺序是塘沟水 > 河水 > 浅井水，深井水中未检出，最高值为 0.115 μg/L，在塘沟水和河水中 MCs 的阳性率和阳性样本中的平均含量均显著大于浅井水。福建同安为肝癌高发区之一，居民饮用水中 MCs 阳性率很高（60.0%～

100%），含量顺序为池塘水＞水库水＞浅井水，池塘的藻量最高（3550×10⁴ 个/L），而水库水 MCs 含量最高（0.875 μg/L）[10]。在江苏太湖流域开展的横断面调查表明，渔民暴露人群中肝脏酶学水平与饮用水中 MCs 暴露程度有关，特别是经调整后差异仍有显著性，这可能与长期少量摄入 MCs 有关[11]。对中国肝癌高发区江苏海门和启东两地进行的病例对照和前瞻性研究发现，饮用受 MCs 污染的河沟水的居民患肝癌相对危险度分别是饮用进水或自来水居民的 1.96 和 2.39 倍。以上研究均表明，饮用水中微量 MCs 的存在与人群中原发性肝癌的发病率有很大的相关性。据此，有学者把 MCs 列为中国南方原发性肝癌高发的三大环境危险因素（MCs、肝炎病毒和黄曲霉毒素）之一。

三、微囊藻毒素的促癌机制

（一）抑制蛋白磷酸酯酶：人类正常细胞普遍存在着癌基因和抑癌基因。癌基因是调控细胞增殖和分化的重要基因，当它受到物理、化学或病毒等生物因素的作用被"活化"而失控时，可使细胞周期的调控失衡，导致正常细胞恶性转化，引起肿瘤的发生。而抑癌基因则是一类可抑制细胞生长并有潜在抑制细胞癌变作用的基因，当它失活时亦可使癌基因失去控制，过度表达，导致癌变。正常情况下这两类基因是人类细胞生长所必需的，但当它们在体内的活性发生改变时则可对人体产生危害。研究发现，MCs 可强烈抑制细胞蛋白磷酸酯酶 1 和 2A 的活性，激活蛋白激酶和环加氧酶，导致细胞内多种蛋白质的过度磷酸化，使细胞内的蛋白磷酸化和去磷酸化作用调节失衡，抑制磷酸脱磷酰作用，使蛋白激酶补充的酰基积聚，并通过细胞信号系统进一步放大这种生化效应，改变了多种酶的活性，继而影响与细胞生长有关的基因表达，如调节与细胞凋亡有关的癌基因 Bcl-2 和抑癌基因 Bax 的表达，使肝细胞的凋亡机制受阻，一些 DNA 受损的肝细胞逃避机体的细胞凋亡机制而成为快速增殖的细胞，从而使细胞生长失控，引发肝肿瘤。还有研究表明，MCs 可影响与细胞增殖密切相关的基因 PCNA 和 p21wafl，使受损的 DNA 得以复制，并无限制地生长，形成肿瘤[12,13]。因此，细胞失控性增长，DNA 复制错误及诱发或自发的突变频率增加可能是 MCs 促癌作用的原因。

（二）遗传损伤效应：有研究表明，MCs 能对染色体及 DNA 造成损伤。宋瑞霞等应用 Ames 实验、小鼠骨髓嗜多染红细胞微核试验和小鼠精子畸形实验，对 MCs 的遗传毒性进行了研究。结果表明，MCs 能明显增强小鼠骨髓嗜多染红细胞的微核率，并呈现一定的剂量－反应关系，对鼠伤寒沙门氏菌 TA98 菌株直接作用呈现致突变性，而代谢活化后作用未呈现致突变性，表明 MCs 可能直接作用于 DNA 分子引起移码型突变[14]。Ding 等研究了上海饮用水源之一的淀山湖在水华暴发过程中所产生的 MCs 的遗传毒性。Ames 实验的结果表明 MCs 有很强的致突变效应，彗星实验中，MCs 能在大鼠原代肝细胞培养液中诱导 DNA 损伤[15]。周珏平等采用单细胞凝胶电泳技术，在单细胞水平上观察了 MCs 对小鼠外周血淋巴细胞 DNA 的损伤反应。实验结果显示，不同剂量的 MCs 均可引起小鼠淋巴细胞 DNA 的损伤，且随着剂量的增加，DNA 迁移度延长，表现出一定的剂量－反应关系[16]。由此可知，MCs 具有遗传毒性，可引起基因突变，而损伤若不能被机体修复系统修复或损伤水平太高，超过机体损伤修复能力，可使细胞发生永久性、不可逆性改变，形成恶性转化细胞，最终导致肿瘤。而增强致癌物的遗传损伤效应可能是 MCs 促癌作用的机制之一。

（三）细胞因子效应：细胞因子是由活化的免疫细胞和某些基质细胞分泌的，具有介导和调节免疫、炎症反应等功能的小分子多肽。当 MCs 作用于肝巨噬细胞时，可以诱导白细胞介素－1（IL－1）和肿瘤坏死因子－α（TNF－α）分泌的增多。IL－1和TNF－α均为炎症介质，是MCs引起炎症反应的重要因子，它是一种内源性的肿瘤促进剂和癌生长介质，在肿瘤的发生和促进中起着很重要的作用。由于体内的细胞因子都处于一个相互调节的网络，因此IL－1和TNF－α的增多，可以同时引起其他炎症因子的增多，诸如前列腺素和血小板抗凝因子等，正是由于这些炎症因子的增多，从而引发了肝细胞炎症、肝损伤甚至肝坏死[17]。

（四）活性氧类与脂质过氧化：活性氧类（ROS）是一组包括氧基、羟基、过氧化氢等在内的氧自由基团，它们可引起脂质过氧化（LPO），破坏膜的结构与功能，导致细胞崩解死亡，在外源生物的毒性中发挥重要作用。丁文兴等用MCs染毒原代培养的大鼠肝细胞，发现胞内ROS水平升高，并且ROS的升高早于乳酸脱氢酶（LDH）的泄漏及丙二醛（MDA）的形成[18]。LDH的泄漏是膜损伤的表现，MDA的形成是LPO发生的标志，因而ROS的产生可能是MCs引起肝损伤的一个机制。Zegura等的研究表明，MCs在原代肝细胞中可诱导ROS形成，从而导致DNA氧化损伤，一些DNA氧化病灶可产生突变，被认为在某些癌症的进展中扮演特定的角色[19]。

结　语

MCs的研究历史已久，取得了很多有价值的研究成果，但在其产生机制、促癌性的分子机制等方面尚有很多值得深入探讨的问题。随着工业化的发展，水体污染加剧，MCs污染有进一步加重的趋势，而常规水处理工艺对MCs的去除效果有限，今后应对MCs引起的污染状况给与足够的重视，加强环境水体的监测，注重MCs对人群的慢性健康效应特别是促肝癌效应的研究。

〔原载《卫生研究》2006，35（3）：377－379〕

参 考 文 献

1 詹立，张立实，正莉，等．微囊藻毒素Microcystin－LR体外遗传毒性．癌变·畸变·突变，2005，17（3）：171－174

2 Park H, Namikoshi M, Brittain SM, et al. Microcystin－LR, a new microcystin isolated from water bloom in a Canadian prairie lake. Toxicon, 2001, 39: 855－862

3 Hart J, Fawell J K, Croll B. The fate of both intra and extracellular toxins during water treatment. Water Supply, 198, 16 (5): 611－616

4 雷腊梅，宋立荣．微囊藻毒素LR对小鼠的急性毒性研究．第一军医大学学报，2005，25（5）：655－566

5 Brittain S, Mohamed ZA, Wang J, et al. Isolation and characterization of microcystins from a River Nile Strain of Oscillatoria Tenuis Agardh ex Comont. Toxicon, 2000, 38: 1759－1771

6 张维昊，徐小清，丘昌强．水环境中微囊藻毒素研究进展．环境科学研究，2001，14（2）：57－61

7 穆丽娜，陈传炜，俞顺章，等．太湖水体微囊藻毒素含量调查及其处理方法研究．中国公共卫生，2000，16（19）：803－804

8 朱光灿，吕锡武．饮用水中微囊藻毒素限值与生物预处理控制．给水排水，2005，31（2）：17－20

9 Yu SZ. Blue－green algal toxins and liver Cancer. Chn J Cancer Res, 1994, 6: 9

10 孙昌盛，陈华，薛常镐，等．同安居民饮用水藻类及藻类毒素分布调查．中国公共卫生，2000，16（2）：147－148

11 林玉娣，俞顺章，徐明，等．无锡太湖水域

藻类毒素污染与人群健康关系研究. 上海预防医学杂志, 2003, 15 (9): 435-437

12　陈华, 孙昌盛, 胡志坚, 等, 饮水微囊藻毒素在大鼠肝癌发生期间对细胞增殖与凋亡的影响. 癌变·畸变·突变, 2002, 14 (4): 214-217

13　Guzman RE, Solter PF, Runnegar MT. Inhibition of nuclear protein phosphatase activity in mouse hepatocytes by the cyanobacterial toxin microcystin-LR. Toxicon, 2003, 41: 773-781

14　宋瑞霞, 刘征涛, 沈萍萍, 太湖中微囊藻毒素的遗传毒性研究. 环境科学研究, 2003, 16 (2): 51-53

15　Ding WX, Shen HM, Zhu HG, et al. Genetoxicity of microcystic cyanobacteria extract of a water source in China. Mutat Res, 1999, 442: 69-77

16　周珏平, 沈建国, 童建. 微囊藻毒素 LR 对小鼠肝脏和淋巴细胞的损伤效应. 环境与职业医学, 2003, 20 (1): 41-42

17　许川. 微囊藻毒素污染状况、检测及其毒效应. 国外医学卫生学分册, 2005, 32 (1): 56-60

18　Ding WX, Shen HM, ZH HG, et al. Studies on oxidative damage induced by cyanobacteria extract in primary cultured rat hepatocytes. Environ Res. 1998, 78 (1): 12-18

19　Zegura B, Sedmak B. Filipic M. Microcystin-LR induces oxidative DNA damage in human hepatorma cell line Hep G2. Toxicon, 2003, 41: 41-48

Study Progress on Pollution and Liver Cancer Promotion of Microcystins

LIU Li-li, ZHONG Ru-gang, ZENG Yi

(College of Life Sciences and Bioengineering, Beijing University of Technology, Beijing 100022 , China)

Eutrophication of fresh water lakes and ponds has caused the occurrence of cyanobacteria. Microcystins (MCs) is a class of toxic cyclic heptapeptide, which may be produced by some strains of various bluegreen algae. It has become potential hazardous material in aquatic environments for its toxic, distribution and stability. MCs has been showed to be extremely potent hepatotoxins and been viewed as a promoter of liver tumor. In this review, the pollution condition of MCs and its hepatotoxins as well as its mechanisms have been summarized.

〔**Key words**〕 Microcystins; Hepatotoxin; Liver tumor; Tumor promotion

329. 微囊藻毒素 MC－LR 对 Raji 细胞中 Epstein－Barr 病毒早期抗原的诱导

北京工业大学生命科学与生物工程学院　柳丽丽　钟儒刚

中国疾病预防控制中心病毒病预防控制所　叶树清　曾　毅

〔摘　要〕　研究微囊藻毒素－LR 对 EB 病毒早期抗原的诱导作用。采用免疫酶法激活 Raji 细胞中 EB 病毒早期抗原的表达。微囊藻毒素－LR 可以诱导 Raji 细胞中 EB 病毒早期抗原的表达，当与丁酸、巴豆油、TPA 等促癌物协同作用时，其表达率明显增高。

〔关键词〕　微囊藻毒素；KB 病毒；促癌物

微囊藻毒素 Microcystin－LR（MC－LR）是水华水体中含量最多且对人体危害最大的一类毒素。它是由水体中蓝藻类如铜绿微囊藻、鱼腥藻和念珠藻等藻属产生的单环七肽化合物，具有明显的肝毒性[1]。有关研究表明[2]，MC－LR 通过污染水资源，不仅可以造成鱼类、鸟类、野生动物及家畜的死亡，甚至会对人类健康产生较大的危害。流行病学调查表明[3]，我国南方一些地区原发性肝癌与饮用水中藻类及 MC－LR 的污染存在相关关系。对我国肝癌高发区江苏海门和启东两地进行的病例对照和前瞻性研究发现，饮用受 MC－LR 污染的河沟水的居民患肝癌的相对危险度分别是饮用井水或自来水居民的 1.96 和 2.39 倍。据此有学者[4]把 MC－LR 列为我国南方原发性肝癌高发的三大环境危险因素（肝炎病毒、黄曲霉毒素和微囊藻毒素）之一。

Raji 细胞是携带 Epstein－Barr（EB）病毒基因的人淋巴瘤细胞系，它处于恶性转化状态，并能持续增殖。正常情况下 EB 病毒在 Raji 细胞中处于潜伏状态，不能自发地产生 EB 病毒增殖后期的抗原和病毒粒子。当被促癌物激活时，EB 病毒的早期抗原被激发，其表达会增加。可以用此系统来检测促癌物。丁酸（n－B）、巴豆油（C）和 12－0－十四烷酰巴豆醇－13－乙酸酯（TPA）均是已知的促癌物[5]，可以促进小鼠的皮肤肿瘤，并能激活类淋巴母细胞内潜伏状态的 EB 病毒，诱发 Raji 细胞中 EB 病毒早期抗原的表达，促进 EB 病毒对 B 淋巴细胞的转化作用。本研究采用免疫酶法，研究 MC－LR 对 Raji 细胞中 EB 病毒早期抗原表达的作用，并与丁酸、巴豆油和 TPA 的作用效果进行比较。

材料和方法

一、材料

1. 主要试剂：含 20% 小牛血清的 RPMI 1640 培养液和辣根过氧化物酶（HRP）标记的抗人 IgA 均由中国疾病预防控制中心病毒病预防控制所提供。微囊藻毒素 MC－LR 购于中国科学院武汉水生所，先用少量无水乙醇溶解，再用 RPMI 1640 培养液配制为 10^4 ng/ml 浓度的试液备用。TPA，n－B 和 C 购于 Sigma 公司。底物溶液：取 3，3′－二氨基联苯胺 50 mg 溶于浓度为 0.01 mol/L，pH 值为 7.6 的 Tris – Cl 缓冲液 100 ml 中，加浓度为 3% 的 H_2O_2 0.1 ml。

2. 实验系统：Raji 细胞为携带 EB 病毒基因的人淋巴瘤细胞系。将鼻咽癌患者 EB 病毒早期抗原为阳性的血清作为本实验所用抗体，抗体效价 1∶20，由中国疾病预防控制中心病毒病预防控制所肿瘤室提供。

二、方法 Raji 细胞由含 20% 小牛血清的 RPMII 1640 培养液培养。主要方法如下：

免疫酶法：MC – LR（100 ng/ml）组，n – B（4 mmol/ml）组，C（500 ng/ml）组，TPA（20 ng/ml）组，n – B（4 mmol/ml）＋ C（500 ng/ml）组，MC – LR（100 ng/ml）＋ n – B（4 mmol/ml）组，MCLR（100 ng/ml）＋ C（500 ng/ml）组，MC – LR（100 ng/ml）＋ TPA（20 ng/ml）组及空白对照组，分别与 Raji 细胞共培养 48 h。收获细胞时，将各组细胞低速离心后倒掉上清，剩下管壁残存的极少量的培养液，即可将下沉细胞做成浓稠的细胞悬液，均匀涂布于预先用合成树脂标记在载玻片上的小圆穴内，制成细胞涂片。将涂片晾干后，用冷丙酮在温度为 4 ℃ 的冰箱内固定 15 min，晾干。滴加鼻咽癌患者的阳性血清。将涂片放入湿盒内，在温度为 37℃ 的温箱内作用 40 min，取出后用 PBS 冲洗干净，晾干。加入抗人 IgA 抗体，放入湿盒内，在 37℃ 温箱内作用 40 min，取出后用 PBS 冲洗干净。将涂片放入底物溶液中染色 5 ~ 10 min。用 PBS 冲洗干净后镜检，并计数 500 个细胞中出现的阳性细胞数，如图 1 所示。阳性细胞率用 λ^2 检验。

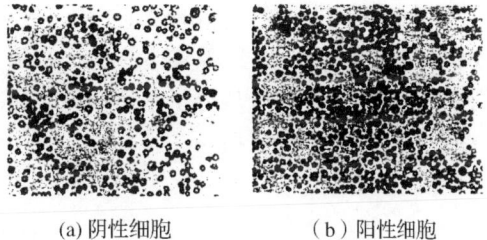

(a) 阴性细胞　　　　(b) 阳性细胞

图 1　阴性细胞与阳性细胞涂片

结　果

表 1　MC – LR 对 Raji 细胞的诱导作用

组别	阳性细胞数（个）	阳性细胞率（%）
MC – LR	19/500	3.8
n – B	9/500	1.8
C	11/500	2.2
TPA	28/500	5.6
n – B + C	126/500	25.2
MC – LR + n – B	147/500	29.4
MC – LR + C	136/500	27.2
MC – LR + TPA	110/500	22
空白对照	0	0

实验结果见表 1。由表 1 可看出，MC – LR 单独诱导 EB 病毒早期抗原表达率为 3.8%，丁酸、巴豆油和 TPA 单独诱导时分别为 1.8%，2.2% 和 5.6%，丁酸和巴豆油协同作用时为 25.2%，而 MC – LR 分别与丁酸、巴豆油和 TPA 协同作用时，其早期抗原表达率分别达到 29.4%，27.2% 和 22%。协同作用分别与各自作用比较，其差异有统计学意义，$P < 0.05$。

讨　论

以往的研究证实，MC – LR 主要通过抑制蛋白磷酸酯酶 1 和 2A 的活性，相应地增加了蛋白激酶的活性，使磷酸化和去磷酸化之间的正常调节失衡，导致细胞内多种蛋白质的过磷酸化，从而解除了对细胞增殖作用的正常制动，最终促进肿瘤发生[6]。

本实验表明，MC – LR 能诱导 Raji 细胞中 EB 病毒早期抗原的表达，单独作用时与已知促癌物丁酸、巴豆油、TPA 的作用效果相当，并且在与这些促癌物协同作用时能够显著地提高 EB 病毒早期抗原表达的效率。因此初步认为，MC‒LR 为促癌物。现已清楚，EB 病毒感染细胞有产病毒性感染和非产病毒性感染两种类型，后者在某些激发剂（丁酸、巴豆油等）的作用下也产生病毒。细胞内 EB 病毒在复制过程中可以合成包括早期抗原在内的一系列病毒抗原。病毒一旦合成早期抗原后，随即进行 DNA 的复制及其他抗原的合成并释放病毒。因此，MC‒LR 对 Raji 细胞中 EB 病毒早期抗原表达的诱导，表明其可能会促进 EB 病毒在细胞内的繁殖。

大量的研究已经证实，EB 病毒与鼻咽癌（Nasopharyngeal carcinoma，NPC）的发生关系密切。NPC 患者血清中 EB 病毒早期抗原滴度明显增高，而血清中 EB 病毒相关抗体增高者的 NPC 发病率也明显升高，这表明体内 EB 病毒繁殖活跃与 NPC 的发生发展密切相关。本实验结果表明，MC‒LR 有较强的促进 EB 病毒繁殖的作用。

目前有关 MC‒LR 与肝癌关系的研究较多。我国的肝癌高发区主要集中在东南沿海地区，这些地区的池塘、河流等浅表水中均存在不同程度的藻类及 MC‒LR 的污染。而目前的水处理措施并不能有效地去除 MC‒LR，这就使这些地区的居民呈现长期暴露于低浓度 MC‒LR 的特点，这是否与这些地区的肝癌高发有直接的联系，还有待进一步的研究证实。本研究结果为进一步从分子水平及细胞水平阐明 MC‒LR 的毒性作用机制及其与癌症发生的关系提供了理论依据。

〔原载《武汉科技大学学报（自然科学版）》2006，29（4）：422‒424〕

参 考 文 献

1　Batista T, Sousa G D, Suput S, et al. Microcystin ‒ LR Causes the Collapse of Actin Filaments in Primary Human Hepatocytes. Aquatic Toxicology, 2003, 65：85‒91

2　殷丽红. 微囊藻毒素致肝癌研究进展. 国外医学卫生学分册, 2005, 32（3）：170‒174

3　Fleming L E, Rivero C, Burns J, et al. Blue Green Algal（Cyanobacterial）Toxins, Surface Drinking Water and Liver Cancer in Florida. Harmful Algae, 2002, （1）：157‒168

4　吴和岩，苏瑾，施玮. 微囊藻毒素的毒性及健康效应研究进展. 中国公共卫生, 2004, 20（4）：492‒494

5　Ito Y. Combined Effect of the Extracts from Croton Tiglium, Luphorbia Lathyris or Euphorbia Tiruealli and n ‒ butyrate on Epstein ‒ Barr Virus Expression in Human Lymphoblastoid P3HR ‒ 1 and Raji Cells. Cancer Lett, 1981, 12：175‒180

6　Fujiki H. The Inhibition of Protein Phosphatase 1 and 2A Activities a General Mechanism of Tumor Promotion in Human Cancer Development. Molecular Carcinogenesis, 1992, （5）：91

Epstein – Barr Virus Early Antigen Induction in Raji Cells by Microcystin – LR

LIU Li – li[1,2], YE Shu – qing[2], ZHONG Ru – gang[1], ZENG Yi[1,2]

（1. College of Life Sciences and Bioengineering, Beijing University of Technology, Beijing 100022, China；

2. Institute for Viral Disease Control and Prevention, China CDC, Beijing 100052, China）

The effects of microcystin – LR on inducing Epstein – Barr virus early antigen （EBV – EA） are studied, and the expression of EBV – EA is activated by means of immunoenzymatic techniques. It is found that microcystin – LR not only induces the expression percent of EBV – EA but also markedly increases the expression percent of EBV – EA when in cooperation with tumor promoter such as n – butyrate, croton oil and 12 – 0 – tetrade – canoyl – phorbol – 13 – acetate （TPA）.

〔**Key words**〕Microcystin – LR；Epstein – Barr Virus；Tumor promoter

330. 人类免疫缺陷病毒 （HIV） 检测技术的研究进展

北京工业大学生命科学与生物工程学院　吕传臣　马雪梅

中国疾病预防控制中心病毒病预防控制所　曾　毅

获得性免疫缺陷综合征，又称艾滋病 （ADS），是由人类免疫缺陷病毒 （HIV） 感染所引起的一种免疫缺陷性疾病。2004 年底，全球已有 7000 万人感染 HIV，其中 3000 万人被艾滋病夺去生命，由于该病尚无有效的治疗方法和预防性疫苗，每天正以 1.4 万人受感染的速度扩大流行。据估计，我国 HIV 感染者已近 100 万，如不采取积极有效的控制措施，到 2010 年我国 HIV 感染者将达 1000 万，形势十分严峻[1,2]。HIV 流行给全球带来了越来越严重的负担，HIV 感染的诊断是艾滋病预防控制工作的重要组成部分，建立敏感实用的检测方法对于监测、诊断或血液筛查，控制艾滋病的流行显得尤为重要。

一、HIV 的感染机制及感染标志　HIV 病毒侵入人体后，其表面糖蛋白 *gp* 120 与细胞表面受体蛋白 CD4 以高亲和力结合，吸附到宿主细胞上；*gp* 120 再与宿主细胞表面辅助受体相互作用，使病毒与宿主细胞膜更接近；*gp* 41 产生一系列构象变化，其 N 端的融合肽片段插入宿主细胞膜，导致病毒包膜与细胞膜的最终融合，病毒 RNA 进入细胞[3]，在 HIV 感染后，由于检测方法和检测试剂的影响，最先能够监测到病毒 RNA 然后是 p24 抗原，最后是抗体[4]。在感染后的 10 ~ 14 d 内，病毒 RNA 水平是呈指数上升，随后下降并保持在持续稳定的水平上，进入 HIV 无症状期。p24 抗原水平随着病毒 RNA 水平的发展而发展，HIV – 1 侵入机体后，p24 抗原在急性感染期就可以出现，被认为是病毒复制的间接标志[5]，但由于检测方法的灵敏度不够而使得其检出时间要比 RNA 晚。从 HIV 感染到能够检测出 HIV 抗体这一时期，被称作 "窗口期"，在窗口期，能够通过病毒 RNA、p24 抗原和 CD4 淋巴细胞水平来确定 HIV 感染。CD4 淋巴细胞水平随着感染的发展而逐渐下降，当其在血液中细胞下降到 200 个/ml 时，就会发生严重的免疫缺陷，病人就被确诊为艾滋病[4]。因此，病毒 RNA、p24 抗原、HIV 抗体和 CD4 淋巴细胞水平可以用来确定 HIV 感染、检测病情发展。

二、HIV 感染的主要检测方法　目前检测 HIV 的方法有 100 多种，总体来说可以分为抗体检测和病毒检测两大类，病毒检测包括细胞培养（病毒分离）、p24 抗原检测和病毒核酸检测。

抗体通常是在感染后 3～8 周能够被检测出来，检测 HIV 抗体的血清学诊断是发展最早、最便宜和最简单的 HIV 感染分析方法[6]。目前，检测 HIV 抗体大多应用双抗原夹心法，如荷兰阿克苏公司和美国的雅培、奥斯邦等的抗体检测试剂盒，这种方法具有很好的灵敏性和特异性，具有很大的方法学优势。抗体检测由初筛和确认试验组成，初筛试验结果呈阳性反应的标本由于存在假阳性的可能，因此必须再进行确认试验。初筛试验要求高灵敏度以避免漏检，其中酶联免疫吸附分析（ELISA）方法有一定的灵敏度，且操作简单、快速，适合对大量样品的检测，因此它是目前临床通用的初筛检测方法。国际上有 3 种确认试验方法，包括免疫印迹试验、条带免疫试验及免疫荧光试验，目前以免疫印迹试验最为常用。此外，近年来，研究人员也开始进行唾液和尿液中的 HIV 抗体检测方法的研究。

在窗口期，病毒抗体不能被检出，但可以检测到病毒相关抗原或分离病毒。抗原能够在个体感染后先于血清转化 2～18 d 被检测到[17]，因此，在血清转化期通过检测 p24 抗原有着很大的优势，可以作为早期辅助诊断 HIV 感染的一种方法。美国 FDA 已规定，从 1995 年 8 月起对献血者和血液制品必须进行 HIV1 p24 抗原的检测，作为对抗 - HIV 检测的补充[8]。

病毒培养是检测 HIV 感染最精确的方法，一般采取培养外周血单个核细胞（PBMC）的方法进行 HIV 的诊断[9]。

病毒核酸检测通常是通过检测 HIV RNA 水平来反映病毒载量，具有很高的灵敏度，使用适时荧光聚合酶链反应（PCR）技术，能够在 HIV 感染的前两周检测到病毒核酸。病毒核酸检测方法可用于 HIV 的早期诊断，如窗口期辅助诊断、病程监控、指导治疗方案及疗效测定、预测疾病进程等。目前常用的测定方法有逆转录 PCR 实验（RT - PCR）、核酸序列扩增实验（NA SBA）、分支 DNA 杂交实验（bDNA）等[10]。使用高灵敏度的适时荧光 PCR 技术，能够在 HIV 感染的前两周检测到病毒核酸。

三、目前检测技术的不足　细胞培养的方法检测 HIV[9,11,12] 专一性强，不会出现假阳性，对于确认那些抗原抗体检测不确定的个体和阳性母亲新生儿是否感染 HIV 有着重要的意义。但是病毒培养的方法必须要有一定数量的感染细胞存在才能培养和分离出病毒来[13]，因而敏感性差、操作时间长、操作复杂、必须在特定的 P3 实验室中才能进行、并且费用较高（每次培养需要约 200～500 美元）。因此，不适用于临床。

p24 抗原检测能够在病毒开始复制后检测到血液中的可溶性 p24 抗原，但是容易出现假阳性，这可能是因为其他物质的干扰和与抗体形成复合物的影响。因此，阳性结果必须经中和试验确认，该结果才可作方 HIV 感染的辅助诊断依据。HIV - 1p24 抗原检测阴性，只表示在本试验中无反应，不能排除 HIV 感染[10]。

病毒核酸检测方法具有很高的灵敏度，对疾病进展的监测、抗病毒疗效观察和耐药性监测非常重要。但是，由于 HIV 基因的多样性，没有一套引物可以覆盖所有的 HIV 序列，使检测的敏感性又受到限制[14]；此外现有的病毒核酸检测方法或是检测仪器、检测试剂昂贵，或是操作复杂，对操作人员要求高，既难以在一般实验室推广，又不适用于对大量病人的快速检测，同样不适合广泛的临床应用。

因此，既要提高检测的敏感性、特异性，缩短窗口期，又要简便、快速和降低成本已成为 HIV 检测技术发展的要求和方向，很多的研究正致力于寻找病毒检测的替代技术。

四、HIV 检测技术的进展　近年来，HIV 检测技术取得了很大进展，如发展了 ICD p24 抗原测定法（immun‐complex disassociate，免疫复合物解离，ICD）、第四代 HIV 检测试剂、超敏感 EIA、线性免疫酶测定（lineal immunoenzymatic assay）等，使检测出 HIV 感染的时间大大提前，

（一）HIV 检测试剂的发展：从 1985 年第一代 HIV 抗体检测试剂问世到现在，HIV 血清学检测试剂已经发展到了第四代。第四代 EL ISA 试剂的优点在于能同时检测抗原和抗体，降低血源筛查的残余危险度[10]。与第三代抗 HIV‐1/2 试剂相比，检出时间提前了 4 ~ 5 d[15]，窗口期缩短了一周多，在对艾滋病早期诊断的效果上明显优于第三代[16,17]。第四代试剂于 1998 年在欧洲注册使用。2002 年，徐克沂等[18]以硝酸基纤维膜为载体，以 HIV‐1 gp41、HIV‐2 gp36 抗原以及抗 p24 抗体点膜，20 nm 胶体金颗粒/抗人 IgG 和抗‐p24 单克隆抗体进行标记，建立了可以同时检测 HIV‐1、HIV‐2 抗体和 p24 抗原的胶体金快速诊断试剂，通过与荷兰 Organon 试剂盒对照，对 39 份血清检测结果完全相符，这说明我国对第四代检测试剂的研究也有了一定的水平。

但是使用第四代试剂对艾滋病毒进行检测，仍然有 2 ~ 3 周的窗口期。此外，由于把抗原和抗体同时包被在反应板上，存在着相互干扰的可能，影响了免疫反应的特异性。而且由于第二窗口期的存在，也使得检测的敏感性受到影响。一般来讲，使用第四代试剂检测 p24 抗原，其灵敏度（20 ~ 100 pg/ml）远远低于单独检测抗原抗体分析法（3.5 ~ 10 pg/ml）[19]。从方法学上来讲，这种基于 EL ISA 的分析方法，灵敏度终归是有限的，相对化学发光和时间分辨荧光免疫分析技术等更先进的分析方法，它的灵敏度比较低。由此可见，提高敏感性、特异性、缩短窗口期和简便快速是 HIV 检测试剂未来发展的主要趋势。

（二）病毒检测方法的发展

1. 核酸检测方法研究进展：随着分子生物学技术的发展，核酸检测越来越受到人们的重视并将其与抗原抗体反应的高特异性结合起来形成了免疫 PCR 技术。这一技术具有特异性强和灵敏度高的特点，可用于单个抗原的检测。这促进了应用 PCR 技术进行 HIV 核酸检测的快速发展。自 2001 年起，COBAS Ampliscreen HIV‐1Test 等 4 种 HIV 核酸检测技术通过了 FDA 的批准，作为进筛选分析技术来进行 HIV‐1 的检测[4]。最近，实时荧光 PCR 检测技术的应用使 HIV 核酸检测技术又进入到一个新境界，通过这种技术，不但可以进行定性检测，更重要的是可以进行定量检测。Barletta 等[20]将这一技术应用到 HIV 的检测中，大大降低了病毒载量的检测限（0.66 个拷贝相当于 0.33 个病毒粒子）。2002 年 4 月国家药品监督管理局（SDA）批准了第一个 HIV 荧光 PCR 检测试剂盒[14]。

2. p24 抗原检测方法研究进展：随着技术的进展，检测灵敏度不断提高，p24 抗原的检测逐渐从主要用于在窗口期辅助早期诊断和进一步缩短窗口期，发展到用于病毒载量测定，目前，p24 抗原在以下几方面都有重要应用：HIV‐1 抗体不确定或窗口期的辅助诊断；HIV‐1 抗体阳性母亲所生婴儿早期的辅助鉴别诊断；第四代 HIV‐1 抗原/抗体 ELISA 试剂检测呈阳性反应，但 HIV‐1 抗体确认阴性者的辅助诊断；监测病程进展和抗病毒治疗效果[10]。但现有

监测病程进展和抗病毒治疗效果均采用昂贵、操作复杂的病毒 RNA 测定方法。我国 HIV/AIDS 病人绝大部分是在基层，检测一次病毒载量需要上千元（约1500元），很难在基层普及，对疾病的治疗和控制很不利。高灵敏度 p24 抗原检测方法的建立成为在发展中国家使用的病毒载量测定方法的一种选择。

近几年国外对建立高灵敏度检测 p24 抗原的研究一直没有停止，如为了提高检测血清中 p24 抗原的敏感性，将血清中免疫复合物解离后再进行测定，发展了 ICD p24 抗原测定法（immun-complex disassociate，免疫复合物解离，ICD）。2003 年 Sutthent 等[21]将免疫复合物热解离后通过 TSA 信号放大系统使用 ELISA 进行检测，使 p24 抗原检测的最小检出值由原来的 10 pg/ml 降低到 0.5 pg/ml，在 HIV-1 抗体阳性母亲所生婴儿早期的诊断中与 RNA 检测相当，与 HIV 核酸检测具有可比性，具有重要的实用价值。2004 年，来自 HIV 病毒的发现者之一美国马里兰大学 Dr Robert C. Gallo 所领导的实验室的一篇高灵敏度检测 p24 抗原的研究论文引起了广泛的关注，p24 抗原的检测成为比病毒核酸检测更灵敏的方法，2005 年来自美国马里兰大学的一篇长篇综述也开始关注 p24 抗原的检测，认为这可以作为低成本、适合在发展中国家使用的替代现有昂贵的 RNA 测定方法的一种选择[5]。

目前，商品化的 p24 抗原的标准检测方法主要是依据夹心 ELISA 原理。该方法是用抗 p24 抗原的抗体包被固相的双抗体夹心法，是检测抗原最为常用的方法，国内尚未见商品化的 HIV p24 抗原检测试剂的生产。

综上所述，用高灵敏的分析方法诊断艾滋病将有助于实现早期诊断，避免漏检，有助于对治疗艾滋病药物的疗效评价、预测和监测疾病进程，提高检测的灵敏性、缩短窗口期，是 HIV 诊断方法和诊断试剂持续发展的主要方向。

〔原载《临床和实验医学杂志》2006，5（4）：421-423〕

参 考 文 献

1 Zeng Yi, Wu Zunyou Control of AIDS epidemic in China. Bulletin of the Chinese academy of sciences 2001, 14（2）：106-110

2 国务院防治艾滋病工作委员会，联合国中国艾滋病专题组.2004 年中国艾滋病防治联合评估报告.2004. A. DS Working Committee Office, UN Them e Group on HIV/A D S in China A Joint A ssesanent of H IV/A DS Prevention, Treatment and Care in China（2004），State Council 2004

3 余勇，肖庚富，李敏，等.人类免疫缺陷病毒-1 进入细胞的分子机制及相关药物的研究.生物化学与生物物理进展，2003，30（1）：161-166

4 Constantine NT, Zink H. H IV testing technologies after two decades of evolution. Indian J Med Res, 2005, 121（4）：519-538

5 Chargelegue D, Stanley GM, O Toole GM, et

al The affinity of IgG antibodies to gag p24 and p17 in H IV-1 infected patients correlates with disease progression. Clin Exp Immunol, 1995, 99（2）：175-181

6 Manocha M, Chitralekha KT, Thakar M, et al Comparing modified and plain peptide linked enzyme immunosorbent assay（EL ISA）for detection of human immunodeficiency vires type-1（HIV-1）and type-2（HIV-2）antibodies. Immunol Lett, 2003. 85（3）：275-278

7 Meier T, Knall E, Henkes M, et al Evidence far a diagnostic window in fourth generation assays far HIV. J Clin Virol, 2001, 23（1-2）：113-116

8 熊国亮.艾滋病的实验室检测及进展.江西医学检验，2005，23（5）：448-449

9 Yilmaz G Diagnosis of HIV infection and laboratory monitoring of its therapy. J Clin Virol,

2001, 21 (3): 187 - 196

10 中国疾病预防控制中心. 艾滋病检测技术规范. 2004 年版 National Guideline for Detection of HIV/A IDS, Chinese Center for Disease Control and Prevention. http://www. chinaids org cn, 2004

11 Bryson Y, Chen I, Miles S, et al A prospective evaluation of HIV coculture for early diagnosis of perinatal HIV infection//Abstracts of the Seventh International Conference of ADS, Fbrence, Italy, June 16 - 21, 1991. Vol 7, Suppl 2. Rome: Istituo Superiore di Sanita, 1991: 185. abstract

12 Berger A, Preiser W, Doerr HW. The role of viral load detemination for the management of human inmunodeficiency virus, hepatitis B vires and hepatitis C vires infection. J Clin Viro, 2001, 20 (1 - 2): 23 - 30

13 Elizabeth S Robertson, MD. A IDS testing in the 1990s. Infectious diseases up date, 1996, 3 (2): 50 - 57

14 魏民, 邵一鸣. HIV 实验室检测研究进展和发展趋势. 国外医学病毒学分册, 2003, 10 (3): 65 - 69

15 Gurtler L, Muhlbacher A, Michl U, et al Reduction of the diagnostic window with a new combined p24 antigen and human inmunodeficiency vires antibody screening assay. J Vitol Methods 1998, 75 (1): 27 - 38

16 Weber B, Fall EM, Berg, er A, et al, Reduction of the diagnostic window with new fourth generation human inmunodeficiency vires screening assays. J Clin M icrobiol, 1998, 36 (8): 2235 - 2239

17 Sickinger E, StielerM, Kaufman B, et al Multicenter of human inmunodeficiency virus - specific antibodies and antigen. J Clin Microbiol, 2004, 42 (1): 21 - 29

18 徐克沂, 张永新, 王瑛, 等. 同时检测 HIV 抗体及 p24 抗原快速诊断试剂的研制. 中华实验和临床病毒学杂志, 2002, 16 (4): 377 - 379

19 Ly TD, L aperche S, B rennan C, et al Evaluation of the sensitivity and specificity of six HIV combined P24 antigen and antibody assays. J V irol Methods, 2004, 122 (2): 185 - 194

20 Barletla JM, Edelman DC, Constantine NT Lowering the detection limits of HIV - 1 viral load using real - tine immuno - PCR for HIV - 1 p24 antigen. Am J Clin Pathol, 2004, 122 (1): 20 - 27

21 Suttent R, Gaudart N, Chokpaibulkit K, et al p24 antigen detection assay modified with a booster step far diagnosis and monitoring of human inmunodeficiency virus type 1 infection. J Clin Microbiol, 2003, 41 (3): 1016 - 1022

331. 佛波酯和人乳头瘤病毒在细胞恶性转化作用中的协同效应

中国疾病预防控制中心病毒病预防控制所 岑 山 张 月 曾 毅
汕头大学医学院病理教研室 许锦阶 沈忠英

〔摘 要〕 目的 探讨人乳头瘤病毒（HPV）和促癌物在肿瘤诱发过程中的协同作用。 方法 研究选择与恶性肿瘤关系密切的癌基因和抑癌基因，利用免疫组化、Southern Blot 和半定量 RNA 斑点杂交的方法，研究在 HPV18E6E7 和促癌物佛波酯（TPA）的协同作用下，这些基因在细胞内的表达。 结果 HPVE627 和 TPA 的协同作用可以引起细胞内癌基因 c - myc 的扩增 4 ~ 8 倍，c - erbB2 的表达水平提高 32 ~ 64 倍，并导致抑癌基因 p16 的表达水平下降到正常水平的 1/4 ~ 1/8。 结论 HPVE6E7 和 TPA 的协同作用可以引起细胞内癌基因和抑癌基因表达水平异常，可能是细胞癌变的重要原因之一。

〔**关键词**〕 乳头瘤病毒，人；癌基因；基因；肿瘤抑制

肿瘤的发生与多种因子有关，促癌物在细胞癌变的过程中起着十分重要的作用。HPV 的体外转化实验结果表明病毒癌基因 E6/E7 的表达对于细胞的充分恶性转化是不够的，尚需其他因素的进一步作用[1,2]。细胞转化和癌变是多个分子事件累加的结果，其中癌基因被激活和抑癌基因的失活尤为重要。本实验选择与恶性肿瘤密切相关的癌基因（c-myc、l-erb-B-2、c-ras、PCN 及）及抑癌基因（p53、pRB 和 p16），研究在 HPV18E6E7 和促癌物（TPA）的协同作用下，胞内这些癌基因和抑癌基因的结构和表达的改变，初步阐明 HPV18E6E7 和促癌物（TPA）的协同作用的分子机制，进一步探讨 HPV 相关肿瘤发生的演进过程中病毒和环境促癌因子的相互作用。

材料和方法

一、质粒、菌株和细胞株 293 细胞为永生化人胚肾上皮细胞，293TL 细胞为 HPV18 E6E7 转化的 293 细胞。质粒 pGEM-E6E7 克隆了完整的 HPV18 E6 和 E7 基因，用 SeaI 将其中的 E6 和 E7 基因片段切下，作为 HPV-18E6E7 的 DNA 探针。

二、抗体、探针及主要试剂 HPV-18 E6 单克隆抗体、p53 单克隆抗体、Rb 多克隆抗体、p16 多克隆抗体、c-erbB-2 单克隆抗体、l-mye 单克隆抗体、c-ras 多克隆、PCNA 单克隆抗体购于美国 Santa Cruz 公司，p53、Rb、p16、c-erbB-2、c-myc、c-ras、PC-NA、Aetin 探针均购自北京中山公司，LSAB Kit 购于美国 Dako 公司，TRIzol Reagent 购于美国 Gibeo 公司。

三、细胞处理方法 将 293TL 细胞分成 2 组，一组用含 10 ng/ml TPA 的 DMEM（10% FCS）培养基培养；另一组用不含 TPA 的 DMEM（10% FCS）培养，培养 1 周后待用，对照细胞 293 的分组和处理方法同上。

四、免疫组化检测 待检测的细胞用胰酶消化，经 Cytospin 甩片机甩片，用甲醇：冰醋酸（3：1）固定，免疫组化检测采用 LSAB 法（参见 Dako 公司 LSAB Kit 说明书）。结果判定根据阳性细胞占细胞总数的比例来分级[3]：< 30% 为 +，30% ~ 50% 为 ++，> 70% 为 +++。

五、Southern blot 探针采用 Dig 随机引物法标记，具体方法见美国 B. M. 公司 Dig 标记及检测试剂盒说明书。采用基因组 DNA 纯化试剂盒（美国 Promega 公司）提取细胞染色体 DNA。取 10 μg 染色体 DNA，在 100 μl 的反应体系中，用适当的限制性内切酶消化，乙醇沉淀酶切产物，加入适量 TE 重新溶解 DNA，电泳后做 Southern blot 杂交，杂交及显色方法同前，显色后进行扫描定量。

六、半定量 RNA 斑点杂交[4] 采用 TRIzol Reagent 提取细胞总 RNA，详细方法见美国 Gibco 公司 TRIzol Reagent 使用说明。将硝基纤维素膜在去离子水中完全浸透后，转入 2×SSC 中浸泡 30 min，自然干燥待用。待检测的 RNA 用 DEPC 水作倍半梯度稀释（1/2，1/4 ~ 1/64），取 1 μl 点在处理好的硝基纤维素膜上，自然干燥后，80℃烘烤 2 h。将待杂交的硝基纤维素膜放入杂交袋中，加入预杂交液（5×SSC，5% 封闭试剂，0.1% N-十二烷基肌酸钠，0.02% SDS，50 mmol/LTris-HCl，pH8.0，50% 甲酰胺）于 37℃水浴 1~4 h，去除预杂交液，

换杂交液［配方同预杂交液，含新鲜变性的地高辛标记的 DNA 探针（50 ns/ml）］，37℃杂交过夜（杂交液和预杂交液加入 0.1% 的 DEPC，剧烈振荡 10 min，68℃水浴 3~4 h，室温放置 24 h 后再使用）。显色反应同 Southern 杂交显色方法。

结　　果

表1　免疫组化分析结果
Tab. 1　Results of immunohistochemical analysis

组别 Group	293	293 + TPA	293TL	293TL + TPA
*p*53	–	–	–	–
pRB	++	++	++	++
*p*16	+	+	+	–
c – myc	+	+	+	+++
c – erbB2	+	+	++	+++
c – ras	+	+	+	+
PCNA	+++	+++	+++	+++
E6	–	–	+	+

注：阳性细胞数 <30% 为 +，30%~50% 为 ++，>70% 为 +++
Note：+：positive cells < 30%；++：positive cells 30% ~ 50%；+++：positive cells > 70%

一、免疫组化分析结果　为了解 TPA 与 HPV18E6E7 协同作用对胞内癌基因，抑癌基因及病毒基因表达的影响，先利用免疫组化方法进行筛查。从表 1 中可以看出，TPA 与 E6E7 协同作用可以引起癌基因 c – myc 和 c – erbB2 的高表达，而抑癌基因 *p*16 的表达则下降；而抑癌基因 *p*53 和 RB，及癌基因 cras、PCNA 和 E6 的表达无明显差别。

二、c – myc、c – erbB2 和 *p*16 基因扩增和缺失的 Southern blot 检测结果　根据免疫组化染色结果，选择表达异常的 c – myc、c – erbB2 和 *p*16 基因，通过 Southern 杂交分析基因结构和拷贝数的改变。取 TPA 处理的 293TL 及对照细胞 293，提取染色体 DNA，用适当的限制性内切酶消化（c-myc 采用 EcoR 酶切，c – erbB2 采用 Xba I 酶切，*p*16 采用 EcoR I 酶切），电泳后做 Southern 杂交并进行扫描定量。从图 1 中可以看出，与对照组相比，在 TPA 处理的 293TL 细胞中，c – myc 基因存在明显扩增（4~8 倍），而各组中 c – erbB2 和 *p*16 的杂交信号强度基本相似，说明 TPA 处理或（和）E6E7 表达不会引起 c – erbB2 的扩增和 *p*16 的缺失，也就是说 c – myc 基因的高表达与 c – myc 的扩增相关，而 c – erbB2 的高表达和 *p*16 的表达下降与 DNA 水平上的扩增或缺失无关。

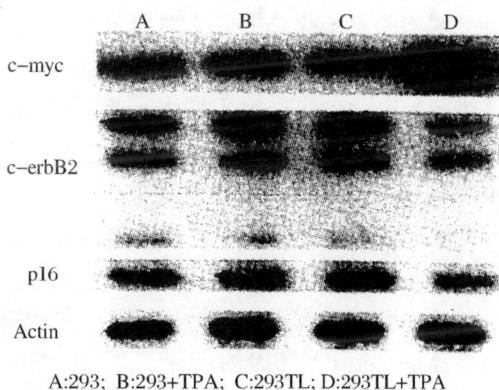

A:293; B:293+TPA; C:293TL; D:293TL+TPA

图1　Southern Blot 检测 c – myc、c – erbB2 和 *p*16 基因的扩增和缺失
Fig. 1　Detection of genes c – myc, c – erbB2 and *p*16 and deletion by Southern Blot

三、c – myc、c – erbB2、*p*16 和 E6 转录水平的半定量 RNA 斑点杂交检测结果　为了更精确的了解 HPV18E6E7 和 TPA 对 c – myc、c – erbB2 和 *p*16 基因表达的影响，采用 RNA 斑点杂交方法定量分析靶基因的转录情况。β – Actin 作为定量分析的参数，如图 2 所示，与对照组 293 细胞相比，在 HPV18E6E7 和 TPA 的协同作用下，c – myc 的转录水平提高 8~16 倍，*p*16 则下降了 1/4~1/8，而 293TL 和 TPA 处理的 293 细胞中这两个基因的转录水平没有明显改变。与对照组 293 细胞相比，293TL 中 c – erbB2 的转录水平提高 2~4 倍，TPA 处理后转录水平进一步提高 4~16 倍，而单纯用 TPA 处理 293 细胞则未发生任

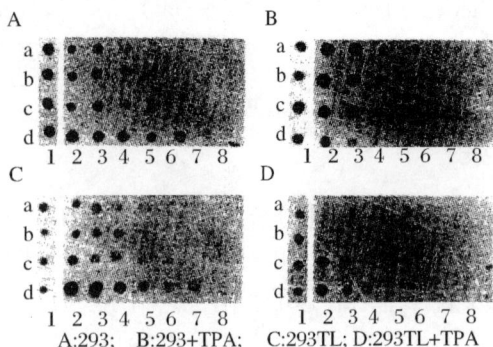

图2 RNA 斑点杂交分析基因的转录水平
A: c – myc; B: c – erbB2; C: p16; D: E6E7
1: β – Actin 2 ~ 8: 1, 1/2, 1/4 – 1/64 RNA
Fig. 2 Assay for transcription level of genes by RNA dot blot

何明显改变。TPA 对 293TL 中 E6E7 基因的表达没有影响,说明 c – myc、c – erbB2 和 p16 基因表达异常并非由 E6E7 表达水平的改变所致,结果见表2。

表2 RNA 斑点杂交分析基因的转录水平
Tab. 2 Assay for transcription level of genes by RNA dot blot

组别 Group	293	293 + TPA	293TL	293TL + TPA
c – myc	1	1	1	8 ~ 16
c – erbB2	1	1	2 ~ 4	16 ~ 32
p16	1	1	1	1/4 ~ 1/8
E6E7	–	–	1	1

讨 论

本实验中所使用的 RB 单克隆抗体可能无法分辨磷酸化、非磷酸化及与 E7 结合的 RB,因此结果显示各组的 RB 表达水平是相似的。增殖细胞核抗原(PCNA)为 cyclin 基因的表达产物,对 DNA 复制和整个细胞周期起着关键性的调控作用,正常上皮细胞中无 PCNA 的高水平表达,因此 PCNA 的高表达为细胞高度增殖和癌变的重要参考指标[5]。本研究中各实验组都存在 PCNA 的高水平表达,说明 PCNA 的高表达是肿瘤发生过程中的一个早期事件,对于细胞的永生化是十分关键的。

在广泛研究中发现 HPV 在细胞基因组中的整合位点是随机的。本实验中所用的表达载体为腺病毒伴随病毒表达载体,其可定位整合到 19q13.4,HPV18E6E7 基因与 TPA 的协同作用下,也能引起 c – myc 基因的扩增(4 ~ 8 倍),并导致 c – myc 基因的高表达。这表明 HPV 还可通过其他的作用方式来进行 c – myc 基因的扩增,而非通过病毒基因组的整合来改变其整合位点旁侧的原癌基因的结构和表达,激活癌基因。

c – erbB2 的高水平表达能导致细胞内酪氨酸磷酸化水平的异常升高,使细胞内信号传递系统发生紊乱,诱导细胞异常增殖,促进肿瘤的发生和发展。本实验发现 E6E7 能提高 c – erbB2 基因的转录(2 ~ 4 倍),加入 TPA 后,可以进一步提高其转录水平至 8 ~ 16 倍,而 TPA 本身对 c – erbB2 基因的表达却没有影响,只是起到一种信号放大和增强作用,同时 Southern Blot 的结果表明,HPV18 E6E7、TPA 及二者协同作用都未能引起 c – erbB2 基因的扩增或重排,这说明 c – erbB2 基因的高表达可能与转录调控或 mRNA 的稳定性相关。

从本实验结果中可以看出,HPV – 18E6E7 和 TPA 的协同作用没有引起 p16 的缺失,但可造成 p16 基因表达水平的下降(1/4 ~ 1/8),从而提高了 cyclinD – cdk4 活性复合物在胞内的积累,使 HPV18E7 尚未结合的 Rb 蛋白磷酸化,进一步解除非磷酸化 Rb 对 E2F 效应启动子的阻抑作用,导致细胞向癌变方向进一步发展。

本研究证明了 HPV18E6/E7 和 TPA 的协同作用可以引起细胞内 c – myc 的扩增,c –

erbB2 的高表达及 p16 的表达水平下降，从而导致 293 细胞在 SCID 鼠中成瘤。关于 HPV 和促癌物 TPA 的协同作用机制仍有待于进一步深入研究。

〔原载《中华实验和临床病毒学杂志》2006, 20 (3): 260 – 262〕

参 考 文 献

1 Park NH, Gujuluva CN, Baek JH, et al. Combined oral Carcinogenicity of HPV – 16 and benzopyrene: an in vitro multistep carcinogenesis model. Oncogene, 1985, 10: 2145 – 2153

2 zur Hausen H. Human papillomavirus and carcinoma. Lancet, 1983, 3: 489 – 491

3 Fernberg AP, Vogelstein B. Hypomethylation of ras oncogenes in primary human cancers. Biochem Biophys Res Commun, 1992, 184: 107

4 Kraus MH, Popescu NC, Amsbaugh SC, et al. Overexpression of the EGF receptor – related proto – oncogene erbB – 2 in human mammary tumor cell line by different molecular mechanisms. EMBO J, 1987. 6: 605 – 610

5 Miyachi K, Fritzler MJ, Tan EM. Autoantibody to a nuclear antigen in proliferating cell. Proc Natl Aead Sei U S A, 1987, 84: 1575 – 1779

Synergistic Effects of Human Papillomavirus and Phorbol Ester in Cell Transformation

CEN Shan*, ZHANG Yue, XU Jin – jie, SHEN Zhong – ying, ZENG Yi

(*Institute of Virology, Chinese Academy of Preventive Medicine, Beijing 100052, China)

Objective To investigate the molecular mechanism of the synergistic effects of human papillomavirus (HPV) and phorbol esters (TPA) in cell transformation. **Methods** The expression of oncogenes and anti – oncogenes in 293 cell line treated with HPV and TPA was studied by Southern Blot and RNA dot blot. **Results** It was found that the synergistic effect induced the amplification of c – myc (4 – 8 times), increased expressing level of c – erbB – 2 (32 – 64 times) and decreased expressing level of p16 (1/4 – 1/8). **Conclusion** The above results show that the synergistic effect has an important role in development of carcinoma.

〔**Key words**〕Papillomavirus, human; Oncogene; Gene; Tumor suppressor

332. EBV IgA/VCA IgA/EA IgG/EA IgG/ZEBRA 抗体在鼻咽癌普查和早期诊断中的应用

中国疾病预防控制中心病毒病预防控制所曾毅院士实验室　张晓梅　张晓光　曾　毅
广西苍梧县鼻咽癌防治所　钟建明　廖　健　广西梧州市红十字会医院　汤敏中　郑裕明　邓　洪

〔摘　要〕　目的　摸索以疱疹病毒 4 型（EBV）IgG/ZEBRA 为捕捉抗原的间接酶联免疫吸附试验（ELISA）条件，为大量人群普查奠定基础。　方法　将纯化的 ZEBRA 抗原用于对鼻咽癌（NPC）患者血清及健康人血清 IgG/ZEBRA 抗体的 ELISA 检测。　结果　检测 NPC 患者血清 288 份，其中 ELISA 实验显示阳性 262 份，敏感度 91%，检测正常人血清 96 份，其中阳性 5 份，特异度 94.8%。其结果显示 NPC 组的阳性率与健康对照组的数据之间差异有统计学意义（$P < 0.001$）。本研究在此基础上对广东惠州 5463 份和广西桂平 2017 份血清进行检测，检出早期鼻咽癌患者 5 例。并将结果与免疫酶法检测 IgA/VCA、IgA/EA、IgG/EA 比较。

结论　以 EBV 早期抗原 ZEBPLA 为捕捉抗原的间接 ELISA 方法具有较高的特异性和敏感性，可以用于大量人群的 NPC 早期筛查和早期诊断。

〔关键词〕　疱疹病毒 4 型，人；抗原，病毒；鼻咽肿瘤/诊断

EBV 为一种 γ 疱疹病毒，以潜伏或裂解状态存在于多种细胞中，此病毒感染与多种人类肿瘤的发生相关[1,2]。病毒早期抗原 ZEBRA 是 EB 病毒立即早期激活因子，由 BZLF1 基因编码。我们发现在受检的约 90% 来自门诊的鼻咽癌患者外周血中可以检测到 ZEBRA 蛋白的 IgG 抗体并具有诊断意义[1,3]。因此检测 EBV ZEBRA 的抗体水平可作为鼻咽癌筛查的指标[2,3-5]。

本实验室，采用 ZEBRA 重组表达抗原片段作为捕捉抗原，开发了 RLISA 诊断试剂，为鼻咽癌早期诊断提供一个更方便的试剂和新的诊断指标。

我们首先对 288 份门诊查出的鼻咽癌患者和 96 份正常人的血清采用 ELISA 检测 ZEBRA 抗体。而后对广西桂平和广东惠州 7480 人同方法检测，将结果与之前对这部分样品所进行的免疫酶（IE）法 IgA/VCA、IgA/EA、IgG/EA 的检测结果相比较。

材料和方法

一、EBV ZEBRA 蛋白　由本室制备。

二、血清　鼻咽癌患者血清及正常血清由广西壮族自治区梧州市红十字会医院提供，普查血清由苍梧县鼻咽癌防治所提供。患者均经病理检查确诊。所有血清均在 -20℃ 冷冻保存。

三、试剂、仪器与其他材料　实验试剂购自北京新经科公司，BioRad550 型酶标仪购自伯乐公司，酶标板购自美国 Costar 公司。

四、间接酶联免疫方法（ELISA）　ZEBRA 重组抗原包被。正常人及 NPC 患者血清按

1：100稀释后每孔加100 μl，37℃1 h 温育，每孔加 100 μl 辣根过氧化物酶标记的羊抗人 IgG 抗体温育 1 h，加入 TMB 底物，显色 10 min，H_2SO_4 终止反应。450/630 nm 双波长读板。

Cutoff value = 正常人血清·A 平均值 +2SD（0.2947）。

五、NPC 患者及正常人血清检测的统计分析 用 Cox 法经 t' 检验，对各组间 A 值的均数分析。

六、免疫酶法和 ZEBRA ELISA 方法的比较 在鼻咽癌普查中，共收集 7480 份样品，免疫酶法检测 IgA/VCA、IgA/EA 和部分 IgG/EA 抗体及 ELISA 法检测 IgG/ZEBRA 抗体。

结　果

一、血清学实验 ELISA 检测的实验条件：当包被蛋白量为每孔 50 ng、待检血清稀释度为 1：100 时，即可以达到很好的检测效果，正常人血清光吸收值在 0.15 左右，而 NPC 患者血清吸收值很高。对 288 份 NPC 患者血清和 96 份正常人血清进行了检测。结果判定 cut off 值 = 0.2947，在 288 份 NPC 患者血清中大于 cut off 值的有 262 份，占 NPC 患者总数的 91%，而在 96 份健康人血清中大于 cut off 值的标本为 5 份，占健康人标本总数的 5.2%，见表 1。两组间 A 值均数的比较用 Cox 法 t' 检验分析，差异有统计学意义（$P < 0.001$）。

二、广东惠州市、广西桂平市 NPC 患者普查中 IE 法和 ELISA 法的比较 两种方法筛查 EBV 抗体的结果显示：其中 ELISA 法在 7480 份样品中共检出阳性标本 297 份，占总数的 4.0%；免疫酶法共检出 IgA/VCA 阳性标本 259 份，占总数的 3.5%。两种方法相比较 ELISA 法检测血清中 ZEBRA IgG 抗体阳性率稍高于免疫酶法检测 IgA/VCA。我们将前期进行的 NPC 患者普查中 IgA/VCA、IgA/EA 及 IgG/EA 免疫酶法结果一并与 IgG/ZEBRA ELISA 方法检测的结果统计见表 2。在 7480 份标本中 IgA/EA 抗体阳性者为 13 例占 0.17%；IgG/EA 42 例占 0.8%。

表 1　ZEBRA ELISA 法检测
NPC 和正常人的 ZEBRA 抗体结果

Tab. 1　Detection of ZEBRA antibody in NPC patients and normal individuals by ELISA

组别 Group	被检人数 No. tested	IgG/Zebra （+）	阳性率 Positive(%)	P 值 PVaule
鼻咽癌患者 NPC Patients	288	262	91	
正常人 Normal individuals	96	5	5.2	<0.001

注：P 值 <0.001 表示结果差异有统计学意义；Cut off value = 正常人血清 A 平均值 +2 s

Note：Cut off value = mean A value of normal human serum +2 s

表 2　Elisa 方法检测 IgG/ZEBRA 与
（IE）法检测 EB 病毒 IgA/VCA、IgA/EA、IgC/EA、的比较［例数与百分比（%）］

Tab. 2　Method comparison for EBV detection between anti－ZEBRA IgG ELISA and other immuno enzymatic methods（IgA/VCA，IgA/EA，IgG/EA）

地区 Area	被检人数 Number Tested	阳性人数（%）　Number positive（%）			
		IgG/Zebra	IgA/VCA	IgA/EA	IgG/EA
惠州 Huizhou	5463	231（4.2）	176（3.2）	7（0.13）	42（0.8）
桂平 Guiping	2017	66（3.3）	83（4.1）	6（0.30）	—
合计 Total	7480	297（4.0）	259（3.5）	13（0.17）	42（0.8）

三、普查中检出的早期鼻咽癌患者 EB 病毒抗体检测结果及临床分期　　见表3。

表 3　鼻咽癌普查中发现的 7 例鼻咽癌患者 EB 病毒抗体检测结果及临床分期

Tab. 3　EB virus antibodies and clinical stages for 7 patients found during in NPC serological screening

血清来源 Sources of sera	编号 No.	IgA/VCA 滴度 IgA/VCA titre	IgA/EA 滴度 IgA/EA titre	IgG/EA 滴度 IgG/EA titre	IgG/Zebra （A450/630）	临床分期 Clinical stages
惠州	152	1∶10	–	1∶5	（－）0.153	I
Huizhou	C29	1∶20	–	1∶10	（＋）1.040	I
	E156	1∶20	–	1∶5	（＋）1.003	I
	8958	1∶80	1∶10	1∶20	（＋）0.989	II
桂平	96843	1∶10	–	1∶10	（＋）0.719	II
Guiping	58268	1∶20	–	1∶20	（＋）1.691	I
	98477	1∶10	–	–	（－）0.099	I

四、普查中检出的 7 例鼻咽癌患者 EB 病毒抗体检测率比较　　见表4。IgA/VCA 阳性者 7 例占 100%，IgA/EA 阳性者一例占 14.3%，IgG/EA 阳性者 6 例占 85.7%，IgC/ZEBRA 阳性者 5 例占 71.4%。

表 4　鼻咽癌普查中发现的 7 例鼻咽癌患者四种 EB 病毒抗体阳性率比较

Tab. 4　Comparison of the positive rates of 4 EB virus antibodies in 7 NPC patients

地区 Area	NPC 人数 Number of NPC	IgA/VCA ＋（%）	IgG/Zebra ＋（%）	IgA/EA ＋（%）	IgG/EA ＋（%）
惠州 Huizhou	4	4（100）	3（75.0）	1（25.0）	4（100）
桂平 Guiping	3	3（100）	2（66.7）	0（0.0）	2（66.7）
合计 Total	7	7（100）	5（71.4）	1（14.3）	6（85.7）

讨　　论

　　ZEBRA 是 EBV 早期激活因子，其生物学作用有抑制机体免疫系统、干扰细胞信号转导、影响细胞周期行进、抑制细胞凋亡及促进肿瘤转移、激活病毒基因表达，促使病毒进入裂解循环等多种作用。近来，越来越多的证据表明，ZEBRA 蛋白的表达与多种人类疾病的发生相关，如胃癌、鼻窦淋巴上皮癌、皮肤癌、淋巴瘤[6-8]，在免疫抑制患者 ZEBRA 蛋白则可以提高肿瘤的侵袭能力[9]。此外，ZEBRA 蛋白亦与一些疾病如风湿性关节炎、艾滋病患者口腔黏膜白斑病等的发生相关。

　　目前在鼻咽癌患者早期普查工作中，在国内应用较多的是免疫酶法检测患者 EB 病毒的 VCA 及 EA 的 IgA 抗体水平。但是由于免疫酶法采用体外培养的细胞作为抗原，显微镜下观测结果，检测实验批间差异较大，结果主观性强，检测需要十分有经验的人员施行。而

ELISA 方法采用纯化的抗原，操作相对简便，结果客观及更易进行质量控制，有逐渐取代之的趋势。有研究显示，检测血清中 ZEBRA 蛋白的抗体 IgC 具有很好的敏感性和特异性。此外，ZEBRA 蛋白的 IgG 滴度随 NPC 患者淋巴结的状态而改变，因此可将 ZEBRA 蛋白抗体的检测用于 NPC 的诊断及预后的预测[3,10]。本实验中证实检测 ZEBRA 蛋白 IgG 抗体滴度可以作为 NPC 筛查手段。

通过对 ELISA 法检测 NPC 和正常人的 IgG ZEBRA 抗体的比较、免疫酶法检查 IgA/VCA、IgA/EA、IgG/EA 和 ELISA 法检查 IgG/ZEBRA 的比较以及普查中发现的鼻咽癌患者不同 EB 病毒抗体检测阳性率比较发现，普查人群 IgG/ZEBRA 的阳性率为 4.0%，与免疫酶法检测 IgA/VCA 抗体的阳性率（3.5%）相近。普查中检出的 7 例鼻咽癌中只有 5 例 IgG/ZEBRA 阳性，检出率为 71.4%，比 IgA/VCA 抗体检出率（100%）低，但这 5 例属于临床Ⅰ、Ⅱ期的早期患者，而且远高于 IgA/EA 鼻咽癌的检出率 14.3%。漏检的 2 例鼻咽癌患者 IgA/VCA 抗体滴度较低，均为 1:10，IgA/EA 均为阴性，是没有任何临床症状的Ⅰ期患者。原因分析，ZEBRA 蛋白是 EBV 早期激活因子的早期表达蛋白，部分极早期的患者，体内尚未产生相应的 IgG 抗体，或抗体浓度较低，处于检测下限。为了防止漏检，免疫酶法检测 IgA/VCA 仍显示出其高敏感性的优势。而在门诊检查中，由于门诊患者大多是已出现部分临床症状的相对较晚期的患者，IgG/ZEBRA 鼻咽癌的检出率达 91%，高于普查检出率（71.4%）。因此该方法在鼻咽癌的早期诊断中，尤其是在门诊早期患者的诊断方面体现出具有较高的应用价值。

〔原载《中华实验和临床病毒学杂志》2006，20（3）：263－265〕

参 考 文 献

1　曾毅，Jean－claude N, Guy de The, Bernard Clausse, Thornas, Tursz, Irene Joab. Epstein－Barr 病毒相关疾病的 IgG/Z 抗体检测. 病毒学报，1992，8：218－222

2　Niedobitek G, Meru N, Delecluse HJ. Epstein－Barr vires infection and human malignancies. Int J Exp Pathol, 2001, 82：149－170

3　Yip TT, Ngan RK, Lau WH, et al. A possible prognostic role of immunoglobulin－G antibody a-gainst recombinant Epstein－Barr virus BZLF－1 transactivator protein ZEBRA in patients with naso-pharyngeal carcinoma. Cancer, 1994, 74：2414－2424

4　李稻，曾毅，Chantal C, 等. 鼻咽癌病人血清中 IgC/Zebra 抗体的 ELISA 法检测，1994

5　Cheng HM, Foong YT, AbuSamah AJ, et al. Linear epitopes of the replication－activator pro-tein of Epstein－Barr virus recognised by specific serum IgC in nasopharyngeal carcinoma. Cancer Immunol Immunother, 1995, 40：251－256

6　J. 萨姆布鲁克 E. F. 弗里奇 T. 曼尼阿蒂斯. 分子克隆实验指南. 第 2 版，19%.55－56

7　Shu CH, Tu TY, Lin LS, et al. Detection of IgA against Epstein－Barr virus BZLF－1 repli-cation activator（ZEBRA）in sera of nasopha-ryngeal carcinoma patients with a recombinant ZEBRA protein. Zhonghua Yi Xue Za Zhi（Tai-pei），1999, 62：350－355

8　Zong Y, Liu K, Zhong B, et al. Epstein－Barr virus infection of sinonasal lymphoepithelial car-cinoma in Guangzhou. Chin Med J（Engl），2001, 114：132－136

9　Hoshikawa Y, Satoh Y, Murakami M, et al. Evidence of lytic infection of Epstein－Barr virus（EBV）in EBV－positive gastric carcinoma. J Med Virol, 2002, 66：351－359

10　Martel－Renoir D, Wesner M, Joab I. Dimer-ization of the Epstein－Barr virus ZEBRA protein in the yeast two－hybrid system. Comparison of a ZEBRA variant with the B95－8 form. Bio-chimic, 2000, 82：139－145

Comparison of IgA/VCA, IgA/EA, IgG/EA in Immunoenzyme Methods and ZEBRA ELISA in Early Diagnosis of Nasopharyngeal Carcinoma

ZHANG Xiao-mei*, ZHONG Jian-ming, TANG Min-zhong, ZHANG Xiao-guang,
LIAO Jian, ZHENG Yu-ming, DENG Hong, ZENG Yi

(*Institute for Viral Disease Control and Prevention, Beijing 100052, China)

Objective　To develop an ELISA method using Herpesvirus hominis type 4 (EBV) IgG/Zebra as capture antigen for large population screening.　**Methods**　The ELISA method used purified ZEBRA antigen to detect the IgG/ZEBRA antibody from serum in nasopharyngeal carcinoma (NPC) and normal healthy subjects.　**Results**　of 288 NPC sera, 262 were detected positive, the sensitivity was 91%, while 5 of 96 normal sera were detected positive, the specificity was 94.8% and the results of NPC group and healthy group displayed significant difference (P < 0.001). IgA/VCA, IgA/EA, IgG/EA in immunoenzyme methods and ZEBRA EI. ISA were compared during the NPC screening in two cities: Huizhou, Guangdong and Guiping, Guangxi, 5463 and 2017 samples respectively were tested and 5 earlier NPC patients were found.　**Conclusion**　The results indicate that this method has high specificity and sensitivity, and can be used for large population screening to assist early phase NPC diagnosis.

〔**Key words**〕Herpesvirus 4, human; Antigen, virus; Nasopharyngeal neoplasms/Diagnosis

333.　HIV-1 病毒感染因子基因克隆、表达、纯化及其抗体制备的研究

北京工业大学生命科学与生物医学工程学院药理室　李　岚　杨怡姝　李泽琳　曾　毅
中国疾病预防控制中心病毒病预防控制所肿瘤室　张晓光　张晓梅

〔摘　要〕　**目的**　制备 HIV-1 病毒感染因子（vif）及其抗体。　**方法**　用 PCR 技术从 HIV-1 NL4.3cDNA 质粒中扩增病毒感染因子（vif）基因，vif 基因全长为 579 nt（核苷酸），翻译成含 192 个氨基酸的蛋白质。将测序鉴定过的 vif 基因克隆到原核表达载体 pET-32a 上，以包涵体的形式在大肠埃希菌 BL21（DE3）中高效表达，vif 蛋白 C 端融合 6×His 标签便于纯化及鉴定。应用酶切鉴定、SDS-PAGE 及 Western Blot 等方法确保基因片段的正确性及表达蛋白的特异性。间接 ELISA 法测定兔多克隆抗体滴度。　**结果**　成功地获得了高纯度的 vif 融合蛋白，纯度可达 80% 以上。用其制备多克隆抗体滴度可达 1:204 800。　**结论**　获得高纯度的 vif 融合蛋白及其高效价的抗体。

〔关键词〕　HIV-1；病毒感染因子；基因表达；抗体，病毒

20世纪30年代中期发现人免疫缺陷病毒（human immunodeficiencv virus，HIV）的基因组结构中存在 *vif* 基因，最初命名为 *sor*[1]，负责编码一个含有192个氨基酸，相对分子质量大约23 000的胞质蛋白，后被重命名为病毒感染因子（Viral Infectivity Factor，*vif*）。*vif* 基因比 HIV-1 基因组中 env、*gag* 等突变率高的基因相对保守[2]。由于载脂蛋白 B mRNA 编辑酶催化多肽样蛋白3G（apolipoprotein B mRNA editing enzyme-catalytic polypept1de-like 3G，APOBEC3G）的发现[3]，以及对 APOBEC3G 与 *vif* 相互作用机制的深入研究[1]，使越来越多的研究者开始重视 *vif* 基因及其表达产物在 HIV 生命周期中的作用。本研究将、HIV-1*vif* 基因与原核表达载体 pZT-32a（+）进行重组，并在大肠埃希菌 BL2t（DE3）中高效表达 *vif*-His 融合蛋白（相对分子质量约45 000），将其免疫日本大耳白兔制备多克隆抗体。为进一步对 HIV-1 *vif* 蛋白结构的研究、*vif* 与 APOBEC3G 相互作用机制的研究及以其为靶点的药物筛选和评价系统的建立奠定了基础。

材料和方法

一、材料 菌株 E. coli DH5α、E. coli BL21（DE3）、质粒 pET-32a 由本室保存。各种限制性核酸内切酶、Taq DNA 聚合酶、T4 DNA 连接酶为日本 Takara 公司产品；抗 His-Tag 单克隆抗体及 HRP 标记的羊抗小鼠 IgC 购自纽英伦生物技术有限公司。

二、pET-*vif* 重组表达载体的构建与鉴定 在50 μl PCR 反应体系中，取1 μl HIVr-1 NL4.3 cDNA 质粒作为模板。上游引物为 5′TGCACCATGGAAAACAGATGGCAGGTGAT3′（引入限制性核酸内切酶 *Nco* I 酶切位点），下游引物为 5′CCGCTCGAGGGTGTCCAT-TCATTG-TAT3′（引入限制性核酸内切酶 *Xho* I 酶切位点）。PCR 扩增条件为：94℃ 变性5 min；94℃ 45 s，55℃ 45 s，72℃ 1 min，30个循环；72℃ 10 min 结束扩增。用 *Nco* I 和 *Xho* I 分别双酶切扩增的 HIV-1 *vif* 和 pET-32a 原核表达载体，连接后将所构建的 pET-*vif* 质粒进行酶切及测序鉴定，测序结果用 VectorNTI 8.0 软件与 pET-*vif* 预期序列作比对。

三、重组质粒的表达 将重组质粒 pET-*vif* 转化大肠埃希菌 BL21（DE3）感受态细胞内，获得表达菌。挑单克隆重组菌接种到含氨苄西林100 μg/ml、氯霉素34 μg/ml 的5 ml LB 培养基中，在37℃，190 r/min 条件下培养2 h，菌液 A_{600} 值达到0.6~0.8时加入1 mmol/L IPTG，继续诱导4 h。全菌体沉淀经12% SDS-PAGE 电泳及 Western-Blot 分析。

四、表达产物的纯化 鉴定后的工程菌 pET-*vif*/BL21（DE3）过夜活化，次日按1%的接种量转接到800 ml 2×YT 培养基中（含氨苄西林100 μg/ml，氯霉素34 μg/ml），按上述条件培养及诱导表达。在4℃，5000 r/min 条件下离心20 min 收集菌体。菌体冰浴下短暂超声破菌，菌体沉淀经洗涤后，加增容缓冲液磁力搅拌过夜。将样品过分子筛，收集洗脱峰。

五、蛋白质的鉴定 *vif* 融合蛋白进行 SDS-PAGE 凝胶电泳，考马斯亮蓝染色后，通过扫描鉴定纯度。Western Blot 进行重组 *vif* 的免疫检测，电泳后转移的硝酸纤维素膜用5%脱脂奶粉封闭后，加抗 HisTag 鼠源单克隆抗体（1:200）室温轻摇作用1 h，PBST 洗涤2次。加入 HRP 标记的羊抗小鼠 IgG（1:200）室温反应1 h，洗涤后在二氨基联苯胺和0.1% H_2O_2 溶液中显色。

六、蛋白质多克隆抗体的制备 纯化后的 HIV-1*vif* 蛋白免疫日本大耳白兔：1 ml 蛋白溶液（约500 μg）与等量弗氏完全佐剂混匀，双后肢肌内注射。4周后加强免疫，用500 μl 蛋白溶液加等量弗氏完全佐剂混匀，右前肢肌内注射。6周后，颈动脉取血，分离抗血清，

ELISA 法测定其抗体滴度。

七、抗体滴度的测定 间接 ELISA 法测定多克隆抗体滴度。用包被液稀释原核表达纯化的 vif 蛋白，以 60 μg 孔 100 μl 包被 ELISA 板，4℃包被过夜；洗板后用 2% BSA 封闭，37℃湿盒内保温 2 h；弃封闭液，加入一抗（1∶200～1∶204 800），同时用免疫前血清做阴性对照，37℃作用 1 h；PBST（1×PBS, 0.05% Tween‑20）加满孔，重复洗涤 4 次，在吸水纸上拍干；加入 HRP 标记的羊抗兔 IgC（1∶5000），37℃作用 1 h；PBST 洗涤；显色液 A、显色液 B 每孔各加入 50 μl，避光 37℃作用 15 min；加 50 μl 终止液（2 mol/LH$_2$SO$_4$）终止反应。每组设立 4 个复孔。BioRad 550 型酶标仪 450/630 nm 波长处测量，临界值（cut‑off）=阴性对照 $A_{450/630}$ nm 均值+2×标准差。样品 $A_{450/630}$ nm 值≥临界值，判为阳性；样品 $A_{450/630}$ nm 值<临界值，判为阴性。

结　果

一、重组表达载体的构建及鉴定 构建的原核表达质粒 pET‑vif 经酶切鉴定，条带大小与预期一致，即 580 bp、5900 bp 左右，结果如图 1 所示。DNA 测序鉴定结果与 HIV‑1 NL4.3 vif 核苷酸序列（GenBank 登录号：AF070521）比对，结果显示 vif 片段序列完整且读框正确。

二、vif 蛋白的表达及产物鉴定 将重组质粒 pET‑vif 转化大肠埃希菌 BL21（DE3）感受态细胞内。经 IPTG 诱导后，表达蛋白经 12% SDS‑PAGE 电泳及 Western Blot 分析（图 2），含 pET‑vif 的大肠埃希菌在大约 45 000 处出现一条明显的蛋白特征带，这与理论估计的相对分子质量相符。蛋白凝胶自动扫描分析图表明，vif 蛋白表达量约占全菌体总蛋白的 17.70% 左右。

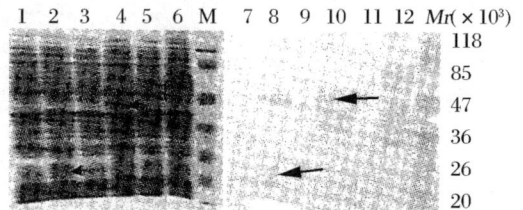

1：未诱导的 pKT‑32a 全菌体裂解物；2：诱导的 pET‑32a 全菌体裂解物；3：未诱导的 pET‑vif 全菌体裂解物；4：诱导的 pET‑vif 全菌体裂解物；5：未诱导的阳性对照全菌体裂解物；6：诱导的阳性对照全菌体裂解物；M：标准相对分子质量蛋白质对照；7～12 分别是 1～6 的 Western Blot

图 2　pET‑vif 表达产物的 SDS‑PAGE 与 Western Blot 分析

1: pET‑32a total cell extract (E. coil DE3/pET‑32a uninduced); 2: pET‑32a total cell extract (E. coil DE3/pET‑32a induced with IPTG); 3: pET‑vif total cell extract (E. coli DE3/pET‑vif uninduced); 4: pET‑vif total cell extract (E. coli DE3/pET‑Vlf induced with IPTG); 5: positive control total cell extract (E. coli DE3/positive control uninduced); 6: positive control total cell extract (E. coli DE3/positive control induced with IPTG), M: protein molecular weight standards; 7‑12 is the WB of 1‑6 respectively

Fig. 2　SDS‑PAGE and WB analysis of expressed protein by pET‑vif in E. coli

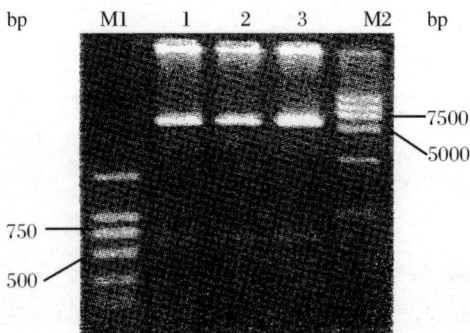

M1：DL2000 标准；1～3：Nco I、Xho I 醇切；M2：DL15000 标准

图 1　质粒 pET‑vif 的鉴定

M1: DNA Marker DL2000；1‑3: pET‑vif/Nco I + Xho I；M2: DNA Marker DL15000

Fig. 1　Identification of plasmid pET‑vif

三、*vif* 重组蛋白的纯化和鉴定　工程菌 pET－*vif*/BL21（DE3）经超声波破碎后，SDS－PAGE 分析结果表明，表达产物以包涵体形式存在。包涵体经洗涤、增容后，上清经分子筛纯化，所得 *vif* 蛋白纯度达 80% 以上。经 Bradford 法测定纯化后的 *vif* 蛋白浓度为0.45 mg/ml。

四、抗体滴度的测定　间接 ELISA 法测定抗体滴度。结果表明，临界值（cutoff）为0.038，抗血清稀释度达到 1：204 800 时检测结果仍为阳性。

讨　　论

采用高效表达的目的蛋白进行动物免疫有利于制备高效价的多克隆抗体，同时采用高质量的目标蛋白也是进行体外蛋白结合试验等分析蛋白质相互作用实验的必备前提。目前在大肠埃希菌中融合表达外源蛋白不仅可以提高表达效率，增加表达产物的稳定性、溶解性和免疫原性，还被广泛用于促进重组蛋白的有效回收与纯化。其中多聚组氨酸基因融合表达系统是使融合蛋白进行高效表达、亲和纯化及检测的一个完整体系。

在本实验中，重组蛋白在诱导后大量表达，多数以包涵体形式存在于细胞内，可以被方便地纯化出来，获得高纯度的 *vif* 蛋白。从 pET－*vif* 表达产物的 SDS－PAGE 及其 Western Blot 结果来看，在诱导前，用抗－His 单克隆抗体检测，并无条带产生；而在诱导后，明显可见与预期相对分子质量大小一致的 Vff 条带。同时在其下方发现微弱的条带，分析其原因可能是由于 *vif* 蛋白降解而产生的。有研究显示 *vif* 蛋白的半衰期短，可被蛋白酶快速降解[5]，在真核表达试验中也有类似的报道[6]；此外，过表达的 *vif* 蛋白在菌体内大量积累，促进了菌体产生蛋白酶来降解这种对细菌本身无益的蛋白。

综上所述，通过构建目的蛋白 *vif* 与多聚 HisTag 融合的表达质粒 pET－*vif*，并在大肠埃希菌中进行了高效表达，利用先进的蛋白纯化系统，成功地得到了目的蛋白 *vif*，并制备出相应的高效价的抗体，为进一步进行 HIV－1 *vif* 蛋白结构的研究、*vif* 与 APOBEC3G 相互作用机制的研究以及其为靶点的药物筛选和评价系统的建立等方面的应用奠定了良好的基础。

〔原载《中华实验和临床病毒学杂志》2006，20（4）：305－304〕

参 考 文 献

1　Strebel K，Daugherty. D，Clouse K，et al. The HIV 'A'（sot）gene product is essential for virus infectivity. Nature，1987，328：728－730

2　Lee SK，Dykxhoorn DM，Kumar P，et al. Lentiviral delivery of short hairpin RNAs protects CD4 T cells from multiple cludes and primary isolates of HIV. Blood，2005，106：818－826

3　Sheehy AM，Gaddis NC，Choi JD，et al. Isolation of a human gene that inhibits HIV－1 infection and is suppressed by the viral *vif* protein. Nature，2002，418：646－650

4　Doehle BP，Schafer A. Cullen BR. Human APOBEC3B is a potentinhibitor of HIV－1 infectivity and is resistant to HIV－1 *vif*. Virology，2005，339：281－288

5　Fujita M，Akari H，Sakurai A，et ak. Expression of HIV－1 accessory protein *vif* is controlled uniquely to be low and optimal by proteasome degradation. Microbes Infect，2004，6：791－798

6　Wang H，Sakurai A，Khamsri B，et al. Unique characteristics of HIV－1 *vif* expression. Microbes Infeet，2005，7：385－390

Cloning, Expression and Purification of HIV – 1 *vif*, and Its Antibodies Production

LI Lan [*], YANG Yi – shu, ZHANG Xiao – guang, ZHANG Xiao – mei, LI Ze – lin, ZENG Yi

([*] College of Life Science and Bio – engineering. Beijing University of Technology, Belting 100022, China)

Objective To prepare HIV – 1 *vif* and to produce its antibodies. **Methods** The full length gene fragment of HIV – 1 *vif* was amplified by PCR from plasmid of HTV – 1 NL4. 3 cDNA. The length of the HIV – 1*vif* gene fragment was 579 nt. and encodes 192 amino acid residues. The resulting DNA construct was cloned into a prokaryotie expression vector (pET – 32a) and recombinant pET – *vif* was expressed in *Eserichia coli* BL21 (DE3) as an insoluble protein. The vector also contained a six – histidine (His6) tag at the C – terminus for convenient purification and detection. To express and purify, the HIV – 1 *vif* gene in *E. coli* cells, the accuracy of inserted gene and specificity of HIV – 1 *vif* proteins were detected by two enzymes digestion technology, SDS – PAGE, and Western Blot (WB). Serum samples were tested by enzyme – linked immunosorbent assays (ELISAs) to determine the level of antibodies. **Results** The purity of *vif* was above 80 %. The titer of the antibodies was 1：204 800. **Conclusion** HIV – 1 *vif* fusion protein with high purity was obtained and its corresponding polyclonal antibodies with high titer were produced.

〔**Key words**〕 HIV – 1；Viral infectivity factor；Gene expression；Antibodies, viral

334. HIV *p66* 蛋白的表达、纯化及活性检测

中国疾病预防控制中心病毒病预防控制所 马 晶 郭秀婵 张晓光 张晓梅 曾 毅

〔摘 要〕   此研究的目的是体外表达 HIV – 1 逆转录酶 *p* 66 亚单位蛋白，并得到纯度较高且具有活性的重组蛋白。首先通过 PCR 方法从含 HIV – 1 HXB2 标准株全基因的质粒中扩增出全长 *p66* 基因，插入表达载体 pTW1N，构建 pTW1N – *p66* 质粒。再将该质粒转化到表达菌 BL21，在 IPTG 诱导下表达 *p66* 蛋白。表达产物经几丁质进一步纯化后得到 *p66* 蛋白纯品。纯化的 *p66* 蛋白分别催化 B95 – 8 细胞总 RNA、RT 试剂盒中对照 RNA 进行逆转录；同时以试剂盒中的 M – MLV RT 为对照进行相同的逆转录，PCR 后电泳比较活性。结果显示我们构建的 pTWIN – *p66* 质粒在 IPTG 诱导下在原核细胞中 *p66* 亚单位蛋白表达量较高，经一步纯化后蛋白凝胶扫描纯度达 88%，并具有较好的逆转录活性。与 M – MLV RT 体外活性比较，两者活性相当。该研究为进一步开发国产 HIV 确证诊断试剂及抗 AIDS 药物的研究打下了初步基础。

〔关键词〕   慢病毒属；HIV – 1；*p66* 蛋白；原核表达；活性检测

人免疫缺陷病毒（Human immunodeficiency virus，HIV）感染可导致获得性免疫缺陷综

合征（Acquired Immunodeficiency Syndrome，AIDS）。逆转录酶（Reverse transcriptase，RT）催化 HIV 病毒的单股正链 RNA 逆转录成前病毒双链 DNA，在 HIV 的致病过程中发挥着重要作用。HIV 逆转录酶具有 3 种功能：RNA 依赖的 DNA 聚合酶功能、DNA 依赖的 DNA 聚合酶功能和 RNase H 功能。阻断 HIV 逆转录酶的作用即能阻断 HIV 的复制，因此，HIV 逆转录酶一直以来都是 AIDS 治疗的靶点。

HIV 逆转录酶是 pol 基因编码产物的一部分，在感染细胞中表达量很低。HIV 逆转录酶是 p66 和 p51 两个亚单位以 1∶1 组成的异二聚体。其中 p51 亚单位是 p66 亚单位 C 末端 RNase H 结构域被蛋白酶切割后的产物[1]。研究表明，p66 亚单位含两个催化结构域：聚合酶结构域和 RNase H 结构域；p51 亚单位只含有聚合酶结构域，在 HIV 逆转录酶异二聚体中仅起辅助性作用。此外，HIV p66 亚单位蛋白还是 HIV 确证诊断试剂的组成部分。体外能够得到大量较纯的 HIV p66 亚单位蛋白，不仅可进一步研究其体外活性，同时也可为抗 HIV 药物研究提供体外作用靶点，为开发国产 HIV 确证诊断试剂提供重组抗原。

此研究采用了大肠埃希菌原核表达系统、几丁质载体来表达 HIV p66 蛋白，得到大量可溶性的融合蛋白，经几丁质进一步纯化，实现了特异性吸附和切割一步完成，得到较纯的不含标签的 p66 蛋白。并对蛋白的功能进行了初步的体外检测，同时与 MMLV 逆转录酶蛋白的功能进行了比较。

材料和方法

一、细菌菌株和所用质粒　大肠埃希菌 DH5α 用于目的基因克隆，大肠埃希菌 BL21（DE3）用于目的蛋白表达，均为本室保存。质粒 pTW1N1 购自 NEB 公司，含几丁质结合蛋白（chitin bindinig domain，CBD）基因编码序列。质粒 HIV – 1 HXB2 标准株为本室保存，含 p66 目的基因。

二、工具酶和试剂　限制性核酸内切酶 Nde I 和 Xho I、Taq 酶、T4 DNA 连接酶和 PCR 产物回收纯化系统购自宝生物公司（TaKaRa）。Pfu 酶、dNTP 购自天为时代公司。蛋白相对分子质量标准购自晶美公司。几丁质预装柱购自 NEB 公司。DEPC 购自 Sigma 公司。TRIzol 试剂和两步法 RT 试剂盒购自 Invitrogen 公司。HEPES 购自 Merck 公司。B95 – 8 细胞（含 EBV 的 lmp 2 基因）为本室保存。p66 基因扩增引物及 lmp2 基因的检测引物均由上海生工合成。得到的 p66 基因由三博公司测序。

三、纯化过程所需溶液　A 液：Na – HEPES（pH8.0）20 mmol/L，NaCl 500 mmol/L，EDTA 1 mmol/L；B 液：Na – HEPES（pH8.0）20 mmol/L，NaCl 500 mmol/L，EDTA 1 mmol/L，DTT 50 mmol/L；C 液：Na – HEPES（pH8.0）40 mmol/L，NaCl 500 mmol/L。

四、HIV p66 表达质粒的构建　根据 HIV – 1 HXB2 p66 基因读码框设计扩增引物，p66 上游引物：5'ACT fTA CAT ATG CCC ATT AGC CCT ATT GAG AC3'（含 Nde I 酶切位点），p66 下游引物：5'TAT TCC CTC GAG AAA TAG TAC TTT CCT GAT TCC 3'（含 Xho I 酶切位点）。PCR 扩增出 1680 bp 的全长 p66 基因。PCR 产物切胶回收后以 Nde I 和 Xho I 双酶切，随后连接到经 Nde I 和 Xho I 双酶切的 pTW1N1 载体中。得到的 pTWIN – p66 质粒转化到大肠埃希菌 DH5α 中，PCR 筛选出阳性克隆，经测序验证后转化到大肠埃希菌 BL21（DE3）中，得到 pTWIN – p66 表达克隆。

五、HIV p66 蛋白的表达和检测

1. HIV p66 蛋白表达的鉴定：挑取 pTWIN-1 和 pTWIN p66（BL21）单克隆分别于 5 ml LB 中 37℃过夜培养，次日以 1:100 接种于 5 ml LB 中 37℃摇菌，当菌液 A_{600} 达到约 0.8 时，加 IPTG 至终浓度为 0.5 mmol/L，37℃诱导表达 4 h 收菌，进行 12% SDS-PAGE 分析。

2. HIV p66 蛋白表达条件的摸索：pTWIN-p66 表达菌加不同浓度 IPTG 诱导，降温诱导过夜收菌。菌体用 PBS 洗涤 1 次，再以裂解液［A 液加 Triton X-100（终浓度为 0.1%）］重悬后冰上超声 10 min（超声 15 s、间歇 15 s），离心后的上清和沉淀进行 12% SDS-PAGE 分析。

六、HIV p66 蛋白的纯化

将 200 ml 2×YT 培养液室温过夜诱导收集到的菌体破菌上清上样于 2 ml 几丁质重力柱。柱先经 A 液平衡，上清上样后，再以 A 液洗。然后柱在 B 液浸泡中 4℃作用 16 h。C 液洗脱蛋白，每 1 ml 收集；将每步收集到的样品进行 12% SDS-PAGE 分析。通过凝胶扫描鉴定蛋白纯度。根据分析结果，将收集到的前 5 管蛋白加甘油至终浓度为 50%，混匀，-70℃保存。

七、HIV p66 蛋白逆转录活性的检测

1. HIV p66 蛋白体外逆转录酶活性的初步检测：以 EB 病毒的 lmp2 基因为检测的目的基因，据该基因序列设计两对检测引物，分别为 P18 和 P19、P49 和 P50。检测引物序列如下：P18：5′GCT GCA GGA AAC AAC TCC CAA TAT CCA 3′；P19：5′AAC TCG AGG GCA GCA TCT AAT GAC C3′；P49：5′CTT CTA CTC TTG GCA GCA GT 3′；P50：5′CGC CAT CTC CTT CTG TAC GC 3′。收集培养好的 B95-8 细胞一瓶（25 cm²、约 1×10⁷ 细胞），PBS 洗涤 2 次，加 TRIzol 试剂 1 ml 按操作说明提取细胞内总 RNA，分光光度计测定得到的总 RNA 浓度。然后将得到的总 RNA 8 μl 分别用 HIV p66 蛋白 2 μl 和 M-MLVRT 1 μl 催化进行逆转录。RT 过程参见 Invitrogen 两步法 RT-PCR 操作手册。而后以逆转录产物为模板进行两轮 PCR（套式 PCR），第一轮 PCR 的引物为 P18 和 P19，第二轮 PCR 的引物为 P49 和 P50。RT 试剂盒中的对照 RNA 同样逆转录后进行一轮 PCR，引物为试剂盒中特异引物 Primer A 和 Primer B。PCR 程序为：94℃变性 30 s、55℃退火 30 s、72℃延伸 1 min，共 35 个循环。1% 琼脂糖电泳鉴定结果。

2. HIV p66 蛋白同 M-MLV RT 体外活性的比较：将 Invitrogen 逆转录酶试剂盒中的对照 RNA 以 DEPC 处理的去离子水进行系列稀释，使对照 RNA 的浓度依次为：原浓度（50 ng/μl）、10² 倍稀释浓度、10⁴ 倍稀释浓度、10⁶ 倍稀释浓度和 10⁸ 倍稀释浓度。每一浓度的对照 RNA 1 μl 分别用 HIV p66 蛋白 2 μl 和 M-MLV RT 1 μl 催化进行逆转录，其他各成分及操作方法均同上。将逆转录得到的 DNA 进行 PCR，PCR 程序同上。1% 琼脂糖电泳鉴定结果。

结　　果

一、HIV p66 基因的克隆和表达质粒的构建

HIV p66 基因全长 1680 bp，用设计的 p66 基因上下游引物进行扩增后的电泳鉴定表明，扩增产物大小与理论值一致。

将 PCR 产物连入 pTWIN1 载体后，挑选出 6 个克隆，用 p66 扩增引物进行 PCR 鉴定。结果均可见 1680 bp 的阳性条带（图 1）。然后随机挑选出第 4 号样品进行测序鉴定，测

序结果与 HIV - 1 HXB2 标准株比对有 3 个碱基的不同，但均为无义突变，无氨基酸水平的改变。

二、重组蛋白的表达鉴定和表达条件的摸索　蛋白表达的鉴定如图 2 所示。同没有 IPTG 诱导的表达相比，IPTG 诱导后 pTWIN1 空载体的表达在 marker 47×10^3 和 85×10^3 之间明显可见约 55×10^3 大小的条带，按其分子大小推测为 pTW1N1 载体在没有引入外源基因时表达的蛋白，即 CBD - intein - in - tein - CBD 蛋白；IPTG 诱导后 pTWIN - p66 的表达在 85×10^3 和 118×10^3 之间明显可见约 94×10^3 大小的条带，按其分子大小推测为目的蛋白，即 p66 - intein - CBD 条带。

在对蛋白可溶表达条件的摸索发现，IPTG 为 0.5 mmol/L、室温诱导过夜（整夜平均25℃）时可溶性蛋白含量最高。以 TotalLab 软件对凝胶条带进行分析发现，目的蛋白在细菌菌体中占 10.55%，在破菌上清中占 10.33%。

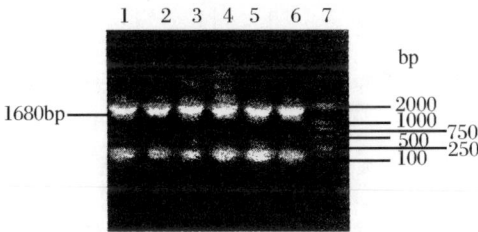

图 1 pTWIN - p66 阳性克隆的 PCR 鉴定

1 - 6：pTWIN - p66 positive clones 3, 4, 5, 7, 9, 10 respectively；7：DL2000 marker

Fig. 1　Confirmation of pTWIN - p66 positive clones by PCR

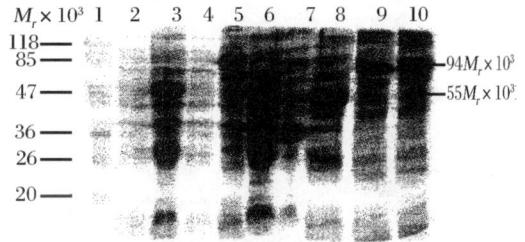

图 2　pTWIN - p66 表达的 SDS - PAGE 分析

1：Protein marker；2：Uninduced total lysates of pTWIN1；3：Induced total lysares of pTW1N1；4：Uninduced total lysates of pTW1N - p66；5：Induced total lysates of pTWIN - p66；6：Lysis precipitate of induced pTWlNI；7：Lysis precipitate of induced pTW1N - p66；8：Lysis supernatant of induced pTWIN10；9，10：Lysis supernatant of induced pTWIN - p66

Fig. 2　SDS-PAGE analysis of expression of pTWIN-p66

三、HIV p66 蛋白的纯化　p66 - inrein - CBD 融合蛋白中 CBD 成分可与几丁质树脂特异结合，从而便于去除杂蛋白，随后 inrein 成分在一定条件下催化融合蛋白在 p66 和 intein 之间发生断裂，4℃、B 液和 pH8.0 左右的条件适合 intein 的催化，而后 C 液洗脱和保存 p66 蛋白。纯化后的目的蛋白 SDS - PAGE 见图3，其中 p66 蛋白大小为 66×10^3、融合蛋白大小为 94×10^3。经 TotalLab 软件对条带 3 蛋白凝胶分析（图4），得到的蛋白占 88%（其中纯目的蛋白占 71%，未切割的融合蛋白占 17%），杂蛋白带占 12%。以此条带蛋白进行下面的逆转录活性检测。

四、HIV p66 蛋白逆转录活性的体外初步检测　以分光光度计测定 Trizol 提取的一瓶 B95 - 8 细胞内总 RNA 浓度为 70 μg/ml。总 RNA 经 HIV p66 和 M - MLV RT 分别催化逆转录后，PCR 电泳检测结果见图5。由图可见，总 RNA 经 M - MLVRT 和 HIV p66 分别催化逆转录，以 lmp2 为检测目的基因进行两轮 PCR 后在 239 bp 处可见清晰明亮的目的条带（条带 4 和 5），与理论值一致，同时条带位置及亮度与阳性对照（条带 3：以质粒中 lmp2DNA 为模板同样进行两轮 PCR）基本一致，而阴性对照（条带 2：以去离子水为模板同样进行一轮 PCR）无可见条带。此外，试剂盒中的对照 RNA 经 M - MLV RT 和 HIV p66 分别催化逆转录，再以特异引物进行一轮 PCR（条带 6 和 7）的结果一致，条带亮度相似，阴性对照（条带 8：以对照 RNA 为模板同样进行一轮 PCR）无可见条带。以上分别从 *lmp*2 基因和对照基因角度证明了本研究表达的 HIV *p*66 蛋白在体外具有一定的逆转录酶活性。

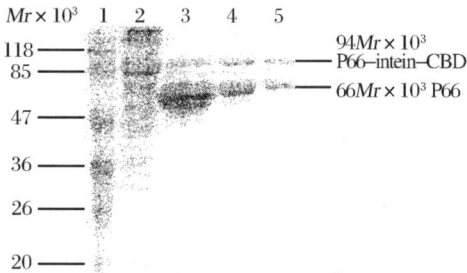

图 3　融合蛋白纯化的 SDS – PAGE 结果

1：Protein marker；2：Lysis supernatant of
pTWIN – *p*66；3 – 5：Purified protein
in 2，4，6：tubes respectively
**Fig. 3　SDS – PAGE
result of purified protein**

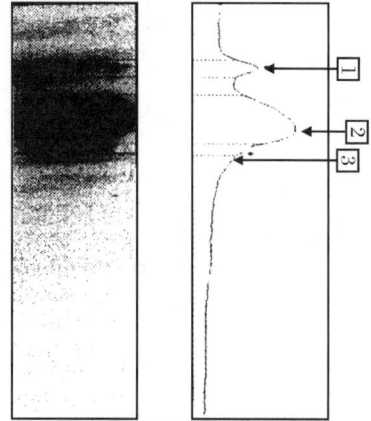

图 4　TotalLab 软件分析条带 3 的凝胶扫描结果
**Fig. 4　Gel scanning of lane
3 by TotalLab software**

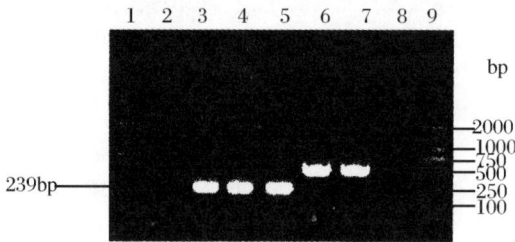

图 5　RT – PCR 结果

1，9：DL2000 marker；2：Negative control 1；3：Positive
control；4：The double PCR product after M – MLV RT
catalyzed RT of total RNA；5：The double PCR product
after HIV *p*66 catalyzed RT of total RNA；6：The PCR
product after M – MLV RT catalyzed RT of control RNA；
7：The PCR product after HIV *p*66 catalyzed RT of
control RNA；8：Negative control 2
Fig. 5　The RT – PCR products

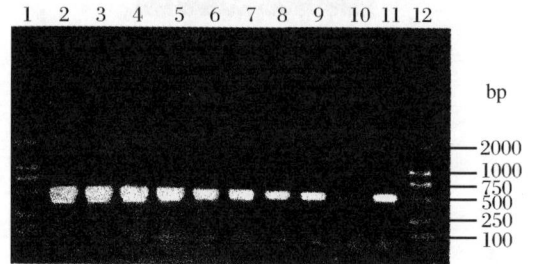

图 6　以不同浓度 RNA 进行 RT – PCR 的结果
1，12：DL2000 marker；2：M – MLV RT，initial template；
3：HIV *p*66，initial template；4：M – MLV RT，10^2 diluted
template；5：HIV *p*66，10^2 diluted template；6：M – MLV RT，
10^4 diluted template；7：HIV *p*66，10^4 diluted template；
8：M – MLV RT，10^6 diluted template；9：HIV *p*66，10^6
diluted template；10：M – MLV RT，10^8 diluted
template；11：HIV *p*66，108 diluted template
**Fig. 6　The PCR products after RT
of RNA in different concentrations**

五、HIV *p*66 蛋白同 M – MLV RT 体外活性的比较　以 100 倍系列稀释的 5 个对照 RNA 为逆转录模板，HIV *p*66 蛋白和 M – MLV RT 分别催化逆转录后 PCR 的比较结果见图 6。由图可见，随着模板 RNA 的系列稀释，每种酶作用后的 PCR 产物都明显反映出一个由多到少的过程；此外，当 RNA 10^8 倍稀释时，HIV *p*66 作用后的 PCR 产物明显多于 M – MLV

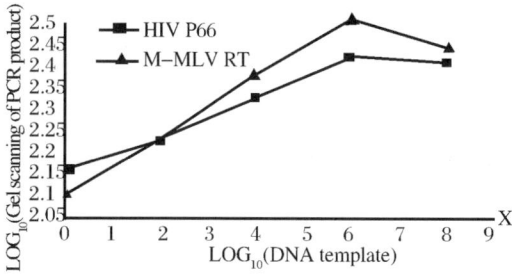

图7 TotalLab 软件比较分析 HIV $p66$ 蛋白和 M–MLV RT 催化逆转录后的 PCR 结果

Fig. 7 Comparative analyses of the PCR products after HIV $p66$ and M–MLV RT catalyzed RT by TotalLab software

RT 的产物。从整体来看，HIV $p66$ 和 MMLV RT 两者作用后的 PCR 结果相当。图 7 是以 TotalLab 软件对图 6 进行凝胶扫描的分析（以 mRNA 的对数值为 X 轴、以 PCR 产物的对数值作为 Y 轴），可更清楚地看出以上结果。

讨　论

HIV $p66$ 蛋白体内的表达量很低，这给其活性的研究带来很大困难，但 HIV $p66$ 蛋白的相对保守，又为其体外的表达研究带来希望。研究者们已经在体外用原核及真核表达系统成功地表达了 HIV $p66$ 蛋白[2-7]，但是也存在如下问题：蛋白的标签无法去除[7]、蛋白纯化步骤复杂[2,6]、蛋白产物易被降解成 $p66$[4,5]（采用多种蛋白酶抑制剂及大肠埃希菌蛋白酶缺陷型载体效果均不明显）、与原核系统相比真核表达的蛋白活性偏低[3]等。本研究采用了原核系统几丁质表达载体，由于几丁质载体特殊的几丁质结合蛋白（CBD）标签可与几丁质柱特异结合；同时内含肽（intein）在 DTT 存在和 pH8–9 时，可以诱导融合蛋白在内含肽和 $p66$ 蛋白之间发生切割，产生出不带任何外源标签的 $p66$ 蛋白，从而一步完成纯化，简化了纯化过程。我们在设计 $p66$ 的扩增引物时即考虑到这一点，通过 NdeI 和 XhoI 切点插入目的基因（C 端融合），插入后目的蛋白 N 端增加 1 个氨基酸（Met）、C 端和 intein–CBD 标签之间增加 5 个氨基酸（Leu、Glu、Gly、Ser、Ser）；构建融合蛋白时做了 C 端融合也正是考虑到 $p66$ 蛋白的 C 端易降解问题，如果发生降解产生 $p66$ 也因不含 CBD 成分不能与几丁质柱结合，从而一定程度上解决 $p66$ 蛋白降解影响纯化的问题；此外，原核系统的高产量为得到一定量较纯的蛋白提供了可靠的保障。

Roberta L. 等人[4]对 HIV RT 体外引物的研究得出，Oligo（dT）是 $p66$ 蛋白作用的最适引物。本研究以此为逆转录引物将表达得到的 $p66$ 蛋白同标准两步法逆转录试剂盒中的 M–MLV 逆转录酶相比较，得到的结果说明 $p66$ 蛋白在体外具有逆转录酶活性。此外，由 PCR 的基本原理可知[8]，在 PCR 产物指数增长阶段时 PCR 产物与 PCR 模板呈正相关，而 PCR 模板是由 mRNA 逆转录生成的。那么由此可以推断，在其他条件相同的情况下，RT–PCR 的产物和逆转录酶的活性呈正相关。本研究据此进一步比较了 HIV $p66$ 蛋白和 M–MLV RT 逆转录活性的相对高低（图 6 和图 7）。结果发现，从整体看两种逆转录酶作用的 RT–PCR 产物无明显差异，反映出 HIV $p66$ 和 M–MLV RT 两者体外作用相当；但 RNA 10^8 稀释浓度时，HIV $p66$ 作用下的 RTPGR 产物明显多于 M–MLV RT 的产物，反映出在本实验条件下，对低浓度底物而言，HIV $p66$ 的逆转录作用更强。当然，确切的结论还需进一步的定量研究。

最后，本研究表达的 HIV $p66$ 亚单位蛋白经鉴定具有体外逆转录酶活性，这为抗 HIV 药物研究提供了体外作用靶点，同时也为进一步研究 HIV RT 的结构和功能打下了基础。HIV *p66* 蛋白是 HIV 确证诊断试剂中抗原的组成成分，我国至今所用的 HIV 确证诊断试剂均为进口的，本研究表达的 HIV *p66* 蛋白为开发国产 HIV 确证诊断试剂提供了重组抗原。此外，HIV *p66* 蛋白也可用于体外以 Oligo（dT）为逆转录引物的催化酶。

〔原载《病毒学报》2006，22（5）：364 – 368〕

参 考 文 献

1 di Marzo Veronese F, Copeland T D, DeVico A L, et al. Characterization of highly immunogenic *p66/p51* as the reverse transcriptase of HTLV – Ⅱ 1/LAV. Science, 1986, 231: 1289 – 1291

2 Becerra S P, Kumar A, Wilson S H. Expression of polypeptides of human immunodeficiency virus – 1 reverse transcriptase in *Escherichiacoli*. Protein. Exp Purif, 1993, 4: 187 – 199

3 Kawa S, Kumar A, Smith J S. Expression and purification of the HIV – 1 reverse transcriptase using the bacuiovirus expression vector system. Protein Exp Purif, 1993, 4: 298 – 303

4 Thimmig R L, McHenry C S. Human immunodeficiency virus reverse transcriptase. Expression in *loli*, purification, and characterization of a functionally and structurally asymmetric dimeric polymerase. J Biol Chem, 1993, 268 (22): 16528 – 16536

5 Stahlhur M, Li Y, Condra J H. Purification and characterization of HIV – 1 reverse transcriptase having a 1 : 1 ratio of *p66* and *p51* subunits. Protein Exp Purif, 1994, 5 (6): 614 – 621

6 Pekrun K, Perry H, Jentsch K D. Expression and characterization of the reverse transcriptase enzyme from type 1 human immunodeficiency virus using different baculoviral vector systems. Eur J Biochem, 1995, 234 (3): 811 – 818

7 Hou E W, Prasad R, Beard W A. High – level expression and purification of untagged and histidine – tagged HIV – 1 reverse transcriptase. Protein Exp Purif, 2004, 34 (1): 75 – 86

8 Kochanowski B, Reischl U. Quantitative PCR protocols. Totowa, New Jersey: Humana Press, 1999: 5 – 7

9 马晶，郭秀婵，曾毅. HIV 抗体检测技术研究进展. 病毒学报，2006，22（2）：155 – 158

Expression，Purification and Bioactivity Test of Human Immunodeficiency Virus *p66* Protein

MA Jing, GUO Xiu – chan, ZHANG Xiao – guang, ZHANG Xiao – mei, ZENG Yi

（National Institute for Viral Disease Control and Prevention, China CDC, Beijing 100052, China）

The purpose of this study is to express and purify the HIV – 1 *p66* subunit of transcriptase *in vitro* and to obtain the pure bioactive recombinant *p66* protein. The full length HIV *p66* gene fragment of HIV – 1 HXB2 was amplified by PCR and inserted into pTWIN1 vector to generate *p66* expression plasmid pTWIN – *p66*. After transforming pTWIN – *p66* into E. *coli* (BL21), the expression of *p66* gene was induced by IPTG. The expressed purified *p66* protein was prepared in one step by chitin pre – packed column. In order to compare the bioactivity between purified *p66* protein and M – MLV RT in kit, the total RNA of B95 – 8 cell and the control RNA in RT – PCR kit were catalyzed by purified *p66* protein and M – MLV RT respectively. Under identical conditions, then the products of RT – PCR were electrophoresed on agarose gel. The result indicated that a high – level expression of HIV *p66* protein could be induced by

IPTG in bacterial system using expression plasmid pTWIN *p66*. The final *p66* protein by one step purification could reach 88 %. The purified *p66* had good bioactivity in *vitro*, that was similar to the test of M – MLV RT. This study lays a foundation for developing domestic HIV confirmation test kit and for anti – HIV drug.

〔**Key words**〕Lentivirus；HIV – 1；*p66* protein；Prokaryotic expression；Bioactivity test

335.　EB 病毒 LMP1 C – 端序列缺失对细胞增殖的影响

中国疾病预防控制中心病毒病预防控制所　传染病预防控制国家重点实验室

杜海军　周　玲　王　琦　李红霞　曾　毅　北京大学附属第一医院妇产科　赵　健

〔**摘　要**〕　　潜伏膜蛋白 1 （Latent membrane protein1LMP1）是由 γ 疱疹病毒亚科的 EB 病毒基因编码的能够使正常细胞发生恶性转化的跨膜信号蛋白，C – 端为 LMP1 的主要功能区。通过 PCR 从 B95 – 8 细胞和鼻咽癌活检组织中获得 *lmp1* 和 *hmp1* C – 端 30bp 缺失 （*lmp1* C – terminal deleted，*lmp1* – ctd）基因；利用体外基因重组技术，将 *lmp1* 和 *lmp1* – ctd 分别插入 AAV 质粒载体中；应用 Lipofectamine 介导转染 HEK – 293 包装细胞，获得含 *lmp1* 和 *lmp1* – *ctd* 的 rAAV；再以 rAAV 感染猴肾上皮细胞。利用 RT – PCR 检测 *lmp1* 和 *lmp1* – *ctd* 在猴肾上皮细胞中的转录；MTT 法、流式细胞仪技术检测细胞生长和 DNA 合成，探讨 *lmp1* 和 *lmp1* – *ctd* 对其在细胞中活性的影响。结果显示：*lmp1* 在转化细胞中转录，导致细胞生长速度加快，其中 *lmp1* – *ctd* 转化细胞的生长速度和处于增殖期比例高于 *lmp1* 转化细胞。提示 *lmp1* – *ctd* 较 *lmp1* 具有更强的促细胞增殖作用。

〔**关键词**〕　　γ 疱疹病毒亚科；EB 病毒潜伏膜蛋白 1；C – 端缺失；细胞增殖

EB 病毒基因组中编码潜伏膜蛋白 1 （LMP1）的基因是第一个被证实能够使鼠源和人源等多种细胞表型和生长特性发生转变的 EB 病毒癌基因[1,2]。LMP1 结构和功能区域的研究已经取得了很大进展，并证实 C – 端为 LMP1 的主要功能区[3]，与肿瘤坏死因子受体 （*TNFR*/CD40）相似，激活或抑制包括 NF – λB 和蛋白激酶在内的多个信号传导途径[4-8]。分子流行病学研究表明，在 EBV 相关的肿瘤中有 67% ~94.1% 的 *lmp* 基因中的 C – 端编码区存在 30 bp 的碱基缺失[9-12]。这一段序列缺失是否影响其功能目前尚未明了，一些研究报道认为 *lmp1* C – 端编码区部分序列缺失并不影响其在淋巴细胞中的转化作用[13,14]，另一些报道观点则与之相反[10,11,15-17]。一些文献报道在我国鼻咽癌的高发区的鼻咽癌患者中，*lmp1* C – 端编码区序列缺失者占 94.1%[12]，或许 *lmp1* 在两种细胞类型的感染中存在不同的作用机制。鉴此，本文构建含 *lmp1* 的 rAAV，并通过 rAAV 感染猴肾上皮细胞，初步研究 *lmp1* C – 端编码区部分缺失对猴肾上皮细胞增殖的影响。

材料和方法

一、材料和试剂　*lmp1* 源于 B95 – 8 细胞，*lmp1* – 2d 由广西梧州鼻咽癌活检标本中筛选获得，HEK – 293 细胞由本室保存，含 30 bp 的 *lmp1* C – 端编码区域引物 （5′ – AGC GAC

TCT GCTGGA AAT GAT – 3′；5′ – TGA TTA GCT AAG GCA TTCCCA – 3′) 及 *lmp*1，全长引物（5′ – GAA TTC ACT GCC CTG AGG ATG GAA C – 3′；5 – AGA TCT GCT AAG GCA TTC CCA GTA – 3,）由赛百盛生物工程公司合成。AAV Helper，Free System 购于 Stratagene 公司；RT—PCR Kit、RNA 酶、胰蛋白酶购于 Promega 公司；Taq 酶、连接酶内切酶、购于 TaKaRa 生物公司；Lipofectamine、DMEM 培养基购于 GIBCO 公司；MTT、二甲基亚砜、碘化丙啶（P1）Sigma 公司分装；胎牛血清（Hyclone，USA）；96 孔板（Coring 公司）。

二、质粒 pAAV – *lmp*1/*lmp*1 日 *ctd* 的构建 酚氯仿法提取 B958 细胞及鼻咽癌组织块 DNA，以/*lmp*1 C – 端编码区域引物扩增/*lmp*1 片段，条件为：94℃ 3 min；94℃ 30 s，55℃ 30 s，72℃ 30 s，35 个循环；72℃ 延伸 5 min。扩增产物经 2% 的琼脂糖凝胶电泳，根据扩增片段大小差异，初步选出 *lmp*1 – *ctd*，回收 *lmp*1 和 *lmp*1 – *ctd* C – 端编码区域引物扩增片段，在 T4 连接酶的作用下，分别插入 pMD 18 – T 载体中，经 DNA 测序比较分析确定缺失序列。再通过 *lmp*1 的开放读码框（ORF）引物扩增 *lmp*1 和 *lmp*1 – *ctd* 完整序列；条件为：94℃ 5 min；94℃ 30 s，58℃ 45 s，72℃ 45 s，35 个循环；72℃ 延伸 8 min。按上述条件连于 pMD 18 – T 载体上，经 *Eco RI/Sal* I 切割后，插入对应酶切割的 pAAV 质粒中，转化于 DH5α。钙化菌中。通过含氨苄西林（50 μg/ml）的 LB 培养基筛选，获取阳性克隆 pAAV – *lmp*1 – *ctd*、pAAV – *lmp*1，参照 QIAGEN 说明提取重组质粒。

三、rAAV 制备 以 5×10^5 接种 HEK – 293 细胞于含 25 ml DMEM 培养基的 75 cm^2 培养瓶中，待 85% 贴壁细胞生长汇合后，每种质粒 15 μg 按 Lipofectamine 试剂说明书推荐步骤转染 HEK – 293 细胞。96 h 后收集 rAAV，以磷钨酸负染后电镜下观察重组 rAAV 颗粒。同时，进一步离心收集细胞沉淀和上清液，以 2.5 ml 上清液重悬细胞沉淀，经过 4 次冻融，离心收集上清液，经 0.2 μm 过滤收集 rAAV 颗粒，同时以 $10^{-2} \sim 10^{-7}$ 浓度稀释对照荧光质粒，荧光显微镜下观察，确定 rAAV 滴度，– 20℃ 冻存。

四、*lmp*1/*lmp*1 – *ctd* 的转录 rAAV 感染猴肾上皮细胞传代后，分别提取细胞总 RNA。以总 RNA 为模板，通过 *lmp*1 全长引物，RT – PCR Kit 扩增 *lmp*1 和 *lmp*1 – *ctd* 的 cDNA，探测其在细胞中的转录。

五、细胞周期检测 rAAV 感染猴肾细胞生长达 10° 后，以 0.25% 的胰酶消化收集细胞。用 PBS 洗涤 2 次，70% 冷乙醇 4℃ 固定至少 18 h；离心收集细胞加入 RNA 酶（终浓度为 50 μg/ml，内含 0.1% Triton X – 100）37℃ 水浴 30 min；PBS 洗 2 次，加入碘化丙啶（PI，终浓度为 50 μg/ml），避光保存在冰浴中至少 30 min。上机前用孔径 40 μm 的尼龙网过滤，流式细胞仪检测比较各组细胞 DNA 合成差异。

六、细胞活力测定 MTT 的配制：以 PBS 配制成 5 mg/ml 贮存液，0.22 μm 滤膜过滤除菌，4℃ 避光保存。以胰蛋白酶消化收集细胞，调整细胞浓度为 10^5/ml，接种于 96 孔细胞培养板内，0.1 ml/孔，每组各 5 孔，置于含 5% CO_2 培养箱内（37℃）培养 24～96 h，每隔 2 日更换培养液，分别于每个待检测点（24 h、48 h、72 h、96 h）加入 MTT 溶液（5 mg/ml 贮存液）20 μl/孔，置 CO_2 培养箱内培养 4 h，然后去上清，每孔加入 DMSO 150 μl/孔，培养箱内孵育 20 min，待 MTT 完全溶解后，用 ELISA 测定仪 490 nm 波长测定每孔的光吸收值。取各时间点光吸收值数据平均值和标准差，以时间为横坐标，光吸收值为纵坐标，绘制细胞生长曲线。

七、统计学处理 采用 SPSS12.0 统计软件对各组数据进行配对 t 检验。

结　果

一、*lmp*1 和 *lmp*1 – *ctd* 的克隆与鉴定　我们所设计的 *lmp*1 区域引物包含 30 bp 缺失区域，获得的 *lmp*1 和 *lmp*1 – *ctd* 片段长度分别为 315 bp 和 285 bp，电泳结果表明 6 例鼻咽癌活检组织 PCR 检测均为阳性，有 4 例 PCR 扩增产物片段较小而且大小一致，位于 200～300 bp 之间，可能存在 30 bp 序列缺失现象（图 1，lane 1）；测序结果证实存在 30 bp 缺失，缺失部分位于 *lmp*1 第三外显子（168 285～168 256 nt）处，缺失序列为 AGG CGGCGG TCA TAG TCA TGA TTC CGG CCA，编码氨基酸为：GHSHDSGHGG（355～346 aa）与文献报道一致。通过 *lmp*1 的 ORF 引物，我们分别从 B95 – 8 细胞和鼻咽癌患者的活检组织标本中成功获得 *lmp*1 和 *lmp*1 – *ctd* 的完整序列（图 1 lane4，lane5）。以 EcoR Ⅰ/Sal Ⅰ酶切 pAAV – *lmp*1 – *ctd*、PAAV – *lmp*1 质粒，可获得与 *lmp*1、*lmp*1 – *ctd* 和 pAAV 长度大小一致的片段，表明 *lmp*1 和 *lmp*1 – *ctd* 被成功插入到 pAAV 表达质粒中。

二、rAAV 电镜观察　通过电镜观察到的颗粒与 AAV 颗粒理论值大小相符（图 2），表明我们成功获得 rAAV 颗粒。浓缩后可达 10^8 个病毒颗粒/ml，PCR 结果证实 rAAV 颗粒中分别含有 *lmp*1 和 *lmp*1 – *ctd*。

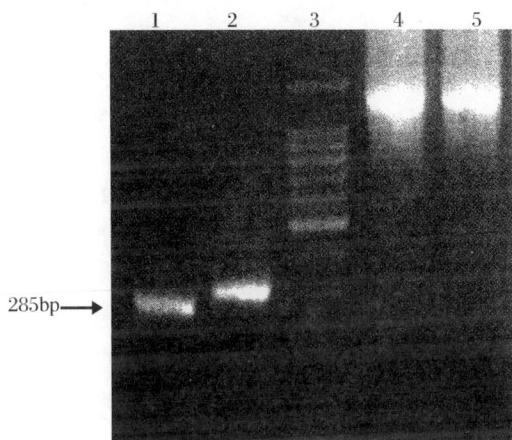

图 1　*lmp*1 基因 PCR 扩增电泳结果

Lane 1：*lmp*1 – *ctd* gane PCR with *lmp*1 carboxyl terminal primer；Lane 2：*lmp*1 gene PCR with *lmp*1 carboxyl terminal primer；Lane 3：100bp DNA marker（DL – 100, 200, 300, 400, 500, 600, 700, 800, 900, 1000, 1500.）；Lane 4：*lmp*1 – *ctd* gene PCR with *lmp*1 ORF primer；Lane 5：*lmp*1 gene PCR with *lmp*1 ORF primer

Fig. 1　Illustration of *lmp*1 gene PCR with 2% agarose gel electrophoresis

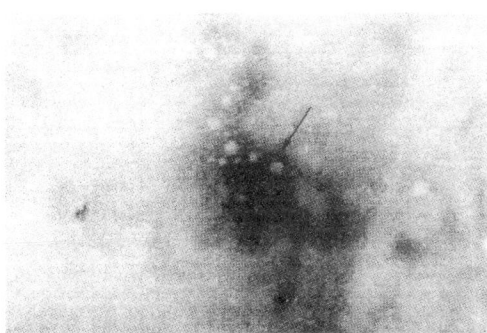

图 2　电镜负染观察 rAAV 形态

Fig. 2　Illustration of rAAV morphology by negative staining（EM）

三、*lmp*1 和 *lmp*1 – *ctd* 在猴肾细胞中转录　RT – PCR 表明 rAAV 可以感染猴肾细胞，并且 *lmp*1 和 *lmp*1 – *ctd* 可以在细胞中有效转录（图 3）。

四、*lmp*1 和 *lmp*1 – *ctd* 促进细胞 DNA 合成　细胞增殖分析数据表明，与对照细胞相比无论是 *lmp*1，还是 *lmp*1 – *ctd* 均可以明显促进细胞从静止期向增殖期转化（表 1），*lmp*1 和 *lmp*1 – *ctd* 比较，*lmp*1 – *ctd* 产物具有更强的促细胞增殖作用。

五、*lmp*1 和 *lmp*1 – *ctd* 促进细胞生长　在 MTT 法所检测的细胞生长曲线中，细胞生长与 A_{490} 的吸光值成正比，从细胞生长曲线（图 4）可以看出，在不同的时间区段内，细

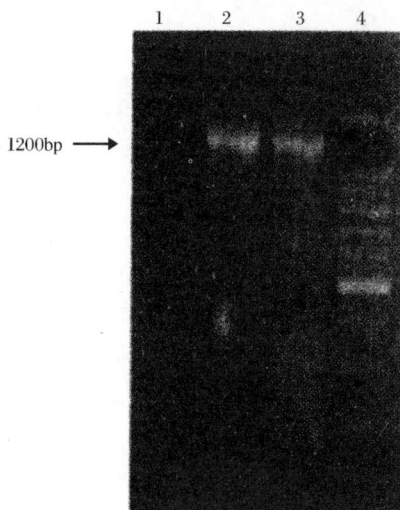

胞 A_{490} 的吸光值与转化细胞增殖体现一致的趋势，说明 lmp1 - ctd 有更强的促细胞增殖作用。采用 SPSS12.0 统计软件对各组数据进行配对 t 检验分析结果（表2），$P < 0.05$ 表明每两组间数据具有显著差异。

图3　RT－PCR 检测 *lmp*1 在猴肾细胞中的转录
Fig. 3　The detection of *lmp*1 transcription in infected monkey kidney cells by RT－PCR

Lane 1：RT－PCR of *lmp*1 gene negative control；Lane 2：RT-PCR of *lmp*1 gene；Lane 3：RT-PCR of *lmp*1 - *ctd* gene；Lane4：100 bp DNA marker（DL－100, 200, 300, 400, 500, 600, 700, 800, 900, 1000, 1500 bp.）

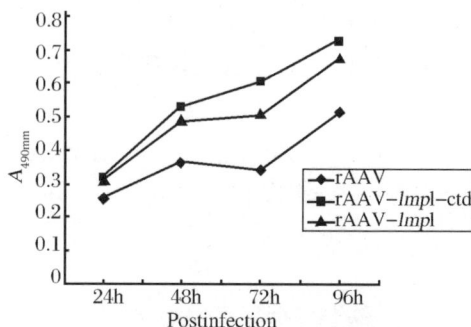

图4　rAAV 感染后猴肾细胞生长曲线
Fig. 4　The growth curves of monkey kidney cells infected by rAAV, rAAV－*lmp*1－*ctd*, rAAV－*lmp*1 after 24 to 96 hours

表1　流式细胞仪检测 rAAV 感染后猴肾细胞周期
Tab. 1　Cell proliferation analysis of monkey kidney cells infected by rAAV by flow cytometry

Groups*/CC	GO－G1（%）	S%	G2－M（%）
Group1	95.60	1.83	2.58
Group2	60.49	8.55	30.96
Group3	84.90	10.50	4.60

注：* Group 1. Monkey kidney cells infected by rAAV；Group 2. Monkey kidney cells infected by rAAV－*tmp*1－*ctd*；Group 3. Monkey kidney cells infected by rAAV－*lmp*1；CC. cell cycle

表2　MTT 法检测 rAAV 感染后猴肾细胞生长情况
Tab. 2　Cell growth analysis of monkey kidney cells postinfected by rAAV by MTT method

Groups*/$A_{490 nm}$	24 h	48 h	72 h	96 h
Group 1	0.26 ±0.01	0.36 ±0.02	0.34 ±0.02	0.51 ±0.01
Group 2	0.32 ±0.02	0.53 ±0.04	0.61 ±0.03	0.73 ±0.04
Group 3	0.31 ±0.02	0.49 ±0.05	0.50 ±0.02	0.67 ±0.03

注：* Group 1. Monkey kidney cells infected by rAAV；Group 2. Monkey kidney cells infected by rAAV － *lmp*1 － *ctd*；Group 3. Monkey kidney cells infected by rAAV － *lmp*1

讨　论

　　鼻咽癌（NPC）是东南亚及华南地区最常见的恶性肿瘤之一，几乎 100% NPC 患者中存在 EBV 感染，*lmp*1 是 EBV 编码的潜伏膜蛋白基因，是第一个被确认具有转化功能活性的癌基因。分子流行病学调查表明在一些鼻咽癌患者中，多存在 *lmp*1 C 端编码区 30 bp 缺失，有文献报道 *lmp*1 - ctd 与 NK/T － 显性淋巴瘤[9]、儿科恶性肿瘤[10]、淋巴细胞增殖紊乱[16]和鼻咽癌病理发生有关[17]，虽然 *lmp*1 可以使永生化细胞发生恶转化[16]，但 *lmp*1 - ctd 对正常细胞尤其是猴肾上皮细胞生长有无影响，目前尚不明确。在自然条件下，人是 EBV 的唯一宿主。为此我们选择了与人类上皮细胞的亲缘关系较接近猴肾上皮细胞进行 *lmp*1 - ctd 功能的初步探讨。AAV 是一类对人体不致病病毒，对宿主细胞影响很小，AAV 载体系统既可以感染静止期细胞也可以感染分裂期细胞，并且具有较高的感染效率，可以使 90% 以上 HS－1 和 HT1080 细胞被感染，59% 的细胞表达外源基因[18]，选用 AAV 载体系统可最大限度地减少了载体对宿主细胞的影响，充分体现目的基因对细胞的作用。同时，AAV 载体系统具有广泛的宿主嗜性，可以感染鼠、猴、人的多种细胞[19-12]。本实验选用 AAV Helper－Free System，比较接近 *lmp*1－*ctd* 在人类细胞的表达，间接反映 *lmp*1－*ctd* 对细胞的作用。我们通过实验成功获得含 *lmp*1 和 *lmp*1－*ctd* 的 rAAV，且 rAAV 颗粒主要存在于包装细胞 HEK－293 内，通过减少裂解包装细胞溶液量，可以达到浓缩病毒的效果。猴肾上皮细胞经 rAAV 多次感染后，感染效率得到提高，感染的猴肾上皮细胞，生长明显加快，*tmp*1 和 *lmp*1－*ctd* 均具有促进细胞从 G0－G1 期转向 S－G2 期的作用，而 *lmp*1－*ctd* 基因的作用更强。不含 *lmp*1 和 *lmp*1－*ctd* 的猴肾上皮细胞传至第 3 代，就开始发生衰老死亡，传代间隔延长，传至第 6 代细胞几乎全部死亡。含 *lmp*1 和 *lmp*1－*ctd* 的猴肾上皮细胞虽然均能够传代，但同样条件下，含 *lmp*1 细胞的传代间隔较 *lmp*1－*ctd* 长 1～2 d，传至第八代后，大部分细胞死亡，而含 *lmp*1－*ctd* 的细胞可传至 10 代后仍有大部分细胞存活，目前我们仍在培养。我们还不清楚 *lmp*1 缺失是何时出现，也不明确 *lmp*1－*ctd* 促增殖活性提高的原因。或许在自然选择过程中，基因缺失更有利于逃避免疫监视，使其表达量提高，也可能是由于 30 *bp* 缺失后使两个活性区域更接近，提高其信号转导能力，亦可能是 *lmp*1 缺失导致其空间构象改变，使其活性增强。这是否会导致其致癌活性变化，我们将会做进一步探讨。

〔原载《病毒学报》2006，22（6）：440－444〕

参 考 文 献

1 Wang D, Liebowitz D, Lieff E, et al. An EBV membrane proteinexpressed in immortalized lymphocytes transforms established rodent cells. Cell, 1985, 43 (3 Pt 2): 331－840

2 Wang D, Liebowitz D. WangF. et al. Epstein－Barr virus latent－in fection membrane protein alters the human B－lymphocyte pheno－cype: deletion of the amino terminus abolishes activity. J virol. 1. 988, 62 (1): 4173－4184

3 Wang D, Liebowitz D, Lieff E, et al. The truncated form of the Epstein－Barr virus latent－infection membrane protein expressed in virus replication does not transform rodent fibroblasts. J Virol, 1988, 62 (7): 2337－2346

4 Hatzivassilion E, Miller W E, Raab－Traub N, et al. A fusion of theEBV latent membrane protein－1 (LMP1) transmembrane domainsto the CD40 cytoplasmic domain is similar to LMP1 in constitutive activation of epidermal growth factor receptor expression, nuclearfactor－kappa B,

and stress－activated protein kinase. J Immunol, 1998, 160 (3): 1116－1121

5 Brennan P, Floettmann J E, Mehl A, et al. Mechanism of action of a novel latent membrane protein－1 dominant negative. J BiolChem, 2001, 276 (2): 1195－1203

6 Ohtani N, Brennan P, Gaubatz S, et al. Epstein－Barr virus LMP1blocks pl6INK4a－RB pathway by promoting nuclear export ofE2F4/5. J Cell Biol, 2003, 162 (2): 173－183

7 Wan J, Sun L, Mendoza J W, et al. Elucidation of the c－Jun N－terminal kinase pathway mediated by Epstein－Barr virus－encoded latent membrane protein I. Mol Cell Biol, 2004, 24 (1): 192 －199

8 Wu S, Xie P, Welsh K, et al. LMP1 protein from the Epstein－Barr virus is a structural CD40 decoy in B lymphocytes for binding to TRAF3. J Biol Chem, 2005, 280 (39): 33620 － 33626

9 Plaza G, Santon A, Vidal A M, et al. Latent mem-

brane protein – 1oncogene deletions in nasopharyn-geal carcinoma in Caucasian patients. Acta Otolar-yngol, 2003, 123 (5): 664 – 668

10　Chabay P, De Matteo E, Merediz A, et al. High frequency of Epstein – Barr virus latent mem-brane protein – 1 30 bp deletion in a series of pe-diatric malignancies in Argentina. Arch Virol, 2004, 149 (8): 1515 – 1526

11　Guidoboni M, Ponzoni M, Caggiari L, et al. La-tent membrane protein 1 deletion mutants accu-mulate in reed – sternberg cells of human immu-nodeficiency virus – related Hodgkin' s lympho-ma. JVirol, 2005, 79 (4): 2643 – 2649

12　汤敏中,郑裕明,郭秀婵,等．鼻咽癌患者 EBV LMP1 基因 C 端区的缺失突变及序列分析．中华产险和临床病毒学杂志,2003, 17(1):35 – 38

13　Gurtsevich V E, Shcherbak L N, Novikova E V, et al. Structural and functional features of Epstein – Barr virus LMP – 1 gene in patients with anaplasric carcinoma of the nasopharynx in Russia. Vestn Ross Akad Med Nauk, 2002 (1): 53 – 59

14　Kim I, Park E R, Park S H, et al. Characteris-tics of Epstein – Barr virus isolated from the ma-lignant lymphomas in Korea. J MedVirol, 2002, 67 (1): 59 – 66

15　Kuo T, Tsang N M. Salivary gland type nasopha-ryngeal carcinoma: a histologic, immunohistochem-ical, and Epstein – Barr virus study of 15 cases in-cluding a psammomatous mucoepidermoid carcino-ma. Am J Surg Pathol, 2001, 25 (1): 80 – 86

16　Xu ZG. lwatsuki K. Ohtsuka M. er al. Polymor-phism analysis of Epstein – Barr virus isolates from patients with cutaneous naturalkiller/T – cell lymphoproliferative disorders: A possible relation to the endemic occurrence of these diseases in Ja-pan. J Med Virot, 2000. 62 (2): 239 – 246

17　Tai Y C, Kim L H, Peh S C. High frequency of EBV association and 30 – bp deletion in the LMP – 1 gene in CD56 lymphomas of theupper aerodiges-tive tract. Pathol Int, 2004, 54 (3) : 158 – 166

18　Fruehauf S, Veldwijk M R, Berlinghoff S, et at. Gene therapy for sarcoma. Cell Tissues Organs, 2002, 172 (2) : 133 – 144

19　U P, Kroneuwett R, Grimm D, et al. Primary hu-man cells differ in their susceptibility to rAAV –2 – mediated gene transfer and duration of reporter gene expression. J ViroI Meth, 2002, 105 (2): 265 – 275

20　Su H, Lu R, Ding R, et al. Adeno – associated viral – mediated genetransfer to hepatoma: thymi-dine kinase/interleukin 2 is more effective in tumor killing in non – ganciclovir (GCV) – treated than in GCV – treated animals. Mol Ther, 2000, 1 (6): 509 – 515

21　Bankiewicz K S, Daadi M, Pivirotto P, et al, Focal striatal dopamine may potentiate dyskines-ias in parkinsonian monkeys. Neurology, 2006, 197 (2): 363 – 272

22　Du B, Wu P, Boldt – Houle D M, et al. Effi-cient transduction of human neurons with an ade-no – associated virus vector. GeneTher, 1996, 3 (3): 254 – 261

The Effect of 30 – Base Pair Deletion of Latent Membrane Protein 1 C Terminus of Epstein – Barr Virus on Cell Proliferation

DU Hal – jun[1], ZHAO Jian[2], ZHOU Ling[1], WANG Qi[1], LI Hong – xia[1], ZENG Yi[1]

(1. State Key Laboratory for Infectious Disease Prevention and Control, National Institute for Viral Disease Control and Prevention, Chinese Center for Disease Control and Prevention, Beijing 100052, China;

2. Department of Obstetrics and Gynecology, First Hospital of Peking University, Beijing 100034, China)

Latent membrane protein 1 (LMP1) encoded by Epstein – Barr virus gene is a kind of transmembrane signal protein causing cell malignancy. LMP1 C terminus is essential for its transforming activities. Both Lmp1 and *lmp1* C – terminal 30 – base pair deleted (*lmp1 – ctd*) genes were respectively extracted from B95 – 8 cell and nasopharyngeal carcinoma biopsy by polymerase chain reaction (PCR). These genes were separately inserted into adenovirus – associated virus (AAV) plasmid vector with DNA recombinant technique. The recombinant AAVs (rAAVs) each including *lmp*1 and *lmp*1 – *ctd* were assembled in HEK – 293 package cell line under the help of lipofectamine transfection reagents. The epithelial cells of monkey kidney were infected by rAAVs. The transcription of *lmp*1 and *lmp*1 – *ctd* in monkey kidney cells was determined by RT – PCR. The growth and DNA synthesis of infected epithelial cells of monkey kidney were examined with MTT method and flow cytometry technology. The effect of *lmp*1 – *ctd* on cell proliferation was discussed. Our data suggested mRNAs of *lmp*1 and *lmp*1 – *ctd* genes could be detected in the infected epithelial cells of monkey kidney. The growth of infected monkey kidney epithelial ceils was strongly promoted by *lmp*1 and *lmp*1 – *ctd*. More cells infected by rAAV including *lmp* 1 – *ctd* transited quiescent phase to proliferation phase than cells including *lmp*1 did. These results indicated *lmp*1 – *ctd* has stronger activity to promote cell propagation.

〔**Key words**〕 Gammaherpesvirinae; Epstein – Barr virus; Latent membrane protein 1; C – terminal deleted; Cell proliferation

336. 以 Rtac2/3 为抗原用于鼻咽癌病人检测的初步研究

中国疾病预防控制中心病毒病预防控制所传染病预防控制国家重点实验室

任 军 张晓梅 张晓光 李红霞 周 玲 曾 毅

〔**摘 要**〕 **目的** 在大肠埃希菌中表达 EBV 的早期基因 *BRLF*1，并纯化这个重组蛋白。用纯化的蛋白作为抗原与鼻咽癌（NPC）病人血清中的特异性抗体发生反应，以寻找新的 NPC 筛检或诊断标志物。 **方法** 用表达和纯化的 *BRLF*1 基因 C 端 2/3 部分蛋白（Rtac2/3）建立间接 ELISA 方法，检测了 59 份 NPC 患者血清中的抗 Rta IgG 抗体，同时 59 份健康者血清作对照。 **结果** 59 份 NPC 患者血清中 50 份阳性，而 59 份健康者对照血清中只有 7 份阳性。NPC 组的阳性率与健康对照组之间差异有统计学意义（$P < 0.01$）。此方法的灵敏度为 84.7%，特异性为 88.1%。 **结论** （1）检测人血清中的抗 Rta – IgG 可以作为 NPC 诊断的重要标志物之一。（2）如果检测抗 Rta – IgG 与检测 Zebra IgG 抗体试验联合使用，用于 NPC 的筛检和诊断能够进一步提高灵敏度或特异性。

〔**关键词**〕 EBV；*BRLF*1；基因；鼻咽癌

Epstein – Barr（EB）病毒属于疱疹病毒科 γ 亚科，在人群中传播广泛，90% 以上的成年人携带此病毒，但一般并不发病。只有病毒由潜伏期被激活进入裂解周期，才与多种恶性肿瘤的发生高度相关[1]。EB 病毒的感染与许多人类肿瘤密切相关[2]，如非洲儿童 Burkitt's 淋巴瘤（BL）、鼻咽癌（NPC）、何杰金病（HD）以及各种免疫抑制病人和移植病人的淋巴细胞增生紊乱引起的淋巴瘤（PTLD）等。其中 NPC 是我国南方一些省（自治区）的常见恶性肿瘤之一，发病率高，有些地区可高达（10~50）/10 万：病死率也很高。血清学普查表明 NPC 患者血清中抗 VGA（病毒衣壳抗原）、EA（早期抗原）抗体的滴度不仅明显高于普通人群和患其他类型头部肿瘤的人群，而且与肿瘤的发生过程密切相关[3,4]。由于在 NPC 的早期对病人进行治疗可以使 NPC 病人的生存期明显延长，所以开发出敏感性和特异性更高的试验方法应用于 NPC 高危人群的筛检和早期诊断具有很高的实用价值。中国疾病预防控制中心病毒病所肿瘤病毒室用 EBV 的早期蛋白 Zebra 作为抗原建立间接 ELISA 方法，检测人血清中的抗 Zebra 蛋白[5,6]的 IgG 抗体，使鼻咽癌筛检方法更易于标准化和更适合于大量样本的筛检。我们在此基础上尝试使用其他病毒抗原作为新的筛查依据。

*BRLF*1（BamH Ⅰ片段 R，左向第一读码框）是 EBV 立早基因之一，在 EBV 由潜伏周期向裂解周期转换的过程中发挥重要作用。Feng 等[7]在大肠埃希菌中表达了 Rta 融合蛋白，并用 Western blot 方法鉴定出 Rta 蛋白的 IgG 表位主要位于蛋白的 C 端 2/3 部分。本文作者在大肠埃希菌中表达并纯化了不含任何外源标签的 Rta 蛋白的 C 端部分（179～605 位氨基酸，Rtac2/3），用纯化的蛋白作为抗原建立间接 ELISA 法检测人血清中的特异性抗体。

材料和方法

一、包被用蛋白抗原　Rta 和 Zebra 由本室制备保存。

二、血清与抗体　封闭用 FBS 为 Gibco 公司产品。HRP - 标记羊抗人 IgG 由北京艾奥公司惠赠。羊抗人 IgA 为中杉金桥公司进口分装产品。27 份 NPC 病人血清和 27 份健康者血清由广西疾控中心提供。32 份 NPC 病人血清和 32 份健康者血清由广东汕头大学医学院提供。

三、以 Rtac2/3 蛋白为抗原间接 ELISA 法检测人血清　用包被液（Na_2CO_3 0.15 g，$NaHCO_3$ 0.29 g，加去离子水至 100 ml）稀释 Rtac2/3 蛋白样品至 100 ng/孔。4℃包被过夜（16～18 h）。用含 10% FBS 的 PBS 封闭液 37℃封闭 2 h。人血清用封闭液 1∶100 稀释，37℃湿盒内保温 1～2 h。用 4 份 NPC 病人混合血清作为阳性对照血清，以不加入血清之封闭液作为阴性对照。每份样本做 2 孔。HRP 标记的羊抗人 IgG 按 1∶20 000 用封闭液稀释（HRP 标记羊抗人 IgA 按 1∶10 000 稀释），37℃湿盒内保温 1 h。显色液 A、B 每孔各加入 50 μl，37℃湿盒内显色 15 min。加入终止液 S 每孔 50 μl。酶标仪 450 nm 波长读出每孔吸光度（A）值。计算每份血清的 2 孔 A 值的平均值作为该样本的值。

四、Cutoff 值的设定　结果判定的 cutoff 值＝健康者对照组阴性血清样本的 A 值的平均值 +2×标准差。检测抗 Rta - IgG 抗体的测定以 A = 0.22 作为 cutoff 值。检测抗 Zebra IgG 抗体以 0.45 作为 cut - off 值。IgA 的测定以 0.07 作为结果判定的 cutoff 值。

五、统计学方法　各组间 A 值均数的比较用 Cox 法 *t* 检验分析。cutoff 值判定阳性标本例数后，用卡方检验分析各组间阳性率。

结　　果

以纯化的 Rt4c2/3 蛋白作为抗原建立间接 ELISA 法，检测 NPC 病人血清和健康者对照血清。每份标本做 2 孔，所得 A 值取平均值作为该标本的实测值，所得数据见表 1。

经 Cox 法 *t* 检验分析，无论是检测 IgG 还是检测 IgA，NPC 病人组 A 均数与健康对照组差异有统计学意义（$P < 0.01$）。

间接 ELISA 法检测抗 Rta - IgG 以 A 值 0.22 作为 cutoff 值，检测抗 Rta - IgA 以 A 值 0.07 作为 cutoff 值。间接 ELISA 法检测抗 Zebra - IgG 以 A 值 0.45 作为 cutoff 值。分别计算阳性例数和阴性例数，结果见表 2。

表 1 Rtac2/3 蛋白间接 ELISA 法检测
血清* 中 IgG 和 IgA 的 A 平均值和标准差

Tab. 1 The average and STD of A value of IgG
and IgA against Rtac2/3 by indirect ELISA

	NPC（$n=27$）	Healthy（$n=27$）
A value（$\bar{x}\pm s$）/IgG	1.03 ± 0.80	0.19 ± 0.17
A value（$\bar{x}\pm s$）/IgA	0.23 ± 0.27	0.054 ± 0.008

注：* NPC and the comparitive healthy blood serum are provided by Guangxi Center for Disease Control and Prevention

表 2 间接 ELISA 法检测 NPC 病人及健康者
血清* 中的 Rta 和/或 Zebra 的抗体

Tab. 2 Detection of antibodies against Rta and/or Zebra in NPC and healthy serum by indirect ELISA

	NM（$n=59$）		Healthy（$n=59$）	
	+	−	+	−
IgG/Rta	50(84.7%)	9(15.3%)	7(11.9%)	52(88.1%)
IgA/Rta	26(44.1%)	33(55.9%)	0(0%)	59(100%)
IgG/Zebra	53(89.8%)	6(10.2%)	6(10.2%)	53(89.8%)
IgG/R or Z#	57(96.6%)	2(3.4%)	11(18.6%)	48(81.4%)
IgG/R and Z△	47(79.7%)	12(20.3%)	2(2.4%)	57(96.6%)

注：* NPC and the comparative healthy serum air provided by Guangxi Genter for disease Control and Prevention and The medical Institute of Guangdog Shantou University. #The criterion judging whether IgG/R or Z is positive：either IgG/Rta or IgG/Zebra are negative . △The criterion judging whether IgG/R and z are positve：the result is re‐garded as positive when both IgG/Rta and IgG/Zebra are positive. Otherwise they are negative . The figures in brackets in the table show the percentages of positive or negative samples

表 3 检测抗 Rta 和/或 Zebra 抗体的
NPC 筛检试验的评价指标

Tab. 3 Sensitivity,specificity and positive expected value,negative expective value in screening by indirect ELISA

	Sensibility（%）	Specificity（%）	positive predictive value(%)	Negative predictive value(%)
IgG/Rta	84.7	88.1	87.7	85.3
IgA/Rta	44.1	100	100	64.1
IgG/Zbra	89.8	89.8	89.8	89.8
IgC/R or Z	96.6	81.4	83.8	96.0
IgG/R and Z	79.7	96.6	95.9	82.6

根据表 2 中的数据，计算各种方法用于 NPC 筛检时的敏感性、特异性和阳性预测值，阴性预测值。结果如表 3。

结果显示，如果在 NPC 筛检时同时检测抗 Rta‐IgC 和 Zebra‐IgC 的抗体，两者都为阳性时判定结果为阳性与单独使用 Zebra 和 Rta 相比可以大大提高阳性预测值；两者有一个是阳性即判定结果为阳性时与单独使用 Zebra 和 Rta 相比可以大大提高阴性预测值。

讨   论

BRLF1 是 EBV 的立早基因之一，在 EBV 由潜伏周期向裂解周期转换的过程中发挥重要作用。BRLF1 基因不含有内含子，由 3.3 kb mRNA 翻译出 Rta 蛋白。Rta 蛋白由 605 个氨基酸组成，N 端的 232 个氨基酸为 DNA 结合区域，与转录激活相关的区域位于 C 末端。作为一种反式激活因子，它可以调节 EBV 早期/晚期基因的表达。在潜伏有 EBV 的上皮细胞中，Rta 的表达可以引起 D 型早期抗原（EA‐D）的产生，也可以激活 BZLF1 和 BMRF1 的表达，还可能参与裂解期病毒基因组的复制。本研究所用 Rta 的 C 端 2/3 部分（Rtac2/3，179～605 位氨基酸）包含了 Rta 蛋白主要的 IgG 表位。

用 Rtac2/3 蛋白作为抗原建立间接 ELISA 法检测人血清中的特异 IgG 和 IgA。实验结果表明，检测血清中的抗 Rta ISA 时，NPC 组 A 值均值 0.23 ± 0.27 明显高于健康组 0.054 ± 0.008，而且统计学分析表明二者之间差异有统计学意义（$P<0.01$），但灵敏度仅 44.1%，用于 NPC 筛检的意义不大。在检测抗 Rta IgG 时，NPC 组 A 均值（1.03 ± 0.80）明显高于健康对照组（0.19 ± 0.17）：经统计学分析，NPC 组与健康对照组之间差异有统计学意义（$P<0.01$）。用文中的间接 ELISA 法检测血清中的抗 Rta IgG 抗体用于 NPC 筛检，灵敏度达

84.7%，特异性 88.1%，阳性预测值 87.7%，阴性预测值 85.3%。因此，本方法有助于 NPC 的筛检。文献报道[8]，目前国内鼻咽癌高发地区基层医务部门仍多采用免疫酶法检测血清中的 IgA/VCA 和 IgA/EA 抗体，IgA/VCA 的灵敏度和特异性均达到 90% 左右；IgA/EA 的特异性很高，达到 98% 左右，而灵敏度为 50%。本文的方法在灵敏度和特异性方面与 IgA/VCA 免疫酶法相差不多，但此方法更适于大量样本的筛查。

Rtac2/3 蛋白与 Zebra 蛋白联合使用，如果并联使用（IgG/Rta 和 IgG/Zebra 其中有一个是阳性即为阳性，二者都阴性判断为阴性），则 59 例 NPC 中 57 份阳性（灵敏度达到 96.6%）；阳性预测值 83.8%，阴性预测值达到 96.0%。如果串联使用（IgG/Rta 和 IgG/Zebra 皆为阳性判断为阳性，二者之一有一个阴性即判断为阴性），59 份健康血清中只有 2 份阳性（特异性达 96.6%）；阳性预测值达到 95.9%。而单独检测抗 Zebra IgG 抗体的阳性预测值和阴性预测值均为 89.8%（如表 3 所示）。所以间接 ELISA 法检测抗 Rta - IgG 抗体可以作为检测 EB 病毒的另一个新的指标，用于 NPC 的筛检和诊断，能够增加诊断的准确性，并且能够给检验者和临床医生提供更多的信息。

〔原载《中华微生物学和免疫学杂志》2006，26（11）：1057 - 1059〕

参 考 文 献

1　金奇. 医学分子病毒学. 北京：科学出版社. 2001，787 - 809

2　Pikson AB，Kieff E. Epstein - Barr virus. in：Fields BN，Knipe DM，Howley PM，et al. Fields virology，Philadelphia：Lippincott - Raven Pub - lishers. 1996，2397 - 2446

3　区宝祥，曾毅. 鼻咽癌病因和发病学的研究. 北京：人民卫生出版社. 1985，1 - 10

4　Zeng Y，Pi GH，Deng H，et al. Epstein - Barr virus seroepidemiology in China. AIDS Res，1986，2（Suppl1）：s7 - 5

5　曾毅，Jean - claude Nicolas Guy de The，et al，Epstin - Bart 病毒相关疾病的 IgG/Z 抗体检测. 病毒学报，1992，8（3）：218 - 222

6　李稻，曾毅. Cochet Chantal，等. 鼻咽癌病人血清中 IgG/Zebra 抗体的 ELISA 法检测. 病毒学报，1994，10（1）：78 - 80

7　Feng P，Ren EC，Liu D，et al. Expression of Ep - stein - Barr Virus lyticgene *BRLF*1. in nasopharyn - geal carcinoma：potential use in diagnosis. JCen Virol. 2000，81（Pt 10）：2417 - 2433

8　张天泽. 肿瘤学. 天津：天津科学技术出版社，2005，1090 - 1109

Studies on Antibody Response to Recombinant Rta Protein in Patient with Nasopharyngeal Carcinoma

REN Jun，ZHANG Xiao - mei，ZHANG Xiao - guang，LI Hong - xia，ZHOU Ling，ZENG Yi

（Institute for viral Disease Control and Prevention，China Center for Disease Control and Prevention，Beijing）

Epstein - Barr virus is a ubiquitous gamma herpesvirus that infects more than 90% of human population. EBV is associated with a spectrum of nasopharyngeal carcinoma（NPC）. IgA/VCA and IgA/EA in serum can be used in NPC screening and diagnosis，it is known that IgG antibodies directed against Zebra encoding by BZLF1 is one of di - agnostic parameter for NPC. It should be researched whether the specific antibody against the other EBV early antigen can be used in NPC screening and diagnosis. **Objective** To express early gene BRLF1 in *E. coil*，purify the recombinant protein, and use it as antigen to detect specific antibody response in patient with NPC in order to search for new screening or diagnostic parameter for NPC.   **Methods**   The C – terminal two – thirds of BRLF1 (Rtac 2/3), were prepared and were used as antigen in indirect ELISA. Serum samples were derived from 59 patients with NPC and 59 healthy volunters.   **Results**   Significant difference between the NPC group and healthy control group was revealed ($P < 0.01$). Among the 59 patients with NPC, 50 showed positive results in specific IgC antibody detecting, while in heathy control group, only 7 cases showed positive results. The sensitivity of the assay is 84.7% and the specificity is 88.1%.   **Conclusion**   IgG antibody against Rta can be one of important diagnostic parameter for NPC. The sensitivity or the specificity can be improved if the assay was combined with the assay of IgG antibodies against Zebra in NPC screening. Therefore the assay can be used in screening and diagnosing for NPC.

〔**Key words**〕Epstein – Barr virus (EBV); *BRLF*1 gene; Nasopharyngeal carcinoma (NPC)

337.　宿主遗传多态性与 HIV/AIDS 感染和进展的关系

中国疾病预防控制中心病毒病预防控制所传染病预防控制国家重点实验室　曾　毅
Laboratory of Genomic Diversity National Cancer Institute – Frederick
O'Brien J Stephen Laboratory of Genomic Diversity, SAIC – Frederick　郭秀婵

〔摘　要〕　人体对 HIV – 1 的易感性，除病毒本身和个体的行为因素外，宿主的遗传因素，即遗传变异起了重要作用。一些个体的不感染和长期不进展现象完全是由于宿主本身的遗传背景造成的，而非药物在过去的 10 年中，有关宿主的遗传多态性与 HIV 感染、AIDS 病程进展、抗 HIV 药物治疗效果和毒性的研究已成为 HIV 研究的热点。宿主的遗传因素主要通过作用于病毒入侵细胞形成感染这一过程和修饰机体的免疫反应而影响对 HIV 的易感性和 AIDS 病程的进展。这些遗传变异主要包括细胞因子受体和配体系统基因及 HLA 和抗原呈递系统基因。前者有 CCR5，CCR2，SDF1，IL10，RANTES，IFN – γ 和 CXCR6 等。后者包括 HLA – B * 57，HLA – B * 27 和 HLA – B * 35 等。其中 CCR5 和 CCR2 的变异是研究得最透彻的。CCR5 基因编码区 32 个碱基的纯合性缺失（CCR5Δ32）可完全保护携带者不感染 HIV，杂合性缺失可延迟感染后病程的进展；CCR5Δ32 还有利于抗病毒治疗。对宿主遗传背景的研究不仅可以理解 HIV 的自然感染过程，对病情的预测、抗 HIV 药物的开发、治疗策略的制定及疫苗研究都有指导意义。目前 CD4 阳性 T 细胞计数、HIV 病毒载量、CD4 阳性 T 细胞耗竭速度及 AIDS 临床症状是临床上判断病情的依据，而没有考虑可能起重要作用的宿主因素。最近的研究表明，HIV 抑制因子 CCL3L1（MIP – laP）基因的拷贝数与个体 HIV – 1/AIDS 的易感性相关。拥有的 CCL3L1 拷贝数越少，对 HIV – 1 越易感。每多一个拷贝就可降低 4.5% ~ 10.5% HIV 感染的风险。这使得通过筛查 CCL3L1 剂量，结合其他宿主基因分型如 CCR5，预测个体对 HIV/AIDA 的易感程度、指导临床治疗成为真正的可能。

〔关键词〕　HIV；AIDS；宿主基因；多态性；CCR5

虽然发现人类免疫缺陷病毒（human immunodeficiency virus，HIV）HIV 已经 20 多年了，但 HIV/AIDS 仍然威胁着人类健康。至今，全球 HIV 感染者已超过 6000 万，其中 2500 万已经死亡；每天约有 14 000 人被 HIV 感染，其中 1/2 以上为 24 岁以下的青少年（www.unaids.org）。我国自 1985 年首次发现艾滋病以来，疫情呈加速流行的趋势，正在从高危人群向一般人群传播。我国 HIV 感染者人数居亚洲第 2 位，全世界第 14 位。截至 2005 年底，我国存活的 HIV 感染者估计为 65 万，疫情较严峻。随着抗 HIV 药物的应用及其出现的一系列问题（如毒性、代谢障碍和抗药性等）、HIV 疫苗研究的不成功及 HIV 抗性基因 CCR5 - Δ32，HLA - B * 27 和 * 57 等的报道[1,2]，人们逐渐认识到 HIV 感染过程中宿主基因的重要性。85% ~ 95% 的人类基因变异在不同种族中是一致的，而这 5% ~15% 的不同决定了其种族的不同和对某些疾病遗传背景的不同。75% HIV 感染者和 84% AIDS 造成的死亡发生在非洲[3,4]。为什么存在少数人暴露 HIV 后不感染、部分人感染后进展缓慢、不同人继发 AIDS 相关疾病（如间质性肺炎、Kaposi's 肉瘤等）的机会不同、对 HIV 免疫反应的不同及用药后治疗效果的不同等现象？越来越多的研究表明，宿主的遗传变异（遗传背景）在上述现象中起了重要的作用，这些宿主基因主要包括 HIV -1 化学因子辅助受体、化学因子配体、细胞因子和人类主要组织相容性复合物，即 HLA。了解宿主基因在 HIV 感染和感染后发病过程中的作用对理解病程的进展、发展新的治疗方法及疫苗的研究都有重要的指导意义。本文就该方面的研究进展和展望进行了评述。因全球 95% 以上的 HIV 感染是由 HIV -1 造成的，本文所提及的 HIV 感染均指 HIV -1。

从进化的角度看宿主和病原体之间的作用

自 10 万 ~ 15 万年前陆地板块分离以来，由于进化和历史压力，人类基因组发生了巨大变化。当时约 1 万人由非洲迁移到亚洲和欧洲，由于人口的迅速膨胀，限制了这些与非洲人口有亲缘关系的移民人口的等位基因和单倍体型的多态性[51]。而近来的迁移事件，如西非黑人被迫移居美国以及不同民族移民他国造成的遗传混合也影响着基因组的多态性。此外，周期性致死性传染病的暴发和区域性的环境改变压力也可造成当地人群疾病等位基因的变异。病原微生物对自然选择影响的最好例子是宿主对疟疾和艾滋病产生的抗性基因[6,7]。6000 ~10000 年前随着农业的兴起，疟疾开始流行。疟疾的致死率很高，尤其是在妇女和儿童中；经过 300 ~500 代的压力选择，宿主的一些等位基因发生变异形成疟疾抗性基因；这些基因包括 X 连锁的葡萄糖 - 6 - 磷酸脱氢酶（G6pd）、Duffy 抗原受体（DARC）及 α 和 β 球蛋白基因。这些等位基因的变异频率因不同区域疟疾发病率的不同而不同[6,8]。此外，由于周期性感染性疾病暴发的压力，人类在进化过程中选择增加 HLA 区的多态性以便最大限度地识别这些病原的差异性，这就是为何 HLA - I 和 HLA - II 等位基因保持如此丰富多态性的原因[9]。

逆转录病毒在人类针对病毒感染免疫反应的进化过程中起了关键作用，估计约 8% 的人类基因组序列直接由逆转录病毒的成分衍生而来[10]。许多新的人类内源性逆转录病毒是在人类从灵长类进化过程中获得的，最近的研究证明，单纯病毒感染的压力可影响宿主的遗传多样性，推测黑猩猩在这种压力的作用下选择的主要组织相容性复合物（MHC）等位基因，可使宿主产生强的免疫性保护反应对抗 SIV 及与之相近的 HIV -1 的感染[11]。如果抛开治疗，无论是过去还是现在，人类对抗 HIV 感染仅有的武器就是宿主的遗传变异和在 HIV 流行的压力下经过几代的选择形成的宿主遗传适应性。从病毒方面看，HIV 具有针对宿主免疫反应的快速遗传适应能力，如一天可产生许多代病毒；宿主方面，人类基因组中修饰免疫反应的关键基因的蛋白编码区具有明显的多态性，而这种适应性存在个体差异。也许在 HIV 流行 20 多年后（仅约一代人的时间）观察由这种选择压力造成的人类 HLA 区的多态性还为时过早，但有证据表明，CCR5 基因经过了近期选择，也许是由天花或鼠疫的流行造成的[12]。

HIV/AIDS 限制基因

一、细胞因子受体及配体系统 研究表明，宿主的基因变异，尤其直接涉及 HIV－1 入侵细胞、免疫识别和抗原呈递的宿主基因变异对 HIV－1 感染、AIDS 的发病及其进展以及晚期相关疾病的出现有着重要影响。HIV－1 侵入靶细胞除需 CD4 受体外，还需要借助辅助受体，在感染初期以 CCR5 辅助受体为主，称嗜 M 期或 R 期（M－tropic phase orstage R），即病毒 gp120 跨膜蛋白通过与巨噬细胞表面的 CD4 受体和 CCR5 辅助受体结合后进入细胞，在巨噬细胞内迅速繁殖，每天可繁殖达几十亿个，并可持续几年，但对细胞无明显损害。随着感染的持续，gp120 蛋白变异后获得了与 CD4 阳性 T 淋巴细胞表面辅助受体 CXCR4 的结合能力，进入到后期，即嗜 T 期或 X4 期（T－tropic phage or stage X4），HIV 病毒由巨噬细胞嗜性转化为双嗜性（巨噬细胞嗜性和 T 细胞嗜性）和 T 细胞嗜性。病毒迅速破坏 CD$^+$ 的 T 淋巴细胞，使其数量由 1000 很快降到 200，发展到 AIDS。估计 90% 的 HIV－1 感染是由嗜 M 造成的。30% ~ 50% 感染者（M－tropic）的 HIV－1 分离株后来用 CXCR4 作为辅助受体，或以 CCR5 和 CXCR4 两者为辅助受体（也称 R5X4 株）[13,14]。HIV 感染过程详见图 1[15]。

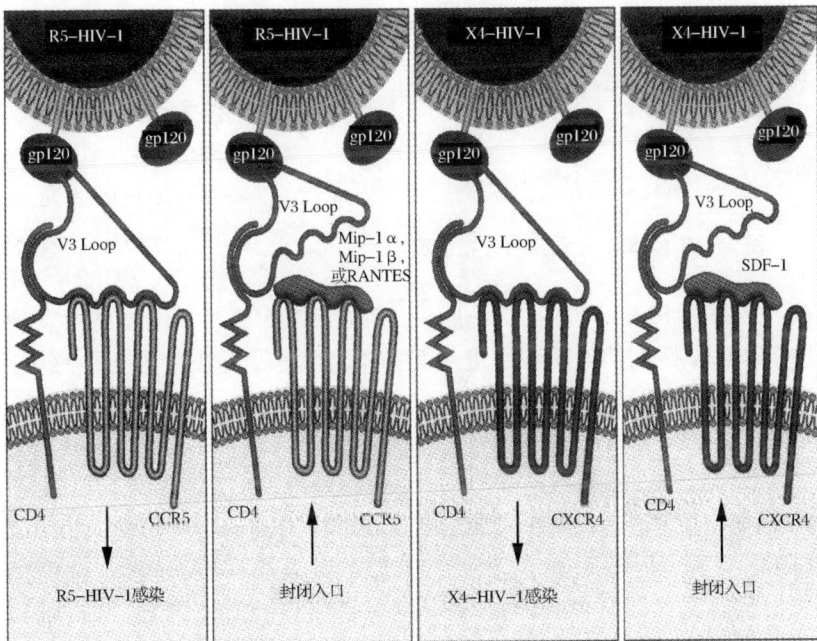

图 1　HIV－1 进入细胞的过程及相应的候选 AIDS 限制基因

20 世纪 80 年代初，美国国立癌症研究所基因组多样性实验室开始在人类基因组中寻找 AIDS 限制基因（AIDS restriction genes，ARGs）。通过对 8500 例 HIV 高危人群，包括男性同性恋、HIV 抗体筛查前血友病患者和静脉吸毒共用针头者的系统跟踪研究，1996 年该实验室发现了第一个 HIV/AIDS 抗性基因，即 CCR5Δ32[1]。另外几个研究小组也同时或相继证实了这一发现[16~18]。CCR5 基因编码区 32 个碱基的纯合性缺失（CCR5Δ32）可导致其编码的蛋白的缺失，使 HIV - 1 不能进入细胞，保护个体不感染 HIV - 1，但并不能保护以 CX-CR4 为辅助受体的感染。目前已有几例 CCR5Δ32 纯合性缺失者被 HIV - 1 感染的报道[41]。CCR5Δ32 杂合性缺失个体不能降低其感染 HIV - 1 的风险，但可使 AIDS 的发病推迟 2~4 年，也可降低 AIDS 病人合并非何杰氏淋巴瘤的发病率[14]。该变异在欧洲白人的后裔中纯合性缺失仅为 1%~2%，等位基因频率为 10%~15%；在其他种族中几乎没有。CCR5Δ32 等位基因频率由北欧向南逐渐降低，直至到零（图 2[20]），推测 CCR5Δ32 历史上起源于北欧约 700 年前，认为是由黑死病或天花的流行压力造成的宿主基因选择。Stephens 等人[21]和 Galvani 等人[22]的研究显示，天花更像是 CCR5Δ 32 的选择压力。

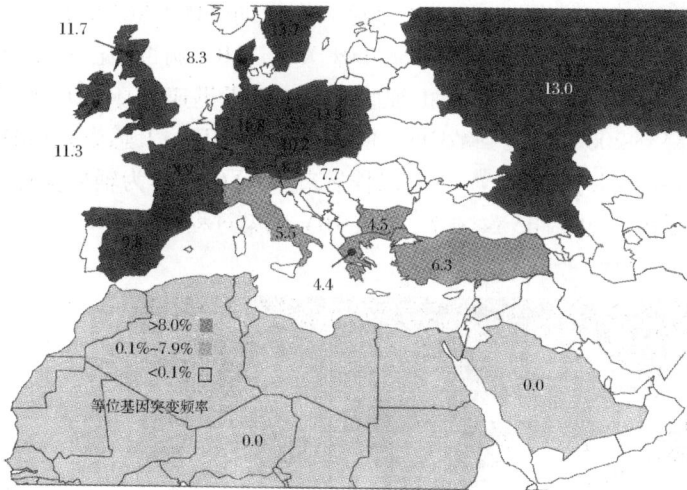

图 2　CCR5Δ32 在欧洲的分布情况

发现的第 2 个具有与 CCR5Δ32 相似作用的变异是 CCR2 - 64I，CCR2 基因位于 3 号染色体 CCR5 附近，是 HIV - 1 的次要辅助受体。CCR2 - 64I 是指在 CCR2 基因编码区位置 64 处缬氨酸被异亮氨酸替代的变异。CCR2 - 64I 对 HIV 的传播没有影响，也就是说该变异不能保护个体不感染 HIV - 1；但无论是纯合性或杂合性变异却可延迟 AIDS 的发病[23]。然而，最近的研究发现，CCR2 - 64I 对 HIV 感染有保护作用[24]。CCR2 - 64I 在所有种族中均可检测到，频率为 10%~20%[25]。进一步研究 CCR5 启动子区多态性发现，与其他基因型相比，CCR5P1 携带者感染 HIV 后进展为 AIDS 的速度更快，尤其是感染后的前几年。7%~13% 的人群携带 CCR5P1，10%~17% 的感染者在 3、5 年内发展为 AIDS 可能是由于他们是纯合性的 CCR5P1/P1[26]。

由 CXCL12 基因编码的细胞因子 SDF1 是 CXCR4 的唯一配体，体外实验表明，SDF1 可下调 CXCR4 水平从而阻止 HIV - 1X4 株与细胞的接触。在其 3′末端 A 非转录区一个 G→A 的碱基变异，即 SDF1 - 3′A 可延迟 AIDS 的发病[27]，但也有研究不支持这种观点[28]。该变异在白种人和亚洲人中较常见（20%~30%），在黑人中罕见。携带 SDF1 - 3′A 和 CCR5Δ32（或 CCR2 - 64I）的 HIV 感染者比只携带其中之一的感染者具有更强的保护性，即使 AIDS 的发病推迟的时间更长（图 3）。其原理为：CCR2 和 CCR5 的变异均可限制 HIV 早期（R5 期）病毒的扩散和繁殖，而 SDF1 - 3′A 又可限制 X4 株的扩散，使其后期进展缓慢；因此两者有相加的效果。化学因子 RANTES 由 CCL5 基因编码，是 CCR5 的配体，通过竞争性的与 CCR5 结合和下调 CCR5 的表达可抑制 CCR5 介导的 R5 株的入侵。研究发现，HIV－1 暴露未感染者及感染后延迟进展者的外周血单核细胞和培养的 CD4 阳性 T 细胞所分泌的 RANTES 水平较高。CCL5 基因启动子区的变异与 HIV－1 的感染和感染后进展有关；－28G 可提高 RANTES 的水平，在日本人中可减少 CD4 阳性 T 细胞的耗竭[29]；该变异在日本人中的频率明显高于白种人（17% vs 2.5%）。而位于内含子区的 In 1.1C 的变异可下调 RANTES 的转录，增加 HIV 的感染风险和进程[30]。化学因子 MCP1（由 CCL2 编码）、MCP3（由 CCL7 编码）和 Eotaxin（由 CCL11 编码）可与 CCR2 和 CCR3 结合，并控制免疫细胞向感染和炎症部位的趋化。它们可能通过趋化 CD4 阳性的细胞到达 HIV－1 感染部位而影响 HIV－1 的繁殖和致病性。CCL2，CCL7 和 CCL11 基因丛形成一个 31kb 的单倍体型区（haplotype block）Hap－7，含 3 个单核苷酸多态性（SNP）变异，即 －2136T 位于 CCL2 的启动子区，767G 位于 CCL7 内含子 1 区和 －1385A 位于 CCL11 的启动子区。Hap－7 可降低美国白人 HIV－1 的感染风险，在通过高危性行为和接触污染血液反复暴露于 HIV－1 的未感染人中的频率明显高于感染组。Hap－7 在美国白人中的频率为 19%，黑人中仅为 3%[31]。CXCR6 是 SIV 入侵细胞时的主要受体，在其编码区 3 的单个核苷酸变异 1469G→A 造成氨基酸的替代，称为 CXCR6－E3K。CXCR6－3K。总体来说对感染后 AIDS 病程的进展及病毒载量没有影响，但却可延长合并有间质性肺炎患者的生存期。CXCR6－3K 频率在美国黑人中为 45%，白人中仅约为 0.6%[32]。

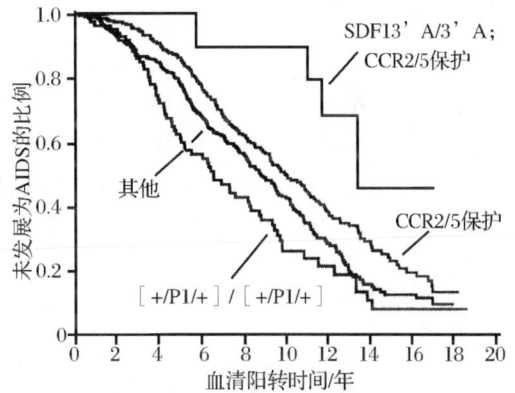

图3　美国白人 HIV 血清抗体阳转后 Kaplan Meyer 存活曲线

2000 年 Shin 等人[33]报道，细胞因子 IL10 启动子区的变异，即等位基因 IL10－5，A－592A（简称 IL10－5'A）可增加白种人和美国黑人感染 HIV－1 的危险。IL10 是由淋巴细胞产生的体内可限制 HIV 繁殖的细胞因子，而 IL10－5'A 可减少 IL10 的转录，使携带者增加感染 HIV 的危险以及感染后加速病程的进展。IL10－5'A 频率在各种族中都较常见，白种人为 23.6%，美国黑人 40%，亚洲人 60%。发现 25%－30% 的 HIV 感染后长期不进展者归功于野生型纯合子 IL10－+／+ 的保护。γ 干扰素（1FN－γ）启动子区的 SNP 变异 －179T 可通过 TNF－α 和 IFN－γ 的协同作用诱导 CD4 阳性 T 细胞凋亡，造成其快速下降。约 4% 的美国黑人携带该变异，白人中少见（＜1%）[34,35]。表 1 列出了已确定的 HIV/1ADS 抗性或易感基因[4]。最近，Shrestha 等人[24]对 793 例美国巴尔的摩市黑人静脉吸毒人群（266 例 HIV 血清抗体阳性者和 537 阴性者）进行了 9 个候选基因，包括 50 个单核苷酸多态性（SNP）变异的相关研究。这 9 个基因在 HIV 入侵细胞和复制过程中起作用，主要集中在 CCR5 辅助受体，包括 CCR2，CCR5，RANTES，MIPlA，MCP2，IL10，IFNG，MCSF 和 IL2。在该人群中未检测到纯合型 CCR5Δ32，仅 4 个 SNPs 与 HIV 易感性相关；CCR2－64I 和位于 CCR5 启动子区的 －2459A 可减低 HIV 的感染风险。而以前的研究显示，CCR5－2459A 可加速 AIDS 的进程[26,36]；MIPlA＋954（T/T）纯合型和 IL2＋3896 有保护作用。Wang 等人[37]

在 330 例汉族 HIV 感染者和474 例未感染者（包括215 例静脉吸毒者和259 例性病患者）中观察了 CCR5Δ32，CCR2 – 64I 和 SDF1 – 3'A 对 HIV 易感性的影响，整个队列中未发现纯合型 CCR5Δ32 基因型；杂合型 CCR5Δ32 基因型在 HIV 感染者和未感染者中各发现1例。统计结果显示，CCR5Δ32，CCR2 – 64I 和 SDF1 – 3'A 在该队列中对 HIV 的易感性无影响。本人在美国工作期间检测了 1400 多例中国汉族人群 CCR5Δ32 的分布情况，仅发现 1 例杂合型 CCR5Δ32。因此，至少在汉族人群中 CCR5Δ32 不是我们要找的抗性基因。

表1　HIV/AIDS 抗性或易感基因及在 3 个种族中的频率分布

	等位基因	遗传模式	美国黑人	美国白人	中国汉族人
抗性因素					
CCR5	Δ32	隐性	0.02	0.1	未检测出
CCR2	64I	显性	0.15	0.1	0.25
SDF1	3'A	隐性	0.02	0.21	0.16
CXCR6	E3K	显性	0.44	0.006	0.133
CCL2 – CCL7 – CCL11	HaP7	显性	0.031	0.192	未定
HLA	B *27	共显性	0.01	0.041	未定
HLA	B *57	共显性	0.06	0.04	未定
K1R – HLA	SDS1 – B w4 – 80I	上位	0.08	0.12	
易感因素					
IL10	5'A	显性	0.4	0.24	0.6
1FNG	179T	显性	0.02	0.001	未检测出
RANTES	In1.1C	显性	0.2	0.14	0.3
HLA	B *35	显性	0.07	0.09	未定
HLA	B*35 *Px	显性	0.09	0.03	未定
CCR5	+P1 +	显/隐性	0.25	0.56	0.44
HLA Ⅱ	1 位点纯合	共显性	0.16	0.22	未定
HLA Ⅱ	2 或 3 位点纯合	共显性	0.03	0.06	未定

在人类基因组中存在基因片段的重复（多个拷贝）现象，基因组中涉及免疫系统的基因片段拷贝量与某些复杂疾病的发病有关，是物种适应环境选择的结果。化学趋化因子 CCL3L1，又称 MIP – 1αP 或 LD78β，可与 CCR5 结合，是 HIV 抑制因子。最近 Gonzalez 等人[38]的研究表明，HIV 抑制因子 CCL3L1 基因的拷贝数与个体 HIV – 1/AIDS 的易感性相关。拥有的 CCL3L1 拷贝数越少，对 HIV – 1 越易感；每多一个拷贝就可降低 4.5% ~ 10.5% HIV 感染的风险。CCL3L1 拷贝数越少，感染后病程进展越快，原因是低 CCL3L1 拷贝数与高病毒载量和 T 细胞快速耗竭成正比[39]。此外，在病毒和宿主相互作用研究的新进展中，宿主基因 TRIM5（T – cell – receptor – interactionmolecule）– 5α 和 APOBEC3G 起了重要的作用，其变异如何影响 HIV – 1/AIDS 易感性及进展的研究刚刚开始，值得进一步研究[40~42]。

二、HLA 和抗原呈递系统　人类主要组织相容复合物（MHC）位于 6 号染色体短臂，包括 HLA Ⅰ 和 HLA Ⅱ，是人类基因组中高度多态性的区域，目前已发现 1600 多个等位基因；含 128 个表达基因，其中 40% 与免疫有关。HLA Ⅰ 含 HLA – A，B 和 C：HLA Ⅱ 含 HLA – DR，DQ 和 DP。已发现 100 多种疾病与 HLA 区域相关，多数为自身免疫性疾病，更确切地说为多因素疾病。HLA 与传染病的关系较难确定，也许是因为在传染病的致病过程中涉及太多的复杂抗原表位所致。但不少研究表明，HLA 区与感染性疾病有关[43]。例如，大样本病例队列研究表明，HLA – B * 53 在西非人群中频率高，对重症疟疾有保护作用[44]；HLA – DR2 与某些细菌性疾病的易感性相关[45,46]；DQB1 * 0301 有利于丙肝病毒的清除[47]；而 DRB1 * 1302 有利于乙肝病毒的清除[48]。已有超过 50 篇的研究报道了 HLA 区与 HIV 感染的遗传相关性，但多数都因为样本量太少而不能被后来的研究所确认[49]。我们在这里提到的 HLA 与 HIV/AIDS 的相关性都是基本明确了的（表1）。

Stephen J. O'Brien 实验室的 Mary Carrington 研究小组发现，HLA－Ⅰ基因座（HLA－A，B 和 C）杂合性越强，越可延迟 HIV－1 感染者发展为 AIDS 的进程，而一个或一个以上基因座纯合子的感染者可推进 AIDS 的进程[50]。对此现象的解释为杂合性的 HLA 区基因座可呈递的 HIV－1 抗原多肽范围更广，从而宿主可针对多变异的病原产生免疫反应，以对抗病毒的变异。究竟是哪些等位基因起了作用？进一步的研究表明，HLA－B＊57 和 HLA－B＊27 可延迟 HIV－1 感染后病程的进展[51~53]。HIV－1 感染后的临床症状多种多样，在急性期时症状越重、持续时间越长，以后越易发展为 AIDS。在 HIV－1 感染早期，由 HLA－B＊57 修饰的特异性免疫反应占总特异性细胞免疫的 74%；而它修饰的 CTL 表位占了 80%。表达等位基因 HLA－B＊57 的感染者往往缺乏急性期症状，并与感染后长期不进展相关。B＊57 既可诱发由该等位基因修饰的 CD8 阳性 T 细胞针对 HIV－1 感染的特异性免疫反应，在慢性感染阶段也可增强其特异性免疫反应，说明 B＊57 在 HIV－1 感染早期可抑制病毒复制、控制病毒血症，B＊57 阳性者预示为缓慢进展者[54]。几个不同队列的研究表明，HLA－B＊27 在 HIV 感染后长期不进展者中的携带率较高，约 2%~13%。携带 B＊27 的 HIV 感染者 CD4 细胞数可稳定地维持多年，在无症状期特异性针对 HIV 的 CD8 + 细胞保持高水平。关于 HIV 进程中 B＊27 如何起保护作用的机制已有较全面的研究。携带 HLA－B＊27 的感染者能产生针对 HIV 核心蛋白 gag p24 抗原表位的特异性 CTLs，gag p24 代表 HIV 保守蛋白，早期不易突变。如果 gag 第 264 位的精氨酸被赖氨酸或氨基乙酸取代，可导致抗原表位与 B＊27 结合减弱；即使是 B＊27 阳性者，该突变也可加速感染者的病程进展；表明病毒通过突变可能逃避 B＊27 的识别[55,56]。总之，B＊27 的保护作用是以其识别 HIV－1 gag 抗原表位为基础的。对 291 例 HIV－1 阴性者接种 ALVAC－HIV 重组金丝雀痘病毒载体疫苗的观察结果显示，B＊27 和 B＊57 携带者可产生更强的特异性 CTL 反应[57]，说明 HLA－Ⅰ基因的多态性不仅可影响 HIV－1 的自然感染过程，对 HIV 疫苗的反应也不同。

而 HLA－B＊35 则相反，在美国白人和黑人中均可加速感染者病程的进展。可能是由于体内病毒的变异逃避了由这些等位基因修饰的抗原表位[50,58]。HLA－B＊35 编码的分子形成两个不同的肽识别组，即 HLA－B＊35－PY 和 HLA－B＊35－Px. HLA－B＊35－PY 识别在 2 位为脯氨酸 9 位为酪氨酸的 9 个氨基酸长的 HIV 肽段。HLA－B＊35－Px 呈递的多肽 2 位为脯氨酸 9 位为非酪氨酸，而是变异后的其他氨基酸。研究显示，HLA－B＊35 阳性感染者疾病进展的加速完全是由 HLA－B＊35－Px 造成的。可能的解释为携带 B＊35－Px 的个体不与 HIV 多肽结合，因而不能介导相应的免疫保护反应[49]。对 B＊35 分析表明，HLA 分子单个氨基酸的变异即可影响 AIDS 的进程，B3501（PY）与 B3503（Px）仅因在 116 位一个氨基酸的不同，造成氨基酸构象的不同；这一变化不仅改变了肽的结合性，对 HLA－Ⅰ与肽在内织网中的运送机制也有影响。KIR 基因位于 19 号染色体的高度多态性区，编码的受体广泛存在于自然杀伤细胞。近来，由于 KIR 复合物参与调节 HIV 疾病的进展而受到关注。等位基因 KIR3DSl 和 HLABw4－80I 的存在可延缓 AIDS 的进展，而缺乏配体 HLA Bw4－80I 时可加速 AIDS 的进展[59]。

以上主要介绍了 HLA－Ⅰ基因变异对 HIV 感染者病程进展的影响，而 HLA 基因如何影响 HIV 的易感性或传播却较为复杂。有研究报道，一组 HLA－A 等位基因在某些人群中对 HIV 感染有保护作用；携带 HLA－A2/A6802 型的内罗毕妓女 HIV－1 血清阳转率明显低于对照组；该基因型也可减低围产期 HIV－1 母婴的传播风险[60,61]。A2 从功能上可分为 A＊

0201 和 A * 0205 两组。最近的研究显示，只有 A * 0205 组（包括等位基因 A * 0205，A * 0206 和 A * 6802）可显著降低 HIV – 1 的感染风险，而非 A * 0201 组（包括 A * 0201 和 A * 0212）[62]。至于 HLA Ⅱ类基因座与 HIV/AIDS 进展的关系研究较少，缺乏大样本研究；原因是在 HIV/AIDS 感染发病过程中由 HLA Ⅰ类分子介导的细胞免疫起主要作用，由 HLA Ⅱ类分子介导的体液免疫起辅助作用而未受到充分重视。

三、宿主遗传因素和抗 HIV 治疗　在抗 HIV 治疗时，如果能结合宿主本身的因素，将会使治疗更有效或更有效地避免一些严重副作用的出现。自 1996 年高效抗逆转录病毒治疗（HAART）以来，可有效恢复机体的免疫功能，使 HIV/AIDS 的发病率和死亡率明显下降[63]。HAART 治疗失败的原因主要是药物毒性、耐药性的产生和由于用药时间太长患者的不依从性；但约 10% 的患者尽管依从性很好，也没有耐药的指标，却仍对 HAART 没反应，其机理仍不清楚。有关 CCR5 基因多态性对 HAART 治疗的影响报道并不一致。有研究表明，携带 CCR5Δ32 的患者有助于 HAART 治疗[64,65]。而 Wit 等人[66]的研究显示两者无关。最近 Bogner 等人[67]观察 256 例接受 HAART 治疗 HIV 感染者中 CCR5Δ32，SDF1 – 3'A 和 CCR2 – 64I 的携带情况。184 例对治疗有反应组中 CCR5Δ32 的携带率为 13%，72 例无反应组中为 1.4%，两者有显著差异；SDF1 – 3'A 在两组的携带率为 45.7% 和 34.7%，无显著差异；CCR2 – 64I 的携带率因在两组中均很低而无统计意义。此外，抗 HIV 治疗中少数患者的超敏反应与宿主 HLA 基因多态性有关。Abacavir 是一种有效的抗 HIV 逆转录酶抑制剂，但约 5% 的用药者可出现较严重的超敏综合征。Mallal 等人[68]研究发现，等位基因 HLA – B * 5701 在 18 例 Abacavir 超敏综合征患者中的携带率为 78%，在 167 例 Abacavir 耐受者中仅为 2%；同时携带 HLA – 难与共 B * 5701，HLA – DR7 和 HLA – DQ3 的频率在超敏综合征患者为 72%，耐受者中为零。在该研究中，HLA – 难与共 B * 5701，HLA – DR7 和 HLA – DQ3 的共同存在对出现超敏综合征的阳性预测值为 100%，阴性预测值为 97%[69,70]。因此，在抗 HIV 治疗前检测某些宿主基因的多态性可有助于疗效及副作用的预测。此外，由于对 HIV 入侵细胞及与宿主相互作用的理解，针对阻断 HIV 与细胞接触的一系列合成药已在研制当中；如 CD4 阻断剂 PRO – 542 和 BMS0806，CCR5 阻断剂 SCH – C，SCH – D，PRO – 140，UK – 426 和 UK857，CXCR4 阻断剂 AMD – 3100 和 gp41 介导的膜融合剂 T20 和 T1249。上述所有药物已进入临床实验阶段，T20 于 2003 年 3 月已通过美国 FDA 的批准[15,71]。

结　　论

综合上述，由于个体或群体遗传背景的不同，可从不同水平影响 HIV/AIDS 的感染和病情进展过程。认识宿主的遗传变异在 HIV/AIDS 病程中的作用，对在群体水平上无论从免疫学或病毒学角度观察和理解其发病机制意义重大；对长远上预防和控制 HIV/AIDS 更为重要。近 10 年来的研究提示，通过筛查个体某些基因，如 CCR5，HLA 和 CCL3L2 基因的变异或拷贝数，结合病毒本身的变异情况，可预测个体对 HIV/AIDS 的易感性、病程进展及对药物或疫苗的反应情况；从而更好地指导病情的监测、预测、治疗和药物及疫苗的研制，发展个体化防治措施。虽然国际上有关宿主的遗传多态性与 HIV/AIDS 感染及进展关系的研究取得了很大的进展，但大多数研究是在欧美白人和美国黑人中进行的；而在占世界人口 1/4 的中国人群中缺乏大样本系统研究。原因是群体遗传学研究涉及内容广、周期长、经费多；如所需样本量较大，同时需要相应的流行病问卷调查、高通量基因分型技术及统计分析等。可喜的是近年来该方面的研究已引起我国政府及科技界的重视，有关的科研项目正在兴起。此外，在进行这方面研究时，我国学者除需借鉴已有的研究结果和病毒的自然感染过程外，还应注意我国人群自己各民族遗传背景的不同；设计出具有创新性的研究方案，选出也许是本民族特有的候选基因，进行系统性研究；以便真正发现我国人群中与 HIV/AIDS 感染及进展相关的基因。

寻找和定位复杂疾病相关基因常用的两种途径是候选基因和全基因组扫描。全基因组扫描的优点是无需了解疾病的发病机制，也无需假设哪些区域、哪些基因在疾病发生过程中起关键作用，但需要高通量的技术及仪器设备，费用昂贵；候选基因扫描需了解疾病的相关情况，据此猜测最有可能在疾病发生中起关键作用的区域或基因，进行扫描；两者比较，候选基因扫描经济、适用、省时。后一种方法更适用于我国国情。单核苷酸多态性扫描技术可直接扫描候选基因。单核苷酸多态性是最常见的基因组 DNA 序列变异，人类基因组平均每 1000 个碱基就有一个 SNP。SNP 扫描对研究复杂疾病的遗传易感性及最终定位疾病易感基因是非常重要的，大多数 SNPs 存在于基因组的非编码区，而在基因调控区及蛋白编码区，尤其是引起氨基酸变化的 SNP 是重点研究对象，这也就是功能 SNPs。以往所发现的 HIV/AIDS 相关基因变异大多为 SNPs，均是通过候选基因的途径发现的。随着人类基因组单倍体型图计划地完成，通过扫描标签 SNPs，即单体型方法（haplotype method），结合候选基因方法，可更快速地发现疾病基因。

致谢　感谢美国国立癌症研究所基因组多样性实验室 cheryl Winkler 和 Mary Carrington 给予的文献支持。本工作为国家重点基础研究发展计划（批准号：2005CB522903）资助项目。

〔原载《科学通报》2006，51（23）：2705 – 2713〕

参 考 文 献

1　Dean M, Carrington M, Winkler C, et al. Genetic restriction of HIV – 1 infection and progression to AIDS by adeletion allele of the CKR5 structural gene. Science, 1996, 273（5283）：1856 – 1862

2　Nolan D, Gaudieri S, John M, et al. Impact of host genetics on HIV disease progression and treatment：New conflicts on an ancient battleground. Aids, 2004, 18（9）：1231 – 1240

3　Romualdi C, Balding D, Nasidze 1 S, et al. Patterns of human diversity, within and among continents, inferred from biallelic DNA polymorphisms. Genome Res, 2002, 12（4）：602 – 612

4　WinklerC, An P, O'Brien S J. Patterns of ethnic diversity among the genes that influence AIDS. Hum Mol Genet, 2004, 13 Spec No1：R9 – R19

5　Reich D E, Schaffner S F, Daly M J, et al. Human genome sequence variation and the influence of gene history, mutation and recombination. Nat

Genet, 2002, 32（1）：135 – 142

6　Fortin A, Stevenson M M, Gros P. Susceptibility to malaria as a complex trait：Big pressure from a tiny creature. Hum Mol Genet, 2002, 11（20）：2469 – 2478

7　Kellam P, Weiss R A. Infectogenomics：Insights from the host genome into infectious diseases. Cell, 2006, 124（4）：695 – 697

8　Weatherall D J. The phenotypic diversity of monogenic disease：lessons from the thalassemias. Harvey Lect, 1998, 94：1 – 20

9　Parham P, Ohta T. Population biology of antigen presentation by MHC class I molecules. Science, 1996, 272（5258）：67 – 74

10　Griffiths D J. Endogenous retroviruses in the human genome sequence. Genome Biol, 2001, 2（6）：REV1EWS 1017. 1 – 1017. 5

11　de Groot N G, Otting N, Doxiadis G G, et al. Evidence for an ancient selective sweep in the

MHC class I gene repertoire of chimpanzees. Proc Natl Acad Sci USA, 2002, 99 (18): 11748 – 11753

12 Schliekelman P, Garner C, Slatkin M. Natural selection and resistance to HIV. Nature, 2001, 411 (6837): 545 – 546

13 de Silva E, Stumpf M P. HIV and the CCR5 – Delta32 resistance allele. FEMS Microbiol Lett, 2004, 241 (1): 1 – 12

14 O'Brien S J, Moore J P. The effect of genetic variation inchemokines and their receptors on HIV transmission and progression to AIDS. Immunol Rev, 2000, 177: 99 – 111

15 O'Brien S J, Nelson G W. Human genes that limit AIDS. Nat Genet, 2004, 36 (6): 565 – 574

16 Liu R, Paxton W A, Choe S, et al. Homozygous defect in HIV – 1coreceptor accounts for resistance of some multiply – exposed individuals to HIV – 1 infection. Cell, 1996, 86 (3): 367 – 377

17 Sandford A J, Zhu S, Bai T R, et al. The role of the C – C chemokinereceptor – 5 Delta32 polymorphism in asthma and in the production of regulated on activation, normal T cells expressed and secreted. J Allergy Clin Immunol, 2001, 108 (1): 69 – 73

18 Zimmerman P A, Buckler – White A, Alkhatib G, et al. Inherited resistance to HIV – 1 conferred by an inactivating mutation in CC chemokine receptor 5: Studies in populations with contrasting clinical phenotypes, defined racial background, and quantified risk. Mol Med, 1997, 3 (1): 23 – 36

19 Dean M, Jacobson L P, McFarlane G, et al. Reduced risk of AIDS lymphoma in individuals heterozygous for the CCR5 – delta32 mutation. Cancer Res, 1999, 59 (15): 3561 – 3564

20 O'Brien S J, Dean M. In search of AIDS – resistance genes. Sci Am, 1997, 277 (3): 44 – 51

21 Stephens I C, Reich D E, Goldstein D B, et al. Dating the origin of the CCR5 – Delta32 AIDS – resistance allele by the coalescence of haplotypes. Am J Hum Genet, 1998, 62 (6): 1507 – 1515

22 Galvani A P, Slatkin M. Evaluating plague and smallpox as historical selective pressures for the CCR5 – Delta 32 HIV – resistance allele. Proc Natl Acad Sci USA, 2003, 100 (25): 15276 – 15279

23 Smith M W, Dean M, Carrington M, et al. Contrasting genetic influence of CCR2 and CCR5 variants on HIV – 1 infection and disease progression. Science, 1997, 277 (5328): 959 – 965

24 Shrestha S, Strathdee S A, Galai N, et al. Behavioral risk exposure and host genetics of susceptibility to HIV – 1 infection. J Infect Dis, 2006, 193 (1): 16 – 26

25 Su B, Jin L, Hu F, et al. Distribution of two HIV – 1 – resistant polymorphisms (SDF1 – 3'A and CCR2 – 64I) in East Asian and world populations and its implication in AIDS epidemiology. Am J Hum Genet, 1999, 65 (4): 1047 – 1053

26 Martin M P, Dean M, Smith M W, et al. Genetic acceleration of AIDS progression by a promoter variant of CCR5. Science, 1998, 282 (5395): 1907 – 1911

27 Winkler C, Modi W, Smith M W, et al. Genetic restriction of AIDS pathogenesis by an SDF – 1 chemokine gene variant. Science, 1998, 279 (5349): 389 – 393

28 Ioannidis J P, Rosenberg P S, Goedert J J, et al. Effects of CCR5 – Delta32, CCR2 – 64I, and SDF – 1 3'A alleles on HIV – 1 disease progression: An international meta – analysis of individual – patient data. Ann Intern Med, 2001, 135 (9): 782 – 795

29 Liu H, Chao D, Nakayama E E, et al. Polymorphism in RANTES chemokine promoter affects HIV – 1 disease progression. Proc Natl Acad Sci USA, 1999, 96 (8): 4581 – 4585

30 An P, Nelson G W, Wang L, et al. Modulating influence on HIV/AIDS by interacting RANTES gene variants. Proc Natl Acad Sci USA, 2002, 99 (15): 10002 – 10007

31 Modi W S, Goedert J J, Strathdee S, et al. MCP1 – MCP – 3 – Eotaxin gene cluster influences HIV – 1 transmission. AIDS, 2003, 17 (16): 2357 – 2365

32 Duggal P, An P, Beaty T H, et al. Genetic in-

fluence of CXCR6 chemokine receptor alleles on PCP – mediated AIDS progression among African Americans. Genes Immun, 2003, 4 (4): 245 – 250

33　Shin H D, Winkler C, Stephens J C, et al. Genetic restriction of HIV – 1 pathogenesis to AIDS by promoter alleles of IL10. Proc Natl Acad Sci USA, 2000, 97 (26): 14467 – 14472

34　An P, Vlahov D, Margolick J B, et al. A tumor necrosis factoralpha – inducible promoter variant of interferon – gamma accelerates CD4$^+$ T cell depletion in human immunodeficiency virusl – infected individuals. J Infect Dis, 2003, 188 (2): 228 – 231

35　Bream J H, Ping A, Zhang X, et al. A single nucleotide polymor phism in the proximal IFN – gamma promoter alters control of gene transcription. Genes Immun, 2002, 3 (3): 165 – 169

36　An P, Martin M P, Nelson G W, et al. Influence of CCR5 promoter haplotypes on AIDS progression in African – Americans. Aids, 2000, 14 (14): 2117 – 2122

37　Wang F S, Hong W G, Cao Y, et al. Population survey of CCR5 delta32, CCR5 m303, CCR2b 641, and SDF1 3'A allele frequencies in indigenous Chinese healthy individuals, and in HIV – linfecte and HIV – 1 – uninfected individuals in HIV – 1 risk groups. J Acquir Immune Defic Syndr, 2003, 32 (2): 124 – 130

38　Gonzalez E, Kulkarni H, Bolivar H, et al. The influence of CCL3L1 gene – containing segmental duplications on HIV – 1/AIDS susceptibility. Science, 2005, 307 (5714): 1434 – 1440

39　Julg B, Goebel F D. Susceptibility to HIV/AIDS: An individual characteristic we can measure? Infection, 2005, 33 (3): 160 – 162

40　Do H, Vasilescu A, Diop G, et al. Exhaustive genotyping of the CEM15 (APOBEC3G) gene and absence of association with AIDS progression in a French cohort. J Infect Dis, 2005, 191 (2): 159 – 163

41　Telenti A, Ioannidis J P. Susceptibility to HIV infection——disentangling host genetics and host behavior. J Infect Dis, 2006, 193 (1): 4 – 6

42　An P, Bleiber G, Duggal P, et al. APOBEC3G genetic variants and their influence on the progression to AIDS. J Virol, 2004, 78 (20): 11070 – 11076

43　Cooke G S, Hill A V. Genetics of susceptibility to human infectious disease. Nat Rev Genet, 2001, 2 (12): 967 – 977

44　Hill A V, Allsopp C E, Kwiatkowski D, et al. Common West African HLA antigens are associated with protection from severe malaria. Nature, 1991, 352 (6336): 595 – 600

45　Brahmajothi V, Pitchappan R M, Kakkanaiah V N, et al. Association of pulmonary tuberculosis and HLA in south India. Tubercle, 1991, 72 (2): 123 – 132

46　Visentainer J E, Tsuneto L T, Serra M F, et al. Association of leprosy with HLA – DR2 in a Southern Brazilian population. Braz J Med Biol Res, 1997, 30 (1): 51 – 59

47　Thio C L, Thomas D L, Goedert J J, et al. Racial differences in HLA class II associations with hepatitis C virus outcomes. J Inect Dis, 2001, 184 (1): 16 – 21

48　Hohler T, Gerken G, Notghi A, et al. HLA – DRB 1 * 1301 and * 1302protect against chronic hepatitis B. J Hepatol, 1997, 26 (3): 503 – 507

49　Carrington M, O'Brien S J. The influence of HLA genotype on AIDS. Annu Rev Med, 2003, 54: 535 – 551

50　Carrington M, Nelson G W, Martin M P, et al. HLA and HIV – 1: Heterozygote advantage and B * 35 – Cw * 04 disadvantage. Science, 1999, 283 (5408): 1748 – 1752

51　O'Brien S J, Gao X, Carrington M. HLA and AIDS: A cautionary tale. Trends Mol Med, 2001, 7 (9): 379 – 381

52　Migueles S A, Sabbaghian M S, Shupert W L, et al. HLA B * 5701 is highly associated with restriction of virus replication in a subgroup of HIV infected long term nonprogressors. Proc Natl Acad Sci USA, 2000, 97 (6): 2709 – 2714

53　Costello C, Tang J, Rivers C, et al. HLA – B *

5703 independently associated with slower HIV -
1 disease progression in Rwandan women. Aids,
1999, 13 (14): 1990 - 1991

54 Altfeld M, Addo M M, Rosenberg E S, et al.
Influence of HLAB57 on clinical presentation and
viral control during acute HIV - 1 infection.
Aids, 2003, 17 (18): 2581 - 2591

55 Kelleher A D, Long C, Holmes E C, et al.
Clustered mutations in HIV - 1 *gag* are consist-
ently required for escape from HLA - B27 - re -
stricted cytotoxic T lymphocyte responses. J Exp
Med, 2001, 193 (3): 375 - 386

56 den Uyl D, van der Horst - Bruinsma IE, van
Agtmael M. Progression of HIV to AIDS: A pro-
tective role for HLA - B27? AIDS Rev, 2004, 6
(2): 89 - 96

57 Kaslow R A, Rivers C, Tang J, et al. Polymor-
phisms in HLA class I genes associated with both
favorable prognosis of human immunodeficiency
virus (HIV) type 1 infection and positive cyto-
toxic T - lymphocyte responses to ALVAC - HIV
recombinant canarypox vaccines. J Virol, 2001,
75 (18): 8681 - 8689

58 Gao X, Nelson G W, Karacki P, et al. Effect of
a single amino acid change in MHC class I mole-
cules on the rate of progression to AIDS. N Engl
J Med, 2001, 344 (22): 1668 - 1675

59 Martin M P, Gao X, Lee J H, et al. Epistatic
interaction between KIR3DS 1 and HLA - B de-
lays the progression to AIDS. Nat Genet, 2002,
31 (4): 429 - 434

60 MacDonald K S, Fowke K R, Kimani J, et al.
Influence of HLA supertypes on susceptibility
and resistance to human immunodeficiency virus
type 1 infection. J Infect Dis, 2000, 181 (5):
1581 - 1589

61 MacDonald K S, Embree J E, Nagelkerke N J,
et al. The HLA A2/6802 supertype is associated
with reduced risk of perinatal human immunodefi-
ciency virus type 1 transmission. J Infect Dis,
2001, 183 (3): 503 - 506

62 Liu C, Carrington M, Kaslow R A, et al. Asso-
ciation of polymorphisms in human leukocyte an-

tigen class I and transporter associated with anti-
gen processing genes with resistance to human
immunodeficiency virus type 1 infection. J Infect
Dis, 2003, 187 (9): 1404 - 1410

63 Flepp M, Schiffer V, Weber R, et al. Modern
anti - HIV therapy. Swiss Med Wkly, 2001, 131
(15 - 16): 207 - 213

64 Valdez H, Purvis S F, Lederman M M, et al.
Association of the CCR5delta32 mutation with
improved response to antiretroviral therapy. JA-
MA, 1999, 282 (8): 734

65 Guerin S, Meyer L, Theodorou I, et al. CCR5
delta32 deletion and response to highly active an-
tiretroviral therapy in HIV - 1 - infected pa-
tients. Aids, 2000, 14 (17): 2788 - 2790

66 Wit F W, van Rij R P, Weverling G J, et al.
CC chemokine receptor 5 delta32 and CC chemo-
kine receptor 2 64I polymorphisms do not influ-
ence the virologic and immunologic response to
antiretroviral combination therapy in human im-
munodeficiency virus type 1 - infected patients. J
Infect Dis, 2002, 186 (12): 1726 - 1732

67 Bogner J R, Lutz B, Klein H G, et al. Associa-
tion of highly active antiretroviral therapy failure
with chemokine receptor 5 wild type. HIV Med,
2004, 5 (4): 264 - 272

68 Mallal S, Nolan D, Witt C, et al. Association
between presence of HLA - B * 5701, HLA -
DR7, and HLA - DQ3 and hypersensitivity to
HIV - 1 reverse - transcriptase inhibitor aba-
cavir. Lancet, 2002, 359 (9308): 727 - 732

69 Hetherington S, Hughes A R, Mosteller M, et
al. Genetic variations in HLA - B region and hy-
persensitivity reactions to abacavir. Lancet,
2002, 359 (9312): 1121 - 1122

70 Martin A M, Nolan D, Gaudieri S, et al. Predis-
position to abacavir hypersensitivity conferred by
HLA - B * 5701 and a haplotypic Hsp70 - Hom
variant. Proc Natl Acad Sci USA, 2004, 101
(12): 4180 - 4185

71 Gulick R M. New antiretroviral drugs. Clin Mi-
crobiol Infect, 2003, 9 (3): 186 - 193

338. 激光扫描共聚焦显微镜研究 APOBEC3G 蛋白的亚细胞定位

北京工业大学生命科学与生物医学工程学院药理室

杨怡姝 李 岚 李泽琳 曾 毅

〔摘 要〕 采用 RT - PCR 技术，从 HIV 的非允许性 H9 细胞中获得载脂蛋白 B mRNA 编辑酶催化多肽样蛋白 3G（APOBEC3G）的全长 eDNA。APO-BEC3Gcl3NA 全长 1155 nt，编码 384 个氨基酸。将 APOBEC3G 克隆到真核表达载体 pEGFP - C3 上，转染 CD4⁺ HeLa 细胞，激光扫描共聚焦显微镜下可观察到表达的 GFP - APOBEC3G 融合蛋白定位于细胞质。

〔关键词〕 人免疫缺陷病毒；载脂蛋白 B mRNA 编辑酶催化多肽样蛋白 3G 病毒感染因子；激光扫描共聚焦显微镜

根据 HIV - 1 在细胞中的复制是否依赖于病毒感染因子（Viral infeetivity factor, *vif*），将细胞分为允许性细胞（permissive cell）和非允许性细胞（non - permissive cell）[1]。2002 年，Shcchy 等从非允许性细胞系 CEM 及与其密切相关的允许性细胞系 CEM - SS 的 cDNA 文库中进行差减分析，发现非允许性细胞中存在一种特异的细胞因子，并将其命名为 CEM15[2]。后来证实 CEM15 就是载脂蛋白 BmRNA 编辑酶催化多肽样蛋白 3G（apolioprotein BmRNA - editing enzyme catalytic polypeptidc - like 3G，APOBEC3G）一种胞嘧啶脱氨酶。现有研究表明[2,3] APOBEC3G 是机体内在的一种抗病毒因子，而 HIV - 1 *vif* 则可以拮抗其抗病毒活性。二者之间的相互作用及其作用机制引起了广泛的研究兴趣。该研究选用非允许性细胞系 H9 细胞，采用 RT—PCR 的方法扩增 APOBEC3G 基因片段，将其插入带有绿色荧光蛋白 GFP 报告基因的 PEGFP - C3 真核表达载体中，构建 PEGFP - 3G 表达质粒，观察 APOBEC3G 在 CD4⁺ HeLa 细胞中的亚细胞定位，为在真核细胞中进一步研究 APOBEC3G 的抗病毒机制及 *vif* 如何拮抗 APOBEC3G 的活性奠定了基础。

材料和方法

一、质粒和细胞株 pEGFP - C3 载体、H9 细胞、CD4⁺ HeLa 细胞、293 细胞和 CM1 细胞由北京工业大学病毒药理室保存。

二、主要试剂 Taq 酶、T4DNA 连接酶、各种限制性内切酶购自 TaKaRa 公司。pGEM - T 载体、RNase - Free DNase 购自美国 Promega 公司。脂质体转染试剂 Lipofectamine 2000、Trizol RNA 购自美国 Invitrogen 公司。ReverTra Ace（MM - LV Reverse Transcriptase RNase H - ）、RNase ln-hibitor 和 Oligo（dT）₂₀ 购自日本 ToYoBo 公司。碘化丙啶（PI，购自 Sigma 公司）。

三、引物设计 根据 GenBank 中公布的 APOBEC3G 的序列（AF182420），采用 Oligo 软件设计 RT - PCR 扩增引物，并在上、下游引物中分别引入 *Xho* I 和 *Kpn* I 酶切位点，使所得片段可以定向插入到 pEGFP - C3 载体的多克隆位点中。上、下游引物序列依次为 P1：5′ gcg ctc *gag* atg aag cct cac t 3′；P2：5′，gcg gta cct cag ttt tcc tga ttc 3′。

四、细胞培养　　悬浮 H9 细胞，采用 RPMI1640 培养基培养，添加 100 U/ml 青霉素、100 μg/ml链霉素和 10 %（V/V）Hyclone 胎牛血清，37 ℃培养。CD4$^+$ HeLa 细胞（HeLa - CD4 - LTR - β - gal 细胞）为贴壁细胞，由 HeLa 细胞衍生而来，可以高水平表达 CD4 受体并包含整合的 β - 牛乳糖苷酶基因。培养条件为 DMEM 培养基培养，添加 100 U/ml 青霉素、100 μg/ml 链霉素、0.2 mg/ml G418、0.1 mg/ml Hygromycin B 和 10 %（V/V）的胎牛血清，用 NaHCO$_3$ 调 pH 值至 7.0，37 ℃，5% CO$_2$ 培养。

五、细胞总 RNA 模板的制备　　参照 TrizolRNA 试剂说明，提取细胞总 RNA，RNase - Free DNase 除尽残留的 DNA，用作 RT - PCR 的模板。

六、转染　　参照 Lipofeetamine 2000 试剂盒说明，取 8 μl Lipofectamine 2000 试剂、4 μg 质粒在无血清条件下传染 CD4 HeLa 细胞（同时设立 PEGFP - G3 空载体传染组作为对照），24 h 后荧光显微镜（Olympus lX71）下观察绿色荧光蛋白的表达。

七、细胞核染色　　4 % 甲醛固定转染后的 CD4$^+$ HeLa 细胞，经 50 μg/ml RNase 去除细胞内的 RNA，再加入 3 μg/ml PI 标记细胞核。

八、激光扫描共聚焦显微镜观察 APOBEC3G 蛋白的亚细胞定位　　采用 Leica SP2 型激光扫描共聚焦显微镜观察并扫描，光电倍增管 PMT1（激发波长 488 nm）检测 GFP 的表达，PMT2（激发波长 543 nm）检测 PI 荧光。EGFP 阳性荧光呈绿色，PI 阳性荧光呈红色，两者共表达则表现为黄色荧光。根据荧光在细胞内的分布来确定 APOBEC3G 蛋白在 CD4$^+$ HeLa 细胞内的亚细胞定位。

结　果

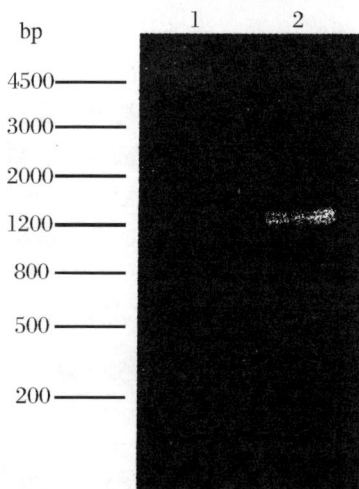

图 1　从 H9 细胞中 RT - PCR 扩增 APOBEC3G 基因

1：DNA marker 111；2：APOBEC3G gene（1.2Kb）

Fig. 1　Amplification of APOBEC3G gene by RT - PCR from H9 cell derived RNA

一、APOBEC3G 基因片段的获得　　离心收获培养的 5×10^6 H9 细胞，提取细胞总 RNA，P1、P2 为引物，在 Applied Biosystems 公司 2720 Thermal Cycler PCR 仪上利用 RT - PCR 方法，扩增 APOBEC3G 基因片段。经 1% 琼脂糖凝胶电泳，Alpha innoteeh 公司 4400 型凝胶成像分析系统观察可见，在 1200 bp 处存在着一清晰的电泳条带，其位置与预期的 APOBEC3G 产物（1155 bp）大小一致（图 1）。将此扩增产物与 pGEM - T 载体相连，送上海生工公司进行测序，采用，Vector NTI Align X 软件将测序结果与 GenBank 中的 APOBEC3G 基因序列（AF182420）进行比对，基因序列一致。

二、pEGFP - 3G 真核表达质粒的构建及鉴定　　取经测序鉴定正确的质粒，双酶切获取目的片段，定向插入到 pEGFP - C3 载体的多克隆位点中，获得表达 APOBEC3G 的真核表达质粒（pEGFP - 3G）。用 *Kpn* I/*Xho* I双酶切 pEGFP - 3G，经 1 % 琼脂糖凝胶电泳，初步鉴定所得质粒。电泳结果如图 2。选择酶解产物的条带与理论分析一致的质粒再次送交测定并进一步鉴定，序列比对结果与预期一致，并保持读框完整，即已成功构建了 pEGFP－3G 真核表达质粒。

三、APOBEC3G 在 CD4⁺ HeLa 细胞中的表达　采用脂质体转染技术，分别向真核细胞（CD4⁺HeLa）中转染 pEGFP－C3 或 pEGFP－3G 表达质粒。转染后 24 h 收获细胞，Trizol RNA 试剂提取细胞总 DNA 和总 RNA，分别采用 PCR 和 RT－PCR 方法扩增特异性 APOBEC3G 片段（1155 bp）。扩增结果（图 3）表明，pEGFP－3G 质粒已被转入到了 CD4⁺ HeLa 细胞中，并可以转录合成 APOBEC3G mRNA。图 4 显示荧光显微镜下也可以看到绿色荧光蛋白表达。即 APOBEC3G mRNA 可以翻译产生 GFP－APOBEC3G 融合蛋白。

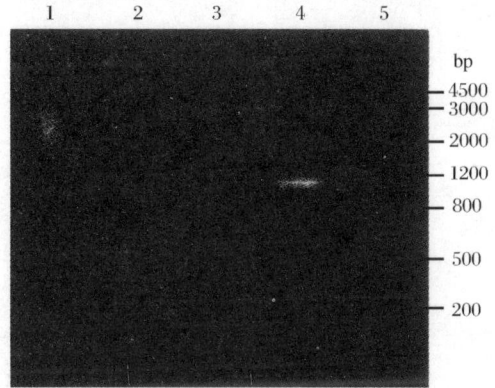

图 3　PCR 和 RT－RCR 法检测 CD4⁺ Hela 细胞中 APOBEC3G 基因（×40）
1：Amplification of APOBEC3G gene from CD4⁺ HeLa ccll derived DNA transfected with pEGFP－C3 by PCR；
2：Amplification of APOBEC3Ggem from CD4⁺ HeLa cell derived DNA transfected with pEGFP－3G byPCR；
3：Amplification of APOBEC3G，gene from CD4⁺ HeLa cell derived RNA transfected with pEGFP－C3 by RT－PCR；4：Amplificalion of APOBEC3G gene from CD4⁺ HeLa cell derived RNA transfeeted with pEGFP－3G by RT－PCR；5：DNA marker 111
Fig. 3　Amplification of APOBEC3G gene by PCR and RT－PCR from transfected CD4⁺ HcLa cell derived DNA or RNA（×40）

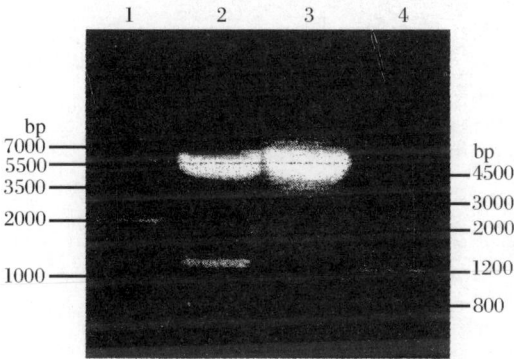

图 2　酶切鉴定真核表达质粒 pEGFP－3G
1：DNA marker Ⅲ；2：pEGFP－3G（4.7kb＋1.2kb）；
3：pEGFP－3G（4.7kb）；4：DNA marker Ⅳ
Fig. 2　Electrophoretic analysis of pEGFP－3G after digestion with restictive enzymes *KPn* Ⅰ/*Xho* Ⅰ

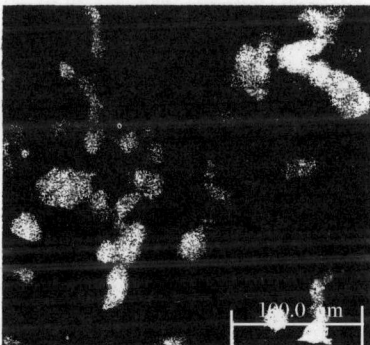

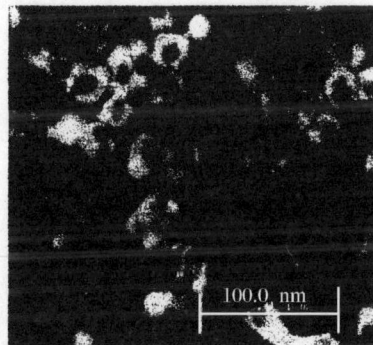

图 4　APOBEC3G 在 CD4⁺ HeLa 细胞中的表达（×40）
A：Expression of GFP（pEGFP－C3）；B：Expression of APOBEC3G－GFP fusion protein（pEGFP－3G）
Fig. 4　Expression of APOBEC3G in CD4⁺ HeLa cells（×40）

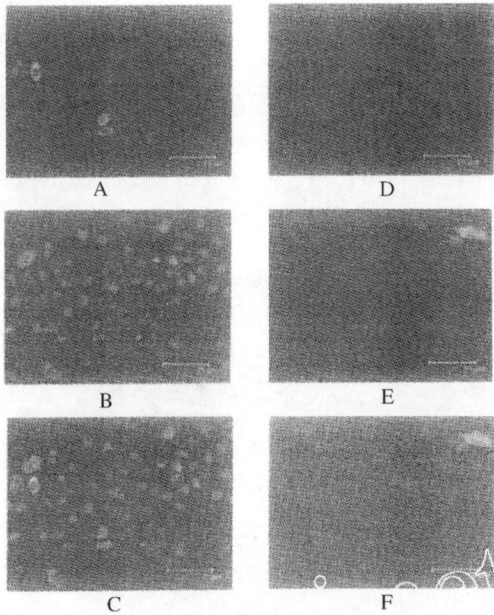

图 5　APOB EC3G in CD4⁺ HeLa
细胞中的亚细胞定位 （×40）

A：Expression of APOBEC3G – GFP fusion protein （green）；
B：Nucle of CD4⁺ HeLa cells transfected with APOBEC3G –
GFP （red）；C：Overlay of A and B；D：Expression of GFP
（green）；E：Nuclei of CD4⁺ HeLa cells transfected with
pEGFP –3G （red）；F：Overlay of D and E

Fig. 5　Subcellular localization of
APOBEC3G in CD4⁺ HeLa cells （×40）

四、APOBEC3G 在 CD4⁺ HeLa 细胞中的亚细胞定位　为了进一步确定所表达的蛋白在 CD4⁺ HeLa 细胞中的亚细胞定位，我们采用碘化丙啶（PI）和 RNase A 对细胞核进行特异的标记，在激光扫描共聚焦显微镜下观察两种荧光的表达。PMT1（激发波长 488 nm）显示：CD4⁺ HeLa 细胞呈现带有 GFP 蛋白的绿色荧光构成的细胞图像（图 5A、D）；PMT2（激发波长 543 nm）显示：CD4⁺ Hela 细胞呈现为圆形红色荧光图像，由于用 RNase A 处理了细胞内的 RNA，使核酸着色的 PI 仅标记细胞核内的 DNA，因此红色荧光图像指示细胞核区域（图 5B、E）。合成两种荧光细胞图像，可见完整的细胞切面图：图 5C 显示细胞核为红色，胞质为绿色；图 5F 在细胞核处呈现红色与绿色重叠的黄色，并在胞质处呈现绿色。激光扫描共聚焦显微镜结果显示，与红色 PI 荧光染色的细胞核相比，绿色 GFP – 3G 融合蛋白主要分布于细胞两极胞质处，边缘清晰可见，不定位于细胞核；pEGFP – C3 空载体转染的细胞中 GFP 荧光在细胞核和细胞质内基本均一。即 APOBEC3G 改变了 GFP 的通常分布状况。另外，我们也发现 pEGFP – C3 组的绿色荧光表达强度低于 pEGFP –3G 组。

五、APOBEC3G 在其他细胞中的亚细胞定位　为了进一步确定所表达的 APOBEC3G 蛋白在其他细胞中是否也定位于细胞质中，将构建的质粒分别转染 293 细胞、293T 细胞、HeLa 细胞以及 CMl 细胞。结果表明，与 GFP 蛋白弥散表达于细胞中的情况不同，APOBEC3G—GFP 融合蛋白仍主要在细胞质中表达。图 6、图 7 分别显示了 APOBEC3G 蛋白在 293 细胞和 CM1 细胞中的亚细胞定位（采用 293T 细胞和 HeLa 细胞的实验结果未列出）。

讨　　论

APOBEC3G 是一种核酸编辑酶——胞嘧啶脱氨酶家族的成员，其在正常细胞中的生理功能不详。人胞嘧啶脱氨酶 APOBEC 家族包括：APOBEC 1、AID：位于 12 号染色体上；APOBEC 2：位于 6 号染色体上；APOBEC3A – G：位于 22 号染色体上[4] APOBEC 1 在小肠及一些哺乳动物细胞的肝脏中表达，特异地使载脂蛋白 B（apo B）mRNA 中的 C6666 脱氨变为 U6666。该突变使密码子由编码谷氨酰胺变成终止密码，使得翻译产物由 apo B 100 截短为 apo B 48。AID 在 B 淋巴细胞中表达，与免疫球蛋白基因的重排及体细胞超突变密切相关[4,5]。APOBEC3F 和 APOBEC3G 广泛地共表达于淋巴细胞和单核细胞中（非允许性细胞中），二者可以形成异二聚体。而且二者在反转录过程中可以诱导 HIV –1 负链 cDNA 上广

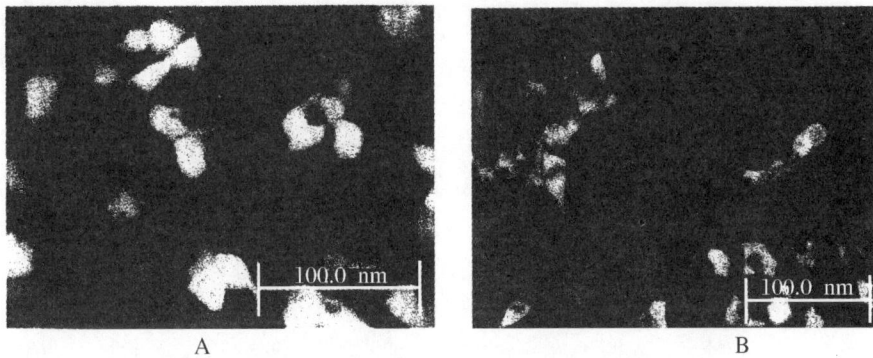

图6 APOBEC3G 在 293 细胞中的亚细胞定位（×40）

A：Expression of GFP（pEGFP－C3）；B：Expression of APOBEC3G－GFP fusion protein（pEGFP－3G）

Fig. 6 Subcellular localization of APOBEC3G in 293 cells（×40）

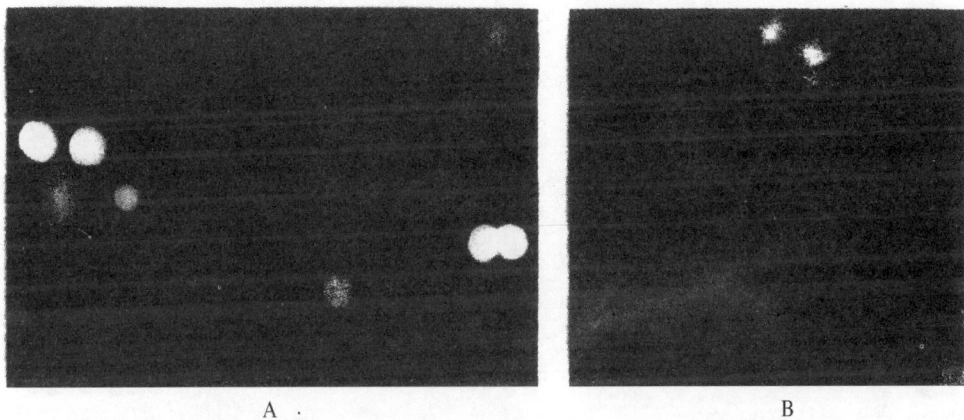

图7 APOBEC3G 在 CMl 细胞中的亚细胞定位（×40）

A：Expression of GFP（pEGFP－C3）；B：Expression of APOBEC3G－GFP fusion protein（pEGFP－3G）

Fig. 7 Subcellular localization of APOBEC3G in CMl cells（×40）

泛的 dC→dU 脱氨作用[6-8]。目前研究较深入的是 APOBEC3G。

HIV－1 Δ*vif* 毒株感染非允许性细胞，在病毒组装时，APOBEC3G 被包装到毒粒中[9-11]。当含有 APOBEC3G 的子代 cDΔ*vif.* 毒粒感染新的细胞后，反转录开始，毒粒中包装的 APOBEC3G 可以使新合成的负链 cDNA 中的胞嘧啶残基脱氨，形成尿嘧啶。含有尿嘧啶的 cDNA 可以活化细胞的尿嘧啶 DNA 糖苷酶（uracil－DNA－glycosylase，UNG）和无嘌呤－无嘧啶内切酶（apurinic－apyrimidinic endonucleases）。该过程可能会使原病毒的合成终止，导致反转录的失败，造成原病毒整合到宿主基因组的过程受阻；而且即使反转录过程以很低的效率完成了，但所产生的双链 cDNA 原病毒被整合到细胞基因组中，负链广泛的 C→U 转变，会导致正链 cDNA 广泛的 G→A 超突变。突变率增加，可能通过引入致死性终止突变使病毒丧失活性或通过改变氨基酸的组成影响病毒的适应度，从而使病毒的感染力下降。当野生型 HIV－1 毒株感染非允许性细胞后，产生的 *vif* 蛋白与细胞内的 APOBEC3G 的结合，阻止了 APOBEC3G 的包装，从而使子代病毒负链上的胞嘧啶免遭脱氨作用，随后产生的 cD-

NA 也不被降解，病毒的感染力不受 APOBEC3G 的影响。即 APOBEC3G 是体内内在的一种抗病毒因子，而 *vif* 则可以拮抗其抗病毒活性。二者之间的相互作用及其作用机理引起了广泛的研究兴趣。

　　激光扫描共聚焦显微镜是 20 世纪 80 年代发展起来的一种新型高精度的图像分析仪器，现已广泛应用于荧光定位定量测量、共聚焦图像分析、三维图像重建、荧光光漂白恢复（FRAP）技术、荧光共振能量传递（FRET）技术和细胞间通讯等方面的研究[12]。本研究选用带有 GFP 报告基因的 pEGFP－C3 载体，通过观察 GFP－3G 融合蛋白的表达情况可以较为方便地反映 APOBEC3G 蛋白的表达及亚细胞定位。实验中分别选择了来源于人宫颈癌的 HeLa 细胞和 CD4$^+$ HeLa 细胞、来源于人胚肾的 293 细胞和 293T 细胞以及来源于人 T 淋巴细胞的 CM1 细胞。研究结果表明，pEGFP－C3 空载体转染的各种细胞中表达的 GFP 荧光在细胞核和细胞质内基本均一，而 pEGFP－3G 转染的各种细胞中表达的绿色 GFP－3G 融合蛋白主要分布于细胞胞质处，边缘清晰可见，基本不定位于细胞核。研究显示[13]只有被包装到 HIV－1 毒粒中的 APOBEC3G 才能发挥抗病毒作用，那么细胞质中的 APOBEC3G 是如何被包装到 HIV－1 毒粒中，以及 HIV－1 *vif* 是如何阻止 APOBEC3G 的包装值得我们进一步研究。

〔原载《病毒学报》2007，33（1）：16－20〕

参 考 文 献

1　Strebel K，Daugherty D，Clouse K，et al. The HIV 'A'（sor）gene product is essential for virus infectivity. Nature，1987,328：728 － 730

2　Sheehy A M，Gaddis N C，Choi J D，el al. Isolation of a human gene that inhibits HIV － 1 infection and is suppressed by the viral *vif* protein. NaIure，2002，418：646 － 650

3　Marin M，Rose K M，Kozak S L，et al. HIV － 1 *vif* protein hinds the editing enzyme APOBEC3G and induces its degradation. Nat Med，2003，11：1398 － 1403

4　Jammz A，Chester A，Bayliss J，et al. An anthropoid － specific locus of orphan C to U RNA － editing enzymes on chromosome 22. Ge － nomics，2002，79：285 － 296

5　Imai K，Slupphaug G，Lee W l，et al. Human uracil － DNA glycosylase deficiency associated with profoundly impaired immunoglobulin class － switch recombination. Nat Immunol，2003，4：1023 － 1028

6　Liddamcnt M T，Brown W L，Schumacher A J，et al. APOBEC3Fpropeties and hypermutation preferences indicate activity against HIV － 1 *in vivo*. Curr Biol. 2004. 14（I5）：1385 － 1391

7　Wiegand H L，Dochle B P，Bogerd H P，et al. A second human antiretroviral factor，APOBEC3F. is suppressed by the HIV － 1 andHIV － 2 *vif* proteins. EMBO J，2004，23（12）：2451 － 2458

8　Zheng Y H，Irwin D，Kurosu T，et al. Human A POB EC3 F is another host factor that blocks human immunodeficiency virus type 1 replication. J Virol，2004，78（11）：6073 － 6076

9　Dussart S，Dussart M，Courcoul M，et al. A POB EC3G ubiquitination by Nedd4 － 1 favors its packging into HIV － 1 particles. J Mol Biol，2005，345：547 － 558

10　Dussart M，Dussart S，Courcoul M，et al. The tyrosine kinases Fyn and Hck favor the recruitment of tyrosine － phosphorylated A POB EC3G into *vif* － defective HIV － 1 particles. Biochem Biophy Res Commun，2005，329：917 － 924

11　Navarro F，Bollman B，Chen H，et al. Complementary function of the two catalytic domains of A POB EC3 G. Virology，2005，333，374 － 386

12　李楠，主编. 激光扫描共聚焦显微术. 北京：人民军医出版社，1997：1 － 11

13　Rose K M，Marin M，Kozak S L，et al. The viral infectivity factor（*vif*）of HIV － 1 unveiled. Trends in Molecular Medicine，2004，10（6）：291 － 297

Subcellular Localization of A POBEC3G by Confocal Laser Scanning Microscope (CLSM)

YANG Yi – shu, LI Lan, LI Ze – lin, ZENG Yi

(College of Life Science and Bioengineering, Beijing University of Technology, Beijing 100022, China)

Apolipoprotein B mRNA – editing enzyme catalytic polypeptide – like 3G (A POBEC3G) cDNA was amplified from total RNA prepared from nonpermissive H9 cells by RT – PCR. A POB EC3 G cDNA is 1155 nt long, encoding 384 amino acids. The A POBEC3 G gene was then cloned into the eukaryotic expression vector pEGFP – C3. The generated p E GFP – 3G construct was then transfected into CD4$^+$ HeLa cell to determine the expression and the subcellular localization of GFP – A POBEC3 G fusion protein. Under CLSM the localization of the expressed GFP – A POBEC3 G in the cytoplasm of CD4$^+$ HeLa cells was observed.

[**Key words**] Human immunodeficiency virus (HIV); Apolipoprotein B mRNA – editing enzyme catalytic polyeptide – like 3G (A POB EC3 G); Viral infectivity factor (*vif*); Confocal Laser Scanning Microscope (CLSM)

339. 含 HIV – 1 *gag* 基因的重组腺病毒 5 型与 35 型嵌合病毒免疫效果研究

北京工业大学生命科学与生物医学工程学院病毒与药理室

刘新蕾 王小利 李泽琳 曾 毅（客座教授）

中国疾病预防控制中心病毒病预防控制所肿瘤室

余双庆 冯 霞 刘红梅 张晓梅 李红霞 周 玲 曾 毅

[摘 要] **目的** 探讨含 HIV – 1 *gag* 基因的重组腺病毒 5 型与 35 型嵌合病毒（rAd5/F35）在 BALB/c 小鼠中的免疫效果。**方法** PCR，间接免疫荧光鉴定 HIV – 1 *gag* 基因在重组腺病毒（rAd5/F35 – mod. *gag*）的正确插入和体外细胞水平的表达，用 rAd5/P35 – mod. *gag* 以不同的方式免疫 BALB/c 小鼠，ELISA 检测小鼠血清中的 p24 特异性抗体，细胞内细胞因子染色法检测小鼠的特异性细胞毒性 T 淋巴细胞（ETL）应答。**结果** 重组腺病毒 rAd5/F35 – mod. *gag* 在体外细胞水平可以很好地表达目的基因 *gag*；在小鼠体内重组腺病毒 rAd5/F35 – mod. *gag* 可诱导特异性的 CTL 应答和血清 IgG 抗体反应，用 rAd5/F35 单独免疫 2 次，所诱发的 CTL 和血清 IgG 反应最强。但 Ad5 初次感染后，产生的抗 Ad5 抗体可以抑制 rAd5/F35 疫苗的特异性免疫反应。**结论** 重组腺病毒 rAd5/F35 – mod. *gag* 单独免疫可在小鼠体内诱导特异性的 CTL 应答和血清 IgG 抗体反应。只改变 Ad5 纤突蛋白 Fiber，不能避免抗 Ad5 抗体的抑制作用。

〔关键词〕　HIV - 1；艾滋病疫苗；腺病毒科

重组腺病毒载体在动物模型中可以携带外源基因进入体内并且高效表达，诱导很高的细胞免疫应答和体液免疫应答，因此基因缺失的腺病毒是比较有前景的 HIV 疫苗载体之一。目前大多数研究中应用的都是 5 型腺病毒（Ad5），由于该血清型在人群中的感染率较高，预先存在的抗体可能会降低目的基因在体内的表达水平从而减弱其免疫原性。另外，Ad5 利用柯萨奇/腺病毒受体（CAR）作为吸附受体，对肝实质细胞有组织嗜性[1]。本研究将腺病毒 5 型的纤突蛋白 Fiber 替换为重组腺病毒 35 型的 Fiber，重组后的疫苗 rAd5/F35 不依赖 CAR 作为受体，而可能采用广泛存在人体细胞内 CD46 作为受体[2]。本实验在 BALB/c 小鼠体内初步探讨了 rAd5/F35 - mod. gag 的免疫效果。

材料和方法

一、病毒和试剂　重组 rAd5/F35 - mod. gag 载体由本室构建，本元正阳基因有限公司包装制备。淋巴细胞分离液 EZ - Sep™ Mouse IX 购自达科为公司。辣根过氧化物酶（HRP）标记羊抗兔 IgG 购自中杉金桥生物技术有限公司。藻红蛋白（PE）标记的大鼠抗小鼠 CD8a 单克隆抗体（Ly - 2）、异硫氰酸荧光素（FITC）标记的大鼠抗小鼠 IFN - γ 单克隆抗体、PE 标记的大鼠 1gG$_{2a}$ 同型对照抗体及 FITC 标记的大鼠 IgG$_1$，同型对照抗体购自美国 BD Pharmingen 公司。

二、多肽合成　gag 特异性多肽 PI（197～205）：AMQMLKETl，P2（239～247）：TTSTLQEQI，P3（291～300）：EPFRDYVDRF 由上海生工生物工程技术服务有限公司合成。

三、实验动物　雌性 BALB/c 小鼠，4～6 周龄，购自中国医学科学院动物中心。

四、含 mod. gag 基因的重组腺病毒疫苗的鉴定

1. DNA 水平的鉴定：取 rAd5/F35 - mod. gag 病毒感染的 293 细胞上清作为 PCR 反应的模板，用 gag 检测引物（上游：5′- GTACCGGCTGAAGCACATCGT - 3′；下游：5′- CAT-CATGATGCTGGCGGAGTT - 3′）扩增插入的基因片段 gag。

2. 体外细胞水平表达的鉴定：将 rAd5/F35 - mod. gag 感染 293 细胞（MOl 为 100），感染后 72 h 收获细胞，用间接免疫荧光法检测 gag 的体外细胞水平的表达。

五、动物免疫及免疫反应的检测

1. 动物免疫：20 只雌性 BALB/c 小鼠，4～6 周龄，体重约 15～25 g，随机分为 4 组，每组 5 只。单侧胫前肌注射，具体免疫程序见表1。

2. 细胞免疫反应的检测：采用细胞内染色法检测 HIV - 1 gag 特异性 CTL 反应。最后一次免疫后 1 周，处死小鼠。分离脾淋巴细

表1　含 gag 基因的 rAd5 及 rAd5/F35 单独免疫程序
Tab. 1　Immunization schedule of rAd5 and rAd5/F35 vectors

组别 Group	0 周 0 week	4 周 4th week	7 周 7th week
1	PBS (100 μl)	PBS (100 μl)	PBS (100 μl)
2	rAd5 - GFP (8.5×10^{10} vP)	rAd5/F35 - gag (10^{10} vP)	rAd5/F35 - gag (10^{10} vP)
3	PBS (100 μl)	rAd5 - gag (3×10^9 vP)	rAd5 - gag (3×10vP)
4	PBS (100 μl)	rAd5/F35 - gag (10^{10} vP)	rAd5/F35 - gag (10^{10} vp)

胞，取 2×10^6 个小鼠淋巴细胞于 37 ℃，5 % CO_2 培养箱中刺激培养 10 h；用 2 μl PE 标记的大鼠抗小鼠 CD8a（Ly-2）单抗，室温避光染色 1 h；固定穿膜后各加 1 μl FTTC 标记的大鼠抗小鼠 IFN-γ 单抗，室温避光染色 1 h 后；上流式细胞仪检测。

3. 抗 p24 IgG 抗体的检测：将纯化的重组 p24 抗原（本室制备）以 200 ng/孔包被 96 孔酶标板。HRP 标记的羊抗小鼠 IgG 作为二抗，血清样品以 2 倍系列稀释，以间接 ELISA 法测定抗体滴度。

结　果

一、重组腺病毒的鉴定

1. PCR 检测 gag 基因：取病毒感染的细胞上清液作为模板进行 PCR 检测，结果显示，rAd5/F35-mod. gag 可扩增到 1kb 的 gag 特异性条带（图 1），表明 mod. gag 基因正确插入 rAd5/F35 的基因组中。

2. 间接免疫荧光检测 gag 的体外细胞水平表达：收集 rAd5/F35-mod. gag 感染后 72h 的 293 细胞，做细胞涂片，用兔抗 p24 多抗及 FITC 标记羊抗兔-IgG 作间接免疫荧光实验。结果可见，rAd5/F35-mod. gag 感染的 293 细胞被 FTTC 标记而呈绿色，阴性对照细胞由于依文斯蓝染色而呈红色，说明 rAd5/F35-mod. gag 可在体外细胞水平有效表达目的基因。

二、免疫小鼠中免疫反应的检测

1. 细胞免疫反应的检测：用胞内细胞因子染色法（ICS）检测小鼠脾淋巴细胞中 CD8[+] 和 IFN-γ 双阳性的细胞。检测 gag 特异性的 CTL 应答，rAd5/F35-mod. gag 单独免疫组的 CTL 应答反应最强，分泌 IFN-γ 的 CD8[+]T 细胞占总 CD8[+]T 细胞的（8.828 ± 1.554）%。细胞免疫反应结果见图 2。

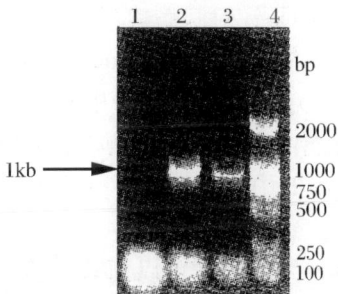

1：空白对照；2：rAd5/F35-mod. gag 的 PCR 产物；
3：阳性对照 PvR-mod. gag 的 PCB 产物；
4：DL2000 标准

图 1　PCB 检测 rAd5/F35 中的 gag 基因

1：PCR product of water；2：PCR product of rAd5/
F35-mod. gag；3：PCB product of pVR-mod. gag us
positive control；4：DL2000 DNAMarker

Fig. 1　PCR analysis of gag

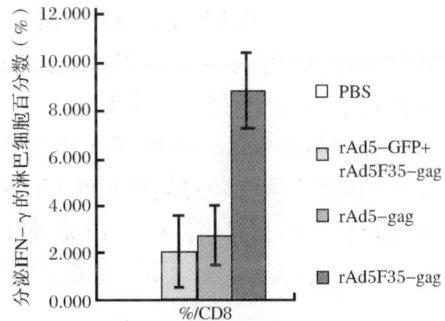

**图 2　细胞内细胞因子染色法检测分泌
IFN-γ 的 CD8[+]T 淋巴细胞**

**Fig. 2　HIV-1 gag-specific, IFN-γ-
secreting CD8[+]T cells measured by ICS**

2. 特异性血清 IgG 抗体检测结果：ELISA 检测结果显示，rAd5/F35-mod. gag 单独免疫组的特异性的血清 IgG 抗体最高滴度为 1:（15 360 ± 9706），高于其他各组。rAd5-GFP 预先免疫产生的抗体对 rAd5/F35-mod. gag 的免疫效果产生影响，该组滴度只有 1:（5120 ±

1753），rAd5 - mod. *gag* 单独免疫组的滴度为 1 :（7680 ± 2863），抗体滴度结果与 CTL 反应结果相一致。

三、检测初次感染 Ad5 产生的 Ad5 特异性抗体对 rAd5/F35 - mod. *gag* 疫苗的影响

免疫 rAd5/F35 - mod. *gag* 前 4 周小鼠肌注 rAd5 - GFP，4 周时 ELISA 检测抗 Ad5 抗体滴度为 1 : 600。4、7 周给小鼠免疫 rAd5/F35 - mod. *gag*，8 周时胞内细胞因子染色法检测小鼠脾淋巴细胞中 CD8$^+$ 和 IFN - γ 双阳性的细胞和特异性血清 IgG 抗体，明显受到抗 Ad5 抗体的抑制作用。分泌 IFN - γ 的 CD8$^+$T 细胞占总 CD8$^+$T 细胞的（2.080 ± 1.514）%。p24 特异性抗体滴度为 1 :（5120 ± 1753）。

讨 论

研究表明，*gag* 和 pol 是 HIV - 1 亚型中最保守的基因。抗 - *gag* 和抗 - Pol CTL 反应与疾病进展成负相关，它们可能成为候选疫苗的首选抗原[3]。本研究中使用的 rAd5/F35 - mod. *gag* 由本室构建，基因 *gag* 是从河南 HIV - 1 流行区 HIV 感染者 PBMC 基因组中克隆，通过序列测定和比对，得到共有序列。按哺乳动物密码子使用频率表对该序列进行密码子优化，编码的氨基酸序列保持不变。这些中国株 *gag* 基因间有 7 个与标准株不同的保守氨基酸位点。

本研究在 BALB/c 小鼠体内单独免疫 rAd5/F35 - mod. *gag* 两次，可诱发较强的特异性 CTL 应答，证明 rAd5/F35 - mod. *gag* 在小鼠体内有很好的免疫原性，可以有效激发特异性的细胞和体液免疫。但在预先接种了 tad5 - GFP 的 BALB/c 小鼠体内接种 Ad5/F35 - mod. *gag*，细胞和体液免疫明显受到预先存在的抗 Ad5 抗体的抑制。有动物实验证明接种 Ad5 可以激发强烈的抗病毒外壳的中和抗体，反应最强烈的是针对腺病毒蛋白 Hexon[4]，抗体阻碍了病毒进入细胞和表达基因。因此只改变 Fiber 并不能完全避免抗 Ad5 抗体对免疫效果的影响。如果能替换 Ad5 的 Hexon 蛋白，会更好的避免抗体对疫苗的中和作用，但是 Merk 的研究人员采用这种手段至少遇到了两个问题：可能由于病毒衣壳结构的限制性，大多数这种病毒都不能复制，尽管这个办法可以避免抗 Ad5 的中和抗体，对 Ad5 其他蛋白组分的 CTLs 仍可以影响其免疫效果[5]。

本研究的结果显示，rAd5/F35 作为载体疫苗，在体外细胞水平可以高效表达，并且在 BALB/c 小鼠体内诱发较强的特异性 CTL 应答和特异性血清 IgG 反应，但不能避免针对 Ad5 的特异性抗体的中和作用。由于 rAd5/F35 的受体为 CD46，在灵长类动物中通过改变免疫途径，或许会有更好的免疫效果，还需要进一步实验证明。

〔原载《中华实验和临床病毒学杂志》2007，21（1）：5 - 7〕

参 考 文 献

1 Thomas CE, Ehrhardt A, Kay MA. Progress and problems with the use of viral vectors for gene therapy. Nat Rev Goner, 2003, 4：346 - 358

2 Zhang Y, Bergelson JM. Adenovirus Receptors. JVirol, 2005, 79：12125 - 12131

3 Ferrari G, Kostyu DD, Cox J, et al. identification of highly conserved and broadly cross - reactive HIV type I cytotoxic Tlymphocyte epitopes as candidate immunogens for inclusion in Mycobacterium bovis BCG - vectored HIV vaccines. AIDS Res HumRetroviruses, 2000, 16：1433 - 1443

4 Shawn M, Diana M, Angeiique AC. et al. Neutralizing Antibodies to Adenovirus Serotype 5 Vaccine Vectors Are Directed Primarily against the

Adenovirus Hexon Protein. J Immunol, 2005, 174: 7179 – 7185

5 Youil R, Toner TJ, Su Q et al. Hexon gene

switch strategy for the generation of chimeric recombinant adenovirus. Hum Gene Ther, 2002, 13: 3 – 1 –320

Immunogenicity of a Chimeric Adenovirus Type 5 Vector with Type 35 Fiber Containing HIV –1 *gag* in Mice

LIU Xin – lei*, YU Shuang – qing, FENG Xia, WANG Xiao – li,

LIU Hong – mei, ZHANG Xiao – mei, LI Hong – Xia, ZHOU Ling, LI Ze – lin, ZENG Yi

(*College of Life Science and Bio – engineering, Beijing University of Tecbswlogy, Beijing 100022, China)

Objective   To study the immune effect of a chimeric adenovirus type 5 vector with type 35 fiber (rAd5/F35) vaccine in BALB/c mice.   **Methods**   The expression of HIV *gag* protein was determined using indirect immunofluorescent staining. The rAd5/F35 – mod. *gag* vector was injected intramuscularly to mice. The LgG antibody was detected by ELISA and CTL response was detected by intracellular cytokine stain assay.   **Results**   The rAd5/F35 – mod. *gag* vector could express HIV *gag* protein *in vitro* and generate strong HIV – specific immune responses *in vivo*. But anti – Ad5 immunity could limit its immunogenicity *in vivo*.   **Conclusion**   The rAd5/F35 – mod. *gag* vector can elicit specific CTL response and IgG antibody in animal model. In mice with high Ad5 vector – specific hmmunity, Ad5/F35 – mod. *gag* showed lower level of *gag* specific CTL and antibody response than in mice without pre – existing adenovirus type 5 immunity. The results indicated that fiber exchange alone does not evade pre – existing Ad5 immunity.

〔**Key words**〕 HIV – 1; AIDS vaccines; Adenoviridae

340.　免疫治疗 EBV 相关肿瘤的研究进展

中国疾病控制中心病毒病预防控制所肿瘤室　杨松梅　周　玲　曾　毅

Epsteirr Barr 病毒（EBV）属于疱疹病毒科 γ 亚科，具有噬 B 淋巴细胞的特性，能够在 B 淋巴细胞中建立起潜伏感染，刺激细胞的增生和转化。人群中有大于 90% 的感染率。虽然大部分 EBV 感染的个体一直处于无症状状态，EBV 的感染却增加了发展成不同恶性肿瘤的危险，1997 年世界卫生组织国际癌症研究机构 IARO 的报告中已将 EBV 归类为对人致癌物。EBV 与越来越多的人类肿瘤相关，包括移植后淋巴组织增生性疾病（PTLD），霍奇金病（HD），鼻咽癌（NPC）和 Burkitt 淋巴瘤（BL）等。本文将对这些 EBV 相关肿瘤的免疫治疗的研究进展进行概述。

EBV 相关肿瘤表达的病毒产物及细胞免疫应答

越来越多的人类恶性肿瘤与 EBV 相关，这些肿瘤处于不同的潜伏感染状态，表达不同的病毒基因产物。这些病毒产物的作用主要是维持病毒感染处于潜伏感染状态，并且促使原来处于静止状态的 B 淋巴细胞持续增生。相应的，这些病毒产物也可以作为免疫治疗的靶抗原进行研究。

CD8$^+$T 细胞对 EBV 表达的病毒产物的应答显著的偏向于少部分的免疫肽表位，来自 EBNA3A、3B 和 3C 家族的蛋白含免疫优势表位，是 FLD 免疫治疗良好的靶抗原。而针对 EBNA－2 和 EBNA－LP 蛋白表位的特异性应答却极少能检测到。EBNA1 蛋白包含甘氨酸－丙氨酸重复区（GAr），阻止 EBNA1 全长蛋白的降解，抑制其递呈给 CD8$^+$T 细胞[1]，这种潜在的免疫逃逸机制限制了其在 EBV 相关肿瘤免疫治疗中的应用，尤其限制了 BL 的 CIL 治疗。研究发现，机体针对 LMP1 的免疫应答非常低，而且缺乏普遍性，这也限制了其作为单独的靶抗原用于免疫治疗。

LMP2 在肿瘤细胞中能稳定表达，具有潜在的 HLA 限制的细胞激活表位，能诱导 CITL 发挥作用[2]。目前，针对 LMP2 主要的 CIL 表位在不断地被鉴定[3]，扩大了不同 HLA 分型下可利用表位的数目。LMP2 包括 LMP2A、2B、目前公认 LMP2A 是 NFC、HD 治疗较理想的靶抗原。

CD4$^+$T 细胞在产生和维持有效的 CD8$^+$T 细胞应答中是至关重要的[4]。在潜伏周期蛋白中，鉴定出许多 EBV 特异的 CD4$^+$T 细胞表位。抗 EBNA1 和 EBNA3C 的 CD4$^+$T 细胞应答在大多数供者中都被发现，而对 LMP1 和 LMP2 的应答却很少能检测到[5]。除了启动和维持 CD8$^+$T 细胞应答，CD4$^+$T 本身也能够作为效应细胞[6]。一些研究报道，EBNA1 特异的 CD4$^+$T 细胞在体外能抑制 EBV 感染的 B 细胞生长。EBV 特异的 CD4$^+$T 细胞在 T 细胞基础上的治疗可能发挥重要的作用，特别在 BL 治疗的尝试上，因为 BL 细胞不被 HLAI 类分子限制的 T 细胞识别。

T 细胞过继免疫治疗

在 EBV 相关的恶性肿瘤中，T 细胞过继免疫治疗最早用于 PTLD 的治疗。在体外，用供者自体同源的 EBV 转化的淋巴细胞系（LCLs）刺激供者的 T 细胞，产生更多的 EBV 特异性 T 细胞，然后输给患者治疗 PTLD，能引起现存的肿瘤抑制。通过这种方式产生的 T 细胞也能被用于预防，接受 T 细胞的 39 个患者无一发展成 PTLD，而未进行治疗控制的人群，发病率 11.5%（61 位患者 7 人发病）[7]。

T 细胞过继免疫治疗在 PTLD 治疗中的成功，刺激了将这一方法用于 NPC 和 HD 肿瘤的治疗中。虽然不及 EBNA3A、3B 和 3C 的特异应答，NPC 和 HD 患者血中也能产生 LMP2 的特异性 CD8$^+$T 细胞[8]。免疫组化的方法对 35 例 NPC 患者的组织切片进行检查，16 例（占 45.7%）在蛋白水平检测到了 LMP2A，这表明 NPC 肿瘤细胞对 LMP2A 特异性 CTL 的杀伤可能是敏感的。近年来受到众多学者的重视。

特异的治疗方法在不断地发展，由 LCLs 刺激产生的 EBV 特异的 T 细胞已被用于 HD 和 NPC 患者的治疗。尽管这些令人鼓舞，肿瘤消退的临床迹象却不明显。这可能部分原因在于这些研究中患者处于疾病发展的晚期。另一个因素可能是 LCLs 刺激产生的 T 细胞中 LMF2 特异的 T 细胞数低。所以针对扩增 LMP2 特异 T 细胞数的刺激方案在不断发展。利用树突状细胞（DCs）潜在的免疫刺激能力优先扩增 LMP2 特异的 T 细胞数是目前主要的研究方向。在细胞培养的产物中，合成的 LMP2 肽段负载 DCs[12]，用 LMP2 RNA 转染 DCs[13]，或用表达 EBV LMP2 的腺病毒转导 DCs[14]，进而刺激 LMP2 特异性的 T 细胞扩增。与 LCL 刺激的培养物相比，由这些 DCs 刺激的 T 细胞含的 LMP2 特异的 T 细胞数更高。实验发现，肽负载的 DCs 表面与 LCLs 相比，表达的协同刺激分子及黏附分子（CD80，CD86，CD83，CD18，CD54，CD11c 及 CD25）明显增多[9]。DCs 作为抗原提呈细胞（APC），表达的高水平协同刺激分子及黏附分子有效的发挥协同作用，使其结合 T 细胞能力更强，刺激更高水平的特异性 T 细胞。而包被了 HLA - pLMP2、抗 CD28 抗体及 CD54 分子的人造 APC，为 T 细胞激活提供了双重信号，无疑为扩增特异的 CTL 提供了很有前景的方法[10]。

通过体外转染识别 LMP2、具有一定 HLA 限制性的重组 T 细胞受体（TCR）来实现特异性 CTL 数目的扩增为 EBV 相关肿瘤的免疫治疗提供了又一很好的思路。来自人 T 细胞克隆（HLA - A2 和 HLA - A23，24 限制性）的 LMP2 特异的 TCR 转染患者外周血单个核细胞（PBMC），获得大量的特异性 CTL 效应细胞。实验证明，这些效应细胞能有效的杀伤 EBV转化的 B 淋巴细胞系（B - LCLs），而 B - LCLs 是天然表达 LMP2 的最好模型。通过这种方法扩增特异性 CTL，不仅有良好的特异性杀伤肿瘤细胞的活性，而且能够快速的制备大量的特异性效应细胞，可以用于所有的 HLA - A2 和 HLA - A23.24 亚型的患者治疗，不必培养和扩增针对每一位患者的特异性 T 细胞。然而，这种转染的 T 细胞是否能够长期地维持 TCR的表达还有待进一步的研究。

以 LMP2 为基础的治疗性疫苗

过继性 T 细胞治疗方法对诸如 HD 和 NPC 肿瘤是很有前途的免疫治疗策略，然而这些方法需要高水平的专业实验室进行支持，不可能大规模的用于患者，这些都限制了其广泛应用。对于 HD 和 NFC 高发区，安全、有效地治疗或预防性疫苗是主要的发展方向。目前，在疫苗研究，尤其是治疗性疫苗的研究工已经有了一定的进展。

含 LMP2 的重组腺病毒疫苗免疫恒河猴后能有效的诱导特异的 CD8+T 细胞应答和一定的抗体应答。目前，直接表达 LMP2 特异肽表位的疫苗已处于研究阶段，降 LMP2 和 LMP1 CTL 特异的肽表位序列克隆后，包装重组 Ad5F35 病毒，体内（免疫转基因小鼠 HLA A2/Kb）、体外均能产生特异的抗 LMP CTL 应答，而且能够有效地抑制 HLA A2/Kb 小鼠的肿瘤生长。这些疫苗的最大优点是不需要体外培养，可以直接接种于人体，适于大规模应用于NPC 及 HD 高发地区。

那些基于体外培养的疫苗，因为其良好的免疫效果仍然是目前研究的热点。LMP2 表位肽刺激的 DCs 疫苗已被用于 NPC 患者的治疗，16 位 HLA Ⅰ 类分子合适的 NPC 患者，三次注射负载了 LMP2 的合成肽表位的自体 DCs 后，9 位患者有 LMP2 特异的 CD8+T 细胞数增殖，其中两位患者观察到肿瘤部分消退。然而，这些免疫应答一般只能维持几个月，可能由于缺乏 CD4+ 辅助性 T 细胞，所以目前的研究朝着同时激发 CD4+ 和 CD8+T 细胞应答的方向努力。Taylor 等设想集中 EBNA1 的 CD4+T 细胞应答和 LMP2 的 CD8+T 细胞应答的特性，构建出 EBNA1 - LMP2 融合蛋白。这一蛋白包括了 EENA1 全长的·半（羧基端一侧，富含CB4+ 表位）和 LMP2 全长，由修饰的痘苗病毒载体安卡拉（MVA）运送这一融合蛋白抗原。在感染了重组病毒 MVA - EBNA1/LMP2 的细胞内，E3NAl - LMP2 大片段重新定位，由细胞核到细胞质。有趣的是，MVA - EBNA1/LMP2 感染的细胞内，内源性表达的 EBNA1/LMP2 抗原能通过 HLA Ⅰ 类分子和 Ⅱ 类分子途径递呈[11]这种重组的 MVA 病毒有潜力作为治疗性疫苗用于刺激 EBV 特异的记忆性 T 细胞。或作为不同的初免/冲击免疫策略的一部分，在 NPC 患者和 HD 患者中，诱导新的 T 细胞应答。在含 LMP2 的重组腺病毒疫苗研究的基础上，用其转染 DCs（rAdLMP2 – DCs），显著增加了 LMP2 特异性了细胞水平，抗 NPC 细胞能力也提高，而且表型分析显示，这种疫苗能同时刺激 CD8⁺ 和 CD4⁺T 细胞[12]。接受 rAd – MP₂ – DCs 治疗的 9 位 NPC 患者中，5 位患者产生了 LMP2 特异的 CTL 应答，8 位患者血清 IgA/VCA 抗体（NPC 患者血清中含有较高滴度的 EBV 特异的 IgA/VCA 抗体）水平下降[13]。rAd-LMP2 – DCs 疫苗的临床应用无疑为 LMP2 基础上的疫苗研究又推进了一步。但长期的临床效果仍需深入的研究。

结　　论

PTLD 的 T 细胞过继疗法的临床经验说明 EBV 特异的免疫治疗能被成功用于治疗 EBV 相关的恶性肿瘤，许多病例 PTLD 完全消退。虽然治疗 HD 和 NPC 没有完全的肿瘤消退，仍有令人鼓舞的实验数据，产生特异性的 T 细胞应答，部分病例有肿瘤缩小。这些用于治疗的培养物包含了对 LCLs 反应的 CD8⁺ 和 CD4⁺T 细胞，只有同时具有这两种组分（而不只是 CD8⁺T 细胞）在临床上才有效，这点很重要。然而，基于体外细胞培养基础上的治疗，在 EBV 相关恶性肿瘤高发的地区不可能得到广泛应用，因此不需要细胞培养直接肌内注射的治疗性疫苗应该进一步发展。

〔原载《中华实验和临床病毒学杂志》2007, 21（1）: 94 – 96〕

参 考 文 献

1　Yin Y, Manoury B, Fahraeus R. Selfr – inhibition of synthesis and antigen presentation by Epstein Barr virus – encoded EBNA1. Science, 2003, 301: 1371 – 1374

2　Konishi K, Maruo S, Karo H, et al. Role of Epstein – Barr virus – encoded latent membrane protein 2A on virus – induced immortalization and hms activation. J Cen Virol. , 2001, 82: 1451 – 1456

3　Karin C, Straathof, Ann M. L, et al. Charaoterization of Latent Membrane Protein 2 Specificity in CTL Lines from Patients with EBV – Positive Nasopharyngeal Carcinoma and Lymphoma. J Immunol, 2005, 175: 4137 – 4147

4　Janssen EM, Lemmens EE, Wolfe T, ct al. CD4⁺ T cells are required for secondary expansion and memory in CD8⁺ T lymphocytes. Nature, 2003, 421: 852 – 856

5　Leen A, Meij P, Redehenko I, et al. Differential immurogenicity of Epsein – Barr virus latent – cycle proteins for human CD4 (+) T – helper1 responses. J Viral , 2001, 75: 8649 – 8659

6　Wang RF. The role of MHC class II – restricted tumor antigens and CD4⁺ T cells in antitumor immunity, Trends Irnmunol. , 2001, 22: 269 – 276

7　Roony CM, Smith CA, Ng CY, et al. infusion of cytotoxic T cells for the prevention and treatment of Epstein – Barr virus – induced lymphoma in allogeneic transplant recipients. Blood, 1998, 92: 1549 – 1555

8　Clapman AL, Riekinson AB, Thomas WA, et al. Epstein – Barr virus – specific cytotoxic T lymphocyte responses in the blood and tumor site of Hodgkin's disease patients: implications for a T – cell – based therapy, Cancer Res. 2001, 61: 6219 – 6226

9　Marion S, Katltrin S, Andrea B, et al. Dendritic Cells Expand Epstein Barr Virus Specific CD8⁻ T Cell Responses More Efficiently Than EBV Transformed B Cells. Human Immunol, 2005, 66: 938 – 949

10　Lu XL. Liang ZH, Zhang CE. et al. Induction of the Epstein – Barr virus latent membrane protein 2 antigen specific cytotoxic T lymphocytes using human leukocyte antigen tetramer based artificial antigerrpresenting cells. Acta Biochim Biophys Sin. 2006. 38: 157 – 163

11 Taylor GS, Haigh TA, Gudqeon NH, et al. Dual Stimulation of Epstein – Barr Virus (EBV) Specific CD4$^+$ and CD8$^+$ T – Cell Responses by a Chimeric Antigen Construct: Potential Therapeutic Vaccine for EBV – Positive Nasopharyngeal Carcinoma J Virol. 2004, 78: 768 – 788

12 Pan Y, Zhang JK. Zhou L. et al: in vitro anti – tumor immune respones induced by dendritic cells transfected with EBV – LMP2 recombinant adenovirus. Biochem. Biophy. Res Commun, 2006, 347: 551 – 557

13 Zuo JM, Zhou L, Chen ZJ, et al: Induction of cytotoxic T lymphocyte responses in vivo after immunotherapy with dendritic cells in patients with nasopharyngeal carcinoma. J Micorbiol Immuol, 2006, 4: 41 – 48

341. 相同来源 HIV – 1 Env、*gag* 基因序列变异和宿主基因多态性与疾病进展关系的分析

中国疾病预防控制中心病毒病预防控制所　传染病预防控制国家重点实验室　白立石　曾　毅
黑龙江省疾病预防控制中心　王开利　周广恩　孟　宾　刘颜成

〔摘　要〕　**目的**　探讨 HIV – 1 基因序列变异和宿主基因多态性与疾病进展的关系。**方法**　PCR 方法从外周血细胞中扩增 HIV – 1 Env、*gag* 区片段和测序，分析序列变异、糖基化，超突变等指标。RFLP 法确定宿主基因多态性。**结果**　未治疗组中，env 基因区 PCR 和克隆序列平均离散率分别为 0.1 和 0.06，差异有统计学意义，治疗组内差异没有统计学意义。V3 环顶端序列在未治疗和治疗组中均以 *gp*GQ 比例最大（61.5% 和 39%），治疗组出现稀有多肽序列如 GPCH、GQGR、GLGR、12 位 I/V 和 21 位 Y/H 变异与疾病快速进展相关。Env 区段上进展较快速组（RRP）比典型进展组（TP）的糖基化程度高（平均值分别为 14.56 和 13.20 个），差异有统计学意义。Env 区段上 RRP 比 TP 组 GA 取代百分率和绝对数平均值都高（8.7%/6.9% 和 10.1/7.6），差异也有统计学意义。TP 组中 SDF1 – 3′A 和 CCR2 V62I 基因频率均高于 RRP 组，但差异没有统计学意义。CX3CR1 V249I/M280T 与疾病快速进展没有显著相关性。**结论**　V3 区序列主要位点的氨基酸变异、Env 区段糖基化程度、GA 取代与疾病进展相关。SDF1 – 3′A、CCR2 V641 和 CX3CR1 2491/280M 与疾病进展均无显著相关性。

〔关键词〕　HIV – 1；变异（遗传学）；多态现象（遗传学）；疾病恶化

本研究以相同感染来源的 HIV 感染者为对象，刘没有接受 HAART 治疗的（简称未治疗组）和已经发病并接受治疗的 AIDS 组（简称治疗组）进行 CD4 检测。同时应用 PCR 方法扩增 Env、*gag* 基因和宿主 HIV – 1 相关基因如 SDF1 – 3′A、CCR2 64I 和 CX2CR1，从 HIV – 1 基因变异和宿主基因多态性两个方面分析与疾病进展的关系。

对象和方法

一、**对象**　17 名 HIV – 1 感染者于 1996—2003 年期间经血液和性传播途径，分别由 2

个感染源感染。至 2004 年底，14 名感染者陆续出现 AIDS 症状并开始抗病毒治疗。抗病毒治疗 6 个月后采集抗凝全血 5 ml（ACD 或 EDTA）。

二、材料　限制性内切酶 Bsa B I、Bse GI、BsmBI、Acll 购自美国 NEB 公司。

三、方法

1. HIV 基因的扩增：参照文献〔1，2〕设计 envPCR 扩增引物（C2 – V5）和 *gag* 引物（P17—部分 P24），并根据中国流行的主要 B 亚型毒株序列对某些引物做修改。

用 TRizol 法从血清中提取总 RNA，然后以 ED12 为反转录引物，以 ES7、ES8 为 PCR 扩增引物；用 Takara one – step RNA Kit 扩增 env C2 – V5 片段。

2. 基因变异的分析：利用 Los Alamos 网址的其他工具分析超突变、糖基化等数据，输入 SPSS 软件进行统计分析。

3. 人体 HIV 感染相关基因多态性的分析：参照文献〔3〕确定 CCR2、SDF1 和 CX3CR1 基因的 PCR 扩增引物和反应条件，分别用限制性内切酶 BseGI、MSPI 和 BsmBI 与 Acll 进行酶切和 2.5% 琼脂糖凝胶电泳。

结　果

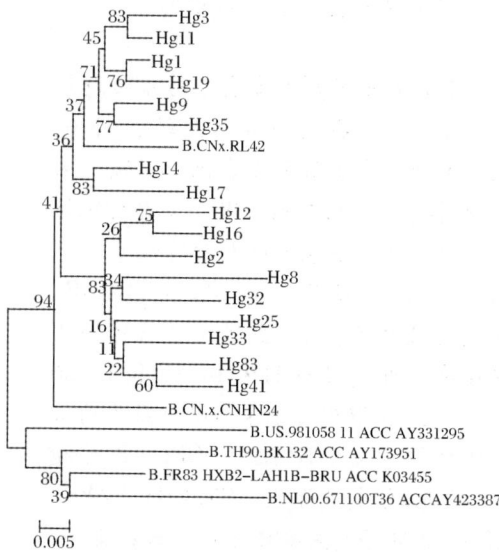

图 1　*gag* 区段（HXB 857 – 1486）
（B）PCR 序列的系统发育树
Fig. 1　Phylogenetic tree of *gag*
（HXB 857 – 1486）PCR sequences

一、感染者的基本情况　1、3、9、19、35 号病例由一女性感染者 W 感染，其余病例由一男性感染者 S 感染，S 和 W 为夫妻。病例中 3 和 11、14 和 17、16 和 12 为夫妻间性传播，均由前者传染给后者。根据潜伏期长短和 CD4 细胞计数分为典型进展者、进展较快者。非治疗组和治疗组平均年龄分别为 32.6 和 32.7 岁，典型进展组和进展较快速组年龄平均值分别为 30.2 和 31 岁。

二、亚型和进化树分析　接受 HAART 治疗病例的血浆病毒复制水平很低，RT – PCR 实验中多数没有得到特异扩增产物。PCR 扩增基因组 DNA 得到的 Env 和 *gag* 区序列做 HIV – Blast 比对和系统发育分析，17 名感染者序列均为 HIV B 亚型，*gag* 系统发育树如图 1。

三、V3 环顶端四肽及其附近氨基酸序列变异　获得未治疗组 PCR 和克隆序列三种类型共 13 个，其中 GPGO 8（61.5%），GPGR 3（23.1%），GPGK 2（15.4%）。治疗组 PCR 和克隆序列有 6 种类型共 59 个，其中 GPGQ 23（39%），GPGR 14（23.7%），GPGH 1（1.7%），GPGK 14（22.7%），GLGR 6（10.2%），GQGR 1（1.7%）。两组均以 GPGQ 比例最大，GPGR 和 GPGK 并列次之。V3 环附近 9~25 位的 15 个 AA 序列对 V3 区的性状有重要作用。除 3 号外其他疾病进展较快的 2、8、9、19、32 和 35 号的 PCR 序列在此区段均有氨基酸变异出现，11 位的 S/G 在 9、19、32 和 35 号均被 R 取代，在 2 号被 N 取代；9、19 和 35 号还在 32 位出现 I/V、13 位出现 H/T 和 19 位出

现 A/V 取代；8 号在 21 位出现 Y/H 取代，典型进展组序列中 11 位均为 S，12 位均为 I，13 位 H 占大多数（85%），21 位均为 Y。

四、基因变异分析 治疗组 14 个病例的 env 基因区 PCR 产物和克隆序列内基因离散率（遗传距离）平均值分别为 0.07 和 0.08，没有显著性差异；未治疗组 3 个病例的 PCR 和克隆序列内平均离散率分别为 0.1 和 0.06，差异有统计学意义（$t = 2.66$，$P < 0.05$）。用 B 亚型共享序列为对照计算 env 和 gag PCR 序列离散率和同源/异源取代值（ds/dn）（SNAP 程序），env 和 gag 区段上未治疗组与治疗组、典型进展组与进展较快速组的离散率和 ds/dn 值见表 1。不同组间离散率和 ds/dn 值差异均元统计学意义。

五、糖基化程度 未治疗组和治疗组的糖基化数平均值分别为 14.38 和 13.76，$t = 1.085$，$P = 0.301$，没有显著性差异。

表 1 env、gag 区离散率和 ds/dn 值在不同组间的比较
Tab. 1 Divergence and ds/dn for env and gag segments

分组 Groups	例数	Env 离散率 divergence	t 值	例数	gag 离散率 divergence	t 值	例数	Env 离散率 ds/dn	t 值	例数	gag 离散率 ds/dn	t 值
未治疗 nontreated	3	0.135	0.28	3	0.04	0.06	3	1.21	0.50	3	3.4	0.25
治疗 treated	14	0.133		14	0.04		14	1.21		13	3.23	
TP	9	0.134	0.39	9	0.055	0.04	9	1.39	0.62	8	3.59	0.68
RRP	7	0.137		7	0.058		7	1.21		7	3.21	

典型进展组（TP）与进展较快速组（RP + RRP）的平均值分别为 13.20 和 14.56，$t = 2.85$，$P < 0.05$，差异有统计学意义。

表 2 SDF1 – 3′A、CCR2 V64I 和 CX3CR1 V249I/M280T 基因频率分布
Tab. 2 Gene frequency of SDF1 – 3′A, CCR2 V64I and CX3CR1 V249I/M280T

基因 gene	进展较快速组 RRP 野生 w/w	杂合 w/m	突变 m/m	频率 (%)	典型进展组 TP 野生 w/w	杂合 w/m	突变 m/m	频率 (%)
SDF1 – 3′A	3	4	0	28.57	4	4	1	33.33
CCR2 V641	5	2	0	14.28	5	4	0	22.22
V2491	6	1	0	7.14	8	1	0	7.14
M280T	6	1	0	7.14	8	1	0	7.14

六、超突变 以 B 亚型 2002 年的共享序列为参照，用 Hypermut 工具分别计算未治疗组和治疗组 Env 区发生 GA 取代百分率和绝对数的差异。进展较快速组（RP + RRP）高于典型进展组（TP），平均值分别为 10.1/7.6 和 8.7%/6.9%，t 值分别为 2.36 和 2.73，P 值均 <9.05，差异有统计学意义。gag 区典型进展组与进展较快速组（RP + RRP）之间没有显著性差异。

七、人体 HIV 相关基因多态性的分析 各基因型在 RRP 和 TP 组中分布如表 2。

讨 论

gag 区系统树与流行病学调查的传播链完全吻合，Env 区的系统树上序列间的起源关系相对没有 gag 区稳定。

V3 环中除了文献报道的 11、13、19 位 AA 变异外[4,5]，还看到 12 位 I/V 和 21 位 Y/H 变异与疾病快速进展有关。

未治疗组和治疗组中 Env, *gag* 序列的 ds/dn, 治疗组中 TP 组和 RP 组的 ds/dn 比值在 Gsg (p17 + p24)、Gas17 和 GaK24 区段上均没有显著性差异。Zhang[6]等对不同疾病进程儿童感染者 V1 – V5 区序列变异研究结果为 ds/dn 值在不同进展组间没有显著性差异, 与我们的结果相似。

典型进展组 (包括 SP) 中 SDF1 – 3′A 和 CCR2V64I 的基因频率均高于进展较快速组, 但均无统计学意义 (P 值分别为 0.694 和 0.541)。与 2005 年深圳一项对中国人群基因多态性与 HIV 疾病进展关系的研究结果一致[7]。有文献报道高加索人群中 CX3CR1 基因 249I/280M 单倍型和 280M 纯合子都与 HIV – 1 快速进展有关[8], 我们的研究对象中没有发现 V249I 或 280M 纯合突变, 突变基因频率在 TP 和 RRP 组间也没有显著性差异 (P 值均为 0.692, > 0.95), 表明疾病进展与 CX3CR1 的 V249I 或 280M 突变没有显著相关性。

〔原载《中华实验和临床病毒学杂志》2007, 21 (2): 153 – 155〕

参 考 文 献

1 邢辉, 梁浩, 宏坤学, 等. 我国 HIV – 1 主要流行株外膜蛋白 (env) 基因 V3 – V4 区变异及其与生物学特性的关系. 中华微生物学和免疫学杂志, 2005, 25: 185 – 189

2 关琪, 魏民, 黄海龙, 等. 中国 HIV – 1 B/C 重组病毒的 *gag* – pol 区基因序列特征分析. 中华医学杂志. 2004, 3: 387 – 391

3 王福生, 金磊, 刘明旭, 等. 中国普通人群 HIV – 1 感染辅助受体和配体基因多态性的分析. 科学通报, 2001, 46: 569 – 573

4 Strunnikova N, Ray SC, Livingston RA, et al. Convergent evolution within the V3 loop domain of human immunodeficiency virus type I in association with disease progression, J Virol, 1995. 69: 7548 – 7558

5 Ganeshan S, Dickerer RE, Korber BT, et al. Human immnodeficiency virus type 1 genetic evolution in children with different rates of development of disease. J Virel, 1997. 71: 663 – 677

6 Zhang H, Hoffmann F, He J, et al. Characterization of HIV – 1 subtype C glycoproteins from perinataliy infected children with different courses of disease. Retrovirology, 2006. 3: 73

7 王晓辉, 冯铁建, 王福生, 等. CCR5 delta32, CCR5m303, CCR2 – 中华实验和临床病毒学杂志, 2005, 19: 256 – 259

8 Faure S, Meyer L, Costagllola D, et al. Rapid Progression to AIDS in HIV + Individuals with a Stractural Vadant of the Chemnkine Receptor CX3CR1. Science, 2000. 287: 2274 – 2277

Association between Sequence Variation of Env, *gag* Genes from the Same Source and IV –1 Disease Progression and Host Genetic Polymorphism

BAI Li – shi*, WANG Kai – li, ZHOU Guang – en, MENG Bin, LIU Yan – cheng, ZENG Yi

(* National Institute for Viral Disease Control and Prevention, China CDC, Beijing 100052, China)

Objective   To understand the relationship between the HIV – 1 viral sequence variation and host factors associated with HIV – 1 disease progression.   **Methods**   Env and *gag* fragments of HIV – 1 were amplified with PCR, cloned and sequenced. Bioinforrnatics was employed to find the genetic variation, N – linked glycosylation, hypermutativn etc.

Host gene polymorphism was analysed by using restricted fragment length polymorphism (RFLP). **Results** Significant difference was found in genetic divergence between Env PCR dominant and donal sequences (0.1 and 0.06, respectively) in non – treated group, but no significant difference was found in the HAART treated group. V3 GPCQ accounted for the most part in both treated and nontreated groups, rare V3 loop such as GPGH. GQGR and GLGR was found in treated group, V3 substitutions of I/V (position 12) and Y/H (position 21) was associated with the relatively rapid progression (RRP). Glycosylation was significantly higher in RRP than in TP for Env region, GA substitution in RRP was also significantly higher than that in TP group. SDFi – 3' A and CCR2 V64I gene frequency was higher in TP than in RRP, but the difference was not significant. **Conclusion** Disease progression was associated with V3 AA change, glycosylation and GA substitution in envgene. SDFt – 3' A, CCR2 V64I and CX3CR1 V2491/M280T was not associated with disease progression significantly.

〔Key words〕 HIV – 1; Variation (Genetics); Polymorphism (Genetics); Disease progression

342. Ad5F35 – LMP2 重组腺病毒免疫效果的研究

广西医科大学第一附属医院　莫武宁　唐安洲　黄光武

中国疾病预防控制中心病毒病预防控制所国家重点实验室

周　玲　吴小兵　王　湛　余双庆　王　琦　叶树清　杜海军　曾　毅

〔摘　要〕　**目的**　了解含有 EB 病毒潜伏膜蛋白 2 的非复制型重组腺病毒（Ad5F35 – LMP2），免疫恒河猴的特异性细胞和体液免疫的效果。　**方法**　分别使用高剂量（1.5×10^{10} TCID$_{50}$/只）、中剂量（1.5×10^{9} TCID$_{50}$/只）、低剂量（1.5×10^{8} TCID$_{50}$/只）Ad5F35 – LMP2 重组腺病毒，同时设对照组（PUS 4.0ml/只），肌内注射免疫恒河猴，每个月一次，共免疫 3 次，第 0、4、8、12 周时使用 Elispot 方法检测猴外周血 EBV – LMP2 细胞毒性 T 细胞应答，同时应用免疫酶方法检测血清中 LMN 抗体。　**结果**　3 个剂量 Ad5F35 – LMP2 腺病毒免疫恒河猴均可以诱导出有效的细胞免疫应答及一定的抗体应答，免疫应答水平的高低与病毒剂量的高低有一定的关系，较高剂量产生的细胞及体液免疫应答水平比低剂量的高。　**结论**　Ad5F35 – LMP2 非复制型重组腺病毒疫苗可以有效地诱导恒河猴产生 EBV – LMP2 特异性细胞和体液免疫反应。

〔关键词〕　重组，遗传；腺病毒，人；疱疹病毒 4 型，人；膜蛋白质类；恒河猴；免疫，细胞

EB 病毒在人群中的感染十分普遍，其中 Ⅱ 型隐性感染与鼻咽癌（NPC）和何杰金病密切相关。鼻咽癌是中国南方常见的恶性肿瘤之一，其治疗主要靠放射治疗，但放疗后完全缓解的患者约有 40% ~ 50% 出现远处转移和局部复发而导致治疗失败。因此研制预防性和治疗性疫苗具有重要的意义。本研究应用我们构建的含 EB 病毒 LMP2 全序列的 Ad5F35 – LMP2 重组腺病毒进行恒河猴的体内免疫实验，初步检测其免疫效果。

材料和方法

一、实验材料

1. 病毒和细胞：Ad5F35 – LMP2 重组腺病毒含 LMP2 全 cDNA 序列，由中国疾病预防控制中心病毒病预防控制所国家重点实验室构建，293 细胞为本室保存。

2. 主要试剂：淋巴细胞分离液购自瑞典 Pharmacia 公司。LMP2 特异 CTI 表位多肽由美联（西安）生物科技有限公司合成，共 6 条，序列分别为：LLWTLVVLL、LTAGFLIFL、LLSAWILTA、SSCSSCPLSKI、TYGPVFMCL、IEDPPFNSL。猴 Elispot 试剂盒购自荷兰 U – Gytech 公司。辣根过氧化物酶标记的抗人 IgG 抗体购自华美生物公司。

3. 实验动物：16 只恒河猴均为成年猴，体重 8.5～11.5 kg。动物级别：一级，许可证号：SCXK –（军）2002 – 001。购自中国医学科学院实验动物繁殖中心。

二、实验方法

1. 动物免疫方法：恒河猴随机分为高、中、低和 PBS 对照 4 组进行免疫，每组 4 只，病毒剂量为高剂量组 $1.5 \times 10^{10} TCiD_{50}$/只，中剂量组 $1.5 \times 10^9 TCID_{50}$/只，低剂量组 $1.5 \times 10^8 TCID_{50}$/只，对照组 PBS 4.0 ml/只肌内注射免疫，每 1 个月加强免疫 1 次，共免疫 3 次，分别于免疫前（0 周）和免疫后第 4、8、12 周采集猴外周血。

2. EBV – LMP2 特异性 CTL 检测：常规采猴血分离外周血单个核细胞（PBMCs），Elispot 方法分析猴 EBV – LMP2 特异性 CTL。结果判定标准：阳性对照孔阳性细胞数大于阴性对照孔阳性细胞数 2 倍以上的实验成立。阳性孔阳性细胞数大于阴性孔阳性细胞数 2 倍以上或阳性细胞数大于 50 个以上判为阳性。

3. 免疫酶方法检测 LMP2 抗体：将 pSNAV – LMP2 导入 BHK – 21 细胞建立 P815 – LMP2 抗性细胞系，该 BHK – 21 细胞系稳定表达 EBV – LMP2 蛋白，用该细胞涂片，丙酮固定，恒河猴血清倍比稀释，抗 LMP2 大鼠单抗作为阳性对照，辣根过氧化物酶标记的抗人 IgG 抗体作二抗，显微镜下观察。

结　　果

一、Ad5F35 – LMP2 诱导的细胞免疫应答　结果见图 1。可以看出 Ad5F35 – LMP2 疫苗免疫的 3 个剂量组的恒河猴都可以产生针对 EBV – LMP2 的特异性细胞应答，疫苗初次免疫 4 周时个别猴开始出现了细胞免疫应答，随着免疫次数和剂量增多，细胞免疫应答猴数增多，反应增强，最高可以达到 $650/1 \times 10^6 PBMCs$。诱导的细胞免疫应答与免疫剂量之间存在一定的依赖关系，高剂量组比中剂量组疫苗免疫后产生的细胞应答要高。

二、Ad5F35 – LMP2 诱导的 LMP2 抗体滴度　初次免疫 4 周时开始产生 EBV – LMP2 抗体，第 8～12 周时抗体的滴度较高，最高可达到 1：20。不同剂量诱导的抗体滴度也不尽相同，高剂量组较低剂量组免疫后产生的抗体滴度高。但区别不甚明显。

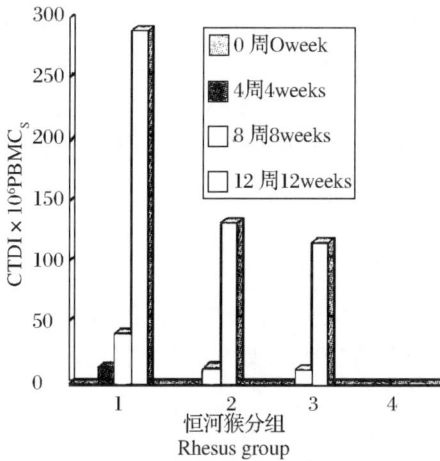

1：高剂量组 . 2：中剂量组，3：低剂量组，4：PBS 组

图 1　Ad5F35－LIdP2 诱导的细胞免
疫应答平均数（$1 \times 10^6 PBMC_5$）

1：average of CTL of the monkeys immunized with high dosage group（$1.5 \times 10^{10} TCID_{50}$/each rilesus），2：average of CTL of the monkeys immunized with medium dosage group（$1.5 \times 10^9 TCID_{50}$/each Thesus），3：average of CTL of the monkeys immunized with low dosage group（$1.5 \times 10^6 TCID_{50}$/each rhesus），4：average of CTL 2verage of CTL of the monkeys immunized with PBS

Fig. 1　Specific cellular responses of the rhesus monkeys immunized with recombinant adenovius Ad5F35－LMP2（1×10^6 PBMCs）

讨　　论

研究表明 EBV 与多种人类肿瘤相关，包括鼻咽癌、淋巴瘤等。EBV 相关肿瘤表达的 EBV 蛋白非常有限，但这些病毒蛋白在肿瘤细胞中的存在为基因治疗提供了较好的靶位。NPC 和 HD 肿瘤细胞上仅表达 EBV 的 EBNA1、LMPI、LMP2 蛋白。其中，EBNA1 包含一个 Gly－Ala 重复序列，会阻断它对 HLAI 类限制性了细胞的处理和呈递。LMP1 有潜在致癌性，在病毒株间存在异质性，且仅表达在部分 NPC 病例。LMP2 在 NPC 等 EB 病毒相关肿瘤细胞表面持续表达免疫原性较强，无致癌性，研究已发现其多种受 HLA 限制的 CTL 表位，且其序列保守。因此，LMP2 成为在体内诱导 EB 病毒特异性 CTL、预防和治疗相关肿瘤的良好靶抗原。

NPC 在东南亚尤其是中国南部发病率非常高，达到了每年（10～50）/100 000 国内外有少量报道[1,2]。NPC 患者、EBV－IgA/VCA 阳性的人较正常人对 EB 病毒特异性细胞免疫功能呈现不同程度降低，提示了 EBV 特异性细胞免疫力降低可能与 NPC 发生有关。目前应用 EB 病毒多克隆 CTL 治疗和预防 EB 病毒引起的淋巴细胞增生性疾病已经取得了成功。1996 年美国 Dr. Rooney 首次成功地用异体 HLA 匹配的 CTL 治疗 EBV 引起的 B 淋巴细胞增生症，临床效果十分显著，Sina 等[3]分离出针对 LMP2 的特异性 CTL，它们能特异性杀伤 EB 病毒阳性的 Hodgin's 患者的 R－S 细胞，并使患者的病情得到 5～8 个月的稳定；Straaihof 等[4]用自体 CTL 治疗 NPC 也有令人鼓舞的结果，治疗的 10 例患者 6 例缓解，1 例部分缓解，1 例病情维持稳定。

介导肿瘤相关抗原基因转移的方法包括病毒载体及理化方法等多种途径。腺病毒、痘病毒、逆转录病毒是目前最常用的病毒载体，目前认为腺病毒是介导外源基因转染 DC 最有前景的病毒载体，克服了逆转录病毒载体整合的特性，安全性高；宿主范围广泛，可感染分裂期及静止期或终末分化细胞。复制缺陷腺病毒不但具有腺病毒上述的特点，而且具有更高的安全性。目前最常用腺病毒载体为 Ad5 型腺病毒（C 组腺病毒），但存在 DC 细胞缺乏与血清型 C 组腺病毒高亲和力的 CAR 表达，因此除非用高滴度的病毒感染，否则效率不高。B 型腺病毒（Ad35）的纤维蛋白可与普遍存在于细胞（如 DC 细胞）表面的受体膜蛋白 CD46 结合，不依靠 CAR 受体存在而感染相应靶细胞。因此，人们考虑用 Ad35 纤维修饰 Ad5 改善转导效率及靶向，国外已有报道用 Ad35 纤维基因相应部分取代 Ad5 载体全部或部分纤维基因，构建的 Ad5F35 腺病毒感染 DC 细胞或 CD34$^+$造血干细胞明显比用 Ad5 或 Ad5 经过其他 B 组腺病毒修饰纤维突和茎者的腺病毒更有效[5,6]，提示提高载体感染细胞能力将有意义降低治疗或预防用载体量，有利于临床应用及降低毒性。本研究应用 Admax 腺病毒载体系统构建了含 EB 病毒 LMP2 全序列的 Ad5F35 – LMP2 重组腺病毒，经 PCR 和（或）细胞培养证实其为非复制型腺病毒，含 Ad35 纤维突基因，同时对其在细胞内目的基因及其蛋白表达研究显示、Ad5F35 – LMP2 重组腺病毒能有效表达目的基因 LMP2 蛋白[7]。

为探讨 Ad5F35 – LMP2 重组腺病毒在非人灵长类动物体内的免疫效果，我们选用恒河猴作为实验动物、选择敏感性高的 Elispot 方法，经 LMP2 特异多肽刺激后检测释放细胞因子 IFN – γ 的细胞占外周血单个核细胞的数量来反映产生 EBV – LMP2 特异性 CTL 的情况。同时用疫酶方法检测 LMP2 抗体。结果显示，Ad5F35 – LMP2 重组腺病毒通过肌内注射的方式免疫恒河猴可以诱导机体产生有效的针对 LMP2 的特异性细胞和体液反应，免疫病毒剂量的高低影响免疫结果。但由于存在着个体差异，因此免疫结果对剂量的依赖性不是呈明显线性关系。

总之，本实验初步验证了 Ad5F35 – LMP2 腺病毒能有效地诱导机体产生 LMP2 的特异性细胞和体液反应，提示其具有良好的临床应用前景。下一步我们将对该重组腺病毒与 Ad5 – LMP2 重组腺病毒的生物学功能进行比较研究，为今后开展临床基因免疫治疗奠定基础。

〔原载《中华实验和临床病毒学杂志》2007，21（3）：226 – 228〕

参 考 文 献

1 Lee SP, Chan AT, Cheung ST, et al. CTL control of EBV in nasopharyngeal carcinoma（NPC）: EBV – specific CTL responses in the blood and tumors of NPC patients and the antigen – processing function of the tumor cells. J lmmunol, 2000, 165：573 – 582

2 周玲，姚庆云，Steve Lee A Rickinson，等. 鼻咽癌患者和正常人群中 EB 病毒特异性 T 细胞对靶抗原的识别和应答. 病毒学报，2001，17：7 – 9

3 Sing AP, Ambinder RF, Hong DJ, Isolation of Epstein – Barr virus（EBV）– specific cytotoxic T lymphocytes that lyse Reed – sternberg cells: Implications for immune – mediated therapy of EBV – Hodgkin's disease. Blood, 1997, 89：1978 – 1986

4 Straathof KC, Bollard CM, Popat U, et al. Treatment of nasopharyngeal carcinoma with Epstein – Barr virus – specific T lymphocytes. Blood, 2005, 105：1898 – 1904

5 Havenga MJ, Lemckert AA, Ophorsr OJ. et al. Exploiting the natural diversity in adenovirus tropism for therapy and prevention of disease. J Virol, 2002, 76：4612 – 4620

6 Yotnda P, Onishi H, Heslop H E, et al. Efficient infection of primitive bematopoietic stem cells by modified adenovirus. Gene Ther, 2001; 8：930 – 937

7 莫武宁，周玲，吴小兵，等. Ad5F35 – LMP2 重组腺病毒载体的构建及鉴定. 中国免疫学杂志，2007，23：82 – 86

Immune Responses Induced by Recombinant Adenovirus Ad5F35 - LMP2 in Rhesus Monkeys

MO Wu - ning*, ZHOU Ling, WU Xiao - bing, WANG Zhan, TANG An - zhou, HUANG Guang - wu, YU Shuang - qing, WANG Qi, YE Shu - qing, DU Hai - jun, ZENG Yi

(* First Affiliated Hospital, Guangxi Medical University, Nanning 530021, China)

Objective   To observe the specific cellular and humoral immune responses after immunization with recombinant adenovirus Ad5F35 - LMP2 in rhesus monkeys.   **Methods**   Sixteen rhesuses were immunized with Ad5F35 - LMP2 through intra - muscular injection in three groups, high dosage group (1.5×10^{10} TCID$_{50}$/rhesus), medium dosage group (1.5×10^9 TCID$_{50}$/rhesus), low dosage group (1.5×10^8 TCID$_{50}$/rhesus) and the last group was control (PBS 4 ml/rhesus). They were totally immunized three times at intervals of one month. The EBV - LMP2 specific cellular immune responses were tested during the 0, 4, 8, 12 weeks by Elispot after immunization respectively. And the titers of anti - LMP2 antibody were tested by EIA at the same time.   **Results**   EBV - LMP2 specific cellular and humorat immune responses which were induced by recombinant adenovirus Ad5F35 - LMP2 can be found in all the three dosage groups. The potency of immune responses was related with the dosage of immunization. Higher dosage elicited more potent immune response.   **Conclusion**   The recombinant adenovirus Ad5F35 - LMP2 could elicit **LMP2** specific cellular and humoral immune responses in rhesus.

〔**Key words**〕 Recombination, genetic; Adenoviruses, humam; Herpesvirus 4, human; Membrance proteins; *Macaca mulatta*; Immunity, cellular

343.   细胞免疫成分 *TRIM55α* 和 APOBEC3G 抗 HIV - 1 作用机制的研究进展

北京工业大学生命科学与生物工程学院   李   岚   杨怡妹   车泽琳   曾   毅

近期备受关注的细胞内在抗逆转录病毒因子，包括 *TRIM5α*（tripartite molif protein 5 - alpha, *FRIM5α*）与载脂蛋白 BmRNA 编辑酶催化多肽样蛋白 3G（apolipoprotein B mRNA - editing enzyme - catalytic polypeptide - like 3G，APOBEC3G）和它们抗病毒的作用机制正在从不同的角度进行研究，很多工作还在继续。

TRIM5α

2004 年，Sodroski 及其领导的研究小组通过对恒河猴 cDNA 文库的筛选，证实细胞的胞质蛋白——*TRIM5α* 是抑制 HIV - 1 感染的主要因子[1]。随后，非洲绿猴等旧大陆猴的 *TRIM5α* 也相继被证实可以抑制 HIV - 1 感染。旧大陆猴细胞可以阻断 HIV - 1 感染，而多数新大陆猴细胞则可以阻断 SIV$_{mae}$ 的感染。人的 *TRIM5α* 在阻止 HIV - 1 病毒方面比旧大陆猴细胞内的成分要逊色得多，但是它能有效抑制 N 型鼠白血病病毒（N－tropic murine leukemia virus，N－MLV）。这些证据表明 *TRIM5α* 在灵长类动物中具有种属特异性，*TRIM5α* 的种属特异性由 SPRY 结构域中氨基酸的不同决定[2]。

一、*TRIM5α* 的结构组成及其功能　　*TRIM5α* 是三重基序蛋白家族成员，该家族成员均含有 RING、B－box 和 coiled－coil 结构域，因此又被称作 RBCC 蛋白[3]。RING－finger 结构域与 *TRIM* 家族成员的 E3 泛素连接酶活性相关，coiled－coil 结构域参与 *TRIM5* 多聚体的形成。胞质体中的 *TRIM5α* 蛋白还含有 B30.2（SPRY）结构域。B30.2 和 SPRY 是同源结构域，广泛存在于人类基因组编码的 11 个蛋白家族中。含有 SPRY 和 B30.2 结构域的蛋白质功能趋于多样性，有的功能是调节细胞因子信号转导，有的参与 RNA 代谢或细胞内钙离子的释放，还有的可以抑制逆转录病毒的复制。SPRY 和 B30.2 相比较而言，前者位于进化的早期，*TRIM* 蛋白中的 B30.2 结构域是后期进化的产物，是免疫防御系统的一部分[4]。缺失分析显示 *TRIM5α* 的所有基序均参与限制逆转录病毒的作用[5]。

TRIM5α 介导的抗病毒效应是通过作用于 HIV－1 衣壳蛋白（capsid，CA）而实现的[6]。在研究 Fv1 的酵母双杂交实验中发现 HIV－1 CA 可以与细胞亲环蛋白（Cyciophilin A，CypA）结合[7]。CypA 是一种广泛存在的胞质蛋白，具有催化肽基－脯氨酸（peptidyl－prolyl）发生顺/反异构（cis/trans isomerization）的功能。HIV－1 CA 与 CypA 结合构象发生改变，促进 HIV－1 的早期复制[8]。恒河猴的 *TRIM5α* 与 CypA 相互作用结果可能会使 HIV－1CA 更加稳定，从而阻断病毒的脱壳。另外，恒河猴 *TRIM5α* 的 B30.2 结构域识别并结合 HIV－1 CA，发挥泛素连接酶活性，使 CA 泛素化，破坏病毒的脱壳过程。

二、*TRIM* 蛋白的抗病毒作用　　人类基因组编码的 *TRIM* 蛋白有 60 余种，在其他物种中也存在 *TRIM* 蛋白同源体。*TRIM* 蛋白起源于多细胞动物，随着脊椎动物的进化，其家族成员不断增多，并参与不同的生物学过程。

人的 *TRIM5* 基因与 *TRIM6*、*TRIM34*、*TRIM22* 基因位于第 11 对染色体，*TRIM6* 和 *TRIM34* 在哺乳动物基因组中有同源序列，*TRIM5* 的同源序列仅存在于灵长类动物中。啮齿动物的 *TRIM12* 和 *TRIM30* 以及有蹄类动物的 *TRIM* 蛋白与人的 *TRIM5/6/34/22* 相类似。牛505265 属于有蹄类动物 *TRIM* 蛋白，可以限制几种逆转录病毒的感染，505265 和 *TRIM5* 一样，均编码 B30.2 结构域[9]。这意味着，不同种类哺乳动物的 *TRIM* 蛋白的相同亚型均具有抗逆转录病毒活性。

TRIM 蛋白家族中除了 *TRIM5α* 被证实有抗病毒活性外，源于非洲绿猴、人和枭猴细胞的 *TRIM1* 对 N－MLV 稍有抑制作用，对 HIV－1 无抑制作用[10]。过表达的 *TRIM19* 蛋白可以抵抗水泡性口炎病毒和甲型流感病毒，对脑心肌炎病毒无抵抗作用。近期研究还发现了RIM19 可以抑制人巨细胞病毒和单纯疱疹病毒Ⅰ型[11]。*TRIM32* 与 HIV－1、HIV－2 和马传染性贫血病毒的 Tat 蛋白活化区域以高亲和力特异性结合，可能会在病毒基因组转录调节过程中发挥作用。*TRIM22* 通过与 HIV－1 的长末端重复序列的相互作用而削弱病毒的转录。干扰素可以上调 *PRIM19*、*TRIM21*、*TRIM22*、*TRIM34* 和 *TRIM5α* 蛋白，使其更有效地发挥抗病毒作用。

APOBEC3G

一、APOBEC3G 的结构组成　　hA3G 基因位于第 α2 号染色体，其附近基因分别编码

hA3A – H 蛋白[12]。hA3G 结构中含有两个类似的特征区——helix1 – CD1 – linker1 – PCDl – helix2 – CD2 – liker2 – PCD2。每个特征区均具有胞嘧啶脱氨酶的结构特性 – α 螺旋（α – helical）– 催化区（catalytic domain, CD）– 连接肽（linker peptide）– 伪催化区（pseudocatalytic domain, PCD）。在 CD 区含有保守的 His/Cys – X – Glu – (X)$_{23-28}$ – Pro – CysX – X – cys 基序（X 代表任意氨基酸）[13]，其中组胺酸和半胱氨酸残基与 Zn^{2+} 结合，发挥依赖锌离子的胞嘧啶脱氨酶活性，谷氨酸参与脱氨反应对的质子穿梭。

二、人 APOBEC3G 特异性包装入逆转录病毒粒子的分子机制　研究显示，hA3G 的 CD1 区的突变会阻止其包装入 HIV – 1、人 T 细胞白血病病毒 I 型和鼠白血病病毒：HIV – 1 *vif* 缺失的情况下，hA3G 和 hA3F 通过与 Pr55*gag* 的核衣壳蛋白（nudeaeapsid protein, NC）形成复合物而包装入 HIV – 1[14]；纯化的重组 hA3G 与逆转录病毒的 NC 可以直接相互作用。这表明 hA3G 的 CD1 区可能是通过与 Pr55*gag* 的 NC 区直接相互作用而包装入病毒粒子。然而，研究者还发现两者的相互作用受核糖核酸酶影响，NC 在病毒 RNA 基因组包装中起关键作用，NC 与 RNA 可以特异或非特异结合。同样，hA3G 也可以与 RNA 非特异的结合。hA3G 的包装过程可能是由 NC 与病毒 RNA 或非特异的细胞 RNA 的复合物共同参与完成的。

三、人 APOBEC3G 抗病毒作用机制　hA3G 包装入病毒粒子的过程与其 N 末端的 CD1 区有关，C 末端的 CD2 区则是发挥胞嘧啶脱氨酶活性和抗病毒作用的关键区域[13]。hA3G 在病毒逆转录过程中引起胞嘧啶脱氨，即在（ – ）cDNA 链合成时出现 C – U 突变，整合前被尿嘧啶 DNA 糖苷酶（uracil DNA glycosyiase, UDG）降解[15]，或在合成病毒双链 DNA 时出现 G→A 超突变[16]，会对病毒的复制产生危害。其结果将导致逆转录过程减弱，完整的前病毒数量减少，而整合后的前病毒由于 G→A 超突变的存在，将会削弱病毒的传播。

hA3G 在抑制 HBV（hepatitis B virus）感染的过程中尽管表现出很强的抑制效果，但是 HBV 核心 DNA 并无 C→A 超突变的存在，提示 hA3G 的抑制活性并不一定仅依赖胞嘧啶脱氨作用，可能还有其他的抗病毒途径有待发现。近期研究显示低分子聚合物（low – molecular – mass, LMM）状态下的 hA3G 可以保护人血液中处于静止期的 CD4$^+$T 细胞免受 HIV 的感染[17]，当针对 hA3G 的小抗干扰 RNA 进入静止期的 CD4$^+$T 细胞后，细胞对 HIV – 1 感染的抑制作用迅速减弱。还有研究[18]认为 hA3G 可以通过抑制逆转录过程而降低病毒 DNA 的合成。总之，揭示 hA3G 通过哪些途径发挥抑制作用，将为 HIV – 1 的治疗提供新的思路。

四、HIV – 1 *vif* 拮抗 hA3G 作用机制　首先，体外泛素化实验证实 hA3G 蛋白的泛素化与 *vif* 对其抑制效果具有明显的相关性。此外，应用蛋白酶抑制剂可以提高 hA3G 的稳定性。多数研究者认为 hA3G 蛋白与 *vif* – BC – Cul5 复合体结合后，通过泛素 – 蛋白酶途径降解，而发挥 *vif* 拮抗 hA3G 的抗病毒活性[17]。然而，某些逆转录病毒如 MlV 并不含任何类似于 *vif* 的辅助蛋白，却可以在表达 APOBEC3 的细胞内复制。有研究者认为[18]，MLV 通过两种不同的机制逃避鼠 A3（murine A3, mA3）的攻击，第一，病毒 RNA（vRNA）阻止 mA3 与 *gag* 的结合，使 mA3 无法包装入 MLV 粒子中；第二，成熟病毒粒子中的蛋白酶（viral protease, vPR）可以将 mA3 降解，由此可见每种病毒均有逃避宿主攻击的策略。

在未来的研究中还需进一步阐明 *TRIM5α* 的结构及其与 CA 特异性识别的部位；是否还有其他的蛋白与 *TRIM55α* 结合，或者有辅助因子参与；*TRIM* 家族其他的成员是否有抗逆转录病毒的活性，*TRIM55α* 是否可以抑制其他的病毒？hA3G 包装入病毒粒子的准确机制；hA3G 包装入病毒粒子后，再次感染细胞时会引起病毒逆转录障碍的原因是什么？总之，细胞内天然抗病毒因子的发现为研究 HIV－1 提供了一个全新的途径，并推动开发新的治疗方式。

〔原载《中华实验和临床病毒学杂志》2007，21（3）：299－300〕

参 考 文 献

1　Stremlau M. Owens CM, Perron MJ, et al. The cytoplasmic body component *TRIM55*alpha restricts HIV－1 infection in Old World monkeys. Nature, 2004, 427: 848－853

2　Song B, Gold B, O'hUigin C, et al. The B30.2（SPRY）domain of the retroviral restriction factor *TRIM55α* exhibits lineage－specific length and sequence variation in primates. J Virol, 2005, 79: 6111－6121

3　Reymond A, Meroni G, Fantozzi A, et al. The tripartite motif family identifies cell compartments. EMBO J, 2001. 20: 2140－2151

4　Rhodes DA, de Bono B, Trowsdale J. Relationship between SPRY and B30.2 protein domains. Evolation of a component of immune defence? lmmunology. 2005, 116: 411－417

5　Javanbakht H. Diaz－Griffero F, Strem M, et al. The contribution of RING and B－box 2 domains to retroviral restriction mediated by monkey *TRIM5* Salpha. J Biol Chem, 2005, 280: 26933－26940

6　Owens CM, Song B, Perron M J, et al. Binding and susceptibility to postentry restriction factors in monkey cells are specified by distinct regions of the human immunodeficiency virus type I capsid. J Viral, 2004, 78: 5423－5437

7　Luban J, Bossolt KL, Franke EK, et al. Human immunodeficieney virus type I *gag* protein binds to cyclophilins A and B. Cell, 1993, 73: 1067－1078

8　Hatziioannou T, Perez－Caballero D, Cowan S. et al. Cyclophilin interactions with incoming human immunodeficiency virus type 1 capsids with opposing effects on infectivity in human cells. J Virol, 2005, 79: 176－183

9　Si Z, VandegraaffN, O'Huigin C, et al. Evolution of a cytoplasmic tripartite motif（*TRIM5*）protein in cows that restricts retroviral infection.

Proc Natl Acad Sci U S A, 2006, 103: 7454－7459

10　Yap M, Dodding MP, Stoye JP. *TRIM5*－cyclophilin A fusion proteins can restrict human immnnodeficiency virus type 1 infection at two distinct phases in the viral, life cycle. J Virol, 2006, 80: 4061－4067

11　Tavalai N, Papior P, Rechter S. et al. Evidence for a role of the cellular ND10 protein PML in mediating intrinsic inmuuity against human cytomegalovinis infections, J Virol, 2006, 80: 8006－8018

12　Hutboff H, Malim MH. Cytidine deamination and resistance to retroviral infection: towards a structural understanding of the APOBEC proteins. Virology, 2005, 334: 147－153

13　Dussari S, Douaisi M, Courcoul M, et al. APOBEC3G ubiquitination by Nedd4－1 favors its packaging into HIV－1 parhicles. J Mol Biol, 2005, 345: 547－558

14　Priet S, Sire J, Querat G. Uracils as a cellular weanon against viruses and mechanisms of viral escape. Curr HIV Res, 2006. 4: 31－42

15　Strebel K. APOBEC3G & HTLV－I: Inhibition without deamination. Retrovirology, 2005, 2: 37

16　Chiu YL, Soros VB, Kreisberg JF, et al Celluiar APOBEC3G restricts HIV－1 infection in resting CD4$^+$ T cells. Nature, 2005, 435: 108－114

17　Guo F, Cen S, Niu M, et al. The inhibition of tRNALys3－primed reverse transcription by human APOBEC3G during HIV－1 replication. J Virol, 2006, 80: 11710－11722

18　Abudu A, Takaori－Kondo A, Izumi T, et al. Murine retrovirus escapes from murine APOBEC3 via two distinct novel mechanisms. Curr Biol. 2006, 16: 1565－1570

344. 1型和2型外壳蛋白构建的AAV载体携带 HIV-1 *gag* 诱导免疫反应的比较研究

中国疾病预防控制中心病毒病预防控制所病毒基因工程国家重点实验室
刘红梅　董小岩　吴小兵
中国疾病预防控制中心传染病预防控制国家重点实验室　余双庆　冯　霞　刘新蕾　曾　毅

〔摘　要〕　　比较两种血清型的腺病毒伴随病毒（Adeno - associated virus，AAV）载体携带 HIV-1 *gag* 基因肌内注射诱导小鼠免疫反应的特点。分别制备携带 EGFP 和 HIV-1 *gag* 基因的重组 AAV2/1（AAV1）和 AAV2 载体。小鼠肌内注射 rAAV1 - EGFP 和 rAAV2 - EGFP，观察注射局部 EGFP 的表达。将 rAAV1 - *gag* 和 rAAV2 - *gag* 分别以0.3周初免/加强方式肌内注射免疫 BALB/c 小鼠以及新西兰白兔。ELISA 法检测抗 HIV-1 *gag* P24 蛋白的特异性抗体，细胞内细胞因子染色法检测 *gag* 特异性的 CTL 反应。结果表明，rAAV1 - EGFP 在小鼠肌肉的表达强度显著高于 rAAV2 - EGFP；用 Western blot 法和间接免疫荧光法检测 rAAV1 - *gag* 和 rAAV2 - *gag* 体外转染的293细胞，均可检测到 HIV-1 *gag* 蛋白的表达；在小鼠体内 rAAV1 - *gag* 和 rAAV2 - *gag* 组均可检测到特异性 P24 抗体，抗体滴度 rAAV1 - *gag* 组显著高于 rAAV2 - *gag* 组；而无论 rAAV1 - *gag* 组还是 rAAV2 - *gag* 组，特异性 CTL 反应均较低，与阴性对照组相比均无显著性差异；两种载体免疫兔子也都可检测到特异性 P24 抗体，同样的，rAAV1 - *gag* 组显著高于 rAAV2 - *gag* 组。结论：携带 HIV-1 *gag* 基因的 rAAV1 或 rAAV2 以肌内注射方式免疫小鼠主要诱导特异 *gag* 的体液免疫反应；且 rAAV1 可诱导很强的抗 HIV-1 *gag* 特异性抗体，抗体水平显著高于 rAAV2。

〔关键词〕　　HIV-1 *gag*；腺病毒伴随病毒；免疫反应

目前全球 HIV（Human immunodeficiency vi-s）感染日益严重，研制有效的 HIV 疫苗已成为当今科学界的一个重要任务。但是由于 HIV 的高变异性以及缺乏合适的动物模型等问题，研制一种安全、有效的 HIV 疫苗是人类面临的一项巨大挑战[1]。一种有效的 HIV 疫苗不仅要能诱导产生较强的细胞免疫反应，而且也要能产生有效的体液免疫反应[2]，只有这样才能有效地阻止病毒结合以及进入靶细胞，保护免疫的个休。

重组腺相关病毒（rAAV）载体是一种安全有效的基因转移载体，对它的研究已有30多年的历史，目前 rAAV2 已用于多种人类疾病的基因治疗研究。AAV 作为载体具有许多优点，如安全性好、宿主范围广、物理性质稳定、易于运输和保存、可长期稳定地表达外源基因等，这些特点使重组 AAV 载体用于疫苗研究具有很好的前景[3]。以 AAV 为载体的 HIV 疫苗的临床试验在欧洲已经开始进行了。通常所用的腺相关病毒载体是由血清型2型的 AAV 构建的，这种载体的缺点是表达水平低，表达延迟，一般注射后3~4周才达到表达高峰。

有研究表明，近期出现的嵌合载体 AAV2/1（AAV1）其转导小鼠骨骼肌的效率明显高于 AAV2 载体，外源基因的表达水平比 AAV2 高 10 倍以上，表达时间也明显提前，在肌注后 3 天内就可以检测到[4-7]。因此设想，用 rAAV1 介导目的基因可能会诱导高于 AAV2 的免疫应答水平，可作为一种候选的疫苗载体用于 HIV 疫苗的研究。

材料和方法

一、菌株、细胞、载体和试剂 工程菌 DH5α、HEK293 细胞为本室保存。重组 AAV 载体系统由本元正阳基因技术有限公司提供。FITC - 羊抗兔二抗，HRP - 羊抗兔和羊抗小鼠二抗均购自中杉金桥生物技术有限公司。脂质体转染试剂 Li - pofectamine™ 2000 购自美国 Invitrogen 公司。各种限制性内切酶、T_4 DNA 连接酶、Taq 酶及 DNA Marker 购自日本 TaKaRa 公司。

二、实验动物 雌性 BALB/c 小鼠，6~8 周龄；雄性新西兰白兔，体重约 2.5 kg，购自中国医学科学院动物中心。

三、抗原基因优化及多肽合成 HIV - 1gag 基因密码子优化后，全基因合成由上海生工生物工程技术服务有限公司完成。gag 特异性多肽 P1（197 - 205）：AMQMLKETI，P2（239 - 247）：TTSTLQEQI，P3（291 - 300）：EPFRDYVDRF 由上海博亚生物技术有限公司合成。

四、质粒构建及病毒包装 以 Kpn I / Sal I 为酶切位点将 gag 插入 pSNAV 载体，命名为 pSNAV - gag。将 pSNAV - gag 质粒稳定转染 BHK 细胞，用 AAVMax™ 系统分别包装重组 AAV 载体。重组病毒分别命名为 rAAV1 - gag 和 rAAV2 - gag。rAAV1 - EGFP 和 rAAV2 - EGFP 购自本元正阳基因技术有限公司。rAdV5 - gag 为本室保存。

五、rAAV1 - EGFP 和 rAAV2 - EGFP 在小鼠体内表达量的比较 10 只雌性 BALB/c 小鼠，6~8 周龄，体重约 18~25 g，随机分为 2 组。分别为 rAAV1 - EGFP 和 rAAV2 - EGFP 组，各 5 只，左下肢胫前肌注射，于 0、3 周各免疫 1 次，接种剂量为 1×10^{11} vg（viral genome）。分别于 6 周、3 个月、7 个月时将各组小鼠分批处死，取其注射点左下肢胫前肌，紫外灯下观察 EGFP 的表达。

六、重组病毒中 gag 基因的表达检测 按 6×10^5 和 1×10^5/孔将 293 细胞分别传入 6 孔板和 24 孔板中，37℃5% CO_2 的孵箱培养过夜。分别将 rAAV1 - gag 和 rAAV2 - gag 以 MOI = 1×10^5 感染 293 细胞，用未加病毒的 293 细胞作为阴性对照，同时加入终浓度为 10 mmol/L 的丁酸钠。感染后 48 h 收集 6 孔板中的细胞，用 Western blot 检测蛋白的表达；24 孔板中的 293 细胞用甲醇固定后，用间接免疫荧光法检测蛋白的表达。Western blot 和间接免疫荧光法中所用一抗为 P24 多抗（本室保存），二抗分别为 HRP 和 FITC 标记的羊抗兔二抗。间接免疫荧光法使用的 FITC - 羊抗兔二抗用 0.01% 的伊文氏蓝稀释。

七、小鼠免疫 35 只雌性 BALB/c 小鼠，6~8 周龄。体重约 18~25 g，随机分为 4 组，PBS 组、rAAV1 - gag 组和 rAAV2 - gag 组，每组 10 只，rAdV5 - gag 组 5 只，左下肢胫前肌注射，于 0、3 周各免疫 1 次，rAAV1 - gag，rAAV2 - gag 组免疫剂量 1×10^{11} vg. rAdV5 - gag 组免疫剂量 1×10^7 PFU（Plaque forming unit，PFN）。体积均为 100 μl，对照组注射等体积无菌 PBS。分别于 1、3、4、6、8、12 周采眼底静脉血，分离血清检测其 P24 特异性 IgG。

八、兔免疫 8 只雄性新西兰白兔，体重约 2.5 kg，随机分为 3 组，PBS 组 2 只，rAAV1 - gag 和 rAAV2 - gag 每组 3 只，左下肢肌注免疫，于 0、3 周各免疫 1 次，每次接种病毒剂量为 1×10^{12} vg，PBS 组肌注 500 μl 无菌 PBS。分别于 1、2、3、5、6、8、9、10、

11、12、14、16 周从耳缘静脉采血，分离血清检测其血清中 P24 特异性 IgG。

九、抗 P24 - IgG 检测　以间接 ELISA 法测定抗体滴度，纯化的 HIV - 1 P24 蛋白（本室保存）以碳酸盐包被液稀释至 2 μg/ml，每孔 100 μl 包被微孔板，4℃过夜或 37℃ 2 h，5% 的脱脂奶封闭 2 h；血清样品用 PBA（含 10% 胎牛血清的 PBS），以 2 倍系列稀释，每孔 100 μl，PBS 免疫组血清为阴性对照，设等体积的 PBA 作为空白对照，37℃ 1 h，HRP 标记的羊抗小鼠或羊抗兔 IgG 作为二抗。Bio - Rad 550 酶标仪在 450 nm 波长下读数，参考波长 630 nm，结果判定：

$$\frac{实验孔\,A\,值 - 空白孔\,A\,值}{阴性孔\,A\,值 - 空白孔\,A\,值} \geqslant 2$$

判断为阳性，若阳性孔 A 值 - 空白孔 A 值 < 0.05，则按 0.05 计算。

十、细胞免疫反应的检测　用细胞内细胞因子染色法检测 *gag* 特异性 CTL 反应，初次免疫后 6 周，PBS 组、rAAV1 - *gag* 组和 rAAV2 - *gag* 组，每组随机挑取 5 只小鼠，rAdV5*gag* 组 5 只，处死，分离脾淋巴细胞。取 2×10^6 小鼠淋巴细胞，加入终浓度为 10 μg/ml *gag* 特异性多肽 P1、P2、P3、37℃ 5% CO_2 培养箱中刺激培养。同时设立阴性对照孔和阳性对照孔，阴性对照孔不加 *gag* 特异性多肽刺激，其余条件同实验孔；阳性对照孔中也不加多肽，加入终浓度为 25 ng/ml 的佛波酯（PMA）和终浓度为 1 μg/ml 的离子霉素（Ionomyin）刺激。3 h 后加入蛋白质运输抑制物布雷非尔德菌素 A（Brefeldin A. 5 μg/ml）处理，继续培养过夜。PE 标记的大鼠抗小鼠 CD8a（Ly - 2）单抗室温避光染色 1 h；4% 多聚甲醛室温固定 15 min；0.15% 皂素室温穿膜 15 min；FITC 标记的大鼠抗小鼠 IFN - γ 单抗室温避光染色 1 h。PBA 洗涤 2 次后以 1 ml PBA 重悬，上流式细胞仪，IFN - γ$^+$ CD8$^+$ 的 T 细胞占 CD8$^+$ T 细胞的百分比[8]。

结　果

一、肌注免疫小鼠 EGFP 表达量的差异　rAAV1 - EGFP 和 rAAV2 - EGFP 肌注免疫组每组 3 只，在紫外光下可见，7 个月时两组小鼠注射点胫前肌仍可观察到明显的绿色荧光，如图 1 所示，为 EGFP 蛋白在肌肉中的表达，且 rAAV1 - EGFP 组表达量明显高于 rAAV2 - EGFP 组。6 周和 3 月时结果与此一致。

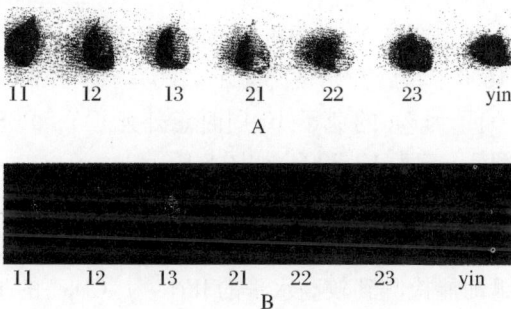

图 1　EGFP 蛋白在小鼠肌肉中的表达

A: The photos were taken in light, 11, 12, 13 were immunized with rAAV1 - EGFP, 21, 22, 23 were immunized with rAAV 2 - EGFP, yin was the control; B: The photos were taken in ulfravioiet ray, 11, 12, 13 were immunized with rAAV1 - EGFP, 21, 22, 23 were immunized wire rAAV2 - EGFP. yin was the control

Fig. 1　The expression of EGFP in muscle of mice

二、外源基因表达检测

1. 间接免疫荧光法检测 *gag* 基因的表达：结果如图 2（略）所示，感染 rAAV1 - *gag* 和 rAAV2*gag* 的 293 细胞表达了 *gag* 蛋白并被 FITC 标记而呈绿色。阴性细胞由于伊文氏蓝负染而呈红色。

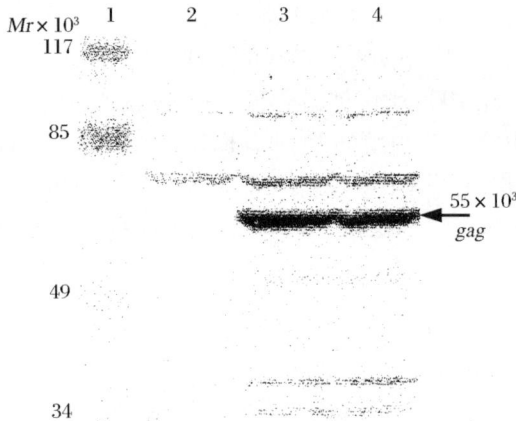

图3　Western blot 检测重组病毒 *gag* 基因的表达

1: Standard protein markers：β - galactosidase 117×10^3, Bovine serum albumin 85×10^3, Ovalbumin 49×10^3, Carbonic anhydrase 34×10^3; 2: The normal 293 cell; 3: 293 cell infected with rAAV1 - *gag*; 4: 293 cell infected with rAAV2 - *gag*

Fig. 3　Western blot analysis of expression of *gag* gene in recombinant viruses

2. Western blot 检测 *gag* 基因的表达：收集 rAAV1 - *gag* 和 rAAV2 - *gag* 感染的 293 细胞以及正常 293 细胞，以蛋白裂解液裂解后，经 SDS - PAGE 电泳，转膜。用兔 P24 多抗作为一抗，HPR - 羊抗兔作为二抗，检测 *gag* 蛋白的表达。和正常 293 对比 rAAV1 - *gag* 和 rAAV2 - *gag* 感染的 293 细胞在 $49 \sim 85 \times 10^3$ 之间可见明显条带，如图 3 箭头所示。与预期的 55×10^3 的 *gag* 大小相符。

三、免疫小鼠血清中抗体水平的检测　间接 ELISA 法检测小鼠血清中 P24 抗体，于初次免疫后 1 周与 3 周检测，rAAV1 - *gag* 与 rAAV2 - *gag* 免疫组小鼠血清中 P24 抗体滴度均 <1∶50，第 4 周时 rAAV1 - *gag* 组开始上升，平均滴度达 1∶600，第 6 周时上升至最高值，平均滴度为 1∶70 000，至第 12 周平均滴度为 1∶5000；rAAV2 - *gag* 免疫组从第 4 周起一直为 1∶50，直到 12 周；PBS 对照组小鼠血清中 P24 抗体至 12 周一直为 <1∶30，如图 4 所示。

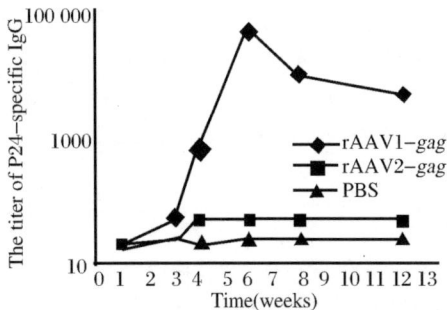

图4　不同免疫组小鼠体液免疫反应的差异

Fig. 4　The P24 - specific antibody in BALB/c mice immunized with rAAV1 - *gag* and rAAV2 - *gag*

四、免疫兔血清中抗体水平的检测　间接 ELISA 法检测兔血清中 P24 抗体，rAAV1 - *gag* 免疫组从第 2 周抗体滴度缓慢上升，其中有两只兔在第 9 周时抗体滴度上升至最高值，效价可达 1∶400 000，另一只兔的抗体滴度上升较慢，在 12 周上升至其最高值，效价为 1∶100 000，之后抗体滴度开始缓慢下降，至第 16 周 3 只抗体滴度均降至 1∶20 000；rAAV2 - *gag* 组在第 2、3 周抗体滴度有所升高，最高值为 1∶1600，其后开始下降至 1∶200 （注：rAAV2 - *gag* 组编号为 2a 的兔子 10 周时意外死亡）；PBS 组抗体滴度一直为 1∶200，如图 5 所示。

五、免疫小鼠 CTL 检测　rAAV1 - *gag* 和 rAAV2 - *gag* 组所诱发的特异性 CTL 反应均较低，与 PBS 对照组相比无明显差异，而 rAdV5 - *gag* 组却能检测到较高水平的 IFN - γ⁺CD8⁺ 的 T 淋巴细胞，其占 CD8⁺T 细胞的百分比可达 7%，如图 6 所示。

讨　　论

本实验首先用携带 EGFP 基因的 rAAV1 和 rAAV2 比较了两种血清型腺相关病毒载体在小鼠体内表达量的差异，结果显示在小鼠肌肉注射点 rAAV1 - EGFP 的表达明显强于 rAAV2 -

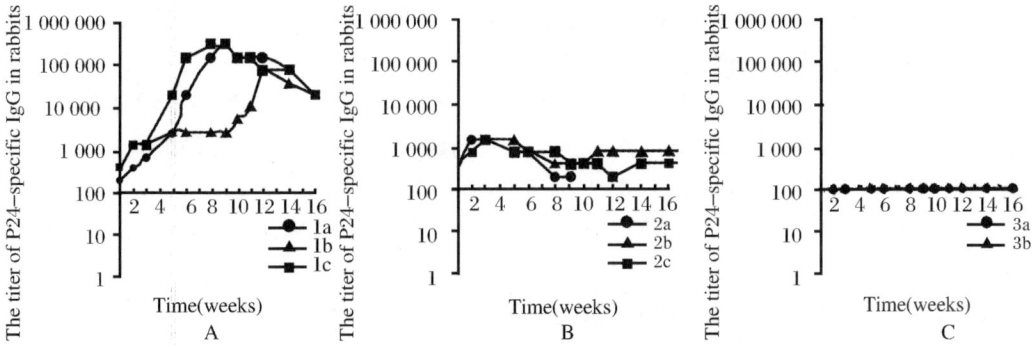

图 5　不同免疫组兔体内体液免疫反应的差异

A：The group immnnized with rAAV1 – *gag* including rahbits 1a，1b，1c；B：The group immunized with rAAV2 – *gag* including rabbits 2a，2b，2c；C：The group immunized with PBS including rahbits 3a，3b

Fig. 5　The difference cf P24 – specific IgG in immunized rabbits

EGFP，且两组持续时间均可达 7 个月以上。

接着我们构建了携带 HIV – 1 *gag* 基因的重组腺相关病毒，rAAV1 – *gag* 和 rAAV2 – *gag*，并用 Western blot 法和间接免疫荧光法对病毒在体外的表达进行了鉴定，证明两种病毒均能表达 *gag* 蛋白（如图 3 所示）。本研究中所用的 *gag* 基因是从我国河南省 HIV – 1 流行区 HIV – 1 感染者血清中分离所得，按照哺乳动物优势密码子使用原则，在不改变氨基酸序列的前提下，对共有序列 *gag* 基因的密码子进行优化，在序列中增加了以 G 或 C 结尾的密码子含量，通过全基因合成获得了优化后基因，并证实了优化后的 *gag* 基因可有效表达。

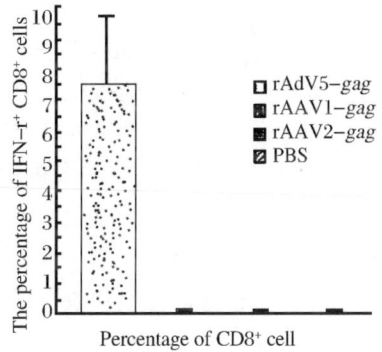

图 6　免疫小鼠的 CTL 实验

Fig. 6　CTL test of immunized mice

我们将 rAAV1 – *gag* 和 rAAV2 – *gag* 以 0、3 周肌内注射的方式免疫 BALB/c 小鼠[9]，用 *gag* 特异性多肽 P1、P2 和 P3 刺激，以细胞内细胞因子染色法检测 *gag* 特异性 CTL 反应，用流式细胞仪检测 IFN-γ$^+$ CD8$^+$ 的 T 细胞占 CD8$^+$ T 细胞的百分比。结果显示 rAAV1 – *gag*、rAAV2 – *gag* 免疫组均和 PBS 对照组无明显差异：而 rAdV5 – *gag* 组却能检测到较高水平的 IFN – γ$^+$ CD8$^+$ 的 T 淋巴细胞，占 CD8$^+$ T 细胞的百分比可达 7%。由于腺病毒和 AAV 载体在体内通过不同的方式呈递抗原并激发特异性的细胞免疫反应，我们考虑是否因此会导致 MHCI 分子识别并提呈的表位肽不同，从而使 AAV 免疫的小鼠针对不同的肽起反应，因此我们又换用 HIV – 1*gag* 的肽库刺激对此实验进行了重复，结果显示 rAdV5 – *gag* 组细胞免疫水平和用 P1、P2 和 P3 三条肽刺激时无明显差别，rAAV1 – *gag*、rAAV2 – *gag* 免疫组仍未检测到明显的细胞免疫反应，同之前结果一致。证明 rAAV1 – *gag* 和 rAAV2 – *gag* 用 0、3 周肌内注射的方式免疫小鼠均不能有效地诱导 *gag* 特异性的细胞免疫反应。

然而，用间接 ELISA 法检测，在 rAAV1 – *gag* 和 rAAV2 – *gag* 两组小鼠体内均能检测到 *gag* 特异性 IgG，且 rAAV1 – *gag* 组血清稀释度可达 1∶70 000，和 PBS 组相比 $P < 0.05$，具

有显著性差异，而且远远高于 rAAV2 – gag 组，持续时间可达 12 周以上。我们用同样 0、3 周肌内注射的免疫方案在新西兰白兔身上进行了此实验，结果发现 rAAV1 – gag 组最高滴度可达 1∶400 000，rAAV2 – gag 组最高滴度可达 1∶1600，rAAV1 – gag 组仍远远高于 rAAV2 – gag 组，此结果和小鼠实验结果是一致的。因此我们认为 rAAV1 – gag 和 rAAV2 – gag 均可诱导 gag 特异性的体液免疫反应，而 rAAV1 – gag 组明显高于 rAAV2 – gag 组。

本文中所用的 rAAV1 是一种嵌合的 AAV 载体，其外壳蛋白来源于 AAV1，2 个 ITR 仍为 rAAV2 来源，病毒颗粒中包含的基因组和 rAAV2 载体完全相同。这种嵌合的 rAAV1 具有野生型 AAV1 的亲嗜性[10]。因此，本研究观察到的 rAAV1 – EGFP 和 rAAV2 – EGFP 肌注后在小鼠体内转导效率以及表达量的差异，是由于外壳的差异引起的。我们初步认为，这种表达量的差异是导致两种载体在诱导 HIV – 1 gag 抗体水平上出现明显差异的主要原因。但是两种载体均未诱导出明显的针对 HIV – gag 的特异性细胞免疫反应，此机制有待进一步研究。

本研究表明，虽然 rAAV2 肌内注射可以获得目的基因（无论是 EGFP 还是 gag）的较低水平的长期表达，但诱导的免疫反应水平却相对较低，甚至低于常见的 DNA 疫苗[11,12]，可能是因为 AAV2 不能直接转导 DC 细胞[13]，主要通过交叉呈递转基因产物的途径刺激产生免疫反应[14]，而所表达的 HIV – 1 gag 是胞内蛋白，低水平的表达不利于抗原的呈递；DNA 疫苗能激发一定的细胞免疫反应和体液免疫反应，是因为他可以被 DC 细胞、巨噬细胞等抗原提呈细胞摄取[15,16]，其中的 CpG 结构则可起到免疫佐剂的作用[17]。

目前关于 HIV 疫苗的大量研究均表明，一种理想的 HIV 疫苗必须即要能诱导机体产生较好的细胞免疫反应，也要能诱导机体产生有效的中和抗体，而如何能达到这种结果还需要在研究中不断地尝试。本研究提示，rAAV 载体作为 HIV 疫苗的一种备选载体，对其自身和所携带的抗原基因体内免疫反应特点还需进一步研究。

〔原载《病毒学报》2007，23（3）：177 – 182〕

参 考 文 献

1 Galio R C. The end or the beginning of the dvrive to an HIV – preventive vaccine：a view from over 20 years. Lancet，2005，366：1894 – 1898

2 Excler J L. AIDS vaccine development：Perspectives，challenges &. hopes. Indian J Med Res，2005，121（4）：568 – 581

3 During M J. Adeno – associated virus as gene delivery system. Advanced Drug Delivery Reviews，1997，27：83 – 94

4 Chao H，Monahan P E. Liu Y，et al. Sustained and complete phenotype correction of henmophilia B mice fol – lowing intramuscular injection of AAV1 serotype vectors Mol Ther. 2001，4（3）：217 – 222

5 Hauck B，Xiao W. Characterization of tissue tropism determinants of adeno – associated virus type

1. JVirol，2003，77（4）：2768 – 2774

6 Arruda V R，Schuettrumpf J，Herzog R W，et al. Safety and efficacy of factor IX gene transfer to skeletal muscle in murine and canine hemophilia B models by adeno – associated viral vector serotype 1. Blond，2004，103（1）：85 – 92

7 Louboutin J P，Wang L L，Wilson J M. et al. Gene transer into skeletal muscle using novel AAV serotypes. J Gene Med，2005，7：442 – 451

8 Horton H，Russell N，Moore E，et al. Correlation. between interferon gamma secretion and cytotoxicity，in virus – specific memory T cells. J Infect Dis，2004，190（9）：1692 – 1636

9 刘雁征，吴小兵，周玲，等. 含 HIV – 1 gag、gag V3 基因的重组腺病毒伴随病毒的构建及其免疫原性的研究. 病毒学报，2001，17

(4): 328－332

10　Bowles D E, Rabinowitz J E, Samulski R J, et al. Marker rescue of adeno－associated virus (AAV) capsid mutants: a novel approach for chimeric AAV production. J Virol, 2003, 77 (1): 423－432

11　Tacket C O, Roy M J, Widera G, et al. Phase 1 safety and immune response studies of a DNA vaccine encoding hepatitis B Surface antigen delivered by a gene delivery device. Vaccine. 1999, 17 (22): 2826－2829

12　Luo D Y, Li P, Xing L, et al. DNA vaccine encoding L7/L12－P39 of Brucelia abortus induces protective immunity BALB/c mice. Chin Med J. 2006, 119 (4): 331－334

13　Jooss K, Yang Y, Fisher K, et al. Transduction of dendritic cells by DNA viral vectors directs the immune response to transgene products in muscle fiber. J Virol. 1998. 72: 4212－4223

14　Sarukhan A, Camugli S, Gjata B, et al. Successful interference with cellular immune responses to immunogenic proteins encoded by recombinant viral vectors. J Virol, 2001, 75: 269－277

15　Condon C, Watkin W, Celluzzi C M, et al. DNA－based immunization by in vivo transfection of dendritic cells. Nature Med, 1996, 2(10): 1122－1128

16　Yang N S, Sun W H. Gene gun and orher non－viral approaches for cancer gene therapy. Nature Med. 1995. 1: 481－483

17　Weiner G J, Liu H L, Wooldridge. J E, et al. immunes－timulatory oligodeoxynucfeotides containing the CpG motif are effective as immune adjuvants in tumor antigen immunization. immunology. 1997, 94: 10833－10837

Immune Responses Induced by Intramuscular Vaccination with rAAV2 and Pseudotyped rAAV1 Expressing HIV －1 *gag*

LIU Hong－mei[1,2], YU Shuang－qing[2], FENG Xia[2], LIU Xin－lei[2],

DONG Xiao－yan[1], WU Xiao－bing[1], ZENG Yi[2]

(1. State Key Laboratory for Molecular Virology and Genetic Engineering, National Institute for Viral Disease Control and Prevention, China CDC, Beijing 100052, China; 2. State Key Laboratory for Infectious Disease Prevention and Control, National Institute for Viral Disease Control and Prevention, China CDC, Beijing 100052 . China)

Immune responses against HIV－1 *gag* resulting from recombinant adeno－associated virus serotype 2 (rAAV2－*gag*) and pseudotyped AAV1 (rAAV1－*gag*) by intramuscular vaccination were compared. At first, BALB/c mice were inoculated with 1×10^{11} vg of AAV1－EGFP and AAV2－EGFP respectively. The expression of EGFP in muscle was detected under the long wavelenth UV lamp. Secondly, the codon－optimized HIV－1 *gag* gene was used to construct rAAV1－*gag* and rAAV2－*gag*. *gag* expression was detected by indirect immunofluorescence assay and Western blot. BALB/c mice and rabbits were immunized with rAAV2－*gag* and rAAV1－*gag* in prime/boost scheme at week 0 and 3. The serum specific P24 IgG against HIV－1 *gag* was detected by ELISA. Anti－*gag* CTL response was detected by intracellular cytokine staining assay. The results showed that the level of EGFP expression was higher in BALB/c mice injected with rAAV1－EGFP than with rAAV2－EGFP. *gag* expression was detectable in cultured cells infected with both rAAV2－

gag and rAAVl – *gag*. Significantly higher level of anti – *gag* IgG in serum was detectable in BALB/ c mice and rabbits immunized with rAAV1 – *gag* than that of animals immunized with rAAV2 – *gag*. However, anti – *gag* CTL responses in BALB/c mice were undetectable either with rAAV1 – *gag* or with rAAV2 – *gag*. The experiments suggested that rAAV1 and rAAV2 carrying HIV – 1 *gag* mainly e- licited humoral rather than cellular immune response, and rAAV1 – *gag* elicited significantly higher level of anti – *gag* IgG than rAAV2 – *gag* in both BALB/c mice and rabbits.

〔**Key words**〕 HIV – 1 *gag*；Adeno – associated virus；Immune response

345. Ad5F35 – LMP2 重组腺病毒的构建及鉴定

广西医科大学第一附属医院　莫武宁　唐安洲　黄光武

中国疾病预防控制中心病毒学研究所肿瘤病毒室　周　玲　吴小兵　王　湛　曾　毅

〔**摘　要**〕 　**目的**　构建 Ad5F35 – LMP2 重组腺病毒。 　**方法**　分别以 EcoR I 单酶切 pSH – LMP2 和 pDC316，将 LMP2 目的基因片段和线性化的 pDC316 连接，克隆构建 pDC316 – LMP2，以 PCR 和酶切的方法鉴定插入方向正确。pDC316 – LMP2 与腺病毒骨架 pBHG – fiber5/35 共转染 293 细胞构建重组腺病毒 Ad5F35 – LMP2，PCR 及间接免疫荧光进行鉴定。 　**结果**　经 PCR 和酶切鉴定证实 PDC316 – DMP2 构建成功。pDC316 – LMP2 与腺病毒骨架共转染 293 细胞后见明显的毒斑，说明二者在 293 细胞中同源重组并包装成功。经 PCR 证实重组腺病毒 Ad5F35 – LMP2 构建完成，间接免疫荧光鉴定 LMP2 蛋白能在细胞膜上有效表达。 　**结论**　本实验成功构建了含 EB 病毒 LMP2 全序列的 Ad5F35 – LMP2 重组腺病毒，为下一步进行该重组病毒生物安全性能和生物学功能研究及今后应用 Ad5F35 – LMP2 重组腺病毒对鼻咽癌患者进行基因免疫治疗奠定了基础。

〔**关键词**〕　鼻咽癌；重组腺病毒；基因免疫治疗

鼻咽癌（NPC）是中国南方常见的恶性肿瘤之一。NPC 患者主要靠放射治疗。但放疗对机体的非特异性损伤较大，治疗后完全缓解的患者约有 40% ~ 50% 出现远处转移和局部复发而导致治疗失败。因此在常规治疗的基础上迫切需要寻找新的综合治疗手段。提高患者细胞免疫功能将成为肿瘤综合治疗不可缺少的一部分。研究表明在 NPC 组织有 EB 病毒 LMP2 蛋白持续表达，LMP2 蛋白具有 CIL 特异靶抗原的抗原决定簇，能促发特异性细胞免疫。DC 是扩增特异性抗肿瘤 CTL 最好的抗原递呈细胞。目前重组腺病毒是将外源基因导入 DC 等细胞内常用的载体之一，本研究构建了含 EB 病毒 LMP2 全序列的 Ad5F35 – LMP2 重组腺病毒、并对其在细胞内的表达进行了研究，为下一步进行该重组腺病毒的生物学功能研究及今后临床基因治疗应用奠定基础。

材料和方法

一、实验材料 pSH－LMP2 质粒含 LMP2 全 cDNA 序列，由中国疾病预防控制中心病毒病预防控制所肿瘤病毒室保存；Admax 腺病毒载体系统的穿梭质粒 pDC316 和骨架质粒 pBHG－fiber5/35 购自 Mcrobix Biosystems 公司；大肠埃希菌 DH5α、293 细胞为本室保存；质粒大量提取试剂盒 QIA GEN Plasmid Mid Kits 购自德国 Qiagen 公司；常用限制性内切酶、T_4 DNA Ligase、rTaq 酶、核酸凝胶纯化试剂盒购自宝生物工程（大连）有限公司；脂质体转染试剂 Lipofectamine 2000、Opti－MEM 试剂购自美国 Invitrogen 公司；LMP2 特异性大鼠单抗为英国伯明翰大学 Rickmson 教授馈赠；其他分析纯试剂由中国疾病预防控制中心病毒病预防控制所提供。

二、实验方法

1. pSH－LMP2 和 pDC316 质粒的扩增、提取、鉴定以及浓度和纯度测定：pSH－LMP2 和 pDC316 质粒均为 Amp 抗性，转化 DH5α 后，铺板、挑克隆、摇菌、提取质粒，以 EcoR I 单酶切鉴定 PSH－LMP2 和 pDC316。对 pSH－LMP2 和 pDC316 质粒用紫外分光光度计测定 A 值，判定其浓度和纯度。

2. 重组真核表达穿梭质粒 pDC316－LMP2 的构建：EcoR I 单酶切 pSH－LMP2 质粒，切胶回收 1.9 kb 左右大小的目的基因片段。EcoR I 单酶切 pDC316，回收 3.9 kb 左右大小的载体片段，去磷酸化，酚氯仿回收。

线性化的 pDC316 空载体和 LMP2 cDNA 目的片段的连接反应体系如下：IMP2 cDNA 目的片段 9 μl，pDC316 空载体 1 μl，SolutionI（连接反应液）10 μl，共 20 μl，充分混匀，16℃水浴中连接过夜。第 2 天加入已在冰上溶解的 100 μl DH5α 感受态细菌中。置于冰上 30 min。42℃水浴中热激 90 s，再迅速置于冰上 2 min。加入 800 μl LB 培养基中，37℃和震荡（200 r/min）培养 45 min。3000 r/min 离心 5 min 后，弃去上清 700 μl。将剩余培养基 200 μl 混匀后涂于 Amp 的 LB 琼脂板上，于 37℃温箱中倒置培养过夜。

3. pDC316－LMP2 质粒克隆的挑取、摇菌扩增、PCR 鉴定：PCR 反应体系为去离子 ddH_2O 16.2 μl，PCR Buffer 2.5 μl，上游引物 0.5 μl，下游引物 0.5 μl，dNTP 4.0 μl，Taq 酶 0.3 μl，pDC316－LMP2DNA 模板 1 μl，共 25 μl，ddH_2O 替代 DNA 模板作为阴性对照。PCR 上游引物为 5′－TGAATTCGCCTC AGTTA GTACCGT－3，下游引物 5－ACTCGAGGCA GAACAAATTGGGTAT－3，PCR 反应条件为 94℃预变性 5 min；94℃ 1 min，56℃ 1 min，72℃ 1 min，共 30 个循环，72℃ 7 min.模板扩增的片段长度 800 bp。将 PCR 反应产物以琼脂糖凝胶方法进行电泳。

4. pDC316－LMP2 的酶切鉴定：Smal I 和 Sa I 单酶切鉴定 pDC316－LMP2。质粒鉴定插入片段是否正向插入，然后挑取鉴定阳性、插入目的基因片段方向正确的克隆进行扩增、大量提取质粒并用紫外分光光度计测定 A 值，判定其浓度和纯度。

5. pDC316－LMP2 与腺病毒骨架共转染 293 细胞：按 Lipofectamine 2000 操作手册将大量提取的质粒 pDC316－LMP2 与腺病毒骨架质粒 pBHG－fiber5/35 共转染 HEK－293 细胞。待细胞病变脱落后，收集细胞，经液氮反复冻融 3 次后，离心去除细胞碎片，0.2 nm 滤膜过滤，－70℃保存备用。

6. Ad5F35－LMP2 重组腺病毒纯化及 PCR 鉴定：将病毒用 MOI 检测粗略估计上清中病毒颗粒的数量，以不同的 MOI 再感染 293 细胞，低熔点琼脂铺板，待出现空斑后，挑取单个克隆的病毒再分别感染 293 细胞，待细胞全部病变脱落后，对产生的病毒上清进行 PCR 鉴定（病毒上清中加入蛋白酶 K 至终浓度 100 μg/ml，55℃ 消化 1 h，煮沸 5 min 后作为模板，上游 5′ – GCTCCA GAACTCCCAATA TCCA – 3′；下游 5′ – AACTGGA GGGCA GCA TC TAA TGACC – 3′，野生型腺病毒 Ad5 作阴性对照。其余条件同 pDC316 – LMP2 的 PCR 鉴定，扩增的片段长度 1300 bp），挑取 PCR 鉴定正确的病毒株扩增进行后续实验。

7. Ad5F35 – LMP2 重组腺病毒 RT – PCR 鉴定：Trizol 一步法分别提取正常 293 细胞和感染了 Ad5F35 – LMP2 的 293 细胞的 RNA，进行 RT – PCR 鉴定。RT – PCR 反应参数如下：逆转录体系为 25 μl。2 μl 细胞 RNA，1 μl Oligo（dT）18（0.1 μg），10 μl 去离子水、75℃ 变性 5 min，自然冷却。加入 5 μl 5 × AMW 缓冲液，1 μl RNasin，2 μl AMV（5 U/μl），4 μl 2.5 mmol/L dNTP，42℃ 作用 1 h。75℃ 变性 5 min 灭活逆转录酶，以合成的 cDNA 为模板，进行 PCR 反应（上游 5′ – CTTETACTCTTGGCAGCAGT – 3′，下游 5′ – CGCCA TCTCCTTCTG-TA CGC – 3′，其余条件同 Ad5F35 – LMP2 重组腺病毒的 PCR 鉴定，扩增的片段长度 239 bp）。取 5 μl RT – PCR 反应产物进行琼脂糖凝胶电泳分析。

8. 重组非复制型腺病毒的鉴定：第 5 代重组腺病毒 Ad5F35 – LMP2 病毒上清进行有复制能力的腺病毒（Replicating competent adenovirus. RCA）PCR 鉴定（上游 5 – CCTGCGAGT GT-GTGGCGGTAAA – 3，下游 5 – CACAAGGGCGTCTCCAA GTT – 3′，野生型腺病毒 Ad5 作阳性对照，其余条件同 pDC316 – LMP2 的 PCR 鉴定，扩增片段大小为 1201 bp），同时用上述上清液感染 293 细胞及 Hela 细胞，观察 7 d 后 Hela 细胞如无明显病变现象，再传代观察 7 d。

9. 间接免疫荧光鉴定：收集 Ad5F35 – LMP2 重组腺病毒感染的 293 细胞，用 PBS 洗涤 2 次，将合适浓度的细胞涂于细胞片上，丙酮固定，细胞孔用 LMP2 单抗覆盖，4℃ 孵育过夜，PBS 洗，再分别覆盖荧光标记的羊抗大鼠 IgG，37℃ 孵育 60 min，PBS 洗，伊文氏蓝复染，甘油封片，显微镜下观察照相。

10. 重组腺病毒滴度的测定：采用 TCD_{50} 法测定重组腺病毒滴度。方法如下：293 细胞按 1×10^4/孔接种于 96 孔板中，接种 24 h 后将系列稀释的病毒液加入孔中，每个稀释度接种 10 孔，设置 2 孔为阴性对照。37℃、5% CO_2 细胞培养箱培养 10 d，观察每个稀释度细胞病变效应（CPE）出现的百分率，按照 Admax 操作手册中的公式：$T = 10^{1+d(s-0.5)}$ 计算病毒的滴度（d 为稀释度的对数值，s 为病变比例的和），计算出重组腺病毒的滴度。

结　果

一、Ad5F35 – LMP2 重组腺病毒的构建　Ad5F35 – LMP2 重组腺病毒的构建流程图见图 1。重组真核表达穿梭质粒 pDC316 – LMP2 的 PCR 鉴定见图 2，扩增出 800 bp 条带的克隆为阳性克隆。pDC316 – LMP2 的酶切鉴定见图 3，Smal I 单酶切 pDC316 – LMP2 正向插入无串联的重组体产生的片段大小为一条约 100 bp 左右的条带及另一条约为 5.7 kb 条带；Sal I 单酶切 pDC316 – LMP2 见一条约 1.2 kb 左右的条带及另一条约为 4.6 kb 条带。结果显示大小、方向与预计值一致，进一步证实了重组载体构建的成功。将质粒 pDC316 – LMP2 与腺病毒骨架质粒 pBHG – fiber5/35 共转染 HEK – 293 细胞，7 ~ 10 d 后，细胞出现肿胀、圆缩等典型细胞病变（CPE），见图 4。

二、Ad5F35 – LMP2 重组腺病毒纯化及 PCR 鉴定　Ad – LMP2 腺病毒单斑挑选 PCR 扩

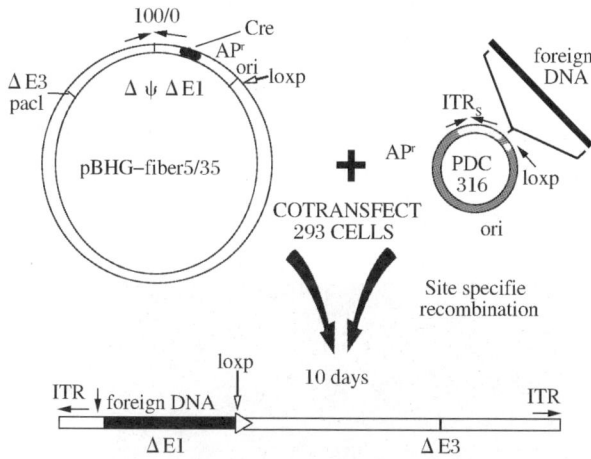

图 1 AdSF35 – LMP2 重组腺病毒的构建流程图

Fig. 1 Construction of Ad5F35 – LMP2
recombinant adenovirus

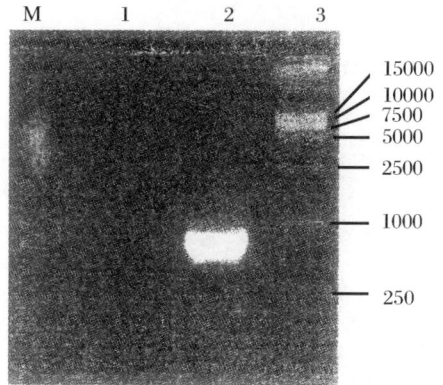

图 2 pDC316 – LMP2 的 PCR 鉴定

M：DL2000 markcr, 1：Negative control;
2：pDC316 – LMP2; 3：DL15000 malker

Fig. 2 pD316 – LM P2 pla – smid
identified by PCR

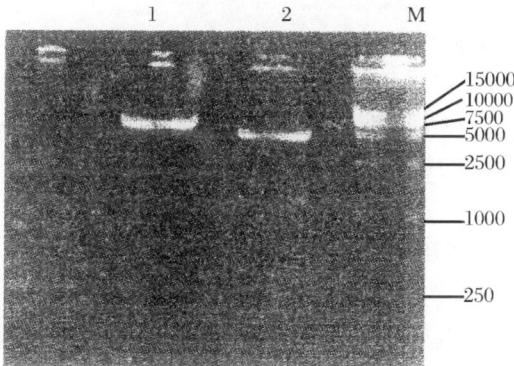

图 3 pDC316 – LMP2 的 Smal I 和 Sal I 酶切鉴定

1：pDC316 – LMP2 digested with Smal I;
2：pDC316 – LMP2 digested wilh Sal I; M：MarkcrDL15000

Fig. 3 Identification of pDC316 – LMP2 pla –
smid by restriction enzyme digestion

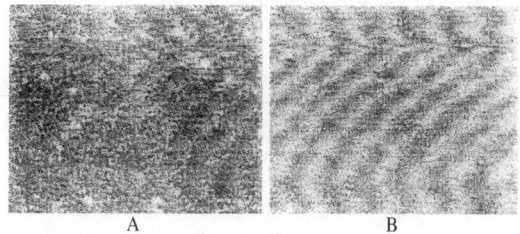

图 4 AdSF35 – LMP2 重组腺病毒感染
293 细胞形态改变 （×200）

A：Normal 293 cells；B：293 cells
infected with Ad5F35 – LMP2

Fig. 4 The cytopathic effect of 293 cells
infected with Ad5F35 – LMP2 （×200）

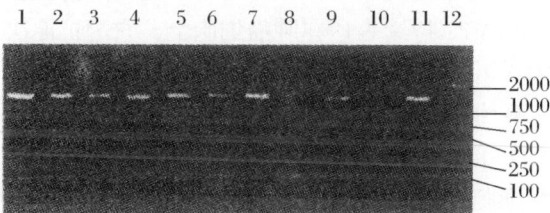

图 5 单斑挑选 PCR 扩增结果

1 – 9：plaques, 10：Negative control;
11：Positive control; 12：DL2000marker

Fig. 5 The first plaque selection by PCR

增结果见图 5。PCR 电泳可见各单斑在 1300 bp 处均有高度特异性条带（泳道 1~9），而野生型腺病毒的 DNA 进行 PCR 时不出现此条带（泳道 10）。

三、Ad5F35 – LMP2 重组腺病毒 RT – PCR 鉴定 结果见图 6。PCR 电泳可见在 239 bp 处有高度特异性条带（泳道 1），而野生型腺病毒不出现此条带（泳道 3）。

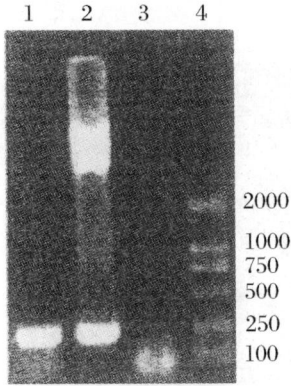

图6　RT－PCR 检测 Ad5F35－LMP2
重组腺病毒中 LMP2 基因的转录

1：RT－PCR produots of RNA extracted
Ad5F35－LMP2 infected 293 cells，2：Positive
control；3：Negative contlol；4：DL2000 marker

**Fig. 6　RT－PCR detection of LMP2 gene
transcription in recombinant adenovius**

四、重组非复制型腺病毒的鉴定

1. PCR 鉴定有复制能力的腺病毒（RCA）：见图 7，结果可见 PCR 电泳野生型病毒的 DNA 在 1 201 bp 处有高度特异性条带（泳道 10），而各样品（泳道 1～9）均不出现此条带，初步判断构建的腺病毒为重组复制缺陷型腺病毒。

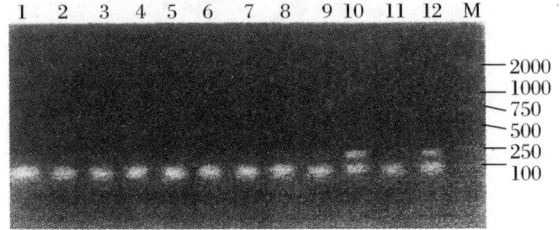

图7　RCA 的 PCR 鉴定

1－9：samples；10：Positive control；
11，12：Negative control；M：DL2000marker

Fig. 7　Identification RCA by PCR

2. 用病毒上清液感染 293 细胞及 Hela 细胞：293 细胞受病毒感染出现细胞皱缩、变圆、脱落和死亡等典型细胞病变（CPE），而 Hela 细胞无明显病毒复制导致的 CEP 现象，进一步判断为重组复制缺陷型腺病毒株。

五、重组腺病毒表达 LMP2 的免疫荧光鉴定　重组腺病毒 Ad5F35－LMP2 感染 293 细胞 72 h 后，用 LMP2 单抗进行间接免疫荧光检测的结果。可见在病毒感染的细胞涂片中，细胞呈现绿色荧光，表明 LMP2 在 293 细胞中得到有效表达，而正常的 293 细胞涂片结果为阴性，见图 8（略）。

六、重组腺病毒滴度的测定　用 TC D_{50} 法测定病毒滴度，第 5 代重组腺病毒 Ad5F35－LMP2 的滴度为 2×10^9 TCD$_{50}$/ml。

$$讨　论$$

研究表明 EB 病毒 LMP1、LMP2 蛋白具有 CTL 特异靶抗原的抗原决定簇，能促发特异性细胞免疫[1,2]。LMP1 在病毒株间存在异质性，而 LMP2 持续表达在肿瘤细胞上，它的抗原决定簇在不同病毒株一致且存在于肿瘤病理切片样本中[3]。因此，目前国内外治疗 EB 病毒相关的恶性疾病多利用 LMP2 抗原决定策。效应 CTL 细胞的功能为裂解靶细胞，中国预防医学科学院曾毅等人研究了 NPC 外周血淋巴细胞 CTL 介导的细胞免疫反应及其 HLA 的限制现象，发现 NPC 的特异性 T 淋巴细胞对 NPC 的癌细胞有一定的特异性杀伤作用。国内外有少量报道 NPC 病人、EBV－IgA/VCA 阳性的人较正常人对 EB 病毒特异性细胞免疫功能呈不同程度降低，提示了 EBV 特异性细胞免疫力低可能与 NPC 发生有关[4-6]，目前应用 EB 病毒多克隆 CTL 治疗和预防 EB 病毒引起的淋巴细胞增生性疾病已经取得了成功。1996 年美国 Roonev 首次成功地用异体 HLA 匹配的 CTL 治疗 EBV 引起的 B 淋巴细胞增生症，临床效果十分显著。Sing 等[7] 分离出针对 LMP2 的特异性 CTL，它们能特异性杀伤 EB 病毒阳性的

Hodgkin's 病人的 R – S 细胞，并使病人的病情得到 5～8 个月的稳定。Savoldo 等[8]用特异性 CTL 治疗慢性活动性 EB 病毒感染综合征，5 例患者中 4 例临床症状消失，疗效显著。Straathof 等[9]用自体 CTL 治疗 NPC 患者也有令人鼓舞的结果，治疗的 10 例患者 6 例缓解，1 例部分缓解，1 例病情维持稳定。

DC 是体外扩增特异性抗肿瘤 CTL 的最好的抗原递呈细胞，目前最常用腺病毒载体为 Ad5 型腺病毒（C 组腺病毒），但 DC 细胞缺乏与血清型 C 组腺病毒高亲和力的 CAR 表达，因此除非用高滴度的病毒感染，否则效率不高[10]。B 型腺病毒（Ad35）的纤维蛋白可与普遍存在于细胞（如 DC 细胞）表面的受体膜蛋白 CD46 结合，不依靠 CAR 受体存在而感染相应靶细胞，此外，人类自然感染 Ad35 的个体是非常罕见的，用 Ad5F35 载体可减少被前期存在的中和抗体清除的影响。因此，人们考虑用 Ad35 纤维修饰 Ad5 改善转导效率及靶向，Rea 等[11]报道用 Ad35 纤维基因相应部分取代 Ad5 载体全部纤维基因或部分纤维基因，成功构建了 Ad5F35 腺病毒载体。且用 Ad5F35 感染 DC 细胞明显比用 Ad5 或 Ad5 经过其他 B 组腺病毒修饰纤维突和茎者的腺病毒更有效，提示提高载体感染细胞能力将在降低治疗或预防用载体量方面有意义，便于临床应用及降低毒性[11,12]。本研究构建了含 EB 病毒 LMP2 全序列的 Ad5F35 – LMP2 重组腺病毒，经挑斑纯化并对其在细胞内目的基因及其蛋白表达进行了研究，结果显示 Ad5F35 – LMP2 重组腺病毒能有效表达目的基因 LMP2 蛋白，为下一步进行该重组病毒的生物学功能研究及今后开展临床基因免疫治疗应用奠定了基础。

〔原载《中国免疫学杂志》2007，23（3）：251－255〕

参 考 文 献

1　Mann K P, Thoryey, L D. Posttransiation processing of the Epstein – Barr virus – encoded P63/LMP protein. JVirol, 1987; 61: 2100 – 2108

2　Wang D, Liebowitz B, Kieff An EBV membrane protein expressed in inmmortalied lymphocytes transforms established rodentc cells. Cell, 1986; 43: 831 – 840

3　Bollard CM, Straathof K C M, HuisM H et al The generation and characterization of LMP2 – specific CTL s for use as adop tive transfer from patients with relapsed EBV positive hodgkin disease. J Inmunother, 2004; 27: 317 – 927

4　Lee S P, Chan A T, Cheung S T, et al. CTL control of EBV in nasopharyngeal carcinoma（NPC）: EBV – specific, CTL responses in the blood and tumors of NPC patients and the antigen processing function of the tumor cells. J Inmunol, 2000; 165 (1): 573 – 582

5　王琦，周玲，姚家伟，等. 中国不同人群中 T 细胞对 EB 病毒潜伏膜蛋白 2 的识别. 中国肿瘤，2001；10（12）：707－708

6　周玲，姚庆云，曾毅，等. 鼻咽癌病人和正常人群中 EB 病毒特异性 T 细胞对靶抗原的识别和应答. 病毒学报，2001；17（1）：7－9

7　Sing A P, Ambinder R F, Hong D J. Isolation of Epstein – Barr virus（EBV）——specific cytotoxic T lymphocytes that lyse Reed – stemberg cells: implications for immune mediated therapy of EBV – Hodgkin's disease. Blood, 1997; 89 (6): 1978 – 1986

8　Savoldo B, HulsM H, Liu Z et al autologous EBV – specific cytotoxic T cells for the treatment of persistent active EBV infection. Blood, 2002; 100 (12): 4059 – 4066

9　Stmathof K C, Bollard CM, PopatU et al. Treatment of nasopharyngeal carcinoma with Ep stein Barr virus——specific T lynphoeytes. Blood, 2005; 105 (5): 1898 – 1904

10　Muffs T, Verdijk R, Schrana E et al Feasibility of immunotherapy of relapsed leukemia with ex vivo – genemted cytotoxic T lmphoeytes specific for henatopoietic system – restricted minor histocompatibility antigens. Blood, 1999; 93: 2336 – 2341

11 Rea D, Havenga M J, Van Den Assm M, *et al.* Highly efficient transduction of human monoeyte – derived dendritic cells with sub – group B fiber-modified adenovirus vectors enhances transgene –

encoded antigen presentation to cytotoxic T cells. J Imunol, 2001; 166: 5236 – 5244

12 Havenga M J, Lemckert A A, Ophorst O J, *et al.* Exp loiting the natural diversity in adenovirus tropism for therapy and prevention of dis – case. J V irol, 2002; 76: 4612 – 4620

Construction and Identification of Recombinant Adenovirus Ad5F35 – LM P2 Containing LM P2 gene

MO Wu – ning*, ZHOU Ling, WU Xiao – bing, WANG Zhan,

TANG An – zhou, HUANG Guang – wu, ZENG Yi

(*First Affiliated Hospital, Guangxi Medical University, Nanning 530021, China)

Objective   To construct recombinant adenovirus expressing Epstein – Barr Virus (EBV) – LMP2 in vector Ad5F35.   **Methods**   Restriction fragment of LMP2 from p SH – LMP2 was inserted in the vector of pDC316. The insertion and the direction of the insert were confirrmed by polymerase chain reaction (PCR) and restriction enzyme digestion. The constructed pDC316 – LMP2 was cotransfected with adenovirus backbone pBHG – fiber5/35 in to 293 cells to establish the recombinant adenovirus Ad5F35 – LMP2, which was confirmed by PCR and indirect inmnnefluorescenee test.   **Results**   The construction of pDC316 – LMP2 was completed and confirmed with PCR ahd restriction enzyme digestion. Second, the significant virus plaques was observed in the 293 cells co – transfected with pDC316 – LMP2 together with pBHG – fiber5/35, which means the successful homolouge recombination and virus packaging of the interest fragment in 293 cells. Third, the successful construction of the recombinant adenovirus Ad5F35 – LMP2 with PCR was confirmed, and the efficient expression of LMP2 protein was observed on the cell membrane with indirect inmunefluorescence test.   **Conclusion**   The recombinant adenovirus of Ad5F35 – LMP2 which contains the full – length coding region of EBV LMP2 protein has been established that could be used in the gene therapy for nasopharyngeal carcinoma patients and to test the biosafety and biological function of Ad5F35 – LMP2 in the future

〔**Key words**〕Nasopharyngeal carcinoma; Recombinant adenovirus; Gene inmunotherapy

346. 冻融人树突状细胞基因疫苗体外抗肿瘤免疫效应

汕头大学医学院肿瘤病理研究室　广东省免疫病理学重点实验室　任会均　张锦堃　魏锡云
中国疾病预防控制中心病毒病预防控制所　周　玲　左建民　曾　毅

〔摘　要〕　**目的**　观察人外周血和人脐血来源的冻融树突状细胞（dendritic cell, DC）基因疫苗的形态、表型及体外诱导的 CTL 抗肿瘤活性。　**方法**　细胞因子扩增人外周血和脐血 DC，分别将 EBV - LMP2、HPV16E6 基因转染 2 种来源的冻融 DC 制备疫苗。动态形态学观察和流式细胞术检测疫苗表面分子表达，体外诱导并测定 CTL 活性。　**结果**　人外周血和脐血冻融 DC 疫苗均高表达 CD80、CD86 和 CD83，低表达 CD14，高表达 CD1a，体外均能诱导高效的 CTL 活性（$P = 0.001$），并与新鲜 DC 疫苗差异无统计学意义，$P = 0.138$。　**结论**　负载肿瘤相关病毒抗原基因的冻融 DC 疫苗保持了功能成熟 DC 的形态特征，且能诱导高效的特异性抗肿瘤免疫应答。

〔关键词〕　树突细胞；抗原，病毒；基因；转染；T 淋巴细胞，细胞毒性；疫苗

树突状细胞（dendriti ccell，DC）疫苗的抗肿瘤实验研究和临床研究已有大量报道，临床应用也取得可喜的效果，显示了 DC 疫苗应用于肿瘤防治的潜力和广阔前景[1,2]。DC 在体内含量低，如何在体外扩增和保存足量、同批次的 DC 以满足临床肿瘤患者分次取用的需要具有重要意义。我们在成功制备新鲜 DC 基因疫苗的基础上。分别制备人外周血和人脐血来源的冻融 DC 基因疫苗，对其形态及表型进行分析鉴定，并观察其体外诱导的特异性抗肿瘤免疫效应，为病毒相关恶性肿瘤的临床治疗提供有实用意义的 DC 基因疫苗。

材料和方法

一、细胞株和人外周血及脐带血来源　正常人外周血由健康志愿者提供，新鲜健康人脐血由汕头大学医学院第一附属医院妇产科提供；CaSki 宫颈癌细胞系（C1）购自中国医学科学院基础医学研究所，CNE2 鼻咽癌细胞（C2）由中国疾病预防控制中心病毒病预防控制所提供。

二、质粒及 Ad - LMP2 重组质粒　pcDNA3.1/Myc - His（-）A - HPV16E6 由汕头大学医学院肿瘤病理研究室构建，Ad - LMP2（Adeasy - LMP2 重组腺病毒，包含 EBV - LMP2 基因）由中国疾病预防控制中心病毒所惠赠。

三、主要试剂　Mini MACS 磁式细胞分选器和 CD34$^+$ 干细胞分选试剂盒购自德国 Miltenyi Biotec 公司；脂质体 Lipo - fectamine 购自 Invitrogen 公司；胎牛血清（FCS）、无血清培养基 Opti - MEM 和 RPM11640 均购自 GIBCO 公司；Ficoll 淋巴细胞分离液购自 TBD 公司；rh GM - CSF、rhIL - 4 和 rhTNF - α 购自 Sigma 公司；兔抗羊 IgG FITC、Triton - 100 均购自博士德公司；E6 抗体及 ABC 免疫染色试剂盒购自 Santa Cruz 公司；LMP2 单抗为英国伯明翰大学

馈赠，荧光标记抗小鼠 IgG 购于华美；FITC－CD80、FITC－CD83、FITC－OD86、FITC－CD1a 和 FITC－CD14 购自 Ancell 公司。尼龙毛为日本和光纯药工业株式会社产品；MTT－DMSO 为 Amresco 公司产品。

四、人外周血 DC 的诱导及富集　取健康成人新鲜外周抗凝血，Ficoll 密度梯度离心，分离出单个核细胞（peripheral blood momnuclear cell，PBMC），含 10% 胎牛血清的 1640 调整为 $2 \times 10^6 ml^{-1}$，37℃ 5% CO_2 孵箱培养 2 h 后，弃上清，1640 轻洗以去除非贴壁细胞，即获得贴壁的单核细胞。用含有 300 μg/L 的 GM－CSF 和 25 μg/L 的 IL－4 的 1640 于 37℃、5% CO_2、饱湿条件下扩增培养、隔天半量换液、倒置相差镜动态观察其形态和数量，培养第 7 天收集 DC 低温冻存。

五、人脐血 CD34⁺ 干细胞的分离　无菌采集健康产妇脐静脉血，20 U/ml 肝素钠抗凝，Ficoll 密度梯度离心，收集 PBMC，应用 CD34⁺ 干细胞分选试剂盒和免疫磁珠标记法，经 Mimi MACS 磁式细胞分选器分离出 CD34⁺ 干细胞，1640 调整为 $1 \times 10^5 ml^{-1}$，接种于 24 孔板，每孔加入含 300 μg/L 的 GM－CSF 和 20 μg/L 的 TNF－α 的 1640 培养，隔天半量换液，倒置相差镜动态观察其形态和数量。培养第 12 天收集 DC 低温冻存。

六、DC 的冻存及复苏　将培养的上述 2 种 DC 收集离心后弃上清，沉淀中缓慢加入冻存液（含 90% FCS＋10%％ DMSO），液氮冻存 2 周后复苏细胞，置于 1640 中待转染。

七、DC 疫苗的制备

1. PBMC－DC 疫苗的制备：将新鲜及冻融的 PBMC－DC 用无血清无双抗 Opti－MEM，调整至 $5 \times 10^6 ml^{-1}$，加入 DNA－脂质体（DNA：Lipofectamine＝2 μg：10 μl）混合液进行基因转染。共育 5 h 后弃去培养上清，换用含有 300 μg/L 的 GM－CSF、25 μg/L 的 IL－4 和 20 μg/L 的 TNF－α 的 1640，培养 48 h 后收集细胞。另设培养 9 d 而未转染的冻融 DC 和转染空质粒的冻融 DC 为对照组。

2. 人脐血 DC 疫苗的制备：将新鲜及冻融的脐血 DC 用无血清无双抗 1640 重悬，加入 MOI 为 200 的 Ad－LMP2，混匀，37℃ 孵育 2 h，离心弃上清、换用含 300 μg/L 的 GM－CSF 和 20 μg/L 的 TNF－α 的 1640、培养 48 h 后收集细胞。另设培养 14 d 而未转染的冻融 DC 和转染空质粒的冻融 DC 为对照组。

八、细胞表型分析　收集成熟的冻融 EBV－LMP²－DC 及 HPV16E6－DC 疫苗，调整浓度为 $5 \times 10^5 ml^{-1}$、加入 FTTC 标记的 CD80、CD86、CD83、CD14 和 CD1a 单抗，4℃ 冰箱中避光反应 45 min，洗涤后用 1% 多聚甲醛固定，流式细胞仪分析。

九、T 淋巴细胞的分离纯化　取新鲜健康成人外周血，Ficoll 密度梯度离心法获取 PB-MC，1640 调整浓度为 $2 \times 10^6 ml^{-1}$，37℃ 5% CO_2 孵箱培养 2 h 后，收集非贴壁细胞即混合淋巴细胞，过尼龙毛柱获得 T 淋巴细胞（T），置于含 80 U/ml 的 IL－2 的 1640 中备用。

十、抗肿瘤实验

1. 实验分组：实验分人外周血 DC 组和人脐血 DC 组，各自均下设对照组（T，C1/C2＋T）、冻融未转染 DC 组（DN，C1/C2＋T＋DC）、冻融转染空质粒 DC 组（DF1，C1/C2＋T＋DC）、冻融 DC 疫苗组（DF2，C1/C2＋T＋DC）、新鲜未转染 DC 组（EN，C1/C2＋T＋DC）、新鲜转染空质粒 DC 组（EF1，C1/C2＋T＋DC）和新鲜 DC 疫苗组（EF2，C1/C2＋T＋DC）。各组 C1/C2 细胞浓度均为 $8 \times 10^4/ml$。并设 5：1 和 10：1 两种效靶比，而 DC 与 T 细胞比例为 1：100。另设未经处理过的 C1/C2 对照组和 1640 空白对照组。每组均设 3 个复孔，置于 96

孔培养板中培养 48 h、后进行 CTL 杀伤活性检测，实验重复 4 次。

2. CTL 杀伤活性的 MTT 检测：每孔加入 MTT（终质量浓度 0.5 g/L），继续培养 4 h 后，轻轻吸弃上清，加入 DMSO 100 μ/L，振荡 10 min 至结晶溶解。于酶标仪上 570 nm 波长下检测各孔的吸光度（A）值。

$$CTL\ 杀伤效率（\%）= 1 - \frac{A_{实验组} - A_{空白对照组}}{A_{对照组} - A_{空白对照组}} \times 100\%$$

十、统计学分析　应用 SPSS11.0 及 Excel 2003 统计软件对数据行 t 检验分的。

结　　果

一、DC 的形态学观察　PBMC 经细胞因子诱导培养 9 d 可获得典型的 DC，细胞扩增约 10 倍。其间细胞体积逐渐增大，细胞形态变得不规则、并形成细胞集落，且在第 3~4 d 达到最大，之后可见有典型的 DC 从聚集体脱落，呈悬浮生长，成熟 DC 具有长短和粗细不一、数量不等、形态迥异的突起。人脐血 CD34+ 干细胞分化为 DC 的形态变化与 PBMC 同，但细胞集落在 9~10 d 达到最大，细胞扩增约 20 倍。与未转染组 DC 相比，转染组 DC 形态更加不规则，胞体更大，突起更长，分支更多。冻融后存活的 DC 形态与新鲜 DC 无明显差异，仍可见大量树枝样突起（图 1）。

二、DC 疫苗表型分析　经 FACS 分析，人外周血和人脐血 DC 各小组 CD14、CD80、CD86 和 CD83 等分子表达见表 1。

表 1　成熟 HPV16E6 – DC 疫苗表面标志的表达

组别	表面分子（%）			
	CD14	CD80	CD86	CD83
冻融未转染 DC	24.1 ± 2.7	27.9 ± 4.1	21.3 ± 1.8	34.2 ± 2.0
冻融转染空质粒 DC	23.6 ± 3.2	30.5 ± 3.4	26.1 ± 3.0	37.0 ± 2.9
冻融 DC 疫苗	11.2 ± 3.9	69.8 ± 2.3	72.7 ± 1.4	79.1 ± 5.1
新鲜 DC 疫苗	10.8 ± 2.5	70.1 ± 3.6	73.4 ± 2.8	80.2 ± 3.7
P_1 值	0.237	0.285	0.212	0.198
P_2 值	0.008	0.003	0.002	0.001
P_3 值	0.120	0.103	0.141	0.156
冻融未转染 DC	36.1 ± 2.7	27.9 ± 4.1	21.3 ± 1.8	34.2 ± 2.0
冻融转染空质粒 DC	40.3 ± 2..1	30.3 ± 4.5	26.0 ± 4.2	38.0 ± 3.6
冻融 DC 疫苗	79.2 ± 3.9	69.8 ± 2.3	72.7 ± 1.4	79.1 ± 5.1
新鲜 DC 疫苗	84.8 ± 2.5	70.1 ± 3.6	73.4 ± 2.8	80.2 ± 3.7
P_1 值	0.185	0.197	0.205	0.178
P_2 值	0.001	0.000	0.001	0.002
P_3 值	0.100	0.105	0.112	0.120

注：P_1 值为冻融转染空质粒 DC 组与冻融未转染 DC 组的比较；P_2 值为冻融 DC 疫苗组与冻融未转染 DC 组的比较；P_3 值为冻融 DC 疫苗组与新鲜 DC 疫苗组的比较

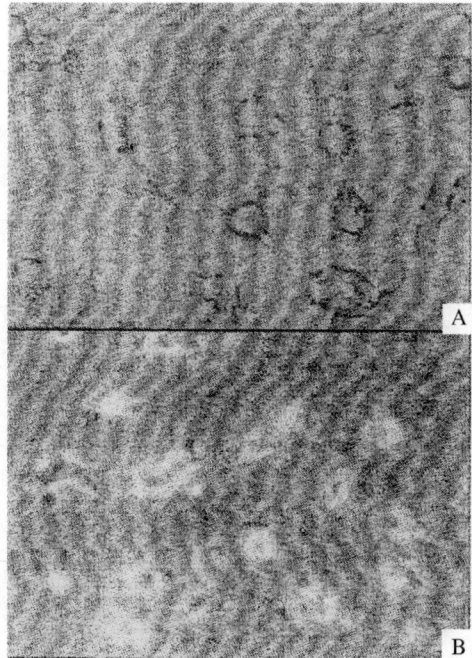

图 1　成熟冻融 EBV – LMP2 – DC 和 HPV16E6 – DC 疫苗的形态特征（×200）
A：HPV16E6 – DC；B：EBV – LMP2 – DC

三、C 疫苗诱导 CTL 活性　MTT 结果表明，HPV16E6 - DC/EBV - LMP2 - DC 疫苗组（DF2、EF2 组）对 C1/C2 细胞的杀伤活性明显高于相应的转染空质粒组（DF1、EF1 组）、未转染组（DN、EN 组）和对照组（T 组，$P < 0.01$），且随效靶比增高而增强（$P < 0.01$），而转染空质粒组（DF1、EF1 组）、未转染组（DN、EN 组）与对照组（T 组）均差异无统计学意义，$P > 0.05$；冻融组与新鲜组差异无统计学意义，$P > 0.05$（图 2）。

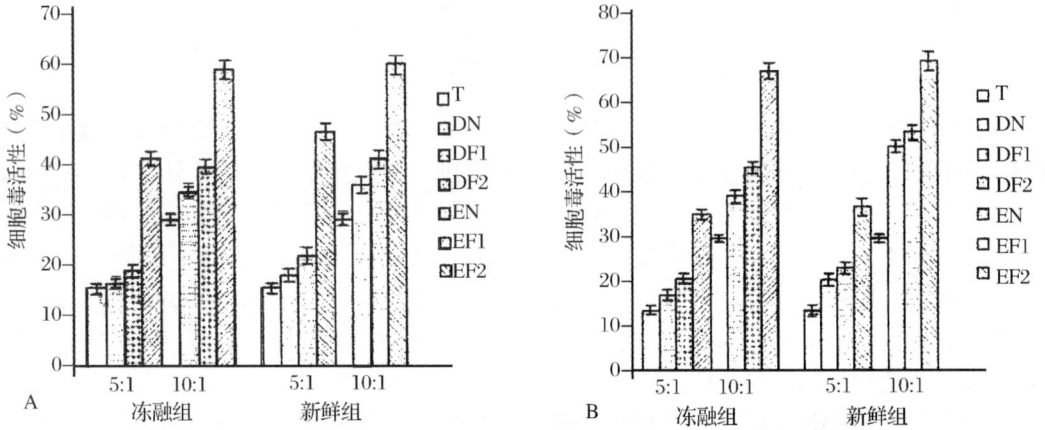

图 2　EBV - LMP2 - DC 和 HPV16E6 - DC 疫苗诱导特异性 CTL 的杀伤活性
A：HPV16E6 - DC；B：EBV - LMP2 - DC

讨　论

DC 是目前所知的人体内功能最强的抗原呈递细胞，在启动初次免疫应答中起关键作用。基因修饰 DC 以其能较长时间地持续内源性表达所转染的基因产物，为靶向性抗原提呈提供有力的策略；其生物活性稳定、不易降解、冲击致敏后维持时间较长、可提供更有效的抗原识别表位，因而优于单纯用抗原肽修饰或细胞性肿瘤抗原修饰的 DC 疫苗。目前，以 DC 为基础的病毒疫苗，如重组疫苗、多肽疫苗等已进入 I ~ II 期临床试验[3]。我们选用 EBV - LMP2 和 HPV16E6 基因是由于 LMP2 是 EB 病毒表达的多种蛋白之一，在肿瘤相关组织中能持续表达，且含有多种受 HLA 限制的 CTL 表位，可诱发较强的特异性 CTL 反应[4]。E6、E7 蛋白是 HPV 早期表达的多功能蛋白，是维持肿瘤恶性表型所必需的蛋白[5]。以这两种基因转染 DC 制备疫苗、正是选择与肿瘤病因相关的病毒抗原基因，替代未知的肿瘤特异性抗原基因导入 DC，使之在 DC 内持续表达，以靶向治疗肿瘤[3]，为病毒相关的恶性肿瘤的免疫治疗探索一条新途径。

DC 在人体内分布广泛，但数量极少，因此 DC 的扩增是 DC 实验研究和临床应用的基础。我们研究的 DC 来自人外周血和脐血，是因外周血取材方便，方法简单，操作简便；脐血来源广泛、配型要求低于骨髓来源的 DC，均为具有临床应用价值的 DC 来源。选用冻融DC，不仅可适应 DC 疫苗分次输入的临床治疗要求，而且也可节省人力和物力。我们的实验结果显示，冻存复苏后 2 种来源的 DC 与新鲜培养扩增 DC 的形态无明显差异，且表面高表达 CD80、CD86、CD83 和 CD1a 等重要的共刺激分子，低表达单核细胞特征性标志 CD14 分子，表明转染 E6/LMP2 基因的冻融人外周血和脐血 DC 疫苗同样能分化成熟。实验还证实，在冻融组与新鲜组 DC 疫苗中，转染组成熟 DC 均比未转染组 DC 的表面分子表达率高，这可能与转基因刺激 DC，上调其表面分子水平有关。

在前期的研究工作中，我们已经证实 HPV16E6 及 EBV - LMP2 在 DC 中高效表达，其表达率分别为 47.3% 和 84.5%，体外诱导的 CTL 以 $CD8^+T$ 细胞为主[6,7]。我们的研究结果显示，人外周血和脐血转染 DC 疫苗诱导的细胞毒效应均显著高于转染空质粒组和未转染组，表明基因修饰的 DC 疫苗能高效诱导特异性 CTL 活性。从而对表达 HPV16 E6 的 CaSki 宫颈癌细胞及表达 EBV - LMP2 的 CNE2 鼻咽癌细胞直接产生强大的特异性杀伤作用。这是由于成熟 DC 加工处理内源性抗原后，通过 MHC I 类分子提呈内源性抗原肽。激活 $CD8^+T$ 淋巴细胞，形成特异性 CTL，从而对肿瘤细胞直接发挥特异性的杀伤作用所致。而 2 种来源的冻融 DC 疫苗与新鲜培养扩增的 DC 疫苗所诱导的 CTL 活性相比较。差异无统计学意义，$P > 0.05$。表明冻融 DC 疫苗同样能诱导出具有高度针对 CaSki/CNE2 细胞的特异性 CTL 杀伤活性，完全可取代新鲜培养扩增的 DC。

我们分别采用 2 种携带不同病毒抗原基因的重组载体转染 2 种来源的冻融 DC，体外均能诱导高效特异的抗肿瘤免疫效应，可一次性提供足够量的 DC 疫苗，为今后进一步 DC 基因疫苗作用机制的研究以及病毒相关肿瘤免疫治疗的临床研究提供理论和实验依据。

〔原载《中华肿瘤防治杂志》2007，14（12）：884 - 887〕

参 考 文 献

1 Hayashi T, Nakao K, Nagayama Y, et al. Vaccination with dendritic cells pulsed with apoptotic cells elicits effective antitumor immunity in murine hepatoma mdels. Int J Oncol, 2005, 26（5）: 1313 - 1319

2 Caruso D A, Orme L M; Amor GM, et al. Results of a Phase I study utilizing monocyte - derived dendritic cells pulsed with tumor RNA in children with Stage 4 neuroblastoma. Cancer, 2005, 103（6）: 1280 - 1291

3 Santin A D, Bellone S, Palmieri M, et al. Induction of tumor specific cytotoxicity in tumor infiltrating lymphocytes by HPV16 and HPV18 E7 - pulsed autologous dendritic cells in patients with cancer of the uterine cervix. Gynecol Oncol, 2003, 89（2）: 271 - 280

4 Kawa K. Epstein - Barr virus - associated diseases in humans. Int J Hematol, 2000, 71（2）: 108 - 117

5 Indrova M, Reinis M, Bubernik J, et al. Immunogenicity of dendritic cell - based HPV16 E6/E7 peptide race/nes: CTL activation and protective effects. Folia Biol（Praha）, 2004, 50（6）: 184 - 193

6 任会均，张锦堃，陈东晓，等. 转染 HPV16E6 基因人树突状细胞疫苗的制备及生物学特性. 中国免疫学杂志, 2006, 22（11）: 1032 - 1035

7 Pan Y, Zhang J K, Zhou L, et al. In vitro anti - tumor immune response induced by dendritic cells transfected with EBV - LMP2 recombinant adenovirus. BBRC, 2006, 347（4）: 551 - 557

Specific Antitumor Immunological Effect of Cytotoxic T Cell induced by Human Cryopreserved Dendritic Cell Transfected with Viral Antigen Gene

REA Hui – jun[1], ZHANG Jin – kun[1], ZHOU Ling[2], ZUO Jian – min[2], WEI Xi – yun[1], ZENG Yi[2]

(1. Department of Oncopathology, Key lmmunopathology Laboratory of Guang dong Province, Medical College of Shantou University, 2. Institute for Viral Disease Control and Prevention, Chinese Center for Disease Control and Prevention,)

Objective   To observe the biological characteristics of cryopreserved dendritic cell (DC) vaccine derived from human peripheral blood and cord blood and transfected with viral antigen gene, and study its antitumor immunological effects *in vitro*.   **Methods**   DC – enriched populations were prepared from human peripheral blood and cord blood *in vitro* cultures with different cytokines, and then cryopreserved in liquid nittrogen. Two different viral antigen genes were transfected into two different cryopreserved DCs respectively. The morphology of DC was observed dynamically, and the phenotypes of DC vaccine were analyzed by flow ecytometry. MTT assay was applied to detect the cytotoxicity activity of CTL *in vitro*.   **Results**   Cryopreserved DC vaccine had typical morphologic characteristics, highly expressed CD80, CD86 and CD83, and showed individually low CD14 and high CD1a expressions. The cytotoxicity activities of CTL induced by two different derived cryopreserved DC vaccines were both significantly higher than those of the control groups, $P = 0.001$. There was no significant difference between the cryopreserved DC vaccine and fresh DC vaccine, $P = 0.138$.   **Conclusion**   Cryopreserved DC transfected viral antigen gene could sustain the morphology and phenotype of mature DC, and could induce effectively specific potent CTL activity *in vitro*.

[**Key words**] Dendritics cell; Antigens, viral; Genes; Transfection; T – lymphocytes; Cytotoxic; Vaccine

347. HIV/AIDS 家庭社会心理状况调查

中国疾病预防控制中心病毒病预防控制所肿瘤室　白立石　李红霞　周　玲　曾　毅
中国协和医科大学协和公共卫生学院　金　芳　北京工业大学经济管理学院　任海英
河南省周口市沈丘县疾病预防控制中心　辛天义

〔摘　要〕　目的　了解我国艾滋病高发区人类免疫缺陷病毒（HIV）感染者/艾滋病（AIDS）病人家庭的社会心理状况及社会支持情况，为评估救助效果提供参考。　方法　在某艾滋病高发区，随机采访了 155 户有 HIV/AIDS 家庭并进行问卷调查，包括 HIV/AIDS 256 人。调查内容包括社会人口学特征、感染/发病状况、社会心理及社会支持现状。　结果　HIV/AIDS 以有偿献血为主（96.5%），其中 55.9% 的人认为自己半年来心情不好，83.2% 的人回答患病对夫妻感情无影响，有 60% 以上的人感觉患病前后家人和周围的人对待自己和以前一样。政府和社会在近几年的救助力度在逐年加大。　结论　政府的相关政策和社会的救助措施在减少艾滋病对农村高发地区家庭的社会心理影响方面已经起到了积极作用。

〔关键词〕　HIV 感染者/AIDS 病人家庭；现况调查；社会心理状况；社会支持

为了解目前艾滋病对农村高发地区家庭感染者和病人的社会心理影响及社会支持情况，为制定艾滋病防治相关政策提供依据，于 2006 年 4 月份在我国中部地区某县选取 2 个艾滋病高发乡的近 10 个自然村，对人类免疫缺陷病毒（HIV）感染者/艾滋病（AIDS）病人家庭进行了问卷调查。将结果报告如下。

对象和方法

一、对象　调查问卷以家庭为单位进行，主要由感染者回答，在艾滋病高发地区共随机调查了 155 户有 HIV/AIDS 家庭（包括感染者和病人 256 人）。

二、方法　自行设计调查问卷，经专家讨论通过，信度和效度均较好。调查内容包括：HIV 感染者/AIDS 病人的社会人口学特征、疾病状况、感染后给家庭造成的心理影响等。

三、统计分析　应用 EPIDATA 3.1 建立数据库，经双录入核对后，采用 SPSS 13.0 软件进行分析。

结　果

一、调查对象的社会人口学特征　本次共获调查问卷 155 份，均为有效问卷。在 155 户家庭中有 HIV/AIDS 256 人。男性占 50.8%，女性占 49.2%，男女比例较接近。年龄最大 72 岁，最小 7 岁，平均 44.8 岁，31~60 岁居多，占 95%，30 岁及以下占 2.7%，60 岁以上占 2.3%，50 岁以上者 72 人，占 28.13%。已婚者占 60.4%。受教育程度为小学以下占 48.0%；其次是小学和初中程度，分别占 27.8% 和 20.7%；高中程度为 9 人，占 3.5%。职业以农民为主。

二、感染/发病相关情况　　感染途径中以有偿献血为主，共247人（96.5%）；经性传播和母婴传播分别为5人（2.0%）和3人（1.2%），有1人感染途径不明；感染者和病人家庭中，有81对夫妻同为病人，其中5对夫妻发生性传播，有1个HIV/AIDS的家庭占调查总户数的44.5%，有2个的占49.7%，人数最多的一个家庭有4对夫妻同为HIV/AIDS。感染和发病时的平均年龄分别为33.0岁和42.9岁；检测阳性的平均年龄为42.6岁。

　　三、HIV/AIDS 的社会心理状况

　　1. HIV/AIDS的心情及家人的态度：被调查者中，有20.4%的人最近半年中心情不错，没有受到患病的影响，55.9%的被访者认为心情不好，主要原因是献血感染艾滋病对他们心理造成了相当程度的负面影响，有23.7%的人回答患病没有给自己带来特别的影响。当问及家人对感染者本人的态度时有69.1%的人说对自己很好，仅有5.3%的人认为受到家人的冷遇，有25.6%的人感觉家人对自己一般。说明尽管仍有半数以上的人半年来无法消除患病的阴影，但大多数家人对他们依然很好，并未受到疾病的影响。

　　2. 被调查者对患病后的内心感受：对于是否愿意公开自己和家人的艾滋病身份，分别有47.2%和41.8%的人表示愿意公开，有44.3%和46.0%的人不愿意，8.5%和12.2%的人回答视情况而定。被访者中有16.2%的人偶尔想过自杀并有7.7%的人经常想自杀，同时，对家人HIV/AIDS的身份也感到了巨大压力，18.4%的人得知家人患病后偶尔想过自杀，6.1%的调查者知道家人感染后经常想自杀。不过，仍有76.1%和75.5%的人得知自己和家人患病后不曾有过自杀想法。7.0%的HIV/AIDS曾自杀过至少1次，听到家人感染后有6.1%的人曾自杀过至少1次。

　　3. 患病对夫妻感情的影响：患病前后有60%左右的人认为与配偶在一起生活很幸福，超过80%的人认为配偶是给自己帮助最大的人。有12.3%的人患病后夫妻感情加深。

　　4. 患病后周围人对HIV/AIDS家庭的态度：结果见表1。被调查者中，86.8%的人反映周围人中多数都知道自己的感染情况，但只有19.8%的人觉得受到了别人的歧视。有60%以上表示患病后家人和邻居等对待他们和以前一样，没有变化，有5.9%的家人对他们甚至比以前还好。

表1　周围人对 HIV/AIDS 家庭的态度

态度	人数	构成（%）	态度	人数	构成（%）
周围人中有人知道您患病吗			您患病后周围人的态度有无变化		
大部分人都知道	87	57.2	比以前好	3	2.0
很多人知道	45	29.6	和以前一样，没有变化	95	62.5
少部分人知道	19	12.5	没有以前好，一般	44	28.9
个别人知道	1	0.7	不好	10	6.6
合计	152	100.0	合计	152	100.0
您和家人受周围人的歧视吗			您患病后家人的态度有无变化		
不歧视	85	55.9	比以前好	9	5.9
不明显	37	24.3	和以前一样，没有变化	113	74.3
歧视	30	19.8	没有以前好，一般	24	15.8
合计	152	100.0	不好，时常责备，不理解	6	4.0
			合计	152	100.0

四、HIV/AIDS 家庭得到的补贴情况

在得到补贴的家庭中，政府补贴逐年增长（$r_s = 0.40$，$P < 0.01$），说明政府加大了对患病家庭的救助力度（表2）。

表2 不同年份政府补贴情况

年 份	补贴（元）	人数	构成（%）
2003	<100	39	48.8
	100~200	31	38.7
	200~1000	10	12.5
2004	<100	10	9.3
	100~200	75	69.4
	200~1000	23	21.3
2005	<100	9	6.9
	100~200	68	52.3
	200~1000	53	40.8

讨 论

调查显示艾滋病病人病程长，近10年或更长；病情严重，有2个以上 HIV/AIDS 的家庭占半数以上。有20%以上的人有过自杀念头，其中极少部分人自杀过1次或2~3次，提示这些人的心理问题必须加以特别关注，以防悲剧发生。

在对夫妻关系的调查中，绝大部分夫妻在感染后仍和以前一样生活很幸福，没有受到艾滋病的影响。大部分家人和周围的人对感染者和病人的态度也和感染前一样，与周建波等[1-3]的调查结果一致。缺乏理解和支持通常会导致身心更加衰弱，得到关怀的感染者认为支持和理解可以改善社会心理状况[4]，对 HIV 感染者进行心理咨询可以减轻他们的抑郁程度[5]。

调查所在地病人服用的抗病毒药为政府免费发放，同时政府在逐年加大救助力度，虽然年平均补贴不足200元，但对 HIV/AIDS 来说，具有一定的积极作用。

〔原载《中国公共卫生》2007，23（9）：1038 – 1039〕

参 考 文 献

1 周建波，孙业桓，吴荣涛，等. 安徽省阜田市血源性艾滋病流行区 HIV/AIDS 社会支持现状的定性研究. 安徽医科大学学报，2006，41（3）：357 – 359

2 刘康迈，蒋洪林，白明，等. 我国部分 HIV 感染者面临的社会心理压力及可能做出的反应的调查结果分析. 中国艾滋病性病，2003，9（3）：136 – 138

3 Li I, Wu S, Wu Z, et al. Understanding family support for people living with HIV/AIDS in Yunnan, China. AIDS Behav, 2006, 10 (5)：509 – 517

4 Phyllis Orner. Psychosocial impacts on earegivers of people living with AIDS, AIDS Care, 2006, 13 (3)：236 – 240

5 武英，张福杰，金水高. HIV 感染者心理咨询前后抑郁状况比较. 中国艾滋病性病，2006，12 (3)：221 – 222

Survey on Social Psychological Status of Families Living with HIV/AIDS

JIN Fang*, BAI Li – shi, LI Hong – xia, et al.

(*Institute of Viral Disease Control and Prevention, China Center for Disease Control and Prevention)

Objective To investigate the social psychological status in high – prevalence rural families of HIV/AIDS and social support and to provide reference for the evaluation of assistance. **Methods** In some rural areas, 155 households with HIV infections/AIDS patients were interviewed randomly and fill in questionnaires, including 256 HIV infections/AIDS patients, The survey involved characteristics in social demography, HIV/AIDS status, psychological status and social support.　**Results**　The interviewees were mainly former commercial blood donors accounting for 96.5 % of total HIV infections/AIDS patients. Among them, 55.9% believed that they were not in good mood during the half past year. 83.2% answered that infection had no impact on feelings between the couple. More than 60% felt no difference from families and neighbors before and after the onset of AIDS. The government and social assistance was increasing annually.　**Conclusion**　The government's related policies and social support played an active role in reducing negative social psychological influence in rural high prevalence areas.

〔**Key words**〕Families living with HIV/AIDS; Prevalence survey; Social psychological status; Social support

348.　HIV-1 感染者家庭慢性病现状及发病因素分析

中国疾病预防控制中心病毒病预防控制所肿瘤室　白立石　金　芳　李红霞　周　玲　曾　毅

北京工业大学经济管理学院　刘启浩　任海英

〔摘　要〕　**目的**　了解目前吸毒和有偿献血人群人类免疫缺陷病毒（HIV）感染者家庭中慢性病的患病情况，并探讨可能的发病因素。　**方法**　采用分层随机整群法，在4个省份抽取718个家庭进行问卷调查。其中 HIV 感染者（感染组）289 个家庭，非 HIV 感染者（非感染组）429 个家庭。　**结果**　感染组家庭中有慢性病家庭的比率为 11.04%，非感染组家庭中的比率为 12.89%，二者之间差异无统计学意义（$\chi^2 = 0.60$，$P = 0.44$）。城镇和农村吸毒人群的感染和非感染组家庭之间每户慢性病人数差异无统计学意义，农村有偿献血人群的感染组和非感染组家庭的该项指标之间差异也无统计学意义（均为0.2）。1 种和 2 种以上慢性病家庭的比率在吸毒和献血人群的感染和非感染组家庭之间差异无统计学意义。感染组和非感染组家庭的慢性病谱基本相同，在自我报告的8种慢性病中，只有肺心病/慢性气管炎在感染和非感染组家庭之间差异有统计学意义。多因素非条件 Logistic 回归分析结果显示，家庭人口数和低经济收入（0 ~ 2000 元/年）是慢性病的危险因素。　**结论**　农村和城镇地区中，有慢性病家庭比率和每户慢性病人数二项指标在 HIV 感染家庭和非感染家庭之间差异均无统计学意义。家庭中是否有慢性病与 HIV 感染无显著相关性，与人口多和低经济收入呈显著相关。

〔**关键词**〕　人类免疫缺陷病毒（HIV）；吸毒；有偿献血；慢性病

　　有偿献血和共用注射器吸毒是目前我国人类免疫缺陷病毒（HIV）传播的主要高危人群[1]，吸毒人群今后仍将是 HIV 传播的重要人群。许多研究表明，HIV 感染者中性病和某些病毒性疾病的患病率一般要明显高于同一高危人群中的非感染者[2-5]。为了解 HIV 感染对其本人和家庭成员慢性病（非染性慢性病）患病情况的影响。我们于 2005 年 6 ~ 8 月，在我国中部某省、东北和湖南等4个省分别以家庭为单位，对有偿献血和吸毒人群的慢性病情况进行了调查。比较不同传播途径、不同城乡地区 HIV 感染者家庭和非感染者家庭慢性病的患病情况，并分析发病的相关危险因素。结果报告如下。

对象和方法

一、对象 在知情同意的前提下，以有 HIV 感染者（HIV＋）的吸毒和有偿献血家庭（感染组）为对象：以居住在当地（同一城镇或村屯）的同类人群中的非 HIV 感染者（HIV－）家庭为对照（非感染组）进行调查。所有被调查的 HIV 感染者均经过当地疾病预防控制中心根据既往蛋白印迹（WB）检测结果确认，并均有流行病学调查和实验室检测资料。

二、地点 采用分层随机整群抽样的方法，先按照 HIV 感染途径分为吸毒和有偿献血人群 2 个层，每个层内设立 HIV 感染者组和当地的未感染对照组，分别在城镇和农村地区调查。有偿献血人群调查地点选择在中部地区疫情严重省份和东北地区疫情较轻的黑龙江省和吉林省。这些地区都曾有过活跃的有偿采供血活动，现场调查在 HIV 感染者居住相对集中的献血村屯中进行。吸毒人群调查选择在湖南省，分别在戒毒所和社区中进行。

三、方法 以集中填写或单独访谈相结合的形式，以家庭为单位进行调查。问卷由 HIV 感染者或家庭主要成员填写，调查的问题有家庭基本信息、慢性病患病情况和家庭经济收入等。对有 HIV 感染者的家庭还调查感染者的基本情况如：HIV 感染的检出时间、可能感染时间、感染途径等。纳入调查的家庭中慢性病（我国称为慢性非传染性疾病）的种类经参照国际疾病分类标准（ICO－10）进行分类并结合我国的情况确定，包括肿瘤、心脑疾病、肺部疾病、代谢性疾病、伤害和精神疾病。本次调查中如果家庭中任何一个成员目前患有任何一种或多种慢性病即定义慢性病家庭，分析过程中又根据家庭中慢性疾病种类的多少分为 1 种和 2 种以上 2 类家庭。

四、统计分析 应用 EPIDATA 软件建立数据库，实行双录入并进行数据核对，缺失的重要数据用电话回访方式补齐，20% 以上问题未回答的问卷作无效处理。采用 SPSS 软件进行 χ^2 检验、t 检验和多元非条件 Logistic 回归分析等。

结　果

一、基本情况 共收集 718 份有效问卷（家庭），其中感染组的吸毒家庭 31 个，有偿献血家庭 258 个；非感染组的吸毒家庭 119 个，有偿献血家庭 310 个。感染组中吸毒者平均年龄 32.8 岁．有偿献血员平均 42.3 岁；非感染组中吸毒者平均年龄 30.1 岁，有偿献血员平均 41.6 岁。

表1　城乡 HIV 感染和非感染组家庭中慢性病人数/户

家庭情况	农村					城镇				
	n	HIV＋	n	HIV－	t	n	HIV＋	n	HIV－	t
吸毒者家庭										
平均人口数/户	10	3.2	30	3.3	0.01	21	3.2	89	3.4	0.54
平均慢性病人数/户	10	0.1	30	0.2	0.25	21	0.02	89	0.02	0.54
有偿献血家庭										
平均人口数/户	253	4.3	276	3.8	14.2*	5	2.2	34	3.4	9.14*
平均慢性病人数/户	253	0.2	276	0.2	0.7	5	0.0	3	0.0	

注：n 调查的家庭数；* $P<0.01$

表 2 城乡 HIV 感染和非感染组家庭中慢性病家庭比较

家庭情况	农村				农村				
	n	HIV + (%)	n	HIV – (%)	χ^2	n	HIV + (%)	n	HIV – (%)	χ^2
吸毒者家庭										
1 种慢性病	1	10.0	4	13.3	1.00	4	19.0	9	10.1	0.61
1 种以上慢性病	0	0	1	3.3		1	4.8	6	6.7	
有偿献血家庭										
1 种慢性病	18	7.1	29	10.5	3.29					
1 种以上慢性病	9	3.5	5	1.8						

注: n 调查的家庭数

表 3 HIV 感染组和非感染组家庭中慢性病种类和感染率

疾病系统	慢性病名称	HIV 感染组		HIV 非感染组		χ^2
		频数	(%)	频数	(%)	
循环系统	脑血栓/高血压	28	9.1	29	6.3	2.15
呼吸系统	肺心病/慢性气管炎	4	1.3	13	3.9	4.84
消化系统	胃出血/胃肠炎	5	1.6	10	2.2	0.36
代谢性疾病	糖尿病	3	0.9	7	1.5	0.50
免疫系统	类风湿	4	1.3	2	0.4	1.67
神经系统疾病	精神分裂	3	0.9	2	0.4	0.76
肿瘤	白血病	2	0.6	2	0.4	0.14
泌尿系统	肾结石	2	0.6	1	0.2	0.83

表 4 家庭慢性病危险因素的多元 Logistic 回归分析

变量	r	S_x	P 值	OR	95% CI
家庭人口数	0.161	0.070	0.021 *	1.175	1.025 ~ 1.347
城乡来源	− 0.027	0.394	0.946	0.973	0.450 ~ 2.108
是否 HIV 感染家庭	0.291	0.284	0.307	1.337	0.766 ~ 2.335
是否吸毒家庭	− 0.087	0.401	0.829	0.917	0.418 ~ 2.013
吸毒时间	− 0.275	0.254	0.279	0.759	0.461 ~ 1.250
是否献血家庭	− 1.226	0.323	0.000 **	0.294	0.156 ~ 0.553
家庭年收入（元）			0.029 *		
0 ~ 2000	0.638	0.269	0.018 *	1.894	1.117 ~ 3.209
2000 ~ 4000	0.015	0.306	0.961	1.015	0.558 ~ 1.348

注: * P < 0.05 , * * P < 0.05

二、慢性病发病情况 按照农村和城镇居住地区的不同，分别对吸毒人群和有偿献人群中感染组和非感染组家庭的慢性病情况进行分析，因为城镇地区居民有偿献血者很少，未进行统计，见表 1 和表 2。

三、慢性病家庭中慢性病的种类和感染率 本次调查中发现，感染和非感染组家庭中单独每种慢性病患者数的感染率都不高，所以在不区分城乡居住地区和传播途径的条件下对感染和非感染组家庭慢性病的种类和感染率的总体情况进行分析。感染组家庭总计 289 个，非感染组家庭总计 429 个，见表 3。

四、家庭中慢性病发病因素的多元 Logistic 回归分析 以是否性病家庭作为因变量，将家庭人口数、城乡居住地区、HIV 感染者家庭，吸毒家庭，吸毒时间（月），有偿献血家庭、家庭年收入 7 个因素作为自变量，进行非条件多元 Logistic 回归分析。在 α = 0.01 水平进入逻辑回归方程的因素有家庭人口数、有献血者和家庭年收入（2000 元以上组为参照，未列出）3 个因素，见表 4。

结果表明，家庭人口数和年收入在 0 ~ 2000 元是危险因素（OR 分别为 1.175 和 1.894），未发现吸毒和献血是慢性病的危险因素，而且有偿献血家庭一项的回归系数是负值，OR = 0.279。

讨　论

慢性病对患者本人和家庭成员的身体健康和心理，以及社会发展均有较大影响，目前慢性病已占全球疾病负担的60%[6]，而且还在迅速增加，已经成为人类健康的主要威胁。本文利用以家庭为单位的慢性病发病率评价HIV感染对感染者本人以及家庭成员的影响。在吸毒人群中，平均人口数/户和平均慢性病人数/户2个指标在农村和城镇的HIV感染组家庭和非感染组家庭之间差异均无统计学意义。有偿献血人群中平均人口数/户在HIV感染组家庭比非感染组家庭高，说明感染组家庭人口负担较重。平均慢性病人数/户的差异无统计学意义。感染组和非感染组家庭的慢性病谱基本相同。感染组和非感染组家庭慢性病患病情况总体上相似，未发现HIV感染增加慢性病发病率或导致某种特殊慢性疾病的现象。其原因可能是慢性病主要与生活方式和家族遗传特征有关，与HIV感染、吸毒和献血等并不直接相关。

本次调查表明，高的家庭人口数和低经济收入（2000元/户）均为慢性病的危险因素，提示控制人口和发展经济是防治慢性病的有效措施，而HIV感染并不是慢性病的发病因素。吸毒人群HIV感染者的吸毒时间多数在6年以上（82.6%），非感染者则约50%在6以内，但2组之间的慢性病指标差异无统计学意义，说明慢性病的形成需要较长的时间。

〔原载《中国公共卫生》2007，23（9）：1057－1059〕

参 考 文 献

1　国务院防治艾滋病工作委员会办公室和联合国艾滋病中国专题组．中国艾滋病防治联合评估报告，2004，12，1

2　王华洪，吴日明，张大迁，等．岳阳市吸毒人群四种血液传染病感染的流行病学调查．中国热带医学，2005，5（6）：1215－1216

3　张水喜，国罗晓光，桂希恩，等．有偿供血员HCV、HIV和HBV感染的调查分析．临床内科杂志，2001，18（4）：308－309

4　贺健梅，郑军，江洋，等．湖南省某劳教戒毒所学员中HIV与病毒感染情部门调查．实用预防医学，2004，11（2）：230－231

5　雷章权，杜美然，王卓，等．2004年259名社区暗娼HIV、TP血清学及行为学调查结果分析．疾病监测，2005，20（8）：474－476

6　Sheri Pruitt, Steve Annandale, JoAnne Epping - Jordan, et al. Innovativecare liar chronic conditions: building blocks for actions: global report. Health care for chronic conditions team. Geneva World Health Organization, 2005

Analysis on Chronic Diseases and Its Risk
Factors in Families with HIV/AIDS Infection

BAI Li – shi*, LIU Qi – hao, JIN Fang, et al.

(*Institute of Viral Disease Control and Prevention, China Center for Disease Control and Prevention)

Objective   To understand the prevalence and risk factors of chronic diseases in families with HIV/AIDS. **Methods**   With stratified random sampling method, 718 families were questionaired (289 HIV + families and 429 HIV + families) in 4 provinces.   **Results**   Rates of families with chronic diseases were 11.04% and 12.89% in total HIV + and HIV – family group respectively, and no statistic significance was found. Number of chronic disease patient/per family was not found significantly different between HIV + and HIV – family group in drug use and paid blood donors (PBD) families, also no statistic significance for the rate of family with one or more kinds of chronic diseases families between HIV + and HIV – family group. The disease spectram was almost the same in HIV + and HIV – families 8 kinds of chronic diseases were self – reported, only incidence of chronic lung – heart/bronchitis was found statistically significant between HIV + and HIV – family group. (1.9% and 3.9% respectively). Unconditional logistic regression analysis revealed that family size and low annual family income (0 – 2000 yuan) were significantly related to occurance of families with chronic diseases.   **Conclusion**   No significance was found for both the rate of families with chronic diseases and the number of chronic disease patient/per family between HIV + and HIV – family groups in drug – use and PBD populations. Prevalence of families with chronic diseases was significantly related with large family size and low economic income.

〔**Key words**〕HIV; Drug use; Paid blood donation; Chronic diseases

349.   HIV – 1 型整合酶蛋白的表达、纯化及复性研究

中国疾病预防控制中心病毒病预防控制所传染病预防控制国家重点实验室

马 晶 张晓光 张晓梅 郭秀婵 曾 毅

〔摘 要〕 **目的** 对 HIV – 1 整合酶蛋白进行原核表达、纯化以及复性研究。 **方法** 从 HIV – 1HXB2 中 PCR 扩增出全长的整合酶基因，连入原核表达载体 pET – 30a 中，得到 pET – 30a 整合酶表达质粒。再将质粒转入大肠埃希菌 BL21 中诱导表达，经镍柱纯化后得到整合酶蛋白。纯化后蛋白在 FoldIt 复性液中进行稀释复性确定最佳复性液，然后蛋白在此条件下复性并用反相柱回收，最后通过对复性蛋白抽干及再溶分析复性蛋白的物理稳定性。 **结果** HIV – 1 整合酶蛋白主要以包涵体形式表达，表达量占菌体总量的 10%。经镍柱纯化后蛋白的总浓度为 0.9 mg/ml。蛋白的最佳复性液是：Tris – Cl 55 mmol/L，NaCl 264 mmol/L，KGl 11 mmol/L，Gu – HCl 550 mmol/L，EDTA.1.1 mmol/L，以及附加成分中的 GSH、GSSG。复性后蛋白抽干

后再溶，溶液清亮透明，SDS – PAGE 可见有寡聚体状态的蛋白。 **结论** 成功构建了 PET – 30a 整合酶表达质粒。纯化后蛋白的浓度较高。确定了最佳的蛋白复性液。并且初步检测了复性蛋白的物理稳定性。这为蛋白体外活性研究和 AIDS 药物研究打下了基础。

〔**关键词**〕 HIV – 1；整合酶；原核表达；复性

HIV – 1 整合酶（integrase，IN）是 HIV *pol* 基因编码的相对分子质量（M_r）为 32×10^3 大小的蛋白，催化前病毒基因整合入人染色体[1]。IN 的作用包括两部分：（1）在病毒基因组 3′端切除 2 个碱基，即 3′端加工作用[2-3]；（2）将宿主细胞的染色体双链切开交错 5 bp 的切口，连接病毒基因组 3′端和细胞染色体的 5′端，形成磷酸二酯键，即链转移作用[4]。现已证明在体外 IN 同样能够催化完成整合过程[3]。由于 IN 在病毒复制过程中起重要作用，并且在人的细胞中没有对应物[5]，因此，能够得到大量较纯的 HIV IN，对于体外活性研究和 AIDS 药物研究均具有重要意义。

本研究采用了大肠埃希菌原核表达系统、pET – 30a 载体来表达 HIV IN 蛋白，将包涵体形式的融合蛋白进行了镍柱纯化，并对纯化后蛋白进行了复性研究，确定了蛋白复性的最佳溶液条件，同时也对复性后蛋白的物理稳定性进行了初步检测。

材料和方法

一、细菌菌株和所用质粒 大肠埃希菌 DH5α 用于目的基因克隆，大肠埃希菌 BL21（DE3）用于目的蛋白表达，均为本室保存。质粒 pET – 30a 购自 Novagen 公司。含有 HIV – 1 HXB2 标准株的质粒为本室保存，含 IN 目的基因。

二、工具酶和试剂 限制性核酸内切酶 *Nde* I 和 *Xho* I、Taq 酶、T4 DNA 连接酶、PCR 产物回收纯化系统和核酸相对分子质量标准购自 TaKaRa 公司。Pfu 酶、dNTP 购自天为时代公司。蛋白 M_r 标准购自晶美公司。HIV – 1 阳性血清和 HIV 阴性血清均由本室保存。HRP 标记的羊抗人 IgG 购自中杉金桥公司。BCA 蛋白定量试剂盒购自 Pierce 公司。其他试剂均为分析纯。镍柱填料、柱子、HiTrap Desalting 5 ml 预装柱和反相柱填料购自 AMERSHAM 公司。

三、蛋白纯化所需主要溶液 菌体裂解液：Tris – Cl（pH8.5）50 mmol/L，EDTA 1 mmol/L，0.1% TritonX – 100。包涵体溶解液：盐酸胍 7 mol/L，NaH_2PO_4 100 mmol/L，Tris – Cl 10 mmol/L。临用前加 β – ME。镍柱纯化 A 液：Urea 8 mol/L，Tris – Cl 10 mmol/L，NaH_2PO_4 100 mmol/L（pH8.0）。镍柱纯化 B 液：成分同 A 液，pH6.3。镍柱纯化 C 液：成分同 A 液，pH5.5。HPLC 分析 A 液：dH_2O + 三氟乙酸 0.1%。HPLC 分析 B 液：乙腈 + 三氟乙酸 0.1%。反相柱 A 液：乙腈 10% + dH_2O 90% + 三氟乙酸 0.1%。反相柱 B 液：乙腈 90% + dH_2O 10% + 三氟乙酸 0.1%。

四、HIV IN 表达质粒的构建 据 HIV – 1 HXB2 基因读码框设计扩增引物，IN 上游引物：5′– GAA TCAGGA TCC ATA TGT TTT TAG ATG GAA TAG – 3′（含 *Nde* I 酶切位点）；IN 下游引物：5′– TTT CCA TCT CGAGAT CCT CAT CCT GTC TAC TT – 3′（含 *Xho* I 酶切位点）。PCR 扩增出 864 bp 的全长 IN 基因。PCR 产物切胶回收后以 *Nde* I 和 *Xho* I 双酶切，随后连接到经 *Nde* I 和 *Xho* I 双酶切的 pET – 30a 载体中。得到的 pET – 30a – IN 质粒转化到大肠埃

希菌 DH5α 中，PCR 筛选出阳性克隆，经测序验证后转化到大肠埃希菌 BL21（DE3）中，得到 pET – 30a – IN 表达克隆。

五、HIV IN 蛋白的表达和检测　挑取 pET – 30a 和 pET – 30a – IN（B121）单克隆分别于 5 ml LB 中 37℃过夜培养，次日以 1∶100 接种于 5 ml LB 中 37℃摇菌，当菌液 A_{600} 达到 0.8 左右时，加 IPTG 至终浓度为 0.5 mmol/L，37℃诱导表达 3.5 h 收菌，进行 12% SDS – PAGE 和 Western blot 分析。

六、HIV IN 蛋白的纯化　将菌体用菌体裂解液重悬后冰上超声，破菌沉淀在包涵体溶解液中搅拌溶解，上样于镍亲和柱。柱先经 A 液平衡，蛋白上样后，依次用 A 液和 B 液洗脱杂蛋白，最后 C 液洗脱目的蛋白。将每步收集到的样品进行 12% SDS – PAGE 分析。并将纯化后蛋白委托本所中心实验室进行质谱鉴定。

七、纯化后蛋白的浓度测定　用 BCA 蛋白定量试剂盒对目的蛋白进行定量，具体操作参见说明书。

八、HIV IN 蛋白的复性　复性起始蛋白为镍柱纯化后蛋白，浓度经 BCA 法测得为 0.9 mg/ml。复性液成分为 Foldlt 中 16 种复性液（表1）。复性条件：复性液 950 µl + 起始蛋白 100 µl、4℃作用 5 ~ 24 h。第 1 轮复性是通过 Foldlt 复性液筛选出对 IN 蛋白复性有促进作用的成分，将这些成分组成新的复性液；第 2 轮复性是通过实验来验证新复性液的复性效果；第 3 轮是在前两轮复性的基础上进行较大蛋白量的复性。

第 1 轮复性：蛋白分别在 Foldlt 的 16 种复性液中复性，离心收集上清，用 HiTrap Desalting 5 ml 预装柱脱盐后，超滤浓缩至复性样品体积为 100 µl 左右。复性样品进行 HPLC 分析，柱子先经 A 液 60% + B 液 40% 平衡，每个样品上柱 20 µl，观测蛋白的保留时间，同时做未复性的蛋白对照。分析时以 HPLC 结果中截留时间约 2.5 min 的峰为目标峰，以峰面积×浓缩后体积为结果值，进行计算，并据计算结果得出改进的复性配方。

$$复性液中各成分作用的大小 = \frac{含该成分的结果值 - 不含该成分的结果值}{8}$$

第 2 轮复性：蛋白在改进配方的复性液和原配方的复性液 13 中复性，离心收集上清，同样进行 HPLC 分析，以 HPLC 的结果分析蛋白复性效果。

第 3 轮复性：蛋白在原配方复性液 13（复性液成分：Tris – Cl 55 mmol/L，NaCl 264 mmol/L，KCl 11 mmol/L，盐酸胍 550 mmol/L，EDTA 1.1 mmol/L，以及附加成分中的 GSH、GSSG）进行复性。复性后样品经离心后，用 15 ml 反相柱（Source 30RPC）回收蛋白。柱平衡后上样，B 液 15% ~ 60% 梯度洗脱，收集蛋白峰。SDS – PAGE 分析后，取含目的蛋白的两个峰（P3 和 P4）进行 HPLC 分析。

九、复性后蛋白物理稳定性的检测　根据上一步实验结果，取 P4 样品在 40℃旋转离心加热抽干，蛋白干粉保存于 –20℃过夜。次日，用 Tris – Cl 20 mmol/L pH8.2 100 µl 重悬蛋白干粉。待充分溶解后做 SDS – PAGE 和 Western blot 分析。

结　果

一、HIV IN 基因的克隆和表达质粒的构建　HIV IN 基因全长 864 bp，用设计的 IN 基因上下游引物进行扩增后的电泳鉴定表明，扩增产物大小与理论值一致。将 PCR 产物连入 pET – 30a 载体后，挑选出 4 个克隆，用 IN 扩增引物进行 PCR 鉴定。结果均可见 864 bp 的阳性条带（图 1）。然后随机挑选出第 10 号样品进行测序鉴定，结果 IN 基因第 380 位的碱基为 A，而在 HIV-1 HXB2 标准序列中为 G，这就使得蛋白序列中第 127 位氨基酸由 Arg 变成了 Lys，发生了错义突变。对模板测序也发现同样突变。由于突变后的氨基酸和原氨基酸同属碱性氨基酸，其位置又不在已知 IN 蛋白的保守区域内，决定先行表达。

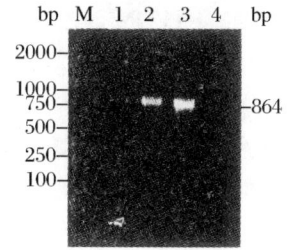

图 1 pET-30a 整合酶阳性克隆的 PCR 鉴定

M：DNA marker

DL2000；1-4：pET-30a-IN positive clones 6, 8, 10, 12

Fig. 1 Confirmation of pET-30a-IN positive clones by PCR

二、重组蛋白的表达鉴定和表达条件的摸索 蛋白表达的 SDS-PAGE 鉴定如图 2（略）所示。同空载体和没有 IPTG 诱导的表达相比，IPTG 诱导后 pET-30a-IN 在 $M_r 36 \times 10^3$ 和 47×10^3 之间可见一条明显表达的条带，按其表达量推测为目的蛋白，即 IN-6His 蛋白。Western blot 结果（图 3 略）进一步证实该蛋白条带即为目的蛋白。在对蛋白表达条件的摸索发现，蛋白主要以不溶的包涵体形式表达。对凝胶条带扫描发现，目的蛋白在细菌菌体中占 10%。

三、HIV IN 蛋白的纯化 镍柱纯化结果见图 4（略）。将 PAGE 结果上的目的蛋白条带切下，胰蛋白酶酶切过夜后进行质谱分析，结果表明在 $M_r 36 \times 10^3 \sim 47 \times 10^3$ 之间的目的蛋白即为 HIV-1 IN 蛋白（图 5）。由图可见，整合酶蛋白经镍柱后得到富集和纯化，BCA 法测得纯化后蛋白的总浓度为 0.9 mg/ml。

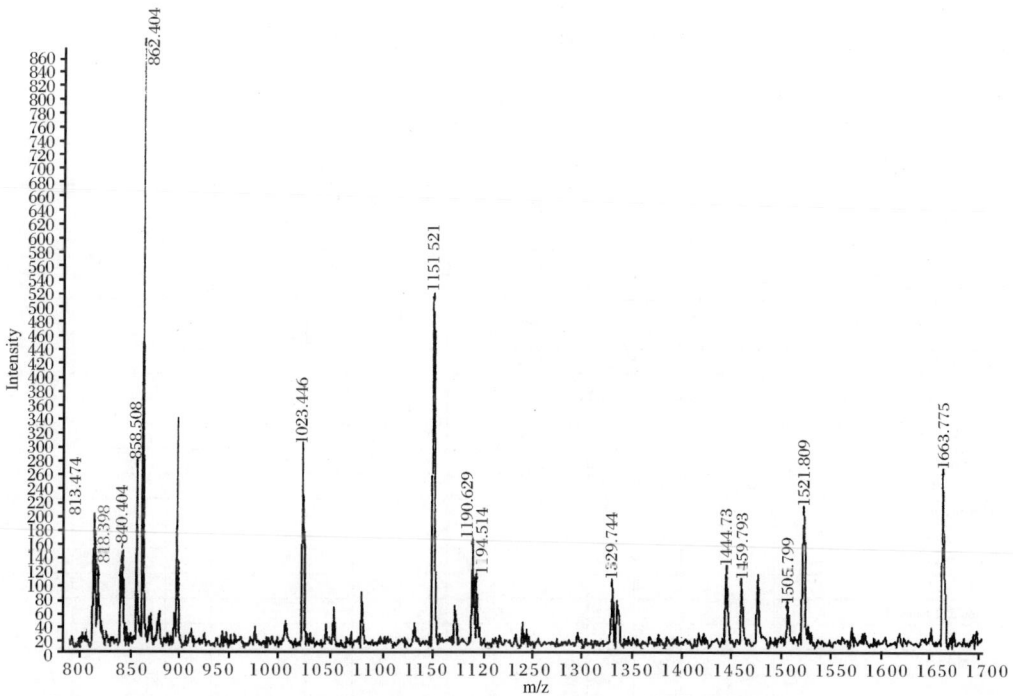

图 5 纯化蛋白的 Ettan MALDI-TOF 鉴定结果

Measured pepfides is 15 and matched peptides is 11, it is in accordance with gi25121908 in the NCBI database, HIV-1 integrase

Fig. 5 Ettan MALDI-TOF result of purified protein

四、HIV IN 蛋白的复性 蛋白流经 HPLC 柱时，不同蛋白在柱上的截留时间不同，相同蛋白的不同状态（复性程度的不同）在柱上的截留时间也不同；同时在上柱条件相同的情况下，同一个柱对某一特定蛋白的截留时间具有可重复性。因此，可以通过 HPLC 来比较不同复性条件下蛋白的复性效果，进而分析每种复性成分对蛋白的复性作用（图6）。通过比较各复性样品的不同的截留时间，同时和未复性的蛋白的截留时间进行对比，选择 HPLC 结果中截留时间约 2.5 min 的峰为目标峰，用峰面积和复性样品的终体积的乘积作为蛋白复性的结果值（表1），按照前面公式来计算，得到各成分对复性作用，将对复性具有正性作用的成分均入选组成新的复性液（Tris－Cl 55 mmol/L pH8.2，NaCl 264 mmol/L，KCl 11 mmol/L，EDTA 1.1 mmol/L，盐酸胍550 mmol/L，L－Arginine 550 mmol/L，附加成分的 GSG 和 GSSH）。

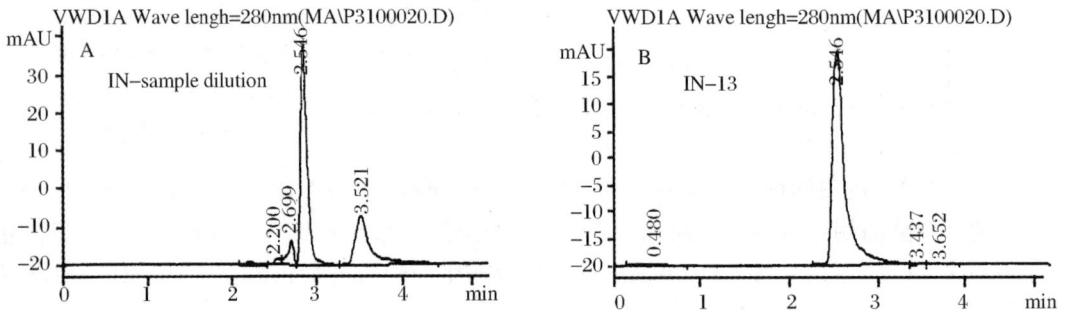

图6 HPLC 分析的部分结果

A：Negative control；B：the HPLC result of 13

Fig. 6 The results of HPLC

表1 第1轮复性结果

Tab. 1 The result of the first refolding

Refolding component	The number of refolding buffer																Refolding effect
	1	2	3	4	5	6	7	8	9	10	11	12	13	14	15	16	
Tris－Cl 55 mmol/L pH8.2	√			√		√	√			√	√		√			√	+
MFS 55 mmol/L pH6.5		√	√		√			√	√			√			√		
NaCl 264 mmol/L	√			√	√			√	√		√	√				√	+
KCl 11 mmol/L																	
NaCl 10.56 rmol/L			√			√	√			√	√		√	√			
KCl 10.44 mmol/L		√															
PE G3350 0.055%	√		√				√	√			√			√			
Gu－Cl 550 mmol/L		√	√			√	√			√	√	√			√		+
EDTA 1.1 mmol/L	√		√			√		√			√	√		√	√		+
MgCl₂ 22 mmol/L		√		√	√		√				√		√		√		
CaCl₂ 22 mmol/L									√								
Sucrose 440 mmol/LZ					√	√			√	√	√		√				
L－Arginine 550 mmol/L								√	√			√					+
Sucrose 440 mmol/L			√											√	√		
L－Arginine 550 mmol/L					√												
DTT	√			√		√				√		√		√			
Sodium lauroyl Sarcosine		√		√		√			√		√		√				
GSH，GSSG		√	√		√			√		√	√		√			√	+
The refolding result	69160	10550	106566	18174	10125	211094	4613	139050	2093	105342	6570	31095	146098	4620	163925	4095	

"√" refers to the refolding solution in the column includes the reagents in the row. "＋" refers to the reagent in the same column has positive effect in refolding process of integrase. The refolding reagents construct sixteen kinds of refolding solutions of Fold It. Calculated according to the formula in the context, the refolding result is showed in the last row, and the refolding effect is showed in the right column. We choose the reagents with "＋" to make up of new refolding solution

然后，镍柱纯化后蛋白分别在新的复性液和第 1 轮复性结果较好的复性液 13（根据 HPLC 复性蛋白的峰面积所占的比例选择）中再次进行复性，复性结果见图 7。由图可以明显看出，复性效果最好的是复性液 13 + 起始蛋白 200 μl 的复性结果。由以上实验可以得到：IN 蛋白的最佳复性液是复性液 13；复性液和蛋白的比例是复性液 950 μl + 起始蛋白 200 μl。

在最佳复性液中，进行放大蛋白样品量的复性，之后用反相柱对蛋白回收，共收到 5 个蛋白峰（P1 ~ P5）。将每步收到的蛋白进行 SDS - PAGE 和 Western blot 分析发现，仅 P4 可见目的条带。取 P3 和 P4 样品进行 HPLC 分析发现 P4 样品的结果以复性峰为主，和 SDS - PAGE 的检测相符。根据 HPLC 峰面积的比例估计的复性效率约 20%。

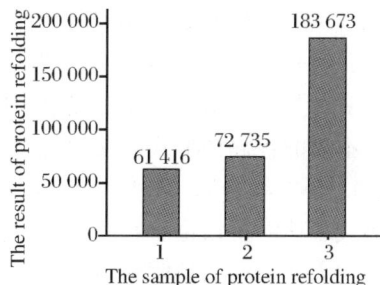

图 7　第 2 轮复性结果

1：Refolding solution 13 and protein 100μl；2：new refolding solution and protein 100μl；3：refolding solution 13 and protein 200μl

Fig. 7　The result of The second refolding

五、复性后蛋白物理稳定性的检测　为检测复性后蛋白的物理稳定性，将 P4 样品旋转离心加热抽干，次日再溶发现复性蛋白的溶解性较好，溶解后的溶液清亮透明。另外 SDS - PAGE 和 Western blot（图 8）分析再溶后的复性蛋白，可见仍有寡聚体蛋白存在。这与研究推测的结果相一致，即具有催化活性的 IN 蛋白是在单体、二聚体、四聚体以及多聚体之间的一个动力学平衡状态。从而初步证实了复性后蛋白具有较好的物理稳定性。

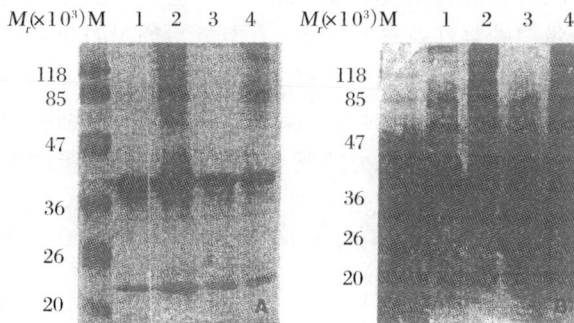

图 8　P4 蛋白抽干重悬后的 SDS - PAGE 和 Western blot 结果

A：Coomassie Blue - stained SDS - PAGE used for testing integrase protein refolding；B：Western blot result of the same samples was done. β - Mercaptoethanol is one of reducing agents, which makes the impairment of disulfide bond among the proteins or involving in the multimeric protein. M: protein marker；1：P4 protein after dried up and redissolved（include β - Mer captoethanol）；2：P4 protein after dried up and redissolved；3：P4 protein（include β - Mercaptoethanol）；4：P4 protein

Fig. 8　The SDS - PAGE and Western blot results of P4 protein after dried up and redissolved

讨　论

HIV - 1IN 是病毒整合前复合物中的重要成分，他催化逆转录后的前病毒 DNA 整合到宿主染色体。研究表明，无整的 IN 难以溶解，这给结构和生物物理学研究带来极大障碍；但也发现体外表达的 IN 蛋白具有较好的整合活性[3]。基于以上考虑，我们选择原核表达载体 pET - 30a 作为 IN 的表达载体。pET - 30a 载体带有 His 标签，因标签较小可使表达的蛋白尽量减少外源氨基酸，同时标签也便于下游纯化。通过 Nde I 和 Xho I 切点插入目的基因（C 端融合），插入后目的蛋白 N 端增加 1 个氨基酸（Met）、C 端和 His 标签之间增加 2 个氨基酸（Leu 和 Glu），表达的融合蛋白大小约 34.4×10^3。

实验中发现，IN 蛋白主要以包涵体形式表达。常规影响因素（表达温度和培养液等）改变对蛋白可溶表达没有促进作用。这也与之前研究发现的 IN 蛋白在原核表达体系中主要以不溶的包涵体形式存在相符[6]。包涵体一般含有 50% 以上的重组蛋白，其余为核糖体元件、RNA 聚合酶、脂体、脂多糖等，难溶于水，只溶于变性剂如尿素、盐酸胍[7]。包涵体形式表达的蛋白也有有利因素：蛋白表达量相对较高；对宿主细胞没有毒性；包涵体高度聚集，方便下游的裂解和纯化等。根据包涵体的特点，采用破菌后离心的方式可以去除大部分杂蛋白，再通过蛋白上的 His 标签和镍柱特异性亲和，一般可以较容易的得到目的蛋白。

由于包涵体中的重组蛋白缺乏生物学活性，因此重组蛋白的复性非常重要。蛋白复性是通过去除变性剂使目标蛋白从变性的完全伸展状态恢复到正常的折叠结构，同时去除还原剂使二硫键正常形成[8]。蛋白复性研究所要考虑的因素众多，包括起始蛋白性质和浓度、复性溶液和温度等。其中复性液成分是较为重要的因素。我们采用了 Foldlt 复性组合提供的 16 种基础复性液，考虑到蛋白复性的多种因素，通过复性结果值的筛选，得出针对 IN 蛋白而言有统计学意义的复性成分组成的复性液，再通过实验证实得到的复性液的复性效果，来确定 IN 蛋白复性的最佳条件。之后在此条件下进行较大量样品的复性，考虑到复性过程蛋白的稀释和损失，我们采用层析柱来浓缩和回收复性蛋白。

此外，体外实验证明[9]交联的四聚体状态的 IN 蛋白能够催化病毒的 2 个末端 LTR 序列均整合到靶 DNA（IN 在宿主染色体的作用位点类似物），而二聚体状态的 IN 只能催化病毒 1 个末端 LTR 序列整合到靶 DNA。体内实验[10]也发现在人的细胞中 IN 形成了稳定的四聚体蛋白。从而推测具有催化活性的 IN 蛋白是在单体、二聚体、四聚体以及多聚体之间的一个动力学平衡状态。我们根据 IN 蛋白的特点对复性效率进行了如下检测：（1）凝胶电泳：用非还原的聚丙烯酰胺电泳检测有二硫键的蛋白复性后二硫键的配对情况。（2）色谱方法：通过 HPLC 检测复性后蛋白色谱行为的改变来分析蛋白的复性效率。另外，在复性后通过对蛋白的抽干和再溶来初步检测复性蛋白的稳定性。结果证明复性蛋白具有较好的物理稳定性。

最后，由于 IN 在病毒感染中的重要地位和蛋白功能区的相对保守，并且在人的细胞中没有对应物[4]，使得其在抗艾滋的药物研究中成为很有吸引力的靶点。本研究对 IN 蛋白的表达和复性的工作为蛋白功能研究和 AIDS 治疗药物体外靶点的筛选打下基础。

〔原载《中华微生物学和免疫学杂志》2007，27（10）：928–933〕

参 考 文 献

1　Goif SP. Genetics of retrovial integration. Annu Rev Genet, 1992, 26: 527–544

2　Sherman PA, Fyfe JA. Human immunodeficiency virus integration protein expressed in *Escherichia coli* possesses selective DNA cleavage activity. Proc Natl Acad Sci USA, 1990, 87 (13): 5119–5123

3　Bushman FD, Craigie R. Activities of human immunodeficiency virus (HIV) integration protein *in vitro*: specific cleavage and integration of HIV DNA. Proc Nad Acad Sci USA, 1991, 88 (4): 1339–1343

4　Bushman FD, Fujiwara T, Craigie R. Retroviral DNA integration directed by HIV integration protein *in vitro*. Science, 1990, 249 (4976): 1555–1558

5　Engelman A, Englund G, Orenstein JM, et al. Multiple effects of mutations in human immunodeficiency virus type 1 integrase on viral replication. J Virol, 1995, 69 (5): 2729–2736

6　韩保光，孟莉，马贤凯，等. HIV – 1 整合酶蛋白（p31）的表达、纯化及其在血清学诊断

中的应用. 细胞与分子免疫学杂志, 1999,
15 (1): 17 - 20

7 宁云山, 李妍, 王小宁. 包涵体蛋白质的复
性研究进展. 生物技术通讯, 2001, 12 (3):
237 - 240

8 冯小黎. 重组包涵体蛋白质的折叠复性. 生物
化学与生物物理进展, 2001, 28 (4): 482 - 485

9 Faure A, Calmels C, Desjobert C, et al. HIV - 1
integrase crosslinked oligomers are active in vitro.
Nucleic Acids Res, 2005, 33 (3): 977 - 986

10 Cherepanov P, Maertens G, Proost P, et al.
HIV - 1 integrase forms stable tetramers and as-
sociates with LEDGF/p75 protein in human
cells. J Biol Chem. 2003, 278 (1): 372 - 381

Expression, Purification and Refolding Research of HIV - 1 Integrase

MA Jing, ZHANG Xiao - guang, ZHANG Xiao - mei, GUO Xiu - chan, ZENG Yi
(State Key Laboratory for Infectious Disease Prevention and Control,
Institute for Viral Disease Control and Prevention, China CDC)

Objective To expression, purification and refolding of HIV - 1 integrase (IN). **Methods** The full length
IN gene fragment of HIV - 1 was amplified by PCR from HXB2 and inserted into pET - 30a vector. The expression of
IN gene was induced by transforming pET - 30a - IN into *E. coil* (BL21). The IN protein was purifled by Ni affinity
chromatography. The best refolding buffer of purified IN protein was confirmed by using FoldIt Screen, which is a
protein folding screen and can evaluate 12 factors in 16 unique solutions *in vitro*. Applying the best buffer condition,
the purified IN protein was refolded and recovered by Reversed - Phase Chromatography. For testing the physical Sta-
bilization, the refolded protein was dried up, and then redissolved. **Results** IN was expressed as inclusion bodies
and observed about 10% of total cellular proteins. The final concentration of purified IN proteins by Ni affinity chro-
matography was 0. 9 mg/ml. The best refolding buffer was a compound including Tris - Cl55 mmol/L, NaCI 264
mmol/L, KCl 11 mmol/L, Gu - HCI 550 mmol/L, EDTA 1. 1 mmol/L and GSH, GSSG of additives. Moreover, the
redissolved refolded IN protein clear, and the oligomer of IN protein is well - identified by SDS - PAGE.
Conclusion We successfully construct the pET - 30a - IN vector and obtain high level IN protein expression. The
best refolding buffer is confirmed. The physical stabilization of refolded IN protein was tested. This study laid a foun-
dation for developing IN function research and for anti - HIV drug.
  〔**Key words**〕 HIV - 1; Integrase; Prokaryotic expression; Refolding

350. 中国部分城市 2004 年 1389 例男男性接触者艾滋病高危行为及相关因素调查

青岛大学医学院附属医院性健康中心　张北川　李秀芳　李　辉　廖留妹
中国疾病预防控制中心病毒病预防控制所　曾　毅　张晓梅
中华预防医学会旅行卫生专业委员会　许　华　重庆市渝中区计划生育指导站　周生建

〔摘　要〕　**目的**　了解中国大陆男男性接触者（MSM）的艾滋病病毒/艾滋病（HIV/AIDS）高危行为及有关影响因素。　**方法**　对 6 大城市 1389 例 MSM 采用定向抽样法进行匿名问卷调查和尿液 HIV-1 抗体检测。应用 SPSS 11.0 软件对数据资料进行整理分析。　**结果**　MSM 平均年龄为 27.62 岁。首次性交年龄平均 19.18 岁。寻找同性性伴的最主要途径是互联网（43.07%），同性爱者活动场所（35.29%）。近 6 个月平均同性性伴数为 5.69 人，平均陌生性伴为 4.37 人，平均肛交同性性伴为 4.33 人。曾参与群交者占 11.61%。尿液 HIV-1 抗体初筛检测 13 例阳性。有肛交史者近 6 个月内坚持使用安全套者占 32.46%，最近一次肛交用过安全套者占 76.37%。近 6 个月曾与女性性交从不用安全套者占 47.18%。　**结论**　MSM 普遍存在易感染 HIV 的多种高危行为，需加大对该人群的 AIDS 干预力度，并创造有助于 MSM 的 AIDS 控制的支持性环境。

〔关键词〕　艾滋病；艾滋病病毒；男男性接触者；男同性爱者；高危行为

男男性接触者（men who have sex with men，MSM）是艾滋病病毒/艾滋病（HIV/AIDS）和一般性传播感染（sexual transmitted infections，STIs）侵袭的主要高危行为人群之一。我国以男同性爱者（gaymen，gay）及男双性爱者（male bisexual，Bi）为核心的该人群，是一人口庞大的人群。估测至 2005 年，我国存活的已感染 HIV（含患者）的 MSM 约 4.7 万人，占评估总数的 7.3%[1]。现将 2004 年对我国主要生活在 6 大城市 1389 例 MSM 与 HIV/AIDS 相关行为学等横断面调查结果报告如下。

对象和方法

一、调查对象　由开展 MSM 人群 AIDS 干预项目的"朋友"项目组支持和合作的重庆、沈阳、大连、青岛、南京、西安 6 城市 2002-2003 年间成立的专事 MSM 健康干预的民间志愿者工作组所接触和动员参与调查的 MSM。

二、调查方法　调查主要在 gay 酒吧和志愿者工作组办公室进行。采用定向抽样（"滚雪球"）法开展横断面调查。调查由经培训的调查员采用匿名调查问卷形式进行，调查前被调查者填写知情同意书并采集尿液标本。标本由中国疾病预防控制中心病毒病预防控制所肿瘤艾滋病毒研究室负责。检测采用国家批准使用的 Calypt™ 公司的尿液 HIV-1 抗体酶联免疫试剂盒进行。实验操作按照试剂盒说明书进行。将尿液标本或对照与标本缓冲液一起加入微孔板中温育，如果标本中存在 HIV－1 抗体，将与孔中抗原结合。加入碱性磷酸酶标记的羊抗人免疫球蛋白抗体后观察显色反应。应用酶标仪在 405 nm 处测吸光度值。每块板设 2 个阳性对照和 3 个阴性对照。计算 Cut off 值。Cut off 值＝阴性平均值＋0.18。初次呈阳性样品均经同方法重复检查后结果与前一致。

三、统计学分析　凡人口学和性行为资料基本完备且前后无矛盾（测谎通过）的，即被判为有效问卷。应用 SPSS 11.0 软件整理分析。百分率为对具体问题应答者所占比例。

结　　果

一、人口学特征　共发放调查问卷 1421 份，回收有效问卷和检测样本 1389 份。样本年龄 27.62 岁 ±7.41 岁（15～72 岁），M＝25 岁，≤35 岁者占 84.92%，36～45 岁者占 12.53%，>45 岁者占 2.55%。汉族占 93.87%。初中及以下学历者占 14.67%，高中及中专者占 29.60%，大学及以上者占 55.73%。职业分布：城市非体力劳动者占 79.18%，体力劳动者占 15.54%；农村非体力劳动者占 3.96%，体力劳动者占 1.32%。长期居住地分布：大城市占 72.71%，中等城市占 22.89%，小城市及乡镇占 4.40%。户籍所在地与目前居住地相同者占 63.13%。

二、性取向和初次性交　自认为 gay 者占 51.54%，Bi 者占 32.53%，异性恋者占 6.43%，自幼希望变性者占 0.51%，说不清者占 7.38%，其他占 1.10%。性引力：完全来自男性者占 40.26%，多数是男性、少数是女性者占 35.52%，男女两性差不多者占 9.04%，多数是女性、少数是男性者占 7.15%，完全是女性者占 2.70%，说不清者占 5.32%。偏爱男性者 17.45 岁 ±4.75 岁感受到同性性引力，平均 20.06 岁 ±4.25 岁认定自己的性取向。首次性交年龄平均为 19.18 岁 ±3,81 岁；首个性伴是男性者占 67.57%，是女性者占 32.43%；对方≥18 岁者占 77.38%，<18 岁者占 22.62%。

三、与男性间的性　寻找性伴的最主要途径为通过互联网者占 43.07%，通过 gay 活动场所（如 gay 酒吧、浴池、公厕等）者占 35.29%，同学、同事等占 14.95%，通过普遍大众活动场所者占 3.69%，通过其他途径者占 3.01%。近 6 个月曾在 gay 活动场所寻找性伴（即陌生性伴）并发生性交者占 36.08%。　（估计性伴主要是）性伴很少或极少者占 43.09%，性伴数很多或较多者占 6.91%，以上两种人均有者占 24.32%，常不了解情况者占 25.68%。在男男性行为中的性别角色：只充当"男性"角色（即只有插入对方的行为）者占 23.02%，只充当"女性"角色（即只有被对方插入的行为）者占 13.21%，不能归于某一种角色者占 63.77%。

MSM 1270 人中近 6 个月平均性伴为 5.69 人 ±11.06 人（M＝3）；性伴 1 人者占 27.17%，2～5 人者占 47.56%，>5 人者占 25.27%。最近一次性交时对方是熟人占 58.09%，陌生人占 35.41%，自己或对方付费的人占 6.50%。近 6 个月 71.85%（n＝998）曾与陌生人性交，其陌生性伴平均为 4.37 人 ±10.28 人（M＝2）。寻找陌生性伴的最主要原因：有新鲜感者占 34.89%，说不清楚者占 18.92%，找不到可以爱的人者占 11.46%，可以不暴露身份者占 11.41%，没有合适交往途径者占 10.07%。近 6 个月 21.87% 的人曾在去外地时发生过男男性交。

曾口交者占 92.66%（n＝1287）。只偏好插入对方口腔行为者占 32.93%，只偏好口腔被插入行为者占 8.52%，以上两种行为均偏好者占 37.34%，厌恶各式口交行为者占

21.22%。近6个月83.51%（$n=1160$）曾口交，平均口交性伴为4.49人±8.89人（$M=2$）；性伴1人者占32.24%，2~5人者47.59% >5人者占20.17%；曾肛交者占89.34%（$n=1241$）。只偏好插入对方肛门行为者占37.27%，只偏好肛门被插入行为者占16.72%，以上两种行为均偏好者占25.86%，厌恶各式肛交行为者占20.16%。近6个月80.85%（$n=1123$）曾肛交，平均肛交性伴为4.33人±8.72人（$M=2$）；性伴1人者占34.55%，2~5人者占45.50%，>5人者占19.95%。最近一次肛交平均发生在3.84周±8.94周前（$M=1$）；近6个月曾被动肛交者（$n=1129$）平均被2.62人±6.59人插入肛门（$M=2$）。

有固定同性伴侣（指互有感情和性关系稳定的男性）者53.92%（$n=749$）。与固定性伴的相识途径包括通过互联网者占40.45%，通过gay活动场所者占23.77%，通过其他gay介绍者占20.69%，同学、同事等占9.21%等。固定性伴数平均1.22人±0.77人（$M=1$）；固定性伴是已婚者的占29.12%。与固定伴侣保持性关系平均时间为19.91个月±27.23个月（$M=10$）。与固定伴侣间关系：彼此专一者占40.63%，自己专一但不清楚对方情况者占16.20%，对方专一自己不专一者占13.20%，双方都不专一者占12.20%，自己不专一、不清楚对方专一程度者占11.20%，自己专一、对方不专一者占6.80%。

四、与女性间的性　未婚者占76.64%，离异及丧偶者占5.44%，已婚及再婚者占17.92%。未婚者中确定未来独身者占29.60%，将结婚者占30.84%，不确定者占39.56%。曾与女性性交者占51.55%（$n=716$），首次与女性性交年龄平均为20.86岁±4.31岁（$M=20$）。近6个月与女性性交者占42.40%（$n=589$），平均（女）性伴为1.37人±2.59人（$M=1$）。目前有固定女性伴（含妻子）者368人。已婚者中近6个月与妻子经常性交者占26.70%，偶尔性交者占58.25%，分居者占15.05%。

五、特殊高危行为　近6个月有过口舌刺激他人肛门行为者占22.67%，曾接受过他人实施的口-肛行为者占43.06%。同性性交时自己出血者占20.47%，对方出过血者占13.06%。曾参与群交（至少3人）者占11.61%，喜欢这一行为者占7.37%。曾接受导致出血的施虐行为者占3.13%，喜欢这一行为者占1.85%；向对方施虐并致出血者占4.04%，喜欢这一行为者占3.53%。曾接受对方把拳头或手掌插入自己肛门者占4.26%，喜欢这一行为者占3.23%；曾把拳头或手掌插入对方肛门者占5.03%，喜欢这一行为者占5.0%。近6个月曾"买性"者9.15%（$n=117$），平均向3.36个±4.80个男人"买性"（$M=2$）。曾"卖性"者（含直接用性换取礼品等）162人，平均向13.92个±18.75个男人"卖性"（$M=8$）。"卖性"者中51.28%无其他职业。

有过自杀行为者143人，平均自杀年龄为20.53岁±4.85岁（$M=20$）。有过不止一次自杀行为者71人，平均自杀2.42次±1.43次。近6个月曾吸毒者占2.76%，扎毒（静脉注射）者占0.24%，与人共用注射器者占0.08%。

六、HIV/AIDS与STIs　自认为感染HIV的可能性无或非常小者占53.78%，有一定可能者占26.00%，非常大者占2.44%，未想过者占17.78%。考虑过自己应当去AIDS检测者占68.55%。如进行AIDS咨询检测时会告知医生男男性交史者占38.97%，拒绝告知者占31.56%，视情况而定者占29.47%。如自己感染HIV将采取的对策：改变性生活方式为安全性行为者占86.03%，保持以往性生活方式者占9.59%，有意传播HIV者占4.38%；尽力治疗者占63.47%，听天由命者占16.99%，自杀者占15.42%，其他占4.12%。未进行HIV检测的原因：感觉自己很健康者占43.77%，性伴数很少者占24.68%，被确诊HIV更可怕者占23.07%，不知道卫生部门是否会认真保密或提供帮助者占20.86%，只有一个固定的性伴者占18.72%，坚持用安全套者占16.81%，性交都选择"健康"性伴者占14.74%，所在地HIV感染者"很少"者占9.55%，未进行肛交者占7.94%。已采用的"预防"措施：开始或增加安全套使用者占43.03%，减少性伴数量者占37.13%，性交前注意对方"健康"者占27.63%，固定性伴者占42.94%，性交前检查对方阴茎"有无性病"者占33.53%，减少与陌生人性交者占17.79%，事先了解对方情况（如性伴数目和自我保护情况）者占12.40%，减少或停止肛交者占48.50%，射精前从对方体内抽出阴茎者占25.92%。

曾进行HIV检测者为18.07%（$n=251$），平均检测1.62次±1.32次（$M=1$）。最近一次检测时间；一年内者占59.92%，一年前者占40.08%。检测的最重要原因是：希望了解自己的健康状况者占58.78%，未认真用安全套者占16.33%，曾肛交者占12.24%，性伴多者占7.35%，性伴中可能有人已感染者占2.45%。参加调查前3人已确诊HIV感染，另有1人确诊为AIDS；其中2人固定了单个性伴，2人仍多性伴。尿检13例阳性，初筛阳性率为0.94%。对尿检阳性者逐一进行了通知，9人（含已确证者）拒绝进行确证实验。4人曾在省级疾病预防控制中心血检，2人确诊阳性。值得注意的是其中1例确证阳性者在抽取待检测血液后，即推测自己极可能被确诊阳性。该阳性者拒绝了检测后的通知和咨询并出现持续的故意传播行为（频繁在gay浴池与多人进行无保护性交）。

16.77%（$n=233$）曾经医生确诊为STIs，其中确诊的时间在1年内占55.79%，为总样本的9.36%（$n=130$）；1年前占44.21%。患病平均次数为1.55±0.98（$M=1$）。确诊病种（部分人患不止一种STIs）：淋病占47.64%，淋菌性肛门直肠炎占2.15%，淋菌性咽炎占0.42%，非淋菌性尿道炎占26.18%，尖锐湿疣占24.46%，梅毒占6.44%，生殖器疱疹占9.87%，真菌性龟头炎占3.43%，软下疳占1.29%，阴虱占38.63%。最近一次患STIs者，68.67%发生在与陌生同性性交之后。就医时告知医生有同性性交史者占23.46%。

七、安全套使用　男男性交时使用者占82.49%。有口交史并近6个月每次使用者占10.13%，多数用者占8.52%，有时用者占18.73%，从不用者占62.62%；最近一次口交用者用过54.31%。有肛交史并近6个月每次使用者占32.46%，多数用者占22.71%，有时用者占22.88%，从不用者占21.95%；最近一次肛交用过者占76.37%。近6个月曾"买性"并在"买性"时每次用者占47.83%，多数用者占7.83%，有时用者占13.91%，从不用者占30.43%；"卖性"者每次用者占43.84%，多数用者占25.34%，有时用者占20.55%，从不用者占10.27%。近6个月发生安全套破裂或滑入对方肛门/口腔者占9.87%，近一次插入性交中遇到过此种情况者占7.25%。肛交时曾不用安全套的最主要原因：肉体更愉快者占21.28%，和性伴是"固定专一"关系者占17.57%，没想到使用者占15.00%，认为安全套不利于双方的亲密关系者占7.71%，使用安全套表示不信任对方者占4.28%，不喜欢使用者占11.14%，不用安全套心里感觉好者占7.57%，使用安全套会让一方被怀疑有STIs者占3.28%等。如果对方坚持要用自己会使用者占89.81%。

近6个月曾与女性性交者男女性交时用安全套情况：每次用者占23.71%，多数用者占7.51%，有时用者占21.60%，从不用者占47.18%。

八、其他　近一年内曾因性取向受到勒索或诈骗者占10.15%（$n=133$）；加害者认识自己的途径：通过gay活动场所者占48.36%，通过互联网者占31.97%，通过朋友介绍者占 12.30%，其他占 7.37%。假设有条件愿意移居到对 gay 宽容的国家者占 63.18%。假设国家同意成立公开的 gay 社团将参加者占 52.52%，不参加者占 23.22%，说不清者占 24.26%。假设国家立法承认同性婚姻且自己有同性性伴将与对方结婚者占 56.41%。

讨　论

对 1389 例 MSM 与 HIV/AIDS 相关的行为学特点和影响行为的心理 – 社会学因素进行全景式描述。本组样本的人口学及性取向特征包括：基本处于"性活跃"年龄，大部分接受过较好或良好教育，大多数是非体力劳动者，几乎均生活在分别位于东北、西北、华北、华东和西南的大中城市；自我认定为异性爱者比例很小，虽然约 1/3 的人初次性交发生在男女之间，但几乎都能感受到同性性引力且普遍在青春期就产生了这种感受，其首次性交平均年龄低于我国一般男性男女性交的 22.30 岁[2]

本项调查的一个重要发现是，互联网正成为 gay/Bi 的主要交往途径之一。张北川等[3-5]先后在 1998 年、1999 年、2000 年和 2001 年完成过 4 次对 MSM 的调查，当时互联网并非是 MSM 的主要交往途径之一。刘惠等[6]2000 年对北京地区的调查，也提示互联网并非 MSM 的交往主要途径。王全意等[7]2001 年和杨振发等[8]2002 年的调查已确认我国通过互联网建立联系而后见面发生性交行为的 MSM 中普遍存在高危行为。本项调查提示了加大通过互联网进行对 MSM 的 AIDS 干预的必要性和重大价值。同时值得注意的是多数 MSM 与多性伴 MSM 间的性交往，这一交往预示了遏制该人群 HIV/STI 流行的困难性。

与以往国内的调查相同，MSM 仍普遍为多性伴生活方式。曲书泉等[9]2001 年在我国东北某地 gay 吧的调查发现，MSM 近 6 个月平均性伴数约 10 人（M = 5）。本组样本性伴数较之明显减少。发达国家 HIV/AIDS 在 MSM 中流行的后果之一是促进了 MSM 性结合关系趋于稳定[10]。本组样本性伴数的减少提示了这一倾向在我国 MSM 社区的初步显现。然而，样本中多数人仍有陌生性伴的状况提示，我国 MSM 中 HIV/STIs 流行的近期前景不容乐观。

本项调查给出了 MSM 同性间口交、肛交数据，虽然一般仅认为肛交是高危行为，但已注意到口交、口 – 肛行为与 HIV/STIs、乙型肝炎及甲型肝炎传播的关系[11,12]。本组样本与女性间的性关系则表明了我国该人群与发达国家的不同。1996 年美国一项调查发现，仅有 3% 与女性结婚[13]。我国的调查提示 MSM 中 HIV 流行将对女性产生直接影响。此外，本组样本的特殊高危行为同样提示了该人群 HIV 流行现状不容乐观。

本组样本对 HIV/AIDS/STIs 认识和感染状况均提示，我国的健康干预远不足以应对实际需求。本组样本的 HIV 初筛感染率约 1%，明显低于 Choi 等[14]2002 年初调查发现的感染率为 3.1%，也低于 2003 年全国流行病学调查的估测数据高于 1%[15]。其原因可能与很多自认为高危行为且感染可能性较大的 MSM，因恐惧被确认感染而拒绝参与调查有关。但人群的行为学特点和 STIs 的高患病率，提示 MSM 中 HIV 感染率将在一个阶段内持续走高。已经注意到 AIDS 时代 gay 和医生普遍忽视了一般 STIs 防治，STIs 是 HIV 传播的主要促进因素之一[16]。本项调查发现的 MSM 近一年 STIs 发病率与国内以往的数次调查数据相似，提示对医生加强有关 AIDS/STIs 教育的重要性。本项调查发现，MSM 的 HIV 检测率高于国内以往调查，安全套使用率也较国内以往报告明显提高，特别是男性性工作者安全套使用率显著为高，这无疑反映出近年来 MSM 对 AIDS 干预的积极反应。

国际间普遍认为，包括 gay 在内的某些人群之所以出现 AIDS 流行，主要原因之一是这些人群人权状况的落后[17]。我国学界也已注意到MSM，特别是gay的人权状况[18,19]。本项调查发现的MSM的高自杀率、群体内犯罪行为高发率、多数人对同性婚姻和宽松社会环境的渴望等，提示了创造一种有助于AIDS控制的支持性环境的必要性。我国学界对有关人权问题的认识已在面向决策者群体的专著公开发表，MSM社区有影响力人士主编和参编的针对MSM的AIDS干预工具书也已由权威出版社出版[20,22]。但同性爱者自助组织的合法化还有待改善。可以预测，随着公共政策的重大转变，MSM中的HIV/AIDS/STIs流行有望被较好地控制。

[谨此向为本项研究做出重要贡献的重庆彩虹（工作组）、沈阳爱之援助、大连彩虹、青岛阳光、江苏同天、陕西同康致以真诚谢意]

〔原载《中华流行病学杂志》2007，28（1）：32－36〕

参 考 文 献

1　中华人民共和国卫生部－联合国艾滋病规划署.2005年中国艾滋病疫情与防治工作进展.北京：中国疾病预防控制中心性病艾滋病预防控制中心，2006：4－6

2　潘绥铭，白维廉，王爱丽，等.当代中国人的性行为与性关系.北京：社会科学文献出版社，2004：94

3　Zhang BC, Liu DC, Li XF, el al. AIDS - related high - risk behaviors and affecting factors of men who have sex with men（MSM）in mainland China, Chin J Sex Transm Inf, 2001, 1（1）：7－16

4　张北川，李秀芳，胡铁中，等.中国大陆男男性接触者艾滋病性病高危险行为情况调查.中华流行病学杂志，2001.22：337.340

5　张北川，李秀芳，史同新，等.2001年1109例男男性接触者性病艾滋病高危行为监测与调查.中华皮肤科杂志，2002，35：214－216

6　刘惠，刘英，肖亚.对北京部分男男性接触者HIV/AIDS的KABP调查.中国性病艾滋病防治，2001，7（5）；289－291

7　Wang QY, Ross WM. Differences between Chat - room and EmailSampling Approaches in Chinese Men who have Sex with Men. AIDS Prevent Edu, 2002, 14（5）：361－366

8　杨振发，房恩宁，蔡文德，等，男男性接触者梅毒和HIV感染及性行为调查.中国公共卫生，2003，19（11）：1292－1293

9　曲书泉，张大鹏，吴玉华，等.东北某地男同性恋者性行为及HIV感染流行病学研究.中国性病艾滋病防治，2002，8（3）：145－147

10　曼纽尔C.夏铸九，黄丽玲，等译.认同的力量.北京：社会科学文献出版社，2003：254－255

11　Kadushin G. Barriers to social support and support received from their families of origin among gay men with HIV/AIDS. Health Soc Work, 1999, 24（3）：198－209

12　Kadushin G. Family secrets：disclosure of HIV status among gay men with HIV/AIDS to the family of origin. Soc Work Health Care, 2000, 30（3）：1－17

13　Carballo - Dieguez A, Dolezal C. HIV risk behaviors and obstacles to condom use among Puerto Rican men in New York city who have sex with men. Am J Public Health, 1996, 86：1619－1622

14　Choi KH, Liu H, Guo YQ, et al. Emerging HIV - 1 epidemic in China in men who have sex with men. Lancet, 2003, 361：2125－2126

15　国务院防治艾滋病工作委员会办公室和联合国艾滋病中国专题组.中国艾滋病防治联合评估报告（2004）.北京：国务院防治艾滋病工作委员会，2004：10

16　Goldstone SE, The ins and outs of gay sex：a medical handbook for men, 1st ed. New York：Dell Publishing, 1999：51－52, 62

17　联合国艾滋病问题特别会议.关于艾滋病病毒/艾滋病问题的承诺宣言"全球危机全球行动".中国性病艾滋病防治，2001，7（4）：196－201

18　Zhang BC, Chu QS. MSM and HIV/AIDS in China. Cell Research, 2005, 15; 858 – 864

19　Zhang BC, Joan K. The rights of people with same sex sexual behaviour: recent progress and continuing challenges in China//Geetanjali M, Radhika C. Sexuality, gender and rights 1st ed. New Delhi: Sage Publications India Pvt Ltd, 2005; 113 – 130

20　张北川, Joan K, 同性恋与艾滋病防治//靳薇. 艾滋病防治政策干部读本（修订本）. 北京: 中共中央党校出版社, 2005: 307 – 314

21　张北川. 男男性接触者与公共卫生//曾光. 中国公共卫生与健康新思维（资政文库之一）. 第一版. 北京: 人民出版社, 2006: 693 – 727

22　童戈主, 艾滋病防治工具书: MSM 人群干预. 北京: 人民卫生出版社, 2005

Study on 1389 Men Who Have Sex with Men Regarding Their HIV High – Risk Behaviors and Associated Factors in Mainland China in 2004

ZHANG Bei – chuan, ZENG Yi, XU Hua, LI Xiu – fang,

ZHOU Sheng – jian, LI Hui, LIAO Liu – mei, ZHANG Xiao – mei

(The Sex Health Center of the Affiliated Hospital of Medical College, Qingdao University)

Objective　To study the HIV related high – risk behaviors and associated factors on thespread of HIV among men having sex with men (MSM) who lived in mainland China and to provide evidence for developing related policies and intervention measures.　**Methods**　Questionnaires were distributed at gay bars and volunteer activity venues in six big cities of China. Data on 1389 valid cases was collected and urine HIV screening test was provided. Data was analyzed with SPSS 11. 0.　**Results**　The respondents were 27. 62 year olds on average with an average age for first intercourse at 19. 18. The most commonly available way of finding a sex partner was through internet (43. 07%), followed by gay bar and public bathrooms (35. 29 96%). 6 months prior to the study, the average number of their male sex partners was 5. 69 including 4. 37 unfamiliar sex partners and the average number of anal – intercourse was 4. 33 with 11. 61 per cent of them had experienced group sex. 13 cases of them showed positive results for preliminary urine HIV screening test. In the prior 6 months, 32. 46 per cent of those who had experienced intercourseusing condom every time white 76. 37 per cent of them during the last sex episode. In the previous 6months, 47. 18 per cent of those who had experienced intercourse with women never used condoms.　**Conclusion**　HIV high – risk behaviors are ubiquitous among MSM and AIDS intervention measures should be significantly strengthened in reaching MSM via a wide variety of conduits, especially internet. Meanwhile, a gay – friendly environment for prevention and control of AIDS is vital.

〔**Key Words**〕AIDS; HIV; Men who have sex with men; Homosexual; High – risk behavior

351. 中药提取物人衔草对乙型肝炎病毒的抑制作用

北京工业大学生命科学与生物工程学院病毒药理室　欧阳雁玲　李泽琳　曾　毅

〔摘　要〕　**目的**　观察复方制剂祛毒增宁胶囊（ZL－1）药物有效组分人衔草（JH）与 HBsAg 蛋白的结合情况，及其体内外抗乙型肝炎病毒的作用。　**方法**　HepG2.2.15 与不同浓度 JH 共培养，采用 ELISA 法 HBsAg 和 HBeAg 的分泌情况。建立鸭乙型肝炎病毒感染模型，以不同剂量 JH 进行治疗，观察鸭血清乙型肝炎病毒 DNA（DHBV－DNA）的变化。　**结果**　JH 作用于 HepG2.2.15 细胞 8 d 后，对细胞的半数毒性浓度（TC_{50}）为 1126.01 mg/L，对 HBsAg 和 HBeAg 分泌量的半数抑制浓度（IC_{50}）分别为 17.52 mg/L 和 754.26mg/L，对 HBsAg 和 HBeAg 的治疗指数（TC_{50}/IC_{50}）分别为 64.27 和 1.49 JH 0.8g/kg 能降低感染鸭血清 DHBV－DNA 水平，给药后 5、10 d 和停药后 3 d DHBV－DNA 吸光度（A）值分别为 0.660±0.07，0.632±0.03，0.663±0.05，与盐水组 0.872±0.08 比较，有显著性差异（$P < 0.05$）。　**结论**　JH 有抑制乙肝病毒的作用。

〔关键词〕　乙型肝炎病毒；HepG2.2.15 细胞；人衔草；拉米夫定

引　言

全球大约有 3.5 亿人感染乙型肝炎病毒[1]，慢性携带者有可能发展为原发性肝癌[2]，尽管有有效的乙肝疫苗可以预防，在许多国家乙肝病毒感染仍然是一个影响健康的主要因素，尤其是在中国。临床上较为常用的药物有干扰素和核苷类似物如拉米夫定[3]、阿得福韦[4-5]、恩替卡韦[6]，由于有效率不高和耐药性及价格昂贵使其临床应用受限。因此对中药及其提取组分、有效成分的抗 HBV 作用研究受到关注。20 世纪 80 年代用 HBsAg 作为乙型肝炎病毒模型对我国的中草药进行筛选，随着新的乙肝模型的出现，如 HepG2.2.15 细胞、鸭乙型肝炎病毒感染雏鸭模型等，人们对中药的筛选更加深入[7-8]。

临床观察复方药物祛毒增宁胶囊（ZL－1）对艾滋患者治疗 6 mo，患者 CD_4 明显上升，病毒载量减少[9]，另有文章报道 ZL－1 也可降低鸭血清乙型肝炎病毒 DNA（DHBV－DNA）水平[10]，具有抗乙型肝炎病毒的作用。为进一步分析 ZL－1 复方药物中抗 HBV 的有效组分，我们以 HBsAg 蛋白为靶点，利用 BIAcore 技术对 ZL－1 中的 4 种主要组分进行筛选；进而采用 HepG2.2.15 细胞为模型，观察人衔草（Jh）体外抗 HBV 活性。以鸭乙型肝炎病毒感染雏鸭模型，观察对鸭血清 DHBV DNA 水平的影响，进一步肯定有效组分的抗 HBV 作用及其特点，

材料和方法

1. 材料　1 日龄北京鸭（♂♀不分），体质量 40～50 g，购自北京前进种鸭动物饲养

场，JH 是一种中药提取的有效部位，为棕色粉末，易溶于水，生理盐水配制，阳性药物拉米夫定为葛兰素威康制药公司产品，用生理盐水配制，HepG2.2.15 细胞（自人肝癌 HepG2 细胞转染而来，分泌 HBsAg 和 HBeAg 及 HBV 颗粒），细胞购于 302 医院病毒研究所，乙型肝炎病毒 DNA（DHBV－DNA）强阳性血清，采自上海麻鸭，－70℃保存，Dulbeccos's Modified Eagle Medium（DMEM）培养基为美国 Gibco 公司，胎牛血清（FBS）为美国 HYclone 公司，胰蛋白酶为 Amersco 公司，四甲基偶氮唑蓝（MTT）、G418 为 Sigma 公司，二甲基亚砜（DMSO）为夏思生物，a－32P－dCTP 购自北京福瑞生物技术工程公司，缺口翻译药盒购自普洛麦格公司，SephadexG－50，Ficoll PVP 购自瑞典 Pharmacia 公司，SDS 西德 Merck 公司产品，鱼精 DNA、牛血清白蛋白为中国科学院生物物理所产品，硝酸纤维素膜 0.45nm 为 Amersham 公司产品。

二、方法

1. 生物分子相互作用分析仪（BIAcore）：筛选 BIAcore 是以表面等离子共振系统为基础，进行实时分子相互作用分析的仪器，BIAcore 3000（Uppsala，瑞典）其中 CM5 芯片可用于选择中药复方中有效的组分，HBsAg 蛋白用 10 nm 醋酸钠（NaAc）（pH5.0）缓冲液配制，终浓度为 30 mg/L，固定蛋白时的流速为 10 $\mu l/min$。将它耦联到 CM5 感应片金薄膜表面上，先用 NHS/EDC 活化感应片的葡聚糖表面，再耦联 HBsAg 蛋白，获得响应值约为 5376.9 共振单位（RU），4 种中药提取物溶于 PBS，取 100 μl 以 10 $\mu l/min$ 速度进样，分别得到它们的响应值。

2. 细胞培养及 MTT 法测定药物细胞约毒性：HepG02.2.15 细胞用 DMEM 培养液，培养液中加 100 ml/L 胎牛血清，100 mg/L 青霉素，100 mg/L 链霉素，G418 200 mg/L，10 g/L 谷氨酰胺，37℃50 ml/L CO_2 培养箱中培养，用 2.5 g/L 胰蛋白酶，37℃消化细胞 3 min，稀释 HepG2.2.15 细胞至 3×10^8 个/L，96 孔板每孔 100 μl，37℃ 50 ml/L CO_2 培养箱中培养，用 MTT 法测定药物的细胞毒性，96 孔板每孔 3×10^8 个/L HepG2.2.15 细胞 100 μl，37℃ 50 ml/L CO_2 培养箱中培养，1 d 后，换用含药培养液，每个浓度 5 孔，JH 用 DMEM 培养液稀释成 1000，500，100，20，4 mg/L，37℃ 50 ml/L CO_2 培养箱中继续培养 8 d，向每孔细胞中加入 5 mg/LMTF 10 μl，每孔存有上清 100 μL，37℃ 50 ml/l CO_2 培养箱中培养 4 h 后，可见黄黑色甲䞭颗粒，每孔加入 150 μl 酸化异丙醇，吹打并在室温下放置，甲䞭颗粒完全溶解后，酶标仪 570/630 nm 波长测定 A 值（加入酸化异丙醇 1 h 内测定）空白对照及细胞对照各 5 孔，细胞抑制百分率＝［（细胞对照 A 值－药物作用组 A 值）／（细胞对照 A 值－空白对照 A 值）］×100%，用 Bliss 方法计算半数毒性浓度 TC_{50}。

3. 药物对 HBsAg 和 HBeAg 分泌的抑制：96 孔板每孔 3×10^8 个/L HepG2.2.15 细胞 100 μl，37℃50 ml/L CO_2 培养箱中培养，1 d 后，换用含药培养液，每个浓度 4 孔，JH 用 DMEM 培养液稀释成 200，100，20.4 mg/L，37℃ 50 ml/L CO_2 培养箱中培养，每 3 d 换

表1　JH 对 Hep G 2.2.15 细胞的毒性作用

浓度（mg/L）	A	抑制率（%）	TC50
1000	0.286	60	
500	0.554	22.5	
100	0.593	17.1	1126.01
20	0.687	3.92	
4	0.701	1.96	
对照组	0.715		

同浓度药液培养，第9天收集培养上清，－20℃冰冻保存，ELISA 检测试剂盒测定 HBsAg 和 HBeAg，酶标仪 540/630 nm 波长测定 A 值，空白对照及细胞对照各 4 孔，抑制百分率 =［（细胞对照 A 值－给药组 A 值）／（细胞对照 A 值－空白对照 A 值）］×100%，用 Bliss 方法计算半数有效浓度（IC_{50}），治疗指数 TI = TC_{50}/IC_{50}，可评价药物临床应用前景，TI < 1 为有毒无效，TI = 2 为有效有毒，TI > 2 为有效低毒，TI 值越高，药物的治疗效果就越好。

4. 鸭乙型肝炎病毒感染及药物治疗：1 日龄北京鸭，经腿胫静脉注射上海麻鸭 DHBV - DNA 阳性鸭血清；每只 0.2 ml，在感染后 7 d 取血，分离血清，－70℃保存待检。待 DHBV 感染雏鸭 7 d 血清检测为阳性后，将雏鸭随机分组，逐只用脚环给动物编号记录，每组 6 只，进行药物治疗实验，JH 给药组分 3 个剂量组，分别为每天 0.8 g/kg，0.4 g/kg，0.2 g/kg 组，分 2 次灌胃给药，共 10 d。设病毒对照组（DHBV），以生理盐水代替药物，阳性药用拉米夫定，口服给药每天 50 mg/kg，分 2 次给药，共 10 d。在感染后第 7 天即用药前（T0），用药第 5 天（T5），用药第 10 天（T10）和停药后第 3 天（P3），从鸭腿胫静脉取血，分离血清，－70℃保存待检，最后颈静脉取血，分离血清，－70℃保存，剪断气管，处死动物，剖腹取肝，预冷的生理盐水冲洗肝脏，剪成小块分装，置－70℃保存。

5. 血清 DHBV - DNA 斑点杂交：取上述待检鸭血清 50 μl 加入 96 孔板，加 100 μl 变性液混匀，室温 10 min，加 150 μl 中和液混匀，室温 10 min，取 200 μl 上述样品，每批同时点膜，测定鸭血清中 DHBV - DNA 水平的动态，按缺口翻译试剂盒说明书方法，用 ^{32}P 标记 DHBV - DNA 探针，做鸭血清斑点杂交，放射自显影膜片斑点，在酶标检测仪测定 A 值（滤光片为 490 nm），计算血清 DHBV - DNA 密度，以杂交斑点 A 值作为标本 DHBV - DNA 水平值。

6. 鸭肝组织 DNA 提取和 Southern 印迹及核酸杂交检测鸭肝中 DHBV - DNA：取冰冻肝组织样品，称取 300 mg，在冰上剪碎、电动匀浆器匀浆总体积为 3 ml，传统方法提取总 DNA[11]，DNA 溶于 TE，－20℃保存，检测时取少量进行凝胶电泳，DNA 琼脂糖凝胶电泳及转膜，制备 HBV 探针，使用 Promega 随时引物试剂盒（大片段酶）进行探针标记，操作过程按说明书进行，核酸杂交显影，利用美国 Media Cybernetics 公司生产的计算机辅助软件 Gel - pro Analyzev version

表 2　JH 对 Hep G 2.2.15 细胞分泌 HBsAg 和 HBeAg 的抑制率

浓度 mg/L	HBsA$_9$		HBeA$_9$	
	A	抑制率（%）	A	抑制率（%）
200	0.065	78.9	0.735	35.58
100	0.098	68.18	0.829	27.34
20	0.147	52.27	1.001	12.27
4	0.298	32.47	1.062	6.92
对照组	0.308		1.141	

3.0 进行相片分析，取条带的 A 值，计算每组鸭不同时间血清 DNA A 值的平均值（mean ± SD）并将每组鸭用药后不同时间（T5，T10）和停药后第 3 天（P3）血清 DHBV DNA 水平与同组给药前（TO）A 值比较，计算每组鸭用药后不同时间血清 DHBV - DNA 的抑制率，比较各组鸭血清 DHBV - DNA 抑制率，DNA 抑制率（%）=［给药前 A 值－给药后 A 值］／给药前 A 值×100%。

结　果

一、HBsAg 蛋白与药物相互作用　首先将 HBsAg 蛋白耦联到 CM_5 感应片上，100 μl 的 JH 及独尾（HQ）、青蒿素（QHS）、红绣球（Cd）溶液以 10 μl/min 速度进样，与蛋白结合，JH 与 HBsAg 蛋白结合的响应值为 183.7RU，HQ、QHS、Cd 分别为 162.1、66.6、39.1 RU，在 ZL - 1 四组分中 JH 响应值最高。

二、MTT 法测定药物的细胞毒性　JH 半数毒性浓度为 1126.01 mg/L，JH 对 HepG2.2.15 细胞有低毒作用（表1），JH 对 HepG2.2.15 细胞分泌 HBsAg 和 HBeAg 的抑制效果见表2，200 mg/L JH 对 HepG2.2.15 细胞分泌 HBsAg 和 HBeAg 的抑制率分别为 78.9% 和 35.58%，有显著性作用，JH 对 HBeAg 的抑制率为 35.58%，在同样浓度下黄芪多糖的抑制率为 9.74%. JH 对 HepG2.2.15 细胞分泌 HBsAg 和 HBeAg 的半数有效浓度（IC_{50}）分别为 17.52 mg/L 和 754.26 mg/L。治疗指数分别为 64.27 和 1.49，HBsAg 治疗指数 >2，提示 JH 在体外有较好的抗 HBV 作用。

三、JH 对 DHBV 感染鸭体内血清 DHBV - DNA 的影响　实验感染雏鸭 30 只第 7 天血清 DHBV - DNA 全部阳性，3TC 阳性对照组，给药第 5，10 天（T5，10）A 值为 0.421 ± 0.03 和 0.513 ±0.08，与给药前（T0）的 A 值 0.742 ±0.15 比较，鸭血清 DHBV - DNA 水平明显下降，差异具有显著性意义（$P<0.01$，$P<0.05$，表3），对鸭血清 DHBV - DNA 抑制率与病毒对照组比较，成组分析，给药第 5 天，差异具有显著性（$P<0.01$，表4），实验结果表明，JH 0.8 g/kg 组，在给药第 3 天，死亡 1 只（灌胃不当所致），给药后第 5 天（T5）和第 10 天（T10）和停药后 3 天（P3）DHBV - DNA A 值分别为 0.660 ± 0.07、0.632 ± 0.03、0.663 ± 0.05，与盐水组 0.872 ± 0.08 比较对鸭血清 DHBV - DNA 有显著性意义（$P<0.05$）。0.4 g/kg 组，给药后第 5 天（T5）和 10 天（T10）和停药后 3 天（P3）对鸭血清 DHBV - DNA 有一定作用，0.2 g/kg 组，给药后第 5 天（T5）、10 天（T10）和停药后第 3 天（P3）对鸭血清 DHBV - DNA 无统计学意义。

表3　JH 治疗组与病毒感染对照组鸭血清 DHBV - DNA 值比较

组别	剂量（g/kg）	鸭数（n）	鸭血清 DHBV - DNA A_{490} 值（mean ± SD）			
			T0	T5	T10	P3
生理盐水		6	0.991 ± 0.10	0.986 ± 0.06	0.945 ± 0.07	0.938 ± 0.06
JH	0.8	5	0.872 ± 0.08	0.660 ± 0.07[a]	0.632 ± 0.03[a]	0.663 ± 0.05[a]
	0.4	6	0.858 ± 0.12	0.705 ± 0.10[a]	0.803 ± 0.14	0.666 ± 0.06[a]
	0.2	6	0.775 ± 0.07	0.731 ± 0.13	0.708 ± 0.09	0.707 ± 0.11
3TC	50	6	0.742 ± 0.15	0.421 ± 0.03[b]	0.513 ± 0.08[a]	0.641 ± 0.09

注：[a] $P<0.05$，[b] $P<0.01$ vs 病毒对照组

四、JH 对 DHBV 感染鸭肝组织中 DHBV - DNA 的影响　Southern 杂交法检测药物治疗鸭肝组织中的 DHBV - DNA，结果显示，肝组织中总 DHBV - DNA 量没有明显减少，拉米夫定组感染鸭肝组织中总 DHBVDNA 量虽有所减少，但 A 值结果比较显示，拉米夫定组与盐水组比较鸭肝组织中总 DHBV - DNA 量无显著性差异，盐水组鸭肝组织中总 DHBV - DNA 量无明显变化。

表4　JH 治疗组与病毒感染对照组鸭血 DHBV - DNA 水平抑制率的比较

药物	剂量（g/kg）	鸭数（n）	抑制率（%）		
			T5	T10	P3
生理盐水		6	0.50	4.64	5.35
JH	0.8	5	24.31[a]	27.52[a]	23.97[a]
	0.4	6	17.83	6.41	22.38[a]
	0.2	6	5.68	8.65	8.77
3TC	0.05	6	43.26[b]	30.86[a]	13.61

注：[a] $P<0.05$，[b] $P<0.01$ vs 病毒对照组

· 534 ·

讨 论

BIAcore 技术能实时检测生物分子与化学分子间的相互作用[12]，我们的相关实验初步结果显示：药物与 HBsAg 蛋白的结合力与细胞体外实验呈正相关性，JH 与 HBsAg 蛋白结合而与 HBeAg 蛋白没有结合，根据上面结果我们通过 BIAcore 技术，从 ZL-1 的四种主要组分中筛选出与 HBsAg 蛋白结合最强的 JH。

HepG2.2.15 细胞由人肝癌细胞 HepG2 细胞转染完整的乙型肝炎病毒基因而来，可稳定地分泌 HBsAg 和 HBeAg 及病毒颗粒，是体外筛选抗 HBV 药物和药物评价的较好细胞模型，被广泛用于抗乙型肝炎病毒药物的体外筛选[13-16]，本实验结果表明，JH 对 2.2.15 细胞的半数毒性浓度为 1126.01 mg/L，对 HBsAg 和 HBeAg 的半数抑制浓度分别为 17.52 mg/L 和 754.26 mg/L，提示 JH 体外有较好的抗乙型肝炎病毒作用。

鸭乙型肝炎病毒模型是国家认可的评价抗肝炎药物疗效的一种模型，本实验在细胞实验的基础上，利用鸭乙型肝炎病毒模型对 JH 的抗 HBV 作用进行研究，结果显示 JH 可降低鸭血清中 DHBV-DNA，停药后没有明显反弹，肝组织中总 DHBV-DNA 的量无明显变化，拉米夫定可显著抑制血清中 DHBV-DNA，但停药后出现反弹，肝组织中总 DHBV-DNA 的量虽有所减少，但与盐水组比较无显著性差异，说明 JH 可以抑制病毒颗粒在外周血中的释放，与 BIAcore 技术结果相一致，但其作用机制有待进一步研究，JH 给药后对鸭血清中 DHBV-DNA 的抑制率为 27.52%，牛巍等[10]报道 ZL-1 给药 4 WK 后，鸭血清中 DHBV-DNA 的抑制率为 75%，分析其原因：一方面是由于我们的实验时间只有 10 d，延长用药时间是否可提高抑制率；另一方面是由于 ZL-1 中的组分有协同作用，以上结果值得进一步深入研究。

〔原载《世界华人消化杂志》2007，15（4）：394-398〕

参 考 文 献

1 De Clercq E. Perspectives for the treatment of hepatitis B virus infections. Int J Antimicrob Agents, 1999, 12：81-95

2 Lee WM. Hepatitis B virus infection. N Engl J Med, 1997, 337：1733-1745

3 姚光粥，抗乙型肝炎病毒新药拉米夫定．中国新药与临床杂志，1998，17：381-384

4 茅益民，曾民德，抗乙型病毒性肝炎新药—阿德福丰酯．中华肝脏病杂志，2004，12：61-63

5 Marcellin P, Chang TT, Lim SG, Tong MJ, Sie-vertW, Shiffman ML, Jeffers L, Goodmar, Z. WulfsohnMS, xiong S, Fry J, Brosgart CI Ade-fovir dipivodlfor the treatment of hepatitis B e an-tiger - positivechronic hepaititis Ei n bngl J med, 2003, 33：58-62

6 刘林华，陈新月，抗乙型肝炎病毒新药-恩替卡韦．国际流行病传染病学杂志，2006，33：58-62

7 袁冬生，王新华，李常青，肖会泉，复方肝癌宁抗乙型肝炎病毒的体外实验研究，世界华人消化杂志，2004，12：1292-1294

8 高萍，程留芳，谢朝良。愈肝胶囊体外抗乙型肝炎病毒的作用．世界华人消化杂志，2005，13：2693-2696

9 李泽琳，王仲民，刘新周，张泽书，王哲，马士文，陈春华，薛晓玲，温瑞兴，岳彦超，朱新朋，曾毅．祛毒增宁胶囊治疗艾滋病的疗效观察．中华实验和临床病毒学杂志，2004，18：305-307

10 牛巍，张继明，王文逸，龙健儿，曾毅，李泽琳，瞿涤．复方药物 ZL-1 在鸭乙型肝炎

病毒实验感染模型中抗病毒作用的研究. 上海医药, 2003, 26: 234 – 238

11 萨姆布鲁克, 弗里奇 EF, 曼尼阿蒂斯 T. 分子克隆实验指南. 第 2 版, 北京: 科学出版社, 1993, 465 – 467

12 邓宏伟, 郭妍, 孙烨, 徐宇虹. 靶向表皮生长因子受体的全新小分子配体筛选. 生物化学与生物物理进展, 2005, 32: 180 – 186

13 苏海滨, 王慧芬, 季伟, 赵艳玲, 蔡光明. 拉米夫定与单磷酸阿糖腺苷联合应用抗 – HBV 的体外实验研究. 中华实验和临床病毒学杂志, 2002, 16: 16 – 19

14 白雪帆, 张三奇. 李谨革, 张颖, 张岩, 薛克昌, 顾宜, 王平忠, 骆抗先. 肝靶向十六酸拉咪呋啶酯固体脂质纳木粒抗乙肝病毒的研究. 世界华人消化杂志, 2003, 11: 191 – 194

15 Ding J, Liu J, Xue CF, Gong WD, Li YH, Zhao Y. Anti – HBV effect of TAT – HBV targeted ribonuclease. World J Gastroenterol, 2003, 9: 1525 – 1528

16 饶敏, 张淑玲, 董继华, 李淑莉. 高三尖杉酯碱等四种药物的体外抑制乙肝病毒的实验研究. 中国病毒学, 2006, 21: 284 – 287

Effect of Chinese Medicine Extract Ren Xian Cao on the Replication of Hepatitis B Virus

OUYANG Yan – Ling , LI Ze – Lin, ZENG Yi

(Laboratory of Viral Phannacology, College
of Life Science and Bioengineering, Beijing University of Technology)

Objective   To study the anti – viral effect of *Ren Xian* Cao (RXC), extracted from compound agent*Qiedu Zengning* capsule ZL – 1, on the replication of hepatitis B virus (HBV).   **Methods**   HepG2. 2. 15 cells were co – cultured with different concentrations of RXC, and enzyme – linked immunosorbent assay (ELISA) was used to examine the secretion of HBsAg and HBsAg. Duck models of HBV infection was established by intravenous injection of duck HBV, and then treated with different doses of RXC. The changes of duck HBV DNA were observed.   **Results**   After RXC addition for 8 days, the half toxic concentration (TC_{50}) of RXC was 1126. 01mg/L, and the half inhibitory concentration (IC_{50}) on the secretion of HBsAg and HBeAg was17. 52 and 754. 26 mg/L, respectively. The value of therapeutic index (TC_{50}/IC_{50}) for HBsAg and HBeAg was 64. 27 and 1. 49, respectively. RXC at a dose of 0. 8 g/kg significantly lowered the level of serum duck HBV DNA at the 5th, 10th day of treatment and 3 days after the end of treatment as compared with normal saline did (absorbency: 0. 660 ± 0. 07, 0. 632 ± 0. 03, 0. 663 ± 0. 05 vs0. 872 ± 0. 08, $P < 0.05$).   **Conclusion**   RXC has inhibitory effect on the replication of HBV.

〔**Key words**〕 Hepatitis B Virus; HepG2. 2. 15; Ren xian cao; Lamivuoine

352. 艾滋病的预防与控制

中国疾病预防控制中心病毒病预防控制所 曾 毅

艾滋病毒（HIV）于1982年随血液制品第Ⅷ因子从美国进入中国，1983年感染第一个中国公民。随后HIV通过静脉吸毒、性途径不断传入我国，并在国内继续传播，使HIV-1流行形势越来越严峻。已给我国人民生命造成严重危害并给社会和经济发展带来重大损失。为此必须加强防治。一个十分重要的问题是如何控制艾滋病的流行问题。根据国外的经验，特别是HIV严重流行国家如泰国、乌干达等国家做出了很好成绩。泰国从1990年开始，政府总理带头，协调各部门全民参与艾滋病的宣传教育，并采取各种有效干预措施，特别是在娱乐场所宣传100%使用安全套。结果，性病显著减少，艾滋病感染率也迅速下降。联合国艾滋病规划署认为，泰国开展积极的宣传教育和干预工作，成绩十分显著，到2004年减少了700万人免受艾滋病毒感染。其他国家如柬埔寨和乌干达也取得很好的成就。相反的，南非政府没有积极进行宣传教育和干预，艾滋病毒的感染率高达25%。有报告预测从2002—2010年，如果全球各国不积极进行宣传教育和干预，全球将有4800万HIV感染者。如果积极进行宣传教育和干预，就会减少到2900万人，即其中2/3可以避免HIV感染，由此可见宣传教育和干预的重要性。因此全面深入地开展宣传教育和干预是当前预防和控制艾滋病主要策略，特别是应该在农村、流动人口及青壮年中进行。

关于疫苗研发的问题。虽然艾滋病疫苗经过长期研究，迄今为止，尚未有成功的疫苗。为什么还要花很多人力、物力去进行疫苗研发呢？（1）必须认识到从宏观来看，人类是最聪明的，一定会在实践过程中不断认识事物发展的客观规律，并逐步制定各种有效措施去克服和战胜困难。对疾病发展的认识也是如此，如天花、小儿麻痹等疾病曾经给人类造成巨大的灾难，但人类最终战胜了他们，预防控制甚至消灭了他们。艾滋病也是如此，相信人类终将战胜艾滋病。（2）积极进行宣传教育和干预是当前预防控制艾滋病的最有效措施，但是估计仍有1/3的HIV感染者是难于通过宣传教育和干预预防的。因此我们需要有效的疫苗来预防，人类已经研制出很多有效的疫苗，在与重大传染病斗争中起了十分重要的作用。因此我国也应积极参与全球的疫苗研制。（3）艾滋病疫苗尚未研制成功，是由于HIV病毒的易变性，而且人们对艾滋病的发病机制及机体的反应了解很不够。因此有必要加强基础研究，这对研制有效的疫苗很重要。（4）到目前为止疫苗研究虽然尚未成功，但这对科学家是一个重大的挑战，我国科学家也应在这严峻的挑战中，发挥自己的聪明才智，不断创新，获得有自主知识产权的HIV疫苗，为战胜艾滋病做出应有的贡献。

国际上已开发出20多种治疗艾滋病的药物，在艾滋病治疗上取得很好的效果，能降低HIV-1病毒载量，甚至检测不到病毒，CD4细胞上升、改善和提高患者的生活质量，病毒载量下降，还可以减少病毒的传播。但病毒容易变异，用药后会产生抗药性病毒，失去疗效，需要研发更多的抗艾滋病毒药物，我国目前尚无自主知识产权的药物，政府已将防治艾滋病列为重大项目，因此，我国应该加强治疗艾滋病药物的研发，这应包括中药在内的各类药物的研发。相信我国一定能够研发出有自主知识产权的抗艾滋病毒有效的药物。

现在我国对重大传染病事件的防治策略十分有利于对严重传染病的控制和研究，在防治中应该加强研究和交流。

〔原载《中华实验和临床病毒学杂志》2007, 21（1）：1〕

353. 国产 HIV-1 p24 抗原检测试剂盒的评价

北京工业大学生命科学与生物工程学院　杨怡姝　李　岚　李泽琳　曾　毅（客座教授）

河北医科大学　王润田　张红中　王惠芬

中国疾病预防控制中心病毒病预防控制所　张晓光　曾　毅

〔摘　要〕　**目的**　探讨国产的 HIV-1 p24 抗原检测试剂盒进行药物筛选研究的可行性。　**方法**　对国产试剂盒的使用性能与 Biomerieux 公司商品化的 Vironostika 试剂盒进行比较，评估国产试剂盒的敏感性、重复性及检验效能。　**结果**　国产试剂盒具有较高的敏感性和重复性，在体外药效学筛选实验中国产试剂盒的阳性检出率及药物评价结果与 Vironostika 试剂盒差异无统计学意义（$P > 0.05$）。　**结论**　国产试剂盒具有较好的使用特性，在药物筛选中可以用国产试剂盒替代 Vironostika 试剂盒。

〔关键词〕　　HIV-1；病毒包膜蛋白质类；药代动力学

衣壳蛋白（p24，CA）是 HIV 的主要结构蛋白，在病毒的包装和成熟过程中起重要作用。p24 蛋白的氨基酸序列在 HIV 各毒株之间高度保守，缺失 p24 会导致病毒无法正常组装。HIV p24 抗原检测主要是作为 HIV 抗体检测窗口期的辅助诊断。同时，还用于 HIV 感染的早期诊断；监测病程进展和预后的判断；药物疗效评价；评价新的疫苗；艾滋病基础研究等方面的应用[1]。在抗 HIV 药物的体外药效学研究中，常采用 ELISA 方法测定培养上清中 p24 抗原的含量，用以评价药物对 HIV 复制的抑制作用。目前，我们使用的 Vironostika 试剂盒具有灵敏、操作简便等特点，但是价格比较昂贵，不适于进行广泛的药物筛选。本研究以 Vironostika 试剂盒作为对照，分析采用国产（河北医科大学研制）的 HIV-1 p24 抗原检测试剂盒进行药物筛选研究的可行性。

材料和方法

一、HIV-1 p24 测定方法　　分别采用美国生物梅里埃 Biomerieux 公司的 Vironostika HIV-1 Antigen Microelisa system 和河北医科大学研制的 HIV-1 p24 抗原检测试剂盒进行 HIV-1 p24 抗原的测定，两种试剂盒提供的标准品浓度分别为 160 和 320 pg/ml。操作参照试剂盒说明书进行。

二、HIV-1 抗原样本　　离心收集 500 万 MT-4 细胞，加入 1 ml 含 10 000 $TCID_{50}$ HIV-1 IIIB 的 RPMI 1640 培养液，37℃、5% CO_2 孵箱孵育 2 h。1500 r/min（半径 7 cm）离心后，加入 3~5 ml 1640 洗涤一次，离心，加入 10 ml 1640 重悬，96 孔板每孔加入 100 μl 细胞病毒悬液（含 5×10^4 细胞/孔）。选用自最大无毒浓度药物（A~E），4 倍比稀释 11 个浓度，每个浓度 4 个复孔，每孔 100 μl。同时设立病毒对照组（只加病毒，不加药物）、细胞对照组（不加病毒，不加药物）和阳性药物对照组（加病毒及药物 F）。于 37℃、5% CO_2 孵箱继续培养 5 d，收获培养上清，测定培养上清中 p24 抗原含量，以示病毒的增殖情况。

三、统计学方法　　t 检验；卡方检验；直线回归与相关[2]。

结　果

一、两种试剂盒的有效检测范围　为了对样本进行定量，首先要分别利用两种试剂盒所带的标准品绘制相应的标准曲线。Vironostika 和国产试剂盒的 *Cutoff* 值分别为 0.131 和 0.1145，即两种试剂盒的非特异性背景值都较低。由两种试剂盒的 *A/Cutoff* 值，可知 Vironostika 试剂盒的检测下限是 5 pg/ml，与文献报道相近[3]；国产试剂盒的检测下限是 10 pg/ml。图 1 显示 Vironostika 和国产试剂盒均可获得拟合程度较高的标准曲线。两种试剂盒的有效检测范围分别为 5 ~ 160 pg/ml 和 10 ~ 320 pg/ml。

二、两种试剂盒的重复性和可比性　收获由细胞培养方法获得的含 HIV - 1 病毒的细胞培养上清，对同一样本，本研究分别采用两种试剂盒测定其 p24 浓度（8 个复孔），所得数据经统计分析表明，Vironostika 和国产试剂盒对同一样本的多次检测结果都具有较好的重复性，变异系数分别为 3.56% 和 3.74%，标准差分别为 4.43 和 2.86。但是，两样本均数比较 *t* 检验结果却表明两种试剂盒的测定结果有统计学差异（$P < 0.05$）。提示，分别采用这两种试剂盒对同一样本做重复测定时，每种试剂盒的多次测定结果都具有较好的重复性；但是两种试剂盒之间的测定结果却存在着差异。

为分析两种试剂盒之间的测定结果存在差异的原因，本研究采用试剂盒提供的已知 p24 浓度的标准品，分别采用这两种试剂盒进行测定，观察所得的测定结果与真实值的符合程度。结果表明对于同一样本 Vironostika 或国产试剂盒与标准值之间均无统计学差异（$P > 0.05$），但是这两种试剂盒的测定结果之间却存在统计学差异（$P < 0.05$），对同一样本由国产试剂盒测得的结果约为 Vironostika 试剂盒测得结果的 60% ~ 80%。图 2 显示了对同一样本用两种试剂盒测定的结果之间存在明显的直线相关关系（$r^2 = 0.9905$）。因此，我们推测两种试剂盒标准品的定量可能存在差异，导致了由所绘制的标准曲线推测出的预测值与另一种试剂盒的标准值难以相符。

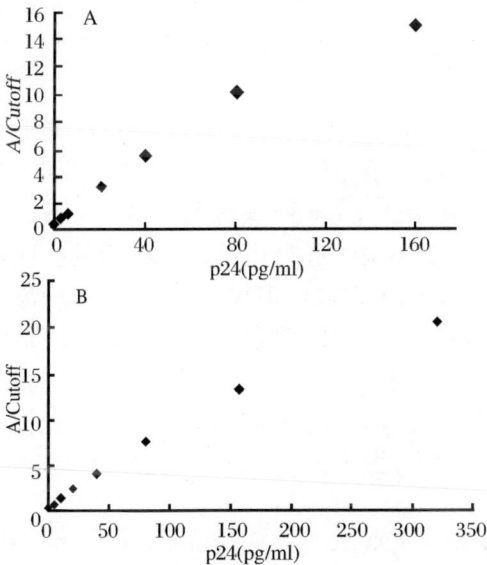

A：Vironostika 试剂盒；B：国产试剂盒

图 1　p24 试剂盒的回归直线

A：Vironostika kit；B：Hebei kit

Fig. 1　Regression curve for p24 detection kit

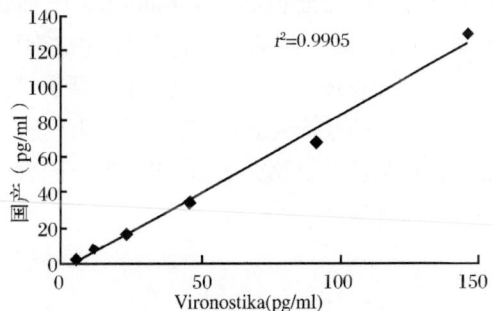

图 2　同一样本两种试剂盒测定结果

Fig. 2　Linear correlation for the same amples by Vironostika and Hebei kit

三、两种试剂盒检验效能的比较　以 p24 浓度为 15 pg/ml 作为判定点，将所测定的 39 份样本划分为阳性和阴性（>15 pg/ml 判为阳性，<15 pg/ml 判为阴性），结果表明两种试剂盒阳性检出率之间差异无统计学意义（$\chi^2 = 0.0525$，$P > 0.05$）。

为观察这两种试剂盒在体外药效学实验中对同一药物的评价是否存在明显差异，本研究收获对代号为 A、B、C、D、E、F 的六种药物所进行的体外药效学实验的培养上清及病毒对照上清和细胞对照上清，分别采用两种试剂盒测定培养上清中 p24 抗原的含量、计算药物对病毒的抑制率，公式如下

$$抑制率（\%）= \frac{病毒对照组 p24 含量（pg/ml）- 给药组 p24 含量（PG/ml）}{病毒对照组 p24 含量（pg/ml）} \times 100$$

实验结果表明尽管两种试剂盒对同一来源的样本测得的吸光度值不同，所计算的 p24 浓度也存在一定的差距，但是反映药物抗病毒效果的指标——抑制率却无统计学意义（$P > 0.05$）。即在抗 HIV-1 药物的体外筛选实验中，可以用国产试剂盒代替进口的试剂盒，亦可得到类似的测试结果。

讨　　论

目前应用的 HIV 感染早期诊断方法有 p24 抗原检测、病毒培养及病毒核酸测定。1995 年，美国 FDA 推荐将 HIV p24 抗原检测作为血液、血液成分、白细胞和血浆等筛查的常规方法[4]。以 ELISA 为基础的测定 p24 抗原技术是检测 HIV 感染较为敏感的常规方法。Vironostika 试剂盒和国产试剂盒，都采用 HIV-1 p24 鼠单抗包被固相反应板孔底，加入待测样本，若样本中含有 p24 抗原则与包被抗体形成抗原抗体复合物，再加入酶（HRP）标记的 HIV 抗体与抗原结合，加底物显色，在酶标仪上读结果。国产试剂盒与 Vironostika 试剂盒的应用原理、样品类型、操作及检测范围等方面都很相似，但是整个操作过程所用的时间有所缩短，更为快速。

在抗 HIV 药物的体外药效学筛选研究中，常采用 ELISA 方法测定培养上清中 p24 抗原的含量，反映病毒的增殖情况；比较加药组和病毒对照组 p24 含量的差异，计算药物对病毒的抑制率评价药物对 HIV 复制的抑制作用。目前，我们使用的 Vironostika 试剂盒具有灵敏、操作简便等特点，但是价格比较昂贵，订货周期较长，不适于进行广泛的药物筛选；国产试剂盒虽然灵敏度稍低于 Vironostika 试剂盒，但也达到了常规的 HIV-1 p24 抗原检测下限 10pg/ml。而且考虑到在进行体外抗 HIV 药物筛选中，检测 p24 抗原的方法比观察细胞病变的方法灵敏，常常需要将样本稀释上百倍后再进行测定，即体外药效学筛选实验对 p24 抗原测定的灵敏度要求，不像 HIV 感染的诊断那么高。综合国产试剂盒还具有操作简便、重复性好及价格等方面的优势，因此可以考虑在药物筛选中用国产试剂盒替代 Vironostika 试剂盒。

〔原载《中华实验和临床病毒学杂志》2007，21（1）：8-10〕

参 考 文 献

1　Mylonakis E，Paliou M，Ially M，et al. Diagnosis and treatment of AIDS. Am J Med，2000，109：568-576

2　蒋知俭，医学统计学. 北京：人民卫生出版

社，1997，55-132

3　Sutthent R，Gaudart N，Chokpaibulkit K，et al. p24 antigen detection assay modified with a booster step for diagnosis and monitoring of human im-

munodeficiency virus type 1 infection. J Clin Mi-
crobiol, 2003, 41: 1016 – 1022

4 CDC. U. S. Public health service guidelines for
testing and counseling blood and plasma donors for
human immunodeficiency virus type 1 antigen.
MMWR, 1996, 45: 1 – 9

Comparative Evaluation of Hebei H1V – 1 p24 kit for the Detection of Human Immunodeficiency Virus

YANG Yi – shu, WANG Run – tian, ZHANG Xiao – guang, ZHANG Hong – zhong,

WANG Hui – fen, LI Ze – lin, ZENG Yi

(College of Life Science and Bio – engineering, Beijing University of Technology)

Objective　To probe into the feasibility of screening anti – HIV compounds by using HIV – 1 p24 detection kit made by Hebei Medical University.　**Methods**　The sensitivity, reproducibility and efficacy of the Hebei p24 kit were evaluated compared with the commercially available Vironostika H1V – 1 Antigen Microelisa System (Biomerieux).　**Results**　Hebei p24 kit had high sensitivity and good reproducibility. In vitro screening demonstrated that there was no statistically significant difference ($P > 0.05$) between these two kits in assessing anti – HIV compounds.　**Conclusion**　Hebei p24 kit could be used as an easily affordable alternative method for detection of HIV – 1 in screening anti – HIV compounds.

〔**Key words**〕　HIV – 1; Viral envelope proteins; Pharmacokinetics

354.　艾滋病的预防与控制

中国疾病预防控制中心病毒病预防控制所　曾　毅

一、艾滋病的流行现状和发展趋势

1. 流行现状：从全球来看，自 1981 年在美国发现第一例艾滋病患者以来，截至 2005 年 12 月，累计活着的艾滋病毒感染者和艾滋病人（HIV/AIDS）为 940 万人。仅 2004 年，就有 490 万新感染者，死亡 310 万人。

我们从 1984 年开始进行艾滋病的血清流行病学检查，证明艾滋病毒于 1982 年传入中国，1983 年首次感染大陆的中国公民。1985 年一名美籍阿根廷艾滋病患者来中国旅游，在北京发病死亡。1989 年首先在云南发现经静脉注射吸毒的艾滋病毒感染者。1994 年下半年发现供血者感染了艾滋病毒。此后，艾滋病在中国内地迅速地传播。2005 年中国政府报告，截至年底，累计活着的艾滋病感染者和艾滋病人约为 14.4 万例，其中艾滋病人约为 2.29 万例，死亡 8 404 例，这个数字远低于实际数字。卫生部估计，截止 2005 年 10 月，活着的 HIV/AIDS 病例已达 65 万（54 万～76 万），其中艾滋病人 7.5 万例。约 2.2 万为供血和输血感染的，约 5.3 万是经注射吸毒、性途径和母婴途径感染的。人群感染率平均为 0.05%。疫情发展非常严峻，估计 2005 年新发现的艾滋病毒感染者为 7 万人（6 万～8 万人），其中经性传播的占 49.8%，经注射吸毒传播的占 48.6%，母婴传播的占 1.6%。艾滋病死亡 2.5 万人（2 万~3 万人），见表 1。

表 1　2005 年中国 HIV/AIDS 报告

政府报告累计存活 HIV/AIDS	144 089 例
AIDS	22 886 例
死亡	8 404 例
2005 年评估累计存活 HIV/AIDS	65 万
累计 AIDS	7.5 万
2005 年新 HIV 感染	7 万
死亡	2.5 万
每年新感染者	6.8 万

据联合国的消息，艾滋病流行仍在继续发展，全球截止 2001 年累计是 6480 万人。从 2002 年到 2010 年全球还将有 4600 万人被感染，即到 2010 年全球累计 HIV/AIDS 将有 1 亿人。

2. 流行趋势

（1）血液传播

①吸毒：吸毒者通过共用注射器经静脉传播艾滋病毒。吸毒在我国现已扩展到很多省。吸毒人群中的艾滋病毒感染者和艾滋病人约 28.8 万人，占评估总数的 44.3%。其中云南、新疆、广西、广东、贵州、四川、湖南 7 省（区）吸毒人群中的艾滋病毒感染者/艾滋病人都在 1 万以上，7 省（区）吸毒人群中的艾滋病毒感染者/艾滋病病人合计占全国该人群感染者和病人评估数的 89.5%。中国吸毒人群中的艾滋病毒感染率从 1996 年的 1.95% 上升到 2004 年的 6.48%。

②供血或输血者：通过供血感染艾滋病毒，在一些省份较为严重。在有偿采供血、输血或使用血制品人群中艾滋病毒感染者和病人约 6.9 万人，占评估总数的 10.7%。其中，河南、湖北、安徽、河北、山西 5 省占全国该人群感染者和病人评估数的 80.4%。河南省政府 2004 年报告全省卖血者 280 476 人，其中 HIV 抗体阳性者 25 036 人。现存活的 HIV/AIDS 有 11 815 例。其中农村占 11 622 例。河南省人群 HIV 感染率为 3.5 人/万人。HIV 感染者主要是青壮年劳动力。供血感染不仅在河南，在其他省也有少数人是通过卖血被感染的。多年来政府大力防治，严禁卖血，从 1996 年后这种情况已逐步被控制。

（2）性传播

①异性途径：暗娼和嫖客人群中艾滋病毒感染者和病人约 12.7 万人，占评估总数的 19.6%。感染者的配偶和普通人群中艾滋病毒感染者和病人约 10.9 万人，占评估总数的 16.7%。据统计，艾滋病毒感染者中，男性和女性的比例已由 20 世纪 90 年代的 5∶1 上升到目前的 2∶1，局部地区已达到 1∶1，表明女性艾滋病毒感染者的比例在不断增加。

②男性同性恋：中国的男性同性恋存在的问题比国外更为复杂。目前国内法律尚无相应条款限制同性恋，但这个现实并没有被社会普遍接受。许多同性恋者迫于社会压力结了婚，但还保留了同性性行为。综合各方面的报告，男性同性恋及双性恋，在我国约有 2000 万人，其中有 1/2 的人都与女性有过性生活。同性恋人群中约有 1/4 的人曾得过性病，而有性病的人更容易被艾滋病毒感染。男性接触人群中艾滋病毒感染者和病人约 4.7 万人，占评估总数的 7.3%。

③流动人口：全国流动人口约有 1 亿多，大多数来自农村，这些来城市务工的大都是青壮年，处于性活跃时期。据调查，卖淫的大多数来自农村。流动人口不仅容易在城市里被艾滋病毒感染，而且还会在被感染后把艾滋病毒带到小城市或者农村去，进一步传播扩散。

（3）母婴传播：近年来女性感染艾滋病毒的比例显著增加。她们大部分处于生育活跃期，经母婴传播感染 HIV 的婴儿数量就会相应地增加。高流行区孕产妇的艾滋病感染率从 1997 年的 0% 上升到 2004 年的 0.26%。母婴传播感染艾滋病毒约 9000 人，占评估总数的 1.4%。

3. 艾滋病对社会经济的影响：我国经济管理专家李京文院士的研究组应用世界银行的"真实储蓄"来度量艾滋病的经济总影响，以及用系统观辅助度量艾滋病经济总影响，测算出艾滋病对我国 2006—2010 年间经济总量的净损失将超过 3000 亿元（当年价）。其中患者个体人力资源的部分或全部丧失的总量估计为 2855.7 亿元，对农业生产力的影响及其导致的全国 GDP 损失为 164.5 亿元。

二、艾滋病的宣传教育和干预

1. 国际成功的范例：目前国际上控制艾滋病流行的六大成功经验中最主要的是对公众进行宣传教育和干预。干预措施包括广泛的安全套的使用，规范的性病治疗及管理，对静脉吸毒人群进行美沙酮的代替疗法，对孕妇的治疗等。

英国在 1986 年，从中央到地方专门成立了健康教育机构，迅速普及了预防艾滋病的知识。把预防艾滋病的小册子送到每家每户，真正做到了家喻户晓。电影、电视台的宣传更是铺天盖地，每天都在宣传预防艾滋病的知识。国外经历的时间和状况跟我们相似，开始时，他们也非常恐惧，整个社会对艾滋病患者很歧视。通过不断的宣传、教育，整个社会才动员起来。

泰国自 1988 年报告约 10 万人感染了艾滋病毒，到 1991 年、1992 年增加到 50 万～60 万人。1990 年泰国政府总理带头，协调各部门，全民参与宣传教育，采取各种干预措施，特别是在娱乐场所宣传 100% 使用安全套，每天在电视中都播放艾滋病预防控制知识。结果，泰国娼妓人数减少了，使用安全套的人数上升了，性病在不断下降，艾滋病毒感染率也迅速下降。联合国艾滋病规划署认为，泰国开展积极广泛的宣传教育和干预工作，其成效十分显著，到 2004 年底减少了 700 多万人，使他们不被艾滋病毒感染。这是预防控制艾滋病流行最成功的范例。

乌干达的宣传教育也非常成功。乌干达政府在 1990 年就对公众进行了艾滋病宣传，使原来孕妇带艾滋病毒率由 20%～30% 下降到 1996 年 5%～10%，成效显著。相反，南非政府没有积极进行宣传教育和干预，艾滋病毒的感染率达 25% 以上。

澳大利亚的艾滋病的宣传教育做得很好，他们发动非政府组织一起参与，动员全国非政府组织和广大人群做宣传教育和干预工作，并采取了积极的干预措施。结果艾滋病毒感染者减少了，同性恋人群的艾滋病毒感染率从 10% 减少到 1%，妓女的 HIV 感染已经很少了。

美国有关资料报道，从 2002—2010 年，全球将有 HIV 新感染者 4600 万人，如果积极进行宣传教育和干预，将有 2900 万人（2/3）可以不被 HIV 感染，由此可见宣传教育和干预的重要性。

2. 资金投入：1993 年，全球投入 21.5 亿美元防治艾滋病，其中 15 亿用于宣传教育和干预，占全部经费的 70%。只有积极地进行宣传教育和干预，才能最有效地控制艾滋病的流行。泰国为了成功控制艾滋病流行，为此投入了大量的资金。一个 6000 多万人口的泰国在 1995 年艾滋病流行高峰期政府投入 20 多亿泰铢，约合人民币 5500 万元，而且这些资金是泰国自己投入的，国际的支援仅占很少的比例。

美国有关资料报告，预防一个人不被艾滋病毒感染约需要 1000 美元，约合 8000 元人民币。以此计算，全球到 2010 年要减少 2900 万人不被艾滋病毒感染，需要 290 亿美元。如不积极进行宣传教育和干预，从 2002 年到 2010 年全球将有 4600 万人被艾滋病毒感染；如果进行宣传教育和干预，在这 9 年中可以减少 2900 万人不被艾滋病毒感染，也就是 2/3 的人可免受艾滋病毒感染，这是很大的成就（图 1）。

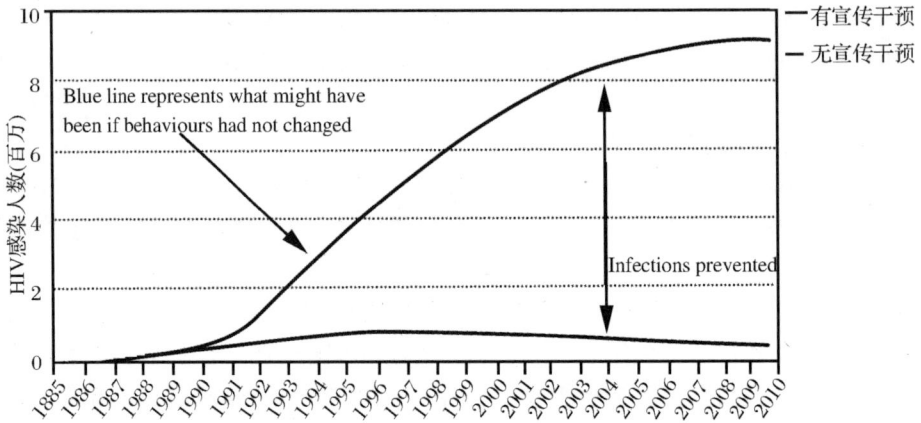

图 1　泰国比较有无宣传干预与 HIV 感染流行之间的关系（2004）

　　我国如果能够通过宣传教育和干预减少 2/3 艾滋病毒感染者，也是很大的成就。就全国来讲，如果不对广大人群进行深入的宣传教育，不对重点人群实施行为干预，就不可能控制艾滋病的蔓延。自 2000 年开始，我们深入到农村开展艾滋病健康教育，与山东潍坊市政府合作搞试点，提出在县以下农村基层艾滋病知识知晓率达到 70% 以上的目标。由于进行了大规模的宣传，通过电台等各种媒介，利用大型展览，搞知识竞赛、文艺演出等多种形式宣传普及预防艾滋病性病知识，收到了显著效果，艾滋病知识知晓率由 50% 上升到 70% ~ 80%。根据我们在山东潍坊进行 5 年多的宣传教育和干预工作的经验，每个人平均花 2 元钱，全国只需 26 亿元人民币，就可以对 13 亿人群进行一次普遍的很好的宣传教育和干预，使群众的艾滋病预防知识知晓率达到 70% 以上，就有可能大大降低人群中 HIV 的感染。所花的费用远比外国少。

　　目前，我国在宣传教育和干预方面虽然做了很多工作，但多是在 12 月 1 日 "世界艾滋病日" 前后，主要是在大城市，而中小城市做得少，广大农村做宣传教育的力度就更小了。农村人口占全国人口的 80%，现在吸毒、卖淫、卖血的致患者，70% ~ 80% 来自农村，如果不对农村广大群众进行宣传教育和干预，他们就不能掌握必要的预防知识，也就不知道怎样去预防，中国的艾滋病就很难得到有效控制。社会上许多人对艾滋病患者抱着歧视态度，这说明人们并没感到有责任关爱艾滋病患者。人们恐惧艾滋病，害怕与艾滋病人接触会被感染。艾滋病毒感染者和艾滋病人自己有很沉重的耻辱感、自卑感，甚至走上轻生的道路。种种表现都说明对艾滋病的宣传教育和干预做得很不够。

　　近年来我国政府做了很多工作，中央财政也大量增加了对防治艾滋病的投入，从 500 万到 1000 万，增加到 20 多亿，其中 12.5 亿元拿来改进血液的安全供应，使我国使用血液的安全性显著改善。10 亿中每年 1 亿用于做艾滋病的防治工作。近年来又进一步增加了大量防治和研究经费。如2004年、2005年中央财政大幅度增加各达8亿元人民币。中国政府现在正在艾滋病流行较严重地区继续以医疗为中心开展示范县的宣传教育和干预工作，这是很好的。政府积极贯彻"四免一关怀"政策，免费治疗艾滋病人，使病人恢复健康，稳定社会秩序。同时治疗可以显著降低病人的艾滋病毒载量，很低的病毒载量可以大大减少病毒的扩散传播，十分有利于艾滋病的预防控制。由于艾滋病毒通过吸毒和性传播途径在全国继续扩大，因此最好在2~3年内能在全国，特别是能在农村和青少年中以及流动人口中进行广泛、深入和持久的宣传教育和干预，只有这样才能更有效地控制艾滋病在我国的流行。

三、疫苗研发：全球25年艾滋病防治的经验和教训提示，尽管全球社会对艾滋病的认识水平和防治措施的力度一直在不断地增强，但每年HIV/AIDS的新发感染人数并无降低，因而全球艾滋病的防治亟须依靠新的技术手段和防治策略。国际社会已经形成共识：艾滋病的防治是一项长期的任务，战胜艾滋病必须依靠可持续发展的防治策略，只有同时进行以宣传教育为主的社会行为干预和以疫苗为主的生物医学干预，人类才能最终战胜艾滋病。

疫苗控制传染病具有最好的成本效益，对资源有限的发展中国家来说，将艾滋病疫苗作为一项可持续发展的策略尤为重要。新中国成立以后大力推行以疫苗为主的传染病控制策略，实施全民计划免疫，先后消灭了天花和小儿麻痹症，也使许多常见传染病处于接近消灭和完全受控的水平，大大提高了人民的健康水平，促进了经济发展和社会进步。鉴于大多数发达国家已基本控制了本国艾滋病的流行，而发展中国家则仍在花大力气试图遏制不断增长的流行势头，发展中国家对于疫苗策略的需求比发达国家更为迫切。

1. 国际艾滋病疫苗研发的历史经验与重大策略调整

（1）国际艾滋病疫苗研究历史和重要发展阶段：纵观艾滋病疫苗20年研究史，可以大致分成三个逐渐改进与完善的阶段，各个相邻阶段间存在一定相互交叉。

第一阶段（1984—1993年）：是艾滋病疫苗研究的起始阶段，主要特点是疫苗以单一的蛋白亚单位疫苗（gp120或gp160）为主，以诱导抗体预防病毒感染为主要目标，忽视细胞免疫的作用。最近在欧美和泰国刚刚结束的两个HIV疫苗Ⅲ期临床试验。没有观察到疫苗具有保护效果，这标志着第一阶段HIV疫苗的失败。

第二阶段（1994—2001年）：特点是强调疫苗的细胞免疫反应，但忽视了体液免疫的作用。该阶段的疫苗形式以诱导细胞免疫反应的重组病毒载体疫苗（痘苗、金丝雀痘病毒、腺病毒等）为主。

第三阶段（2002年至今）：总结了前两个阶段的教训，疫苗诱导的免疫反应更加注重体液和细胞免疫反应的均衡，伴随着超感染（同一个体先后感染不同的HIV毒株）以及其他病毒逃逸细胞免疫现象的发现，有效抗艾滋病疫苗的概念被进一步更新。尽管疫苗的形式仍为DNA疫苗、活载体疫苗、多价蛋白疫苗，但疫苗的作用机制主要在于激活对不同亚型的HIV感染、具有交叉保护作用的细胞免疫或中和抗体。

（2）国际艾滋病疫苗研究现状：目前国际上已进行了120个艾滋病疫苗的临床测试，而正在进行临床测试的艾滋病疫苗包括：29个Ⅰ期临床试验，4个Ⅰ/Ⅱ期临床试验，3个Ⅱ期临床试验和1个Ⅲ期临床试验。测试疫苗的形式包括：重组病毒载体疫苗、DNA疫苗、蛋白/多肽疫苗以及不同疫苗的组合。目前已完成的第一代抗体疫苗的三期临床试验（VAX003与VAX004）以失败告终。

第二个规模更大的艾滋病疫苗Ⅲ期临床试验目前正在进行之中。此疫苗以诱导抗体为主，以诱导细胞免疫为辅，其有效性有待于验证。

上述研究主要是预防性疫苗，少数是治疗性疫苗。

综上所述，无论是艾滋病抗体疫苗还是 T 细胞疫苗均尚处于早期阶段，目前所研制的疫苗在理论上均难以克服艾滋病毒所带来的挑战。众所周知，艾滋病毒 I 型至少包括 9 个亚型和众多的重组型（我国的主要流行株即是 B/C 重组型），而且，病毒可不断地通过遗传变异以逃逸免疫系统的识别与控制，因而使研发有效的艾滋病疫苗成为人类特别是科学家当今所面临的最为重大的挑战，国家须从长远的策略高度加以重视。

（3）国际艾滋病疫苗研发的策略调整

①加强科研机构之间的合作：从 21 世纪开始，各国政府和国际组织纷纷加大了对艾滋病疫苗研究的经费投入，同时，对研究组织也进行了大的战略调整。具体表现在：进行国内资源的整合和团队重组，推动区域合作并带动了全球范围的大联合，形成了全球合作联合攻关的良好态势。

美国政府在克林顿当政时期投资数亿美元于 1998 年在 NIH 组建了疫苗研究中心（Vaccine Research Center，VRC），VRC 在其后的数年之中已开展了三项艾滋病疫苗 I 期临床和一项 II 期临床试验，并正在筹划 III 期临床试验。

鉴于 VRC 的成功经验，2005 年美国 NIH 又拿出 3.5 亿美元的巨资设立了 CHAVI（Center for HIV/AIDS Vaccine Immunology），即艾滋病疫苗免疫中心，包括 5 支研究团队与 5 个研究核心。该计划与 VRC 不同之处在于不是新建另一个研究所，而是整合了美国大学和研究院核心队伍形成研究网络，成为美国第二个大规模的艾滋病疫苗攻关群体。该项目由杜克大学牵头，哈佛、牛津等著名大学参与，研究范围包括从基础疫苗设计到 GMP 生产和临床试验的全过程，试验现场远及非洲 5 国。这种新的机制很值得我国借鉴。

为了加强艾滋病疫苗研发能力，加拿大政府于 2001 年也成立了疫苗和免疫治疗网络（Canadian Network for Vaccines and Immunotherapeutics，Canvac），该网络集中了加拿大最优秀的病毒学、免疫学和分子生物学领域的科学家，与生物制药公司联合，形成了代表国家能力的艾滋病疫苗研究强强合作的攻关团队。该网络在不到 3 年时间内已成为国际艾滋病疫苗研究中的一支重要力量。即使作为发展中国家的南非，也早在 1999 年就建立了本国的艾滋病疫苗研发计划（South African AIDS Vaccine Initiative，SAAVl），以协调南非的 HIV/AIDS 疫苗研究、发展和临床试验，希望通过国内、国际的联合研究在最短的时间内研制出经济、有效、针对本地流行株的预防性艾滋病疫苗。

②支持以企业为主体的研究及开发：早期由于风险高、难度大、市场前景不明，仅有为数不多的几家生物技术公司如 VaxGen、Chiron 从事艾滋病疫苗的研发。近年来，随着市场需求及企业公民意识的增强，大型制药与疫苗公司如默克（Merck）、圣诺菲－巴斯德（Sanofi－Pasteur）、葛兰素史克（GSK）、惠氏（Wyeth）等公司也都加大了艾滋病疫苗研发的投资。例如默克公司投资数亿美元在全球范围率先进行了大规模的以腺病毒载体为主的疫苗临床试验。默克公司与圣诺菲－巴斯德公司联合进行了腺病毒—痘病毒载体联合免疫的临床试验。此外，默克公司与 NIH 和 HVTN 等共同开展了临床 II 试验。艾滋病疫苗的最终产业化需要有企业的积极主动参与才能取得成功。

③扩展国际合作：泰国在政府的主导下于 20 世纪 90 年代中期就在 WHO 的支持下建立了国家艾滋病疫苗规划，成立了由政府牵头的协调委员会，使泰国成为进行国际艾滋病疫苗

临床试验和评价最多和最成功的国家，在国家和 WHO 的监控下既保护了本国受试人群的权益，又吸纳了国际先进临床研究经验和巨额（3 亿 ~4 亿美元）资金支持。

随着欧盟实力的不断增强，欧盟科技部已逐渐成为欧洲最大的科研资助机构。欧盟组织和启动了欧洲艾滋病疫苗计划（Euro Vac），整合了法国、意大利、德国、荷兰、西班牙、瑞典、瑞士和英国的 21 个在各自领域内顶尖的实验室和其他国家的优秀研究团队，形成了强大的疫苗联合研究团队。

联合国艾滋病疫苗规划署（UNAIDS）协助发展中国家发展旨在保护受试人群利益和发展中国家利益的国家艾滋病疫苗规划；美国盖茨基金会积极倡导和寻求与发展中国家从疫苗研究早期入手全程合作，在其主导的全球 HIV 疫苗企业计划中将发展中国家并入其拟组建的全球疫苗研发中心；美国 NIH 每年支出 5000 多万美元建立以发展中国家为重点的艾滋病疫苗试验网络（HVTN）；欧盟也投入 5000 万欧元启动了以非洲国家为主的 HIV 疫苗试验现场建设的欧洲发展中国家临床试验网络项目（EDCTP）计划。然而，具备疫苗研究经验、生产条件、评价队伍和管理体系的发展中国家十分有限。国际机构普遍认为中国是最有潜力的合作伙伴之一。

2. 我国艾滋病疫苗的状况、存在的问题

（1）我国艾滋病疫苗的状况

①大规模分子流行病学研究奠定了我国艾滋病疫苗研究的坚实基础：在国家基础性，公益性研究课题和艾滋病防治项目的支持下，中国 CDC 性病艾滋病预防控制中心自 20 世纪 90 年代起在国内系统地开展了大规模的全国 HIV 分子流行病学研究，调查 HIV 感染者 5000 多人，摸清了中国 7 个 HIV 亚型的地理和人群分布，建立了拥有 3000 多个 HIV 流行株序列的基因库，从中筛选了主要流行代表株 B/C 重组亚型 CN54 毒株和 B 亚型 RL42 毒株作为疫苗原型株（这两类毒株占全国感染人群的 80%）。这些工作为国内多支艾滋病疫苗研究队伍提供了基因克隆和序列资料，有力推动了国内的研究工作。

②初步建立了 HIV 疫苗生产的技术平台：与艾滋病疫苗设计与研发相比，我国开展基因工程疫苗生产的能力和经验则更缺乏。但在"十五"期间，国内多家生物制药企业如长春百克和北京生物制品研究所与上游研发团队紧密合作，开展了 DNA 疫苗和病毒载体疫苗的生产工艺和质量控制方面的研究，探索出了一套既适合我国生产条件又达到国家 GMP 标准并与国际接轨的生产工艺和质量控制标准。这既支持了该阶段两组国产疫苗进入临床和临床申报，又为培训出一支能承担新疫苗生产的专业队伍提供了资源和经验的积累，为我国下阶段艾滋病疫苗的大发展打下了良好的基础。

③我国艾滋病疫苗研究已取得的主要进展：由中国疾病预防控制中心性病艾滋病中心与欧洲合作研制的、第一个我国拥有部分知识产权的重组痘苗病毒载体艾滋病疫苗（NYVAC – C）已于 2005 年初报告其 I 期临床研究结果。I 期临床结果显示，NYVAC – C 安全可靠，两次 NYVAC – C 免疫之后，在 50% 的志愿者中测得较高水平的 HIV 特异性 CD8$^+$T 细胞。目前在欧洲正在进行 DNA 疫苗和 NYVAC – C 联合免疫的 I 期临床研究。

我国境内第一个由长春百克生物公司与美国霍普金斯大学合作研制的 DNA 和安卡那株痘苗病毒艾滋病疫苗已于 2005 年 3 月正式启动 I 期临床试验。此疫苗沿用国外成熟的技术平台，采用 DNA 与非复制型重组安卡那株痘苗病毒为载体，插入我国流行株 CRF08 – BC 来源的免疫原基因进行联合免疫。此研究已基本结束，研究结果尚有待于公布。此疫苗的临床研究标志着我国境内 T 细胞疫苗临床试验的开始，这为我国今后的艾滋病疫苗临床研究奠定了基础、积累了经验。

由中国疾病预防控制中心性病艾滋病预防控制中心与北京生物制品研究所联合研制的、我国拥有完全自主知识产权的 DNA 和复制型天坛株痘苗艾滋病疫苗已完成实验室研究和安全性评价，目前正在国家药监局进行临床试验的审批。

除上述提及研究之外，我国在非复制型天坛株痘苗疫苗、腺病毒载体疫苗、腺病毒相关病毒载体疫苗、仙台病毒载体疫苗、多肽表位疫苗、蛋白疫苗等方面的艾滋病疫苗临床前研究上均取得了一定的进展。

（2）我国 HIV 疫苗研发存在的主要问题：尽管我国 HIV 疫苗研究取得了一定的成绩，但从总体上来说，在国际上的影响力有限，已在国际上完成或正在进行的 120 多个 HIV 临床试验中，在我国进行的只有两项，而且试验的疫苗均没有我国的自主知识产权。造成这种现状的原因是多方面的，包括：上游研发资金的投入严重不足；研究创新不够；队伍间缺乏合作；疫苗研发上下游脱节，致使完成研制的疫苗进入 GMP 生产和由生产走完临床报批的周期太长。对研制疫苗这样的贯穿上下游的系统工程仍采用条块分割的资助方式，缺乏连续和跟踪的资助机制。由于各类课题分散设立和每个课题的经费额度都不大，各队伍自身难保，只能独自研究，很少开展合作，无法形成合力。因而我国 HIV 疫苗研究总体实力远不如欧美，甚至不及一些已组建了国家 HIV 疫苗计划的其他发展中国家。

3. 对国家艾滋病疫苗研发策略的建议

（1）国家艾滋病疫苗研发策略的总体框架：国家艾滋病疫苗研发策略（CNAVSP）的规划应设立三个工作框架：一是基础与前沿技术，二是基地与平台建设，三是重点项目。基础与前沿技术项目按研究性质分为基础研究、应用基础研究和应用研究三个领域。基地建设包括保证艾滋病疫苗临床试验顺利开展的三个主要技术平台，他们分别是：支持临床前和临床试验研究的体外免疫测试核心、体内免疫测试（灵长类动物）核心和数据统计核心，进行临床试验疫苗生产的 GMP 中试基地和主要用于开展 II、III 级大规模疫苗评价的临床试验基地（图 2）。CNAVSP 框架中，国内外以往研究计划所没有的，欧美各国近年来才建立并给予重点支持的则是团队式重点项目，建议按国际习惯用"中国艾滋病疫苗计划"（China AIDS Vaccine Initiative，CAVl）为其名称。CAVI 计划的是将我国自主创新艾滋病疫苗研究的核心资源和骨干队伍进行整合，强强联合，形成从实验室研究、中试生产到临床试验的完整的疫苗研发系统，加速推进其进入临床试验，实现国家中长期规划制定的至 2010 年完成中国特色艾滋病疫苗的 III 期临床试验的目标。

CNAVSP 的三个工作框架各有侧重又相互支撑。这样我国艾滋病疫苗在三个互为支撑的框架支持下，既能自主创新地独立发展，又可胜任各类国际竞争，吸引国际资源与我开展疫苗合作和多中心临床评价。这样我国的艾滋病疫苗就能借助国际合作潮流的推动，实现跨越式的发展，既为全球攻克艾滋病疫苗作出中国的贡献，又能保证成功的疫苗组合中有我国的自主知识产权，使我国在未来疫苗领域中占据主动，避免出现艾滋病药物受制于人的局面。

（2）国家艾滋病疫苗研发策略的研发周期和预算

①加大政府经费投入：经费不足是我国艾滋病疫苗研究、研发存在的主要问题之一。建议国家设立艾滋病疫苗发展战略专项基金，大幅度增加经费的投入。5 年经费约需 10 亿元，年均 2 亿元。如果设立专项短期内无法实现，建议以科技部"863"、"973"和自然基金委

的经费支持三个工作框架中的面上项目，用国家计委和科技部基础和公益性经费支持基地建设，用科技部"十一五"国家传染病重大专项和攻关项目及卫生部艾滋病防治经费中的科研经费支持 CAVI 计划。除国家投入外，还应建立吸引地方配套经费、企业投入、社会捐助和国际合作渠道资金投入的机制，尤其是在中下游研究领域。

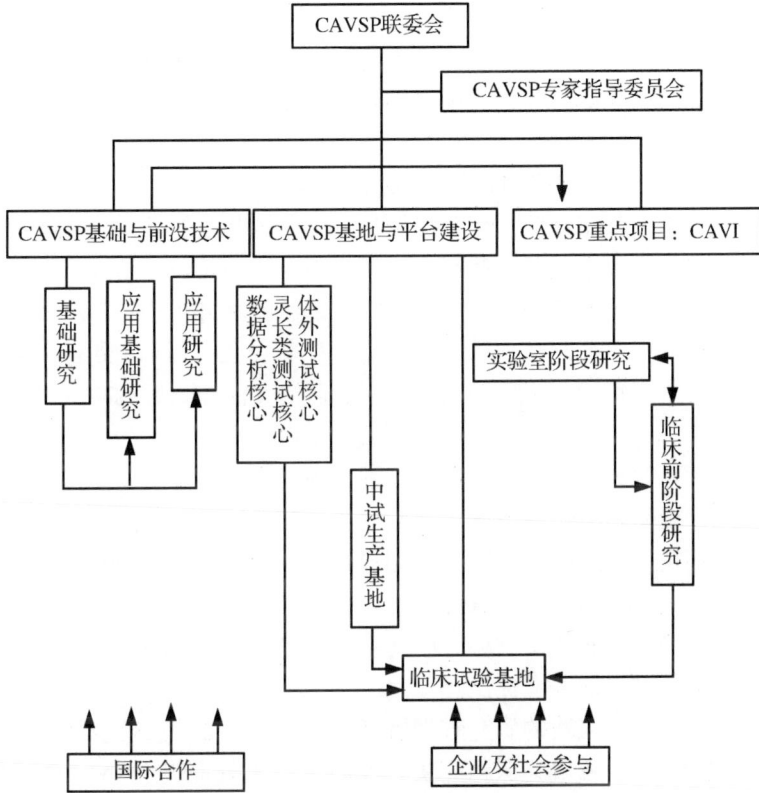

图2　中国艾滋病疫苗研发策略规划框架

②调整投入重点，鼓励以企业为主体的创新模式：我国政府增加科技投入，应主要投向涉及知识产权归属的疫苗上游研究领域，以提高我国疫苗研究队伍的自主创新能力。其中应重点保证 CAVI 计划的资金需求，因为这是我国冲击国际艾滋病疫苗领域，保证未来成功的疫苗组合中有我国的一席之地的主要力量。在疫苗研发的基地建设上，各类疫苗测试和数据分析核心也都应由国家投入，因为他们是为整个疫苗研发进行技术服务的。疫苗的中试基地则应采取国家投入和企业配套相结合的方式，因为拟建立的 GMP 生产基地多已具备一定的条件，建成的设施也可为企业进行其他产品的生产。由于临床研究所需周期长，需要资金投入大，而且是疫苗产业化的主要限速环节，疫苗临床试验基地的早期建设亦应以国家投入为主。当基地建成后则可减少国家的投入，其主要运转可以靠开展疫苗临床试验的服务费用维持。但对国家计划内的疫苗试验和国际多中心临床试验应有不同的标准，因为后者并没有进行前期投资。同时，逐步建立相应的政策与机制，鼓励企业参与及先期投入疫苗的研发，在产生成果和获得知识产权后，国家予以补贴及配套支持。

③实施课题分类资助：建议在国家艾滋病疫苗研发策略的面上项目中对研究课题给予分门别类。第一个门类即面上项目，是与艾滋病疫苗相关的各类研究，包括基础研究（针对疫苗免疫的科学问题）和应用基础研究（针对疫苗免疫的技术问题）。面上项目的资助周期一般为 2~3 年，个别针对重大科学问题或复杂技术问题的研究可延长至 4~5 年，课题资助强度应加大到每年 30 万~50 万。第二个门类是 CAVI 框架下的协同攻关。应根据已定型的创新性设计，直接开展某型疫苗的研制工作。可分为三个阶段，即概念验证期（2 年）、临床前期（2~3 年）与临床期（2~5 年，视Ⅰ、Ⅱ、Ⅲ期而定）。应组建中国艾滋病疫苗计划，重点支持上游艾滋病疫苗研究；调配资助资源，形成对不同阶段艾滋病疫苗研究的连续资助机制。

（3）国家艾滋病疫苗发展战略的管理机制

①国家艾滋病疫苗发展战略的领导和协调机制：我国艾滋病疫苗发展战略成功与否的关键也在于能否在相关政府各部门建立起有效协调机制。我们建议，为推动国家艾滋病疫苗发展战略工作，应成立包括科技部、卫生部、药监局以及国家自然科学基金委等负责研制、使用和管理艾滋病疫苗的政府部门在内的联合委员会（联委会）。该联委会应设在国务院防治艾滋病工作委员会之下，负责艾滋病疫苗这一事关防治艾滋病长远战略的专项工作，对国艾委领导负责。

②国家艾滋病疫苗发展战略的科学保障机制：为使国家艾滋病疫苗发展战略科学和有效地指导我国艾滋病疫苗研发工作的健康发展，应建立常设的国家艾滋病疫苗发展战略专家委员会，就国家艾滋病疫苗发展战略的宏观规划提出建议草案，对研发进展进行科学的评估，对疫苗在艾滋病防治中的应用提出政策性意见。该专家委员会下可设三个分委会，分别负责对国家疫苗战略的三个工作框架研发项目的立项提出建议，对课题研究进展进行定期的科学评价，并就未来研发计划向联委会提出意见。

③国家艾滋病疫苗发展战略的研究管理机制：在国家艾滋病疫苗发展战略的三个框架中的面上项目和基地建设中，各研究课题应实行课题负责人负责制。CAVI 框架则应设首席专家，实行首席专家负责制。这是因为当前艾滋病疫苗的发展方向是复合型疫苗，即不同种类疫苗的联合免疫应用，只有将各类疫苗及其与之相关的不同免疫技术和策略纳入同一研究计划，并给予统筹考虑，才能奏效和具有高效率。在 CAVI 的总课题下应设子课题，课题负责人在首席专家领导下负责一个方向的研究工作。

④CAVI 的长远发展计划经 CAVSP 专家委员会 CAVI 分类会审核通过，并接受专家委的定期评估：CAVI 的日常研究工作由首席专家牵头，由各子课题负责人参加的 CAVI 执委会协商决定。CAVSP 的面上项目研究产生的新的创新性课题可由 CAVSP 专家委面上项目分类会推荐，申请新的 CAVI 项目。经专家委审核通过后立项，启动新的 CAVI 课题研究。

⑤国家艾滋病疫苗发展战略的对外合作：国家艾滋病疫苗战略联合委员会及其专家委员会将作为组织国内外艾滋病疫苗研究的最高协调和科学指导机构，可统一协调国外艾滋病疫苗与我国进行的大规模技术合作，包括我国艾滋病疫苗的研究能力（如 CAVI 团队开展的自主创新艾滋病疫苗研究）、GMP 生产能力和试验现场资源等。

〔原载《科学与中国——院士专家巡讲团报告集（第四辑）》2007，233 - 246〕

355. 中药抗 HIV/AIDS 研究中病毒与免疫关系的探讨

北京工业大学生命科学与生物工程学院　吕岫华　刘　伟　李泽琳　曾　毅

〔摘　要〕　从人体是一个有机整体以及病毒与机体这对特殊矛盾统一体的角度，探讨了中药在抗 HIV/AIDS 研究中病毒与免疫之间的相互关系，一方面为寻找新的药物作用靶点拓宽思路，另一方面也为研究中药抗 HIV/AIDS 的繁杂机制提供科学根据。

〔关键词〕　人免疫缺陷病毒（HIV）；获得性免疫缺陷综合征（AIDS）；中药；免疫

艾滋病全称为获得性免疫缺陷综合征（AIDS），是一种由人免疫缺陷病毒（HIV）引起的，以全身免疫系统严重损害为特征的传染性疾病。HIV 感染后引起的疾病临床表现十分复杂，因其能造成宿主细胞的隐性感染，在相当低的突变率之下进行复制，因而能长期隐存而不被消灭。这提示，HIV 感染是病毒和宿主在细胞、分子水平上相互作用的结果。

一、HIV 感染的细胞分子免疫学机制　HIV 感染后其基因组可整合入 T 淋巴细胞基因组中，使 T 细胞基因表达和蛋白合成出现紊乱，最终导致 CD4$^+$T 细胞功能失调或被破坏[1]。整个过程中具有多种因素的参与和相互作用，首先是 HIV 颗粒对细胞受体的吸附作用，这种吸附在人群体内不仅高效而且特异，因此病毒受体（包括辅助因子或辅助受体）分布的特异性就决定了病毒感染的组织趋向性。一旦 HIV 进入宿主细胞内，势必影响甚至颠覆宿主细胞的转录、翻译等一系列正常形态结构和功能，以便合成大量子代病毒所需的结构蛋白，为其复制和释放做好充分的物质和能量储备，继而发挥破坏免疫细胞和分子的作用。

HIV 感染人体后，主要侵犯 CD4$^+$T 淋巴细胞及巨噬细胞。病毒核心进入细胞后在酶作用下脱去蛋白壳，逆转录酶以病毒 RNA 为模板合成单链 DNA，再由细胞的 DNA 聚合酶合成双链 cDNA，cDNA 经环化后整合到细胞染色体上，在多种因子的作用下，病毒基因组被激活转录为 RNA，翻译出病毒结构蛋白及各种毒粒酶，经装配形成 HIV 核心颗粒，核心颗粒从细胞膜上芽生时，获取包膜成为成熟的病毒去感染新的细胞[2]。已有研究证明，HIV 基因产物主要影响 CD4$^+$Th 细胞，Th 细胞又分为主要产生 I 型细胞因子（IL-2、IFN-γ）增强细胞免疫的 Th1 亚群和主要产生 II 型细胞因子（IL-4、IL-10）增强体液免疫的 Th2 亚群。在 HIV 感染到 AIDS 的整个病程中，I 型细胞因子和 II 型细胞因子处于分布失衡的状态，起到加速或延缓疾病进程的作用[3]。

二、机体对 HIV 感染的免疫反应　机体免疫系统的主要功能是识别与清除外来的物质，因而病毒感染的清除依赖于宿主产生适当的免疫应答以抑制病毒的增殖及扩散。

在抵抗病毒感染中，天然免疫及获得性免疫均发挥重要的作用，且两个系统之间细胞与效应分子的相互协调对机体抗病毒效率起着关键性作用。就机体对病毒感染的反应而言，随着研究的不断深入，由原来特异性免疫反应为主的观点，逐渐转变为非特异性免疫在抗

HIV/AIDS 中具有不可低估的作用。

T淋巴细胞免疫功能状况，是决定 HIV 感染性疾病病情发展的最重要因素[4]。HIV 一旦进入人体后能选择性地侵犯有 CD4$^+$ 受体的淋巴细胞，HIV 病毒与 CD4$^+$ 淋巴细胞结合，形成融合细胞，从而改变细胞膜的通透性，使 CD4$^+$ 淋巴细胞成为靶细胞，因此，大量的 CD4$^+$ 淋巴细胞被 HIV 攻击后，细胞功能被损害和大量破坏，是最终导致 AIDS 患者免疫功能缺陷的原因[5]。同时 CD8$^+$ 淋巴细胞也是特异性细胞免疫的效应细胞，可以直接杀死被病毒感染的靶细胞。CD8$^+$ 淋巴细胞有对 HIV 特异的细胞溶解能力，他是机体抗 HIV 最主要的免疫细胞，在 HIV 感染初期随着病毒量的增加，CD8$^+$ 淋巴细胞的数量也随之上升，其数量与病毒载量成正相关[6]。这些观点和理论不仅得到实验的检验，而且在 HIV/AIDS 感染的诊断、治疗和病程进展的评价标准中已被广泛应用。

人体是一个有机的整体，非特异性免疫系统不仅在抗 HIV/AIDS 中具有重要意义，同时在特异性免疫应答的启动、调节和效应阶段也起着非常重要的作用。巨噬细胞由于其活跃的生物学功能以及在免疫应答和机体防御机制中的作用，在近年抗 HIV/AIDS 研究中亦愈加受到瞩目。巨噬细胞也是 HIV 感染重要的靶细胞，无论是否接受高效抗逆转录病毒疗法（HAART）治疗，均观察到巨噬细胞产生性感染。虽然巨噬细胞及前体细胞表达低水平 CD4$^+$ 分子，但高水平表达硫酸类肝素蛋白聚糖，尤其黏结蛋白聚糖。黏结蛋白聚糖通过与 gp120 结合聚集病毒，结合的 HIV 病毒仍具有感染力并能感染 T 细胞[7]。巨噬细胞表达的另一受体 CD91 与 HIV 病毒体热休克蛋白结合参与 HIV 感染[8]。尽管巨噬细胞是 HIV 主要靶细胞及病毒产出的重要来源，但在机会性感染整个过程中，体内巨噬细胞的寿命及其在潜伏期贮库中的作用仍不清楚，是否能成为药物治疗的一个靶点等都需进一步研究。

自然杀伤（NK）细胞是天然免疫系统中的重要细胞，可识别和杀伤能够逃避细胞毒性 T 细胞杀伤的肿瘤细胞或病毒感染细胞，在抗病毒抗肿瘤中发挥着极其重要的作用。NK 细胞受体根据其功能的不同可分为天然细胞毒受体，以及具有 MHC - Ⅰ 类限制性的抑制性受体（iNKR）。抑制性受体是 NK 细胞行使免疫监视功能的基本形式，正常情况下，iNKR 与正常细胞表面的 MHC 分子相互作用，抑制 NK 细胞的细胞毒活性，他所产生的抑制信号使 NK 细胞处于非活化状态，使 NK 细胞不会杀伤自身的细胞。但在有病毒感染和肿瘤的情况下，MHC - Ⅰ 类分子就会异常表达、缺失或变构，NK 细胞此时就从抑制状态被激活，由自然细胞毒性受体（NCR）产生活化信号而裂解靶细胞[9]。因此可以认为抑制性和活化性受体是互相合作共同调节 NK 细胞的杀伤活性，来发挥其生理功能。同时也有研究表明 NK 细胞能产生一些趋化因子，在感染反应过程中，参与单核巨噬细胞的募集，是逆转录病毒进入靶细胞的抑制因子。这些细胞因子是 CCR$_5$ 的天然配体（CCR$_5$ 和 CXCR$_4$ 是 HIV 进入靶细胞的重要受体），故可以抑制病毒的入侵，同时趋化因子的分泌可以抑制 HIV 的复制，若出现病毒血症则明显地降低 NK 细胞对 HIV 复制的抑制作用[10]。这些研究充分论证了 NK 细胞在抗 HIV/AIDS 中的意义和作用，而且其相关内容也已成为研究 HIV/AIDS 的一个新热点。NK 细胞作为天然免疫的一个重要组分在抗 HIV 感染过程中发挥着重要的功能，目前已经发现了许多 NK 细胞表面受体，相信随着对 NK 细胞研究的不断深入，将为抗 HIV 研究提供更有效的思路和治疗手段。

三、中药抗 HIV/AIDS 研究中病毒与免疫的关系　通过研究和分析发现，病毒与免疫是一对矛盾的统一体，国外研究显示：在没有药物治疗的情况下，控制 HIV 复制的主要因素是 CD4$^+$ 调节的抗 HIV 特异性的细胞毒性 T 淋巴细胞（CD8$^+$）[11]。可以认为 HIV/AIDS 的感染和发病与人体的免疫功能密切相关。无论在研究领域还是实际应用中，往往根据致病因子和人体抵抗力之间的相互关系，制定以增强人体免疫功能消灭病原体的法则，同时也是"抗感染免疫"概念的具体体现。另有研究认为：HAART 对免疫功能的重建，与 HIV 载量的快速减少和 CD4$^+$ 数量的快速增加不同，需要一段时间，HIV 才能在淋巴细胞中持续低水平复制[12]。因此单一药物治疗艾滋病均不能恢复 CD4$^+$ 细胞免疫能力[13]，这为中药抗 HIV/AIDS 研究提供了新的思路。另外 CD4$^+$ 细胞不仅参与免疫调节，而且和机体内环境的稳态有相关性[14]。这不仅说明了机体功能的复杂性和协调性，同时也为中药抗 HIV/AIDS 的繁杂机制提供了理论根据。

因为机体的免疫反应决定了病毒调定点和疾病进程[15]，以及导致 HIV 感染免疫缺陷的主要原因是免疫耗竭和 Th 功能缺乏。所以应重视机体免疫系统的调整，通过调节机体抗病防卫机制，达到抗 HIV 感染和清除病毒的目的。中药作为免疫调节剂，具有调节、增强、兴奋和恢复机体免疫功能的作用，体现形式之一就是能激活一种或多种免疫活性细胞，增强机体的非特异性和特异性免疫功能；使低下的免疫功能恢复正常；或能替代体内缺乏的免疫活性成分，具有免疫替代作用；对机体的免疫功能实行双向调节作用，这些均在病毒感染疾病的研究中得到广泛应用。实际上中药作用靶点多而且复杂，加之一种细胞因子具有多种生物活性，多种细胞因子可有共同的生物活性，其功能种类、浓度、靶细胞、作用程序、体液因子各不相同。各细胞因子间形成网络又和神经内分泌系统形成系统网络、相互作用而发挥多环节多途径的整体调节。从分子生物学的角度，真正在基因水平上解释中药抗 HIV/AIDS 的免疫药理作用中基因表达、基因修复和基因调控以及信号传导等内容还任重而道远。

四、中药在抗 HIV/AIDS 研究中的发展前景　目前全球抗 HIV/AIDS 的研究，在西药方面已经达到相当高的水平，但仍有很多不尽如人意的地方。从中药的研究中寻找突破口，是一件很有意义的工作。

HIV 潜伏期贮库病毒消亡非常缓慢，且在某些部位药物难以触及，当今抗逆转录病毒药物不能将其完全消除，加之贮库内病毒抗药性突变株的出现使抗病毒治疗受阻，并且抗 HIV 药物治疗产生的毒副作用也成为长期用药的主要障碍之一。以前各种试图降低药物毒副作用及提高机体 HIV 特异性免疫的种种尝试也因病毒持续出现归于失败。因此如何使潜伏期贮库病毒完全释放并通过有效方法清除是当今抗 HIV 研究的热点、难点问题[16]。

HIV/AIDS 感染和发病机制的复杂性为中药研发提供了大好机遇。"扶正祛邪"是中医的基本治疗原则之一，除了抗病毒治疗以外，保护机体的免疫细胞生成、功能和成熟的组织环境，本身就是一种治疗。中药成分复杂，可以通过多环节、多靶点的调节，达到生物疗法的目的，而且与单一化合物相比，更能给机体自我修复提供时间和空间上的条件。

免疫系统是一个复杂的网络，任何环节都是相关联的，在 HIV 感染的情况下，其复杂性更加难以想象，正是这种复杂的网络型结构，为中药抗 HIV/AIDS 的研究提供了可能。中药在任何一个环节介入，都可以使网络结构发生变化，改变其不平衡的病理状态，使机体进入良性循环的轨迹。从机体的整体角度考虑，抗病毒与提高机体免疫功能两种理论和方法，相辅相成、相互促进，这一观点在抗 HIV/AIDS 研究中得到诠释。李泽琳教授和曾毅院士曾经应用祛毒增宁胶囊治疗 AIDS 病人，结果发现该中药复方不仅能有效降低病毒载量，同时又能显著增加患者的免疫功能[17]。

治疗艾滋病的最终目的是抗病毒与免疫重建或维持免疫功能，而抗病毒药物与免疫调节剂合用（合理的中药在抑制 HIV 的同时又具有提高机体的免疫功能），有望成为抗 HIV/AIDS 的最佳方案之一。中医药治疗艾滋病是一个令世人瞩目的课题，可以预见中医药在抗 HIV/AIDS 的研究中必将有着广阔而美好的发展前景。

〔原载《中华中医药杂志》2007，22（4）：250－252〕

参 考 文 献

1　Ng T T, Pinching A J, Guntermann C, et al. Molecular immunopathogenesis of HIV infection. Genitourin Med. 1996，72（6）：408－418

2　侯云德，金冬雁．现代分子病毒学选论．北京：科学出版社，1994，283

3　Clerici M, Shearer G M. The Th1－Th2 hypothesis of HIV infection：new insights. Immunol Today, 1994, 15（12）：575－581

4　Hertoghe T, Wajja A, Ntambi L, et al. T cell activation, apoptosis and cytokine dysregulation in the（co）pathogenesis of HIV and pulmonary tuberculosis（TB）. Clin Exp Immunol, 2000, 122（3）：350－357

5　Rosenberg E S, Billingsley J M, Caliendo A M, et al. Vigorous HIV－1－specific CD4$^+$ T cell responses associated with control of viremia. Science, 1997, 278（5342）：1447－1450

6　Paul M E, Shearer W T, Kozinetz C A, et al. Comparison of CD8（+）T－cell subsets in HIV－infected rapid progressor children versus non－rapid progressor children. J Allergy Clin Immunol, 2001, 108（2）：258－264

7　Bobardt M D, Saphire A C, Hung H C, et al. Syndecan captures, protects, and transmits HIV to T Lymphocytes. Immunity, 2003, 18：27－39

8　Gurer C, Cimarelli A, Luban J. Specific incorporation of heat shock protein 70 family members into primate lentiviral virions. J Virology, 2002, 76：4666－4670

9　李兆忠，杨晶，卢圣栋．自然杀伤细胞和 HIV 感染及病毒逃逸．国外医学免疫学分册，2004，22（1）：44－48

10　Kottilil S, chun T W, Moir S, et al. Innate immunity in human immunodeficiency virus infection：effect of viremia on natural killer cell function. J Infect Dis, 2003, 187（7）：1038－1045

11　Bartlett J G, Gallant J E. 艾滋病病毒感染的诊断与治疗．第 2 版．北京：科学出版社，2002，1－3
Bartlett J G, Callant J E. Medical management of HIV infection. 2nd ed. Beijing：Science Press, 2002：1－3

12　Emery S, Lane H C. Immune reconstitution in HIV infection. Current Opinion in Immunology, 1997, 9：112－116

13　Kelleher A D, Cart A, Zaunders J, et al. Alterations in the immune response of human immunodeficiency virus（HIV）－infected subjects treated with HIV－specific protease inhibitor, ritonavir. Infect Dis, 1996, 173：321－329

14　Bach J F, Francois－Bach J. Regulatory T cells under scrutiny. Nat rev Immunol, 2003, 3（3）：189－198

15　Ogg G S, Xin J, Bonhoeffer S, et al. Quantitation of HIV－1－specific cytotoxic T lymphocytes and plasma viral RNA load. Science, 1998, 297：2103－2106

16　刘勇，贺顺章．HIV 发病机制的细胞学基础．国外医学病毒学分册，2004，11（5）：138－141

17　李泽琳，王仲民，刘学周，等．祛毒增宁胶囊治疗艾滋病的疗效观察．中华实验和临床病毒学杂志，2004，18（4）：305－307
Li ZL, Wang ZM, Liu XZ, et al. Treatment of AIDS patients with Chinese medicinal herbs QuDu ZengNing Capsule. Chinese Journal of Experimental and Clinical Virology, 2004, 18（4）：305－307

Discussion on Interaction of Virus and Immunity in Research of Anti – HIV/AIDS Chinese Materia Medica

LU Xiu – hua, LIU Wei, LI Ze – lin, ZENG Yi

(College of Life Science & Bioengineering, Beijing University of Technology, Beijing 100022)

Based on the point of view that the human body is an organic whole and the fact that virus and body is a unity of contradiction, the interaction mechanism of virus and immunity in the research of the anti – HW/AIDS Chinese materia medica is discussed. On the one hand, it can widen our thinking to find new target of antivirus drugs. On the other hand, it can also provide scientific support for understanding the complex mechanics of the anti – HW/AIDS Chinese materia medica.

〔Key words〕 HIV; AIDS; Chinese materia medica; Immunity

356. 人 APOBEC3G 基因克隆、表达、纯化及多克隆抗体制备

北京工业大学生命科学与生物工程学院 李 岚 杨怡妹 李泽琳 曾 毅

〔摘 要〕 为了获得人 APOBEC3G 蛋白及其多克隆抗体，从 H9 细胞中提取总 RNA，采用反转录 – 聚合酶链式反应（RT – PCR）技术获得人 APOBEC3G 基因，将测序鉴定过的 APOBEC3G 基因克隆到原核表达载体 pET – 32a 上，以包涵体的形式在 E. coli BL21（DE3）中高效表达，由于 APOBEC3G 蛋白 C 端融合了 6×His 标签，有助于对蛋白的纯化及鉴定，应用酶切技术、SDS – PAGE 及 Western Blot 等方法确保基因片段的正确性和蛋白的特异性，纯化后的 APOBEC3G 蛋白用来免疫日本大耳白兔，用间接 ELISA 法测定兔多克隆抗体滴度，获得了纯度超过 80% 的 APOBEC3G 融合蛋白，抗 APOBEC3G 多克隆抗体滴度高达 1∶102 400。

〔关键词〕 基因；抗体；纯化；克隆

人体细胞固有的抗病毒因子——载脂蛋白 B mRNA 编辑酶催化多肽样蛋白 3G（human apolipoprotein B mRNA editing enzyme – catalytic polypeptide – like 3G，简称 hAPOBEC3G），与 hAPOBEC1（hA1）、活化诱导的脱氨酶（activation – induced deaminase，简称 AID）同属于 APOBEC 家族成员[1]，hAPOBEC3G（hA3G）基因位于第 22 号染色体，含有 8 个外显子和 7 个内含子，cDNA 长度为 1155 bp，编码 384 个氨基酸，hA3G 附近基因分别编码 hA3A – H 蛋白[2]，而其他的哺乳类动物如鼠、猫、牛等的基因组只编码单一的 APOBEC3 蛋白，其所在的基因位置与灵长类动物一致，这意味着后者在病毒抵制细胞天然免疫的压力选择下不断进化，最终导致 APOBEC3 的多样化，有利于增强细胞的天然免疫。

hA3G 包装入 HIV－1 病毒粒子，在 HIV－1 逆转录过程中引起胞嘧啶脱氨基变为尿嘧啶，出现 C→U 突变[3-7]，整合前被尿嘧啶 DNA 糖苷酶（uracil DNA glycosylase，简称 UDG）降解[8]，或在合成病毒双链 DNA 时出现 C→A 超突变[9-12]，导致逆转录过程减弱，完整的前病毒数量减少，干扰了子代病毒粒子的产生，破坏了病毒蛋白的结构和功能，这将会削弱病毒的传播。因此，关于 hA3G 的研究近年受到广泛关注。本实验旨在获得高质量的 hA3G 蛋白，纯化后的 hA3G 蛋白用来免疫日本大耳白兔，确定了 hA3G 蛋白的免疫原性，制备的多克隆抗体可检测 hA3G 蛋白表达情况。

材料和方法

一、材料 本实验所用的主要材料有：*E. coli* DH5α、*E. coli* BL21（DE3）、质粒 pET－32a、pEGFP－C3、H9 细胞、MAGI 细胞、日本 TaKaRa 公司的 pMD18－T 载体、RTase、各种限制性核酸内切酶、Taq DNA 聚合酶、dNTPs、T4 DNA 连接酶、Agarose Gel DNA Fragment Recovery Kit、Invitrogen 公司的 TRIzol Reagent RNA 提取试剂盒、Lipofectamine 2000 转染试剂盒、晶美公司的标准蛋白质相对分子质量试剂、纽英伦生物技术有限公司的抗 His－Tag 鼠源单克隆抗体及 HRP 标记的羊抗小鼠 IgG、质粒 DNA 提取试剂盒（QIAGENplasmid kit，购自 QIAGEN 公司）、RPMJ－1640 及 DMEM（购自 GIBCO 公司）。

二、方法

（一）bA3G 基因扩增与测序：根据 GenBank 中 hA3G 的基因序列（登录号：NM－021822），采用 Oligo primer 软件设计引物。上游引物为 5′cca tgg cta tga agc ctc act－3′，下游引物为 5′－ccg ctc gag gtg tcc att cat tgt at－3′。以 H9 细胞的总 RNA 为模板，采用 RT－PCR 技术扩增 hA3G 基因片段。第 1 步 RT－PCR 扩增条件为：42℃，30 min，合成第 1 链 cDNA。第 2 步 PCR 扩增条件为：94℃，5 min；94℃，50 s；55℃，1 min；72℃；3 min，35 个循环；72℃，10 min 结束扩增，RT－PCR 反应在 Applied Biosystems 2720 Thermal Cycler DNA 扩增仪中进行。扩增产物纯化后与 pMD18－T 载体连接，转化入 *E. coli* DH5α，蓝白斑筛选，挑取阳性克隆后进行酶切鉴定并送测序公司测序。

（二）pET－APOBEC3G 重组质粒的构建：用 *Nco* I 和 *Xho* I 分别双酶切扩增后的 hA3G 和 pET－32a 原核表达载体，电泳回收片段，连接的质粒转化入 *E. coli* DH5α 进行扩增。构建的 pET－APOBEC3G 质粒经 *Nco* I /*Xho* I 酶切鉴定后测序。测序结果用 vector NTI 8.0 软件进行拼接，与 pET－APOBEC3G 预期序列作对比。

（三）重组质粒的表达：将重组质粒 pET－APOBEC3G 转化入 *E. coli* BL21（DE3）感受态细胞，挑单克隆重组菌接种到含氨苄西林 100 mg/L、氯霉素 34 mg/L 的 5 ml LB 培养基中，在 37℃、190 r/min 条件下培养 21 h，当菌液 A_{600} 值达到 0.6~0.8 时，加入终质量浓度为 1 mmol/L 的异丙基硫代－半乳糖苷（IPTG），在相同条件下继续诱导 4 h（诱导前留样作为阴性对照）。全菌体沉淀经 12% SDS－PAGE 电泳，并采用 Western Blot 进行检测。蛋白凝胶自动扫描分析 hA3G 蛋白的表达量。

（四）表达产物的纯化：小量鉴定后的工程菌 pET－APOBEC3G/BL21（DE3）过夜活化，次日按体积分数为 1% 的接种量转到 800 ml 2×YT 培养基中（含氨苄西林 100 mg/L、氯霉素 34 mg/L），37℃振荡培养，菌液 A_{600} 值达到 0.6~0.8 时，加入终质量浓度为 1 mmol/L 的 IPTG，继续诱导 4 h。在 4℃、5000 r/min 条件下离心 20 min 收集菌体。冰浴中短暂超

· 556 ·

声破碎后，菌体沉淀加增容缓冲液，磁力搅拌过夜。对 hA3G 样品经分子筛 superdex200 纯化后所得蛋白进行 SDS – PAGE 及 Western Blot 鉴定，用蛋白凝胶自动扫描仪鉴定纯度。纯化后蛋白质量浓度的计算公式为

$$\rho = 1.55A_{280} - 0.76A_{260}$$

（五）蛋白质的鉴定：将表达或纯化后的融合蛋白 SDS – PAGE 凝胶电泳，考马斯亮蓝染色后，通过蛋白凝胶自动扫描分析系统鉴定纯度。对 Western Blot 进行重组蛋白的免疫检测，电泳后转移的硝酸纤维素膜用 5% 脱脂奶粉封闭后，加入抗 His – Tag 鼠源单克隆抗体（1∶200）室温轻摇作用 1 h，PBST（NaCl 0.14 mol/L，Na₂HPO₄10 mmol/L，KH₂PO₄ 1.8 mmol/L，0.05% Tween 20，pH 7.5）洗涤 3 次，再加入 HRP 标记的羊抗小鼠 IgG（1∶200）室温反应 1 h，经洗涤后，在二氨基联苯胺（0.06 g/L）和 0.1% H₂O₂ 溶液中显色，观察生色反应，待特异性蛋白条带出现后，用 PBS 漂洗终止反应。

（六）多克隆抗体的制备：用所得 hA3G 蛋白免疫日本大耳白兔：1 ml 蛋白溶液（870 mg/L）与等量弗氏完全佐剂混匀，双后肢肌内注射；2 周后兔耳缘静脉取血 1 ml，用间接 ELISA 法测定其滴度；4 周后用 0.5 ml 蛋白溶液加等量弗氏完全佐剂加强免疫；6 周后颈动脉取血，分离抗血清。

（七）多克隆抗体滴度的间接 ELISA 法测定：用 hA3G 蛋白（150 μg/L）包被 ELISA 板，每孔 100 μl；PBST 加满孔，洗板机摇振 2 min，重复洗涤 5 次，在吸水纸上拍干；每孔 2% BSA 200 μl 封闭，37℃ 湿盒内保温 2 h；加入 100 μl 倍比稀释的一抗（1∶200 ~ 1∶204 800），同时用免疫前血清做阴性对照，37℃ 作用 1 h；PBST 洗板；加入 100 μl HRP 标记的羊抗兔 IgG（1∶50 000），37℃ 作用 1 h；PBST 洗板；显色液 A、显色液 B 每孔各加入 50 μl，避光 37℃ 作用 15 min；加 50 μl 终止液（2 mol/L H₂SO₄）终止反应。每组设立 4 个复孔。用 BioRad 550 型酶标仪在 450/630 nm 波长处测量，临界值（cutoff）= 阴性对照 $A_{450/630}$ 均值 + 2 × 标准差。样品 $A_{450/630}$ ≥ 临界值为阳性；样品 $A_{450/630}$ < 临界值为阴性。

（八）pEGFP – APOBEC3G 重组质粒的构建：采用 Xho Ⅰ/Kpn Ⅰ 双酶切 pMD18 – APO-BEC3G 及 pEGFP – C3 质粒，分别获取目的片断 APOBEC3G 及载体片断，将二者连接获得 APOBEC3G 与绿色荧光蛋白融合表达的质料 pEGFP – APOBEC3G，构建的 pEGFP – APO-BEC3G 质粒经 Xho Ⅰ/Kpn Ⅰ 酶切鉴定后测序，测序结果用 vector NTI8.0 软件进行拼接，与 pEGFP – APOBEC3G 预期序列作对比。

（九）pEGFP – APOBEC3G 重组质粒转染 MAGI 细胞：转染前 1 d 用六孔板培养 MAGI 细胞，每孔铺 60 万细胞，加 2 ml DMEM 培养基，次日转染时细胞 90% ~ 95% 成层；pEGFP – APOBEC3G 重组质粒 DNA 10 μg 加入 250 μl Opti – MEM Ⅰ 无血清培基，在离心管 a 中轻柔混匀；3 μl Lipofectamine™2000 加入 250 μl Opti – MEM Ⅰ 无血清培基，在离心管 b 中轻柔混匀，室温静置 5 min；将 a 中的物质加入 b 中混匀，室温静置 20 min，形成 DNA – Lipo-fectamine™2000 复合物；弃六孔板中细胞培养基，PBS 洗 2 次，每孔加 500 μl Opti – MEM Ⅰ 无血清培基；将 DNA – Lipofectamine™2000 复合物逐滴加入相应孔中，前后晃动平板混匀，同时设立 pEGFP – C3 质粒空载体转染 MAGI 细胞以及未转染的细胞对照孔；在 37℃、5% CO₂ 温箱中孵育 4 ~ 6 h，补加 1 ml 含 10% FBS 的 DMEM 培养基；将细胞放入 37℃、5% CO₂ 温箱中继续孵育 24 h，在荧光显微镜下观察绿色荧光蛋白表达情况，并拍照。

（十）免疫酶反应：将转染后的细胞经 0.03% EDTA 消化，PBS 洗 2 遍，重悬后计数，

铺 96 孔板，每孔 7000 个细胞，次日成层后弃上清，PBS 洗 2 遍，4% 甲醛固定。加入制备的 APOBEC3G 多克隆抗体原液（不加多克隆抗体的阴性对照），37℃ 温箱中孵育 1 h，PBST 洗 2 遍，加 HRP 标记的羊抗兔 IgG（1∶100），置于 37℃ 温箱中孵育 1 h，PBST 洗 2 遍、在二氨基联苯胺（0.06 g/L）和 0.1% H_2O_2 溶液中显色，用 PBS 漂洗终止反应。

实验结果

一、重组质粒 pET – APOBEC3G 的构建及酶切鉴定 从 H9 细胞中利用 RT – PCR 法扩增出 1155 bp 的 hA3G 基因（图 1 中箭头所示），将重组质粒 pET – APOBEC3G 转化入 *E. coli* DH5α 后，提取阳性菌的质粒，经 *Nco* I 和 *Xho* I 双酶切，可看到与预期大小（1155 bp、5900 bp）一致的条带（图 2 中箭头所示）。

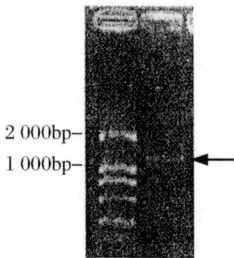

图 1　RT – PCR 扩增 hA3G 基因

Fig. 1　RT – PCR product of hA3G

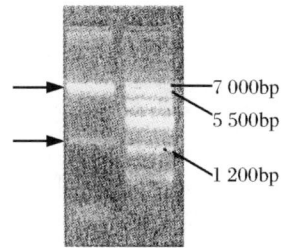

图 2　酶切鉴定 pET – APOBEC3G

Fig. 2　Identification of plasmid pET – APOBEC3G

二、重组质粒 pET – APOBEC3G 的测序鉴定 采用 Vector NTI Align X 软件将 pET – APOBEC3G 测序结果与 hA3G 基因序列进行对比，hA3G 基因序列完整且读框正确，说明已成功地构建了 hA3G 原核表达质粒 pET – APOBEC3G。

三、hA3G 蛋白的表达及产物鉴定 将重组质粒 pET – APOBEC3G 转化入 *E. coli* BL21（DE3）感受态。经 IPTG 诱导后，表达蛋白经 12% SDS – PAGE 电泳分析（图 3），1 表示诱导前全菌体裂解物；2 表示诱导后全菌体裂解物；M 表示标准相对分子质量蛋白质对照；3 和 4 所显示的分别是 1 和 2 的 Western Blot 结果。结果显示，诱导前的阴性对照中检测不到重组蛋白条带；诱导后，随着重组蛋白的大量表达，在大约 68×10^3 处可见清晰的条带（如箭头所示）蛋白凝胶自动扫描分析表明，hA3G 蛋白表达量约占全菌体总蛋白的 22.32%。

四、hA3G 蛋白的纯化和鉴定 hA3G 蛋白纯化前后的样品经 SDS – PAGE 电泳分析（图 4），M 表示标准相对分子质量蛋白质对照；1 表示 pET – APOBEC3G 诱导后全菌体裂解物；2 表示 hA3G 蛋白纯化后产物；3 表示的是样品 2 的 Western Blot 结果。结果显示纯化前后在 68×10^3 处均可见明显的 hA3G 蛋白条带（如箭头所示），与预期的目标蛋白相对分子质量大小一致，经纯化可有效地将目标蛋白之外的杂蛋白去除。蛋白凝胶自动扫描分析表明，hA3G 蛋白纯度达 80% 以上。测量纯化后蛋白的 A_{280} 及 A_{260}，根据公式计算其质量浓量浓度为 0.87 g/L。

五、抗体滴度的测定 用纯化所得 hA3G 蛋白免疫日本大耳白兔获得抗血清，用间接 ELISA 法测定抗体滴度。表 1 中阴性对照 hA3G 临界值为 0.134，hA3G 多克隆抗体稀释度可达 1∶102 400。结果表明，hA3G 蛋白有良好的免疫学活性，所获抗血清具有很高的滴度。

六、重组质粒 pEGFP – APOBEC3G 的酶切鉴定　重组质粒 pEGFP – APOBEC3G 经 *Xho* Ⅰ、*Kpn* Ⅰ双酶切后可见 1200 bp、4700 bp 大小条带（如图 5 中 1 所示），与预期的酶切片段大小一致。

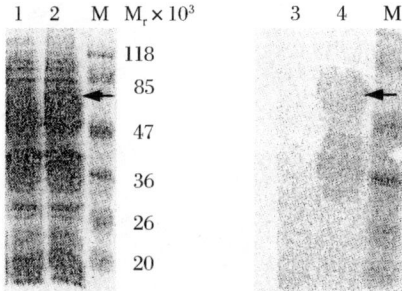

图 3　pET – APOBEC3G 表达
产物的 SDS – PAGE 及 Western Blot 分析
Fig. 3　SDS – PAGE and WB analysis of
pET – APOBEC3G expression product

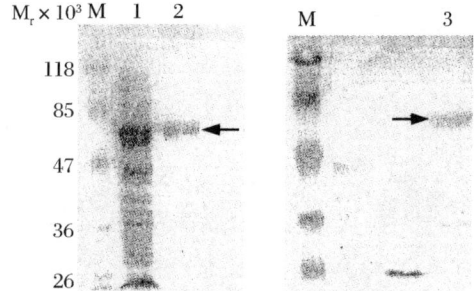

图 4　hA3G 融合蛋白纯化后 SDS –
PAGE 及 Western Blot 分析
Fig. 4　SDS – PAGE and WB analysis
of purified hA3G fusion protein

表 1　多克隆抗体滴度测定
Tab. 1　The titer of the polyclonal antibodies

稀释度	$A_{450/630}$	结果	稀释度	$A_{450/630}$	结果
1 : 200	2.266	+	1 : 12 800	0.879	+
1 : 400	1.937	+	1 : 25 600	0.629	+
1 : 800	1.722	+	1 : 51 200	0.359	+
1 : 1 600	1.627	+	1 : 102 400	0.180	+
1 : 3 200	1.367	+	1 : 204 800	0.096	–
1 : 6 400	1.214	+			

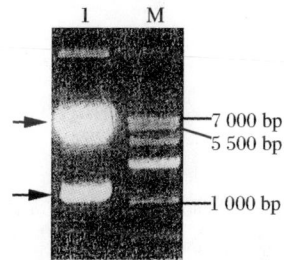

图 5　酶切鉴定 pEGFP – APOBEC3G
Fig. 5　Identification of pEGFP – APOBEC3G
by restriction endonuclease digestion

七、重组质粒 pEGFP – APOBEC3G 的测序鉴定　采用 Vector NTI Align X 软件将 pEG-FP – APOBEC3G 测序结果与 hA3G 基因序列进行对比。二者核苷酸序列完全一致。

八、免疫酶实验　重组质粒 pEGFP – APOBEC3G 经脂质体转染，在 MAGI 细胞内表达，图 6（a）是光镜下 MAGI 细胞；图 6（b）为激光显微镜下绿色荧光蛋白在 MAGI 细胞中的表达，整个细胞均可见绿色荧光；图 6（c）为激光显微镜下 APOBEC3G 蛋白与绿色荧光蛋白的融合表达，可见 APOBEC3G 蛋白定位于细胞质。结果表明，已经成功地将 pEGFP – APOBEC3G 重组质粒及 pEGFP – C3 质粒载体分别转入细胞内，将真核细胞内表达的 APOBEC3G 与制备的 APOBEC3G 多克隆体进行免疫酶反应，在光镜下可见细胞质被深染成棕色，细胞核无着色，此时绿色荧光被覆盖，激光显微镜下无绿色荧光［图 6（d）］，而阴性对照在光镜下细胞无任何着色［图 6（e）］，激光显微镜下可见较多明显的绿色荧光［图 6（f）］。

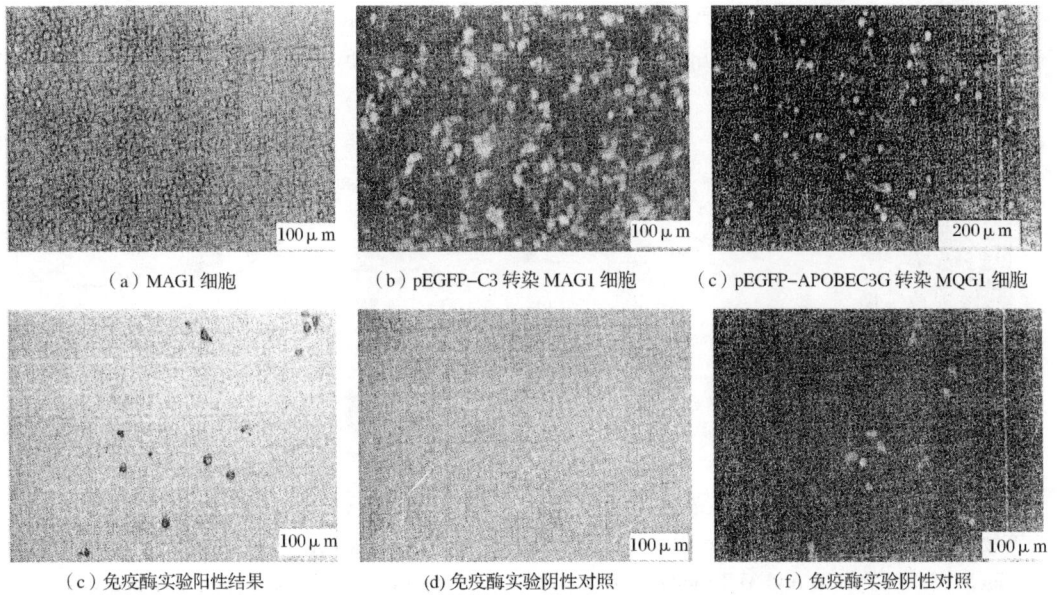

(a) MAG1 细胞   (b) pEGFP–C3 转染 MAG1 细胞   (c) pEGFP–APOBEC3G 转染 MQG1 细胞

(c) 免疫酶实验阳性结果   (d) 免疫酶实验阴性对照   (f) 免疫酶实验阴性对照

图 6　免疫酶实验结果

Fig. 6　Results of immumoenzyme assay

讨　　论

hA3G 作为细胞内固有的抗病毒因子，一方面通过包装入病毒粒子后在下一轮感染的逆转录过程中发挥胞嘧啶脱氨酶作用；另一方面，不通过 RNA 编辑功能也可以抑制 HBV 的复制[13]和 HIV–1 的感染[14]，但确切作用机制尚有待于进一步研究证实。HIV–1 病毒感染因子（viral infectivity factol，简称 vif）可以拮抗 hA3G 的抗病毒作用[15]，他可能通过与 hA3G 直接结合，经蛋白酶降解途径而阻碍 hA3G 的抗 HIV 活性，也可能通过与 hA3G 直接作用而抑制其胞嘧啶脱氨酶活性。因此，在探讨 hA3G 与 HIV–1 vif 相互作用机制的研究中，采用高质量的目标蛋白是进行体外蛋白结合实验等分析蛋白质相互作用实验的必备前提，同时采用高效表达的目的蛋白进行动物免疫也有利于制备高质量的多克隆抗体。

目前，在大肠埃希菌中融合表达外源蛋白不仅可以提高表达效率，增加表达产物的稳定性，溶解性和免疫原性，产生导向药物等双功能分子，还可以被广泛应用于促进重组蛋白的有效回收与纯化，其中多聚组氨酸基因融合表达系统是使融合蛋白进行高效表达、亲和纯化及检测的一个完整体系。其优点是多聚组氨酸不会影响目的蛋白的高级结构。另外，pET 表达载体具有 T7 启动子，可通过化学诱导高效地表达外源蛋白，目的蛋白前端的促溶蛋白（相对分子质量约为 22×10^3）可以增加蛋白的表达及可溶性。

在本实验中，重组蛋白在诱导后大量表达，表达量约占全菌体总蛋白的 22.32%，多数以包涵体形式存在，便于进一步纯化。运用分子筛对所表达的蛋白进行纯化，可获得高纯度的 hA3G 蛋白。在整个实验过程中，可以通过 SDS–PAGE 及 Western Blot 迅速准确地检测出 pET–APOBEC3G 表达的目的蛋白，以纯化后的目的蛋白为抗原免疫日本大耳白兔，获得的多克隆抗体经间接 ELISA 法检测滴度达到 1∶102 400，并且在真核细胞内表达的 APOBEC3G 可以与制务的多克隆抗体发生免疫酶反应，这些结果可以初步表明，利用该系统表达的蛋白具有很好的免疫原性。另外，pET－32a 系统表达的 hA3G 蛋白可与 BIAcore 仪器的芯片耦联，适用于对可与目标分子结合的对象进行大量快速筛选和确认，因此在研究蛋白质－蛋白质相互作用及筛选药物方面均有独特之处。

结束语

利用 RT－PCR 技术得到了 hA3G 基因，构建了目的蛋白 hA3G 与多聚组氨酸标签融合表达的质粒 pET－APOBEC3G。在大肠埃希菌中进行了高效表达，利用先进的蛋白纯化系统，成功地得到了高纯度及浓度的 hA3G 蛋白，并制备出相应的多克隆抗体。

〔原载《北京工业大学学报》2008，34（2）：197－203〕

参 考 文 献

1　Newman. E N, Holmes R K, Craig H M, et al. Antiviral function of APOBEC3G can be dissociated from cytidinedeaminase activity. Curr Biol, 2005, 15（2）: 166－170

2　Cantin R, Methot S, Tremblay M J. Plunder and stowaways: incorporation of cellular proteins by enveloped viruses. J Virol, 2005, 79（11）: 6577－6587

3　Harris R S, Bishop K N, Sheehy A M, et al. DNA deamination mediates innate immunity to retroviral infection. Cell, 2003, 113（6）: 803－809

4　Mangeat B, Turelli P, Caron G, et al. Broad antiretroviral defence by human APOBEC3G through lethal editing of nascent reverse transcripts. Nature, 2003, 424（6944）: 21－22

5　Yu Q, Konig R, Pillal S, et al. Single－strand specificity of APOBEC3G accounts for minus－strand deamination of the HIV genome. Nature Struct Mol Biol, 2004, 11（5）: 435－442

6　Lecossier D, Bouchonnet F, Clavel F, et al. Hypermutation of HIV－1 DNA in the absence of the *vif* protein. Science, 2003, 300（5622）: 1112

7　Zhang H, Yang B, Pomerantz R J, et al. The cytidine deaminase CEM15 induces hypermutation in newly synthesized HIV－1 DNA. Nature, 2003, 424（6944）: 94－98

8　Priet S, Sire J, Querat G. Uracils as a cellular weapon against viruses and mechanisms of viral escape. Curr HIV Res, 2006, 4（1）: 31－42

9　Sheehy A M, Gaddis N C, Chol J D, et al. Isolation of a human gene that inhibits HIV－1 infection and is suppressed by the viral *vif* protein. Nature, 2002, 418（6898）: 646－650

10　Sheehy A M, Gaddis N C, Malim M H. The antiretroviral enzyme APOBEC3G is degraded by the proteasome in \ response to HIV－1 *vif*. Nat Med, 2003, 9（11）: 1404－1407

11　Langlois M A, Beale R C, Conticello S G, et al. Mutational comparison of the single－domained APOBEC3G and double domained APOBEC3F/G anti－retroviral cytidine deaminases provides insight into their DNA target site specificities. Nucleic Acids Res, 2005, 33（6）: 1913－1923

12　Suspene R, Sommer P, Henry M, et al. apoec3g is a single－stranded DNA cytidine deaminase and functions independen. Nucleic Acids Research, 2004, 32（8）: 2421－2429

13　Turellii P, Mangeat B, Jost S, et al. Inhibition of hepatitis B virus replication by apobec3g. Science, 2004, 303（5665）: 1829

14　Chiu Y L, Soros V B, Kreisberg J F, et al. Cellular APOBEC3G restricls HIV－1 infection in resting CD4－1 T cells. Nature, 2005, 435（7038）: 108－114

15　Gabuzda D H, Lawrence K, Langhoff E, et al. Role of *vif* in replication of human immunodeficiency virus type 1 in CD4＋T lymphocytes. J Virol, 1992, 66（11）: 6489－6495

Cloning，Expression and Purification of APOBEC3G，and Its Polyclonal Antibodies Production

Ll Lan，YANG Yi－shu，LI Ze－lin，ZENG Yi

（College of Life Science and Bioengineering，Beijing University of Technology）

To prepare human APOBEC3G and to produce its antibodies, the total RNA was extracted from H9 cells, and APOBEC3G gene was achieved by RT－PCR. The resulting DNA construct was cloned into a prokaryotic expression vector (pET－32a) and recombinant pET－APOBEC3G was expressed in *Eserichia coli* BL21（DE3）as an insoluble protein. The vector also contained a six－histidine（His6）tag at the C－terminus for convenient purification and detection. To express and purify the APOBEC3G in *E. coli* cells, the accuracy of inserted genes and specificity of APOBEC3G proteins were detected by two enzymes digestion technology, SDS－PAGE, and Western Blot（WB）. Rabbits were immuzied by purified APOBEC3G proteins. Serum samples were tested by indirect enzyme－linked immunosorbent assays（ELISAs）to determine the level of antibodies. The purity of APOBEC3G was above 80%. The titer of the antibodies was 1∶102 400.

〔**Key words**〕Genes；Antibodies；Purification；Cloning

357. 应用聚合酶链反应检测食管癌组织中人乳头瘤病毒

河北大学生生命科学院 李淑英（华北煤炭医学院生物科学系在读博士） 赵晓瑜
郑州大学医学院 王立东 中国疾病预防控制中心病毒病预防控制所肿瘤病毒室传染病预防控制
国家重点实验室病毒性肿瘤组 李 颖 刘宏图 周 玲 曾 毅
北京大学人民医院中心手术室 吴晓舟

〔摘 要〕 **目的** 探讨人乳头瘤病毒（human papillomavirus，HPV）与我国河南地区食管癌发生的相关性。 **方法** 应用 HPV L1 通用引物 CP5 +/6 +、HPV16E6 和 HPV18E6 型特异性引物多聚酶链反应（Polymerase chain reaction，PCR），检测林州市食管癌组织中 HPV 存在状况。 **结果** 31 例食管癌组织中，29 例检测到 HPV 阳性，阳性率为 93.5%；其中 19 例检测到 HPV16 E6 基因，阳性率为 61.3%，8 例为 HPV18 E6 基因阳性，阳性率为 25.8%，5 例 HPV16E6 和 18E6 基因均阳性，为混合感染。HPV16 和 18 型阳性率为 71.0%。 **结论** 我国河南省林州市食管癌组织中有 HPV 存在，并且 HPV 感染可能是食管癌发生的重要病因。

〔关键词〕 食管肿瘤；癌；乳头状瘤病毒，人；聚合酶链反应

人乳头瘤病毒（human papillomavirus，HPV）属小 DNA 病毒，与许多部位鳞状上皮细胞良性及恶性肿瘤性病变有关，其中 HPV 感染与宫颈癌的相关性已得到公认。近年来研究

显示，食管癌组织中有 HPV 基因存在，但各文献报道 HPV 检出率差异较大。为探讨人乳头瘤病毒与食管癌的相关性，本研究应用 PCR 法，并使用 HPV L1 基因区通用引物、HPV16 型和 18 型别 E6 基因特异性引物对河南省林州市食管癌组织进行了 HPV 检测。

材料和方法

一、**材料** 河南省林州市食管癌手术切除组织标本 31 例，其中男性 18 例，女性 13 例，平均年龄为 58（42～72）岁。组织切除后立即放入 −70℃ 冰箱保存。

二、**组织块中全核酸的提取** 组织标本经液氮冷冻研磨后，按说明书指示，使用 QIAamp DNA Mini Kit（QIAGEN，德国）提取食管癌组织全核酸后于 −20℃ 保存。

三、**HPV 的 PCR 检测** 使用 β – Actin 作内参（PCR 产物为 292bp），使用 HPV L1 区 GP5 +/6 + 引物、HPV16E6 和 HPV18E6 型特异性引物进行 PCR 扩增。β – Actin[1]、HPV CP5 +/6 +[2] 以及 HPV16E6 和 HPV18E6[3] 的扩增条件见有关文献。PCR 中使用了 EX Taq（宝生物，大连），每个反应总体积为 50 μl，加入 1 μl 提取的组织全核酸作为模板。研究中作对照使用的 HPV16 及 18 全基因组质粒由中国疾病预防控制中心病毒病预防控制所朊病毒室董小平教授惠赠。本研究使用的引物及扩增产物的长度见表 1。

表 1　本研究中使用的扩增引物
Tab. 1　Sequences of GP5 +/6 +, HPV16E6 and 18E6 PCR primers used in this study

引物 Primer	引物序列（5′ – 3′） Sequences（5′ – 3′）	扩增子大小 Amplicon size（bP）
通用引物 General primers		
GP5 +	TTTGTTACTGTGGTAGATACTAC	150
GP6 +	GAAAAATAAACTGTAAATCATATTC	
型特异性引物 Type specific primers		
HPV E6		
HPV16E6 – 1	CACAGTTATGCACAGAGCTGC	457
HPV16E6 – 2	CATATATTCATGCAATGTAGGTGTA	
HPV18E6 – 1	CACTTCACTGCAAGACATAGA	322
HPV18E6 – 2	GTTGTGAAATCGTCGTTTTCA	

表 2　河南省林州市食管癌 HPV DNA 检测结果
Tab. 2　The summary of the PCR detection of HPV LI, HPV16E6 and HPV18E6 in esophageal carcinoma samples from Linzhou City

组别 Group	标本数 No. detected	阳性数 Positive No.（%）	阴性数 Negative No.（%）
通用引物 General primers			
HPV L1 GP	31	29（93.5）	2（6.5）
型特异性引物 Type specific primers			
HPV16 E6	31	19（61.3）	12（38.7）
HPV18 E6	31	8（25.8）	23（74.2）
混合型 Mixed			
HPV16 + 18	31	5（16.1）	–

结　果

一、**标本全核酸的提取和质量控制** 从图 1 A 可以明显看出代表人全核酸的条带，说明 DNA 浓度比较均一。图 1B 中、以 293 细胞提取全核酸为模板的阳性对照，其产物为 292bp，提取组织全核酸为模板的 PCR 产物大小与阳性对照相近，说明组织中所提出核酸可满足进一步实验要求。

二、**标本 HPV 检测** GP5 +/6 + 是国际上广泛使用的 HPV L1 基因区通用引物，可检测 20 多个型别的 HPV。对 31 个食管癌样品进行了 PCR 检测，用含有 HPV18 全基因组的质粒作为本组实验阳性对照，可观察到约 150bp 的 GP5 +/6 + 扩增产物（图 1C 的 pc）。与之参照，31 份样品中，有 29 份为 HPV 阳性，HPV 阳性率为 93.5%。

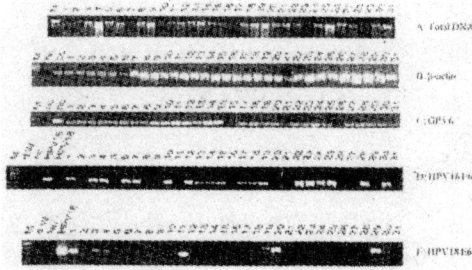

A，M 为 λEcoT14 1，1~31 为提取的食管癌切除组织的 DNA 样品；B，nc 为阴性对照，pc 是 293 细胞系 DNA 为模板的阳性对照，1~31 为 β-Actin 内参扩增；C，nc 为阴性对照，pc 是以 HPV18/pBR322 为模板的阳性对照，1~31 为 GP5+/6+ 的扩增；D，d.W. 为空白对照，nc 为 293 细胞系 DNA 为模板的阴性对照，HPV16 为 HPV16/pBR322 为模板的阳性对照，HPV18 是以 HPV18/pBR322 为模板的 HPV16 型特异性对照，1~31 为 HPV16E6 的扩增；E，d.W. 为空白对照，nc 为 293 细胞系 DNA 为模板的阴性对照，HPV18 是以 HPV18/pBR322 为模板的阳性对照，1~31 为 HPV18E6 扩增；

B、C、D、E 中 M 为宝生物 100bp DNA Ladder

图 1   31 个食管癌样品中 HPV 的检测

A, M was λEcoT14 I, and lane 1–31 were the isolated DNA from the esophageal carcinoma samples；B, nc was negative control, pc was positive control with DNA from 293 cells, and 1–31 were PCR for β-Actin; C, nc was negative control, pc was positive control with HPV18/pBR322, and 1–31 were PCR for GP5+/6+；D, d. W. was blank control without template DNA, nc was negative control with the template DNA from 293 ceils, HPV16 was positive control with DNA of HPV16/pBR322, HPV18 was the reaction with the template of HPV18/pBR322and 1–31 were PCR for HPV16E6; E, d. W. was blank control without template DNA, nc was negative contro with isolated DNA from 293 cells, HPV18 was positive control with template of HPV18/pBR322 and 1–31 were PCR. for HPV18E6; B, C, D. E, M were 100 bp DNA ladder from TaKaRa

Fig. 1   The detection of HPV in 31 esophageal carcinoma samples

　　同时，我们分别使用 HPV16 和 18 两型别 E6 基因特异性引物对上述 31 个样品进行了 PCR 检测。从图 1D 可以看出，有 19 份样品均检出 HPV16E6 基因，其阳性率为 61.2%；从图 1E 看出，8 个样品可检测到 HPV18 E6 基因，其阳性率为 25.8%。对比图 1 的 D 和 E，5 个样品同时具有 HPV16 和 18 两个型别 E6 基因的扩增子，可以认为这 5 份样品是 HPV16 和 18 两个型别的混合感染。我们将 HPV 检测结果总结在表 2。结合图 1 的 A~E，我们认为 HPV，特别是 HPV16 和 18 两型别在河南省林州市食管癌样品中占有较高的分布频率，达到 71.0%。

讨　　论

　　食管癌是世界上第六大癌症，全世界每年新发患者约 46.2 万人，每年死于该癌症的有 38.6 万人。其中 80% 发生在发展中国家，特别是包括中国与伊朗在内的 "中亚食管癌带" 地区[4]。自从 Syrjanen 于 1982 年发现了食管扁平细胞癌中具有湿疣状损伤，推测出人乳头瘤病毒是该癌症的一个危险因子[5]。20 多年来不断有报道支持 HPV 在食管癌上的病原学意义。

　　使用 HPV6、11、16 和 18 的通用引物，我们曾在广东潮汕地区检测过新鲜食管癌切除组织样品，发现，HPV16 和 18 的分布频率分别为约 40% 和约 20%，检出率随不同批次有所改变，两型别合计存在比率在 60%~70% 变动。本研究中，河南省林州市食管癌样品中 HPV16 和 18 的检出率（71.0%）和我们在潮汕地区的结果（60%~70%）非常接近，说明 HPV 在我国食管癌样品中的存在具有普遍意义。此外，GP5+/6+ PCR 结果进一步说明，河南省林州市食管癌中具有很高 HPV 感染的可能性。

　　总结以往对食管癌研究的结果，我们推测食管癌发生可能是多病因的。文献上报道有化学致癌物如亚硝胺、真菌毒素、HPV 等因素在食管癌诱发中的病原学意义。例如，多数报道亚硝胺在食管癌高发区普遍存在、并可诱发食管上皮细胞癌变，因此有理由认为亚硝胺是食管癌的病因。我们过去的研究结果也证明：HPV 在广东潮汕地区食管癌组织中存在比率达到60％，同时，食管癌 HPV16 阳性细胞中，HPV DNA 在宿主染色体上整合率很高；建立了30 多年的食管癌 EC109 细胞株仍有 HPV18 型 DNA 存在；HPV E6E7 基因导入能诱发食管上皮细胞永生化和癌变[6]。上述证据表明，HPV 在食管癌发生中起一定的病因学作用。另一方面，我们的工作还证明了，致癌物（亚硝胺）、放射、促癌物等与 HPV 可以起协同作用，促进和加速正常细胞的永生化和癌变。结合以上研究结果，我们认为食管癌的发生可能是单独诱发或多因素协同作用的结果。因此，本研究结果和既往食管癌机理研究结果，即食管癌是多因素诱发说并不矛盾。

〔原载《中华实验和临床病毒学杂志》2008，22（4）：251－253〕

参 考 文 献

1　Lee DC, Cheung CY, Law AH, el al. p38 Mitogen－Activated Protein Kinase－Dependent Hyperinduction of Tumor Necrosis Factor Alpha Expression in Response to Avian Influenza Virus H5N1. J Virol, 2005, 79：10147－10154

2　Karlsen F, Kalantari M, Jenkins A, et al. Use of Multiple PCR Sets for Optimal Detection of Human papillomavirus. J Clin Microbiol, 1996, 34：2095－2100

3　Sotlar K, Diemer D, Dethleffs A, et al. Detection and Typing of Human Papillomavirua by E6 Nested Multiplex PCR. J Clin Microbiot, 2004, 42：3176－3184

4　Gao GF, Roth MJ, Wei WQ, et al. No association between HPV infection and the neoplastic progression of esophageal squamous cell carcinoma：Result from a cross－sectional study in a high－risk region of China. Int J Cancer, 2006, 119：1354－1359

5　Syrjanen KJ. Histological changes identical to those of condylomatous lesions found in esophageal squamous cell carcinomas. Arch Geschwustforsch, 1982, 52：283－292

6　沈忠英，岑山，蔡维佳，等．人乳头瘤病毒18 型 E6T7 基因诱导人胚食管上皮永生化．中华实验和临床病毒学杂志, 1999, 13：121－123

Detection of Human Papillomavirus in Tissues of Esophageal Carcinomas by Polymerase Chain Reaction

LI Shu－ying*, LI Ying, WANG Li－dong, WU Xiao－zhou, ZHOU Ling, ZHAO Xiao－yu, LIU Hong－tu, ZENG Yi

(*College of Life Sciences, Hebei, University)

Objective　To investigate the relationship between the human papillomavirus (HPV) and esophageal carcinomas. **Methods**　We detected HPV DNA in 31 fresh tissue of esophageal carcinomas from Linzhou City, Henan Province, by PCR with the general primer set of GP5 +/6 + for HPV L1 gene and typespecific primer sets fur HPV16 and 18 as well. **Results**　29 from 31 esophageal carcinoma samples were HPV positive and the rate was 93.5%. Among the samples detected, 19 were HPV16E6 positive and rate was 61.3%, eight were HPV18 E6 positive and rate was 25.8%; our result also showed five were the multiple infection containing HPV16 and 18 as well and the rate was 71.0%. **Conclusion**　The high rate of HPV in the esophageal carcinoma samples suggested that HPV plays an etiologic role in the development of

〔**Key words**〕 Esophageal neoplasms; Carcinoma; Papillomavirus, human; Polymerase chain reaction

358. Ad5F35 – LMP2 重组腺病毒修饰 DC 体外诱导 特异性 T 细胞免疫的研究

广西医科大学第一附属医院 莫武宁 唐安洲 黄光武
中国疾病预防控制中心病毒病所国家重点实验室 周 玲 王 湛 曾 毅

〔摘 要〕 **目的** 了解含有 EB 病毒潜伏膜蛋白 2 的非复制型重组腺病毒（Ad5F35 – LMP2）修饰的 DC 能否在体外诱导 LMP2 特异性细胞毒性 T 淋巴细胞免疫。 **方法** 人外周血单个核细胞在细胞因子诱导下生成树突状细胞，Ad5F35 – LMP2 感染树突状细胞后激发同源的 T 细胞，MTT 法检测其对 T 细胞的增殖作用，及激活的特异性 CTL 对表达 LMP2 的人 CNE – 2 细胞的特异性杀伤效应。 **结果** Ad5F35 – LMP2 能有效感染树突状细胞，其激活的特异性 CTL 对 CNE – 2 细胞有特异性杀伤活性，与对照组相比差异有统计学意义（$P < 0.01$）。 **结论** 重组腺病毒 Ad5F35 – LMP2 感染的 DC 可以有效地诱导产生 EBV – LMP2 特异性细胞毒效应。

〔关键词〕 腺病毒科；树突状细胞；疱疹病毒 4 型，人；膜蛋白质类；T 淋巴细胞

鼻咽癌（NPC）在东南亚地区及我国南方部分地区发病率非常高。鼻咽癌与 EBV 密切相关，EBV – LMP2 是 NPC 等 EBV 相关肿瘤免疫治疗的候选基因。本研究检测 Ad5F35 – LMP2 重组腺病毒修饰的 DC，在体外能否活化特异性 CTL 及抑制肿瘤细胞生长。MTT 购自美国 Sigma 公司。

材料和方法

一、材料

（一）细胞与病毒：CNE – 2 细胞、Ad5F35 – LMP2 重组腺病毒、Ad5F35 – *gp*120 重组腺病毒均由中国疾病预防控制中心病毒病预防控制所肿瘤室保存。

（二）抗体与试剂：LMP2 兔多抗血清为荷兰 Middeldorp 教授馈赠。荧光标记羊抗兔 IgC 购自北京中山公司。FITC 标记 IgG$_1$、CD86、CD80、HLA – DRCD4 抗体，ECD 标记 CD8 购自美国 B – D 公司。胎牛血清购自美国 Hyclone 公司、Taq 酶购自日本 Takara 公司。GM – CSF、IL – 4、TNF – α、1L – 2 购自美国 Promega 公司。淋巴细胞分离液购自瑞典 Pharmacia 公司。

二、方法

（一）Ad5F35 – LMP2 重组腺病毒修饰的树突状细胞的分离培养和检测

1. Ad5F35 – LMP2 重组腺病毒修饰的树突状细胞的分离培养：常规分离外周血单个核细

胞（PBMC），培养 2 h，去除非贴壁细胞。加入含 10% 胎牛血清、IL-4、GM-CSF 的 1640 培养基培养 7 d，用 MOI 为 300 的 Ad5F35-LMP2 重组腺病毒吸附 2 h，在含 IL-4、GM-CSF、TNF-α 的培养基中继续培养 48 h。第 9 天离心收集成熟的树突状细胞。

2. 修饰的树突状细胞的检测：①DC 表面分子检测：使用 FITC 标记的 IgG₁、CD80、CD86、HLA-DR 抗体，流式细胞仪进行检测。②修饰 DC 表达 LMP2 的检测：使用 LMP2 兔多抗、FITC 标记的羊抗兔 IgG 标记 Ad5F35-LMP2-DC，流式细胞仪检测。

3. 混合淋巴细胞反应（MTT 法）：采用 Ad5F35-LMP2-DC、未转染 DC 及 CNE-2 细胞作为刺激细胞，PBMC 作为反应细胞。按刺激细胞与 PBMC 的比 1∶20、1∶50 分别加入刺激细胞，培养 96 h。培养结束前 4 h，加入 MTT，测定 570 nm 处吸光密度 A 值。

4. LMP2 特异性 CTL 细胞群体表面 CD3、CD8 的检测：Ad5F35-LMP2-DC 刺激 2 次后的 PBMC 细胞，加入 FITC 标记鼠抗人 CD3、ECD 标记鼠抗人 CD8 抗体，流式细胞仪检测 CD3、CD8 的阳性表达。

（二）体外活化 CTL 对 CNE-2 肿瘤细胞在体外的抑制试验

1. 志愿者 DC 细胞的分离培养：分离与 CNE-2 细胞同型的 HLA-A11 基因型志愿者树突状细胞。

2. DC 的修饰：收集培养 7 d 的 DC，用 MOI 为 300 的 Ad5F35-LMP2 重组腺病毒和 Ad5F35-gp120 重组腺病毒分别感染，在含成熟因子的 DC 培养基中继续培养 48 h。

3. 修饰后 DC 与自体 T 细胞混合培养：调整细胞浓度，PBMC $2×10^6$/ml；病毒修饰后的 DC 为 $1×10^5$/ml。各取 0.5 ml/孔（细胞比例为 20∶1）混合培养。第 7 天，再次加入病毒修饰的 DC（细胞比例，为 20∶1）。培养过程中每 3 d 半量换液，并补足 IL-2。第 14 天收集细胞并检测其杀伤活性。

4. MTT 法检测体外活化 CTL 对 CNE-2 的抑制：靶细胞为 CNE-2。按 5∶1、10∶1、20∶1 三个比例将体外活化的 CTL 与 CNE-2 混合培养，48 h 后，MTF 测定 570nm 波长下各孔吸光度。CTL 的抑制活性按以下公式计算：[1-（试验孔 A 值-效应细胞对照孔 A 值）/靶细胞对照孔 A 值] ×100%。

结　　果

一、P2 重组腺病毒修饰的 DC 疫苗的分离培养和检测

（一）光镜下的 DC：未感染 Ad5F35-LMP2 的 PBMC-DC 培养至第 9 天，细胞多为成熟 DC，突起形态多样，有的短而粗，有的细而长，有的多分枝，表面呈毛刺状（图 1A 略）。当培养至第 7 天，经 Ad5F35-LMP2 转染的 DC，继续培养至第 9 天，形态和未感染的 DC 相似（图 1B 略）。

（二）流式细胞术检测 DC 表面标志：DC 培养 9 d 测 DC 细胞表面 CD80、CD86、HLA-DR 的表达情况。其中 CD80、CD86、HLA-DR 表达的阳性细胞分别占总数的 63.7%、69.3%、93.1%，基本上可以判断这些 DC 是成熟的。

（三）流式细胞术检测 Ad5F35-LMP2 重组腺病毒修饰后 DC 中 LMP2 表达：流式细胞仪分析结果显示，当用 MOI 为 300 的 LMP2 重组腺病毒感染 DC 时，有 60.5% 的 DC 表面有 LMP2 蛋白的表达。

二、混合淋巴细胞反应（MTT 法）　　MTT 法检测结果表明，将 LMP2 基因转入 DC，

所得的成熟 DC 刺激同种 T 淋巴细胞的增殖能力（A 值）明显增高，当 T∶DC 为 20∶1 时，与未转染 DC 及 CNE－2 对 T 细胞的刺激能力相比，差异均有统计学意义（$P<0.05$）（表1），且转染 DC 对 T 细胞增殖的刺激能力随着转染 DC 与 T 细胞的比率的增大而增强。

三、CTL 细胞群体的分析　T 细胞经 Ad5F35－LMP2 转染的 DC 两次刺激后，于第 14 天收集诱导的 CTL，FCM 检测其中 CD3 和 CD8T 细胞的比例。结果显示 CTL 中 CD3[+]、CD8[+] T 细胞的百分率分别为 50% 和 40%。表明，Ad5F35－LMP2 转染的 DC 能诱导 LMP2 特异的 T 细胞，且 CTL 中以 CD8[+]T 细胞为主。

四、CNE－2 细胞 LMP2 表达的检测　PCR 鉴定 CNE－2 细胞中 LMP2 基因的存在，在 1300 bp 左右可见一条带（图2），表明 CNE－2 细胞中有 LMP2 基因的存在。

表1　DC 刺激淋巴细胞增殖的检测
Tab. 1　Detection of lymphocyte proliferation stimulated by DCs

T∶DC	Ad5F35－LMP2－DC	DC	CNE－2
20∶1	0.754 ± 0.130^a	0.611 ± 0.073^a	0.32 ± 0.077
50∶1	0.476 ± 0.067^a	0.414 ± 0.081^a	0.29 ± 0.070

注∶ᵃ$P<0.05$。　　Note∶ᵃ$P<0.05$

五、IFA 鉴定 CNE－2 细胞中 LMP2 蛋白的表达　结果显示，在大部分的 CNE－2 细胞表面有 LMP2 蛋白的表达，而对照全部细胞呈阴性。

六、体外活化的 CTL 对 CNE－2 在体外的抑制实验　MTT 比色的结果显示，Ad5F35－LMP2 重组腺病毒修饰 DC 体外活化的 CTL 可以在体外有效的抑制 CNE－2 细胞的生长。当效靶比为 20∶1，10∶1 和 5∶1 时，抑制率分别可以达到 46.59%，34.09%，15.06%，而对照组（Ad5F35－gp120 重组腺病毒修饰 DC，缩写为 Ad5F35－gp120－DC）是 28.30%，22.42% 和 10.96%。

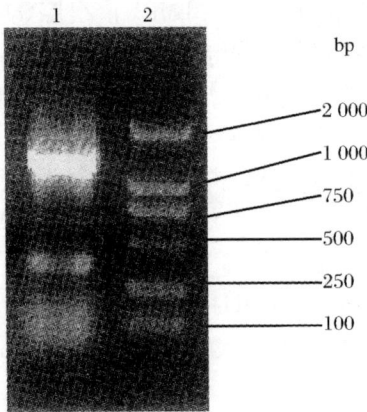

图2　PCR 检测 CNE－2 中的 LMP2 基因

1∶CNE－2；2∶DL2000 Marker

Fig. 2　The detection of LMP2 gene in genome of CNE－2

讨　　论

运用各种形式的肿瘤抗原修饰 DC，并将致敏的 DC 回输体内，可有效的诱发机体的特异性抗肿瘤免疫应答。DC 疫苗在乳腺癌、白血病、甲状腺癌、胃肠道肿瘤、黑色素瘤、肾细胞癌、前列腺癌、卵巢癌等肿瘤进行了广泛的临床试验，取得了令人鼓舞的进展和效果。

目前最常用腺病毒载体为 Ad5 型腺病毒（C 组腺病毒），但 DC 细胞缺乏与血清型 C 组腺病毒高亲和力的 CAR 表达，而 B 型腺病毒（Ad35）的纤维蛋白可与普遍存在于细胞表面的受体膜蛋白 CD46 结合，从而感染相应靶细胞。国外已有报道用 Ad35 纤维基因取代 Ad5 载体纤维基因，构建的 Ad5F35 腺病毒载体感染 DC 细胞或 CD34[+] 造血干细胞明显比用 Ad5 腺病毒更有效[1,2]。

本研究前期构建了含 EB 病毒 LMP2 全序列的 Ad5F35－LMP2 重组腺病毒，能有效表达目的基因 LMP2 蛋白[3]。经肌内注射恒河猴，可诱发针对 LMP2 的特异性细胞及体液免疫[4]。为进一步检测重组腺病毒体外感染的 DC 是否能够活化特异性的 CTL，我们进行了体外试验。选取与表达 LMP2 的 NPC 细胞系 CNE – 2 细胞有部分 HLA 配型相同的志愿者个体，作为 DC 和 T 细胞的来源。分离志愿者外周血单个核细胞，经培养并用 LMP2 重组腺病毒感染 DC 后活化自身的 T 细胞进行体外抑制 CNE – 2 细胞生长的试验。结果显示，构建的 Ad5F35 – LMP2 – DC 疫苗，在体外与自体 T 细胞共培养，诱导的细胞毒效应显著高于无关基因转染组，达 46. 59%，而对照组是 28. 30%。表明 Ad5F35 – LMP2 腺病毒修饰的 DC 疫苗能高效诱导特异性 CTL 活性，从而对表达 LMP2 的 NPC 细胞直接产生强大的特异性杀伤作用。这与 Ad5F35 – LMP2 – DC 内源性表达 LMP2 并有效加工、递呈给 CD4[+] 和 CD8[+] T 淋巴细胞并使之激活，及细胞表面免疫表型 CD80、CD86、HLA – DR 的高表达有直接的联系。由此制备的 DC 疫苗可以让 LMP2 抗原多种表位在 DC 中都能表达，可提呈多个抗原肽，让 DC 选择合适的靶位，同时通过 MCHI 及 MHC II 类分子限制性抗原提呈途径诱导 CTL，产生的特异性 CD4[+] 和 CD8[+] T 细胞能相互影响，对维持免疫记忆有重要作用，从而达到更理想的免疫效果。

〔原载《中华实验和临床病毒学杂志》2008，22（4）：254 – 256〕

参 考 文 献

1 Havenga MJ, Lemckert AA, Ophorst OJ, et al. Exploiting the natural diversity in adenovirus tropism for therapy and prevention of disease. J Virol, 2002, 76: 4612 – 4620

2 Yotnda P, Onishi H, Heslop H E, et al. Efficient infection of primitive hematopoietic stem cells by modified adenovirus. Gene Ther, 2001,

8: 930 – 937

3 莫武宁，周玲，吴小兵，等. Ad5F35 – LMP2 重组腺病毒的构建及鉴定. 中国免疫学杂志, 2007, 23: 251 – 255

4 莫武宁，周玲，吴小兵，等. Ad5F35 – LMP2 重组腺病毒免疫效果的初步研究. 中华实验和临床病毒学杂志，2007, 21: 226 – 228

Dendritic Cells Transfected with Recombinant Adenovirus Ad5F35 – LMP2 Induces LMP2 Specific Immunity Mediated by Cytotoxic T Lymphocytes *in vitro*

MO Wu – ning*, ZHOU Ling, WANG Zhan, TANG An – zhou, Huang Guang – wu, ZENG Yi

(* First Affiliated Hospital, Guangxi Medical University)

Objective　To observe whether dendritic cells (DCs) transfected with recombinant adenovirus Ad5F35 – LMP2 induces LMP2 specific immunity mediated by cytotoxic T lymphocytes *in vitro*.　**Methods**　Dendritic cells have been generated *in vitro*, and cocultured with autologous T cell after the DCs were infected with Ad5F35 – LMP2, then the proliferation of the induced T cells and their cytotoxic activity against CNE – 2 tumor cells which express EBV – LMP2 protein on membrane were assessed by MTT method.　**Results**　The dendritic cells could be transfected with Ad5F35 – LMP2 and the CTL activated by Ad5F35 – LMP2 – DC could effectively suppress the proliferation of CNE – 2 cells compared with control groups.　**Conclusion**　The dendritic cells transfected with recombinant adenovirus

Ad5F35 – LMP2 showed cytotoxicity effect by activating T lymphocytes.

[Key words] Adenoviridae; Dendritic cells; Herpesvirus 4, human; Membrane proteins; T lymphocytes

359. 高效表达重组 HIV – 1 *gp*41 及在尿液检测中的应用

中国疾病预防控制中心病毒病预防控制所　张晓光　马　晶　张晓梅

王自春　李红霞　曾　毅　北京君禾药业有限公司　戚其平

[摘　要]　目的　应用优化的 HIV – 1 *gp*41 基因，通过原核表达得到高纯度的重组 HIV – 1 *gp*41 抗原，制备基于重组 *gp*41 抗原的尿液 HIV – 1 抗体检测试剂盒，并评价此试剂盒在尿液抗体检测中的灵敏度和特异性。**方法**　将编码 HIV – 1B 亚型 *gp*41 主要抗原表位的基因插入到原核表达载体 pET22b 中，构建表达质粒 pET22b – mgp41。将表达质粒转化 BL21 (DE3) 后经 IPTG 诱导其表达重组抗原 *rgp*41。重组抗原经镍离子亲和层析和分子筛层析得到纯化。将纯化后重组抗原包被 ELISA 板，对 4796 份正常人群尿液、641 份 HIV – 1 抗体阳性感染者尿液进行 HIV – 1 抗体检测。**结果**　重组抗原经纯化后纯度 >95%。用本实验中制备的 HIV – 1 抗体尿液检测试剂盒的检测结果显示，此试剂盒灵敏度为 100%，特异性为 98.52%。**结论**　本研究中制备的 HIV – 1 尿液诊断试剂盒可以满足 HIV 感染者初筛实验的需要。

[关键词]　HIV；*gp*41 表达；纯化；抗体，病毒；尿

HIV 感染者尿液中的 HIV 特异性抗体含量是血液中的千分之一到万分之一[1]。因此，以尿液为检测对象的试剂盒必须具有很高的灵敏度。提高试剂盒灵敏度的关键因素之一是使用纯度高、具有良好抗原反应性的抗原。我们将优化过的编码 HIV – 1 *gp*41 N 端抗原区段 (aa539 – 632) 基因插入到原核表达载体 pET22b 中；通过亲和层析和分子筛层析得到了高纯度的抗原；用此抗原包被 ELISA 板制成了 HIV – 1 尿液抗体检测试剂盒。我们用此 ELISA 试剂盒对正常人群、高危人群、HIV 抗体阳性人群尿样进行 HIV – 1 抗体检测，并同时采集血液，用血液 HIV 抗体检测试剂盒进行平行实验。结果显示 HIV – 1 尿液抗体检测试剂盒具有较高的特异性和灵敏度，基本可以满足 HIV – 1 抗体初筛实验的需要。

材料和方法

一、材料　细菌菌株和所用质粒大肠埃希菌 DH5α、大肠埃希菌 BL21 (DE3) 均为本室保存。质粒 pET22b 购自美国 Novagen 公司。含按照大肠埃希菌偏爱性密码子优化的 HIV – 1 *gp*41 基因 (编码 aa539 – 632) 的表达质粒 pTXB1 – mgp41 为本室构建。工具酶和试剂：限制性核酸内切酶 NdeI 和 Xhol、Taq 酶、T4DNA 连接酶和凝胶回收纯化试剂盒、pMD18 – T 试剂盒购自中国大连宝生物公司 (日本 TaKaRa)。dNTP 购自中国天根公司。蛋白相对分子质量标准购自中国晶美公司。金属整合亲和层析填料、Superdex200 层析和色谱柱购自美国

PE 公司。HIV1/2 抗体检测试剂盒购自北京金豪公司。人类免疫缺陷病毒（HIV）1 + 2 型抗体免疫印迹试剂盒（WB）购自浙江杭州澳亚生物技术公司。

二、方法

（一）构建重组表达质粒 pET22b - mgp41：用 NdeI 和 XhoI 同时酶切 pET22b 和 pTXB1 - mgp41，将酶切产物进行琼脂糖凝胶电泳，回收约 5.5 kb 载体和大小约为 310 bp mgp41 基因片段，用 T4 连接酶于 16℃ 连接过夜。连接产物转化、鉴定参照文献进行[2]。阳性克隆送公司测序。

（二）诱导表达 gp41：将测序正确的 pET22b - mgp41 转入 BL21（DE3）表达菌株中。接种分隔良好的单克隆到 5 ml 含 100 μg/ml 氨苄西林的 LB 培养液中，37℃ 振摇培养过夜。次日将过夜培养物按照 1 : 100 接种到 5 ml 新鲜 LB 中剧烈振摇培养，约 4 h 后测量斜值达到 0.6 时加终浓度为 0.5 mmol/L IPTG 诱导表达 4 h。取 1 ml 菌液 12 000 r/min 离心 1 min，菌体进行 SDS - PAGE 电泳检测，并用蛋白凝胶自动扫描仪分析目标蛋白相对表达量。

（三）重组蛋白大量发酵并分析其存在状态：将 25 ml 过夜培养种子菌接种到含 2.5 L 高浓度肉汤培养基的发酵罐中，通气培养。培养时氧含量保持在 40% 以上，同时用补加氨水或稀磷酸保持 pH 值为 7.0。每 30 min 取培养物用高浓度肉汤培养基作空白对照测量 A_{600} 吸收值。4 h 后加终浓度为 0.5 mmol/L 的 IPTG 诱导目标蛋白表达，继续培养 4 h 后 5000 r/min 离心 30 min 收集菌体。湿菌称重后按照重量体积比 1 : 10 加裂解液重悬菌体，冰浴超声波裂解菌体 10 次，每次工作 30 s 间隔 30 s，9000 r/min 离心 30 min 后分别取上清和沉淀进行 SDS - PAGE 电泳。

（四）重组蛋白 gp41 的纯化：参照 PE 公司纯化手册进行。

（五）纯化后的重组 gp41 在尿液 HIV - 1 抗体检测中的应用

1. HIV - 1 尿液抗体检测试剂的制备：参照参考文献〔3〕进行。

2. 尿液抗体检测试剂盒的考核：同时收集正常人群、HIV 感染高危人群和 HIV 感染阳性人群的尿样和血清，分别用本实验中制备的 HIV - 1 抗体检测试剂和金豪公司 HIV1/2 抗体检测试剂进行 HIV 抗体初筛实验。尿液或血液检测结果为阳性的样品用 HIV1 + 2 型抗体免疫印迹试剂盒（WB）进行确认实验。统计并分析尿液检测和血液检测实验结果。

结　　果

一、质粒构建及蛋白表达结果

（一）pET22b - mgp41 表达质粒构建鉴定结果：pTXB1 - mgp41 经 NdeI 和 XhoI 酶切后，定向插入到原核表达载体 pET22b 中，构建成重组表达质粒 pET22b - mgp41。表达质粒经酶切鉴定结果见图 1。

（二）小量诱导表达 gp41 和大量表达结果：SDS - PAGE 电泳分析重组蛋白小量表达结果显示，与诱导前对照比较，经 IPTG 诱导的工程菌在 12×10^3 处有明显条带，与重组 mgp41 预期相对分子质量一致。目标条带经蛋白凝胶自动分析结果显示，mgp41 占总蛋白量 21%。使用发酵罐大量表达重组 mgp41，重组表达菌经过 4 h 培养后，A_{600} 达到 8，加 IPTG 诱导 4 h 后 A_{600} 达到 11。培养物经离心称重、2.5 L 培养基经高密度发酵可得约 80 g 湿菌。取少量细菌进行 SDS - PAGE 分析，结果显示其相对表达量与小量表达相当（图 2）。

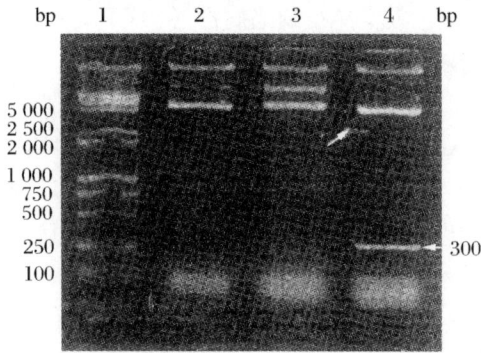

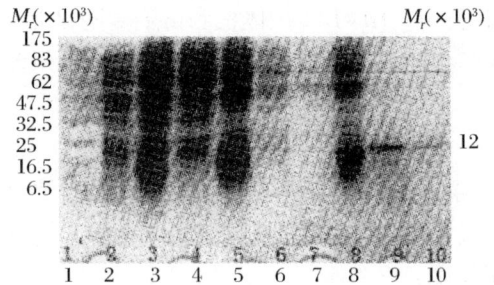

1：DL2000 + DL15000 核酸相对分子质量标准；2, 3：空质粒对照；4：pET22b – mgp41 NdeI 和 XhoI 酶切结果

图 1　质粒 pET22b – mgp41 的鉴定

1：DL2000 + DL15000 DNA Marker, 2, 3：plasmid control, 4：pET22b – mgp41 NdeI + XhoI

Fig. 1　Identification of plasmid pET22b – mgp41

1：蛋白相对分子质量标准；2：诱导前全菌体；3：诱导后全菌体；4：破菌上清；5：破菌沉淀；6, 7：洗液Ⅰ、洗液Ⅱ上清；8：洗涤后包涵体；9：镍亲和纯化结果；10：分子筛纯化结果

图 2　mgp41 大量表达及纯化结果

1：MW Marker；2：expression before induction（whole cell）；3：expression after induction（whole cell）；4：supernatant after lysed by sonication；5：precipitation after lysed by sonication；6, 7：supernatant of solution Ⅰ and solution Ⅱ；8：inclusion body；9：product purification after Ni metal chelate affinity chromatography；10：product purification after gel filtration chromatography

Fig. 2　Expression and purification of mgp41

（三）重组抗原 gp41 纯化结果：表达菌经超声破碎后分别取上清和沉淀电泳，结果表明重组蛋白 mgp41 全部存在于包涵体中。包涵体经过洗液Ⅰ和洗液Ⅱ洗涤后，杂蛋白被部分洗脱，目标蛋白则全部保留在沉淀中。洗涤后的包涵体经盐酸胍溶解后，用镍亲和层析纯化，可以去除绝大部分杂质，目标蛋白纯度达到 90%。收集镍亲和层析 mgp41 蛋白部分，再用分子筛进行下一步纯化。经过两步层析，HPLC 分析结果表明 mgp41 纯度达到 95% 以上。

二、HIV – 1 尿液抗体检测试剂盒的考核结果　用本实验中制备 HIV – 1 抗体尿液检测试剂共检测 5437 份尿液样本，其中正常人群 4295 人；高危人群 501 人（吸毒人群 100 人份、性病人群 107 人份、卖血浆地区人群 110 人份、泌尿科住院患者 184 人份）；HIV – 1 抗体阳性人群 641 人。正常人群和高危人群 4796 人中尿检阴性 4724 人，阳性 72 人，经 WB 确认 1 人为阳性，71 人为假阳性；641 人 HIV – 1 抗体阳性感染者尿检全部为阳性。总体灵敏度为 100%、特异度为 98.52%，约登指数为 0.9852，与血检结果基本相当。

讨　　论

我们选取 HIV – 1 B 亚型国际标准株 HXB2 膜蛋白 gp41 主要抗原表位，用 PCR 的方法将大肠埃希菌的使用频率低的密码子用其使用频度高的密码子替换，优化后的基因在原核表达系统中得到了高效表达。抗原的纯度是影响诊断试剂盒特异性的一个关键因素，如果蛋白中有较多杂质，检测结果会有相当高的假阳性。我们通过金属螯合亲和层析和分子筛层析两步纯化，使重组抗原纯度达到 95% 以上，保证了检测试剂盒的高特异性。

自从 1998 年 Cao 等在尿液中发现 HIV 特异性抗体以来，不断有以尿液作为 HIV 检测对象的报道出现[4]。但是，由于 HIV 感染者尿液中的特异性抗体含量为血液中千分之一甚至万分之一，尿液 HIV 抗体检测试剂盒需要更高的灵敏度。早期使用血液 HIV 抗体检测试剂盒对尿液进行检测并不成功。除使用常规酶联免疫法以外，还有其他一些方法被用来进行尿液 HIV 抗体检测：Connell 等[1]使用微球黏附实验和微球粘附酶联免疫实验进行 HIV 特异性抗体检测，灵敏度可以达到 99.4% 和 100%，特异性也很高；Hashida S 使用了一种更为复杂的方法抗体富集方法进行 HIV 抗体检测，灵敏度和特异性都达到了 100%；Martinez 等[5]使用点印记法进行检测，灵敏度和特异性分别为 97.2% 和 100%，这些方法抗体富集过程繁琐，操作步骤多，因此很难推广使用。只有研发出一种使用简便，同时灵敏度和特异性高的尿液诊断试剂才能为操作人员所接受。我们在常规的 ELISA 的基础上加以改进，使其灵敏度得到大幅度提高，灵敏度和特异性分别为 100% 和 98.52%。该试剂盒检测的尿液不需要前处理，其使用方法和常规 ELISA 相同，操作程序简便，易于在基层医疗单位推广使用。

〔原载《中华实验和临床病毒学杂志》2008，22（4）：308 – 310〕

参 考 文 献

1 Connell JA, Parry JV, Mortimer PP, et al. Preliminary report: accurate assays for and – HIV in urine. Lancet JT – Lancet, 1990, 335: 1366 – 1369

2 萨姆布鲁克 J，弗里奇 E F，曼尼阿蒂斯 T. 分子克隆实验指南. 第 3 版. 北京：科学出版社，2002

3 黄桢祥，洪涛，刘崇柏. 医学病毒学基础及实验技术. 北京：科学出版社，1990

4 Cao Y, Friedman – Kien AE, Chuba. JV, et al. IgG antibodies to HIV – 1 in urine of HIV – 1 seropositive individuals. Lancet JT – Lancet, 1988, 1: 831 – 832

5 Martinez PM, Torres AR, Ortiz de Lejarazu R, et al. Human immunodeficiency virus antibody testing by enzyme – linked fluorescent and western blot assays using serum, gingival – crevieular transudate, and urine samples. J Clin Microbiol, 1999, 37: 1100 – 1106

Overexpression, Purification of Recombinant HIV – 1 *gp*41 Protein and Detection of HIV Antibody in Urine

ZHANG Xiao – guang *, QI Qi – ping, MA Jing, ZHANG Xiao – mei, WANG Zi – chun, LI Hong – xia, ZENG Yi
(* Institute for Viral Disease Control and Prevention, Chinese Center for Disease Control and Prevention)

Objective To establish a specific and sensitive Enzyme – linked immunosorbent Assay（ELISA）kit for detection of HIV – 1 antibody in urine using *Escherichia coli* expression products as coating antigen. **Methods** The truncated HIV – 1 *gp*41 gene fragment of major antigenic epitopes was inserted into the plasmid pET22b to obtain expression plasmid pET22b – mgp41. The recombinant antigen was expressed in BL21（DE3）strains of *Escherichia coll* and was purified by immobilized metal chelation and gel filtration chromatography. Using this antigen as coating antigen, a HIV – 1 urine antibody ELISA kit was developed. In order to examine the clinical utility of the kit, 5437 urine samples were assayed, which consisted of 641 urine samples from HIV infected patients and 4796 samples from normal subjects. **Results** The purity of purified antigen is up to 95%. Anti – HIV antibodies were detected in all the urine samples from HIV infected patients, and the diagnostic sensitivity for HIV – 1 infection was 100%. In healthy control group, 71 cases showed false positive, the specificity was 98.52%. **Conclusion** The HIV – 1 urine antibody kit can be used in screening and diagnosing for HIV – 1 infection.

〔**Key words**〕 HIV；*gp*41 overexpression；Purification；Antibdies, viral；Urine

360. HIV-1 B 亚型 *gag* 基因密码子优化及其免疫原性的研究

中国疾病预防控制中心病毒病预防控制所　传染病预防控制所
国家重点实验室　冯　霞　余双庆　刘红梅　周　玲　曾　毅
北京工业大学生命科学与生物医学工程学院病毒与药理室　刘新蕾　王小利

〔摘　要〕　从河南 HIV-1 流行区感染者中克隆 HIV-1 B 亚型 *gag* 基因，通过序列比对获得其一致性共有序列，对该共有序列按照哺乳动物优势密码子的使用原则进行优化，以 Western blot 方法比较优化前后 *gag* 基因体外表达量。发现对 *gag* 基因进行密码子优化可显著提高其表达水平。将优化后的 mod. *gag* 基因插入重组腺病毒载体，构建了重组病毒 rAdV-mod. *gag*。在 BALB/c 小鼠体内分别以 10^8 PFU 及 10^9 PFUrAdV-mod. *gag* 疫苗单独免疫两次均可产生较高水平的 *gag* 特异性细胞免疫反应。由此得出结论，对 *gag* 基因的密码子优化是成功的；表达优化后 *gag* 基因的重组腺病毒疫苗，可以在小鼠体内诱导较强的 *gag* 基因特异性 CTL 应答。

〔关键词〕　HIV-1；*gag*；密码子优化；重组腺病毒；CTL 应答

目前人免疫缺陷病毒（Human immunodeficiency virus，HIV）疫苗研究的策略之一是诱导能识别 HIV 感染细胞的细胞毒性 T 淋巴细胞（CTL）的免疫应答。在 B 亚型 HIV-1 感染的患者中进行的保守免疫优势表位的研究表明，*gag* 是 HIV-1 亚型中最保守的基因[1]。而且，在未接受治疗的 HIV-1 感染者及感染 HIV-2 的长期不进展者中进行的研究表明，只有抗-*gag* CTL 应答与低病毒血症相关，他可能在慢性感染中起着控制病毒载量的作用[2-5]；而针对 Env、Nef 等蛋白的 CTL 应答与高病毒载量相关[3,6]。这些研究提示 *gag* 可能是以诱导广泛的 CTL 反应为基础的候选疫苗的首选抗原。B 亚型为我国 HIV-1 的主要流行亚型之一，尤其是在各地区有偿献血者中的 B 亚型 HIV-1 流行毒株相对保守。为研制适合在我国应用的治疗性 HIV 疫苗，本研究从河南 HIV-1 流行区感染者中克隆 B 亚型 *gag* 基因，为使其更具代表性，通过序列比对获得其一致性共有序列，并对该共有序列进行了密码子优化。构建了含此密码子优化型 *gag* 基因的重组腺病毒疫苗并对其免疫效果进行了初步研究。

材料和方法

一、菌株及质粒　大肠埃希菌 DH5α 为本室保存。真核表达质粒 pVR 由吉林大学孔维教授惠赠。AdMaX™ 腺病毒载体系统购自本元正阳基因有限公司。

二、细胞　293 细胞为本室保存。培养条件为含 10% 胎牛血清，1% 青链霉素，1% 谷氨酰胺的 DMEM。

三、工具酶和试剂　常用限制性内切酶、T4 DNA 连接酶、rTaq 酶、核酸纯化回收试剂盒购自大连宝生物工程有限公司。SuperScript First – Strand Synthesis System for RT – PCR 购自美国 Invitrogen 公司。真核转染试剂 FuGENE HD 购自瑞士 Roche 公司。小鼠淋巴细胞分离液 Lymphocyte – M 购自加拿大 Cedarlanelabs 公司。Brefeldin A、PMA 及离子霉素购自美国 Sigma 公司。抗 HIV – 1 P24 单抗由美国国立卫生院（NIH）AIDS Research and Reference Reagent Program 提供。兔抗 β – actin 多抗购自北京博奥森生物技术有限公司。HRP 标记的羊抗兔 IgG 及羊抗小鼠 IgG 购自北京中杉金桥生物技术有限公司。PE 标记的大鼠抗小鼠 CD8a 单克隆抗体（Ly – 2）、FITC 标记的大鼠抗小鼠 IFN – γ 单克隆抗体、PE 标记的大鼠 IgG2a 同型对照抗体及 FITC 标记的大鼠 IgG1 同型对照抗体购自美国 BD Pharmingen 公司。

四、引物合成　按照 Nested – PCR 方法，设计合成 2 对用于扩增 HIV – 1 gag 基因的引物。其中 G – 1/G – 2 为外侧引物，G – 3/G – 4 为内侧引物，由北京赛百盛基因技术公司合成。检测密码子优化型 gag（mod. gag）基因的引物 jchn3/jchn4 由上海生工生物工程技术服务有限公司合成。检测野生型 gag 基因（wt. gag）的引物 wtjc1/wtjc2 及 β – actin 内对照引物 β – actin F/β – actin R 由北京利嘉泰成科技有限公司合成。引物序列 C – 1：5′CGA CGC AGG ACT CGG CTT GC 3′，G – 2：5′CCT GGC TTT AAT TTT AC 3′，G – 3：5′GAG ATG GGT GCG AGA GCG TCA 3′，C – 4：5′GTT GAC AGG TGT AGG TCC TAC 3′，wtjc1：5′TCA GCC CAT ATC ACC TAG AAC 3′，wtje2：5′CGG CTC CTG CTT CTG AG 3′，β – actin F：5′GAA AAT CTG GCA CCA CAC CTT 3′，β – actinR：5′TTG AAG GTA GTT TCG TGG AT 3′，jchn3：5′GTA CCG GCT GAA GCA CAT CGT 3′，jchn4：5′CAT CAT GAT GCT GGC GGA GTT 3′。

五、多肽合成　gag 特异性多肽 P1（aa197 ~ 205）：AMQM – LKETI，P2（aa239 ~ 247）：TTSTLQEQI，P3（aa291 ~ 300）：EPFRDYVDRF 由上海生工生物工程技术服务有限公司合成。

六、HIV – 1 gag 基因克隆及 gag 共有序列的获得　采集河南 HIV – 1 流行区 HIV – 1 抗体阳性者静脉血 5 ml，EDTA 抗凝，用 Qiagen 公司的 QiaAmp Blood 试剂，按说明书提取细胞 DNA，核酸样品置 –20℃ 保存。用 Nested – PCR 方法扩增 gag 基因。以 G – 1/G – 2 为外侧引物，G – 3/G – 4 为内侧引物，扩增 gag 全基因 DNA 片段，将其克隆至 pMD18 – T 载体，送上海博亚生物技术有限公司测序。用 Vector NTI 软件对上述经克隆测序的 gag 序列进行比对，获得一致性共有序列。

七、共有序列 gag 基因的改造及全基因合成　按照哺乳动物优势密码子的使用原则，在不改变氨基酸序列的前提下，对共有序列 gag 基因的密码子进行改造，在序列中增加了以 G 或 C 结尾的密码子含量，通过全基因合成获得了改造后基因（mod. gag），改造后序列由上海生工生物工程技术服务有限公司合成。

八、改造前后基因体外 mRNA 及蛋白表达量的比较　将与 gag 共有序列最接近的 1 株野生型 gag 基因（wt. gag）及 mod. gag 构建至真核表达质粒 pVR 上，用 FuGENE HD 将各 1.5 μg 重组质粒瞬时转染 3×10^5 个 293 细胞，48 h 后收获细胞，用 Trizol 试剂提取细胞总 RNA 及蛋白。用 Invitrogen 公司的 SuperScript First – strand Synthesis System for RT – PCR 试剂盒按说明书用半定量 RT – PCR 方法检测改造前及改造后 gag 基因的 mRNA 水平。提取的细胞蛋白用 Western blot 方法检测改造前后基因的表达水平。

九、含 mod. gag 基因的重组腺病毒疫苗的构建及鉴定　将合成的改造后基因 mod. gag 克隆至腺病毒穿梭质粒 pDC316 上，再将此穿梭质粒与腺病毒骨架质粒 pBHGloxΔE1, 3Cre

共转染 293 细胞，获得重组病毒，命名为 rAdV – mod. *gag*。取纯化的 rAdV – mod. *gag* 及 rAdV – lucif – erase（对照病毒）各 50 μl，加入蛋白酶 K 至终浓度 1 μg/μL，55℃作用 1 h，然后煮沸 5 min，取 2 μl 作为模板，用 PCR 方法扩增插入的基因片段。另取纯化的 rAdV – mod. *gag* 及 AdV – luciferase 按 MOI 为 20，感染 2×10^5 个 293 细胞，感染 72 h 后收获细胞，用 Western blot 方法检测 *gag* 基因的表达。

十、实验动物的免疫 15 只雌性 BALB/c 小鼠，4~6 周龄，体重约 18~25 g，购自中国医学科学院动物研究所。上述小鼠随机分为 3 组，每组 5 只。以不同剂量的 rAdV – mod. *gag* 疫苗进行单独免疫。将 rAdV – mod. *gag* 疫苗分别稀释至 10^9PFU/ml 和 10^{10}PFU/ml，单侧胫前肌注射，每次 100 μl，于 0 周和 3 周免疫，对照组小鼠每次胫前肌注射 100 μl PBS，4 周检测免疫反应。

十一、免疫小鼠中 HIV –1 *gag* 特异性细胞免疫反应的检测 初次免疫后 4 周颈椎脱白法处死小鼠，用淋巴细胞分离液分离小鼠脾淋巴细胞，采用细胞内细胞因子染色法检测分泌 IFN – γ 的 CD8$^+$T 淋巴细胞。方法如下：取 2×10^6 个小鼠脾淋巴细胞以 20 μg/ml 的 *gag* 特异性多肽 P1、P2 及 P3 于 37℃，5% CO_2 培养箱中刺激培养。同时设立阴性对照孔和阳性对照孔，阴性对照孔不加 *gag* 特异性多肽刺激，其余条件同实验孔；阳性对照孔中也不加多肽，加入终浓度为 25 ng/ml。的佛波酯（PMA）和终浓度为 1 μg/ml 的离子霉素（Ionomycin）刺激。培养 3 h 后各孔均加入终浓度为 5 μg/ml 的蛋白质运输抑制物布雷非尔德菌素 A（Brefeldin A）处理，继续培养 10 h。收集细胞以 PE 标记的大鼠抗小鼠 CD8a（Ly–2）单抗室温避光染色 1 h；再以 4% 多聚甲醛室温固定 15 min，0.3% 皂素室温穿膜 15 min；然后以 FITC 标记的大鼠抗小鼠 IFN – γ 单抗室温避光染色 1 h。最后以含 1% FBS 的 PBS 重悬细胞，上流式细胞仪检测。

结　　果

一、HIV –1 *gag* 基因的克隆、*gag* 共有序列的获得及其密码子优化 从 12 份来自河南的 HIV –1 阳性血液标本中可扩增到全长 *gag* 基因片段。将这些基因分别克隆至 pMD18 – T 载体，进行序列测定。经编辑和校对后发现其中有 6 个基因有完整的读码框，与国际 HIV –1 不同亚型的 *gag* 基因参考序列比较，6 株 *gag* 基因克隆均为 B 亚型。用 Vector NTI 软件对上述 6 株 *gag* 序列进行比对，获得一致性共有序列。该共有序列与 B 亚型标准株 HXB2 *gag* 基因间在氨基酸水平上存在 5% 的变异，这些中国株 *gag* 基因间有 7 个与标准株不同的保守氨基酸位点。根据哺乳动物密码子使用频率表，在不改变编码氨基酸的前提下，将共有序列 *gag* 基因中部分密码子替换成高度表达的哺乳动物密码子，密码子优化后整个基因的 GC 含量明显增加，尤其是密码子第三位的碱基。将改造后基因命名为 mod. *gag*。

二、改造前后 *gag* 基因体外 mRNA 水平的比较 分别取 pVR – wt. *gag* 及 pVR – mod. *gag* 瞬时转染后 48 h 的 293 细胞及正常 293 细胞总 RNA 各 4 μg 为模板，以 Oligo（dT）为引物，进行逆转录反应合成 cDNA。各取 2 μl cDNA 模板进行 PCR 反应。以引物 β – actin F/β – actin R 检测 β – actin 内对照基因，以引物 wtjcl/wtjc2 及 jchn3/jchn4 分别检测改造前及改造后的 *gag* 基因。各取 5 μl PCR 产物经 2% 琼脂糖凝胶电泳，结果如图 1 所示，pVR – wt. *gag* 及 pVR – mod. *gag* 转染的细胞及正常 293 细胞均可扩增到 0.6 kb 大小的 β – actin 片段，而且产物的量无显著性差异。pVR – wt. *gag* 转染的细胞及 pVR – mod. *gag* 转染的细胞分

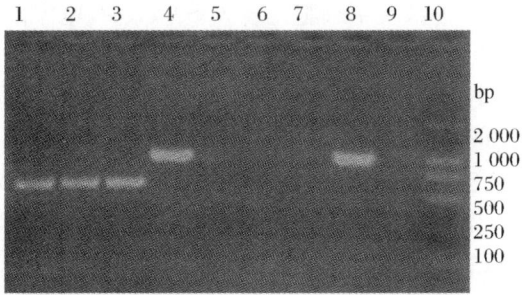

1 – 3：β – actin RT – PCR products as inner reference (1. pVR – wt. *gag* transfected cells；2：pVR – mod, *gag* transfected cells；3：Mock 293 cells)；4 – 6：wt. *gag* RT – PCR products using primers targeting wt. *gag* gene (4. pVR – wt, *gag* transfected cells；5：pVR – mod, *gag* transfected cells；6：Mock 293 cells)；7 – 9：mod. *gag* RT – PCR products using primers targeting mod. *gag* gene (7. pVR – wt, *gag* transfected cells；8：pVR – mod, *gag* transfected cells；9：Mock 293 cells)；10：DL2000 DNA Marker

图1　RT – PCR 检测转染细胞中 *gag* 基因 mRNA 水平

Fig. 1　RT – PCR analysis for *gag* mRNA of transfected cells

别扩增到 1.0 kb 大小的 wt. *gag* 及 mod. *gag* 片段。电泳图显示 wt. *gag* 及 mod. *gag* 在体外转录水平无明显差异。

三、改造前后 *gag* 基因体外蛋白表达水平的比较　分别取 pVR – wt. *gag*、pVR – mod. *gag* 瞬时转染后 48 h 的 293 细胞及正常 293 细胞蛋白做 Western blot 检测，用抗 HIV – 1 P24 单抗作为一抗，HRP 标记的羊抗小鼠 IgG 作为二抗，pVR – mod. *gag* 转染的细胞可见明显的 55×10^3 大小的特异性条带，而 pVR – wt. *gag* 转染的细胞仅见非常弱的 55×10^3 大小的特异性条带（图2）。表明我们获得了在真核细胞中有效表达的优化 *gag* 基因，该基因在真核细胞中的表达不依赖于调节蛋白 Rev，表达水平远远高于野生型基因。

四、**PCR 方法鉴定重组病毒 rAdV – mod. *gag* 中 mod. *gag* 基因的插入**　以 rAdV – mod. *gag* 及 rAdV – luciferase 裂解产物为模板，用 mod. *gag* 基因特异性引物 jchn3/jchn4 进行 PCR 反应。各取 5 μl PCR 产物经 2% 琼脂糖凝胶电泳，结果可见以 rAdV – mod. *gag* 裂解产物为模板的样品可扩增到大小为 1.0 kb 特异性条带，而以 rAdV – luciferase 裂解产物为模板的样品未见特异性条带（图3）。表明 mod. *gag* 基因正确插入腺病毒基因组中。

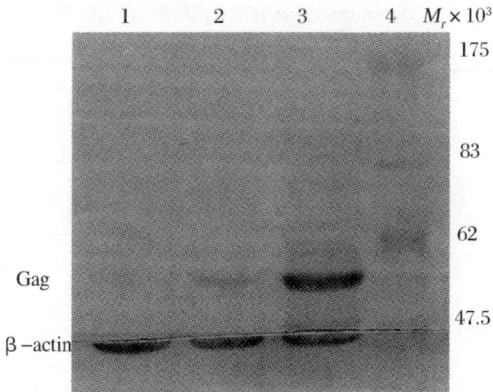

图2　wt. *gag* 和 mod. *gag* 体外表达水平的比较

1：Mock 293 cells；2：293 cells transfected with pVR – wt, *gag*；3：293 cells transfected with pVR – mod. *gag*；4：Prestained protein marker

Fig. 2　Comparison of *in vitro* expression of wt. *gag* and mod. *gag*

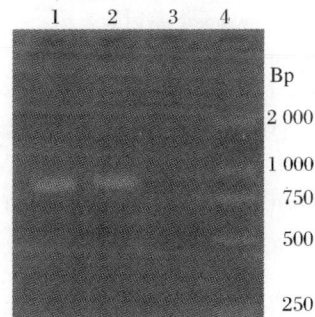

图3　PCR 检测重组腺病毒中 mod. *gag* 基因的插入

1：PCR product of pVR – mod, *gag* as positive control；2：PCR product of rAdV – mod, *gag*；3：PCR product of rAdV – luciferase；4：DL2000 DNA Marker

Fig. 3　PCR detection of mod. *gag* gene in recombinant adenovirus

五、**Western blot 检测重组腺病毒疫苗中 mod. *gag* 基因的表达**　收集 rAdV – mod. *gag*

和 rAdV – luciferase 感染的 293 细胞，以细胞裂解缓冲液裂解细胞，经 SDS – PAGE 电泳，转膜。用抗 HIV – 1 P24 单抗作为一抗，HRP 标记的羊抗小鼠 IgG 作为二抗，检测 gag 蛋白的表达。rAdV – mod. gag 感染的 293 细胞可见 55×10^3 大小的特异性条带，rAdV – luciferase 感染的 293 细胞及正常 293 细胞未见特异性条带（图4）。

六、免疫小鼠中 HIV – 1 gag 特异性 CTL 应答检测结果　用细胞内细胞因子染色法检测小鼠脾淋巴细胞中被 HIV – 1 gag 特异性多肽刺激后分泌 IFN – γ 的 CD8$^+$T 淋巴细胞，结果见图4。从图中可以看出 10^8PFU 及 10^9PFU 的 rAdV – mod. gag 疫苗单独应用均可诱导特异性细胞免疫反应，在初次免疫后第4周两组小鼠体内分泌 IFN – γ 的 CD8$^+$T 细胞占总淋巴细胞的百分数分别为 $2.10\% \pm 0.63\%$ 及 $4.24\% \pm 1.75\%$，分泌 IFN – γ 的 CD8$^+$T 细胞占总 CD8$^+$T 细胞的百分数分别为 $13.02\% \pm 3.40\%$ 及 $18.09\% \pm 5.57\%$，10^9PFU 剂量组诱导的特异性细胞免疫反应水平高于 10^8PFU 剂量组。

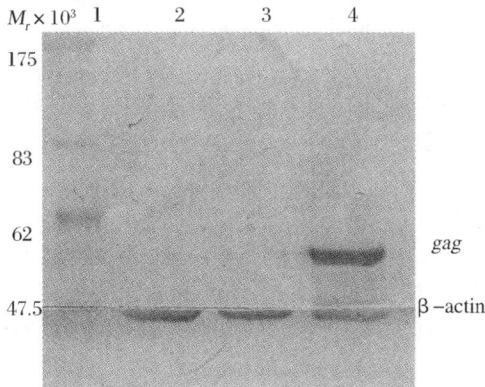

图4　Western blot 检测重组腺病毒疫苗
中 mod. gag 基因的表达

1：Prestained protein marker；2：Mock 293 cells；

3：293 cells in fected with rAdV – luciferase；

4：293 cells infected with rAdV mod. gag

Fig. 4　Western blot analysis of
expression of mod. gag in rAdV vaccine

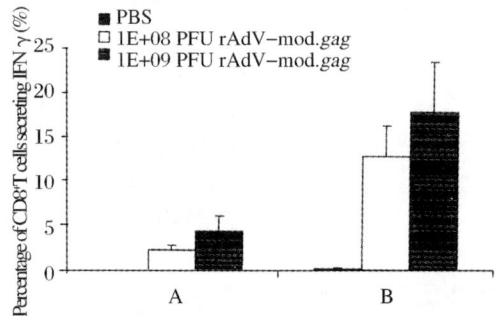

图5　不同剂量重组腺病毒疫苗免疫的
小鼠分泌 IFN – γ 的 CD8$^+$T 细胞百分数比较

A：The percentage of IFN – γ secreting CD8$^+$ T cells
in total lymphocytes. B：The percentage of IFN – γ
secreting CD8$^+$ T cells in total CD8$^+$ T cells

Fig. 5　Comparison of the percentage
of IFN – γ secreting CD8$^+$ T cells in
different groups immunized with
rAdV – mod. gag vaccine

讨　　论

HIV 的流行对人类健康造成了严重威胁，目前尚无有效的药物可以清除 HIV 的感染，从疾病控制的长远战略来说，有效的 HIV 疫苗才是控制 HIV – 1 流行的最佳希望。本研究的目的是构建以我国 B 亚型 HIV 流行株 gag 基因为基础的疫苗。为了使疫苗基因有很好的代表性，我们选择疫苗计划应用地区——河南 HIV – 1 流行区分离的毒株作为疫苗基因的来源。选择河南流行区是因为该地区的 HIV – 1 流行毒株相对保守，该地区的感染者主要是职业卖血者及其家人，从 20 世纪 90 年代开始流行到现在十几年过去了，流行毒株仍然是 B 亚型，没有新的亚型流行，也没有与其他亚型发生重组。

HIV 结构基因的表达依赖反式作用蛋白 Rev 及其应答元件，而且密码子使用与人类基因的密码子存在差异，这些都影响其在哺乳动物细胞中的表达[7]。我们按照哺乳动物优势密码子的使用原则，在不改变氨基酸序列的前提下，对克隆到的 HIV-1B 亚型 gag 基因的共有序列进行了改造，增加了 GC 含量，破坏其中 AU 含量较高的不稳定序列，使其更适合于在真核细胞中表达。在 293 细胞中的瞬时转染结果显示，改造前后的基因表达在转录水平无明显差异，而在翻译水平改造后基因的表达明显高于改造前基因。证实密码子优化的 gag 基因可以在 Rev 缺陷的系统中高水平有效表达。

迄今为止进行的有关 HIV 复制和艾滋病免疫病理的研究表明，传统形式的疫苗诱发的免疫应答不足以控制他。有效的 HIV 疫苗必须能激发机体产生细胞免疫和体液免疫反应，诱发细胞免疫特别是以 CD8$^+$T 细胞介导的 CTL 反应尤为重要[8,9]。腺病毒载体是作为基因治疗的载体发展起来的，已经证实在鼠和非人灵长类中都可产生较好的免疫效果。E1 基因缺失的非复制型重组腺病毒对人无致病性；可以感染非分裂细胞；可以达到较高的滴度；能高水平表达外源基因；不会产生插入突变，以染色体外存在形式等优点而倍受瞩目。E1 基因缺失可降低腺病毒抗原的转录，这不仅可减少感染细胞的死亡从而持续递呈抗原，而且能使免疫反应主要针对转移基因产物[10]。腺病毒载体可引起炎症反应，诱导树突状细胞（DC）成熟为免疫活性抗原递呈细胞（APC），这样就不必使用佐剂[11,12]。由 Graham 在 1999 年创建的 AdMax 腺病毒载体系统的特点是通过重组酶在真核细胞内完成重组出毒，其出毒成功率大于 98%，高效且稳定，是目前最方便快捷的腺病毒载体系统[13]。因此在本研究中采用 Ad-Max 系统构建重组病毒，得到的重组病毒在哺乳动物细胞中能高水平表达改造后 gag 基因。我们比较了不同剂量的 rAdV-mod. gag 疫苗在小鼠体内单独免疫的效果，10^8PFU 及 10^9PFU 重组腺病毒单独免疫两次都可产生较高水平的细胞免疫反应。在初次免疫后第 4 周小鼠体内分泌 IFN-γ 的 CD8$^+$T 细胞占总 CD8$^+$T 细胞的百分数分别为 13.02% ± 3.40% 及 18.09% ±5.57%。本研究中免疫小鼠体内虽然检测到较高的 P24 特异性结合抗体滴度（结果未显示），鉴于 gag 基因产物不是产生中和抗体的主要靶抗原，我们未进一步进行中和抗体水平的检测。

总之，结果表明我们对 gag 基因的密码子的优化是成功的，以其为基础构建的腺病毒载体疫苗可以诱导较好的细胞免疫反应。目前我们正在进行以该基因为基础的多种载体疫苗的联合免疫效果研究，期望能探索出有希望的 HIV 疫苗免疫方案。

〔原载《病毒学报》2008，24（3）：191-195〕

参 考 文 献

1 Ferrari G, Kostyu D D, Cox J, et al. Identification of highly conserved and broadly cross - reactive HIV type 1 cytotoxic T lymphocyte epitopes as candidate immunogens for inclusion in Mycobacterium bolis BCG - vectored HIV vaccines. AIDS Res Hum Retroviruses, 2000, 16 (14): 1433 - 1443

2 Novitsky V, Cao H, Rybak N, et al. Magnitude and frequency of cytotoxic T - lymphocyte responses: identification of immunodominant regions of human immunodeficiency virus type 1 subtype C. J

Virol, 2002, 76 (50): 10155 - 10168

3 Kiepiela P, Nqumbela K, Thobakqale C, et al. CD8$^+$T - cell responses to different HIV proteins have discordant associations with viral load. Nat Med, 2007, 13 (1); 46 - 53

4 Geldmacher C, Currier J R, Herrmann E, et al. CD8 T cell recognition of multiple epitopes within specific gag regions is associated with maintenance of a low steadystate viremia in human immunodeficiency virus type 1 - seropositive patients. J Virol, 2007, 81 (5): 2440 - 2448

5 Leligdowicz A, Yindom L M, Onyango C, et al. Robust *gag* – specific T cell responses characterize viremia control in HIV – 2 infection. J Clin Invest, 2007, 117 (10): 3067 – 3074

6 Betts M R, Ambrozak D R, Douek D C, et al. Analysis of total human immunodeficiency virus (HIV) – specific CD4[+] and CD8[+] T – cell responses: relationship to viral load in untreated HIV infection. J Virol, 2001, 75 (24): 11983 – 11991

7 Cmarko D, Boe S O , Scassellati C, et al. Rev inhibition strongly affects intracellular distribution of human immunodeficiency virus type 1 RNAs. J Virol, 2002, 76 (20): 10473 – 10484

8 Letvin N L. Strategies for an HIV vaccine. J Clin Invest, 2002, 110 (1): 15 – 20

9 Kim D, Elizaqa M, Duerr A. HIV vaccine efficacy trials: towards the future of HIV prevention. Infect Dis Clin North Am, 2007, 21 (1): 201 – 217

10 Xiang Z Q, Yang Y, Wilson J M, et al. A replication defective human adenovirus recombinant serves as a highly efficacious vaccine carrier. Virology, 1996, 219 (1): 220 – 227

11 Zhong L, Granelli – Piperno A, Choi Y, et al. Recombinant adenovirus is an efficient and non – perturbing genetic vector for human dendritic cells. Eur J Immunol, 1999, 29 (3): 964 – 972

12 Varnavski A N, Schlienger K, Bergelson J M, et al. Efficient transduction of human monocyte – derived dendritic cells by chimpanzee derived adenoviral vector. Hum GeneTher, 2003, 14 (6): 533 – 544

13 Ng P, Parks R J, Cummings D T, et al. An enhanced system for construction of adenoviral vectors by the two plasmid rescue method. Hum Gene her, 2000, 11 (5): 693 – 699

Codon Modification of HIV – 1 Subtype B *gag* Gene and Its Immunogenicity in Mice

FENG Xia[1] , YU Shuang – qing[1] , LIU Hong – mei[1] , LIU Xin – lei[2] , WANG Xiao – li[2] , ZHOU Ling[1] , ZENG Yi[1]

(1. State Key Laboratory for Infectious Disease Prevention and Control, National Institute for Viral Disease Control and Prevention, China CDC; 2. Laboratory of Virology and Pharmocology, College of Life Science and Bio – engineering, Beijing University of Technology)

HIV – 1 subtype B *gag* genes were cloned from the infected paid blood donors in Henan, and the consensus sequence based on these prevalent strains was obtained by aligning. The codons of the consensus *gag* sequence were modified according to mammalian codon usage. Western blot analysis was used to compare the expression level of wild type and codon – modified *gag* gene. It was found that the expression level of *gag* protein was improved largely by codon – modification. Then the mod. *gag* gene was inserted into the adenovirus vector and the recombinant adenovirus rAdV – mod. *gag* was constructed. 10^8 PFU or 10^9 PFU rAdV – mod. *gag* vaccinated mice twicely could elicit high level *gag* – specific CTL responses in immunized mice. In conclusion, the codon modification of *gag* gene is successful. The recombinant adenovirus vaccine harbouring mod. *gag* can induce robust *gag* – specific CTL immune response in mice.

[**Key words**] HIV – 1; *gag*; Optimized codon usage; Recombinant adenovirus; CTL response

361. 表达 HPV16 L1 抗原的 1 型重组 AAV 载体免疫效果的研究

北京工业大学生命科学与生物工程学院病毒药理室　周玉柏　李泽琳　盛　望　马洪涛　曾　毅
中国疾病预防控制中心病毒病预防控制所传染病预防控制国家重点实验室　周　玲

〔摘　要〕　为研究 1 型重组腺病毒伴随病毒（Adeno - associated virus type 1, AAV1）载体作为 HPV16 预防性疫苗的可行性，构建含密码子优化型 HPV16LI 基因（mod. HPV16 L1）的 1 型重组 AAV 载体 rAAV1 - mod. HPV16 L1，将纯化的 rAAV1 - mod. HPV16 L1 以肌注和滴鼻途径分别免疫 $C_{57}BL/6$ 小鼠，使用体外中和实验检测血清中的特异性中和抗体。结果显示，rAAV1 - mod. HPV16 L1 单针肌注及滴鼻免疫均可诱导特异性血清中和抗体，但二组抗体动态变化趋势不同，肌注组血清中和抗体滴度显著高于滴鼻组。rAAV1 - mod. HPV16 L1 单针肌注免疫可诱导强而持久的血清中和抗体，是理想的候选 HPV16 预防性疫苗。

〔关键词〕　乳头瘤病毒；人；基因，L1；腺病毒伴随病毒

高危型 HPV 的持续感染与宫颈癌的发生密切相关，其中以 HPV16 型最为常见[1]。预防早期的 HPV16 感染对于控制宫颈癌的发生具有重要意义。

HPV 预防性疫苗的保护效力与血清中特异性中和抗体的滴度及其动态变化密切相关；理想的 HPV 预防性疫苗应能诱导机体产生持久、高滴度的血清中和抗体。作为基因导入工具，重组腺病毒伴随病毒（Adeno - associated viras，AAV）被广泛应用于基因治疗的临床实验中，具有良好的安全纪录[2-5]。近来的研究表明，重组 AAV 也是一种有效的疫苗载体，可刺激机体产生特异性的体液及细胞免疫应答。Liu 等人使用携带野生型 HPV16 L1 基因的 2 型重组腺相关病毒（rAAV2）载体与含有 GM - CSF 基因的重组腺病毒载体联合免疫，在小鼠体内诱导出针对 HPV16 L1 的中和抗体[6]。上述实验表明，rAAV2 载体可以有效递呈具有构象表位的 HPV16 L1 抗原，在免疫刺激因子的协同作用下产生与 HPV16 L1 VLP 疫苗相近的保护效力。然而，研究显示，超过 80% 的成年人体内抗 AAV2 抗体呈阳性，其中有相当比例的血清具有中和 rAAV2 载体的活性，这将显著降低疫苗的免疫效果[7-10]。因此，选择非人宿主的 AAV 血清型就显得尤为必要了。1 型 AAV 的天然宿主为灵长类动物，在人群中无中和抗体存在[11]，是合适的候选载体。因此，我们选择 1 型重组 AAV（rAAV1）为载体构建了含密码子优化型 HPV16 L1 基因（mod. HPV1611）的 rAAV1 - mod. HPV16 L1，以肌注、滴鼻接种途径分别进行免疫，并对各免疫途径所诱导的血清中和抗体水平及其动态变化进行比较，为将其应用于 HPV16 预防性疫苗奠定基础。

材料和方法

一、质粒、菌株、细胞和毒种　含密码子优化型 HPV16 L1 基因的 AAV 穿梭质粒 pSNAV -

mod. HPV16 L1 由本室构建，制备 HPV16 假病毒颗粒用质粒 p16 L1h、p16L2h 及含分泌型碱性磷酸酶报告基因质粒 pYSEAP 由美国国立癌症研究所的 Schiller 教授惠赠。293FT 细胞购自 Invitrogen 公司。DH5α 菌由本室保存，对照用 1 型重组腺病毒伴随病毒 rAAV1 - EGPP 购自本元正阳基因技术有限公司。

二、工具酶及主要试剂 质粒大量提取试剂盒 QIAGENPlasmid Giga Kits 购自德国 QIA-GEN 公司。常用限制性内切酶、T4 DNA 连接酶、rTaq 酶购自大连宝生物工程有限公司。脂质体转染试剂 Lipofectamine 2000、Opti - MEM 购自美国 Invitrogen 公司。小鼠抗 HPV16 L1 单克隆抗体（cam - vir - 1）购自 Chemicon 公司。Brij58、Benzonase 购自 Sigma 公司。BCA 蛋白定量试剂盒购自 Bio - Rad 公司。辣根酶标记羊抗小鼠 IgG 抗体购自北京中杉金桥生物技术公司。低相对分子质量蛋白预染 marker 购自晶美生物公司。硝酸纤维素膜购自 Pall 公司。

三、1 型重组 AAV 载体疫苗的制备 将 AAV 穿梭质粒 pSNAV - mod.HPV16 L1 送本元正阳基因技术有限公司进行病毒包装及纯化。最终获得滴度为 1×10^{12} vg/ml 纯化的 1 型重组 AAV 病毒 rAAV1 - mod.HPV16 L1。以鼠抗 HPV16 L1 单克隆抗体（eamvir - 1）为一抗，对 1×10^{11} vg 纯化的 rAAV1 - mod.HPV16 L1 病毒悬液进行的 Western blot 分析显示，在重组病毒悬液中未检测到 HPV16 L1 蛋白条带（数据未显示）。

四、重组 AAV 病毒的鉴定

（一）1 型重组 AAV 病毒介导 HPV16 L1 基因的表达：分别以 MOI 为 1×10^5 的 rAAV1 - mod.HPV16 L1 和 rAAV1 - EGFP 病毒感染 293FT 细胞，细胞培养液中加入终浓度为 10 mmol/L 的丁酸钠。感染 48 h 后将细胞刮下，裂解细胞并收集上清。BCA 法测定细胞总蛋白含量，以等量的细胞总蛋白进行 SDS - PAGE 电泳，转膜。用鼠抗 HPV 16 L1 单克隆抗体（camvir - 1）为一抗，辣根酶标记羊抗小鼠 IgG 抗体为二抗，进行 Western blot 分析。

（二）1 型重组 AAV 病毒 rAAV1 - mod.HPV16 L1 的电镜观察：取 100 μl 1×10^{11} vg/ml AAV1 - mod.HPV16 L1 病毒悬液用磷钨酸负染，在透射电镜下观察病毒样颗粒的形态。

五、HPV16 假病毒颗粒的制备 使用 QIAGEN Plasmid Giga Kits 大量制备转染用 p16Llh、p16L2h 及 pYSEAP 质粒。按操作说明步骤，用脂质体转染试剂 Lipofectamine2000 将上述三质粒共转染 293FT 细胞，转染 48 h 后，收集细胞，加入等体积 D - PBS 缓冲液重悬细胞沉淀，2000 g 离心 5 min，使用含 0.5% Brij58、0.2% Benzonase 及 9.5 mmol/L MgCl$_2$ 的 D - PBS 裂解液重悬细胞沉淀至细胞密度为 5×10^8/ml，将细胞裂解物置 37℃孵育至少 16 h 后加入 0.17 体积的 5 mol/L NaCl，冰上孵育 20 min 后 4℃1500 g 离心 10 min，上清分装小份置 -70℃保存。

六、小鼠的免疫接种 将 4 ~ 6 周龄雌性 C$_{57}$BL/6 小鼠 30 只，随机分成 2 个实验组，分别为 rAAV1 - mod.HPV16 L1 肌注组（i.m.）和滴鼻组（i.n.），每组 10 只小鼠。同时，根据接种途径分别设置 2 个相应的 rAAV1 - EGFP 对照组，每组 5 只小鼠。重组病毒使用剂量均为 1×10^{11} vg/只，所有实验操作均在小鼠麻醉状态下进行。于初免后第 8、12、16 周收集各组小鼠血清备用。

七、抗 HPV16 L1 中和抗体的检测 对初免后第 8、12、16 周采集的各组血清样本进行检测。在检测前 6 h 接种 3×10^4/孔 293FT 细胞于 96 孔细胞培养板中，将 HPV16 假病毒颗粒与系列稀释的血清标本于 4℃孵育 1 h，将假病毒颗粒 - 待测血清混合液加入接种有 293FT 细胞的 96 孔板上，每板设置阴性血清对照，阳性血清对照及空白对照孔，待测血清样本每个稀释度设置 2 复孔，将假病毒颗粒待测血清 - 293FT 细胞混合物置 37℃5% CO$_2$ 条件下继续培养 72 h，取 40 μl 细胞培养上清，加入 20 μl 0.05% CHAPS 缓冲液，置 65℃ 孵育 30 min，加入 200 μl 显色底物（2 mol/L 二乙醇胺，20 mmol/L 对硝基苯磷酸，1 mmol/L MgCl$_2$，0.5 mmol/L ZnCl$_2$），室温避光孵育 2 h，用 3 mol/L NaOH 终止反应后使用 Bio-Rad550 型酶标仪测定 405 nm 波长下的 A 值。结果判定：中和抗体的滴度定义为 SEAP 活性较阴性对照组降低 50% 的血清最大稀释度。

结　果

一、重组 AAV 病毒的鉴定

（一）1 型重组 AAV 病毒介导 HPV16 L1 基因的表达：分别收集 rAAV1-mod. HPV16 L1 和 rAAV1-EGFP 病毒感染 293FT 细胞及正常 293FT 细胞裂解上清，蛋白定量后以等量细胞裂解总蛋白进行 SDS-PAGE 电泳，转膜，使用 HPV16 L1 单克隆抗体（camvir-1）为一抗，辣根酶标记羊抗小鼠 IgG 抗体为二抗，检测 HPV16 L1 蛋白的表达。rAAV1-mod. HPV16 L1 可检测到 55×10^3 大小目的蛋白条带，而 rAAV1-EGFP 及正常 293FT 细胞裂解上清中未检测到 HPV16 L1 蛋白。上述结果表明，密码子优化型 HPV16 L1 基因可在 1 型重组 AAV 载体介导下获得有效表达（图 1）。

（二）重组 AAV 病毒的电镜观察：纯化的 1 型重组腺病毒伴随病毒 rAAV1-mod. HPV16 L1 经负染后在透射电子显微镜下观察，可见直径约 22 nm 的实心病毒颗粒及少量包装缺陷的空心病毒颗粒（图 2）。

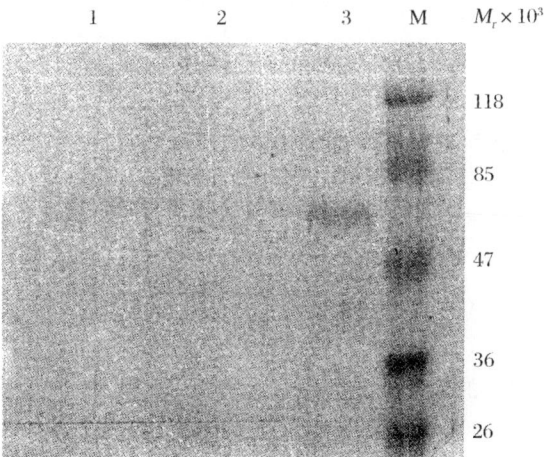

图 1　Western blot 检测 HPV16 L1
蛋白在 293FT 细胞内的表达

1：Normal 293FT cells；2：rAAV1 ECFP infected 293FT cells；3：rAAV1-mod. HPV16 L1 infected 293FT cells；
M：Prestained standard protein weight marker
Fig. 1　Detection of HPV 16 L1 protein expression in 293FT cell by Western blot

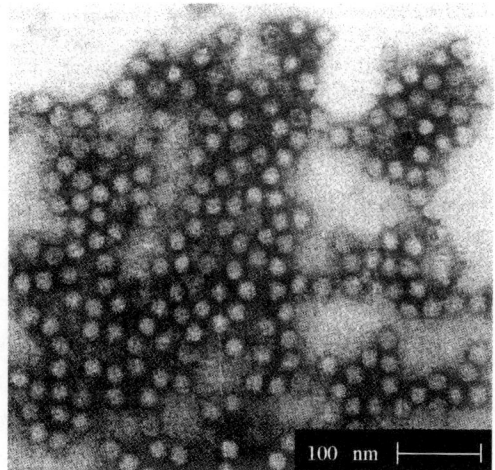

图 2　纯化的 rAAV1-mod.
HPV16 L1 的电镜观察（×52 000）
Fig. 2　Electron Micrographs of purified rAAV1-mod. HPV16 L1
（×52 000. Bar＝100 nm）

二、免疫小鼠血清中特异性中和抗体的检测

使用 HPV16 假病毒体外中和试验对免疫后第 8、12、16 周各组小鼠血清进行检测。结果显示，rAAV1-mod. HPV16 L1 单次滴鼻及肌注组在接

种后第 8、12、16 周均可检测到血清中和抗体存在，但两组抗体的动态变化趋势不同，肌注组血清中和抗体出现早，滴度高，免疫后第 8 周即可检测到平均滴度为 1：17 828 的血清中和抗体，抗体滴度在第 12、16 周仍保持稳定；而滴鼻组在免疫后第 8 周血清中和抗体平均滴度为 1：373，滴度随时间延长呈缓慢上升趋势，在免疫后第 16 周抗体平均滴度升至 1：3377（表 1）。

表 1   免疫小鼠血清中抗 HPV16 中和抗体的滴度

Tab. 1   Titers of anti – HPV16 neutralizing antibodies in sera

Group	8w		12w		16w	
	No. of responders/ total numbers	Mean titer ± SD $\bar{x} \pm s$	No. of responders/ total numbers	Mean titer ± SD $\bar{x} \pm s$	No. of responders/ total numbers	Mean titer ± SD $\bar{x} \pm s$
rAAV1(i. m.)	10/10	17828 ±4317	10/10	19108 ±3238	10/10	19108 ±3238
rAAV1(i. n.)	9/10	373 ±141	9/10	806 ±436	10/10	3377 ±2725

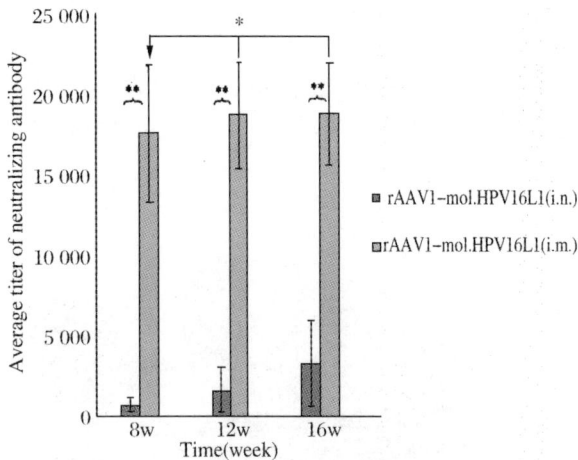

图 3   免疫后 8、12、16 周各组小鼠血清中和抗体的平均滴度

Fig. 3   The average titers of neutralizing antibody of immunized groups at week 8，12，16 following the immunization. ∗ n. s. ， ∗ ∗ P < 0. 05

在免疫后第 8、12、16 周，两免疫组抗体平均滴度的差异均具有统计学意义（P < 0.05），肌注组诱导的血清中和抗体滴度显著高于滴鼻组（图 3）。

讨   论

宫颈癌是目前已知的与单一病毒（高危型 HPV）相关性最高的恶性肿瘤。因此，研制针对早期病毒感染的疫苗将使预防宫颈癌成为可能。HPV 预防性疫苗的研究主要集中在病毒样颗粒（Virus – Like Particle，VLP）疫苗上，对于病毒载体疫苗的研究相对滞后。Tobery 等人比较了表达 HPV16 L1 蛋白的 DNA 疫苗、病毒载体（重组腺病毒疫苗）及 VLP 疫苗的免疫效果后认为，DNA 疫苗和病毒载体疫苗在诱导血清中和抗体方面不及 VLP 疫苗有效[12]。先前的研究也暗示，虽然病毒载体可刺激机体产生针对外源基因表达产物的特异性抗体，但其诱导的中和抗体滴度较低，或需借助其他疫苗或免疫刺激因子的协同作用来提高免疫效果[6,13]。然而，我们的前期研究表明，使用携带密码子优化型 HPV16 L1 基因的重组腺病毒以初免 – 加强模式通过肌注或滴鼻途径接种即可在小鼠体内诱导高滴度的血清中和抗体。这使我们相信，病毒载体疫苗也能有效递呈具有构象表位的外源基因表达产物，诱导机体产生良好的免疫效果。

研究表明，2 型 AAV 在人群中的感染十分普遍，然而，却没有引起相关疾病的报道。目前，基于 2 型 AAV 载体的疫苗已应用于多个基因治疗的临床实验中，具有良好的安全纪录。1 型重组 AAV 载体为假型病毒（Pseudotyped virus），与 2 型 AAV 载体只有衣壳蛋白不同，因此，在保持 2 型 AAV 载体高安全性的同时又具有 1 型 AAV 病毒的细胞嗜性及转导特性。研究表明，1 型重组 AAV 载体对肌纤维细胞有很好的嗜性，外源基因的转导效率明显高于 2 型 AAV 载体[14-17]。杨松梅的研究显示，rAAV1 载体单针、双针及三针肌注所诱导的体液免疫效果相近（数据未发表）。这表明，使用 rAAV1 载体疫苗仅接种一次即可获得满意的免疫效果，相对于 VLP 疫苗的三针接种，rAAV1 疫苗在使用成本及便捷性上更具优势。我们的结果也显示，rAAV1 单针肌注即可诱导高滴度的血清中和抗体，免疫后第 8 周血清中和抗体的平均滴度为 1∶17 828，且抗体滴度在免疫后第 16 周仍高达 1∶19 108；而 rAAV1 滴鼻接种诱导的体液免疫效果不理想；抗体平均滴度在免疫后第 16 周仅为 1∶3377。有研究显示，rAAV1 载体对人呼吸道上皮细胞的转导效率要高于鼠源细胞[18]。因此，虽然两者体液免疫效果差异较大，但并不能因此推断肌注免疫优于滴鼻途径。

在疫苗保护效力的评价方面，国外有学者应用携带荧光素酶（Luciferase）报告基因的假病毒颗粒进行小鼠活体的中和实验，但该方法需要使用昂贵的动物活体成像设备，无法在一般实验室进行推广应用。本文使用了由 Buck 等人发展的基于分泌型碱性磷酸酶报告基因的 HPV 假病毒颗粒体外中和实验[19]，该方法成本低，实验操作简便，不需要特殊的大型仪器，灵敏度比经典的血凝抑制实验高，有逐步成为 HPV 预防性疫苗免疫保护效力标准评价实验的趋势。

综合以上实验数据，我们认为，表达 HPV16 L1 抗原的 1 型重组 AAV 载体 rAAV1 - mod. HPV16 L1 单针肌注免疫即可诱导强而持久的血清中和抗体，是理想的候选 HPV16 预防性疫苗。

〔原载《病毒学报》2008，24（4）：300 - 304〕

参 考 文 献

1 Bosch F X, Manos M M. Munoz N. et al, Prevalence of human papillomavirus in cervical cancer: a worldwide perspective. J Natl Cancer Inst, 1995, 87: 796 - 802

2 Grimm D, Kay M A. From virus evolution to vector revolution: use of naturally occurring serotypes of adenoassociated virus (AAV) as novel vectors for human gene therapy. Curt. Gene Ther, 2003, 3: 281 - 304

3 Hildinger M, Auricchio A. Advances in AAV - mediated gene transfer for the treatment of inherited disorders. Eur J Hum Genet, 2004, 12: 263 - 271

4 Veldwijk M R, Topaly J, Laufs S, et al. Development and optimization of a real - time quantitative PCR - based method for the titration of AAV - 2 vector stocks. Mol Ther, 2002, 6: 272 - 278

5 Bell P, Wang L, Lebherz C, et al. No evidence for tumorigenesis of AAV vectors in a large - scale study in mice. Mol Ther, 2005, 12 (2): 299 - 306

6 Liu D W, Chang J L, Tsao Y P, et al. Co - vaccination with adeno - associated virus vectors encoding human papillomavirus 16 L1 proteins and adenovirus encoding murine GM - CSF can elicit strong and prolonged neutralizing antibody. Int J Cancer, 2005、113: 93 - 100

7 Blacklow N R, Hoggan M D, Kapikian A Z, et al. Epidemiology of adenovirus - associated virus infection in a nursery population. Am J Epidemiol. 1968, 88: 368 - 378

8 Erles K, Sebokova P, Schlehofer J P. Update on the prevalence of serum antibodies (IgG and IgM) to adenoassociated virus (AAV). J Med Virol, 1999, 59: 406 - 411

9 Georg - Fries B, Biederlack S, Wolf J, et al. Analysis of proteins, helper dependence, and sero-

epidemiology of a new human parvovirus. Virology, 1984, 134: 64 - 71

10   Sun J Y, Anand - Jawa V, Chatterjee S, et al. Immune responses to adeno - associated virus and its recombinant vectors. Gene Ther, 2003, 10: 964 - 976

11   Parks W P, Boucher D W, Melnick J L, et al. Seroepidemiological and Ecological Studies of the AdenovirusAssociated Satellite Viruses. Infect Immun, 1970, 2 (6): 716 - 722

12   Tobery T W, Smith J F, Kuklin N, et al. Effect of vaccine delivery system on the induction of HPV16 L1specific humoral and cell - mediated immune responses in immunized rhesus macaques. Vaccine, 2003, 21: 1539 - 47

13   Kowalczyk D W, Wlazlo A P, Shane S A et, al. Vaccine regimen for prevention of sexually transmitted infections with human papillomavirus type 16. Vaccine. 2001, 19: 3583 - 3590

14   Chao H, Monahan P E, Liu Y, et al. Sustained and complete phenotype correction of hemophilia

B mice following intramuscular injection of AAV1 serotype vectors. Mol Ther, 2001, 4 (3): 217 - 222

15   Hauck B, Xiao W. 1 Characterization of tissue tropism determinant s of adeno associated virus type 1. J Virol, 2003, 77. (4): 2768 - 2774

16   Arruda V R, Schuett rumpf J, Herzog R W, et al. Safety and efficacy of factor IX gene transfer to skeletal muscle in murine and canine hemophilia B models by nde - no - associated viral vector serotype 1. Blood, 2004, 103 (1): 85 - 92

17   Louboutin J P, Wang L L, Wilson J M, et al, Gene transfer into skeletal muscle using novel AAV serotypes. J Gene Med, 2005, 7: 442 - 451

18   Yan Z, Lei - Butters DC, Liu X, et al. Unique biologic properties of recombinant AAV1 transduction in polarized human airway epithelia. J Biol Chem, 2006, 281 (40): 29684 - 29692

19   Buck C B, Pastrana D V, Lowy D R, et, al. Efficient intracellular assembly of papillomaviral vectors. J Virol, 2004, 78: 751 - 757

Immune Response Induced by Vaccination with Pseudotyped rAAV1 Expressing HPV16 L1 Protein

ZHOU Yu - bai[1], LI Ze - lin[1], ZHOU Ling[2], SHENG Wang[1], MA Hong - tao[1], ZENG Yi[1]

(1. College of Life Science and Bio - engineering, Beijing University of Technology;

2. State Key Laboratory for Infectious Disease Prevention and Control National Institute for Viral Disease Control and Prevention, Chinese Center for Disease Control and Prevention)

To investigate the feasibility of using recombinant adeno - associated virus type 1 vector as prophy lactic vaccine against HPV16 infection, rAAV1 - mod. HPV16 L1, the recombinant AAV1 vector containing codon - modified HPV16 L1 gene, was constructed. $C_{57}BL/6$ mice were immunized with purified rAAV1 vector through intramuscular and intranasal inoculation routes, and the titer of neutralizing antibody was determined by neutralization assay based on HPV16 pseudovirus. The result shows that the single dose of rAAV1 - mod. HPV16 L1 can induce specific neutralizing antibody in serum through both inoculation routes. Compared with intranasal group, intramuscular group can induce higher titer of neutralizing antibody. Eliciting strong and prolonged neutralizing antibody in serum, the rAAV1 - mod. HPV16 L1 is one of promising HPV16 prophylactic vaccine candidates.

[**Key words**] Papillomavirus, human; Gene, L1; Parvoviridae

362. 含密码子优化型 HPV16 L1 基因重组腺病毒的构建及其免疫效果的研究

北京工业大学生命科学与生物医学工程学院病毒药理室　周玉柏　李泽淋　盛　望
中国疾病预防控制中心病毒病预防控制所肿瘤室　周　玲　曾　毅

〔摘　要〕　**目的**　构建含密码子优化型 HPV16 L1 基因的重组腺病毒，对其经不同接种途径所诱导的系统性及黏膜免疫效果进行研究。　**方法**　使用 Admsx 系统包装重组腺病毒，纯化的腺病毒以不同方式免疫 C_{57}BL/6 小鼠，间接 ELISA 及体外中和实验检测免疫小鼠血清及阴道分泌物中的特异性抗体。　**结果**　重组腺病毒滴鼻接种可同时诱导特异性的系统性及黏膜免疫反应，重组腺病毒肌注免疫仅能诱导系统性免疫反应，而阴道黏膜接种不能有效诱导系统性及黏膜免疫反应。**结论**　成功构建了含密码子优化型 HPV 16 L1 基因的重组腺病毒，重组腺病毒肌注可诱导高滴度的血清中和抗体，滴鼻接种可同时诱导特异性的系统性及黏膜免疫反应。

〔关键词〕　乳头状瘤病毒，人；基因，L1；疫苗；腺病毒，人

人乳头瘤病毒（Human Papillomavirus，HPV）16、18 的持续感染为宫颈癌的主要病因，其中又以 HPV16 型最为常见[1]。研制可早期预防 HPV16 感染的疫苗对于降低宫颈癌的发病率具有重要意义。

HPV 主要通过性途径传播，血清及生殖道黏膜表面的特异性中和抗体在阻断病毒与宿主细胞黏附，预防病毒感染的过程中起着重要作用。理想的 HPV 预防性疫苗应能同时有效诱导系统性及生殖道黏膜表面特异性体液免疫应答。重组腺病毒具有安全性好，便于大规模培养制备，成本低廉等优点，可以通过自然感染途径有效激发局部和远端黏膜表面的特异性免疫反应[2]，被认为是理想的候选 HPV 预防性疫苗之一。我们的前期研究显示，携带密码子优化型 HPV16 L1 基因的重组腺病毒可高效表达 HPV16 L1 蛋白，且表达的 L1 蛋白可自我组装形成病毒样颗粒（VLP）结构[3]，在此实验基础上为了进一步研究该疫苗的免疫效果，我们将重组腺病毒疫苗以肌注、滴鼻和阴道黏膜涂抹三种接种途径分别进行免疫，并对各免疫途径所诱导的保护效力进行比较。

材料和方法

一、质粒、病毒和试剂　Admax 包装系统购自美国 Microbix Biosvstems 公司。制备 HPV16 假病毒颗粒用质粒 *p*16L 1h，*p*16L 2h 及含分泌型碱性磷酸酶报告基因质粒 pYSEAP 由美国 NCI 的 Schiller 教授惠赠。含野生型 HPV16 L1 基因重组腺病毒 rAd－wt. HPV16 L1 由本室构建。对照重组腺病毒 rAd－EGFP 购自本元正阳基因技术有限公司。脂质体转染试剂 Lipofectamine 2000 购自美国 Invitrogen 公司。小鼠抗 HPV16 L1 单克隆抗体（camvir－1）购自美国 Chemicon 公司。

二、实验动物　4～6 周龄清洁级雌性 C_{57}BL/6 小鼠由中国医学科学院动物中心提供。

三、重组腺病毒的构建及纯化 按文献报道的方法构建含密码子优化型 HPV16 L1 基因重组腺病毒[3]。扩增原代病毒，使用氯化铯密度梯度离心法进行纯化，最终获得滴度为 1×10^{10} IU/ml 纯化的重组腺病毒 rAd – mod. HPV16 L1。

四、重组腺病毒的鉴定

（一）HPV16 L1 蛋白表达的鉴定：将 rAd – mod. HPV16 L1 和 rAd – wt. HPV16 L1 以 MOI10 比例分别感染 293 细胞，48 h 后收集细胞裂解上清，将蛋白浓度调至一致后取等量裂解上清进行 Western Blot 鉴定。

（二）重组腺病毒的电镜观察：取 100 μl 10 倍稀释的纯化的重组腺病毒悬液用磷钨酸负染，在透射电镜下观察重组腺病毒颗粒的形态。

五、HPV16 假病毒颗粒的制备 将 p16 L1h、p16L 2h 及 pYSEAP 三质粒共转染 293FT 细胞，转染 48 h 后裂解细胞，加入 0.17 体积的 5 mol/L NaCl，冰上孵育 20 min 后 4℃ 1500 g 离心 10 min，上清分装小份置 –70℃ 保存。

六、小鼠的免疫接种 将 4 ~ 6 周龄雌性 C_{57}BL/6 小鼠随机分成肌注组（i. m.）、滴鼻组（i. n.）和阴道黏膜接种组（i. v.）及相对应的 rAd – EGFP 对照组，每组 5 只小鼠。初次免疫后第 4、6 周进行加强免疫，使用剂量均为 10^7 IU/只。所有实验操作均在小鼠麻醉状态下进行。分别于初免后第 8、10、12 周收集各组小鼠血清及阴道分泌物备用。

七、抗 HPV16 L1 特异性抗体的检测 以酵母来源的 HPV16 L1 VLP 为抗原，间接 ELISA 法检测各组小鼠血清和阴道分泌物中抗 HPV16 L1 抗体。

八、抗 HPV16 L1 特异性中和抗体的检测 对初免后第 12 周采集的各组血清及阴道分泌物样本进行检测。将 HPV16 假病毒颗粒与系列稀释的血清或阴道分泌物标本孵育 1h 后加入接种有 293FT 细胞的 96 孔板上，继续孵育 72 h 后检测细胞培养上清中碱性磷酸酶的活性。中和抗体的滴度定义为 SEAP 活性较阴性对照组降低 50% 的抗体最大稀释度。

结　　果

一、重组腺病毒的鉴定

（一）HPV16 L1 蛋白表达的鉴定：取感染 48 h 后细胞裂解上清进行 Western Blot 检测。结果显示，rAdmod. HPV16 L1 可见明显的约 55×10^3 蛋白条带，而 rAd – wt. HPV16 L1 未见目的蛋白条带（图 1），证明密码子优化型 HPV16 L1 基因在重组腺病毒介导下可在哺乳动物细胞中获得高效表达。

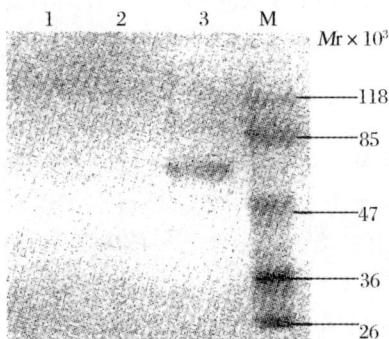

泳道 1：正常 293 细胞；泳道 2：感染 rAd – wt. HPV16 L1 的 293 细胞；泳道 3：感染 rAd – mod. HPV16 L1 293 细胞；M：蛋白相对分子质量标准 Marker

图 1　Western Blot 检测 HPV16 L1 蛋白在 293 细胞中的表达

Lane 1: normal 293 cell; Lane 2: 293 cell infected with rAd – wt. HPV16 L1; Lane 3: 293 cell infected with rAd – mod. HPV16 L1; M: Prestained standard protein molecular weight marker

Fig. 1　Detection of HPV 16 L1 protein expressed in 293 cell by Western Blotting

（二）重组腺病毒的电镜观察：纯化的重组腺病毒经负染后在透射电子显微镜下观察，

可见直径约 70 nm 的实心病毒颗粒（图 2），具有典型的腺病毒形态特征。

二、抗 HPV16 L1 特异性抗体的检测　应用间接 ELISA 法在初免后第 8、10 及 12 周分别检测各组小鼠血清及阴道分泌物中特异性抗体的水平，结果见表 1。除阴道黏膜接种组外，其余各组小鼠均诱导出特异性血清 IgG 抗体，抗体滴度在初免后 3 个月期间持续升高。肌注组 rAd（i. m.）、滴鼻组 rAd（i. n.）在初免后第 12 周血清总抗体平均滴度均可达 1∶30 000 以上。各组小鼠中，仅在重组腺病毒滴鼻组 rAd（i. n.）小鼠阴道分泌物中检测到特异性 IgA 抗体。

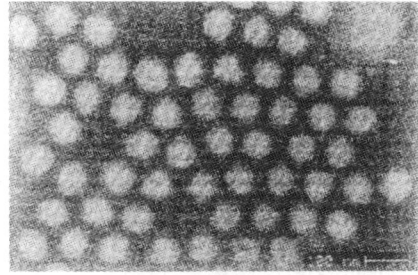

图 2　纯化的重组腺病毒 rAd – mod.
HPV16 L1 的电镜观察（×52000）

Fig. 2　Electron micrographs of purified rAd –
mod. HPV16 L1（×52000. Bar = 100 nm）

表 1　ELISA 检测血清中 HPV16 L1 特异性 IgG 抗体及阴道分泌物中特异性 IgA 抗体

Tab. 1　Detection of specific anti – HPV16 L1 antibodies in serum（IgG）and vaginal secretion（IgA）by ELISA

组别	8 w		10 w		12 w	
Group	血清 IgG Serum IgG	阴道分泌物 IgA Vaginal IgA	血清 IgG Serum IgG	阴道分泌物 IgA Vaginal IgA	血清 IgG Serum IgG	阴道分泌物 IgA Vaginal IgA
rAd（i. m.）	1∶7351 ± 2862	–	1∶16889 ± 7010	–	1∶38802 ± 14021	–
rAd（i. n.）	1∶6400 ± 3505	1∶45 ± 17	1∶14703 ± 5724	1∶69 ± 43	1∶38802 ± 14021	1∶105 ± 44
rAd（i. v.）	–	–	–	–	–	–

三、抗 HPV16VLP 特异性中和抗体的检测　使用携带分泌型碱性磷酸酶（SEAP）报告基因的 HPV16 假病毒颗粒对初免后第 12 周各组小鼠血清及阴道分泌物进行体外中和实验。结果显示，重组腺病毒以肌注或滴鼻途径免疫均可激发高滴度的血清中和抗体，其抗体平均滴度分别为 1∶11 762 和 1∶27 023，两组中和抗体滴度的差异具有统计学意义（$P < 0.05$），滴鼻组优于肌注组；在黏膜免疫方面，仅有滴鼻接种组能在阴道分泌物中检测到较弱的特异性中和抗体，结果见表 2。

表 2　免疫小鼠血清及阴道分泌物中抗 HPV16 VLP 中和抗体滴度

Tab. 2　Neutralization titers of anti – HPV16 VLP antibodies in serum and vaginal secretion

组别	血清 Serum		阴道分泌物 Vaginal secretion	
Group	抗体阳性小鼠数目/小鼠数目 No. of responders/total numbers	平均值 ± 标准差 Mean titer ± s	抗体阳性小鼠数目/小鼠数目 No. of responders/total numbers	平均值 ± 标准差 Mean titer ± s
rAd（i. m.）	5/5	1∶11762 ± 4579	0/5	0 ± 0
rAd（i. n.）	5/5	1∶27023 ± 11217	3/5	1∶50 ± 23
rAd（i. v.）	0/5	0 ± 0	0/5	0 ± 0

讨　　论

HPV VLPs 疫苗通过系统性免疫无法在生殖道黏膜表面激发持久的免疫反应。虽然高滴度的血清 IgG 抗体可渗入阴道分泌物中，但其保护效力不及生殖道黏膜局部的分泌型 IgA（sIgA），且持续时间较短。我们将重组腺病毒疫苗以滴鼻接种途径进行免疫，可在阴道黏膜表面诱导出特异性中和抗体，但抗体的滴度普遍不高。因此，进一步提高该疫苗的黏膜免疫效果将是后续研究的重点。

虽然有学者认为，DNA 及病毒载体疫苗主要激发以 Th1/Tc1 为主的细胞免疫，在激发中和抗体方面效率不及 VLPs 疫苗[4]，研究结果显示，除阴道黏膜接种组外，肌注组、滴鼻组均可诱导出高滴度的血清中和抗体。分析表明，虽然肌注组和滴鼻组在第 12 周总抗体滴度没有差异，但两组中和抗体滴度的差异具有统计学意义，滴鼻组优于肌注组，这提示滴鼻接种能更有效的递呈具有空间构象的 L1 蛋白给免疫系统。同时，我们请中国药品生物制品检定所王佑春研究员对我们的部分血清标本进行考核，得出了与我们相似的结果。这表明，我们应用的检测中和抗体的方法是可靠的。我们的结果与 Merck 公司 HPV16VLP 疫苗的免疫效果进行的比较显示，两者效果相近，这表明重组腺病毒 HPV16 L1 疫苗可以达到较好的免疫效果。综合以上研究数据，我们认为，重组腺病毒疫苗可能是未来较有前景的候选 HPV16 预防性疫苗。

致谢：本实验得到了中国药品生物制品检定所王佑春研究员的大力协助，在此表示衷心感谢。

〔原载《中华实验和临床病毒学杂志》2008，22（1）：18 – 20〕

参 考 文 献

1　Bosch FX, Manos MM, Munoz N, et al. Prevalence of human papillomavirus in cervical cancer: a worldwide perspective. J Natl Cancer Inst, 1995, 87: 796 – 802

2　Xiang ZQ, Pasquini S, Ertl HCJ. Induction of genital immunity by DNA priming and intranasal booster immunization with a replicationdefective adenoviral recombinant. J Immunol, 1999, 162: 6716 – 6723

3　周玉柏，周玲，吴小兵，等. 腺病毒载体介导

密码子优化型 HPV16 L1 基因在哺乳动物细胞中的高效表达及病毒样颗粒的装配. 病毒学报，2006，22：101 – 106

4　Tobery TW, Smith JF, Kuklin N, et al. Effect of vaccine delivery system on the induction of HPV16 L1 – specific humoral and cellmediated immune responses in immunized rhesus macaques. Vaccine, 2003, 21: 1539 – 1547

Construction and Immunological Evaluation of Recombinant Adenovirus Containing Codon – modified HPV 16 L1 Gene

ZHOU Yu – bai*, ZHOU Ling, LI Ze – lin, SHENG Wang, ZENG Yi

(* College of Life Science and Bio engineering, Beijing University of Technology)

Objective　To construct recombinant adenovirus containing codon – modified HPV16 L1 gene, and evaluate systemic and mucosal immunological responses induced after immunization with the recombinant virus.　**Methods**　The recombinant adenovirus rAd – mod. HPV16 L1 was constructed by Admax kit. The C_{57} BL/6 mice were immunized by purified rAd – mod. HPV16 L1 through different inoculation routes. The immunological effect was evaluated by testing the specific neutralizing antibodies in sera and vaginal secretions of immunized mice through indirect ELISA and neutralization assay based HPV pseudovirus.　**Results**　The result showed that intramuscular immunization could induce good systemic immunity, but the mucosal immunity was too weak, and immunization via intranasal route could induce satisfactory immunity both in sera and vaginal secretions, while intravaginal immunization failed to induce any specific immunological responses either in sera or vaginal secretions. **Conclusion** The recombinant adenovirus containing codon – modified HPV16 L1 gene was successfully constructed. Immunization through intranasal route could induce satisfactory immunity both in sera and vaginal secretions, while intramuscular immunization could only induce high titer of neutralizing antibodies in sera.

〔**Key words**〕 Papillomavirus, human; Genes, L1; Vaccines; Adenoviruses, human

363. 北京地区儿童 EB 病毒感染的血清学调查

中国疾病预防控制中心病毒病预防控制所传染病预防控制国家重点实验室

杜海军 周 玲 刘宏图 王 琦 詹少兵 贾志远 毛乃颖 曾 毅

〔**摘 要**〕 **目的** 了解北京地区儿童 EB 病毒感染现状。 **方法** 选取北京地区 0 ~ 14 岁儿童的血清 589 份,应用微润 – 赛润 ELISA classic EBV VCA IgC 试剂盒,在波长 405 nm 下检测血清样品的吸光度值。参照试剂盒内专用的标准曲线和临界值判定血清样品 EB 病毒感染与否。根据专用公式计算 EBV VCA IgG 抗体活性。利用统计学软件 SPSS 13.0 分析比较北京城区和农村儿童 EBV 感染阳性百分率及 EBV VCA IgG 抗体强度。 **结果** 血清学检测显示北京地区 0 ~ 14 岁儿童 EBV 感染阳性率为 83.6%,其中城市为 80.8%,农村为 86.2%。EBV 感染高峰集中在 3 岁之前为 71%,其中城市为 67.7% 低于农村 75.3%。6 岁之前为 82.5%。统计学分析比较城市和农村儿童不同年龄的 EBV 感染阳性百分率和 EBV VCA IgG 抗体活性具有显著差异。 **结论** 北京城区儿童 6 岁之前 EBV 感染阳性百分率有所降低,部分儿童初次感染年龄向后推移。

〔**关键词**〕 疱疹病毒 4 型;人;病毒壳体;免疫球蛋白 G;病毒包膜蛋白质类;血清学试验

EB 病毒(Epstein – Barr Vires, EBV)隶属疱疹病毒 γ – 亚科。该病毒感染后可引起传染性单核细胞增多症、伯基特淋巴瘤(BL)、鼻咽癌等多种疾病[1]。EBV 感染在人群中普遍存在,在成年人血清中 EBV 壳抗原(VCA)IgG 阳性率达 90 以上。EBV 初次感染的年龄分布与疾病的发生发展密切相关。在发展中国家 EBV 初次感染主要集中在婴幼儿时期,90% 儿童 EBV 感染在 6 岁之前[2],处于隐形感染状态,一般不引起临床症状,而发达国家仅有 30% ~ 40% [2],初次感染主要发生在十几岁的青少年中,大约 50% 会出现临床症状。在 20 世纪 70 年代曾毅院士对北京地区 EBV 初次感染调查表明,北京地区儿童 90% 以上 EBV 初次感染在五岁之前[3]。经过 30 年的发展,北京地区儿童的 EBV 感染的状况是否有所改变?本实验采集北京地区 0 ~ 14 岁儿童血清,应用 ELISA 法检测北京地区儿童 EBV 感染的状况。

材料和方法

一、实验材料 血清样本:来自北京市城区和远郊区农村 – 20℃ 冻存。EBV 壳抗原(VCA)IgG 试盒(编号 ESR1361G)购于德国微润 – 赛润公司。THERMO LABSYSTEM MK3 酶标仪(Microplate Reader)购于热电 Thermo(上海)仪器国际贸易有限公司。Biomek FX

实验室自动化工作站（BioMek FX5012586，美国 Beckman – Coulter 公司）。

二、实验步骤　按照 EBV 壳抗原（VCA）IgG 试盒说明书步骤。

三、临界值范围及实验结果判定　将测得的标准血清 A 平均值与试剂盒质量控制证书上给出的临界值相乘（试剂盒专用公式），即为每板的临界值范围，吸光度值大于临界值上限样本为阳性，小于临界值下限样本为阴性。

四、利用统计学软件 SPSS 13.0 分析实验结果　比较北京不同地区、人群、年龄组（~3、~6、~10、~14）岁 EBV 感染现状。

结　　果

一、北京地区 0~14 岁儿童 EBV 感染现状　本次实验获得有效样本 549 份，阳性标本 459 份，占统计人群的 83.6%，阴性 90 份，占统计人群的 16.4%。绘制 EBV 感染阳性百分率曲线（图 1）。显示北京儿童 EBV 的感染的高峰依然集中在婴幼儿时期（~3 岁）。按 ~3、~6、~10、~14 年龄分四组结果（表 1）。

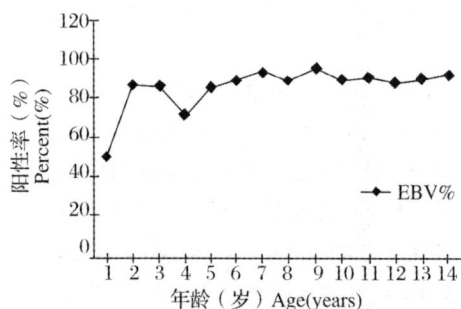

图 1　北京地区 0~14 岁儿童 EBV 感染的阳性率
Fig. 1　Seropositive rates of Epstein-Barr virus in Beijing children aged from 0 to 14 years

表 1　北京地区不同年龄组 EBV 感染的阳性率
Tab. 1　Seropositive percentage of Epstein – Barr virus in Beijing children of different groups

指标 Item	年龄组 Age group（years）			
	~3	~6	~10	~14
阳性率	71.0	83	93.5	91.7
Positive rate（ratio）	（125/176）	（93/112）	（143/153）	（99/108）

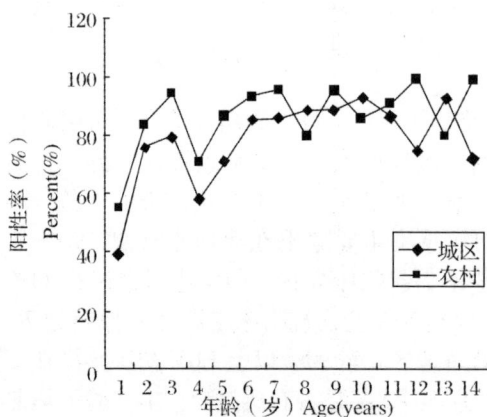

图 2　北京城区和农村 0~14 儿童不同阶段 EBV 感染的阳性率比较
Fig. 2　Seropositive rate of Epstein – Barr virus in Beijing children of different ages（0 – 14 years），compared urban with rural areas

二、城区和农村 0~14 岁儿童 EBV 感染比较　城区检测有效样本 260 例，阳性标本 210 例，占统计人群的 80.8%，阴性 50 例，占统计人群的 19.2%。农村检测有效样本 289 例，阳性标本 249 例，占统计人群的 86.2%，阴性 40 例，占统计人群的 13.8%。

三、城区和农村不同年龄的 EBV 感染阳性率　绘制北京城区和农村 EBV 感染百分率曲线（图 2），表明城区和农村儿童的 EBV 感染的峰值均发生在婴幼儿时期（3 岁之前），但城区儿童 EBV 感染率低于农村，通过独立样本 t 检验分析，城区和农村儿童 EBV 感染的阳性百分率有统计学意义（$P < 0.05$）。

四、城市和农村不同年龄组（~3、~6、~10、~14）EBV 感染的阳性百分率　把城区和农村儿童样本按~3、~6、~10、~14分组（表2）。表中显示城区儿童0~14岁儿童除~10年龄组，其余各组均低于90%，暗示城区部分儿童EBV初次感染的时间向后推移。而农村儿童除~3年龄组外均高在90%以上，说明农村儿童EBV的感染状况与30年前情况相似。

表2　北京城区和农村0~14儿童不同年龄组（~3、~6、~10、~14）EBV感染阳性率（%）

Tab. 2　Seropositive rate of Epstein – Barr virus in Beijing children of different age groups（~3、~6、~10、~14），comparison of urban with rural areas

地区 Age groups	~3	~6	~10	~14
城市 City	67.7 (67/99)	82.5 (47/57)	96 (48/50)	88.9 (48/54)
农村 Village	75.3 (58/77)	92 (46/55)	92.2 (95/103)	94.4 (51/54)

讨　　论

EB病毒感染在世界范围内普遍存在，但不同发展程度的国家和地区的初次感染的时间却有所不同[4-9]，发展中国家EB病毒感染集中在婴幼儿时期[2,4]。在20世纪70年代曾毅院士对EBV感染的血清学流行病调查显示北京地区儿童五岁之前EBV感染就达到90%以上，高峰期集中在3岁左右[3]。从我们获得的北京地区0~14岁儿童的血清学实验数据表明，在六岁之前儿童EBV的感染率（83.6%）低于30年前（>90%），说明部分儿童EBV初次感染的年龄稍向后推移。EBV感染与经济发展水平相关，收入高的家庭儿童EBV感染率低于收入低的家庭[10]，经过30多年的发展北京地区的经济水平有了很大的提高，2006年北京城区人均收入（19978元）是农村（8620元）的2.3倍。城区（80.8%）和农村（86.2%）儿童EBV感染率的比较，城区有所降低，但是并没有大幅度降低。我们的检测结果表明EBV的感染婴幼儿的高峰期依然在3岁之前，集中在2岁左右（图1），与曾毅院士血清学调查的结果和其他文献报道一致[3,4]，说明年龄是EBV感染的重要因素之一。从实验数据上看，1岁之内北京儿童的EBV感染阳性百分率为50%（38/76）。IgG是唯一可以通过胎盘屏障的抗体，因此1岁之内婴儿的抗体多数来源于母体[11]，故而实际EBV感染阳性百分率要低于实验获得的结果。农村儿童EBV感染的阳性率（57.9%）依然高于城市（42.1%）、可能农村婴儿的哺乳期（14.4个月）长于城市婴儿（8.73±4.21个月）[10,12]。母乳中含有一定量IgG抗体影响实验结果。从实验结果来看城市儿童0~14岁儿童除~10年龄组（96%），其余各组均低于90%，~10年龄组（96%）可能是由于标本采集数量偏少所致，实际值估计在80%~90%之间，表明城区部分儿童EBV初次感染的时间向后推移。我们的血清学检测结果提示：目前预防EB病毒相关疾病的发生和发展，仍应以治疗性疫苗为主。

〔原载《中华实验和临床病毒学杂志》2008，22（1）：30-32〕

参 考 文 献

1　Jones JF, Straus SE. Chronic Epstein – Barr virus infection. Annu Rev Med, 1987, 38：195-209

2　De Matteo E, Barron AV. Chabay P, et al.

Comparison of Epstein – Barr virus presence in Hodgkin lymphoma in pedialric versus adult Argentine patients. Arch Pathol Lab Med. 2003,

127: 1325 – 1329

3 Zeng Y, Qu BX. Etiology and pathogcnesis of na-sopharyngeal carcinoma, 1992, 10, 18 – 47

4 Morris MC,Edmunds WJ,Hesketh LM,et al. Sero – epidemiological patterns of Epstein – Barr and herpes simpex (HSV – 1 and HSV – 2) viruses in England and Wales. J Med Virol. 2002, 67: 522 – 527

5 Ozkan A, Kilic SS, Ozden M, et al. Scroposi-tivity of Epstein – Barr virus in Eastern Anatolian Region of Turkey. Asian Pac J Allergy Immunol, 2003, 21: 49 – 53

6 Mekmullica J, Kritsaneepailboon S, Pancharoen C. Risk factors for Epstein – Barr virus infection in Thai infants. Southeast Asian J Troop Med Public Health, 2003, 34: 395 – 397

7 Albeck H, Bille T, Fenger HJ, et al. Epstein – Barr virus infection and serological profile in

Greenland Eskimo children. Acta Paediatr Scand, 1985, 74: 691 – 696

8 Mekmullica J, Kritsaneepaiboon S, Pancharoen C. Risk factors for Epstein – Barr virus infection in Thai infants. Southeast Asian J Trop Med Pub-lic Health, 2003, 34: 395 – 397

9 Svahn A, Berggren J, Parke A, et al. Changes in seroprevalence to four herpesviruses over 30 years in Swedish children aged 9 – 12 yeas. J Clin Vir-ol, 2006, 37: 118 – 123

10 张立英, 刘云嵘. 影响哺乳时限的社会人口学因素分析. 生殖医学杂志, 1995, 4: 71 – 75

11 Chart KH, Tam JS, Peiris JS, et al. Epstein – Barr virus (EBV) infection in infancy. J Clin Virol, 2004, 21: 57 – 62

12 张文坤, 郝波, 王临虹. 中国部分城市社区婴幼儿母乳喂养状况调查. 中国健康教育, 2004, 20: 14 – 16

A Serological Survey of Epstein – Burr Virus Infection in Children in Beijing

DU Hai-jun, ZHOU Ling, LIU Hong-tu, WANG Qi, ZHAN Shao-bing, JIA Zhi-yuan, MAO Nai-ying, ZENG Yi
(State Key Laboratory for infections Disease Prevention and Control, National Institute for Viral Disease Control and Prevention, Chinese Center for Disease Control and Prevention)

Objective　To understand the prevalence of Epstein – Barr virus (EBV) infection in urban and rural areas of Beijing using the serological method.　**Methods**　Totally 589 serum samples were collected from children in Beijing urban and rural areas who were 0—14 years old and tested with Viron – Seron ELISA classic EBV virus capsid antigen IgG antibody (EBV VCA IgG) kit. Optical density of serum samples was obtained at the wavelength of 405 nanome-ters. Sero – positive or negative samples were determined according to standard curve and cut – off attached in ELISA classic EBV VCA IgG kits. The activity of EBV VCA IgG was calculated by using special formula. The percentage and activity of EBV VCA IgG from Beijing children were compared with SPSS 13. 0 between the urban and rural areas.
Results　The percentage of EBV VCA IgG seropositive samples of was 83. 6% , and 80. 8% in those from urban and 86. 2% in those from rural areas. The peak value of EBV infection was 71% seen among children under the age of 3 years, and in urban area the rate was 67. 7% , which was lower than that in the rural area (75. 3%), and was 82. 5% by the age of 6, which was lower than the data (up to 90%) reposed 30 years ago. There was a significant difference in EBV infection rate and VCA IgG activities in children at different ages between urban and rural areas (P <0. 05).　**Conclusion**　The rate of EBV infection in children living in urban area was lower by the age of 6 years. The primary infection of EBV occurred late in part of children lived in urban area.

　〔**Key words**〕Herpesvirus 4, human; Capsid; Immunoglobutin G; Viral envelope proteins; Serologie tests

364. 含 HPV16 L1 基因重组腺病毒和 1 型重组 AAV 载体联合免疫效果的研究

北京工业大学生命科学与生物工程学院　周玉柏　李泽琳　盛　望　马洪涛

中国疾病预防控制中心病毒病预防控制所肿瘤室　周　玲　曾　毅

〔摘　要〕　**目的**　对表达 HPV16 L1 抗原的重组腺病毒及 1 型重组 AAV 载体联合免疫效果进行研究。　**方法**　分别构建含密码子优化型 HPV16 L1 基因重组腺病毒 rAd – mod. HPV16 L1 及 1 型重组 AAV 载体 rAAV1 – mod. HPV16 L1，将纯化的重组 AAV 病毒载体以肌注及滴鼻途径单独及联合免疫 $C_{57}BL/6$ 小鼠、使用体外中和实验检测各组小鼠血清中特异性中和抗体。　**结果**　rAAV1 – mod. HPV16 L1 单独及与 rAd – mod. HPV16 L1 联合肌注可诱导高滴度的血清中和抗体，在初免后第 16 周抗体滴度显著高于其他免疫组，联合肌注组诱导的抗体滴度高于单独肌注组；重组病毒联合滴鼻虽能产生一定的免疫加强作用，但抗体滴度仍显著低于 rAAV1 – mod. HPV16 L1 单独及联合肌注组。　**结论**　1 型重组 AAV 载体联合重组腺病毒以初免 – 加强模式肌注可诱导更高滴度的血清中和抗体。

〔关键词〕　乳头状瘤病毒，人；基因，L1；细小病毒科；腺病毒科

初免 – 加强（Prime – Boost）是常用的增强疫苗免疫效果的手段，一般认为，初免阶段主要对机体致敏，产生特异性的免疫记忆细胞，在随后的加强过程中，同一抗原的刺激可迅速诱导免疫记忆细胞产生快速而强烈的免疫应答[1,2]。我们的前期研究显示，含密码子优化型 HPV16 L1 基因的重组腺病毒疫苗和 1 型重组 AAV 疫苗均可诱导抗 HPV16 的血清中和抗体，然而，在初次免疫后机体将产生针对病毒载体的中和抗体，从而在使用同一载体进行加强免疫时影响疫苗的免疫效果。因此，我们使用上述两种重组病毒进行联合免疫，探讨初免 – 加强策略是否能进一步增强抗 HPV16 的特异性体液免疫应答。

材料和方法

一、质粒、细胞和病毒　制备 HPV16 假病毒颗粒用质粒 *p16 L1h*、*p16L2h* 及含分泌型碱性磷酸酶报告基因质粒 pYSEAP 由美国国立癌症研究所的 Schiller 教授惠赠。293FT 细胞购自美国 Invitrogen 公司。对照用重组病毒 rAAV1 – EGFP 及 rAd – EGFP 购自北京本元正阳基因技术有限公司。

二、重组病毒载体的制备　AAV 穿梭质粒 PSNAV – mod. HPV16 L1 及含密码子优化型 HPV16 L1 基因重组腺病毒由本室构建，送本元正阳基因技术有限公司进行病毒制备及纯化。最终获得滴度为 1×10^{12} vg/ml 纯化的 1 型重组 AAV 病毒 rAAV1 – mod. HPV16 L1 和 1×10^{10} IU/ml 纯化的重组腺病毒 rAd – mod. HPV16 L1。以抗 HPV16 L1 单克隆抗体为一抗，对接种剂量的两种病毒载体悬液进行 Western Blot 鉴定，未发现 HPV16 L1 蛋白条带。

三、重组病毒的鉴定

（一）重组病毒载体介导：HPV16 L1 基因的表达：分别以 MOI 为 1×10^5 的 rAAV1 - mod. HPV16 L1 和 rAAV1 - EGFP 病毒及 MOI 为 10 的 rAd - mod. HPV16 L1 和 rAd - EGFP 分别感染 293FT 细胞。感染 48 h 后裂解细胞，以等量的细胞总蛋白进行 SDS - PAGE 电泳，转膜。用鼠抗 HPV16 L1 单克隆抗体（camvir - 1）为一抗，辣根酶标记羊抗小鼠 IgG 抗体为二抗，进行 Western Blot 分析。

（二）重组病毒载体的电镜观察：取 100 μl 10 倍稀释的 rAAV1 - mod. HPV16 L1 及 rAd - mod. HPV16 L1 病毒悬液用磷钨酸负染，在透射电镜下观察病毒颗粒的形态。

四、小鼠的免疫接种

将 4~6 周龄雌性 C57B L/6 小鼠 70 只，随机分成肌注组（i. m.）和滴鼻组（i. n.），每组 10 只小鼠。同时，根据接种途径分别设置相应的 rAAV1 - EGFP 及 rAd - EGFP 对照组，每组 5 只小鼠。重组病毒使用剂量 rAAV1 载体为 1×10^{11} vg/只，rAdV 载体为 1×10^8 IU/只。所有实验操作均在小鼠麻醉状态下进行。于初免后第 8、12、16 周收集各组小鼠血清备用。

五、血清中和抗体的检测

参照文献报道方法制备 HPV16 假病毒颗粒[3]，对初免后第 8、12、16 周采集的各组血清样本进行检测。将 HPV16 假病毒颗粒与系列稀释的血清标本于 4℃孵育 1 h，将假病毒颗粒 - 待测血清混合液加入接种有 293FT 细胞的 96 孔板上，同时设置阴性血清对照，阳性血清对照及空白对照孔，每孔设置 2 复孔，将假病毒颗粒 - 待测血清 - 293FT 细胞混合物置 37℃5% CO_2 条件下继续培养 72 h。检测细胞培养上清中碱性磷酸酶活性。结果判定：中和抗体的滴度定义为细胞培养上清中碱性磷酸酶活性较阴性对照组降低 50% 的血清最大稀释度。

结　果

一、重组病毒载体的鉴定

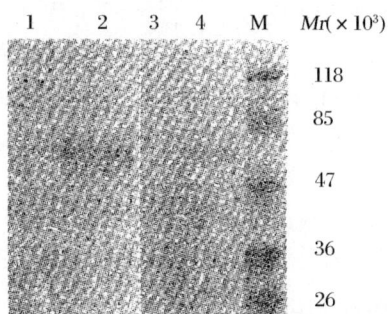

图 1　Western Blot 检测 HPV16 L1 蛋白在 293FT 细胞内的表达

1：rAd - EGFP infected 293FT cells;

2：rAd - mod. HPV16 L1 infected 293FT cells;

3：rAAV1 - EGFP infected 293FT cells;

4：rAAV1 - mod. HPV16 L1 infeeted 293FT cells; M: standard protein weight marker

Fig. 1　Detection of HPV16 L1 protein expression in 293FT cell by Western Blot

（一）重组病毒载体介导 HPV16 L1 基因的表达：分别收集 rAAV1 - mod. HPV16 L1、rAAV1 - EGFP、rAd - mod. HPV16 L1 及 rAd - EGFF 感染 293FT 细胞裂解上清，以等量细胞裂解总蛋白进行 SDS - PAGE 电泳，使用 HPV16 L1 单克隆抗体（camvir - 1）为一抗，辣根酶标记羊抗小鼠 IgG 抗体为二抗，检测 HPV16 L1 蛋白的表达。rAAV1 - mod. HPV16 L1 及 rAd - mod. HPV16 L1 可检测到 55×10^3 目的蛋白条带，而 rAAV1 - EGFP 及 rAd - EGFP 感染 293FT 细胞裂解上清中均未检测到 HPV16 L1 蛋白，结果见图 1。

（二）重组病毒载体的电镜观察：纯化的 rAAV1 - mod - HPV16 L1 经负染后在透射电子显微镜下观察，可见直径约 22 nm 的实心病毒颗粒及少量包装缺陷的空心病毒颗粒（图 2A）；纯化的重组腺病毒在电镜下可见直径约 70 nm 的实心病毒颗粒，具有典型的腺病毒形态特征（图 2B）。

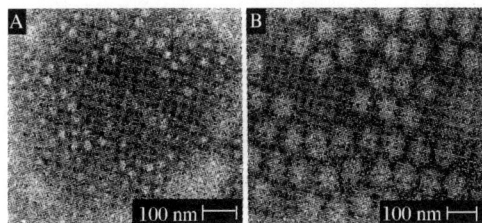

图2 纯化的重组病毒的电镜观察（×5 2000）

A：rAAV1 - mod. HPV16 L1；B：rAd - mod. HPV16 L1

Fig. 2 Electron micrographs of purified reco-
mbinant viral vector （×52 000. Bar =100nm）

二、血清特异性中和抗体的检测　使用
HPV16假病毒中和实验对各免疫组小鼠血清进
行检测。结果显示，rAAV1 - mod. HPV16 L1
单针及与 rAd - mod. HPV16 L1 联合肌注均可
诱导高滴度血清中和抗体，联合肌注组抗体滴
度在初免后第 8 周与 rAAV1 - mod. HPV16 L1
单针肌注组相近，初免后第 16 周升至 1：
31 041,显著高于其他免疫组（$P < 0.05$）；
联合滴鼻组在初免后第 16 周中和抗体滴度为

1：6303，高于各重组病毒单独滴鼻组（$P < 0.05$），显示了一定的免疫增强作用，但抗体滴度仍显著低于联合肌注组（$P < 0.05$），见图3。

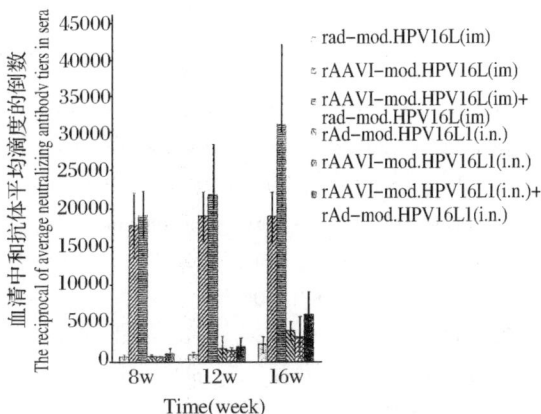

图3　初免后 8、12、16 周各组
小鼠血清中和抗体的平均滴度

Fig. 3　The average titers of neutralizing
antibody of immunized groups at week 8, 12, 16
following the first immunization

讨　论

我们的前期研究显示，含密码子优化型 HPV16 L1 基因的重组腺病毒及 1 型重组 AAV 疫
苗单独免疫均可刺激机体产生抗 HPV16 的血清中和抗体。两种疫苗各具特点：重组腺病毒
疫苗以滴鼻途径接种可诱导更好的免疫效果；而 1 型重组 AAV 疫苗单针肌注即可产生高滴
度的血清中和抗体。将两种疫苗联合使用，发挥各自的优点可能会获得更理想的免疫效果。
因此，我们将上述两种重组病毒以肌注和滴鼻途径分别进行单独及联合免疫，并对各免疫组
诱导的体液免疫效果进行了比较。我们的结果显示，联合肌注组在初免后第 16 周可诱导高
滴度的血清中和抗体，抗体平均水平显著高于各重组病毒单独免疫组；而联合滴鼻组虽然诱
导的抗体水平不及联合肌注组，但显著高于各重组病毒单独滴鼻组。上述数据表明，两种重
组病毒联合应用可诱导机体产生更好的体液免疫效果。

在研究中我们发现，联合免疫组抗体水平在加强免疫后上升缓慢，在 2 次免疫后第 12
周才显示出明显的免疫增强的效果。一般认为，初次免疫后在机体内建立的针对特定抗原的
记忆性 T、B 淋巴细胞群落对于有效激发 2 次免疫应答十分关键，而相关辅助性 T 淋巴细胞
在建立及维持该细胞群落的过程中又发挥了重要作用[4,5]。有研究显示，1 型重组 AAV 疫苗
主要诱导体液免疫，细胞免疫效果不理想[6]。结合上述事实，我们推测，rAAV1 载体可能
以某种未知的机制对相关辅助性 T 淋巴细胞进行调节，导致初次免疫后未能在体内建立有效
的记忆性淋巴细胞群落，从而在加强免疫后不能迅速激发 2 次免疫应答。因此，对 1 型重组
AAV 载体与机体免疫系统相互作用的机理进行研究，将有助于进一步提高该疫苗的免疫

效果。

综上所述，1 型重组 AAV 载体初免、重组腺病毒加强免疫可产生显著的免疫增强效果，在初免后第 16 周可诱导产生高滴度的血清抗 HPV16 中和抗体。

〔原载《中华实验和临床病毒学杂志》2008，22（6）：416－418〕

参 考 文 献

1 Ramshaw IA, Ramsay AJ. The prime – boost strategy: exciting prospects for improved vaccination. Immunel. Today, 2000, 21: 163－165

2 Woodland DL. Jump – starting the immune system: prime – boosting comes of age. Trends Immunol, 2004, 25: 98－104

3 Buck CB, Pastrana DV, Lowy, DR, et al. Efficient intracellular assembly of papillomaviral vectors. J Virol, 2004, 78: 751－757

4 Woodberry T, Gardner J, Elliott SL, et al, Prime – boost vaccination strategies: CD8 T cell numbers, protection, and Th1 bias. J Immu-nol. 2003, 170: 2599－2604

5 Haglund K, Leiner 1, Kerksiek K, et al. Robust recall and long – term memory T cell responses induced by prime – boost regimens with heterologous live viral vectors expressing human immunodeficiency virus type 1 *gag* and Env proteins. J Virol. 2002, 76: 7506－7517

6 刘红梅，余双庆，冯霞，等. 1 型和 2 型外壳蛋白构建的 AAV 载体携带 HIV－1 *gag* 诱导免疫反应的比较研究. 病毒学报，2007，23：177－182

Immune Response Induced by Recombinant Adenovirus Combined with Recombinant Adeno – associated Virus Type 1 Containing HPV16 L1 Gene

Objective To evaluate the immune potency of recombinant adenovirus combined with rAAV1 vector expressing HPV16 L1 protein in mice. **Methods** The rAdV and rAAV1 vector containing codon – modified HPV16 L1 gene was constructed using Admax and AAVmax packaging system respectively. C_{57} BL/6 mice were immunized with purified rAdV and rAAV1 vector through intramuscular and intranasal inoculation routes, and the titer of neutralizing antibody was determined by neutralization assay based HPV16 pseudovius. **Results** Intramuscular immunization by rAAV1 – mod. HPV16 L1 or combined with rAd – mod. HPV16 L1 can induce higher titer of neutralizing antibody in serum than that of other groups. The titer of neutralizing antibody of intranasal groups is significantly lower than that of intramuscular group, although the prime – boost strategy using in intranasal group was effective to enhance the specific humoral immunity. **Conclusion** The rAAV1 – mod. HPV16 L1 combined with rAd – mod. HPV16 L1 can induce higher titer of neutralizing antibody in serum through intramuscular route than that of other groups at the 16th week after the first immunization.

〔**Key words**〕Papillomavirus, human; Gene, L1; Parvoviridae; Adenoviridae

365. 携带 EBV – LMP2 基因的 DNA 疫苗、腺相关病毒疫苗和腺病毒疫苗免疫小鼠的特异性细胞免疫应答

中国疾病预防控制中心病毒病预防控制所传染病预防控制国家
重点实验室　杨松梅　王　湛　周　玲　杜海军　曾　毅
广西医科大学第一附属医院临床医学实验部　莫武宁

〔摘　要〕　细胞免疫应答，尤其是 CD3$^+$CD8$^+$ 细胞毒性 T 淋巴细胞（cytotoxic T lymphocyte，CTL），在控制病毒感染中扮演着重要角色。鼻咽癌（nasopharyngenl carcinoma，NPC）与 EB 病毒（epstein – barr virus，EBV）持续感染密切相关，在鼻咽癌疫苗的研究中，人们将研究重点放在增强特异性抗病毒 CTL 应答上。本研究单独或联合使用表达 EB 病毒潜伏膜蛋白抗原 2（epstein – barr virus latent membrane protein 2，EBV – LMP2）的 DNA 疫苗、腺相关病毒（adeno – associated virus，AAV）疫苗、非复制 5 型腺病毒疫苗（Ad5），分别于 0，2，4 周肌内注射免疫 4 ~ 6 周龄的雌性 BALB/c 小鼠，IFN – γ 免疫斑点法检测 EBV – LMP2 特异性细胞免疫应答水平，疫苗诱导的特异性细胞应答水平与疫苗的免疫策略有关，其中，使用 3 种载体疫苗联合免疫的效果最好，其次则是先使用 DNA 疫苗免疫两次，再用腺病毒疫苗加强免疫一次的联合免疫方法，DNA 疫苗和 AAV 疫苗单独免疫能够诱导出特异性的 CTL，但与联合免疫相比诱导的应答水平很低。结果表明，使用 DNA，AAV 和腺病毒载体疫苗联合免疫，能够更好地诱导机体产生特异性细胞免疫应答，为鼻咽癌的防治提供了很好的疫苗策略。

〔关键词〕　EBV – LMP2；DNA 疫苗；重组腺病毒疫苗；重组腺相关病毒疫苗；联合免疫；特异性细胞免疫应答

EB 病毒（epstein – barr virus，EBV）与多种人类恶性肿瘤相关，鼻咽癌是其中之一，在我国南方一些省（自治区）每年 10 万人中发病人数为 10 ~ 50 人[1~3]，虽然放疗及放、化疗联合治疗对很多病例有效，但仍有约 30% 的病人病情难以控制[3]，因此，探索鼻咽癌治疗新的方法是很必要的，EB 病毒在鼻咽癌细胞中的存在为以细胞毒性 T 淋巴细胞（cytotoxic T lymphocyte，CTL）为基础进行的免疫治疗提供了良好的靶位，成为传统治疗方法的有益补充，鼻咽癌细胞中 EBV 处于 II 型隐性感染状态，表达 EBNA1，LMP1 和 LMP2 3 种 EB 病毒蛋白，其中 LMP2 mRNA 在鼻咽癌的肿瘤细胞中都能检测到，虽然目前的检测技术不能检测到 LMP2 蛋白的存在，但在鼻咽癌病人的血清中常能检测到 LMP2 的抗体[4]，LMP2 是 EB 病毒蛋白中最易于被 CTL 识别的，存在于不同人群中的许多 HLAI 限制性的 LMP2 细胞激活表位已经被鉴定[5~8]，因此，LMP2 是鼻咽癌免疫治疗的理想靶位。

MHC I 限制性 CTL 在控制 EB 病毒感染状态中发挥重要作用，在感染初期，就可以产生高水平的 EBV 特异性 CTL，并且在病毒感染的整个过程中持续存在，器官移植病人或 HIV

感染的个体，当 EBV 特异性 CTL 水平降低时，会引起病毒诱导的淋巴细胞增生，减少免疫抑制或输入经体外培养的自体同源的 EBV 特异的 CTL，恢复细胞免疫应答后，这些疾病也会恢复[9]。基于这些研究，以 EBV 作为靶位，提高病人的特异性 CTL 水平，是治疗 EBV 相关肿瘤的有效方法，左建民等人[10] 已经构建了携带 EBV – LMP2 基因的非复制 5 型重组腺病毒（rAd – LMP2），腺病毒载体具有宿主范围广泛，能够感染静止期或分裂期细胞，可在细胞内短期高水平表达目的基因等优点[11]。而基于 AIDS 疫苗动物体内研究显示，与单一载体比较，先使用 DNA 或一种病毒载体初次免疫，再用另一种载体加强免疫能够诱导更强的免疫应答[12]。因此，除腺病毒外，其他的两种载体，DNA 和 AAV 疫苗也被列入实验。DNA 疫苗通过肌内注射能直接转染动物细胞表达抗原蛋白，诱导细胞毒性 T 细胞应答[13]。而 AAV 因其宿主范围广，安全性好，基因稳定表达，与其他的病毒载体相比，AAV 最主要的优势是具有极低的免疫原性[14]，本研究的目的是讨论含有 EBV – LMP2 基因的重组 DNA 疫苗、AAV 疫苗和腺病毒疫苗联合免疫与各个疫苗单独免疫效果的比较。

材料和方法

一、疫苗载体　DNA 疫苗：EBV – LMP2 插入 VR 质粒（含人巨细胞病毒 Intron A 启动子和 BGH 终止子）构建 pVR – LMP2，pVR – LMP2 溶于 PBS，浓度为 1 mg/ml。

AAV 疫苗：同样的 LMP2 基因用于腺相关病毒 1（AAV – 1）载体，AAV1 载体是"杂合"AAV 载体，即使用 AAV2 的 ITRs 以及 AAV2 的 *Rep* 基因，换上 AAV1 的 Cap 蛋白，重组病毒过程如下：（ⅰ）EBV – LMP2 基因克隆到重组 AAV 的表达质粒 pSNAV – 1；（ⅱ）重组质粒 pSNAV – LMP2 转染 BHK 细胞，建立稳定表达 LMP2 的稳定转染细胞系 BHK – LMP2；（ⅲ）HSVI – rc/ΔUL2 感染 BHK – LMP2 细胞，制备并纯化 rAAV2/1 – LMP2。

腺病毒疫苗：rAd – LMP2，即含 EBV – LMP2 基因的非复制 5 型重组腺毒，由本实验室构建。

二、免疫　选用 4～6 周龄的 BALB/c 雌性小鼠，由中国医学科学院动物研究所提供，分别于 0、2、4 周肌内注射免疫小鼠，共免疫 3 次，在实验过程中，所有小鼠均健康。免疫程序详见表 1。

免疫剂量如下：PBS，100 μl；pVR – LMP2，100 μg；rAd – LMP2，5×10^{10} vp；rAAV2/1 – LMP2，1×10^{11} vg。

表 1　小鼠不同组免疫程序

组别	初次免疫 （0 周）	第一次加强免疫 （2 周）	第二次加强免疫（4 周）
1	PBS	PBS	PBS
2	pVR – LMP2	pVR – LMP2	pVR – LMP2
3	pVR – LMP2	pVR – LMP2	rAd – LMP2
4	pVR – LMP2	rAd – LMP2	rAd – LMP2
5	rAd – LMP2	rAd – LMP2	rAd – LMP2
6	rAAV2/1 – LMP2	rAAV2/1 – LMP2	rAAV2/1 – LMP2
7	rAAV2/1 – LMP2	pVR – LMP2	rAd – LMP2

三、ELISPOT 测定　小鼠 LMP2 特异性 IFN – γ 分泌细胞水平由 ELISPOT 试剂盒检测（BD™ELISPOT 小鼠分泌 IFN – γ 细胞检测试剂盒，BD 公司），按照厂家提供的说明书操作，使用终浓度 4 μg/ml 的 EBV – LMP2 多肽刺激小鼠脾淋巴细胞，检测 EBV – LMP2 特异性释放 IFN – γ 的细胞数，不含多肽刺激物细胞孔作为本底对照，37℃，5% CO_2 孵育 24 h，甩掉孔中培养液，加入 200 μl/孔的去离子水裂解细胞；之后用 PBST 洗板 5 次，加入稀释好的生物素标记检测抗体，100 μl/孔，室温孵育 2 h，倾倒检测抗体稀释液，PBST 洗 3 次，加入稀释好的酶标链亲和素，100 μl/孔。室温孵育 1 h，倾倒酶结合物稀释液，PBST 洗 4 次，

PBS 洗 2 次，加入配好的 AEC 显色液，100 μl/孔，室温显色，肉眼观察到清晰的斑点形成后，加入去离子水，洗涤两遍，终止反应，室温空气干燥板，ELISPOT 自动读板仪读板计数，结果以每百万细胞中的斑点形成细胞数（SFC/10^5 细胞）表示。

四、腺病毒中和抗体的测定　小鼠血清（第 1、3、4、5 组小鼠免疫后 5 周血清，稀释度 1：50）与等体积连续稀释的 Ad5 载体（10^{10}vp，10^9vp，10^8vp，10^7vp，10^6vp，10^5vp，10^4vp，10^3vp）37℃孵育 1 h，混合物加入 96 孔板的 293 细胞中，37℃再孵育 96 h，之后观察细胞病变效应，中和滴度以 1：50 血清滴度下中和 Ad5 数表示。

五、数据分析　所有计算后的结果以平均值 ± 标准差表示，实验数据的统计学分析采用单因素方差分析，$P < 0.05$ 具有统计学意义。

结　果

一、特异性细胞免疫　在 0，2 和 4 周，按不同组别单独或不同组合肌内注射免疫 pVR - LMP2，rAAV2/1 - LMP2，Ad - LMP2，每组 5 只小鼠，如材料和方法中所述，使用 ELIS - POT 方法检测 EBV - LMP2 特异性 T 细胞水平，各组平均值 ± 标准差如下：第 1 组（PBS，PBS，PBS）（22.4000 ± 5.54977）× 10^6 个，$n = 5$；第 2 组（pVR - LMP2，pVR - LMP2，pVR - LMP2）（49.6000 ± 26.43483）× 10^6 个，$n = 5$；第 3 组（pVR - LMP2，pVR - LMP2，rAd - LMP2）（927.2000 ± 164.00976）× 10^6 个，$n = 5$；第 4 组（pVR - LMP2，rAd - LMP2，rAd - LMP2）（770.0000 ± 100.55844）× 10^6 个，$n = 5$；第 5 组 rAd - LMP2，rAd - LMP2，rAd - LMP2）（368.8000 ± 149.36265）× 10^6 个，$n = 5$；第 6 组（rAAV2/1 - LMP2，rAAV2/1 - LMP2，rAAV2/1 - LMP2）（109.2000 ± 68.53612）× 10^6 个，$n = 5$；第 7 组（rAAV2/1 - LMP2，pVR - LMP2，rAd - LMF2）（1023.2000 ± 122.60995）× 10^6 个，$n = 5$，单因素方差分析显示：第 3、4、5、7 组与第 1 组比较有极显著差异（$P < 0.01$），第 3、4、5、7 组与第 2 组比较有极显著差异（$P < 0.01$），第 3、4、7 组与第 5 组比较有极显著差异（$P < 0.01$），这些结果表明疫苗诱导的 T 细胞应答水平与疫苗的免疫策略有关，疫苗单独使用时，与 pVR - LMP2 和 rAAV2/1 - LMP2 疫苗相比，腺病毒载体疫苗诱导的特异性细胞免疫应答水平较高，但低于疫苗联合免疫组，其中，pVR - LMP2，rAAV2/1 - LMP2 和 rAd - LMP2 联合免疫组应答水平最好，其次是 pVR - LMP2 免疫两次，最后 rAd - LMP2 加强一次的联合免疫方案组，而 pVR - LMP2 初免一次，rAd - LMP2 加强免疫两次的效果不及 pVR - LMP2 免疫两次，rAd - LMP2 加强一次的免疫效果（图 1）。

二、腺病毒中和抗体的测定　检测第 1、3、4、5 组小鼠血清腺病毒中和抗体的滴度，中和滴度以 1：50 血清稀释度下中和 Ad5 数表

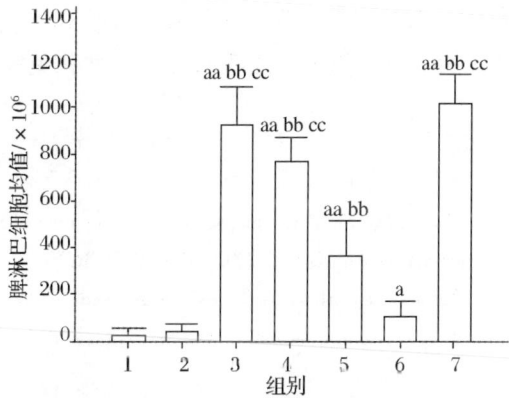

a. 该组与第 1 组比较，有显著性差异（$P < 0.05$）；aa，该组与第 1 组比较，有极显著差异（$P < 0.01$）；bb，该组与第 2 组比较，有极显著差异（$P < 0.01$）；cc，该组与第 5 组比较，有极显著差异（$P < 0.01$）

图 1　各组免疫小鼠 IFN - γ - ELISPOT 结果

表2　各免疫组腺病毒中和抗体的滴度

免疫组	第1组/vp	第3组/vp ($\times 10^5$)	第4组/vp ($\times 10^8$)	第5组/vp ($\times 10^9$)
1	—	10	1	1
2	—	1	1	1
3	—	10	1	1
4	—	1	1	1
5	—	1	1	1
平均值	—	6.40 ± 4.93	$1.00 \pm 0.00^*$	$1.00 \pm 0.00^*$

注：*该组均值与第3组比较，有显著性差异（$P < 0.05$）

示，随着腺病毒载体免疫次数的增加，腺病毒中和抗体的滴度增加（表2）。

讨　论

采用病毒或非病毒载体系统诱导抗 EBV–LMP2 的免疫应答治疗肿瘤的方法日益受到关注。这些载体在非人灵长类的对比研究结果为这些载体的临床应用提供实验依据。在动物实验中已经发现，与单一疫苗免疫相比，用一种病毒载体或核酸疫苗初免，用另一种载体或亚单位/多肽疫苗加强免疫，能够诱导更强的免疫应答[15,12]。在过去的 10 年，几种初免—加强免疫策略已经用于 HIV 疫苗的研究，结果显示了其良好的前景[16,17]。本文评价了 DNA，AAV 和腺病毒疫苗诱导的 EBV–LMP2 特异的细胞免疫应答，我们的结果显示 DNA，AAV 和腺病毒疫苗联合免疫在诱导 LMP2 特异的 CTL 应答方面有很好的前景，对小鼠研究，DNA 和腺病毒疫苗联合免疫也能产生良好的 LMP2 特异的 CTL 水平，DNA 载体具有很低的免疫原性，我们也发现 AAV 载体单独免疫细胞免疫应答水平很低，同样的结论曾有报道[18]本文对 AAV 疫苗单独免疫没有深入的研究，我们的研究主要集中在 AAV–DNA–rAd5 免疫后 LMP2 特异的 CTL 应答水平上，基于一般的腺病毒血清型，疫苗的免疫原性可能由于已经存在的病毒载体的免疫性而受负面影响。我们的结果表明，随着腺病毒 5 型载体免疫次数的增加，EBV–LMP2 特异 CTL 水平呈下降趋势，剂量和免疫次数的增加使中和抗体的滴度显著增加而降低了基因的有效运输[19]，以上研究充分显示，由于人群普遍存在腺病毒 5 型免疫，疫苗的免疫原性受负面影响，3 种疫苗的协同作用提供了可行的策略，本研究结果表明，在人类细胞免疫水平上，DNA、AAV 和腺病毒疫苗联合免疫有很好的前景，在以往研究的基础上，设计了下一步的恒河猴实验。这些实验将评价表达 LMP2 蛋白的 DNA，AAV 和腺病毒 5 型疫苗单独或联合免疫的耐受性和免疫原性。

〔原载《中国科学 C 辑生命科学》2009, 39（4）: 342–345〕

参 考 文 献

1 Chan A T, Toe P M, Johnson PJ. Nasopharyngeal carcinoma. Ann Oncol, 2002, 13: 1007–1025

2 Yu M C. Nasopharyngeal carcinoma: epidemiology and dietary factors. IARC Sci Publ, 1991, 105: 39–47

3 Taylor G S. T cell–based therapies for EBV–associated malignancies. Expert Opin Biol Ther, 2004, 4（1）: 11–21

4 Lennette E T, Winberg G, Yadav M, et al. Antibodies to LMP2A/2B in EBV–carrying malignancies. EurJ Cancer, 1995, 31: 1875–1878

5 Lee S P, Tierney R J, Thomas W A, et al. Conserved CTL epitopes within EBV latent membrane protein 2: a potiendal target for CTL–based tumor therapy. J Immunol, 1997, 158（7）: 3325–3334

6 Lee S P, Chovn A T, Cheung S T, et al. CTL control of EBV in nasopharyngeal carcinoma: EBV–specific CTL responses in the blood and tumors of NPC patients and the antigen–processing function of the tumor cells. J Immunol, 2000, 165: 573–582

7 Konishi K, Maruo S, Kato H, et al. Role of Epstein – Barr virus – encoded latent membrane protein 2A on virus – induced immortalization and virus activation, J Gen Virol, 2001, 82: 1451 – 1456

8 Straathof K C, Leen A M, Buza E L, et al. Characterization of latent membrane protein 2 specificity in CTL Lines from patients with EBV – Positive nasopharyngeal carcinoma and lymphoma. J Immunol, 2005, 175: 4137 – 4147

9 Rooney C M, Smith C A, Ng C Y, et al. Use of gene – modified virus – specific T lymphocytes to control Epstein – Barr virus related lym – pholiferation. Lancet, 1995, 345: 9 – 13

10 左建民, 周玲, 王琦, 等. 含 EBV – LMP2 基因重组腺病毒疫苗的构建及其诱导 CTL 应答的初步探讨. 中华微生物学和免疫学杂志, 2003, 23 (6): 446 – 449

11 Ghosh S S, Gopinath P, Ramesh A. Adenoviral vectors: a promising tool for gene therapy. Appl Biotechnol, 2006, 133 (1): 9 – 29

12 Excler J L, Plotkin S. The prime – boost concept applied to HIV preventive vaccines. AIDS, 1997, 11: S127 – 137

13 Donnelly J J, Ulmer J B, Shiver J W. DNA vaccines. Annu Rev Immunol, 1997, 15: 617 – 648

14 Li C, Bowles D E, Dyke T V. Adeno – associated virus vectors: potential applications for cancer gene therapy. Cancer Gene Ther, 2005, 12 (12): 913 – 925

15 Excler J L. AIDS vaccine development: Perspectives, challenges & hopes. Indian J Med Res, 2005, 121: 568 – 581

16 Casimiro D R, Chen L, Fu T M. Comparative immunogenicity in rhesus monkeys of DNA plasmid, recombinant vaccinia virus, and replication – defective adenovirus vectors expressing a human immunodeficiency virus type 1 gag gene. J Virol, 2003, 77: 6305 – 6313

17 Xin K Q, Jounai N, Someva K. Prime – boost vaccination with plasmid – DNA and a chimeric adenovirus type 5 vector with type 35 fiber induces protective immunity against HIV. Gene Therapy, 2005, 12: 1769 – 1777

18 Selvarangan P. Adenoassociated virus vectors for generic immunization. Immunol Res, 2002, 26: 247 – 253

19 Nikitina E Y, Chada S, Muro – Cacho C. An effective immunization and cancer treatment with activated dendritic cells transduced with full – length wild-type p53. Gene Therapy, 2002, 9: 345 – 352

366. 河南省有偿供血者 HIV – 1 外膜蛋白 *env* 基因序列分析及表型预测

中国疾病预防控制中心病毒病预防控制所传染病预防控制国家
重点实验室　冯　霞　杨海儒　余双庆　周　玲　李红霞　曾　毅
北京工业大学生命科学与生物医学工程学院病毒与药理室　李泽琳

〔摘　要〕　应用套式聚合酶链反应（nested – PCR）从 60 例河南省 HIV – 1 抗体阳性有偿献血者的外周血单核细胞的 DNA 样品中扩增全长 env 基因并对扩增产物测序，共扩增到 21 个全长 env 基因，序列分析发现其中 15 个 env 基因有完整的可读框（ORF），14 个为 B 亚型，与国际参考株 RL42 的基因离散率为 4.87% ±

0.31%，1 个为 B 亚型，与国际参考株 HXB2 的基因离散率为 5.43%。根据核苷酸序列推导出相应的氨基酸序列，并且分析及比较了重要的功能结构域。发现这 15 个序列的 N 糖基化位点和数目没有显著变化；CD4 受体结合位点高度保守；根据 V3 环氨基酸序列及净电荷数目，预测大多数分离株使用 CCR5 辅助受体；V3 环四肽序列以典型欧美 B 亚型 GPGR 最多，占 40%；gp120/gp41 剪切位点高度保守，预测所有 gp160 前体都能有效剪切；四种广谱中和抗体 2G12、IgG1b12、4E10 及 2F5 的识别位点高度保守，表明大多数分离株对这四种中和抗体敏感。有必要进一步阐明 env 基因型与相关功能的关系，这将为疫苗研究和药物开发提供依据。

〔关键词〕　供血者；HIV-1；序列测定；基因，env

截止 2008 年 9 月 30 日，全国累计报告艾滋病病毒感染者和艾滋病病人共 264 302 例，其中艾滋病病人 77 753 例，死亡报告 34 864 例。云南、河南、广西、新疆、广东和四川六省（区）累计报告的艾滋病病毒感染者和病人数占全国累计报告数的 80.5%[1]。在艾滋病流行比较严重的地区，艾滋病对社会的影响已经显现。安全有效的艾滋病疫苗是控制艾滋病流行的重要手段。但外膜蛋白的变异性及其与免疫系统间的复杂作用仍然是 HIV 疫苗研发中的困难所在。HIV 的 env 糖蛋白具有两个主要功能结构域 gp120 和 gp41，在病毒的生命周期中发挥重要作用，即病毒吸附及与靶细胞融合。根据 HIV-1 基因组中变异性最大的外膜蛋白基因序列的同源性，目前流行全球的 HIV-1 分为 M 组（主要组）、O 组（外围组）和 N 组（新组）三个组，M 组又可分为 A、B、C、D、F、G、H、J 和 K 9 个亚型及循环重组型（CRF），各亚型间的基因序列差异较大，基因距离一般为 22%~35%，而亚型内的基因距离一般为 7%~20%[2]。为了应对这种基因变异性，目前在选择疫苗株时一般以疫苗计划应用地区的流行毒株为基础。已有文献报道在河南、湖北及四川等省内供血员中流行的 HIV-1 为 B 亚型毒株[3,4]。尽管对河南省 HIV-1 感染者中毒株的 env。序列特点已有报道，但是对全长 env 序列的报道还很少。本研究的目的是从河南省有偿供血感染艾滋病毒人群中扩增并克隆全长的 env 基因，对克隆到的 env 基因进行序列测定及进化分析，并根据推导的氨基酸序列对重要的功能结构域进行深入的分析，为研制在该地区应用的治疗性艾滋病疫苗及药物提供依据。

材料和方法

一、样品来源及处理　60 名来自河南省、经 WB 确认的 HIV-1 抗体阳性的有偿供血者，皆无抗逆转录病毒治疗史，采样时间为 2002 年，每名对象采集静脉血 5 ml，EDTA 抗凝（终浓度 0.15%），用德国 Qiagen 公司的 QIAamp Blood Mini Kit 试剂盒按说明书从每位感染者的抗凝全血中提取细胞 DNA，并冻存于 -20℃冰箱备用。

二、HIV-1 env 基因的扩增　用套式 PCR 对全长 HIV-1env 基因进行扩增，外侧引物为 EnvF1（5′-GAA AGA GCA GAA GAC AGT GGC A-3′）和 EnvR1（5′-CCA GGT CTC GAG ATC CTG CTC CCA C-3′），内侧引物为 EnvF2（5′-GAA GAC AGT GGC AAT GAG AGT GA-3′）和 EnvR2（5′-CAT TTT GAC CAC TTG CCA CCC AT-3′）。第一轮反应体系：总体积 25 μl，10×buffer 2.5 μl，dNTP 浓度 200 μmol/L，ExTaq 0.625 U，引物浓度 0.4 μmol/L，核酸样本 2 μl 及相应的 ddH₂O。反应条件：95℃5 min；94℃50 s，56℃ 50 s，

72℃ 3 min，30 个循环；72℃ 10 min。第二轮反应体系：总体积 50 μl，10×缓冲液 5 μl，ExTaq1.25U，dNTP 浓度，引物浓度及反应条件同第一轮，模板为 4 μl 第一轮扩增产物。

三、扩增片段的回收、纯化及连接 pGEM-T 载体　PCR 产物经 1% 琼脂糖凝胶电泳，与 marker 对照判断无误后，切下特异性扩增带，用美国 Axygen 公司 AxyPrep DNA Gel Ex-traction Kit 试剂盒，按说明书纯化扩增 env 基因片段。回收的 DNA 片段溶于 pH8.7 的 10 mmol/L Tris-HCl 缓冲液中。将回收的 PCR 产物与 pGEM-T 载体连接。连接反应体系：总体积 10 μl，2×Rapld Ligation Buffer 5 μl，pGEM-T 载体 1 μl（50 ng），T4 DNALigase 1 μl，PCR 产物 150 ng 及适宜体积的 ddH₂O。16℃连接 6 h，将连接产物转化大肠埃希菌 DH5α 感受态细胞。

四、阳性克隆的筛选及鉴定　从接种转化产物的 LB 琼脂平板上挑取若干个白色单菌落，接种到 5ml 含氨苄西林（100 μg/ml）的 LB 培养基中，37℃剧烈振荡培养过夜，用美国 Axygen 公司的 AxyPrep Plasmid Miniprep Kit 试剂盒按说明书提取质粒。用 Apa I 和 Sal I 双酶切法进行鉴定，酶切后得到 3.0 kb 及 2.5 kb 片段的克隆为阳性克隆。

五、序列测定　将初步酶切鉴定正确的克隆送北京奥科生物技术有限责任公司测序，以通用引物 T7、通用引物 SP6、NL614（5'-AGG TAT CCT TTG AGC CAA TTC-3'）、NL1352（5'-TAT TAA CAA GAG ATG GTG GTA-3'）为测序引物。

六、核苷酸序列分析　测得的序列用 BioEdit 软件进行编辑校正，用 Vector NTI 软件对每个样品的全长 gp160 核苷酸序列进行拼接。用 Clustal X 程序将样品序列与 HIV Data-bases 中各亚型国际参考序列及 4 个已发表的来自河南省的 HIV-1 分离株的 gp160 区进行序列比对。比对的序列转换成 MEGA 格式，用 MEGA 软件的 Neighbor-joining 法进行系统树分析，树的稳定性采用 Bootstrap 分析，用 Dis-tances 程序计算序列间的基因离散率。本文中

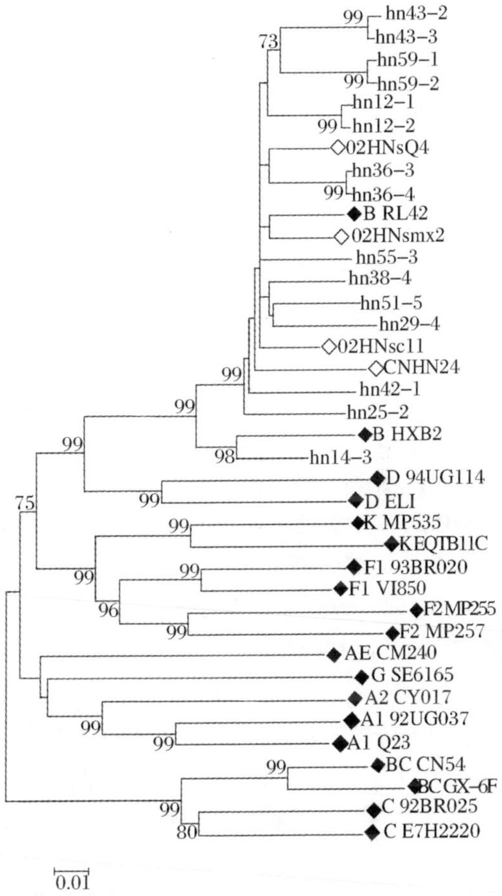

图1　河南省 HIV-1 毒株 env 基因区与国际参考株的系统进化树分析

paid blood donors and international reference strains. The neighbor-joining method for tree construction is based on the complete env gene (~2500 bp). An indication of the degree of sequence dissimilarity is shown on the horizontal axis. The number of bootstrap trees out of 1000 replications supporting a particular phylogenetic group by more than 70% is placed alongside the nde considered. Sequences sampled from HIV-1 positive subjects enrolled from Henan province were designated as "hn***", "◆" indicated the sequences derived from commonly used international reference strains. "◇" indicated published env sequences isolated in Henan province

Fig. 1　Phylogenetic tree analysis of the HIV-1complete env gene sequences from Henan

参与分析的国际参考序列的序列号为 K03455，U71182，U51190，AF004885，AF286237，U52953，U46016，AX149771，AY008715，U88824，K03454，AF05494，AE077336，AJ249236，AJ249237，AJ249239，U54771 和 AF061642；4 个已发表的来自河南省的 HIV－1 序列号为 AY275555，AY275556，AY275557 和 AY180905。

七、氨基酸序列分析 用 DNASTAR 软件将样品的核苷酸序列翻译成氨基酸序列。用 N－Glycosite[5] 预测可能的 N－糖基化位点。用 Clustal X 程序对推导的 *env* 氨基酸序列进行比对。

结果和讨论

一、基因亚型的鉴定及系统进化树分析 从 60 份血样中扩增到 21 个全长 *env* 基因，序列分析发现其中 15 个 *env* 基因有完整的可读框（ORF）。基因长度范围在 2532 bp ~ 2577 bp 之间。另外 6 个 *env* 基因由于不同位置（*gp*120 的 C1 区、C3 区及 *gp*41 的胞质尾端）可发生无义突变而导致蛋白翻译提前终止。经 Clustal X 程序结合系统树分析（图 1）发现，本实验中获得的 15 个全长 *env* 序列中有 14 个为 B′亚型，与国际参考株 RL42 的基因离散率为 4.87% ± 0.31%，与四个已发表的分离自河南省的 *env* 序列 02HNsq4、02HNsc11、02HNsmx2 及 CNHN24（皆分离于 2002 年）的基因离散率分别为 4.56% ± 0.37%、4.51% ± 0.488%、4.78% ± 0.45% 及 6.16% ± 0.29%。1 个为 B 亚型，与国际参考株 HXB2 的距离最近，为 5.43%，与国际参考株 RL42 及分离自河南省的 *env* 序列 02HNsq4、CNHN24、02HNsc11 和 02HNsmx2 的基因离散率分别为 6.83%、7.44%、8.03%、7.11% 及 7.46%（表 1）。上述结果表明河南省有偿献血人群中的 HIV－1 毒株以 B′亚型为主，与 B′亚型国际参考株 RL42 及其他 4 个已发表的来自河南省的 *env* 序列之间的基因离散率较小。前述人群中 HIV－1 毒株之间的变异性相对较小，因而以分离自该人群的 HIV－1env 基因为基础构建疫苗并将该疫苗应用于同一人群，将有利于克服 HIV 基因高变异性的缺点，便于进行疫苗效果评价。

表1　15 个分离自河南省有偿供血者中的 HIV－1 *env* 基因与

B 亚型国际参考序列及已发表分离株的基因离散率比较（%）

Tab. 1　Genetic distances between 15 HIV－1 *env* genes from paid blood donors in Henan province and subtype B reference sequences together with published *env* sequences（%）

	B HXB2	B RL42	02HNsq4 *	CNHN24 *	02HNsc11 *	02HNsmx2 *
hn12－1	9.06	4.68	4.31	6.35	4.08	4.45
hn12－2	9.06	4.59	4.22	6.59	3.99	4.36
hn25－2	9.24	5.42	4.81	6.31	4.77	4.96
hn29－4	10.04	5.23	5.08	6.39	5.18	4.96
hn36－3	8.52	4.69	4.04	5.8	4.09	4.41
hn36－4	8.66	4.78	4.13	6.36	4.18	4.5
hn38－4	9.11	4.73	4.17	6.41	3.82	4.05
hn42－1	9.15	4.68	5.09	5.97	5.18	5.42
hn43－2	10.01	4.59	4.81	5.87	5.1	5.37

	B HXB2	B RL42	02HNsq4*	CNHN24*	02HNsc11*	02HNsmx2*
hn43 – 3	9. 71	5. 42	4. 54	6. 4	4. 82	5. 09
hn51 – 5	9. 64	5. 23	4. 44	6. 31	4. 26	4. 62
hn55 – 3	8. 82	4. 69	4. 31	5. 8	4. 14	4. 27
hn59 – 1	9. 51	4. 78	4. 91	5. 89	4. 73	5. 19
hn59 – 2	9. 56	4. 73	4. 96	5. 8	4. 78	5. 24
$\bar{x} \pm s$	9. 29 ± 0. 47	4. 87 ± 0. 31	4. 56 ± 0. 37	6. 16 ± 0. 29	4. 51 ± 0. 48	4. 78 ± 0. 45
hn14 – 3	5. 43	6. 83	7. 44	8. 03	7. 11	7. 46

注： * indicate published HIV – 1 *env* sequences isolated in Henan province

二、推导的氨基酸序列分析 用生物学软件 DNASTAR 将所得 *env* 的核苷酸序列推导出相应的氨基酸序列，对推导的样品氨基酸序列及 B 亚型分共享序列和祖先序列进行广泛的分析和比较（图 2），预测 *env* 蛋白的氨基酸长度范围是 843 ~ 858 个氨基酸，造成氨基酸长度变异的主要原因是存在 *gp*120 区（V1 – V5）的插入/缺失突变及 *gp*41 的缺失突变。

```
           C2 |            V3            |                        C3
            310        320       330       340       350       360       370       380
Consensus B VQLNESVEIN CTRPNNNTRK SIHIGPGRAF YTTGEIIGDI RQAHCNISRA KWNNTLKQIV KKLREQFG-N KTIVFNQSSG 361
B.anc      .......... .......... ....A..... .......L.. .......... ..V. T.....D-. ......P... 360
CNHN24     .......... ...S..... RVTL...VW ....Q..... .R...L..T Q.DK..Q..T ........-. ...H... 372
02HNscll   .......... .T.L...K.W ....Q..... ...L.ST ..A.....T ........-. ...I..... 360
02HNsmx2   ......Q... ...K.W ....Q..... ...L.T.. ..R..T E....... ....I..H.. 361
02HNsq4    ...K...... .NL.Q...W ....Q..... ...L.TQ ...M.T E....... ...N..... 361
hn12-1     ...K...... ...H..... PL...K.W.Y..Q..... .K...L..T E........A E...-. ...I..... 360
hn12-2     ...K...... ...H..... PL...K.W.Y..Q..... .K...L..T E........A E...-. ...I..... 360
hn14-3     ..K.P.A..: .......... ..Q.W.A..Q..... .......... Q.....S..T ...AL.K-. ...I..... 361
hn25-2     ..K.P..... ...L..... ..Q.W.A..Q..... ...L...Q.....S..T ...A...-. ...I..... 367
hn29-4     ......K.D .I...... PL...K.W ....Q..... .R...T_NGT E.....EL.T ...K....R ..I.K.H.. 368
hn36-3     ..G....... .......... .SL...WF.. .......... .......... T.......N...I...P.. 359
hn36-4     ..G....... .......... .SL...WF.. .......... .......... T.......N...I...P.. 359
hn38-4     .......... .......... .QL.Q...W ....Q..... ...L.. ...D...RR.T E....-. .I.I..... 359
hn42-1     .......... .......... PL...K.W.A..Q..... .GT..... ...R...K...-. ..I.K.P.. 356
hn43-2     .H........ .......... .VSL....VW ....R..... ...L..T Q.....LV. E....-. ....I...A. 361
hn43-3     .H........ .......... .VSL....VW ....R..... ...L..T Q.....LV. E....-. ....I...A. 361
hn51-5     ...K...... .......... G..L..Q.W.A..Q..... ...L..T ...DD....VT ...K....-. ..I..P... 361
hn55-3     ...K...... .......... ..L.Q...W ....Q..N. .......... S N.D...Q..A R........-S I.... 368
hn59-1     [H........ .......G. R.SL.....W ....Q..... .......L.ST ...L.T E........Y. ..I.E.... 364
hn59-2     [H........ .......... R.SL.....W ....Q..... .......L.ST ...L.T E........Y. ..I.E.... 364
```

```
    C3 |              V4              |                    C4              |   V5
          410       420       430       440       450       460       470       480
Consensus B --YCNTTQLFNSTWN G--- TWNNT EGN-- ITLPC RIKQIINMWQ EVGKAMYAPP IRGQIRCSSN ITGLLLTRDG G -N NETE 451
B.anc      --........ ..----- ..----. ......... .......... .......... .......... .......... .--..- .... 450
CNHN24     --...SR...... STRN---N I .GT..... .......... .......... .A.N.S.... .......... .K ES T . 466
02HNscll   --...S...... NTSTG- .E. T ..NT.. I...V.... .......... .......... .......... .-N ESMT. 457
02HNsmx2   --...S...... NISALN--- -NATE ...... ...V.... .......... .E........ .......... .-T ET T . 455
02HNsq4    --...S...... T WNDTS D T DT ...V.... .......... .A........ .......... .-T EN T . 460
hn12-1     --...S...... IRH TNGTWN GT T NT ...V...G. .......... .N...K.... .......... .KHE . 466
hn12-2     --...S...... IRH TNGTWN GT T NT ...V...G. .......... .N...K.... .......... .KHE . 466
hn14-3     --...SK..... T WNDTS G D TE ...... ...V.... .......... .S........ .......... .- NN GS 457
hn25-2     --...SK..... F WNDTS D AE .R ...... ...V.... .......... .S........ .......... .- ET T . 463
hn29-4     --...S...... Y ANRTWSG D NSTGL ...... ...V.... .......... .A..N.T.D .......... .-K VS T . 466
hn36-3     --...S...... S VNST-- G. T ..DT ...V.... .......... .K.P.S.... .......... N GSKTN 455
hn36-4     --...S...... S VNST-- G. T ..DT ...V.... .......... .K.P.S.... .......... N GSKTN 455
hn38-4     --...S...... --STRNGT. .NS-T ...... ...V.... .......... .A........ .......... NG ET . 452
hn42-1     --...SK..... NNGTWKGT A N N ...... ...V.... .......... .K........ .......... NKSET T . 464
hn43-2     --.K.S...... NNSTWKGT G S N ...... ...V...G. .R.... .S.K....K....I.... .- KEE N. 457
hn43-3     --.K.S...... NNSTWKGT G S N ...... ...V...G. .R.... .S.K....K....I.... .- KEE N. 457
hn51-5     --...S..----- STWN GTS T GT ...... ...V.K.... .E.P..L.... .......G. .-NDE N . 452
hn55-3     --...S...... ETNIWNDTS GNGSI . K ..V.... .......... .A........ .......... .-R ES T . 467
hn59-1     --...SK..... DTSAWND I KND-T ...... ...V.... .......... .E........ .......... .- ET T . 460
hn59-2     --...SK..... DTSAWND I KND-T ...... ...V.... .......... .E........ .......... .- ET T . 460
```

Start GP41

```
     V5 | C5 |    Fusion  peetide  |   N34   |
           530                 550                 630              650
Consensus B IFRPGGG-- QREKRAVG-I GAMFLGFLGA AGSTMGAASM --TAVPWNASWS NKSLDEIWDN MTWMEWEREI DNYTSLIYTL 630
B.anc      ......... .......... .......... .......... --.T...... .......N.. .......... ...G...... 629
CNHN24     T..A..-- ..R...A .......... .......I -- .......... EV..N. .......... .KE..N. 646
02HNscll   T.....-- .......... .......... .......I --.N.... .......... SK..N. .......... ......... 637
02HNsmx2   ..........-- .......T. .......... .......I -- .......V. N...N. .......... G...KE... 635
02HNsq4    ..........-- .......T. .......... .......I -- .......S. .......... G...RE... 640
hn12-1     T.G.E.-- .......T. .......... .......I -- .......S. .......K. N..KE... 646
hn12-2     T...E.-- .......T. .......... .......I -- .......S. .......K. N..KE... 646
hn14-3     .........-- .......L. .......... .......I -- ..EQ.N. .......D.. N.H....HS 636
hn25-2     T...T.-- .......T. ...R..... .......I --..T. .......SA. S...NE... 643
hn29-4     V..A.-- .......T. .......... .......I -- ..EG.N. .......... .RE... 646
hn36-3     T.....-- .......T. .......... .......I -- .......R..S. .......... .RE... 635
hn36-4     T.....-- .......T. .......... .......I -- .......R..S. .......... .RE... 635
hn38-4     T.....-- .......T. .......... .......I -- .......V. ..SQ. .......... H..RE...S 632
hn42-1     .........-- .......T. .......... .......I -- ..SQ. .......... S.H.KE..S 544
hn43-2     T.....-- ...AL .......... .......I --..T.....GD.N. .......... .KE... 537
hn43-3     T.....-- ...AL .......... .......I --..T.....GD.N. .......... .KE... 537
hn51-5     T..S.-- .......A- .......... .......I --..T.....S.... .......N..KE... 532
hn55-3     T.....-- ....A.TL .......... .......VT.....N. .......... .KE... 547
hn59-1     T.....-- ....M..VV .......... ..N...T... ...N..N. ..I....RE... 540
hn59-2     T.....-- ....M..V. .......... ..N...T... ...N..N. ..I... .S..RE... 540
```

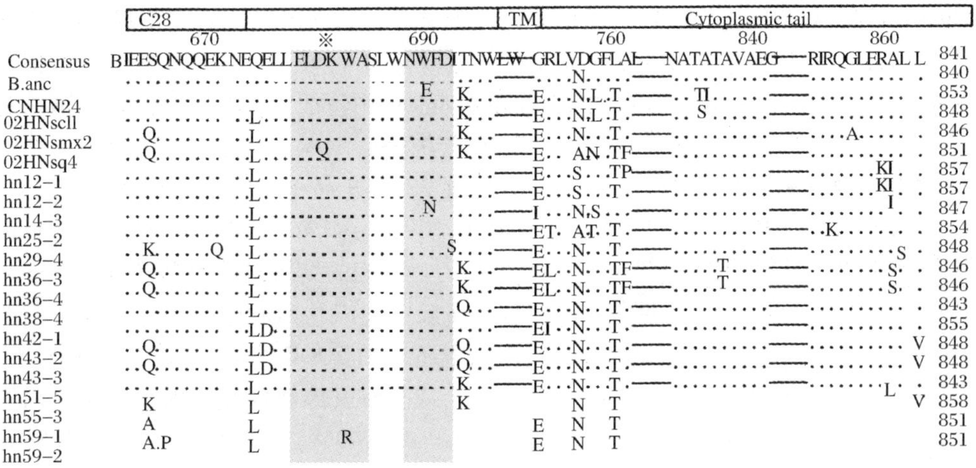

```
                     C28 │          670    ※      690    │ TM │    760       840        860   │ Cytoplasmic tail
Consensus  BIEESQNQQEKNEQELL ELDK WASLWNWFDITNWLW GRLVDGFLAL NATATAVAEG RIRQGLERAL L  841
B.anc      .......................... N .......................... TI ..................  840
CNHN24     ........................E K..E..N.L.T.———— TI.————— .................  853
02HNscll   ......L................ K..E..N.L.T.———— S ————— ..............  848
02HNsmx2   ..Q....L............... K..E..N..T.———— ————— .........A....  846
02HNsq4    ..Q....L....Q.......... K..E.. AN .TF———— ————— ..............  851
hn12-1     ......L................ .E..S..TP———— ................KI.  857
hn12-2     ......L................ .E..S..T.———— .................I.  857
hn14-3     ...............N....... .I..N.S.———— ..................  847
hn25-2     ......L................ .ET. AT .T.———— ............K...  854
hn29-4     .K.....Q....L........S .E..N..T.———— ................S.  848
hn36-3     ..Q....L............ K .EL.N..TF———— .....T........S.  846
hn36-4     ..Q....L............ K .EL.N..TF———— .....T........S.  846
hn38-4     ................... Q .E..N..T.———— ..................  843
hn42-1     ......LD............ .EI.N..T.———— ..............V  855
hn43-2     ..Q....LD........... .E..N..T.———— ..............V  848
hn43-3     ..Q....LD........... .E..N..T.———— ..............V  848
hn51-5     ......L............. K .E..N..T.———— ...........L. V  843
hn55-5     K          L        K       N     T                     858
hn59-1     A          L                E     N     T               851
hn59-2     A.P        L      R         E     N     T               851
```

图2　15 个分离自河南省有偿供血者中的 HIV – 1 *env* 糖蛋白氨基酸序列比对

The bars above the amino acid sequences indicate the approximate locations of regtons of the envelope glycoproteins；Vl to V5 indicate segments of the envelope that show high variahility between isolates，and C1 to C5 denote regions that remain relatively conslant. The dots indicate identity to the consensus subtype B sequence and short dashes indicate insertions/deletions. Long dashes indicate omitted amino acids. Potential N – linked glycosylation sites are shaded and the functionally relevantsites for the *gp*120 – *gp*41 cleavage site. 2F5，4E10 neutrahzation antibody sites are highlighted respectively

Fig. 2　Alignment of the predicted HIV – 1 envelope glycoprotein amino acid sequences of 15 isolates from paid blood donors in Henan province

（一）N – 糖基化位点：HIV – 1 *env* 相对分子质量的 50% 要归因于 N – 糖基化[6]。典型的 *env* 糖蛋白在 *gp*120 区内有 24 个 N – 糖基化位点，在 *gp*41 区内有 3 ~ 4 个 N – 糖基化位点。用 N – G1ycosite 软件预测本文中克隆到的基因的糖基化位点，发现这 15 个 *env* 基因的糖基化位点和数目没有显著变化。研究表明某些位点的糖基化与中和抗体的识别表位有关。2 个 N – 糖基化位点（*gp*120$_{HXB2}$ 的第 295 位和 332 位，对应于当前序列的第 310 和 346 位）可以形成单克隆中和抗体 2G12 的核心表位，而且它的构象维持要依赖其他的 N – 糖基化位点（*gp*120$_{HXB2}$ 的第 339、386 和 392 位，对应于当前序列的第 353、400 和 406 位）[7]。本文的 15 个序列中只有 1 个序列缺乏第 310 位的高甘露醇糖基化，故可能抵抗单克隆抗体 2G12 的中和作用，推测其他 14 个序列对 2G12 的中和作用均敏感。

（二）CD4 受体结合位点及辅助受体使用预测：分析了测得的 15 个序列中形成 CD4 结合表位的残基（D382、E384、W439、V442 和 G443 到 P450）[8]，发现这些残基在这些克隆序列中高度保守。可变区，尤其是 V3 决定对辅助受体的使用。根据 V3 环序列中第 11/25 位氨基酸的特点及 V3 的净电荷数，可以预测辅助受体的使用情况。满足下列标准之一即可提示使用 CXCR4 辅助受体：（1）11R/K 或者 25K 或者这两种情况同时存在；（2）25R 同时净电荷至少是 +5；（3）净电荷至少是 +6。V3 净电荷的计算是将带正电荷的残基（K 和 R）数目减去带负电荷的残基（D 和 E）数目[9-11]。根据上述标准，测得的 15 个序列中只有 hn59 – 1 和 hn59 – 2 在 V3 区第 11 位氨基酸位置处为 R，满足第一个条件，故这两个序列均可能使用 CXCR4 辅助受体，而其他 13 个序列都不满足上述标准，故推测这些序列皆使用 CCR5 受体。

（三）V3 环四肽序列特征：典型 B′ 亚型 HIV – 1 毒株的 V3 环顶部四肽主要是 GPGQ。

王哲等1999年对河南省 HIV - 1 感染者中 HIV 毒株膜蛋白的基因序列的研究发现50%所研究的基因序列具有四肽序列特征 GPGQ，而带有典型欧美 B 亚型 V3 环顶端四肽序列特征 GPGR 的毒株只有30%，另外16%毒株的 V3 环顶端四肽序列特征为 GPGK[12]。崔卫国等对2002年河南省 HIV - 1 膜蛋白基因序列的研究发现 28 份样品中 GPGQ 序列占28.57%，GPGR 序列占 46.43%，GPGK 序列占25%[13]。我们的结果与后者更接近，不同之处在于除上述三种四肽序列之外，在我们的样品中还存在 GQGR 序列。15 个序列中，只有 3 个 V3 环顶部四肽是 GPGQ（20%），6 个为 GPGR（40%），3 个为 GPGK（20%），还有 3 个为 GQGR（20%）（表2）。此结果表明 HIV - 1 毒株的 V3 环顶部四肽序列随时间推移发生飘移，2002 年分离的毒株序列特征更接近欧美 B 亚型。

表2　V3 环四肽序列的比较（%）
Tab. 2　Comparison of tetrapeptide crown in the V3 loop with other studies（%）

	1999 * (Wang Zhe)	2002 * (Cui Weiguo)	2002 * (This paper)
GPGQ	50	28.57	20
GPGR	30	46.43	40
GPGK	16	25.00	20
GQGR	none	none	20

注：* Indicate the year in which the samples were collected

（四）gp 120/gp 41 剪切位点：全部 15 个序列在 gp 120/gp 41 剪切位点处都含有保守四肽基序 - R/K - X - R/K - R -。HIV - 1 中 gp160 蛋白前体的剪切发生在前述保守序列的羧基端[14]。gp160 蛋白前体的上述基序是剪切的主要决定因素，其中剪切由细胞内位于高尔基体的枯草埃希菌蛋白酶样蛋白酶催化。推测我们克隆到的全部 gp160 前体都能有效地切割成 gp120 和 gp41 亚单位。相对于 gp120 而言，gp41 是高度保守的，测得的 15 个序列中只有 1 个序列在穿膜区和胞质尾端中分别存在 4～5 个核苷酸的缺失。gp41 近膜胞外侧区内的色氨酸是膜融合所必需的（W681、W685、W687、W693 和 W695），除 hn59 - 2 中存在 R681 突变之外，在其他序列中所述色氨酸残基均是高度保守的。

（五）b12、2F5 及 4E10 单克隆中和抗体识别位点：能中和大多数 HIV 分离株/亚型的广谱单克隆中和抗体是研究的热点之一，尤其在疫苗的设计中如此。主要的单克隆中和抗体包括作用于 gp120 的 2G12 和 IgG1b12 及作用于 gp41 膜近端外侧区的 4E10 和 2F5[15-17]。IgG1b12 的晶体结构解析显示 IgG1b12 抗体通过将其色氨酸残基（W100）插入 gp120 的结合口袋而与 gp120 相互作用[15]。本文扩增到的 gp120 中与这种结合作用相关的重要残基 S379、D382、I385、Y398 和 V442（图 2，对应于 HIV - 1$_{HXB2}$ 的 S365、D368、I371、Y384 和 V420）是高度保守的，仅在 3 个序列中发生 I385V 突变。因而多数序列对 IgG1b12 中和作用敏感。4E10 的核心表位（在图 2 以阴影突出显示）包含 NWFDIT 残基[16]，但是也有报道认为 4E10 可以中和在第 1、4 和 6 位有不同残基的序列[17]。在我们的样品中，14 个序列的核心表位高度保守，推测对 4E10 中和敏感。2F5 的结合基序是 ELDKWA，已经证实只有 D、K 和 W 残基突变时会产生中和逃逸[16]，在研究样品中的 13 个序列在上述基序处高度保守。发生突变的 2 个序列中只有一个序列（W→R）对 2F5 中和不敏感，其余 14 个序列对 2F5 中和均敏感。上述分析结果提示以分离自该感染人群的 env 基因为基础构建疫苗有可能诱导具有广谱中和作用的抗体产生。

对分离自感染者的 HIV - 1 env 基因进行核苷酸序列分析并进一步对推导的氨基酸序列进行分析是非常重要的。因为这些信息可以预测 env 蛋白的生物学功能。当更多的功能相关位点被识别时，我们可以解答更多的问题，例如免疫学相关位点以及这些位点突变后的影响，这对疫苗设计和药物开发都将提供重要依据。

〔原载《病毒学报》2009，25（2）：88－94〕

参 考 文 献

1　http：//www. gov. cn/xwfb/2008－11/30/content 1164167. htm

2　Robertson D L, Anderson J P, BradacJ A, et al. HIV－1 nomenclature proposal. Science, 2000, 288 (5463)：55－56

3　李允文，罗小光，苏玲，等. 湖北省 HIV－1 流行毒株的基因序列测定和亚型分的. 中华流行病学杂志，1997. 18（4）：217－219

4　Su B, Liu L, Wang F, et al. HIV－1 subtype B dictates the AIDS epidemic among paid blood donors in the Henan and Hubei provinces of China. Aids. 2003. 1. 7 (17)：2515－2520

5　http：.//www. hiv. lanl. gov/contet/sequence/GLY－COSITE/glycosite. html

6　Wei X, Decker J M. Wang S. et al. Antibody neutralization and escape by HIV－1. Nature. 2003. 422 (6929)：307－312

7　Scanlan C N. Pantophlet R. Wormald M R, et al. Thebroadly neutratizing anti－human immunodeficiency virus type 1 antibody 2G12 recognizes a cluster of alphal→2 mannose residues on the outer face of gp120. J Virol. 2002. 76 (14)：7306－7321

8　Kwong P D, Wyatt R. Robinson J. et al. Structure of an HIV gp120 envelope glycoprotein in complex with the CD4 receptor and a neutralizing human antibody. Nature, 1998. 393 (6686)：648－659

9　Fouchier R A, Groenink M, Kootstra N A. et al. Phenotype－associated sequence variation in the third variable domain of the human immunodeficiency virus type1 gp120 moLecule. J Virol, 1992, 66 (5)：3183－3187

10　De Jong J J, De RondeI A, Keulen W, et al. Minimal i－equirements for the human immunodeficiency virus type 1 V3 domain to support the syncytium－inducing phenotype：analysis by single anaino acid substitution. J Virol, 1992, 66 (11)：6777－6780

11　Delobel P, Nugeyre M T, Cazabat M, et al. Population－based sequencing of the V3 region of env for predicting the coreceptor usage of human immunodeficiency virus type 1 quasispecies. J Clin Microbiol, 2007, 145 (5)：1572－1580

12　王哲，苏玲，韩卫国，等. 河南省艾滋病病毒感染者 HIV 毒株膜蛋白基因序列研究. 中国性病艾滋病防治，1999, 5（4）：167－169

13　崔卫国. 邢辉，王哲. 等，河南省艾滋病毒1型膜蛋白基因序列特征和亚型研究. 河南预防医学杂志. 2005. 16（1）：3－5

14　Adams O, Schaal H, Scheid A. Natural variation in the amino acid sequence around the HIV type 1 glycoprotein 160 cleavagesite and its effect on cleavability, subunit association, and membrane fusion. AIDS Res Hum Retroviruses, 2000, 16 (13)：1235－1245

15　Saphire E O, Stanfield R L, Crispin M D, et al. Crystal structure of an intact human IgG：Antibody asymmetry, flexibility, and a guide for HIV－1 vaccine design. Adv Exp Med Biol, 2003, 535：55－66

16　Zwick M B, Jensen R, Church S, et al. Anti－human immunodeficiency virus type 1 (HIV－1) antibodies 2F5 and 4E10 require surprisingly few crucial residues in the membraneproximal external region of glycopro tein gp41 to neutralize HIV－1. J Virol, 2005, 79 (2)：1252－1261

17　Zwick M B, Labrijn A F, Wang M, et al. Broadly neutralizing antibodies targeted to the membrane－proximal external region of human immunodeficiency virus type 1 glycoprotein gp41. J Virol, 2001, 75 (22)：10892－10905

Genetic Analysis of the Complete *env* Genes of HIV – 1 from Paid Blood Donors in Henan Province

FENG Xia[1], YANG Hai – ru[1,2], YU Shuang – qing[1], ZHOU Ling[1], LI Hong – xia[1], LI Ze – lin[2], ZENG Yi[1]

（1. State Key Laboratory for Infectious Disease Prevention and Control, National Institute for Viral Disease Control and Prevention, China CDC; 2. Laboratory of Virology and Pharmocology, College of Life Science and Bio – engineering, Beijing University of Technology）

Complete HIV – 1 *env* genes were amplified by nested PCR from uncultured peripheral blood mono – nuclear cells (PBMCs) DNA of 60 HIV – 1 positive paid blood donors in Henan province, and the amplified full – length genes were sequenced. Twenty one full – length *env* genes were obtained, sequence analysis found that 15 of them had intact open reading frame (ORF). Fourteen sequences conformed to subtype B′, their average genetic distance with the international reference sequence RL42 was 4. 87% ±0. 31%. One was subtype B, its genetic distance with the international reference sequence HXB2 was 5. 43%. The amino acid sequences of these *env* genes were deduced according to their nucleotide sequences and extensive analysis and comparison of important structural motifs were performed. The results indicated that there was no drastic alteration in the number and position of potential N – linked glycosylation sites among these 15 sequences. And the residues involved in forming the CD4 binding site were highly conserved. Genotype prediction of coreceptor usage based on V3 sequence and net charge suggested that most samples use CCR5 coreceptor. GPGR motif at the tetrapeptide crown in the V3 loop was most common in these samples and it was detected in 40% sequences. The cleavage site of *gp*120/*gp*41 was highly conserved, so *gp*160 precursor of all isolates would be efficiently cleaved into the *gp*120 and *gp*41 subunits. The known neutralizing antibody binding sites for 2G12, IgGlb12, 4E10 and 2F5 were also highly conserved, it is expected that most of these isolates will be sensitive to neutralization by these antibodies. Further study to elucidate the correlation of the *env* genotype to functionally relevant motifs is necessary and that will aid vaccine and novel drug design.

〔**Key words**〕 Blood donors; HIV – 1; Sequence analysis; Genes, *env*

367. BALB/c 3T3 细胞体外转化实验及其
在环境致癌物检测上的应用

中国疾病预防控制中心病毒病预防控制所 张 磊综述 曾 毅审校

〔摘 要〕 BALB/c 3T3 细胞体外转化实验是利用 BALB/c 3T3 细胞在体外培养的环境下，模拟致癌物在动物体内致瘤过程进行致癌物筛选的一种技术，他的检测终点是正常细胞转化为恶性细胞时获得的恶性表型。本文就其方法的发展和改进，以及其在肿瘤启动剂和促癌剂检测上的应用进行了综述。

〔关键词〕 BALB/c 3T3 细胞；细胞转化；致癌物；环境毒理

环境致癌物包括肿瘤启动剂和促癌剂。启动剂一般为遗传毒性致癌物，通过与 DNA 发生作用，启动肿瘤的发生。促癌剂一般为非遗传毒性致癌物，通常在启动后促进肿瘤的形成。有时，两者并不能严格区分。在人类日常接触的近 6 万种化学和生物性因子中，除了国际癌症研究署（IARC）确定的人类 Ⅰ 、Ⅱ类致癌物外，还有很多是可疑或未知的人类或动物肿瘤启动剂或促癌剂。在过去的 30 年中，全球肿瘤负担已经增加了一倍，仅 2008 年估计就有 1200 万的新发肿瘤病例[1]。因此如何快速筛选并鉴定出这些物质的致癌活性，对人类预防癌症发生至关重要。

体外细胞转化实验是利用动物细胞在体外培养的环境下，模拟致癌物在体内致瘤的作用进行致癌物检测的一种技术。与动物实验相比，他既充分反映了细胞与致癌物之间的相互作用，又缩短了实验周期，减少了动物的使用，因此被 IARC 评价为一种有效的筛选致癌物的方法[2]。但是由于体外转化实验本身存在的一些不足之处，使其长期以来一直不能作为一种规范标准的检测方法来加以应用。近年来，以 BALB/c 3T3 细胞为基础的体外转化实验技术得到不断的加强和改进，获得越来越广泛的应用。本文就其方法的发展和改进，以及其在肿瘤启动剂和促癌剂检测上的应用进行了综述。

一、细胞转化检测常用的细胞系　　细胞转化是指细胞在体外受到一种或多种致癌因子的诱导，从而在形态、行为、生长控制或功能上获得某种肿瘤所具有的恶变特性或特征。利用这种暴露于致癌物后产生的由正常细胞转变为恶性细胞的可检测的表型，进行致癌物检测的技术，即为体外细胞转化检测技术[3]。理论上，采用任何正常细胞系均可进行体外细胞诱导转化，但是，受到敏感性、自发转化率和稳定性等因素的影响，目前得到广泛认可和使用的细胞系主要是 BALB/c 3T3、C3H/10T1/2 和叙利亚金黄地鼠胚胎（SHE）细胞。BALB/c 3T3 细胞系是 Aaronson 等[4]在 1968 年建立的，来源于 14～17 d 的 BALB/c 小鼠胚胎。该细胞系可在极低密度下生长，保持了敏感的接触抑制特性，表现为单层生长，长满后便停止分裂。但是，在化学致癌物的作用下，有些细胞会失去其接触抑制特征，而表现出多层、侵袭性生长的能力。BALB/c 3T3 A31 - 1 - 1 亚克隆因其稳定的自发转化率和较高的转化敏感性而得到更多的使用。C3H/10T112 是 C3H 小鼠胚胎来源的细胞系，由 Reznikoff 等于 1972 建立[5]。与 BALB/c3T3 细胞相似，该细胞具有非常敏感的接触抑制特性，极低的自发转化率，本身不带有可引起内源性转化的鼠白血病或鼠肉瘤病毒；与此同时，C3H/10T1/2 细胞又对化学因子导致的细胞转化高度敏感，因此也成为细胞转化实验常用的细胞系。与这些已建立的永生化细胞系不同，SHE 细胞是取材自叙利亚金黄地鼠胚胎的原代细胞，转化实验前需要取 13～14 d 的胚胎细胞进行原代培养，转化培养过程中需要滋养层细胞的支持。

除动物细胞之外，采用人类细胞进行检测更能说明对人类致癌的能力，但由于建立人类双倍体细胞系有诸多困难，因此虽有成功采用人类细胞进行体外转化的报道[6,7]，但均未形成充足的数据。

二、BALB/c 3T3 细胞转化实验的方法及发展

（一）早期方法：1985 年 iarc 对以 BALB/c 3T3 细胞为基础的细胞转化方法进行了系统的评估，并推荐了标准化的方法，该方法推荐使用 BALB/c 3T3 A31 - 1 及其亚克隆[2]，如 A31 - 1 - 1 和 A31 - 1 - 13 进行分析，可用于肿瘤启动剂的筛选。这虽然是较早期的方法，存在着很多不足，但却是以后建立起来的各改进方法的基础。

1. 剂量确定：采用基于克隆形成率的毒性实验作为转化实验用药剂量的依据。在60 mm

平皿中接种 100 ~ 500 个细胞，分别暴露于溶剂和系列药物浓度中 72 h。7 ~ 10 d 后计数 > 50 个细胞的克隆，计算克隆形成率。如果可以，用于转化实验的最高剂量应当选择具有 80% ~ 90% 毒性的浓度，最低剂量选择最大无毒作用剂量或最低毒性之一。至少要选择 2 个中间剂量。

2. 药物处理：以 1×10^4/皿的密度接种于 60 mm 的平皿中，每个处理组平行接种 12 个。37℃，5% CO_2 湿箱中培养 20 ~ 24 h 后，用待测药物处理 72 h，移除培养基，继续用不含药物的培养基培养，检测期间每周换液 2 次。同时设空白对照和阳性对照组。

3. 细胞恶性转化表型：药物处理的细胞维持培养 4 ~ 6 周，以保证恶性转化细胞表型充分展现。结束后以甲醇固定，以 10% 吉姆萨染液染色，计数转化灶。

4. 转化灶的计数：T3 细胞恶性转化灶的判定标准为：（1）嗜碱深染；（2）致密多层；（3）自由定向（转化灶边缘细胞自由定向生长）；（4）侵袭生长（向周围保持接触抑制的单层细胞层浸润）；（5）纺锤形态（以纺锤细胞为主）。不符合上述标准的聚焦细胞不能计数。

5. 结果评价：转化频率以每组的总转化灶数和有转化灶的皿数表示。

6. 确定检测有效的标准：（1）空白对照组的克隆形成率不小于 30%；（2）转化结果为阴性的检测应当至少包括一个相对克隆率明显减少的剂量组；（3）阴性对照组的最大转化灶数不能超过 0.5 个/皿。阳性对照组转化灶数与阴性组比应当有显著增加。

（二）方法的改进与完善：早期 Iarc 提出的细胞转化实验标准方法虽能有效检测环境致癌物，但是存在着实验周期长、转化频率低，实验成本较高等不足[8]，因而未能作为致癌物筛选的常规方法。而其高度模拟动物体内肿瘤发生过程的特性，又使其最具有作为替代动物实验的新型方法的潜力。为此，该标准方法被提出后，一直得到不断的改进。Sasaki[9] 和 Sakai[10,11] 等提出的两阶段细胞转化实验是最具意义的改进。所谓两阶段转化是首先在细胞指数生长期给予短暂的肿瘤启动剂处理，然后在细胞融合后的生长静止期给以长时间促癌剂处理，这样可加强细胞恶性转化的频率。该方法于体外模拟动物体内两阶段致癌实验，不仅可以分别检测致癌物中的启动剂和促癌剂，还可通过采用 TPA 等已知的强促癌剂，提高肿瘤启动剂检测的灵敏度，缩短实验周期。

Tsuchiya 等则在两阶段转化实验的基础上，对操作程序和培养基进行了改进，提出了新的转化程序[8]。其核心内容是首先以较高的密度（1.25×10^5/60 mm 皿）接种，当细胞达到亚融合状态时，用待测药物处理 4 h。经处理后的细胞再重新以较低的密度（4×10^3 ~ 6×10^3/皿）接种，以含有 1% ITES（含胰岛素、转铁蛋白、ethanolamine 和亚硒酸钠 4 种因子）和 2% 胎牛血清（FCS）的改良 DME/F12 培养基培养。实验表明，与传统采用 10% FCS 的 MEM 培养的方法相比，调整后的方法可使转化频率提高 5 倍以上，同时转化灶出现时间显著提前，因而能将实验周期缩短至 3 周。而较低的血清浓度可以降低血清批次差别对转化实验重现性的影响，同时可保持空白对照较低的自发转化率。对于用药后的细胞重新接种，Tsuchiya 等认为这样做可以避免用药物同时处理多个培养皿引起的实验失效及不稳定性，同时药物处理后不同组间细胞存活率的差别也可被调整一致[8]。而 Kajiwara 等则认为改良 BME/F12 培养基不能有效支持再接种后细胞的生长。他将改良 DME/F12 培养基与 DME/F12 和 RITC80 - 7 培养基进行了对比，结果表明使用 DME/F12 + 2% FCS + 1% ITES 培养的效果最好[12]。方法经 31 种致癌和非致癌性物验证，与动物实验一致率达到 73.5%，灵敏性和特异性均在 70% 以上，而且还可以有效地检测非基因毒性致癌物[13]。

与此同时，Ohmori 等开始采用 v - Ha - ras 癌基因转染的 BAlB/c 3T3 细胞系（Bhas 细胞）进行促癌物检测[14]。Bhas 细胞因转染了癌基因，被认为已经处于肿瘤发生的启动阶段，因而不需采用化学启动剂处理的过程，可将分析时间缩短为 17 d。此后，通过细胞接种密度和用药时间的变化，进一步提出了区别检测肿瘤促进剂和启动剂的方案。采用该方案，可有效区分致癌物类型，并发现某些多环芳烃类致癌物同时具有启动和促进癌发生的能力[15]。Sakai 等采用该方法对一些霉素毒素进行了分析，与动物实验结果具有很好的一致性[16]。2007 年，日本 14 家实验室对采用 Bhas 细胞检测肿瘤促进剂的方案进行了协同性验证，表明采用 Bhas 细胞转化检测促癌剂具有很好的一致性、灵敏性和重现性[17]。

细胞自发转化率，诱发转化的频率、转化灶出现的时间和类型、大小等受多种实验参数的影响，如血清的性质（批次）、培养基种类及其 pH、细胞本身特性和接种密度、传代次数和药物使用方式等，因而对方法的改进也主要围绕这些参数进行。可以看出，降低血清浓度是一种趋势，这样可以有效降低血清批次变化对方法稳定性的干扰。同时，由于低血清培养对肿瘤细胞的影响要远小于正常细胞，因而有利于已经转化细胞的生长优势，从而缩短转化灶的出现时间，提高检测灵敏度。由于未转化细胞对转化细胞的生长有抑制作用[18]，因此细胞在受肿瘤启动剂作用后再以低密度接种，也可以促进转化细胞的生长，使转化灶大而清晰。

（三）未来发展方向：目前以细胞形态学变化为观察终点的细胞转化实验，不可避免地具有终点出现时间长、主观性强等不足，因此从分子水平寻找细胞转化的终点便成为改进细胞转化检测方法的一个方向。基因标志物是目前最有可能形成突破的目标。Sakai 等利用 mRNA 差异显示方法发现了转化时 7 个上调基因和 7 个下调基因，其中有 5 个为促癌剂 TPA 和岗田酸共有的改变[19]。Maeshima 等利用基因芯片技术，鉴定出 22 种细胞转化的基因标志物[20]。这 22 种基因分别涉及细胞周期、转录调节、抗细胞凋亡和细胞分裂正调节。这 22 种基因标志物与细胞转化实验的结果具有相关性，表明以基因标志物为基础的细胞转化实验技术可能成为促癌物筛选的有效方法。

三、方法的效能　有几方面证据支持细胞体外转化是一个多阶段的过程：（1）在动物实验中致癌的化学物也可诱导细胞转化。（2）恶性转化的细胞可在敏感动物体内致瘤，而非转化细胞则不能致瘤。（3）在转染活性癌基因的实验中，正常细胞向恶性细胞发展的不同阶段会表现出多个不同的表型。（4）促癌剂可增强经低浓度启动剂处理过的细胞的转化频率[21]。（5）已在动物体内实验中确认的几种促癌剂，有 90% 以上可在两阶段体外细胞转化检测中得到阳性结果[19]。以上这些都说明细胞体外转化实验非常接近地模拟了体内癌发生过程的各阶段。

由于细胞转化实验非常近似地模拟了动物致瘤实验，是众多方法中比较有可能完全替代动物实验的方法，其检测效能得到了许多研究者和包括 Iarc 和欧洲替代方法研究中心（EC-VAM）在内众多机构的关注。Iarc 根据早期数据认为体外转化与体内致癌物间具有很好的相关性，一致率达 69% ~85%[2]。ECVAM 在最新专题报告中对 BALB/c 3T3 细胞转化实验的效能参数进行了总结，表明该方法与体内实验的一致性为 71%，灵敏性和特异性分别为 80% 和 60%，阳性预测率为 70%，阴性预测率为 71%[22]。这与 Sakai 得到结果相一致[19]。ECVMA 的结论认为，细胞转化实验能为鉴定人类可能的致癌因子提供非常有价值的数据。

细胞转化实验具有检测各种类型致癌物的潜力，包括基因毒性和非基因毒性致癌物。但也指出，目前用于评估的数据存在着致癌物和非致癌物数量不平衡的问题，需要增加非致癌物的检测数据，以提高特异性值的可靠性。另外，还需要增加数据库中被检测化学物的数量，以使评估数据更加准确。

四、细胞转化实验在致癌物检测中的应用

（一）启动剂和促癌剂的筛查：细胞转化实验方法最初建立的目的是从人类接触的日益繁多的化学品中筛选出可能具有致癌活性的物质。早期的方法仅能用于启动剂的检测，主要是基因毒性致癌物，后来发展起来的两阶段转化方法使其还可以用于促癌剂的筛选，并得到广泛的应用。目前采用 BALB/c 细胞转化实验进行测试的化学物质有一百余种，表 1 对部分已有的检测结果进行了总结，其检测范围既包括一般化学物质，也包括药品、营养物质、混合物和霉菌毒素等生物因子。石棉、苯并［a］芘、亚硝基化合物、三氧化二砷等 1、2 类人类致瘤物大多表现出很强的启动或促癌活性。而某些化合物如苯并［a］蒽，既表现出启动活性，又具有促癌活性。MNNG、3－MCA 是目前公认的作为转化实验的阳性对照的启动剂，TPA 则是作为明确的促癌剂用于两阶段细胞转化实验。

表 1 中，7 种 Iarc 鉴定为 1 类人类致癌物的 7 种物质，在细胞转化实验中均得到阳性结果。21 种 2 类人类致癌物中，17 种（81%）可引起细胞恶性转化，表明 BALB/c 3T3 细胞转化实验在环境致癌物的筛选上具有很高的效率。

表 1 经 BALB/c 细胞转化实验检测的化学物质的启动和促癌活性

化学物	启动活性	促癌活性	IARC	文献
1，2－苯并菲（chrysene）	+	+	2B	［15］
1，2－二溴乙烷（1，2－dibromoethane）		+		［23］
12，13－二癸酸佛波酯（phorbol 12，13－didecanoate，PDD）		+		［13，14］
17－β－雌二醇（17－β－oestradiol）		－		［14］
1α，25－二氢维生素 D₃（1α，25－dihydroxyvitamin D₃）		+		［24］
1－硝基芘（1－nitropyrene）	－	+	2B	［15］
1－油酰基－2－乙酰甘油（1－oleoyl－2－acetyl glycerol）		+		［25，26］
2，3，7，8－四氯二苯并二噁英（2，3，7，8－tetrachlorodibenzo－p－dioxin，TCDD）		+	1	［28］
2，4－二氨基甲苯（2，4－diaminotoluene）	+		2B	［13］
2，6－二氨基甲苯（2，6－diaminotoluene）	+			［13］
2－氯乙醇（2－chloroethanol）	－			［12，13］
3－甲基胆蒽（3－methylcholanthrene）	+			［39，13］
4－硝基邻苯二胺（4－nitro－o－phenylenediamine）	+			［13］
7，12－二甲苯并［a］蒽（7，12－dimethybenz［a］anthracene）	+	－		［15］
8－羟喹啉（hydroxyquinoline）	－		3	［12，13］
9，10－二苯基蒽（9，10－diphenylanthracene）		±		［15］
D，L－薄荷醇（D，L－menthol）	－			［13］
DDT		+	2B	［3］
D－甘露醇（D－mannitol）	－			［13］

化学物	启动活性	促癌活性	IARC	文献
L - 抗坏血酸（L - ascorbic acid）	-			[13]
N - 甲基 - N' - 硝基 - N - 亚硝基胍	+		2A	[15, 8, 13]
（N - methyl - N' - nitro - N - nitrosoguanidine, MNNG）				
N - 甲基 - N - 亚硝基脲（N - methyl - N - nitrosourea, MNU）	+		2A	[12]
N - 乙基 - N - 亚硝基脲（N - ethyl - N - nitrosourea, ENU）	+		2A	[12, 13]
p - 壬基苯酚（p - nonylphenol）		+		[40]
T - 2 毒素（T - 2 toxin）	-	+	3	[16]
TPA（12 - O - tetradecanoyophorbol 13 - acetate）		+		[14]
α - 凝血酶（α - thrombin）		+		[27]
α - 右环十四酮酚（α - zearalanol）	-	-		[16]
α - 玉米赤霉烯醇（a - zeazalenol）	-	-		[16]
β - 丙内酯（β - propiolactone）	+		2B	[41]
β - 胡萝卜素（β - carotene）		+		[42]
β - 右环十四酮酚（β - zearalanol）	-	-		[16]
β - 玉米赤霉烯醇（β - zearalenol）	-	-		[16]
安妥明（clofibrate）	-		3	[13]
安息香（benzoin）	-			[13]
氨基甲酸甲酯（methyl carbamate）	+		3	[12, 13]
苯巴比妥（phenobarbital）	-	+/±	2B	[13, 14, 28]
苯并［a］蒽（benz［a］anthracene）	+	+	2B	[15]
苯并［a］芘（benzo［a］pyrene）	+	-		[41, 8, 15]
苯并［b］蒽（benz［b］anthracene）	+	+		[15]
苯并［e］芘（benzo［e］pyrene）	-	+	3	[12, 8]
苯并［ghi］芘（benzo［ghi］perylene）	-	+	3	[15]
苯酚（phenol）	+		3	[12, 13]
表皮生长因子（epidermal growth factor）		+/±		[29, 30]
成纤维细胞生长因子（firoblast growth factor）		+		[3]
翅甲藻毒素 - 1（dinophysistoxin - 1）		+		[11]
胆酸（cholic acid）		±		[31]
蛋氨酸（methionine）	-			[13]
地塞米松（dexamethasone）		+		[14]
丁基羟基苯甲醚（bntylated hydroxyanisole）		+	2B	[32]
丁基羟基甲苯（butylated hydroxytoluene）		+	3	[3]
苊烯（acenaphthylene）	-	±		[15]
蒽（anthracene）	-	-	3	[15]
蒽林（anthralin）		+		[14]
儿茶酚（catechol）		+	2B	[33]
二甲基亚硝胺（dimethylnitrosamine, DMN）	+		2A	[8]
二萘嵌苯（perylene）	+	+	3	[15]

化学物	启动活性	促癌活性	IARC	文献
二氢杀鱼毒素 B（dihydroteleocidinB）		+		[34]
二油精（diolein）		+		[24]
菲（phenanthrene）	−	−	3	[15]
佛波醇（phorbol）		−		[14]
伏马菌素 B₁（fumonisin B₁）	−	+	2B	[16]
伏马菌素 B₂（fumonisin B₂）	−	−	2B	[16]
岗田酸（Okadaic acid）		+		[14, 8]
岗田酸四甲酯（Okadaic acid tetramethyl ether）		−		[11]
瓜萎镰菌醇（Nivalenol）	−	−	3	[16]
海兔毒素（aplysiatoxin）		+		[34]
黄曲霉毒素 B₁（aflatoxin B₁）	+	−		[15]
己内酰胺（caprolactam）	−		4	[13]
己烯雌酚（diethylstilbestrol）	+			[13]
甲磺酸甲酯（methyl methane - sulfonate，MMS）	+		2A	[12]
甲磺酸乙酯（ethyl methane - sulfonate，EMS）	+		2B	[12]
甲基丙烯酸环氧丙酯（glycidyl methacrylate）	+			[42]
间氨基苯甲醚（m - anisidine）	−			[38]
利血平（reserpin）	+		3	[12, 13]
镰刀菌酮 X（fusazenone X）	−	−	3	[16]
邻氨基苯甲酸（anthranilic acid）		−	3	[29]
邻苯二甲酸二（2 - 乙基己基）酯［Di（2 - ethylhexyl）phthalate］		−	3	[13]
邻硝基对苯二胺（2 - nitro - p - phenylenediamine）	+			[13]
硫酸镍（nickel sulfate）	+		1	[43]
氯化镉（cadmium chloride）		+	1	[27]
氯化镍（nickel chloyide）	+		1	[44]
美舍吡伦（methapyrilene hydrochloride）	−			[13]
萘（naphthalene）	−	−	2B	[15]
牛磺胆酸（taurocholic acid）		+		[3]
欧瑞香脂（mezerein）		+		[14]
芘（pyrene）	−	+	3	[15]
羟基氨基苯甲酸（hydroxyanthranilic acid）		+		[29]
氢化可的松（hydrocortisone）		−		[35]
三碘甲状腺原氨酸（triiodothyronine）		−		[35]
三羟异黄酮（genistein）	+			[45]
三氧化二砷（arsenic trioxide）		+	1	[14]
伤口愈合物质（wound healing substance）		+		[28]
生长转化因子（TGF）- β		+		[29]
石胆酸（lithocholic acid）	−	+		[14, 15]
石棉（asbestos）	+		1	[13]

化学物	启动活性	促癌活性	IARC	文献
水田芥甙（gluconasturtiin）	−			[46]
顺丁烯二酸毗纳明（pyrilamine maleate）	−			[13]
丝裂霉素C（mitomycin C）	+		2B	[13]
四氯乙烷（1，1，2，2 - tetrachloroethane）		−	3	[23]
四氯乙烯（tetrachloroethylene）	+/−		2A	[12，13]
四水合铬酸钠（sodium chromate tetrahydrate）	+			[13]
糖精钠（saccharin）		−	3	[3]
		+		[14]
脱溴海兔毒素（derommoaplysiatoxin）		−		[34]
脱氧萎镰菌醇（deoxynivalenol）	−	−	3	[16]
香烟冷凝物（cigarette - smoke condensate）	+		1	[41]
血小板源生长因子（platelet - derived growth factor）	+			[3]
亚砷酸钠（sodium arsenite）	+			[13]
亚硝酸盐（sodium nitrite）		−	2A	[3]
盐酸四环素（tetracycline hydrochloride）		−		[13]
胰岛素（insulin）		+		[14]
乙酸铅（lead acetate）		−	3	[13]
乙酰氨基芴（2 - acetylaminofluorene）	+			[38]
玉米烯酮（zearalenone）	−	−	3	[16]
原钒酸盐（orthovanadate）		+		[36]
孕酮（progesterone）		+		[14]
晕苯（coronene）	−	±	3	[15]
肿瘤坏死因子（TNF）- α		+		[37]

（二）协同促癌作用研究：除用于筛查某种物质的致癌活性外，细胞转化实验也被应用到多种致癌因子间相互作用的检测。检测发现，一些原本认为是不具有致癌性，甚至可能具有防癌作用的物质，在与致癌物相互作用时反而具有协同促癌作用。Perocco 等在检测十字花科蔬菜中水田芥甙对 B［a］P 促转化作用的影响时发现，被认为具有防癌作用的水田芥甙本身单独并不具有促转化作用，但却能提高 B［a］P 的致癌活性近7倍[46]。具有相同作用的还有 β - 胡萝卜素，可显著加强由 B［a］P 和香烟冷凝物引起的细胞恶性转化[41]。王李伟等利用 BALB/c 细胞转化方法发现三羟异黄酮也具有加强 B［a］引起的细胞转化作用[45]。这种协同作用均发生在营养物质与 B［a］P 的联合作用上，其机制似乎都与细胞色素氧化酶系的激活有关，该酶系是 B［a］P 代谢为终致癌物的关键。而已经是终致癌物的 MCA 对 BALB/c 3T3 细胞的转化作用则不受 β - 胡萝卜素的影响[41]。

（三）抑癌物筛选：同样，BALB/c 3T3 细胞转化实验也逐渐被用于抑癌物的筛选。Tsuchiya 等在促癌阶段应用抗坏血酸及其衍生物，观察他们的抑癌作用。结果表明，抗坏血酸及其衍生物可以显著抑制 TPA、二癸酸佛波酯和肿瘤坏死因子对细胞转化的促进作用[47]。而 β - 胡萝卜素对苯并［a］芘及香烟气冷凝物的协同促转化作用则可被维生素 E 和 α - 萘黄酮所抑制[48]。Tsuchiya 等采用 3T3 细胞转化研究新型人工合成无环视黄醇 NIK－333 抗癌作用，发现其与全反式维甲酸有相似的抑制作用，并发现 BALB/c3T3 细胞具有类维生素 A 受体，可提升细胞间隙连接通讯水平[49]。解瑞宁等则利用 BALB/c 3T3 细胞发现番茄红素可以阻止苯并（a）芘诱导的细胞转化作用，且维生素 E 的存在能增强番茄红素的抗转化作用[50]。同样采用细胞转化方法，Nishikawa 等第一次报道了增补铂纳米颗粒的电解还原水可以在促癌阶段抑制细胞的恶性转化，从而发现一种新的具有抗癌功能的抗氧化剂[51]。这些发现表明 BALB/c 3T3 细胞转化系统可有效地用于抑癌物的筛选。

结　　论

BALB/c 3T3 细胞转化检测作为一种高度模拟动物体内肿瘤发生过程的体外致癌物筛选方法，具有很好的灵敏性和特异性，与体内实验的结果具有很好的一致性。经不断的改进和完善，细胞转化检测方法的灵敏度明显提高，检测时间有效缩短。与传统以基因毒性为基础的快速筛选方法相比，细胞转化检测不仅能检测基因毒性致癌物，而且可检测非基因毒性的致癌物，因而是一种很有潜力的替代动物实验的体外检测方法。它不仅可用于各种物理、化学和生物性因子致癌或促癌活性的检测，而且也可有效应用于致癌物间协同致癌作用的检测或抑癌药物的筛选。

〔原载《卫生研究》2009，38（2）：226－232〕

参　考　文　献

1　World Health Organization. World Cancer Report 2008. Lyon：IARC Press，2008

2　IARC/NCI/EPA Working Group. Cellular and molecular mechanisms of cell transformation and standardization carcinogenic chemicals：overview and recommended protocols. Cancer Res，1985，45（5）：2395－2399

3　Sakai A，Iwase Y，Nakamura Y，et al. Use of a cell transformation assay with established cell lines，and a metabolic cooperation assay with V79 cells for the detection of tumor promoters：a review. ATLA，2002，30：33－59

4　Aaronson SA，Todaro GT. Development of 3T3－like lines from Balb－c mouse embryo cultures：transformation susceptibility to SV40. J Cell Physiol，1968，72（2）：141－148

5　Reznikoff C A，Brankow D W，Heidelberger C. Establishment and characterization of a cloned line of C3H mouse embryo cells sensitive to post-confluenee inhibition of division. Cancer Res，1973，33（12）：3231－3238

6　O'Reilly S，Walicka M，Kohler S K，et al.

Dose－dependent transformation of cells of human fibroblast cell strain MSU－1.1 by cobalt－60 gamma radiation and characterization of the transformed cells. Radiat Res，1998，150（5）：577－584

7　Boley S E，Mcmanus T P，Maher V M，et al. Malignant transformation of human fibroblast cell strain MSU－1.1 by N－Methyl－N－nitrosourea：Evidence of elimination of p53 by homologous recombination. Cancer Res，2000，60（15）：4105－4111

8　Tsuchiya T，Umeda M. Improvement in the efficiency of the in vitro transformation assay method using BALB/3T3 A31－1－1 cells. Carcinogensis，1995，16（8）：1887－1894

9　Sasaki K，Chida K，Hashiba H，et al. Enhancement by 1α，25－dihydroxyvitamin D3 of chemically induced transformation of BALB 3T3 cells without induction of ornithine decarboxylase or activation of prdtein kinase C. Cancer Res，1986，46（2），604－610

10　Sakai A，Sato M. Improvement of carcinogen

identification in BALB/3T3 cell transformation by application of a 2 – stage method. Mutat Res, 1989, 214 (2): 285 – 296

11　Sakai A, Fujikl H. Promotion of BALB/3T3 cell transformation by the okadaic acid class of tuor promoters, okadaic acid and dinophysistoxin – 1. Jpn J Cancer Res, 1991, 82 (5): 518 – 523

12　Kajiwara Y, Ajimi S, Hosokawa A, et al. Improvement of carcinogen detection in the BALB/3T3 cell transformation assay by using a rich basal medium supplemented with low concentration of serun and some growth factors. Mutat Res, 1997, 393 (1 – 2): 81 – 90

13　Kajiwara Y, Ajimi S. Verification of the BALB/c 3T3 cell transformation assay after improvement by using an ITES – medium. Toxicol in Vitro, 2003, 17 (4): 489 – 496

14　Ohmori K, Sasaki K, Asada S, et al. An assay method for the prediction of tumor promoting potential of chemicals by the use of Bhas 42 cells. Mutat Res, 2004, 557 (2): 191 – 202

15　Asada S, Sasaki K, Tanaka N, et al. Detection of initiating as well as promoting activity of chemiscals by a novel cell transformation assay using v – Ha – ras – transfected BALB/c 3T3 cells (Bhas 42 cells). Murat Res, 2005, 588 (1): 7 – 21

16　Sakai A, Suzuki C, Masui Y, et al. The activities of mycotoxins derived form Fusarium and related substances in a short – term transformation assay using v – Ha – ras – transfected BALB/3T3 cells (Bhas 42 cells). Mutat Res, 2007, 630 (1 – 2): 103 – 111

17　Ohomri K, Umeda M, Tanaka N, et al. An Inter – laboratory collaborative study by the non – genotoxie carcinogen study group in Japan, on. a cell transformation assay for tumous promoters using Bhas 42 cells. ATLA, 2005, 33: 619 – 639

18　Saiamoto Y, Takeda Y, Takagi H, et al. Inhibition of focus formation of transformed cloned cells by contact with non – transformed BALB/c 3T3 A31 – 1 – 1 cells. Cancer Lett, 1999, 136 (2): 159 – 165

19　Sakai A. Balb/c 3T3 cell transformation assays for the assessment of chemical carcinogenicity. AATEX, 2007, 14 (Special Issue): 367 – 373

20　Maeshima H, Ohno K, Tanaka – Azuma Y, et al. Identification of tumor promotion marker genes for predicting tumor promoting potential of chemicals in BALB/c 3T3 certs. Toxicol In Vitro, 2009, 23 (1): 148 – 157

21　Yamasaki H. Non – genotoxic mechanisms of carcinogenesis: studies of cell transformation and gap junctional intercellular communication. Toxicol Lett, 1995, 77 (1 – 3): 55 – 61

22　Combes R, Balls M, Curren R, et al. Cell transformation assay as predictors of human carcinogenicity: the report and recommendation of ECVAM Workshop 39. ATLA, 1999, 27: 745 – 767

23　Coiacci A, Vaccari M, Perocco P, et al. Enhancement of Balb/c 3T3 cells transformation by 1, 2 – dibromoethane promoting effect. Carcinogenesis, 1996, 17 (2): 225 – 231

24　Semba M, Inui N. Effects of activators and inhibitors of protein kinase C on two – stage transformation in BALB/3T3 Cells. Toxicol Lett, 1990, 51 (I): 7 – 12

25　Frixen U, Yamasaki H. Enhancement of transformation and continuous inhibition of intercellular communication by 1 – oleoyl – 2 – acetyl glycerol in Balb/e 3T3 cells. Carcinogenesis, 1987, 8 (8): 1101 – 1104

26　Morris D L, Ward J B Jr, Nechay P, et al. Highly purified human alpha – thrombin promotes morphological transformation of Balb/c 3T3 cells. Carcinogenesis, 1992. 13 (1): 1 – 7

27　Fang M Z. Kim D Y. Lee H W, et al. Improvement of in vitor two – stage transformation assay and determination of the promotional effect of cadmium. Toxicol Vitro, 2001, 15 (3): 225 – 231

28　Arima T. Tada S, Makita Y, et al. Effect of Clostridium perfringens – derived wound healing substance as compared with epidermal growth factor on tie growth and morphological transformation of BALB/3T3 A31 – 1 – 1 cells. Mutat Res, 1995, 341 (3): 217 – 224

29 Hamel E, Katoh F, Mueller G, et al. Transforming growth factor B as a potent promoter in two-stage Balb/e 3T3 cell transformation. Cancer Res, 1988, 48 (10): 2832 – 2836

30 Umeda M, Tanaka K, Ono T. Promotional effect of lithocholie acid and 3 – hydroxyanthranilic acid on transformation of x – ray – initiated BALB/3T3 cells. Carcinogensis, 1989, 10 (9): 1665 – 1668

31 Sakai A, Miyata N, Takahashi A. Promoting activity of 3 – tert – butyl – 4 – hydroxyanisole (BHA) in BALB/3T3 cell transformation. Cancer Lett, 1997, 115 (2): 213 – 220

32 Atchison M, Chu C S, Kakunaga T, et al. Chemical cocarcinogenesis with the use of a subclone derived from Balb/3T3 cells with catechol as cocarcinogen. J Natl Cancer Inst, 1982, 69 (2): 503 – 508

33 Hirakawa T, Kakunaga T, Fujiki H, et al. A new tumor – promoting agent, dihydroteleocidin B, markedly enhances chemically induced malignant cell transformation. Science, 1982, 216 (4545): 527 – 529

34 Shimomura K, Mullinix M G, Kakunaga T, et al. Bromine residue at hydrophilic region influences biological activity of aplysiatoxin, a tumor promoter. Science, 1983, 222 (4629): 1242 – 1244

35 Umeda M, Tanaka K, Ono T. Effect of insulin on the transformation of BALB/3T3 cells by X – ray irradiation. Gann, 1983, 74 (6): 864 – 869

36 Sakai A. Orthovanadate, an inhibitor of protein tyrosine phosphatases, acts more potently as a promoter than as an initiator in the BALB/3T3 cell transformation. Carcinogensis, 1997, 18 (7): 1395 – 1399

37 Komri A, Yatsunami J, Suganuma M, et al. Tumor necrosis factor acts as a tumor promoter in BALB/3T3 cell transformation. Cancer Res, 1993, 53 (9): 1982 – 1985

38 Poth A, Heppenheimer A, Bohnenberger S. Bhas42 cell transformation assay as a predictor of carcinogenicity. AATEX, 2007, 14 (suppl): 519 – 521

39 Sakai A. p – Nonylphenol acts as a promoter in the BALB/3T3 cell transformation. Mutat Res, 2001, 493 (1 – 2) 161 – 166

40 Atchison M, Atchison M L, Van Duuren B L. Cocarcinogenesis in vitro using Balb/3T3 cells and aromatic hydrocarbon cocarcinogens. Cell Bial Toxicol, 1985, 1 (4): 323 – 331

41 Perocco P, Paolini M, Mazzullo M, et al. β – Carotene as enhancer of cell transforming activity of powerful carcinogens and cigarette – smoke condensate on BALB/c 3T3 cells in vitro. Mutat Res, 1999, 440 (1): 83 – 90

42 张淑琪, 许建宁, 徐凤丹, 等. 甲基丙烯酸环氧丙酯对 BALB/c 3T3 细胞恶性转化的实验研究. 卫生研究, 1996, 25 (3): 129 – 133

43 刘云岗, 陈家坤, 吴中亮. 硫酸镍诱发 Balb/c – 3T3 细胞转化. 劳动医学, 1997, 14: 135 – 137

44 刘云岗, 陈家坤. 氯化镍诱发 Balb/c – 3T3 细胞转化. 劳动医学, 1997, 14 (3): 9 – 11

45 王李伟, 仲伟鉴, 应贤平, 等. 三羟异黄酮对 BALB/c – 3T3 细胞的转化作用. 癌变·畸变·突变, 2005, 17 (1): 48 – 51

46 Perocco P, Iori R, Barillari J, et al. In vitro induction of henzo (a) pyrene cell – transforming activity by the glucosinolate gluconasturtiin found in cruciferous vegetables. Cancer Lett, 2002, 184 (1): 65 – 71

47 Tsuchiya T, Kato – Masatsuji E, Tsuzuki T, et al. Antitransforming nature of ascorbic acid and its derivatives examined by two – stage cell transformation using BALB/c 3T3 cells. Cancer lett, 2000, 160 (1): 51 ~ 58

48 Perocco P, Mazzullo M, Broccoli M, et al. Inhibitory activity of vitamin E and α – naphthoflavone on β – carotene – enhanced transformation of BALB/c 3T3 cells by benzo (a) pyrene and cigarette – smoke condensate. Murat Res, 2000, 465 (1 – 2): 151 – 158

49 Tsujino T, Nagata T, Katoh F, et al, Inhibition of Balb/c 3T3 cell transformation by synthetic acyclic retinoid NIK – 333, possible involvement of enhanced gap junctional intercellular

communication. Cancer Detect Prev, 2007, 31
(4): 332 –338

50 解瑞宁, 沈新南, 仲伟鉴, 等. 番茄红素或与
维生素 E 合用对苯并（a）芘诱导 BALB/c –
3T3 细胞转化的影响. 环境与职业医学,
2004, 21 (2): 124 –138

51 Nishikawa R, Teruya K, Katakura Y, et al.
Electrolyzed reduced water supplemented with
platinum nanoparticles suppresses promotion of
two – stage cell transformation. Cytotechnology,
2005, 47 (1 –3): 97 –105

BALB/c 3T3 Cell Transformation Assay and Its Application to the Screening of Carcinogens

ZHANG Lei, ZENG Yi

(Institute for Viral Disease Control and Prevention, Chinese Center for Disease Control and Prevention)

A cell transformation assay may be an *in vitro* assay measuring the phenotypic conversion from normal to malignant characteristics in BALB/c 3T3 cells exposed to test chemicals, and capable of detecting carcinogens. In this article, the progress and improvement of BALB/c 3T3 cells transformation assay, and its applications in the detection of tumor initiator and promoter were reviewed.

〔Key words〕 BALB/c 3T3 cells; Cell transformation; Carcinogens; Environmental toxicology

368. 河南地区 HIV –1 毒株 *gag* 基因抗原表位变异特征及准种特点研究

中国疾病预防控制中心病毒病预防控制所传染病预防控制国家重点实验室
院士实验室 杜 鹏 陈国敏 曾 毅
北京工业大学生命科学与生物医学工程学院 李泽琳

〔摘 要〕 目的 探讨中国河南地区人免疫缺陷病毒 I 型（HIV –1）毒株 *gag* 蛋白抗原表位变异特征, 并对其准种特点加以分析。 方法 套式聚合酶链反应（Nested – PCR）扩增确认 HIV 阳性样本 *gag* p17 ~ p24 基因区段并测序, PCR 产物纯化后克隆, 挑选克隆株鉴定为阳性后测序, 以 MEGA（version3.0）等软件进行分析。 结果 河南 HIV 毒株为 B′亚型; *gag* 基因 p17 区段抗原表位突变有 E62G（55.80%）, Y79F（48.90%）, T84V（48.90%）, I44V（44.20%）, *gag* 基因 p24 区段抗原表位未见明显变异。 结论 HIV –1 B′亚型毒株 *gag* 基因 p17 区段的 4 个抗原表位, 存在较大变异, p24 区段较为保守, 适合抗原表位疫苗的研制。

〔关键词〕 HIV –1; 抗原表位; 准种

人免疫缺陷病毒 I 型（HIV –1）逆转录酶因为缺乏自我校正功能及宿主选择压力的长

期存在，使 HIV-1 病毒在进化过程中呈现高度变异和快速进化的特点。在机体对 HIV 免疫应答的过程中，病原体自身所携带的抗原表位是刺激机体免疫应答的必备条件。抗原表位的变化是 HIV-1 病毒逃避机体免疫应答的重要机制之一。鉴于以往的研究多是着眼于 HIV 高度变异的 env 基因，本研究通过 PCR 扩增测序和随机挑选克隆株测序方法对河南地区 HIV-1 毒株 gag 基因序列特征，包括其准种特点和抗原表位的变异进行分析，以探索我国 HIV-1 毒株基因的变异规律。

材料和方法

一、样本及核酸提取　2003 年采集来自河南省的 43 名免疫印迹试验（Western Blot）确认阳性的 HIV-1 感染者全血样本。

二、目的片段的 PCR 扩增、纯化及鉴定　使用套式聚合酶链反应（Nested-PCR）扩增 gag 基因区段（565 bp，hxb2 位置 435 bp~1001 bp），反应体系、反应条件和扩增引物见参考文献 [1]。

三、目的片段的克隆及鉴定　将纯化产物与 Pmd-19T 载体在 16℃ 条件下完成连接反应。连接好的质粒转化后，随机挑选 15 个阳性克隆并鉴定。

四、DNA 测序　将 PCR 纯化产物和阳性克隆株的抽提质粒分别在 ABI3700DNA 自动测序仪上进行序列测定。

五、序列分析与数据处理　使用 BioEdit 软件对序列进行编辑，使用 MEGA 软件进行序列分析。使用 Phylogeny 程序构建系统进化树，确认所测序列的亚型；根据下载获得的抗原表位信息使用 CluxtalX 程序对序列与国际参考株进行排列与比对，使用 Distance 程序分别计算所测序列自身及其与标准株之间的基因离散率；使用 SPSS 13.0 软件进行数据统计分析。

结　果

一、亚型分布　对所获得的 43 份 PCR 核苷酸序列及 656 份克隆株核苷酸序列，使用 MEGA 的 Phylogeny 程序构建系统进化树，在 Bootstrap 值大于 70% 的条件下检测结果的准确性。结果表明，42 份样本为 HIV-1 B′亚型，进化树结果显示其接近参考株 B.TH.92.92TH014，1 份样本为 HIV C 亚型，进化树结果显示其接近 C 亚型国际参考株（图1）。

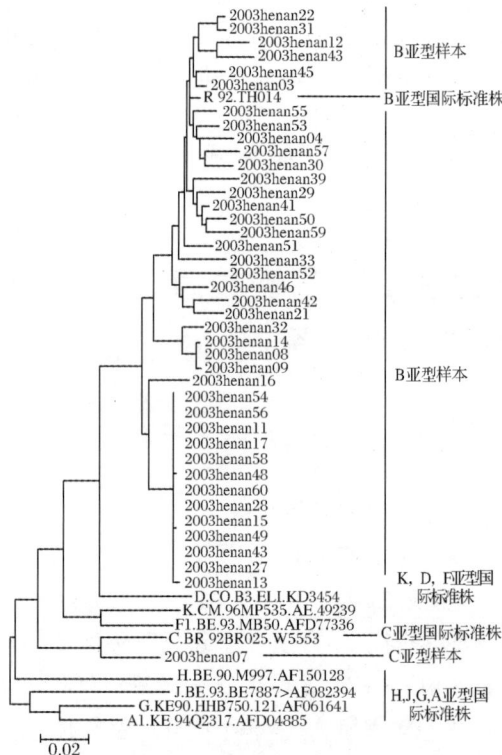

图 1　河南地区 HIV B′毒株 gag 基因 p17~24 区段系统进化树

Fig. 1　Phylogenetic, tree analysis of gag gene p17-p24 segment with that of Henan province HIV B′ strains

二、基因距离　将通过 PCR 扩增测序和挑选克隆株测序得到的 gag 基因 p17 和 p24 区段序列使用 MEGA 的 Distance 程序分别计算其自身及其与 HIV B′ 亚型参考株 (B. 92THD014) 的基因距离 (基因离散率)。结果显示 (表 1)，gag 基因 p17 ~ p24 区段 PCR 序列自身基因距离为 3.40 ± 1.02，而克隆株序列的自身基因距离为 4.10 ± 0.81，使用 SPSS 13.0 软件包计算两者间有统计学差异，推断是由于 HIV 感染者体内准种情况的存在，随机挑选克隆株测序的方法比 PCR 测序的方法提供更为全面的个体之间的基因差异信息，而 gag 基因 p17 ~ p24 区段 PCR 序列与 HIV B′ 亚型标准株的基因距离为 4.11 ± 1.87，克隆株序列与 HIV B′ 亚型标准株的基因距离为 4.1 ± 1.92，使用 SPSS 13.0 软件包计算两者未见有统计学差异则表明这两种方法均能表明 HIV 大体的进化方向。从以上结果还可以看出 p17 区段自身及其与 HIVB, 亚型标准株的基因距离均明显大于 p24 区段。

表 1　河南地区 gag 基因 p17 ~ p24 各区段基因距离

Tab. 1　Genetic distance in *gag* gene p17 – p24 segment of the Henan province strains

序列 Sequence	本型 (Itself subtypc)			B′ 亚型 (B′subtypc)		
	p17 ~ p24 区段 ($\bar{x} \pm s$) (p17 – p24 Fragment)	p17 区段 ($\bar{x} \pm s$) (p17 Fragment)	p24 区段 ($\bar{x} \pm s$) (p24 Fragment)	p17 ~ p24 区段 ($\bar{x} \pm s$) (p17 – p24 Fragment)	p17 区段 ($\bar{x} \pm s$) (p17 Fragment)	p24 区段 ($\bar{x} \pm s$) (p24 Fragment)
PCR 序列 (PCR sequence)	3.40 ± 1.02	4.21 ± 1.27	2.27 ± 0.78	4.11 ± 1.87	5.40 ± 2.93	3.03 ± 1.66
克隆株序列 (Clone strains sequence)	4.10 ± 0.81	5.40 ± 0.81	2.85 ± 0.57	4.1 ± 1.92	5.35 ± 2.73	3.03 ± 1.50
T 值 (T value)	4.62	4.98	3.9	1.95	0.72	0.14
P 值 (P vglue)	*P < 0.05*	*P < 0.05*	*P < 0.05*	*P > 0.05*	*P > 0.05*	*P > 0.05*

三、CTL 抗原表位变异情况　将 PCR 扩增测序得到的核甘酸序列使用 MEGA3.0 翻译成氨基酸序列。根据我国 HLA – I 基因常见的分布型别和目前已确认的 HIV – 1 gag 蛋白的抗原表位分布情况[2,3]，选择了 9 个 HIV – 1 CTL 抗原表位，其中 HLA – A 限制的抗原表位有 7 个，HLA – B 限制的抗原表位有 2 个，对河南地区样本的抗原表位变异情况进行统计，进而分析其在宿主选择压力下的变异情况。结果表明 (表 2)，河南地区的共享序列与所选择的 9 个 HLA – I 类基因限制的 gag 基因区段 CTL 抗原表位相比，共有 4 个点突变，均发生在 p17 区段。

讨　　论

本研究对来自河南地区的 43 份 HIV – 1 阳性感染样本进行亚型鉴定，42 份为 HIV – 1 B′ 亚型 (1 份 HIV –1C 亚型)，PCR 测序结果和克隆株测序结果与 HIV – 1 B′ 参考株的基因距离分别为 4.11% 和 4.1%[4]。

在激活机体对病原体的免疫应答中，病毒自身携带的抗原表位作为机体免疫系统的直接作用靶点，起着重要的作用。而目前国际上对 HIV – 1 抗原表位的研究多集中于 HIV – 1B 亚型，故本研究选择了国际 B 亚型毒株抗原表位的研究成果对我国河南地区流行的 B 亚型毒株进行了研究。对河南地区的 gag 蛋白 CTL 抗原表位的变异情况进行分析发现，在本研究的 43 份 PCR 测序结果的氨基酸共享序列与 HLA 主要限制的 9 个抗原表位比较中，发现 4 个抗原表位发生点突变，均发生在 p17 区段。我们对 p17 和 p24 这两个区的抗原表位的保守情况进行了分别计算，PCR 测序结果中，p17 区段各抗原表位变异一致率（抗原表位与共享序列完全相同的比率）均值为 53.3%，明显小于 p24 区段 85.9%，这一结果表明 p17 区段抗原表位变异程度明显大于 p24 区段，p17 区段与 p24 区段与 B′亚型的基因距离比较结果支持这一结论。

表 2　河南地区 *gag* 基因区段主要 CTL 抗原表位变异情况

Tab. 2　Variance of CTL antigen epitypes in *gag* gene segment in Henan province strains

HLA 分类 (HLA subtype)	位置 (Location)	表位氨基酸组成 (Composition of antigen epitopes)	完全相同样本数		突变位点 (Mutation site)	位点突变数	
			PCR 序列 $n=43$	克隆序列 $m=656$		PCR 序列 $n=43$	克隆序列 $m=656$
HLA – A2	P17（59~67）	QILEQLQPA	24	305	EAG	24	360
HLA – A2	P17（77~85）	SLYNTVAFC	5	102	Y3F	21	318
HLA – A11	P17（63–72）	QLQPSLQTGS	37	492	—	—	—
HLA – B60	P17（92~101）	IEIEKDTKEAL	17	198	13V	19	232
HLA – B60	P24（44~52）	SEGATPQDL	39	482	—	—	—
HLA – A11	P24（61~71）	GHQAAMQMLKE	39	572	—	—	—
HLA – A11	P24（78~86）	AEWDRLHPV	32	520	—	—	—
HLA – A2	P17（83~91）	ATLYCVHQR	18	280	T2V	21	313
HLA – A2	P17（103~112）	KIEEEONKSK	38	570	—	—	—

准种是指病原微生物在 DNA 或 RNA 序列在统计学上高度一致，个体间存在差异，差异又不足以构成不同血清型或基因型的一组群体。而通常所用的 PCR 扩增测序方法只能检测到样本中的一种或两种"优势毒株"，即一是指其在机体内所占比例较大，二是由于 PCR 引物的选择作用不同所致最后得到的基因序列具有明显的引物偏嗜性，进而造成序列的"失真"，不能很好地代表病毒在机体内的真实情况。本研究对河南地区的 43 份样本准种存在情况进行分析发现，在同一样本内存在准种群；PCR 序列和克隆株序列的自身基因距离具有显著差异表明，HIV "准种"问题的存在使克隆测序的方法能更为精确的反映不同个体之间的差异。但考虑到大样本量分子流行病调查过程中挑选克隆培养及测序工作的繁重，建议先使用 PCR 扩增测序，挑选有特殊意义的毒株进行克隆后测序分析，以搞清样本"准种"中各克隆毒株的变异情况。

〔原载《中华实验和临床病毒学杂志》2009，23（1）：20 – 22〕

参 考 文 献

1　Eric SB, Mika OS. Francine Cutchan1 Sequencin2g Primersfor HIV21 R1. www 1 hiv1 lanltent/hiv – db/ Compendium, 1995, Part – Ⅲ: 15 – 211

2　Shaw CK, Chen LL, Lee A, et al. Distribution of HLA gene and haplotype frequencies in Tai-wan: a comparative study among Minman, Hak-ka, Aborigines and Mainland Chinese. Tissue An-

tigens, 1999, 53: 51 – 64

3　张洪波，赖江华，赵钧海，等. 西安汉族 HLA – Cw 基因座遗传多态性研究. 法医学杂志，2004，20：197 – 199

4　宋延辉，邢辉，王哲，等. 河南和新疆地区 HIV21 毒株 *gp*120 和 *gag* 基因的变异分析. 中国性病艾滋病，2007，13：405 – 408

Study of *gag* Gene Antigen Epitypes Variation and the Quasispecies Group Characteristics in Henan Area HIV –1 Strains

DU Peng* , CHEN Guo – min, LI Ze – lin, ZENG Yi

(*State Key, Laboratory for Infectious Disease Prevention and Control,

National Institue for Viral Disease Cntrol and Prevention)

Objective To study the characteristics of the variation of antigen epitopes and quasispecies group in the HIV – 1 viruses in Henan province in China. **Methods** The region of the p17 – p24 of the HIV – 1 *gag* gene was amplified by nested polymerse chain reaction (PCR), purified products were cloned into the vector, the obtained were analyzed by MEGA soft wares. **Results** B′subtype strains were predominant in Henan province, the mutations in antigen epitypes of the p17 region of the *gag* gene focus on E62g (55.8%), Y79f (48.9%), T84V (48.9), I44V (44.2%), the p24 region had not found the distinct mutation. **Conclusion** Both the PCR sequences and clone strains sequences demonstrated that four antigen epitopes mutations in p17 region of the HIV B′subtype *gag* gene, and the region of p24 was more conservative, which was suitable for development of the epitope vaccine.

〔Key words〕 HIV – 1；Antigen epitypes；Quasispecies group

369. 293 细胞检测致癌物的应用研究

北京工业大学生命科学与生物工程学院 赵 蕊 钟儒刚

中国疾病预防控制中心病毒病预防控制所国家重点实验室肿瘤病毒组 张 磊 周 玲 曾 毅

〔摘 要〕 目的 探讨应用 293 细胞对致癌物进行细胞转化及致癌性等研究，为检测可疑致癌物提供实验依据。 方法 应用微囊藻毒素 LR（Microcystin LR，MC – LR）对 293 细胞进行转化培养，取转化后的细胞进行软琼脂克隆实验、血清依赖性实验以及免疫缺陷小鼠体内致瘤实验来验证 MC – LR 转化的 293 细胞的致癌性。 结果 293 细胞在 MC – LR 的作用下，逐渐表现出转化细胞的特性：血清依赖程度显著降低，在软琼脂培养基中锚着独立生长并形成细胞集落，在 SCID 小鼠体内形成浸润性肿瘤组织。 结论 293 细胞易于培养并对环境致癌物敏感，可用于可疑致癌物的检测。

〔关键词〕 细胞系；微囊藻毒素；细胞转化，肿瘤；致癌物

293 细胞系是原代人胚肾细胞转染 5 型腺病毒（Ad 5）75 株系 DNA 的永生化细胞，含有 Ad5 E1 区的人胚肾亚三倍体，是一种 E1 区缺陷互补细胞系，贴壁依赖型呈上皮样，表现出典型的腺病毒转化细胞的表型，细胞允许 Ad5 和其他血清型腺病毒在其上增殖。通常 293 细胞被用于转染的靶细胞以研究目标蛋白的生物学性质，由于受多种信号转导途径的调

节，293 细胞也常用作细胞信号转导研究[1,2]。为探讨 293 细胞在检测可疑致癌物中的应用，本研究采用体外细胞转化系统与小鼠体内致瘤实验对已知环境致（促）癌物微囊藻毒素 LR 进行验证，为检测可疑致癌物提供实验依据。

材料和方法

一、实验材料

（一）细胞：人 5 型腺病毒转化的人胚肾 293 细胞购自协和细胞库，本科室保藏。

（二）试剂：微囊藻毒素 LR（MC－LR）为美国 Sigma 公司产品，以无水乙醇配置，浓度 5 mg/ml；DMEM 高糖培养基、DMEM（2×）培养基以及胰蛋白酶消化液均为美国 Hycolne 公司产品，胎牛血清（FBS）为元亨圣马公司同一批次产品；琼脂糖为美国 Sigma 公司产品（货号 A6876）；CCK－8 试剂盒为日本同仁化学研究所产品（货号 CK04）。

（三）实验动物：免疫缺陷小鼠（SCID），4 周龄，购于中国医学科学院动物所。

二、实验方法

（一）细胞毒性实验：293 细胞采用 10% FBS 的 DMEM 培养基培养。取第 2 代细胞以 3000 个/孔接种于 96 孔板中，培养 24 h 后弃去原培养基，加入 200 μl MC－LR 终浓度分别为 10、100 ng/ml 和 1、10 μg/ml 的 DMEM 培养基，每组 6 个平行孔，3 d 后按照 CCK－8Kit 的方法计算细胞存活率以确定用于转化细胞的最佳浓度。

（二）细胞转化实验：采用 10% FBS 的 DMEM 培养基培养 293 细胞。取第 2 代细胞以 $4×10^4$ 个/瓶接种于 25 cm² 带虑膜的培养瓶中，加 5 ml DMEM 培养基，培养 24 h 后换 MC－LR 终浓度分别为 1、10、100 ng/ml、1 μg/ml 的 DMEM 培养基，以含有 5‰ 无水乙醇的 DMEM 为阴性对照。当细胞达到 80% 融合时以 1:3 传代，培养 7 d 后更换为 DMEM 培养基并培养至 21 d 终止。

（三）软琼脂克隆实验：DMEM（2×）培养液与 1.2% 琼脂 1:1 混合后作为下层琼脂铺于 6 孔板，室温凝固后 37℃ 平衡备用。将转化培养至 21 d 的细胞消化制成单细胞悬液，以 4000 个/孔接种子含 0.35% 琼脂的 DMEM 培养基中，铺于下层琼脂上。每组设计 3 个平行孔，以 Hela 细胞作为阳性对照，转化实验中的空白实验组做阴性对照，培养 16 d 后计数大于 10 个细胞的克隆数。

（四）血清依赖性研究：将转化培养至 21 d 的细胞消化制成单细胞悬液，以 2000 个/孔接种于 96 板，共 3 块板，每组 3 个平行孔；24 h 后弃去原培养基，以 PBS 洗涤后加入 FBS 含量为 0、0.5%、1.0% 的 DMEM 培养基，每隔一天取一块板按照 CCK－8 试剂盒的说明测定 450 nm 吸光度。

（五）小鼠体内致瘤实验：将转化培养至 21 d 的细胞消化制成单细胞悬液，调整细胞浓度为 10^6/ml，每只小鼠在前肢皮下注射 0.2 ml，每组 3 只小鼠，转化实验中的阴性对照细胞作为空白对照，Hela 细胞作为阳性对照，小鼠 3 周后处死。肿瘤取出后进行 HE 染色组织切片。

结　果

一、MC－LR 对 293 细胞的毒性　MC－LR 浓度小于 1 μg/ml 时细胞存活率均在 91% 以上，当 MC－LR 浓度增大到 10 μg/ml 时细胞明显出现死亡脱落，存活率仅为 57%（图

1）。因此选择 MC－LR 最大转化剂量为 1 μg/ml。

二、软琼脂克隆实验　正常对照组 293 细胞在软琼脂上基本不形成或形成很少的细胞克隆，当 MC－LR 浓度高于 10 ng/ml 时 293 细胞形成大量的克隆，说明在该处理浓度下 293 细胞的致瘤性增强（表 1）。

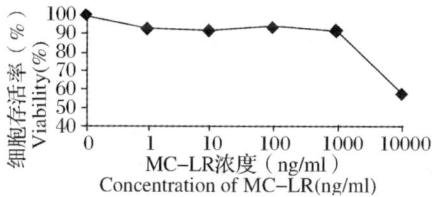

图 1　MC－LR 对 293 细胞的毒性
Fig. 1　Cytotoxicity of MC－LR on 293 cells

表 1　不同浓度 MC－LR 处理的 293 细胞软琼脂克隆实验结果

Tab. 1　The results of soft agar cloning ability of 293 cell treated by different dose of MC－LR

MC－LR 浓度 Concentration of MC－LR	接种细胞数 NO. of cells	>10 个细胞的集落数 No. of cell clones（>10cells）	克隆形成率（%） Colony forming efficiency
Blank	4000	5	0.0013
1 ng/ml	4000	26	0.0065
10 ng/ml	4000	135	0.0338
100 ng/ml	4000	327	0.0818
1 μg/ml	4000	474	0.1185

注：克隆形成率 = >10 个细胞的集落数/接种细胞数

Note：Clone formation efficiency = NO. of Clones（>10cells）/ No. of cells

三、血清依赖性实验　正常 293 细胞在无血清及低血清培养基中生长是受到抑制的，而经过 MC－LB 处理（10 ng/ml）的 293 细胞则不受此限制，获得了肿瘤细胞的特性（图 2）。

从图 2 可见，采用 CCK－8 试剂盒测定细胞增殖，吸光度反映细胞数目，吸光度越高表明活细胞越多。

四、小鼠体内致瘤实验　小鼠体内致瘤是检验细胞恶性转化的关键指标，正常 293 细胞及 293＋MC－LR（1 ng/ml）组注射 SCID 小鼠后形成结节（<1 cm），没有浸润性；293＋MC－LR（>10 ng/ml）组在 SCID 小鼠内形成肿瘤（>3 cm）且具有浸润性，经病理切片 HE 染色鉴定为纤维肉瘤，结果表明在 MC－LR 诱导下 293 细胞部分受到损伤并错误修复，同时不断克隆增殖，使细胞损伤得到进一步的发展和表现，最终导致 293 永生细胞发生了恶性转化，具有了肿瘤细胞的特性，在免疫缺陷小鼠体内浸润性生长（图 3）。

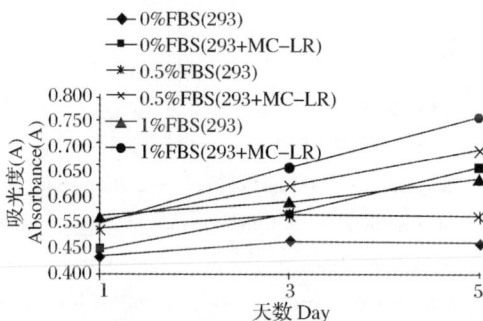

图 2　293 及 293＋MC－LR 血清依赖性实验
Fig. 2　Serum requirement of 293 and 293＋MC－LR

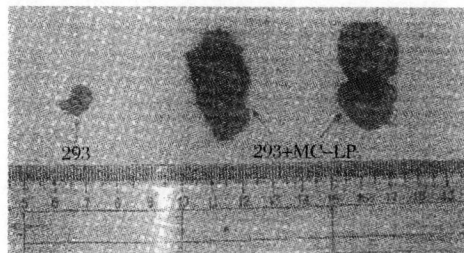

图 3　293 及 293＋MC－LB（100 ng/ml）在小鼠体内形成的瘤块
Fig. 3　Tumors in SCID mice of 293 and 293＋MC－LR（100 ng/ml）

讨　论

体外细胞转化模型可用于模拟体内细胞的恶性变化，是研究癌变的重要手段，可用于分析各种致癌因素及促癌因素并为肿瘤病因学、发病机制的研究提供有力的技术手段[3]。由于细胞发生转化后能够直接进行观察并进行各种分析，现今已越来越多的用于环境中可疑致癌物的分析。国际癌症研究组织（IARC）推荐用于体外两阶段细胞转化模型的细胞主要有BALB/c 3T3、C3H10T1/2 两种永生细胞系[4]。本研究中采用的 5 型腺病毒75 株系转化293细胞系，其细胞形态和生物学行为类似上皮细胞，而且受多种信号转导途径的调节，因此常用来做基因转染以研究蛋白质的生物学功能[5]。研究证明293 细胞易于培养且对环境因素敏感，不仅可以用作转染也可以用于体外细胞转化实验。

本研究中293 细胞在 MC－LR（＞10 ng/ml）的作用下，逐渐表现出转化细胞的特性：细胞生长速度明显高于对照组，对培养液中血清依赖程度显著降低并且能够在软琼脂培养基中锚着独立生长并形成细胞集落，这一现象表明在 MC－LR 的诱导作用下293 细胞获得了肿瘤的生物学特性。进一步将该细胞接种到免疫缺陷 SCID 小鼠体内，表现出很高的致瘤活性并浸润性生长，说明在 MC－LR 的诱导作用下，293 细胞受到损伤并错误修复，通过不断的克隆增殖，使细胞损伤进一步发展和表观，最终导致了293 细胞恶性转化的发生，再次证明了 MC－LR 的促癌性。柳丽丽等[6]应用 MC－LR 对3T3 细胞进行转化并将转化后的细胞进行软琼脂克隆及裸鼠致瘤实验，3T3 细胞在 MC－LB 的诱导下发生了恶性转化，证明了 MC－LB 的促癌性，与本研究的结果相一致。

293 细胞是整合有人腺病毒 5 型 E1 区基因的病毒转化细胞，是复制缺陷型腺病毒Ad5E1 的辅助细胞，这种病毒只能依赖于293 细胞 E1 基因的表达产物才能复制。刘辉[7]将β－胡萝卜素（β－C）作用于293 细胞，10～100 mol/L 的 β－C 对 Ad5E1 在293 细胞上的增殖及其病毒滴度均有明显的抑制作用，说明 β－C 抑制了病毒转化细胞中整合病毒基因的表达。通过检测 Ad5E1 的滴度可以间接获得可疑致癌物对293 细胞病毒整合基因表达的影响，比传统 3T3 转化系统提供了更多的信息，为肿瘤的预防和治疗特别是病毒性肿瘤提供科学依据。

〔原载《中华实验和临床病毒学杂志》2009，23（1）：47－49〕

参 考 文 献

1　McConnell MP, Dhar S, Naran S, et. al. In vivo induction and delivery of nerve growth factor, using HEK－293 cells. Tissue Eng, 2004, 10: 1492－1501

2　Bodenstein J, Sunahars RK, Neubig RR. N－terminal residues control proteasomal degradation of RGS2, RGS4, and RGS5 in human embryonic kidney 293 cells. Mol Pharmacol, 2007, 71: 1040－1050

3　Ashby J. Cell transformation assays as predictors of carcinogenic potential. Toxicol Pathol, 1997, 25: 334－335

4　IARC/NCI/EPA Working Group. Cellular and molecular mechanisms of cell transformation and standardization of transformation assays of established cell lines for the prediction of carcinogenic chemicals: overview and recommended protocols. Cancer Res, 1985, 45: 2395－2399

5　Shibuys M, Claesson－Welsh L. Signal transduction by VEGF receptors in regulation of angiogenesis and lymphangiogenesis. Exp Cell Res, 2006, 312: 549－560

6 柳丽丽，叶树清，钟儒刚，等. 微囊藻毒素 -
LR 诱导 3T3 永生细胞恶性转化. 北京工业大
学学报，2007，33：707 - 712

7 刘辉. β - 胡萝卜素对病毒转化细胞的影响.
第四军医大学学报，2002，23：514 - 516

Application of 293 Cells in *in vitro* Detection of Carcinogens

ZHAO Rui*, ZHANG Lei, ZHONG Ru - gang, ZHOU Ling, ZENG Yi

(* The College of Life Sciece and Bio - engineering, Beijing University of Technology)

Objective To investigate the application of 293 cells to detect suspected carcinogens and provide experimental evidence by using *in vitro* cell transformation assay and tumorigenicity study. **Methods** The transformation systems of cells cultured *in vitro* have been adopted to clarify the tumor promotive activity of Microcystin LR (MC - LR). The malignant transformation of 293 cells induced by MC - LR is tested by several methods including clone forming in soft agarose, serum requirement assay and tumor forming in mice to define the promotive activity of 293 cells. **Results** 293 cell acted like tumor cells after induced by MC - LR: serum dependence decreased, anchorage independence growth in soft agarose ard formed cell clones, malignant tumors appeared in SCID mice. **Conclusion** 293 cells were easy to culture and sensitive to environmental carcinogens so that can be used in detection of suspicious carcinogens.

〔**Key words**〕 Cell lines; Microcystin LR; Cell transformation, neoplastic; Carcinogens

370. 鼻咽癌血清学检测方法的改进

中国疾病预防控制中心病毒病预防控制所肿瘤病毒室传染病预防控制国家重点实验室 詹少兵
叶树清 周 玲 曾 毅 广西壮族自治区苍梧县鼻咽癌防治所 廖 建 钟建明 麦稚平

〔摘 要〕 目的 改进现有鼻咽癌血清学早期诊断方法，提高检测灵敏度。
方法 用链霉亲和素 - 生物素放大免疫酶法与既有常规免疫酶法对鼻咽癌防治示范
基地所取 294 份普查血清 IgA/VeA，IgA/EA 抗体进行血清学检测，并用 SPSS 统计
软件对检测结果进行 x^2 检验和 t 检验。 结果 共检测 30 岁以上 294 份普查人群
血清，其中鼻咽癌患者血清 106 份，健康人血清 188 份。改进的链霉亲和素 - 生物
素放大免疫酶法与既往已有的免疫酶法相比，血清 IgA/VCA、IgA/EA 抗体的检测
阳性率增加；检测血清抗体的几何平均数明显提高。 结论 改进方法可以提高血
清学检测的灵敏度，同时保证了检测结果的特异性，提高了鼻咽癌的检出率，可以
应用于鼻咽癌早期筛查工作。

〔关键词〕 疱疹病毒 4 型；鼻咽肿瘤；抗生蛋白链菌素；生物素

EBV (Epstein - Barr Virus) 是第一个被认为与人类恶性肿瘤发病相关的病毒，在我国
与鼻咽癌（NPC）关系密切。曾毅等人将免疫酶法运用于 EB 病毒感染的血清学研究，进一
步证明了 EB 病毒与鼻咽癌的发生有关[1]。对 EBV/VCA 抗体阳性及阴性人群的 10 年追踪性

研究，发现抗体阳性的人患鼻咽癌的危险性远远高于阴性者[2]。免疫酶法检测是有效的早期诊断方法，对鼻咽癌患者的疗效观察及愈后判断也有重要的参考价值。多年来，对 EBV 感染的血清学检测做了许多改进，皮国华等[3]利用放射免疫方法进行了血清 IgA/EA 抗体的检测，提高了灵敏度，但是 X 射线的可操作性在目前受到了限制。应用 ELISA 方法检测方面也做了有益的探索[4]，但是目前的 ELISA 法检测特异性不高，影响了其进一步推广使用，因此，仍有必要进一步改进血清学检测方法，在提高检测灵敏度的同时，着重保证特异性，以利于鼻咽癌的早期筛查。

材料和方法

一、**材料** 生物素化抗人 IgA 抗体、辣根酶标记链霉亲和素、辣根酶标记抗人 IgA，购自北京中杉金桥生物技术有限公司；二氨基联苯胺：北京化学试剂公司产品；细胞培养基：美国 Gibco 公司产品；检测血清：广西鼻咽癌防治示范基地年龄 30 岁以上普查人群血清，最大年龄 69 岁，最小 30 岁，共 294 份，其中男性 186 例，女性 108 例；Raji 和 B95.8 细胞：B95.8 为 EB 病毒转化的枭猴 B 淋巴细胞系，Raji 为 EB 病毒阳性的 Burkitts 淋巴瘤细胞系，Raji 及 B95.8 细胞经过激活之后分别表达 EBV 的 EA 及 VCA 抗原，本室保存。

二、**方法**

（一）细胞激活：参照文献方法〔5〕，常规培养细胞至指数生长期，在 Raji 细胞中加入终浓度为 200 μg/L 巴豆油和 4 mmol/L 丁酸钠，在 B95.8 细胞中加入终浓度为 200 μg/L 的巴豆油，37℃继续培养 48 h。离心分离细胞，调节细胞浓度至 10×10^6 个/ml，涂于玻璃细胞片小孔内，室温干燥。4℃冷丙酮固定 15 min，室温挥发玻璃片上残留的丙酮后置 4℃保存备用。

（二）免疫酶法检测：PBS 1∶5 往下 2 倍比稀释待测血清 10 μl/孔加于细胞孔中，37℃作用 45 min，PBS 冲洗 3 遍；加入作用浓度为 10 μg/ml 的生物素化抗人 IgA 抗体。10 μl/孔 37℃作用 45 min；PBS 冲洗 3 遍；加入作用浓度为 20 μg/ml 辣根酶标记链霉亲和素，37℃作用 45 min；PBS 冲洗 3 遍，去离子水冲洗 3 遍，加入二氨基联苯胺 Tris 溶液中，显色 5 min；显微镜下观察，判定结果。同时参照文献 [6]，按既往使用的免疫酶方法检测鼻咽癌患者血清 IgA/VCA、IgA/EA 抗体，作为方法对照。

（三）统计学方法：用 SPSS 13.0 统计软件进行统计分析，检出率检测用 χ^2 检验，几何均数（GMT）检测用 t 检验。

结　果

共检测广西鼻咽癌高发区血清样品 294 份，其中临床病理诊断鼻咽癌患者血清 106 份，健康人血清 188 份。比较两种方法检测血清 IgA/VCA 阳性的鼻咽癌检出率，改进的免疫酶法对提高 IgA/VCA 阳性者的鼻咽癌检出率不明显（$\chi^2 = 4.676$，$P > 0.05$）；t 检验对两种方法检测血清 IgA/VCA 滴度的几何平均数进行比较，差异有统计学意义（$t = 10.014$，$P < 0.001$），改进的免疫酶法可以明显提高 IgA/VCA 检测的灵敏度。提高血清样品 IgA/VCA 抗体的检测滴度。对 106 名患者血清 IgA/EA 的检测发现，既往免疫酶法检测阳性 60 人，阴性 24 人；改进的免疫酶法阳性 84 人，阴性 22 人，检测一致性较高（Kappa = 0.509），既往免疫酶法阳性率 56.60%，改进免疫酶法阳性率 79.25%，差异有统计学意义

（$\chi^2 = 36.211$，$P < 0.001$），与原有的免疫酶法相比，改进的免疫酶法可以明显提高 IgA/EA 抗体在鼻咽癌患者中的阳性检出率，提高了灵敏度（84/506 = 79.25%）。两种方法检测血清 IgA/EA 滴度的几何平均数（GMT）进行比较，差异有统计学意义（$t = 10.477$，$P < 0.001$），提高了 IgA/EA 抗体的检测滴度（表1）。

表 1　改进方法与已有方法检测鼻咽癌患者血清 IgA/VCA、IgA/EA 抗体结果
Tab. 1　Comparison of the two methods test NPC suffers'sera antibody

检测项 Item	检测例数 Total	既往免疫酶法 Traditional IE			改进免疫酶法 Modified IE		
		阳性数 No. positive	阳性率（%） Positive rate	GMT	阳性数 No. positive	阳性率（%） Positive rate	CMT
IgA/VCA	106	99	93.40	1：115.94	105	99.06	1：292.16
IgA/EA	106	60	56.60	1：49.82	84	79.25	208.70

两种方法对 188 份健康人血清样品 IgA/VCA 抗体检测结果的阳性率进行 χ^2 检验，$\chi^2 = 0.132$，$P > 0.05$，两种方法对健康人群血清 IgA/VCA 检测的阳性率没有区别；两种方法检测滴度的几何平均数比较，$t = 13.349$，$P < 0.001$，差异有统计学意义，改进的方法可以提高血清 IgA/VCA 抗体检测的灵敏度。对健康人群血清 IgA/EA 检测表明，两种方法阳性率比较，$\chi^2 = 6.0971$，$P < 0.05$，差异有统计学意义，改进的免疫酶方法提高了血清 IgA/EA 的阳性率，并且保证了特异性（182/188 = 96.8%）（表2）。

表 2　健康人群血清 IgA/VCA、IsA/EA 检测结果
Tab. 2　Sera IgA/VCA and IgA/EA antibody test of healthy tester

检测项目 Item	检测例数 Total	既往免疫酶法 Traditional IE			改进免疫酶法 Modified IE		
		阳性数 No. positive	阳性率（%） Positive rate	GMT	阳性数 No. positive	阳性率（%） Positive rate	CMT
IgA/VGA	188	43	22.87	1：11.75	46	24.47	1：34.60
IgA/EA	188	0	0.00	—	6	3.19	1：7.94

讨　论

生物素–链霉亲和素系统是一种新型生物反应放大系统[7]。一个链霉亲和素分子可以特异结合 4 个生物素分子，结合稳定，结合常数可达 $10^{-15}/M$；二者的结合特异性高，提高了测定的精确度。一个抗体分子可耦联多个生物素分子，通过生物素又可连接多个链霉亲和素，酶标链霉亲和素分子与结合有特异性抗体的生物素分子反应，起到了多级放大作用，提高检测的敏感度。

生物素化第二抗体及辣根酶标记的链霉亲和素可高度稀释，用量很少，实验成本低。此外，由于生物素与链霉亲和素的结合具有高速、高效的特性，所需的温育时间不长，实验很快可完成。

检测血清中的 IgA/EA，IgA/VCA 抗体对早期诊断鼻咽癌有重要的作用，已经常规用于鼻咽癌的早期诊断[8,9]，血清 IgA/EA 抗体检测相对于 IgA/VCA 对早期发现鼻咽癌有更好的

特异性，但是阳性率较低，因此仍需提高其灵敏度以尽可能多地发现早期患者[10]。过高灵敏度或偏低的灵敏度都是不适合的，为此我们利用链霉亲和素—生物素放大系统对已有的血清学检测方法进行了改进。与一般的免疫组织化学实验不同，检测人血清中的 IgA／EA、IgA／VCA 所用细胞涂片，来源清楚，无内源性生物素的影响，背景干净清晰。免疫酶法形成有色沉淀，可长久保存，在普通光镜下即可观察。便于在基层的推广应用。

本研究利用来源于同一鼻咽癌高发地区的血清样品进行了既有方法与改进的生物素标记的二抗及辣根酶标记的链霉亲和素免疫酶法对照检测，在所有检测的 106 个鼻咽癌患者中，比既有方法多检测出 24 例 IgA／EA 阳性者，明显提高了检出率；同时，检测的血清 IgA／EA 及 IgA／VCA 滴度的几何平均数也明显增加，提高了鼻咽癌早期诊断的灵敏度。在 188 名健康人中，比既有免疫酶法多检测出 IgA／VCA 阳性者 3 人（增加 1.6%），IgA／EA 阳性者 6 人（增加 3.19%），避免了过多的阳性结果产生，保证了检测的特异性。在实际应用中，可在普查时用既有的免疫酶法进行 IgA／VeA 初筛，以避免过多的阳性结果引起的疾病负担，复查时用改进的免疫酶方法进行血清 IgA／EA 抗体检测以减少漏检。结合临床病理检查，可以更好地进行鼻咽癌的早期诊断。

〔原载《中华实验和临床病毒学杂志》2009，23（1）：65 – 67〕

参 考 文 献

1 刘育希，曾毅，董文平．应用免疫酶法测定 NPC 病人的 IgA 抗体．中华肿瘤杂志，1979，1：8 – 11

2 邓洪，曾毅，黄乃琴，等．梧州市鼻咽癌现场 10 年的前瞻性研究．病毒学报，1992，8：32 – 34

3 皮国华，曾毅，焦伟，等．应用 X 线胶片免疫放射自显影法测定鼻咽癌病人血清中的 EB 病毒 IgA／EA 抗体．癌症，1984，3：169 – 171

4 皮国华，曾毅，G. de – The，等．检测 Epstein – Barr 病毒 IgA／EA 抗体的 ELISA 法．病毒学报，1987，3：108 – 112

5 邓洪，赵正宝，张政，等．广西 21 市县 338868 人鼻咽癌血清学普查．中华预防医学杂志，1995，29：342 – 343

6 皮国华，曾毅，余世荣，等．测定 Epstein – Barr 病毒 IgA／EA 抗体的改进方法．病毒学报，1986，2：372 – 375

7 邓洪，曾毅，王培中，等．鼻咽癌血清学早期诊断的应用研究．中国肿瘤，2000，9：500 – 502

8 曾毅．NPC 的检测和早期诊断．中华耳鼻喉科杂志，1987，22：145 – 147

9 邓洪，曾毅，郑裕明，等．自然人群 413164 人鼻咽癌血清学普查．中国癌症杂志，2003，13：109 – 111

10 朱立平．主编．免疫学常用实验方法．北京：人民军医出版社，2000：398 – 401

Improve on Serological Diagnosis Method of Nasopharyngeal Carcinoma

ZHAN Shao – bing*, ZHONG Jian – ming, MAI Zhi – ping, YE Shu – qing, ZHOU Ling, ZENG Yi, LIAO Jian

(* Institute of Viral Disease Control and Prevention, Chinese Center for Disease Control and Prevention)

Objective   To improve the existing serological early diagnosis method of nasopharyngeal carcinoma by improve the detection sensitivity.   **Methods**   The samples of 294 serum specimen from the prevention and treatment of nasopharyngeal cancer model base, involving 106 serum specimen from the patients suffering from nasopharyngeal cancer and 188 from the healthy testers. IgA/VCA antibody and IgA/EA antibody of the serums are tested by Streptavidin – biotin – antibody immunoenzymatic test and normal traditional enzyme methods, SPSS statistical software is used to analyse the test results with χ^2 test and t test. **Results** Referring to 106 patients, the sera antibody postive rate tested by Streptavidin – biotin – antibody immunoenzymatic test method is obviously higher than that tested by traditional method; and the t test result of the GMT has significant difference in the two method. **Conclusion** The modified method can improve the sensitivity of serology testing, ensure the specificity of test results, at the same time, improve the detection rate of nasopharyngeal carcinoma, so it can be applied to the early screen work of nasopharyngeal carcinoma.

〔**Key words**〕 Herpesvirus 4, human; Nasopharyngeal neoplasms; Streptavidin; Biotin

371. 新城疫病毒作为疫苗载体的研究进展

北京工业大学生命科学与生物工程学院（在读硕士）　周　媛
中国疾病预防控制中心病毒病预防控制所　滕智平　曾　毅

随着分子生物学领域的飞速发展，重组病毒载体成为当今病毒基因工程研究的热点之一，现有的病毒疫苗载体也存在各自的优缺点，安全有效性都有待进一步证实，应用较广泛的腺病毒虽然有表达水平高、容量大等优点，但是其在成人中感染率极高，现有的宿主免疫会局限载体的复制并降低其免疫原性。而新城疫病毒 NDV（Newcastle disease virus）作为负链 RNA 动物病毒，与常用病毒载体相比较，不仅具有安全、有效、成本低廉等特点，而且作为限制宿主病毒，在人群中感染率极低，不存在先有免疫对抗原表达的影响。因而，NDV 作为疫苗载体引起越来越多学者的关注，有很大的应用前景。

NDV 作为疫苗载体有以下几点优势：（1）NDV 活疫苗已被广泛地应用于养禽业，其安全及有效性已被充分证实[1]。（2）NDV 可以在鸡胚中增殖并滴度很高，适合大规模生产且成本低；（3）NDV 疫苗相对稳定，重组率低，没有外源基因的插入；（4）NDV 免疫接种途径简单，可以采用饮水、喷雾等多种方式进行接种；（5）同许多其他禽病病原一样，NDV 只通过呼吸道和肠道感染，但可引起黏膜免疫和体液免疫；（6）即使母体源抗体存在，亦能诱导产生局部免疫；（7）NDV 的复制不依赖细胞核的功能，因此不会和细胞 DNA 发生整合，可以用于细胞内转染[2]。

尽管很多减毒的人副黏病毒被认为是极好的鼻免疫病毒载体，但是，它们只在从未接触过该载体病毒的个体中有效，这是由于先有的宿主免疫会局限载体的复制并降低其免疫原性。例如，野生型 RSV 感染的成年志愿者中只有50%血清反应呈阳性，而减毒的 RSV 突变株只有10% ~30%（根据毒株不同）。而在感染野生型 HPIV3 或其减毒株的研究中，在成年志愿者中只有8% ~20%血清反应呈阳性。因而，虽然人副黏病毒可作为免疫未受感染的幼儿载体，但是在成人体内的应用却并不十分有效。作为常见的病原体，几乎所有的人副黏病毒都通过呼吸道感染成人，疫苗载体的复制也将受到很严重的限制，免疫原性降低或消失。任何常见病原病毒载体都存在该问题，如天花病毒、腺病毒。而 NDV 则能克服该限制，作为禽类副黏病毒科病毒，与人副黏病毒科病毒截然不同，并具备一定的优势。其安全、有效及免疫原性均已得到肯定[3]。

关于负链 RNA 病毒表达外源基因已有很多报道，在大多情况下，在体外多次传代后，外源基因仍能表达；由于负链 RNA 病毒与其同源的 RNA 病毒不发生重组观象，其作为载体更稳定和安全；其次，这些病毒不会因大量表达外源基因而引起自身复制的严重减弱；对人和动物无致病性，可用于作为一种安全载体。[4]。近年来，伴随着反向遗传操作系统技术的发展，在 DNA 水平上对 RNA 病毒进行体外操作，通过突变、插入、缺失或互补等手段来修饰病毒 RNA，从而构建新型疫苗载体。首例 NDV 反向遗传操作系统的成功，使 NDV 作为疫苗载体成为可能。

一、NDV 的形态结构及分子生物学特征

（一）NDV 的分子生物学结构：NDV 属于副黏病毒科副黏病毒亚科腮腺炎病毒属。其基因组为不分节段、单股负链 RNA，长度约 15 186 个碱基，编码 6 种结构蛋白，依照顺序依次为：核衣壳蛋白（NP）、磷蛋白（P）、基质蛋白（M）、融合蛋白（F）、血凝素－神经氨酸酶（HN）和大相对分子质量聚合酶蛋白（L）。在感染 NDV 的细胞中，仅是那些没有被核衣壳包裹的病毒 RNA 具有病毒 mRNA 作用，另外，无核衣壳的 RNA 在无细胞系统中是 RNA 合成的模板。病毒感染最重要的两个蛋白是 HN 蛋白和 F 蛋白，二者是构成 NDV 致病作用的分子基础[5]。

（二）NDV 病毒毒力特征：根据不同毒力毒株感染鸡表现的不同，可将 NDV 分为几种致病型：①速发型或强毒型毒株，在各种年龄易感鸡引起急性致死性感染；②中发型或中毒型毒株，仅在易感的幼鸡造成致死性感染；③缓发型即低毒型或无毒型毒株，表现为轻微的呼吸道感染或无症状肠道。缓发型毒株在一般情况下不能引起鸡的疾病，因而被广泛应用于活疫苗。而 NDV 致病性的分子基础取决于不同致病型毒株 F 蛋白酶裂解位点的序列及其被裂解的情况。[6]

二、NDV 反向遗传操作系统　　1999 年 Neumann[7]等首次成功建立了一种可以稳定表达 T7 RNA 聚合酶的细胞株，加快了负链 RNA 病毒反向遗传操作的进程。反向遗传操作技术获取的 RNA 病毒来源于 cDNA 克隆，通过人为加入的 DNA 环节，实现了在 DNA 水平上对 RNA 病毒基因组的人工操作。反向遗传操作技术首先在正链 RNA 病毒研究中得到应用，而对负链 RNA 病毒，必须由病毒基因组 RNA 反转录成 cDNA，然后才可以进行后续操作。根据这一原理，挪威学者 Peeters 等首次利用该技术构建了 NDV LaSota 株的感染性分子克隆[8]，在转录质粒上依次插入噬菌体 T7 RNA 聚合酶启动子以及 NDV 全基因组 cDNA，紧接的是具有自剪切功能的核酸酶，将其与分别含 NP、P、L 基因的 3 个表达质粒共同转染到能稳定表达 T7 RNA 聚合酶的细胞中；继而在 SPF 鸡胚尿囊腔内进行增殖，获得了感染性的 NDV 病毒粒子。建立了高致病性的 NDV 反向遗传操作系统（RGS）。NDV 反向遗传操作系统的建立，为其后 NDV 作为疫苗载体的研究奠定了基础。

三、NDV 疫苗载体的探索研究　　2000 年，Krishnamurthy 等人重组中等毒力毒株 BeaudetteC 株，将其全长 cDNA 置于噬菌体 T7RNA 聚合酶启动子和具有自剪切功能的核酸酶之间，获得了重组的 rNDV，经过扩增培养，证实其生长特性与病原性与亲本株基本相同。利用这一系统，他们将氯霉素乙酰转移酶（CAT）基因插入到 NDV 基因组 HN 与 L 之间的第 8358 个核苷酸处获得了重组病毒 rNDV/BC/CAT[9]。CAT 转录盒包括 CAT ORF（开放阅读框），两侧是 NDV 的基因起始和基因终止基序，rNDV/BC/CAT 表达的 CAT 在第 2 代开始就可以检测到有效的 CAT 表达，经过扩增培养后证实外源基因的插入可导致重组 NDV 毒力的减弱和增殖的降低。由此可证明插入外源基因的重组 NDV 可表达外源蛋白。

2001 年，该课题组应用弱毒疫苗 LaSota 株代替了先前所用的鸡致病株 Beaudette C，在 NDV 基因组的 3′端紧靠 NP 基因插入 CAT 基因，连续传代 12 次，rLaSota/CAT 仍可以高水平的表达外源基因 CAT，从而证明外源基因插入 NDV 基因组的 3′端不影响亲本 LaSota 株的毒力，由此可见，进一步证明 NDV 作为病毒载体的可行性。[2]

从以上的报道可以看出，外源基因插入位置可影响重组 NDV 的毒力。为进一步证明将外源基因插入 NDV 的不同基因组之间对重组病毒的毒力影响，2003 年，Zhao 等[10] 选用不同的 NDV 毒株，人的分泌型碱性磷酸酶（SEAP）基因作报告基因，分别插入到 NDV 基因组的 NP 与 P 之间，M 与 F 之间，HN 与 L 之间，以及 L 基因之后，以 NDV 的无毒力毒株 NDFL 为亲本毒株，获得了 rNDV/SEAP/NP – P、rNDV/SEAP/M – F、rNDV/SEAP/HN – L、rNDV/SEAP/L、rNDV/SEAP/L。该实验充分证明 NDV 各个基因之间均可稳定表达外源蛋白。

2004 年，Engel 等[11] 把绿色荧光蛋白（GFP）基因插入新城疫病毒 Clone – 30 株基因组的 F 基因与 HN 基因之间，获得了重组的新城疫病毒 rNDV/GFP1；rNDV/GFP1 在鸡胚中增殖以及对鸡胚的致病性与亲本的 Clone – 30 株没有明显的区别。使用 rNDV/GFP 可以更清楚地了解 NDV 在体内的分布和致病性等，同时也显示 NDV 作为疫苗载体的巨大潜力。

在我国也有将 GFP 插入到 NDV 基因组中表达的报道，Ge 等[12] 利用 NDVLaSota 弱毒疫苗株，构建了表达绿色荧光蛋白（GFP）的重组 NDV 基因组 cDNA 克隆，成功救获了重组病毒 rLaSota – EGFP，重组病毒保持了 LaSota 弱毒疫苗亲本毒株对鸡胚良好的高滴度生长适应和低致病特性，并且鸡胚连续传 9 代次仍保持 GFP 的稳定表达及生物学特性不变。重组 rLaSota – EGFP 的成功救获为开展新城疫病毒活载体疫苗研制提供了可行的技术平台。

Nakaya 等[13] 报道了把流感病毒的 HA 基因插入到 NDVHitchner B1 株基因组的 P 基因和 M 基因之间，获得了含有流感病毒 HA 基因的重组新城疫病毒 rNDV/B$_1$ – HA。rNDV/B$_1$ – HA 在鸡胚连续传 10 代后仍能稳定地表达 HA 蛋白，但其对鸡胚的毒力减弱。接种鼠的静脉或腹腔，加强免疫 1 周后（28 d），接种 rNDV/B1 – HA 的小鼠可检测到抗流感 HA 抗体，且静脉接种的要比腹腔接种的抗体滴度高。在首次免疫接种免疫 35 d 后用 10^5 – pfu 流感病毒 A/WSN/33 静脉途径攻毒（$100LD_{50}$），rNDV/B$_1$ – HA 免疫的小鼠均可以抵抗流感病毒致死剂量的攻击。

四、NDV 疫苗载体的研究现状 虽然上述研究均可证明 NDV 可进行重组改造表达目的蛋白，并在小鼠体内实验中产生抗体，但是，啮齿动物模型并不能作为可靠的依据。理论上，任何病毒都可以被重组改造表达外源抗原。作为疫苗载体，是否可应用到人体，是要通过体内模型实验来证明其复制的水平、毒力的衰减程度以及是否安全有效。为了进一步证明 NDV 是否可作为人的疫苗载体，2005 年，Alexander 等[14]，通过用重组的 NDV 疫苗载体免疫非洲绿猴及恒河猴，证实 NDV 疫苗载体在灵长类中同样适用。该课题组选用 NDV 的弱毒疫苗株 Lasota（NDV – LS）以及中毒型毒株 Beaudette C（NDV – BC）两种毒株作为评估毒株，将 HPIV3 的 HN 基因分别插入两个毒株的 M 及 P 蛋白之间，组装成重组的 NDV – LA/HN 及 NDV – BC/HN，分别通过鼻内及呼吸道联合免疫非洲绿猴和恒河猴。NDV – LS/HN 在一次免疫后诱导较低滴度的血清抗体，NDV – BC/HN 诱导了中毒水平的 NDV 血清抗体。二次免疫后，在两个研究组中，NDV 的特异血清抗体水平很明显地增加。在第 28 天，可分别在两种载体、两种猴子的四个研究组中检测到高滴度抗体，第56天所测抗体滴度显著上升。单剂量的两种NDV重组载体表达HN引发的HPIV3特异抗体检测效价要比HPIV3亲本株诱导抗体低3倍，而两个剂量的载体所表达抗体是HPIV3亲本株诱导的2倍。由此可见，重组NDV可作为一安全、有效的人疫苗载体。

NDV可通过鼻内及呼吸道免疫，方便快捷，因而可作为理想的呼吸道载体。2007年，Joshua等[15]将SARS-CoV S糖蛋白基因插入NDV不同毒株的M和P基因之间，构建重组体NDV-BC/S，DNA-VF/S。所得载体免疫非洲绿猴呼吸道，在免疫后0、28、56 d后取血检测SARS-CoV抗体，两个载体疫苗分别初次免疫后，S蛋白特异性抗体滴度较低，然而，二次免疫后，病毒滴度显著上升。二次免疫后两个载体的平均中和抗体滴度为1：97和1：630，后者的滴度竟然比直接用SARS-CoV攻毒猴后的特异性中和抗体滴度（1：363）要高。这说明初次免疫只能激发低水平的免疫反应，而二次免疫可激发较强免疫反应。此后，用大剂量的SARS-CoV攻毒，在病毒复制高峰时检查肺组织，平均SARS-CoV的病毒滴度比对照组低136或1102倍。说明NDV载体在灵长类动物中产生有效的免疫原性和保护性，是一种非常有潜力的鼻疫苗载体。

2007年，DiNapoli等[16]用NDV作为疫苗载体表达禽流感H5N1型的HA糖蛋白，并证明其在灵长动物中可激发高滴度的特异性流感病毒的免疫中和抗体。该试验组将重组NDV-HA直接免疫非洲绿猴呼吸道，二次免疫后，NDV-HA可激发高滴度的H5N1 HPAIV中和血清抗体，初次和二次免疫均可激发黏膜免疫反应。中和抗体滴度可表明该疫苗可有效地预防或降低H5N1引起的死亡率。更值得一提的是，NDV-HA可引起的呼吸道局部免疫反应，是疾病大规模流行和暴发时可降低或预防疾病的传播的重要优点。

五、NDV可作为抗肿瘤载体　自20世纪50年代研究学者记载新城疫病毒感染后的肿瘤患者的肿瘤消退，新城疫病毒作为一种抗肿瘤制剂便引起了广泛关注，NDV能在肿瘤细胞质中选择性的复制而不依赖于细胞的增殖，属于非致癌性的病毒。能有效而安全的转染肿瘤细胞。直至今天，NDV对人体肿瘤的作用机理仍在不断地研究，并具有广阔的治疗前景。利用NDV反向遗传操作系统，可将抗肿瘤基因插入NDV基因组中，发挥双重抗肿瘤作用，这也使越来越多的学者关注NDV作为抗肿瘤载体。

Janke等[17]首次报道了重组NDV作为抗癌症疫苗载体。他们在NDV的两个不同的基因之间插入了包括人粒细胞-巨噬细胞集落刺激因子（GM-CSF）转录单元，重组后的NDV可大量表达基因产物GM-CSF，并且具备其稳定的生物学活性。而外来插入的基因既不影响NDV复制水平，也不影响NDV对肿瘤细胞的选择性复制。将重组后的NDV（GM-CSF）感染肿瘤细胞可激发人外周血单核细胞（PBMC）发挥其旁杀伤效应，与未重组的NDV相比发挥了明显的抑制癌细胞优势，由此得出结论，通过插入治疗基因可增加NDV本身的抗肿瘤及免疫刺激的特性，该基因与NDV共同作用可激发一系列的级联放大反应。

2008年，Adam等[18]人用NDV表达肿瘤相关抗原TAA，加强NDV本身固有的癌症治疗效果，他们将可表达TAA的重组NDV治疗荷瘤小鼠，可激发更强烈的肿瘤特异反应，与NDV对照组相比较，肿瘤退化的数量明显增多。另外，将NDV-TAA与NDV-IL-2同时给药，可诱导更多的肿瘤细胞退化。结果表明，重组NDV表达TAA的免疫治疗或与IL-2

联合免疫治疗均可加强治疗效果，可将 NDV 作为抗肿瘤的疫苗载体。

〔原载《中华实验和临床病毒学杂志》2009，23（1）：79 – 80〕

参 考 文 献

1　Alexander DJ. Newcastle disease and other avian Paramyxoviridae infections. Diseases of Poultry, 1997：541 – 569

2　Zhuhui H, Sateesh K, Aruna P, et al. High – level expression of a foreign gene from the most 3′ – proximal iocus of a recombinant Newcastle disease virus. J Gen. Virol, 2001, 82：1729 – 1736

3　Alexander B, Zhuhui H, Lijuan Y, et al, Recombinant Newcastle Disease Virus expressing a foreign viral antigen is attenuated and highly immunogenic in primates. J virol, 2005, 79：13275 – 13284

4　Hasan MK, Kato A, Shioda T, et al. Creation of an infectious recombinant Sendai virus expressing the firefly luciferase gene from the 3′ proximal first locus. J Gen Virol, 1997, 78：2813 – 2820

5　殷震，刘俊华. 动物病毒学. 第 2 版. 北京：北京科学技术出版社，1997：743 – 750

6　Nagai Y, Klenk HD, Rott R. Proteolytic cleavage of the viral glycoproteins and its significance for the virulence of Newcastle disease virus. Virol, 1976, 72：494 – 508

7　Neumann G, Watanabe T, Ito H, et al. Generation of influenza a virus entirely from cloned eDNAs. Proc Natl Acad Sci USA, 1999, 96：9345 – 9350

8　Peeters BPH, Grujthujsen YK, De Leeuw OS, et al. Genome replication of Newcastle disease virus：involvement of the rule – of – six. J Arch Virol, 2000, 145：1829 – 1845

9　Krishnamurthy S, Huang Z, Samal SK. Recovery of a virulent strain of Newcastle disease virus from cloned cDNA：expression of a foreign gene results in growth retardation and attenuation. J Virol, 2000, 278：168 – 182

10　Zhao H, Peeters BP. Recombinant Newcastle disease virus as a viral vector：effect of genomic location of foreign gene on gene expression and virus replication. J Gen Virol, 2003, 84：781 – 788

11　Engel HI, Werner O, Teifke JP. Characterization of a recombinant Newcastle disease virus expressing the green fluorescent protein. J Virol Methods, 2003, 108：19 – 28

12　Ge JY, Wen ZY, Wang Y, et al. Rescue of a recombinant Newcastle disease virus expressing the green fluorescent protein. Acta Microbiologica Sinica, 2006, 46：547 – 551

13　Nakaya T, Cros J, Park MS, et al. Recombinant Newcastle disease virus as a vaccine vector. J Virol, 2001, 75：11868 – 11873

14　Alexander B, Zhuhui H, LiJY, et al. Recombinant Newcastle disease virus expressing a foreign viral antigen is attenuated and highly immunogenic in primates, J virol, 2005, 79：13275 – 13284

15　Joshua MD, Alexander K, Li JY, et al. Newcastle disease virus, a host range – restricted virus, as a vaccine vector for intranasal immunization against emerging pathogens. Proc Natl Aced Sci USA, 2007, 104：9788 – 9793

16　Dinapoli JM, Yang L, Suguitan AJ, et al. Immunization of primates with a Newcastle Disease virus – vectored vaccine via the respiratory tract induces a high titer of serum neutralizing antibodies against highly pathogenic avian influenza virus. J Virol, 2007, 81：11560 – 11568

17　Janke M, Peeters B, Leeuw DO, et al. Recombiant Newcastle disease virus（NDV）with inserted gene coding for GM – CSF as a new vector for cancer immunogene therapy. Gene Therapy, 2007, 14：1639 – 1649

18　Adam V, Osvaldo M, Mark A, et al, Recombinant Newcastle disease virus as a vaccine vector for cancer therapy. Molecular Therapy, 2008, 16：1883 – 1890

372. 生物素—链霉亲和素放大免疫酶法在鼻咽癌血清学检测中的应用

中国疾病预防控制中心病毒病预防控制所肿瘤病毒室传染病预防
控制国家重点实验室 詹少兵 叶树清 周 玲 曾 毅
广西壮族自治区苍梧县鼻咽癌防治所 麦稚平 谭珍连 钟建明 廖 建

〔摘 要〕 目的 探讨生物素—链霉亲和素放大免疫酶法（BSA）应用于鼻咽癌（NPC）IgA/EA 血清学早期筛查效果，提高鼻咽癌早期诊断效率。 方法 免疫酶法（IE）检测广西鼻咽癌示范基地筛查血清中 IgA/VCA（针对 EBV 壳抗原 VCA 的 IgA 型抗体），IgA/VCA 阳性者再用 IE 法及生物素—链霉亲和素放大免疫酶法（BSA）分别检测血清 IgA/FA（针对 EBV 早期抗原 EA 的 IgA 型抗体），以临床病理检查结果为确诊标准，t 检验及 χ^2 检验统计分析改进前后两种方法在鼻咽癌血清学早期检测方面的差异。 结果 IE 法检测 IgA/VCA 阳性血清 388 例，IE 法检测 IgA/EA 阳性率 3.6%（14例），BSA 法检测 IgA/EA 阳性率 12.9%（50 例），BSA 法检出阳性率显著高于 IE 法（$\chi^2 = 22.070$，$P < 0.001$）。在两种方法检测的血清 IgA/EA 均阳性的样品中，IgA/EA 检测滴度的几何平均值（CMT）分别为 1∶17.04 和 1∶51.87，BSA 法显著高于 IE 法（$t = 2.804$，$P < 0.05$）。进一步的病理检测确诊鼻咽癌患者 16 例，BSA 法提高了 NPC 检测灵敏度（$\chi^2 = 16.347$，$P < 0.001$）。 结论 用生物素—链霉亲和素放大免疫酶法（BSA）检测血清 EBV 相关抗体特异性较高，并且可以提高鼻咽癌血清学早期检测的灵敏度，为在基层开展更有效的流行病学筛查提供了可行的方法。

〔关键词〕 EBV；鼻咽肿瘤；链霉亲和素；生物素；筛查

Epstein - Barr 病毒（EBV）是第一个被证实的人类肿瘤病毒，在中国与鼻咽癌发病关系密切[1]。鼻咽癌对放疗敏感，早期发现可以有效提高治愈率。曾毅等在三十年前建立了针对 EBV 的特异性抗体的血清学早期免疫酶法诊断技术，目前已经常规应用于鼻咽癌高发区的普查工作，取得了很好的效果[2]。但是，目前采用的免疫酶法（IE）检测血清 IgA/VCA 特异性不够，对血清 IgA/EA 的检测灵敏度则相对较低[3]。因此，有必要对血清学诊断方法做进一步的改进，在保证特异性的同时提高检测灵敏度，提高流行病学普查的效率。近年来我们通过生物素—链霉亲和素免疫酶法放大系统对传统的免疫酶检测方法做了改进，在实验室阶段取得了较好的效果[4]。为进一步验证和完善改进的免疫酶方法，继续在高发地区进行了鼻咽癌普查工作方面的应用。

材料和方法

一、一般资料

试剂：生物素（biotin）化抗人 IgA 抗体、辣根过氧化物酶标记链霉亲和素（horseradish

Peroxidasestreptavidin)、辣根过氧化物酶标记抗人 IgA：购自北京中杉金桥生物技术有限公司；二氨基联苯胺（diaminobenzidine，DAB）：购自北京化学试剂公司；三羟甲基氨基甲烷（tris - aminomethane，Tris）：美国 Amresco 公司产品；1640 培养基：美国 Gibco 公司产品；正丁酸钠（butyric acid sodium）：美国 Sigma 公司产品；巴豆油：本研究室从巴豆中制备。

检测血清：广西苍梧县鼻咽癌防治示范基地筛查人群 IgA/VCA 阳性血清，共 388 例，年龄 30~82 岁；中位年龄 46 岁，男性 168 人，女性 220 人。

细胞：B95.8 为 EB 病毒转化的枭猴 B 淋巴细胞系，Raji 为 EB 病毒阳性的 Burkitts 淋巴瘤细胞系。其中 Raji 为 EBV 的缺陷性感染（defective infection），经过正丁酸钠和巴豆油作用之后能产生 EBV 的早期抗原（EA），而不能产生完整的病毒颗粒，不表达 EBV 晚期壳抗原（VCA）；B95.8 细胞则在同样的处理后可表达病毒 VCA。

二、实验方法 细胞片制备：参照文献方法〔5〕，用含 10% 胎牛血清的 1640 培养基 37℃ 5% CO_2 培养 Raji 及 B95.8 细胞，在细胞对数生长期加入 4 mmol/L 正丁酸钠和 500 ng/ml 巴豆油，作用 48 h，以使细胞产生 EBV 相关的 EA 及 VCA 抗原，在带孔的载玻片上涂布细胞片，冷丙酮 4℃固定 10 min， -20 ℃保存备用。

IE 法检测血清 IgA/VCA：参照文献方法〔5〕，普查血清用 pH7.2 磷酸盐缓冲液（PBS）自 1：5 开始 2 倍比稀释，不同浓度稀释的血清 10 μl/孔分别加入 B95.8 细胞片孔中，37 ℃作用 45 min；PBS 洗 3 遍后，10 μl/孔加入 10 μg/ml 辣根过氧化物酶标记抗人 IgA 二抗，37℃作用 45 min；PBS 洗 3 遍后，去离子水洗 1 遍，浸入新鲜配制含 0.05 % DAB 和 0.01 % H_2O_2 的 pH 值 7.6 Tris·Cl 缓冲溶液中染色 5 min，取出显微镜下观察，判定结果（阴性或阳性，及阳性血清的抗体滴度）。

IE 法检测血清 IgA/EA：方法同上，IR 法检测 IgA/VCA 阳性者血清用 PBS 自 1：5 开始倍比稀释后，10 μl/孔加入 Raji 细胞片中，37 ℃作用 45 min；PBS 洗 3 遍后，10 μl/孔加入 10 μg/ml 辣根过氧化物酶标记抗人 IgA 二抗，37 ℃作用 45 min；PBS 洗 3 遍后，去离子水洗 1 遍，染色方法同上，镜下观察，判定结果。

BSA 法检测血清 IgA/EA：参照文献方法〔6〕，普查血清用 PBS 自 1：5 开始 2 倍比稀释后，10 μl/孔加入 Raji 细胞片中，37 ℃作用 45 min；PBS 洗涤 3 次，10 μl/孔加入 10 μg/ml 生物素标记抗人 IgA 二抗，37 ℃作用 45 min；PBS 洗涤 3 次，10 μl/孔加入 20 μg/ml 辣根过氧化物酶标记链霉亲和素，37 ℃作用 20 min；PBS 洗 3 遍后，去离子水洗 1 遍，染色方法同上，显微镜下观察，判定结果。

三、确诊标准 鼻咽部组织取病理检查作为临床确诊标准，血清学普查 IgA/VCA 阳性者进行鼻咽部镜检，发现有可疑组织增生者取组织进行病理检测。

四、统计学处理 SPSS13.0 统计软件进行统计分析，检出率、阳性率用 χ^2 检验，血清抗体滴度几何均数（CMT）用 t 检验。

结　果

388 例均做了鼻咽部镜检，对有可疑组织增生的 50 例取组织进行病理检测，共确诊 16 例鼻咽癌现患者。

IE 法检测血清 IgA/VCA 阳性的 388 例中，鼻咽癌检出率为 4.1 %（16/388），BSA 法检测血清 IgA/EA 阳性 50 例，鼻咽癌检出率为 32.0 %（16/50），经卡方检验，有显著性差异

$(\chi^2 = 50.824$，$P < 0.001$）。BSA 法检测血清 IgA/EA 鼻咽癌检出率显著高于 IE 法检测血清 IgA/VCA，见表 1。

IE 法与 BSA 检测血清 IgA/EA 结果的一致性分析表明，两种方法对 388 例中的血清 IgA/EA 阴阳性的判定结果一致性好（kappa 值 = 90.72%），见表 2。

表 1　IE 法检测血清 IgA/VCA 与 BSA 法检测血清 IgA/EA 的结果

方法	例数	阳性	NPC 病例数	NPC 检出率（%）	χ^2 值	P 值
IE 法检测 IgA/VCA	388	388	16	4.1	50.824	< 0.001
BSA 法检测 IgA/EA	388	50	16	32.0		

表 2　IE 法及 BSA 法检测血清 IgA/EA 的结果

BSA 法	IE 法 阳性	IE 法 阴性	总计
阳性	14	36	50
阴性	0	338	333
合计	14	374	388

在 IE 法检测的 IgA/VCA 阳性者中，BSA 法与 IE 法检测 IgA/EA 阳性率分别为 12.9%（50 例）和 3.6%（14 例），经卡方检验差异有统计学意义（$\chi^2 = 22.070$，$P < 0.001$），表明 BSA 法发现的 IgA/EA 阳性者比 IE 法显著增加。

两种方法检测 IgA/EA 均为阳性者 14 例，IgA/EA 的血清滴度几何平均数（GMT）分别为 1∶17.04 和 1∶51.87，经 t 检测差异有统计学意义（$t = 2.804$，$P < 0.05$），表明 BSA 法可以提高血清 IgA/EA 抗体检测滴度，见表 3。

表 3　不同方法检测血清 IgA/EA 抗体结果

方法	检测数	阳性例数	阳性率（%）*	NPC 病例数	NPC 抗体滴度 GMT**	NPC 检出率（%）△	灵敏度（%）	特异度（%）
BSA 法	388	50	12.9	16	1∶51.87	32.0	100.0（16/16）	90.9（338/372）
IE 法	388	14	3.6	14	1∶17.04	100.0	87.5（14/16）	100.0（372/372）

注：*$\chi^2 = 22.070$，$P < 0.001$；**$t = 2.804$，$P < 0.05$；△$\chi^2 = 16.347$，$P < 0.001$

两种免疫酶法对鼻咽癌检出的结果分析：IE 法检测出的血清 IgA/EA 阳性者中，NPC 的检出率（14/14）高于 BSA 法检测的 IgA/EA 阳性者中的检出率（16/50）（$\chi^2 = 16.347$，$P < 0.001$），但存在漏检（2 例未检出）。对 16 例 NPC 血清 IgA/EA 的检测，BSA 法对 NPC 检测灵敏度 100.0%，高于 IE 法（87.5%）。BSA 特异度也较高（90.9%），见表 3。

讨　　论

鼻咽癌在我国南方，尤其是广东、广西地区高发，多年来我们与广西梧州及苍梧鼻咽癌高发区等地合作，建立了鼻咽癌针对 EBV 相关抗原的血清学早期诊断技术，应用于高发区筛查，取得了良好的效果[7,8]。同时，我们也注意了一些新方法的研制，多年来进行了免疫放射自显影及 ELISA 方法的研究[9~11]，但是 X 射线的可操作性在目前受到了限制，而目前的 EUSA 法检测特异性不高，影响其进一步推广使用。

在筛查工作中，目前使用免疫酶方法检测受试者血清抗 EBV 相关抗原的特异性 IgA 型抗体：IgA/VCA 及 IgA/EA。血清 1∶5 往下 2 倍比稀释，即 1∶10，1∶20，1∶40，…后，最大稀释倍数仍能在细胞孔中检出阳性染色的即判定为相应的血清抗体滴度，例如 1∶80 稀释的血清在孔中能见到阳性染色细胞，而 1∶160 稀释无阳性染色，则判定结果为 1∶80。

检测血清 IgA/VCA 对于早期诊断鼻咽癌灵敏度很高，我们每年在苍梧进行的血清学普查表明，IE 法检测 IgA/VCA 的灵敏度可达 90% 以上，但特异性不高；而 IE 法检测血清 IgA/EA 特异性提高，可达 99% 以上[12]。因此，通常将两种指标串联进行检测，即先进行血清 IgA/VCA 的检测，IgA/VCA 阳性者再进行血清 IgA/EA 的检测及鼻咽部的镜检，可疑者取组织做病理确诊，这样可减轻受检者的精神负担及就诊费用[13,14]。

为了在保证血清学检测 IgA/EA 特异性的前提下进一步提高灵敏度，我们利用生物素 – 链霉亲和素放大系统（BSA）对现有的免疫酶法（IE）做了改进，提高了检测灵敏度[4]。为了进一步验证这种改进的 BSA 法，我们利用改进的方法对 2008 年广西鼻咽癌示范基地的 IgA/VCA 阳性的 388 份复查样品做了血清 IgA/EA 的检测。我们以病理检查结果为金标准，与目前采用的免疫酶法检测血清 IgA/EA 的结果进行了比较。

在复查的 388 例 IgA/VCA 阳性样品中，BSA 法比 IE 法多检出 2 例鼻咽癌患者。两种方法检测 IgA/EA 同为阳性的 14 份样品抗体滴度分析表明，BSA 法检测的 IgA/EA 抗体滴度的几何平均数显著高于 IE 法，在 14 份鼻咽癌血清中，BSA 法比 IE 法检测 IgA/EA 最低可提高 2 倍。最高可提高 64 倍的血清稀释度，表明可以利用更少的血清样本量进行检测，更有利于高发区普查工作的进行。

另外，BSA 法检测 IgA/EA 比 IE 法检测 IgA/VCA 的检出率提高，因此可通过 IE 法检测血清 IgA/VCA 与 BSA 法检测 IgA/EA 两者进行串联实验，在保证灵敏度的同时提高检测的特异性。经过 IE 法对 IgA/VCA 的检测，复查人数大大减少，再用 BSA 法进行 IgA/EA 复查。必要时我们可对临床病理阴性，而血清抗体阳性者进行追踪，这样不会增加过多的工作量，又可减少假阴性率，提高早期筛查工作的效率。

〔原载《中国肿瘤》2009，18（5）：396 – 398〕

参 考 文 献

1 曾毅. 鼻咽癌病因研究. 中国肿瘤，1996，5（5）：8

2 曾毅，刘育希，韦继能，等. 鼻咽癌的血清学普查. 中国医学科学院学报，1979，1（2）：123 – 126

3 钟建明，廖建，李秉钧，等. 鼻咽癌普查中 EB 病毒 IgG/EA 抗体检测的应用. 实用肿瘤杂志，2001，16（4）：372

4 詹少兵，钟建明，麦稚平，等. 鼻咽癌血清学检测方法的改进. 中华实验与临床病毒学杂志，2009，23（1）：65 – 67

5 刘育希，曾毅，董文平，等. 应用免疫酶法测定 NPC 病人的 IgA 抗体. 中华肿瘤杂志，1979，1（1）：8 – 11

6 朱立平. 免疫学常用实验方法. 北京：人民

军医出版社，2000. 398 – 401

7 邓洪，曾毅，王培中，等. 鼻咽癌血清学早期诊断的应用研究. 中国肿瘤，2000，9（11）：500 – 502

8 邓洪，赵正宝，张政，等. 广西 21 市县 338868 人鼻咽癌血清学普查. 中华预防医学杂志，1995，29（6）：342 – 343

9 皮国华，曾毅，焦伟，等. 应用 X 线胶片免疫放射自显影法测定鼻咽癌病人血清中的 EB 病毒 IgA/EA 抗体. 癌症，1984，3（3）：169 – 171

10 张晓梅，钟建明，汤敏中，等. EBV IgA/VCA IgA/EA IgG/EA IgG/ZEBRA 抗体在鼻咽癌普查和早期诊断中的应用. 中华实验和临床病毒学杂志，2006，20（3）：263 – 265

11 任军，张晓梅，张晓光，等. 以 Rtac2/3 为抗原

用于鼻咽癌病人检测的初步研究. 中华微生物
和免疫学杂志, 2006, 26 (11)：1057 - 1059

12 李汉福, 钟建明, 廖建, 等. 检测 EB 病毒
IgA/VCA、IgA/EA、IgG/EA 抗体对诊断鼻咽癌
的价值. 广西医生, 2007, 29 (4)：500 - 501

13 曾毅. NPC 的检测和早期诊断. 中华耳鼻喉
科杂志, 1987, 22 (3)：145 - 147

14 张昌卿, 宗永生, 黄宝珍, 等. 提高 EB 病
毒血清学在诊断鼻咽癌中的效益. 中华肿瘤
杂志, 2002. 24 (4)：356 - 359

373. 人乳头瘤病毒与食管癌病原学关系的 Meta 分析

华北煤炭医学院　李淑英　河北大学生命科学院　赵晓瑜
中国疾病预防控制中心病毒病预防控制所肝炎室　沈立萍
肿瘤病毒室病毒基因工程国家重点实验室　李　颖　周　玲　刘宏图　曾　毅
北京大学人民医院中心手术室　吴晓舟

〔摘　要〕　目的　探讨人乳头瘤病毒（Human papillomavirus, HPV）与我国
食管癌发生的相关性。　方法　汇总了国内有关 HPV 与食管癌相关的论文, 选择
采用 PCR 方法检测的论文对发表的数据进行 Meta 分析。　结果　我们以检测方法
为 PCR、标本为石蜡包埋标本、论文中列出或提示了引物序列的 15 篇论文作为入
选论文。15 篇文献涉及蜡块标本共 980 份, 按照只要检出一个 HPV 型别即为 HPV
阳性进行计算, 检出阳性例数为 460 例, 各地 HPV 检出率为 8.3% ~69.8%, HPV
平均检出率为 46.9% (95% CI：43.8% ~50.0%)。在以上 980 份样品中, 检测范
围包括了 HPV16 型的样品有 556 份, 阳性份数为 139 份, 各地检出率为 4.4% ~
63.4%, 平均检出率为 25.0% (95% CI：21.4% ~28.6%)；检测范围包括 HPV18
型的样本有 485 份, 阳性份数为 33 份, 各地检出率为 0 ~19.0%, HPV18 型的平
均检出率为 6.8% (95% CI：4.6% ~9.0%)。以上 15 篇论文中, 使用同一引物的
文献只有 4 篇, 共检测 406 份石蜡包埋标本, HPV 阳性率为 20.3% ~67.6%, 平
均检出率为 40.2% (95% CI：36.0% ~45.4%)。　结论　我国食管癌组织中有
HPV 存在, 并且 HPV 感染可能是食管癌发生的重要病因。
　　〔关键词〕　乳头瘤病毒, 人；食管肿瘤；综合分析

　　食管鳞状细胞肿瘤（Esophageal squamous cell carcinoma、即"食管癌"）是世界上第六
大癌症, 全世界每年新发患者约 46.2 万人, 每年死于该癌症的有 38.6 万人。其中 80% 发生
在发展中国家, 特别是包括中国与伊朗在内的"中亚食管癌带"地区[1]。
　　人乳头瘤病毒（Human papillomavirus, HPV）属小 DNA 病毒, 与许多部位鳞状上皮细
胞良性及恶性肿瘤性病变有关, 其中 HPV 感染与宫颈癌的相关性已得到公认。自从 Syrjanen
于 1982 年发现了食管扁平细胞癌中具有湿疣状损伤, 推测出 HPV 是该癌症的一个危险因子
后[2], 20 多年来不断有报道支持 HPV 在食管癌上的病原学意义。随着最近十年来研究的积
累, 有关 HPV 在食管癌发生中的病原学意义得到了明确, 这体现在：（1）HPV 参与良性鳞

状细胞肿瘤，即多发性乳头瘤病（Squamous cell papilloma，SCP）[3]；（2）家牛中，乳头瘤病毒参与食管乳头瘤病毒损伤部分的恶性肿瘤转化[4]；（3）在食管癌变部位及恶化前损伤部位中可以检测到 HPV DNA；（4）食管癌患者的血清中可以检测到 HPV 的 VLP（HPV16），其检出率高于对照组[5-22]。上述结果支持了 HPV 与食管癌关联性。

至今为止，有关我国 HPV 与食管癌关联的论文很多，但各文献报道 HPV 检出率差异较大。为探讨人乳头瘤病毒与食管癌的相关性，本研究汇总了国内有关 HPV 与食管癌相关的论文，选择采用 PCR 方法检测的论文并对发表的数据进行 Meta 分析，归纳国内发表的有关论文中 HPV 在食管癌样品中的分布频率。

材料和方法

一、材料 国内有关 HPV 与食管癌相关的研究论文，被检测样品采集日期在 1987—2006 年，被检样品地域分布于辽宁、新疆、内蒙古、河北、北京、宁夏、天津、山西、陕西、河南、安徽、江苏、上海、湖南、四川、广东以及香港等 17 个省、区。以检测方法为 PCR、标本为石蜡包埋标本、论文中列出或提示了引物序列的 15 篇论文[6-20]作为入选论文。

二、方法 应用 HPV 与食管癌两个主题词，在国内万方网及中国知网检索相关中文文献，检索到此类论文 55 篇，论文中被检测样品采集日期在 1987—2006 年，被检样品地域分布于上述 17 个省、区。

在这 55 篇论文中，检测方法包括了免疫组化（13 篇）、原位杂交（13 篇）、DNA 印记杂交（3 篇）、PCR（32 篇）以及原位 PCR（1 篇）5 类方法，部分论文使用了两种或两种以上的检测方法。以上 55 篇中 25 篇论文采用了免疫组化、原位杂交以及 DNA 印记杂交等技术。由于这些技术会引起较强的非特异性信号，我们不对这类文献进行分析。标本类型有食管癌新鲜切除组织、石蜡包埋标本和脱落细胞，考虑到 Meta 分析时研究对象一致性要求，我们以检测方法为 PCR、标本为石蜡包埋标本、并且将论文中列出或提示了引物序列的 15 篇论文作为入选论文，进行归纳整理和 Meta 分析，统计 HPV 阳性率。

结　果

入选 15 篇文献涉及蜡块标本共 980 份，按照只要检出一个 HPV 型别即为 HPV 阳性进行计算，检出阳性例数为 460 例，各地 HPV 检出率为 8.3% ~69.8%，HPV 平均检出率为 46.9%（95% CI：43.8% ~50.0%）。在 980 份样品中，检测范围包括了 HPV16 型的样品有 556 份，阳性份数为 139 份，各地检出率为 4.4% ~63.4%，平均检出率为 25.0%（95% CI：21.4% ~28.6%）；检测范围包括 HPV18 型的样本有 485 份，阳性份数为 33 份，各地检出率为 0% ~19.0%，HPV18 型的平均检出率为 6.8%（95% CI：4.6% ~9.0%）。以上 15 篇论文中，使用同一引物的文献只有 4 篇，共检测 406 份石蜡包埋标本，HPV 阳性率为 20.3% ~67.6%，平均检出率为 40.2%（95% CI：36.0% ~45.4%）。文献中被检测样品采集日期在 1987—2006 年，我们以十年为一个时间段进行分析，发现 1987—1997 年和 1998—2006 年 HPV 检出率分别为 53.6% 和 44.1%，可以看出：HPV 检出率有下降的趋势。

从研究文献中被检样品地域分布来看，通过对 15 篇文献分析，我们还发现河南、广东、新疆等省、区以 PCR 法检测食管癌患者手术切除标本中 HPV 的检出率不尽相同，其中，河南省的检出率为 26.0% ~67.7%、广东省的检出率为 29.2% ~69.8%、新疆维吾尔自治区为 63.4%、四川省阳性率为 35.9%、山西省阳性率为 26.1%、河北省为 8.3% ~ 20.3%、辽宁省阳性率为 47.1%、福建省阳性率为 60.0%。

讨　　论

HPV 检测方法很多，仅我们检索到的 55 篇文章中，几乎涉及了所有检测方法。同时，也涉及了各类不同的材料（见方法 2）。选取 15 篇论文进行 Meta 分析主要考虑分析过程中研究对象的一致性。

从 Meta 分析的结果看出 HPV 检出率按地域不同，其 HPV 检出率在 8.3% ~ 69.8%（见结果）差异较大，我们推测造成这一现象的可能因素是：①地理因素、环境因素以及种族差异均有可能成为影响 HPV 的感染率的因素。②各文献所检测的 HPV 型别不同，如前文所述 HPV16 型检出率显著高于其他型别。但是，由于所选文献检测方法不同，部分文献所选方法可能不是最适方法，而导致检测阳性率偏低。③部分文献检测样本量偏小，抽样误差较大。

我室自 20 世纪 90 年代开展了 HPV 与食管癌病原学关系的研究：（1）在分子流行病学方面：早期我们在广东食管癌高发区的研究结果显示：在新鲜食管癌切除组织中 HPV16 和 18 两型别的分布频率分别为约 40% 和 20%，这说明高危型的 HPV 的感染是该地区食管癌发生的重要危险因子[13,21]。最近，我们在河南等地的 HPV 分子流行病学调查中也取得出了类似的结论[22]。（2）在致癌机理研究中，我们使用 HPV18 E6E7 融合基因转入胎儿食管上皮细胞，成功地建立了永生化细胞系 SHEE，同时，致癌物诱导也得到了癌的克隆，建立了细胞系 SHEEC。特别是基因表达差异结果也说明了 HPV 在食管癌发生中的病原学意义，并得到了国际上其他研究组的支持。

总结以往对食管癌研究的结果，我们推测食管癌发生可能是多病因的。一般认为化学致癌物在食管癌发生中具有病因学意义。例如，多数报道亚硝胺在食管癌高发区普遍存在，并可诱发食管上皮细胞癌变，因此有理由认为亚硝胺是食管癌的病因之一。我们多年的研究结果表明，HPV 在食管癌发生中具有病因学作用。此外，HPV 还可以与其他致癌物协同作用，促进和加速正常细胞的永生化和癌变。总之，我们认为食管癌的发生可能是单独诱发或多因素协同作用的结果，同时，我们的假说与化学致癌说并不矛盾。我们正在着眼基础研究，深入探索 HPV 与食管癌的病因学关系。

〔原载《中华实验和临床病毒学杂志》2009，23（2）：85 - 87〕

参 考 文 献

1　Gao CF, Roth MJ, Wei WQ, et al. No association between HPV infection and the neoplastic progression of esophageal squamous cell carcinoma: Result from a cross - sectional study in a high - risk region of China. Int J Cancer, 2006, 119: 1354 - 1359

2　Syrjanen K, Pyrhonen S, Aukee S, et al. Squamous cell papilloma of the esophagus: a tumour probably caused by humall papilloma virus (HPV). Diagn Histopathol, 1982, 5: 291 - 296

3　Winkler B, Cape V, Reumann W, et al. Human papillomavirus infection of the esophagus. A clinicopathologic study with demonstration of papillomavirus antigen by the immunoperoxidase technique. Cancer, 1985, 55: 149 - 155

4　Campo MS. Papillomas and Cancer in cattle. Cancer Surv, 1987, 6: 39 - 54

5　Diuner J, Knekt P, Schiller JT. Prospective seroepidemiological evidence that human papillomavirus type 16 infection is a risk factor for oesophageal squamous cell carcinoma. BMJ, 1996, 311: 1346

6 邢兽奇，李淑凤，潘建国，等. 100例食管癌中的人乳头瘤病毒感染检测. 洛阳医专学报，2000，18: 286 – 287

7 何保昌，段广才，张卫东，等. 河南安阳地区 p53 基因第72密码子多态性与 HPV 相关食管癌的研究. 胃肠病学和肝病学杂志，2005，14: 374 – 376

8 彭新，王红伟. 某市食管癌组织中人类乳头状瘤病毒感染情况的研究. 河南职工医学院学报，2006，18: 343 – 344

9 陆哲明，陈克能，郭梅，等. 食管癌高发区 HPV 检测及与 p53 的关系. 中华肿瘤杂志，2001，23: 220 – 223

10 陈捷，周宇，李杰，等. HPV 16 感染对食管癌及 p16，p53 基因表达影响. 中国实验诊断学，2004，8: 182 – 185

11 庄坚，董箐，余秀葵. HPV 的快速检测与分型. 汕头大学医学院学报，1997，增刊: 22 – 24

12 吕丽春，沈忠英，邱向南，等. 高低发区食管癌组织人乳头状瘤病毒的 PCR 检测. 癌症，1997，16: 341 – 342

13 陈少湖，刘祖宏，张稳定，等. 揭阳地区食管癌和贲门癌与人乳头状瘤病毒的关系. 中华实验和临床病毒学杂，1998，12: 382 – 383

14 庄坚，余秀葵，董箐，等. 食管癌组织中人

乳头瘤病毒的 PCR 检测. 汕头大学医学院学报，1996，2: 15 – 17

15 卢晓梅，温浩，刘辉，等. 新疆哈萨克族食管癌组织中 HPV16 E6、E7 基因的检测与 p53 的关系. 肿瘤，2004，24: 464 – 466

16 何丹，曹世华，华宏，等. 人乳头瘤病毒感染与食管癌的关系. 中华病理学科杂志，1996，32: 351 – 354

17 郭进军，阎小君，赵中夫，人乳头瘤病毒感染与食管癌相关性研究. 实用中西医结合杂志，1998，11: 1161 – 1162

18 刘艳丽，李学民，靳国梁，等. 河北省磁县食管癌高发区食管鳞状细胞癌组织 HPV 检测及 FHIT 表达的研究. 癌症，2003，22: 492 – 495

19 佟偶，闻国强，刘喜龙，等. 聚合酶链反应检测食管癌蜡块标本中 HPV DNA. 白求恩医科大学学报，1998，24: 207 – 208

20 陈碧芬，殷虹. 食管癌标本中人乳头瘤病毒 DNA 的研究. 中华医学杂志，1993，73: 667 – 701

21 Shen ZY, Hu SP, Shen J, et al. Kuang, Y. Zeng. Detection of Human Papillomavirus in Esophageal Carcinoma. J Med Virol, 2002, 68: 412 – 416

22 李淑英，李颖，王立东，等. 应用聚合酶链反应检测食管癌组织中人乳头瘤病毒. 中华实验和临床病毒学杂志，2008，22: 251 – 253

Meta Analysis on Etiological Relationship between Human Papillomavirus and Esophageal Carcinoma

LI Shu-ying*, LI Ying, SHEN Li-ping, WU Xiao-zhou, ZHAO Xiao-yu, ZHOU Ling, LIU Hong-tu, ZENG Yi
(* Department of Biology, North China Coal Medical, Tangshan, Hebei Province)

Objective　To study the relationship between human papillomavirus (HPV) and esophageal cancer development in China.　**Methods**　We searched and collected the published articles in Chinese related to HPV and esophageal cancer, and selected the articles with the PCR approach to detect HPV in the esophageal cancer specimens. **Results**　We filtered our publication collection with standards as (1) PCR as the detection approach, (2) specimens as the paraffin – embedded sections, and (3) description of the primer in the experiments, and fifteen articles were enrolled for our meta – analysis. Among the articles, totally 980 specimens were tesed, and 460 were HPV positive with the average HPV prevalence was 46.9% (95% CI: 43.8% ~50.0%), varied from 8.3 % – 69.8 % in the different locations. On the other hands, among 556 specimens whose HPV detection spectrum included HPV16, 139 showed the positivity of HPV16, the average prevalence was 25.0%, (95% *CI*: 21.4% − 28.6%) varied from 4.4% − 63.4% dependent on the locations; among 485 specimens whose HPV detection spectrum included HPV18, thirty − three specimens showed the positivity of HPV18, the average prevalence was 6.8% (95% *CI*: 4.6% − 9.0%) varied from 0 − 19.0% dependent on the locations. Third, among the fifteen articles enroued in the meta − analysis, four articles used the same primer set for HPV detection in totally 406 paraffin − embedded specimens with the prevalence of 40.2% (95% *CI*: 36.0% − 45.4%) varied from 20.3% − 67.6% in different locations. **Conclusion** Our analysis result suggested the HPV prevalence in the esophageal cancer samples of China and clued the possible etiological relationships between HPV infection and the esophageal cancer development.

〔**Key words**〕Papillomavirus, human; Esophageal neoplasms; Meta − analysis

374. 保定地区食管癌患者癌组织中人乳头瘤病毒感染的检测

河北大学生命科学院 赵晓瑜 李淑英 河北大学生附属医院 李玉兰
中国疾病预防控制中心病毒病预防控制所肿瘤室病毒基因工程国家重点实验室
李 颖 王晓莉 周 玲 刘宏图 曾 毅 北京大学人民医院中心手术室 吴晓舟

〔**摘 要**〕 **目的** 探讨人乳头瘤病毒（human papillomavirus, HPV）与我国河北省保定地区食管癌发生的相关性。 **方法** 应用 HPV L1 通用引物 GP5 +/6 +、HPV16 E6 和 HPV18 E6 型特异性引物多聚酶链反应（Polymerase chain reaction, PCR），检测保定地区食管癌组织中 HPV 存在状况。 **结果** 42 例食管癌组织中，37 例检测到 HPV 阳性，阳性率为 88.1%；其中 19 例检测到 HPV16 E6 基因，阳性率为 45.2%，8 例为 HPV18 E6 基因阳性，阳性率为 19.0%，5 例 HPV16 E6 和 18 E6 基因均阳性，为混合感染。 **结论** 我国河北省保定地区食管癌组织中有 HPV 存在，并且 HPV 感染可能是食管癌发生的重要影响因子。

〔**关键词**〕 食管肿瘤；癌；乳头状瘤病毒，人；聚合酶链反应

人乳头瘤病毒（human papillomavirus, HPV）属小 DNA 病毒，与许多部位鳞状上皮细胞良性及恶性肿瘤性病变有关，其中 HPV 感染与宫颈癌的相关性已得到公认。近年来研究显示，食管癌组织中有 HPV 基因存在，但各文献报道 HPV 检出率差异较大。为探讨人乳头瘤病毒与食管癌的相关性，本研究应用 PCR 法，使用 HPV L1 基因区通用引物、HPV16 和 18 型 E6 基因特异性引物对保定地区食管癌患者癌组织进行了 HPV 检测。

材料和方法

一、**材料** 保定地区食管癌手术切除标本 42 份，其中男性 27 例，女性 15 例，平均年龄为 50（31~77）岁。组织切除后立即放入 −70℃ 冰箱保存。

二、**组织块中全核酸的提取** 使用石蜡标本 DNA 提取试剂盒（凯普生物化学有限公司），按说明书指示，提取组织全核酸后于 −20℃ 保存。

三、HPV 的 PCR 检测 使用 β – Actin 作内参（PCR 产物为 290 bp），使用 HPV L1 区 GP5 +/6 + 引物、HPV16 E6 和 HPV18 E6 型特异性引物进行 PCB 扩增。按 β – Actin[1]、HPV GP5 +/6 +[2] 以及 HPV16 E6 和 HPV18 E6 型特异性引物[3] 的扩增条件。PCR 中使用了 Ex – Taq（宝生物，大连），每个反应总体积为 50 μl，加入 1 μl 提取的组织全核酸作为模板。研究中作对照使用的 HPV16 及 18 全基因组质粒由中国疾病预防控制中心病毒病预防控制所阮病毒室董小平教授惠赠。本研究使用的引物序列及扩增产物的长度见表 1。

表 1　扩增引物序列及扩增产物的长度

Tab. 1　Sequences of GP5 +/6 +，HPV16 E6 and 18 E6 PCR primers used in this study

引物 Primer	引物序列（5′ – 3′）Sequences（5′ – 3′）	扩增子大小 Amplicon size（bp）
通用引物 GP Cenral Primers		
GP5 +	TTTGTTACTGTGGTAGATACTAC	150
GP6 +	GAAAAATAAACTGTAAATCATATTC	
型特异性引物 Type – specific primers		
HPV E6		
HPV16 E6 – 1	TCAAAACGCCACTGTGTCCTG	120
HPV16 E6 – 2	CGTGTTCTTGATGATCTGCA	
HPV18 E6 – 1	CACTTCACTGCAAGACATAGA	322
HPV18 E6 – 2	GTTGTGAAATCGTCGTTTTTCA	

结　果

一、标本全核酸的提取和质量控制　标本 DNA 提取后，经 1.5% 的琼脂糖凝胶电泳，在凝胶成像仪下进行观察，从图 1A 可以明显看出代表人全核酸的条带：所提标本 DNA 约在 500 bp ~ 20 kb 处有泳动条带不等，而人类基因组核酸 DNA 泳动条带约为 20 kb，人类新鲜组织所提 DNA 泳动条带约为 20 kb，出现这种现象的原因可能是标本经甲醛浸泡或石蜡包埋后使得标本中的 DNA 发生了断裂，出现了较小断裂 DNA 片段。用 β – Actin 作内参检测所提取 DNA 的质量。图 1B 中，以 293 细胞提取全核酸为模板的阳性对照，其产物大小为 290 bp，提取的食管癌组织全核酸为模板的 PCR 产物大小与阳性对照相近，说明组织中所提全核酸可满足进一步实验要求。

二、标本 HPV 检测　GP5 +/6 + 是国际上广泛使用的 HPV L1 基因区通用引物，可检测 20 多个型别 HPV。对 42 例食管癌样品进行了 PCR 检测，用含有 HPV16 及 HPV18 全基因组的质粒作为本组实验阳性对照，可观察到约 150 bp 的 GP5 +/6 + 扩增产物（图 1A – c、图 1B – c）。与之参照，42 例食管癌样品中，检测到 37 例 HPV 阳性，HPY 阳性率为 88.1%。

同时，我们分别使用 HPV16 和 18 两型分别 E6 基因特异性引物对上述 42 份样品进行了 PCR 检测。从图 1A – d、图 1B – d 可以看出，有 19 份样品检出 HPV16 E6 基因，其阳性率为 45.2%；从图 1A – e、图 1B – e 看出，8 个样品可检测到 HPV18 E6 基因，其阳性率为 19.0%。对比图 1A、1B 的 d、e，5 个样品同时具有 HPV16 和 18 两个型别 E6 基因的扩增子，可以认为这 5 份样品是 HPV16 和 18 两个型别的混合感染。PHV16 和 18 总感染率为 52.4%。我们将 HPV 检测结果总结在表 2。结合图 1 的 A ~ E，我们认为 HPV，特别是 HPV16 和 18 两型别在河北省保定地区食管癌样品中占有较高的分布频率，达到 52.4%。

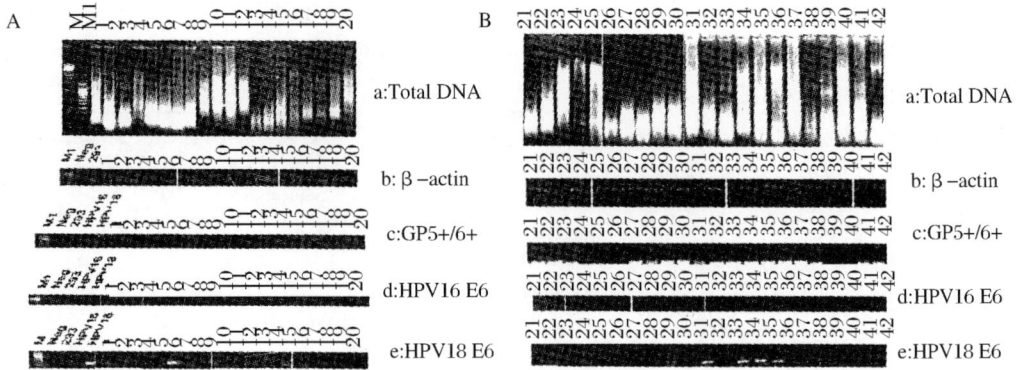

A 和 B 是连续的图版. a: M 为 λEcoT14 I，1~42 为食管癌切除标本的石蜡包埋组织提取的 DNA 样品；b: Neg 为阴性对照，293 是 293 细胞系 DNA 为模板的阳性对照，1~42 为 β－Actin 内参扩增；c: Neg 为空白对照，293 是 293 细胞系 DNA 为模板的阴性对照；HPV16 及 HPV18 是以 HPV16/pBR322 和 HPV18/pBR322 为模板的阳性对照，1~42 为 GP5+/6+ 的扩增；d: Neg 为空白对照，293 是 293 细胞系 DNA 为模板的阴性对照，HPV16 为 HPV16/pBR322 为模板的阳性对照，HPV18 是以 HPV18/pBR322 为模板的 HPV16 型特异性对照，1~42 为 HPV16 E6 的扩增；e: Neg 为空白对照，293 是 293 细胞系 DNA 为模板的阴性对照，HPV18 是以 HPV18/pBR322 为模板的阳性对照，HPV16 是以 HPV16/pBR322 为模板的 HPV18 型特异性对照，1~42 为 HPV18E6 扩增；b、c、d 和 e 中 M 为东盛 100 bp DNA Ladder

图1　42 例食管癌样品中 HPV 的检测

Panel A and B were connected panels, a: M was λEcoT14 I, and lane 1–42 were the isolated DNAs from formalin－fixed and paraffin－embedded tissues of surgically resected esophageal carcinomas in Baoding City, Hebei Province; b: Neg was negative control, 293 was positive eontrol with DNA from 293 cells, and 1－42 were PCR for β－Actin; c: Neg was blank control without the template DNA, 293 was negative control with DNA from 293 cells, HPV16 and HPV18 was positive control with HPV16/pBR322 and HPV18/pBR322, and 1－42 were PCR for GP5+/6+; d: Neg was blank control without template DNA, 293 was negative control with the template DNA from 293 cells, HPV16 was positive control with DNA of HPV16/pBR322, HPV18 was the reaction with the template of HPV18/pBR322 and 1－42 were PCR for HPV16 E6; e: Neg was blank control without template DNA, 293 was negative control with isolated DNA from 293 cells, HPV18 was positive control with template of HPV18/pBR322, HPV16 was the reaction with the template of HPV16/pBR322, and 1－42 were. PCR for HPV18 E6;

in panels b, c, d and e, M were 100 bp DNA ladder from Dongsheng

Fig. 1　The detection of HPV in 42 esophageal carcinoma samples

表2　河北保定地区食管癌
组织中 HPV DNA 检测结果

Tab. 2　The summary of the PCR detection
of HPV L1, HPV16 E6 and HPV18 E6 in
esophageal carcinoma samples from Baoding City

组别 Group	标本数 No. detected	阳性数 Positive No.（%）
通用引物		
HPV L1 GP	42	37（88.1）
型特异性引物		
HPV16 E6	42	19（45.2）
HPV18 E6	42	8（19.0）
混合型		
HPV16+18	42	22（52.4）

讨　论

　　HPV 在上皮性肿瘤的发病中起重要作用，其中，HPV 在宫颈癌中的病因学作用已得到公认。自从 Syrjanen[4] 于 1982 年发现了食管扁平细胞癌中具有湿疣状损伤，推测出人乳头瘤病毒是该癌症的一个危险因子，20 多年来不断有报道支持 HPV 在食管癌上的病原学意义。

　　过去，使用 HPV6、11、16 和 18 的通用引物，我们曾在广东潮汕地区检测过新鲜食管癌切除组织样品，发现，HPV16 和 18 的分布频率分别为 40% 和 20% ，检出率随不同批次有所改变，两型分别合计存在比率在 60% ~ 70% 之间变动；应用 HPV L1 通用引物 GP5 +/6 +、HPV16 E6 和 HPV18 E6 型特异性引物，在河南省林州市食管癌样品中 HPV16 和 18 的检出率为 71.0% [5]。本研究中，保定地区石蜡包埋食管癌组织中 HPV 检出率为 52.4% ，略低于广东潮汕地区及河南省林州市的食管癌标本 HPV16 和 18 的检出率，其原因之一可能是石蜡包埋组织过程中 DNA 损伤所致，其二可能是保定地区食管癌组织中 HPV 分布频率低于潮汕地区及林州市。这些结果说明 HPV 在我国食管癌样品中的存在具有普遍意义。

总结以往对食管癌研究的结果，我们推测食管癌发生可能是多病因的。文献上报道有化学致癌物如亚硝胺、真菌毒素、HPV 等因素在食管癌诱发中的病因学意义。例如，多数报道亚硝胺在食管癌高发区普遍存在，并可诱发食管上皮细胞癌变，因此有理由认为亚硝胺是食管癌的病因之一。以往的工作还证明了，亚硝胺、放射及其他致癌物等与 HPV 可以起协同作用，促进和加速正常细胞的永生化和癌变。结合我们研究结果，我们认为食管癌的发生可能是单独诱发或多因素协同作用的结果。因此，本研究结果和既往食管癌机理研究结果，即食管癌是多因素诱发说并不矛盾。

〔原载《中华实验和临床病毒学杂志》2009，23（2）：91 – 93〕

参 考 文 献

1　Lee DC, Cheung CY, Law AH, et al. p38 Mitogen – Activated Protein Kinase – Dependent Hyperinduction of Tumor Necrosis Factor Alpha Expression in Response to Avian Influenza Virus H5N1. J Virol, 2005, 79：10147 – 10154

2　Karlsen F, Kalantari M, Jenkins A, et al. Use of Multiple PCR Sets for Optimal Detection of Human papillomavirus. J Clin Microbiol, 1996, 34：2095 – 2100

3　Sotlar K, Diemer D, Dethleffs A, et al. Detection and Typing of Human Papillomavirus by E6 Nested Multiplex PCR. J Clin Microbiol, 2004, 42：3176 – 3184

4　Syrjanen KJ. Histological changes identical to those of condylomatous lesions found in esophageal squamous cell carcinomas. Arch Geschwustforsch, 1982, 52：283 – 292

5　李淑英，李颖，王立东，等. 应用聚合酶链反应检测食管癌组织中人乳头瘤病毒. 中华实验和临床病毒学杂志，2008. 22：251 – 253

Detection of Human Papillomavirus in Esophageal Carcin – oma Tissues from Baoding City of Hebei Province

ZHAO Xiao – yu *, LI Shu – ying, LI Ying, WANG Xiao – li, LI Yu – lan,

WU Xiao – zhou, ZHOU Ling, LIU Hong – tu, ZENG Yi

(* College of Life Sciences, Hebei University)

Objective　To investigate the relationship between the human papillomavirus (HPV) and esophageal carcinoma in Baoding City of Hebei Province.　**Methods**　We detected HPV DNA in 42 formalin – fixed and paraffin – embedded tissues from surgically resected esophageal carcinomas from Baoding City of Hebei Province, by PCR with the general primer set of GP5 +/6 + for HPV L1 gene and type – specific primer sets for HPV16 and 18 as well.　**Results**　37 from 42 esophageal carcinoma samples were HPV positive and the rate was 88.1%. Among the samples detected, 19 were HPV16 E6 positive and rate was 45.2%, eight were HPV18 E6 positive and rate was 19.0%. **Conclusion** The high rate of HPV in the esophageal carcinoma samples suggested that HPV plays an etiologic role in the development of esophageal cancer in Baoding City of Hebei Province.

〔**Key words**〕 Esophageal neoplasms; Carcinoma; Papillomavirus, human; Polymerase chain reaction

375. HIV-1 C 亚型 *gp*120 蛋白表达、纯化及其抗体制备的研究

中国疾病预防控制中心病毒病预防控制所传染病预防控制国家重点实验室

杨海儒　冯　霞　余双庆　张晓光　张晓梅　陈国敏　曾　毅

北京工业大学生命科学与生物医学工程学院药理室　李泽琳

〔**摘　要**〕 **目的** 制备 HIV-1 C 亚型 *gp*120 蛋白及其抗体。 **方法** 用 PCR 技术从表达 C 亚型 HIV-1 全长 *gp*160 基因的质粒上扩增 *gp*120 基因羧基末端部分片段，其长度为 612 个核苷酸，编码 204 个氨基酸。将测序鉴定正确的 *gp*120 基因片段克隆到原核表达载体 pET-30a 上，以包涵体的形式在大肠埃希菌 BL21 (DE3) 中高效表达，*gp*120 蛋白 C 端融合 6×His 标签便于纯化。将纯化的蛋白免疫新西兰大白兔制备 C 亚型 *gp*120 特异性兔多克隆抗体，用间接 ELISA 法测定抗体滴度，并用 Western Blot 方法验证该抗体是否可识别在哺乳动物细胞内表达的 C 亚型 *gp*160 蛋白。 **结果** 成功地获得高纯度的 C 亚型 *gp*120 融合蛋白，用其制备的多克隆抗体滴度可达 1:204 800，该抗体可特异性识别在 COS-1 细胞中瞬时表达的 C 亚型 *gp*160 蛋白。 **结论** 获得了高纯度的 C 亚型 *gp*120 融合蛋白及其高效价的抗体。

〔**关键词**〕 HIV；病毒包膜蛋白质类；基因表达；抗体，病毒

到目前为止，HIV-1 已有 A~K 9 种亚型和 40 多种重组模式 CRF 1~42[1]。最近的研究表明 A、B、C 三种亚型是全球范围内最流行的亚型，尤其是 C 亚型，几乎占所有感染的 50%[2]。鉴于目前世界范围内研制的 HIV-1 抗原及抗体仍以 B 亚型为主，有必要加强其他亚型抗原及抗体的研制。在本研究中我们根据前期研究的经验，将 HIV-1 C 亚型 *gp*120 基因部分片段构建至原核表达载体 pET-30a，在大肠埃希菌 B121 (DE3) 中表达 C 亚型 *gp*120 蛋白，将其免疫新西兰大白兔制备兔多抗。为进一步研究 C 亚型 HIV-1 病毒感染的致病机理，研制应用于 C 亚型 HIV-1 病毒流行区的诊断试剂及艾滋病疫苗奠定基础。

材料和方法

一、材料 菌株 *E. coli* DH5α、*E. coli* BL21 (DE3)、质粒 pET-30a 由本室保存。表达

HIV－1 C 亚型 *gp*160 基因的质粒 pSRHS－2660－14 由美国内布拉斯加大学病毒学中心 Dr. Wood 惠赠。各种限制性核酸内切酶、ExTaq DNA 聚合酶、T4 DNA 连接酶购自大连宝生物工程有限公司。HRP 标记的羊抗兔 IgG 购自北京中杉金桥生物技术有限公司。

二、pET－30a－*gp*120 重组表达体的构建及鉴定　以 C 亚型分离株（2660－14）*gp*120 基因靠近 C 端的抗原决定簇比较集中的区域共 612 个碱基作为目标片段。根据该序列设计引物，分别引入 Xho Ⅰ和 Nde Ⅰ酶切位点。以质粒 pSRHS－2660－14 为模板，用 PCR 法扩增 *gp*120 基因片段，用 Xho Ⅰ和 Nde Ⅰ双酶切纯化的 PCR 产物和 pET－30a 载体，连接后将所构建的 pET－30a－*gp*120 质粒进行酶切及测序鉴定。

三、重组蛋白的表达及鉴定　将鉴定正确的质粒 pET－30a－*gp*120 转化入大肠埃希菌 BL21（DE3）感受态细胞内，获得表达菌。挑取单菌落接种到含氨苄西林 100 μg/ml、氯霉素 100 μg/ml 的 5 ml LB 培养基中，37℃剧烈振摇培养，约 4 h 后测量 A_{600} 值，达到 0.6 时加入 1 mmol/L IPTG 诱导 4 h。全菌体沉淀经 12% SDS－PAGE 电泳，考马斯亮蓝染色。

四、表达产物的纯化及定量检测　将鉴定正确的 pET－30a－*gp*120/BL21（DE3）过夜活化，次日按 1∶100 的接种量转接到 1500 ml 培养基中，按上述条件培养及诱导表达。4℃，5000 g 离心 30 min 收集菌体，冰浴下短暂超声破菌，菌体沉淀经洗涤后，加增容缓冲液磁力搅拌过夜。将样品通过镍柱亲和层析纯化，用 Pierce 公司的 BCA 蛋白定量试剂盒测定纯化蛋白的浓度。

五、C 亚型 HIV－1 *gp*120 多克隆抗体的制备　用纯化后的 C 亚型 *gp*120 蛋白免疫新西兰大白兔：1 ml 蛋白溶液（含 1 mg 纯化蛋白）与 1 ml 弗氏不完全佐剂混匀，于颈背部多点皮下注射；2 周后用相同方法加强免疫 1 次；4 周和 5 周时取 1 mg 纯化蛋白，通过双后肢肌内注射加强免疫，初次免疫后 6 周，颈动脉取血，分离血清，分装后置－20℃保存，同时用 ELISA 法测抗体滴度。

六、抗体滴度的测定　纯化的 C 亚型 *gp*120 蛋白以碳酸盐包被液稀释至 2 μg/ml，每孔 100 μl 包被微孔板。HRP 标记的羊抗兔 IgG 作为二抗，血清以从 1∶100 开始做 2 倍系列稀释，以间接 ELISA 法测定抗体滴度。

七、多抗的特异性检测　将表达 B 亚型标准株 NL4－3 全长 *gp*160 基因的质粒 pSRHS 及表达 C 亚型分离株全长 *gp*160 基因的质粒 pSRHS－2660－10 和 pSRHS－2660－14 各 1.5 μg 用瑞士 Roche 公司的 FuGene HD 瞬时转染 4×10^5 个 COS－1 细胞，72 h 后收获细胞做 Western Blot 检测。分别用新制备的 C 亚型 *gp*120 多抗和本实验室前期制备的 B 亚型 *gp*120 多抗作为一抗，验证不同亚型抗体对不同亚型抗原的识别能力。

结　　果

一、重组表达载体的构建及鉴定　构建的原核表达质粒 pET－30 a－*gp*120 经 Xho Ⅰ和 Nde Ⅰ双酶切后产生 600 bp 和 5900 bp 左右的条带，大小与预期一致（图 1）。

二、C 亚型 *gp*120 蛋白的小量表达　将重组质粒 pET－30 a－*gp*120 转化入大肠埃希菌 BL21（DE3）感受态细胞，培养细菌，用 IPTG 诱导后，表达蛋白用 12% SDS－PAGE 分析，在相对分子质量 25 000 处出现一条明显的蛋白质特征条带，与估计的相对分子质量相符（图 2）。

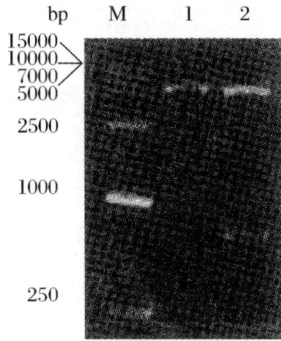

1：Xho Ⅰ酶切 pET – 30 a – gp 120；2：Xho Ⅰ和
Nde Ⅰ双酶切 pET – 30 a – gp 120；M：DL15000

图 1　质粒 pET – 30 a – gp 120 的酶切分析

1：pET – 30 a – gp 120/Xho Ⅰ；2：pET – 30 a – gp 120/Xho Ⅰ + Nde Ⅰ；M：DL15000

Fig. 1　Restriction endonuclease analysis of pET – 30 a – gp 120

三、C 亚型 gp 120 蛋白大量表达后纯化和浓度测定　将鉴定正确的工程菌进行大量表达，通过镍柱亲和层析纯化，纯化蛋白用 BCA 蛋白定量试剂盒测定的浓度为 5 mg/ml。

四、抗体滴度的测定　用间接 ELISA 法测定初次免疫后 6 周采集的兔血清抗体滴度可达 1：204 800。

五、C 亚型 gp 120 多抗的特异性检测　用 Western Blot 方法检测 C 亚型及 B 亚型 gp 120 多抗对哺乳动物细胞中表达的不同亚型 gp 160 蛋白的识别情况。结果表明 C 亚型 gp 120 多抗能很好地识别在 COS – 1 细胞内表达的 C 亚型 gp 160，对 B 亚型 gp 160 的识别则较差。B 亚型 gp 120 多抗能特异性识别 B 亚型 gp 160，对 C 亚型 gp 160 的识别效果则较弱，两个分离株中一个可见弱的 gp 160 条带（图 3 泳道 5），另一个则看不到明显的条带（图 3 泳道 4）。

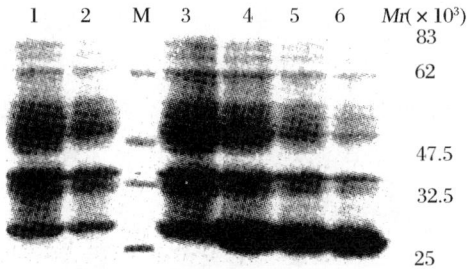

1：诱导的 pET – 30 a 全菌体裂解物；2：未诱导 pET – 30 a 的全菌体裂解物；3：未诱导的 pET – 30 a – gp 120 全菌体裂解物；4 – 6：诱导的 pET – 30 a – gp 120 全菌体裂解物；M：蛋白相对分子质量标准

图 2　pET – 30 a – gp 120 表达产物的 SDS – PAGE 分析

1：Total cell extracts of *E. coli* DE3/pET – 30 a induced with IPTG；2：Uninduced total cell extracts of *E. coli* DE3/pET – 30 a；3：Uninduced total cell extracts of *E. coli* DE3/pET – 30 a – gp 120 unindued；4 – 6：Total cell extracts of *E. coli* DE3/pET – 30 a – gp 120 indueed with IPTG；M：Protein molecular weight standards

Fig. 2　SDS – PAGE analysis of expressed protein by pET – 30 a – gp 120 in *E. coli*

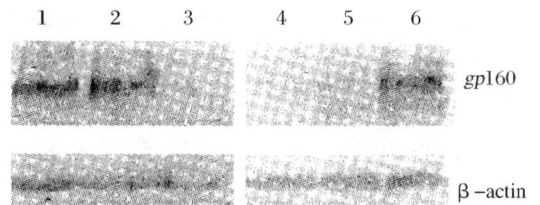

1 – 3：C 亚型 gp 120 多抗为一抗的 WB 结果。4 – 6：B 亚型 gp 120 多抗为一抗的 WB 结果。1，4：pSRHS – 2660 – 10 转染的 COS – 1 细胞；2，5：pSRHS – 2660 – 14 转染的 COS – 1 细胞；3，6：pSRHS 转染的 COS – Ⅰ细胞

图 3　gp 120 多抗对 COS – 1 细胞内表达的 gp 160 蛋白的识别

1 – 3：WB results using Subtype C Gg 120 PAb as primary antibody. 4 – 6：WB results using Subtype B gp 120 PAb as primary antibody. 1，4：COS – 1 cells transfected with pSRHS – 2660 – 10；2，5：COS – 1 cells transfected with pSRHS – 2660 – 14；

3，6：COS – 1 cells transfected with pSRHS

Fig. 3　Identification of gp 160 proteins expressed in COS – 1 cells by gp 120 polyclonal antibodies

讨　论

采用高效表达的目的蛋白进行动物免疫有利于制备高效价的多克隆抗体。我们在前期表达 B 亚型 *gp* 120 蛋白时对 *gp* 120 基因全长进行分析后，选择了靠近 C 端的抗原决定簇比较集中的区域进行表达，获得了高纯度的目的蛋白[3]。根据表达 B 亚型 *gp* 120 蛋白的经验预测 C 亚型 *gp* 120 可能大部分会以包涵体的形式表达，所以选择了可对包涵体形式表达的蛋白进行纯化的 pET 系统，其不仅有利于表达产物的稳定性、溶解性和免疫原性，还有利于目的蛋白的回收和纯化，多聚组氨酸也不会影响到目的蛋白的高级结构。在本研究中，从 SDS－PAGE 结果来看，构建的表达质粒 pET－30 a－*gp* 120 在未诱导的细菌中仅可见极弱的与预期相对分子质量大小一致的条带，而在 IPTG 诱导后可见非常明显的目的条带。结果表明所选的靠近 C 端的区域能稳定高效的表达。

构建的表达质粒 pET－30 a－*gp* 120 在大肠埃希菌中高效表达后，利用镍柱亲和层析纯化后成功的得到了目的蛋白 C 亚型 *gp* 120，免疫兔后得到了高效价的抗体。该抗体能特异性识别在哺乳动物细胞中表达的 C 亚型 *gp* 160 蛋白。HIV－1 C 亚型 *gp* 120 蛋白及其多克隆抗体的获得为我们进一步研究 HIV－1C 亚型病毒感染的致病机制，诊断试剂的研制以及研发应用于 C 亚型 HIV－1 病毒流行区的治疗性及预防性艾滋病疫苗奠定了基础。

〔原载《中华实验和临床病毒学杂志》2009，23（2）：94－96〕

参 考 文 献

1　http：//www. hiv. lanl. gov/components/sequence/ HIV/combined ＿ search ＿ s ＿ tree/search. html. 2008

2　Buonaguro L, Tornesello ML, Buonaguro FM. Human immunodeficiency virus type 1 subtype distribution in the worldwide epidemic：pathoge-netic and therapeutic implications. J Virol, 2007，81：10209－10219

3　Carol AS, Richard GB, Jeffrey J, et al. The intracellular production and secretion of HIV－1 envelope protein in the methylotrophic yeast Pichia pastoris. Gene, 1993，136：111－119

Expression and Purification of HIV－1 Subtype C *gp*120，and Its Antibodies Preparation

YANG Hai－ru*, FENG Xia, YU Shuang－qing, ZHANG Xiao－guang,
ZHANG Xiao－mei, CHEN Guo－min, LI Ze－lin, ZENG Yi
(*State Key Laboratory for Infectious Disease Prevention and Control,
National Institute for Viral Disease Control and Prevention, China CDC)

Objective　To prepare HIV－1 subtype C *gp*120 protein and to produce its polyclonal antibodies.　**Methods** A C－terminal fragment of *gp* 120 gene was amplified by PCR from a plasmid expressing full－length HIV－1 subtype C *gp*160 gene. The length of the subtype C *gp*120 fragment was 612 nt and it encodes 204 amino acid residues. The resulting DNA construct was cloned into a prokaryotic expression vector (pET－30a) and recombinant pET－30a－*gp*120 was expressed in *Escherichia coli* BL21 (DE3) as an insoluble protein. The vector also contained a six－histidine（His6）tag at the C – terminus for convenient purification. To produce subtype C *gp*120 – specific polyclonal antibodies, New – Zealand rabbit was immunized with the purified *gp*120 protein. Serum samples were tested by enzyme – linked immunosorbent assays（ELISA）to determine the level of antibodies. And Western blotting was used to further verify whether the polyclonal antibodies could specifically recognize subtype C *gp*160 protein expressed in mammalian cells. **Results** HIV – 1 subtype C *gp*120 protein was successfully acquired and the titer of its polyclonal antibodies was 1∶204 800. The polyclonal antibodies efficiently recognized Subtype C *gp*160 protein expressed in COS – 1 cells. **Conclusion** HIV – 1 subtype C *gp*120 fusion protein with high purity was obtained and its corresponding polyclonal antibodies with high titer were produced.

〔**Key words**〕HIV；Viral envelope protein；Gene expression；Antibodies, viral

376. 含 H5N1 – HA 基因重组腺病毒疫苗的构建及其诱导免疫应答的初步探讨

中国协和医科大学 张晓光 中国疾病预防控制中心病毒病预防控制所

李魁彪 王乃福 张晓梅 董 婕 徐 红 曾 毅

北京工业大学 马 晶 桑云虎

〔**摘 要**〕 **目的** 构建包含 H5N1 – HA 基因的重组腺病毒疫苗并探讨其免疫效果。 **方法** 用 Admax 系统构建包含 H5N1 – HA 基因的重组腺病毒疫苗,并用 PCR、Western – Blot 等方法对重组病毒疫苗进行鉴定;疫苗免疫小鼠后,通过 HI 实验和 ELISPOT 实验检测其体液免疫和细胞免疫反应,评价其免疫效果。 **结果** 成功得到了含有 H5N1 – HA 基因的重组腺病毒疫苗;基因表达鉴定表明,HA 基因能够在细胞中进行表达;血凝抑制实验结果显示小鼠产生的针对 HA 抗体滴度在 1∶320 和 1∶640 之间;ELISPOT 结果显示实验组和对照组（PBS）相比斑点数量差异有统计学意义（$P < 0.05$）,以上免疫结果表明重组腺病毒载体疫苗可以诱导小鼠产生良好的特异性体液和细胞免疫反应。 **结论** 含 H5NA – HA 的重组腺病毒疫苗可以诱导小鼠产生良好的免疫反应,为研制人禽流感疫苗打下基础。

〔**关键词**〕 流感病毒 A 型,人;流感病毒 A 型,鸟;腺病毒,人;遗传载体;疫苗

2009 年以来,中国大陆禽流感感染病例数呈现上升态势。由于人类对禽流感病毒普遍缺乏免疫力,感染 H5N1 型禽流感病毒后的病死率高（ >60%）,世界卫生组织认为这种疾病可能是对人类存在潜在威胁最大的疾病之一。除研究治疗药物外,人禽流感病毒相关疫苗研究成为当前最为急需解决的问题[1,2]。

本研究用非复制型腺病毒作为载体,以在中国大陆最早分离到的高致病性禽流感安徽株（A/Anhui/1/2005（H5N1））的血凝素基因 HA 构建了重组腺病毒载体疫苗,并用其免疫小鼠,研究了其激发小鼠体内的体液免疫和细胞免疫水平。

材料和方法

一、材料 含 A/Anhui/1/2005（H5N1）HA 基因的 pDNA3.1 - HA 由国家流感中心构建；HA 引物合成由北京奥科生物技术有限责任公司完成；Taq DNA 聚合酶、DNA Marker、T4 连接酶、BamH Ⅰ、Sal Ⅰ限制性内切酶和 pMD18 - T 克隆试剂盒购自日本 TaKaRa 公司；腺病毒包装系统 AdMax（tm）Adenovirus Vector Creation Kit 购自本元正阳基因技术股份有限公司。IFN - γ ELISPO 试剂盒、小鼠脾脏淋巴细胞分离液购自深圳达科为生物技术有限公司；A/Anhui/1/2005HA 肽库由美国 Sigma 公司合成。Adv - HA 病毒制备和纯化由北京五加和分子医学研究所有限公司完成。

二、实验方法

（一）构建：包含 A/Anhui/1/2005（H5N1）HA 基因的腺病毒穿梭质粒 pDC315 - HA；设计针对 HA 引物 H4 5′GGATTCATGGAGAAAATAGTGCTTCTTCT3′和 H55′GTCGACTTAAATGCAAATTCTGCATTGTAA3′，同时引入 BamH Ⅰ 和 Sal Ⅰ 酶切位点。以含 A/Anhui/1/2005（H5N1）HA 基因的 pDNA3.1 - HA 作为模板，用以上两条引物进行扩增，回收扩增产物，回收产物 A - T 连接后经酶切、测序，挑选正确的基因插入到 pDC315 质粒中。具体方法参见 pMD18 - T 试剂盒说明书及参考文献。

（二）包装重组 Adv - HA 腺病毒：以含 10 % 胎牛血清的 DMEM 培养基培养 293 细胞，4×10^5/孔接种到六孔板中，每孔含 2 ml 细胞悬液，37℃的 5% CO_2 培养箱中培养过夜，使其密度达到 90 % 以上。将鉴定正确的 pDC315 - HA 和骨架质粒 pBHGloxΔE1，3Cre 共转染 293 细胞。37℃，5% CO_2 培养 7~10 d，观察病变情况。待细胞病变明显时，收获细胞，反复冻融 4 次；3000 r/min 离心 10 min（半径为 16.5 cm），吸取上清，获得的原代病毒在 - 80℃保存。重组腺病毒用 PCR、电镜（委托病毒病预防控制所洪涛院士实验室进行）鉴定。将原代病毒接种到 293 细胞中，收取细胞进行 Western - Blot 检测重组病毒是否表达 HA。将鉴定完毕的原代病毒交北京五加和分子医学研究所有限公司进行重组腺病毒的大量制备。

将大量制备的病毒以 1:10 连续稀释至 10^{12}，将 100 μl 病毒液加入到含有 96 孔培养板中，每个稀释度加 10 孔，37℃的 CO_2 孵箱中培养，10 d 后观察病变。统计各病毒稀释度出现细胞病变的孔数，按照载体说明书计算腺病毒 $TCID_{50}$ 滴度。

（三）小鼠实验及免疫效果评价：取 12 只 6 周龄的雌性 BALB/c 小鼠，随机分为 2 组，每组 8 只。用无菌 PBS 将 Ad - HA 稀释至 $2.5 \times 10^8 TCID_{50}$，后腿肌内注射，每次 100 μl，注射无菌 PBS 作为对照。分别于第 0、4 周各免疫 1 次，第二次免疫后 1 周（第 5 周）对小鼠眼球采血，并用颈椎脱臼法将其处死，分离血清和脾淋巴细胞，分别用血凝抑制实验（HI）、ELISPOT 和流式细胞计数实验检测，进行体液免疫检测和细胞免疫检测。

结　　果

一、质粒构建结果和 Adv - HA 病毒包装结果 穿梭表达质粒 pDC315 - HA 经 BamH Ⅰ 和 Sal Ⅰ 双酶切，经电泳得到了 1700 bp 左右的条带，与 HA 基因的长度相符，表明 HA 正确插入 pDC315 载体（图 1）。重组质粒与腺病毒重组载体骨架质粒 pBHGloxΔE1，3Cre 共转染 293 细胞后约 1 周，细胞病变明显。

15K：DNA Marker：DL15000；2K：DNA Marker：DL2000；1：pDC315
空载体酶切对照，2，3：pDC315－HA BamH Ⅰ Sal Ⅰ酶切结果

图1 pDC315－HA 酶切鉴定结果

15K：DNA Marker：DL15000；2K：DNA Marker：DL2000；
1：pDC315（Negative Control）digested by BamH 1 & Sal I，
2，3：pDC315－HA digested by BamH Ⅰ & Sal Ⅰ

**Fig. 1 Identification of plasmid pDC315－HA
by restriction enzyme digestion in 1% agarose gel**

收获的病毒上清用蛋白酶 K 处理后进行 PCR 鉴定，电泳结果表明约 1700 bp 处出现目的基因条带，重组病毒包装成功。将原代病毒感染 293 细胞，待细胞病变明显后，收集细胞，用抗 H5N1 HA 兔多抗进行 Western－Blot 鉴定。结果表明，含 HA 基因的重组腺病毒在 293 细胞内可以表达 HA 基因。电镜结果显示样品中存在病毒颗粒，形态呈现完整的腺病毒正二十面体的典型结构（图 2）。Western－Blot 结果表明（图 3），构建的重组腺病毒 Adv－HA 可以在 293 细胞中表达 HA 基因，进一步确认成功的构建了重组病毒。

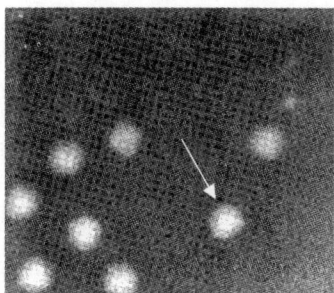

图2 Adv－HA 电镜鉴定结果 ×97000
Fig. 2 EM analysis of Ad－HA ×97000

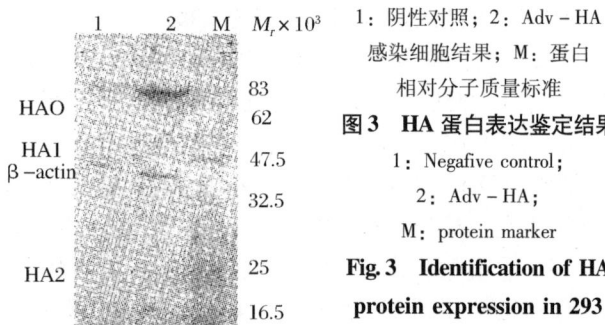

1：阴性对照；2：Adv－HA
感染细胞结果；M：蛋白
相对分子质量标准

图3 HA 蛋白表达鉴定结果

1：Negafive control；
2：Adv－HA；
M：protein marker

**Fig. 3 Identification of HA
protein expression in 293
cells by Western Blot**

挑选鉴定正确的原代病毒委托公司进行大量制备和纯化。对所获得的重组腺病毒使用连续稀释法进行滴度测定。稀释病毒感染细胞 10 d 后在显微镜下观察每排细胞的病变比例（病变孔数/每稀释度接种细胞孔数），根据公式 T = 101 + d（s－0.5）计算 Adv－HA 的滴度为：T = 101 + 1（8.65－0.5）= 109.15TCID$_{50}$/100 μl = 1.4125 × 10^{10}TCID$_{50}$/ml。

二、Adv－HA 小鼠免疫实验结果 分别对 2 个组别的 16 份血清进行预处理，以灭活的 A/Anhui/1/2005（H5N1）作为抗原，用 1% 的马红细胞做血凝抑制实验。结果显示，用 Adv－HA 免疫两次的小鼠产生的 HA 抗体滴度在 1：320 和 1：640 之间，表明重组 Adv－HA 具有良好的免疫原性，可以诱导小鼠产生良好的体液免疫反应。

在预试验中我们首先用 ELISPOT 的方法确定了 H5N1 流感病毒 HA 蛋白序列中三条能够刺激小鼠特异性 T 细胞分泌 IFN－γ 的 CTL 表位肽（Pep31：HA$_{aa212\sim229}$，Pep75：HA$_{aa526\sim543}$，Pep75：HA$_{aa534\sim551}$）。为了评价试验组小鼠产生细胞免疫的水平，我们用筛选出的 3 条肽作为刺激抗原测定了 2 组小鼠脾脏淋巴细胞分泌 IFN－γ 的能力。ELISPOT 结果显示，与 PBS 对照组相比，实验组小鼠免疫细胞对三条肽均有明显反应。但是针对三条肽的反应强度有所差异：小鼠免疫细胞产生的针对 Pep74 和 Pep75 细胞免疫水平稍高而针对 Pep31 的细胞免疫水平稍低（表1）。

讨 论

自1997年中国香港出现第1例人感染高致病性禽流感以来，为预防禽流感大流行，人用禽流感疫苗的研发就成为禽流感防治工作的研究热点[2,5]。这些疫苗包括灭活疫苗、亚单位疫苗、基于反向遗传学构建的疫苗以及灭活的亚病毒粒子疫苗等。其中最被看好的是基于反向遗传学方法制备的高致病性禽流感疫苗。但是这种疫苗由于需要进行基因重配，操作步骤多，制备周期长，技术门槛高，制备一株疫苗需要投入大量的人力物力；同时与传统的流感疫苗一样，需要在鸡胚中培养，产量受限。另外，高致病性禽流感基因同样具有高变异性，因此，针对一个分离株制备的疫苗可能对其他病毒株没有保护作用。亚单位疫苗生产成本相对较低，但是免疫原性较差。灭活疫苗具有良好的免疫原性，但是需要进行活病毒培养，对生产条件要求较高并具有很大的危险性。

与这些疫苗相比，以重组腺病毒为载体的疫苗具有一定的优势：（1）使用非复制型载体，不会产生插入突变；（2）在容许细胞内复制效率高，可以短时间内在细胞培养中获得大量重组病毒；（3）外源基因产物具有与自然感染相类似的免疫原性；（4）宿主范围广范，不仅可以作为人用禽流感疫苗储备，也可以用作禽类疫苗；（5）不仅可以激发体液免疫还可以激发细胞免疫；（6）腺病毒载体操作简单，制备速度快，研发周期短，可以在短时间内制备对病毒流行株有预防作用的疫苗，达到快速应对疾病暴发的效果。由于重组腺病毒载体疫苗具有的这些优点，在包括基因治疗的很多领域都已应用[6]。

本研究中将全长HA插入到载体中构建病毒，成功地在小鼠体内诱发出较高的免疫水平。但是，因为缺乏病毒攻击保护试验，该疫苗的真实保护效果还有待进一步研究。

〔原载《中华实验和临床病毒学杂志》2009，23（2）：97-99〕

表1 重组腺病毒载体疫苗 Adv – HA
免疫小鼠 ELISPOT 结果
Tab. 1 ELISPOT Result of Adv – HA vaccinations

多肽 Peptide	2×10^5 脾细胞斑点数 Spots Per 2×10^5 splenocytes	
	PBS + PBS	Adv – HA + Adv – HA
多肽31	1.5 ± 0.6	46.6 ± 11.4
多肽74	3.1 ± 1.6	272.6 ± 31.0
多肽75	1.6 ± 0.6	308.5 ± 19.9

参 考 文 献

1 Monto AS. Vaccines and antiviral drags in pandemic preparedness. Emerg Infect Dis, 2006, 12：55 –60

2 Horimoto T, Kawaoka Y. Strategies for developing vaccines against H5N1 influenza A viruses. Trends Mol Med, 2006, 12：506 –514

3 张晓光，戚其平，马晶，等. 高效表达重组HIV – 1 gp41 及在尿液检测中的应用. 中华实验和临床病毒学杂志, 2008, 22：308 –310

4 J. 萨姆布鲁克 E. F. 弗里奇 T. 分子克隆实验指南. 第3版. 北京：科学出版社, 1990

5 Steel J. Lowen AC, Pena L, et al. Live attenuated influenza viruses containing NS1 truncations as vaccine candidates against H5N1 highly pathogenic avian influenza. J Virol, 2009, 83：1742 –1753

6 Wills KN, Maneval DC, Menzel P, et al. Development and characterization of recombinant adenoviruses encoding human p53 for gene therapy of cancer. Human gene therapy, 1994, 5：1079 –1088

Study on The Immunogenicity of Adeno – Vector Vaccine against H5N1 Influenza A Virus

ZHANG Xiao – guang *, LI Kui – biao, MA Jing, WANG Nai – fu, ZHANG Xiao – mei, SANG Yun – hu, DONG Jie, XU Hong, ZENG Yi

(* Peking Union Medical College)

Objective To construct adenovirus vector vaccine against H5N1 influenza virus and study on the immunogenicity. **Methods** In this study, we amplified hemagglutinin (HA) gene sequence of H5N1 influenza virus (A/Anhui/1/2005), then constructed an adenovirus vector vaccine (Adv – HA), followed by tests in BALB/c mice for the immunogenicity with the vaccine and immunization strategies. **Results** The recombinate Adv – HA vaccine could effectively induce both humoral and cellular immunity against human H5N1 influenza virus. **Conclusion** The Adv – HA vaccination against H5N1 influenza is a potential strategy and worthy of further investigation.

〔**Key words**〕 Influenza A virus, human; Influenza A virus, avian; Adenoviruses, human; Genetic vecters; Vaccines

377. BALB/c 3T3 细胞转化实验的优化及其在致癌物协同作用研究中的应用

中国疾病预防控制中心病毒病预防控制所 张 磊 周 玲 曾 毅
北京工业大学生命科学与生物工程学院 赵 蕊
中国疾病预防控制中心营养与食品安全所 张 磊 吴永宁 空军总医院 李德昌

〔摘 要〕 **目的** 优化 BALB/c 3T3 细胞转化实验，并应用于致癌物间协同致癌作用的研究。 **方法** 从血清浓度、培养基类型和致癌物作用时间三个因素对 BALB/c 3T3 细胞转化实验进行优化。采用优化的实验方案，选择致癌物作用 7 d 后重新接种，再以含 5% 胎牛血清的 DMEM/F12 (1∶1) 培养基培养进行细胞转化实验，对致癌物间的协同作用进行检测，通过小鼠体内致瘤实验对转化灶细胞的恶性特征进行验证。 **结果** 二乙基亚硝胺 (DEN) 与 2、3、7、8 – 四氯二苯并二恶英间有较强的协同致癌作用。微囊藻毒素单独具有较强促细胞恶性转化能力，但这种促转化能力却受到 DEN 的抑制。实验诱发的转化灶具有 Ⅱ 型转化灶的特征，并可在体液与细胞免疫缺陷 (SCID) 小鼠体内致瘤。 **结论** 经优化的 BALB/c 3T3 细胞转化方案既充分模拟了致癌物联合作用的方式，又缩短了实验周期，可有效应用于致癌物间协同作用的研究。

〔关键词〕 细胞系；细胞转化，病毒；辅致癌作用；小鼠，近交 BALB/c

细胞转化检测技术是一种有效的筛查致癌物的体外检测方法[1]，由于它能够高度模拟致癌物在动物体内的致癌过程，因而也在致癌物协同作用的检测上有所应用[2]。但传统的两阶段细胞转化实验往往不能严格模拟致癌物联合作用的方式。本研究通过优化建立适合于检测致癌物联合作用的细胞转化方案，并对二乙基亚硝胺（DEN）与微囊藻毒素 LR（MC‑LR）及 2、3、7、8‑四氯二苯并二噁英（TCDD）间的联合致癌活性进行了检测。

材料和方法

一、细胞培养 BALB/c 3T3 A31‑1‑1 细胞购自美国 ATCC。DMEM 培养基为美国 Gibco 公司产品。DMEM/F‑12（1∶1）培养基为美国 Hyclone 产品。ITES（牛胰岛素500 μg/ml、转铁蛋白1000 μg/ml、乙醇胺153 μg/ml 和亚硒酸钠 0.43 μg/ml）购自美国 Biowhittaker 公司。细胞常规培养于含 10 % 胎牛血清（FBS）（北京元亨圣马公司）的 DMEM 培养基。

二、化学品 3‑甲基胆蒽（MCA）、DEN、MC‑LR 购自美国 Sigma 公司。TCDD 购自美国 Cambridge isotope Laboratories 公司。

三、细胞生长检测 取指数生长期细胞，以 4×10^4/瓶密度，分别培养于以下几种培养基：含 10 % FBS 的 DMEM（D10F）、含 5 % FBS 的 DMEM/F‑12 培养基（DF5F）、含 2 % FBS 的 DMEM/F‑12 培养基（DF2F），和添加 1 % ITES 的 DF2F。以接种当日为第 1 天，第 4 天更换新鲜培养基，第 7 天锥虫蓝染色；计数活细胞数。

四、细胞毒性实验 取指数生长期细胞以 400 个/瓶接种于 T25 培养瓶中，以 D10 F 培养 24 h 后，加入受试物。分别设空白对照组、DEN 组（100 μmol/L）、TCDD 组（10 μg/L）、MC‑LR 组（10 μg/L）、DEN+TCDD 组和 DEN+MC 组，每剂量组 2 瓶。致癌物连续作用 7 d 后，甲醇固定，Giemsa 染色，计数克隆（>50 个细胞）数目并计算克隆形成率（CE）。CE＝每瓶中克隆数/400。

五、细胞转化实验 取指数生长期细胞，以 2×10^4/瓶密度接种于 T 25 培养瓶中，以 D10 F 培养。24 h 后，加入受试物，剂量同细胞毒性实验。致癌物连续作用 7 d 后，以 2×10^4/瓶重新接种，每组平行接种 6 瓶，换以 DF5F 培养，每隔 2 d 换液一次。培养至第 28 天以甲醇固定，Giemsa 染色，计数转化灶数目并计算细胞转化频率（TF）。采用 student t 检验对组间 TF 差异进行统计学检验。TF（$\times 10^{-4}$）＝平均每瓶转化灶数目/（CE×2）。

六、体内致瘤实验 将转化灶和非转化灶细胞消化制成单细胞悬液，调整细胞浓度为 1×10^6/ml。SCID 雄性 5 周龄小鼠随机分成 2 组，每组 3 只。各组小鼠分别于前肢皮下注射 0.2 ml 细胞悬液。4 周后取瘤组织进行病理切片。

结 果

一、血清和培养基对细胞生长和转化的影响 以 MCA（浓度 10 μmol/L）作为受试物，以不同血清含量的 4 种培养基分别进行细胞生长和转化实验（图1）。含 10 % FBS 的 DMEM 培养基最有利于细胞生长，形成的转化灶也高于 DF5F 培养基。但产生较高的自发转化率，空白值偏高。DF2F 及添加 ITES 的 DF2F 均不能很好地支持细胞生长，在转化过程中细胞单层易于脱落，形成的转化灶模糊不清，不易辨认和计数。DF5F 培养基形成的转化灶少于 D10F，但却更大而清晰，易于计数，而且自发转化率低，因此，选择 DF5F 用于转化实验的转化灶形成阶段。

二、致癌物作用时间对细胞转化的影响 分别采用 7 d 和全程持续作用的方式，对 DEN 与 TCDD、MC－LR 进行了细胞转化检测（图 2）。由图 2 可见，两种作用时间对细胞恶性转化的频率没有明显差异。即作用 7 d 后，继续延长致癌物作用时间并不能增加转化灶的形成。

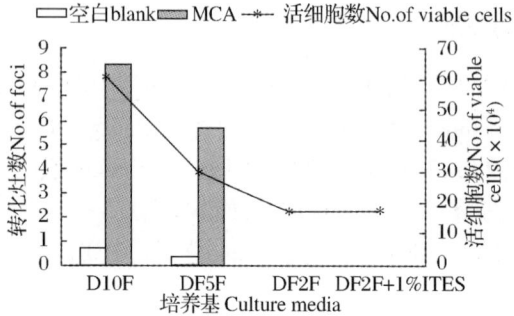

图 1 血清和培养基对 BALB/c 3T3 细胞生长和转化的影响

Fig. 1 Effects of various serum and culture media on the growth and transformation of BALB/c 373 cells

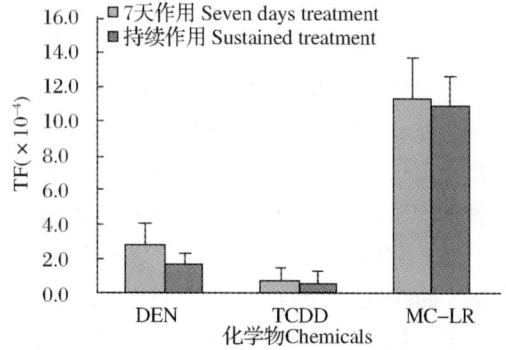

图 2 致癌物作用时间对细胞转化频率的影响

Fig. 2 Effects of chemicals treatment time on the cells transformation frequeneies

三、DEN、TCDD 及 MC－LR 的细胞转化实验 采用优化的实验方案，对 DEN、TCDD 及 MC－LR 进行了检测。由表 1 可见，DEN 和 MC－LR 单独作用时，细胞转化频率较空白组明显增加（$P < 0.01$），TCDD 处理组的转化频率与空白差异无统计学意义（$P > 0.05$），但 TCDD 与 DEN 联合作用时，细胞转化频率明显增加，约是 DEN 单独作用的 3 倍（$P < 0.01$），TCDD 的 15 倍（$P < 0.01$），表现出 TCDD 具有明显的协同促癌作用。DEN 与 MC－LR 共同作用时，转化频率较 DEN 有所增加（$P < 0.05$），而较 MC－LR 明显降低（$P < 0.01$）。

表 1 DEN、TCDD 及 MC－LR 单独或协同致细胞转化作用

Tab. 1 *In vitro* cell transformation assay of DEN，TCDD and MC－LR

化学物 Chemicals	克隆数/瓶 Cell colonies/ flask	CE	相对克隆 形成率（%）RCE（%）	转化灶数/瓶 Foci/flask	TF（$\times 10^{-4}$）
空白 Control	175 ± 3	0.438	100.0	0.2 ± 0.4	0.2 ± 0.5
DEN	168 ± 14	0.420	96.0	2.3 ± 1.0	2.8 ± 1.2^{a}
TCDD	158 ± 4	0.395	90.3	0.5 ± 0.5	0.6 ± 0.7
MC－LR	172 ± 40	0.430	98.3	9.7 ± 2.1	11.2 ± 2.4^{a}
DEN＋TCDD	172 ± 13	0.430	98.3	8.0 ± 2.1	9.3 ± 2.4^{abc}
DEN＋MC	169 ± 11	0.423	96.6	3.8 ± 1.0	4.5 ± 1.2^{ade}

注：与空白组比较，[a]$P < 0.01$；与 DEN 组比较，[b]$P < 0.01$；与 TCDD 组比较，[c]$P < 0.01$；与 DEN 组比较，[d]$P < 0.05$；与 MC－LR 组比较，[e]$P < 0.01$

Note：Compared with control，[a] $P < 0.01$；Compared with DEN，[b]$P < 0.01$；Compared with TCDD，[c]$P < 0.01$；Compared with DEN，[d]$P < 0.05$；Compared widl MC－LR，[e]$P < 0.01$

四、裸鼠致瘤实验 非转化和转化的 BALB/c 3T3 细胞分别接种 SCID 小鼠后，转化细胞组在 14 d 内均形成肿瘤，4 周时，瘤体直径（13 ± 3）mm（图 3a），有的瘤体与皮肤粘连并出现破溃，病理表明为恶性度很高的纤维肉瘤（图 3b）。非转化细胞组均未见肿瘤形成。

讨　论

Toshiyuki T 等在两阶段细胞转化实验中，在转化灶形成阶段采用含 1% ITES 的低血清（2%）培养基 DF2F 可显著缩短转化灶出现时间，提高方法灵敏度[3]。但本研究发现，含 1% ITES 的 DF2F 不能很好地支持 BALB/c 3T3 细胞的生长（图1），形成的转化灶模糊不清，不易计数。但是，较高的血清浓度易于增加细胞的自发转化率，因此，通常倾向于选择低血清培养基进行实验。本研究在转化灶形成阶

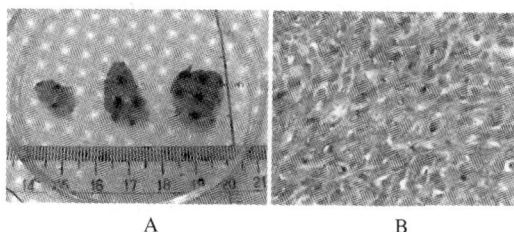

A   B

图3　SCID 小鼠体内成瘤（A）
及病理切片（B：HE，×400）

Fig. 3　Tumors formed in SCID mice（A）and it's Micrographs of paraffin section（B）

段，采用含 5% FBS 的 DMEM/F12（1:1），既减少了血清用量，又能保持合适的细胞单层密度，利于转化灶形成，从而缩短分析时间。

采用受试物与细胞全程作用的方式符合致癌物对人体长期慢性作用的特征，但实验表明，与作用 7 d 相比，全程持续作用并不能增加致癌物检测的效率。通过将受试物作用时间由通常 24~72 h 延长至 7 d，既保证了受试物充分发挥作用，又减少了细胞毒性和实验人员接触致癌物的危险。

采用经过优化的转化方案，分别对 DEN 与 TCDD、DEN 与 MC-LR 之间的协同促转化作用进行了检测。结果表明，DEN 与 TCDD 间有很强的协同作用，而 DEN 则对 MC-LR 致细胞转化的能力有抑制作用。DEN 是已知的强致癌物，但并不是终致癌物，他需要经细胞色素氧化酶（CYP）代谢成终致癌物才能发挥作用。研究发现[4,5]，同样是中间致癌物的苯并[a]芘，与多种非致癌物间有协同促转化作用，其机制可能与细胞色素氧化酶的激活有关。TCDD 是目前已知最强的多环芳烃受体激动剂，它对 CYP 1A1 等多种细胞色素氧化酶有很强的激活作用，因此，DEN 与 TCDD 的协同作用可能也与细胞色素氧化酶的激活有关。MC-LR 是一种具有肝毒性的环状多肽，在二阶段动物致癌模型中对 DEN 启动的肝癌有促进作用[6]，但未见 MC-LR 与 DEN 同时作用下动物或体外实验的报道。本研究发现 MC-LR 对 BALB/c 3T3 有很强的促转化作用，这与之前的报道一致[7]。而 DEN 与 MC-LR 共同作用时则抑制了 MC-LR 的促转化能力，其机制尚需进一步探讨。

〔原载《中华实验和临床病毒学杂志》2009，23（3）：121-123〕

参 考 文 献

1　Combes R，Balls M，Curren R，et al. Cell transformation assay as predictors of human carcinogenicity. The report and recommendation of ECVAM Workshop 39. Altern Lab Anim 1999，27：745-767

2　Perocco P，Paolini M，Mazzullo M，et al. β-Carotene as enhancer of cell transforming activity of powerful carcinogens and cigarette-smoke condensate on BALB/c 3T3 cells in vitro. Murat Res，1999，440：83-90

3　Tsuchiya T，Umeda M. Improvement in the efficiency of the in vitro transformation assay method using BALB/3T3 A31-1-1 cells. Carcinogensis，1995，16：1887-1894

4　王李伟，仲伟鉴，应贤平，等. 三羟异黄酮对 BALB/c-3T3 细胞的转化作用. 癌变·畸变·突变，2005，17：48-51

5　Perocco P，Iori R，Barillari J，et al. In vitro induction of benzo（a）pyrene cell-transforming activity by the glucosinolate gluconasturtiin found in cruciferous vegetables. Cancer Letters, 2005, 184: 65 – 71

6 赵金明，蒋颂辉，朱惠刚. 藻毒素对实验性大鼠肝癌的促进作用. 中国公共卫生. 2003, 19: 694 – 696

7 柳丽丽，叶树清，钟儒刚，等. 微囊藻毒素 – LR 诱导 3T3 永生细胞恶性转化. 北京工业大学学报. 2007, 32: 707 – 712

An Improved BALB/c 3T3 Cell Transformation Assay and Its Application in The Cocarcinogenesis Study

ZHANG Lei, ZHAO Rui, ZHOU Ling, LI De – chang, WU Yong – ning, ZENG Yi

(* Institute for Viral Disease Control and Prevention, Chinese Center for Disease Control and Prevention)

Objective   To improve the protocol of BALB/c 3T3 cell transformation assay, and apply it to the cocarcinogenesis study.   **Methods**   Appropriate serum concentration, culture media and method of administration were selected by testing their effects on the growth and transformation of BALB/c 3T3 cells. The co – carcinogenic activity between diethylnitrosamine (DEN) and microcystin – LR (MC – LR) or 2, 3, 7, 8 – tetrachlorodibenzo – p – dioxin (TC-DD) were examined using the improved cell transformation assay. The malignant characteristics of transformed cells were verified by neoplasia in SCID mice.   **Results**   There were strong co – carcinogenic activity between DEN and TCDD. On the contrary, although MC – LR has strong ability to induce Cell transformation, the effect was markely inhibited by DEN. The transformed cells show some malignant characteristics.   **Conclusion**   The improved BALB/c 3T3 cell transformation assay is reliable and time – saving, and can be efficiently used in the study of cocarcinogenesis.

〔**Key words**〕 Cell line; Cell transformation, viral; Cocarcinogenesis; Mice, inbred CAL B/c

378. EB 病毒感染与胃癌患者临床病理特征相关性的 Meta 分析

河北大学生命科学学院 李淑英 赵晓瑜
华北煤炭医学院生物科学系 李淑英
中国疾病预防控制中心病毒病预防控制所肿瘤病毒室
传染病预防控制国家重点实验室 杜海军 王 湛 周 玲 曾 毅

〔摘 要〕   EB 病毒（Epstein – Barr virus, EBV）感染与多种恶性肿瘤的发生相关。大约 10% 的胃癌组织细胞中可以检测到 EB 病毒编码的小 RNA（EBERs），表明 EBV 感染与部分胃癌的发生相关。为研究 EBV 感染与胃癌临床病理特征的相关性，本研究汇总了 EBV 相关胃癌的研究论文，对采用原位杂交方法检测 EBV 的 22 篇论文进行了 Meta 分析。22 篇入选的论文中收集的胃癌病例 5475 例，检测到 EBV 阳性病例 411 例，EBV 阳性率为 7.5%。在 EBV 阳性胃癌中，男性检出率为 11.1%，女性检出率为 3.0%，男性检出率相当于女性检出率 3 倍多；EBV 阳性胃癌与阴性胃癌相比具有较少的淋巴结转移；EBV 阳性胃癌与癌组织发生部位相关，并且残胃癌中 EBV 感染率较高。依据组织学分型，EBV 阳性胃癌弥漫型为 8.1%，肠型为 8.0%。统计分析显示，EBV 感染与组织学分型无显著相关性（$P > 0.05$）；被检标本类型包括存档蜡块和新鲜手术切除组织标本：EBV 阳性率分别为 7.9%，6.5%。统计分析表明，EBV 相关胃癌与标本类型无显著相关性（$P > 0.05$）；在地域分布方面，EBV 阳性胃癌检出率美洲为 9.4%，亚洲为 6.1%，欧洲为 9.1%，统计分析显示，EBV 相关胃癌与地域分布显著相关（$P \leq 0.05$ Meta）分析表明，EBV 感染仅发生在胃癌组织细胞中，并且与患者性别、淋巴结转移、肿瘤组织发生部位及地域分布显著相关（$P \leq 0.05$），与患者肿瘤组织学分型、标本类型无显著相关性（$P > 0.05$）。结果提示，EBV 阳性胃癌具有独特的临床病理学特征。

〔关键词〕 EB 病毒；胃癌；Meta 分析；原位杂交

胃癌（gastric carcinoma，GC）是世界范围内死亡率居第 2 位的恶性肿瘤[1]，其发生、发展与多种因素相关，如化学致癌物（包括吸烟、嗜酒及亚硝胺）、营养（包括维生素和微量元素）缺乏及微生物（包括细菌、真菌及病毒）感染等，但目前对其发病机制尚未确定。

EB 病毒（Epstein – Barr virus，EBV）为疱疹病毒科 γ 亚科，具有疱疹病毒潜伏感染的特点，是致人类肿瘤发生病毒之一。早期研究[2]表明，许多肿瘤发生与 EBV 感染有关，如鼻咽癌（nasopharyngeal carcinoma，NPC）、何杰金病及伯基特淋巴瘤（Burkitt lymphoma，BL）等。近期研究发现[3]，胃癌发生与 EBV 感染有关。

1990 年，Burke 等人[3]首次报道了 EBV 感染与部分胃癌发生有关。随后，另有研究[4-8]也表明，EBV 感染与部分胃癌的发生密切相关。为探讨 EBV 感染与胃癌临床病理特征的关系及 EBV 致癌可能的机制，本实验室对河北省唐山地区胃癌患者的 EB 病毒感染状况进行了检测，并对 EBV 阳性胃癌与阴性胃癌中 bcl - 2，c - erbB - 2 和 cyclin D1 基因的表达状况进行了研究[9-12]，结果表明，唐山地区胃癌患者中 EBV 感染率为 10.6%，EBV 感染表达的小 RNA，即 EBER1 表达定位于癌组织细胞核，在核内及核仁中均可见，相应癌旁正常组织均未检测到 EBV 感染。唐山地区 EBV 相关胃癌与癌组织发生部位相关，并且残胃癌（因消化性溃疡等良性疾病行胃大部切除后剩余的部分）中 EBV 感染率较高。EBV 阳性胃癌组 bcl - 2，c - erbB - 2，和 cyclin D1 基因的表达显著高于 EBV 阴性组。结果提示，EBV 感染可使胃上皮细胞的癌基因活化和抑癌基因突变或失活，促进胃上皮细胞恶性转化而导致 EBV 相关胃癌的发生和发展。

虽然 EBV 感染与部分胃癌发生相关，但世界各地报道的 EBV 相关胃癌感染率差异较大，其临床病理特征也不尽相同[13-19]。因而，本文汇总了已发表的 EBV 相关胃癌的研究论文，对采用原位杂交（in situ hybridization，ISH）方法检测 EBV 的论文数据进行归纳整理，并进行 Meta 分析[20,21]，分析 EBV 相关胃癌在胃癌样品中的分布频率及其与胃癌临床病理特征的相关性。

材料和方法

一、文献选择标准　依据下列标准搜索文献：（1）文献均为 EBV 相关胃癌的研究内容，研究方法为原位杂交检测胃癌组织标本中 EBV 编码的小 RNAs（EBERs）；（2）能查阅全文；（3）用英文发表，剔除标准：①不能查阅全文；②没有原始数据的综述；③个例报道；（4）重复发表的文献。

二、方法 以 EBV 和胃癌为关键词，按照"一"节中资料的选择标准，在 PubMed 数据库中进行搜索（http：//www.ncbi.nih.gov/Pubmed），对入选论文数据归纳整理并进行 Meta 分析，探讨 EBV 感染与胃癌临床病理特征的相关性。

三、统计分析 以 Excel 建立数据库，确定资料类型，选择适当的效应指标，依据 Cochrane 系统，按照 Mantel – Haenszel 方法，选用固定效应模型或随机效应模型计算权重（weight）、优势比（odds ratio，*OR*）和 95% 可信区间。数据处理采用 Review Manager 4.2 软件完成，以 $P < 0.05$ 表示差异有显著性。

结　果

依据上述标准，得到 EBV 相关胃癌的研究论文 22 篇[4,8,13 - 19,22 - 34]，被检样品收集日期为 1969—2006 年，被检样品地域分布于美国、巴西、中国、伊朗、日本、哈萨克斯坦、马来西亚、韩国、墨西哥及荷兰 10 个国家。20 篇文献被检样品类型为存档蜡块标本，2 篇文献为新鲜手术切除组织标本。入选 22 篇论文包括被检样品为 5475 例，EBV 阳性样品 411 例，EBV 阳性率为 7.5%。入选论文信息见表 1。

表 1　22 篇入选论文信息

参考文献	国家	标本类型	标本数	EBV 阳性标本数	EBV 阳性率（%）
[13]	美国	存档蜡块	113	11	9.70
[4]	美国	存档蜡块	138	22	15.90
[14]	美国	存档蜡块	107	11	1030
[27]	美国	存档蜡块	187	19	10.20
[15]	美国	存档蜡块	235	12	5.10
[22]	巴西	存档蜡块	71	6	8.50
[23]	巴西	存档蜡块	53	6	11.30
[24]	巴西	存档蜡块	208	25	12.00
[25]	中国	存档蜡块	185	13	7.03
[26]	伊朗	存档蜡块	273	9	3.30
[29]	日本	存档蜡块	97	5	5.20
[16]	哈萨克斯坦	存档蜡块	139	14	10.10
[30]	韩国	存档蜡块	111	7	6.30
[31]	韩国	存档蜡块	821	47	5.70
[17]	韩国	新鲜手术切除组织	1127	63	5.60
[32]	韩国	存档蜡块	233	21	9.00
[28]	马来西亚	存档蜡块	50	5	10.00
[18]	墨西哥	存档蜡块	330	24	7.30
[33]	荷兰	存档蜡块	57	15	26.30
[34]	荷兰	存档蜡块	242	25	10.30
[8]	荷兰	存档蜡块	132	10	7.60
[19]	荷兰	新鲜手术切除组织	566	41	7.20

一、EBV 相关胃癌地域分布状况 22 篇论文来自 3 个不同的洲：中国、日本、伊朗、韩国、哈萨克斯坦及马来西亚 6 个国家分布在亚洲；美国、巴西和墨西哥 3 个国家分布在美洲；荷兰为欧洲国家。其中，1442 例标本来自美洲，检出阳性例数为 136 例，EBV 平均阳性率为 9.4%，文献报道的 EBV 阳性率为 5.1% ~ 15.9%，OR：1.42（95% CI：1.15 ~ 1.76；$P < 0.05$）；3036 例标本来自亚洲，检出 EBV 阳性例数为 184 例，EBV 平均阳性率为 6.1%，文献报道的 EBV 阳性率为 3.3% ~ 10.1%，OR：0.63（95% CI：0.51 ~ 0.77；$P < 0.05$）；997 例标本来自欧洲，检出阳性例数为 91 例，EBV 平均阳性率为 9.1%，文献报道的 EBV 阳性率为 7.2% ~ 26.3%，OR：1.31（95% CI：1.02 ~ 1.67；$P < 0.05$）。统计学分析表明，EBV 感染与地域分布之间有显著相关性（$P < 0.05$）。

二、EBV 相关胃癌与标本类型的关系 入选论文中，20 篇文献选用存档蜡块标本 3882 例，EBV 阳性标本 307 例，EBV 阳性率为 7.9%，标本保存时间最长为 1969—2004 年。2 篇文献选用新鲜手术切除组织 1593 例，EBV 阳性标本 104 例，EBV 阳性率为 6.5%，标本保存时间最长为 1989 - 1993 年。统计分析表明，EBV 相关胃癌与标本类型无显著相关性（OR：1.23；95% CI：0.98 ~ 1.55；$P > 0.05$）。

三、EBV 相关胃癌与性别的关系 在入选的 22 篇论文中，13 项研究表明与性别相关[4,14 - 16,18,19,22,25 - 28,30,33]。被检标本数为 2450 例，检出 EBV 阳性标本 198 例；其中，男性患者 1528 例，EBV 阳性胃癌 170 例，EBV 阳性率为 11.1%；女性患者 922 例，EBV 阳性胃癌 28 例，EBV 阳性率 3.0%；男性 EBV 阳性率相当于女性的 3 倍多。统计学分析表明，EBV 感染与性别有显著相关性（OR：3.89；95% CI：2.29 ~ 6.63；$P < 0.05$，表 2）。

表 2 EBV 阳性胃癌与性别之间的关系

参考文献	标本数（EBVaGC/病例数）	男性（EBVaGC/病例数）	女性（EBVaGC/病例数）	权重（%）	OR（95% CI）
[26]	9/273	8/196	1/77	5.45	3.23（0.40, 26.30）
[16]	14/139	12/86	2/53	8.95	4.14（0.89, 19.27）
[18]	24/330	13/173	11/157	19.07	1.08（0.47, 2.48）
[30]	7/111	6/76	1/35	5.19	2.91（0.34, 25.18）
[28]	5/50	4/32	1/18	4.74	2.43（0.25. 23.57）
[22]	6/71	6/50	0/21	3.03	6.28（0.34, 116.71）
[25]	13/185	13/134	0/51	3.19	11.44（0.67. 196.16）
[27]	19/187	14/99	5/88	14.71	2.73（0.94, 7.93）
[4]	22/138	21/99	1/39	5.69	10.23（1.33, 78.93）
[15]	12/235	11/147	1/88	5.59	7.04（0.89, 55.47）
[19]	41/566	38/324	3/242	12.85	10.59（3.23, 34.72）
[33]	15/57	13/34	2/23	8.38	6.50（1.30, 32.42）
[14]	11/108	11/78	0/30	3.14	10.39（0.59, 182.11）
合计	198/2450	170/1528	28/922	100	3.89（2.29, 6.63）

四、EBV 阳性胃癌与淋巴结转移的关系 入选论文中，5 项研究报道了 EBV 感染与淋巴结转移的关系[13-15,19,25]。共有胃癌患者 1205 例，检出 EBV 阳性 88 例。其中，759 例有淋巴结转移的患者中，43 例 EBV 阳性，EBV 阳性率为 5.7%；446 例无淋巴结转移的患者中，45 例 EBV 阳性，EBV 阳性率为 10.1%；统计学分析表明，EBV 感染与淋巴结转移有显著相关性（OR：0.51；$95\%CI$：0.32~0.82；$P<0.05$，表 3）。

五、EBV 阳性胃癌与癌组织发生部位的关系 为研究 EBV 感染与癌组织发生部位的关系，将胃分为贲门（上部 1/3）、胃体（中部 1/3）和幽门（下部 1/3）3 个部分。入选的论文中有 8 项研究与癌组织发生部位有关[13,16,18,19,22,25,26,30]。被检标本 1753 例，EBV 阳性标本 121 例。其中，413 例患者为贲门癌，检测到 EBV 阳性 48 例，阳性率为 11.6%（OR：2.63；$95\%CI$：1.73~4.00；$P<0.05$）；420 例患者癌组织发生在胃体，检测到 EBV 阳性 40 例，阳性率为 9.5%（OR：1.72；$95\%CI$：1.12~2.66；$P<0.05$）；920 例患者为幽门癌，检测到 EBV 阳性 33 例阳性率为 3.6%（OR：0.31；$95\%CI$：0.21~0.48；$P<0.05$）。从贲门至幽门 EBV 阳性率呈现下降的趋势，统计分析表明，EBV 感染与胃癌组织发生部位有显著相关性（$P<0.05$）。

3 项研究与残胃癌相关[13,25,33]，被检标本 355 例，EBV 阳性标本 39 例。其中，46 例残胃癌，检出 EBV 阳性 13 例，其阳性率为 28.3%。统计学分析表明，EBV 感染与残胃有显著相关性（OR：2.48；$95\%CI$：1.00~6.14；$P<0.05$；表 4）。

表 3 EBV 阳性胃癌与淋巴结转移之间的关系

参考文献	有淋巴结转移（EBVaGC/病例数）	无淋巴结转移（EBVaGC/病例数）	权重（%）	OR（$95\%CI$）
[25]	10/130	3/55	8.37	1.44(0.38,5.46)
[13]	0/29	11/84	12.69	0.11(0.01,1.90)
[15]	8/172	4/63	12.01	0.72(0.21,2.48)
[19]	15/337	26/229	63.64	0.36(0.19,0.70)
[14]	10/91	1/15	3.29	1.73(0.20,14.58)
合计	43/759	45/446	100	0.51(0.32,0.82)

表 4 EBV 阳性胃癌与残胃的关系

参考文献	残胃（EBVaGC/病例数）	非残胃（EBVaGC/病例数）	权重（%）	OR（$95\%CI$）
[25]	1/6	12/179	16.58	2.78(0.30,25.77)
[13]	2/12	9/101	29.61	2.04(0.39,10.81)
[33]	10/28	5/29	53.81	2.67(0.78,9.17)
合计	13/46	26/309	100	2.48(1.00,6.14)

六、EBV 阳性胃癌与组织学类型的关系 入选文献中，15 篇文献涉及组织学类型[4,13-16,18,19,22-25,27,28,30,33]。1332 例患者为肠型胃癌，检出 EBV 阳性患者 106 例，其阳性率为 8.0%；1093 例患者为弥散型胃癌，检出 EBV 阳性患者 89 例，其阳性率为 8.1%。统计学分析表明，EBV 感染胃癌与组织学类型之间无显著相关性（OR：0.79；$95\%CI$：0.42~1.46；$P>0.05$；表 5）。

讨 论

近年来，EBV 与胃癌的相关关系倍受关注。EBV 在胃癌中潜伏感染类型既不同于伯基特淋巴瘤的 I 型潜伏感染，又不同于鼻咽癌的 II 型潜伏感染，而是介于二者之间的独特类型。胃癌中 EBV 的检测方法有印记杂交法、聚合酶链反应及原位杂交法，由于印记杂交法和聚合酶链反应较易引起非特异性信号，因此，多数研究应用原位杂交法检测胃癌组织中 EBER1 或 2

（EBERs）。将胃癌组织细胞内存在 EBERs（EBV encoded RNAs）者定义为 EBV 相关胃癌（即 EBV 阳性胃癌）。EBV 阳性胃癌检出率（EBV 阳性检出率）为 EBV 阳性胃癌在被检标本中所占百分比。原位杂交方法检测 EBERs，能准确地将其定位于细胞核，该方法即能检测新鲜手术切除组织标本，又能检测甲醛固定存档蜡块组织标本。因此，原位杂交方法检测 EBERs 确定 EBV 相关胃癌被认为是金标准，也是本研究中筛选纳入文献的标准。

表5 EBV 阳性胃癌与组织学类型的关系

参考文献	肠型(EBYa GC/病例数)	弥散型(EBVa GC/病例数)	权重(%)	OR(95% CI)	参考文献	肠型(EBYa GC/病例数)	弥散型(EBVa GC/病例数)	权重(%)	OR(95% CI)
[16]	1/48	13/91	5.51	0.13(0.02,1.01)	[13]	4/50	6/55	8.57	0.71(0.19,2.68)
[24]	1/152	8/121	5.42	0.09(0.01,0.76)	[27]	17/136	2/51	7.72	3.50(0.78,15.72)
[18]	4/141	20/189	9.78	0.25(0.08,0.74)	[4]	15/95	7/43	10.42	0.96(0.36,2.57)
[30]	1/44	6/67	5.23	0.24(0.03,2.04)	[15]	4/83	8/152	9.06	0.91(0.27,3.12)
[28]	4/37	1/13	4.84	1.45(0.15.14.35)	[19]	26/287	2/114	7.94	5.58(1.30,23.91)
[22]	5/42	1/29	5.09	3.78(0.42,34.23)	[33]	14/46	1/6	4.98	2.19(0.23,20.49)
[23]	1/27	0/18	2.9	2.09(0.08,54.30)	[14]	8/88	2/15	7.04	0.65(0.12,3.41)
[25]	1/56	12/129	5.51	0.18(0.02,1.40)	Total	106/1332	89/1093	100	0.79(0.42,1.46)

EB 病毒相关胃癌中，EBV 基因转录的 2 个小 RNA，即 EBERs 在各种 EBV 潜伏感染类型中均表达。在细胞分化过程中，EBERs 对保持 EB 病毒的拷贝数起重要作用。Shibata 与 Weiss[4] 研究表明，EBERs 是 EBV 潜伏期转录最多的 RNA，每个细胞可达 1×10^7 拷贝。EBV 阳性胃癌标本中，几乎所有癌细胞中 EBERs 均呈阳性，而癌旁正常组织无 EBERs 表达，提示 EBV 感染发生在胃癌形成的早期，感染 EBV 的肿瘤细胞单克隆增生，从而导致 EBVaGC 组织中几乎所有癌细胞均有 EBERs 表达[4,15]。

EBERs 不像细胞内其他的 RNA 分子那样容易降解。本研究发现，存档 3 年的胃癌组织石蜡切片标本中的 EBERs 未降解[12]。对入选的 22 篇文献进行 Meta 分析结果显示，EBV 相关胃癌与标本类型（即新鲜手术切除组织标本与甲醛固定存档蜡块组织标本）无显著相关性。

世界范围内有关 EBV 相关胃癌的报道较多，其 EBV 检出率在 3.3% ~ 26.3% 不等[4,8,13-19,22-34]。推测导致这一差距的可能原因是：（1）地理因素、环境因素及种族差异可能成为影响 EBV 感染率的因素；（2）部分论文检测的样本量偏少，抽样误差较大. 但本研究 Meta 分析结果显示，来自 10 个不同国家 22 篇报道遍布在美洲、亚洲和欧洲，其 EBV 阳性率分别为 9.4%，6.1% 和 9.1%，各地域之间 EBV 感染存在显著差异。与此相对照，其他 EBV 相关肿瘤一样存在明显地域差异，如在东南亚鼻咽癌 EBV 感染率最高[35]，可能与遗传基因或生活习惯有关。

大多数研究报道 EBV 相关胃癌患者中男女比接近 2：1 或 3：1，Meta 分析结果表明，EBV 阳性胃癌与性别显著相关（$P < 0.05$），其中男性所占比例是女性的 3 倍多。入选论文中，13 项研究结果[4,14-16,18,19,22,25-28,30,33] 与此相一致。EBV 阳性胃癌与阴性胃癌相比具有较少的淋巴结转移。依据组织学分型，EBV 相关胃癌分为：淋巴上皮瘤样胃癌和普通型胃癌 2

种，一般认为超过80%的淋巴上皮瘤样胃癌都有EBV感染，而普通型胃癌中，一般是中低分化型腺癌较易感染EBV[17,23]。但本研究Meta分析结果表明，EBV阳性胃癌中弥漫型为8.1%，肠型为8.0%，EBV感染与组织学类型之间无显著相关性（$P > 0.05$）。对唐山地区EBVaGC的研究也表明，EBVaGC与胃癌患者组织学类型无显著相关性[12]。癌变部位以贲门部及胃体部为多见，而胃窦部较少见。入选的论文中，有8项研究与癌组织发生部位有关[13,16,18,19,22,25,26,30]，并且从贲门至幽门EBV阳性率呈现下降的趋势。本研究Meta分析结果显示，EBV阳性胃癌与癌组织部位显著相关（$P < 0.05$），并且残胃癌中EBV感染率较高达28.3%，提示残胃癌可能成为EBVaGC的先决条件。

综上所述，本Meta分析结果表明，EBV感染与部分胃癌发生密切相关，并且，EBV感染仅发生在肿瘤组织细胞中，与患者地域分布、性别、淋巴结转移和肿瘤组织发生部位显著相关（$P < 0.05$），与患者肿瘤组织学类型及被检标本类型无显著相关性（$P > 0.05$）。提示，EBV阳性胃癌具有独特的临床病理学特征。

〔原载《中国科学C辑：生命科学》2009，39（9）：891－897〕

参 考 文 献

1　Konturek P C, Konturek S J, Brzozowski T. Gastric cancer and Helicobacter pylori infection. J Physiol Pharmacol, 2006, 57: 51－65

2　Thcrnpson M P, Kurzrock R. Epstein－Barr virus and cancer. Clin Cancer Res, 2004, 10: 803－821

3　Burke A P, Yen T S, Shekitka K M, et al. Lymphoepithelial carcinoma of the stomach with Epstein－Barr virus demonstrated by polymerase chain reaction. Mod Pathol, 1990, 3: 377－380

4　Shibata D, Weiss L M. Epstein－Barr virus－associated gastric Adenocarcinoma. Am J Pathol, 1992, 140: 769－774

5　Imai S, Koizumi S, Sugiura M, et al. Gastric carcinoma: monodonal epithelial malignant cells expressing Epstein－Barr virus latent infection Protein. Proc Natl Acad Sci USA, 1994, 91: 9131－9135

6　Gulky M L, Pulitzer D R, Eagan P A, et al. Epstein－Barr virus infection is an early event in gastric carcinogenesis and is independent of bcl－2 expression and p53 accumulation. Hum Pathol, 1996, 27: 20－27

7　Uozaki H, Fukayama M. Epstein－Barr Vilus and gastric carcinoma Viral carcinogenesis through Epigenetic Mechanisms. Int J Clin Zxp Pathol, 2008, 1: 198－216

8　zur Hausen A, Brink A A, Craanen M E, et al. Unique transcription pattern of Epstein－Barr virus (EBV) in EBV－carrying gastric adenocarcinomas: expression of the transforming BARF1 gere. Cancer Res, 2000, 60: 2745－2748

9　李淑英，侯灵彤，周天戟. 胃癌患者EB病毒感染对bcl－2基因表达影响的研究. 临床荟萃, 2006, 21: 319－321

10　李淑英，朱丽华，周天戟. 胃癌患者EB病毒感染与c－erbB－2基因表达的研究. 中国人兽共患病学报, 2006, 22: 606－608

11　李淑英，张科，周天戟. 胃癌患者EB病毒感染与cvchn D1基因表达的相关性. 第四军医大学学报, 2006, 27: 1932－1933

12　李淑英，胡金华，周天戟. EB病毒感染与胃癌相关性分析. 中国老年学杂志, 2007, 27: 2323－2325

13　Ryan J L, Morgan D R, Dominguez R L, et al. High levels of Epstein－Barr virus DNA in latently infected gastric adenocarcinoma. Lab Invest, 2009, 89: 80－90

14　Vo Q N, Geradts J, Gulley M L, et al. Epstein－Barr virus in gastric adenocarcinoma: associated with ethnicity and CDKN2A promoter methylation. J Clin Pathol, 2002, 55: 669 – 675

15 Truong C D, Feng W, Li W, et al. Characteristics of Epstein – Barr virus – associated gastric cancer: a study of 235 cases at a comprehensive cancer center in USA. J Exp Clin Cancer R es, 2009, 28: 1 – 9

16 Mipov G, Nakayama T, Nakashima M, et al. Epstein – Barr virus associated gastric carcinoma in Kazakhstan. World J Gastroenterol, 2005. 11: 27 – 30

17 Lee H S, Chang M S, Yang H K, et al. Epstein – Barr virus – positive gastric carcinoma has a distinct protein expression profile in comparison with Epstein – Barr virus – negative carcinoma. Clin Cancer Res, 2004, 10: 1698 – 1705

18 Herrera – Goepfert R, Akiba S, Koriyama C, et al. Epstein – Barr virus – associated gastric carcinoma: evidence of age – dependence among a Mexican population. World J Gastroenterol, 2005, 11: 6096 – 6103

19 van Beek J, zur Hausen A, Klein Kranenbarg E, et al. EBV – positive gastric adenocarcinomas: a distinct clinicopathologic entity with a low frequency of lymph node involvement. J C Jin Oncol, 2004, 22: 664 – 670

20 王凯娟, 王润田. 中国幽门螺杆菌感染流行病学 Meta 分析. 中华流行病学杂志, 2003, 24: 443 – 446

21 Lee J H, Kim S H, Han S H, et al. Clinicopathological and molecular characteristics of Epstein Barr virus – associated gastric carcinoma: a meta – analysis. J Gastroenterol Hepatol, 2009, 24: 354 – 365

22 Lima V P, de Lima M A, Andre A R, et al. H pylori (Cag A) and Epstein – Barr virus infection in gastric carcinomas: correlation with *p53* mutation and c – Myc, Bcl – 2 and Bax expression. World J Gastroenterol, 2008, 14: 884 – 891

23 Lopes L F, Bacchi M M, Elgui – de – Oliveira D, et al. Epstein – Barr virus infection and gastric carcinoma in Sao Paulo State, Brazil. Braz J Med Biol Res, 2004, 37: 1707 – 1712

24 Begnami M D, Montagnini A L, Vettore A L, et al. Differential expression of apoptosis related proteins and nitric oxide synthases in Epstein Barr associated gastric carcinomas. Wortd J Gastroenterol, 2006, 12: 4959 – 4965

25 Luo B, Wang Y, Wang X F, et al. Correlation of Epstein – Barr virus and its encoded proteins with Helicobacter pylori end expression of c – met and c – myc in gastric carcinomas. World J Gastroenterol, 2006, 12: 1842 – 1848

26 Abdirad A, ghaderi – Sohi S, Shuyama K, et al. Epstein – Barr virus associated gastric carcinoma: a report from Iran in the last four decades. Diagn Pathol, 2007, 2 (25): 1 – 9

27 Shibata D, Hawes D, Stemmermann G N, et al. Epstein – Barr virus – associated gastric adenocarcinoma among Japanese Americans in Hawaii. Cancer Epidemiol Biomarkers Prey, 1993, 2: 213 – 217

28 Karim N, Pallesen G. Epstein – Barr virus (EBV) and gastric carcinoma in Malaysian patients. Malaysian J Pathol, 2003, 25: 45 – 47

29 Oda K, Koda K, Takiguchi N, et al. Detection of Epstein – Barr virus in gastric carcinoma cells and surrounding lymphocytes. Gastric Cancer, 2003, 6: 173 – 178

30 Jung I M, ChungJ K, Kim Y A, et al. Epstein – Barr virus, Beta – catenin, and E – cadherin in gastric carcinomas. J Korean Med Sci, 2007, 22: 855 – 861

31 Chang M S, Lee H S, Jung E J, et al. Role and prognostic significance of proapoptotic proteins in Epstein – Barr Virus – infected gastric carcinomas. Anticancer Res, 2007, 27: 785 – 792

32 Kang G H, Lee S, Kim W H, et al. Epstein – Barr virus – positive gastric carcinoma demonstrates frequent aberrant methylation of multiple genes and constitutes CPG island methylator phenotype – positive gastric carcinoma. Am J Pathol, 2002, 160: 787 – 794

33 van Rees B P, Caspers E, zur Hausen A, et al. Different pattern of allelic loss in Epstein – Barr virus – positive gastric cancer with emphasis on the *p53* tumor suppressor pathway. AmJ

Pathol, 2002, 161: 1207 - 1213

34　van Beek J, zur Hausen A, Kranenbarg E K, et al. A rapid and reliable enzyme immunoassay PCR - based screening method to identify EBV - carrying gastric carcinomas. Mod Pathol, 2002, 15: 870 - 877

35　Nicholls J M, Agathanggelou A, Fung K, et al. The association of squamous cell carcinomas of the nasopharynx with Epstein - Barr virus shows geographical variation reminiscent of Burkitt's lymphoma. J Pathol, 1997, 183: 164 - 168

379. 含有人 H5N1 流感病毒 NA 基因的重组腺病毒候选疫苗株在小鼠体内诱发细胞免疫反应

北京工业大学生命科学与生物工程学院　马　晶　中国疾病预防控制中心病毒病预防控制所传染病预防控制国家重点实验室　张晓光　张晓梅　杨　亮　曾　毅中国疾病预防控制中心病毒病预防控制所病毒基因工程国家重点实验室陈　红　李魁彪　张　柯　徐　红　舒跃龙　谭文杰

〔摘　要〕本研究旨在构建人 H5N1 流感病毒 NA 基因的重组腺病毒候选疫苗株，并考察其在 BALB/c 小鼠体内的细胞免疫效果。本研究选用流感病毒 A/Anhui/1/2005（H5N1）的 NA 基因为研究对象，分别将野生型和按照人密码子优化的 NA 基因插入重组腺病毒载体，构建并鉴定了两种重组腺病毒 rAdV - WtNA 和 rAdV - Mod. NA，纯化后病毒在第 0 周和第 4 周以肌内注射方式免疫 BALB/c 小鼠两次，免疫剂量是 $10^9 TCID_{50}$/次，第 5 周时使用 Elispot 方法检测并比较病毒的细胞免疫效果。结果显示，所制备和纯化的两种重组病毒均可有效表达 NA 目的蛋白；免疫后的小鼠均可检测出明显的针对 NA 抗原的特异性细胞免疫反应，而且 rAdV - Mod. NA 组分泌 IFN - γ 细胞的数量显著高于 rAdV - WtNA 组（$P = 0.016$）。说明 rAdV - Mod. NA 是较好的人 H5N1 流感病毒候选疫苗株，值得进一步深入研究。

〔关键词〕H5N1；神经氨酸酶；重组腺病毒；细胞免疫

自 1997 年中国香港首次报道人感染禽流感病毒 H5N1[1]至今，世界各地不断报道人感染 H5N1 的病例，而且感染后的病死率一直在 50% 以上[2]。鉴于 H5N1 型禽流感病毒的高致病性和高变异性，该病毒可能发生跨越种属屏障的突变，从而威胁人类健康。目前，研制有效的禽流感疫苗仍然是全球面临的急迫任务和保护人类健康的重大挑战[3,4]。H5N1 型禽流感疫苗目前主要是通过鸡胚生产的灭活病毒疫苗，这种方式生产周期长、产量受到生产原料鸡胚的限制，而且灭活疫苗本身不能有效对抗 H5N1 型变异病毒。已有研究者尝试利用重组腺病毒作为载体，构建出 H5N1 不同亚型的血凝素（Hemagglutinin, HA）疫苗，并在动物身上证明可产生很好的体液和细胞免疫反应并且具有一定的保护性[5,6]，但是 HA 抗原本身的高度变异性致使这类疫苗的交叉保护性有限。同时，研究表明 H5N1 型流感病毒的神经氨酸酶（Neuraminidase, NA）具有较好的免疫原性和更好的交叉保护性[7,8]，可能是 H5N1 病毒 HA 疫苗之外的有力补充[9,10]。基于以上考虑，本研究使用重组腺病毒为载体，选择 H5N1 流感病毒安徽株构建了含有野生型 NA 基因和人密码子优化的 NA 基因的重组病毒候选疫苗株，并初步考察和比较了两者在小鼠体内的细胞免疫效果，为研制有效的 H5N1 疫苗打下基础。

材料和方法

一、质粒、菌株、细胞株和病毒株 质粒 pMD18 - T - WtNA 含有人流感病毒（A/Anhui/1/2005（H5N1））NA 基因全长编码区；质粒 pUC57 - Mod. NA 含有参照人密码子优化的 NA 基因全长编码区；AdMax 腺病毒载体系统的穿梭质粒 pDC315 和骨架质粒 pBHGlox（Δ）E1，3cre 是 Mierobix 公司产品，购自本元正阳公司；大肠埃希菌 DH5α、293 细胞及野生型腺病毒（AdV）为本室保存。

二、试剂和酶 实验所用的 *EcoR* I、*Sal* I 内切酶以及预染蛋白 Marker 购自 NEB 公司；Pyrobest 和 Taq DNA 聚合酶、dNTP、dATP、DNA Marker、pMD18 - T 载体试剂盒和 T4 连接酶购自 TaKaRa 公司；DNA 凝胶回收试剂盒和质粒小量提取试剂盒购自 Axgen 公司；质粒大提试剂盒购自 Qiagen 公司；细胞培养试剂 DMEM 购自 Hyclone 公司，胎牛血清购自 GIBCO 公司，转染试剂 FuGENE HD 购自 Roche 公司；兔抗流感病毒 NA 多克隆抗体购自 Abcam 公司；小鼠淋巴细胞分离液购自达科为公司，IFN - γ Elispot 试剂盒购自 U - Cytech 公司。

三、引物 WtNA 上游引物：5′ - GAGCGAATTCAGGCCGCCACCATGAATCCAAATCAG - 3′（含有 EcoR I 酶切点和 Kozak 序列），WtNA 下游引物：5′ - GAGTTGTCGACACAAAC-TACTTGTCAATGG - 3′（含有 Sal I 酶切点），用于 pDC315 - WtNA 穿梭质粒的构建；Mod. NA 上游引物：5′ - GAATTCGCCGCCACCATGAACCCCAACCAG - 3′（同 WtNA 上游引物），Mod. NA 下游引物：5′ - GTCGACTTATCACTTGTCGATGGTGAAGG - 3′（同 WtNA 下游引物），用于 pDC315 - Mod. NA 穿梭质粒的构建；以上引物均由 TaKaRa 公司合成。RCA 上游引物：5′ - CCTGCGAGTGTGGCGGTAAA - 3′，RCA 下游引物：5′ - CACAAGGGCGTCTC-CAAGTT - 3′，用于鉴定纯化后病毒的复制缺陷性，由上海生工合成。

四、实验动物 15 只 4 ~ 6 周龄的雌性 BALB/c 小鼠购自北京维通利华实验动物技术有限公司。

五、多肽合成 NA 特异性多肽 P1（aa109 ~ 124）和 P2（aa182 ~ 199）系 Chris Li 惠赠（MRC Human Immunology Unit, Weatherhall Institute of Molecular Medicine, Oxford University Medical School, John Radcliffe Hospital. Oxford）。

六、野生型和优化型 NA 基因穿梭质粒的构建 以质粒 pMD18 - T - *WtNA* 为模板，使用 *WtNA* 上游和下游引物，通过 PCR 扩增 *WtNA* 基因的全长编码区；同样，以质粒 pUC57 - Mod. NA 为模板，使用 Mod. NA 上游和下游引物，通过 PCR 扩增 Mod. NA 的全长编码区，PCR 条件均为：94℃30 s，56℃30 s，72℃90 s，35 个循环。回收大小 1350 bp 的目的片段并使用 Taq 酶进行 PCR 产物末端加 A 反应，反应条件为：72℃30 min，4℃15 min。回收目的片段，连入 pMD18 - T 载体后，用 EcoR I 和 Sal I 对质粒 pMD18 - T - *WtNA*、pMD18 - T - Mod. NA 和 pDC315 双酶切，回收，分别将 *WtNA* 和 pDC315 片段、Mod. NA 和 pDC315 片段

连接，随后进行转化、酶切和测序鉴定。最后获得构建正确的 pDC315 – *WtNA* 和 pDC315 – Mod. NA 质粒。

用 Qiagen Maxi Plasmid Kit 提取穿梭质粒 pDC315 – *WtNA*、pDC315 – Mod. NA 和骨架质粒 pBHGlox（Δ）El，3cre，−20℃冻存备用。

七、含有野生型和优化型 NA 基因的重组腺病毒的包装和扩增　以含10%胎牛血清的 DMEM 培养基培养 293 细胞，实验前 1 天，按照 4×10^5 细胞/孔的量接种细胞到六孔板中，每孔含 2 ml 2% 胎牛血清的培养基，在 37℃ 的 CO_2 培养箱中培养过夜。次日，细胞达到 70% ~ 90% 汇合度，按照 FuGENE HD 的说明书，将穿梭质粒（pDC315 – *WtNA*/pDC315 – Mod. NA）和骨架质粒 pBHGlox（Δ）El，3cre 分别 1.5 μg 及转染试剂 10 μl 转染 1 孔细胞。获得重组病毒，经鉴定后，分别命名为 rAdV – *WtNA* 和 rAdV – Mod. NA。由五加和公司完成病毒的大量扩增和纯化。

八、重组腺病毒的鉴定

1. PCR 法鉴定 NA 基因：分别取纯化病毒 rAdV – *WtNA* 和 rAdV – Mod. NA，加入蛋白酶 K 至终浓度为 1 μg/μl，55℃作用 2 h 后，沸水浴 10 min，自然冷却，6000 r/min 离心 5 min，取 2 μl 上清作为 PCR 模板，分别使用 *WtNA* 引物和 Mod. NA 引物扩增插入的基因片段，同时做阴性对照（水为模板）和阳性对照（质粒 pDC315 – *WtNA*/pDC315 – Mod. NA 为模板）。PCR 程序：94℃ 30s，55℃ 30s，72℃ 90s，35 个循环。

2. Western blot 法检测 NA 基因的表达：另取纯化病毒 rAdV – *WtNA* 和 rAdV – Mod. NA 按 MOI 20 的量感染 293 细胞，293 细胞的准备同前。待细胞完全病变时（约 72 h）收获细胞。每孔加入 150 μl 细胞裂解液，冰上作用 5 min 以裂解细胞，12 000 r/min，4℃离心 5 min，上清液加入 1/2 体积的 3 × SDS – PAGE 上样缓冲液混匀，沸水中煮 5 ~ 10 min。各取 20 μl 进行 Western blot 分析。

3. $TCID_{50}$ 法检测病毒滴度：实验前一日，将 293 细胞按照 1×10^4/孔接种于 96 孔板，次日，将纯化的病毒进行 10 倍系列稀释，每个稀释度的病毒接种 10 个细胞孔，细胞板的最后 2 列作为阴性对照孔，在 37℃于 CO_2 细胞培养箱内培养 10 d，观察每个稀释度上细胞出现病变效应（CPE）的百分率。按照 Admax 操作手册提供的公式计算病毒的滴度：$T = 10^{1 + d(s - 0.5)}$（d 为稀释度的对数值，s 为病变比例的和）。

4. PCR 法检测病毒中含有的复制型腺病毒（Replicating Competent Adenovirus，RCA）：分别取蛋白酶 K 处理后 rAdV – *WtNA* 和 rAdV – Mod. NA 各 2 μl 作为 PCR 模板，使用 RCA 引物进行扩增，同时设置阴性对照（以水为模板）和阳性对照（以蛋白酶 K 处理的野生型腺病毒为模板）。PCR 程序：94℃ 30 s，55℃ 30 s，72℃ 90 s，35 个循环。

九、动物免疫　小鼠随机分成 3 组，每组 5 只，PBS 组免疫剂量为 100 μl/次，rAdV – *WtNA* 组和 rAdV – Mod. NA 组免疫剂量每次均为 $1 \times 10^9 TCID_{50}/100$μl。第 0 周和第 4 周单侧胫前肌内注射实施免疫，共进行两次。第 5 周检测免疫反应。

十、免疫小鼠中 H5N1 NA 特异性细胞免疫反应的检测　初次免疫后 5 周，采用颈椎脱白法处死小鼠，取出小鼠脾脏，用淋巴细胞分离液分离小鼠脾淋巴细胞，采用酶联免疫斑点（Enzyme – Linked Immunosorbent Spot，ELISPOT）方法检测分泌 IFN – γ 的 T 淋巴细胞，具体方法如下：取 50 μl 的 6×10^6/ml 小鼠脾淋巴细胞悬浮液和等体积的 4 μg/ml 肽溶液加入已包被抗小鼠 IFN-γ 抗体并封闭过的 Elispot 板中，每只小鼠做复孔，另外，每只小鼠的阴性对照孔中只加等量的细胞不加肽，阳性对照孔中加入细胞和终浓度 20 μg/ml 的刀豆蛋白（ConA）。37℃培养箱孵育 36~48 h，弃掉培养液，PBST 洗涤 Elispot 板后分别与生物素标记的第一抗体和链霉亲和素 HRP 标记的第二抗体反应，经 PBST 充分洗涤后加入 AEC 显色液显色，在 BioReader 4000 上读数。

十一、统计分析 对 Elispot 结果使用 Kruskal-Wallis 检验方法进行分析，P 值设为 0.05。进一步用 Nemenyi 法检验实验组小鼠之间 Elispot 结果的差异。

结　　果

一、穿梭质粒 pDC315-NA 的构建 PCR 分别扩增 *WtNA* 和 Mod. NA 基因的全长编码区，电泳检测均与 NA 基因的理论大小（1350 bp）相符。构建得到的质粒 pDC315-*WtNA* 和 pDC315-Mod. NA 基因均能酶切产生位于 Marker 1000~2000 bp 之间的 NA 目的条带（结果未列出）。经测序证明插入的核酸序列均正确。

二、重组病毒的鉴定

1. PCR 鉴定 NA 基因的插入：为检测包装和纯化的重组病毒 rAdV-*WtNA* 和 rAdV-Mod. NA 是否含有所需要的目的基因，分别取扩增前的病毒、纯化病毒、质粒 pDC315-NA 及水为模板进行 PCR。结果显示，扩增前的病毒和纯化病毒的 PCR 产物的大小不仅与 NA 基因的理论大小（1350 bp）一致，而且也与质粒为模板扩增的阳性对照扩增产物大小一致（结果未列出）。说明包装和纯化的重组病毒含有相应的 *WtNA*/Mod. NA 目的基因。

2. Western blot 检测重组病毒中 NA 基因的表达：将纯化后的病毒感染 293 细胞，感染后的 72 h 左右收集细胞，使用兔抗流感病毒 NA 多克隆抗体为第一抗体，Western blot 方法检测 NA 蛋白的表达，结果如图 1 所示。与 293 阴性对照细胞相比，rAdV-*WtNA* 和 rAdV-Mod. NA 感染的 293 细胞均可检测到 NA 目的蛋白条带。说明重组病毒中的 NA 基因能够有效表达 NA 蛋白。

3. $TCID_{50}$ 测定病毒的滴度：$TCID_{50}$ 法测定纯化后病毒 rAdV-*WtNA* 和 rAdV-Mod. NA 的滴度分别为 $2 \times 10^{11} TCID_{50}$ ml 和 $1 \times 10^{11} TCID_{50}$/ml。

4. PCR 鉴定 RCA：重组病毒的制备或扩增过程中可能产生复制型腺病毒（RCA），其重组腺病毒基因组与 293 细胞基因组的 E1 同源序列之间同源重组重组而产生。RCA 在宿主细胞中可以自主复制和扩增，这不仅会导致插入基因被 E1 区代替而丢失，还会严重干扰重组腺病毒载体的使用效果并带来安全隐患。为进一步检测所得重组病毒 rAdV NA 制备物中是否含有复制型腺病毒，本研究设计了 RCA 上游和下游引物，两个引物分别位于 293 细胞基因组中的 E1 区和重组病毒区，因而只有复制型腺病毒模板能够扩增出目的产物。我们分别取 rAdV-*WtNA*、rAdV-Mod. NA、野生型腺病毒 AdV 以及水为模板进行 PCR。结果（图 2）可见，只有野生型腺病毒能够得到扩增产物，与理论大小 1200 bp 相符，其他均是阴性结果，未检测到 RCA。

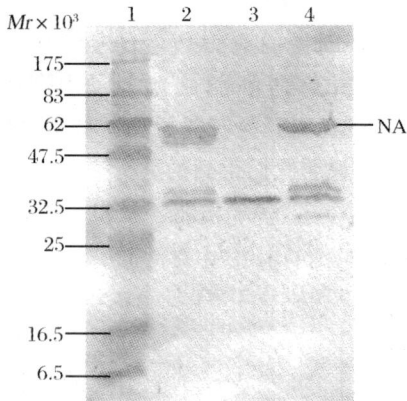

图 1 Western blot 检测重组
病毒中 NA 基因的表达

Lane 1：Prestained protein marker；lane 2：293 cells
infected with rAdV－Mod. NA；lane 3：Mock 293 cells；
lane 4：293 cells infected, with rAdV－*WtNA*

**Fig. 1 Identification of expression of NA
gene in recombinant virus by Western blot**

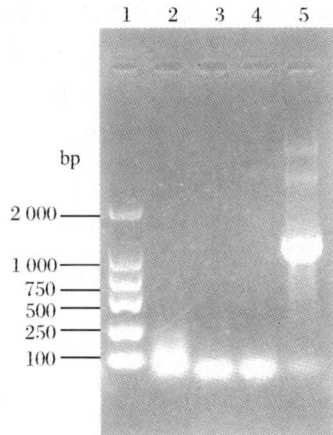

图 2 重组病毒 RCA 的 PCR 检测

Lane 1：DL2000 DNA marker；lane 2：PCR product of wa-
ter（negative control）；lane 3：PCR product of purified
rAdV－*WtNA*；lane 4：PCR product of purified rAdV－
Mod. NA；lane 5：PCR product of AdV（positive control）

**Fig. 2 Identification of RCA in
recombinant virus by PCR**

三、免疫小鼠中 NA 特异性 CTL 应答检测 为评估重组病毒免疫激发的 T 细胞反应，我们在初次免疫后的第 5 周使用 Elispot 方法检测分泌 IFN－γ 的小鼠脾淋巴细胞数。Elispot 结果用显色的细胞斑点数（Spot－Forming Cells，SFCs）表示。结果（图 3）显示，rAdV－*WtNA* 和 rAdV－Mod. NA 组的细胞斑点数均明显高于 PBS 对照组；但是相同感染剂量的病毒产生的免疫效果不同：rAdV－Mod. NA 组的细胞细胞斑点数明显高于 rAdV－*WtNA* 组，而且两者差异具有统计学意义（J P＝0. 016）。这说明我们得到的重组病毒（rAdV－*WtNA* 和 rAdV－Mod. NA）均能够激发小鼠产生细胞免疫反应，而且 rAdV－Mod. NA 组小鼠的细胞免疫水平明显优于 rAdV－*WtNA* 组小鼠。

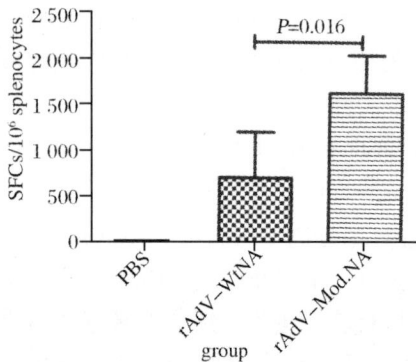

图 3 Elispot 检测 NA 抗原特异性
分泌 IFN－γ 的小鼠淋巴细胞数

**Fig. 3 Identification of numbers of NA
specific IFN－γ secreting cells from mice
immunized with rAdV－WtNA/rAdV－
Mod. NA by Elispot. The mean and
95% confidence interval（CI）of each
group were showed in the histogram**

讨 论

NA 蛋白是流感病毒基因组第六节段编码的产物，是流感病毒除 HA 蛋白之外的另一个跨膜糖蛋白。NA 蛋白以四聚体形式存在，具有唾液酸酶活性，能够切割寡聚糖链的唾液酸残基[11]，破坏宿主细胞表面的 HA 受体并促进病毒穿透黏液层，进而辅助子代病毒从感染细胞释放。另外，NA 在病毒的早期感染过程中也起一定作用[12]。

NA 一直是 WHO 推荐的流感疫苗株的必需成分。机体产生的 NA 抗体虽然不能中和病毒和抵制感染，但是能够减少病毒复制，并使之降低到不致病的水平或减弱疾病症状、延缓病程和降低死亡率[13]。另外，Kilbourne 等研究超过 30 年内分离到的 H1N1 和 H3N2 流感病毒的抗原流行和变异情况时发现 NA 的变异要远低于 HA[14]。此外，研究证明小鼠用杆状病毒表达的 NA 蛋白免疫[15]后能够产生针对 NA 抗原的特异性免疫应答，虽然免疫效果不能抵御流感病毒感染，但是能够显著降低感染个体肺内的病毒滴度，并且具有较广泛的交叉保护作用。以上资料均说明 NA 是比 HA 更保守的膜抗原，针对 NA 抗原研制的 DNA 疫苗能够产生比 HA 疫苗更好的交叉保护作用[16]，从而可能对流感病毒的更多亚型有效或者是对变异流感病毒仍有一定作用。那么，考虑到禽流感病毒 H5N1 的变异情况以及可能出现的流感病毒新亚型，当出现新亚型流感病毒感染时，这类疫苗将不仅能够减低病毒传播，还能够为政府和科研人员提供一个应对的缓冲期。

目前禽流感疫苗的鸡胚生产方式具有下列不足：疫苗生产周期长、产量受到原料鸡胚的限制、抗原用量大和交叉保护作用差。腺病毒载体的包装技术成熟，生产周期相对较短，宿主感染谱广泛，由于在宿主细胞内表达蛋白，其抗原提呈方式更接近自然感染过程，抗原表达水平较高，因而疫苗用量减小。携带的多种抗原基因的重组腺病毒疫苗都已证实可产生很好的体液和细胞免疫反应。此外，禽流感病毒的 VLP 疫苗在小鼠体内的研究显示，即使疫苗不能产生有效的抗体，但是仍然能够完全保护小鼠不受同种禽流感野毒的感染[17]。提示细胞免疫在防御流感病毒中也具有重要的作用。因此，本研究中采用 AdMax 系统构建重组病毒，并且比较了 rAdV – WtNA 和 rAdV – Mod. NA 候选疫苗株在小鼠体内的免疫效果。结果显示：rAdV – wtNA 和 rAdV – Mod. NA 均能够刺激小鼠产生细胞免疫，并且相同免疫条件下，Elispot 的结果显示 rAdV – Mod. NA 的效果要优于 rAdV – WtNA。这表明重组腺病毒 NA 候选疫苗株可以诱导较好的细胞免疫反应。目前我们正在进行候选疫苗株体液免疫的比较以及 NA 和 HA 联合免疫效果研究，期望能探索出有意义的免疫方案。

〔原载《病毒学报》2009，25（5）：327 – 332〕

参 考 文 献

1 Subbarao K, Klimov A, Katz J, et al. Characterization of an avian influenza A（H5N1）virus isolated from a child with a fatal respiratory illness. Science, 1998, 279：393 – 396

2 Cumulative Number of Confirmed Human Cases of Avian Influenza A/（H5N1）Reported to WHO［2009 – 02 – 27］. http：//www. who. int/csr/disease/avian_ influenza/country/cases_ table_ 2009_ 02_ 27/en/index. html

3 Hien T T, de Jong M, Farrar J. Avian influenza：a challenge to global health care structures. N Engl J Med, 2004, 351：2363 – 2365

4 World Health Organization. Outbreak news. Avian influenza A（H5N1）. Wkly Epidemiol Record, 2004, 79：65 – 70

5 Gao W, Soloff A C, Lu X, et al. Protection of mice and poultry from lethal H5N1 avian influenza virus through adenovirus – based immunization. J Virol, 2006, 80（4）：1959 – 1964

6 Hoelscher M A, Garg S, Bangari D S, et al. Development of adenoviral – vector – based pandemic influenza vaccine against antigenically distinct human H5N1 strains in mice. Lancet, 2006, 367（9509）：475 – 481

7 Kilbourne E D, Pokorny B A, Johansson B, et al. Protection of mice with recombinant influenza virus neuraminidase. J Infect Dis, 2004, 189 (3): 459 –461

8 Chen Z, Kadowaki S, Hagiwara Y, et al. Cross-protection against a lethal influenza virus infection by DNA vaccine to neuraminidase. Vaccine, 2000, 18 (28) : 3214 –3222

9 Johansson B E, Brett I C. Changing perspective on im munization against influenza. Vaccine, 2007, 25 (16) : 3062 –3065

10 Zhang F, Chen J, Fang F, et al. Maternal immunization with both hemagglutinin – and neuraminidase expressing DNAs provides an enhanced protection against a lethal influenza virus challenge in infant and adult mice. DNA Cell Biol, 2005, 24 (11): 758 –765

11 Neuman G, Kawaoka Y. Host range restriction and pathogenicity in the context of influenza pandemic Emerg Infect Dis, 2006, 12 (6): 881 –886

12 Ohuchi M, Asaoka N, Sakai T, et al. Roles of neuraminidase in the initial stage of influenza virus infection. Microbes Infect, 2006, 8 (5): 1287 –1293

13 Johansson B E, Matthews J T, Kilbourne E D.

Supplementation of conventional influenza A vaccine with purified viral neuraminidase results in a balanced and broadened immune response. Vaccine, 1998, 16 (9 – 10) : 1009 –1015

14 Kilbourne E, Grajower B, Johansson B. Independent and disparate evolution in nature of influenza A virus hemagglutinin and neuraminidase. Proc Natl Acad Sci USA, 1990, 87: 786 –790

15 Brett I C, Johansson B E. Immunization against influenza A virus: comparison of conventional inactivated, live – attenuated and recombinant baculovirus produced purified hemagglutinin and neuraminidase vaccines in a murine model system. Virology, 2005, 339: 273 –28

16 Chen Z, Yoshikawa T, Kadowaki S, et al. Protection and antibody responses in different strains of mouse immunized with plasmid DNAs encoding influenza virus hemagglutinin, neuraminidase and nucleoprotein J Gen Virol, 1999; 80: 2559 –2564

17 Kang S M, Yoo D G, Lipatov A S, et al. Induction of Long Term Protective Immune Responses by Influenza H5N1 Virus – Like Particles. PLoS One, 2009, 4 (3): e4667, doi: 10. 1371/journal. pone. 0004667

Two Recombinant Adenovirus Vaccine Candidates Containing Neuraminidase Gene of H5N1 Influenza Virus (A/Anhui/1/2005) Elicited Effective Cell – Mediated Immunity in Mice

MA Jing[1], ZHANG Xiao – guang[2], CHEN Hong[3], LI Kui – biao[3], ZHANG Xiao – mei[2], ZHANG Ke[3], YANG Liang[2], XU Hong[3], SHU Yue – long[3], TAN Wen – jie[3], ZENG Yi[1,2]

(1. The College of Life Science and Bioengineering, Beijing University of Technology,

2. State Key Laboratory for Infectious Disease Prevention and Control, National Institute for Viral Disease Control and Prevention, Chinese Center for Disease Control and Prevention,

3. State Key Laboratory for Molecular Virology and Genetic Engineering, National Institute for Viral Disease Control and Prevention, Chinese Center for Disease Control and Prevention)

The aim of this study is to develop the recombinant adenovirus vaccine (rAdV) candidates containing neuraminidase (NA) gene of H5N1 influenza virus and test in BALB/c mice the effect of cell – mediated immunity. In this study, two kind of NA gene (*WtNA* gene, the wild type; Mod. NA gene, the codonmodified type) derived from H5N1 influenza virus (A/Anhui/1/2005) were cloned and inserted respectively into plasmid of adenovirus vector, then the rAdV vaccines candidates (rAdV – *WtNA* and rAdV – Mod. NA) were developed and purified, followed by immunization intramuscularly (10^9 TCID$_{50}$ per dose, double in jection at 0 and 4th week) in BALB/c mice, the effect of cell – mediated immunity were analysed at 5th week. Results indicated that: (i) NA protein expression was detected in two rAdV vaccines candidates by Western blotting; (ii) the rAdV – Mod. NA vaccine could elicit more robust NA specific cell – mediated immunity in mice than that of rAdV – *WtNA* vaccine ($P = 0.016$) by IFN – 7 ELIspot assay. These findings suggested rAdV – Mod. NA vaccine was a potential vaccine candidate against H5N1 influenza and worthy of further investigation

〔**Key words**〕 HSN1; Neuraminidase; Recombinant adenovirus; Cell – mediated immunity

380. 表达 HIV – 1 *gag* 基因的重组 AAV2/1 和 Ad5 疫苗免疫原性比较

中国疾病预防控制中心病毒病预防控制所传染病预防控制国家

重点实验室　余双庆　冯　霞　刘红梅　杨海儒　李红霞　曾　毅

〔摘　要〕**目的**　在小鼠体内比较表达 HIV – 1 *gag* 基因的重组 AAV2/1 和 Ad5 疫苗的免疫原性。　**方法**　分别用 rAAV2/1 – *gag* 或 rAd5 – *gag* 单独免疫 BALB/c 小鼠一次或两次，于免疫后不同时间点用 CFSE 染色法和胞内细胞因子染色法检测 Cag 特异性细胞免疫应答，用 EHSA 方法检测 *gag* 特异性抗体反应。　**结果**　单次免疫结果显示，在所有检测点 rAd5 – *gag* 所诱导的 *gag* 特异性 CTL 应答都比 rAAV2/1 – *gag* 强，抗体反应在免疫后 4 周无明显差异。两次免疫后 4 周的检测结果表明，rAd5 – *gag* 所诱导的 *gag* 特异性 CTL 应答比 rAAV2/1 – *gag* 强，但抗体反应比 rAAV2/1 – *gag* 组弱。　**结论**　rAd5 – *gag* 诱导了很好的 HIV – 1 特异性细胞和抗体反应，而 rAAV2/1 – *gag* 诱导的 HIV – 1 特异性抗体反应很强，但细胞免疫应答较弱。

〔**关键词**〕 HIV – 1；细小病毒科；腺病毒科；艾滋病疫苗

本研究小组在前期研究中发现，用携带 EGFP 基因的重组腺相关病毒 1（rAAV2/1）载体肌内注射小鼠，在免疫后 7 个月仍能观察到很强的绿色荧光，提示用 rAAV2/1 表达 HIV – 1 基因有可能诱导很好的免疫应答。本研究将中国 HIV – 1 B 亚型分离株的 *gag* 基因分别构建至 tAd5 和 rAAV2/1 载体上，并对其在小鼠体内诱导的 HIV – 1 特异性免疫应答进行了比较。

材料和方法

一、病毒和试剂　rAd5 – *gag* 为表达 HIV – 1 B 亚型中国分离株 *gag* 基因的 E1、E3 缺失

的复制缺陷型重组 5 型腺病毒；rAAV2/1 – gag 为表达相同 gag 基因的重组 AAV2/1，ITR 来源于 AAV2，外壳蛋白来源于 AAVl，均由本元正阳基因有限公司制备。HRP 标记羊抗小鼠 IgG 购自中山生物技术有限公司。PE 标记的大鼠抗小鼠 CD8a 单克隆抗体（Ly – 2）、FITC 标记的大鼠抗小鼠 IFN – γ 单克隆抗体及其同型对照抗体购自美国 BD Pharmingen 公司。羟基荧光素二醋酸盐琥珀酰亚胺脂（CFSE）购自美国 Invitrogen 公司。

二、**多肽合成** gag 特异性 H – 2^d 表型限制性 CTL 表位多肽 P1（AMQMLKETI），P2（TTSTLQEQI），P3（EPFRDYVDRF）由上海生工生物工程技术服务有限公司合成。

三、**实验动物** 雌性 BALB/c（H – 2^d）小鼠，4 ~ 6 周龄，购自中国医学科学院动物中心。

四、**小鼠免疫** 将疫苗（rAd5 – gag 为 5×10^7 $TCID_{50}$/只，rAAV2/1 – gag 为 1×10^{11} vg/只）用肌内注射法免疫小鼠，对照组注射等体积无菌 PBS。为了观察 rAAV2/1 – gag 和 rAd5 – gag 免疫反应的时间规律，将小鼠随机分成 3 组，每组 30 只，肌内注射 rAAV2/1 – gag 或 rAd5 – gag 一次，在免疫后 2 d、3 d、1 周、2 周、3 周和 4 周检测，每次检测 5 只小鼠。为了观察用同样的疫苗连续两次免疫小鼠后的免疫反应，将小鼠随机分成 3 组，每组 6 只，于 0 周和 3 周免疫，在最后一次免疫后 4 周检测。

五、**胞内细胞因子染色法（Intracellular Cvtomne Staining，ICS）** 取 2×10^6 小鼠脾脏或 1×10^6 淋巴结来源的淋巴细胞重悬于 0.5 ml 含 10% FBS 的 1640 培养液。加入 10 μg/ml 的 gag 特异性 CTL 表位多肽 P1、P2 及 P3 刺激培养 3 h 后加入终浓度为 5 μg/ml 的布雷非尔德菌素 A 处理，继续刺激培养 12 h。收集细胞，用 PE 标记的大鼠抗小鼠 CD8a（Ly – 2）单抗和 FITC 标记的大鼠抗小鼠 IFN – γ 单抗，室温避光染色，上流式细胞仪检测。

六、**CFSE 标记法检测体内杀伤反应（*in vivo* CTL）** 分离正常小鼠脾脏淋巴细胞并计数，将获得的淋巴细胞等分成 2 份，一份加 gag 特异性多肽 P1、P2 和 P3（5 μg/ml）刺激用作特异性靶细胞，另一份不加刺激物用作内对照，37℃ 5% CO_2 培养 2 h。靶细胞用高浓度 CFSE（5 μmol/L，$CFSE_{高}$）染色，对照细胞用低浓度 CFSE（0.5 μmol/L，$CFSE_{低}$）染色，将对照细胞和靶细胞等量混合。按照每只小鼠（1×10^7 靶细胞 + 1×10^7 对照细胞）/100 μl 的剂量由眼底静脉丛注射到实验小鼠体内。注射后 12 h 杀死小鼠，常规分离脾脏和腘窝淋巴结细胞，上流式细胞仪检测。结果计算如下：首先计算 $R = CFSE_{低}$ 的百分比/$CFSE_{高}$ 的百分比，特异性杀伤率（%/killing）= $(1 - R_{对照小鼠}/R_{实验小鼠}) \times 100\%$。

七、**ELISA 法检测血清中特异性 IgG** 将纯化的重组 P24 抗原以 200 ng/孔包被 96 孔酶标板。HRP 标记的羊抗小鼠 IgG 作为二抗，血清样品以 2 倍系列稀释，以间接 ELISA 法测定抗体滴度。

结　果

一、**rAAV2/1 – gag 和 rAd5 – gag 单次免疫小鼠不同时间点的免疫反应** 用 CFSE 标记法检测体内 CTL 反应结果如图 1，rAAV2/1 – gag 和 rAd5 – gag 单独免疫在小鼠体内均诱导了 gag 特异性的 CTL 反应。在所有检测点 rAd5 – gag 所诱导的 CTL 应答都比 rAAV2/1 – gag 强，在反应高峰的出现时间方面，tAd5 – gag 免疫组 CTL 反应高峰出现在免疫后 1 ~ 2 周，随后逐渐下降，而 rAAV2/1 – gag 免疫组 CTL 反应上升较慢，3 周时出现高峰，到 4 周时已有了明显的下降。

为了观察体液免疫应答的时间规律，用
ELISA 方法检测了 P24 特异性的 IgG 水平，结
果见图 2。在 3 周之前，rAd5 - gag 免疫组的
IgG 抗体水平比 rAAV2/1 - gag 免疫组要高，
而在 4 周时，两组的抗体水平均达到检测点的
峰值，此时两组的几何平均值差距缩小，差异
无统计学意义。

**二、rAAV2/1 - gag 和 rAd5 - gag 两次免
疫小鼠诱导的免疫反应**　用同样的疫苗连续两
次免疫 BALB/c 小鼠后的免疫反应如图 3。用
gag 特异性 CTL 多肽体外刺激免疫小鼠脾脏淋
巴细胞，ICS 法检测 IFN - γ 的产生，结果
（图 3 左侧部分）显示 rAd5 - gag 免疫组分泌
IFN - γ 的 CD8$^+$T 细胞占总 CD8$^+$T 的百分比为
$(1.35 \pm 0.52)\%$，而 rAAV2/1 - gag 组仅为

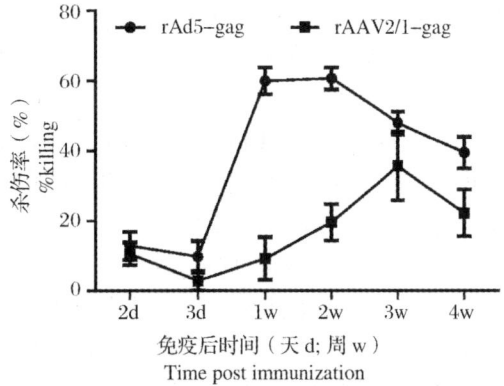

图 1　rAAV2/1 - gag 和 rAd5 - gag 单次免疫
小鼠后不同时间点的 gag 特异性 CTL 反应
Fig. 1　gag - specific cellular immune
responses in BALB/c mice immunized
with rAAV2/1 - gag or tAd5 - gag once

$(0.20 \pm 0.12)\%$，两组差异有统计学意义（Student's t 检验，$P < 0.01$）。在 IgG 抗体方面
（图 3 右侧部分），rAAV2/1 - gag（几何均数为 1 : 68 636）免疫两次组明显强于 rAd5 - gag
免疫组（几何均数为 1 : 19 932）差异有统计学意义（student's t 检验，$P < 0.01$）。

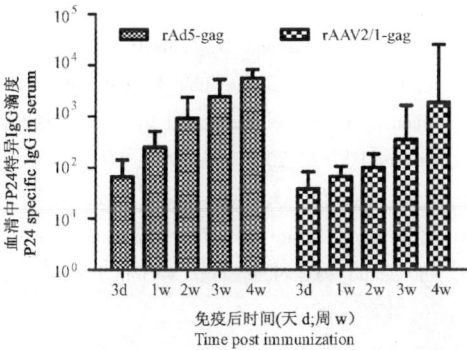

图 2　rAAV2/1 - gag 和 rAd5 - gag 单次免疫小鼠
后不同时间点血清中 P24 特异性 IgG 抗体水平
Fig. 2　P24 - specific IgG in serum
of BALB/c mice immunized
with rAAV2/1 - gag or rAd5 - gag once

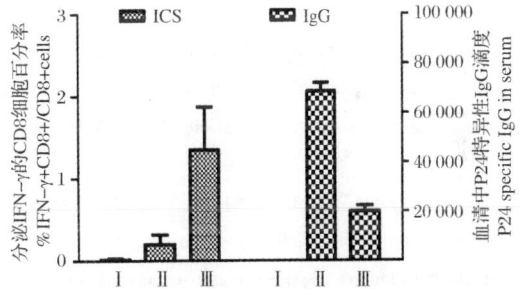

Ⅰ:PBS(2)；Ⅱ:rAAV2/1 - gag(2)；Ⅲ:rAd5 - gag(2)

图 3　rAAV2/1 - gag 和 rAd5 - gag 单独
免疫小鼠两次所诱导 gag 特异性
细胞和体液免疫反应
Fig. 3　gag - specific cellular and humoral
immune responses in BALB/c mice imm-
unized with rAAV2/1 - gag or rAd5 - gag twice

讨　论

本研究对表达 HIV - 1 中国分离株 gag 基因的 rAAV2/1 和 tAd5 疫苗的免疫原性进行了比
较，CTL 和 IgG 抗体反应的结果均提示，从反应时间上来说 rAAV2/1 - gag 免疫组比 rAd5 -
gag 免疫组要慢。这很可能与两种载体的目的基因表达时间有关，本实验室前期的研究以及

文献报道均提示，对于 rAd5 载体，外源基因在肌肉内的表达呈现快速表达、快速清除的特点，而 rAAV2/1 载体则呈现缓慢上升、高水平持续很长时间表达的特点[1]。rAAV2/1 - gag 诱导的细胞免疫应答比 rAd5 - gag 弱，但两次免疫所诱导的体液免疫应答比 rAd5 - gag 要强很多。这可能与以下因素有关：（1）与目的基因的表达有关：本研究小组前期用这两种载体携带 lucifemse 报道基因，肌内注射小鼠后用活体成像系统检测荧光素酶的表达，结果表明在注射后 72 h rAAV2/1 的表达量与 rAd5 大致相同，其后 3 周，rAAV2/1 的表达量继续升高，而 rAd5 的表达量则降低，3 周时 rAAV2/1 的表达量比 rAd5 高出约 600 倍，至注射后 3 个月 rAAV2/1 的表达量一直持续在此水平。此结果说明，这种差异与表达水平的高低无关，但是否与表达的动力学有关还需要进一步的研究来证实。（2）与抗原递呈途径有关：腺病毒载体肌内注射后可以通过直接转导 DC 的方式，或者通过注射部位的炎症反应交叉递呈外源蛋白的方式诱导 MHC - I 类应答，而 AAV 对 DC 转导效率很低，所诱导的炎症反应很弱[2,3]。（3）对机体天然免疫反应的激活能力不同：腺病毒载体可以通过对天然免疫系统的激活诱导急性的炎症反应，从而分泌大量的趋化因子和细胞因子，激活细胞免疫应答，而 AAV 载体诱导的这些趋化因子和细胞因子的分泌很少而且持续时间很短[4]。

综合以上结果，我们认为 rAd5 - gag 诱导了很好的 HIV - 1 特异性细胞和抗体反应，而 rAAV2/1 - gag 诱导的 HIV - 1 特异性抗体反应很强，但细胞免疫应答很弱，提示 rAAV2/1 载体在诱导抗体免疫应答方面可能有很好的应用前景。

〔原载《中华实验和临床病毒学杂志》2009. 23（6）：421 - 423〕

参 考 文 献

1 Gmchala M, Bhardwai S, Paiusola K, et al. Gene transfer into rabbit arteries with adeno - associated virus and adenovirus vectors. JGene Med, 2004, 6：545 - 554

2 Jooss K, Yang Y, Fisher KJ, Wilson JM. Transduction of dendritic cells by DNA viral vectors directs the immune response to transgene products in muscle fibers. J Virol, 1998, 72：4212 - 4223

3 SamIdaan A, Camugli S, Giata B, et al. Successful intefference with cellular immune responses to immunogenic proteins encoded by recombinant viral vectors. J Virol, 2001, 75：269 - 277

4 Zaiss AK, Liu Q, Bowen GP, et al. Differential activation of innate immune responses by adenovirus and adeno - associated virus vectors. J Virol, 2002, 76：4580 - 4590

Comparison of the Immunogenicity of rAAV2/1 and rAd5 expressing HIV - 1 *gag*

YU Shuang - qing, FENG Xia, LIU Hong - mei,

YANG Hai - ru, LI Hong - xia, ZENG Yi

State Key Laboratory for Infectious Disease Prevention and Control, National

Institute for Viral Disease Control and Prevention, China CDC, Beijing 100052, China

Objective To compare the immunogenicity of rAAV2/1 and rAd5 expressing HIV - 1 *gag* in BALB/c mice.

Methods BALB/c mice were immunized with rAAV2/1 - *gag* or rAd5 - *gag* once or twice. HIV - 1 specific cellular immune responses were analyzed by in vivo CTL and intracellular cytokine staining assays. HIV – 1 *gag* specific antibodies were tested by ELISA. **Results** Mice immunized with rAd5 – *gag* once induced stronger *gag* specific cellular immune responses and similar level of *gag* specific antibody compared with rAAV2/1 – *gag*. Mice imumunized with rAd5 – *gag* reached the peak immune responses more rapidly than rAAV2/1 – *gag*. However, mice immunized with rAAV2/1 – *gag* twice elicited better *gag* specific IgG. **Conclusion** rAd5 – *gag* induced strong HIV – 1 specific cellular and antibody responses and rAAV2/1 – *gag* induced high level of HIV – 1 specific IgG and moderate cellular immune responses.

〔**Key words**〕 HIV – 1; Parvoviridae; Adenoviridae; AIDS Vaccines

381. 过氧化物还原酶 3 在宫颈病变中的表达特点

清华大学第二附属医院妇产中心 李连芹 陈春玲 曹泽毅
北京大学第一医院妇产科 廖秦平
中国疾病预防控制中心病毒病预防控制所肿瘤室 杜海军 詹少兵 周 玲 曾 毅

〔摘 要〕**目的** 检测过氧化物还原酶 3 在宫颈病变中的表达特点，以进一步探讨宫颈癌发生、发展的作用机制。 **方法** 用免疫组织化学染色方法检测过氧化物还原酶 3 在宫颈癌中的表达特点。另外用含有人乳头瘤病毒 16 亚型 E6/E7 基因的重组腺相关病毒转染宫颈上皮细胞，通过实时定量 PCR 和蛋白质印迹法检测转染前后过氧化物还原酶 3 表达水平的变化。 **结果** 过氧化物还原酶 3 在宫颈癌中的表达显著高于正常宫颈组织。宫颈上皮细胞感染重组腺相关病毒前后过氧化物还原酶 3 的表达水平没有显著变化。 **结论** 过氧化物还原酶 3 与高危型 HPV 感染以及宫颈上皮细胞的恶性转化没有直接关系。而是在宫颈癌发病以后，由于肿瘤细胞内的活性氧族增多，导致过氧化物还原酶 3 的表达上调。

〔关键词〕过氧化物酶类；宫颈疾病；乳头状瘤病毒，人；依赖病毒；活性氧

目前的研究证实，宫颈持续感染高危型人乳头瘤病毒（Human papillomavirus，HPV）是宫颈癌发病的主要原因，而 HPV 基因与宿主细胞的基因组发生整合是其中的重要步骤之一。有研究发现，这种整合常常发生在靠近 c – myc 的基因位点[1]，c – myc 基因与高危型 HPV 感染、宫颈癌前病变以及宫颈癌的发生、发展密切相关[2-4]。

过氧化物还原酶 3（peroxiredoxin Ⅲ，Prx Ⅲ）作为 c – myc 的靶基因之一，在维持线粒体的稳定以及调控细胞的凋亡、转化方面发挥重要作用[5]。近几年，Prx Ⅲ 与肿瘤的关系越来越受到重视。本研究通过检测 Prx Ⅲ 在宫颈癌中的表达特点以及与高危型 HPV 感染的关系，探讨 Prx Ⅲ 在宫颈癌发生、发展中的作用机制。

对象和方法

一、对象 宫颈标本取自在北京大学第一医院妇产科接受子宫全切除术或者宫颈癌根治术的患者，包括 10 例 HPV 16 阳性的宫颈鳞状细胞癌和 10 例高危型 HPV 阴性的正常宫颈。

二、方法

1. Prx Ⅲ蛋白表达水平的检测：我们采用免疫组织化学技术检测 Prx Ⅲ蛋白在正常宫颈以及宫颈癌中的表达状况。染色步骤参照文献［6］。一次抗体由日本东北大学细胞生物学教研室带刀益夫教授惠赠。

每张切片选择4处不同视野，在高倍镜下（400×）分别计数阳性细胞及阴性细胞。每张切片的细胞总数为1200~1600个，阳性细胞数占细胞总数的百分比代表阳性细胞率，即标记指数（labeling index，LI）。

2. 细胞培养和 HPV 16 E6/E7 转染：在无菌条件下切取 HPV 阴性的正常宫颈移行带上皮，采用无血清培养基（购自美国 Gibco 公司）贴壁培养。当细胞生长密度为70%~80%时，利用脂质体转染试剂 Lipofectamin 2000（购自美国 Invitrogen 公司），将含有 HPV 16 E6/E7 的重组腺相关病毒载体[7]（Recombinant adeno－associated virus，rAAV）感染宫颈上皮细胞，从细胞中提取 DNA，用于检测 HPV 16 E6/E7 基因。引物序列为5'－GAATTCATGCAC-CAAAAGAGAACTG－3'；5'－GTCGACCGCACAACCGAAGCGTAG－3'（696 bp），反应条件为95℃ 3 min，95℃ 30 s，55℃ 30 s，72℃ 60 s，共30个循环，72℃延伸7 min 结束扩增，扩增产物取 5 μl 于1%琼脂糖凝胶电泳显示。

然后分别从转染前后的宫颈上皮细胞中提取 RNA，合成第一链 cDNA 以后，采用实时定量 PCR 方法（Quantitative real－time PCR，qRT－PCP），检测 Prx Ⅲ mRNA 的表达水平，qRT－PCR 试剂盒购自美国 Invitrogen 公司，引物序列为：5'－AGCTGCCAACAACGGAGCAT－3' 和 5'－TCGCAGTACCCCGTGAGCA－3'。β－actin 作为内参，引物序列为5'－CGGCCAGGTCAT-CACCATFG－3' 和 5'－CCGCCACACAGCACTGTGTTG－3'。所用仪器为 Bio－Rad iCycler，反应条件为95℃ 3 min，（95℃ 15 s，60℃ 60 s）×40，反应体积为50 μl，相对表达量以公式 $2^{-\Delta Ct} \times 10^6$ 计算，其中 $\Delta Ct = [Ct_{prxⅢ} - Ct_{\beta-actin}]$。另外，我们采用蛋白质印迹法，检测转染上皮细胞中 Prx Ⅲ蛋白质的表达水平。参照文献［7］方法。第一抗体为兔抗鼠 Prx Ⅲ抗体（稀释浓度1:200），第二抗体为生物素标记的羊抗兔 IgG（稀释浓度1:1000），用 ECL 化学发光试剂盒（英国 Amersham 公司）检测杂交信号。β－actin 作为内参。

三、统计学方法　对于 qRT－PCR 的相对表达量以及免疫组织化学染色的 LI，通过单因素方差分析，比较不同样本之间的表达差异，$P < 0.05$ 为差异具有统计学意义。

结　果

一、病例特点　纳入本研究的患者的平均年龄分别为：正常对照组（49.5±1.8）岁；宫颈癌组（50.2±2.6）岁，两组患者之间的年龄差异没有统计学意义。根据国际妇产科联盟的分期标准，10例宫颈癌患者均为 Ib 期，经病理检查均为鳞状上皮癌。

二、Prx Ⅲ在宫颈癌中的表达　免疫组织化学染色结果显示 Prx Ⅲ染色的阳性部位主要在细胞质，宫颈癌标本中2/3以上的肿瘤细胞显示 Prx Ⅲ染色阳性，而正常宫颈标本中的阳性细胞数不足1/3，如图1所示。

如果用 LI 表示 Prx Ⅲ染色的阳性细胞比例，正常宫颈的 LI 为15.24±1.26，宫颈癌的 LI 为80.04±2.05，两者比较差异有统计学意义（$P < 0.01$）。

三、宫颈上皮感染 HPV 16 对 Prx Ⅲ表达水平的影响　为了进一步了解 Prx Ⅲ在宫颈病变中的表达特点，我们将含有 HPV 16 E6/E7 的 rAAV 转入宫颈上皮细胞。转染72 h 后的

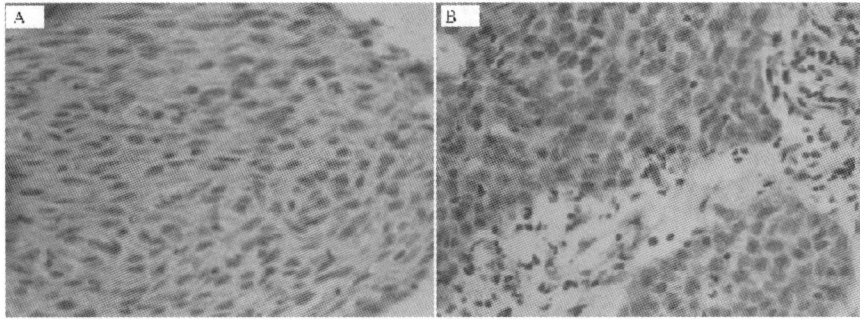

正常宫颈（A）仅少数细胞其细胞质染成棕色，

而宫颈癌（B）中几乎所有细胞其细胞质染成棕色。放大倍数：400×

图1　Prx Ⅲ在正常宫颈（A）和宫颈癌（B）中的表达特点

A few of Prx Ⅲ – positive cells were noticed in nomlal cervix while nearly all

calncerous cells sho wed positive for Prx Ⅲ. Original amplification：400×

Fig. 1　Immunohistochemical staining of Prx Ⅲ in normal cervix（A）and cervical cancer（B）

检测结果表明，宫颈上皮细胞中含有 HPV 16 E6/E7，如图 2A 所示。qRT – PCR 检测结果显示转染前后 Prx Ⅲ mRNA 的相对表达值分别为 4320 ± 476 和 4560 ± 328，两者之间比较没有统计学差异（$P > 0.05$）。蛋白质印迹实验结果进一步证实，Prx Ⅲ蛋白质的表达水平在转染前后没有显著变化（图 2B）。

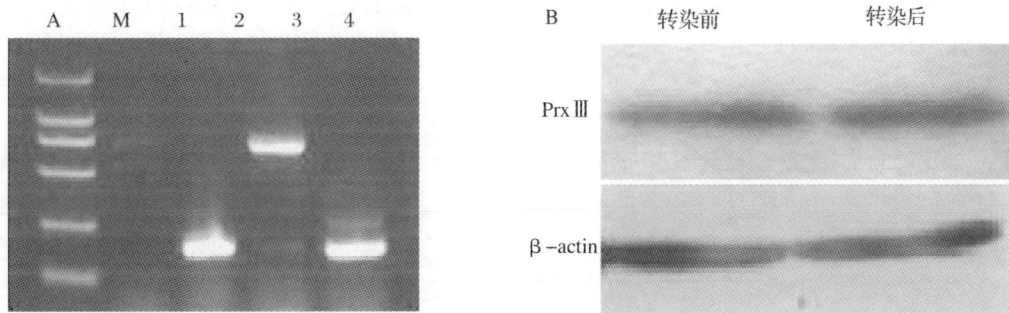

A：转染细胞中 HPV 16 E6/E7 DNA 的检测。M：DL2000 marker；1 和 2：转染前；3 和 4：转染后。

对应于约 700 bp 的条带为 HPV 16 E6/E7 产物，对应于 150 bp 的条带为 β – actin 产物。

B：蛋白质印迹实验证实，Prx Ⅲ在宫颈上皮中的表达水平在转染前后没有变化

图2　宫颈上皮细胞转染 HPV 16 E6/E7 前后 Prx Ⅲ基因的变化

A：HPV 16 E6/E7 DNA was detected in transfected cervical epithelia. M：DL2000 marker；

Lane 1 and 2：before transfection；Lane 3 and 4：after transfection. The band corresponding to 700 bp

represents HPV 16 E6/E7 while the band conresponding to 150 bp represents β – actin. B：Western – blotting

showed no change of Prx Ⅲ expression before（left lane）and after（right lane）transfection

Fig. 2　Prx Ⅲ expression in cervical epithelia transfected with rAAV

讨　论

本研究结果表明，宫颈感染高危型 HPV 没有引起 Prx Ⅲ的表达发生变化，提示 Prx Ⅲ与

高危型 HPV 感染或者宫颈上皮的转化没有直接关系。如前所述，宫颈感染高危型 HPV 即引起 c－myc 的表达升高，而作为 c－myc 靶基因的 Prx Ⅲ 并未发生变化。对于这一现象可能的解释是：c－myc 是一种具有多效应性的转录因子，通过对多种靶基因的调节，参与细胞的增殖、分化、转化等过程。但就某一特定靶基因或者某一特定功能而言，则取决于细胞的类型。在宫颈上皮细胞，研究发现 c－myc 与高危型 HPV 的 E6/E7 协同作用，通过激活端粒酶催化亚单位促进细胞的转化。而 Prx Ⅲ 在宫颈癌中的表达显著升高，可能是由于宫颈癌细胞快速、无限的增殖分裂，导致营养、氧气的供应相对不足，肿瘤内部形成一定的低血流量、低氧区域，产生较多的活性氧族（Reactive oxvgenspecies，ROS）。Prx Ⅲ 的表达被上调，实际上是由于肿瘤细胞内 ROS 水平升高引起的自我保护性反应。这一反应有利于清除细胞内过多的 ROS，使细胞免于因 ROS 增多诱导的凋亡。

〔原载《中华实验和临床病毒学杂志》2009，23（6）：443－445〕

参 考 文 献

1 Couturier J,Sastre－Garau X,Schneider－Maunoury S,et al. Integration of papillomavirus DNA near mye genes in genital carcinomas and its consequences for proto－oneogene expression. J Virol,1991,65：4534－4538

2 Golijow CD, Abba MC, Mouron SA, et al. c－myc gene amplification detected in preinvasive intraepithelial cervical lesions. Int Gynecol Cancer, 2001, 11：462－465

3 Vijayalakshmi N, Selvaluxmi G, Mahji U, et al. C－mye oncoprotein expression and prognosis in patients with carcinoma of the cervix：an immunohistochemical study. Eur J Gynaecol Oncol, 2002, 23：135－138

4 Abba MC, Laguens RM, Dulout FN, et al. The c－mye activation in cmwieal carcinomas and HPV 16 infections. Mutat Res, 2004, 557：151－158

5 Wonsey DR, Zeller KI, Dang CV. The c－myc target gene PRDX3 is required for mitochondrial homeostasis and neoplastic transformation. Proc Natl Acad Sci USA, 2002, 99：6649－6654

6 曹泽毅，赵健，廖秦平，等. 人乳头状瘤病毒 16 型 E6、E7 基因诱导的人子宫颈永生化上皮细胞系的建立及其生物学特性的鉴定. 中华妇产科杂志，2004，39：486－488

7 Li L, Shoji W, Takano H, et al. Increased susceptibility of MER5（peroxiredoxin Ⅲ）knockout mice to lipopolysaccharide（LPS）－induced oxidative stress. Biochem Biophys Res Conunun, 2007, 355：715－721

Expression of Peroxiredoxin Ⅲ in Cervical Lesions

LI Lian－qin*, CHEN Chun－ling, CAO Ze－yi, LIAO Qin－ping,

DU Hai－jun, ZHAN Shao－bing, ZHOU Ling, ZENG Yi

（*Obstetrics and Gyrwcology Center, Tsinghua University Second Hospital, Beijing 100049, China）

Objective To investigate the expression feature of peroxiredoxin Ⅲ in cervical lesions and to further understand the mechanism for cervical cancer development/progression. **Methods** Expression of peroxiredoxin Ⅲ was immunohistochemically detected in cervical cancer. In addition, cepdcal epithelia were transfected with recombinant adeno－associated virus vector containing human papillomavirus 16 E6/E7 and peroxiredoxin Ⅲ expression was detected by quantitative real time PCR and Western blotting. **Results** Peroxiredoxin Ⅲ was significantly up－regulated in cercival cancer tissues. Nevertheless，expression of peroxiredoxin III remained unchanged in cervical epithelial cells after transfection. **Conclusion** It seems that Prx III is not related to cervical cancer initiation. Up – regulation of peroxiredoxin III in celwical cancer might be an active response to oxidative stress in malignant cells，which protects against oxidatiton – induced apoptosis.

〔**Key words**〕Peroxides；Cervix diseases；Papillomavirus，human；Dependovixus；Reactive oxygen species

382. 含有 H5N1 NA 基因重组腺病毒疫苗在小鼠体内的免疫效果研究

北京工业大学生命科学与生物工程学院 马 晶

中国疾病预防控制中心病毒病预防控制所传染病预防控制国家重点实验室

张晓光 张晓梅 杨 亮 曾 毅

中国疾病预防控制中心病毒病预防控制所国家流感中心

李魁彪 王 敏 白 天 徐 红 舒跃龙

〔**摘 要**〕**目的** 考察含有禽流感病毒 A/Anhui/1/2005（H5N1）优化型 NA 基因的重组腺病毒在 BALB/c 小鼠体内的免疫效果，并筛选合适的免疫剂量。**方法** 重组病毒以肌内注射方式在第 0 周和第 4 周免疫 BALB/c 小鼠两次，低、中、高组的免疫剂量分别是 10^5、10^7 和 10^9 $TCID_{50}$/次，第 5 周时分别使用神经氨酸酶活性抑制试验和 ELISpot 实验来检测和比较疫苗的体液和细胞免疫效果。**结果** 重组病毒免疫后的小鼠均可检测出针对 NA 抗原的特异性体液和细胞免疫反应，并且免疫效果与免疫剂量呈正相关，$10^7 TCID_{50}$/次是合适的免疫剂量。另外，从包含 NA 全长氨基酸残基的合成肽库中筛选到两个能够刺激 BALB/c 小鼠 T 淋巴细胞分泌 IFN – γ 的表位，即 $NA_{109-124}$：CRTFFLTQGALLNDKH 和 $NA_{182-199}$：AVAVLKYNGIITDTIKSW。**结论** 含有优化型 NA 基因的重组腺病毒疫苗能够诱导 BALB/c 小鼠同时产生 NA 抗原特异性的体液和细胞免疫反应，是较好的 H5N1 流感病毒候选疫苗株，值得进一步深入研究。

〔**关键词**〕流感病毒，A 型；神经氨酸酶；腺病毒，人；免疫，主动

禽流感病毒属于甲型流感病毒，自然宿主是禽类，对人存在种属屏障。1997 年首次在香港报道的人感染禽流感病毒 H5N1 中，18 例感染者中有 6 例死亡[1]之后病毒感染人数和传播范围不断扩大，病死率一直在 50% 以上。疫苗是抵御病毒感染最主要的防线之一。血凝素（Haemagglutinin，HA）和神经氨酸酶（Neuraminidase，NA）是流感病毒的两个主要的膜抗原。针对 HA 的抗体能够中和病毒，抵御感染，但 HA 也是变异最快的抗原。对 NA 抗原的研究发现，含 NA 基因的 DNA 疫苗或 VLP 疫苗均能激发机体的抗体反应，并有不同程度的保护作用。本室之前构建了含有禽流感病毒 A/Anhui/1/2005（H5N1）野生型和优化型 NA 基因的重组腺病毒，两者均能诱导 BALB/c 小鼠产生 NA 特异性细胞免疫反应，并且优化型 NA 基因的免疫效果优于野生型 NA 基因[2]。在此基础上，本研究进一步考察了含有

优化 NA 基因的重组腺病毒的细胞和体液免疫反应，并筛选合适的免疫剂量。为研制有效的 H5N1 疫苗打下基础。

材料和方法

一、细胞株、病毒株和试剂　含优化型 NA 基因的重组腺病毒由本室构建，具体参见文献［2］。293 细胞为本室保存。小鼠淋巴细胞分离液购自深圳达科为公司，IFN‐γ Elispot 试剂盒购自荷兰 U‐Cytech 公司。

二、多肽合成　含 NA 全部氨基酸残基的肽库由 Chris Li 惠赠（MRC Human immunology unit，wcatherhall institute of molecular medicine，oxford university medical school，john radcliffe hospital，oXford）。

三、动物免疫　雌性 BALB/c 小鼠 20 只，4～6 周龄，购自北京维通利华实验动物技术有限公司。随机分成 4 组，每组 5 只，单侧胫前肌内注射，在第 0 周和第 4 周免疫两次，低、中、高剂量组的免疫剂量分别是 10^5、10^7 和 $10^9 TCID_{50}$/次，同时设置 PBS 对照组。第 5 周检测免疫反应。

四、免疫小鼠中 H5N1 NA 特异性体液免疫反应的检测　初免后第 5 周采集小鼠的静脉血，分离血清。参照人感染高致病性禽流感诊断标准（WS284‐2008）中的神经氨酸酶活性抑制（Neuraminidase inhibitor，NI）试验进行检测。即每份血清取 100 μl 用 pH5.9 的磷酸盐缓冲液依次倍比稀释，然后加入等体积已测定的病毒抗原于 37℃ 孵育 1 h，取出，各加入 100 μl 底物胎蛋白溶液，37℃ 水浴 16～18 h。室温冷却后，先在每管中加入 100 μl 过碘酸盐试剂，室温作用 20 min 后，再加入 1 ml 的砷试剂，充分混匀。最后，加入 2.5 ml 的硫代巴比妥酸试剂（趁热加入），沸水中煮 15 min。此时，出现红色的是神经氨酸酶活性的反应。参照对照血清的结果，将能够抑制 50% 的酶活性的最高血清稀释度记为结果值。

五、免疫小鼠中 H5N1 NA 特异性细胞免疫反应的检测

1. NA 表位筛选：包含 A/Anhui/1/2005（H5N1）NA 全部氨基酸残基的肽库共包含 59 条合成肽，每条肽配制成单一的溶液，最终使用浓度为 4 μg/ml。初次免疫后 5 周颈椎脱臼法处死小鼠，用淋巴细胞分离液分离小鼠脾淋巴细胞。取 50 μl $6×10^6$/ml 高剂量组小鼠的脾淋巴细胞和等体积的单条肽加入已包被抗小鼠 IFN‐γ 抗体并封闭过的 ELISpot 板中，每个肽做复孔。阴性对照孔只加等量的细胞不加肽，阳性对照孔加入细胞和终浓度为 20 μg/ml 的刀豆蛋白（ConA）。37℃ 培养箱孵育 36～48 h 后，分别经过生物素标记的一抗和链霉亲和素 HRP 的二抗进行反应，最后加入 AEC 显色液显色。

2. 用筛选到的肽比较免疫小鼠中 NA 特异性：细胞免疫反应：用筛选到的 2 条肽对全部的免疫后小鼠脾淋巴细胞进行检测，检测方法同上。每只小鼠的淋巴细胞做复孔。

六、统计学方法　NI 研究的结果先进行 $\log_2$ 变换，各组之间的统计学差异使用单因素方差分析方法进行分析，两实验组间使用非配对 t 检验方法进行分析，P 值均设为 0.05。

结　　果

一、免疫小鼠中 NA 特异性抗体反应的检测　初免后第 5 周使用 NI 方法对抗体水平进行测定，NI 的结果用能够抑制 50% 酶活性的最高血清稀释度表示。PBS 组的结果均小于 10，将其记为 10。将数据进行 $\log_2$ 变换后见图 1。重组病毒免疫后的小鼠 NI 滴度呈现明显的量效关系，并且低、中、高三剂量组之间的滴度差异均具有统计学意义（$P < 0.05$）。

二、免疫小鼠中 NA 特异性 CTL 应答检测 首先，使用 ELISpot 方法对 NA 肽库中的 59 条肽进行分别筛选，最终得到 2 个能够刺激 BALB/c 小鼠淋巴细胞分泌 IFN-γ 的表位，即 $NA_{109-124}$：CRTFFLTQGALLND-KH（表示为 Pep16）和 NA182 - 199：AVAVLKYNGIITDTIKSW（表示为 Pep26）。

然后，用筛选出的两条肽来比较所有免疫小鼠脾脏淋巴细胞分泌 IPN-γ 的能力，检测结果如图 2 所示。rAdV-Mod. NA 各剂量组的细胞斑点数和免疫剂量呈正相关。但中、高剂量组之间的结果，差异无统计学意义。另外，Pep26 的刺激结果明显优于 Pep16 的结果。这说明我们得到的重组病毒 rAdv-Mod. NA 能够激发小鼠产生细胞免疫反应。结合体液免疫检测结果，我们认为中剂量组的免疫剂量是合适的小鼠免疫剂量。

讨 论

流感病毒的 NA 蛋白是病毒基因组第六节段编码的产物，它可以裂解唾液酸和附近的糖残基之间的 A 糖苷键，使子代病毒释放出来，还可防止病毒之间的聚集[3]。基于 NA 的各类疫苗的免

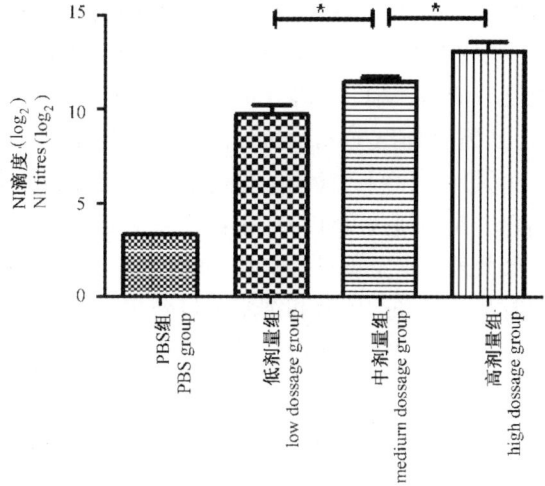

图 1　NI 检测结果

Each group consisted of 5 BALB/c mice,
bars represent mean with SEM（＊：$P < 0.05$）

Fig. 1　NI Titers of different vaccinations with AH/1/05

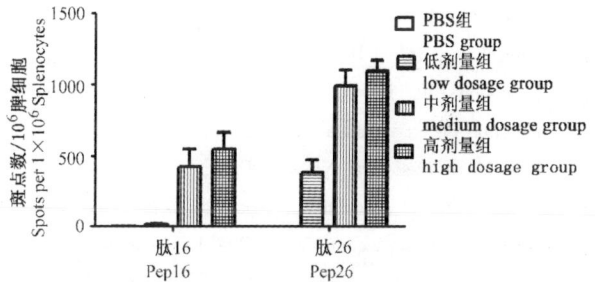

图 2　ELISpot 检测 NA 抗原特异性分泌 IFN-γ 的小鼠淋巴细胞数

Each group consisted of 5 BALB/c mice,
and bars represent mean spots with SEM per 1×10^6 splenocytes

Fig. 2　Identification of numbers of NA specific IFN-γ secreting cells from mice by ELISpot

疫保护性试验结果表明，尽管它不能中和病毒的感染力，但可以诱导机体产生特异性的抗体，减低病毒复制和疾病症状。

常规的灭活疫苗和减毒活疫苗的 NA 抗体水平都很低，这可能是 UA 的抗原竞争所致。从杆状病毒表达的蛋 A 疫苗[4]和质粒 DNA 疫苗[5]中均发现，HA 和 NA 的免疫原性是等价的。另外，有研究发现杆状病毒表达的 HA 和 NA 蛋白疫苗联合免疫的小鼠比仅用 HA 蛋白免疫的小鼠对异亚型病毒攻击具有更好的交叉保护反应，推测这可能是 NA 抗体的交叉反应

所致[6]。因此，含有 NA 抗原的疫苗可能是 HA 疫苗之外的有力补充。

本研究发现，两次肌肉免疫可同时诱导产生较高的体液和细胞免疫反应。中剂量组两次免疫后的 NI 滴度均值（$\log_2$）可达到 11.52，而 Li 等人所做的含有 A/PR/8/34（H1N1）NA 基因的 DNA 疫苗的抗体滴度仅达到 8.3，并且能够保护同种病毒的攻击[7]。

另外，我们还检测了免疫后小鼠的细胞免疫反应，并在包含 NA 全长基因的肽库中筛选到 2 个能够刺激 BALB/C 小鼠 T 细胞板分泌 IFN-γ 的表位。

此外，本室曾对含禽流感病毒 HA 基因的重组腺病毒疫苗进行了免疫效果考察，发现其同时具有较好的体液和细胞免疫效果。下一步，我们考虑将 HA 和 NA 的重组腺病毒疫苗联合应用，期望能探索出有意义的免疫方案。

〔原载《中华实验和临床病毒学杂志》2009，23（6）：449－451〕

参 考 文 献

1 Claas EC, de Jong JC, van Beek R, et al. Human influenza virus A/HongKong/156/97（H5N1）infection. Vaccine, 1998, 16: 977－978

2 马晶，张晓光，陈红，等. 含有人 H5N1 流感病毒 NA 基因的重组腺病毒候选疫苗株在小鼠体内诱发细胞免疫反应. 病毒学报，2009，25：327－332

3 Neuman G, Kawaoka Y. Host range restriction and pathogenicity in the context of influenza pandemic. Emerg Infect Dis, 2006, 12: 881－886

4 Johansson BE, Pokomy BA, Tiso VA. Supplementation of conventional trivalent influenza vaccine with purified viral N1 and N2 neuraminidases induces a halanced immune response without antigeniccompetition. Vaccine, 2002, 20: 1670－1674

5 Chen Z, Matsuo K, Asanuma H, et al. Enhanced protection against a lethal influenza virus challenge by immunization with both hemagglutinin - and neuraminidase - expressing DNAs. Vaccine, 1999, 17: 653－659

6 Brett IC, Johansson BE. Immunization against influenza A virus: Comparison of conventional inactivated, live - attenuated and recombinant baculovirus produced purified hemagglutinin and neuraminidase vaccines in a murine model system. Virology, 2005, 339: 273－280

7 Li XZ, Fang F, Song YL'et al. Essential Sequence of Influenza Neuraminidase DNA to Provide Protection Against Lethal Viral Infection. DNA Cell Biol, 2006, 25: 197－205

Study on Immunogenicity of a Recombinant Adenovirus Vaccine Containing Neuraminidase Gene of H5N1 Influenza Virus （A/Anhui/1/2005/in Mice）

MA Jing*, ZHANG Xiao - guang, LI Kui - biao, ZHANG Xiao - mei, WANG Min,
BAI Tian, YANG Liang, XU Hong, SHU Yue - long, ZENG Yi
（*The College of Life Science and Bioengineering, Beijing University of Technology, Beijing 100022, China）

Objective To investigate immunity of a recombinant adenovirus vaccine （rAdV） containing codon-modified neuraminidase （Mod. NA） gene of H5N1 influenza virus in BALB/c mice and to screen for appropriate dose.
Methods BALB/c mice were immunized with the rAdV - Mod. NA vaccine intramuscularly twice （double injection at 0 and 4th week） in three groups, low dosage （10^5 $TCID_{50}$ per dose）, medium dosage （10^7 $TCID_{50}$ per dose） and high dosage （10^9 $TCID_{50}$ per dose）. The effect of humoral and cell - mediated immunity were analysed at 5th week.

Results ①The rAdV – Mod. NA vaccine could elicit both humoral and cell – medimed robust NA specific immunity in mice by neuraminidase inhibitor assay and IFN – γ ELISpot assay；②$10^7$ $TCID^{50}$ per dose was the appropriate dose；③Peptide $NA_{109-124}$：CRTFFLTQGALLNDKH and peptide $NA_{182-199}$：AVAVTJKYNCIITDTIKSW were the dominant epitopes for neuraminidase – immunized BALB/c mice'which was screened out from the whole length of neuraminidase of an H5N1 vires'A/Anhui/1/2005. **Conclusion** The recombinant adenovirus NA could induce specific hulnoral and cellular immune responses in BALB/c after immunization，which suggest rAdV – Mod. NA vaccine was a potential vaccine candidate against H5N1 influenza and worthy of further investigation.

〔**Key words**〕Influenza A vires；Neurmninidase；Adenoviruses，human；Immunity, active

383. 鼻咽癌的临床免疫治疗

中国疾病预防控制中心病毒病预防控制所传染病预防控制国家重点实验室
杜海军　周　玲　曾　毅

鼻咽癌（NPC）是我国南方一些省（自治区）的常见恶性肿瘤之一。在广东、广西发病率可高达 50/10 万，在两广一些地区 NPC 占肿瘤病死率的第一或第二位，是我国重点防治的十大肿瘤之一。放射治疗是鼻咽癌治疗的基本方法，国内外文献报道鼻咽癌 5 年生存率为 50%～60%。中晚期鼻咽癌治疗失败原因多是局部复发和远处转移。一旦复发或转移，将近 85% 的患者 1 年内死亡，3 年内全部死亡。已有研究表明常规治疗辅助免疫治疗可以有效控制鼻咽癌的复发和转移，本文对这方面的研究进行报道。

免疫分子治疗

一、转移因子　鼻咽癌的免疫治疗可以追溯到 20 世纪 70 年代，研究人员发现了一种既非抗原也非抗体的可透析物质，对淋巴细胞敏感，调节细胞免疫，称为转移因子（Transfer factor，TF）[1]，当时被广泛用于抗肿瘤治疗[2-4]。最早进行鼻咽癌免疫治疗的报道是 Goldenberg[5]，他们用 EBV 抗体阳性人中获得的转移因子（TF）辅助治疗鼻咽癌，通过随机双盲实验，对三期鼻咽癌放疗患者进行辅助免疫治疗。从 1974—1977 年，选择了 100 例鼻咽癌患者进行试验。一半只进行放疗，一半进行放疗加 18 个月的 TF 免疫治疗，试验持续了 5 年，结果显示两组患者在 NPC 的治愈率和存活期方面，没有明显的不同。在鼻咽癌患者中使用 TF 不产生抗肿瘤活性。然而，Brandes 等[6]用传染性单核细胞增多症患者中获得的 TF，对两例鼻咽癌病人进行治疗，并通过外周白细胞迁移抑制实验证实 TF 在体外具有抗鼻咽癌抗体活性。Prased 等[7]研究结果表明：抗 EBV 活性的转移因子对放化疗后四期未分化 NPC 进行辅助治疗取得明显疗效，治疗组（TF－B 组）平均生存期 47.5 个月，明显好于 TF－PBL 和对照组（平均生存期为 14.3 个月）。其中对照组 6 例，随着病程恶化而死亡；而 TF－B 组 2 个远处转移的患者完全消失，一个 3.5 年后死于结核，另一个 4.2 年后仍然存活，且康复。可以说 EBV 活性的转移因子辅助治疗 NPC 是有效的，但这并非针对 NPC 特异性治疗，只是在一定程度上延缓了病情。

二、白细胞介素－2 和抗体　除了 TF 治疗 NPC 外，其他免疫分子治疗 NPC 也取得了一定的疗效。司勇锋等[8]利用白细胞介素-2（IL-2）对30例放化疗的鼻咽癌患者进行辅助免疫治疗，表明IL-2可以提高NPC患者的细胞免疫，但对体液免疫功能影响不大。

Li 等[9]用识别 NPC 相关抗原的两种抗独特型单克隆抗体（Ab2）2H4 和 5D3，Abl（FC2 和 HNL5）对 19 个Ⅳ期患者进行免疫治疗。NPC 患者 PBMC 中 IL-2 mRNA 的表达与血清中 IL-2 含量密切相关。表明鼠源的 2H4 和 5D3 抗独特型抗体免疫治疗 NPC 是安全的，而且有效地增强了放疗后 NPC 患者的体液或细胞免疫应答。Louis 等[10]用在回输前 CD45 单克隆抗体选择性去除淋巴细胞。虽然在所有的患者中出现淋巴细胞短暂的降低，在 8 个 NPC 复发患者中 6 个患者 IL-15 增加。患者外周血中 CTL 含量增加。3 个患者长期持续增加具有临床效果（1 个大于 24 个月，2 个分别病情稳定控制了 12 和 15 个月）。说明单克隆抗体去除淋巴细胞可以替代化疗，增强 EBV 特异性 CTL 扩增。

近来研究发现 NPC 与 EBV 感染密切相关，利用 EBV 抗原可以激发特异性的细胞免疫应答。几乎所有病例的癌组织中有 EBV 基因组存在和表达[11]；尤其是癌前病变的鼻咽上皮细胞中存在低拷贝数 EBV RNA[12,13]，原位鼻咽癌细胞中 EBV 的拷贝数已达到浸润水平[14]。患者血清中有高效价的抗 EBV 抗原（主要为 VCA 和 EA）的 IgG 和 IgA 抗体。于是人们尝试对鼻咽癌患者进行 EBV 特异性的细胞免疫治疗。

免疫细胞治疗

EBV 是以潜在的感染形式，主要表达的基因有：EBNA1；LMP1 及 LMP2；EBER1 及 EBER2。研究结果显示，在人体中存在针对 EBNA1、LMP2 特异性的细胞应答[15]。

一、细胞毒性 T 淋巴细胞（CTL）　Straathof 等[16]应用自体 EBV 特异性细胞毒性 T 淋巴细胞（CTL）对一些晚期鼻咽癌患者进行了过继免疫治疗，取得了较好效果。在 10 例晚期鼻咽癌患者接受了用自体 EBV 特异性 CTL 进行的过继免疫治疗中，所有患者对 CTL 治疗的耐受性都较好；4 例缓解期患者在 CTL 治疗后的 19～27 个月内维持无病生存；其中 6 例难治性患者中，2 例获得了完全缓解，持续了 11～23 个月，1 例获得了部分缓解，持续了 12 个月，有 1 例病情稳定达 14 个月以上，仅 2 例无效。实验表明 EBV 特异性过继免疫治疗对于晚期鼻咽癌患者来说是一种可行、安全且行之有效的方法。Comili 等[17]也利用自身 EBV 特异性的 CTL 治疗 10 个Ⅳ期 NPC 患者，他们在接受传统的放化疗后静脉回输自体 EBV 特异性 CTL（LCL 刺激扩增获得）。在所有患者中产生的 CTL 具有杀伤 LCL、NPC 细胞以及含 LMP2 细胞的活性。患者接受了 2～23 次回输，除了 2 名患者在肿瘤细胞部位出现的 1～2 度的炎症反应外，其余患者具有良好的耐受性。10 人中 6 人病情得以控制（2 个局部反应，4 个病情稳定），γ-干扰素（γ-IFN）分泌增加，有 4 个患者出现 LMP2 特异性 CTL 反应，3 个临床症状好转。

二、树突状细胞（DC）　除了 T 细胞治疗外，树突状细胞（DC）治疗 NPC 也取得了明显疗效。香港林成龙等[18]以 EBV 负载 EBV-LMP2 的 HLA-A1101-，A2402-，和 B40011 限制性多肽表位负载 NPC 患者自体单核细胞诱导产生的 DC，在细胞因子诱导成熟后，注射腹股沟淋巴结，共有 16 个原位复发或远处转移的 NPC 患者在接受传统治疗后辅助免疫治疗，一共注射 4 次，隔周注射 1 次。其中 9 个 NPC 患者获得 HLA-A1101 和 A2402 限制性多肽诱导产生的表位特异性 CD8+ T 细胞反应。HLA-A1101 反应较强。在免疫 A1101 免疫后 3 个月还能在外周血中检测到表位特异性细胞毒性 T 细胞。更为显著的是 2 名患者肿瘤缩小。左建民等[19]对9例NPC患者用重组腺病毒（rAd－LMP2）感染自体诱导的DC，经60Co灭活后，皮内注射免疫，总计注射3次，在注射的9例NPC患者无一出现不良反应，通过IFN分析显示5例NPC患者的细胞免疫水平明显提高，有8例IgA/VCA的抗体水平降低。盘鹰等[20]实验表明rAd－LMP2感染的自体诱导的DC促进了EBV特异性的CTL增殖，具有杀伤NPC细胞活性。最近我们在广西进行NPC患者细胞免疫治疗中，在已完成3次皮内免疫的13名患者中，有9名EBV－LMP2特异性的细胞免疫水平明显升高。

小　　结

用免疫治疗控制NPC的复发和转移在一些患者中取得了很好的疗效，部分肿瘤患者的细胞免疫明显增强，EBVDNA载量下降或维持在一定水平。在治疗期间，病情明显减轻，未进一步恶化，有效地延长了患者的生命。由于个体差异方面的原因，目前的研究报道数据显示，免疫治疗并不适合每位肿瘤患者，在治疗中部分的肿瘤患者的机体的细胞免疫应答并没有增强，EBV DNA的载量没有降低。治疗方法也有待于进一步探讨！总之，免疫治疗还不能成为一种独立的临床治疗手段，仅为临床常规治疗后辅助方式。肿瘤的发生是环境、遗传、免疫、微生物感染等多种因素作用的结果。虽然免疫治疗对抑制和控制肿瘤在一段时间内取得了效果，但其长期效果还有待于进一步研究。

〔原载《中华实验和临床病毒学杂志》2009，23（6）：502－503〕

参 考 文 献

1　Lawrence HS. Tranfer factor. Adv Immunol, 1959, 11：195－266

2　Brandes LJ, Galton DAG, Wiltshaw E. New approch to the hnmunotherapy of Melanoma. Lancet, 1971, 2：293－295

3　Levin AS, Byers VS, Fudenburg HH, et al. Osteogenic sarcomaimmunologic parameters before and during with tumor－specific transfer factor. J Clin Invest, 1975, 55：487－499

4　Lobuglio AF, Neidhart JA, Hilberg RW, et al. Tire effect of transfer factor therapy on tumor immunity in alveolar soft part sarcoma. Cell Immunol, 1973, 7：159－165

5　Goldenberg GJ, Brandes LJ, Lau WH, et al. Cooperative trial of immunotherapy for nasopharyngeal carcinoma with transfer factor from donors with Epstein－Barr virus antibody activity. Cancer Treat Report, 1985, 69：761－767

6　Brandes LJ, Goldenberg GJ. In vitro transfer of cellular immunity against nasopharyngeal carcinoma using transfer factor from donors with Epstein-Barr virus antibody activity. Cancer Res, 1974,

34：3095－3101

7　Prased U, Bin Jalaludin MA, Rajadurai P, et al. Transfer factor with anti－EBV activity as an adjuvant therapy for nasopharyngeal carcinoma：a pilot study. Biother, 1996, 9：109－115

8　司勇峰，王培中，焦伟，等. 白细胞介素2对鼻咽癌放、化疗患者机体免疫功能影响的研究. 临床耳鼻咽喉科杂志, 2001, 15：59－61

9　Li G, Xie L, Zhou G, et al. Active immunotherapy with antidiotypic antibody for patients with nasopharyngeal carcinoma（NPC）. Cancer Biother Radiophann, 2002, 17：673－679

10　Louis CU, Straathof K, Bollard CM, et al. Enhancing the in vivo expansion of adoptively transferred EBV－specific CTL with lymphodepleting CD45 monoclonal antibodies in NPC patients. Blood, 2009, 113：2442－2450

11　Sam CK, Brooks LA, Niedobitek G, et al. Analysis of EBV infection in nasopharyngeal biopsies from a group at high risk of nasopharyngeal carcinoma. Int J Cancer, 1993, 53：957－759

12　Neidobitek G, Hansmann ML, Heabst H, et al.

Epstein – Barr virus and carcinoma undifferentiated carcinoma but not squamous cell carcinoma of the nasopharynx are regularly associated with virus. J Pathol, 1991, 165: 17 – 24

13 蒋晓群, 姚开泰. 鼻咽及其邻近部位各类型癌组织中 EBVDNA 的原位检测. 中华病理学杂志, 1994, 23: 85 – 88

14 Yeung WM, Zong YS, Chiu CT, et al. EBV carriage by nasopharyn. geal carcinoma in situ. Int J Cancer, 1993, 53: 746 – 750

15 周玲, 姚庆云, Steve L, et al. 鼻咽癌病人和正常人群中 EB 病毒特异性 T 细胞对靶抗原的识别和应答. 病毒学报, 2001, 1: 11 – 14

16 Straathof KC, Bollard CM, Popat U, et al. Treatment of nasopharyngeal carcinoma with Epstein – Barr virus – specific T lymphocytes. Blood, 2005, 105: 1841 – 1842

17 Comili P, Podrazzoli P, Maccario R, et al. Cell therapy of stage Ⅳ nasopharyngeal carcinoma with autologous Epstein – Barr virus – targeted cytotoxic T lymphocytes. J Clin Oncol, 2005, 23: 8942 – 8949

18 Lin CL, Lo WF, Lee TH, et al. hnmunization with Epstein – Barr Virus (EBV) peptide – pulsed dendritic cells induces functional CD8[+]T – cell immunity and may lead to tumor regression in patients with EBV – positive nasopharyngeal carcinoma. Cancer Res, 2002, 62: 6952 –6958

19 Zuo JM, Zhou L, Chen ZJ, et al. Induction of cytotoxic T lymphocyte responses in vivo after immunotherapy with dendritic cells in patients with nasopharyngeal carcinoma. J Microbiol hnmunol, 2006, 4: 41 – 48

20 Pan Y, Zhang J, Zhou L, et al. In vitro anti – tumor immune response induced by dendritic cells transfected with EBV – LMP2 recombinant adenovirus. Biochem Biophys Res Co mmun, 2006, 347: 551 – 557

384. 检测人 APOBEC3G 与 HIV – 1 病毒感染因子的新方法及原理

北京工业大学生命科学与生物工程学院病毒药理实验室　刘　平　李泽琳

中国疾病预防控制中心病毒病预防控制所　曾　毅

自 2002 年人 APOBEC3G 蛋白被发现以来, HIV – 1*vif* 与人 APOBEC3G 已作为抗 HIV – 1 药物新的治疗靶点被越来越多的抗 AIDS 研究人员所关注。在抗 HIV 治疗日趋困难的今天, 人们希望从这个 HIV – 1 的非结构蛋白和与它相对的人内源性保护因子中找到答案。新的检测 *vif* 与 APOBEC3G 相互作用的方法则为找到答案提供了更快、更准确的技术手段。

APOBEC3G 与 *vif*

一、**APOBEC3G**　载脂蛋白 BmRNA 编辑酶催化多肽样蛋白 3G (Apolipoprotein B mRNA editing enzyme – catalytic polypeptide 3G, APOBEC3G) 是一种胞嘧啶脱氨酶[1]。APOBEC3G 作为人体内源性免疫强有力的保护手段之一, 可以阻止 HIV – 1 的入侵以及保护内源反转录因子的转换[2]。在 *vif* 缺陷性 HIV – 1 (Δ*vif*) 感染细胞时, 细胞内的 APOBEC3G 可以被大量包裹入病毒粒子, 当该毒粒感染新的细胞, 进入下一复制周期时, APOBEC – 3G 则被释放出来, 针对 HIV – 1 逆转录产生的第一条负链 cDNA, 导致 C→U 的突变。这种 C→U

的转变，最终导致 DNA 的分割和降解，使原病毒的合成终止，反转录失败；或者出现致死性的 G→A 超突变，大量 G→A 超突变可造成病毒基因终止密码子出现的频率大大增加，使得 HIV 编码的蛋白功能丧失或降低，而使病毒丧失活性[2-6]。近期研究显示[6]，低分子聚合状态下的 APOBEC3G 可以保护人血液中处于静止期 CD4$^+$T 细胞免受 HIV 的感染。还有研究认为 APOBEC3G 可以通过抑制病毒逆转录过程而降低病毒 DNA 的合成[7]。

二、vif HIV-1 病毒感染因子（viral infectivity factor, *vif*）可以引起 APOBEC3G 的降解，经研究它可与宿主细胞蛋白 e-lonhinB、e-longinC、Cullin-5（Cul5）和 RBX1 结合形成蛋白复合物，该蛋白复合物介导 APOBEC3G 与大量泛素结合（即 APOBEC3G 泛素化），泛素化的 APOBEC3G 很快被蛋白酶所降解，从而丧失掉固有的保护作用[8]。对 *vif* 拮抗 APOBEC3G 机制的了解可以促进新靶点及药物开发的研究。通过阻断 *vif* 与 APOBEC3G 的结合、干扰 *vif* 介导的 APOBEC3G 降解及增强 APOBEC3G 活性的药物研发，可以增大突变的频率，降低病毒对人体细胞的感染力。而这一切的关键是如何建立快速、准确、定量的检测方法。目前，国内外对于 *vif* 与 APOBEC3G 的检测方法主要为细胞水平的检测。通过检测两种蛋白表达量等方法来说明，在不同条件下，药物是否以 *vif* 为靶点，药物能否增强或保护 APOBEC3G 或 *vif* 能否降解 APOBEC3G 等作用机理。

细胞水平检测技术

这个方法通过构建出相关 *vif* 与 APOBEC3G 质粒，将构建好的质粒共转染于 293T 细胞中，使其蛋白共同表达，利用 Western Blot 可直接检测出两者间量的变化。还可在转染后加入药物以观察药物对 *vif* 的抑制作用，对 APOBEC3G 的保护作用和对两个蛋白间作用的影响。密码子优化的应用，使蛋白的表达得到了很大的提高。被检测蛋白质依次与一抗、二抗反应，经过底物显色或放射自显影以检测 PAGE 分离的蛋白成分，以此来证明 *vif* 对 A3G 的降解作用及药物对 APOBEC3G 蛋白的保护关系。Li 等[9] 应用这种方法发现当 UBA2（Ubiquitin-associated domain 2）与 APOBEC3G 的 C 端融合时，可以抵抗 *vif* 对 APOBEC3G 降解作用。Donahue 等[10] 利用这个方法和点突变技术，发现了 *vif* PPLP morif 结构是 *vif* 与 APOBEC3G 结合与降解所需的。除了 293T 细胞由于转染率很高被大量使用，Li 等[11] 证明了一种新的粟酒裂殖酵母真核细胞模型也可以进行 *vif* 与 APOBEC3G 关系的研究。这种方法可对表达蛋白进行定量检测，结果可靠，已被广泛应用于各种蛋白水平表达实验。但由于操作步骤繁多，要求控制条件相对复杂，增加了正确检测结果的难度。

利用生化技术（酶活性）检测蛋白关系

α-互补法（α-complimentation assay）是建立在检测 β-半乳糖苷酶活性之上的一种方法。所谓 α 互补，是带有 β-半乳糖苷酶的 α（氨基末端）片段或 ω（羧基片段）（分别由 3' 端或 5' 端缺失的细菌 lacZ 基因编码）的细胞不表现酶活性，但如果细胞同时表达 α 片段或 ω 片段，它们就可以装配成有活性的酶[12]。采用 α-互补融合法，一个 A3G-融合蛋白在细胞中可以稳定的表达 ω-片段。A3G-α 与此 ω-片段所产生的 α-互补可被预测生成高水平的 β-半乳糖苷酶。而 *vif* 蛋白可以在细胞中使 β-半乳糖苷酶的活性极大地降低。A3G 带有一个融合 α 多肽共同表达来起到酶的活性作用，有互补作用的共表达 ω-片段作为 *vif* 降解的目标靶点。这个方法可以被不同的 A3G 和 *vif* 的点突变所有效的验证。β-半乳糖苷酶在细胞中的活性，在 *vif* 存在或不存在的条件下可以通过 *vif* 诱导 APOBEC3G 降解而被检测。这样重构酶的 β - 半乳糖苷酶活性可以用于测量蛋白质 - 蛋白质的相互作用。具体方法是通过构建 APOBEC3G 羧基端带有 α 多肽的载体 pA3G - α，与 pCMV - ω 或带有编码全长 β - 半乳糖苷酶的质粒 pCMV - LacZ 共转染 293T 或 293Tω 细胞。共转染 pA3G - α 与 pCMV - ω 可使 β - 半乳糖苷酶得到很高的表达。为了检测 *vif* 对 α - 互补的减少作用，将带有或不带有 *vif* 表达的载体与 pA3G - α 共转染 293T - ω 细胞，两天后利用免疫杂交检测 β - 半乳糖苷酶活性，结果间接反映出 *vif* 诱导 APOBEC3G 的降解。也可利用邻硝基苯 - β - 吡喃半乳糖苷（ONPG）进行比色分析，将上一步细胞裂解物与 ONPG 培基共同孵育，从 10 ~ 120 min 读取数值，检测信号到 60 min 时增长到平台期，与免疫杂交结果相似。ONPG 广泛被用于 β - 半乳糖苷酶活力测定的底物，水解后可游离出邻硝基酚，由于邻硝基酚在碱性条件下呈黄色（405nm 光吸收），所以容易进行比色定量。

这是一个新的方法进行检测 *vif* 与 APOBEC3G 的关系。在这个方法中，由于 *vif* 的降解作用，使 β - 半乳糖苷酶活性在细胞中减少，比原来低 10 ~ 30 倍。Lei 等[13] 精确的检测到 APOBEC3G 中 D128、*vif* 的 HCCH motifs 和宿主蛋白 BC box，Cul5 box 的作用。这些结果显示了 *vif* 降解 APOBEC3G 严格的生物学功能联系，这个 α - 互补法可以作为筛选抗 *vif* 药物的一个有用的工具。

GST 融合蛋白测定法

细菌表达的谷胱甘肽 S - 转移（GST）融合蛋白被用于直接测定蛋白质 - 蛋白质的相互作用以及亲和纯化。在 GST 沉降技术中，单一的明确在体外表达的蛋白质，或者细胞裂解蛋白混合液中存在一未知蛋白质，或者从体外翻译 cDNA 表达得到的一种未知蛋白质，均可通过与一种融合蛋白相互作用而采集到，这里的融合蛋白就是连接有 GST 成分的靶蛋白形成的复合物，可经 GST 成分与谷胱甘肽偶联球珠的结合而提取和纯化。这一技术也能用于蛋白质 - 蛋白质相互作用亲和性的半定量估测[14]。

为了更深入确定 APOBEC3G 与 *vif* 的结合位点，Mehle 等[15] 建立了一个筛选抑制 *vif* - APOBEC3G 结合的化合物的机制。重组 GST - *vif* 蛋白与重组 His - APOBEC3G 蛋白的结合可以被异源的 TRF 方法所测量。GST 或 GST - *vif* 被结合于谷胱甘肽包被的 96 孔板上并与 His - APOBEC3G 孵育。在洗板之后，结合的 APOBEC3G 可以被检测出。当 APOBEC3G 与 GST - *vif* 结合后，Eu 信号在背景值增加大约 20 倍。他们又利于这个方法证明 *vif* 单克隆抗体（Mabs）抑制 *vif* 与 APOBEC3G 的结合。筛选重叠搭接的 *vif* 多肽（重叠接合 11 个氨基酸）来抑制 *vif* 与 APOBEC3G 的结合。多肽 P9 至 P18，源自序列生成 *vif*（residues33 ~ 83），它的抑制所引起 Eu 信号的减少大约 40% ~ 80%。P15（residues40 ~ 71）是最有潜力的抑制多肽，使 Eu 信号减少到大概接近背景值。这个方法虽然同样证明了它们的结合关系，但对于 *vif* 与 APOBEC3G 的结合位点提出了另一种观点。然而根据最新研究[16]，证实了 *vif* 与 APOBEC3G 结合位点不同的观点并不矛盾。

对于 Eu 信号的检测，是利用前面所提到的时差式荧光检测法（Time - risolved fluoronetry assay，TRF）。TRF 是利用镧系元素的螯合物标示在欲分析的分子如 DNA 或蛋白上，借以进行分子间结合等实验，再以 TRF 检测其信号。利用镧系稀有元素的优点：①激发与发射光谱不会互相干扰，没有自发的猝灭现象，因此得到最多的可用讯号，灵敏度增加。

②Eu－镧系的发射光能持续数百个微秒，而一般的荧光只能持续数百纳秒。因此可利用适当的机器侦测自激光后的400～800微秒的荧光讯号，借此排除背景的荧光杂讯。③镧系元素Tb、Dy、Eu、Sm的发射光波长差异非常明显，适用于同时多种标定的实验。

更巧妙的是，在这个基础之上又形成了荧光共振能量转移法（Fluorescence resonance energy tansfer，FRET），这是将由一种蛋白质所载的供体荧光团激发后产生的能量，转移到另一种蛋白质所载的受体荧光团。两种蛋白间的缔和导致两种标记蛋白质探针的强度比例发生定量变化，这是一种在活细胞或固定细胞内对它们相互接近的动力学测量。

利用GST融合蛋白检测vif与APIBEC3G蛋白及其关系，也是一种新方法的应用。与前两种方法不同，它使用了一种新的标记物"镧系元素的螯合物"作为可检测信号，在半定量的基础上，使实验检测灵敏度增加。但这种方法也因此受限于检测仪器，应用并不广泛。

计算机技术

计算机模拟蛋白分子结构，讲座蛋白与先导化合物之间的相互作用和识别研究一直是生命科学领域研究的前沿和热点。目前得到vif与APOBEC3G的3D晶体结构还有一定的困难，所以通过了解vif与APOBEC3G蛋白接触反应区域的结构还可以帮助我们更好的研究其他APOBEC3成员功能以及发生在与致病蛋白HIV－1vif之间的反应。Seetharaaman等[17]基于同源蛋白在结构上的已知信息提出假设，并利用计算机建模预测了vif的3D结构，为深入研究提供了巨大的理论价值。其结果已收录于蛋白质数据库（RCSB Protein Data Bank）。Chen等[18]也报道了人的APOBEC3G与vif接触反应区域的结构，在疏水端由5个β链组成五联α－螺旋，其中包括两个同等锌活性位点。霍华德休斯医学院的Bradley等。[19]一些新的研究表明，计算机能够像试验方法一样精确地推测小分子蛋白的详细结构。最新研究[20]确定了APOBEC3G一个晶体活性结构域A3G－CD2，属于与vif反应的羧基端脱氨酶区。它与APOBEC3G家族蛋白类似，都有一个5β链组成的核心，由6个α－螺旋结构围绕而成。

经全长GST－A3G，GST－A3G－CD2与A3G－CD2脱氨基活性分析，A3G－CD2仍保留着A3G的接触反应区。因此A3G－CD2可以作为药物筛选的新靶点进行抗HIV－1药物的研究，为阻断vif与APOBEC3G的结合、干扰vif介导的APOBEC3G降解及增强APOBEC3G活性的药物研发提供了新的方向。

计算机技术虽然为蛋白质作为药物靶点提供了巨大的理论价值，但这只是对具体结构域的一个假设建模。计算机模拟蛋白质分子结构是未成型的，并没有拿到整体结构，所以这个技术并不是很成熟。虽然要得到vif与APOBEC3G的晶体结构存在很大难度，但科研人员在这个方向上仍坚持不懈的努力，希望在不久的将来能取得突破性的进展。

总观全文在这四种不同检测APOBEC3G与HIV－1病毒感染因子相互作用的方法，各有优势，从不同的角度帮助我们提出并解决问题。虽然方法不同，但在结论方面却互为补充，对于研究分析过程，它们都起到了一定的重要作用，帮助我们更深入的理解问题，继续开展探索与研究。

〔原载《中华实验和临床病毒学杂志》2009，23（4）：319－320〕

参 考 文 献

1 Sheehy AM，Gaddis NC，Choi JD，et al. Isolation of a human gene that inhibits HIV – 1 infection and is suppressed by the viral *vif* protein. Nature，2002，418：645 – 650

2 Cullen BR. Role and mechanism of action of the APOBEC3 family of antiretroviral resistance factlrs. J Virol，2006，80：1067 – 1076

3 Harris RS，Bishop KN，Sheehy AM，et al. DNA deamination nediates innate immunity to tetrouital infection. Cell，2003，113：803 – 809

4 Zhang H，Yang b，Ponerantz RJ，et al. The cyridine deaminade CEM15 induces hypermutation in newly synthesized HI1 DNA. Nature，2003，424：94 – 98

5 Mangeat B，Turelli P，Caron G，et al. Broad antiretroviral defiance by human APOBEC3G though lethao editing of nascent reverse teanscripts. Nature，2003，424：99 – 103

6 Chiu YL，Soros VB，Kreisberh JF，et al. Cellular APOBEC3G Restricts HIV – 1Infection in Resting CD4$^+$ T Cells. Nature，2005，435：108 – 114

7 Guo F，Cen S，Niu M，et al. The Inhibition of Trnalys3 – Primed Reverse Transcription by Human APOBEC3G during HIV – 1Relication. J Virol，2006，8：11710 – 11722

8 YU X，YU Y，Liu B，et al. Induction of APOBEC3G ubiquitination and degtadation by an HIV – 1*vif* – Cul5 – SCF complex. Science，2003，302：1056 – 1060

9 Li L，Liang D. APOBEC3G – UBA2 fusion as a potential strategy for stable expression of APOBEC3G and inhibition of HIV – 1 replication. Retrovirol，2008，5：72 – 85

10 Donahue JP，Vetter ML，Mukhtar NA，et al. The HIV – 1 *vif* PPLP morif is necessary for human APOBEC3G binding and digradation. Violo-gy，2008：49 – 53

11 Li L，Li JY，Sui HS，et al. HIV – 1 *vif* Protein Mediates the Degradation of APOBEC3G in Fission Yeast When Ovet – expressed Using Codon Optimization. Virologica Sinica，2008，23：255 – 264

12 Sambrook J，Russell DW. 分子克隆实验指南. 第 3 版. 黄培堂，等译. 北京：科学出版社，2007，81：125 – 126

13 Lei F，Nathaniel TL. Analysis of *vif* – induced APOBEC3G degradation using an α – conplementation assay. Vitology，2007：162 – 169

14 Sambrook J，Russell DW. 分子克隆实验指南. 第 3 版. 黄培堂，等译. 北京：科学出版社，2007，81：1474 – 1476

15 Mehle A，Wilson H，Zhang CS，et al. Identification of an APOBECG3 Binding Site in Human immunodeficiency Virus Type 1*vif* and Inhibitors of *vif* – APOBEC3G binding. J Vitol，2007，81：13235 – 13241

16 Greene WC，Debyser Z，Yasuhiro I，et al. Novel targets for HIV therapy. Antiviral Research，208，80：251 – 265

17 Seethataaman B，Rangadwamy K，Paul S，Paradigm development：Comparative and predictive 3D modeling of HIV – 1 Virion Infectiviry Factor. Bioinformation，2006，1：290 – 309

18 Chen KM，Harjes E，Gross P，et al. Stucture of the DNA deaminase domain of the HIV – 1 ristriction factor APOBEC3G. Nature，2008，452：116 – 121

19 Bradley P，Misra KMS，Baker D. Toward High – Resolution de Novo Strucrure Predictuin for Small Proteins. Science，2005，309：1868 – 1871

20 Holdem LG，Prochnow C，Chang YP，et al. Crystal structure of the anti – viral APOBEC3G catalytic domain and functional implications. Nature，2008，456：121 – 124

385. 应用 BIAcore 技术对 KA-01 及主要组分体外抗病毒研究

北京工业大学生命科学与生物工程学院　欧阳雁玲　李泽琳　马洪涛　刘　平
中国疾病预防控制中心病毒病预防控制所　曾　毅

〔摘　要〕　为了从中草药中找到抗 HBV 的有效药物，利用 BIA 技术分析比较中药复方 KA-01 及其组成部分 A、B、C、D 对 HBsAg 和 HBeAg 蛋白结合的作用，应用 Hep G2.2.15 细胞模型，激光扫描共聚焦显微技术研究了 KA-01 及其主要组分体外抑制 HBV 蛋白分泌的活性，结果显示，KA-01、A、B、C 和 D 与 HBsAg 蛋白结合的响应值分别为 200、183.7、162.1、39.1、66.6 RU，与 HBeAg 蛋白结合很少。KA-01 对 Hep G2.2.15 细胞分泌 HBsAg 和 HBeAg 的抑制率分别为 62.01% 和 30.59%，A 对 Hep G2.2.15 细胞分泌 HBsAg 和 HBeAg 的抑制率分别为 54.26% 和 14.15%，B 对 Hep G2.2.15 细胞分泌 HBsAg 和 HBeAg 的抑制率分别为 50.97% 和 27.92%，C 对 Hep G2.2.15 细胞分泌 HBsAg 和 HBeAg 的抑制率分别为 17.54% 和 8.06%。KA-01，A，B 体外具有抗 HBV 活性。

〔关键词〕　KA-01；BIAcore3000；Hep G2.2.15 细胞；HBsAg；HBeAg

病毒性肝炎是常见的严重危害人类健康的传染性疾病，全世界有 4 亿人是乙型肝炎病毒携带者[1]，每年估计约有 100 万人死于慢性乙型肝炎。中国乙型肝炎病毒的携带者达 1.2 亿，平均携带率是 10%。乙型肝炎患者有 3000 万，且每年新增加的病人约 200 万，乙型肝炎易于转变为慢性肝炎，最终可能发展为肝硬化及肝癌[2]。中国每年用于治疗慢性肝炎、肝硬化、肝癌的医疗费用超过 100 亿人民币。所以病毒性肝炎不仅严重危害人民的健康，而且给国家带来沉重的社会经济负担。防治慢性病毒性肝炎是一个急需解决的社会问题。

近年来对乙型肝炎药物的研究有很大进展，但是仍存在不少问题有待解决。BIA 技术是生物分子相互作用的分析技术，生物分子间的相互作用可在免标记和非纯化的条件下得到适时追踪和分析[3-7]。传感片表面能再生，可在相同条件下比较不同中药与作用靶点的结合特性。BIA 技术符合快速、高自动化、结果准确度高的要求，为新药的研究提供了高通路的筛选方法。

以往试验表明，中药复方 KA-01 可降低鸭血清乙型肝炎病毒 DNA（DHBV-DNA）水平[8]，作者进一步对 kA-01 及其主要组分 A、B、C、D 在相同条件下，利用 BIAcore3000 技术研究与 HBsAg 及 HBeAg 蛋白结合的特点和强度，应用 HepG2.2.15 细胞模型，确定它们的抗 HBV 的活性[9]。对它们与 HBsAg 及 HBeAg 蛋白靶点结合和其体外抗 HBV 活性的相关性进行分析比较。

材料和方法

一、实验材料　生物传感芯片为瑞典 Amersham Pharmacia Biotech Ltd 的 CM5，BIAcore3000。KA-01 及其组分 A、B、C、D 由本院提取。Hep G2.2.15 细胞实验以 DMEM 培养液配制所有实验用溶液，用超纯去离子水按仪器操作规程要求配制。所有配制好的溶液在使用前经 0.22 μm 的微孔滤膜过滤和超声脱气处理，其他试剂均为分析纯。

Hep G2.2.15 细胞株，Hep G2 细胞转染含有 HBV DNA 的质粒克隆后的细胞，由美国 The Mount Sinai Medical Center 于 1986 年构建，购自解放军第三〇二医院病毒室。

美国 Gibco 公司的 DMEM 培养基：美国 H Yclone 公司的 FBS；Amersco 公司的胰蛋白酶；Sigma 公司的 MTT；Sigma 公司的 G418；夏思生物的 DMSO；北京万泰生物药业有限公司的 HRsAg，HBeAg 酶联免疫检测试剂盒；德国 Leica 公司的激光扫描共聚焦显微镜；美国 Revco 公司的 CO_2 培养箱；美国 LABCONCO 公司的生物安全柜；重庆光学仪器厂的 XDS-1B 型倒置显微镜；美国 Bio-Red 公司的 Model 550 自动酶标仪；美国 Bio-Red 公司的 Model 1575 自动洗板机；北京医用离心机厂的 LDZ4-0.8 离心机；比利时 SELECTR 的全自动高压灭菌器；比利时 Orange Scientific 的 25 cm^2 培养瓶；CELLSTER 的 24 孔、96 孔培养板；美国 Labconco 的超纯水器。

二、实验方法

1. HBsAg 和 HBeAg 蛋白在 CM5 传感片表面的固定：HBsAg 和 HBeAg 蛋白用 10 nmol/ml NaAc（pH=5.0）缓冲液配制，质量浓度为 30 μg/ml，固定蛋白时的流速为 10 μl/min。按照 BIAcore3000 系统的操作手册方法进行，将其耦联到 CM5 感应片金薄膜表面上，先用 NHS/EDC 活化感应片的葡聚糖表面，再耦联 HBsAg 和 HBeAg 蛋白，最后表面残留的活化基团，用盐酸乙醇胺封闭。

2. 中药复方 KA-01 及 A、B、C、D 与蛋白的结合：100 μl 的中药复方 KA-01 及 A、B、C、D 以 10 μl/min 速度进样，分别得到它们的感应值。感应片表面的再生用 NaOH 冲洗，可恢复感应片表面的结合能力。固定化的蛋白表面大约可承受 50 次结合和再生循环。

3. Hep G2.2.15 细胞培养及分泌 HBsAg、HBeAg 功能的测定：将 Hep G 2.2.15 细胞解冻后，接种入 25 cm^2 培养瓶，细胞浓度为 1×10^5 个/ml，待细胞长满后，加质量分数为 0.25% 胰酶 37℃ 消化 3~5 min. 加培养液吹打，1:3 传代，每天收集上清，连续 2 周，冷藏待检。

4. 药物的细胞毒性试验：根据 Mosmann 建立的 MTT 法测定药物的细胞毒性，96 孔板每孔加细胞浓度 3×10^5/ml Hep G2.2.15 细胞 100 μl，37℃，在体积分数为 5% 的 CO_2 培养箱中培养。1 d 后，换用含药培养液，药物用 DMEM 培养液稀释为 5 个质量浓度（KA-01 为 5000~1000、500、100 和 20 μg/ml；A 和 B 为 1000、500、100、20 和 4 μg/ml；C 为 100、50、10、2 和 0.4 μg/ml），每个质量浓度设 5 个平行孔，37℃、在体积分数为 5% 的 CO_2 培养箱中继续培养 8 d，每 3 天换药 1 次，对照组换无药培养液，第 9 天向每孔细胞中加入 5 μg/ml 的 MTT 10 μl，每孔存有上清 100 μl，37℃，在体积分数为 5% 的 CO_2 培养箱中培养 4 h 后，可见黄黑色甲瓒颗粒，每孔加入 150 μl 酸化异丙醇，吹打并在室温下放置，甲瓒颗粒完全溶解后，酶标仪 570/630 nm 波长测定 A 值（加入酸化异丙醇 1 h 内测定），空白对照及细胞对照各 5 孔。细胞抑制百分率 = ［（细胞对照 A 值 - 药物作用组 A 值）/（细胞对照 A 值 - 空白对照 A 值）］×100%。

5. 药物抗 HBV 药效测定：96 孔板每孔 3×10^5/ml Hep G2.2.15 细胞 100 μl，37℃在体积分数为 5% 的 CO_2 培养箱中培养。1 d 后，换用含药培养液，每个质量浓度设 4 个平行孔，药物用 DMEM 培养液稀释成不同质量浓度（KA-01 为 100、75、50 和 20 μg/ml；A 为 30、20、10 和 4 μg/ml；B 为 50、25、10 和 4 μg/ml；C 为 20、10、2 和 0.4μg/ml；），37℃、在

体积分数为 5% 的 CO_2 培养箱中培养。每 3 天换原浓度药液培养，第 9 天收集培养上清，-20℃冰冻保存。EL ISA 检测试剂盒测定 HBsAg 和 HBeAg，酶标仪 540/630 nm 波长测定 A 值。空白对照及细胞对照各 4 孔。抑制百分率 =［（细胞对照 A 值 - 药物作用组 A 值）/（细胞对照 A 值 - 空白对照 A 值）］×100%。

6. 免疫荧光检测分析：将体积分数为 4% 的甲醛加入 Hep G 2.2.15 细胞中、在温度为 4℃的条件下，固定 10 min。PBS 洗细胞 5 min，洗 3 次。0.5% TritonX - 100 的 PBS 室温 15 min。PBS 洗细胞 5 min，洗 3 次。1∶10 FBS（Gibco）37℃封闭 30 min。PBS 洗细胞 5 min，洗 3 次。分别与鼠抗人 HBsAb 和兔抗人 HBcAb 37℃孵育 1 h。PBS 洗细胞 5 min，洗 3 次。FITC 标记的羊抗兔和羊抗鼠 IgG 抗体 37 ℃孵育 1 h。将其放在载玻片上用胶封片。在激光扫描共聚焦显微镜下观察[10]。

结　　果

一、中药复方 KA - 01、A、B、C、D 与蛋白的结合结果　见图 1 - 3。

HBsAg 和 HBeAg 蛋白用 10 nmol/ml NaAc（pH = 5.0）缓冲液配制，质量浓度为 30 μg/ml，固定蛋白时的流速为 10 μl/min。HBsAg 和 HBeAg 蛋白耦联到 CM5 感应片金薄膜表面上，获得响应值约为 5376.9 和 1719.1（RU）（图 1）。100 μl 的中药复方 KA - 01、A、B、C、D 以 10 μl/min 速度进样，与蛋白结合，KA - 01、A、B、C 和 D 与 HBsAg 蛋白结合的响应值分别为 228.2、183.7、162.1、39.1、66.6（RU）（图 2、图 3、表 1），与 HBeAg 蛋白结合亦很少。

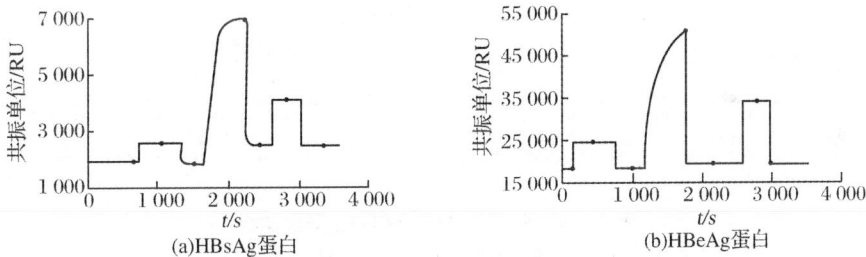

图 1　蛋白与 CM5 结合
Fig. 1　Protein bindingCM5

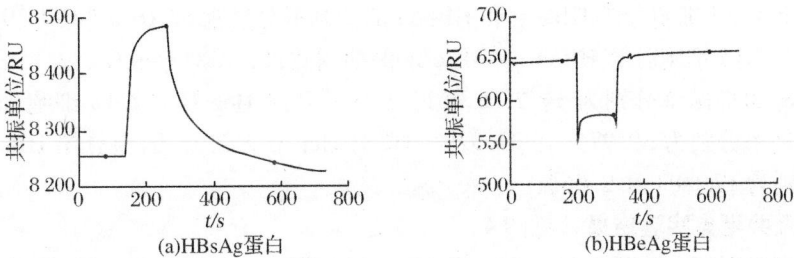

图 2　KA - 01 与蛋白结合
Fig. 2　KA - 01 binding proteins

表1 样品 KA-01、A、B、C、D 和 HBsAg、HBeAg 蛋白在 CM5 结合值

Tab. 1 The value of KA-01, A, B, C, D banding protein rmsAg, HBeAg on CM5

（单位：RU）

项目	KA-01	A	B	C	D	CM5
HBsAg	200	183.7	162.1	39.1	66.6	5 376.9
HBeAg	0	0	0	0	0	1719.1

二、药物的细胞毒性结果 用 MTT 法测定药物的细胞毒性，再选择最大无毒剂量开始，进行抗病毒活性检测。KA-01、A、B、C 的最大无毒剂量分别为 100、26.56、51.12、19.43 μg/ml。

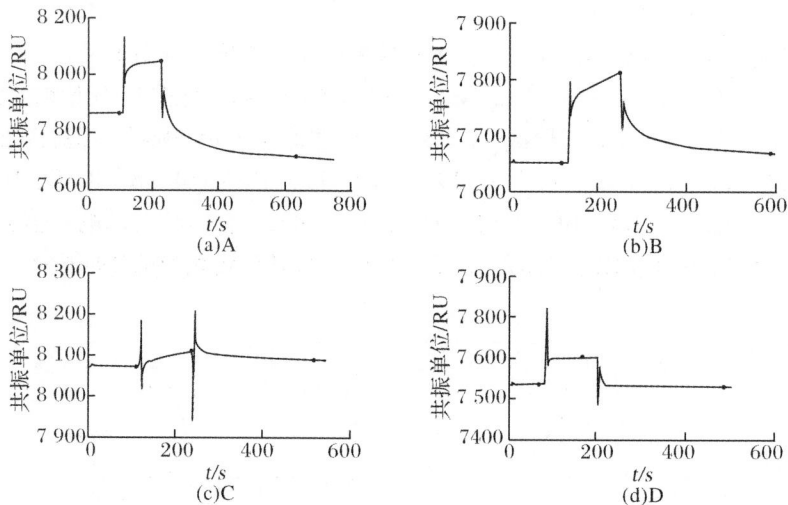

图3 A、B、C、D 与 HBsAg 蛋白结合

Fig. 3 A, B, C, D binding HBsAg protein

三、药物抗 HBV 药效结果 见表2。

KA-01 对 Hep G 2.2.15 细胞分泌 HBsAg 和 HBeAg 的抑制效果，在最大无毒量时 KA-01 对 Hep G 2.2.15 细胞分泌 HBsAg 和 HBeAg 的抑制率分别为 62.01% 和 30.59%。A、B 和 C 对 Hep G 2.2.15 细胞分泌 HRsAg 和 HBeAg 的抑制效果，A 对 Hep G 2.2.15 细胞分泌 HBsAg 和 HBeAg 的抑制率分别为 54.26% 和 14.15%；B 对 Hep G 2.2.15 细胞分泌 HBsAg 和 HBeAg 的抑制率分别为 50.97% 和 27.92%；C 对 Hep G 2.2.15 细胞分泌 HBsAg 和 HBeAg 的抑制率分别为 17.64% 和 8.06%。

四、显微共聚焦实验结果 见图4。

MAGI 细胞阴性对照组细胞没有荧光显示，说明该实验非特异性显色小，结果可靠。KA-01 100 μg/ml 组显示 HBsAg 无明显表达，KA-01 20 μg/ml 组 HBsAg 与细胞对照组比较没有显著变化。

表2　KA-01、A、B、C 在 Hep G 2.2.15 细胞中对 HBsAg 和 HBeAg 活性的抑制作用

Tab. 2　Effect of KA-01, A, B, C, D on the secretion of rmsng and HenAg

项目		KA-01				A				B				C				对照组
ρ (mg/L)		100	75	50	20	30	20	10	4	50	25	10	4	20	10	2	0.4	
HBsAg	A值	0.117	0.163	0.208	0.299	0.141	0.147	0.185	0.208	0.151	0.185	0.215	0.260	0.254	0.258	0.291	0.301	0.308
	抑制率(%)	62.01	47.24	32.47	2.92	54.26	52.27	39.90	32.47	50.97	40.09	30.12	15.62	17.64	15.94	5.52	2.27	
HBcAG	A值	0.792	0.927	1.062	1.07	0.98	1.001	1.039	1.062	0.808	1.004	1.045	1.104	1.049	1.056	1.103	1.116	1.141
	抑制率(%)	30.59	18.76	6.92	6.22	14.15	12.27	8.93	6.92	27.92	12	8.35	3.24	8.06	7.45	3.33	2.19	

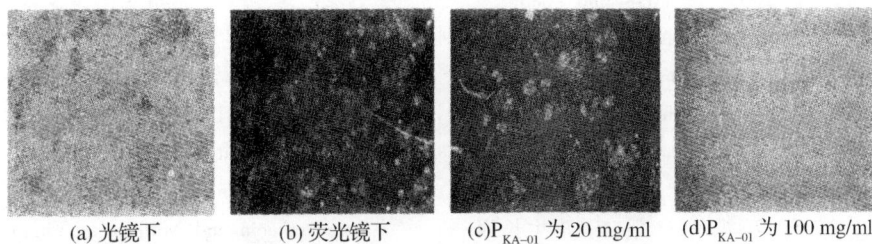

(a) 光镜下　　(b) 荧光镜下　　(c)P_{KA-01} 为 20 mg/ml　　(d)P_{KA-01} 为 100 mg/ml

图4　KA-01 对 Hep G2.2.15 细胞作用激光共聚焦显微实验结果

Fig. 4　Effect of KA-01 on Hep G2.2.15 cell line by laser confocal microscope

结　　语

通过 BIAcore 体外结合实验，在 HBsAg 和 HBeAg 蛋白与 KA-01 及其4种主要组分的结合作用，结果表明，KA-01、A、B 在最大无毒剂量下对 Hep G2.2.15 细胞分泌 HBsAg 抑制率可达50%以上，而 KA-01 作用强于 A 和 B，对 HBeAg 的抑制效果均低于 HBsAg，KA-01 与 B 对 HBeAg 的抑制率在30%左右，A 和 C 则很低。

KA-01 具有抗 HBV 的活性，抑制 HBsAg 分泌的效果强于对 HBeAg 的抑制作用。复方中各单味组分以 B 为好，但也低于复方，说明复方的作用由各组分的协同作用所致。BIAcore 技术实验表明，KA-01 及其4种主要组分与 HBsAg 蛋白结合作用的强弱与细胞实验测药物活性结果有相应关系，激光扫描共聚焦显微镜观察的实验结果也支持这一结论。

〔原载《北京工业大学学报》2009，35（9）：1291-1296〕

参 考 文 献

1　Decler QE. Perspectives for the treatment of hepatitis B virus infections. Int J Antimicrob Agents, 1999, 12：81-95

2　Lee W M. Hepatitis B virus infection. N Engl J Med, 1997, 337：1733-1745

3　沈平. 生物分子相互作用分析技术应用实例. 生物化学与生物物理进展，1997，24（4）：381-382

SHEN Ping. Research application using biomolecular interaction analysis technology：small molecular drug screening and evaluation. Progress In Biochemistry and Biophysics, 1997, 24（4）：381-382

4　陈执中. 生物特异相互作用分析及其应用进展. 中国新药杂志，2001，10（11）：828-830

CHEN Zhi-zhong. Progress in biospecific interaction analysis and its applications. Chinese Journal of New Drugs, 2001, 10（11）：828-830

5 孙晓磊，李清焕，蔡惠罗，等．牛心线粒体 ATP 酶与其抑制蛋白结合特性的研究．生物物理学报，1997，13（2）：185－190
SUN Xiao – lei, LI Qing – huan, CAI Hui – luo, et al. Studies on the binding of the inhibitor protein to mitochondrial ATPase. Acta Biophysica Sinica, 1997, 13 (2): 185 – 190

6 顾颖，张军，王颖彬，等．应用噬菌体随机肽库技术筛选戊型肝炎病毒中和表位模拟肽．生物工程学报，2003，19（6）：680－685
GU Ying, ZHANG Jun, WANG Ying – bin, et al. Selection of a peptide mimic the neutralization epitope of hepatitis E virus with phage peptide display technology. Chinese Journal of Biotechnology, 2003, 19 (6): 680 – 685

7 邓宏伟，郭妍，孙烨，等．靶向表皮生长因子受体的全新小分子配体筛选．生物化学与生物物理进展，2005，32（2）：180－186
DENG Hong – wei, GUO Yan, SUN Ye, et al. A novel small molecule ligand for epidermal growth factor receptor targeting. Progress In Biochemistry and Biophysics, 2005, 32 (2): 180 – 186

8 牛巍，张继明，王文逸，等．复方药物 ZL－1 在鸭乙型肝炎病毒实验感染模型中抗病毒的研究．上海医学，2003，26（4）：234－238
NIU Wei, ZHANG Ji – ming, WANG Wen – yi, et al. Anti – viral study of a Chinese herbal medicine ZL – 1 in experimentally DHBV infected animal model. Shanghai Medical Journal, 2003, 26 (4): 234 – 238

9 饶敏，张淑玲，董继华，等．高三尖杉酯碱等四种药物的体外抑制乙肝病毒的实验研究．中国病毒学，2006，21（3）：284－287
RAO Min, ZHANG Shu – ling, DONG Ji – hua, et al. Inhibition of hepatitis B virus replication by hornoharringtonine, IFN – α (1b), Hydroxycamptothecin and Norfloxacin. Virologica Sinica, 2006, 21 (3): 284 – 287

10 REN Guang – li, BAI Xue – fan, ZHANG Yan, et al. Stable inhibition of hepatitis B virus expression and replication by expressed SiRNA. Biochemical and Biophysical Research communications, 2005, 335: 1051 – 1059

The Correspondence Study of BIAcore Binding and Anti – HBV Effect in Vitro by KA – 01 and Its Main Ingredient

OU YANG Yan – ling*, LI Ze – lin, MA Hong – tao, LIU Ping, ZENG Yi
(*Laboratory of Viral Pharmacology, College of Life Science and Bioengineering,
Beijing University of Technology, Beijing 100124, China)

Objective In order to discover activated ingredient form Chinese herbal medicine and to bind KA – 01 and its main ingredients to HBsAg and HBeAg protein in CM5 by BIAcore 3000, the Hep G2.2.15 cell was cultured *in vitro* to observe the inhibitory effect of KA – 01 and its main ingredient. The inhibitory effect of KA – 01 and its main ingredients on protein secretion of HBV were tested by Laser Confocal Microscope. The results indicated that the value of KA – 01 and its main ingredients of A, B, C, D binding with HBsAg protein were 200, 183.7, 162.1, 39.1, 66.6RU respectively, but almost 0 with HBeAg protein. The inhibitory effect of KA – 01 on secretion of HBsAg and HBeAg were 62.01% and 30.59% respectively. The inhibitory effect of A on secretion of HBsAg and HBeAg were 54.26% and 14.15% respectively. The inhibitory effect of B on secretion of HBsAg and HBeAg were 50.97% and 27.92% respectively. The inhibitory effect of C on secretion of HBsAg and HBeAg were 17.54% and 8.06% respectively. The conclusion is that KA – 01 and its main ingredients of A, B have the inhibitory effect on HBV.

〔**Key words**〕 KA – 01；BIACore3000；Hep G2.2.15 cell line；HBsAg；HBeAg

386.　H5N1 - NP 蛋白的原核表达及与宿主蛋白相互作用的初步研究

中国疾病预防控制中心病毒病预防控制所传染病预防控制国家重点实验室

王乃福*　张晓光　张晓梅　周　玲　曾　毅

北京工业大学生命科学与生物工程学院　马　晶

中国疾病预防控制中心病毒病预防控制所国家流感中心

白　天　王　敏　温乐英　王大燕　舒跃龙

〔摘　要〕　　目的　原核表达并纯化禽流感病毒 A/Anhui/1/2005（H5N1）的 NP 蛋白，并筛选人支气管上皮 BEAS - 2B 细胞总蛋白中能够与纯化的 NP 蛋白相互作用的蛋白。　方法　一方面，构建了含有 NP 基因的原核表达质粒 pET30a - NP，并在大肠埃希菌中获得了可溶性表达。亲和层析和离子交换层析两步对 NP 蛋白进行纯化。另一方面，制备了 BEAS - 2B 细胞总蛋白。在此基础上，联合应用 Pull - down 与 LC - MS/MS 技术来筛选并确认细胞中与纯化的 NP 蛋白相互作用的成分。　结果　构建的 pET30a - NP 质粒在 IPTG 诱导下在原核细胞中实现了可溶表达，经过两步纯化后，得到可溶的 NP 蛋白纯品。Pull - down 与 LC - MS/MS 技术初步筛选到 BEAS - 2B 细胞中 20 个可能与 NP 蛋白相互作用的细胞蛋白。还需要进一步的实验来验证它们和 NP 蛋白之间的相互作用。　结论　获得了高纯度的可溶 NP 蛋白及筛选到 20 个可能与其相互作用的 BEAS - 2B 细胞候选蛋白。

〔关键词〕　　A 型流感病毒；H5N1 亚型；核蛋白类；蛋白相互作用

　　A 型流感病毒核蛋白（Nucleoprotein，NP）是一种单体磷酸化的多肽，具有型特异性，是流感病毒划分为 A、B、C 型的主要依据；而且 NP 是构成病毒核糖核蛋白复合体的主要蛋白成分，其在病毒感染周期中可以与多种细胞内蛋白结合而发挥重要作用[1]，目前通过实验筛查并确定与之相互作用的细胞内未知蛋白已经成为禽流感病毒感染人的致病机制研究的热点。本研究选择 pET30a 为载体，原核表达并纯化可溶性 H5N1 的 NP 蛋白，利用金属螯合层析和离子交换层析两步纯化 NP 蛋白；再联合应用 pull - down 与 LC - MS/MS 技术，通过数据库检索分析，初步筛查到宿主细胞内可能与 NP 存在相互作用的蛋白，研究结果为 H5N1 禽流感病毒致病机理研究提供实验依据。

材料和方法

　　一、材料　大肠埃希菌 DH5α 和 BL21（DE3）、质粒 pET30a 和永生化的人支气管上皮

* 王乃福，现工作单位：天津出入境检验检疫局动植食物检测中心

细胞 BEAS－2B 均为本室保存。含有禽流感病毒 A/Anhui/1/2005（H5N1）NP 基因的质粒由国家流感中心董婕老师赠送。DNA 聚合酶、T4 DNA 连接酶及限制性内切酶购自日本 TaKaRa 公司。LHC－9 无血清培养基用于培养 BEAS－2B 细胞，购自美国 Invitrogen 公司。H5N1 全病毒兔血清为国家流感中心王敏老师赠送。BCA 蛋白定量试剂盒购自美国 Pierce 公司。镍螯合层析和离子交换层析填料购自美国 GE 公司。

二、pET30a－NP 重组表达质粒的构建和鉴定　根据 H5N1 NP 基因全长读码区设计扩增引物，分别引入 NdeⅠ和 XhoⅠ酶切位点，PCR 扩增 H5N1 NP 基因。通过 NdeⅠ和 XhoⅠ分别对 PCR 回收产物和表达载体 pET30a 进行双酶切，连接酶切后的目的片段及载体，转化感受态细胞 DH5α，进行 PCR 鉴定和测序分析。最终得到鉴定正确的 pET30a－NP 质粒。

三、H5N1 NP 在大肠埃希菌中的表达鉴定及可溶性分析　将鉴定正确的 pET30a－NP 质粒转化大肠埃希菌 BL21（DE3），挑取单克隆接种于 TB 培养基中，37℃培养至菌液的 A_{600} 值为 1.2 时，加入诱导剂 IPTG 至终浓度为 1 mmol/L，28℃诱导培养 4h，收获细菌。用溶菌酶法温和制备细菌裂解物，将细菌菌体、离心后的裂解上清和沉淀进行 SDS－PAGE 分析及 Western－blot 鉴定。

四、NP 蛋白的纯化、鉴定及蛋白浓度测定　由于 NP 蛋白的 C 端融合 6×His 标签，因此利用镍亲和填料对其进行初步纯化。然后根据软件预测的 NP 蛋白等电点在 pH 9.5 左右，用阳离子交换（SP FF）层析柱进行再次纯化。取每次纯化后 NP 蛋白进行 SDS－PAGE 分析，并测定最终得到的 NP 蛋白浓度。

五、BEAS－2B 细胞总蛋白的制备　用 0.03% 胰酶消化无血清培养的 BEAS－2B 细胞，加入 TBS 缓冲液洗涤 3 次后，加入细胞裂解液及蛋白酶抑制剂，冰浴裂解 30 min，离心后收获上清。

六、利用 Pull－down 和 LC－MS/MS 技术筛查宿主细胞中与 H5N1 NP 蛋白相互作用的蛋白　纯化的 NP 蛋白通过 C 端的 His 标签与树脂结合，BEAS－2B 细胞总蛋白中的靶蛋白再通过蛋白－蛋白相互作用与 NP 蛋白结合，形成了树脂－NP 蛋白－细胞蛋白复合物。通过 290 mmol/L 的咪唑溶液竞争性结合树脂，从而洗脱下 NP 蛋白－细胞蛋白复合物。再经过 SDS－PAGE 分离 NP 蛋白与细胞蛋白。将得到的细胞蛋白条带切下，胶内酶切，再经过脱盐处理后应用 LC－MS/MS 技术进行鉴定，最后通过数据库检索确定细胞蛋白属性。

结　果

一、pET30a－NP 表达质粒的构建和鉴定　H5N1 NP 基因全长 1550 bp，PCR 扩增产物大小与理论值一致。连入 pET30a 表达载体，经 PCR 和测序鉴定后，得到正确的表达质粒 pET30a－NP。

二、NP 蛋白的表达鉴定及可溶性分析　挑取鉴定后的单克隆菌接种到 TB 培养基中，用 IPTG 28℃诱导蛋白表达，对表达的蛋白和裂解后的上清及沉淀进行 SDS－PAGE 分析及 Western－Blot 鉴定。在约 56×10^3 处均可见与 NP 蛋白理论值一致的目的条带。说明得到可溶表达的 NP 蛋白。

三、NP 蛋白的纯化及鉴定　首先，利用 NP－6×His 融合蛋白中的 His 标签可以与镍螯合层析柱的 Ni2＋结合的性质初步纯化 NP 蛋白，使用含 125 mmol/L 和 250 mmol/L 咪唑的洗脱缓冲液均可洗脱出 NP 蛋白。然后，通过透析的方式将洗脱的 NP 蛋白溶液换成醋酸盐缓冲液（25 mmol/L，pH5.2），用阳离子交换（SP FF）层析柱对其进行进一步纯化。蛋白上柱后，利用 NaCl 离子强度的改变洗脱纯化 NP 蛋白（图1），得到可溶的 NP 蛋白纯品。应用美国 Pierce 公司的 BCA 法测定蛋白浓度试剂盒测定 NP 蛋白浓度为 0.45 mg/ml。

四、应用 pull - down 技术获得与 NP 相互作用的细胞蛋白 研究过程中设立 3 个组，分别为：①样品组（树脂 + NP 蛋白 + 细胞总蛋白）；②对照组 1（树脂 + 细胞总蛋白），目的为消除细胞内蛋白与亲和树脂非特异结合而产生的假阳性；③对照组 2（树脂 + NP 蛋白），目的为消除细胞内蛋白与 NP 蛋白组氨酸标签的非特异结合产生的假阳性。SDS - PAGE 分析结果见图2。可以得到与 NP 相互作用的4个细胞蛋白条带（条带 1 - 4）。

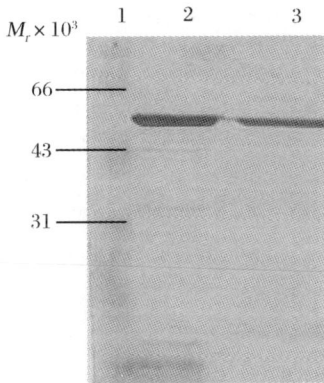

1：Marker；2：Ni - NTA 柱纯化 NP 蛋白；
3：SP 阳离子交换柱纯化 NP 蛋白

图1 阳离子交换（SP FF）
柱层析纯化 NP 蛋白

1：Marker；2：Purified NP protein by Ni - NTA metal chelation chromatography；3：Purified NP protein by SP FF ion exchange chromatography

Fig. 1 SDS - PAGE result of purified NP protein by SP FF ion exchange chromatography

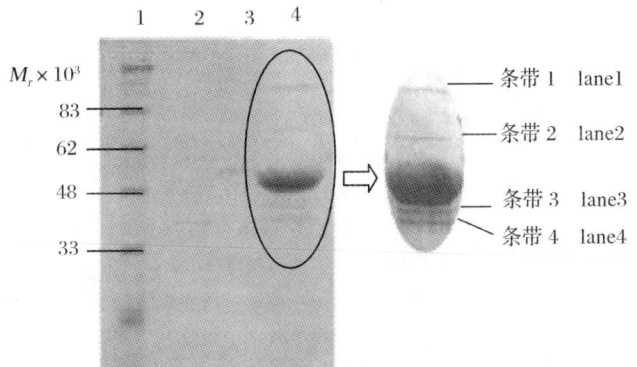

1：Marker；2：对照组 1 结果；3：对照组 2 结果；4：pull - down 研究样品组结果

图2 应用 pull - down 方法获得与 NP 相互作用的细胞蛋白

1：Marker；2：Negative control 1；3：Negative control 2；4：The result of sample

Fig. 2 SDS - PAGE analysis of NP - interacting proteins of BEAS - 2B by pull - down

五、应用 LC - MS/MS 技术鉴定细胞蛋白属性 从 SDS - PAGE 胶上将4条蛋白条带切下，加入胰蛋白酶进行胶内酶切，然后应用 LC - MS/MS 技术对获得的4条蛋白条带进行分析。再通过数据库检索，最终得到蛋白20个，具体见表1。

讨 论

本研究对诱导温度条件的摸索发现，28℃条件下诱导可以得到可溶表达的 NP 蛋白。获得的可溶性 NP 蛋白一方面便于后期 NP 蛋白的纯化，另一方面其结构更加接近于 NP 蛋白的天然结构，有利于提高后期蛋白相互作用实验的特异性。另外，我们发现应用醋酸盐缓冲液（25 mmol/L pH 5.2）及强阳离子交换柱 SP FF 的组合条件有利于 NP 蛋白的二次纯化。

表 1　能够与 NP 蛋白相互作用细胞蛋白的鉴定结果

Tab. 1　Summary of the NP – interacting proteins in BEAS – 2B cells

分类 Classification	目的蛋白 Proteins	蛋白功能 Functions
条带 1 Lane 1	Heat shock protein HSP 90-alpha ATP-dependent RNA hellicase	ATP binding；signal transduction；protein folding ATP-dependent helicase activity；RNA splicing
条带 2 Lane 2	splicing factor proline/glutamine-rich glyceraldehyde-3-phosphate dehydrogenase eukarvotic translation elongation factor splicing factor 3b neural precursor cell expressed DnaJ（Hsp40） annexin A2	RNA binding；regulation of transcription NAD binding；oxidoreductase activity GTPase activity；translation elongation factor activity RNA splicing factor activity ligase activity；ubiquitin-protein ligase activity heat shock protein binding；unfolded protein binding cytoskeletal protein binding；phospholipase inhibitor activity
条带 3 Lane 3	mailc enzyme 2 ezrin ciliary rootlet coiled-coil coronin，actin binding protein caspase recruitment domain family	malic enzyme activity；oxidoreductase activity actin filament binding；cytoskeletal protein binding kinesin binding；structural molecule activity actin binding receptor signaling complex scaffold activity；regulation of apoptosis
条带 4 Lane 4	Heterogeneous nuclear ribonucleoprotein polypyrimidine tract binding protein 1 B-cell receptor-associated protein glyceraldehyde-3-phosphate dehydrogenase splicing factor，arginine/serine-rich 1 RNA binding motif	RNA binding poly-pyrimidine tract binding；RNA splicing receptor binding；apoptosis NAD binding；catalytic activity RNA binding；RNA splicing nucleotide binding

目前，研究蛋白相互作用的技术和方法很多，其中大多适用于流感病毒 NP 蛋白与细胞蛋白相互作用的研究，并且已经取得了一定成果。Digard 等[2]人应用共聚焦显微镜发现 NP 与肌动蛋白 F 结合，使转运至细胞质的 RNPs 不再进入细胞核；Elton 等[3]人应用免疫共沉淀及细胞内共定位方法证明 NP 蛋白通过与细胞内的 CRM1 结合，介导病毒 RNPs 出核。本研究联合应用 Pull – down 与 LC – MS/MS 技术，利用 pull – down 技术的高效率、高通量、不需标记物和染料等优点，使用带有金属阳离子的琼脂糖树脂作为亲和吸附的表面，捕获宿主细胞（BEAS – 2B）裂解物中与 H5N1 NP 蛋白相互作用的细胞蛋白。收集足够量的相互作用蛋白后，电泳分离蛋白条带，再利用 LC – MS/ MS 分析获得蛋白的性质，根据获得的多肽相对分子质量谱，在已有的蛋白数据库中查找相应的蛋白质进行鉴定。从而初步确定了 20 个可能与 H5N1 NP 相互作用的细胞蛋白，其中与 NP 存在相互作用的已知蛋白 1 个[4]；剪切因子相关蛋白 4 个；Actin 结合蛋白 2 个；RNA 结合蛋白 3 个。

我们推测 NP 蛋白是流感病毒复制和转录过程中不可缺少的结构蛋白。一方面，多种剪切因子家族蛋白与 NP 蛋白的结合，可以帮助流感病毒完成感染周期；另一方面，NP 与肌动蛋白结合，可以避免已经转运出核的 NP 重新回到细胞核内或者 NP 通过与肌动蛋白的结合便于后期病毒包装和释放。上述研究结果为人禽流感病毒的致病机制研究提供研究依据。

〔原载《中华实验和临床病毒学杂志》2010, 24 (1): 27 – 29〕

参 考 文 献

1 李靖, 刘伯华, 祝庆余. 禽流感病毒跨种属感染人的机制研究进展. 微生物学通报, 2005, 32: 121 – 124

2 Digard P, Elton D, Bishop K, et al. Modulation of nuclear localization of the influenza virus nucleoprotein through interaction with actin filaments. J Virol, 1999, 73: 2222 – 2231

3 Elton D, Simpson – Holley M, Archer K, et al. Interaction of the influenza virus nucleoprotein with the cellular CRM1 – mediated nuclear export pathway. J Virol, 2001, 75: 408 – 419

4 Momose F, Basler CF, O'Neill RE, et al. Cellular splicing factor RAF – 2p48/NPI – 5/BAT1/UAP56 interacts with the influenza virus nucleoprotein and enhances viral RNA synthesis. J Virol, 2001, 75: 1899 – 1908

Expression and Purification of Avian Influenza Virus H5N1 NP protein, and Screening Interaction Proteins of Host Cells *in vitro*

WANG Nai – fu*, MA Jing, ZHANG Xiao – guang, ZHANG Xiao – mei, BAI Tian, WANG Min,

WEN Le – ying, WANG Da – yan, SHU Yue – long, ZHOU Ling, ZENG Yi

(*State Key Laboratory for Infectious Disease Prevention and Control, National Institute for

Viral Disease Control and Prevention, Chinese Center for Disease Control and Prevention, Beijing 100052, China)

Objective To express and purify H5N1 influenza virus (A/Anhui/1/2005) NP in prokaryotic system and to explore the NP – interacting proteins of human bronchial epithelial cells BEAS – 2B *in vitro*. **Methods** The full length H5N1 NP gene fragment was amplified by PCR, inserted into prokaryotic expression vector (pET30a) to generate NP expression plasmid pET30a – NP. After transforming pET30a – NP *into E. coli* (BL21), the expression of soluble NP protein was induced by IPTG. The expressed NP protein was purified by two steps with metal chelation chromatography and ion exchange chromatography. Then the total proteins of BEAS – 2B cells was extracted for screening the components which have protein – protein interaction with purified NP by pull – down and LC – MS/MS methods. **Results** The expression of H5N1 NP protein could be induced by IPTG in bacterial system using expression plasmid pET30a – NP. The soluble NP was purified. Twenty proteins were found by pull – down and LC – MS/MS, the further experiments may be needed to prove protein – protein interaction between them. **Conclusion** The soluble H5N1 NP fusion protein with high purity was obtained and twenty proteins were found which could interact with it by pull – down and LC – MS/MS.

〔**Key words**〕 Influenza A virus; Nucleoproteins; Protein interaction mapping

387. NDV LaSota 株 P、NP 蛋白基因表达载体的构建及鉴定

北京工业大学生命科学与生物工程学院　周　媛　贾润清
中国疾病预防控制中心病毒病预防控制所传染病预防控制国家重点实验室
滕智平　张晓梅　曾　毅

〔摘　要〕　**目的**　构建新城疫病毒 LaSota 株 NP、P 基因的真核表达载体，为研究 NP、P 蛋白机理及反向遗传操作系统奠定基础。　**方法**　利用 RT - PCR 法扩增出新城疫病毒 LaSota 株的 NP、P 基因，并将其克隆到 pGEM - T easy 载体中，并再次亚克隆到真核载体 pCDNA3.1（+）上，得到重组质粒 pCDNA3.1（+）- NP、pCDNA3.1（+）- P，瞬时转染到 293、BHK - 21 细胞中，免疫酶法及 Western Blot 法检测表达情况。　**结果**　经免疫酶法及 Western Blot 法分别检测到了 P、NP 蛋白在两种细胞的表达。　**结论**　构建的两个重组质粒 pCDNA3.1（+）- NP、pCDNA3.1（+）- P 在 293、BHK - 21 两种细胞中均可稳定表达，为即将进行的 NDV 反向遗传操作系统奠定基础。

〔关键词〕　新城疫病毒；病毒蛋白质类；反向遗传操作系统

鸡新城疫病毒（Newcastle Disease Virus，NDV）属于副黏病毒科副黏病毒亚科腮腺炎病毒属，其基因组为不分节段、单股负链 RNA，长度约 15 186 个碱基[1]。NDV 作为疫苗载体有安全及有效性，滴度高，成本低，接种途径简单，可引起黏膜免疫和体液免疫，人群中感染率极低等优点。[2-3]

NP 蛋白为 NDV 的核衣壳蛋白，可保护 RNA 免受核酸酶活性的侵害及自我装配功能[4]；P 蛋白可与 L 蛋白一起构成 RNA 聚合酶（P - L），对病毒 RNA 的合成起中心调节作用。在 NDV 反向遗传操作系统中，NP、P 基因真核表达的质粒是必不可少的转染质粒，只有在 L 蛋白和 P 蛋白辅助下，NP 蛋白与病毒的基因组 RNA 包装成感染性的核糖核蛋白复合体（RNP），才能进行 NDV 的转录和翻译，启动 NDV 的复制。本研究将 NDV 弱毒株 LaSota 的 P、NP 基因克隆，用表达量较高的 pcDNA3.1（+）表达质粒构建两个基因的真核表达载体，并对其在 293、BHK - 21 两种细胞中的瞬时表达进行了鉴定，为后续 NDV 反向遗传操作系统的研究奠定了基础。

材料和方法

一、材料　NDV LaSota 弱毒株由北京农业科学院姜北宇教授赠送。DH5α 感受态细胞购自北京鼎国昌盛生物技术有限公司；质粒 pcDNA3.1（+）为北京工业大学生命科学与生物工程学院病毒药理实验室保存；Vero 细胞，293 细胞，BHK - 21 细胞均为中国疾病预防控制中心病毒病预防控制所曾毅院士实验室保存。

二、主要工具酶及试剂　限制性内切酶 EcoR I 、Xho I 、pyrobest PCR 酶、dNTP、DNA Marker 均购自大连宝生物工程有限公司；AMV 逆转录试剂盒、辣根过氧化酶（HRP）标记的羊抗鸡 IgY 购自美国 Promega 公司；质粒提取试剂盒、DNA 琼脂糖凝胶回收试剂盒购自德国 Qiagen 公司；Trizol 购自美国 Invitrogen 公司；IPTG、X－gal、DH5α 感受态细胞购自北京鼎国生物有限公司。脂质体转染试剂购自瑞士罗氏公司。胎牛血清购自美国 Hyclone 公司，抗 NDV 的多抗血清购自北京梅里亚维通实验动物技术有限公司。

三、病毒的增殖及 RNA 的提取　用配好的 DMEM 培养基培养 Vero 细胞，将稀释 20 倍的疫苗液以每瓶 1 ml 的量加入培养瓶中，及时地观察细胞出现细胞融合和空泡样状况，在最佳状态下收集病毒。Trizol 提取总 RNA。

四、NDV LaSota 株 P、NP 基因的扩增及克隆

1. RT－PCR 扩增 NP、P 基因：根据 GenBank 中的 NDV LoSota 株的序列，选择 Xho I 及 EcoR I 分别添加在 NP、P 引物的两端，以便于酶切连接。

NP－F：5′GAG AAT TCA TGT CTT CCG TAT TTG ATG 3′；NP－R：5′GAT CTC GAG TCA ATA CCC CCA GTC GGT GTC 3′；P－F：5′TGG AAT TCA TGG CCA CCT TTA CGG ATG 3′；P－R：5′C CGC TCG AGT TAG CCA TTT AGA GCA AGG 3′；其中横线的序列即为 XhoI 及 EcoRI 酶切位点。

逆转录合成 cDNA 反应条件为 42℃ 1 h，75℃ 10 min。PCR 反应的条件为 95℃ 5 min（1 cycle）；94℃，1 min；56℃，30 s；72℃，2 min（5 cycles）；94℃，1 min；54℃，30 s；72℃，2 min（15cycles）72℃，10 min（1 cycle）。

2. NP、P 基因的克隆：将 PCR 产物凝胶回收，加 A 反应后与 pGEM－T easy 载体连接，转化、克隆，经 PCR 及酶切测序鉴定无误。用 XhoI 、EcoRI 两种内切酶双酶切 NP、P 片段及 pcD-NA3.1（＋）载体，将双酶切后的载体及 NP、P 片段 16℃连接过夜、转化、克隆，小提质粒，用 PCR 及酶切鉴定法鉴定阳性克隆，分别命名为 pcDNA3.1（＋）－P、pcDNA3.1（＋）－NP。

五、NP、P 分别在 293、BHK－21 细胞中的瞬时表达　将分别含有 NP、P 两种片段的质粒的转染液（100 μl DMEM＋4.5 μl 转染试剂＋1.5 μg 质粒）分别各自转染 293、BHK－21 细胞，并用不含有外来 DNA 片段的空质粒转染细胞作为阴性对照，用 NDV 活病毒感染细胞作为阳性对照。

六、免疫酶法及 Western Blot 检测 NP、P 在两种细胞中的表达　将转染 72 h 后的 293、BHK－21 细胞消化，涂片，丙酮固定 15 min，PBS 洗后滴加 1∶20 的 NDV 阳性血清，37℃孵育 35 min，洗涤后滴加 1∶100 的辣根过氧化物酶（HRP）标记的山羊抗鸡 IgY 二抗，37℃孵育 35 min，洗涤后 DAB 显色，在倒置显微镜下观察。转染 72 h 后裂解细胞，加入 3×loading Buffer 后煮沸 10 min。SDS－PAGE 电泳后电转到 NC 膜上，5% 脱脂奶封闭，加入 1∶100 的 NDV 阳性血清 4℃孵育过夜，洗涤后用 1∶1000 HRP 标记的羊抗鸡 IgY 二抗孵育 2 h，洗涤后 DAB 显色。

结　　果

一、免疫酶法初步检测 NP、P 在两种细胞中的表达情况　瞬时转染后 P、NP 均能够在两种细胞中表达，并且与抗 NDV 阳性血清发生免疫反应，与阴性对照相比较，在显微镜下可以观察到部分细胞染为明显的褐色，可证明 NP、P 分别在 293、BHK－21 细胞中表达成功，如图 1 所示。

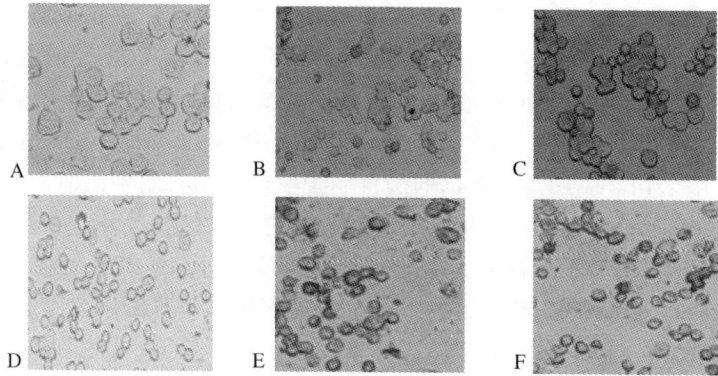

A：转染空质粒的 293 细胞（阴性对照）；B：转染 NP 基因的 293 细胞；C：转染 P 基因的 293 细胞。
D：转染空质粒 BHK－21 细胞；E：转染 NP 基因的 BHK－21 细胞；F：转染 P 基因的 BHK－21 细胞

图 1　免疫酶法检测 NP、P 基因在 293 细胞及 BHK－21 细胞中的表达

A：293 negative control．B：IE detection of the expression of NP gene in 293 cells．C：IE detection of the
expression of P gene in 293 cells．D：BHK－21 negative control．E：IE detection of the expression of NP
gene in BHK－21 cells．F：IE detection of the expression of P gene in BHK－21 cells

**Fig. 1　Immunoenzymatic（IE）detection of the expression of
P，NP genes in 293 cells and BHK－21 cells**

　　二、Western Blot 检测 NP、P 在两种细胞中的表达　　新城疫病毒 LaSota 株 P 基因核苷酸
包含 1188 bp 的开放阅读框，编码 395 个氨基酸残基组成的蛋白，蛋白质相对分子质量约为
42.3×10^3。NP 基因核苷酸包含 1470 bp 的开放阅读框，编码 489 个氨基酸残基组成的蛋白，
蛋白质相对分子质量约 53×10^3。在 pcDNA3.1（＋）－NP 转染的 293、BHK－21 细胞中，均
可见大约 56×10^3 大小的特异性条带（图 2）；pcDNA3.1（＋）－P 转染的 293、BHK－21 细
胞，均可见在（40~45）$\times 10^3$ 之间有特异性条带，由此可证明重组质粒 pcDNA3.1（＋）－
NP、pcDNA3.1（＋）－P 均可在 293、BHK－21 两种细胞中有效表达。

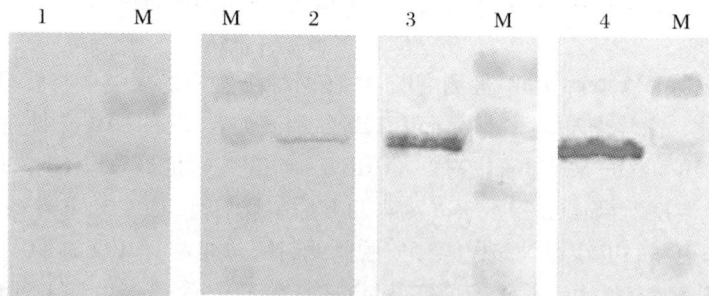

M：预染蛋白质 Marker。1：pcDNA3.1（＋）－NP 转染的 293 细胞；2：pcDNA3.1（＋）－NP 转染的
BHK－21 细胞；3：pcDNA3.1（＋）－P 转染的 293 细胞；4：pcDNA3.1（＋）－P 转染的 BHK－21 细胞

图 2　Western Blot 检测 NP、P 在 293B 及 BHK－21 细胞中的表达

M：Protein molecular weight Marker．1：WB detection of the expression of NP gene in 293 cells．

2：Protein molecular weight Marker．3：WB detection of the expression of NP gene in BHK－21cells．

4：WB detection of the expression of P gene in BHK－21 cells

Fig. 2　Western Blot analysis of expression of NP，P in 293 and BHK－21 cells

讨　论

本研究成功地表达了新城疫病毒 LaSota 株完整的 NP、P 基因片段,并利用免疫酶法、Western Blot 两种方法准确无误地检测了两个蛋白在两种细胞中的表达情况。其中免疫酶法具有快速、准确、成本低廉等特点。

反向遗传操作技术已成为当今 RNA 病毒研究的热点,在新城疫病毒中已经得到了初步的应用,NDV 的反向遗传操作系统在获得病毒基因组 RNA 构建成全长的 cDNA 外,NP、P 是真核表达质粒必不可少的转染质粒。本研究 NP、P 基因克隆载体选用 pcDNA3.1（+）,该载体可用于各种哺乳动物细胞系中的高水平结构型表达。选用两种细胞转染,可证实质粒载体构建的稳定性,其中所选用的 BHK－21 细胞即为可稳定高水平表达 T7 RNA 聚合酶细胞,是拯救 RNA 病毒的有力工具。

〔原载《中华实验和临床病毒学杂志》2010,24（1）:62-64〕

参 考 文 献

1　Leeuw De, Peeters O, Complete B. Nucleotide sequence of Newcastle disease virus: evidence for the existence of a new genus with the subfamily paramyxovirinae J Gen Virol, 1999, 131-136

2　Zhuhui H, Sateesh K, Aruna P, et al, High-level expression of a foreign gene from the most 3'-proximal locus of a recombinant Newcastle disease virus, J Gen Virol, 2001, 82: 1729-1736

3　Alexander B, Zhuhui H, Lijuan Y, et al, Recombinant Newcastle Disease Virus Expressing a Foreign Viral Antigen Is Attenuated and Highly Immunogenic in Primates, J virol, 2005, 79: 13 275 - 13 284

4　Yusoff K, Tan WS. Newcastle disease virus : macromolecules and opportunitie J Avian pathol, 2001, 30: 439-455

Transient Expression and Identification of Gene P and NP of NDV LaSota Strain in Two Different Cells

ZHOU Yuan*, JIA Run-qing, TENG Zhi-ping, ZHANG Xiao-mei, ZENG Yi

(*The College of Life Science and Bio-engineering, Beijing University of Technology, Beijing 100124, China)

Objective　To Construction of P and NP genes eukaryotic expression vectors of Newcastle Disease Virus LaSota strain, study its reverse genetics and functional genome of NDV.　**Methods**　P, NP genes were amplified and cloned into pGEM-T easy vector and then subcloned into pCDNA3.1（+）expression vector respectively, the recombinant plasmids were named pCDNA3.1（+）-P and pCDNA3.1（+）-NP, Recombinant plasmids were transfected into 293 and BHK-21 cells respectively and were detected using IE and Western blot analysis.　**Results**　Expression of P, NP genes were detected and confirmed by the IE and WB analysis.　**Conclusion**　The recombinant eukaryotic plasmids pCDNA3.1（+）-P, pCDNA3.1（+）-NP were expressed in 293 and BHK-21 cells successfully. This research may be helpful for further study of reverse genetics and functional genome of NDV.

〔**Key Words**〕 Newcastle disease virus; Viral protein; Reverse genetics manipulation system

388.　新型内在抗病毒分子——Tetherin

北京工业大学生命科学与生物工程学院　杨怡妹　王小利　李泽琳

中国疾病预防控制中心病毒病预防控制所　曾　毅

〔关键词〕　Tetherin；人免疫缺陷病毒；Vpu

人免疫缺陷病毒（Human immunodeficiency virus type 1，HIV－1）可以在人细胞中复制，但不能在许多非人灵长类动物细胞中复制，其原因可能是 HIV－1 不能逃避或抵抗这些细胞中存在的种属特异性抗病毒因子。Tetherin 是继 Trim5α[1]、APOBEC3G[2]后，发现存在于猴子中的第 3 种抗 HIV－1 因子。Tetherin 可以阻止新生的反转录病毒及其他病毒从感染细胞中释放，其抗病毒作用可以被 HIV－1 Vpu 拮抗[3]。这些抗病毒分子限制灵长类慢病毒在非天然宿主细胞中的复制，为动物源性疾病跨物种传播天然设置了障碍。

一、Tetherin 的发现与确认　依据 HIV－1 病毒粒子从感染细胞中释放是否需要 Vpu，将 HIV－1 宿主细胞分为 2 个表型，即 Vpu 依赖型（Vpu－dependent）和非 Vpu 依赖型（Vpu－independent）。HeLa 细胞、单核细胞来源的巨噬细胞和原代 T 淋巴细胞属于 Vpu 依赖型细胞；293T、COS、CV1 和 HT 1080 细胞则为非 Vpu 依赖型[4,5]。由 Vpu 依赖型 HeLa 细胞与非 Vpu 依赖型 COS－7 细胞融合所形成的异形核细胞呈现 Vpu 依赖表型，提示 HeLa 细胞中存在某种可以抑制 HIV－1 病毒粒子释放的因素，且其作用可以被 Vpu 拮抗[6]。Neil 等[3]将其命名为 Tetherin，这种抑制因子可以在经 IFN－α 处理的细胞中诱导表达[5,7]。通过微阵列技术分析人细胞系在 IFN－α 处理前后 mRNA 的表达差异，揭示了 CD317（又称 BST2 和 HM1.24）即为 Tetherin[3]。

随后，Neil 等[3]通过一系列实验证明 CD317 就是 Tetherin，其证据如下：①Vpu 依赖型 HeLa 细胞组成型地表达 CD317；非 Vpu 依赖型 293T 和 HT1080 细胞未经 IFN－α 处理时，不表达 CD317，而经 IFN－α 处理后，则 CD317 诱导表达；Jurkat 及原代 CD4SS＋T 细胞经 IFN－α 处理后，CD317 表达增加。②将 CD317 导入 293T 和 HT1080 细胞后，虽不影响 *gag* 的表达或加工，但可以抑制 ΔVpu HIV－1 病毒粒子的释放。③采用 siRNA 技术抑制 HeLa 细胞中 CD317 的表达，可以恢复 ΔVpu HIV－1 病毒粒子的释放。这些研究证实 CD317 就是 HeLa 细胞中抑制 HIV－1 病毒粒子释放的抗病毒因子－Tetherin。

二、Tetherin 蛋白结构与定位　Tetherin 又称 CD317、BST－2（B cell stromal factor 2）和 HM1.24，其编码基因位于染色体 19p13.2 上，编码 180 个氨基酸〔相对分子质量（30～36）×10^3〕Ⅱ型跨膜蛋白[8]。早期研究发现 Tetherin/BST－2/HM1.24 是可以调节 B 细胞生长发育的膜蛋白，在人骨髓瘤细胞上高度表达[9,10]。后续研究显示终末分化的 B 细胞、骨髓基质细胞、树突状细胞等均可以表达 Tetherin，另外，许多细胞可经 IFN－α 诱导表达 Tetherin[3]。

Tetherin 是一个拓扑结构较为独特的膜蛋白（图1），含有两个疏水区。该蛋白质的氨基端位于胞质中，随后是一个约 19 个氨基酸的跨膜蛋白域（TM）及胞外卷曲螺旋基序，其羧基端为约 17 个氨基酸的糖基磷脂酰肌醇锚定点（GPI anchor）[10]。人、恒河猴、小鼠、大鼠的 Tetherin 氨基端的 12 个氨基酸中存在 2 个保守酪氨酸残基（Y6 和 Y8），这 2 个残基可能参与 Tetherin 的内化过程[9,11]。胞质外域内存在 2 个保守的糖基化位点和 3 个保守的 Cys 残基[9,12]。

Tetherin 可以位于细胞表面，其 GPI 锚定点位于脂筏中，而跨膜区位于脂筏外。Tetherin 的糖基化程度影响其与脂筏连接的状态，完全糖基化的 Tetherin 存在于脂筏中，而 N - 糖基化不完全的前体则不位于脂筏中[10]。此外，Tetherin 还可以位于细胞的反面高尔基体网状结构（Trans - Golgi network，TGN）中，并且可在细胞表面与 TGN 两者间往返[9,10]。实验表明 Tetherin 内化及运回 TGN 的过程依赖于网格蛋白，该过程还需要两个不同的异源四聚体接合蛋白 - AP - 2 和 AP - 1 的相继作用。Tetherin 的胞质域内 2 个酪氨酸基序与 AP - 2 接合复合体的 μ2 亚基之间相互作用，引发由网格蛋白介导的 Tetherin 内吞过程。Tetherin 由内体向 TGN 的转运过程则依赖于 μ1A 亚基。此外，去除 GPI 域后，Tetherin 的内化速率下降，提示 Tetherin 与脂筏的连接也是 Tetherin 充分内化所必需的[9]。

三、Tetherin 的抗病毒作用

1. Tretherin 可以抑制有包膜病毒的释放：Tetherin 除抑制 HIV - 1 病毒粒子释放外，还可以抑制多种反转录病毒[13,14]、卡波氏肉瘤病毒（KSHV）[15]、Ebola 病毒[7,16]、Lassa 和 Mar-burg 病毒[17]。因此 Tetherin 可能是机体抵御有包膜病毒的内在免疫因子。目前尚不清楚 Tetherin 如何阻止病毒释放，不过由于 Tetherin 可以影响多种病毒的释放，所以推测它的作用是相对非特异的，即 Tetherin 与病毒结构蛋白之间不太可能存在特异性的识别作用。

Tetherin 可以显著地抑制 ΔVpu HIV - 1 病毒粒子的释放，对野生型 HIV - 1 作用却较轻微。在表达 Tetherin 的细胞中，仍可产生 ΔVpu HIV - 1 病毒粒子，但 Tetherin 与 HIV - 1 gag 共定位于内体和浆膜中，通过诱导成熟 HIV - 1 病毒粒子与细胞膜吸附，导致病毒粒子滞留于细胞表面，从而阻止病毒粒子释放[3,5]。有研究表明，Tetherin 在细胞表面与细胞内 TGN 两者间往返的过程中，网格蛋白接合分子 AP - 2 与 Tetherin 胞质区的氨基端相互作用，激发网格蛋白介导的内吞过程，因此推测该过程可能与新生的 HIV - 1 病毒粒子内化相关[4]。

Tetherin 可以显著抑制 Lassa 病毒、Ebola 病毒和 Mar - burg 病毒基质蛋白形成病毒样颗粒

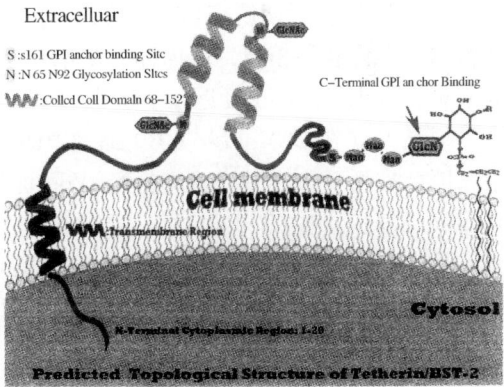

图 1　Tetherin/BST - 2 的预测拓扑结构
Fig. 1　Diagram of predicted topology of Tetherin/BST - 2

（VLP）[13,17]，其作用靶标并非病毒表面的糖蛋白，而是病毒的基质蛋白或源于宿主细胞的成分，提示 Tetherin 采用某种通用机制抑制多种有包膜病毒从宿主细胞释放。由于 Tetherin 可以连接富含胆固醇的脂筏和胞浆膜，所以对于多种有包膜病毒而言，尤其是需要在富含脂筏的浆膜区积聚及出芽的 HIV - 1 病毒等，Tetherin 可以在浆膜脂筏与病毒包膜之间建立

某种关联，使病毒粒子束缚于细胞表面，从而抑制病毒粒子释放[10]。

2. Tetherin 抗 HIV-1 作用的种属特异性：灵长类动物的 Tetherin 序列在进化过程中存在正向选择，编码 Tetherin 的基因差异达到 0.5% ～ 40.0%，在同一种属里也存在较大的差异[18]。HIV-1 Vpu 可以特异地拮抗人和猩猩的 Tetherin；而在恒河猴（rh）、非洲绿猴（agm）及小鼠中发现的 Tetherin 不但可以抑制 HIV-1 病毒粒子释放，还可以耐受 HIV-1Vpu 的拮抗作用[18,19]。将人 Tetherin 的跨膜区和猴 Tetherin 的跨膜区互换，可以导致嵌合体 hu（rhTM）-Tetherin 耐受 HIV-1 Vpu 的作用。突变分析显示，Tetherin 跨膜区上第 33、36、40 和 45 位氨基酸残基的组合决定了人和猴 Tetherin 对 HIV-1 Vpu 的敏感性，提示 Vpu 可能需要与 Tetherin 在多个位点上广泛接触[18-21]。HIV-1 Vpu 可以特异地针对人和猩猩的 Tetherin 的跨膜区，Tetherin 可能是限制 HIV-1 在非自然宿主间传播的障碍。

四、Tetherin 抗病毒作用的拮抗物

1. HIV-1 Vpu：HIV-1 Vpu 是病毒感染晚期表达的 I 型膜蛋白，具有 2 个主要结构域[22,23]，即氨基端约 27 个氨基酸的疏水跨膜域，其形成可选择性通过单价阳离子的离子通道[24,25]和羧基端约 54 个氨基酸的胞质域，该区域内存在两个可磷酸化的丝氨酸残基。Vpu 在病毒复制过程中具有两种主要功能：①在内质网里通过泛素途径降解 CD4，该过程需要 Vpu 胞质域内的 2 个可磷酸化的丝氨酸残基[26,27]；②促进 HIV-1 病毒粒子释放。

早期研究表明，表达 HIV-1 Vpu 的完整跨膜区就足以增强 HIV-1 病毒粒子释放[28]。Vpu 可与 Tetherin 共定位[3]，提示二者之间可能存在相互作用，然而目前尚不清楚 Vpu 拮抗 Tetherin 抗病毒作用的具体机制。经 Vpu 基因转染 HeLa 细胞后可以降低胞内 Tetherin 的表达；长期感染的巨噬细胞中 Tetherin 的表达亦降低[29,30]。据此，提出以下假设：Vpu 的跨膜域与 Tetherin 相互作用，从而招募泛素连接酶来降解 Tetherin，其作用方式与 Vpu 降解 CD4 的过程类似[31]。近期研究显示[32,33]，Vpu 在 TGN 或早期内体中通过 BetaTrcP 将 Tetherin 与细胞内泛素化通路相连，以内体-溶酶体途径使之降解。Vpu 通过降低细胞表面上 Tetherin 的数量，阻止 Tetherin 接近新生病毒粒子。

但是 Vpu 在 CEMx174 或 H9 细胞中的表达并不下调 Tetherin 在细胞表面或胞内的表达水平，因此推测至少在这些细胞中，Vpu 促进病毒粒子释放的作用不需要下调细胞表面的 Tetherin 或耗竭胞内 Tetherin[29]。因此，也有学者推测 Vpu 可能通过与各种细胞膜上的 Tetherin 紧密共定位作用而直接干扰 Tetherin 的功能和/或改变 Tetherin 在胞质内不同位置之间的运输[3,30]。当 Vpu 不存在时，AP-2/网格蛋白介导的内吞过程可以使 Env 或 gag 广泛内化，积聚在网格蛋白包被的内体中[34,35]。由于 Tetherin、Env 或 gag 的内化均与 AP-2 相关[9,34,35]，因此 Vpu 有可能通过影响 AP-2 的活性而促进 Tetherin 自身内吞或阻断 Tetherin 诱导新生病毒粒子内化。

由于 Vpu 参与 HIV-1 的传播及其致病机理，因此 Vpu 可以作为抗 HIV-1 治疗的靶分子。一种结合胆固醇的化合物-两性霉素 B 甲酯（AME）可以降低野生型 HIV-1 的感染力（比原来低 50～100 倍[36]），但是 AME 并不抑制 ΔVpu HIV-1 或无 Vpu 的反转录病毒（如 MLV 和 SIV）释放。电镜分析显示 AME 处理后，病毒粒子的脂双层可遭到破坏，但对 HIV-1gag 与胞浆膜结合、gag 与脂筏连接或 gag 多聚化均无明显影响。这提示 AME 对 HIV-1 的抑制作用并不是通过耗竭胆固醇而发挥，AME 可能直接阻断 Vpu 的离子通道活性或通过结合胆固醇/膜而间接改变 Vpu 的功能，使 Vpu 不能拮抗 Tetherin 的抗病毒作用。

2. Tetherin 的其他拮抗物：由于 Tetherin 阻止多种有包膜病毒从细胞表面出芽而产生广谱抗病毒作用，因此推测 HIV-1 Vpu 拮抗 Tetherin 的能力并非独特。在不编码 Vpu 的猴免疫缺陷病毒（Simian immunodeficiency virus，SIV）中，Nef 蛋白可以下调恒河猴 Tetherin 的表达[37,38]。KSHV K5 蛋白、HIV-2 Env 和 Ebola 病毒糖蛋白（GP）等均可以刺激各自病毒粒子的释放[16,39,40]。在表达 KSHV K5 蛋白的细胞中，Tetherin 的表达水平下调[15,41]。Ebola 病毒的 GP 可以有效地与 Tetherin 免疫共沉淀，拮抗人和鼠的 Tetherin 的抗病毒作用，促进 Ebola 病毒粒子出芽，其作用类似于 HIV-1 Vpu。另外，Ebola GP 也可以替代 HIV-1 Vpu，促进 HIV-1 病毒粒子从表达 Tetherin 的细胞释放，提示 Tetherin 是受到不同病毒蛋白拮抗的共同细胞靶标。

五、结语

Tetherin 可以使病毒粒子附着于病毒感染细胞的表面，从而通过阻止逆转录病毒和其他有包膜病毒粒子的释放而发挥其抗病毒作用，相应的，Tetherin 的抗病毒作用也可以由多种病毒蛋白拮抗。Tetherin 可能是 HIV-1 新生病毒粒子释放过程中必须克服的一种新发现的天然免疫分子，而 HIV-1 Vpu 能够拮抗 Tetherin，提示 Vpu 是促进 HIV-1 病毒粒子释放的因素之一。目前尚不清楚 Tetherin 抑制 HIV-1 病毒粒子释放的作用机制和 Vpu 拮抗其抗病毒作用的机制。进一步明确 Tetherin 的转运途径，有助于阐明 Tetherin 如何诱导病毒粒子滞留于细胞表面，以及它的抗病毒活性如何被 Vpu 拮抗。设法阻断 Vpu 与 Tetherin 之间的相互作用，可能为治疗艾滋病提供一个新的靶标。

〔原载《病毒学报》2010，26（1）：71-75〕

参 考 文 献

1 Stremlau M, Owens C M, Perron M J, et al. The cytoplasmic body component TRIM5 alpha restricts HIV-1 infection in Old World monkeys. Nature, 2004, 427: 848-853

2 Sheehy A M, Gaddis N C, Choi J D, et al. Isolation of a human gene that inhibits HIV-1 infection and is suppressed by the viral *vif* protein. Nature, 2002, 418: 646-650

3 Neil S J, Zang T, Bieniasz P D. Tetherin inhibits retrovirus release and is antagonized by HIV-1 Vpu. Nature, 2008, 451: 425-430

4 Geraghty R J, Talbot K J, Callahan M, et al. Cell typedependence for Vpu function. J Med Primatol, 1994, 23: 146-150

5 Neil S J, Eastman S W, Jouvenet N, et al. HIV-1 Vpu promotes release and prevents endocytosis of nascent retrovirus particles from the plasma membrane. PLoS Pathog, 2006, 2: e39

6 Varthakavi V, Smith R M, Bour S P, et al, Viral protein U counteracts a human host cell restriction that inhibits HIV-1 particle production. Proc Natl Acad Sci USA, 2003, 100: 15154-15159

7 Neil S J, Sandrin V, Sundquist W I, et al. An interferonalpha-induced tethering mechanism inhibits HIV-1 and Ebola virus particle release but is counteracted by the HIV-1 Vpu protein. Cell Host Microbe, 2007, 2: 193-203

8 Ishikawa J, Kaisho T, Tomizawa H, et al. Molecular cloning and chromosomal mapping of a bone marrow stromal cell surface gene, BST2 that may be involved in pre-B-cell growth. Genomics, 1995, 26 (3): 527-534

9 Rollason R, Korolchuk V, Hamilton C, et al. Clathrinmediated endocytosis of a lipid-raft-associated protein is mediated through a dual tyrosine motif. J Cell Sci, 2007, 120: 3850-3858

10 Kupzig S, Korolchuk V, Rollason R, et al. Bst-2/HM1.24 is a raft-associated apical membrane protein with an unusual topology. Traf-

fic, 2003, 4: 694709

11 Boll W, Ohno H, Zhou S Y, et al. Sequence requirements for the recognition of tyrosine – based endocytic signals by clathrin AP – 2 complexes. EMBO J, 1996, 15: 5789 – 5795

12 Ohtomo T, Sugamata Y, Ozaki Y, et al. Molecular cloning and characterization of a surface antigen preferentially overexpressed on multiple myeloma cells. Biochem Biophys Res Commun, 1999, 258 (3): 583 – 591

13 Jouvenet N, Neil S J, Zhadina M, et al. Broad – spectrum inhibition of retroviral and filoviral partmle releaseby tetherin. J Virol, 2009, 83 (4): 1837 – 1844

14 Gottlinger H G, Dorfman T, Cohen E A, et al. Vpu protein of human immunodeficiency virus type 1 enhances the release of capsids produced by *gag* gene constructs of widely divergent retroviruses. Proc Natl Acad Sci USA, 1993, 90, 7381 – 7385

15 Bartee E, McCormack A, Fruh K. Quantitative membrane proteomics reveals new cellular targets of viral immune modulators. PLoS Pathog, 2006, 2: e107

16 Kaletsky R L, Francica J R, Agrawal – Gamse C, et al. Tetherin – medlated restriction of filovirus budding is antagonized by the Ebola glycoprotein. Proc Natl Acad Sci USA, 2009, 106 (8): 2886 – 2891

17 Sakuma T, Noda T, Urata S, et al. Inhibition of Lassa and Marburg virus production by tetherin. J Virol, 2009, 83 (5): 2382 ~ 2385

18 McNatt M W, Zang T, Hatziioannou T, et al. Species specific activity of HIV – 1 Vpu and positive selection of tetherin transmembrane domain variants. PLoS Pathog, 2009, 5 (2): e1000300

19 Goffinet C, Allespach I, Homann S, et al. HIV – 1 antagonism of CD317 is species specific and involves Vpu mediated proteasomal degradation of the restriction factor. Cell Host Microbe, 2009, 5 (3): 285 – 297

20 Rong L, Zhang J, Lu J, et al. The transmembrane domain of BST – 2 determines its sensitivity to down – modulation by human immunodeficiency virus type 1 Vpu. J Virol, 2009, 83 (15): 7536 – 7546

21 Gupta R K, Hué S, Schaller T, et al. Mutation of a single residue renders human tetherin resistant to HIV – 1 Vpu – mediated depletion. PloS Pathog, 2009, 5 (5): e1000443

22 Strebel K, Klimkait T, Martin M A. A novel gene of HIV – 1, vpu, and its 16 – kilodalton product. Science, 1988, 241: 1221 – 1223

23 Cohen E A, Terwilliger E F, Sodroski J G, et al. Identification of a protein encoded by the vpu gene of HIV – 1. Nature, l988, 334: 532 – 534

24 Ewart G D, Sutherland T, Gage P W, et al. The Vpu protein of human immunodeficiency virus type 1 forms cation – selective ion channels. J Virol, 1996, 70: 7108 – 7115

25 Schubert U, Ferrer – Montiel A V, Oblatt – Montal M, et al. Identification of an ion channel activity of the Vpu transmembrane domain and its involvement in the regulation of virus release from HIV – 1 – infected celIs. FEBS Lett, 1996, 398: 12 – 18

26 Paul M, Jabbar M A. Phosphorylation of both phosphor acceptor sites in the HIV – 1 Vpu cytoplasmic domain is essential for Vpu – mediated ER degradation of CD4. Virology, 1997, 232: 207 – 216

27 Binette J, Dube M, Mercier J, et al. Requirements for the selective degradation of CD4 receptor molecules by the human immunodeficiency virus type 1 Vpu protein in the endoplasmic reticulum. Retrovirology, 2007, 4: 75

28 Schubert U, Bout S, Ferrer – Montiel A V, et al. The two biological activities of human immunodeficiency virus type 1 Vpu protein involve two separable structural domains. J Virol, 1996, 70: 809 – 819

29 Miyagi E, Andrew A J, Kao S, et al. Vpu enhances HIV – 1 virus release in the absence of Bst – 2 cell surface down – modulation and intracellular depletion. Proc Natl Acad Sci U S A, 2009, 106 (8): 2868 – 2873

30 Van Damme N, Golf D, Katsura C, et al. The interferon – induced protein BST – 2 restricts HIV – 1 release and is down regulated from the cell surface by the viral Vpu protein. Cell Host Microbe, 2008, 3: 245 – 252

31 Nomaguchi M, Fujita M, Adachi A. Role of HIV – 1 Vpu protein for virus spread and pathogenesis. Microbes Infect, 2008, 10 (9): 960 – 967

32 Douglas J L, Viswanathan K, McCarroll M N, et al. Vpu directs the degradation of the human immunodeficiency virus restriction factorBST – 2/ Tetherin viaa βTrCP – dependent mechanism. J Virol, 2009, 83 (16): 7931 – 7947

33 Mitchell R S, Katsura C, Skasko M A, et al. Vpu an – tagonizes BST – 2 – mediated restriction of HIV – 1 release via beta – TrCP and endo – lysosomal trafficking. PLoS Pathog, 2009, 5 (5): e1000450

34 Byland R, Vance P J, Hoxie J A, et al. A conserveddileucine motif mediates clathrin and AP – 2 – dependent endocytosis of the HIV – 1 envelope protein. Mol Biol Cell, 2007, 18: 414 – 425

35 Van Damme N, Guatelli J. HIV – 1 Vpu inhibits accumulation ot the envelope glycoprotem within clathrincoated, gag – containing endosomes. Cell Microbiol, 2008. 10: 1040 – 1057

36 Waheed A A, Ablan S D, Soheilian F, et al. Inhibition of human immunodeficiency virus type 1 assembly and release by the cholesterol – binding compound amphotericin B methyl ester: evidence for Vpu dependence. J Virol, 2008, 82 (19): 9776 – 9781

37 Zhang F, Wilson S J, Landlord W C, et al. Nef proteins from simian immunodeficiency viruses are tetherin antagonists. Cell Host Microbe, 2009, 23: 6 (1): 54 – 67

38 Jia B, Serra – Moreno R, Neidermyer W, et al. Species specific activity of SIV Nef and HIV – 1 Vpu in overcoming restriction by tetherin/ BST2. PLoS Pathog, 2009, 5 (5): e1000429

39 Bour S, Strebel K. The human immunodeficiency virus (HIV) type 2 envelope protein is a functional complement to HIV type 1 Vpu that enhances particle release of heterologous retroviruses. J Virol, 1996, 70 (12): 8285 – 8300

40 Abada P, Noble B, Cannon P M. Functional domains within tile human immunodeficiency virus type 2 envelope protein required to enhance virus production. J Virol, 2005, 79 (6): 3627 – 3638

41 Mansouri M, Viswanathan K, Douglas J L, et al. Molecular mechanism of BST2/Tetherin downregulation by K5/MIR2 of Kaposi's sarcoma herpesvirus. J Virol, 2009, 83 (19): 9672 – 9281

389. 中药复方祛毒增宁胶囊抗艾滋病毒体外药效学的研究

北京世纪康医药科技开发有限公司 李泽琳 曾 越 曾 欣
北卡罗来纳州立大学 苏立山 中国疾病预防控制中心病毒病预防控制所
张小梅 邵一鸣 曾 毅 累根斯堡大学 WOLF Hans

〔摘 要〕 本研究以现代医学为基础,结合中医辨证的原则,特别是经过体外抗病毒的筛选,选择既具有抗病毒的作用,可增强机体免疫功能又符合中医辨证原则,以黄芩等4味中药组成复方,经过正交设计,优选提取溶剂和工艺,制成胶囊,暂定名为祛毒增宁胶囊(ZL – 1)。体外药效学研究表明,祛毒增宁胶囊可有效抑制病毒在 MT4、HeLa 和 PBMC 中的复制,IC_{50} 分别为 105.2、70.4 μg/ml。祛毒增宁胶囊中主要成分 JH 与齐多夫定（AZT）不同剂量配伍，表现出明显的增效作用，同时，对蛋白酶抑制抗性株也有明显的抑制作用，在 1.12mg/ml 质量浓度下抑制率为 100%。此制剂已完成临床前研究，并获批准进入临床观察阶段。

〔关键词〕　艾滋病；HIV-1；抗 HIV-1 药物；中药复方；体外药效学

艾滋病防治目前主要依靠于抗 HIV-1 药物治疗，但由于 HIV-1 高变异的耐药性问题，严重制约了传统抗 HIV-1 药物的应用[1]。因此，亟待发展针对新靶标，具有新作用机制的抗 HIV-1 药物，以解决目前 HIV-1 多重和交叉耐药的问题。

复方制剂是中医研究的特点和优势，其优点是适应整体观，适合于辨证论治，适于个体化治疗，特别是能比较好地从大量临床医疗经验中获得信息。中医药在防治艾滋病方面有独特的作用和优势，近年来我国研发、生产防治艾滋病中药进展迅速，拥有一批科研成果，形成一定的基础和经验，在攻破疑难病症上显示了中药不容忽视的独特作用。中药药源丰富，价格低廉，毒副作用少，它不仅能改善免疫功能，还可有效抑制 HIV-1。

在本研究中，作者以现代医学为基础，结合中医辨证的原则，特别是经过体外抗病毒实验的筛选，选择既具有抗病毒作用，可增强机体免疫功能又符合中医辨证原则，以黄芩等 4 味中药组成复方，经过正交设计，优选提取溶剂和工艺，精制成胶囊，暂定名为祛毒增宁胶囊（ZL-1）。体外药效学研究表明，祛毒增宁胶囊可以有效抑制病毒的复制，在联合治疗中表现出明显的增效作用，同时，对病毒耐药株也有明显的抑制作用。此制剂已完成临床前研究，并获批准进入临床观察阶段。

材料和方法

一、细胞株　MT4，H₉，HeLa-CD₄-LTR-β-gal，PBMC，293T 等细胞株均由 NIH 艾滋病毒研究试剂项目（NIH HIV research reagent program）提供。

二、病毒株　HIV-1 NL4-3 毒株来源同上，8mut 为 HIV 蛋白酶抑制剂的抗性株病毒，在 HIV 蛋白酶中含有 L10I、G48V、I54V、L63P、A71V、V82T、I84V、L90M、8 个突变位点，与亲本病毒 NL4-3 相比，SQV、RTV 和 IDV 的 IC_{50} 分别提高 1400 倍、350 倍和 500 倍（由 Ronald Swanstrom 惠赠）。

三、受试药物及其配制　祛毒增宁胶囊（批号：ZL-000415，0.45g/粒）。实验药物用水溶解后，分管，每管 1mg（生药量计）以冷冻离心浓缩干燥，存于 -20℃备用，实验时以无血清的 RPML 1640 配制成 mg/ml 再稀释至所需各浓度。祛毒增宁胶囊主要成分 JH、齐多夫定（azidothymidine，AZT）分别用水溶解，用无血清的 RPMI 1640 配制成所需各浓度。

四、MT4 细胞实验　实验在 96 孔培养板中进行，于各孔加入不同浓度药液 100 ml，每个浓度药液至少设 2 个复孔。取新培养的 MT4 细胞，定量细胞加入定量 HIV-1 病毒（MOI = 0.5），37℃培养 2 h 后离心，弃去上清液，去除游离的病毒，加培养基到 10 ml。于含有药液的 96 孔板中，每孔加入等量感染 HIV-1 的细胞悬液，并设细胞对照、病毒对照及 AZT 对照，37℃培养。第 3 天换药，继续培养至第 6 天，各孔取上清样品待测，采用 HIV-1 p24 抗原检测试剂盒（瑞典 Biomerieux 公司），按其要求做标准曲线，测定 p24 抗原量（pg/ml）[1-3]。

$$抑制率 = \frac{病毒对照孔 \text{ p24 } 抗原量 - 药物组 \text{ p24 } 抗原量}{病毒对照孔 \text{ p24 } 抗原量} \times 100\%$$

同时收集细胞，提取蛋白，用 AIDS 病人血清（含 HIV 多抗）及 HIV 单抗，分别以蛋白印迹法测定 HIV－1 抗原。另提取 DNA，经 PCR 扩增，观察病毒是否存在。

五、HeLa－CD$_4$－LTR－β－gal 细胞实验（MAGI test） HIV－1 NL4 株为单一生活周期报告病毒（single life－cycle reporter virus）[4-8]，由重组 HIV－1 质粒转染细胞表达而得。24 孔板接种 HeLa－CD$_4$－LTR－β－gal 细胞 0.4×10^5/0.25ml/孔，37℃培养 24 h 然后吸去各孔上清液，加不同浓度药液 100 μl。每 100 μl 药液含定量 HIV－1，空白对照孔加入培养基（Mock），CO$_2$ 培养箱 37℃培养 2 h，各孔再加入相同药液或培养基 200 μl，CO$_2$ 培养箱 37℃培养 48 h，按下列方法检测。各孔吸去上清，加入固定液（1ml），再以 K$_4$［Fe（CN）$_6$］·3H$_2$O、K$_3$［Fe（CN）$_6$］及 X－gal 染色，感染细胞被染成蓝色，用 Elaspot 扫描计数蓝色细胞数目，先计算抑制率，再计算 IC$_{50}$。

六、PBMC 细胞实验 PBMC 细胞经 PHA 刺激，配成细胞数 5×10^6/ml。所用培养基中加入 IL－2（1000 倍 IL－2，按每毫升培养基中加入 1μl），37℃过夜。祛毒增宁胶囊质量浓度为 0.4mg/ml，24 孔板中每孔细胞 0.5 ml。在药液或培养基中，加入 HIV－1NL4－3 病毒，病毒量为每孔加入 4×10^{4}U，转入 12 孔板，再加入相同药液或培养基 1.5 ml，使总量为 2 ml，37℃培养，每 3~4 天取上清液 100 μl/孔，－80℃保存。采用放射性核素液闪仪测定 RT（逆转录酶）量，药物组与病毒对照组比较计算抑制率[9]。

结　　果

一、祛毒增宁胶囊的细胞水平抗 HIV－1 活性 为了明确祛毒增宁胶囊的抗 HIV－1 的活性，采用了多种抗 HIV－1 体外药效评价方法进行研究，其中包括 MT4 细胞法、MAGI 测试以及针对 PBMC 的活性评价。

在 MT4 细胞分析中，祛毒增宁胶囊 IC$_{50}$ 为 105.2 μg/ml（表1）。当使用 125 μg/ml 药物作用 6 天后，细胞提取蛋白，以病人抗血清和单抗，用蛋白印迹法测定细胞内 HIV－1 蛋白的表达，结果均为阴性。另以细胞提取 DNA，经 PCR 扩增后，测序结果 DNA 阴性。表明细胞中病毒完全被抑制。结果表明祛毒增宁胶囊有显著抑制 HIV－1 复制的作用。

利用单一生活周期报告病毒模型感染 HeLa－CD$_4$－LTR－β－gal 细胞，分析了祛毒增宁胶囊的抗病毒活性。如表 2 所示，祛毒增宁胶囊可以明显降低感染细胞数目，计算其 IC$_{50}$ 为 70.7 μg/ml。

Tab. 1 Effect of Chinese herbal Qu Du Zeng Ning（ZL－1）upon the replication of HIV－1 in MT4 cells

μg/ml	p24/pg/ml	Inhibition（%）
188	0	100
150	7.75	96.8
120	86.15	64.4
96.1	291.01	9.5
0	242	0

Tab. 2 Anti－HIV effect of ZL－1 on single－round infectivity assay

μg/ml	Positive cell count（Mean）	Inhibition（%）
600	0	100
150	1	98.8
38	60.5	26.2
9	123	0
0	82	0

PBMC 是 HIV－1 天然的靶细胞，测定药物对病毒在 PBMC 中的影响将更为准确地反映其抗病毒活性。结果表明，祛毒增宁胶囊在 PBMC 细胞体外实验中对 HIV－1 均具有较明显的抑制作用（表3）。IC_{50} 为 77.4μg/ml（6 d）。

二、祛毒增宁胶囊对抗药株病毒的作用 耐药性是目前抗 HIV－1 药物治疗最为主要的问题。祛毒增宁胶囊是否可以抑制 HIV 耐药株的复制，对其在临床上的实际应用效果是十分关键的。为了进一步探讨祛毒增宁胶囊抗耐药株的活性，选择了蛋白酶抑制剂的抗性病毒株 8mut 作为测试毒株，采用 MAGI 方法，研究祛毒增宁对 8mut 复制的抑制活性。结果表明，祛毒增宁胶囊的主要成分 JH 对蛋白酶抑制剂抗性株有明显的抑制作用（表4）。说明祛毒增宁胶囊在体外实验中对蛋白酶抑制剂的抗性病毒株 8mut 具有较明显的抗病毒活性。

Tab. 3 Aati－HIV effect of ZL－1 onPBMC

μg/ml	Day 6		Day 9	
	RT activity	Inhibition(%)	RT activity	Inhibition(%)
400	0	100	0	100
100	1047.4	68.6	7326.8	59.7
25	5177.8	0	12570.3	30.9
0	3488.05	0	18321.4	0

Tab. 4 Antiviral activity of JH against PI－resistant HIV－1

Dose of virus	mg/ml	Inhibition（%）
286 U·ml^{-1}	0.12	100
456 U·ml^{-1}	0.12	100

Note：JH：The chief component of Qu Du Zeng Ning

三、联合用药的研究 联合用药是临床上 AIDS 药物治疗的主要方法，以提高药物的疗效，降低耐药性的形成。为了研究祛毒增宁胶囊是否可以与目前的抗病毒药物配伍使用，观察了其主要成分 JH 与 AZT 有无协同作用[4,8]。实验采用 MAGI 方法。AZT 从 1～3.9μmol/L，设 5 个 AZT 剂量（1000、250、62.5、15.6 及 3.9μmol/L），同时 JH 从 400～1.56μmol/L，设 5 个 JH 剂量（分别为 400、100、25、6.25 及 1.56μmol/L）。以 AZT 与 JH 各 1/2 量相加为一个样品。AZT5 个剂量组分别与 JH1～5 个剂量组合，故为 25 个浓度组合，每个组合的抑制率见表5。随后各药物组合抑制率与 AZT IC_{50} 进行比较，考察在联合用药的情况下，抗病毒活性作用的增减。结果表明，AZT 与 JH 有明显协同作用，最高剂量组可使 AZT 用量比单独使用时低 8 倍（表6）。

Tab. 5 Anti－HIV effect of JH in combination with zidovudine（AZR）

Drug	Inhibition（%）				
	AZT5	AZT4	AZT3	AZT2	AZT1
JH1	64.7	64.0	87.2	89.7	92.9
JH2	41.3	61.6	72.1	78.5	95.26
JH3	42.9	50.7	68.4	89.9	95.26
JH4	24.6	16.5	36.9	81.5	95.8
JH5	17.7	25.1	25.9	74.5	95.3

Notes：AZT1－AZT5：1000，250，62.5，15.6，3.9nmol/L，AZT；JH1－JH5：400，100，25，6.25，1.15μg/ml JH

Tab. 6 The synergy effect of JH and AZT on the inhibition of HIV－1 replication

DRUG	IC_{50}（nmol/L）	Synergy index
AZT	46.0	1.0
AZT－JH$_1$	5.8	7.9
AZT－JH$_2$	10.0	4.6
AZT－JH$_3$	16.7	2.7
AZT－JH$_4$	33.5	1.4
AZT－JH$_5$	40.6	1.1

讨 论

本工作研究了祛毒增宁胶囊体外抗艾滋病毒作用。实验采用 3 种细胞株分别感染 HIV 病毒，观察其对病毒复制的抑制作用，IC_{50} 分别为 105.2、70.7 和 77.4 μmol/L。与上述抗病毒活性结果相吻合，该药物可以明显抑制细胞内病毒蛋白表达和 DNA 复制。祛毒增宁胶囊中主要成分 JH 与 AZT 不同剂量配伍，表现出明显的增效作用，表明在将来的临床使用中可以与目前的抗病毒药物联合应用，降低药物的用量，减轻这些药物的不良反应。同时，对蛋白酶抑制剂抗性株 8mut 也有明显的抑制作用，在 0.12 mg/ml 质量浓度下抑制率为 100%，进一步说明该药物在治疗由耐药性 HIV 所导致的 AIDS 中可以发挥作用。

志谢： 感谢德国累根斯堡大学微生物与卫生研究所的支持

〔原载《药学学报》2010，45（2）：253 - 256〕

References

1 Ito M, Nakashima H, Baba M, et al. Inhibitory effect of glycyrrhizin on the in vitro infictivity and cytopathic activity of the human immunideficiency virius〔HIV（HTLV - Ⅲ/LAV）〕. Antiviral Res, 1987, 7；127 - 137

2 Chesebro B, Wehrly K. Development of a sensitive quantitative focal assay for human immunodeficiency virus infectivity. J Virol, 1988, 62: 3779 - 3788

3 Corritan GE, AL - Khalili L, Malmsten A, et al. Differences in reverse transcriptase activity versus p24 antigen detection in cell culture, when comparing a homogeneous group of HIV type 1 subtype B viruses with a heterogeneous group of divergent strains. AIDS Res Human Retrovirues, 1998, 14: 374 - 352

4 Picone S, Traanoni D, Fusi ML, et al. Effect of two different combination of antiretrovirals（AZT + ddI and AZT + 3TC）on cytokine production and aproptisis in asymptomatic HIV infection. Antiviral Res, 2000, 40: 171 - 179

5 Rank KB, Fan NS, Sharma SK. A rapid and quantitative assay for inhibition of 3'cleavage activity of HIV - 1intigrase. Antiviral Res, 1997, 36: 27 - 33

6 Schols D, Este JA, Henson G, et al. Bicyclams, a class of potent anti - HIV agents, are targeted at the HIV coreceptor fusin/CXCR - 4. Antivital Res, 1997, 35: 147 - 156

7 Roos JW, Maughan MF, Hildreth JEK. LuSIV cells: a reporter cell line for the detection and guantitation of a single cycle of HIV and SIV replication. Virology, 2000, 273: 307 - 315

8 Buckheit RW Jr, Russell JD, Xu ZQ. Anti - HIV - 1 activity of calanolides used in combination with other mechanistically diverse inhibitors of HIV - 1 replication. Antiviral Chem Chemother, 2001, 11: 321 - 327

9 Seki M, Sadakata Y, Yuasa S, et al. Isolation and charactetization of human immunodeficiency virus type - 1 mutants resistant to the non - nucleotide reverse transcriptase inhibitor MKC - 442. Antivital Chem Chemother, 1995, 6: 73 - 79

In Vitro Pharmacodynamics Study of An Anti – HIV Chinese Herbal Formulation

LI Ze – lin[1,2]* , ZENG Yue[1] , SU Li – shan[2] , ZHANG Xiao – mei[3] ,

SHAO Yi – ming[3] , ZENG Xin[1] , WOLE Hans[4] , ZENG Yi[3]*

(1. Beijing Century Health Pharmaceutical Technology Development Co. , Ltd. , Beijing 100021 , China;

2. North Carolina State University, NC 276957130 , USA; 3. Institute of Viral Disease Control and Prevention, China CDC, Beijing 100052 , China; 4. University Regensburg, Bavaria, Regensburg 93053 , German)

AIDS caused by HIV – 1 , is a major threat to human being . An anti – HIV formulation from Chinese herbs, so called "Qu Du Zeng Ning", have been recently developed. In this work, the pharmacodynamics of the formulation *in vitro* was studied. The results showed that Qu Du Zeng Ning inhibit the replication of HIV – 1 efficiently in all cell – baded adday, with IC_{50} at 105. 2 , 70. 7 , 77. 4μg/ml, separately. A significant synergy between the formulation and zidovudine (AZT) was observed, and it also showed a potent activity against HIV – 1drug – resistant mutant.

[**Key words**]   AIDS; HIV – 1; Anti – HIV formulation; Chinese herbs; Pharmacodynamics *in vitro*

390. 关于河南省某地献血人群 HIV 感染的现状调查汇报

中国预防医学科学院病毒学研究所　王淑平　滕智平　曾　毅

为了掌握我国献血人群中 HIV 的流行状况，分析流行因素，了解流行趋势，进而控制 HIV 经血传播途径，我们开展了经献血感染 HIV 的流行因素研究。1994 年 1 月我们对河南省某农村自然人群进行了丙型肝炎病毒（HCV）感染的现况研究，在此基础上选择献血人群 248 人作为暴露组，非献血人群 232 人作为对照组，并分别在 1994 年 9 月，1995 年，1996 年，1997 年，1999 年对该人群进行随访研究。

一、HIV 感染的年龄性别分布　在 436 例研究人群中检出抗 – HIV 阳性者 91 例，阳性率为 20.87%。男性 215 例，HIV 阳性占 24.19%，女性 221 例，阳性占 17.65%，男女之间无明显差异（$\chi^2 = 2.82$，$P = 0.093$）。在不同的年龄组之间抗 – HIV 存在着显著差别，96.7% 的抗 – HIV 阳性者集中于 26 ~ 55 岁年龄段，该年龄段以 26 ~ 45 岁抗 – HIV 阳性率最高。全村 HIV 阳性率为 9.9%（91/916）。见表 1，图 1。

表 1　研究人群 HIV 感染的年龄、性别分布

年龄组（岁）	男			女			总　计		
	检测人数	阳性人数	阳性率(%)	检测人数	阳性人数	阳性率(%)	检测人数	阳性人数	阳性率(%)
16 ~	11	0	0.00	21	0	0.00	32	0	0.00
25 ~	72	21	29.17	70	14	20.00	142	35	24.65
35 ~	71	21	29.58	69	21	30.43	140	42	30.00
45 ~	46	9	19.57	40	2	5.00	86	11	12.79
55 ~	15	1	6.67	21	2	9.52	36	3	8.33
合　计	215	52	24.19	221	39	17.65	436	91	20.87
	$\chi^2 = 9.08\ P < 0.001$			$\chi^2 = 17.89\ P < 0.001$			$\chi^2 = 24.54\ P < 0.001$		

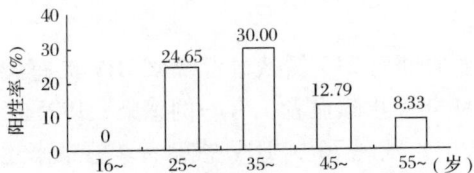

图 1　HIV 感染的年龄分布

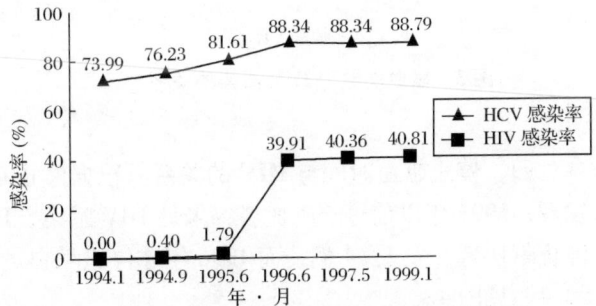

图 2　献血员 HIV 和 HCV 感染率

二、**不同年度 HIV 感染与献血因素的关系**　从 1994 年 1 月起对 223 例献血员和 213 例非献血者进行观察发现，1994 年 1 月未发现 HIV 感染者，自 1994 年 9 月发现 1 例阳性者后，HIV 感染者逐年增多，至 1996 年达高峰 39.91%（89/223）。1996 年停止献血后，HIV 感染率趋于平稳略有上升，而在 213 例对照组中未见感染者。观察发现 HCV 的感染率也呈逐年上升趋势，从 1994 年 1 月的 73.99% 至 1996 年上升到 88.34%，1996 年 4 月献血因素去除后，感染率保持平衡，和 HIV 的感染趋势保持一致。在对照组中 HCV 的感染率也呈逐年上升趋势，从 0.93% 上升到 4.69%。见表 2，图 2。

表 2　不同年度 HIV 和 HCV 的感染率

年.月	献血组					对照组				
	检测人数	HIV +	HIV%	HCV +	HCV(%)	检测人数	HIV +	HIV%	HCV +	HCV(%)
1994.1	223	0	0.00	165	73.99	213	0	0.00	2	0.93
1994.9	223	1	0.40	170	76.23	213	0	0.00	3	1.41
1995.6	223	4	1.79	182	81.61	213	0	0.00	4	1.88
1996.3	223	89	39.91	197	88.34	213	0	0.00	7	3.29
1997.5	223	90	40.36	197	88.34	213	0	0.00	8	3.76
1999.1	223	91	40.81	198	88.79	213	0	0.00	10	4.69

三、**献血次数与 HIV 感染的关系**　按献血次数的多少分组发现 HIV 的感染率随献血次数的增多而增高，献血次数少于 10 次，未发现 HIV 感染者，>10～<20 次，感染率为 6.25%，>20～<30 次为 61.54%，30 次以上的为 94.12%。而对照组中未见感染者。见表 3，图 3。

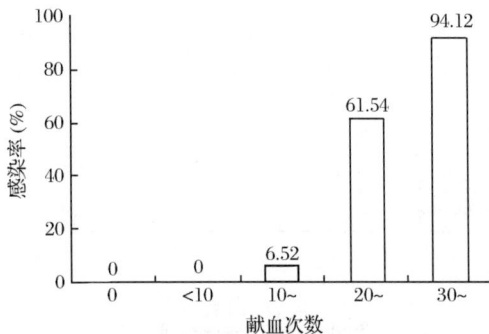

图 3　献血次数与 HIV 感染的关系

表 3　献血次数与 HIV 和 HCV 感染的关系

献血次数	检测人数	HIV +	HIV%	HCV +	HCV（%）
0	213	0	0.00	10	4.69
1～	70	0	0.00	48	68.57
10～	46	3	6.52	44	95.65
20～	39	24	61.54	38	97.44
30～	68	64	94.12	68	100.00

$\chi^2 = 355.25$　$P < 0.001$

四、**停止献血时间与 HIV 的关系**　根据停止献血时间对 213 例献血者观察 HIV 的感染发现，1993 年以前停止献血者，未见 HIV 感染，1994 年停止献血者，有一例感染，1995 年停止献血者，发现 14 例，而 1996 年才停止献血的人中，发现 76 例 HIV 感染者。感染率达 88.4。见图 4。

五、**停止献血后外出打工人员中 HIV 的感染状况**　所调查人群停止献血后，有部分人员开始外出打工，对 123 例平均 3 年中外出打工 294 天的人员进行分析发现，在本省市打工的人员中有 50% 的抗－HlV 阳性，在外省市打工的占 34.92% 的抗－HIV 阳性。所观察的 90 例 HIV 阳性者 58% 外出打工。见表 5。

表5 停止献血后外出打工人员中 HIV 的感染状况

省 份	打工人数	HIV阳性数	阳性率（%）	HCV阳性数	阳性率（%）
本省市	60	30	50.00	38	63.30
外省市	63	22	34.92	23	36.50
合 计	123	52	42.28	61	49.59

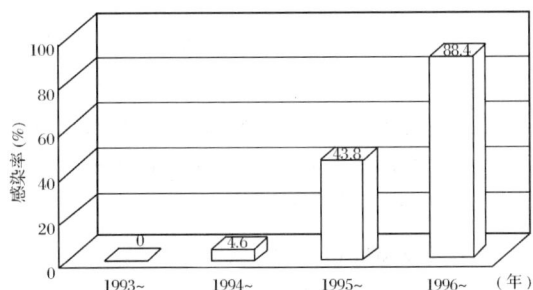

图4 停止献血时间与 HIV 感染的关系

六. HIV 携带者的发病情况 对 91 例 HIV 阳性者进行观察，3 年中发病 6 例，其中 3 例已死亡。平均发病率为 6.6%，潜伏期为 2.5 年，病程为 8.2 个月。6 例病人中，有 5 人去过 10 家医院和诊所就诊，但他们均未被明确诊断。见表 6。

表6 91 例携带者发病状况

性别	观察人数	患病人数	发病率（%）	潜伏期（年）	病程（月）	死亡人数
男	52	5	9.6	2.7	8.5	2
女	39	1	2.6	2.4	8.0	1
合计	91	6	6.6	2.5	8.2	3

表7 不同乡镇献血员 HIV 感染率

乡	调查人数	HIV 感染数	HIV（%）
1	278	130	47
2	42	28	66
3	20	11	55
4	75	0	0

七、不同乡镇献血员 HIV 感染率 同时对 4 个乡 10 个村的献血员进行调查发现，HIV 感染率甚高，达 47%～66%，但其中一个乡的献血员因在 1995 年以前已经停止供血，所以未发现感染者（见表 7）。

根据以上情况分析，单采血浆是 HIV 感染的主要危险因素，在献血员中 96.7% 的抗HIV 阳性者集中于 26～55 岁年组，以 26～45 岁抗 HIV 阳性率最高，此年龄段的人群处于性活动的高峰期，而且流动到外地打工的人数比例很大，是 HIV 传播的主要传染源。由于此人群因为献血引起，感染的人数较为集中，他们将在近 1～3 年中集中发病，情况十分严峻。据当前状况分析，医源性传播 HIV 将成为威胁健康人群的重要途径。性传播的概率亦将逐渐上升。而且在该人群中对 AIDS 的预防知识知晓率甚低。

〔此文为 2000 年向国家有关领导部门报告的部分内容〕

391. 遏制艾滋病在中国流行

中国预防医学科学院 曾 毅 吴尊友

〔摘 要〕 艾滋病将成为 21 世纪阻碍人类社会发展的主要障碍之一。中国的艾滋病流行已经进入快速增长期，如何遏制艾滋病在中国流行，文章对此进行了深入的阐述。

〔关键词〕 艾滋病；防治

艾滋病自 1981 年被发现以来，已传播到了世界的每一个角落。截至 1999 年 12 月，估计全球活着和死亡的艾滋病毒感染者和艾滋病人总数已达 4990 万。就世界范围来说，人类在艾滋病防治和研究方面的投入，是到目前为止其他任何一种疾病所不能相比的；其造成的社会危害和经济损失，也是其他任何一种疾病所不能相比的。而且，其危害和损失程度还将随着疫情的发展而进一步加剧。

目前，艾滋病仍然是不可治愈的、致死性的严重传染病，且近期内还不太可能研制出预防艾滋病毒感染的疫苗和治愈艾滋病的药物。艾滋病将成为 21 世纪阻碍人类社会发展的主要障碍之一。

经过传入期和扩散期后，中国的艾滋病流行已经进入快速增长期。中国会不会成为一个艾滋病高发国？能不能防止中国成为一个艾滋病高发国？回答是危机与机遇并存，且机不可失，时不再来。如果我们能及时采取有效控制艾滋病流行的政策和措施，就有可能防止中国成为一个艾滋病高发国。中国的艾滋病流行处在要么被控制，要么迅速蔓延扩散的十字路口。

在科技部和中国科学院的领导与支持下，由中国科学院院士曾毅、陈可冀及中国工程院院士秦伯益等人积极倡导和组织，于 1999 年 12 月 6～8 日召开了"遏制中国艾滋病流行策略"为主题的香山科学会议第 131 次学术讨论会。来自社会学、经济学、行为学、人口学、法学、伦理学、公共卫生、社会医学、卫生管理、基础医学、药学和临床治疗等学科的 40 多位科学家，围绕遏制中国艾滋病流行策略这一中心议题，就中国艾滋病流行趋势、控制经血液/血制品传播艾滋病策略和措施、控制经吸毒传播艾滋病策略与措施、控制经性接触传播艾滋病策略与措施等方面展开了热烈的讨论。会议还报告并讨论了艾滋病流行造成的严重社会危害和经济损失以及在艾滋病治疗与阻断母婴传播、艾滋病毒感染免疫重建和艾滋病疫苗研究方面的最新进展。

一、世界艾滋病流行与控制的经验和教训 艾滋病在一个地区的传播流行一般都由高危人群开始，然后传播到一般人群。所谓高危人群就是指吸毒、卖淫、同性恋等人群。

由于这些高危人群不属于社会主流，当艾滋病开始在这些人群中流行时，往往很难引起政府的重视。人们常常错误地认为，艾滋病仅局限在所谓的高危人群，不会影响一般人群。而等到艾滋病在一般人群中流行时，情况已经非常严重，控制艾滋病的良机已经失去。

艾滋病主要感染 20～49 岁年龄段人口，他们既是创造社会财富的主要劳动人口，同时也是家庭结构的支柱。如果在艾滋病的流行早期，政府不能采取控制措施，或控制措施不力，或控制措施不正确，艾滋病从高危人群传播到一般人群是不可避免的。

在非洲的很多国家，由于在流行早期没能及时采取措施，艾滋病流行已经成为灾难，艾滋病毒感染者和艾滋病人累计已达 3000 多万，一些地区一般成人的艾滋病毒感染已经达到 20%～50%，使得这些国家的平均期望寿命大大缩短。如津巴布韦，平均期望寿命由流行前的 64.9 岁下降到目前的 39.2 岁。同时，全国劳动人口占总人口的比例也由流行前的 76.49% 下降到 61.62%，严重影响了农业生产，主要农作物产量下降 30%～60%。很多家庭和村庄已被艾滋病吞没，严重影响了当地的经济发展和社会稳定。

在亚洲，艾滋病流行非常迅速。泰国艾滋病病例数已达 8 万多人，并跃居为全球报告艾滋病病例数的前四位。在最早出现流行的北部农村，很多家庭消失，村庄萎缩，人口已经连续 8 年呈负增长。目前，印度已成为世界艾滋病毒感染人数最多的国家，感染人数达 400 多万。柬埔寨和缅甸，艾滋病已经传播到一般人群，且在一些地区，成人艾滋病毒感染率已经很高。俄罗斯，艾滋病毒感染正呈快速上升趋势。

相反，在艾滋病流行早期，采取强有力的有效控制措施，从高危人群传播到一般人群的流行是可以避免的。在澳大利亚，由于全国范围内在流行早期就采取了强有力的针对性控制艾滋病措施，不仅艾滋病没有传播到一般人群，即使在吸毒和妓女这种高危人群中，艾滋病毒的感染率也非常低。目前，澳大利亚静脉注射吸毒人群艾滋病毒感染率在 5% 以下，妓女在 0.1% 以下，而在最早出现流行的同性恋人群中，艾滋病毒感染率也在下降。

即使艾滋病已从高危人群传播到一般人群，只要政府重视，积极开展有效的干预措施，艾滋病流行仍能有效地得到控制。如在泰国，总理亲自领导全国的艾滋病防治工作，各部委纷纷响应，开展了全国范围内的艾滋病宣传和防治工作，效果非常明显，全国报告性病数呈直线下降，由 1989 年的每年 20 多万下降到 1996 年的每年不足 1 万。同时，新发生的艾滋病毒感染者数也大大减少。

能否有效地控制艾滋病在一个国家和地区的流行，关键在于是否可以让吸毒人员方便地得到清洁注射器和美沙酮，是否可以让卖淫妇女方便地得到避孕套和性病服务。吸毒和卖淫现象的存在，实际上与巨额利润和人的本能密切相关。世界各国的实践证明，单靠严厉打击并不能从根本上解决这些问题。严打使这些高危行为变得更为隐蔽，也使这些人群不能接受到预防艾滋病的宣传和服务，结果导致了艾滋病的快速蔓延。针对这一矛盾，有些国家采取了科学、简便而又经济的干预方法。对于吸毒及其引起的艾滋病问题，一方面严厉打击贩毒和积极开展预防吸毒宣传，另一方面为吸毒成瘾的人提供清洁的注射器和美沙酮。对于卖淫问题，一方面积极为青年妇女创造就业机会，另一方面对于那些仍在卖淫的妇女，为她们提供预防性病和艾滋病的知识、技能和性病服务。这些措施不仅有效地控制了性病、艾滋病的流行，也没有助长吸毒和卖淫现象的滋生蔓延。

正反两方面的经验告诉我们，在一个国家或地区，只要政府重视，实事求是地制定科学的策略和开展针对性防治措施，艾滋病流行就能够得到控制。否则，艾滋病就会很快蔓延扩散，造成严重的社会危害。

二、中国艾滋病流行形势和分析 亚洲已成为全球艾滋病流行的新中心。21 世纪，中国是否会成为世界艾滋病大国之一？艾滋病毒于 1982 年传入我国。1985 年发现第一例艾滋病病人。到 1998 年，艾滋病毒已传遍了全国 31 个省、自治区和直辖市。据专家估计，到

1998 年底我国艾滋病毒实际感染人数已超过 40 万人。更令人担忧的是，我国目前的艾滋病流行形势十分严峻。1994 年以来，艾滋病毒传播势头迅猛，报告感染人数逐年快速增长，而且这种增长势头还未完全得到控制。

1. 经注射毒品传播：经注射毒品传播艾滋病是目前中国艾滋病的主要传播方式。1994 年，全国报告吸毒人群有艾滋病毒感染流行的省仅 1 个，到 1999 年就已经增加到 21 个省、自治区和直辖市。在云南、新疆、广西、四川、广东等局部地区，出现了艾滋病毒感染的爆发流行。有些地方，静脉吸毒人群的艾滋病毒感染率一般在 20% ~ 30% 左右，个别地方已经高达 80% 以上。目前，艾滋病毒感染在吸毒人群中仍以惊人的速度扩散。

2. 经血传播：经采供血传播艾滋病的问题严重。根据中国预防医学科学院调查，有些农村卖血者艾滋病毒的感染率为 16.1% ~ 63%。此外，全国报告医院输血致使受血者感染艾滋病毒的案例已达数十起，而病人和医生不知情的输血感染艾滋病毒的病人就无法估计了。有的家庭因一人输血感染艾滋病毒后，又经性途径传播给了配偶，再进一步通过母婴传播途径传染给孩子，使一家三口人全部感染。

尽管卫生部从 1995 年就要求每一份输血都要做艾滋病毒抗体检查，但全国农村地区多数县和县级以下医院目前尚无能力对每一份血液都进行艾滋病毒抗体检查。中国经采供血感染艾滋病毒占总报告艾滋病毒感染数的比例较高，这在发展中国家尚不多见。

3. 经性传播：全国范围内经性接触感染艾滋病毒的感染者人数正在增加。某省调查报告表明，艾滋病毒感染者配偶的艾滋病毒感染率由 1990 年的 3.1% 上升到 1997 年 12.3%。监测资料显示，全国经性乱行为感染和传播艾滋病毒的人数在增加。全国性病发病数以平均每年 30% 的水平增长，估计每年性病新感染者达数百万人，为艾滋病经性传播提供了有利的条件。而且，公安部门每年抓获的卖淫嫖娼人数也呈递增趋势。这些现象表明，我国艾滋病经性途径传播的危险是严重的，经性途径传播将成为我国艾滋病毒传播的主要方式。

4. 母婴传播：由于女性艾滋病毒感染者的增多，母婴传播增加。在新疆，已经发现 40 例孕妇感染艾滋病毒。在广州的一个门诊部，3 个月内已经发现 5 名做人工流产的妇女感染了艾滋病毒。随着女性艾滋病毒感染者的增多，母婴传播还将继续增加。

目前，艾滋病从边疆、沿海传播到了内地，从大、中城市传播到了农村。绝大多数艾滋病毒感染者都不知道自己带有艾滋病毒，而且别人也不知道他们感染了艾滋病毒。这些感染者分布在全国 31 个省、自治区和直辖市，从事各种职业。80% 以上的艾滋病毒感染者处在 20 ~ 49 岁这一劳动最佳年龄段。可以说，控制我国的艾滋病流行已经到了关键时刻。

过去几十年的禁毒、禁娼斗争实践告诉我们，这些斗争在一定程度上打击了吸毒和卖淫嫖娼现象，遏制了其快速上升的势头。但吸毒和卖淫嫖娼现象，在全国范围内还广泛存在，很难从根本上消灭。政府必须正视这一现实，采取科学的控制策略和措施，遏制艾滋病在这些人群中的传播以及从他们传播到一般人群。尽管国家颁布了《献血法》，但有偿献血、不安全用血和非法采血浆，在一些地区仍存在严重的问题。这些现象的广泛存在，为艾滋病在中国的大流行提供了有利的条件。

在我国艾滋病流行较早的地区，也已经开始看到艾滋病对当地的严重危害。在某省的一个约 200 人的村庄，就有 20 多名感染艾滋病毒的年轻人死亡。另外一些农村地区也出现一个村庄 4 ~ 5 例年轻人死于艾滋病的现象。这些现象，在当地造成了严重的社会影响。中国预防医学科学院的一项研究表明，我国 16.8% 的艾滋病毒感染者的孩子不到 5 岁。这提示，这些儿童在未成年以前将失去父母，无人抚养。

艾滋病流行对中国的经济影响也是很严重的。1999 年，中国预防医学科学院对北京几家医院的艾滋病毒感染者和病人的医疗费用进行调查，发现艾滋病毒感染者和病人平均每年门诊费用为 6971 元人民币。住院费用平均每年为 47 577 元。据估计，因感染艾滋病毒而增加医疗费用平均每人约 30 万元。以云南省统计的艾滋病人平均死亡年龄 28.4 岁和中国人平均劳动年龄至 60 岁及每个劳动者每年创造社会财富约 1.5 万元计算，平均一个人因感染艾滋病毒而减少创造财富所造成的社会经济损失约 47 万元。若以全国来估算，到 2000 年感染人数将达到 60 万~100 万人，医疗费用和社会经济损失将达 4620 亿~7700 亿元。这一统计数字还没有考虑因输血造成艾滋病毒感染的赔偿问题。

三、防治工作中存在的问题　尽管我国政府一直十分重视艾滋病控制工作，但现行的艾滋病控制工作中尚存在一些亟待解决的问题。这表现在对艾滋病出现大流行的估计不足，对艾滋病严重危害的认识不足，对艾滋病防治工作的投入不足。这三个不足，造成了艾滋病防治工作的四个不够：广泛深入的预防艾滋病宣传不够，支持开展艾滋病防治措施的政策不够，开展有效干预措施的力度和广度不够，科学研究包括控制措施、药物、疫苗、基础研究的投入不够。不解决好这些问题，"中国预防与控制艾滋病中长期规划（1998—2010 年）"的目标无法实现，控制中国艾滋病大流行就无法保证。据估计，如果控制不力，我国艾滋病感染人数在 2010 年可能超过 1000 万。

一些地方政府领导对预防艾滋病宣传尚存这样或那样的顾虑，使当地未能开展广泛、深入的预防艾滋病宣传工作，延误了艾滋病防治的时机，进一步导致了艾滋病的蔓延扩散。甚至有些地方艾滋病疫情已经非常严重，领导却有意阻碍艾滋病情的调查，怕摸清情况反而会影响政绩。其实，摸清情况，及时开展预防工作，防治艾滋病蔓延，才是政绩的体现。担心宣传艾滋病会影响当地经济发展是没有必要的，担心宣传艾滋病会影响当地的旅游业也是没有必要的。美国是世界上报告艾滋病最早，也是艾滋病毒感染人数最多的国家，并没有因为宣传艾滋病而影响其经济发展。泰国是旅游大国，也并没有因在全国范围内开展预防艾滋病宣传而影响其旅游业。云南是我国的旅游省，也没有因为宣传艾滋病预防知识而影响其旅游业的发展。

由于广泛深入的宣传教育不够，广大人民群众对艾滋病的认识很少，缺乏自我预防知识，社会上对艾滋病毒感染者/艾滋病人以及他们的家庭成员严重歧视。有的因输血感染艾滋病毒后，被学校赶出了校门。还有一些感染者，被赶出了村庄、家庭，甚至出现用安眠药将艾滋病人毒死的严重违法事件。医务人员对艾滋病毒感染者/病人也存在严重歧视现象。病人一旦被发现是艾滋病毒感染者，医院总是以种种借口把病人赶出医院。40 万艾滋病毒感染者将陆续出现临床症状，这些艾滋病人的治疗将很快成为一个严重的社会和经济问题。

世界范围内的实践证明，控制艾滋病流行的有效措施包括：①广泛深入地开展预防艾滋病宣传教育，②安全血液供应，③在高危人群中推广避孕套，④对静脉吸毒者提供清洁注射器/美沙酮替代维持，⑤及时规范治疗性病，⑥为感染了艾滋病毒的孕妇提供抗病毒治疗以阻断母婴传播。在高危人群中，单纯的宣传教育效果有限，必须有质量可靠的避孕套和清洁的注射器供应作为支持。这些措施对于控制性病/艾滋病都是有效的。

然而，由于没有法律、法规和政策的支持，一些被世界上证实为控制艾滋病流行的有效措施，在我国尚无法实施。特别值得一提的是，共用注射器吸毒和卖淫是决定艾滋病流行的关键，而吸毒和卖淫为非法，使得我们尚不能采取合法的干预措施，预防吸毒人员与卖淫妇女感染和传播艾滋病毒。这是目前我国控制艾滋病流行的最大障碍。

四、遏制艾滋病在中国流行策略的建议　如果不对艾滋病防治给予足够重视，艾滋病流行不仅将严重影响我国的经济建设，还会影响国家的安全与稳定。

有效控制住我国艾滋病大规模流行是一项复杂的社会系统工程，需要以科学为基础，确定一系列的正确策略，采取全方位的得力措施。为此，我们建议：①国务院进一步加强对艾滋病防治工作的领导，成立由国务院主要领导为组长的艾滋病防治领导小组，下设办事机构。②预防为主。大力在全国范围内广泛深入地开展有关艾滋病知识的宣传教育。③学习世界上控制艾滋病流行的成功经验，尽快出台相关法规和政策，支持并保护各级艾滋病防治工作人员对卖淫妇女开展宣传推广避孕套和对静脉吸毒人群开展注射器交换和美沙酮替代维持的工作。④强化安全血液供应的法制管理，明确职责，加大执法力度，保护病人的合法权利。⑤加强艾滋病防治中的科学研究。包括流行病学、行为学、社会学、传播学、药物和疫苗的研究工作。⑥为保证《中国预防和控制艾滋病中长期规划（1998—2010年）》的落实，必须加大对艾滋病防治工作的经费投入，而且政府投入应该作为艾滋病防治投入的主渠道。

〔原载《中国科学院院刊》2000，2：115－119〕

参　考　文　献

1　联合国艾滋病规划署．1999年12月公布资料　　|　　2　中国卫生部．1999年12月公布资料

392.　Epstein－Barr病毒在肝细胞癌组织中的检出

汕头大学医学院第一附属医院　李　威　吴宝安　曾永明　陈广灿　杜海军

中国疾病预防控制中心病毒预防控制所　杨怡姝　曾　毅

〔摘　要〕　**目的**　探讨Epstein—Barr病毒（EBV）与肝细胞癌（HCC）的关系。**方法**　采用PCR及免疫组化方法检测石蜡包埋HCC标本中EBV。　**结果**　PCR测EBV DNA〔BamHIV和（或）LMP1〕阳性率为28.2%（22/78）。免疫组化测EBV LMP1多定位于肿瘤细胞中。　**结论**　EBV在HCC组织中有较高的检出率，可能在HCC的发生中起一定作用。

〔关键词〕　肝肿瘤；疱疹病毒4型，人；肝炎病毒

肝细胞癌（HCC）是常见的恶性肿瘤之一，恶性程度高，病程短，预后差。近年有人提出Epstein－Barr病毒（EBV）与HCC相关，随后亦见意见相反的报道。本研究旨在了解本地HCC患者的EBV感染情况，并与非HCC患者进行对比，了解EBV对HCC的发生发展有无促进作用。

材料和方法

一、病例与组织标本 收集 1997 年 10 月至 2001 年 10 月汕头大学医学院第一附属医院和汕头市中心医院行手术切除并经病理确诊的肝细胞癌石蜡标本 115 例，PCR 测 β 球蛋白 DNA 阳性者入选，共 78 例。其中男性 59 例，女性 19 例；年龄 22～76 岁，平均 50.2 岁。按 Edmondson（1956 年）肝细胞癌形态学标准，Ⅰ级 2 例，Ⅱ级 34 例，Ⅲ级 30 例，Ⅳ级 12 例。检测 AFP48 例，小于 0.14 ng/ml 者 4 例，0.14～5.6 ng/ml 14 例，大于 5.6 ng/ml12 例。检测 EBV EA－IBA 及 VCA－IgA35 例均为阴性。对照组为同期因肝内胆管结石行肝叶切除 20 例，肝腺瘤 3 例，肝细胞局灶性结节性增生 3 例。

二、试剂 Tapd 酶、NTP Mixture、DNA Marker 等购自 TaKaRa 公司。LMP1 单克隆抗体（克隆系 CS1－4）、即用型第 2 代免疫组化 EliVision™plus 广谱试剂盒为福州迈新公司产品。

三、方法

1. PCR：BamHIW 引物序列为 5'－CATCACCGTCGCTGACT 和 5'－GTTGGGCTTAG-CAGAAA，条件为 95℃ 3 min，94℃ 30 s，52℃ 40 s，72℃ 45 s，40 个循环后 72℃ 7 min；LMP1 引物序列为 5'－AGTGTGTGCCAGTTGAGGT 和 5'－TAGCGACTCTGCTGGAAAT，条件为 94℃ 3 min，94℃ 30 s，55℃ 40 s，72℃ 1 min，40 个循环后 72℃ 8 min。前者用 Vector NT-Isuite7 和 Oligo 软件设计，后者引自文献，由生工公司合成。EBV 阳性对照为 B95－8 细胞系，阴性对照为胎肝组织，另设空白对照。扩增 β 球蛋白基因片段作为内参照（序列引用自文献，ACACAACTGTGTTCACTAGC 和 5'－GAAACCCAAGAGTCTTCTCT，条件为 4℃ 5 min，94 ℃30 s，55℃ 40 s，72℃ 45 s，35 个循环后 72℃ 8 min）。PCR 产物经含溴化乙啶的 1.5% 琼脂糖凝胶电泳，紫外灯下观察，出现相应位置的清晰条带者为阳性。PCR 产物经回收纯化后与 T 载体连接，制备和转化 *E.coli* 致敏宿主细菌，筛选克隆并鉴定，阳性克隆送生工公司测序，测序引物为 M13－47。

2. 免疫组织化学检测：采用二步法，按试剂盒说明书操作，LMP1 定位于胞核。阳性对照为已知阳性组织片；阴性对照为病毒指标阴性的肝叶切除标本；空白对照为未加一抗的组织切片。

3. 统计学方法：采用 χ^2 检验。

结 果

一、PCR 检测 115 例肝细胞癌标本中 β 球蛋白基因 PCR 扩增阳性共 78 例，入选本研究。各指标的例数 EBV BamHIW 为 18 例，EBV LMP1 为 6 例（图 1～3）。EBVDNA［包括 BamHIW 和（或）LMP1］阳性率为 28.2%（22/78），对照组阳性率为 8.0%（2/26）。两组比较 $\chi^2 = 4.622$，$P =$

图1 β球蛋白（1，2，3阳性）　图2 LMPI（2，3阳性）　图3 BamHIW（1，2，3，4，5，6阳性）

图中右侧示条带相对分子质量大小，下方示标本编号。"阳"示阳性对照，"阴"示阴性对照，"空"示空白对照，"M"示相对分子质量标志，6 条带分别为 2000，1000，750，500，250，100bp

图 1－3　PCR 检测结果

0.032 < 0.05。认为 HCC 患者与对照组的 EBV 感染率的差别有统计意义。BamHIW 测序结果与 B95 - 8 相应序列的同源性 100%。

二、免疫组化检测 取 PCR 检测阳性之 22 例行 LMP1 免疫组化检测，定位于胞核 3 例（图 4 略），胞质 4 例，间质淋巴细胞 5 例，阴性 6 例。

讨　论

EBV 是疱疹病毒科 γ 亚科中唯一能起人类感染的淋巴滤泡病毒，为双链 DNA 病毒，分布广泛，多为亚临床感染。它是第 1 个被认为与人类恶性肿瘤发病相关的病毒。目前资料显示的与 EB 病毒感染有关的恶性肿瘤包括 Burkitt's 淋巴瘤、T 淋巴细胞瘤、腮腺的淋巴上皮瘤、鼻咽癌及部分 B 淋巴细胞瘤、霍奇金病、胃癌、乳癌等[1]。

EBV 在某些肿瘤组织中呈单克隆性感染和嗜瘤细胞的特点，且病毒几乎出现在所有的瘤细胞中，提示 EBV 感染发生在恶变增殖之前，多认为 EBV 是一种肿瘤病毒或肿瘤相关病毒。

EBV 参与病毒转化及淋巴母细胞系永生化的病毒蛋白包括 EBNA1，2，3A，3C 及 LMP1 而 LMP1 与 EBNA1，2 为主要的病毒转化蛋白。其中，EBNA1 起维持 EBV 潜伏感染的作用，它是与 EBV 相关的恶性肿瘤中唯一始终表达的蛋白质；EBNA2 是体外感染 B 细胞首先表达的基因之一，是建立潜伏感染和细胞转化所必需，是转录的反式激活剂；LMP1 是一种在丝氨酸和苏酸残基上磷酸化的穿膜蛋白，可引起特异性 T 细胞对被转化细胞发挥细胞毒作用，人血清中无抗 LMP 抗决定簇，但这些结构可致机体特异性细胞免疫反应。

EBV 相关的肝胆道肿瘤以往为个例报道，如少量淋巴上皮瘤样癌、纤维板层状癌、肝淋巴肉瘤、肝平滑肌瘤等。EBV 对 HCC 发生发展有无作用的系统研究近 3 年才见诸文献。Sugawara 等[2~4]认为 EBV 对 HCC 发病起促进作用。他们检测 HCC 中 EBNA1 阳性率为 37%，细胞培养证实感染 EBV 的细胞系能促进 HCN 复制，EBNA1 的反式激活作用和 HCV 活动性关系密切，用 PCR 检测 HCC 中的 BamHIW 阳性率为 33%，其中 anti - HCV 阳性者检出率 40%，HBsAg 阳性者检出率 14 ¥，对照组均为阴性。袁芳平等[5]原位杂交检测 HCC 中 EBER1 阳性率为 20.3%，定位于细胞核，提示 EBV 对已癌变的肝细胞有一定的亲和性。Chu 等[6]检测 41 例洛杉矶地区 HCC 患者的 EBV 感染指标，原位杂交测 EBER - 1，PCR 测 EBNA - 4 和 LMP - 1，免疫组化测 EBER - 1，LMP - 1 和 ZEBRA 阳性例数分别为 1，0，0，2，0，1，且 EBER - 1ZEBRA 定位于间质淋巴细胞，认为 EBV 在 HCC 发生中无直接作用。

我们选用 β 球蛋白基因作为 PCR 扩增的内参照，剔除 DNA 降解严重的病例以减少假阴性率；检测多个指标以提高阳性率。BamHIW 在 EBV 基因中重复出现 7~12 次，是较灵敏的指标；而 LMP1 为主要的病毒转代蛋白，在鼻咽癌、Burkitt's 淋巴瘤等 EBV 相关肿瘤中阳性率高。因为 EBV 在一般人群中感染率高达 90%，主要感染 B 淋巴细胞，我们用免疫组化检测 LMP1 在 EBV DNA 阳性的 HCC 组织中的表达以了解 EBV 感染的定位，结果提示既有定位于 HCC 细胞内者，也有定位于间质淋巴细胞者，说明肿瘤细胞中有 EBV 的感染产物表达，EBV 感染可能先于 HCC 发生，在 HCC 中发生发展可能起一定作用。我们认为，没有剔除基因产物来自淋巴细胞的病例是日本学者测得 HCC 中 EBV 高达 37% 的原因之一。本研究用灵敏度较高的 RT - PCR 检测 HCV 的检出率低于免疫组化检测，其原因可能是前者未考虑病毒指标，而后者选择病例为 EBV DNA 阳性者，这似乎支持 Sugawara 意见，即 EBV 促进 HCV 复制从而对 HCC 发生起作用。但因有 RNA 降解、反应条件不合、免疫组化非特异染色等可能，本研究仅为初步探讨，下结论为时尚早。

如果 EBV 与 HCC 的发生有关，那么加快 EBV 疫苗的研制及推广意义重大，而针对 EBV 及其产物进行研究的基因治疗则有可能在 HCC 的综合治疗上战有重要地位。

[原载《广东医学》2003, 24 (9): 930 - 931]

参 考 文 献

1 金奇，主编，医学分子病毒学. 北京：科学出版社，2001. 203 - 208

2 Sugawara Y, Mizugaki Y, Uchida T, et al. Detection of Epstein - Barr virus (EBV) in hepatocellular carcinoma tissue: a movel EBV latency characterized by the absence of EBV - encoded amall RNA expression. Virology, 1999, 256 (2): 196

3 Sugawara Y, Makuuchi M, Kato M, et al. Emhancement of hepatitis C virus replication by Epstein - Berr virus - emcoded nucleat antigen

1. EMBO J, 1999, 18 (20): 5755

4 Sugawara Y, Makuuchi M, Takada K. Detection of Epstein - Barr virus DNA in hepatocellular carcinoma tissues from hepatites C - positive patients. Scand J Gastroenterol, 2000, 35 (9): 981

5 袁芳平，黄培生，王镛，等. 福建肝癌细胞 EBV 感染与 HBV 及 p53 蛋白表达的关系. 世界华人消化杂志，1999, 7 (6): 491

6 Chu PG, Chen YY, Chen W, et al. No direct role for Epstein - Barr virus in American hepatocellular carcinoma. Am J Pathol, 2001, 159 (4): 1287

393. 微流体芯片设计中不应该忽视的毛细现象

北京工业大学生命科学与生物工程学院 郭文鹏 马雪梅

中国疾病预防控制中心 曾 毅

〔摘 要〕研究了微流体芯片中利用毛细现象解决流体的牵引力及样品的混匀问题，通过建立简单数学模型，论证了其可行性。本法具有制作简单，使用成本低廉，效果明显，适合于在微全分析系统中推广应用。

〔关键词〕 毛细现象；微流体芯片；样品处理

在微流体芯片中保证样品的充分混匀和液体的流动一直是芯片设计成功的关键。液体在流体芯片中的流动给科学家们提出了很多难题，在微尺度范围内液体的流动已经不再像通常情况下由自身重力决定。目前，众多科研工作者都将研究视角集中在微泵微阀的方面，使得人们忽视了毛细管道这一最原始但却不乏实用的张力驱动现象。

实验部分

一、实验方法 毛细现象是由表面张力和润湿现象共同引起的。液体的毛细流动的动力是来自于附着层分子所损失的能量，附着层是在管壁和液体表面处的厚度为分子引力作用半径的液体层。在附着层中的液体分子和液体内部的分子引力作用，即通常所说的内聚力，也受到管壁固体分子的引力作用，既吸附力。由于二力的不平衡使得附着层中的液体分子得以获取运动能量。

当吸附力大于内聚力时，附着层中所受的合力垂直于管壁并指向管壁，使得液体分子有进入附着层的趋势，造成附着层伸展，同自由液面相反，附着层中的表面张力是一种伸张力。

二、数学模型推导 伸张力有多大，能使液体获得多大的爬升力，这在微流体芯片的设计中都是我们应该清楚的，本部分基于简单的数学模型给予合理的推导计算。

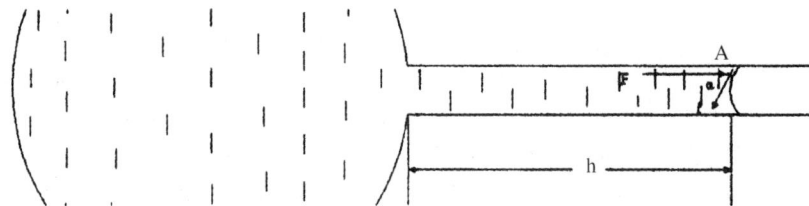

图1 微流体芯片设计中毛细管道数学模型

假设达到稳定平衡后，毛细管道中的液体的质量为 m，密度为 ρ，长度为 h，表面张力系数为 a，毛细管道的内半径为 r，管道内的气体压强为 p（图1）。若以附着层 A 处的液体分子为研究对象，则在水平方向的液体平衡条件为：

$$F = f\cos a \tag{1}$$

其中，F 为毛细管壁分子给于附着层 A 处液体分子的吸附力，f 为自由液体的表面张力，其中：

$$f = a * 2\pi r \tag{2}$$

故：

$$F = 2\pi a r\cos a \tag{3}$$

再以整个毛细管道中的液体为研究对象，其平衡方程为：

$$(F + p\pi r^2 - mg) = p\pi r^2 \tag{4}$$

又因为：

$$m = \rho * \pi r^2 h \tag{5}$$

由以上公式可以联立解的 $h = 2a\cos a/(\rho g r)$

即只要设计的毛细管道长 $1 \leqslant h$，则就可以实现用毛细现象驱动液体流动。

在满足上述条件的情况下，由于驱动力相同，假定液体的初速度为零，并且液体是匀速流动，那么由 $1 = vt$ 可知液体在毛细管道中的流动时间是和毛细管道中长度成正比的。

结果与讨论

由实验部分的结果可知，毛细管道中液体的爬升力是和毛细管的管道半径成反比例变化。当液体在毛细管道中的爬升力相同时，液体流动所花的时间是和其行程成正比关系。

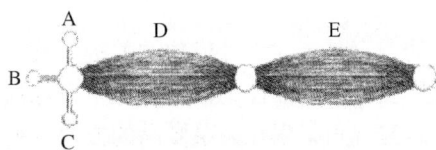

图2 微流体芯片中自主进样和混匀设计原理

基于现有的微流体芯片的设计，我们根据毛细现象的以上两个导出结论，在微流体芯片中设计了样品处理模块。A、B、C 为三个进样孔，D、E 为样品驱动和混匀部分。通过两级毛细管道使得样品混合更为均匀（图2）。本方法具有制作简单，可以用多样的加工手段来实现，同时成本低廉且效果明显。

［原载《第三届全国微全分析系统学术会议论文集》2005. 148 - 149］

394. 艾滋病的防治研究进展

中国疾病预防控制中心 北京工业大学生命科学与生物工程学院 曾 毅

一、宣传教育和干预是预防控制艾滋病的主要策略 2001 年估计，从 2002—2010 年如果不积极进行宣传教育和干预，全球将有 4600 万人被艾滋病毒感染，如果积极进行宣传教育和干预将有 2900 万人（2/3）可以避免被艾滋病毒感染。最成功的例子是泰国，从 1990 年开始泰国采取积极的全面深入的宣传教育和干预，如提出在娱乐场所推广 100% 的安全套使用，取得十分显著的成绩。据泰国报告 2003 年和 2004 年分别减少 600 万和 700 万人使之不被艾滋病毒感染。乌干达和柬埔寨的积极预防和干预也取得很显著的成就。目前我国全面深入进行宣传教育和干预工作，特别是对广大青年及农村做得很不够。

二、疫苗预防 正在进行临床各期试验的疫苗有 30 多种。大多数都是在 I 和 II 期。2005 年 6 月在加拿大 Montreal 召开的国际疫苗会议，总体说来预防性疫苗还没有成功的例子。认为痘类病毒做载体的免疫效果不好，较有希望的是 Merk 公司的腺病毒载体疫苗。治疗性疫苗做了些临床试验效果也不显著。法国科学家的报告用自身的灭活 HIV 作用于自身的树突状细胞免疫人有一定的疗效。我国孔维博士与于小芳博士研制的疫苗正在进行 II 期临床。疫苗研究中尚未有西药或中药与疫苗共同作用的报告。认为疫苗如能降低病毒载量至 1700 拷贝/ml 就能显著降低 HIV 传播。我们也正在进行 HIV－1 疫苗的研究。

非特异性预防：有 30 多个报告切除包皮可以减少 42% 的 HIV－1 的感染，因为包皮有 HIV－1 的靶细胞，病毒容易侵入。这值得进一步研究。

三、遗传因素与 HIV－1 感染和发病的关系 人体存在天然的抵抗 HIV－1 入侵的因素，1996 年 O'Brien 等首先发现的是 CCR5 基因，失去 32 个碱基的纯合子基因可以完全抵抗 HIV－1 的侵入，如杂合子 CCR5 基因会延缓艾滋病的发病。目前已发现与 HIV－1 感染和发病有关系的基因有 30 余种。研究人基因与 HIV 的关系对阐明艾滋病的发病机理和病程有重要意义。

四、药物 现在治疗艾滋病的西药有 22 种，仍在继续研究和开发中。中药对艾滋病的治疗也正在积极地研发中。抗病毒治疗不仅对病人有很大的益处，可以使病人正常工作，提高生活质量，延长寿命，还可以降低 HIV－1 传播的概率。

除了中西药外，还根据与 HIV 病毒有关的人体的基因进行设计、研究和开发新药。

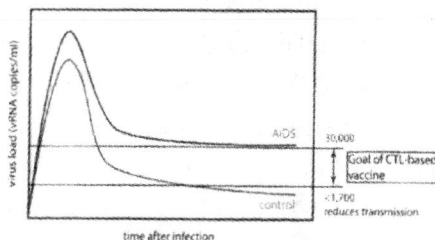

Fig. 1 The goal of a CTL-based vaccine is to reduce chronic phase transmission of HIV. Recent evicience suggesis that transmission of HIV is unlikely when the infected individuals virus load is loss than 1700 vRNA copieslml plasma, This represents a reduction of about 1. 5 logs below the median virus load of 30 000 vRNA copies/ml in untreated subjects. We therefore suggest that the goal of a CTL-based vaccine candidate in macaques should be to reduce vinis load by 1. 5 logs

[原载《中医药发展与人类征原》2005，24－26]

395. 中药复方抗艾滋病毒的实验研究

北京工业大学生命科学与生物工程学院　李泽琳

中国疾病预防控制中心病毒病预防控制所　曾　毅

　　艾滋病即"人类获得性免疫缺陷"疾病的简称。其病原为艾滋病毒（HIV），主要侵犯人体免疫系统，尤其是 T4 淋巴细胞，最后摧毁机体免疫功能，引发条件性感染，导致死亡。我们研究抗艾滋病毒药物，一方面以现代医学为基础，十分重视艾滋病治疗中抗病毒的重要性，亦要考虑对免疫功能的影响，经过体外抗病毒实验，对单味药、复方的筛选，对具有抗病毒，或（及）可增强机体免疫功能的方药，并结合中医辨证，以滋阴清热，益气补血……等原则，进行重组，形成复方，提取精制做成制剂，一方名"祛毒增宁"（原名 ZL－1），另一方为"平患宁"。

一、抗病毒实验

　　1. 体外实验：采用三种细胞（MT4，Hela，PBNC），分别感染 HIV－1，观察祛毒增宁对 HIV－1 复制的抑制作用。

　　（1）MT4 细胞株：半数抑制量 $IC_{50} = 105.2\mu g/ml$。

　　（2）HeLa 细胞株：半数抑制量 $IC_{50} = 44.3\mu g/ml$。

　　（3）PBMC 细胞：（人外周血新分离的淋巴细胞）半数抑制量 $IC_{50} = 87.4\mu g/ml$。

　　结果表明：在体外试验对 HIV－1 有明显的抑制作用。药后 3、6、9、12d，抑制率（%）分别为 73.59、100、100、100。

　　2. 体内实验

　　（1）猩猩实验性治疗（在美国进行）：猩猩已感染 HIV－1，带病毒，未发病。结果：

　　①每只动物未见任何疾病指征，实验室检查未见任何异常，表明动物对"祛毒增宁"有很好的耐受性。

　　②病毒载量检查结果：低剂量动物未见病毒载量下降；中剂量、高剂量病毒载量明显下降，下降到低于可测限度（500 拷贝/ml）（表1）。

　　结果表明：祛毒增宁胶囊对已感染 HIV－1 的猩猩，其体内 HIV－1 的复制有明显的抑制作用。

　　（2）恒河猴治疗实验（恒河猴感染 SIVmac251，为急性感染）：结果：见表2。

表1　猩猩实验性治疗病毒载量的变化（拷贝/ml）

剂量	给药后最高点	给药后最低点
小剂量(1 粒,1 次/d)	2500	无变化
中剂量(1 粒,2 次/d)	4800	<500
大剂量(2 粒,2 次/d)	1440	<500
对照	22000	18000

表2　恒河猴治疗实验

药物	剂量	药后抑制率（%）			
		1 周	2 周	3 周	4 周
ZL－1	中剂量	17.0	80.0	70.7	70.2
KA－08	低剂量	85.0	44.2	39.5	89.7
	大剂量	85.0	87.2	78.5	95.6
AZT	100mg	85.0	96.0	99.5	99.7

结果表明：两复方对恒河猴感染的 SIV 有明显的抑制作用。

3. 作用靶点及作用机理的研究

（1）作用靶点的研究

A. 采用基因重组的"Single Life Cycle"模型研究药物作用于病毒生活周期的靶点。

结果：表明祛毒增宁作用于阻断病毒进入细胞、逆转录酶，整合酶阶段。对助受体 CCR5，CX – CR4 无作用。

B. 采用分子连接检测仪确证与靶蛋白的作用结果确证作用于病毒的 gp41 从而阻断病毒进入。

（2）合并用药的研究：目的观察祛毒增宁与 AZT 有无协同作用。

结果：单用 AZT 半数抑制量（IC_{50}）为 46nmol/L，两药相加后 AZT 的半数抑制量（IC_{50}）仅为 5.8nmol/L，即 1/8 用量可达相同效果，说明两药有协同作用，增效 8 倍。

（3）对抗药性病毒株的作用：HIV – 1 对一种蛋白酶抑制剂形成的抗性株，毒力为 5.7 $\times 10^4$ IU/ml，采用 HeLa 细胞，MAGI 方法观察祛毒增宁的作用，有无交叉抗性，结果：祛毒增宁剂量为 0.4 mg/ml，病毒 5μl 或 8μl 抑制率均达 100%，表明对蛋白酶抑制剂形成的抗性株也有很好的作用。

二、对宿主免疫的影响

1. 免疫细胞数量及功能的影响：采用 HIV 的 DNA 免疫动物，同时用药，一定天数后，以流式细胞仪检测 CD8 及干扰素的量。结果表明有增强作用。

实验结果表明 ZL – 1 能明显提高泼尼松诱导的网状内皮系统吞噬功能低下小鼠的吞噬系数。见表 3。

表 3　ZL – 1 对泼尼松诱导的小鼠网状内皮系统吞噬功能低下的增强作用

组别	剂量 g 生药/kg	动物数	K 值	a 值
水对照	–	10	0.11 ± 0.029	7.693 ± 0.679
泼尼松	5.0	10	0.061 ± 0.023	8.716 ± 1.100
ZL – 1 + 泼尼松	9.8	9	0.071 ± 0.033	9.026 ± 0.935
ZL – 1 + 泼尼松	14.0	11	0.066 ± 0.026	9.646 ± 0.0793

注：与泼尼松组比较：$P < 0.05$

2. 对免疫刺激的影响：结果表明没有影响。

结论：上述中药复方具有抗艾滋病毒的作用，并有增强宿主免疫的作用，ZL – 1 已在河南省试治病人 1000 例，效果满意。

〔原载《中医药发展与人类健康》，下册，北京：中国古籍出版社，2005，1273 – 1275〕

396. Versican 基因的生物活性及其相互作用的生物分子

北京工业大学生命科学与生物工程学院病毒药理室　杜　蓉　盛　望
中国疾病预防控制中心病毒病预防控制所　曾　毅

〔关键词〕　Versican；生物活性；相互作用分子

细胞外基质 ECM 是分布于细胞外空间，由细胞分泌的蛋白和多糖所构成的网络结构。细胞外基质将细胞粘连在一起构成组织，同时，提供一个细胞外网架，在组织中或组织之间起支持作用。此外，其三维结构及成分的变化，如基质金属蛋白酶等的水解作用，往往能够通过对细胞微环境的改变从而对细胞形态、生长、分裂、分化和凋亡起重要的调控作用。它由许多不同的多功能胶原超家族分子和非胶原基质分子组成，包括透明质酸、蛋白聚糖和糖蛋白等。

蛋白聚糖是由蛋白核心和连接在核心上的多条线性氨基葡聚糖（glycosaminoglycan，gag）链构成。gag 侧链包括硫酸软骨素（chondroition sulfate，CS）、硫酸皮肤素（denmatan sulfate，DS）、硫酸角质素（deratan susfate，KS）和硫酸肝素（haprin sulfate，HS）等。目前已知的蛋白聚糖有 30 多种分子，其中细胞外基质蛋白聚糖有接近 20 种，大多数蛋白聚糖分布于胞外基质中，近年在细胞表面和细胞膜中甚至胞质及核内亦发现有蛋白聚糖。

蛋白聚糖是重要的多功能分子，它在机体内所起的作用是相当广泛的。在软骨、动脉等结缔组织的细胞外基质中，蛋白聚糖可与成纤维细胞生长因子、转化生长因子 β 等多种因子结合来维持或抑制细胞生长、影响细胞的黏附、调节细胞与细胞以及细胞与基质的相互作用。

一、Versican 的结构与功能　　细胞外基质蛋白（versican）是一种相对分子质量很大的硫酸软骨素蛋白聚糖，隶属于外源凝集素家族。它是由一个蛋白核心和连接在其上的 12~15 个硫酸软骨素侧链所构成的。Versican 最初是从人胚肺纤维细胞系 IMR-90 及人类胎盘中分离得到的，之后陆续在其他细胞中被发现，包括角化细胞，动脉平滑肌细胞等。免疫组织化学实验揭示了 Versican 蛋白与血管及其他一些器官的结缔组织有密切关系，如表皮及皮肤等。其基因产物还可能受到中枢神经系统调控。此外，很多研究表明 Versican 在细胞黏附，迁移、增殖和分化过程中都发挥作用[1]。

Versican 基因（CSPG2）位于鼠的 13 号染色体和人的 5 号染色体上[2]。它是由 9 万个碱基对的连续 DNA 编码的 15 个外显子组成。CSPG2 的表达是由一个位于 TATA-box 上的启动子和一些转录因子结合位点所调节的。这些转录因子包括 AP2，CCAAT 增强子蛋白及 cAMP 应答元件等[3]。

Versican 与其他透明质酸和凝集素蛋白聚糖族一样，都是由一个氨基端的 G1 亚基、一个羧基端的 G3 亚基和二者之间的 CS 链结合区域所组成。G1 区包含一个类免疫球蛋白基元、接着是两个蛋白聚糖串联重复序列，又称透明质酸结合重复序列（HABR）。G3 区则由两个类表皮生长因子重复序列、一个碳水化合物识别区域又称为类凝集素基元（CRD）及一个互补结合蛋白基元（CBP）所组成。这样看来，G3 与选择素家族相似，但是：G3 只有一个 CBP 而选择素一般至少有两个。

Versican 的 *gag* 结合区域结合的 *gag* 链与结合区域长度成恒定比例。然而 *gag* 链的多少及大小并不是仅由结合区域长度决定的，G1 及 G3 区以及不同类型的细胞和组织都有可能对其产生影响。例如：G1 区阻止 *gag* 链与 Versican 的结合，而 G3 区则相反，促进二者的结合。*gag* 侧链由将近 40 个重复元件组成，这些链相互排斥而形成巨大的扩展结构。*gag* 侧链在不同的组织和分子中都有所不同。*gag* 链的硫酸化程度在鸡脑的发育中有着显著的变化，这暗示了 *gag* 链的变化反映出其所包含的信息不同[4]。这是具有非常重要意义的。

通过 PCR 反应，cDNA 测序及 RNA 斑点杂交等技术研究 Versican mRNA 的选择性拼接发现选择性拼接编码 *gag* 链结合区的 mRNA 可以产生至少四种亚型，即 V0，V1，V2 和 V3。它们的核心蛋白相对分子质量分别为 370×10^3，263×10^3，180×10^3 及 71×10^3。每一种亚型具有不同长度的 *gag* 结合区，相对的也就可以结合不同数量的 *gag* 链，见图 1[5]。V0 是最大的 Versican 亚型，包含两个 *gag* 结合区 CSa 和 CSb；V1 包含 CSb 区而 V2 包含 CSa 区；V3 则仅由 G1 和 G3 区组成，没有 *gag* 链结合位点。

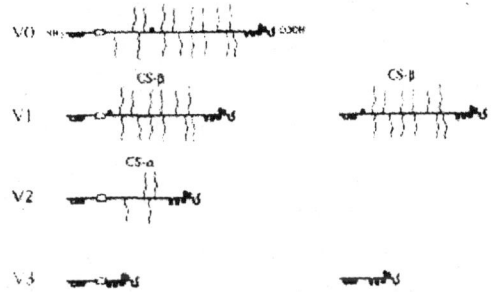

图 1　Versican 的组成结构

Versican 在体内广泛分布于动脉，脑，软骨，胎盘，皮肤和肌腱等组织中。研究表明 Versican 在细胞生长旺盛的区域表达增加，肿瘤组织具有旺盛的细胞生长状态，Versican 表达在肿瘤组织和肿瘤周边组织中有所增加。目前，增强的 Versican 表达已在多种不同的人类肿瘤中检测得到，包括乳房癌、前列腺癌、脑瘤、胃癌、肠癌和皮肤癌[6]。

外源性的 VersicanV1 单体增强表皮生长因子受体（epidermal growth factor receptor，EGFR）的表达并激活该受体介导的 MAPK 信号传导通路，诱导 NIH3T3 细胞生长加快。然而与此相反，外源性的 Versican V2 单体抑制表皮生长因子受体（EG‐FR）的表达，并且同时抑制和降低 MAPK 激酶活性，减缓了 NIH3T3 细胞的生长。Versican V1 单体能够诱导和加快 p27Kip1 蛋白的降解，同时提高 CDK2（cyclin‐dependent kinase）的激酶活性。Versican V2 单体对细胞周期蛋白也具有调节功能，它能够明显地抑制 Cyclin A 的表达。说明 Versican V1 和 V2 两个单体在调节细胞生长这个环节上作用是相反的。Versican V1 单体还可以降低细胞凋零相关蛋白 Bad 的表达。从而赋予了 Versican V1 单体转染的 NIH3T3 细胞抵御细胞凋零的能力[7]。

此外，Versican 不仅仅能够调节细胞的生长，而且还可以通过改变细胞表面黏性膜蛋白 Cadherin 的表达诱导细胞的分化。N‐cadherin 是纤维细胞特有的黏性膜蛋白，E‐cadherin 是上皮细胞特有的黏性膜蛋白。有研究表明 N‐cadherin 的表达在 Versican V1 转染的 NIH3T3 细胞中被 E‐cadherin 所取代。也就是说 Versican V1 单体在 NIH3T3 细胞表达后抑制了 N‐cadherin 的表达却激活了 E‐cadherin 的表达。与此同时纤维细胞标志性蛋白之一的 Vimentin 减少了，而上皮细胞特有的标志性蛋白 Occludin 却开始出现。这些都阐明 Versican

V1 可以诱导 NIH3T3 细胞从间叶细胞到上皮细胞的分化。见图 2 （略）

Versican 的结构十分复杂，在体内和体外的作用也十分复杂。研究发现，它还与许多不同的细胞功能相关，如黏附[8]、迁移[8]、细胞通讯[9]、增殖及凋亡等。它也因此而得名。另一方面，Versican 不是单独发挥作用的。Versican 核心蛋白由多个不同元件所构成，这也就导致了它可以与许多不同的分子相结合。许多蛋白都可以与之相结合，包括 ECM 蛋白如胶原等、生长因子或细胞因子、血浆蛋白、跨膜蛋白及细胞质蛋白等。它与这些重要的决定细胞行为的分子相结合来共同对细胞行为进行调控。为了了解 Versican 在细胞中所发挥的作用，就需要进一步了解究竟哪些分子可以与 Versican 相结合。本综述将系统介绍可以与 Versican 相结合的一些分子，及二者结合后在细胞中所发挥的重要作用。

二、与 G1 区相结合的生物分子

1. Versican 与透明质酸的相互作用：透明质酸（HA）是一种相对分子质量非常大的糖胺聚糖。广泛存在于动物结缔组织的细胞外基质，在胚胎、滑液、玻璃体、脐带、鸡冠等组织中尤为丰富。在 ECM 中，HA 与许多蛋白相结合调节细胞黏附和迁移。业已证明，在细胞增殖、形态发生、炎症反应、组织重构及肿瘤细胞浸染过程中都有 HA 大量合成。它通过与特定的细胞表面受体如 CD44 等相结合来调控细胞活动。

Versican 的氨基端与 CD44，aggrecan，以及连接蛋白具有相似的结构，结果显示在人类脑、纤维等组织中 Versican 可以与 HA 紧密结合[10]。Versican 通过其氨基端的 G1 区与 HA 的氨基端球状结构域透明质酸结合区（HABR）相结合[3]。二者可以直接结合，也可以通过连接蛋白介导。连接蛋白可同时与 Versican 和 HA 相结合并起到稳定结构的作用。三者相互连接形成复杂的蛋白聚糖聚集体[11]。Versican 还可以与透明质酸（HA）、CD44 相互作用形成复杂的非共价复合物[1]。许多生长因子如 PDGF 和 TGF - β1 都会促进这种复合物表达。而这种表达的增加又会导致细胞胞间基质的增加和细胞外基质的膨胀，从而增加了胞间基质的黏性，使得细胞外环境具有高度的可塑性而利于细胞形态的改变，这又是细胞增殖和迁移所必需的条件之一。此外，Versican - HA 复合物在控制细胞形态和影响细胞分化方面也都起着重要作用[1]。

2. Versican 与连接蛋白的相互作用：连接蛋白是一种小分子糖蛋白，不仅存在于软骨组织中，也广泛存在于非软骨组织中。

连接蛋白和 Versican 核心蛋白 G1 区具有高度同源性，使得连接蛋白的许多特性与 Versican 相同，二者都可以与透明质酸结合[11]。连接蛋白可以通过与 Versican G1 区和 HA 的结合来显著提高它们的亲和力，加强并稳定两者的结合。研究表明在连接蛋白存在的条件下，HA - versican 聚集体在生理性离子强度和酸碱度时不易分离，热稳定性好。随着温度升高，连接蛋白发生变性，蛋白聚糖聚集体解离，并从细胞外基质丢失[11]。因此，连接蛋白对于维持 HA - versican 聚集体的稳定性非常必要，对于维持组织的完整性至关重要。

三、与 G3 区相结合的分子

1. Versican 与 Tenascin 的相互作用：Tenascin（TN）是细胞外基质中一种具有独特六臂体结构的高分子糖蛋白，在成熟组织中不表达或仅有少量表达。TN 包括五个不同基因编码的成员，分别是 TN - C，TN - R，TN - X，TN - Y，TN - W。其中只有 TN - C 和 TN - R 在中枢神经系统中表达。近来研究表明，TN 在许多人类恶性肿瘤组织中有较高表达，且其表达与肿瘤病理分级和肿瘤血管生成关系密切。此外，它还参与细胞的一系列调节机制，包括黏附、迁移、分化、细胞间相互作用和细胞凋亡。

TN 可以与许多蛋白聚糖相结合，如 Neurocan，Phosphocan，Syndecan 等[8]。通过免疫斑点实验证实 Versican 可以与 TN – R 相结合。这种结合是由 Versican 羧基端的选择素结构域所介导的 Ca^{2+} 依赖性的一种蛋白—糖类相互作用[12]。在大鼠脑提取物中发现 Versican 与 TN – R 具有较强的、高特异性结合能力，两者是通过糖基结合的[12]。

2. Versican 与整合素、表皮生长因子受体的相互作用：整合素是重要的细胞表面受体，由 α 和 β 两个亚基非共价连接组成异二聚体结构。每个 αβ 二聚体都具有自身特有的特异性结合能力及信号分子特性。整合素不仅与细胞锚定到 ECM 相关，还影响正常细胞和肿瘤细胞生命周期。它可以作为胞间信号介导细胞的迁移，增殖，分化及凋亡。绝大多数整合素都可以识别许多 ECM 蛋白[3]。

表皮生长因子受体（EGFR）是另一种重要的细胞表面受体，介导许多正常生理进程和病态的细胞反应。如同所有的受体丝氨酸激酶（RTKs），EGFR 家族成员都还有一个胞外配体结合域，一个疏水跨膜螺旋及一个包含保守蛋白丝氨酸激酶核心的胞质域。EGFR 的配体如 EGF 与之结合诱导受体形变而被激活[3]。

整合素可以与 EGFR 结合而影响 EGFR 诱导的细胞外信号调节激酶（ERK）的活化[13]。越来越多的证据表明这两种分子的协同信号通路对于调节细胞活性如增殖、分化、凋亡、迁移等具有非常重要的作用[13]。

Versican 可以通过其羧基端的 G3 区与整合素 β1、EGFR 结合[14]。表达 Versican 羧基端结构的星形胶质细胞系中 EGFR 活性降低，表现在 EGF 诱导的 EGFR 自磷酸化水平的降低及磷酸化后表达蛋白水平的迅速降低。而整合素 β1 介导的细胞粘连水平却增强了。细胞表现出整合素 β1 – EG – FR 相互作用的增加，FAK 的磷酸化水平提高。Versican 对于整合素和 EGFR 活性的影响作用还可以由 Versican V1 转染的嗜铬细胞瘤 PC12 细胞系所证实[15]。

3. Versican 与 Fibulin、Fibrillin 蛋白的相互作用：Fibrillin 的相对分子质量为 330×10^3，是原纤维蛋白微原纤维中最主要的结构蛋白，可以聚集成束状，形成微纤维。它具有两种类型：Firillin – 1 和 Fibrillin – 2。Fibrillin – 1 是成人皮肤中的主要纤丝素，与皮肤的弹性密切相关，而 Fibrillin – 2 则仅在血管内皮细胞中呈现低水平表达，主要分布于毛囊和汗腺周围的真皮组织中。但它们在不同的发育阶段和组织中的分布都存在一定差异。

Versican 通过其羧基端的类凝集素区域与 Fibulin – 2 及 Fibrillin – 1 的类 EGF 结构域相结合。这种结合作用是 Ca^{2+} 依赖性的[16]。心脏的发育过程中，Versican 和 Fibulin – 1 都在心内膜垫组织中有高表达。在此过程中，透明质酸的降解会导致 Versican 及 Fibulin – 1 的降解；而破坏 Versican 的基因则会导致由于无法形成心内膜垫及正常心室而发生的早期胚胎死亡．这暗示 HA – versican – fibulin 网络结构的正确组装对于心脏的发育是非常重要的[3]。

其实，Versican 与 Fibulin 结合的生物学意义还不是很清楚。因为二者都在细胞外基质中形成复杂的多聚体结构。现有研究表明 Fibulin 可能是作为一种中介分子介导 Versican 与 Fibrillin 形成一种高度有序的多分子结构。这种复杂结构是弹性纤维组装所必需的，尤其是在血管和皮肤等部位[1]。

4. Versican 与 Fibronectin 蛋白的相互作用：纤粘连蛋白（fibrofleetin，FN），是一种大型的糖蛋白，存在于所有脊椎动物，分子含糖 4.5% ~ 9.5%，糖链结构依组织细胞来源及分化状态而异。FN 和胶原都是整合素配体，有增强细胞的黏着作用。

Versican 阻止细胞与 FN 的结合。含有 Versican V0 和 V 1 的前列腺癌成纤维细胞在无血清条件培养基中可以发现前列腺癌细胞系与 FN 的黏附性降低，而层粘连蛋白的黏着性并没有变化[17]。通过应用组氨酸亲和层析及免疫共沉淀的方法证实 Versican 通过其 G3 区与 FN 结合，并与 VEGF 共同形成复合物促进内皮细胞的黏附、增殖及迁移。而且 G3 区也许就是通过增强 FN 的表达促进肿瘤生长和血管增生[3]。

5. Versican 与 PSGL - 1 的相互作用：P - 选择素糖蛋白配体 - 1（PSGL - 1）在所有全血白细胞都有表达，包括淋巴细胞、单核细胞、嗜中性粒细胞和血小板，并介导人嗜中性粒细胞与选择素的相互作用。PSGL - 1 的氨基端高度糖基化，这对于它与选择素的结合是非常重要的。PSGL - 1 与选择素相结合，并介导白细胞在血管内皮的滚动[17 - 18]。

PSGL - 1 与 Versican 的羧基端也就是 G3 区相结合。酵母双杂交试验证明 G3 可以与 PS-GL - Q 相结合。G3 与 PSGL - 1 结合发生聚集反应而形成网络结构[19]。在人血浆中，Versican 或包含其 G3 区的片段也都可以与 PSGL - 1 结合。去除包含 G3 的片段会降低血浆中白细胞的聚集。因此，PSGI - 1 与 Versican 的相互作用不仅具有生理学上的意义，而且在免疫应答反应中可能也具有相关作用。Versican 在血管内皮细胞及血管平滑肌细胞中高度表达，是血管主要的硫酸软骨素蛋白聚糖，参与血管形成和血管增生。在进行心脏移植后或产生冠状血管瘤后，细胞中 Versican 的表达和聚集都有所增加。这种表达的增加在黏液状内膜增厚，动脉硬化的细胞中更加明显。在正常血管的内膜层及血管损伤后内膜修复时，Versican 的表达同样也会增加。也许就是表达 PSGL - 1 的细胞与 Versican 相互作用而产生以上这些现象的。因为在炎症发生时，白细胞需要流动到炎症发生的地方，而 Versican 的表达可以使白细胞驻留在炎症区域以达到治疗的目的[3]。

四、与 CS 侧链相结合的分子

1. Versican 与选择素、CD44 的相互作用：细胞表面蛋白 L - 选择素，P - 选择素结构上都具有一个氨基端的 C 型选择素重复序列，一个类 EGF 重复序列，一系列短重复序列，一个跨膜序列和一段胞内尾部序列。Versican 是通过其硫酸软骨素侧链与选择素的类凝集素区域连接的[20]。

CD44 是一型跨膜硫酸软骨素蛋白聚糖。它是由一个巨大的含有一个透明质酸结合区和 4 个结合硫酸软骨素的保守区域的细胞外区域，一个 21 个氨基酸的跨膜区域和一个位于膜内的 72 个氨基酸尾所组成的。CD44 可以介导细胞 - 细胞及细胞 - ECM 的相互作用，提高在透明质酸包膜层上的肿瘤细胞的迁移性，促进一些肿瘤细胞的生长和转移。虽然 CD44 的硫酸软骨素侧链主要与透明质酸相互作用，但有时也可以与其他一些分子如肝素结合生长因子、细胞因子、ECM 蛋白等结合。Versican 可以通过其高度硫酸化的硫酸软骨素侧链和 CD44 氨基端的连接区域相互作用。二者的结合可以进一步稳定 Versiean - HA 聚集体[1]。

Versiean 与选择素及 CD44 的相互作用可能具有以下作用：首先，促进白细胞的结合向胞外基质分泌 L - 选择素或 CD44 而增强细胞迁移能力。其次，Versican 与这些黏附分子的结合激活了信号转导，因为这些分子都可以转导信号到细胞中。第三，这种相互作用还可能通过竞争性结合从而阻止趋化因子或生长因子与它们的受体相结合。最后，L - selectin、P - seleetin、CD44 和趋化因子都是炎症反应相关细胞，而 Versican 又都可以和它们结合。因此，Versican 可以被看作是控制炎症反应的最重要的分子之一[20]。

2. Versican 与 Midkine 的相互作用：Midkine 是一种促进多种细胞生长、生存和迁移的细胞多功能因子。它的受体包括 α4β1 或 α6β1 整合素，LDL 受体结合蛋白及蛋白聚糖[21]。

Midkine 与硫酸软骨素及肝素的多聚硫酸结构具有很强的结合能力。在 Midgestion 鼠胚胎中，Midkine 发挥着重要的作用[20]。Versican 是与 Midkine 相结合的最主要的蛋白聚糖[22]。Versican 与 Midkine 结合可以通过将 Midkine 聚集到细胞的外围来促进其活性，或通过竞争性结合 midkine 受体来抑制其活性[21]。

Versican 作为细胞外基质蛋白共分有 4 个亚型，研究表明 Versican 不同的亚型分别具有各自的独特生物活性，甚至某些亚型还表现出了相拮抗的活性；例如，Versican V1 可以促进细胞增殖而 V2 却抑制细胞的生长，V1 可以抑制凋亡而 V2 却促进凋亡。造成这种拮抗活性的机理目前还不十分清楚。因此，未来对于 Versican 作用的研究需要考虑其所处的环境，相互作用的分子等多方面因素。现有研究所揭示的它在发育及疾病发生等方面的作用都吸引我们继续对它进行深入的研究。

〔原载《医学论坛杂志》2008，29（7）：123－127〕

参 考 文 献

1 Wight TN. Versican：a versatile extracelluiar matrix proteoglycan in cell biology. Cell Biol，2002，14（5）：617－623

2 Iozzo RV，Naso MF，Cannizzaro LA，et al. Mapping of the versican proteoglycan gene（CSPG2）to the long arm of human chromosome 5（5q12－5q14）. Genomics，1992，14：845－851

3 Wu YJ，Lapierre D，Yang BB，et al. The interaction of versican with its binding partner. Cell Res，2005，15（7）：483－496

4 Kitagawa H，Tsutsumi K，Tone Y，et al. Developmental regulation of the sulfation profile of chondroitin sulfate chains in the chicken embryo brain. J Biol Chem，1997，272（50）：31377－31381

5 Tamayuki S，Masahiro Z，Kazaao I，et al. The gene structure and organization of Mouse PG－M，a large chondroitin sulfate proteoglycan. J Biol Chem，1995，270：10328－10333

6 Cattaruzza S，Schiappacassi M，Kimata K，et al. The globular domains of PG－M/versican modulate the proliferation－apop－tosis equilibrium and invasive capabilities of tumor cells. FASEB J，2005，18（6）：779－781

7 Sheng W，Wang GZ，Yang BB，et al. Versican－mediates onesen chyinal－epithelial transition. Mol Bio cell，2006，17：2009－2020

8 Lebaron RG. Versican. Pers on Edve Neur，1996，3：261－271

9 Sheng W，Dong HH，Lee DY，et al. Versican modulates gap junction intercellular communication. J Cell Phys。20016，9999：1－7

10 Perides G，Rahemtulla F，Bignami A，et al. Isolation of a large aggregating proteoglycan from human brain. Biol Chem，1992，267：23883－23887

11 Matsumoto K，Shinoyu M，Go M，et al. Distinct interaction of versican/PG－M with hyaluronan and link protein. J Biol Chem，2003，278（42）：41205－41212

12 Aspberg A，Binkert C，Ruoslahti E. The versican C－type Iectin domain recognizes the adhesion Protein Tenascin－R. Proc. Natl Acad Sci USA，1995，92：10590－10594

13 Yamada KM，Even－Ram S. Integrin regulation of growth factor receptor. Nat Cell Biol，2002，4（4）：75－76

14 Wu Y，Chen L，Zheng PS，et al. Beta 1－integrin－mediated glioma cell adhesion and free radical－induced apoptosis are regulated by binding to a C－terminal domain of PG－M/versican . J Biol Chem，2002，277（14）：12294－12301

15 Wu Y，Sheng W，Chen L，et al. Versican V1 isoform induces neuronal differentiation and promotes neufite outgrowth. Mol Biol Cell，2004，15（5）：2093－2104

16 Aspberg A, Adam S, Heinegard D, et al. Fibulin – 1 is a lig and for the C – type Leetin Domains of Aggrecan and Versican. J Biol Chem, 1999, 274 (29): 20444 – 20449

17 Sakko AJ, Ricciardelli C, Mayne K, et al. Modulation of prosetate Cancer cell attachment to matrix by versican. Cancer Res, 2003, 63 (16): 4786 – 4791

18 Moore KL, Patel KD, Bruehl RE, et al. P – selectin glycoprotein ligand – 1 mediates rolling of human neutrophils on P – selectin. J Cell Biol, 1995, 128: 661 – 671

19 Zheng PS, Vais D, Lapierre D, et al. PG – M/versican binds to P – selectin glyco – protein ligand – 1 and mediates leukocyte aggregation. J Cell Sci, 2004, 117 (24): 5887 – 5895

20 Kawashina H, Hirose M, Hirose J, et al. Binding of a large chondroitin sulfate/dermatan sulfate proteoglycan, vetsican, to L – selectin, P – selectin, and CD44. J Biol Chem, 2000, 275 (45): 35448 – 35456

21 Muramatsu T, Muramatsu H, Kojima T, et al. Identification of proteoglycan – binding proteins. Meth In Enzy, 2006, 416: 263 – 277

22 Zou K, Muramatsu H, lkematsu S, et al. A heparin – binding growth factor, midkine, binds to achondroitin sulfate proteoglycan, PG – M/versican. Eur J Bioc, 2000, 267: 4046 – 4053

397. 中药疫苗佐剂的研究现状及发展趋势

北京工业大学生命科学与生物工程学院　吕岫华　刘　伟　李泽琳
中国疾病预防控制中心病毒病预防控制所　曾　毅

〔关键词〕　中药；疫苗；疫苗佐剂；研究现状；发展趋势

　　人类通过疫苗消灭疾病尤其是传染性疾病，不仅已经有了近千年的历史，而且取得了可喜的成绩。疫苗作为一种特殊的药物，免除了众多传染病对人类生命群体的威胁，对人类健康做出了巨大的贡献。由于分子生物学的迅速发展，促进了基因重组疫苗、多肽疫苗和核酸疫苗的研究，这些疫苗虽然比传统疫苗安全，但其免疫原性较弱，需要佐剂辅助刺激产生强的免疫应答，因此佐剂的研究已经成为疫苗学、免疫学领域的重要内容，且已形成一个独立的分支体系。

　　目前广泛应用于人体的佐剂仍然是氢氧化铝佐剂，虽然氢氧化铝无毒性作用，而且能诱导高水平的抗体应答，但不能诱导产生较强的 T 细胞免疫，这对于寄生于人体细胞内的病毒来说，效果不理想。所以开发新型疫苗佐剂，尤其是从天然药物中筛选出人用病毒疫苗佐剂就显得尤为重要。

　　一、复方和单味药物与疫苗的协同作用　免疫调节类中药不仅种类多，数量大，而且对机体的特异性免疫和非特异性免疫均有不同程度的调节作用。尽管具有免疫增强作用的中药，不可能全部开发成为疫苗佐剂，但现有的研究成果，无论是复方还是单味中药，足以显现出中药佐剂的可行性和应用前景。

　　1. 复方中药与疫苗的协同作用：有研究表明[1]中药佐剂组（复方）在多个时间点的抗体效价显著高于无佐剂组，提示中药复方具有较好的佐剂作用，均能显著刺激雏鸡淋巴细胞增殖和提高抗体水平，比油佐剂更好地促进细胞免疫，而其提高体液免疫的效果与油佐剂相当。同时艾武等[2]的研究课题证明，所用中药复方（含淫羊藿、黄芪等中药成分）能增强机体对 ND 油乳剂灭活疫苗的免疫应答，提高抗体产生水平，促进鸡的淋巴细胞分化和发育，提高机体的整体免疫水平。另外也有人[3]用微量全血 ^{3}H－TdR 掺入法测定了淫羊藿－蜂胶佐剂对 4 周龄和 8 周龄小鼠外周血中 T 淋巴细胞转化率的影响，结果为 4 周龄小鼠 T 淋巴细胞转化率，淫－蜂佐剂（YF）组显著高于阴性对照（C）组、淫－蜂－环磷酰胺（YF－Cy）组和环磷酰胺（Cy）组有差异（$P < 0.05$）；YF－Cy 组略低于 C 组，但此 2 组均显著高于 Cy 组（$P < 0.05$）。对于 8 周龄小鼠，除 YF 组与 Cy 组之间表现出明显差异（$P < 0.05$）外，其他各组间均无显著差异（$P < 0.05$）。表明：淫－蜂佐剂不仅能提高外周血 T 淋巴细胞的转化率，而且可对抗环磷酰胺对 T 淋巴细胞活性的抑制作用，使受抑制的 T 淋巴细胞转化活性基本恢复正常。上述作用在幼鼠中表现尤其明显。以间接 ELISA 检测了淫－蜂佐剂对家兔血清特异性抗体水平的影响。结果：淫－蜂佐剂抗原组兔血清特异性抗体水平显著高于无佐剂抗原组，抗体高水平维持的时间也更长；与油佐剂组相比，抗体产生的时间亦更早。说明淫－蜂佐剂作为佐剂配合抗原应用，能提高抗原的免疫原性，促进抗体的早日生成。经过进一步研究，刘家国等[4]又发现，淫羊藿－蜂胶佐剂不仅对特异性免疫起作用，还具有增加小鼠和雏鸡的 NK 细胞、巨噬细胞活性及血浆 cAMP、cGMP 含量等非特异免疫功能。王文成等[5]通过中药自制佐剂免疫肉用仔鸡，发现其可以促进肉用仔鸡的生长，抑制致病性鸡大肠埃希菌的生长和繁殖，比较试验结果发现，中草药佐剂鸡大肠埃希菌菌苗免疫效果最好。这种佐剂可以增大抗原表面积，延长抗原在组织内的贮存时间，增强免疫细胞间的接触，同时方中各组分的不同有效成分可经吸收进入机体，提高巨噬细胞吞噬功能，增强补体活性，促进抗体产生，提高淋巴细胞转化率，从不同方面提高机体免疫力。另外吕殿红等[6]将不同中药（黄芪、灵芝、淫羊藿、党参）按比例组成 A、B 两种复方，结果显示两方均可不同程度提高鸡新城疫和鸡传染性腔上囊病疫苗的免疫效果。陈德坤等[7]的研究表明，黄芪、党参及淫羊藿等复方中药提取物协同 ND Ⅱ系疫苗免疫鸡，可提高 ND 抗体效价，延长其在体内的存留时间，并提高群体的保护率。艾武等[2]又将复方中药（含淫羊藿、黄芪等）按一定比例加到鸡新城疫油乳剂灭活疫苗接种产蛋鸡群，结果显示试验组鸡的外周血白细胞中淋巴细胞比例升高，能早期诱导鸡群产生高水平新城疫抗本。这些结果对人们研究新型人用疫苗佐剂具有很好的启示作用。

2. 单味中药与疫苗的协同作用：很多类中药在体内、外均有提高免疫功能的作用，但以补益类中药的研究较多，面也较广，不仅涉及补气、补血类，同时也涉及很多补阴、补阳类药物，且作用显著。钟石根等[8]研究发现，黄芪可明显提高小鼠血吸虫病抗独特性抗体疫苗 NP30 的保护性免疫力，其作用机制可能与细胞免疫有关，可作为 NP30 的佐剂。同时又有研究表明[9]黄芪还可使巨噬细胞形态呈多样性，其表面积增加，吞噬功能增强，还可提高巨噬细胞内糖原和黏多糖物质，有利于加强巨噬细胞吞噬活力，加强对抗原处理和加强免疫调节作用。同是补益类中药来源的人参可提高巨噬细胞的吞噬活性，诱导 IFN（干扰素）生成，刺激 CTL（细胞毒性 T 淋巴细胞）活性。有研究[10]发现 T－人参（人参总提取物）与灭活 PPV（猪细小病毒）免疫豚鼠，结果 T－人参与 Al (OH)$_3$ 胶合用有协同作用，共同作为佐剂使抗体滴度明显提高，其滴度是无佐剂组滴度的 20 倍以上，是单用 Al (OH)$_3$ 胶佐剂组抗体滴度的 2 倍以上。此结果表明 T－人参与 Al (OH)$_3$ 胶合用佐剂效果优于单用铝佐剂，且合用可减少铝佐剂的用量，有很大的发展潜能。

二、有效部位与疫苗的协同作用　近年由于多学科的相互促进，中药有效部位的研究较多，而且多数都有免疫调节作用，但真正作为佐剂的应用性研究相对较少，且主要集中在糖类、苷类两大内容。林树乾等[11]将黄芪多糖作为佐剂，与其他佐剂比较，发现黄芪多糖佐剂组较氢氧化铝组血清抗体上升较快，且抗体效价高，氢氧化铝佐剂组和白油吐温佐剂组没有多大差别。实验结果表明，各种佐剂疫苗免疫的家兔攻毒后，诱发机体白细胞和淋巴细胞生成数量不同，黄芪多糖佐剂较其他 2 种佐剂能够激发较多的白细胞和淋巴细胞数，进而提高机体免疫力；而不同佐剂疫苗组的保护力也存在不同，较空白对照组，疫苗组都起到了较明显的保护作用，差异显著，黄芪多糖佐剂组保护率最高；该实验结果还提示各种佐剂组疫苗免疫牛后，乳汁中的体细胞数变化规律，说明各种佐剂疫苗免疫起到了较好的保护作用，而黄芪多糖佐剂组牛的乳汁中体细胞数一直维持一个较低水平，其平均值都低于氢氧化铝组和白油吐温组，说明黄芪多糖佐剂较氢氧化铝和白油吐温佐剂能够更强的增加牛的免疫力。另有人[12]选择 4 种中药成分（黄芪多糖、淫羊藿多糖、蜂胶黄酮、人参皂苷）组成 2 个复方，各按 3 个剂量水平与新城疫疫苗混合后免疫雏鸡，以无佐剂苗和油乳苗为对照，分别于免疫后 7、14、21、28、35、42 d 采血，用 MTT 法和微量血凝法测定 T 淋巴细胞转化和血清抗体效价动态变化。结果表明，中药佐剂能显著促进淋巴细胞转化，提高血清抗体效价，多数时间点与油佐剂的效果相当，部分时间点显著强于油佐剂。姚伟等[13]做的细胞免疫试验表明：黄芪多糖作为佐剂与重组乙型肝炎疫苗联合应用，既增强了小鼠的细胞免疫功能，又弥补了传统铝佐剂的不足，且无刺激性、无过敏反应、毒性轻微，其效果优于铝佐剂。宋小平等[14]也发现猪苓多糖单独给药能显著提高小鼠腹腔巨噬细胞的吞噬率和吞噬指数，增强记忆性 T 细胞的活性，与乙肝疫苗合用可进一步提高吞噬率。中药当归中提取的有效成分 ASDL、香菇多糖等均有 T 细胞佐剂的特性[15]。香菇多糖为多糖类 T 细胞特异免疫佐剂，它的免疫增强或恢复作用部分是由于它增强了胸腺细胞对细胞因子的敏感性，从而增强了这些细胞向杀伤性 T 细胞的分化；与结核菌苗、脂多糖、短小棒状杆菌苗等类同，对体液免疫反应无刺激作用，能使抑制的 Th 细胞活性恢复正常，并可增强抗体依赖性的细胞毒作用[16]。

初步研究冬虫夏草多糖脂质体，具有免疫佐剂作用，可明显增强免疫作用，用于治疗慢性乙型肝炎疗效有显著提高[17]。中药枸杞多糖（LBP）可明显增加小鼠外周 T 淋巴细胞百分数，LBP 对 T 淋巴细胞介导的免疫反应有明显的选择促进作用，对胸腺 T 淋巴细胞的增殖效应最强，对脾 T 淋巴细胞亦有促进作用，而对脾 B 淋巴细胞无明显影响[18]。柳仲勋等将补益药当归中提取的当归多糖和当归内酯用作乙肝基因工程疫苗佐剂，可明显提高抗体水平，并优于铝佐剂，而这两种成分的有效剂量范围较宽，毒性小，值得进一步深入研究。此外还有研究[19]表明：猪苓多糖或香菇多糖联合乙肝疫苗治疗慢性乙型肝炎可使患者转氨酶恢复正常，抑制 HBV（乙型肝炎病毒）复制，疗效与干扰素相比无明显差异；而且猪苓多糖可使垂直传播的 DHBV（鸭乙型肝炎病毒）的麻鸭血清 DHBV 阴转并改善肝脏病变。同时孙峻岭等[20]又进行了开创性研究，将中药的有效部位组成复方，结果均能显著刺激雏鸡淋巴细胞增殖和提高抗体水平，促进细胞免疫，提高该复方具有较好的佐剂作用。Popov 等[21]研究了从浮萍 Lemna minor L 的愈伤组织中提取的果胶多糖 lemnan LMC 作为口服免疫佐剂的特性。发现与只用溶菌酶的对照组相比，LMC 和溶菌酶共同免疫小鼠后，LMC 能增加迟发型过敏反应和血清中溶菌酶抗体 IgC 反应，增加小肠组织中丙二醛浓度和骨髓过氧化物酶活性。因此 lemnan 有可能作为口服免疫佐剂。陈婉君、胡松华等人[22-24]进行了木鳖子提取物作为 Asia I－O 型口蹄疫双灭活疫苗的免疫佐剂的相关研究，发现木鳖子提取物是安全的，能成为一个潜在的疫苗佐剂。以上研究可以看出从中药有效部位开发出新型疫苗佐剂的可能性。

三、单体与疫苗的协同作用　近年以单体作为佐剂的研究也屡有报道，最多是人参提取物皂苷类，不仅人参总皂苷作用较为理想，经进一步提取纯化的人参皂苷的各类有效成分单体的作用也比较明显。胡松华等[25]分别将人参皂苷 Rb1（人参主要成分之一）以及氢氧化铝胶作为佐剂和金黄色葡萄球菌菌体抗原混合免疫豚鼠，观察免疫前后血清抗体滴度变化；并用 Rb1 和奶牛乳房炎金黄色葡萄球菌疫苗混合免疫奶牛，观察免疫前后血清抗体滴度变化，以及血液淋巴细胞在刀豆蛋白 A（ConA）、美国商陆（PWM）和金黄色葡萄球菌抗原刺激下的体外细胞增殖反应。结果表明，Rb1 和抗原混合物免疫动物后，未见任何不良反应；Rb1 组豚鼠血清滴度比对照组和氢氧化铝胶佐剂组滴度增加快，幅度显著增高；Rb1 组奶牛血清抗体滴度比对照组奶牛显著增加，ConA、PWM 和金黄色葡萄球菌抗原诱导的血液淋巴细胞体外细胞增殖反应比对照组显著提高。因此，Rb1 是一种有效的免疫佐剂，该研究已申请到国家专利。另也有相似报道[10]，有人将人参皂苷 Rb1 与灭活 PPV（猪细小病毒）免疫豚鼠，人参皂苷 Rb1 佐剂组明显提高豚鼠血清抗体水平，与 Al（OH）$_3$ 组比较差异有显著性意义。呼显生等[26]也不类似研究结果，表明人参皂苷对禽流感油乳剂灭活苗有较强的免疫增强作用。另外有学者[27-29]的实验表明远志皂苷（onjisaponins）、黄芪皂苷、牛膝皂苷均有开发成疫苗佐剂的可行性。

四、中药作为疫苗佐剂的发展趋势　理想的病毒疫苗应具有激发体液和细胞免疫的双重作用，为了加强机体对一定免疫原的免疫应答，常应用各种免疫促进剂，通称免疫佐剂[30]。由于现代疫苗的特殊性，决定了佐剂的应用价值。理想的新型疫苗佐剂不仅要能够增强免疫应答，更需要其作用特定的免疫细胞，从而选择性地诱导机体产生针对特异抗原的有效保护性细胞免疫及减少不良反应的发生[30]。尽管疫苗佐剂的类型和种类较多，或因作用局限或因毒副作用，所以目前可作为人用的病毒疫苗佐剂相对缺乏，远远不能满足现代疫苗发展的需要，迫切需要人用新型病毒疫苗佐剂[31]。

我国天然药物资源丰富，历史悠久。人们在长期防病治疗中，创造和积累了很多宝贵经验，塑造了我国独特的中医药学理论，因此中药是最可利用的优势资源之一。近年来，随着中药化学和中药免疫药理学研究的进展，现已证明数百种中草药有多方面的免疫活性，能影响和调节机体的免疫功能，被认为是理想的生物反应调节剂，尤其是补益类中药的有效成分极有希望开发成为新型疫苗佐剂。

笔者将新型病毒疫苗的特点（HIV 疫苗）和天然药物的作用机理相结合，对中药 SY、JH 进行了一些相关的实验研究和探讨，并取得了一定的进展。实际上中药尤其是中药复方所含成分复杂，许多影响免疫功能的活性物质有待阐明，另外也由于其作用途径和环节多，系统功能变化之间的作用及调节十分复杂，应该说离真正阐明其发挥免疫调节作用的机制尚有相当的距离。但可以肯定的是 SY、JH 及其他天然药物的免疫增强作用，为新型抗病毒疫苗的佐剂奠定了理论基础。期望进一步从现代化医学角度，多层面上加大力度和深度，对已知具有免疫调节作用中药的有效部位和有效单体进行深入研究和开发，提高佐剂效果，明确其免疫调节作用及作为佐剂的分子作用机理，进而研制成具有实际应用价值的高效、低毒、经济的人用新型病毒疫苗佐剂。

〔原载《中华中医药杂志》2008，23（6）：527－530〕

参 考 文 献

1 孙峻岭，薛家宾．中药成分复方的佐剂作用及其与中药复方的功效比较，南京农业大学学报，2005，28（4）：109－112

2 艾武，黄兵，李峰，等．几种免疫佐剂对产蛋鸡免疫增强作用的比较试验．中国兽医科技，2001，31（1）：32－33

3 刘家国，胡元亮，张宝康，等．淫羊藿－蜂胶佐剂的免疫调节作用．中国兽医学报，2000，20（4）：383－385

4 刘家国，胡元亮，张宝康，等．淫羊藿－蜂胶佐剂对实验动物非特异性免疫功能的影响．中国兽医学报，2001，21（5）：489－493

5 王文成，王刚，王燕．中药佐剂的应用效果试验．中国兽药杂志，2002，36（8）：41－42

6 吕殿红，王刚，张毓鑫．等．复方免疫增强剂对鸡新城疫和传染性腔上囊病疫苗免疫效果的影响．中国兽医科技，1998，9（6）：534－535

7 陈德坤，李俊生，党岩，等．中药佐剂对提高新城疫Ⅱ系疫苗免疫苗佐剂的研究．中国兽医科技，1998，28（11）：23－24

8 钟石根，冯振卿，李玉华，等．中药用于血吸虫病抗独特形体疫苗佐剂的研究．中国血吸虫病防治杂志，2004，16（1）：23－26

9 王胜春，石玉，黄芪对巨噬细胞形态和定量细胞化学的影响。时珍国医国药，1998，9（6）：534－535

10 Rivera E，Hu S，Concha C，Ginsaeng and aluminium hydroxide，act synergistically as vaccine adjuvants. Vaccine，2003，20：1149

11 林树乾，张燕．中药黄芪多糖的免疫佐剂作用．中国畜牧兽医，2006，33（5）：58－60

12 王德云，胡元亮．复方中药成分对新城疫疫苗免疫雏鸡外周血T淋巴细胞转化和血清抗体效价的影响．中国兽医学报，2006（26）：194－196

13 姚伟，李玉，任魁，等．APS作为重组（CHO细胞）乙型肝炎疫苗佐剂的安全性及免疫效果．中国生物制品学杂志，2002，15（4）：211－213

14 宋小平，林秀玉，斯崇文，等．猪苓多糖与乙型肝炎疫苗等合用对小鼠腹腔巨噬细胞功能的影响．中华医学杂志，1996，76（5）：386

15 冯景奇，柳种勋．T细胞免疫佐剂的研究进展，国外医学药学分册，1999，26（4）：203－207

16 黄沁．免疫药物学，上海：科学技术出版社，1986：175

17 邓惠英，刘玉凤，冬虫夏草多糖多脂质体（可博利）治疗慢性乙型肝炎106例疗效观察．山西医科大学学报，1998，29（1）：38－39

18 周金黄，中药免疫药理学．北京：人民军医出版社，1994：157－179

19 王晓红，罗声香，香菇多糖联合乙肝疫苗治疗慢性乙肝疗效观察．实用中西医结合杂志，1998，11（12）：1105－1107

20 孙峻岭，薛家宾．中药成分复方的佐剂作用及其与中药复方的功效比较．南京农业大学学报，2005，28（4）：109－112

21 Popov S V，Gnter E A，Markov P A，et al. Adjuvant effect of lemnan，pectic polysaccharide of callus culture of Lemna minor Lat oral administration. Immunipharmacology and Immunotoxicology，2006，28（1）：141－152

22 陈婉君，刘迪文，胡松华，木鳖子提取物对Asia I－O型口蹄疫双价灭活苗的免疫佐剂作用．中国科技论文在线，2006－03－29

23 Xiao CW，Hu SH，Iqbal RZ，Adjuvant effect of an extract from Cochinchina momordica seeds on the immmune responses to oovalbumin in mice. Frontiers of Agriculture in China，2007，1（1）：90－95

24 Iqbal RZ，Xiao CW，Hu SH. Improvement of the efficacy of influenza vaccination（H5N1）in chiken by using extract of Cochinchina momordida seed（ECMS）. Journal of Zhejiang University Science，2007，8（5）：331－337

25 胡松华，林锋强，人参皂甙 Rb1 的免疫佐剂作用．中国兽医学报，2003，23（5）：480 - 482

26 呼显生，姜成，刘芳，等．人参皂甙 Rb1 对禽流感疫苗的免疫佐剂作用．黑龙江畜牧兽医，2006，（1）：80 - 82

27 T Nagai, Kiyohara H, Sanazuka T, et al. Imtranasally and orally effective adjuvants from Chinese and Japanese medicinal herbs for masal influenza vaccine ISHS Acta Horticulturae 679：Ⅲ WOCMAP Congress on Medicinal and Aromatic Plants – Volume 5，2003

28 Yang Z G, Sun H X, Fang W H. Haemolytic ac-tivities and adjuvant effect of Astragalus membra-naceus saponins（AMS）on the immune respon-ses to ovalbumin in mice. Vaccine, 2005, 23（44）：5196 - 5203

29 Sun H X, Adjuvant effect of Achyranthes bident-ata saponins on specific antibody and cellular re-sponse to ovalbumin in mice. Vaccine, 2006, 27（17）：3432 - 3439

30 张延龄，张晖，疫苗学．北京，科学出版社，2004：198

31 柳钟勋，新型疫苗佐剂．中国免疫学杂志，1996，12（5）：325